배터리 응용

자동차용에서 우주용 및 에너지 저장용까지

Industrial Applications of Batteries

From Cars to Aerospace and Energy Storage

Edited by

M. Broussely & G. Pistoia

박한웅 · 김래현 옮김

도서출판 아진

A-JIN

Industrial Applications of Batteries From Cars to Aerospace and Energy Storage

M. Broussely & G. Pistoia

"내가 가는 길을 그가 아시나니 그가 나를 단련하신 후에는
내가 순금 같이 되어 나오리라 (욥23 : 10)"

this edition of Industrial Applications of Batteries From Cars to Aerospace and Energy Storage by M. Broussely & G. Pistoia is published by arrangement with Elsevier Inc., New York, USA

ISBN : 978-0-44-452160-6
Transkated Edition ISBN : 978-89-5761-507-2
Publication Date in Korea : 2017.04.20

Translated by A-jin Publishing Co.
Printed in Korea

서 문

이 책은 배터리의 산업 응용분야, 사용 재료 및 기술적 발전 내용을 완전히 설명하는 것이 목적이다.

배터리는 응용분야와 상호 관련되어 있다. 즉, 새로 등장하거나 동작조건이 바뀐 응용분야 때문에 신개념 배터리 또는 성능이 개선된 배터리가 출현하게 된다. 어떤 경우에는, 새로운 재질의 전극이나 전해질을 가진 전기화학 시스템이 개발되는 반면, 다른 경우에는 배터리공학의 발전 때문에 성능이 개선된 것도 있다. 극한온도에서 동작하는 배터리(1, 6, 12장) 또는 고성능 전극(예를 들면, 리튬이온 배터리의 양극에 사용되는 리튬화 NiCo 산화물)(4, 5장)은 실제로 사용재료가 개선된 예이다. 공학기술이 개선된 예로는 신형 외함, 신형 분리막 또는 관리시스템 적용 등을 들 수 있다(3, 4, 13장).

지금까지 사용된 전기화학시스템의 종류는 매우 많다. 1장에서는 10가지의 비수계 배터리(non-aqueous battery, 액체나 고분자 또는 용융염 전해질 배터리)를 다루며, 2장에서도 역시 10가지의 수계배터리(aqueous battery)를 다룬다.

이 시스템들 가운데서, 가장 오래된 납 배터리와 가장 최근에 등장한 리튬이온 배터리가 2차 배터리 시장에서 가장 큰 점유율을 차지하고 있다는 것은 주목할 만하다. 1859년에 처음 개발된 납 배터리는 자동차시장에서 널리 사용되어 왔지만, 에너지저장이나 통신 및 무정전 전원공급장치(UPS, 7~9장)와 같은 다양한 분야에서도 여전히 널리 (때로는 거의 독점적으로) 사용되고 있다. 1990년대 초에 탄생된 리튬이온 배터리는 가전제품에 적용되어 크게 성공을 거두었지만, 전동공구(power tool), 우주 분야, 물품추적(asset tracking), 부하평준화(load leveling)(5, 6, 8, 11, 12장) 등과 같은 많은 산업분야에서 현재 사용되고 있으며, 하이브리드자동차 분야에서도 적용되기 시작하고 있다(4장).

배터리의 에너지와 전력은 여러 분야에서 다양한 속도로 지속적으로 증가하고 있다. 동시에 엄격한 규정과 시험 때문에 배터리 안전성 또한 높아지고 있다. 특히 산업용 배터리의 경우, 고정밀 제어성능이 보장된 배터리관리시스템이 내장되어 있다(13장). 또한 배터리를 사용하면 안전성이 높아지는 예도 많으며, 비상전력, 자동차의 안전장치들, 경보기, 구조시스템, 휴대용 의료장비 등(10~12장)이 그것이며, 이 책에서 다룬다.

이와 같은 배터리를 대량으로 생산하게 된다면 과연 어떻게 될 것인가? 우리 지구를 더욱 오염시킬 것인가, 또는 이를 피할 수 있거나 심지어 폐배터리의 재료를 재활용할 수 있을 것인가? 14장에서 설명되어 있듯이, 수많은 나라에서는 배터리의 회수와 재활용이 이제 엄격하게 규정된 의무사항이다.

가전용 및 산업용 배터리가 없다면, 지금과는 매우 다르고 그다지 안락하지 못한 세계에 살고 있을 것이라는 점은 우리 모두가 인정할 것이다. 미래에는 이러한 배터리의 사용량이 더욱 높아질 것이다. 따라서 이 분야에서 기술적인 진보를 이룩하는데 기여한 사람들이나 과학자 또는 기술자에게 감사해야 할 것이다.

Michel Brousseley, Gianfranco Pistoia

역자 서문

현대를 살아가는 우리들에게 배터리의 존재는 숨을 쉬는 공기와 같을 정도로 중요한 역할을 담당하고 있다. 비록 에너지밀도나 출력밀도 면에서 아직도 큰 기술적인 도약이 이루어져야 하고, 에너지원으로서의 다른 뛰어난 경쟁자들도 등장하여 위협이 되고 있지만, 특히 휴대용 및 가정용, 그리고 자동차용으로서 배터리의 위치는 확고하다 하겠다.

지금까지 국내에는 다양한 종류의 배터리 서적이 출간되어 있고, 나름대로의 장점도 가지고 있으나, 실제로 배터리가 어떤 특성 때문에 어떤 분야에서 사용되며, 어떤 재료와 방법으로 제작하고, 어떤 조건 하에서 배터리의 수명과 열화가 진행되는가를 실제 현장에서의 경험과 사례를 중심으로 설명하고 있는 책은 거의 찾아보기 힘들다. 그런 점에서 이 책은 배터리에 대해 풍부한 경험을 가진 저자들이 지금까지 사용되고 있는 모든 산업용, 자동차용, 가정용, 우주용 및 기타 분야 배터리에 대해 기본원리를 설명하고, 기술적 발전 내용과 현장에서 실제로 나타날 수 있는 문제들을 망라하여 설명하고 있는 몇 안되는 교과서라고 할 수 있다. 특히 산업계와 연구소 및 군수 분야의 현장에서 종사하는 사람들에게는 매우 실용적인 교과서가 될 수 있을 것으로 판단된다.

역자들은 짧은 기간에 가능한 한 원작의 의미를 최대한 살리고자 노력하였다. 그리고 보다 정확한 이해를 돕기 위해 원작의 의미를 왜곡하지 않는 범위 내에서 자연스런 우리 말 표현을 사용하고자 성심을 다하였다. 다만, 난해하거나 보충 설명이 필요한 곳에는 일부 〈역주〉를 달았다. 또, 사용한 우리말 용어는 전문가 그룹에서도 통일되지 않은 경우도 있어, 때로는 좋은 용어가 선정되지 않았을 수도 있으며, 영문 용어가 필요하다고 생각되는 곳에는 병기했다. 비록 졸고에 부족한 점이 많이 있더라도 너그러이 이해해 주시고 따가운 질책을 주신다면 앞으로 수정·보완할 것임을 밝혀둔다.

2016 년 12 월

박 한웅, 김 래현

차 례

제 11 장 기타 응용 분야 I - 측정기, 전동공구, 경고/보안 및 의료장비 등 617

산업용 비수계배터리

1.1 소개

제 1장과 2장에서는 산업용 배터리의 기본 특징들 - 예를 들면, 재료, 전극반응, 구조물, 저장특성, 에너지 및 전력 - 에 대해 설명한다. 또한 응용분야도 간단하게 다루지만, 좀 더 자세한 것은 해당 내용을 다룬 장을 참고하기 바란다.

1.2. 1차 리튬 배터리

이 절에서는 애노드(anode)에 Li(리튬) 금속을 사용하는 배터리를 설명한다. 이 배터리들은 모든 1차 배터리 중에서 (부피와 무게 모두를 기준으로) 가장 큰 에너지를 가지고 있다.

이 배터리에 대한 연구는 1960년대에 시작되었으며, 최초의 상용 제품은 1970년대에 출시되었다. 처음에는 군사용이나 의료용과 같은 틈새 분야에서만 사용되었지만, 그로부터 수 년이 지난 후 휴대용 및 정지용(stationary) 분야에서도 널리 사용되기 시작했지만, 가격과 안전 문제 때문에 1차 수계(aqueous) 배터리보다 시장점유율이 낮은 상태에 있다. 그러나 장기간의 운전/저장이 요구되거나 극한온도에서의 동작 또는 고출력이 요구되는 분야에서는 이 배터리가 사용되고 있다. 많은 분야에서 1차 Li 배터리가 사용된 원인은 다음과 같다.

- 고에너지(200Wh/kg 및 400Wh/L 이상)
- 높은 출력전압 및 평탄한 출력전압 특성

- 고전력 : 나권형(螺捲形, spiral-wound) 구조의 경우
- 상온에서 저장용량 손실이 1%/년 이하인 장시간 저장수명
- 넓은 동작온도 범위 : 가용성 캐소드(soluble cathode) 셀은 -60℃(나권형 셀은 -80℃)에서 150℃의 온도범위에서 사용 가능
- 다양한 형태(동전형, 원통형, 각주형(角柱形, prismatic), 초박형)로 제작될 수 있고, 수 mWh ~ 수 Ah의 용량까지 설계 가능

이 절에서는 Li/SO_2, $Li/SOCl_2$ 및 Li/MnO_2 배터리가 산업용으로 가장 널리 사용되기 때문에 이들을 설명한다. 앞의 두 배터리는 가용성(soluble) 캐소드 배터리의 예로서, 탄소촉매가 환원반응을 촉진시킨다.

1.2.1. 리튬/이산화황(Li/SO_2) 배터리

상용화된 최초의 리튬 셀인 Li/SO_2 셀은 수계 1차 배터리에 비해 뛰어난 장점을 가지고 있다. 이를 요약하면 다음과 같다.

- 높은 비에너지 및 에너지밀도(~275Wh/kg 및 ~450Wh/L)
- 높은 펄스전력밀도(~650W/kg)
- 넓은 동작온도 범위(-55/-60 ~ 70℃)
- 긴 저장수명(실온에서 10년 이상, 70℃에서 1년)

이 셀은 나권형 구조로 되어 있다(그림 1.1). 애노드는 Li 박막이며, 캐소드는 테플론(teflon)으로 접착된 아세틸렌블랙(acetylene black, 전기전도성 흑연)이다. 용매(solvent)는 LiBr과 SO_2가 용해되어 있는 CH_3CN이다. 반응식은 다음과 같다.

$$
\begin{array}{lll}
\text{애노드 반응 :} & 2Li & \rightarrow 2Li^{+} + 2e \\
\text{캐소드 반응 :} & 2SO_2 + 2e & \rightarrow S_2O_4^{2-} \\
\text{전체 반응 :} & 2Li + 2SO_2 & \rightarrow Li_2S_2O_4
\end{array}
\qquad (1)
$$

$Li_2S_2O_4$(Li dithionite, 리튬 디티온산염)가 탄소캐소드의 기공으로 석출된다. 이 셀(및 다른 종류의 가용성 캐소드 셀)의 안정성은, Li가 전해질에 노출되는 순간 Li

표면에 형성되는 부동태피막(不動態皮膜, passivating film)과 관련이 있다. 식 (1)의 반응을 통해 SO_2는 애노드에 피막을 형성시킨다. 실제로 이 피막은 Li_2S, Li_2SO_3, $Li_2S_2O_5$, $Li_2S_nO_6(n \geq 3)$ 및 $Li_2S_2O_4$ 등 여러 종류의 물질로 이루어져 있다[1]. 부분방전된 셀이 저장될 때는 피막의 성장속도가 증가한다. 고율방전 및/또는 고온에서는, $Li_2S_2O_5$와 $Li_2S_nO_6$가 부차적인(minor) 방전생성물로 밝혀졌음을 명심하라[1].

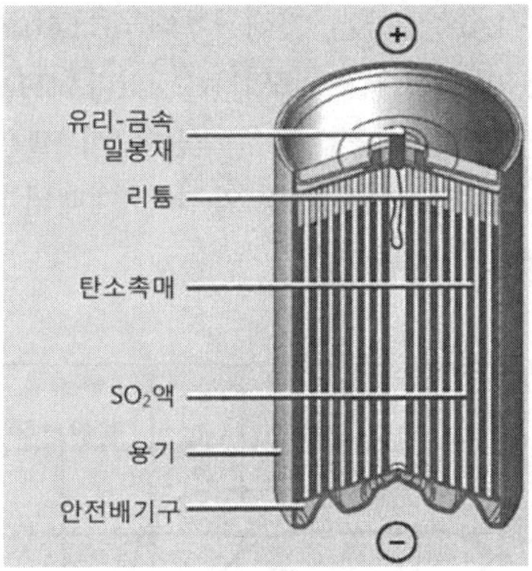

그림 1.1. Li/SO2 셀의 단면도(Saft사의 허가에 의해 전재)

1.2.1.1. 셀 구조 및 성능

SO_2 때문에 셀은 특수한 구조로 설계되어야 한다. 따라서, 밀봉부위를 통해 SO_2가 누출되지 않도록 기존의 주름밀폐형(crimp-sealed) 셀 대신에 완전밀폐형(hermetically sealed)*) 셀이 사용된다. 셀 내부 압력이 2기압으로 유지되면 전해질은 액체상태를 유지한다. 또한 셀 압력이 특정한 한계값(예를 들면 24기압)을 초과할 경우를 대비해 안전배기구(safety vent)도 마련되어 있다(그림 1.1). 아세틸렌블랙-테플론(teflon) 혼합물은 알루미늄망(Al sereen) 위에 지지되어 있으며, 또한 전도도, 표면적, 기공도(porosity)가 매우 큰 특징이 있다. 기공도가 크기 때문에 초기 반응 이후 캐소드로 석출되는 $Li_2S_2O_4$가 캐소드를 차단시키지는 못한다.

*) 완전밀폐형 : 공기나 습기가 통하지 않도록 완전밀봉하는 방법. 반도체용 금속케이스가 그 예이다

전해질은 70%가 SO_2이며, 전도도(비컨덕턴스*))는 20℃에서 $5 \times 10^{-2} \Omega^{-1}cm^{-1}$, 50℃에서는 $2.2 \times 10^{-2} \Omega^{-1}cm^{-1}$이다. 이 전해질은 저온에서도 전도도가 높기 때문에, 다른 화학반응을 이용할 수 없는 분야(우주용, 해양용, 극지방용)에서도 사용될 수 있다. 대표적인 저온 성능이 그림 1.2에 주어져 있다. 즉, 0℃ 이하에서도 상당한 비율의 실온 용량이 유지된다. -20/-40℃의 특성곡선을 보면, Li 표면 의 부동태피막 때문에 전압지연 효과가 나타남을 알 수 있다.

원통형 셀의 용량은 ~1Ah의 작은 것에서부터 ~11Ah의 큰 것까지 다양하지만, ~25Ah과 같이 매우 큰 용량의 셀도 구할 수 있다. 11Ah 셀은 연속적으로 8A, 순간적으로는 60A의 펄스전류를 공급할 수 있다. 이 셀은 1시간 방전율에서도 용량감소가 작은 반면, 아연(Zn) 애노드를 가진 수계배터리는 20~50시간 방전율에서도 방전시작부터 용량이 감소한다.

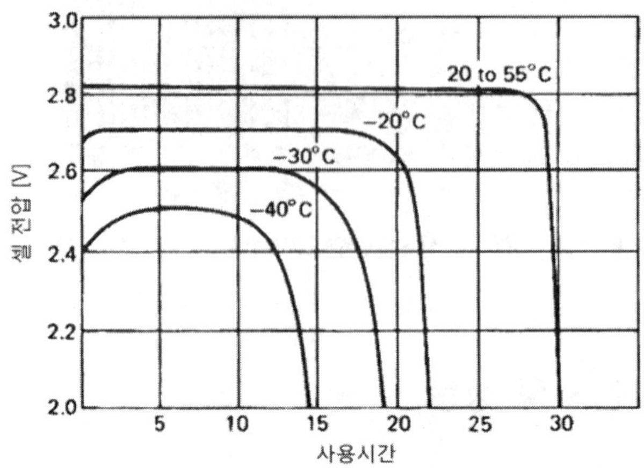

그림 1.2. 방전속도가 C/30인 Li/SO2 셀의 온도별 방전특성(문헌 [2])

또한 이 셀은 70℃의 고온에서 장시간 저장이 가능하다. 고온에서는 다음 반응이 일어난다.

$$4LiBr + 4SO_2 \rightarrow 2Li_2SO_4 + S_2Br_2 + Br_2$$

이 반응 때문에 LiBr과 SO_2가 전해질에서 소모되므로 셀 용량이 감소한다. 더욱이 Br_2가 생성되기 때문에 정상상태에서 안정된 부품이 부식된다.

*) 비(比)컨덕턴스(specific conductance), 컨덕턴스(기호는 G)는 저항의 역수, 즉 $G = 1/R$

초기에 설계된 셀은 Li:SO_2의 비율이 1.5:1로서 높았다. 그러나 이 비율에서는 셀의 안전성이 크게 낮아진다는 것이 확인되었다. 실제로 매우 깊게 방전된 셀의 경우, SO_2의 농도가 5% 이하가 되고 부동태피막이 사라지면 다음과 같이 Li와 CH_3CN이 반응한다[1].

$$2Li + 4CH_3CN \rightarrow LiCN + CH_4 + CH_3C(NH)_2{=}CHCN + LiCH_2CN$$

이때 셀의 온도가 매우 높은 상태에서 셀 내부의 가스를 배출시키면 CH_4 때문에 발화하게 된다. 따라서 현재는 Li:SO_2의 비율이 1에 가까운 셀이 많이 사용된다. 이러한 평형 셀(Li:SO_2의 비율이 1:1에 가까운 셀)에서는 SO_2가 충분하기 때문에, Li 애노드에서는 부동태피막이 형성된 상태가 유지된다. 현재는 특수한 분야(예를 들면, 자동전파발신부표(sonobuoy))에 사용되는 셀만 Li의 비율을 크게 한다[3]. 그 이유는 이러한 불평형 셀만이 순간적으로 큰 펄스전력을 공급할 수 있기 때문이다.

Li/SO_2 시스템의 과방전과 관련된 안전문제를 연구한 결과, 다음의 발열반응이 일어난다는 것이 입증되었다.

$$10Li + Li_2S_2O_4 \rightarrow 2Li_2S + 4Li_2O \ (\triangle H = -400 \text{ kcal})$$

더욱이 셀 온도가 180℃에 달하면, $Li_2S_2O_4$의 분해반응이 일어나 SO_2, S 및 Li_2SO_3(그리고 아마도 그밖의 분해 생성물들)가 생성된다[1].

미세기공을 가진 폴리프로필렌(polypropylene) 분리막을 사용하면 셀의 안전성이 높아진다. 그 이유는 이 분리막에 폭이 200nm 정도인 유로를 만들 수 있기 때문인데, 전해질은 이 유로를 통해 이동하지만 애노드로 가는 탄소입자는 차단되므로, 셀의 단락을 방지할 수 있기 때문이다.

셀이 큰 전류를 공급하고 있다면 안전을 위해 퓨즈가 필요하다. 또한 이 셀(배터리)을 충전할 필요가 있다면 다이오드도 필요하다.

Li/SO_2 셀은 군수 및 민수 분야에서 널리 사용되고 있다. 민수 분야는 다음과 같다.

- 보안경고
- 자동차용 전자기기
- 전문가용 전자기기
- 무선통신

- 비상 위치부표
- 기상상태 - 우주
- 톨게이트 시스템
- 전력사용량 측정 - 자동계기판독기(automatic meter reader, 이하 AMR)
  (권장하지는 않지만 사용가능)

1.2.2. 리튬/염화티오닐(Li/$SOCl_2$) 배터리

Li/SOCl2 셀의 에너지는 모든 배터리시스템 가운데서 가장 크다. 예를 들어 보빈(bobbin)형 AA 셀은 비에너지가 475Wh/kg, 에너지밀도가 1,000Wh/L이다[2]. 더욱이 이 셀은 오랫동안 에너지를 저장할 수 있고(실온에서 용량손실이 1~2%/년) 특히 넓은 온도범위(-80(특수전해질의 경우) ~ 150℃)에서 동작한다.

저율방전 Li/SOCl2 셀은 보빈형 구조이며 주로 메모리 백업용으로 사용되는 반면, 중간 출력 셀은 나권형(spirally wound) 구조를 하고 있으며 일부 전기 및 전자 기기에 사용된다.

애노드는 Li 금속박막이며, 캐소드지지체는 다공질 탄소, SOCl2는 캐소드 활성물질과 전해질 염(보통 LiAlCl4)의 용매가 된다.

전체 셀 반응은 다음과 같다.

$$4Li + 2SOCl_2 \rightarrow 4LiCl + S + SO_2$$

LiCl은 탄소표면에서 석출되며, 캐소드제한형(cathode-limited) 셀에서 기공막힘(pore clogging)이 발생하면 셀의 동작이 중단된다. SO2는 전해질에서 용해될 수 있고, S는 1mol/L까지 용해될 수 있으며 방전종료 시까지 캐소드표면에 석출될 수 있다. LiCl 역시 Li 애노드 표면에 형성되는 부동태피막의 주성분이다.

전해질에 AlCl3을 과잉첨가하면 셀 용량이 개선될 수 있다. 이 경우, 캐소드 반응은 다음과 같다.

$$4AlCl_3 + 2SOCl_2 + 4e \rightarrow 4AlCl_4^- + S + SO_2$$

LiCl 대신 가용성 AlCl4-가 형성되므로, 기공막힘이 발생하지 않는다. 그러나 AlCl3는 Li 표면에 형성된 LiCl 부동태피막을 용해시키므로, Li 표면의 부식을 촉진시킨다. 이러한 이유로 고속방전 보존셀(reserve cell)에서만 AlCl3가 과잉첨가된다.

1.2.2.1. 셀 구조 및 성능

산업용 저율방전 셀은 반드시 그림 1.3과 같은 보빈형 구조로 제작된다.

Li 애노드는 스테인레스강 또는 니켈도금강으로 만든 용기(can)에 맞게 형을 뜬다. 테플론(10%)으로 접착된 아세틸렌블랙으로 만든 다공질 캐소드는 용기 부피의 대부분을 차지하고 있으며, 집전체(current collector)로는 대형 셀은 금속실린더(그림 1.3 참조), 소형 셀(AA 크기)은 핀(pin)을 사용한다. 보빈형 셀은 캐소드제한형을 사용하며, 그 이유는 애노드제한형보다 안전하다고 판단되기 때문이다[2]. 캐소드제한형 셀이 단락, 과방전, 과충전된 경우에도 측정된 위험은 없었다. 이 셀의 용량은 0.36Ah에서부터 DD형의 경우는 38Ah의 인상적인 값까지 범위가 매우 넓다.

그림 1.4는 두 가지 온도에 대해, 공급전류가 다를 경우 AA 셀의 저율방전 특성을 나타내고 있다. -40℃에서 평탄한 방전전압 특성과 적당한 성능손실은 주목할 만하다.

셀을 그림 1.5와 같은 나권형 구조로 만들면, 중간 및 적당한 고율방전이 요구되는 응용분야에 Li/$SOCl_2$ 전극을 이용할 수 있다. 과압력(over-pressure) 또는 회로단락을 방지하기 위해 배기구(vent)나 퓨즈(그림 1.5 참조)와 같은 안전장치가 마련되어 있다.

캐소드 및 애노드 제한형 셀은 모두 정상적인 방전 시 내부의 온도와 압력이 적당하게 증가한다. 실제로 2A로 0V까지 방전하는 C형 셀의 경우, 이 값들은 각각 50℃와 25psig 이하로 유지된다. 반면에 캐소드제한형 셀에서는 과방전 시 온도가 115℃, 압력이 140psig까지 달할 수도 있다[1].

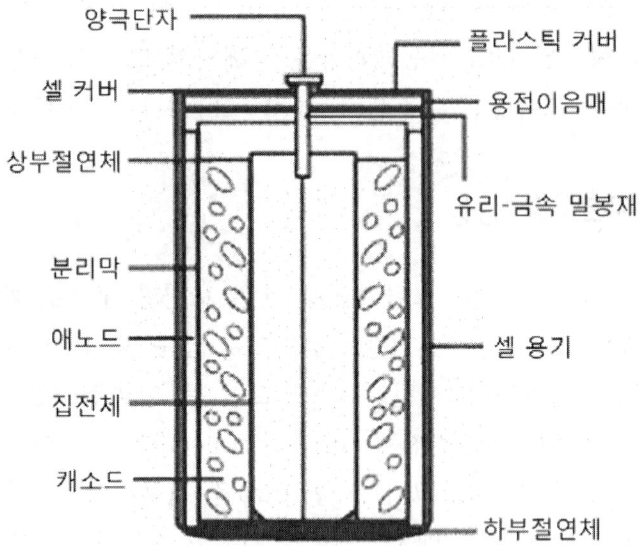

그림 1.3. 보빈형 Li/SOCl2 셀의 단면도(Tadiran사의 허가에 의해 전재)

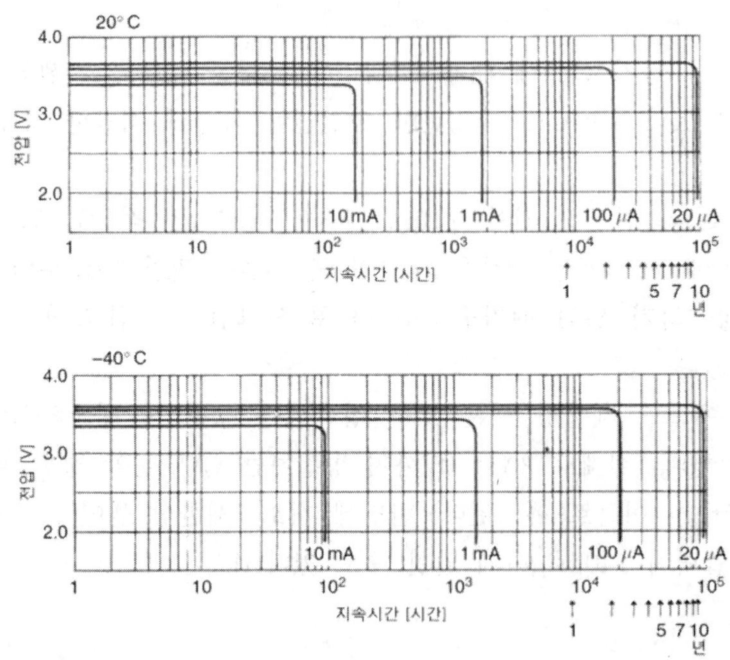

그림 1.4. 두 가지 온도에서 방전속도가 다를 경우, 보빈형 Li/SOCl2 셀의 방전곡선 (Maxwell사의 허가에 의해 전재)

정상 방전 시의 압력은 생성된 SO_2를 근거로 예상한 압력보다 낮다. 다음과 같이 SO_2를 $LiAlCl_4$와 합성하면 그 원인에 대한 이론적 근거를 얻을 수 있다[1].

$$LiAlCl_4 + 2SOCl_2 \rightleftharpoons Li^+(OSCl_2)_2AlCl_4^- \overset{SO_2}{\rightleftharpoons} Li(OSCl_2)(SO_2)AlCl_4^- + SOCl_2$$

$$Li^+(OSCl_2)(SO_2)AlCl_4^- \overset{2SO_2}{\rightleftharpoons} Li^+(SO_2)_3AlCl_4^- + SOCl_2$$

최종 복합물질(여기서는 $Li^+(SO_2)_3AlCl_4^-$를 지칭)의 수증기압은 실온에서 1기압 이하이다. SO_2 역시 다공질 탄소에 의해 흡수될 수 있다.

캐소드에 촉매를 첨가하면 셀 용량을 증가시키고 캐소드분극을 감소시킬 수 있다. 이를 위해 수많은 촉매재료가 제안되었다. 그 중 금속이 포함된 거대고리화합물(metallomacrocycle, 포르피린((porphyrin), 프탈로시아닌(phtalocyanine), 테트라아자아눌렌(tetraazaannulene) 등)이 바람직한 것 같다[1].

또한 $Li/SOCl_2$ 셀의 성능개선을 위해 할로겐 간 화합물(interhalogen compound)인 BrCl을 사용할 수 있다(BCX 셀). 이 첨가물 때문에 개회로전압(open circuit voltage, 이하 OCV)은 3.65V에서 3.90V로 증가하고, 용량과 저온 성능 및 안전성이 개선된다[1,2]. 그러나 특정한 방전깊이(depth of discharge, 이하 DOD) 이상으로 셀이 방전되면 저장능력이 감소되기 때문에, 이와 같은 우수한 특성이 상쇄된다. 예를 들어 용량이 13Ah인 셀을 3Ah까지 방전시킨 후 실온에서 1년 동안 저장하면, 출력전압이 크게 낮아지고 용량이 상당히 감소한다[1].

또한 $LiAlCl_4$ 대신에 $LiGaAl_4$를 사용하면 저온성능이 개선될 수 있다. 이 염 때문에 -80℃에서도 동작할 수 있으며, 초소형 화성탐사선(Mars Microprobe Mission)에 사용되어 성능이 입증된 바 있다[2].

부표나 GPS 또는 AMR(자동계기판독기) 등과 같은 분야에서는 $Li/SOCl_2$ 셀의 방전율이 충분치 않다. 이 경우는 다른 종류의 $Li/SOCl_2$ 셀이 사용될 수 있다. Tadiran사가 제안한 방법으로 보빈형 셀과 이종층 커패시터(hybrid layer capacitor)*)를 결합시킨 것이 있다(12장 참조). 셀은 일반 부하를 담당하고 커패시터는 첨두부하의 고전류펄스(수 A)를 공급한다[4]. 다른 방법으로는, 자동전파발신부표에서 설

*) 보통 전기이중층 커패시터(Electric Double Layer Capacitor, 약칭 EDLC)라 부른다

명하였듯이 얇은 부품들을 양극형(兩極形, bipolar) 구조로 배치하는 것이다. 대형 다중셀(multicell) 스택은 ~4kW/kg까지 펄스전력을 공급할 수 있다[5].

Li/$SOCl_2$ (및 Li/SO_2) 셀의 경우, Li 애노드 표면에 도전성 고분자박막을 입히면, 고율방전 및 저온 시에 뚜렷이 나타나는 전압지연효과가 감소될 수 있다.

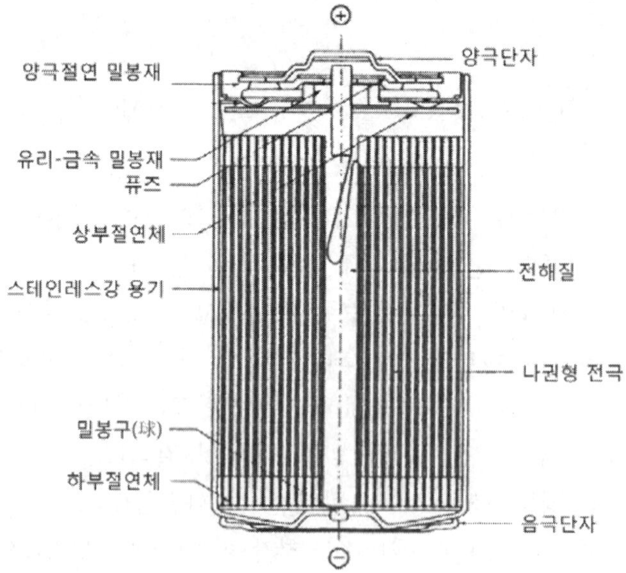

그림 1.5. 나권형 Li/SOCl2 셀의 단면도 (문헌 [2])

이 매력적인 고분자물질은 Li염에 poly[bis-(methoxy-ethoxy-ethoxide) phosphazene](MEEP)를 합성시켜 만든 것이다[1]. 예를 들어 MEEP$(LiClO_4)_{0.25}$ 기반 전해질은 전도도가 $1.7\times10^{-5}\,\Omega^{-1}cm^{-1}$로서 LiCl보다 전도도가 10^3배나 크다. 그림 1.6에서는 저장 시 Li를 코팅한 것과 코팅하지 않은 것의 차이가 설명되어 있다. 왼쪽의 코팅되지 않은 Li 표면의 이중층 박막은 다공질층으로서 저장기간에 따라 두께가 두꺼워지는 반면, 오른쪽의 전도성 고분자 박막이 코팅된 것은 일정한 두께를 유지한다[1].

일반적인 보빈형 셀(-55~85℃)은 다음 분야에 사용된다.

- 메모리 백업
- 자동계기판독
- 경고(alarm) 시스템
- 자동차용 전자기기
- 조명

고온 셀(-50~150℃)은 다음 분야에 사용된다.

- 시추 중 측정(measurements while drilling, 이하 MWD)
- 시추공(試錐孔, downhole) 압력 측정
- 타이어압력 감시시스템(tire pressure monitoring system, 이하 TPMS)
- 지열 응용분야

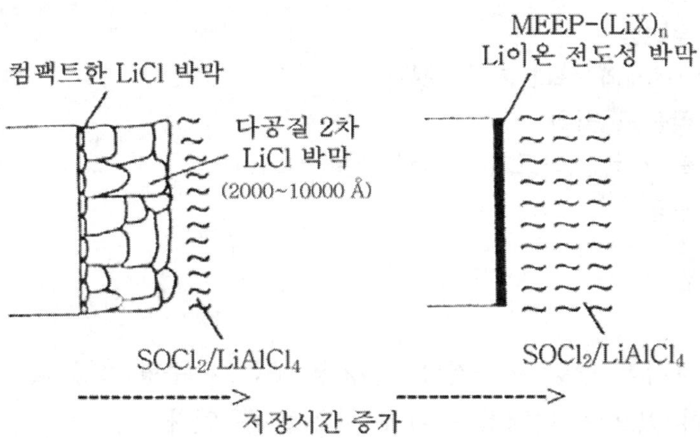

그림 1.6. 왼쪽 : Li/SOCl2 셀의 Li 전극표면의 LiCl 박막. 이 박막은 컴팩트한 보호층과, 저장시간에 따라 두께가 증가하는 다공질층으로 이루어져 있다. 오른쪽 : (MEEP-LiX)n 전해질로 코팅된 Li 전극(문헌 [1])

나권형 고출력 셀은 다음 분야에 사용된다.

- 자동계기판독
- 보안 - 경고
- 무선통신
- GPS
- 자동차용 전자기기
- 몇 가지 종류의 부표

1.2.3. 리튬/이산화망간(Li/MnO_2) 배터리

Li/MnO_2 시스템은 가장 먼저 연구된 배터리 중의 하나로서, 초기 성능은 매우 좋지 않았다. 특히 현재 사용되는 수준까지 셀 성능이 구현되기 위해서는 캐소드의 특성이 크게 개선되어야 했다. 이 1차 Li 배터리는 1975년에 상용화된 이후, 다음과 같은 우수한 특성들 때문에 지금까지 가장 널리 사용되고 있다.

- 높은 출력전압
- 고에너지(무게와 부피 기준 모두)
- 넓은 동작온도 범위
- 우수한 출력 특성(다르게 설계된 일부 배터리)
- 긴 저장수명
- 안전성
- 저가격

Li/MnO_2 배터리의 형상은 동전형, 원통형 또는 각주형(박형 셀을 포함하여 가장 최근의 것)이 있으며, 다양한 분야에 사용될 수 있다.

전기화학적으로 활성상태인 MnO_2를 적당히 가열하면 결정구조 및 물리화학적 특성이 바뀌며, 이 상태의 MnO_2가 1차 Li 셀의 이상적인 캐소드용 고체재료가 될 수 있음을 Sanyo사 연구원들이 깨달았을 때, 고효율 배터리를 개발할 수 있는 큰 진전이 이루어졌다[6,7]. 이를 더욱 연구한 결과, 가열로 인한 특성변화의 원인을 정확히 규명할 수 있게 되었다[8]. 원래 γ형 구조인 MnO_2를 350~400℃에서 가열하면 일부가 $\gamma-\beta$형으로 변환된다. 두 분자형 모두 모서리(corner)와 단부(edge)를 공유하는 8면체를 기반으로 하고 있으므로, 1×1 및 2×2 터널이 생성될 수 있었다[8,9]. 또한 가열에 의해 다음 현상도 나타난다.

1) 흡착된(adsorbed) H_2O와 구조적(structural) H_2O 모두의 점진적인 손실(약 450℃에서도 H_2O의 방출이 완전하지 않기 때문)
2) 전도도가 수 백 배 증가
3) 표면적의 대폭적인 감소
4) 이 산화물에 항상 존재하는 Mn^{3+}가 Mn^{4+}로 산화[8]

이 모든 변화 때문에 Li^+가 $\gamma-\beta$ MnO_2의 터널 내부로 주입되기 쉬우며, 따라서 3V 부근의 동작전압에서 이론적 용량(0.31Ah/g) 중에서 대부분을 이용할 수 있다. 전체 반응은 다음과 같다.

$$x\text{Li} + \text{MnO}_2 \rightarrow \text{Li}_x\text{MnO}_2$$

$0 < x < 1$인 분자식 Li_xMnO_2을 보면, Li^+이온이 모체(host structure)로 점진적으로 수용되는 것을 가장 잘 알 수 있다.

애노드에는 Li 박막, 캐소드에는 열처리된 MnO_2(잔류 H_2O 함유량은 ~1%)가 사용되며, 주로 사용되는 용액은 $LiClO_4$-PC-DME*)로서, 실온 전도도는 $\sim 12\times10^{-3}\ \Omega^{-1}cm^{-1}$이다.

1.2.3.1. 셀 구조 및 성능

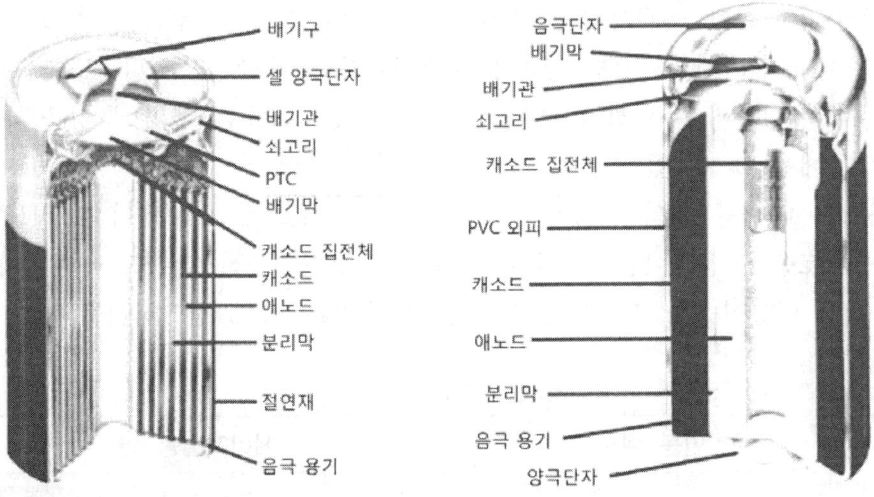

그림 1.7. 나권형 주름밀봉(왼쪽) 및 보빈형 레이저밀봉(오른쪽) Li/MnO2 셀의 단면도(Duracell사의 허가에 의해 전재)

산업용 Li/MnO_2 셀은 주로 나권원통형, 보빈원통형, 9V 각주형 및 박형 구조로 제작된다. 주로 앞의 두 가지 구조가 가장 널리 사용되며, 그림 1.7에 설명되어 있다. 나머지 두 가지에 대한 상세한 설명은 참고문헌 [2]에 주어져 있다. 보빈형 셀은 레이저로 밀봉되며, 나권형은 주름밀봉(crimp-seal) 또는 레이저용접 밀

*) PC = propylene carbonate (프로필렌탄산염), DME = dimethoxyethane(디메톡시에탄)이다.

봉법(laser-welded seal)이 적용된다. 차이점은 그림 1.8에 나타나 있다. 레이저밀봉 기술을 이용하면 실온에서 10년의 셀 수명이 보장되며, 작동온도 범위도 더욱 넓어진다. 실제로 이 셀은 -40~85℃의 범위에서 작동할 수 있으며, 주름밀봉의 경우는 -20~60℃이다.

셀 용기는 스테인레스강으로 만들며, 분리막은 폴리프로필렌(polypropylene)으로 만든다. 보빈형 및 나권형 셀은 안전배기구가 마련되어 있으며, 나권형은 고출력 분야에 사용되는 것으로, 추가적인 안전을 위해 양의 온도계수(positive temperature coefficient, 이하 PTC)를 갖는 소자가 설치되어 있다. 그 밖의 차이점은 그림 1.7에서 알 수 있다. 고출력 셀 역시 비교적 큰 용량을 가질 수 있으며, 예를 들면 D 크기 셀의 경우 10Ah 이상이다[10].

원통형 셀의 대표적인 방전곡선이 그림 1.9(a)와 (b)에 주어져 있다. 저온 및 고온에서 나권형 셀의 성능이 뛰어나다는 것은 특히 주목할 만하다. 이는 넓은 온도범위에서 전해질이 액체상태를 유지하고 있으며, 모든 셀부품이 열적으로 안정하기 때문이다. 이 셀은 최대 2.5A의 펄스전류를 공급할 수 있다. 또한 Li/MnO_2 시스템은 저장성능이 우수하다. 이는 온도에 따른 보빈형 셀의 특성을 나타내는 그림 1.9(c)에서 알 수 있다.

보빈형 및 나권형 셀의 응용분야는 다르며, 표 1.1.에 요약되어 있다[11]. 관심을 끄는 새로운 응용분야는, 자동차의 센서를 모니터링하여 사고 시에 자동차의 위치와 함께 비상신호를 전송하는 시스템이다[10](12 장도 참고하라).

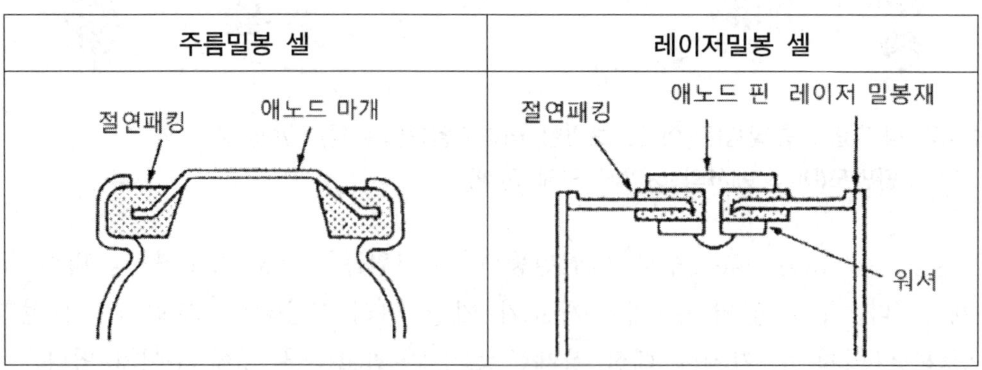

그림 1.8. 주름밀폐 및 레이저밀폐 Li/MnO2 원통형 셀의 기본적인 차이(문헌 [2])

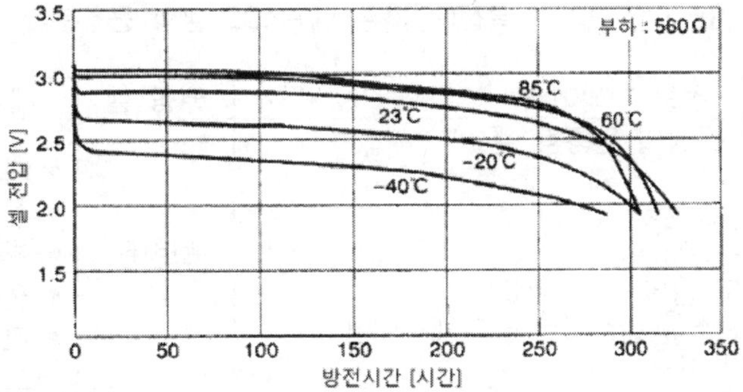

(a)

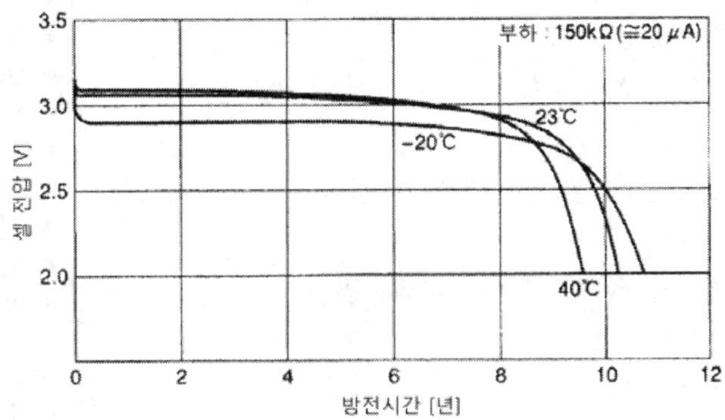

(b)

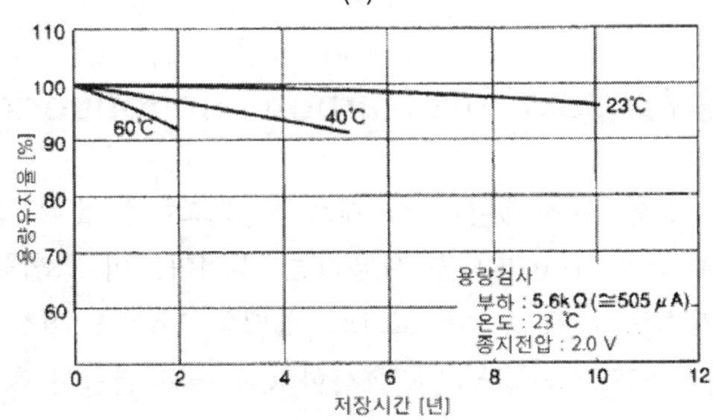

(c)

그림 1.9. (a) 나권형 Li/MnO2 셀(1,500mAh, ~5mA)의 온도특성 (b) 보빈형 셀(1,800mAh, ~20μA)의 온도에 따른 저율방전 특성 (c) (b) 셀의 저장 특성(Sanyo사의 허가에 의해 전재)

표 1.1. 크기와 특성에 따른 Li/MnO2 셀의 응용분야

성능 파라메터	권장 셀	대표적인 응용분야
• 650~1,900mAh 용량의 원통형 셀 • 낮은 공급전류 (연속전류는 최대 5mAh, 최대 펄스전류는 20mAh) • 저장 및 동작온도 범위 : -20~60℃ • 긴 저장수명 : 최소 용량손실로써 약 5~10년 • OEM 대체부품만 가능	보빈형	• 메모리백업 • 실시간 시계/달력 • 저전력 전자장치 • 전력계(utility meter) • 자동차용 전자기기
• 160~2,200mAh 용량의 경량배터리 • 연속공급 시 최대 1.5A, 간헐적인 펄스전류 시 최대 4A • 20~60℃에서 즉시 기동 능력 • 장기간의 저장 및/또는 간헐적인 사용 후 성능 및 방전속도 최소 저하 • 최소 용량손실로써 약 5~10년의 긴 저장수명 • 출력 감소 없이 안전성 보장 • 전 세계에서 소매로 구입 가능	나권형	• 경고 및 탐지 장치 • 통신장비 • 고성능 플래쉬 • 의료기구 • 원격탐지장치 • 전력계 • 접근통제장치 • 레이저장치 • 바코드판독기 • 메모리백업 • 실시간 시계 • 자동차용 전자기기 • 기상 - 우주

1.2.4. 리튬/일불소화탄소(carbon monofluoride) 배터리

또 다른 주목할 만한 1차 배터리는, 캐소드 재료로서 폴리 일불소화탄소(poly (carbon monoflouride))인 $(CF_x)_n$을 사용하는 것이다. 이 화합물은 300~600℃의 온도에서 불소(F)가스로써 흑연이나 코크스 형태의 탄소를 직접 불소화시켜 합성한다. 이때 흑연이나 코크스와 구조가 유사한 C-F 공유결합이 형성된다. x는 보통 0.9~1.2이며, 캐소드용 재료는 $x \geq 1$이다. 이후부터 이 캐소드 재료를 간단히 CF_x로 표기한다(이때 x는 보통 1이다).

이 시스템은 특히 고온에서 에너지함량이 높고 전압특성이 평탄하기 때문에 최초로 상용화된 배터리 중의 하나였다.

1.2.4.1. 재료, 전극반응, 셀 형태 및 성능

반응은 다음과 같다.

애노드 반응	:	Li	→	$Li^+ + e$
캐소드 반응(x = 1로 가정)	:	$CF + e$	→	$C + F^-$
전체 반응	:	$Li + CF$	→	$LiF + C$

이 셀에 사용되는 대표적인 전해질은 부티로락톤(butyrolactone, 이하 BL) 용매 내의 $LiAsF_6$ 또는 PC-DME 용매 내의 $LiBF_4$이다[2].

Li/CF_x 시스템은 다음과 같이 많은 우수한 특성을 가지고 있다.

- 평탄하면서 높은 동작전압(~2.8V)
- 공급전류가 중간 크기 이하일 때 상당히 큰 용량과 에너지
- 넓은 동작온도 범위(-40~85℃, 일부 셀의 경우는 125℃까지)
- 다른 1차 셀에 비해 현저히 작은 자기방전율

반면에 전력공급능력이 낮은 단점도 있다.

셀의 종류에 따라 저장특성을 비교한 것이 그림 1.10에 주어져 있다. Li/CF_x 시스템은 실온에서 1년 간 저장한 후에도 용량손실이 거의 없었으며, 90℃에서는 용량감소율이 ~2%/년임을 그림으로부터 알 수 있다.

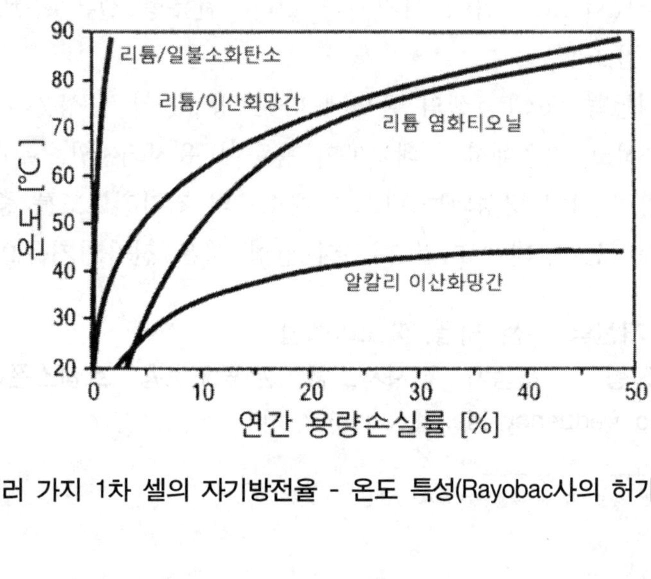

그림 1.10. 여러 가지 1차 셀의 자기방전율 - 온도 특성(Rayobac사의 허가에 의해 전재)

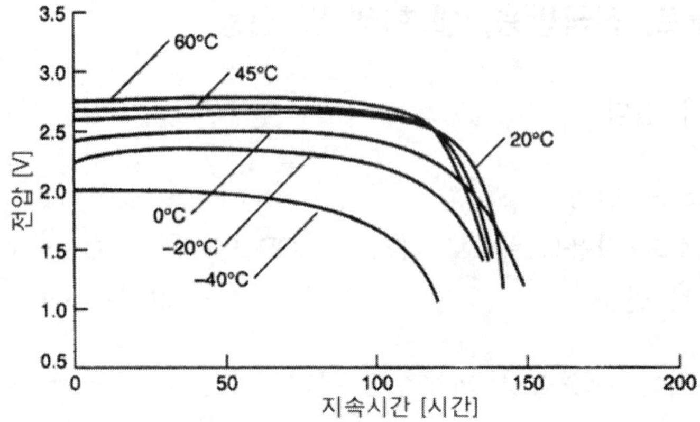

그림 1.11. 원통형, 2/3A, Li/CFx 셀(1,200mAh)의 온도에 따른 방전전압 특성. 부하는 300Ω이다.(Panasonic사의 허가에 의해 전재)

70℃에서 셀을 10년 동안 저장한 시험에서, 용량감소는 4%/년 이하임이 입증되었다. 이는 CF_x 내의 C-F 공유결합이 열적, 화학적으로 안정하기 때문이며, 안정된 전해질을 사용하기 때문이다.

이 셀의 형태는 핀(pin)형, 동전형, 원통형, 각주(prismatic)형 등으로 다양하며, 용량도 25mAh ~ 5Ah의 것을 구입할 수 있다. 생의학용 및 우주용으로는 대용량의 40Ah 각주형 셀을 구할 수 있다[2]. 핀형 셀은 캐소드가 원통이고 Li 애노드가 그 중앙에 배치되어 내외부가 바뀐 구조로 되어 있다. 동전형 셀의 애노드는 구리망사(Cu net) 위에 Li 박막을 압연시킨 것이며, 테플론과 아세틸렌블랙을 함유한 캐소드는 니켈망사(Ni net) 위에 지지되어 있다. 원통형 셀은 주로 나권형으로 설계된다(그림 1.7 참조)[2].

그림 1.11은 원통형 Li/CF_x 셀의 온도에 따른 방전전압 특성을 나타낸다. 60℃에서의 성능이 우수하고 저온에서도 대부분의 용량이 유지되지만, -40℃에서는 전압이 크게 감소한다. 방전 시에 형성되는 탄소는 캐소드의 전자전도도를 증가시킨다.

이 셀의 응용분야는 형태에 따라 다르다(핀형 셀은 전자기기용으로 사용된다).

- 동전형 : 저전력 무선 제품, 메모리백업
- 고온 동전형 : 자동차 전자시스템, 유료도로용 트랜스폰더(transponder)*), RFID(radio frequency identification) 장치**)

*) 외부신호를 받으면 자동적으로 신호를 되보내는 무선 또는 레이더 송수신기

**) 무선주파수 인식 장치

- 원통형 : 전력계, 비상신호등, 전기자물쇠, 전자측정장비
- 각주형 : 생의학용, 우주용

1.2.5. 1차 리튬배터리의 기본 파라메터

앞 절에서 다룬 배터리의 기본 파라메터들이 표 1.2에 비교되어 있다. 이 파라메터들은 전위, 에너지, 전력 및 동작온도 등이다.

표 1.2. 1차 Li 배터리들의 특성

파라메터	Li/SO_2	$Li/SOCl_2$	Li/MnO_2	Li/CF_x
평균전압 (V)	2.7~2.9	3.4~3.6	2.8~3.0	2.6~2.8
비에너지 (Wh/kg)	260~280	450~600(보빈형) 200~450(나권형)	250~300(보빈형) 150~230(나권형)	200~250(소형) 530~600(대형)
에너지밀도 (Wh/L)	400~450	700~1100(보빈형) 400~850(나권형)	580~650(보빈형) 400~520(나권형)	580~635(소형) 900~1050(대형)
전력밀도	높음	저/중(보빈형) 중/고(나권형)	저/중(보빈형) 중/고(나권형)	낮음
온도범위 (℃)	-55~70	-55~85(표준형) -50~150(고온형)	-40~85(레이저밀봉형) -20~60(주름밀봉형)	-40~85 -40~125(고온형)
저장수명 (년 @ 실온)	10	10~15	10	15
상대적인 시장 크기	5	15	100	1
상대적인 단가 (kWh 당)	0.9	1.5	1	2

1.3. 재충전 배터리

1.3.1. 리튬-이온 배터리

이 배터리는 다음과 같은 장점들을 가지고 있다.

- 높은 비에너지 및 에너지밀도
- 낮은 자기방전
- 긴 충방전수명

- 유지보수 불필요
- 메모리효과 없음
- 상당히 넓은 동작온도 범위
- 상당히 높은 충방전율
- 특수 형태로 제작 가능

반면에 다음과 같은 단점들도 있다.

- 비교적 큰 초기 비용
- 과충전, 과방전 및 과도한 온도상승을 방지하기 위한 보호회로 필요
- 고온에서의 열화 및 용량의 점진적 감소
- 중간 정도의 출력전력

그러나 위 단점들 중 일부는 점차 감소되고 있다는 점을 강조할 필요가 있다. 즉, 단가가 점차 낮아지고 있으며, 일부 Li이온 배터리(특히 Li폴리머 배터리)는 간단한 보호회로만으로 동작할 수 있고, 점진적인 용량감소도 완화되고 있으며, 일부 모델의 경우 출력전력 역시 크게 개선되었다.

현재 산업용으로 상용화된 대부분의 Li이온 셀은 탄소(특히 흑연)를 음극재료, $LiCoO_2$, $LiNi_{1-x-y}Co_xM_yO_2$ 또는 $LiMn_2O_4$를 양극재료($LiFePO_4$와 같은 캐소드 재료도 점차 각광을 받고 있다), 액상 유기물질을 전해질로 사용한다. 현재 일반 소비제품용 소형배터리에 널리 사용되고 있는 고분자전해질(polymeric electrolyte) 또한 큰 관심을 끌고 있다.

1.3.1.1. 음극(negative electrode) - 탄소

Li^+가 삽입될 수 있는 탄소는 크게 흑연계과 비흑연계로 분류된다. 순수한 흑연은 그래핀(graphene)*) 층들이 완벽하게 적층된 층상구조로서, 탄소원자가 6각망을 형성한 기저면들(basal planes)이며, 고도의 결정형 구조이다. 흑연탄소는 층상구조로서 구조적 결합에 따라 특성이 달라진다. 일부 탄소는 그러한 결합이나 난층구조(亂層構造, turbostratic disorder)**)가 비교적 많을 수 있다.

---

*) 원자 하나 정도의 두께를 가진 2차원(평면) 탄소구조체

**) 탄소재의 층들이 무질서하게 배향되어 있는 구조

비흑연계 탄소는 결정(흑연) 영역과 비결정 영역에 의해 특성이 결정된다. 이 탄소는 두 가지로 분류된다. 즉, 3000℃의 고온에서 가열하여 흑연구조를 발달시킨 흑연화(연질) 탄소와, 흑연구조를 이룰 수 없는 비흑연화(경질) 탄소가 그것이다. 그림 1.12는 연질탄소, 경질탄소, 흑연의 탄소층 배열을 개략적으로 보여준다. 이 탄소들은 Li이온 배터리의 재료로 주목을 받았다. Sony사가 1세대 리튬이온 배터리에 처음으로 연질탄소(코크스)를 사용함으로써, 이후 흑연이 사용될 수 있는 길을 열었다. 따라서 여기서 이런 종류의 탄소를 좀 더 자세히 다룬다.

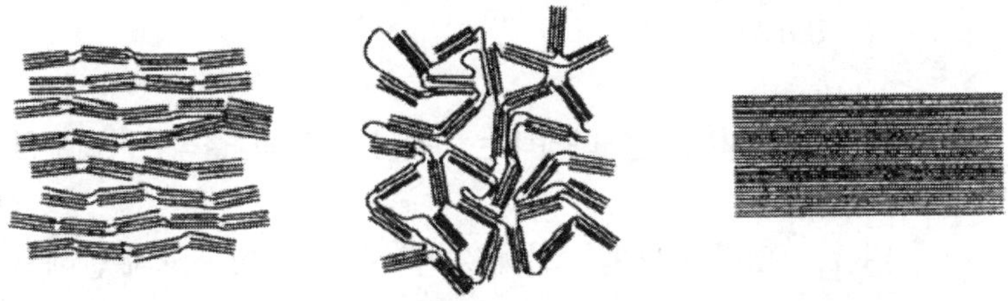

그림 1.12. 그래핀층이 다양한 형태로 적층된 탄소층의 종류

순수 흑연은 그림 1.13과 같이 6각형 흑연들이 각 층을 이루고, 이 층들이 적층되어 있다. 능면체형(菱面體形, rhombohedral)*과 같이 결정구조가 다른 순수 흑연은 그리 많지 않다[12]. 6개의 탄소원자 당 최대 1개의 Li^+가 층간삽입될 수 있기 때문에 한계조성비는 LiC_6이다. 음극에서 Li^+의 층간삽입(intercalation)/층간탈리(deintercalation) 반응은 다음과 같다.

$$Li_xC \rightleftharpoons C + xLi^+ + xe$$

흑연층 사이로 Li^+가 완전히 층간삽입되면(충전), 층 사이의 거리가 0.335nm에서 0.372nm로 확장되며, Li^+가 층간탈리될 경우(방전)는 완전히 반대로 된다. 결국, 확장/축소가 되풀이되면 전극이 변형되기 때문에 충방전 성능이 저하되지만, 셀 구조를 최적화하면 이를 보상할 수 있다.

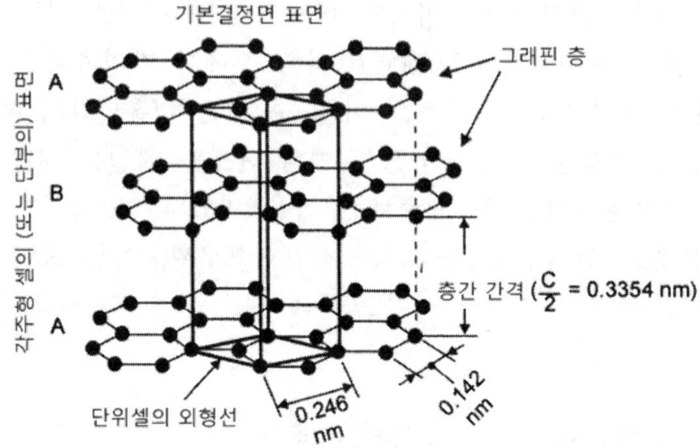

그림 1.13. 적층구조와 단위셀을 나타내는 6각형 흑연의 결정 구조(문헌 [12])

최초 충전 시, 탄소 표면에서는 전해질이 분해되어 고체전해질 계면(solid electrolyte interface, 이하 SEI)이 형성된다. 탄소전극의 성질은 이 SEI의 특성에 따라 달라진다. 흑연전극이 최초로 충방전될 때의 사이클이 그림 1.14에 나타나 있다. Li/Li^+ 기준전극(reference electrode)에 대한 초기 전압은 3V 이상이지만, 전해질이 분해되기 시작하는 0.8V까지 급격히 감소한다. SEI는 전압이 0.2V가 될 때까지 계속 형성되며, 0.2V에서 Li^+의 층간삽입이 시작된다. 전압이 0V 가까이 되면 Li의 흡착(deposition)을 방지하기 위해 충전이 중단된다. SEI가 형성되기 때문에 최초의 충전용량은 최초의 방전용량을 초과한다. 실제 배터리에서는 Li이온이 원천(양극)에서 과도하게 공급되지 않도록 두 용량의 차이(비가역적인 용량)가 최소화되어야 한다. 이 비가역적 용량은 탄소재료의 표면적에 따라 크게 달라진다. 즉, 표면적이 크면 전해질의 분해가 커지므로, 표면적은 $5m^2/g$ 이하가 되어야 한다. 실제로 표면적이 $5m^2/g$이면, 비가역적 용량은 ~50mAh/g, 즉 흑연의 이론적인 비용량(372mAh/g)의 13%이다. 최신 셀의 경우, 비가역적 용량은 10% 이하로 유지되며, 흑연을 표면처리하면 7%까지 손실을 줄일 수 있다.

실제 셀에서는, 양극에서 Li^+가 과잉상태에 있지만, SEI 형성에 사용된 Li^+의 양을 고려하면 흑연의 용량이 완전히 이용되지는 않는다. 이로 인해 충전 시에는 0V가 되지 않지만(그림 1.14 참조), 탄소 표면이 Li로 덮여지는 바람직하지 않은 현상이 발생된다. 두 번째 사이클부터는 탄소전극의 용량이 양극의 용량보다 최대 10%까지 커진다.

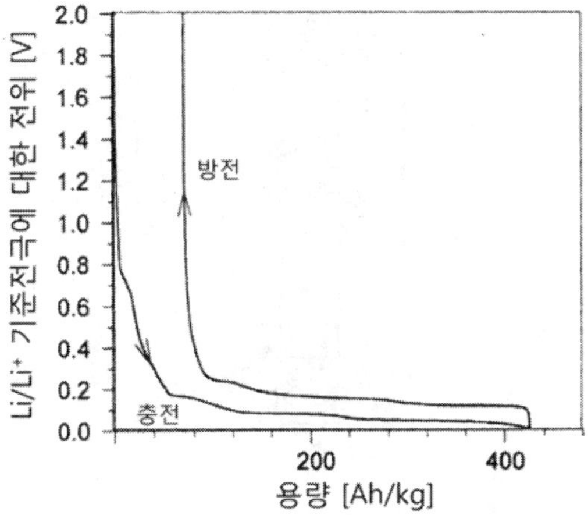

그림 1.14. 흑연전극의 대표적인 최초 충방전 특성(문헌 [12]).

현재 음극에 탄소 기반이 아닌 재료를 사용하는 것이 새로운 주목을 받고 있다. 용량이 매우 크고(예를 들어 분자식이 $Li_{2.6}Co_{0.4}N$인 화합물의 경우, 800mAh/g) 초기의 비가역적 용량이 작은 음극재료를 발견하기 위해, 산화물, 규화물(silicide), 인화물(phosphide) 및 질화물(nitride)을 포함한 몇 가지 무기물질이 연구 중에 있다[13].

1.3.1.2. 양극(positive electrode)

양극재료는 $LiCoO_2$ 및 $LiNiO_2$와 같은 층상물질이나 $LiMn_2O_4$와 같은 3차원 물질이 사용된다. 그림 1.15에는 $LiNiO_2$의 구조와 동일한 $LiCoO_2$의 구조가 나타나 있다. 이 물질은 육각형으로서 CoO_2^-층이 Li^+층에 의해 분리된 구조이다. 최대 60%의 실제적인 탈리튬화(脫 Lithium化, delithiation)에 의해 이 구조에서 Li^+가 탈리될 수 있으며, 이는 최대 160mAh/g의 용량에 해당한다. $LiNiO_2$에서는 더 많은 Li^+가 층간탈리될 수 있으며, 그 결과 용량은 약 200mAh/g이 될 수 있다. 그러나 이 물질은 합성하기가 어렵고, 충방전 시 상당한 크기의 용량손실이 발생하며, 열적 안정성이 제한되어 있다. Ni의 일부를 Co나 다른 금속(주로 Al)으로 대체하면 훨씬 더 좋은 성능을 얻을 수 있다. $LiNi_{1-x-y}Co_xAl_yO_2$(Ni 〉 0.75, Co+Al 〈 0.25)는 수 백 번의 충방전이 가능한 안정한 물질이므로, 이를 사용하여 대용량 Li이온 셀을 만들 수 있다.

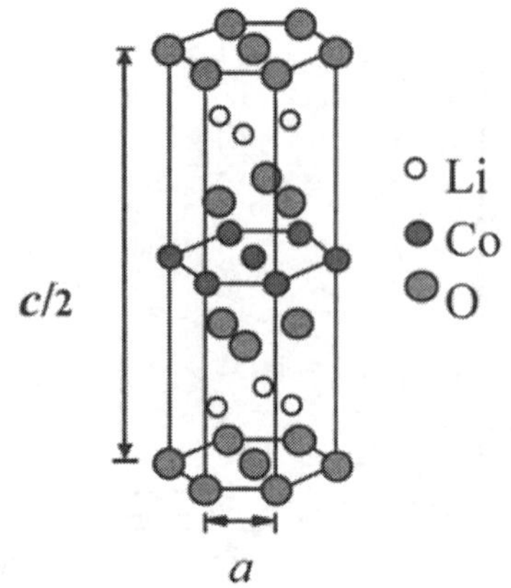

그림 1.15. Li, Co 및 O가 교대로 층을 이룬 LiCoO2의 결정구조(문헌 [14])

층상 $LiMO_2$ 물질(여기서 M은 Co나 Ni, 또는 이 둘의 혼합물) 내에서 Li^+의 층간삽입/층간탈리 반응은 다음과 같다.

$$Li_{1-x}MO_2 \ + \ xLi^+ \ + \ xe \ \rightleftharpoons \ LiMO_2$$

이 반응을 흑연의 반응($Li_xC \rightleftharpoons C + xLi+ + xe$)과 결합시키면, 다음과 같이 C/$LiMO_2$ 셀의 전체 가역반응이 얻어진다.

$$Li_{1-x}MO_2 \ + Li_xC \ \rightleftharpoons \ C \ + \ LiMO_2$$

$LiMn_2O_4$의 스피넬(spinel)형 구조가 그림 1.16에 나타나 있다. 이 3차원 구조의 터널 내에 Li^+가 삽입될 수 있다. 이 재료의 장점은 $LiMO_2$에 비해 방전전압이 크고 평탄하며, 열적 안정성이 높으며, 저가이다. 단점은 최초 충방전 시 충방전효율이 낮고, 방전용량이 작으며($LiMO_2$의 ~150mAh/g에 비해 110~120mAh/g), 특히 온도가 높아지면 충방전 안정성이 낮아지는 것이다.

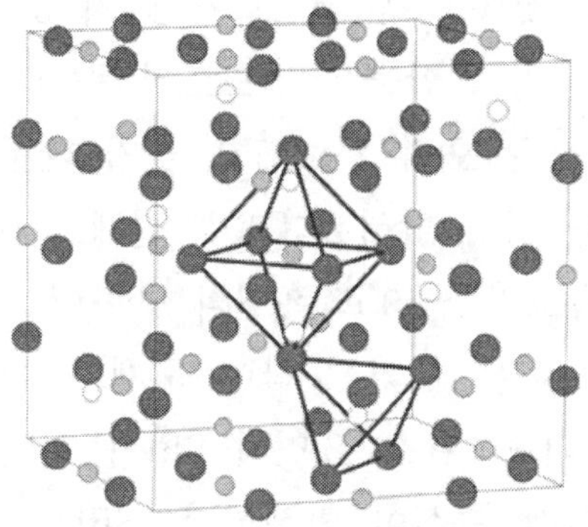

그림 1.16. 스피넬형 LiMn2O4의 결정 구조(문헌 [14])

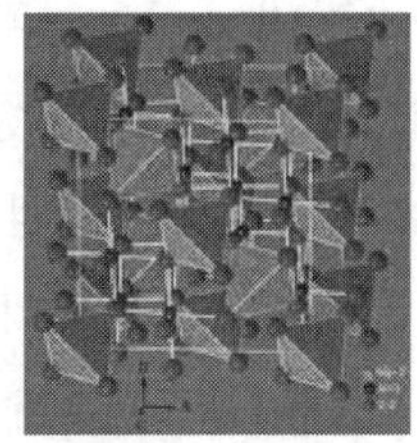

* 스피넬(spinel)
알루미늄과 마그네슘의 산화물로 이루어진 8면체 결정. 화학식은 $MgAl_2O_4$($LiMn_2O_4$와 분자식이 유사하다.

지금까지 언급한 재료들 이외에도, $LiFePO_4$ 역시 이론적인 용량이 크고(170mAh/g), 최대 3.4V 출력전압이 평탄한 특성, 저가격 및 안전성 등의 장점 때문에 관심을 끌고 있다. 그러나 에너지밀도가 낮다는 점이 제기되었기 때문에 실제 응용이 제한될 수 있다[15]. 또한 $Li[Ni_{1/3}Co_{1/3}Mn_{1/3}]O_2$와 같은 Mn 함유 층상 물질도 주목을 받고 있다[16]. $LiMn_2O_4$, $LiFePO_4$ 및 $Li[Ni_{1/3}Co_{1/3}Mn_{1/3}]O_2$ 등은 고율방전 셀의 캐소드 재료로 기대를 모으고 있다[16].

1.3.1.3. 액체전해질

Li이온 배터리의 경우, 전극재료가 가져야 할 특수한 성질 때문에, 사용되는 액체 유기전해질은 특히 다음과 같은 2가지 필요조건이 중요하다. 첫째, 전해질은 흑연 표면에 안정되고 효과적인 SEI를 형성시켜, 빠르고 가역적으로 Li^+를 수송하면서 자기방전(Li^+ 층간탈리)을 억제할 수 있어야 한다. 둘째, 전해질의 전기화학적 전위범위(electrochemical window)는 Li/Li^+ 기준전극에 대해 0V에서 최소한 4.3V까지 되어야 한다.

보통 Li이온 배터리에 사용되는 전해질은 $LiPF_6$와 2종용매 혼합물(binary solvent mixture)인 EC-DMC(ethylene carbonate - dimethyl carbonate) 또는 EC-DEC(ethylene carbonate - diethyl carbonate)를 기반으로 하고 있다. 이들의 실온 전도도는 1mol의 염 농도에 대해 7~10 × $10^{-3}\Omega^{-1}cm^{-1}$이며, 사용가능한 상한 온도인 60℃에서는 14~20 × $10^{-3}\Omega^{-1}cm^{-1}$이다. EC-DMC 및 EC-DEC 내에서 $LiPF_6$ 용액은 액체 또는 고체가 되며, -40℃에서 전도도가 매우 낮다. 예를 들어

EC-DEC 내의 1mol의 $LiPF_6$ 용액은 -40℃에서 전도도가 단지 0.7 × $10^{-3}\Omega^{-1}cm^{-1}$에 지나지 않는다. 3중 또는 4중 탄산염 혼합물은 전도도가 좀 더 높다(6장 참조). 저온에서 Li이온 셀의 성능이 낮은 것은 오직 전도도가 낮기 때문이다. 그러나 흑연전극도 이 저성능의 한 원인이라는 것이 밝혀졌다[17]. 실제로 이러한 조건 하에서는 그래핀층 내부에서의 Li^+ 확산속도가 느리고 흑연의 용량이 제한된다.

고온 한계값인 60℃ 이상에서는 Li이온 셀의 동작에 문제가 발생한다[18]. 양극에서는 전해질과의 기생반응이 억제되고, 탄소 표면의 SEI가 불안정해진다. SEI는 재형성(reform)될 수 있지만, 비가역적 손실이 발생한다. SEI의 특성을 개선하기 위한 첨가제로서 Sanyo사와 Saft사는 비닐렌(vinylene) 탄산염, NEC사는 계피산 메틸(methyl cinnamate)을 사용하였다.

액체전해질의 가장 큰 문제는 가연성이 높은 것인데, 셀에서 누설되는 경우 위험하다. 가연성을 줄이기 위한 첨가제(防火材)로는 트리메틸(trimethyl) 및 트리에틸(triethyl) 인산염과 그밖의 인 함유 유기화합물이 있다[18].

과충전으로 인한 문제들을 피하기 위해 또 다른 첨가제들이 사용된다. 과충전 시 가스가 발생되면 전류차단장치로써 작동을 중지시킬 수 있다. 이런 첨가제로는 시클로헥실벤젠(cyclohexylbenzene)(Asahi사), 바이페닐(biphenyl)(NEC사), 파이로탄산염(pyrocarbonate)(Sony사) 등이 있다[18].

액체전해질은 미세기공을 가진 분리막에 의해 지지되어야 한다. 분리막의 재료로는 폴리에틸렌(poly-ethylene) 및 폴리프로필렌(poly-propylene)이 가장 널리 사용된다. 또한 이 분리막은 열퓨즈(thermal fuse)로 동작할 수 있다. 실제로 폴리에틸렌은 135℃에서 녹고 폴리프로필렌은 165℃에서 녹는다. 만약 셀 온도가 이 값들에 도달하면 폴리올레핀(polyolefin) 박막이 녹아 기공을 막기 때문에 더 이상 전류가 흐르지 못한다.

1.3.1.4. 액체전해질 셀의 구조 및 성능

상용 Li이온 셀의 형상은 주로 원통형 또는 각주형이며, 전극 및 분리막이 함께 감겨져 있다(그림 1.17 참조). 일부 평판형 셀도 구할 수 있다. 음극은 구리 박막 상에서 지지되며, 양극은 알루미늄 박막 상에 지지된다. 용기(case)는 Ni-도금 강철이나 Al로 만들고, 보통 양극으로 작용한다. 셀의 뚜껑에는 PTC(양의 온도계수)

소자와 안전배기구가 설치되어 있다(그림 1.17 참조). 일반소비자용 셀의 크기는 표준화되어 있지만, 산업용의 경우는 그렇지 않다. 산업용으로는 보통 모듈과 스택이 사용된다. Sony사의 최근 데이터를 보면, 18650(모델넘버) 원통형 셀은 몇 가지 모듈의 기본셀로서 많이 사용되며, 용량은 2.5Ah임을 알 수 있다[19]. 그러나 훨씬 큰 용량과 에너지를 가진 셀도 제시하고 있는데, 특히 에너지저장용의 경우 ~270Wh 또는 ~70Ah였다[20].

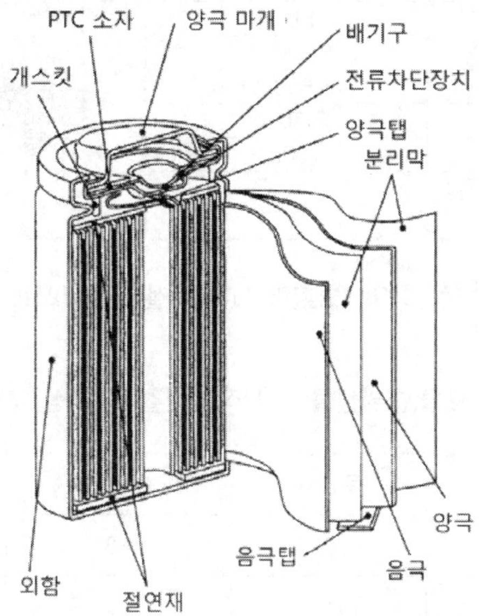

그림 1.17. 원통형 Li이온 셀의 구조. PTC 소자와 배기구를 주목하라(Sanyo사)

견인용(traction)으로 사용되는 Li이온 셀의 예가 4장과 참고문헌[21]에 주어져 있다. 고출력 Li이온 셀에 대한 데이터는 그림 1.18에 주어져 있으며, 표 1.3에는 정지용(stationary)으로 사용되는 몇 가지 모듈의 특성이 제시되어 있다.

VL4V	
용량	4.4 Ah
에너지	15.8 Wh
출력(2초 동안)	2,300 W
출력(200 ms 동안)	4,000 W
무게	320 g
부피	0.140 L
- 셀은 저온에 최적화되었음 - 항공기 및 지정된 에너지 사용처	

12.5 kW/kg (0.2s)

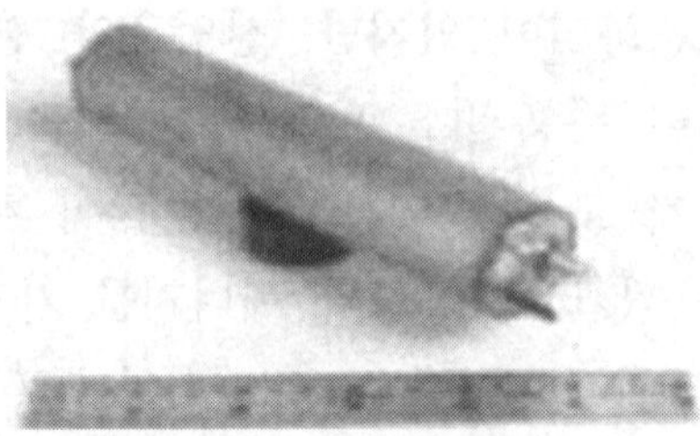

VL8V	
용량	8.6 Ah
에너지	31.0 Wh
출력(2초 동안)	3,800 W
출력(200 ms 동안)	5,650 W
무게	470 g
부피	0.200 L
- 셀은 최대전력에 최적화되었음 - 지정된 에너지 사용처	

8 kW/kg (2s)

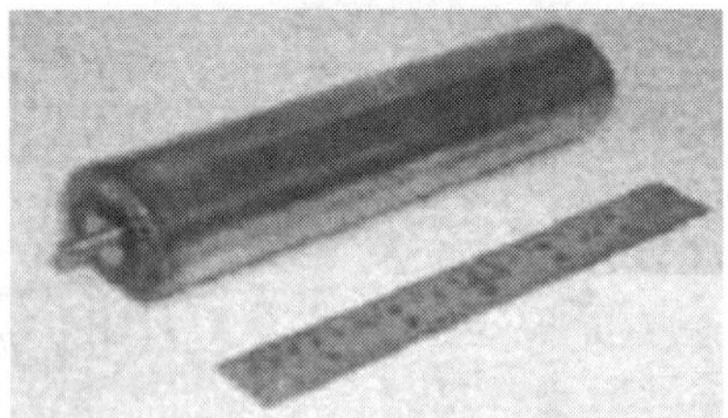

그림 1.18. 고출력 Li이온 셀(문헌 [21])

표 1.3. 정지용 Li이온 모듈(단위셀을 8개 직렬연결)의 특성. 8시간 방전율 기준[23]

항 목	목표치*	Ni-Co 양극[a]	Mn 양극[b]
배터리에너지(kWh)	2	2.3	2.5
비에너지(Wh/kg)	120	128	122
에너지밀도(Wh/L)	240	197(285)[C]	255(295)[C]
에너지효율(%)	90	98	96
충방전수명(횟수)	3,500	(900)[C]	(1,200)[C]

* : 일본의 국가프로젝트에 의해 설정된 에너지저장 관련 목표값
a : $LiNi_{0.7}Co_{0.3}O_2$
b : Li가 풍부한 $LiMn_2O_4$
c : 괄호 안의 숫자는 단위셀에 대한 것임.

대용량 원통형 셀의 시험결과가 그림 1.19에 주어져 있다. 그림을 보면, 고에너지 셀과 고출력 셀의 중간쯤 되는 27Ah 셀은 연속 방전율이 높게 유지될 수 있음을 알 수 있다[22]. 또한 고에너지의 45Ah 셀에 대해, 그림 1.20에는 장기간의 충방전 동안 비에너지의 변화, 그림 1.21에는 2가지의 DOD에 따라 충방전횟수에 대한 출력변화, 그리고 그림 1.22에는 40℃에서 저장하는 동안 완전충전 상태에서의 에너지보존성능(energy retention)이 나타나 있다. 최신 Li이온 셀의 경우, 저장 시 약간의 에너지가 손실된다는 것을 이 그림들로부터 알 수 있다. 손실율은 ~2%/년으로서, 특히 NiCd 및 NiMH와 같은 다른 충전배터리에 비해 특성이 뛰어나다.

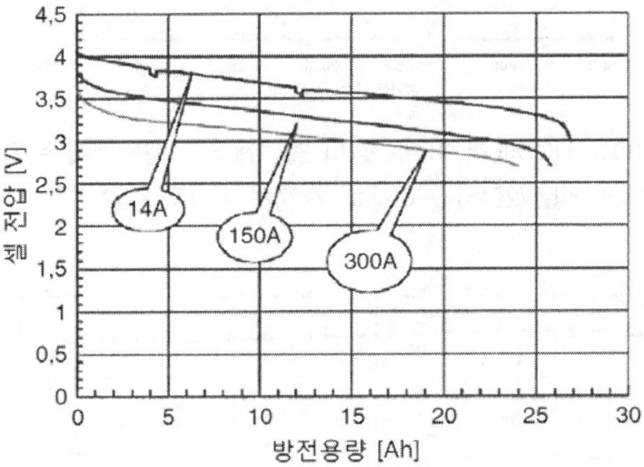

그림 1.19. 방전율에 따른 27Ah, 120Wh/kg 셀(C/LiNi1-x-yCoxAlyO2)의 방전곡선(문헌 [22])

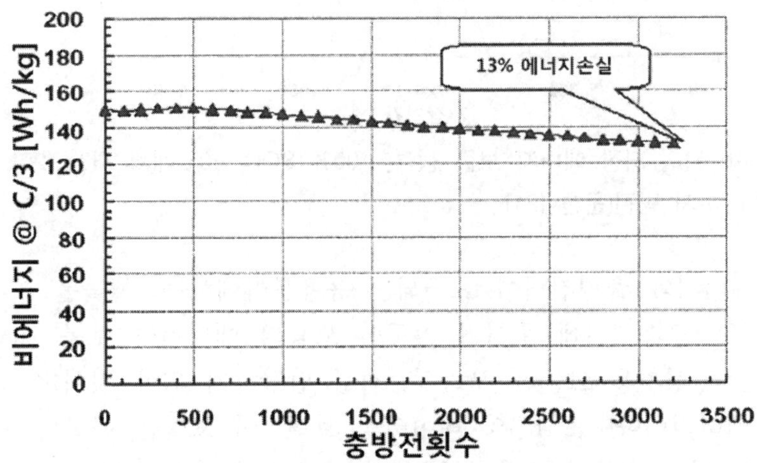

그림 1.20. 45Ah 셀의 비에너지 - 충방전횟수 특성. C/3, 80% DOD로 충방전하는 동적 피로도 시험(dynamic stress test, 이하 DST)(문헌 [22])

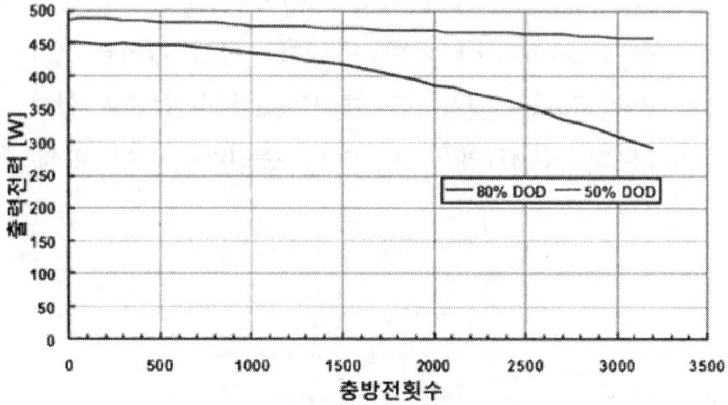

그림 1.21. 50% 및 80% DOD에서 45Ah 셀의 출력전력 - 충방전횟수 특성. 전력은 2초 동안의 150A 펄스(20℃)를 이용해 측정하였다(문헌 [21]).

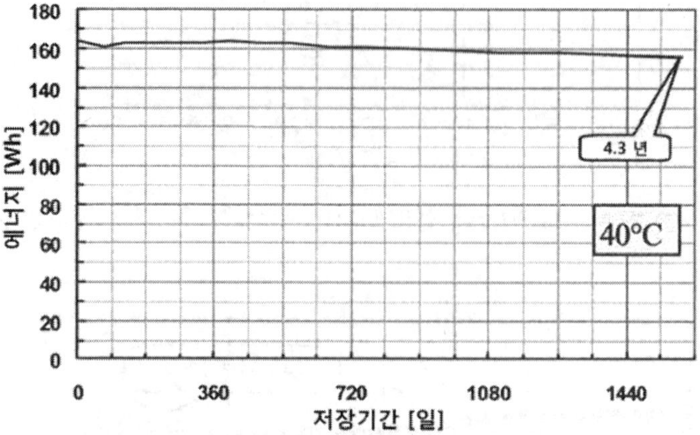

그림 1.22. 45Ah 셀의 저장 에너지 보존 능력. 100% SOC, 40℃에서 저장. 20℃에서 C/3로 2.7V까지 방전(문헌 [21]).

매우 큰 에너지와 출력전력이 요구되는 응용분야에서는, 셀들을 연결하여 모듈로 만든다. 표 1.3과 1.4에 주어져 있듯이 모듈의 에너지는 보통 2kW 이상이다[23]. 예를 들어 정지용 모듈은 부하평준화를 담당하기 위한 것이며, 최종 목표는 10 kWh급 배터리이다. 표 1.3의 데이터를 보면, 이 모듈은 예상된 에너지성능을 달성하였지만, 현재 수준의 충방전횟수는 만족스럽지 않음을 알 수 있다. Ni-Co를 양극재료로 사용한 모듈은 에너지밀도가 낮은데, 그 이유는 단위셀이 원통형이기 때문에 모듈 내에 비어있는 공간이 많기 때문이다. 3kWh EV 모듈(이 셀들 역시 원통형이다)도 에너지밀도와 충방전수명이 개선되어야 한다.

모든 모듈에는 단위셀과 배터리를 제어하는 배터리관리시스템(battery management system, 이하 BMS)이 내장되어 있다. 보통 단위셀의 경우 다음 항목들이 관리되어야 한다.

- 과충전 및 과방전을 방지하기 위한 전압측정
- 셀전압 평형화
- 배터리제어기로의 데이터 전송

배터리관리에는 다음 항목이 있다.

- 온도, 전압, 전류 측정
- 충방전 제어
- 충전상태(state of charge, 이하 SOC), 건강상태(state of health, 이하 SOH), 출력전력 예측
- 전력용 소자(퓨즈, 접촉기 등) 감시
- 비상신호
- 적용 대상과의 인터페이스 및 통신

Li이온 배터리는 보통 2단계를 거쳐 충전된다. 첫 번째는 전압이 미리 설정된 값(보통 셀 당 4.2V)에 도달할 때까지 일정전류(constant current, 이하 CC)를 흘리는 것이다. 두 번째는 앞 단계의 종료시점에서 도달한 일정전압(constant voltage, 이하 CV)을 그대로 유지하면서 셀에 공급되는 전류를 감소시키다가, 전류가 C/10~C/30의 값에 도달하면 충전이 종료된다. 정확한 제어방법에 따라 충전이 이루어져야 하며, 충전종료 신호는 전류의 크기와 총 충전시간 모두에 의해 발생된다. 또한 너무 오랫동안 충전하면 몇 가지 문제가 발생하기 때문에 자동적으로 종료된다. CC 단계는 셀의 과열을 방지하기 위해 전류제한치가 설정되어 있다. 충전은 정확한 온도범위(예를 들면 0~45℃) 내에서 이루어져야 한다. 총 충전시간은 2~3시간이며, 대표적인 충전전류는 0.7C~1.0C이다.

보통, 양극재료가 $LiMO_2$인 Li이온 셀은 높은 충방전율과 비교적 넓은 온도범위에서도 충방전수명이 길다. Li이온 셀의 점진적인 용량감소 원인을 조사해 본 결과, 주된 요인은 양극 때문임이 밝혀졌다. 임피던스 시험에 의해 확인된 것처럼, 실제로 양극의 계면저항은 산화현상 때문에 충방전횟수가 많아질수록 크게 증가한다. 반면 탄소는 2C 또는 3C의 고율에서 용량이 더욱 감소한다.

C/$LiMn_2O_4$ 시스템의 급속한 용량감소는 수많은 연구대상이 되어 왔다. 이 역시 양극이 그 원인이었다. 그러나 HEV용으로 최적설계된 셀은 비교적 고온에서 용량감소를 줄일 수 있음이 밝혀졌다[24].

충방전 시 용량손실의 또 다른 원인으로는 DOD, 방전율 및 충전전압 한계치 등이 있다.

탄소전극 표면에 형성된 SEI(1.3.1.1. 참조)는 전해질과 더 이상의 반응을 크게 제한시키기 때문에 이 전극으로 인한 용량손실은 그리 중요하지 않다. 그러나 이는 SEI 내에 금속불순물이 존재하지 않을 경우에만 해당된다. 예를 들어 양극재료(예를 들면 Mn 스피넬)가 용해되어 생성된 금속이온이 계면에 도달하면, 이온들은 금속상태로 환원되어 전자도약(electron hopping), 즉 Li의 부식(용량 손실)이 촉진된다[25,26].

저장 시 용량 및 전력 손실의 대부분의 원인은 양극 때문이다. 계면의 임피던스가 점차 증가함에 따라 양극 표면에 유기물층(반드시 SEI일 필요는 없다)이 형성된다. 기준전극(reference electrode)을 가진 연구용 셀을 시험하여 각 전극이 손실에 미치는 영향을 분석함으로써 이러한 사실이 확인되었다. 그림 1.23에 나타나 있듯이, 셀이 70℃에서 2주간 저장된 후, 탄소전극의 면적비임피던스(area specific impedance, 이하 ASI) 증가율은 양극($LiNi_{0.8}Co_{0.2}O_2$)의 ASI보다 훨씬 더 작다[27].

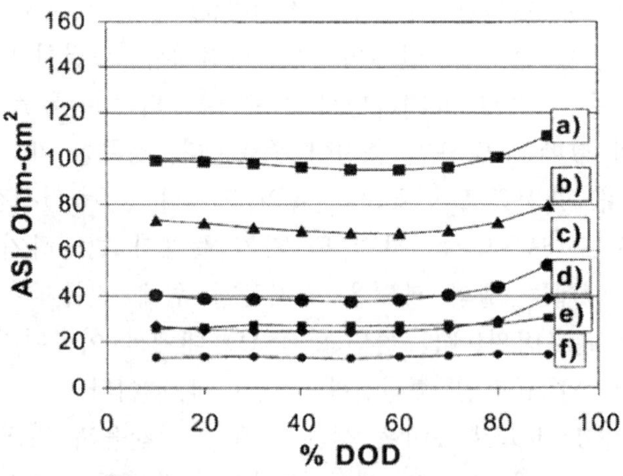

그림 1.23. 여러 경우의 면적비임피던스. (a) 2 주 저장 셀 (b) 2주 저장 양극 (c) 새 셀 (d) 새 양극 (e) 2주 저장 음극 (f) 새 음극. 70℃에서 2주간 열화과정 진행.

1.3.1.5. 고분자전해질 Li이온 배터리

Li이온 배터리가 처음으로 상용화된 1999년까지, Li이온 배터리에 고분자전해질을 사용하려는 시도는 처음부터 몇 가지 오류가 있었다. 전해질로 고분자물질을 사용한 셀은 기존의 셀에 비해 누설이 없고 유연성이 크며 매우 얇은 형태로 제작할 수 있는 등의 장점을 가지고 있다. 소위 겔형 고분자전해질(gel polymer electrolyte, 이하 GPE)을 사용하면 액체전해질 셀과 유사한 성능을 가진 일반소비자용 제품을 만들 수 있었다. 보통 소형 셀의 성능이 우수하기 때문에 이하의 내용은 소형 셀에 대한 것이지만, 대용량 셀로 스케일링업(scaling-up)할 때에도 구조나 성능에서 큰 차이는 없다.

GPE는 고분자 매트릭스 내에 액체전해질을 고정시켜 형성된다. 이러한 목적으로 PMMA(poly-methyl methacrylate), PVDF(poly-vinylidene fluoride), PEO(poly-ethylene oxide) 및 PAN(poly-acrylonitrile)과 같은 다양한 고분자물질이 제안되었다. GPE를 제조하는 방법은 2가지가 있다. 첫째는 액체전해질을 고분자 매트릭스의 기공 내에 고정시키는 것이다. 둘째는 고분자와 전해질이 동일한 상(相)을 형성하도록 하는 것이다. 이때 고분자분말과 전해질을 공통 용매 내에서 혼합시키거나(그후 용매는 증발된다), 또는 고분자 전구체(前驅体, precursor)*)를 전해질에 가하여 그 자리에서(in-situ) 고분자를 형성시키면 두 번째 조건이 얻어질 수 있다.

제조방법에 관계없이 겔형 전해질은 다음과 같이 뛰어난 특징이 있다.

- 고분자구조 내부에 용매가 구속됨. 따라서 용매가 누설될 가능성이 없음.
- 증발압력이 낮은 용매
- 실온 이하에서의 높은 전도도
- 전극과의 우수한 부착력

그 자리에서 고분자화시키는 방법은 Sanyo사가 상용화한 Li이온 고분자 셀에 이용되고 있다. 이 셀은 액체전해질 셀에 사용되는 일반적인 기술로 제작되며, 마지막 단계에서 고분자 전구체가 첨가된 뒤 이를 고분자화하기 위해 가열된다[28]. 전해질은 EC-DEC 내의 $LiN(SO_2C_2F_5)_2$이며, 고분자는 교차결합된(cross-linked) PEO이다.

---

*) 선구물질(先驅物質, precursor) : 화학반응 과정에서 생성되는 물질의 전(前) 물질

Sony사 셀의 겔형 전해질은 따로 만든다. Sony사는 PC-EC(propylene carbon ate-ethylene carbonate) 내에서 $LiPF_6$에 의해 형성된 전해질에, PHFP(poly-hexa fluoropropylene)와 PVDF(poly-vinylidene fluoride)의 공중합체(copolymer)를 함침시키는 방법을 선택하였다[28]. PHFP는 전해질의 흡수성을 증가시키지만, 결정질 PVDF 특유의 기계적인 강도를 유지하기 위해 공중합체 내의 PHFP 함유량은 낮게 한다(무게 기준 3~7.5%). 흑연전극 셀에서 PC가 존재한다는 것은 의외일 수 있는데, 이는 흑연이 박리(剝離)되면서 PC가 분해되기 때문이다. 그러나 Sony사의 셀에서 흑연은 비결정질 탄소로 코팅되어 있기 때문에 분해를 방지할 수 있다. 실제로 최초 충전 시의 비가역적 용량(용량손실)은 10% 이하이다. 이러한 겔형 전해질의 전도도는 25℃에서 $9 \times 10^{-3} \Omega^{-1}cm^{-1}$로서 액체전해질과 비슷하며, 그림 1.24에서 보듯이 1세대 전해질에 비해 특성이 크게 개선되었다. 이는 염의 농도, PC/EC 비율, VDF/HPF 비율 및 공중합체의 분자량이 최적화되었기 때문이다.

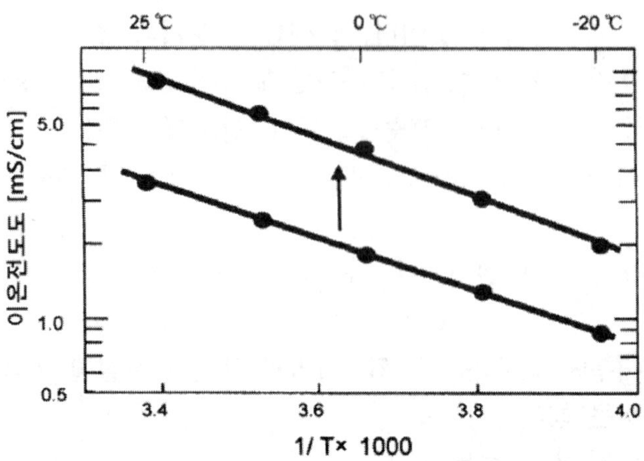

그림 1.24. Sony사의 Li이온 고분자 셀에 사용된 1세대(아래쪽 선) 및 2세대(윗쪽 선) 전해질의 전도도(문헌 [28])

1.3.1.6. 응용 예

최근 Li이온 배터리의 발전속도는 매우 빨랐다. 현재 이 배터리의 최대 비에너지는 200Wh/kg에 가깝고, 에너지밀도는 520Wh/L에 달하고 있다. 이 값들은 거의 한계치에 가까운 것으로, 이론 상 최대 에너지밀도는 550Wh/L이다. 오직 수계배터리만이 사용될 것으로 생각되는 분야에도 Li이온 시스템이 곧 사용될 것이다. 가격이 문제가 되지 않는 우주분야, 즉 정지궤도위성(GEO)나 저궤도위성(LEO)[29] 및 화성 로봇탐사차량(rover)과 같은 행성임무용 차량[30]에서 이 배터리가 이미 사용되고 있다. 장래에는 견인용(성능이 개선된 시제품은 구할 수 있다)[31], 무정전 전원공급장치(uninterruptible power supply, 이하 UPS) 및 배터리 에너지저장시스템(battery energy storage system, 이하 BESS)[32]과 같은 응용분야에도 사용될 것으로 보인다. 비교적 소용량의 것은 청소기, 전동자전거 및 전동공구에 사용될 수 있다.

대용량 배터리의 안전성은 현재 만족할 만한 수준까지 도달했음을 지적해 두고 싶다. 그 예로서 표 1.5에 주어진 EV용 배터리에 대한 시험을 들 수 있다.

표 1.5. 100% SOC에서의 EV용 배터리(보호장치 포함)의 안전성 시험[21]

시 험	결과
외부단락 회로(*4.1절)	사고 없음
충격(**)	사고(액체누설) 없음
과충전(*4.3절)	사고 없음
과방전(*4.4절)	사고 없음
침수(*2.5절)	사고 없음
연료 화재	불꽃을 내며 느리게 타다

* 표시는 USABC(United States Advanced Battery Consortium, 미국 최신 배터리 협회) 시험절차 교본인 SAND 99-04-97에 따라 수행된 것임

** 지름 150 mm 기둥에 54 km/h의 속도로 충돌하는 자동차제작사의 사양에 따른 것임

가정용 및 산업용의 경우, 고출력 Li이온 셀과 고에너지 연료전지의 조합을 시도하였지만, 연료전지는 최적화되어야 할 여지가 많다[33]. 따라서 고에너지용으로 $LiSOCl_2$와 같은 1차 Li 셀과 고출력용으로 Li이온 셀을 조합시키는 새로운 방안이 제시되어 주목을 받았으며, 이 조합은 이미 적용된 바 있다[33].

1.3.2. 리튬전극 배터리

1.3.2.1. 리튬/황 배터리

현재 큰 주목을 끌고 있는 시스템은 액체전해질과 Li/S 전극으로 이루어져 있다. Li/S 셀에서 황은 비용량이 1,675Ah/kg, 비에너지가 2,600Wh/kg이기 때문에, 매우 매력적인 재료이다. 최근 이러한 황의 잠재에너지를 이용하기 위한 노력이 재개되어 흥미로운 결과들이 보고된 바 있다. 황은 2단계를 거쳐 환원된다. 첫 단계에서는, ~2.4V에서 용해성 Li 다황화물(polysulfide)이 형성되고, 이것이 Li 전극으로 확산되어 환원이 더욱 진행된다. 환원된 형성물은 다시 양극으로 확산되어 재산화될 수 있다. 이러한 전기화학적 왕복반응(산화환원)으로 인한 손실 때문에 Li/S 배터리는 완전히 재충전되지 못한다. Li 애노드를 다황화물의 공격으로부터 보호하기 위한 연구개발 덕분에, 산화환원반응은 수 천 번이 가능해졌으며 자기방전도 제한되었다. 애노드의 보호와 전해질의 성능 개선이 함께 이루어지면 100% 충전효율이 달성된다[34]. 그 결과, 황 용량의 총 이용률은 75% 또는 1,256Ah/kg에 달할 수 있다. 두 번째 단계에서는 불용성, 비전도성 짧은 사슬(short chain) 다황화물이 형성되므로, 이 단계의 반응을 촉진하기 위해 촉매를 첨가하면 90% 또는 1,450Ah/kg 이상의 황 이용률을 얻을 수 있다. 이 배터리는 미국의 Sion Power사에 의해 전자장비용으로 특별히 개발되었다[34]. 2.5Ah 셀은 비에너지가 최대 350Wh/kg이며, 촉매를 최적화시키면 훨씬 더 큰 에너지를 얻을 수 있을 것으로 예상된다. 대용량 셀로 스케일링업시키는 것도 가능해 보인다.

1.3.2.2. 리튬-금속-고분자(lithium-metal-polymer, 이하 LMP) 배터리

Li, 금속 및 고분자전해질을 기반으로 한 배터리의 전망은 점점 밝아지고 있다. 이 배터리에서는 Li가 전해질과 반응하여 수지상(樹枝狀, dendritic) Li 석출물이 생기고, 이로 인해 충방전효율이 낮아지는 것을 억제하기 위해 용매가 없는 고분자전해질이 사용된다. 가장 널리 사용되는 고분자전해질은 폴리에틸렌산화물(poly-ethylene oxide, 이하 PEO)에 Li염을 용해시켜 얻는다. Li^+이온이 에테르산소(ether oxygen)와 정전결합(electrostatic bond)을 형성하기 때문에 용해가 가능하다. Li^+에 결합된 산소원자의 수는 계속 변하기 때문에 고분자사슬(polymer chain)을 따라 Li^+가 움직이게 된다. 전도도는 사슬의 부분적인 움직임 때문에 나타나며, 비결정질 영역에서는 크게 증가되는 반면, 결정질 영역에서는 훨씬 낮아진다. Li염-PEO 용액은 준결정질(semi-crystalline)로서 용융점 이상에서만 전도도가 커진다. 따라서 결정화를 방지하기 위해 공단량체(co-monomer, 공중합체 중의 단위체)의 첨가 및/또는 선형 사슬의 이식(grafting)과 가교결합(cross-linking)에 의해 고분자의 기본구조가 수정되어야 한다[35]. 알맞은 공중합체(co-polymer)로는 PEO-PPO(poly-propylene oxide)가 있으며, 이것은 순수한 PEO보다 더욱 비결정질적이며 용융점도 낮다. PEO-PPO 내에 LiTFSI(Libis(trifluoromethylsulfonyl)imide)염이 포함된 용액은 넓은 온도범위에서 기존의 $LiClO_4$-PEO 용액보다 전도도가 크다[36]. 그러나 40℃ 이하에서는 PEO-PPO 전해질조차 전도도가 $1\times10^{-4}\Omega^{-1}cm^{-1}$ 이하이며, 이 값은 만족스러운 배터리 성능을 위한 최소한의 값이다. 따라서 이 전해질을 가진 배터리의 동작온도는 40℃ 이상으로 유지된다. 순수 PEO가 사용된다면 당연히 좀 더 높은 동작온도가 필요하다. 예를 들어, 이 전해질을 사용한 양극형(bipolar) Li/FeS_2 배터리(실험용)는 135℃에서 500회(100% DOD)의 충방전이 성공적으로 이루어진 바 있다[37, 38].

기대를 모으고 있는 시스템은 음극에 Li금속, 양극에 산화바나듐, 그리고 PEO-PPO 공중합체 기반의 전해질을 사용한 것이다[36]. 현재 이 배터리는 Avestor사에 의해 상용화되었으며, 대기전원 분야(예를 들면 통신분야[39])에서 Hydro-Quebec사(캐나다) 및 Kerr-McGee사(미국)와 협력관계를 맺고 있다. 또한 이 배터리는 전기자동차용으로도 주목을 받고 있다.

이 배터리의 개략적인 구조가 그림 1.25에 주어져 있다. 극도로 얇은 Li 박막이 Al 집전체에 부착되어 있으며, 고분자전해질은 양극과 음극 사이의 분리막으로 작용한다. 양극 혼합물에는 산화바나듐, 탄소 및 고분자 전해질이 함유되어 있으며, 이 혼합물은 입자들을 결합시키는 동시에 이온전도를 위한 통로가 된다. 가장 많이 사용되는 산화바나듐은 LiV_3O_8로서 층상물질이며, 다음의 반응식에 따라 $2Li^+$/mol 이상이 가역적으로 층간삽입/층간탈리된다[40].

$$y\text{Li} + \text{Li}_{1+x}\text{V}_3\text{O}_8 \rightleftharpoons \text{Li}_{1+x+y}\text{V}_3\text{O}_8$$

그림 1.25는 상용으로 구입할 수 있는 LMP 배터리로서, 전체 복합재 박판의 두께는 100㎛ 이하(절연층 포함)이며, 이것이 250㎛인 Li이온 배터리에 비해 매우 얇다[41]. 실제 제작 시에는 Al 집전체 상에서 2개의 박판형 셀이 등을 맞댄

(back-to-back) 구조(양극형 구조)로 제작되며, 절연층은 셀의 활성층을 완전히 감싸고 있다. 각 박판들을 적층하여 조립하면 그림 1.26과 같은 각주형 배터리가 만들어진다[42].

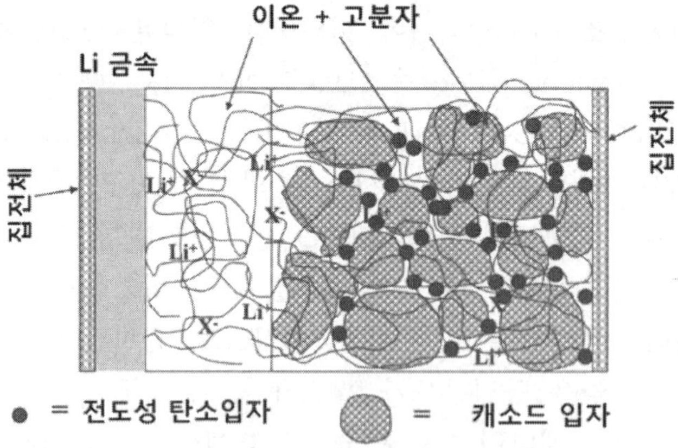

그림 1.25. Li 금속-고분자-산화금속 배터리의 구조(문헌 [35])

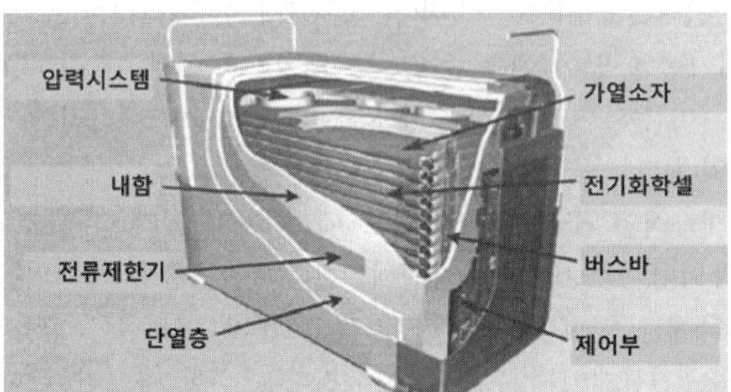

그림 1.26. Li-금속-고분자 배터리의 단면 구조(참고문헌 [42]). 통신용으로 Avestor사에 의해 상용화된 SE48S80 배터리는 48V, 최소용량 80Ah(25 ℃), 3.8kWh(@ C/8, 25℃), 최대전류 20A, 무게 27.5kg이다(문헌 [39]).

배터리가 정상적인 기능을 하기 위해서는 다양한 하부시스템이 필요하다. 셀스택 내의 여러 곳에 존재하는 가열층은 스택을 감싸고 있는 단열층 때문에 외부온도에 상관없이 일정한 온도(40~60℃)가 유지된다. 셀은 공통모선(bus bar)에 의해 연결되어 있으며, 통신분야에 가장 널리 사용되는 전압인 24V 또는 48V가 발생된다. 압력시스템은 적층된 셀들이 균일한 압력을 받도록 하기 위해 스프링 구조로 되어 있다. 충전 시 Li가 균일하게 도포되기 위해서는 셀들이 균일한 압력을 받는 것이 특히 중요하며, 1980년대에 Moli Energy사(캐나다)는 자신이 상용화한 소형 Li 셀로써 이를 입증한 바 있다. Li가 건성(dry) 고분자전해질과 반응하는 것은 액체용액과 반응하는 것보다 중요성이 덜하지만, 여전히 수지상(樹枝狀) 결정이 없는(dendrite-free) 석출물을 얻을 수 없다. 따라서 Li 금속에 고분자를 강하게 압착시키는 압력시스템이 필요하다. 또한 전류제한기는 충전 시 과전류를 방지한다. 마지막으로 제어판은 배터리의 전압, 전류, 온도 및 동작상태를 감시하며 배터리의 상태를 최적화시킨다.

통신분야에서 백업용으로 사용되는 48V 배터리의 대표적인 전압특성이 그림 1.27에 나타나 있다. 이 배터리는 18개의 단위셀로 이루어져 있다. 각 셀의 가역 전압범위는 2.0~3.1V이며, 이 범위를 벗어나면 급격한 용량감소가 나타난다. 실제로 셀은 2.35V(배터리전압으로는 42V) 이하에서는 방전되지 않으며, 이는 그림에 설명되어 있다[36]. 같은 그림에서 볼 수 있듯이, 배터리관리시스템(battery management system, 이하 BMS)은 배터리의 수명을 최대로 보장하기 위해 몇 가지 차단기능을 가지고 있다. BMS는 대기(standby) 시 및 단시간 방전(30분 이하) 시에는 40℃, 장시간 방전 시에는 60℃로 온도를 유지시킨다. 그림 1.28에서 볼 수 있듯이 실제로 용량은 60℃에서 더욱 크다. 단위셀의 전압이 2.75V 이하로 떨어지면, BMS는 자동적으로 온도를 40℃에서 60℃로 증가시킨다[42].

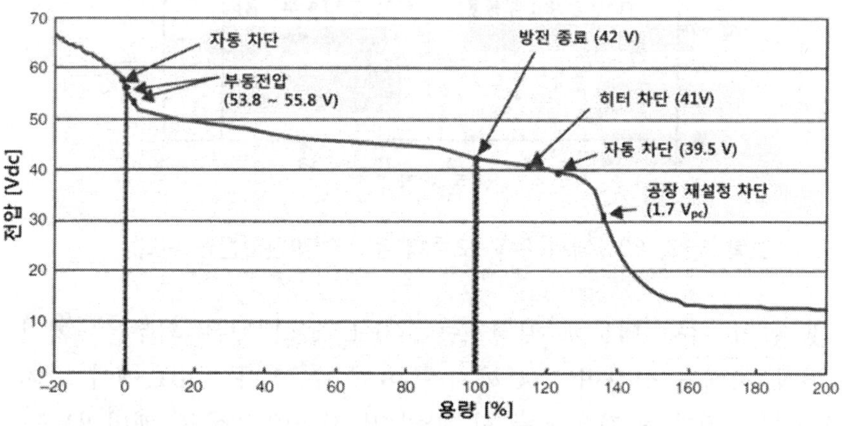

그림 1.27. 40℃에서 48V Avestor사 배터리의 방전곡선(문헌 [36]).

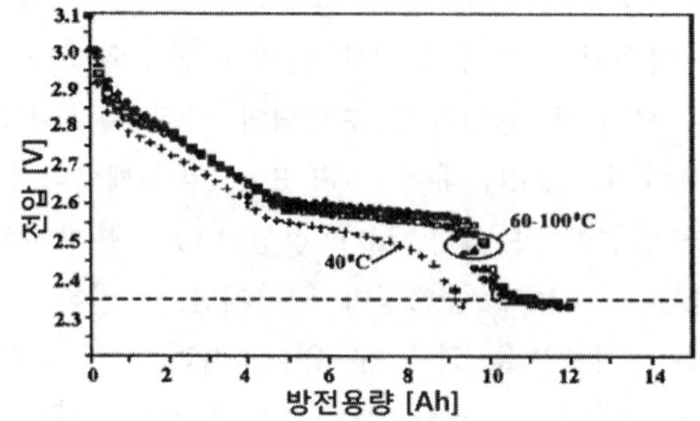

그림 1.28. 온도변화에 대한 방전곡선(문헌 [42]).

LMP 배터리의 특징은 수명이 길다는 것이다. 실온 ~ 60℃의 온도에서 저장할 경우 Avestor사 배터리의 용량감소는 단지 1%/년에 지나지 않으며, 따라서 10년 이상의 저장수명이 예상된다. 부동(float) 상태 및 백업 시의 동작조건 시험 결과로부터, 배터리는 최소한 12년 동안 동작할 수 있음을 그림 1.29로부터 알 수 있다[42].

부동율(float percentage)은 총 운전시간 중 배터리가 부동상태에 있는 시간을 나타낸다. 실제로 99.4%의 부동율은 미국의 통신산업에서 기록된 값(99.6%)과 유사하며, 따라서 실제 수명은 25년이 충분할 것으로 예상된다.

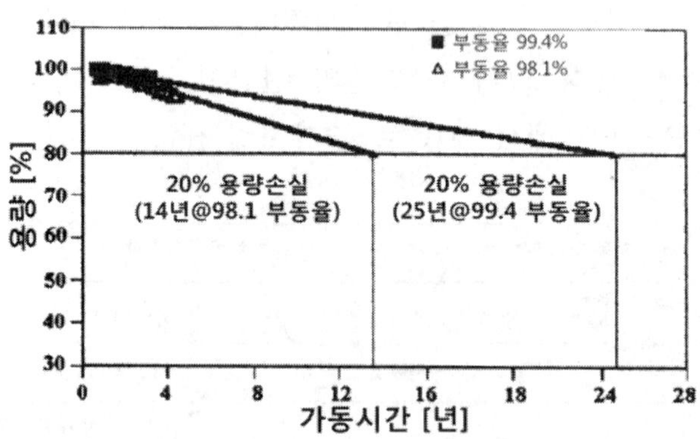

그림 1.29. 60℃에서 24V 모듈의 운전수명(참고문헌 [42]).

열 제어 및 단열 기능 덕분에 배터리는 -40~65℃의 넓은 외부온도에서 동작할 수 있으며, 저장 시에는 상한이 75℃까지 높아질 수 있다. -40℃에서 단지 정격용량의 15%만이 손실된다는 점은 주목할 만하다[43]. 48V 상용 배터리모듈은 25℃에서 140Wh/kg 및 174Wh/L의 에너지를 공급할 수 있다[39].

또한 LMP 배터리는 EV 및 HEV용으로도 주목을 받았다[41,44~46]. Avestor사의 기본 셀은 정지용 배터리에 사용된 재료들을 박판화시켜 만든 것이다. 매우 긴 이 박판들을 감아 각주형 셀로 만들고, 이 셀들을 조립하여 배터리로 만든다. 60~80℃에서 동작하는 대표적인 EV용 배터리모듈은 비에너지가 120Wh/kg, 비출력이 260W/kg이며, 600회의 충방전이 가능하다. 배터리모듈이 HEV용으로 사용되기 위해서는 850Wh의 에너지와 20.5kW의 출력전력 및 1.4kW/kg(80% DOD에서 10초 동안의 펄스전력)의 비출력을 가져야 한다[44]. EV용 모듈을 시험한 결과 거의 USABC(United States Advanced Battery Consortium, 미국 최신 배터리 협회)의 배터리성능 중기목표치에 가까운 결과를 보였다. EV용 셀과 모듈의 충방전수명이 그림 1.30에 나타나 있다[41]. 충방전횟수에 대해 용량은 거의 크기가 일정하므로, 800~1000회까지 충방전수명을 늘일 수 있을 것으로 생각된다.

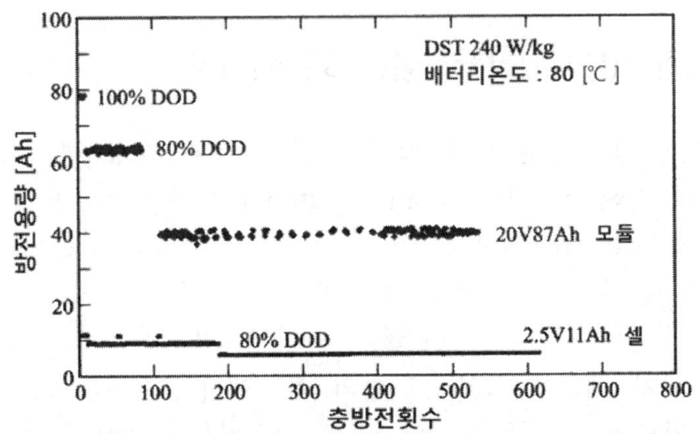

그림 1.30. 50%의 DOD에서(그림에는 없음) 11Ah 셀과 20V, 87Ah 모듈의 충방전수명(USABC 권장)과 240W/kg DST(동적 피로도 시험)(문헌 [41]).

LMP 배터리는 시범용 자동차에 탑재되어 우수한 성능을 보였다. 예를 들면, Avestor사의 배터리는 Ford사의 Think City, Honda사의 Insight와 Cleanova 등의 자동차에 전력을 공급했다. 그러나 2005년 Avestor사는 EV용 프로토타입 LMP 배터리의 생산을 중단했다. Batscap사(Bolloré사)의 LMP 배터리는 Bluecar에 사용되었다. 두 배터리 모두 약 200km의 주행거리를 기록했다[45,46]. (이들 자동차에 대해 자세히 알고 싶다면 4장을 참고하라)

표 1.6에는 여러 가지 EV용 모듈에 대한 각종 특성이 비교되어 있다. 현재 사용되는 NiMH 배터리는 LMP 및 Li이온 배터리에 의해 위협을 받고 있다. 특히 Li이온 배터리는 충방전수명만 증가한다면 모든 면에서 우수할 것이다.

표 1.6. 여러 가지 EV용 모듈의 특성 비교[46]

배터리 종류	비에너지 (Wh/kg)	에너지밀도 (Wh/L)	비출력 (W/kg)	충방전수명 (회)
BatScap사 LMP	110	110	320	-
Avestor사 프로토타입 LMP	120	140	240	300
Avestor사 차세대 LMP	120	160	-	800
Li이온	140	210	430	550
NiMH	65	150	200	800
NiCd	50	90	120	800
납	35	85	180	600

1.3.2.3. Li합금(Li-Al)/철황화물(FeS_x) 배터리

음극에 Li 합금, 양극에 황화철, 그리고 전해질로서 용융염을 사용한 배터리는 1970년대 초부터 특히 미국의 Argonne National Laboratory에서 연구되어 왔다[47]. 합금은 다상(多相, multiphase)의 $(\alpha+\beta)$Li-Al과 $Li_5Al_5Fe_2$이기 때문에, 양극형(bipolar) 구조인 경우 어느 정도 과충전이 허용되며, 캐소드 재료로는 FeS 및 FeS_2가 모두 사용될 수 있다. 전해질은 임피던스가 낮은 LiCl-LiBr-KBr 혼합물(LiCl이 풍부함)이기 때문에, 400~425℃의 온도에서 큰 비출력을 얻을 수 있다. 이 전해질에 고밀도의 FeS_2를 캐소드재료로 사용하면 1,000회 이상의 충방전수명을 얻을 수 있다. 칼코겐화합물(chalcogenide)을 세라믹 밀봉재로 사용하면 전해질결핍(electrolyte-starved) 양극형(bipolar) 셀 또는 스택을 제조할 수 있다. 이 밀봉재는 여러 금속들과 세라믹을 강력하게 접합시킬 수 있다. 분리막으로는 MgO 분말을 압착시켜 만든 것이 사용된다.

FeS와 FeS_2(그림 1.31(b)의 위쪽 특성곡선의 전압평탄구간(upper plateau)만 해당)의 화학반응은 다음과 같다.

$$2\text{Li-Al} + \text{FeS} \rightleftharpoons \text{Li}_2\text{S} + \text{Fe} + 2\text{Al}$$

$$2\text{Li-Al} + \text{FeS}_2 \rightleftharpoons \text{Li}_2\text{FeS}_2 + 2\text{Al}$$

첫 번째 반응은 1.33V 전압에서 발생하며 이론적인 비에너지는 460Wh/kg이고, 두 번째 반응은 1.73V(490Wh/kg)에서 발생한다. FeS의 방전반응에서는 Li_2FeS_2가 중간생성물이다. FeS_2의 반응은 매우 복잡하며, 그림 1.31(b)의 위쪽 전압평탄구간에서 $Li_3Fe_2S_4$, $Li_2Fe_{1-x}S_2$+$Fe_{1-x}S$ 및 Li_2FeS_2의 세 단계가 존재한다[48]. FeS_2가 완전히 방전되면, Li_2S가 형성되면서 아래쪽 전압평탄구간의 특성이 나타난다. 위쪽 전압평탄구간의 끝부분에서 방전을 중단하면 FeS_2의 가역성이 증대되고 충방전수명이 늘어난다[48]. 이 경우, 실제로 FeS_2로 재충전하는데 필요한 과전압은 단지 20mV 정도이고, 어떠한 용해성(soluble) 물질도 형성되지 않기 때문에, 충방전성능이 향상된다.

FeS_2는 FeS보다 황의 활성도가 높기 때문에 발생전압이 크지만, 부식문제가 발생한다. 또한 FeS_2는 매우 우수한 전도체이기 때문에 두꺼운 전극을 사용할 수 있다.

양극은 FeS_x와 전해질의 혼합물을 집전체 표면에 압착시키거나 벌집 모양의 매트릭스에 삽입시켜 만든 것이다[48]. 혼합물에는 흑연이 첨가되기도 하고, 때로는 CoS_2와 NiS_2가 첨가될 수도 있다.

셀은 단극형(monopolar)보다 양극형(bipolar) 구조가 널리 사용되며, 이것이 그림 1.31(a)에 나타나 있다. 전극의 표면적은 크고 셀은 컴팩트하게 설계되어 있으며, 결핍전해질과 MgO 분리막의 사용으로 큰 출력을 얻을 수 있다. 또한 음극의 2상(相) 합금(LiAl + $Li_5Al_5Fe_2$) 때문에 과충전이 허용되므로, 모든 셀의 충전상태를 균일화시킬 수 있다. 실제로 이 합금은 충전 종료단계에 가까워질수록 Li의 활성도가 매우 높기 때문에, 용융염 전해질에 Li 금속이 용해될 수 있다. Li는 양극에서 재산화되므로, 산화환원 메커니즘이 반복된다[48].

효율적인 양극형(bipolar) 스택의 설계기준은 다음과 같다[48]

1. 앞서 언급한 대로, 직렬연결된 셀들의 충전상태를 균일화하기 위한 방법
2. 결핍전해질과 MgO 분리판의 사용. 이를 위해 Li가 풍부한 LiCl-LiBr-KBr 전해질을 사용한다. 결핍구조에서 이 전해질의 전도도는 개방형(flooded) 구조의 LiCl-LiBr 공정(共晶, eutectic)*)의 전도도와 같다. 또한 이 조건에서는 부식도 억제된다.

*) 공정(共晶, eutectic) : 용융상태에 있는 액체물질을 냉각할 때 일정 온도에서 2종류 이상의 결정체로 변화한 것. 미세한 결정입자가 혼합된 조직이 된다.

3. 효과적인 밀봉재의 사용. 양극형(bipolar) 셀은 단극형(monopolar) 셀보다 밀봉하기가 더욱 어렵다. 이 문제는 앞서 언급한 칼코겐화합물(chalcogenide) 밀봉재를 사용하여 해결하였다. 캐소드재료로 FeS_2를 사용한 셀은 강철-세라믹-몰리브텐 밀봉재가 적절함이 밝혀졌다.

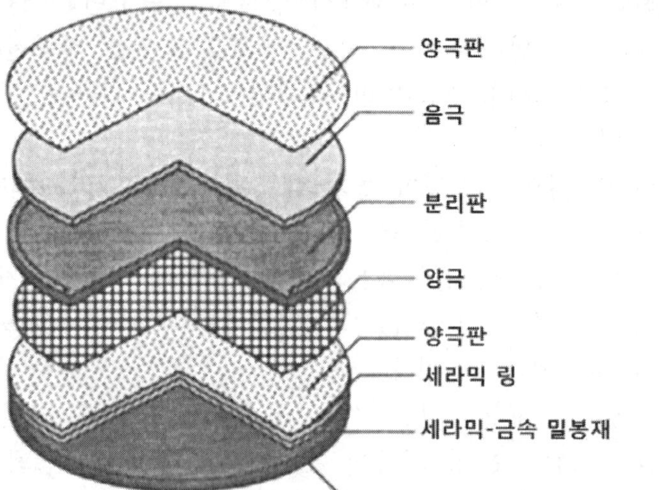

(a)

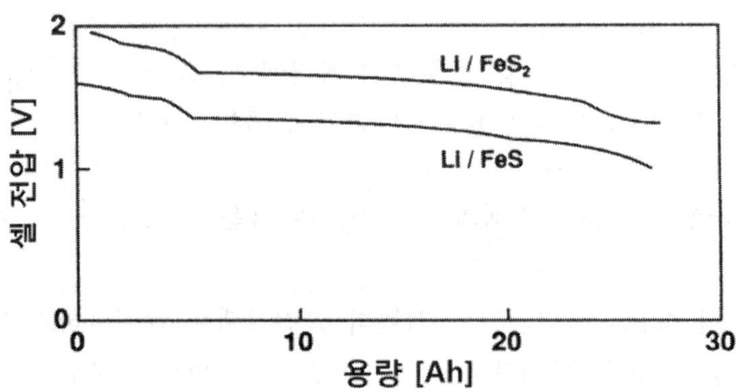

(b)

그림 1.31. a) 4개의 셀로 이루어진 양극형 Li-Al/FeSx 스택의 조립도 (b) 425℃에서 프로토타입 양극형 Li-Al/FeS2 및 Li-Al/FeS 셀의 방전곡선(참고문헌 [49]).

몇 가지 초기 형태의 양극형 Li-Al/FeS$_x$ 배터리가 1990년대 초에 제작되었다. 이 셀스택(직경 130mm, 무게 250g)은 그림 1.31(b)처럼 C/5의 방전율로 25Ah의 용량을 공급할 수 있었다. 이 셀(배터리가 아님)의 비에너지와 비출력이 표 1.7에 주어져 있다[49]. 비에너지 면에서, 두 셀 모두 USABC의 중기 목표치(80~100Wh/kg)를 만족시키고 있으며, Li/FeS$_2$ 셀은 장기 목표치(200Wh/kg)에 근접해 있다. 그러나 USABC의 목표치들은 셀이 아닌 배터리에 대한 것임을 알아야 한다. 또한 Li-Al/FeS$_2$ 셀의 비출력은 매우 주목할 필요가 있다. 실제로 USABC의 중기 및 장기 비출력 목표치는 각각 150~200W/kg과 400W/kg이다. 이 시스템의 또 다른 장점은 충방전수명이 우수하고(1000회 이상), 과충전 및 과방전에 대한 여유가 있으며, 결빙-해동의 반복이 가능하다.

표 1.7. 양극형(bipolar) Li-Al/FeSx 셀의 특성[49]

셀 종류	비에너지 (Wh/kg)	비출력 @ 80% DOD (W/kg)
Li-Al/FeS$_2$	180 @ 30 W/kg	400
Li-Al/FeS	130 @ 25 W/kg	240

각주형 양극형 셀을 이용하여 공칭전압 25V, 용량 60Ah인 밀봉형 모듈이 제작된 바 있다[49]. 이 모듈의 비에너지는 75Wh/kg, 에너지밀도는 200Wh/L이며, 수백 회의 깊은 방전 사이클로 충방전될 수 있다. 이 모듈이 고장난 것은 수명종료 시점에서 회로가 단락되면서 발생하였음을 언급해 두고자 한다. 그러나 1개 이상의 셀이 고장난 이후에도 직렬연결된 스택들은 동작이 가능했다. 이 경우 에너지 손실은 고장난 셀(들)에서만 나타났다[50].

Li-Al/FeS$_x$ 시스템의 장점은 다음과 같이 요약될 수 있다.

- 모듈의 설계와 구조가 단순함
- 고에너지 - 최소한 납 배터리의 2 배
- 고출력
- 긴 충방전수명
- 사용 중 보조 가열/냉각이 필요 없는 열관리
- 혹사(abuse) 조건 하에서도 안전

Li-Al/FeS_x 시스템은 Na/S 배터리(1.3.3.1 참조)에 비해 안전성이 개선된 반면, Na/$NiCl_2$ 배터리(1.3.3.2 참조)에 비해 안전성은 감소되었지만 비출력은 커졌다. 그러나 다음과 같은 2가지 확실한 단점도 있다.

a) 다른 열배터리처럼, 저장된 에너지가 대기 시에 셀을 따뜻하게 유지하는데 사용된다.
b) 양극형 구조는 제조 상 문제가 많고 가격도 비싸다.

이후 Li-Al/FeS_x 배터리는 기술이 크게 발전하면서, USABC에 의해 장기적으로 개발되어야 할 전기차량용 배터리로 결정되었다. 그러나 1990년대 중반, Li이온 또는 Li폴리머 기반의 새로운 배터리가 등장함으로써, Li-Al/FeS_x 배터리의 연구개발 노력은 중단되었다. 실제로 이들 두 Li 기반 배터리는 전력과 에너지 면에서 Li-Al/FeS_2 배터리와 비슷했지만, 훨씬 더 낮은 온도에서 동작할 수 있는 장점이 있었다. 그러나 Li-Al/FeS_2 배터리는 정지용 에너지저장 시스템 분야에서 여전히 강력한 후보로 남아있다[50].

Li/FeS_x 시스템은 계속 개발되고 있지만, 용융염 전해질은 고분자전해질로 대체되었다. 예를 들면, PEO 기반 복합재 전해질을 채용한 배터리가 이미 언급된 바 있다(참고문헌 [37,38] 참조).

1.3.3. 나트륨 전극 배터리

음극에 나트륨, 양극에 황 또는 $NiCl_2$, 그리고 Na^+ 이온 전도성 고체전해질로서 β''-Al_2O_3를 사용하는 고온 배터리가 현재 에너지저장 분야에서 사용되고 있으며, EV용 및 우주용으로도 주목을 받고 있다. Na/S 배터리 및 Na/$NiCl_2$ 배터리의 이론적인 비에너지는 각각 760 Wh/kg과 796 Wh/kg으로서, 지금까지 에너지저장용으로 사용된 그 어떤 수계 배터리(납 배터리 및 Ni/Cd 배터리)보다 훨씬 더 높다.

1.3.3.1. 나트륨/황 배터리

이 배터리에 대한 연구는 1970년대 초로 거슬러 올라가며, 연구는 오랫동안 주로 수송용에 초점이 맞춰져 있었다. 그러나 기술적 및 경제적 문제 때문에, 정지용 분야의 대형 배터리팩 쪽으로 분야가 옮겨졌다. 실제로, Na/S 배터리는 다른 배터리에 비해 고에너지, 우수한 전력밀도, 긴 충방전수명, 높은 에너지효율, 외부 온도와의 무관함 및 적당한 가격 등의 특별한 장점이 있다.

이 시스템의 동작온도는 310~350℃이다. 이 온도범위에서 Na와 S는 모두 액체 상태이고, 고체전해질은 Na^+ 전도도가 높기 때문에, 우수한 동적 성능이 보장된다.

방전 시에는, Na^+가 Na에서 S로 이동해 가서, 그림 1.32에서처럼 다황화물(polysulfide)이 생성된다. 첫 번째 평탄구간(plateau)은 혼합될 수 없는 두 액체인 S와 Na_2S_5가 동시에 존재하고, 단일 상(phase)의 경사진 구간에서는 다황화물 중의 황 함유량이 $Na_2S_{2.7}$로 감소된다. 그리고 두 번째 평탄구간에서는 Na_2S_2 가 생성되는 구간이지만[51], 실제 셀에서는 결코 그렇게 되지 않는다. 실제로는 1.78V에서 Na_2S_3가 생성되는 것이 방전한계로 받아들여진다. 셀이 완전히 방전되면, 부식이 발생할 뿐만 아니라 온도와 DOD의 불균일 때문에 국지적인 과방전도 발생한다. C/3의 방전률에서 평균전압은 1.9V이다.

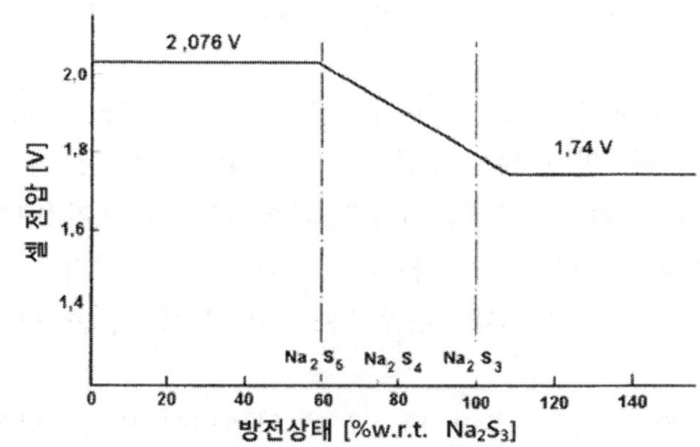

그림 1.32. 350℃에서 Na/S 셀의 OCV(참고문헌 [51]).

충전 시에는 위에서 설명한 반응의 역반응이 일어나며, 마지막 단계에서는 황의 전기적 절연특성 때문에 저항이 크게 증가한다. 따라서 Na로 완전히 회복되기 전에 충전을 중단해야 하며, 이 때문에 이후의 방전용량은 이론적인 값의 85~90%로 감소한다[52].

이미 언급하였듯이, 이 시스템은 충방전수명이 매우 높다(5000~6000회). 이는 반응물과 생성물이 액체 상태이기 때문이다. 즉, 전극의 형상 변화에 의한 열화매커니즘이 여기서는 작용하지 않기 때문이다.

그림 1.33은 대표적인 Na/S 셀의 개략도로서, 나트륨전극이 중앙에 있는 일반적인 구조이다. 이 전극의 필수조건은 Na의 순도가 매우 높아야 하므로, 다른 금속이나 Na 화합물이 섞여 있지 않아야 한다. 불순물은 전해질과의 계면에서 농축되기 쉽기 때문에, 전극의 활성면적을 줄이거나 심하면 전극을 손상시킨다[48].

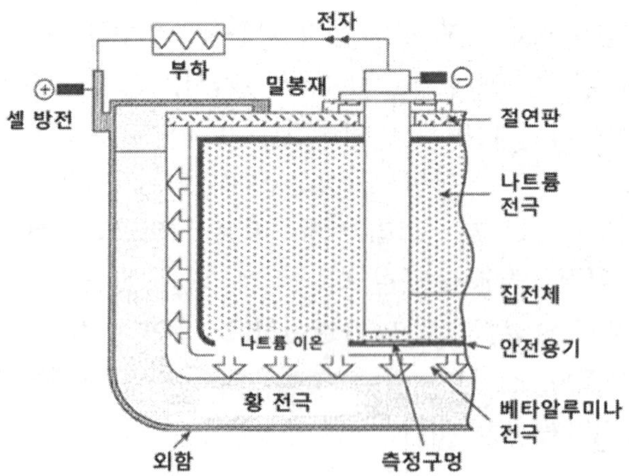

그림 1.33. Na/S 셀의 단면도(참고문헌 [48])

셀의 저항을 최소화하기 위해, 전해질표면은 용융나트륨에 의해 습도가 적절히 유지되어야 한다. 이를 위해서는 표면이 매끄럽고, 동작온도가 적당하며(300~350℃), 불순물이 없어야 한다. 나트륨전극은 금속 (안전) 용기 내에 설치되어 있으며, 이 용기는 측정용 구멍을 통해 나트륨이 전해질로 흘러가는 것을 제한하기 때문에, 베타알루미나 관이 파손되는 경우에도 S와 직접 접촉하는 Na의 양을 감소시킨다.

황 전극의 황은 탄소 또는 흑연 펠트층에 침투되어 있다. 황은 전자와 이온에 대해서는 절연체이므로, 탄소섬유로써 전도도를 높인다. 다행히 Na 다황화물 역시 훌륭한 이온전도체이다.

전해질은 β''-Al_2O_3로서, 전자전도도는 무시할 수 있으며, 용융상태의 Na와 S로는 침투될 수 없다. β''-Al_2O_3의 기본구조는 밀집된 산소이온층이 4층으로 적층되어 있는 스피넬 같은 평판이다. 각 평판은 산소가교(oxygen bridge)에 의해 서로 분리되어 있다. Na 이온은 이들 평판 사이의 공간 내에서 이동한다. β''-Al_2O_3의 이상적인 조성비는 $Na_2O \cdot 5.33Al_2O_3$ 또는 $Na_6Al_{32}[Vac]_{Al}{}^{3+}O_{51}$이며, 이때 전도면의 $3Na^+$에 의해 평형을 이루는 스피넬 블록 내의 Al^{3+}가 비어있다. 이 때문에 전도도가 높다. 순수한 β''-Al_2O_3를 제조하는 것은 어렵기 때문에, Al 이온을 치환할 수 있는 Mg 또는 Li이온으로 안정화되어야 한다. 대표적인 조성비는 4.0wt% MgO 또는 0.7wt% Li_2O이다.

전해질이 다결정형인 경우 350℃에서의 전도도는 $0.5\Omega^{-1}cm^{-1}$이다. 그러나 β''-Al_2O_3는 습도에 매우 민감하기 때문에 기계적인 특성이 열화되기 쉽다. 따라서 일부 β-Al_2O_3(이상적인 분자식, $Na_2O \cdot 11Al_2O_3$)는 흡습성이 낮기 때문에 전도도가 낮음에도 불구하고 혼합물 내에 감싸져 있다. 실제 전해질의 전도도는 $0.2\Omega^{-1}cm^{-1}$ 정도가 되어야 한다[48].

정지용 Na/S 배터리는 특히 일본에서 활발하게 생산되고 있다. 표 1.8은 일부 셀의 기본특성을 나타내고 있다.

그림 1.34에서, 3종류의 단위셀과 가장 용량이 큰 모듈이 나타나 있다[53]. 전력계통 분야에 사용되는 모듈들에 대한 특성이 표 1.9에 주어져 있다(주석 참조). 이 모듈들로써 매우 큰 용량의 에너지저장시스템이 제작 가능하며, 용량이 57.6MWh에 달하는 것도 있다(그림 1.35 참조). 다양한 에너지저장 시스템, 예를 들면 배터리, 양수발전용 물 저장, 압축공기 저장 및 초전도 자기 저장 등을 비교하면, Na/S 배터리의 에너지밀도가 가장 높음을 알 수 있다[55]. Na/S 배터리는 이 분야에서 15 년 동안 수 천 번의 충방전을 수행할 수 있다(8장 참조).

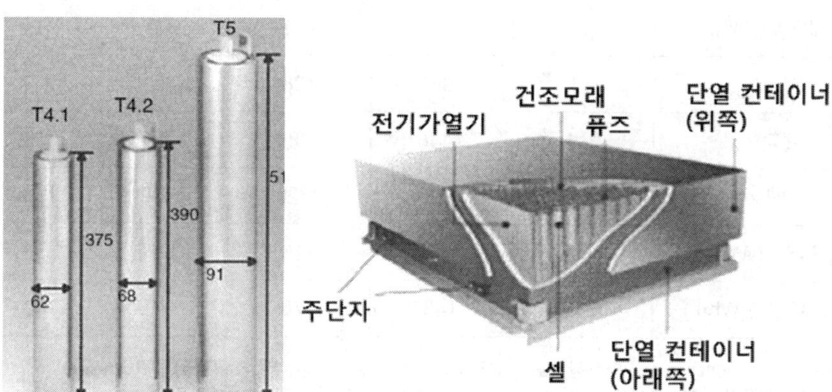

그림 1.34. Na/S 셀들(왼쪽)과 모듈(오른쪽). 모듈은 384개의 T5 셀로 구성되어 있으며, 421 kWh의 에너지(에너지밀도 170Wh/L)과 52.6kW의 전력을 공급할 수 있다 (참고문헌 [53]).

표 1.8. 정지용 Na/S 셀의 특성[52]

제작사	NGK	NGK	NGK	Yuasa	Hitachi
셀 명칭	T4.1	T4.2	T5	-	-
용량(Ah)	160	248	632	176	280
직경(mm)	62	68	91	64	75
길이(mm)	375	390	515	430	400
무게(kg)	2	2.4	5.4	2.7	4
에너지밀도(Wh/L)	285	340	370	240	300
비에너지(Wh/kg)	160	202	226	120	133
전력밀도(W/L)	36	43	46	60	-

표 1.9. 정지용 Na/S 모듈의 특성[52]

제작사	NGK	NGK	NGK	Yuasa	Hitachi
배터리 명칭	12.5 kW	25 kW	52 kW	25 kW	12.5 kW
주 응용분야*	LL;PS;PQ	LL;PS;PQ	LL;PS;PQ	LL	Renew
셀의 수	336	480	384	320	216
용량(Ah)	2280	2272	3624	1408	290
에너지(kWh)	105	211	421	100	100
전압(V)	48	96	128	80	144
체적(L)	941	1448	2481	1086	2592
무게(kg)	1400	2000	3620	1700	1900
비에너지(Wh/kg)	75	105	116	59	53
에너지밀도(Wh/L)	112	145	170	92	40

* LL(utility-based load leveling) : 부하평준화, PS(peak shaving) : 첨두부하 평탄화, PQ(power quality) : 전력고품질화, Renew(renewable energy hybrid) : 재생에너지 하이브리드

그림 1.35. 일본 NGK사가 설치한 부하평준화용 57.6MWh Na/S 배터리(참고문헌 [54]).

EV용 Na/S 배터리를 개발하기 위해 특히 두 회사(독일의 Asea Brown Bovery 사와 미국의 Silent Power사)가 노력했지만, 1990년대 중반에 모든 연구개발이 중단되었다. 이들 두 회사가 개발한 셀과 스위스 회사인 MES-DEA가 개발한 $Na/NaCl_2$ 셀이 표 1.10에 비교되어 있다.

표 1.10. EV용으로서 Na를 음극에 사용하는 셀들의 비교[52]

제작사	Asea Brown Boveri	Silent Power Ltd	MES-DEA
셀 명칭	A04	PB	ML3
전극재료	Na/S	Na/S	$Na/NaCl_2$
용량(Ah)	38	10.5	32
전해질 형태	원통형	원통형	십자형
직경(mm)	35	44	36.5
길이(mm)	220	45	232
무게(g)	410	120	715
저항(Ohm)	6	32	6~20
비에너지(Wh/kg)	176	178	116
최대 비출력(W/kg)*	390	250	260

* 2/3의 개회로전압과 80 %의 DOD 조건

1.3.3.2. 나트륨/니켈염화물 (Zebra) 배터리

이 배터리는 Na/S 배터리와 어느 정도 비슷하다. 음극과 전해질은 동일하지만, 양극에는 황 대신 금속염화물이 사용된다. 처음에는 남아프리카에서 EV용으로 연구되었기 때문에 Zebra(Zero Emission Battery Research Activity)라는 명칭이 사용되었다[52].

양극에 사용되는 물질은 보통 $NiCl_2$이지만, $FeCl_2$도 연구되고 있다. 그림 1.36에서 보듯이 정상적인 방전 시에는 Ni와 NaCl이 형성된다. 전압은 2.58V로서, Na/S 배터리의 2.06~1.78V보다 높다(그림 1.32 참조). 그밖의 차이점은 다음에서 설명한다.

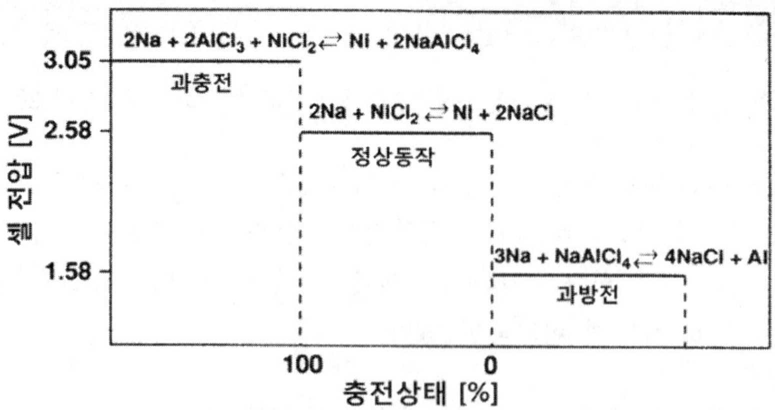

그림 1.36. 250℃에서 Na/NiCl2 셀의 충전상태에 대한 평형전압(참고문헌 [48]).

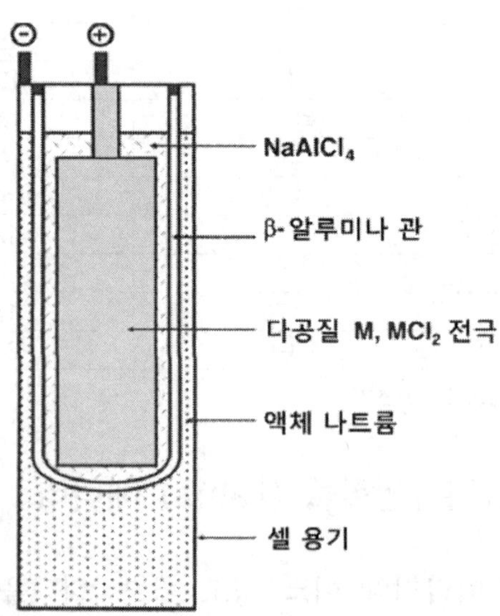

그림 1.37. 나트륨/니켈염화물 셀의 개략도(참고문헌 [48]).

이 셀의 개략도(그림 1.37)를 보면, 액체 Na가 바깥쪽에 있음을 알 수 있다(Na/S 셀에서는 이것이 중앙부에 있다). 또한 셀이 방전상태에서 조립되기 때문에, Na는 셀 조립 시 처음부터 존재하는 것이 아니라 충전 시에 새로 생성된다. 양극은 고체이며, 전해질과의 고체-고체 계면에서는 큰 전류가 흐를 수 없는 문제가 있다. 따라서 동작온도에서 액체상태를 유지하는 $NaAlCl_4$가 두 번째 전해질로 첨가된다. β''-Al_2O_3관 내부에는 Ni 금속과 NaCl의 혼합물이 주입되며, 양극과 전해질 사이의 좁은 영역에 용융 $NaAlCl_4$를 부어 넣는다. 이 두 번째 전해질 때문에 Zebra 배터리의 비에너지가 10% 정도 감소한다[56].

이 부분에서 발생하는 가역반응 때문에 과충전 및 과방전 허용범위는 매우 뛰어나다(그림 1.36 참조). 과충전 시, $NaAlCl_4$는 Ni 매트릭스를 더욱 염소화시키는 반면, 과방전 시에는 과잉 Na가 액체전해질과 반응한다. 따라서, 이러한 반응에 의해 셀들 사이의 불평형이 해소되기 때문에 셀들을 병렬연결 없이 직렬연결할 수 있다.

Na/S 배터리에 비해 이 배터리가 가지는 또다른 장점은 안전성이 크다는 점이다. 만일 전해질 관에 균열이 생기면 그림 1.36의 반응에 따라 용융 Na가 먼저 $NaAlCl_4$와 반응한다. 그 결과 생성되는 Al 금속이 셀을 단락시키며, NaCl은 그 균열부를 메우게 된다. 따라서 셀들이 직렬연결된 배터리의 경우, 단락된 셀 때문에 모든 배터리가 고장나지는 않는다[56].

그밖의 장점으로는, Zebra 셀의 정상 동작온도 범위는 270~350℃이지만, 220~450℃의 범위에서도 동작할 수 있다는 것이다.

이 배터리의 용량과 에너지 개선 방안의 하나로, 원통형 셀로 구성된 배터리의 사공간(死空間, dead space)을 크게 줄이기 위해 정방형 셀로 제작하는 것이다. 이 경우 비에너지는 120~130Wh/kg까지 가능할 것으로 예상된다.

이 배터리의 설계 상 문제점은 DOD에 따라 저항이 증가하여 출력용량이 감소하는 것이다. 이를 극복할 수 있는 간단한 방법은 세라믹전해질 관을 그림 1.38과 같이 십자형으로 설계하는 것이다. 이 십자형 관 때문에 얇고 저항이 작은 양극을 만들 수 있다. 저항을 더욱 줄이기 위한 방법으로 Fe가 첨가된 $NiCl_2$가 사용된다. 그 결과 셀의 비출력은 DOD 80%에서 260W/kg에 달하며(표 1.10), 150W/kg(USABC의 EV용 배터리 중기 목표치)의 비출력을 갖는 배터리(셀이 아님)도 최근 제작된 바 있다.

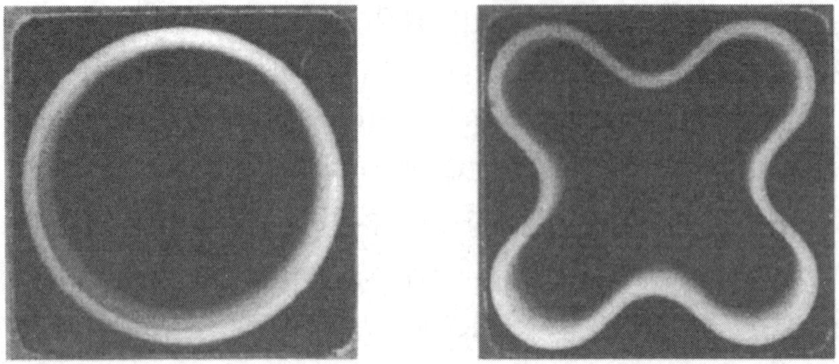

그림 1.38. 기존의 Zebra 셀(왼쪽)과 고출력 셀(오른쪽)의 단면(참고문헌 [48]).

Zebra 시스템은 원래 EV용으로 개발된 것이다. 표 1.10에 주어져 있듯이, 이 배터리는 Na/S 배터리에 비해 비에너지(그러나 체적 기준으로는 차이가 작다)와 비출력이 낮다. 그러나 안전성, 제작의 용이함, 충방전수명(1,000회 이상), 낮은 부식성 등 때문에 EV용으로 선호되고 있다.

최근에는 태양광발전 시스템, 석유탐사용 기계장비, PEM 연료전지 탑재 하이브리드자동차 등과 같은 응용분야에도 적용된 바 있다. 하이브리드자동차의 경우, 40kW $Na/NiCl_2$ 배터리 2대가 6kW 연료전지와 함께 사용된다. 이와 같은 하이브리드 구조 때문에 EV의 주행거리가 120km에서 240km로 늘어났다.

1.3.4. 비수계 2차 배터리의 기본 파라메터

이 장에서 다루는 2차 배터리의 관련 데이터가 표 1.11에 요약되어 있다. 이들 배터리, 그중에서도 특히 Li이온과 Li 폴리머 배터리는 지속적으로 발전하고 있기 때문에 데이터를 신중하게 다루어야 한다. 배터리의 크기/구조와 시험조건의 차이 역시 신중히 고려해야 한다.

표 1.11. 비수계 2차 배터리의 특징

시스템	전압범위 (V)	동작온도 (℃)	충방전 수명(회)	비에너지 (Wh/kg)	에너지밀도 (Wh/L)	비출력 (W/kg)	참고 문헌
Li이온^{b}, 정지용 ($LiNi_{0.7}Co_{0.3}O_2$)	4.0~2.8	-20~60	900^{1}	128	197		23,58
Li이온^{b}, EV용 ($LiNi_{1-x-y}Co_xMn_yO_2$)	4.0~2.8	-20~50	570	150	252	490	23,58
Li이온^{b}, 정지용 ($Li_{1+x}Mn_2O_4$)	4.0~3.0	-20~60	$1,200^{1}$	122	255		23,58
Li이온^{b}, EV용 ($LiCr_xMn_{2-x}O_4$)	4.0~3.0	-20~50	580	155	244	440	23,58
Li금속-폴리머^{b}	3.0~2.0	$40\sim60^{2}$ $60\sim80^{3}$	800	140^{2} 120^{3}	174^{2} 160^{3}	260	39,42, 41,46
Li/FeS^{c}	1.7~1.0	375~500	1,000	130	220	240	2,50,58
$Li/FeS_2{}^{c}$	2.0~1.5	375~450	1,000	180	350	400	2,50,58
Na/S^{c}	2.0~1.8	300~350	6,000	155^{2} 175^{3}	300^{2} 350^{3}	250^{3}	2,52 2,52
$Na/NiCl_2{}^{c}$	2.1~1.7	250~300	2,500	115	190	260	2,58

a : 펄스방전, b : 배터리, c : 셀
1 : 단위셀, 2 : 정지용 분야, 3 : EV

참고문헌

1. K.M. Abraham, *J. Power Sources* 34 (1991) 81.
2. D. Linden and T.B. Reddy, in "*Handbook of Batteries*" (Chapter 14), D. Linden and T.B. Reddy, Eds., McGraw-Hill, New York, 2002.
3. T.B. Reddy, in "*Modern Battery Technology*", C.D.S. Tuck Ed., Ellis Horwood, Chichester (U.K), 1991.
4. www.powertech.co.nz/tadspecs
5. P.G. Russel and F. Goebel, *J. Power Sources* 54 (1995) 180.
6. H. Ikeda, T. Saito and H. Tamura, in "*1st International Symposium on Manganese Dioxide*", Cleveland, Ohio, 1975, p. 384.
7. H. Ikeda, M. Hara and S. Narukawa, U.S. Patent 4,133,856 (1979).
8. M.M. Thackeray, in "*Handbook of Battery Materials*", J.O. Besenhard, Ed., Wiley-VCH, Weinstein, 1999.
9. G. Pistoia, *J. Electrochem. Soc.*, 129 (1982) 1861.
10. Ultralife Batteries – Products, www.ulbi.com
11. Duracell: Technical OEM, Lithium/Manganese Dioxide, www.duracell.com
12. M. Winter, K.-C. Moeller and J.O. Besenhard, in "*Lithium Batteries - Science and Technology*", G. A. Nazri and G. Pistoia, Eds., Kluwer Academic Pub., Boston, 2004.
13. (a) L.F. Nazar and O. Crosnier, (b) G.G. Amatucci and N. Pereira, in "*Lithium Batteries - Science and Technology*", G. A. Nazri and G. Pistoia, Eds., Kluwer Academic Pub., Boston, 2004.
14. A. Manthiram, in "*Lithium Batteries - Science and Technology*", G. A. Nazri and G. Pistoia, Eds., Kluwer Academic Pub., Boston, 2004.
15. (a) S. Yang, Y. Song, K. Ngala, P. Y. Zavaliy and M. S. Whittingham, *J. Power Sources* 119-121 (2003) 239; (b) M. S. Whittingham, *Chem. Rev.* 104 (2004) 4271; (c) M. S. Whittingham, *IBA-HBC Meeting*, Waikoloa, Hawaii, January 2006.
16. (a) G. Pistoia, in "*Lithium Batteries - Science and Technology*", G. A. Nazri and G. Pistoia, Eds., Kluwer Academic Pub., Boston, 2004; (b) M.-H. Yang, H.-C. Wu, D.-T. Shieh, C.-Y. Su and Z.Z. Guo, *IBA-HBC Meeting*, Waikoloa, Hawaii, January 2006.
17. C.-K. Huang, J.S. Sakamoto, J. Wolfenstine and S. Surampudi, *J. Electrochem. Soc.* 147 (2000) 2893.
18. G.E. Blomgren, *J. Power Sources* 119-121 (2003) 326.
19. Sony Global – Press Release, www.sony.net/Sony Info/News/Press/
20. K. Imasaka *et al*, *12th IMLB Meeting*, Abs. 418, Nara, Japan, June 2004.
21. M. Broussely, *22nd International Seminar on Primary/Secondary Batteries*, Fort Lauderdale (FL, USA), March 2005.
22. M. Broussely, Ph. Blanchard, Ph. Biensan, J.P. Planchat, K. Nechev and R.J. Staniewicz, *J. Power Sources* 119-121 (2003) 859.
23. K. Takei, K. Ishihara, K. Kumai, T. Iwahori, K. Miyake, T. Nakatsu, N. Terada and N. Arai, *J. Power Sources* 119-121 (2003) 887.
24. C. Amemiya, J. Kurihara, M. Yonezawa, *NEC R§D* 42 (2001) 241
25. M. Broussely, in "*Advances in Lithium-Ion Batteries*", W. van Schalkwijk and B. Scrosati, Eds., Kluwer Academic Pub. Boston 2002.
26. M. Broussely, *1st International Symposium on Large Lithium Ion Battery Technology and Applications*, Honolulu, Hawaii, June 2005.
27. K. Amine, C.H. Chen, J. Liu, M. Hammond, A. Jansen, D. Dees, I. Bloom, D. Vissers and G. Henriksen, *J. Power Sources* 97-98 (2001) 684.
28. Y. Nishi, in "*Advances in Lithium-Ion Batteries*", W. van Schalkwijk and B. Scrosati, Eds., Kluwer Academic Pub. Boston 2002.

29. M. Broussely in "*Lithium Batteries - Science and Technology*", G. A. Nazri and G. Pistoia, Eds., Kluwer Academic Pub., Boston, 2003.
30. B.V. Ratnakumar *et al*, *12th IMLB Meeting*, Abs. 424, Nara, Japan, June 2004.
31. T. Horiba *et al*, *12th IMLB Meeting*, Abs. 49, Nara, Japan, June 2004.
32. N.H. Clark and D.H. Doughty, *12th IMLB Meeting*, Abs. 420, Nara, Japan, June 2004.
33. M. Broussely and G. Archdale, *J. Power Sources* 136 (2004) 386.
34. (a) Y.V. Mikhaylik and J.R. Akridge, *12th IMLB Meeting*, Abs. 190, Nara, Japan, June 2004; (b) Y.V. Mikhaylik, *IBA-HBC Meeting*, Waikoloa, Hawaii, January 2006.
35. J.B. Kerr in "*Lithium Batteries - Science and Technology*", G. A. Nazri and G. Pistoia, Eds., Kluwer Academic Pub., Boston, 2004.
36. V. Dorval, C. St-Pierre and A. Vallée, "Lithium-Metal-Polymer Batteries: From the Electrochemical Cell to the Integrated Energy Storage System" (www.avestor.com/rtecontent/document/Battcon), 2004.
37. E. Peled, D. Golodnitsky, E. Strauss, J. Lang and Y. Lavi, *Electrochim. Acta* 43 (1998) 1593.
38. E. Strauss, D. Golodnitsky and E. Peled, *Electrochim. Acta* 45 (2000) 1519.
39. www.avestor.com/se48s80.ch2
40. G. Pistoia, S. Panero, M. Tocci, R.V. Moshtev and V. Manev, *Solid State Ionics* 13 (1984) 311.
41. C. Létourneau, D. Geoffroy, P. St-Germain, A. Bélanger and R. Atanasoski, "Progress in Lithium-Metal-Polymer Battery System for Electric Vehicles", (www.avestor.com/rtecontent/document/evs15)
42. C. St-Pierre, T. Gauthier, M. Hamel, M. Leclair, M. Parent and M.S. Davis, , "Avestor Lithium-Metal-Polymer Batteries Proven Reliability Based on Customer Field Trials", (www.avestor.com/rtecontent/document/AVESTOR_WhitePaper_Battcon2003)
43. C. Robillard, A. Vallée and H. Wilkinson, "The Impact of Lithium-Metal-Polymer Battery Characteristics on Telecom Power System Design", (www.avestor.com/ rtecontent/ document/AVESTOR_Intelec_paper_2004)
44. C. St-Pierre, R. Rouillard, A. Bélanger, B. Kapfer, M. Simoneau, Y. Choquette, L. Gastonguay, R. Heiti and C. Behun, "Lithium-Metal-Polymer Battery for Electric Vehicle and Hybrid Electric Vehicle Applications", (www.avestor.com/rtecontent/document/evs16)
45. www.greencarcongress.com/2005/03/bolloreacute_gr
46. www.avestor.com/automotiveev.ch2
47. G.L. Henriksen and D.R. Vissers, *J. Power Sources* 51 (1994) 115.
48. D.A.J. Rand, R. Woods and R.M. Dell, "*Batteries for Electric Vehicles*", Research Study Press, Taunton, U.K., 1998.
49. T.D. Kaun, P.A. Nelson, L. Redey, D.R. Vissers and G.L. Hendriksen, *Electrochim. Acta* 38 (1993) 1269.
50. G.L. Henricksen and A.N. Jansen, in "*Handbook of Batteries*" (Chapter 41), D. Linden and T.B. Reddy, Eds., McGraw-Hill, New York, 2002.
51. H. Bohm, in "*Handbook of Battery Materials*", J.O. Besenhard, Ed., Wiley-VCH, Weinstein, 1999.
52. J.W. Braithwaite and W.L. Auxer, in "*Handbook of Batteries*" (Chapter 40), D. Linden and T.B. Reddy, Eds., McGraw-Hill, New York, 2002.
53. www.electricitystorage.org/pubs/2001/IEEE_PES_Winter2001/wm01nas
54. www.electricitystorage.org/pubs/2004/Newsletter_Oct_2004
55. J. Kondoh, I. Ishii, H. Yamaguchi, A. Murata, K. Otani, K. Sakuta, N. Higuchi, S. Sekine and M. Kamimoto, *Energy Convers. Manag.* 41 (2000) 1863.
56. R.M. Dell and D.A.J. Rand, "Understanding Batteries", RSC, Cambridge, U.K., 2001.
57. www.greencarcongress.com/2005/05/zestful
58. P.C. Symons and P.C. Butler, in "*Handbook of Batteries*" (Chapter 37), D. Linden and T.B. Reddy, Eds., McGraw-Hill, New York, 2002.

산업용 수계배터리

2.1. 소개

이 장에서는 수계전해질을 갖는 기존 및 최신 충전배터리에 대해 설명할 것이다. 수계 1차 배터리는 여기서 많이 다루지는 않겠지만, 일부 산업용 분야에서 여전히 사용되고 있는 알칼리 배터리에 대한 기본 정보는 제시할 것이다.

2.2. 납 배터리

실용적인 최초의 납 배터리는 1859년에 개발되었다. 150년이 지난 오늘날에도 이 배터리는 여전히 상업적으로 널리 사용되고 있으며, 또한 지속적으로 성능개선이 이루어지고 있다. 납배터리의 장점은 다음과 같이 요약될 수 있다.

- 싼 가격
- 높은 방전율
- 저온 및 고온에서 적당히 좋은 성능
- 우수한 독립운전 특성
- 유지보수가 필요하지 않는 구조 가능

단점은 다음과 같다.

- 제한된 비에너지(30~40 Wh/kg 이하)와 에너지밀도(70~80 Wh/L 이하)
- 비교적 짧은 충방전수명
- 방전상태에서 낮은 용량보존능력 및 저장 성능(전극의 황산화)

2.2.1. 전극

여기서는 음극 및 양극 모두에 가장 널리 사용되는 페이스트형(pasted type)*) 전극제조법이 자세히 설명된다. 2.2.3에서는 양극의 또 다른 2가지 구조인 플란티형(Planté)과 관형(tubular)이 설명된다.

양극과 음극 모두를 제작하기 위해서는, 먼저 Pb(25%)와 PbO(주로 α-PbO, ~75%)의 혼합물을 볼분쇄기(ball mill)로 만들거나, 소위 바튼팟(Barton pot) 공정에 의해 용융납을 산화시켜 만든다[1,2]. 이와 같이 납을 함유한 산화물을 H_2SO_4와 H_2O와 혼합한 뒤 교반시킨다. 기계적인 강도를 증가시키기 위해 특히 양극재료 페이스트에 플라스틱 섬유가 첨가되는 것이 보통이다. 음극재료 페이스트에는 $BaSO_4$, 카본블랙(carbon black) 및 유기목질소(有機木質素, organic lignin) 또는 리그노슬폰산(lignosulfonate)과 같은 첨가물이 첨가된다. $PbSO_4$와 이질동상인(isomorphous) $BaSO_4$는 $PbSO_4$를 응집시키는 염기를 생성시키므로, 충전 시 Pb로 환원되기 어려운 큰 결정이 형성되는 것을 방지한다. 교반 중에 PbO의 대부분은 염기성 납황화물, 즉 1 염기성, 3 염기성, 4 염기성 이종물질들(xPbOPbSO$_4$, x = 1, 3 또는 4)로 변환된다. 페이스트가 적절한 요변성**)을 가지도록 하기 위해서는 H_2SO_4와 H_2O의 양을 조절해야 한다[2]. 이 공정 동안 습도, 온도 및 시간 등을 적절히 조절하면, 배터리 성능에 결정적인 영향을 미치는 1 염기성 황화물의 양은 억제되고 3 염기성 황화물의 비율이 높은 페이스트를 얻을 수 있다[2].

페이스트를 그리드(grid, 활성물질 지지 금속판)에 도포하여 판(plate)을 만든 뒤(2.2.2절 참조), 표면의 습도를 제거하기 위해 고온의 터널형 오븐 속을 통과시키게 되며, 이때 판의 틈새 부분이 완전히 메워진다. 이후, 이 재료가 필요한 응집력(cohesion)과 접착력(adhesion)을 가지도록 경화공정을 거친다. 이 공정 동안 활성물질에서는 다음과 같은 기본적인 변화가 발생한다.

1) 염기성 Pb 황산염 결정의 성장
2) 염기성 Pb 탄산염의 발달
3) Pb입자의 α-PbO로의 변환
4) 금속합금 그리드의 부식작용, 그 결과 그리드와 Pb 산화물 또는 황산염 사이의 접촉이 우수해짐.

---

*) 페이스트(paste) : 금속 혹은 세라믹 분말을 용제와 바인더에 혼합하여 치약과 같은 상태로 만든 것

**) 요변성(搖變性, thixotropy) : 온도가 일정할 때 교반하면 졸(sol) 상으로 되고 중단하면 겔(gel)이 되는 콜로이드분산체의 가역적인 성질

경화공정의 마지막 단계에서, 흡착되어 있거나 틈새에 존재하는 H_2O를 제거하기 위해 전극을 완전히 건조시킨다.

이렇게 하여 얻은 판은 H_2SO_4 용액 내에서 Pb스펀지(음극)와 PbO_2(양극)로 전기화학적으로 변환되는 공정을 거친다. 이때, 4 염기성 황산염(4BS)의 결정은 3 염기성 황산염 결정보다 훨씬 성기기 때문에, PbO_2로 산화되기가 더욱 어렵다는 것을 명심하라. 이는 4BS가 풍부한 판의 경우, 결정크기를 줄일 수 있는 경화기술이 적용되지 않는 한, 몇 번의 형성사이클이 필요하다는 것을 의미한다[2]. 형성공정으로부터 만들어진 PbO_2의 결정구조를 연구한 결과, 바깥쪽 층에는 β형이 우세하고 안쪽 층에는 α형이 존재한다는 것이 밝혀졌다. β형에 비해 α형이 좋은 점은 형상이 매우 컴팩트하고, 기계적 강도가 더욱 크며, 전도도도 훨씬 높지만, 방전용량이 작기 때문에 장점이 상쇄된다[2].

형성공정의 최종단계에서, 음극은 표면적이 $0.5m^2/g$, 기공도가 60%이며, 양극은 기공도는 같지만 표면적은 $4m^2/g$으로 훨씬 크다[1].

2.2.2. 그리드(grid)

기계적인 강도와 내부식성이 뛰어나려면, Pb/As/Sb 또는 Pb/Ca/Sn과 같은 Pb 합금을 기반으로 한 그리드(활성물질 지지 금속판)를 사용해야 한다.

Pb/As/Sb 합금의 Sb는 금속의 유동성, 경도(hardness), 강도(strength), 내크리프성(creep*) resistance) 및 내부식성을 개선시키는 중요한 역할을 한다[2]. Sb는 입자(grain) 경계에서 Sb 및 Pb 미소판(platelet) 기반의 공정상(共晶相, eutectic phase)을 형성시켜 Pb의 강도를 증가시킨다. Sb와 As의 미세입자를 침전시키면 강도는 증가되며, 이로 인해 결정 내부 및 입자 경계에서 합금의 강도를 약화시킬 수 있는 결함(imperfaction)의 이동이 방지된다[2]. 이러한 기계적인 특성 때문에 부식이나 충방전 시 부피변화로 인한 변형에 내구성을 가지는 그리드를 만들 수 있다.

Sb를 사용할 때의 단점은 충전 시 양극 그리드에서 Sb가 용해되어 음극에 도포된다는 것이다. 이로 인해 수소발생(hydrogen evolution)의 경우 과전위가 낮아지고, 그 결과 가스발생, 물손실, 자기방전 등이 발생한다. 오늘날 저안티몬 합금(Sb 2% 이하)이 개방형(flooded) 배터리에 널리 사용되고 있다. 균열과 같은

---

*) 크리프(creep) - 금속이 일정한 하중 하에서 시간이 흐름에 따라 그 변형이 증가하는 현상. 일반적으로 고온에서 볼 수 있는 현상이다.

주조 문제는 As 또는 다른 물질(Cu, Se, S 및 Te)로써 극복되었으며, 이 물질들 때문에 합금의 경도와 인장강도가 증가되었다.

Pb/Ca 또는 Pb/Ca/Sn 합금은 현재 사용범위가 늘어나고 있다. 이 합금들은 Sb 함유 합금보다 수소과전위가 크고 전도도도 높으며, 전성(展性, 펴 늘일 수 있는 성질)이 충분히 커서 그리드를 제작하기도 쉽다. Ca 함량은 합금의 속성을 결정하는데 중요하다. 인장강도는 Ca 함량이 0.07%일 때 최대가 되며, 부식속도는 0.07% 이상이 되면 가속화된다. 이들 합금은 개방형 배터리에서 뿐만 아니라 밸브조절형(또는 밀폐형) 납 배터리(valve regulated lead-acid battery, 이하 VRLA 배터리)에도 사용된다. Sn은 기계적인 특성을 강화시키고 그리드/페이스트 계면의 전도도와 내부식성을 증가시킨다[2].

다음에서는 그리드 형상에 대해 다룬다.

2.2.3. 극판 설계

양극판(positive plate)은 페이스트형(Faure형), 플란테(Planté)형 및 관형의 3가지 형태로 설계될 수 있다. 음극판(negative plate)은 페이스트형 구조로만 제작된다.

페이스트형 전극을 지지하는 그리드의 형태는 다양하며, 그 2가지 예가 그림 2.1(a)에 설명되어 있다.

대기전원용 개방형 배터리에 사용되는 Planté형은, 표면적을 증가시키기 위해 Pb를 이용하여 수많은 수직 홈을 가진 평판으로 주조된 것이다. 활성물질인 PbO_2는 일련의 충방전 사이클을 통해 $H_2SO_4/HClO_4$의 혼합물 내에서 형성된다.

관판형(tubular plate)은 Pb 합금봉 주위를 활성물질이 둘러싸고 있는 관을 여러 개 합친 구조로 되어 있다(그림 2.1(b) 참조). 각 관에는 2종류의 외피가 사용되는데, 하나는 1회 편조된(single braided) 유리섬유이고, 다른 것은 직조(woven) 폴리에스테르 섬유이다. 납이 함유된 산화물과 연단(鉛丹, red lead)의 혼합물로써 관을 채운 뒤, H_2SO_4 액에 함침시켜 $PbSO_4$를 얻으며, $PbSO_4$는 형성과정 중에 활성물질로 변환된다. 이 판들은 대기전원용 및 이동용 분야에서 사용된다[2].

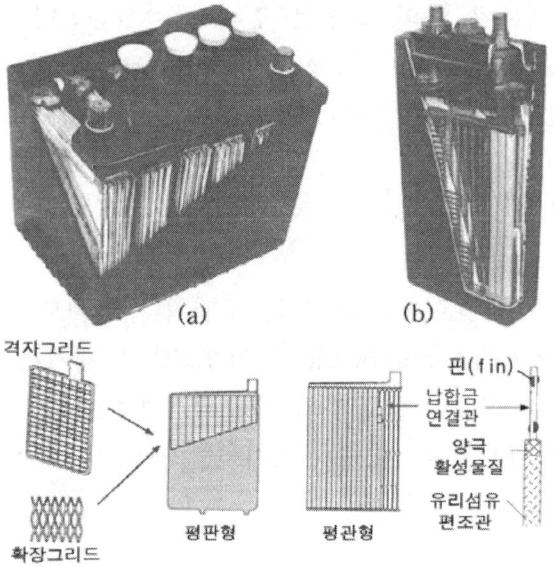

그림 2.1. 납 배터리. (a) 평판형(flat plate) (b) 관판형(tubular plate).(참고문헌 [2])

2.2.4. 전해질과 분리

대부분의 산업용 배터리에서 셀스택은 30~40% 농도(밀도 1.27~1.30g/cm^3)의 고순도 수계 H_2SO_4로 가득 채워져 있다. 이 농도 범위에서 저항은 최소가 되며, 25℃에서 1.5Ωcm이다. 견인용 배터리는 에너지밀도를 증가시키기 위해 더욱 농도가 높은 용액을 사용한다.

분리막은 기본적으로 비전도성이면서 습윤성이 높은 미세기공 구조를 가지며, 기공의 크기는 작으면서 균일하고, 우수한 강도와 유연성 및 전기저항이 작은 특징이 있다[2]. 분리막은 고무, 셀룰로스, PVC, PE, 유리섬유 또는 미세유리(microglass) 등으로 만들 수 있다[3]. 막의 기공도는 PVC의 경우 40%로부터 미세유리의 경우 90%까지에 이르며, 기공의 평균크기는 PE의 경우 0.1㎛ 이하에서 유리섬유의 경우 80㎛까지에 이른다. 최근 기존의 판형 분리막(leaf separator)은 봉투형 분리막(envelope separator)으로 대체되고 있으며, 이는 봉투형 분리판이 활성물질의 수지상 성장을 방지하고 성능보존력을 개선시킬 수 있기 때문이다.

VRLA 배터리는 제한된 양의 고정된 전해질을 사용한다. 수계 H_2SO_4 용액은 흡수성 유리매트(absorbent glass mat, 이하 AGM)에 스며들게 하거나 증발된 SiO_2를 첨가하여 겔로 만들 수 있다. 유리매트는 직경이 0.25~4㎛인 미세섬유를 기반으로 만든 것이다.

VRLA 배터리에서 전해질은 이동할 수 없기 때문에 다음과 같은 몇 가지 독특한 장점이 있다.

a) 배터리는 어떠한 방향으로 놓아도(즉 뒤집거나 눕혀도) 동작할 수 있다.
b) 전해액 층화현상(acid stratification) 억제되거나 제거된다.
c) 셀 내부는 여유 공간이 충분하기 때문에, 과충전 상태에서 생성되는 O_2가 음극으로 다시 확산될 수 있다(산소사이클(oxygen cycle) - 이후 설명).

2.2.5. 충방전 반응

이 배터리의 독특한 특징은 두 전극의 1차 반응이 같은 요소를 포함하고 있다는 것이다.

음극 : $Pb \rightleftharpoons Pb^{2+} + 2e$

$Pb^{2+} + SO_4^{2-} \rightleftharpoons PbSO_4$

양극 : $PbO_2 + 4H^+ + 2e \rightleftharpoons Pb^{2+} + 2H_2O$

$Pb^{2+} + SO_4^{2-} \rightleftharpoons PbSO_4$

(산의 농도가 높기 때문에 HSO_4^- 역시 존재한다)

전체 반응 : $Pb + PbO_2 + H_2SO_4 \rightleftharpoons 2PbSO_4 + 2H_2O$

공칭 평형전압은 2.0V이다.

위 반응식에서 명백하듯이, 두 전극에서의 반응은 용해/침전 메커니즘에 의해 발생하며, 고체 상태의 이온 수송이나 박막형성 메커니즘에 의한 것은 아니다 [3,4]. $PbSO_4$는 산성 용액에 쉽게 용해되지 않기 때문에 방전/충전 시 이동은 그다지 중요하지 않다. 따라서 전극은 배터리의 전 수명기간을 통하여 기본적으로 원래 구조를 유지한다.

2차 반응은 배터리의 동작전압 범위 내에서 두 전극에서 발생한다. 양극에서는 다음 반응을 통해 O2가 형성된다.

$$2H2O \rightarrow O2 + 4H+ + 4e$$

음극에서는 H2가 생성된다.

$$4H+ + 4e \rightarrow 2H2$$

전체 반응은 1.23V의 평형전압에서 H2O의 수전해에 해당한다. 저전위에서는 O2 생성의 역반응이 가능하다.

$$O2 + 4H+ + 4e \rightarrow 2H2O$$

이는 음극에서 항상 O_2가 환원될 수 있다는 것을 의미한다[5].

더욱이 양극이 고전위일 경우 Pb가 PbO_2로 산화될 수 있고, 이 때문에 보호층이 형성된다. 이 보호층은 아주 안정하지는 않기 때문에 여전히 부식이 어느 정도 발생한다.

지금까지 설명한 모든 반응이 그림 2.2에 설명되어 있다[5]. 그림에서 2개의 빗금친 부분은 음극과 양극의 평형전위를 나타내며, 그 폭은 산의 농도에 따라 달라진다. 1차 충전 및 방전 반응은 거의 수직에 가까운 곡선으로 나타나 있으며, 이는 평형전압값과 크게 차이가 나지 않는 전압에서도 고율 충방전 능력이 있음을 나타낸다.

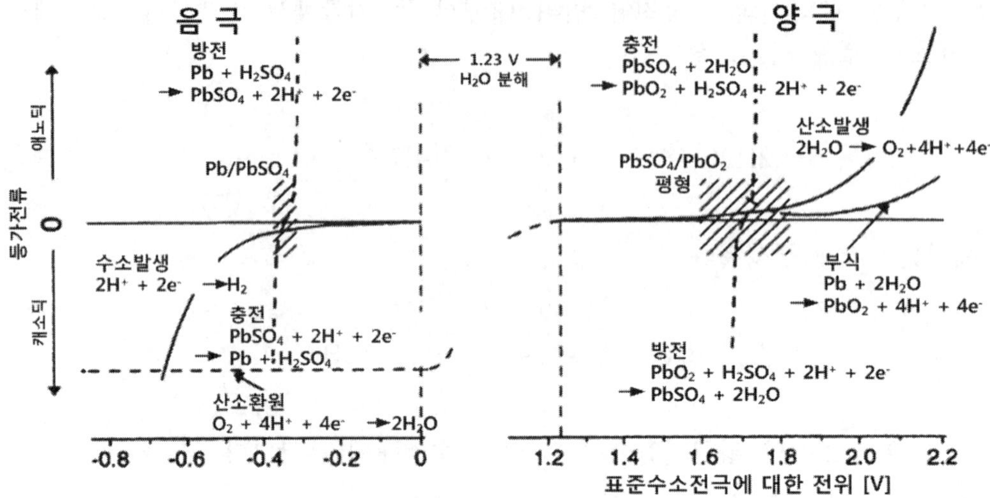

그림 2.2. I-V 곡선으로 나타낸 납 배터리의 반응(참고문헌 [5]).

회로가 개방된 상태에서도 H_2와 O_2는 이미 발생하고 있으며, 전극의 분극이 제한되는 한 점진적으로 증가한다. 반대로 분극이 크면 전류는 급격히 증가한다. O_2의 환원률은 주로 수송특성에 의해 결정되며, 음극의 전위와는 무관하다(그림 2.2). O_2의 환원률은 제한전류의 크기로 나타나는데, 개방형 배터리에서는 용해된 O_2의 확산이 매우 느리기 때문에 제한전류의 크기가 매우 작다[5].

반대로, VRLA 셀에서는 O_2가 가스상태이기 때문에 용해된 상태보다 10^5 배 이상 더 큰 속도로 확산될 수 있다. 이런 확산 일어나는 곳은 전해질로 채워지지 않은 AGM의 기공이나 겔화된(gelled) 전해질의 균열부이다. 이것이 VRLA 배터리의 주요 특징(즉, 내부의 O_2 사이클)을 결정한다. 음극에서 O_2의 환원속도가 빨라서 양극에서 발생된 모든 O_2가 환원될 수 있기 때문에, 실제로 전해질의 H_2O 양은 변하지 않은 상태로 유지된다. 또한 VRLA 배터리에서는, O_2가 환원되는 이외에도, 약간의 H_2가 발생되어 배기구나 플라스틱용기 벽을 통해 셀을 빠져 나간다. 그러나 셀이 고율(C/3 이상)로 과충전되고 있다면, 잉여가스로 인해 증가된 내부압력은 밸브를 열어 감소시키므로, 재결합 과정은 부분적으로 일어난다. 따라서 고율로 과충전시키는 것은 피해야 한다.

2.2.6. 설계 특징과 응용 분야

납 배터리의 응용분야는 다음과 같이 3개의 큰 범주로 구분할 수 있다.

a) 자동차의 시동, 조명, 점화용(starting, lighting, ignition, 이하 SLI)

b) 견인용(깊은 충방전)

c) 정지용

납배터리의 설계 특징과 사용 목적이 표 2.1에 주어져 있다.

표 2.1. 전극의 설계특징에 따른 납 배터리의 응용분야

응용 분야	사용 목적	설계 특징
SLI(자동차, 오토바이, 트럭, 항공기, 선박)	• 넓은 온도범위에서 고출력 방전 성능 • 얕은 충방전으로 3 년 이상의 수명	• 얇은 평판 • 대부분 12 V • 유지보수 불필요
견인용(전기트럭, 도로차량, 골프카트)	• 깊은 충방전(1~5 시간율(hour rate)) • 500~2000 회의 충방전 수명	• 관형 또는 평판형 • 24/96 V • 조립체
정지용(통신, UPS, 비상등, 에너지저장)	• 수명 경과 기간에도 신뢰성 유지 • 방전시간 : 1~6 시간율 • 수명 : 연속방전 시 5~25 년 • 제한된 충방전 능력	• Planté형, 관형, 평판형을 포함한 다양한 구조 가능 • VRLA셀

▪ SLI 배터리

이 배터리는 출력밀도, 에너지밀도, 충방전수명, 부동운전수명(float service life) 및 단가 등의 필요조건을 만족할 만한 수준까지 도달해야 한다[3]. 전력은 내연기관의 시동을 거는데 필요하다. 엔진이 동작하면, 배터리는 부동상태, 즉 완전 충전 상태로 유지된다. 시동능력을 최대화하기 위해 SLI 배터리는 매우 낮은 저항과 얇은 평판 및 농축 산성용액을 가지는 그리드가 필요하다.

이 배터리의 가장 큰 진전은 유지보수가 필요없어졌다는 것이다. 즉 H_2O를 보충해 줄 필요가 없고, 용량보존능력이 더욱 우수해졌으며, 전극단자의 부식이 매우 낮아졌다. H_2O의 손실을 피하기 위해서는 충전을 제어할 필요가 있다. 반면에 이 배터리는 Sb의 양이 작거나 아예 없는 그리드(예를 들면 Ca-Pb)를 사용하기 때문에, 과충전 시 H_2O의 손실율은 감소한다[3].

버스, 트럭 및 기타 대형 차량의 重부하용(heavy-duty) SLI배터리는 장수명을 위해 고밀도 페이스트를 사용한 무겁고 두꺼운 평판, 고품질 분리판(보통 유리매트) 및 고무함(rubber case)을 사용한다.

- 견인용(traction) 배터리

이 배터리는 장시간의 충방전이 가능해야 하며, 에너지밀도가 높고 단가가 낮아야 한다. 이 배터리는 고밀도의 페이스트를 지지하면서 저밀도의 산성용액 내에서 전기화학적으로 형성되는 두꺼운 평판으로 이루어져 있다. 활성물질을 양극 평판(positive plate)에 고정시키기 위해 유리섬유 매트가 필요하다[3].

깊은 충방전(deep cycling) 견인용 배터리의 양극은 페이스트형(미국)이거나 관판형(미국 이외의 국가)을 기반으로 하고 있다. 두 배터리 모두 양극 평판의 용량이 6시간율(hour rate)에서 45~170Ah이다. 관판형은 수명이 더욱 길고 그리드의 부식과 재료의 손실이 작다. 페이스트형은 하나 혹은 몇 개의 평판이 손상된 경우에는 수리하거나 대체할 수 있는 구조로 되어 있다.

EV(electric vehicle)용 배터리의 요구성능은 최신 납 배터리조차 감당할 수 없을 정도이다. 해결되어야 할 기술적인 문제는 다음과 같다.

a) 더욱 큰 비에너지
b) 더욱 큰 비출력
c) (깊은 방전에서) 더욱 긴 수명
d) 더욱 빠른 재충전 시간[2]

더욱 큰 에너지를 얻기 위해서는 비활성 성분의 무게(보통 30 %)를 최소화시키고 활성물질의 이용률을 개선시켜야 한다. EV에 사용되는 VRLA 배터리의 비에너지는 30~40Wh/kg, 에너지밀도는 80~90Wh/L이다[6]. 또한 양극형(bipolar) 또는 준양극형(quasi-bipolar) 구조를 채택하면, 비에너지가 50Wh/kg에 달할 수 있을 것으로 확인되었다[3]. 50Wh/kg이라는 수치는 ALABC (Advanced Lead/Acid Battery Consortium, 최신 납배터리 협회)에 의해 설정된 목표치이다[7]. 반면에 USABC(United States Advanced Battery Consortium, 미국 최신 배터리 협회)가 설정한 EV용 배터리의 중기목표치는 80~100 Wh/kg이다. 방전율에 따른 기존의 EV용 배터리의 용량변화가 그림 2.3에 주어져 있다. 방전시간이 짧으면, 전극반응은 평판표면에서만 발생하며, 형성된 $PbSO_4$는 기공(pore)을 막게 된다. 따라서 고율방전 시 용량은 크게 감소된다.

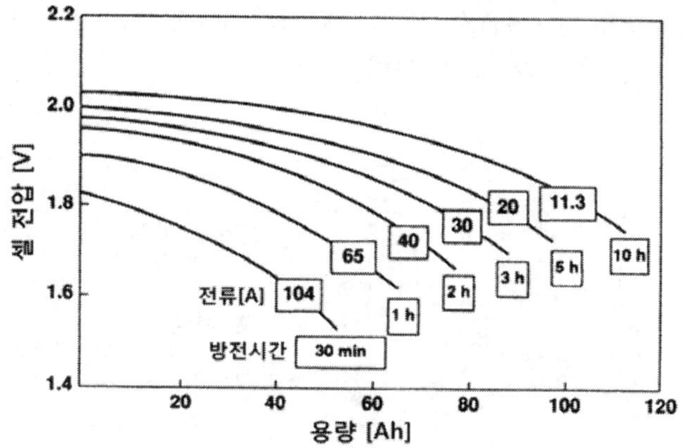

그림 2.3. 기존의 EV용 100Ah(C/5 방전율) 납 배터리의 방전특성 (참고문헌 [9]).

현재 EV용 배터리의 비출력은 약 190W/kg이다. 최신의 양극형 구조로 만들면 전력밀도는 70% DOD에서 800W/kg, 90% DOD에서 400W/kg가 될 것이란 주장도 있다[8].

ALABC에 따르면, 개선된 배터리수명은 용량손실이 20% 이하이면서 간단한 도심 주행패턴(Simplified Urban Driving Schedule, 이하 SFUDS)에 따라 500회의 충방전 사이클을 3년 동안 수행해야 한다. 개선된 급속충전 시간은 4시간에 100%, 15분에 80%, 5분에 50%로 설정되어 있다[2].

- 정지용 배터리

고밀도 페이스트가 고정된 무겁고 두꺼운 평판(Planté형, Faure형 또는 관형 양극)이 사용된다[3]. 모든 배터리는 개방형(flooded type)이며 양극제한형(positive-limited)이다. 고에너지 및 고전력이 요구되지는 않지만, 장시간의 부동운전 수명과 적당한 과충전 능력은 필수적이다. H_2O의 손실과 그로 인한 물보충을 제한하기 위해 보통 비(非)안티몬계 그리드가 사용된다. 과충전 때문에 양극 그리드가 팽창되므로, 그리드 판이 용기벽과 닿는 것을 방지하기 위해 10%의 성장만이 허용된다.

정지용 배터리 중에서 구조가 크게 다른 것은 Bell 연구소에서 개발한 원통형이다[2,3]. 기존의 통신용 배터리는 5~20년의 수명을 가지고 있다. 이 수명을 늘이기 위해서, 순수한 납으로 만든 원판 접시형 그리드와 평판들을 위쪽으로 적층한 원통형 배터리가 제작되었다. 4 염기성 $PbSO_4$는 그리드에 채워진 뒤, 늘어난 형성과정에서 PbO_2로 변환된다. 그 결과 재료손실에 대한 내성이 우수한 구조를 가진다. 기존의 Planté형 구조와 Bell System의 구조가 그림 2.4에 주어져 있다. Bell 시스템의 수명은 최초에는 30년 이상으로 예측되었다. 오랫동안 부식을 조사한 데이터로부터 예측수명은 68년으로 연장되었다[3]. VRLA 배터리 역시 특히 통신과 UPS 분야에서 사용이 증가하고 있다.

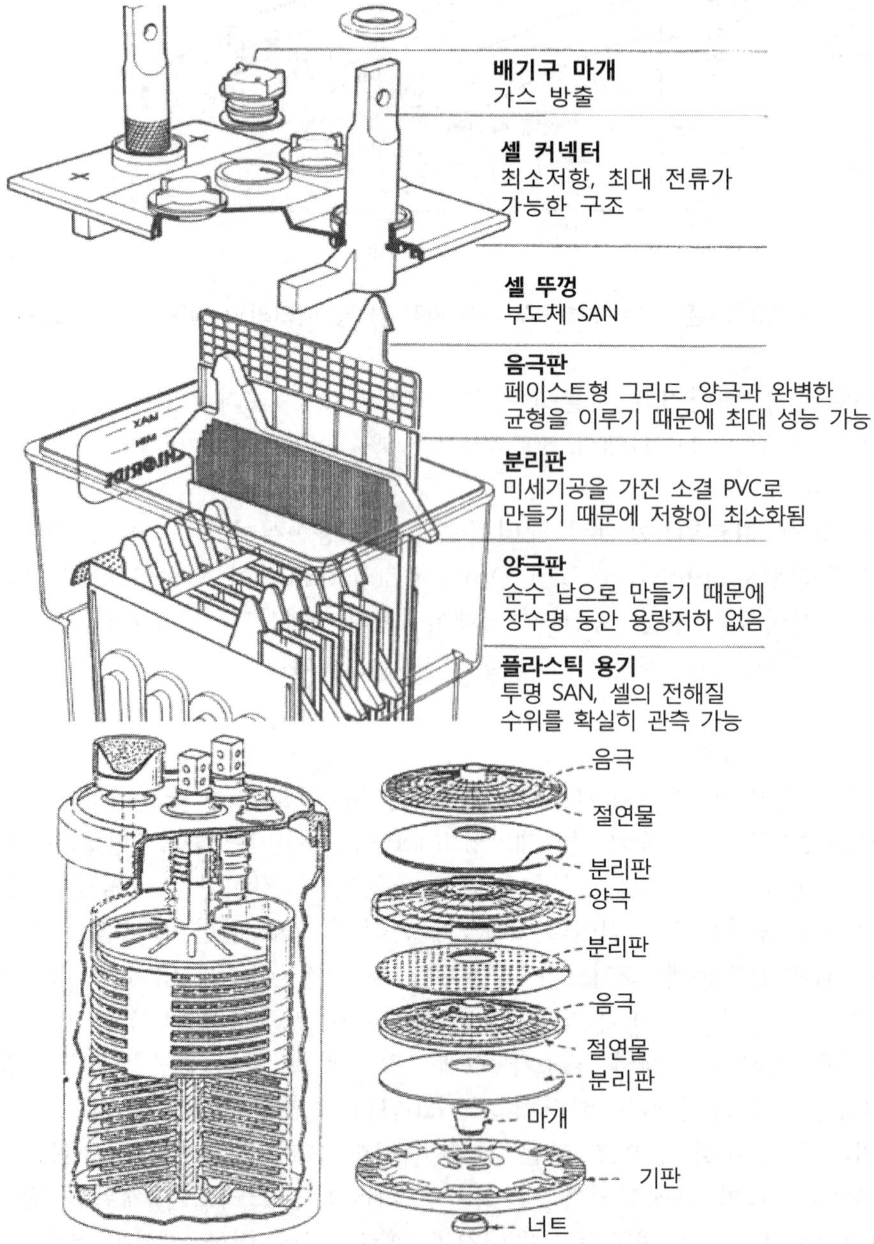

그림 2.4. 위쪽 : Planté 셀(Chloride Industrial Batteries사, SAN은 styrene-acrylonitrile copolymer의 약자). 아래쪽 : Bell System사의 셀(참고문헌 [11]).

개방형과 VRLA 배터리를 개략적으로 비교한 것이 표 2.2에 주어져 있다[10]. 최근 EV용 및 UPS용으로 출력을 증가시키기 위해 특히 VRLA 배터리에 대한 많은 연구가 이루어 졌다[11,12]. 수많은 형태와 크기의 납 배터리에 대한 자세한 내용은 문헌 [3]을 참고하라.

표 2.2. 개방형 배터리에 대한 VRLA 배터리의 장점과 단점

장 점	단 점
H_2O 보충 불필요	주의 깊은 충전 필요
산성물질 누출 없음	열관리가 매우 중요하며, 특히 AGM형의 경우 더욱 그러함
무시할 수 있을 정도의 산성 증기	마무리(top-off) 충전전압의 큰 변화
수송 용이	높은 온도에서 요구되는 과충전 증가
특수 환기법 불필요	최적 동작 조건에서 보통 충방전 수명이 짧음
수평으로 놓인 상태에서도 동작 가능	전해질의 밀도 측정 불가
차지하는 공간 작음 (배터리는 다중적층(multistack) 가능)	건식 충전 상태(dry-charged state)*) 불가
전해액 층화현상 무시 가능(겔 형)	최대 저장수명 : 2년
실온에서 작은 과충전 필요	
우수한 고율방전 용량(AGM형)	

2.2.7. 방전특성, Peukert 방정식 및 자기방

그림 2.3의 그래프에 나타나 있는 것처럼 방전전류에 대한 용량의 관계는 다음과 같이 소위 Peukert 방정식으로 나타낼 수 있다[13].

$$I^n t = K$$

위 식은 일정한 부하전류 I가 t 시간 동안 방전될 경우 배터리용량 K의 변화를 나타낸 것이다. 여기서 n은 Peukert 상수로서 배터리의 내부저항의 크기에 따라 1.0~1.35의 값을 가지며, n과 K 모두 방전데이터로부터 결정되는 상수이다. 이 데이터를 사용하면 모든 전류값에 대한 방전시간이 사전에 결정될 수 있다.

*) 건식 충전 상태(dry-charged state) : 운반이나 보존이 용이하도록 납배터리에서 전해액을 빼낸 상태

Peukert 방정식의 큰 단점은, 온도의 영향이 무시되었으며, 방전율이 낮거나 높은 경우 정확도가 크게 떨어진다는 것이다.

배터리의 용량은 구조, 제작방법, 저장, 동작 이력, 전류밀도 등 수많은 요소들에 따라 달라지기 때문에, 온도의 영향을 나타내는 것은 매우 어렵다[2]. 그러나 International Electrochemical Commission(국제 전기화학위원회, 이하 IEC)는 30℃ 부근에서 다음 식이 성립한다고 밝혔다.

$$C_T = C_{30}[1 + 0.008 \times (T - 30)]$$

저율 및 고율 충방전의 영향을 나타내려면, 매우 큰 전류에서 $n = 2$가 되고, 매우 작은 전류에서는 $n = 1$이 된다[1].

납 배터리가 자기방전되는 원인은, 농축된 H_2SO_4 내에서 Pb와 PbO_2가 원래 불안정할 뿐만 아니라 다음의 반응들 때문이다[4].

양극에서의 자기방전 반응

(1) O_2 발생 : $PbO_2 + H_2SO_4 \rightarrow PbSO_4 + H_2O + 1/2O_2$

(2) 유기물의 산화 : $2PbO_2 + R + 2H_2SO_4 \rightarrow 2PbSO_4 + 2H_2O + CO_2 + R'$

(3) 잔류 PbO의 황산화 : $PbO + H_2SO_4 \rightarrow PbSO_4 + H_2O$

(4) PB 집전체의 부식 : $Pb + PbO_2 + 2H_2SO_4 \rightarrow 2PbSO_4 + 2H_2O$

(5) 합금금속(예를 들면 Sb)의 산화 :

$$5PbO_2 + 2Sb + 6H_2SO_4 \rightarrow 5PbSO_4 + (SbO_2)_2SO_4 + 6H_2O$$

음극에서의 자기방전 반응

(1) H_2 발생 : $Pb + H_2SO_4 \rightarrow PbSO_4 + H_2$

(2) O_2 재결합 : $Pb + H_2SO_4 + 1/2O_2 \rightarrow PbSO_4 + H_2O$

O_2와 H_2의 발생율은 주로 산의 농도에 의해 결정된다. 방전상태인 셀에서 PbO_2 보호층이 불안정해짐에 따라 그리드 역시 부식된다. 이것이 그림 2.2의 양극에서 부식을 나타내는 곡선의 최소점 부분이다[5].

양극의 전체적인 자기방전 속도는 느리다. 완전히 충전된 새 배터리의 경우 25℃에서 보통 0.2%/일이며, 반응이 진행됨에 따라 감소한다. 실제로 $PbSO_4$는 특정한 수준까지 부동태피막을 형성하지만, 대신 저항이 증가하는 나쁜 점도 있다.

반대로 음극에서는 자기방전 속도가 빠르다. 양극 그리드에 Sb가 함유되어 있을 때는 특히 H_2의 발생이 증가한다. 실제로 Sb는 충전 시 용해된 뒤 음극으로 확산되어 음극에 흡착됨으로써 전극의 H_2 과전위를 감소시킨다. 이 문제를 줄이려면 Sb 함량이 낮은 그리드를 사용하면 되고, 완전히 없애려면 순수한 Pb 또는 Pb/Ca 그리드를 사용하면 된다. 그러나 순수한 Pb 그리드는 강도가 낮으며, Pb/Ca 그리드는 깊은 방전 시 충방전수명이 감소하는 단점이 있다[2]. Sb 함유 그리드를 가진 새 배터리는 25℃에서 1%/일의 비율로 용량이 감소하지만, 이 비율은 배터리의 사용연수가 늘어남에 따라 2~5배로 증가한다.

Sb 함유 그리드를 가진 납 배터리의 자기방전은 온도에 따라 지수함수적으로 증가하기 때문에, 자기방전을 최소화하기 위해서는 5~15℃ 사이에서 저장되어야 한다[3]. 마지막으로, 방전된 상태에서 저장기간이 늘어나면 영구적인 용량손실로 이어진다는 점을 강조하고 싶다. 실제로 $PbSO_4$는 충전 중에 다시는 활성물질로 변환될 수 없는 큰 결정(단단한 황화물)으로 성장하려는 경향이 있다.

2.2.8. 충전방법

모든 종류의 납 배터리에 적용될 수 있는 올바른 충전방법에 대한 일반적인 규칙은 다음과 같다.

1) 셀전압을 2.39V(가스발생 전압) 이하로 유지하여 초기에 큰 충전전류가 흐르지 않도록 제한해야 한다.
2) 재충전 시간을 줄이기 위해, 충전전압을 2.39V보다 약간 작게 하여 전류를 흘릴 수 있다.
3) 완전히 재충전되면 전류는 보통 C/20의 낮은 값으로 감소시킨다. 자기방전을 보충하기 위해 전류를 흘려줄 때도 이 값보다 작아야 한다.

가장 일반적인 충전방법은 다음과 같다.

a) 정전류(constant current, 이하 CC) 충전
b) 정전위(constant potential, 이하 CP) 충전
c) 정전류-정전위 충전
d) 점진적 감소(taper) 충전
e) 펄스 충전

f) 세류(trickle) 충전
g) 부동(float) 충전
h) 급속 충전

EV용과 대기전력용을 포함한 몇 가지 산업 응용분야에서, 변형된 정전위 충전법이 사용된다. 처음에는 미리 설정된 전위값에 도달할 때까지 정전류로 충전되며, 전위가 설정값에 도달하면 완전 충전되었음을 의미한다. 그리고 자기방전을 보충하기 위해 저율의 CC 충전이 적용될 수 있다.

점진적 감소(taper) 충전법은 변형된 CP 충전법을 저가형으로 구현한 것이다. 기본적으로, 배터리의 충전상태가 낮을 경우는 고율로 충전되며, 완전충전에 도달하면 저율로 충전된다.

특히 견인용 배터리에 사용되는 펄스충전법은, 주기적으로 배터리에서 충전기를 떼어 내어 OCV를 측정한 뒤, OCV가 설정값 이하인 경우에만 CC 펄스가 인가된다. 배터리를 완전충전 상태로 유지하기 위해 폭이 좁은 펄스가 인가된다.

세류 및 부동 충전법은 각각 저율의 CC법 및 CP법으로서, 배터리를 완전충전 상태로 유지하기 위해 사용되며, 대기전원 분야에서 많이 사용된다.

급속충전법은 1시간 내에 재충전시켜야 하는 응용분야에 사용된다. 이 경우, 모든 관련 파라메터를 제어할 수 있는 반도체 기반의 지능형 충전기가 필요하다.

2.3. 니켈(Ni)/카드뮴(Cd) 배터리

2.3.1. 소개

Ni/Cd 배터리는 Ni 기반 양극과 알칼리 용액을 공통으로 사용하는 5가지의 재충전 배터리(Ni/Cd, Ni/MH, Ni/H_2, Ni/Zn, Ni/Fe) 중의 하나이다. Ni/Cd 배터리는 특히 에너지밀도가 낮고 환경을 파괴하는 단점이 있음에도 불구하고, 여전히 수많은 산업용 분야에 널리 사용되고 있다. 이 배터리의 장점은 특별한 구조에 있다.

Cd는 음극재료로 사용되며, β-NiOOH가 양극재료로 사용된다. 전해질은 다소의 LiOH(8~20g/L)가 함유되어 있는 KOH(22%, 밀도는 1.2g/cm^3)의 용액이다. LiOH는 충방전수명과 고온 성능을 개선시킨다.

2.3.2. 니켈/카드뮴 배터리의 종류

Ni/Cd 배터리는 크게 배기형(vented)과 밀봉형(sealed)의 두 그룹으로 나눌 수 있다. 배기형 배터리는 다음에서 설명하는 4가지의 전극구조 가운데 하나를 사용한다.

- 포켓판(pocket plate)

이 전극을 사용하는 배기형 배터리는 가장 오래된 것으로, 기원은 19세기 말 Jüngner의 초기 제품에까지 거슬러 올라간다. 두 전극은 모두 Ni로 도금된 다공질 강편(steel strip)으로 만든 포켓(홈)을 가지고 있으며, 이 포켓 내에 활성물질이 채워져 있다[14]. 강판 포켓에 활성물질을 삽입하는 방법은 두 가지가 있다. 일단 위쪽과 아래쪽 강편으로 채널을 만든 뒤, 활성물질 분말을 아래쪽 채널에 채우며, 좀 더 무거운 전극의 경우 활성물질을 작은 평판으로 만들어 채널에 삽입한다[15]. 이 접혀진 강편들을 서로 맞물리게 연결하면 긴(5~10m) 전극용 강편이 만들어지며, 이 전극용 강편을 잘라 배터리에 사용한다. 음극은 항상 양극보다 얇다. 포켓판 제작단계가 그림 2.5에 설명되어 있다.

양극은 $Ni(OH)_2$(80%), $Co(OH)_2$(2%) 및 흑연(18%)이 섞여진 혼합물로 만들며, 음극의 재료는 $Cd(OH)_2$(78%), Fe(18%) 및 소량의 Ni와 흑연을 함유하고 있는 혼합물이다[14].

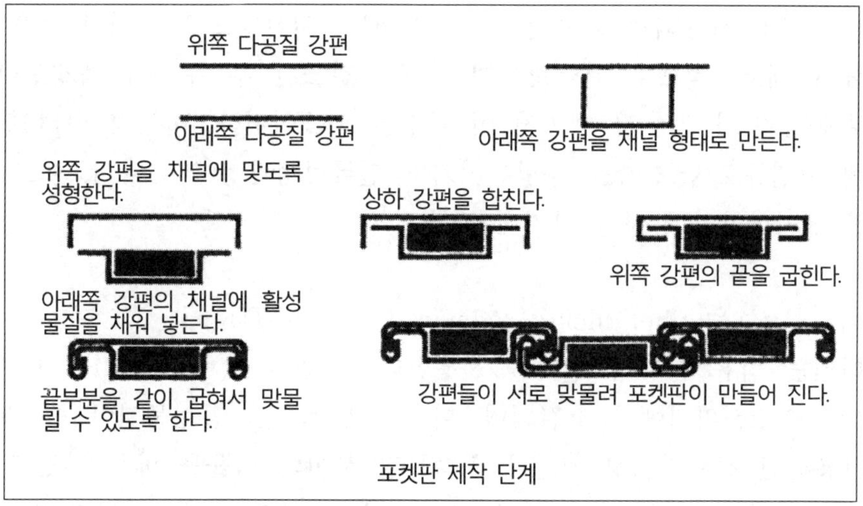

그림 2.5. Ni/Cd 배터리의 포켓판 제작 단계(참고문헌 [51]).

▪ 소결판(sintered plate)

Ni/Cd 배터리의 에너지출력을 증가시키기 위해 소결전극이 개발되었다. 실제로 이 전극을 이용하면 포켓판보다 에너지밀도가 50%까지 증가한다. 더욱이 소결전극은 훨씬 더 얇게 만들 수 있으므로, 배터리는 고율 충방전이 가능하다. 그밖에도 방전특성이 평탄하고, 용량보존능력이 우수하며 저온 성능이 뛰어나다는 장점도 있다. 반면에, 소결전극은 비싸고 충전 시 주의 깊은 온도제어가 필요하며 메모리효과도 나타난다.

소결전극을 갖는 배기형 Ni/Cd 배터리는 특히 고전력이 요구되는 항공기용 터빈엔진과 디젤엔진의 시동용으로 사용된다. 많은 응용분야에 이 배터리를 적용시키면 크기와 무게 및 유지보수 등을 줄일 수 있다[14].

소결전극은 기판의 성질, 소결방법, 주입공정 및 소결판 형성 등에 따라 여러 가지 방법으로 제작될 수 있다[16].

2종류의 기판이 사용되는데, 천공 강편 또는 직조 스크린(woven screen)이 그것이다(두 경우 모두 순수한 Ni 또는 Ni 도금 강철로 만든다). 활성물질(작은 평판)을 삽입하기 전에 형성되는 소결판은 기공도가 80~85%, 두께는 0.4~1.0mm이다. 기판에 카르보닐기 Ni의 슬러리나 건조분말을 채우면 소결판이 만들어진다. 소결은 800~1000℃의 환원분위기에서 이루어진다. 이후 양극용 소결판에는 $Ni(NO_3)_2$ 용액이 삽입되며, 음극용에는 $Cd(NO_3)_2$ 용액이 사용된다. 두 질산염은 알칼리용액 내에서 화학적 및 전기화학적 침전법에 의해 각자의 수산화물로 변환된다[17,18]. 널리 사용되는 화학적 침전법에서는, 질산염으로 채워진 판은 NaOH 용액 내에서 캐소드적으로 분극화되며, 세척, 건조된 후 무게가 측정된다. 미리 설정된 무게(용량)가 얻어질 때까지 이 과정은 되풀이된다. 비활성 상태인 반대쪽 극에 대해 고전류로써 전극을 충방전시키면 전극형성과정이 끝나며, 이로써 전극은 완전한 전기화학적 용량을 가지게 된다.

▪ 니켈카드뮴 섬유(fiber nickel cadmium, 이하 FNC)

이 배터리는 섬유 형태의 전극을 사용한다. 합성섬유 매트(mat)는 니켈도금된 후 800℃의 수소분위기에서 소결되며, 마지막 단계에서 활성물질이 주입된다. 이 방법을 사용하면 전류전도성 기판과 활성물질 사이의 비율을 바꾸지 않고도 두께가 0.6~1.0mm인 전극을 제작할 수 있다[19]. 기판은 매우 다공질이기 때문에

(90%) 활성물질을 매우 잘 이용할 수 있다. 도전성 첨가제는 필요하지 않다. 활성물질로는 양극에 $Ni(OH)_2$, 음극에 $Cd(OH)_2$가 사용되며, 이들은 섬유판에 기계적으로 직접 삽입된다[14]. 전극두께에 따라 저출력에서 고출력 배터리까지 제작될 수 있다[20]. 이 배터리의 충전효율 개선으로 인해 가스의 양이 감소되었고, 따라서 배기형 셀에서 물을 자주 보충해 줄 필요가 없어졌다. 밀봉형 셀의 경우는, 유지보수가 필요없기 때문에 동작수명과 저장수명이 배기형 셀보다 길며, Cd 전극에서의 O_2 재결합이 빠르고 완전하게 이루어진다.

- 플라스틱 접착판(plastic-bonded plate)

가장 최근에 개발된 플라스틱 접착판은 주로 음극에 사용되며, 배터리의 성능을 크게 개선시켰다. 등방성 페이스트를 만들기 위해 활성물질은 용매(보통 PTFE) 내에서 고분자물질과 혼합된다. 이 페이스트는 사출성형된 뒤, 압연되거나 집전체(보통 Ni가 도금된 구멍 뚫린 강철) 상에 도포된다[14]. 소결된 양극과 플라스틱 접착 음극이 함께 사용되기 때문에 배터리의 무게와 부피를 줄일 수 있으며(약 20%), 과충전 전류를 감소시켜 물 소비를 줄일 수 있다.

밀봉형 배터리의 운전은 VRLA 배터리와 마찬가지로 O_2 사이클을 기반으로 하고 있다. Cd 전극(음극)은 양극보다 용량이 크기 때문에(1.5~2배), 충전 시 양극이 좀 더 빨리 완전충전된 상태에 도달하여 O_2를 방출하기 시작한다. 산소는 투과성 분리판을 통하여 음극으로 이동하고, 여기서 환원반응이 일어나 $Cd(OH)_2$가 발생한다(이후에 설명).

밀봉형 배터리의 경우, 소결형, 섬유형 및 발포형(foam)의 3종류 양극이 사용될 수 있다. 소결형 및 섬유형은 기본적으로 앞서 설명한 것과 같다. 발포형 니켈 전극은 다공질 폴리우레탄 또는 아크릴섬유를 Ni로 도금한 뒤 열처리하여 제작된다. 그렇게 만든 전극은 90%의 기공도를 가지므로, 내부에 저장될 수 있는 활성물질의 양은 소결형 전극보다 많다. 이로 인해 활성물질의 이용률이 낮음에도 불구하고 전극의 용량과 에너지밀도가 개선된다. 대표적인 소결형 전극의 용량은 450mAh/cm^3인데 반해, 발포형 전극은 700mAh/cm^3에 달한다[21].

밀봉형 Ni/Cd 배터리의 음극은 소결형과 비소결형이 있다. 소결형의 구조는 이미 설명하였고, 비소결형은 Ni가 도금된 강철그리드에 CdO 기반의 페이스트를 코팅하여 만든다. 비소결형의 경우 부피 대비 용량이 30% 증가하였다[21].

펠트(felt)는 보통 나일론이나 폴리프로필렌으로 만들며, 작은 양의 알칼리용액을 고정시키는데 사용된다[23].

용량이 25Ah인 밀봉형 배터리는 휴대용 장비뿐만 아니라 수많은 정지용 분야(비상등, 통신장비 등)에도 사용된다.

2.3.3. 충방전 반응

배터리의 용량을 결정하는 반응은 다음과 같다.

$$\text{음극}: \quad Cd + 2OH^- \rightleftharpoons Cd(OH)_2 + 2e$$

$$\text{양극}: \quad \beta\text{-}NiOOH + H_2O + e \rightleftharpoons \beta\text{-}Ni(OH)_2 + OH^-$$

음극에서는 $Cd(OH)_3^-$ 또는 $Cd(OH)_4^{2-}$와 같은 가용성 중간생성물이 형성되면서 용해-침전 메커니즘이 작동되고 있다.

NiOOH가 $Ni(OH)_2$로 가역적으로 환원되는 것에는 수소이온이 NiOOH의 층상구조에 삽입되는 것이 포함되어 있으며, 이는 고체상태 매커니즘에 해당한다.

전체 반응은 다음과 같다.

$$Cd + 2\beta\text{-}NiOOH + 2H_2O \rightleftharpoons 2\beta\text{-}Ni(OH)_2 + Cd(OH)_2 \quad (E_{cell} = 1.30V)$$

충전 시 H_2O의 수전해는 1차반응과 경합관계에 있다. 배기형 셀에서는 H_2와 O_2가 배기구를 통해서 방출되고, 밀봉형 셀에서는 다음 반응에 따라 용량제한 양극이 과충전 상태에 들어가기 때문에 O_2가 발생된다.

$$4OH^- \rightarrow 2H_2O + O_2 + 4e$$

음극에서는 다음 반응에 의해 Cd가 형성된다.

$$2Cd(OH)_2 + 4e \rightarrow 2Cd + 4OH^-$$

이 조건에서의 전체반응은 다음과 같다.

$$2Cd(OH)_2 \rightarrow 2Cd + 2H_2O + O_2$$

양극에서 발생된 O_2는 투과성 분리판을 통해 이동하여 다음과 같이 Cd와 화학적으로 반응한다.

$$2Cd + O_2 + H_2O \rightarrow 2Cd(OH)_2$$

과충전 시 전체 전기화학적 및 화학적 반응의 순수한 합은 영(zero), 즉 어떠한 화학적 변화도 발생하지 않는다. 이는 바로 전기가 열로 변환된다는 것을 의미한다. 실제로 과충전 반응은 발열반응이다[14]. O_2 재결합의 매커니즘이 그림 2.6에 나타나 있다.

그림 2.7에 설명되어 있는 것처럼, 밀봉형 셀에서는 O_2의 재결합 때문에 최종 충전단계가 배기형 셀과 매우 다르다. 배기형 셀에서는 완전 재충전이 이루어지기 때문에 H_2O의 수전해가 전압을 급격히 상승시킨다. 반대로 밀봉형 셀의 가스재결합 매커니즘은 전압상승을 억제시키므로 어느 정도의 과충전이 허용된다.

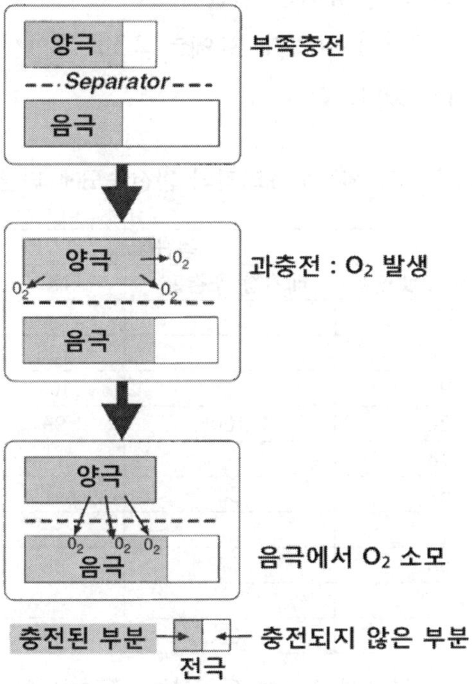

그림 2.6. 과충전 상태의 밀봉형 Ni/Cd 배터리 양극에서 발생되는 O_2의 재결합 매커니즘(참고문헌 [23]).

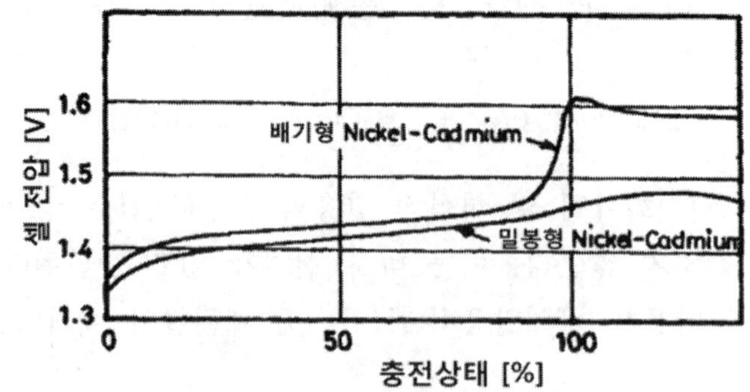

그림 2.7. 충전율이 C/10일 때 배기형 및 밀봉형 Ni/Cd 셀의 충전특성곡선(참고문헌 [18]).

2.3.4. 방전특성, 메모리효과 및 자기방

Ni/Cd 배터리의 고율방전 유지 능력은 일반적으로 우수하지만, 셀 구조에 따라 크게 달라진다. 이것이 표 2.3에 주어져 있으며, 표에는 2.3.2 절에서 제시된 여러 가지 종류의 Ni/Cd 배터리가 비교되어 있다.

표 2.3. 여러 종류의 Ni/Cd 배터리의 방전속도에 따른 용량 비교

방전율 (C)	용량(%)			
	배기형 포켓판[1)]	배기형 소결판[2)]	FNC[3)]	밀봉형 소결판[4)]
0.1	102			
0.2	100		106	113
0.5	92		102	
1	82	100	99	103
2	76			
3	67	83		
4				92
5	58	77	98	
8				83
10		63	88	

1) 문헌 [14], 2) 문헌 [24], 3) 문헌 [20], 4) Sanyo의 카탈로그 "Cadnica"에서 인용

포켓판 셀은 방전율이 가장 낮다. 이 점을 고려하여, 소결전극은 배기형 셀보다 밀봉형 셀에서 더욱 성능이 좋다는 것을 지적해 두고 싶다. 실제로 밀봉형에 많이

사용되는 원통형 구조에는 얇은 압연 전극이 사용될 수 있는 반면, 각주형 배기형 셀에는 평판이 사용된다. 마지막으로, 섬유전극은 방전율이 뛰어나며, 극도로 큰 방전율을 가지는 셀도 제작할 수 있다. 예를 들어, 47Ah의 고율 셀은 1~2.5kA의 전류를 60초 동안 방전시킬 수 있다[25].

밀봉형 셀에서 방전율이 다를 경우의 전압특성곡선이 그림 2.8에 나타나 있다. 고율방전 시에도 전압변동률은 1.2V로 거의 평탄하다. 그러나 특히 밀봉형 셀에서 두드러지게 나타나는 소위 메모리효과(전압강하) 때문에 전압특성곡선은 크게 달라진다. 메모리효과는 반복적으로 얕게 방전(shallow discharge)시킨 경우에 나타난다. 재충전 후 셀이 마치 이전의 얕은 방전을 기억이라도 하고 있는 것처럼 주어진 차단전압(cut-off voltage)에서 전 용량을 공급할 수 없게 된다(그림 2.9). 이는 메모리효과로 인한 전압강하(100mV 정도) 때문이다. 완전 충전 후 어느 정도 깊은 방전을 하면 전 용량을 회복할 수도 있다. 그러나 그림에서 보듯이, 얕은 방전을 많이 한 후에는 용량 회복이 불가능할 수도 있다.

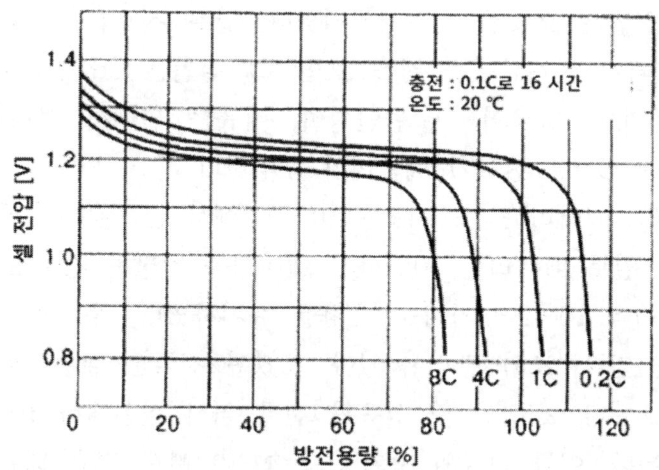

그림 2.8. 방전율에 다를 경우 밀봉형 표준 Ni/Cd 배터리의 방전특성(참고문헌 [26]).

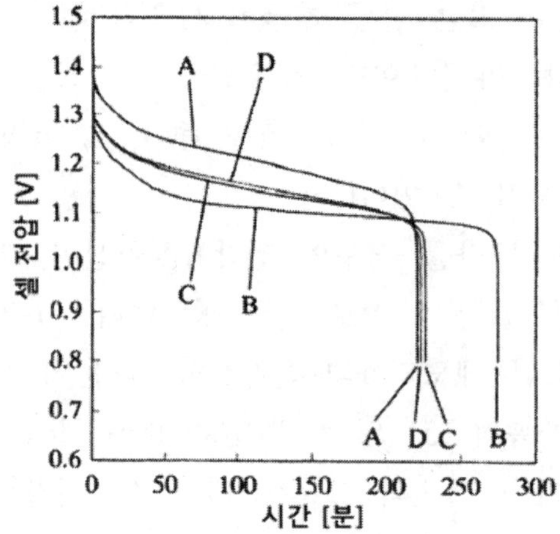

그림 2.9. 100회의 얕은 방전을 거친 실험용 Ni/Cd 셀의 메모리효과(전압강하). A : 정상상태에서의 방전특성. 100회의 얕은 충방전 후 B : 첫 번째 방전특성, C : 2 번째 방전특성, D : 3 번째 방전특성(참고문헌 [27]).

특히 고온에서 장기간 과충전하면 비슷한 효과가 나타날 수 있다[18]. 메모리효과의 근본적인 원인은 오랫동안 논쟁거리였다. 같은 정도는 아니지만 Ni/MH 셀에서도 메모리효과가 존재한다는 점을 보면, 그 원인은 Cd 전극이 아님을 알 수 있다. 일부 전문가는, 양극이 그 원인이며, 이유는 위에서 설명한 조건에서 β-NiOOH가 γ-NiOOH로 변하기 때문이라 주장한다.

대부분의 Ni/Cd 배터리는 -30/-40 ~ 50/60℃에서 큰 성능 손실 없이 에너지를 저장할 수 있다. 일부 배터리는 10년까지 에너지를 저장한 경우도 있으며, 재충전 후에도 여전히 거의 100%에 가까운 용량을 유지하였다. 주어진 온도에서 용량이 감소하는 속도는 전극구조와 관련이 있다. 포켓판 전극은 실온에서 3~5%/월의 속도로 용량이 감소된다. 소결판 및 섬유판 전극 역시 실온에서 10~15%/월의 속도로 용량이 감소된다. 이들 전극의 자기방전 속도가 빠른 것은 넓은 표면적과 관련이 있다. 표면적이 넓으면 특히 30℃ 이상에서 화학반응이 촉진되어 배터리가 급속히 방전상태로 되기 때문이다.

2.3.5. 충전법

Ni/Cd 배터리는 CC나 CV법 또는 이를 변형시킨 방법들을 이용하여 충전될 수 있다. 그러나 모든 종류의 배터리에는 보통 CC법이 많이 사용된다. 또한 부동(float) 충전 또는 세류(trickle)충전을 하게 되는 최종단계는 다음의 경우에 적용된다.

1) 완전충전 상태를 유지해야 하는 대기전력용 배터리의 자기방전 상쇄
2) (비교적) 빠른 충전 완료

배기형 배터리에서, 과도한 가스발생과 빈번한 물보충을 피하기 위해 과충전은 101~105% 사이로 제한되어야 한다. 반대로 밀봉형 배터리는 가스재결합 매커니즘 때문에 과충전 허용정도가 더욱 높다. 밀봉형 배터리는 충전종료를 결정하기 위해 종지검출기법(end-point detecting technique)을 사용하며, 이 기법은 완전충전 되었을 때의 온도상승이나 과충전 시 나타나는 피크전압을 기반으로 하고 있다. 이 방법이 그림 2.10에 설명되어 있다.

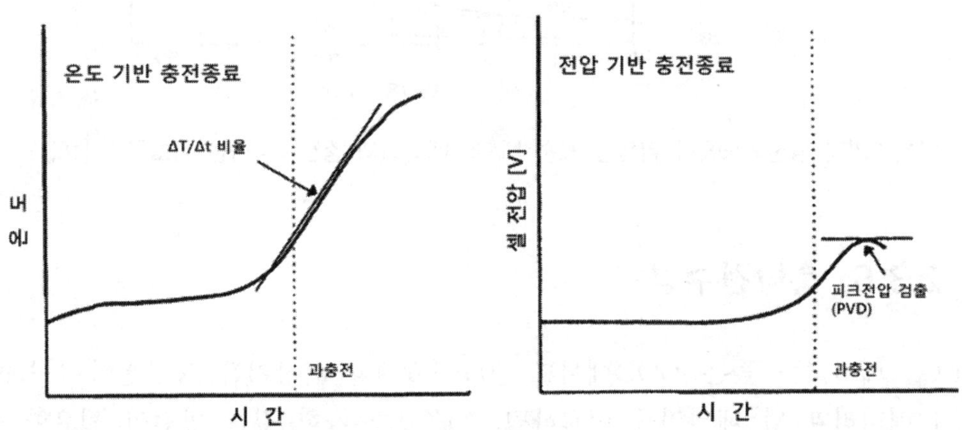

그림 2.10. 밀봉형 Ni-Cd 배터리의 충전종료를 위한 △T/△t 검출법(왼쪽) 및 피크전압검출법(오른쪽).(참고문헌 [28])

Ni/Cd 시스템과 Ni/MH 시스템에서 전압이 최대로 된다는 것은 보통 양극에서 $Ni^{II} \rightarrow Ni^{III}$ 산화과정이 끝났다는 것을 의미한다. 온도가 40℃에 접근하거나 초과하고 충전율이 감소한다면 피크전압검출법이 많이 사용된다. 같은 조건의 경우, 온도상승률(△T/△t) 검출법은 매우 신뢰성 높은 결과를 나타내지만, 배터리는 더욱 과충전될 수 있으므로 수명이 짧아진다. O_2 재결합율이나 열발산율보다 충전율이

높지 않으면, 급속충전이 가능하다. 이 경우, 내부 압력과 온도는 전체 충전과정 동안 낮게 유지된다. 이는 전극구조와 전해질 분포가 적절할 경우 가능하다.

표준 배터리의 경우, 충전율이 전압, 압력 및 온도에 미치는 영향이 그림 2.11에 주어져 있다[18]. C/3 이상의 충전율은 온도 및 압력이 급격히 상승하기 때문에 권장하지 않는다. 충전은 0~45℃에서 정상적인 충전율(7~10h)로 이루어져야 하는 반면, 급속충전(1 h) 시는 저온 한계온도가 15℃로 높아져야 한다[29].

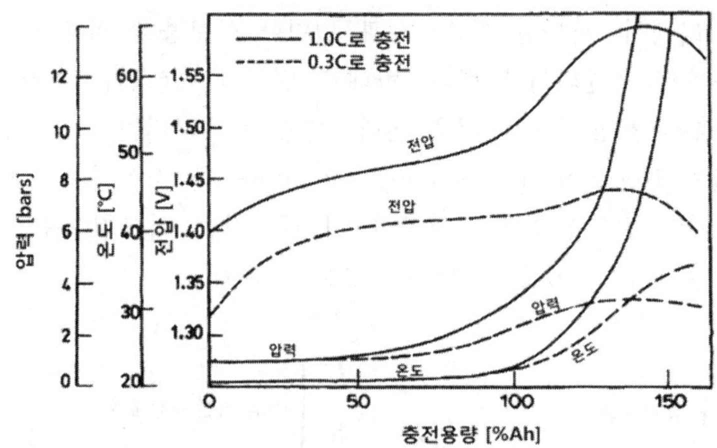

그림 2.11. 2가지 방전속도에서 밀봉형 표준 Ni/Cd 배터리의 충전특성곡선.(참고문헌 [18])

2.3.6. 충방전수명

Ni/Cd 배터리는 높은 DOD에서도 500~5,000회의 장기간 충방전이 가능하다. Ni/Cd 배터리와 납 배터리를 비교하면, Ni/Cd는 특히 깊은 방전이 필요한 분야에서 충방전수명이 더욱 길다. 이것이 그림 2.12에 나타나 있다. 납 배터리는 30% 이하의 DOD에서 약 1,000회의 충방전이 가능하지만, 깊은 방전 시에는 그 횟수가 급격히 줄어든다. Ni/Cd 배터리는 DOD에 대해 선형적인 특성이 있으며 80% DOD에서도 여전히 1,400회의 충방전이 가능하다.

충방전횟수가 증가에 따라 거의 안정적으로 용량을 유지하는 능력이 그림 2.13에 나타나 있으며, 이는 내부저항의 변화가 아주 작기 때문이라고 할 수 있다. 내부저항은 보통 작고(소결판 전극의 경우 수 mΩ), SOC의 함수이며, 장기간의 충방전 이후에도 실제로 일정하게 유지된다는 것이 밝혀졌다[23, 31].

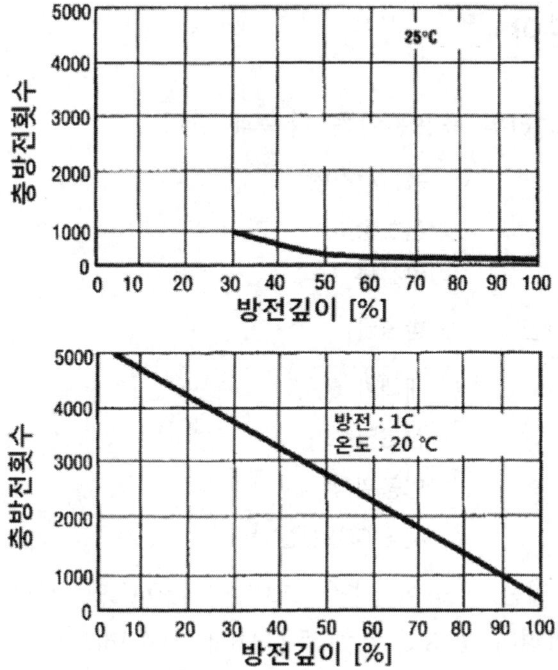

그림 2.12. 밀봉형 6.5Ah 납 배터리(위쪽) 및 밀봉형 4Ah Ni-Cd 배터리(아래쪽)의 DOD에 대한 충방전수명 (참고문헌 [30]).

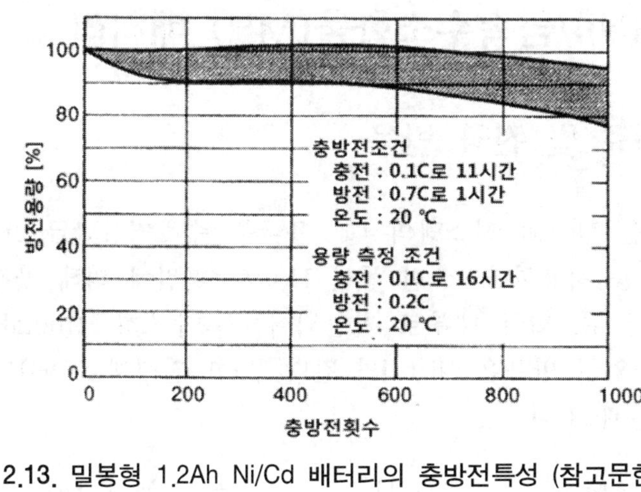

그림 2.13. 밀봉형 1.2Ah Ni/Cd 배터리의 충방전특성 (참고문헌 [26]).

2.3.7. 응용분야

산업용 Ni/Cd 배터리의 응용분야는 다음과 같다.

- 기존 발전소	- 통신시스템
- 태양광발전소	- 신호장비
- UPS 장비	- 비상등
- 기차 조명 및 에어컨	- 방송국
- 해상용 배터리	- 개폐기
- 경고장치	- 신호전송기
- 항공기	- 인공위성
- 견인용	- 시동(디젤엔진 등)

포켓판 배기형 배터리는 용량이 가장 크며, 1,450Ah인 것까지 있다. 섬유판 및 플라스틱접착판 배터리의 용량은 450~500Ah에 달하며[14], 소결판 배터리의 최대 용량은 100Ah이다[23]. 마지막으로, 가장 큰 밀봉형 배터리(M 사이즈)의 용량은 25Ah이다[21]. 정지용 Ni/Cd 배터리에 대한 설명은 10장에 있다.

2.4. 니켈(Ni)/금속수소화물(MH) 배터리

2.4.1. 재료 및 전극 반응

Ni/MH 시스템은 Ni/Cd 시스템의 Cd 음극을 수소저장합금으로 바꾼 것이며, 양극은 같은 재료를 사용한다. 충전 동안 H_2O의 환원에 의해 생성된 수소원자는 합금표면에 흡착된 뒤, 합금 내부로 확산되어 금속수소화물(metal hydride, 이하 MH)을 형성한다. 양극 반응은 Ni/Cd와 같다. 또한 전해액(KOH)도 동일하다.

가역반응은 다음과 같다.

음극 : $$MH + OH^- \rightleftharpoons M + H_2O + e$$

양극 : $$\beta\text{-}NiOOH + H_2O + e \rightleftharpoons \beta\text{-}Ni(OH)_2 + OH^-$$

$$전체\ 반응 : \beta\text{-NiOOH} + \text{MH} \rightleftharpoons \beta\text{-Ni(OH)}_2 + \text{M} \quad (E_{cell} = 1.32\ \text{V})$$

전체 과정은 한 전극에서 다른 전극으로 수소이온이 가역적으로 전달되는 것이다. 방전 시 저장합금에서 방출된 수소이온은 먼저 OH^-기에 구속되어 H_2O가 발생되며, 그 뒤 NiOOH로 전달되어 $Ni(OH)_2$가 형성된다. 충전 시에는 이 과정이 바뀐다. 따라서 두 전극에서 동종의(homogeneous) 고체상태 반응이 발생하고 있다. 이 때문에 용해-석출 메커니즘에 의해 동작하는 전극에서 발생하는 문제들(결정의 변화, 기계적인 무결함 상태, 표면형상 및 전기전도도)이 없어진다[18, 33].

더욱이 H_2O가 방전 시에 소비되고 충전 시에 개질되는 Ni/Cd 시스템의 반응과는 달리, 이 배터리는 H_2O를 포함하는 반응이 없기 때문에 용액의 농도와 전도도는 바뀌지 않는다.

Ni/MH 배터리는 그림 2.14에 나타나 있는 반응에 의해 과충전 및 과방전될 수 있다[18]. 셀의 용량은 양극에 의해 제한되며, 양극에 대한 음극의 비는 1.5~2배이다. 과충전 시, O_2가 양극에서 발생하여 음극으로 확산된 뒤 MH와 반응하여 H_2O가 생성된다. 음극에서 일어나는 두 번의 과충전 반응을 합한 전체 반응은 바로 양극 전체 반응의 반대이다. 과방전 시 H_2가 양극에서 발생되고, 다시 음극에서 H_2O가 발생된다. 따라서 Ni/Cd 배터리와 달리 H_2와 O_2가 재결합하여 H_2O가 생성되고, 따라서 밀봉된 상태에서 Ni/MH 배터리의 동작이 보장된다.

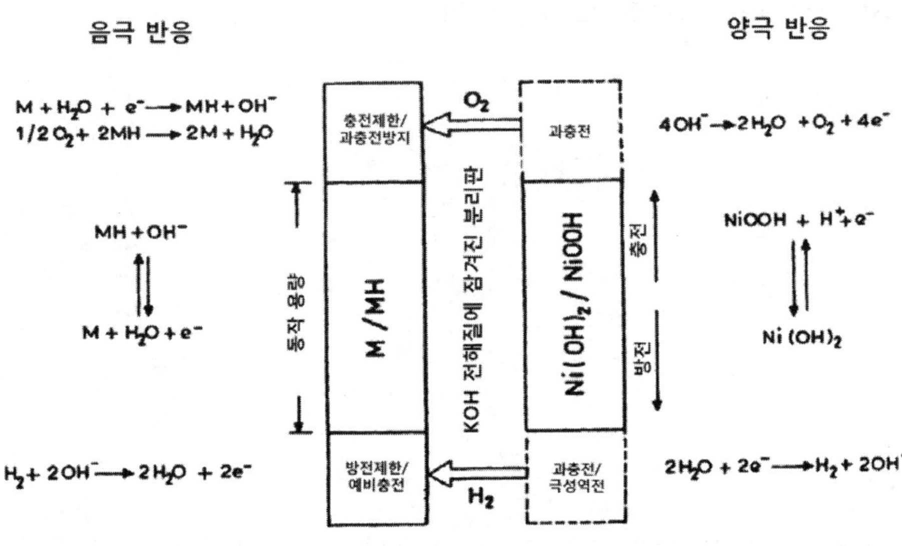

그림 2.14. 밀봉형 Ni/MH 배터리에서 발생하는 모든 반응. (참고문헌 [18])

현재 사용되는 합금은 AB_5 또는 AB_2형이다. AB_5의 예로는 $LaNi_5$가 있고, AB_2의 예로는 ZrV_2가 있다. 두 종류의 합금 모두 수 년 간 특성이 개선되어 왔으며, 이는 다음과 같이 요약될 수 있다[34].

- 넓은 동작온도 범위
- 고용량 및 고에너지
- 긴 충방전수명
- 전기화학적으로 높은 활성도
- 빠른 수소 확산 속도
- 저가
- 친환경

그림 2.15는 $LaNi_5$ 합금의 여러 최적화 단계를 나타낸다. 여기서 Mm은 미쉬금속(misch metal)*)의 약자로서, 자연적으로 발생하는 희토류원소(La, Nd, Pr, Ce)의 혼합물을 말한다. 순수한 La 대신에 이 혼합물을 사용하면, 알칼리에 대한 합금의 내성을 강화시키고 가격을 낮출 수 있다. 대표적인 조성비는 La 25%, Ce 50%, Pr 7%, Nd 18%이다[18]. Ni의 일부를 Co로 대체하면 합금의 미분쇄(pulverization)를 방지하고, Mn은 용량을 증가시키며, Al은 제조 시 산화에 대한 내성을 개선시킨다[22]. 마지막으로, 화합물 $Mn(Ni\text{-}Co\text{-}Mn\text{-}Al)_{4.76}$을 사용하면 방전용량은 AB_5보다 10% 증가한 330mAh/g이 된다.

*) 미쉬금속(misch metal) : 15종의 희토류 원소는 혼합된 채 산출되므로, 원석인 모나자이트 /바스트네사이트로부터는 이들 15종 원소가 혼합된 염이 생긴다. 이것을 마그네슘/칼슘/나트륨과 같은 활성금속으로 환원하거나, 또는 융해염으로 전해하여 금속으로 만들면 15개 원소가 섞인 금속이 얻어지는데, 이것을 미쉬메탈이라고 한다. 이것에 대해 15종의 각 원소로 분리시킨 것을 분리희토(分離稀土)라고 한다. 실용되는 미쉬메탈은 수 %의 철을 함유한다.

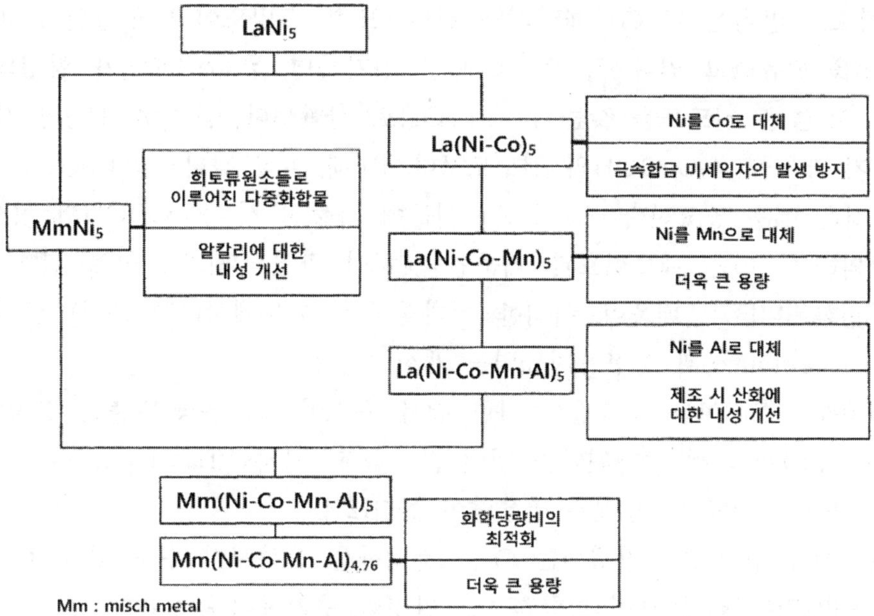

그림 2.15. 밀봉형 Ni/MH 배터리의 음극에 사용되는 AB5 수소저장합금의 최적화 단계. 참고문헌 [22]).

AB_2형 합금(A - V, Ti ; B - Zr, Ni 더하기 소량의 Cr, Co, Mn, Sn)은 용량이 385~450mAh/g으로 매우 크다[35]. 그러나 저온 및 고온, 고율방전에서는 AB_5 합금의 성능이 더 우수하다. 덧붙여 AB_2 합금은 자기방전이 작으며, 가격이 싸고 사용하기 쉽기 때문에 여전히 선호된다.

좀 더 큰 용량을 얻으려면 현재 연구 중인 새로운 합금에 기대를 걸어야 한다. *bcc*형(예를 들면 V_3Ti)은 AB_5형 용량의 2배이고, Mg-Ni형(예를 들면 $Mg_2Ni+2Ni$)은 AB_5형 용량의 1.5배이다. 그러나 이들 신형 합금은 공통적으로 다음과 같은 단점을 가지고 있다.

- 불충분한 내부식성
- 짧은 충방전수명
- 초기 활성화
- (AB_5에 비해) 낮은 동작전압

미래에는 700~1000mAh/g의 용량이 가능할 것으로 예상된다[36].

기본적으로 양극은 Ni/Cd 배터리와 같다. 또한 고밀도이고 구형인 $Ni(OH)_2$는 Co와 Zn을 함유하고 있다[35, 37]. CoO를 첨가하면 β-$Co(OH)_2$가 형성되고, 이는 충전 시 높은 전도도를 갖는 β-CoOOH로 산화된다. β-$Co(OH)_2$의 전도도가 매우 낮기 때문에(β-CoOOH의 전도도보다 10^5배 이상 작다) β-CoOOH가 존재한다는 것은 매우 중요하다. Co와 Zn 때문에 과충전 시 γ-NiOOH의 형성이 크게 제한되는데, 이는 메모리효과 때문인 것처럼 판단되며[27], 이로 인해 전극의 형상이 변화된다[37]. 더욱이 이러한 첨가물들은 고온에서(45℃까지) 충전수입성(charge acceptance)과 용량유지능력을 개선시킨다.

여러 종류의 $Ni(OH)_2$ 샘플을 조사한 결과 수소이온의 흡장/방출은 결정의 결함(imperfection)에 의해 증가된다는 것이 밝혀졌다. 기저면(basal plane)의 적층 시에 무질서도가 증가하는 물질은 비용량이 높다[21].

과충전 시에 양극에서 발생되는 O_2는 분리판을 산화시킬 수도 있다. 따라서 술폰화된 폴리프로필렌과 같이 화학적으로 안정한 분리판이 필요하다

2.4.2. 셀 구조 및 성능

- 소형셀(예를 들어 전자기기용)

Ni/MH 배터리는 Ni/Cd 배터리와 구조가 같다. 전극은 표면적이 크기 때문에 고전류를 감당할 수 있다. 원통형 구조(가장 일반적인 구조)의 경우, 양극은 일반적으로 펠트 또는 발포성 기판이 사용되며, 이 기판으로 활성물질이 주입되거나 도포된다. 음극 역시 플라스틱 접착된 수소저장합금을 지지하는 다공질 구조(천공 Ni 박막 또는 그리드)로 되어 있다. 전극은 Ni/Cd 배터리처럼 나권형이며, Ni가 도금된 강철용기에 수납되어 있다. 셀의 상부에는 역시 약 27기압에서 동작하는 안전배기구가 마련되어 있다.

각주형 배터리는 최대 20%까지 용량을 증가시킬 수 있다. 전극은 편평하고 사각형이며, 다른 부품들은 원통형 구조와 동일하다.

- 대형셀

금속합금은 천공된(또는 신연된) Ni 박막 또는 Ni 발포판에 의해 지지된다. 양극의 활성물질은 보통 Ni 발포판에 의해 지지되지만, 특히 고율 충방전 및 저온 동작이 요구되는 곳에서는 Ni 섬유 또는 소결된 Ni 섬유도 사용된다[20,35].

원통형 및 각주형이 모두 사용될 수 있지만, 10Ah 이하의 용량에서는 원통형이 많이 사용된다. 원통형 셀은 젤리롤(jelly roll, 젤리를 감아 놓은 것)형으로서, 긴 전극스트립 코일이 감겨져 있다. 이는 다른 시스템에서 사용된 구조와 같다. 그러나 Ni/MH 셀은 보통 고율로 충방전되기 때문에, 내부저항을 매우 작게 하기 위해(1~2mΩ) 각 전극의 몇 군데 지점에서 단부집전체(edge current collector)를 용접시켜야 한다[35]. 20Ah 이상의 원통형 셀은 설계하기가 매우 어렵기 때문에, 이 경우에는 각주형 셀이 보통 사용된다. 각주형 셀은 중간에 분리막판 가진 기존의 평판 전극 스택을 사용한다. 주어진 응용분야에서 에너지에 대한 출력전력의 적절한 타협을 통해 비활성물질에 대한 활성물질의 비가 결정된다.

실제로 모든 Ni/MH 배터리는 밀봉형이며, 빠른 가스확산과 재결합을 위해 제한된 양의 전해질(6M KOH + 첨가제 LiOH)을 사용한다.

원통형 셀은 금속용기 만을 사용한다. 금속수소화물 전극은 이 용기에 연결되어 음극단자의 역할을 한다. 더욱이, 고속 충전 시에 발생하는 O_2로 인한 높은 내부압력 때문에 금속 용기가 필요하다. 대형 각주형 배터리는 금속과 플라스틱 용기를 모두 사용할 수 있다. 플라스틱 용기는 가격과 전기절연 면에서 장점을 가지고 있으며, EV용 대형팩의 경우에는 이 두 가지가 가장 중요한 장점이 된다.

그림 2.16은 원통형 Ni/MH 셀의 방전율에 따른 방전특성곡선을 나타낸다. 방전율이 증가함에 따라 비록 평균전압이 감소하지만 셀의 용량은 거의 감소하지 않는다. Ni/Cd 배터리의 방전이 발열반응인 것과는 달리, Ni/MH 배터리의 방전은 흡열반응이다. 따라서 셀에서 흘러나가는 전류 때문에 발생하는 열과 부분적으로 평형을 이룬다. 비록 Ni/MH 배터리가 비교적 큰 방전전류를 지속적으로 흘릴 수 있다 하더라도, 큰 전류에서의 반복적인 방전은 배터리의 충방전수명을 감소시킨다. 보통 0.2C~0.5C의 방전율에서 최상의 결과가 얻어진다. 0.2C의 방전율에서 NiMH 배터리는 Ni/Cd 배터리보다 용량이 40% 이상 크며, 따라서 에너지밀도도 그만큼 더 높다. 최적화된 셀의 경우, 현재 100Wh/kg에 가까운 비에너지와 300Wh/L 이상의 에너지밀도를 얻을 수 있다. 그러나 Ni/Cd 셀에 비해 보통 방전율이 낮고, 자기방전은 빠르며, 과충전 허용도는 작다.

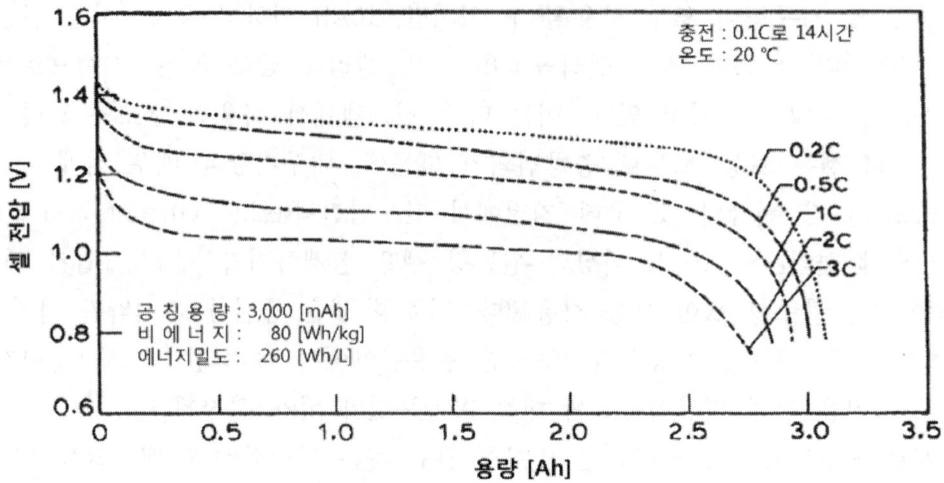

그림 2.16. 방전율에 따른 원통형 3Ah Ni/MH 셀의 방전특성곡선.(참고문헌 [18])

NiMH 배터리가 운전 및 저장 시 온도에 민감하다는 것은 확실하다. 그림 2.17에서 볼 수 있듯이, 고온에서 저장 시 용량감소가 매우 빠르다. NiCd와 NiMH를 비교하면, 실온 이상에서 NiMH 배터리의 자기방전이 더욱 빠르다. 45℃에서 한 달이 지난 후, NiCd 배터리는 자기용량의 60~70%를 유지하는 반면에, NiMH 배터리는 20~40%에 지나지 않는다. 충전 시에는 완전한 용량이 회복되기 때문에, 실온저장이 영구적인 용량손실을 초래하지는 않는다. 그러나 고온에서 장기간 저장하면 밀봉재와 분리판이 영구적으로 손상되므로 반드시 피해야 한다. Ni-MH 배터리가 45℃에서 지속적으로 노출되면 충방전수명이 60%까지 감소한다는 시험결과도 보고된 바 있다[38].

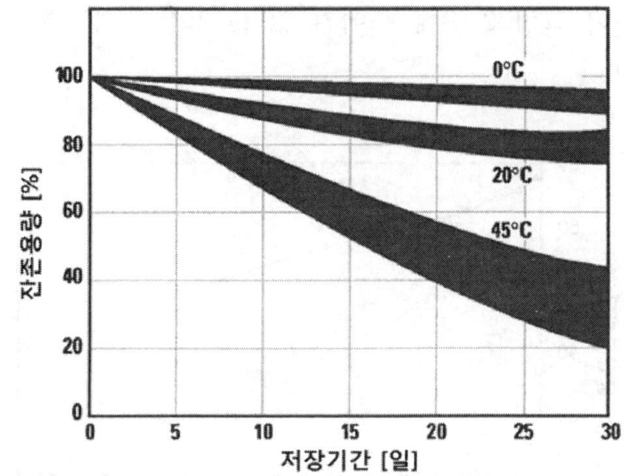

그림 2.17. 온도에 따른 Ni/MH 배터리의 저장 특성. 실온에서 0.3C로 5시간 동안 충전되고, 0.2C로 1.0V까지 방전된다. (Duracell의 허가에 의해 전재)

AB_2 기반 음극을 갖는 85Ah 견인용 배터리에서의 자기방전 매커니즘에 대해 연구가 이루어졌다[39]. 시간에 따라 OCV가 감소하는 것을 주의깊게 분석한 결과, 3가지의 독특한 전압감소 주기를 검출할 수 있었으며, 각 주기는 OCV - ln(t) 특성곡선에서 선형적인 기울기를 가진다. 첫 번째 단계는 10~100초의 짧은 시간에 해당하며, 두 번째 단계는 10분~25시간의 중간단계, 세 번째 단계는 2일~수 개월까지의 지속저장 단계에 해당한다. 각 단계에서 지배적인 자기방전 매커니즘은 다음과 같다.

1. $6NiOOH + 2H_2O + H_2 \rightleftharpoons 6Ni(OH)_2 + O_2$
2. $2NiOOH + H_2 \rightleftharpoons 2Ni(OH)_2$
3. $NiOOH + MH \rightleftharpoons Ni(OH)_2 + M$

첫 번째 단계가 시간이 짧기 때문에 제시된 매커니즘에 어느 정도 주의를 기울여야 한다. 3개의 모든 단계는 양극에서 수소가스의 반응이 포함되어 있다. 특히 마지막 반응은 $MH_{abs} \rightarrow MH_{ads} \rightarrow M + 1/2H_2$의 매커니즘을 통해 합금에서 방출되는 수소에 의해 발생한다. 이 점에서 AB_2 합금은 AB_5에 비해 H_2의 분압이 더 높다. 또한 O_2의 재결합 역시 자기방전의 한 원인이지만, 완전충전 이후 처음의 4시간 동안에만 해당한다. 결과적으로 양극에서의 H_2 산화는 주반응이다. 이 배터리의 용량유지성능이 그림 2.18에 주어져 있다. 저장 72일 후 원래 용량의 43 % 만이 남아 있다[39].

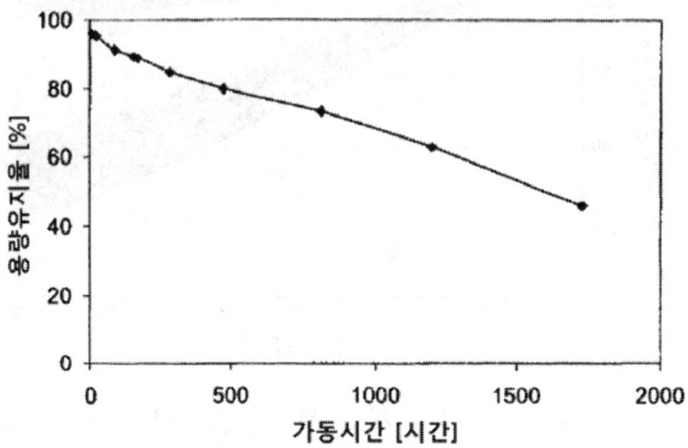

그림 2.18. 실온에서 72일에 걸쳐 저장된 각주형 85 Ah Ni/MH 배터리의 용량유지성능. (참고문헌 [39])

2.4.3. 니켈/금속수소화물 배터리의 충전

Ni/MH 배터리는 충전조건에 매우 민감하기 때문에, 충전방법은 성능과 충방전 수명을 결정하는 중요한 단계이다. 충전속도, 온도범위 및 가장 효과적인 충전완료 검출 기술 등을 적절하게 선택하는 것이 가장 중요하다.

Ni/MH 배터리는 보통 일정전류로 충전되며, 과열과 불완전한 O_2 재결합을 방지하기 위해 이 전류의 크기는 제한되어야 한다. 다양한 온도에 대해 충전율에 대한 충전특성곡선이 그림 2.19에 주어져 있다. 매우 중요한 O_2의 발생 때문에 전압은 약 80%의 충전상태까지 급격하게 상승한 뒤 평탄하게 되거나, 중율~고율 충전에 의해 최대값으로 된다. Ni/Cd 배터리의 충전(그림 2.11)과 비교하면 전압강하는 명확히 나타나지 않는다.

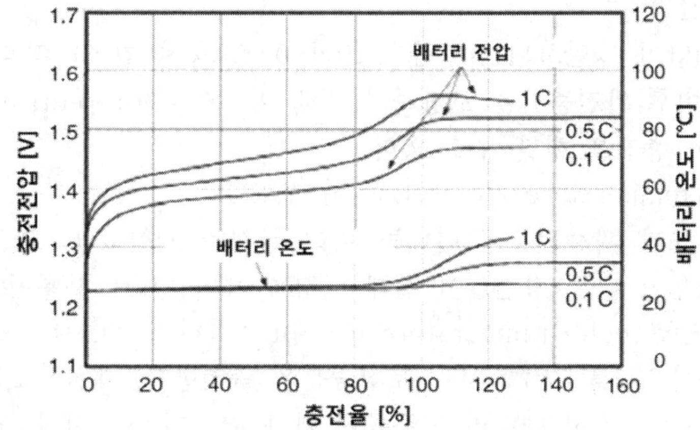

그림 2.19. 충전속도에 따른 Ni/MH 배터리의 전압 및 온도 프로파일(참고문헌 [22]).

Ni/MH의 충전과정은 흡열반응인 반면, Ni/Cd는 발열반응이다. 따라서 충전전류가 같을 경우, Ni/MH의 온도는 Ni/Cd보다 더 높아진다. 두 배터리가 약 80%로 충전된 직후부터는, O_2가 발생하면서 O_2의 재결합 발열반응 때문에 두 배터리 모두 온도가 크게 증가한다. 온도가 이같이 증가하면, 배터리는 완전충전 상태에 도달하여 과충전 영역으로 들어가기 때문에, 전압이 감소(또는 평탄)하게 된다[40].

위의 고찰을 근거로, 큰 방전용량을 얻기 위해서는 충전온도가 조절되어야 하며, 고온에서 O_2의 발생이 증가하기 때문에 30℃를 넘지 않아야 한다.

반면에, 충전효율은 10~30℃에서 매우 우수하기 때문에 10℃ 이하의 온도 역시 피해야 한다는 것이 확인되었다.

충전전류량(Ah)과 함께 전압강하량과 온도상승분도 충전종료 지시량으로서 기능을 할 수 있지만, 앞서의 논의로부터 추론할 수 있듯이 방법의 선택은 특정한 충전조건에 따라 크게 달라진다. 온도와 압력이 매우 커질 수 있는 급속충전 시에는 특히 충전제어의 필요성이 확실해진다.

다음에서 충전제어 방법을 요약한다.

- 충전량법

전류와 시간을 곱하여 충전량을 계산한다. 불완전하게 방전된 셀에서 발생할 수 있는 과충전을 피하기 위해, 이 방법은 저율충전(0.3C 이하) 시에만 적용된다.

- 전압강하법(−△V)

이 방법은 전압강하가 존재할 때 확실하게 적용할 수 있으며, 고율충전(및 저온)에서 전압이 피크치보다 5~10mV 정도 더 높아지면 충전을 중단해야 한다. 이것이 그림 2.10에 나타나 있다.

- 전압평탄구간법

이 방법은 전압이 평탄화되는(그림 2.19의 0.1C 충전 참조) 저율충전 시에 적용될 수 있다. 이후 완전충전을 보장하기 위해 마무리충전(top-up charge) 즉, 시간 및 전류 제한 충전을 행할 수도 있다.

- 온도차단법(temperature cut-off, 이하 TCO)

이 방법은 온도가 과충전을 나타내는 미리 설정된 제한값에 도달할 때 충전을 중단한다. 이 방법은 다른 방법들이 실패할 경우 예비용으로 사용된다.

- 온도구배차단법(delta temperature cut-off, 이하 △TCO)

이 방법은 시작온도를 기준으로 온도상승분을 측정한다. 제한온도는 몇 가지 요인에 따라 달라지며, 특히 배터리의 종류에 따라 결정되어야 한다. 1C 충전율에서 대표적인 △TCO는 15℃이다.

- 온도증가율법(△T/△t)

이 방법은 시간에 대한 온도증가율(그림 2.10)을 측정하여, 예를 들어 1℃/분과 같이 미리 설정된 값에 도달하면 충전을 중단한다. 이 방법은 과충전이 시작되는 것을 -△*V*법보다 빠르게 검출할 수 있기 때문에 충방전수명을 더욱 늘일 수 있으므로, 고율충전을 중단할 때 가장 많이 사용되는 방법이다. 따라서 Ni/MH 배터리가 반복적으로 과충전되어도 감당할 수 있는 방법이다.

충전율 면에서, 적절한 종료방법이 표 2.4에 주어져 있다. 보통, 이 방법들 중의 하나로 Ni/MH 배터리를 충전할 수 있다.

표 2.4. 충전율에 따른 Ni/MH 배터리의 권장 충전종료법

충전율	종료방법
1C ~ 0.5C	전압 또는 온도 기반
0.5C ~ 0.33C	전압 기반
0.33C ~ 0.1C	권장하지 않음
0.1C 이하	시간 제한

- 저율충전법(12시간)

짧은 시간에 배터리를 충전시킬 필요가 없다면 0.1C로 12시간 충전하는 방법이 적절하다. 이상적으로 장기간의 충방전수명을 보장하기 위해서는 120%의 충전전류가 적합하다. 온도범위는 보통 0~40℃이며, 15~30℃ 범위이면 더욱 좋다.

- 신속충전법(quick charge, 4시간)

이 방법은 과열과 과도한 O_2 재결합율을 방지하기 위해 충전제어가 필요하다.

알맞은 충전율은 0.3C이며 ⊿V = -10 mV로써 종료가 제어된다. 보완 종료방법 : 120%의 충전전류와 60℃의 TCO. 온도범위는 10~45℃이다. 마무리충전은 필요하지 않다.

- 급속충전법(fast charge, 1시간)

급속충전 시에 가장 크게 용량을 확보하려면 다음의 3단계 절차를 따르도록 권장한다.

1. 가장 적당한 온도범위인 10~35℃에서 ⊿T/⊿t 종료법(1℃/분)에 따라 1C로써 충전.
2. 30분 동안 0.1C으로 마무리충전 적용
3. 시간 제한 없이 C/300으로 유지보수(또는 세류) 충전 적용

마지막 3번째 단계는 자기방전을 보충하기 위한 것이며, 배터리가 항상 완전충전 상태에 있어야 하는 응용분야에만 필요하다.

위에서 언급한 85Ah 견인용 배터리에 대해 충전율이 다를 경우의 충전효율이 조사된 바 있다[41]. 저율충전(C/4 이하)에서 배터리는 98%의 효율(약간의 과충전[1~2%]이 적용됨)로 충전될 수 있다. C/4 이상에서는 압력해제밸브(release valve)의 압력을 6.8 기압으로 설정하면, 배터리는 C/2에서는 93%, 1C에서는 85%의 효율로 재충전될 수 있다. 저율충전(C/2 이하)에서는 O_2 재결합이 쉽게 활성화되는 반면, 고율충전(1C 이상)에서는 또 다른 재결합 매커니즘이 발생한다. 즉, 수소화물 전극의 과도한 H_2가 NiOOH 전극에서 재결합하여 $Ni(OH)_2$를 발생시킨다. 이 반응으로 인해 고율충전의 마지막 단계에서 전압강하(-△V)가 발생한다(그림 2.19).

위에서 언급한 충전방법 이외에도, Ni/MH 배터리가 EV와 HEV 분야에 널리 사용된다는 것을 고려하면, 회생제동(regenerative braking) 충전법을 언급하지 않을 수 없다. 제동 시에 손실되는 에너지는 500W/kg이라는 매우 큰 전력으로써 배터리를 충전시키는데 사용된다. 모든 배터리가 이 조건에서 충전될 수 있는 것은 아니지만, Ni/MH 배터리는 넓은 범위의 충전상태 및 온도에 걸쳐 회생제동에 의해 충전될 수 있다[35].

2.4.4. 충방전수명 및 배터리수명(cycle and battery life)

배터리수명을 결정하는 주된 요소인 온도, 전류, 저장방법, 충전종료방법, 과충전 및 과방전 등은 이미 앞서 논의되었다. 20℃, 0.2C, 과충전제한 등의 적당한 충방전 조건 하에서, Ni/MH 배터리는 초기 용량의 80%로 감소할 때까지 500 회 이상(1000~1200회)의 충방전을 행할 수 있다. 큰 펄스전류가 인가되고 SOC가 2~10% 사이에서 변화하는 HEV 분야에서는 100,000회 이상의 충방전이 가능하다.

DOD 역시 매우 중요하다. 적당한 충방전율과 100%의 DOD에서 충방전시키면 500회까지의 충방전이 가능하다. 그러나 고전류에서 반복적으로 깊은 방전을 할 경우는 200~300회의 충방전 후에 성능이 악화되기 시작한다. 이와 같이 전류가 클 때에는 깊은 방전보다 얕은 방전이 적용되어야 한다.

2.4.5. 응용분야

거의 대부분의 EV 및 HEV 차량에는 USABC의 중기목표치에 가장 근접한 성능을 가지고 있는 Ni/MH 배터리가 사용된다[35].

Toyota사의 Prius에 사용된 2세대 모듈과 팩이 그림 2.20에 나타나 있다. 이 배터리의 특성은 최근 개선되었다. 즉, 2세대 모듈의 비출력이 1,000W/kg인데 반해, 새로운 3세대 모듈은 1,300W/kg이다. 반면 비에너지는 46Wh/kg으로 동일하게 유지되고 있다. 팩은 28개(2세대는 38개)의 모듈로 구성되어 있으며, 출력전압은 201.6V이다[43]. Prius는 오직 배터리의 온도와 충전레벨을 최적으로 유지하는 컴퓨터 제어시스템을 가지고 있다(상세한 데이터는 4장을 참조하라).

그림 2.20. Toyota사의 2세대 Prius용 Ni/MH 배터리 모듈(위쪽)과 팩(아래쪽).(Panasonic의 허가에 의해 전재)

Toyota사의 데이터에 따르면, 배터리는 성능의 열화 없이 290,000km의 거리를 정상주행을 할 수 있다[44].

대기전력시스템 역시 대형 Ni/MH 배터리의 응용분야 중 하나이다. Ni/MH 배터리는 이 분야에서 사용되고 있는 기존의 납 배터리에 비해 다음과 같은 여러 가지 장점이 있다[45].

- 작은 점유 공간
- 긴 수명주기(life cycle)
- 적은 유지보수
- 고전력
- 경량
- 안정성

반면에 납 배터리나 Ni/Cd 배터리 또는 대기전력용으로 사용되는 다른 시스템보다 비싸다. 더욱이 Ni/Cd는 Ni/MH보다 내구성이 크며 따라서 충방전수명이 길다. 따라서 이 분야에서 Ni/MH를 사용하는 것은 제한될 것이다.

다른 응용분야로는, 항공기, 인공위성 분야를 비롯하여 하이브리드 차량에서 연료전지(fuel cell)와 연계사용하는 것도 있으며, 납 배터리 기반의 12V 시스템을 대신한 36~42V의 SLI 시스템도 있다[35]. SLI 분야에서는 Ni/MH 배터리가 특유의 장점을 가지고 있는데, 이는 특히 높은 DOD에서 고에너지와 긴 충방전수명을 가지고 있다는 것이다.

휴대용, EV용 및 HEV용으로 사용된 Ni/MH 배터리는 대표적으로 각각 70~90, 65~75 및 45~60Wh/kg의 비에너지를 가지고 있다.

Ni/MH 배터리는 1990년대 초기에 소개되었다. 그 이후로 특성이 크게 개선되어 왔다. 그림 2.21에는 다양한 응용분야에서의 에너지 및 전력의 발전과정이 나타나 있다.

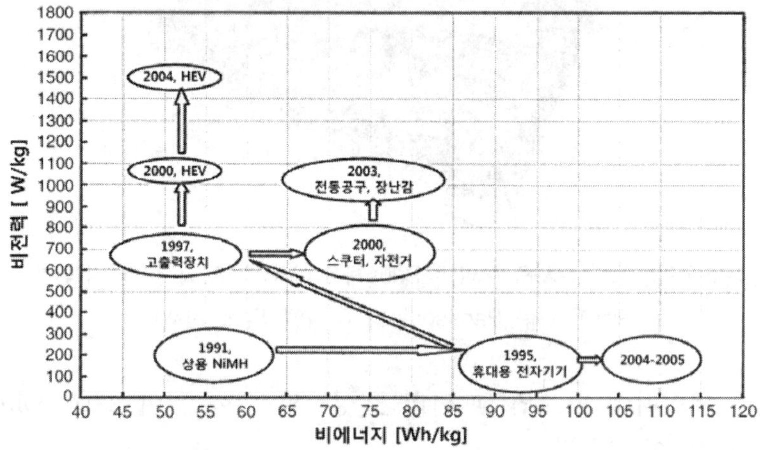

그림 2.21. 1991~2005년 사이의 응용분야별 Ni/MH 배터리의 비에너지와 비출력 발전 추이.(참고문헌 [46])

그림에서 볼 수 있듯이 특히 비출력의 개선이 뚜렷하다. Ni/MH 배터리의 성능은 결코 Ni/Cd 배터리에 도달할 수 없을 것이라고 생각되어 왔다. 저저항 집전체, 고촉매성(highly catalytic) 금속수소화물 및 섬유구조 Ni전극[21, 35] 등과 같은 몇 가지 기술적인 발전 때문에, 현재 다양한 고출력 분야에서 특수한 Ni/MH 배터리를 사용할 수 있게 되었다.

2.5. 니켈(Ni)/수소(H_2) 배터리

니켈/수소 배터리는 NiMH 배터리의 양극을 사용하며, 음극은 경량의 수소전극을 사용한다. 이 시스템은 우주용으로 특별히 개발되었으며, 1970년대 초 이후로 지속적으로 개발되어 왔다. Ni/H_2 배터리가 최초로 출시된 것은 1977년으로 거슬러 올라가며, 실험용 인공위성에 탑재되었다[47].

정상운전 동안에 과충전이나 극성역전을 방지하는 전압한계값들 사이에서 셀이 충방전될 때, 반응은 다음과 같다.

양극	:	$NiOOH + 2H_2O + e \rightleftharpoons Ni(OH)_2 + OH^-$
음극	:	$1/2H_2 + OH^- \rightleftharpoons H_2O + e$
전체 반응	:	$1/2H_2 + NiOOH \rightleftharpoons Ni(OH)_2$ (E_{cell} = 1.32 V)

전체 반응을 보면, 전해질의 농도나 H_2O의 소모량이 변하지 않았음을 알 수 있다.

이 시스템의 큰 장점 중의 하나는 과충전과 역반응을 허용할 수 있는 능력이다. 과충전 시에 (그리고 마지막 충전 단계에서) Ni 전극에서 O_2가 발생되고 H_2 전극에서 재결합하여 H_2O가 발생된다. 최신형 셀은 음극제한이므로, 역반응 동안 NiOOH는 니켈전극에서 $Ni(OH)_2$로 환원되고, O_2는 H_2 전극에서 발생된다[18]. 따라서 역반응 시의 전체 반응은 다음과 같다.

$$2NiOOH + 2H_2O \rightleftharpoons Ni(OH)_2 + 1/2O_2$$

이렇게 발생된 O_2는 재충전 시 소모된다. 1980년대 중반까지 제조된 셀은 모두 양극제한 셀로서, 이 셀에서는 역반응 시 양극에서 H_2가 발생되며, 같은 비율로 음극에서 소모된다[18, 48].

가장 많이 사용되는 Ni전극은 다공질 니켈분말 소결 기판과 이를 지지하는 니켈 스크린으로 구성되어 있으며, 기판에는 전기화학적으로 $Ni(OH)_2$가 주입되어 있다.

H_2 전극은 광식각(photo-etched) 니켈 박막 기판 상에 지지된 백금블랙(Pt black) 촉매 박막으로 이루어져 있으며, 이 뒤에 가스확산막이 덧붙여져 있다[47].

분리막은 얇고 다공질인 ZrO_2 세라믹 천이다. 이것은 전해질 보존력이 뛰어나고 이온전도도도 높지만, 부서지거나 파손되기 쉽다[48]. 전해질은 농축된 KOH 용액(예를 들면 31%)이다.

전극은 다음의 두 가지 구조로 적층될 수 있다.

a) 등을 맞댄 구조(back-to-back) : 같은 극성의 전극이 서로 마주보고 있다.

b) 순환구조(recirculating design) : 양극, 분리막, 음극 및 가스확산막이 순차적으로 적층되어 있다(극성이 다른 전극이 서로 마주보고 있다).

전극스택은 인코넬 718 합금으로 만든 압력용기 내에 수납되어 있다. 용기는 원통으로서 양쪽 끝부분이 반구형(hemispherical)이며, 40~80기압의 동작압력을 견딜 수 있다. Ni/H_2셀은 다양한 구조로 제작된다. 개별 압력용기(individual pressure vessel, 이하 IPV) 셀(1.25V)은 압력용기 내에 (단일 또는 이중) 전극스택을 포함하고 있으며, 공통 압력용기(common pressure vessel, 이하 CPV) 셀에서는 용기 내에 두 스택이 직렬로 연결되어 있다(전압 2.5V). 단일 압력용기(single pressure vessel, 이하 SPV) 배터리에서는 많은 셀들(보통 22개[47])이 직렬로 연결되어 있으며 하나의 용기 내에 설치되어 있다.

이런 종류의 셀은 대표적으로 정지궤도(geosynchronous earth-orbit, 이하 GEO) 위성과 저궤도(low earth-orbit, 이하 LEO) 위성에 사용된다. 두 위성의 요구조건은 서로 다르다. LEO위성은 배터리수명이 3~6년, 충방전수명은 보통 18,000~36,000회가 되어야 한다. 반면에 GEO위성은 배터리수명이 15~20년으로 훨씬 길지만, 충방전수명은 1,500~2,000회이다[48]. 두 종류 모두 주 전력원은 태양광패널이다. 위성이 지구에 의해 햇빛이 차단되는 그림자 영역으로 들어가면 배터리가 에너지를 공급하기 시작한다. 햇빛이 비치는 기간 동안에는 태양광패널이 배터리를 재충전하게 된다.

그림 2.22의 왼쪽그림은 이중 스택 CPV 셀의 내부를 보여주며, 오른쪽 사진은 이 셀들 11개를 직렬로 연결한 28V, 16Ah 배터리를 보여준다. 이 배터리는 LEO 위성에 사용되었다[49].

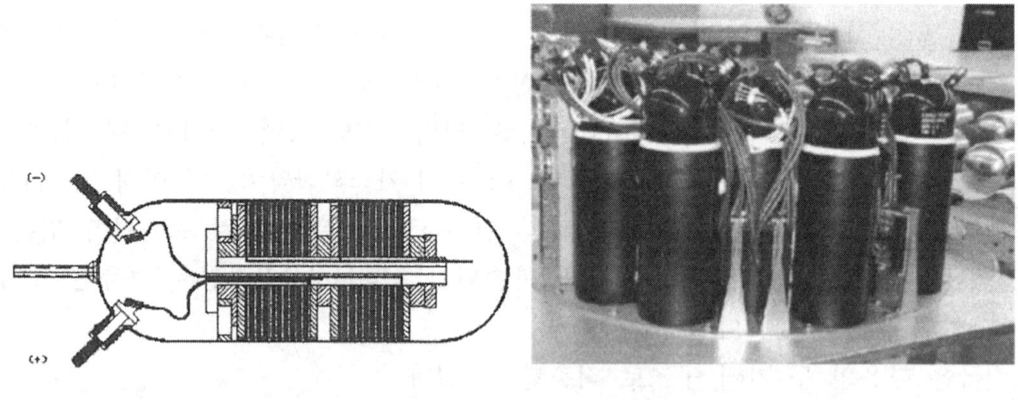

그림 2.22. 이중 스택 CPV Ni/H_2 셀(왼쪽), 왼쪽 사진의 셀 11개로 이루어진 LEO 위성용 28 V, 16 Ah, 배터리(오른쪽).(Eagle Picher Technology사의 허가에 의해 전재)

표준 LEO 체제(0.43C에서 충전, 0.64C에서 40% DOD까지 방전)에서 시험된 350Ah IPV 셀의 충방전특성이 그림 2.23에 주어져 있다. 실제로 5회째의 충방전

사이클과 2,075회 충방전 이후의 전압프로파일을 비교해 보면 어떤 변화도 나타나지 않는다[47].

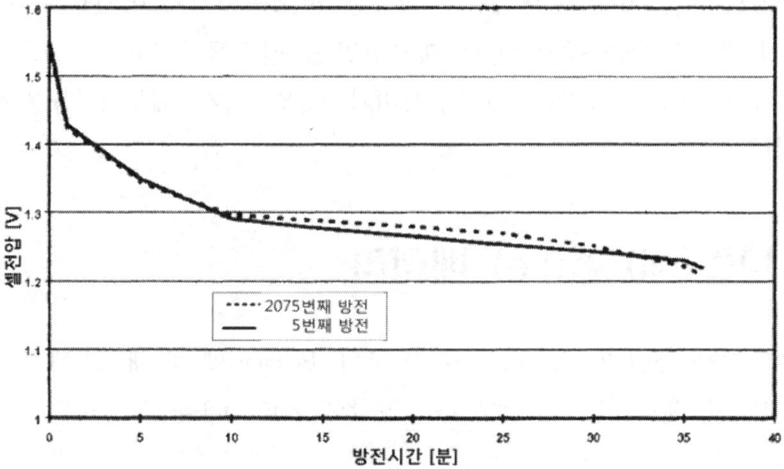

그림 2.23. 5℃에서 350Ah, 이중스택 IPV 셀의 방전프로파일. 실선은 5번째 방전, 점선은 2,075번째 방전. (참고문헌 [47])

장수명을 달성하기 위해서는 Ni/H_2 배터리가 -10~15℃의 제한된 온도범위 내에서 동작해야 한다. 따라서 정확한 온도제어가 필요하다[48]. 이 배터리의 자기방전은 +10℃에서도 매우 빠르며, 예를 들면 3일 후에 용량손실이 10%에 달할 정도이다. 이 점이 낮은 에너지밀도, 높은 가격, 고율충방전에서 높은 열발산율, 안전에 대한 위험 등과 함께 주된 단점의 하나이다.

Ni/H_2 셀의 비에너지는 설계구조에 따라 달라지며, 보통 IPV 〈 CPV 〈 SPV (범위 : 43~55Wh/kg)의 순서를 따른다. 에너지밀도는 65~80Wh/L로서 비에너지에 비해 작다.

널리 사용되는 LEO는 허블우주망원경(Hubble Space Telescope)으로서 1990년에 발사되어 2006년 말 현재 여전히 동작 중에 있다. 이 LEO에서 태양광어레이는 6개의 Ni/H_2 배터리를 충전시키며, 이 배터리는 궤도 1회전 당 약 25분간 전력을 공급한다[50]. 또한 이 배터리는 특히 화성탐사와 같은 몇 가지 행성탐사 임무에도 사용되어 왔다. 1996년에 발사된 화성전역탐사선(Mars Global Surveyor)에는 20Ah, 28V 배터리가 사용되었다. 2001년 화성탐사선(Mars Odyssey)은 11

CPV(각 CPV마다 2개의 셀)와 하나의 IPV를 합해 총 23개의 셀(16 Ah)들이 조합되어 있었다. 2005년에 발사된 화성정찰위성(Mars Reconnaissance Orbiter)은 11개의 CPV 셀로 이루어진 50Ah 배터리에 의해 전력을 공급받는다. 위성 및 행성탐사 임무용 Ni/H_2 배터리에 대한 좀 더 상세한 정보는 5장과 6장에 주어져 있다.

지상에서의 응용분야는 주로 독립 태양광발전 시스템과 비상용 또는 원격지 예비출력용이다[48]. 이 배터리는 초기투자비가 매우 크기 때문에 응용분야의 수는 제한되어 있다.

2.6. 니켈(Ni)/철(Fe) 배터리

Ni/Fe 배터리는 유럽의 Jungner와 미국의 Edison에 의해 20세기 초에 개발, 상용화되었다. 이 배터리는 음극에 Fe, 양극에 NiOOH를 사용하며, 전체 반응은 다음과 같다.

$$Fe + 2NiOOH + 2H_2O \rightleftharpoons 2Ni(OH)_2 + Fe(OH)_2 \quad (Ecell = 1.37\ V)$$

깊은 방전 시 음극제한 셀은 다음과 같이 2차 방전단계를 보여준다.

$$NiOOH + Fe(OH)_2 \rightleftharpoons Ni(OH)_2 + FeOOH \quad (Ecell = 1.05\ V)$$

이 반응들은 알칼리전해질(30 % KOH + ~50g/L LiOH)에서 가역성이 크며, 특히 첫 번째 단계에서는 더욱 그러하다[18]. 용해된 중간생성 이온인 $HFeO_2^-$의 형성을 통해 $Fe \rightarrow Fe(OH)_2$의 환원이 진행되기 때문에 매커니즘은 이종(heterogeneous)적이다(즉, 고체 및 액체 상태가 혼재한다). 심방전 시에 얻어진 FeOOH는 δ 구조를 가지고 있으며, 수소이온을 $Fe(OH)_2$ 구조에 삽입하여 형성된다[18].

전극재료는 Ni가 도금된 천공 강철관 또는 포켓(홈)에 채워지기 때문에, 관형 또는 포켓판 셀을 이용할 수 있다[51]. 음극은 순수한 Fe를 20~25%의 H_2SO_4 내에 용해시켜 만든다. 이렇게 얻어진 $FeSO_4$는 Fe와 Fe_3O_4가 포함된 분말이 만들어질 때까지 몇 가지 처리과정을 거치며, 마지막으로 가스발생을 줄이고 전도도를 개선하기 위해 분말에 소량의 첨가물(S, FeS, HgO)이 첨가된다[51]. 양극재료는 $NiSO_4$ 용액을 고온의 NaOH에 스프레이로 뿌려 만들며, 그 결과 생성된 석출물을 처리하여 0.07~0.5mm의 입자를 얻는다. 양극 지지체는 $Ni(OH)_2$와 Ni 박편이

교번하는 층으로 채워져 있으며, Ni 박편은 전도성 매트릭스가 된다[2].

충격이나 진동, 과충전/과방전, 그리고 완전충전 또는 완전방전 상태에서의 저장 등과 같은 혹사조건에서도 Ni/Fe 배터리는 최대 3000회의 깊은 방전이 가능하고 약 20년의 겉보기수명(calender life)을 얻을 수 있다. 양극제한 셀은 충방전수명이 더 길다.

이들 셀에서는 두 가지의 중요한 부식반응이 발생한다. Fe는 알칼리용액에서 열역학적으로 불안정하기 때문에 H_2가 발생한다. 반면에 용해된 O_2 역시 음극에서 환원될 수 있다. 이 반응들 때문에 자기방전율이 크며, 보통 25℃에서 1~2%/일이다. 충전 시에 H_2 역시 발생되기 때문에 충방전효율은 감소하며, 상용의 순수 Fe의 경우 30%에서 고순도 Fe의 경우 60%까지 감소한다[18]. 높은 자기방전율과 낮은 충전효율은 이 배터리의 유일한 단점이 아니다. 낮은 에너지밀도 및 전력밀도, 낮은 저온성능, 납 배터리에 비해 높은 가격 등의 단점도 있다. 반면에 극도의 견고함, 어떠한 혹사조건에 대한 내구성, 그리고 긴 충방전수명은 이 구식 시스템을 선호하는 이유이며, 최근에는 이 시스템의 개량형 구조가 제안된 바 있다.

그림 2.24에서 다양한 방전율에 대한 방전특성곡선이 주어져 있다[18]. 방전능력이 나쁜 것은 확실하며, 1C 방전율에서 배터리 공칭전압은 1.37V에서 0.85V로 감소한다. 온도와 방전율 모두가 배터리용량에 미치는 영향이 그림 2.25에 나타나 있다. 저온에서 성능이 나쁜 것은 다음의 몇 가지 요소 때문이다. 양극의 느린 반응속도와 큰 전해질저항 이외에도, Fe 전극은 더욱 부동태화되며 중간생성 이온인 $HFeO_2^-$는 잘 용해되지 않는다[51]. 적당한 방전율(C/6 이하)에서도 배터리를 15℃ 이하에서 사용하는 것은 허용되지 않는다. 반면에 고온 역시 큰 자기방전율 때문에 권장되지 않는다. 그림 2.26에서 볼 수 있듯이 40℃에서 8~10%/일의 자기방전율이 측정될 수 있다[18].

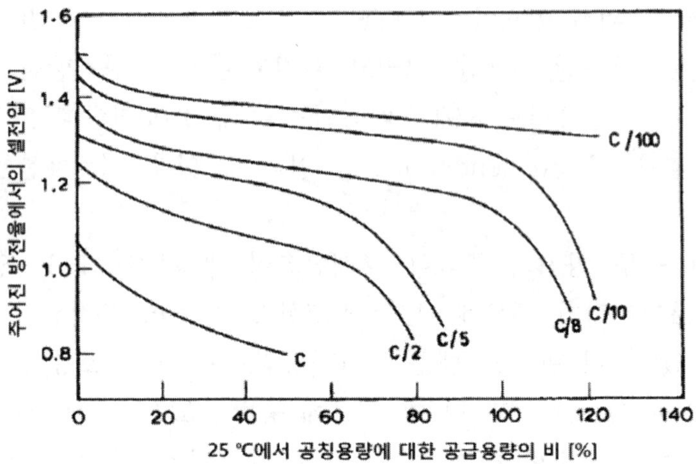

그림 2.24. 25℃에서의 방전율에 따른 Ni/Fe 셀의 방전곡선.(참고문헌 [18])

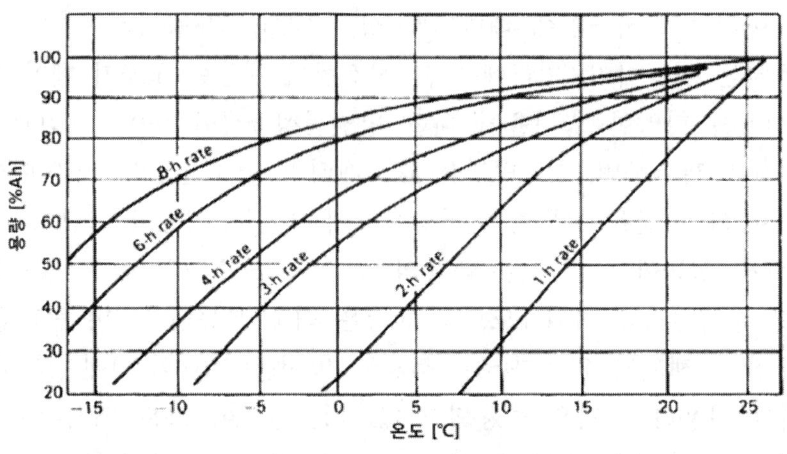

그림 2.25. 온도와 방전율이 Ni/Fe 셀의 용량에 미치는 영향.(참고문헌 [51])

기존의 Ni/Fe 배터리는 ~30Wh/kg의 비에너지와 ~60Wh/L의 에너지밀도 및 ~25W/kg의 비출력을 가지고 있다. 최근 20년 동안 몇몇 회사에 의해 개량형 배터리가 생산된 바 있다. 비교를 위해 Saft사 배터리의 성능은 비에너지 60Wh/kg, 에너지밀도 120Wh/L 및 비출력 170W/kg임을 밝혀둔다[2]. EV 분야에서 이 배터리가 사용될 가능성 큰 분야이며, 이 값들은 실제 EV 운전에서 확인되었다. 화물 취급이나 정지용 분야와 같은 곳에도 이 배터리가 사용될 수 있다.

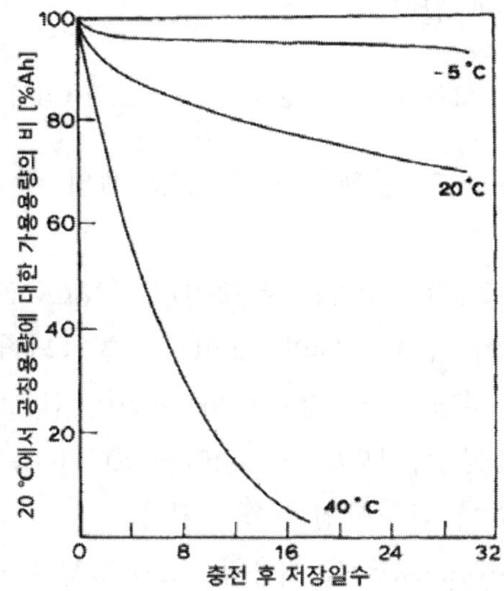

그림 2.26. 온도에 따른 Ni/Fe 셀의 저장 특성.(참고문헌 [18])

2.7. 니켈(Ni)/아연(Zn) 배터리

충전된 상태에서 Ni/Zn 배터리는 양극에 NiOOH, 음극에 Zn을 사용한다. Zn은 Cd전극보다 비에너지가 크기 때문에 이 배터리의 비에너지는 372Wh/kg로서 Ni/Cd 시스템의 244Wh/kg보다 크다. 다른 장점으로는 환경문제가 없고, 비교적 가격이 싸며, 충방전율이 크고, 충방전수명이 우수하다는 것이다. 그러나 전극에 Zn을 사용함으로써 나타나는 문제 때문에 지금까지 이 시스템의 이용 가능성이 제한되어 왔다. 최근, 이 시스템의 상용화를 촉진하기 위해 수많은 해결방안이 제시되었다.

양극의 반응은 이미 설명하였다. 음극에서는 첫 번째 용해단계를 거쳐 다음 반응이 발생한다.

$$Zn + 4OH^- \rightleftharpoons Zn(OH)_4^{2-} + 2e$$

그 다음 아래의 석출단계가 뒤따른다.

$$Zn(OH)_4^{2-} \rightleftharpoons ZnO + 2OH^- + H_2O$$

따라서 전체 반응은 다음과 같다.

$$Zn + 2NiOOH + H_2O \rightleftharpoons ZnO + 2Ni(OH)_2 \quad (Ecell = 1.73\ V)$$

과충전 시 양극에서는 O_2가 발생하며, 밀봉형 셀의 경우에는 Zn 전극에서 O_2가 쉽게 재결합한다.

전해질은 보통 31~35%의 KOH 용액이며, NiOOH의 충전수입성(charge acceptance)을 증가시키기 위해 1%의 LiOH가 첨가되어 있다[18, 52]. 그러나 KOH 농도가 20~25%로 되면 Zn의 용해도와 이동이 감소하기 때문에 충방전수명을 증가시킨다는 것이 최근 확인되었다. ZnO는 KOH 용액에서 Zn보다 훨씬 용해되기 쉬우며, 그렇게 하여 아연산염이 형성된다.

농축된 알칼리용액 내에서 Zn 전극을 사용함으로써 발생하는 문제는 다음과 같다[53].

- 수지상 결정 성장(Dendrite growth)

충전 시 전류밀도가 큰 지점에서 Zn이 흡착되어, 분리막을 꿰뚫어 셀을 단락시킬 수 있는 수지상 결정이 형성된다.

- Zn 부식

KOH 용액 내에서 Zn은 부식되어 아연산염과 H_2가 발생된다. 이 반응 때문에 자기방전이 비교적 빨라지는 것은 확실하다.

- 형상변화

반복된 충방전 시, 전극판의 단부(edge)에서 중심으로 Zn의 위치가 옮겨지게 된다. 이 과정(고밀도화) 때문에 전극의 표면적이 감소한다.

- Ni전극의 Zn 피독

충방전 시에 특히 높은 DOD에서 아연산염 이온은 Ni 전극 상에서 ZnO로 재석출되며, 이것이 전극의 기공을 막아 용량을 감소시킨다.

이 모든 단점은 Zn과 ZnO의 용해도를 감소시키면 해결할 수 있다. 이러한 목적으로 농도가 낮은 KOH 용액을 사용할 뿐만 아니라 전극에 첨가물을 가하는 방법이 효과적임이 입증되었다. $Ca(OH)_2$가 ZnO 전극과 결합되면 특히 유용하다(셀은 보통 방전상태에서 조립된다). Ca 아연산염은 다음 반응을 통하여 형성된다[52].

$$Ca(OH)_2 + 2ZnO + 4H_2O \rightleftharpoons Ca[Zn(OH)_3]_2 2H_2O$$

아연산염은 열역학적으로 안정하며 알칼리에서 용해되지 않는다. 또한 아연산염은 전극/전해질 계면 상에 부동태피막을 형성시켜, 충전 시 형성되는 Zn의 용해를 크게 억제한다. 반면에 이 피막의 낮은 전자전도도 때문에 방전능력 면에서 우려가 생긴다. 이 문제는 PbO나 Bi_2O_3와 같은 전도성 금속산화물을 첨가하면 완화될 수 있다.

Ca 아연산염 전극을 제조하는 방법은 2 가지가 있다. $Ca(OH)_2$를 직접 ZnO와 혼합시키면, 전극형성과정 동안 아연산염이 그 자리에서 형성된다. 또 다른 방법으로는 따로 아연산염이 형성시킨 뒤 이를 이용하여 전극을 제조된다. Ni 전극은 소결형과 비소결형이 있다[52, 53].

미세기공이 많은 폴리프로필렌 분리판은 농축된 알칼리용액에서 화학적으로 안정하고 아연의 이동을 방지할 수 있는 우수한 장벽이라는 것이 입증되었기 때문에 보통 사용된다[52].

Ni/Zn 배터리의 대표적인 특징은 다음과 같다.

- **비에너지** : 50~60Wh/kg
- **에너지밀도** : 80~120Wh/L
- **비출력** : 280W/kg
- **충방전수명** : ~500회 @ 100% DOD
- **용량손실** : ~20%/월 @ 25℃

그림 2.27에는 방전율과 온도에 대한 30Ah 용량 배터리의 의존성이 나타나 있다. 그림에서, 방전속도가 6C까지 증가함에 따라 용량은 완만하게 감소하는 것을 알 수 있다. 온도가 0℃일 때는 감소분이 커지지만, 성능은 모든 방전속도에서 여전히 만족스럽다.

그림 2.28에서는 충방전수명 특성이 주어져 있다. 배터리는 정격용량의 80% 이상을 유지하면서 80%의 DOD에서 600회의 충방전을 할 수 있다. 100%의 DOD에서는 550회의 충방전을 수행한다.

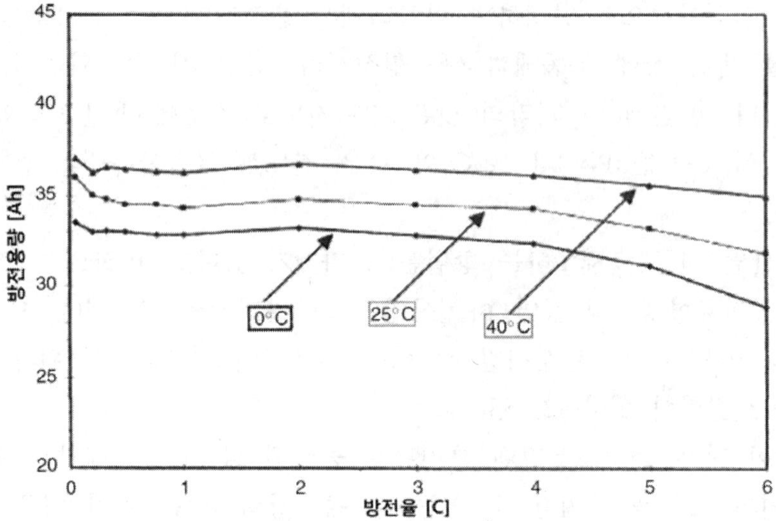

그림 2.27. 온도와 방전율에 따른 30Ah Ni/Zn 셀의 용량.(Evercel사의 허가에 의해 전재)

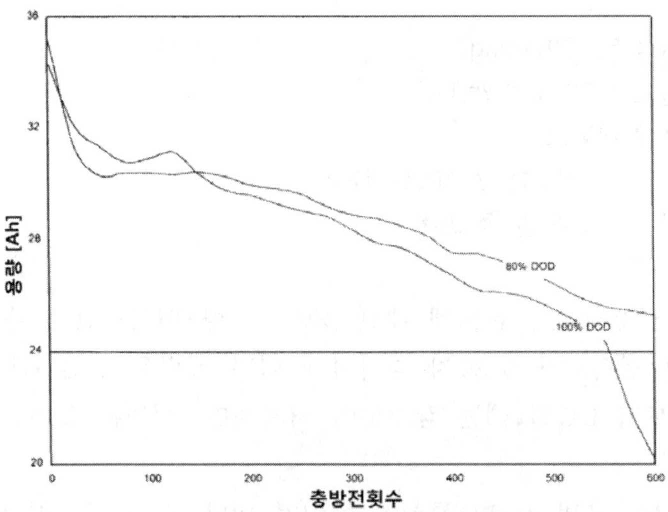

그림 2.28. 30Ah Ni/Zn 배터리의 충방전수명. 방전율은 0.2C이다.(Evercel사의 허가에 의해 전재)

Ni/Zn 배터리는 스쿠터나 EV와 같은 수송분야에 사용되어 왔다. EV용 배터리는 Ni/MH 배터리와 유사한 성능이 요구되지만, 값은 Ni/MH 배터리보다 훨씬 더 싸야 한다. 2인승 차량이나 다용도 차량(utility vehicle)에 탑재된 288V 배터리팩은 240km의 유효 주행거리와 130km/h의 최대속도를 기록하였다. 고에너지 Zn/

공기 배터리와 고출력 Ni/Zn 배터리(가속용)이 탑재된 하이브리드 전기자동차는 최근 한번의 충전으로 525km를 주행할 수 있음을 증명하였으며, 이는 지금까지의 모든 EV 중 최고의 성능을 발휘한 것이다[54]. 그러나 Ni/Zn 시스템의 제한된 충방전성능 때문에 이 분야에서 미래가 밝지는 않다.

2.8. 아연(Zn)/공기(O_2) 배터리

Zn/공기 배터리는 음극에 Zn 금속, 양극에 공기 중의 O_2를 사용한다. O_2는 전극지지체를 통해 확산되어 알칼리전해질과의 경계면에 도달한 후 촉매에 의해 환원된다. 이 점에서 Zn/공기 셀의 양극은 연료전지의 양극과 비슷하다. 하나의 전극 활성물질(O_2)이 셀 외부에 있기 때문에 다른 활성물질(Zn)이 셀 부피의 대부분을 차지한다. 셀의 에너지는 오직 비교적 큰 Zn의 에너지(1,300Wh/kg)에 좌우되기 때문에, Zn/공기 셀의 이론적인 에너지 역시 크다(1,350Wh/kg). 알칼리용액 내에서 Zn 전극을 사용함으로써 발생하는 문제는 이미 설명했다(Ni/Zn 배터리 참조). O_2 전극을 사용함으로써 또 다른 문제들이 발생하며, 이 때문에 이 시스템의 상용화가 성공적이지 못했다. 산업용 분야에서는 1차 및 2차 배터리가 사용된다.

음극에서 알칼리용액 내에서의 반응은 앞 절에서 다룬 용해/석출 단계를 통해 발생한다.

$$Zn + 4OH^- \rightleftharpoons Zn(OH)_4^{2-} + 2e$$
$$Zn(OH)_4^{2-} \rightleftharpoons ZnO + 2OH^- + H_2O$$

양극에서의 반응은 다음과 같다.

$$1/2O_2 + H_2O + 2e \rightleftharpoons 2OH^-$$

따라서 전체 반응은 바로 다음과 같이 Zn 산화반응이다.

$$Zn + 1/2O_2 \rightleftharpoons ZnO \quad (E_{cell} = 1.6\ V)$$

Zn 전극은 여러 가지 기술에 의해 제작될 수 있다. 1차 셀에서는, H_2의 발생을 감소시키기 위해 작은 양의 금속(예를 들면 Pb와 In)을 함유한 고순도 박막이 전극에 사용된다. 2차 셀에서는 다음과 같이 몇 가지 종류의 전극구조가 연구된 바 있다.

1) 결합제(binder)와 집전체가 배합된 ZnO 분말. 형성사이클 동안 다공질 대면적 매트릭스가 얻어진다[55].

2) 전해질과 겔화제(gelling agent)가 배합된 Zn 분말로서, 분말입자의 크기는 20~820㎛이다(이것이 가장 많이 사용되는 방법이다)[55].

3) Zn 박막(위 설명 참조)

4) Zn 및/또는 Zn이 코팅된 입자에 의해 형성된 Zn층[56]

충전가능 셀에서, Zn은 용량제한 전극이지만, 수명제한 요소는 아니며, 이론적인 용량의 거의 100% 가까이 충방전될 수 있다.

공기전극은 주요 구조성분으로 탄소를 가지고 있다. 대표적인 배터리구조는 그림 2.29와 같이 2개의 공기전극을 가지며, 이 전극은 다음과 같이 만든다. 카본블랙이 결합제와 혼합된다. 집전체는 신연된(expanded) Ni 금속이다. 소수성(hydrophobic) 가스확산층은 공기측에 있으며 친수성(hydrophilic) 촉매층은 전해질 쪽에 있다. 금속, 금속유기거대고리(metal organic macrocycle) 및 천이금속 산화물(예를 들면 파이로클로어(pyrochlore, 산화과정 중에 생성되는 중간물질), 페롭스카이트(perovskite) 또는 스피넬(spinel) 등)과 같은 많은 촉매들이 제안되었다[55]. 처음의 두 그룹은 주로 1차 셀에 사용되는 반면, 금속산화물은 두 가지 기능을 가지고 있음을 보였다. 즉, O_2의 환원과 형성을 촉진시키는 것이 그것이다.

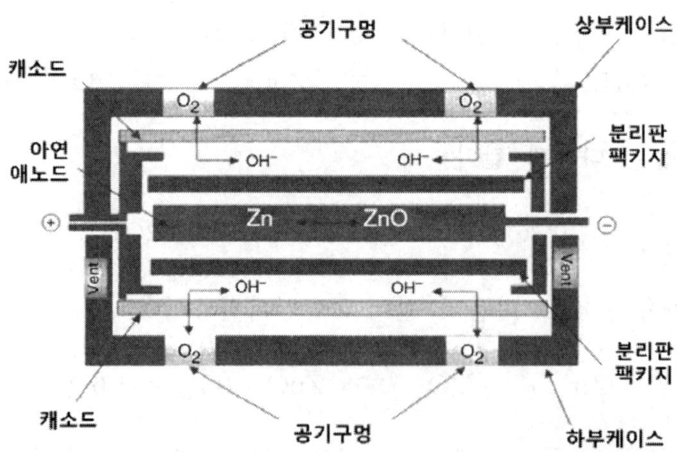

그림 2.29. 이중 공기 전극을 갖는 Zn/공기 셀의 단면.(참고문헌 [55])

Zn/공기 1차 배터리는 보통 대용량이며(1,000Ah 이상), 철도신호, 지진원격측정, 부표(buoy) 및 원격설비와 같은 분야에 오랫동안 사용되어 왔다[56]. 이 배터리는 비(備)배터리(reserve battery)*), 수주(水注)배터리(water-activated battery, 물을 주입시켜 가동되는 배터리) 또는 사전활성화 배터리(pre-activated battery)(어떤 종류는 겔 상의 전해질을 가지고 있다) 등의 종류가 있다. 대표적인 Zn/공기 1차 배터리는 소위 에디슨 카보네이어(Edison Carbonaire) 배터리로서, 2~3개의 셀이 직렬 또는 병렬로 연결되어 있으며, 1100~3300Ah의 용량을 가진다. 1100Ah 배터리는 최대 1.25A의 방전율로써 공칭용량을 공급할 수 있다[56].

Zn/공기 2차 배터리는 재충전 방법(전기적 및 기계적 방법)에 따라 매우 다르다. 먼저 기계적인 방법은 Zn 격실 전체를 교체하거나 Zn 분말만을 교체하는 2가지가 있다. 전기적인 방법은 2가지 기능을 가진 O_2 전극을 기반으로 하고 있으며, 음극은 Zn 박막이나 고다공질 Zn 또는 Zn 페이스트를 사용한다[55,56]. 견인용과 같은 대형 배터리는 Zn 페이스트형 음극이 많이 사용된다. 충방전수명은 DOD에 따라 크게 달라지며, 그림 2.30에서 보듯이 보통 DOD가 큰 상태에서는 수명이 짧아진다[55]. 용량이 지속적으로 감소하는 것은 Zn 전극과는 관련이 없고, 전해질의 탄산염화 및 H_2O의 손실과 관련이 있다. 따라서 이런 종류의 셀은 유입공기의 습도를 특정 수준으로 허용하면서 CO_2를 제거할 수단을 마련해야 한다. 다른 단점은 방전능력이 제한적이며 분리판의 수명이 짧다는 것이다.

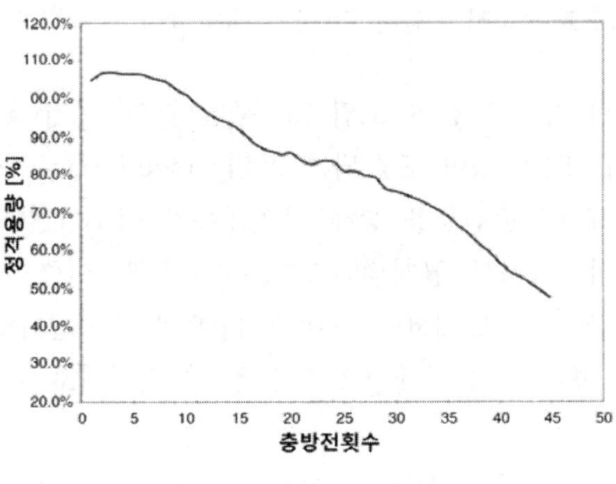

그림 2.30. 전기적으로 재충전 가능한 Zn/공기 셀의 대표적인 충방전 프로파일(100% DOD). 참고문헌 [35])

*) 비(備)배터리(reserve battery) : 1차 배터리의 최대 단점인 장기 저장 시의 성능열화 및 용량 감소 문제를 해결할 수 있는 대안으로 제시된 배터리. 양극, 음극, 전해질을 모두 따로 보관하고 있다가 필요시 조립하여 사용하는 배터리

견인용 배터리는 완전 소모된 Zn 전극을 기계적으로 교체하는 방식을 채택하고 있다. 이 배터리가 도로 상에서 특히 버스나 밴을 대상으로 시험된 바 있다. 대표적인 모듈은 셀이 47개이며, 동작전압 40~57V, 용량 325Ah, 비에너지 200Wh/kg 및 에너지밀도 220Wh/L, 총에너지는 17.4kWh이다[57].

시험된 통근버스의 경우, 6개의 모듈로 이루어진 3개의 배터리팩이 312 kWh의 전력을 공급한다. 수명이 다한 모듈은 서비스점에서 새 모듈로 교체되어 재생설비로 보내진 뒤, 방전 시 형성된 ZnO를 전해제련(electrowinning)시키면 아연전극이 재생된다. 그림 2.31에 나타나 있는 이 과정은 물류수송 및 가격이 큰 문제이다.

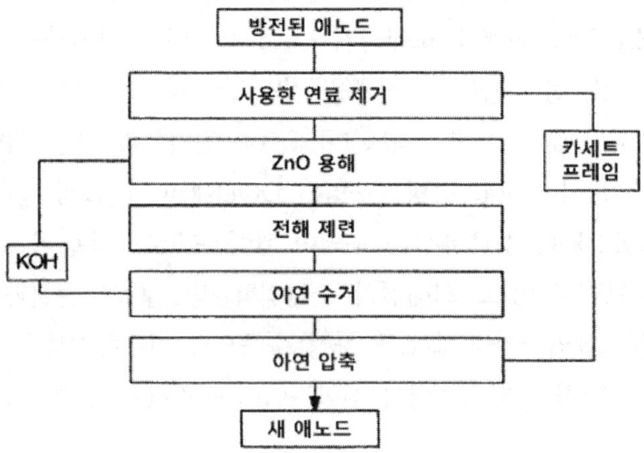

그림 2.31. 기계적으로 재충전 가능한 Zn/공기 셀의 애노드 재생 공정.(참고문헌 [57])

Zn/공기 셀은 그림 2.32와 같이 소위 Zn 분말의 충진층(packed bed)으로 형성된다. 금속 Zn 입자 또는 Zn이 흡착되는 핵입자(seed particle)가 층을 형성하며, 전해질의 순환을 위해 이 충진층을 통해 자연대류가 이루어진다. 이런 종류의 연구용 셀이 용량을 최적화하게끔 설계되었으며, 도시주행사이클 시험에서 200Wh/kg의 비에너지를 기록했고, 55℃에서는 290Wh/kg으로 증가한다[2]. 소모된 전해질과 입자들은 셀 밖으로 빼내고, 전해제련으로 얻은 새 슬러리로 교체된다.

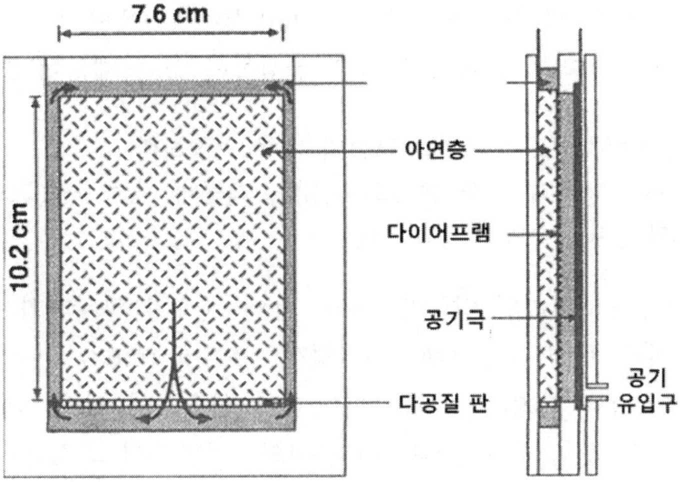

그림 2.32. Lawrence Berkeley Laboratory에서 개발한 충진층 Zn/공기 셀의 개략도.(참고문헌 [58])

2.9. 은(Ag)/아연(Zn) 배터리

은/아연 배터리는 높은 비에너지와 에너지밀도, 입증된 신뢰성과 안전성 및 상용화된 모든 배터리들 가운데서 무게 및 부피 대비 가장 큰 출력을 지니는 점 등에서 매력적이다[59]. 심지어 20C의 고율로도 방전될 수 있다. 그러나 충방전수명이 짧고(50~100 회) 저온에서의 성능이 나쁘며, 고가라는 중요한 단점 때문에 특정한 응용분야에만 적용되어 왔다[60].

알칼리용액(35~45% KOH) 내에서 Zn 음극의 특성은 이미 설명하였다. 방전시 음극의 생성물은 ZnO이다. 양극에는 과산화(peroxide) AgO 또는 일산화(monoxide) Ag_2O가 사용되며, 이들의 환원반응은 다음과 같다.

$$2AgO + H_2O + 2e \rightleftharpoons Ag_2O + 2OH^-$$
$$Ag_2O + H_2O + 2e \rightleftharpoons 2Ag + 2OH^-$$

Zn/AgO 전극쌍은 OCV가 1.86V인 반면, Zn/Ag_2O 전극쌍은 1.60V이다. AgO의 용량은 0.43Ah/g로서 0.23Ah/g인 Ag_2O의 거의 2배에 달하므로, AgO를 양극으로 사용하는 것이 확실히 바람직하다. 그러나 AgO는 Ag 지지체와 반응하여 Ag_2O가 되려는 경향이 있기 때문에, 건식 충전 배터리(dry charged battery)(비

(備)배터리)와 각종 활성화 배터리(activated battery)에서 모두 불안정하다. 따라서 Ag_2O는 용량이 작지만 다음과 같은 장점들이 있기 때문에 많이 사용된다.

- 큰 방전율에서도 평탄전압 특성이 매우 안정하다
- 분리판이 Ag_2O에 의해 손상되지 않기 때문에, 습윤수명(wet life, 젖은 상태의 수명)과 충방전수명이 길다[61].

많은 Zn/AgO 배터리의 양극은 KOH 용액 내에서 양극산화처리된(anodized)*) 소결 Ag에 의해 형성된다. 보통 전기형성(electroformed) 전극에는 다소의 불순물(특히 Ag_2CO_3)과 함께 Ag, AgO, Ag_2O가 함유되어 있다. 만약 화학적으로 제조된 AgO가 사용된다면, AgO와 Ag 사이의 2차반응이 최소화될 수 있다[62]. Zn 전극은 건식 압착법(dry pressing), 슬러리법(slurry method) 및 전기도금법(electrodeposition) 등에 의해 만들어진다. Zn 전극은 알칼리용액 내에서 부식을 억제하기 위해 소량의 금속산화물이 포함되어 있다[60]. 자기방전율은 20℃에서 ~5%/월이다.

은/아연 배터리는 보통 각주형으로 생산되며, 전극은 여러 겹의 분리판(최대 3가지 다른 분리막이 사용 가능)으로 감싸져 있다[60]. 대표적인 방전곡선이 그림 2.33에 주어져 있다. 고율방전에서는 AgO→Ag_2O 단계의 전압평탄성이 보이지 않는다. 위에서 언급했듯이, 은/아연 배터리는 비출력이 큰 것으로 특히 유명하다. 즉, 기존의 고율방전 셀이 1.5~1.8kW/kg인 반면에, 은/아연 배터리가 얇은 전극과 얇은 분리판을 가진다면 3.7~4.3kW/kg, 양극형 전극(bipolar electrode)의 경우는 심지어 5.5kW/kg까지 얻을 수 있다[61]. 이러한 보기 힘든 고출력 특성 때문에 특히 우주용으로 이용된다. 그 한 예가 화성정찰위성(Mars Reconnaissance Orbiter, 2005년 8월)용 Atlas V 발사대에 사용된 150Ah, 28V 배터리이다[63]. 또한 우주비행사가 선외활동(extravehicular activity)할 때에 입는 우주복에도 은/아연 배터리가 사용된다[59, 60].

---

*) 양극산화처리(anodize) : 금속을 특수용액 속에 넣고 전류를 흘려 금속표면에 내식성 산화피막을 형성시키는 공정.

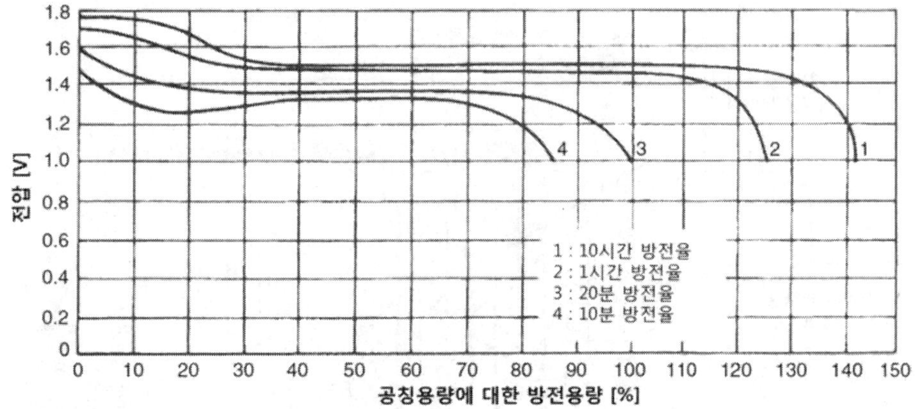

그림 2.33. 20℃에서의 방전속도에 따른 Zn/AgO 배터리의 방전곡선.(참고문헌 [60])

2.10. 아연(Zn)/브롬(Br_2) 배터리

Zn/Br_2 배터리의 개념은 상당히 오래전에 확립되었지만, 다음과 같은 점들 때문에 개발이 오랫동안 지연되어 왔다.

1) 수지 상의 Zn 도금(plating) 때문에 셀이 단락될 수 있음
2) $ZnBr_2$ 용액 내에서 Br_2가 용해되기 때문에 자기방전이 가속화됨

따라서 배터리 운전 시에는 전해질($ZnBr_2$ 용액)을 순환시키고, 대기 시에는 전해질이 저장용기에서 누출되지 않는 복합시스템이 개발되어야 한다. 이러한 시스템의 개략도가 그림 2.34에 나타나 있으며, 기본 구성요소는 다음과 같다.

1) 양극형 전극(bipolar electrode)의 스택
2) 미세기공(microporous) 분리막
3) 음극에서 순환하는 전해질을 위한 전해조와 열교환기(그림에는 나타나 있지 않음)
4) 양극에서 순환하는 전해질을 위한 또 다른 전해조. 이 전해조 내에는 브롬복합물(bromine complex)용 소형 전해조가 있다.
5) 펌프와 매니폴드

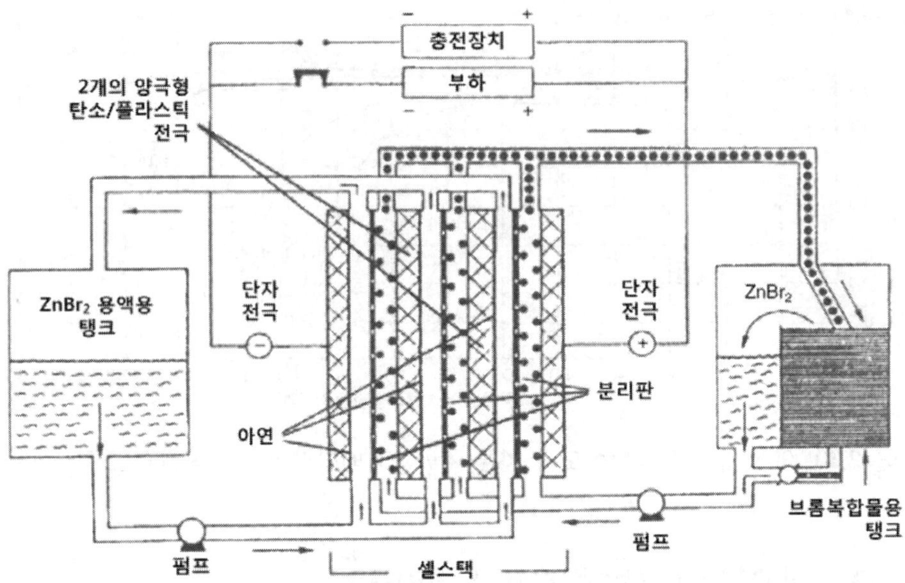

그림 2.34. 양극형 전극 기반 셀스택으로 이루어진 Zn/Br_2 배터리의 개략도.(참고문헌 [57])

양극형 지지체(bipolar support)의 한쪽 면을 Zn으로 도금하여 음극을 만들고, 양극에는 지지체의 다른 쪽 면에서 Br^-의 산화에 의해 얻은 Br_2가 사용된다. 전체 반응은 다음과 같이 간단한 형태로 쓸 수 있다.

$$Zn + Br_2 \rightleftharpoons ZnBr_2 \quad (E_{cell} = 1.85\ V)$$

주로 미세기공 분리판에 의해 Br_2가 Zn 흡착물(deposit) 쪽으로 확산하는 것이 방해를 받는다. 그러나 부식성 Br_2의 농도를 낮은 수준으로 유지하기 위해서는 복합제(complexing agent)가 사용된다. 복합제는 알킬암모늄염(alkylammonium salt)으로서, 예를 들면 N-메틸-N-에틸모폴리늄 브롬화염(N-methyl-N-ethylmorpholinium bromide)이며, 이는 Br^-와 Br_2의 반응에 의해 생성되는 다가브롬화염(polybromide) 이온과 관련이 있으므로, 용해도가 낮은 2차 액상물질이 형성된다[65]. 이 복합물질은 그림 2.34의 전해조에 저장된 뒤, 자체 중력에 의해 침전된다.

양극형(bipolar) 전극의 재료는 탄소, 고밀도 폴리에틸렌 및 유리강화제의 합성물질(composite)이다. 분리판은 실리카가 충진된 폴리에틸렌(silica-filled polyethylene)으로 만든다[66]. 펌프, 전해조 및 관은 모두 Br_2의 공격을 피하기 위해 플라스틱으로 만든다. 열관리용 열교환기 또한 플라스틱으로 만든다. 용액의 pH는 약 3으로 맞춘다. pH가 3보다 높으면 바람직하지 않은 이끼모양의 Zn 도금이 발생하고, 이보다 낮으면 Zn 부식이 증가하게 된다[65].

비유동성(non-flowing) 전해질을 갖는 배터리 역시 제안되었다. 이 배터리는 오직 소형 차량에 사용되는 비교적 작은 용량의 배터리(수 kWh)에만 적용될 수 있다[66].

Zn/Br_2 배터리의 대표적인 충방전 사이클이 그림 2.35에 나타나 있다[67]. 모든 방전율에서 배터리성능이 우수하며 이는 다음과 같이 요약될 수 있다.

- 큰 비에너지 : 65~85Wh/kg, 참고로 납 배터리는 약 35Wh/kg
- 깊은 방전 허용도 : 배터리는 손상 없이 100% DOD까지 방전할 수 있다.
- 긴 충방전수명 : 배터리는 사용수명 동안 2,000회 이상 충방전할 수 있다.

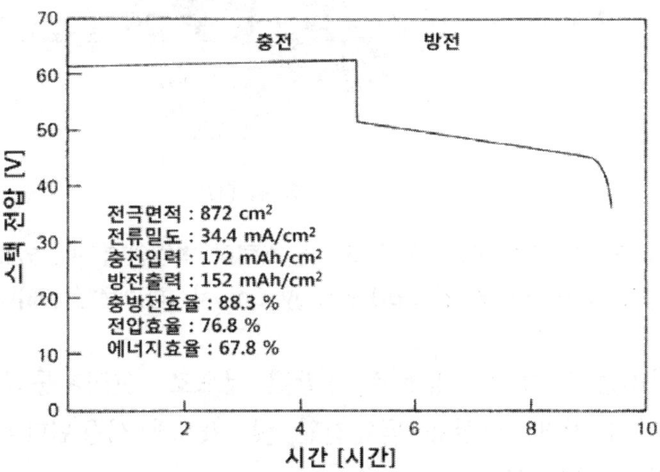

그림 2.35. 30개 셀, 1.4kW Zn/Br_2 배터리의 충방전 특성.(참고문헌 [68])

배터리의 성능에 악영향을 미치는 요소는 분로전류(shunt current)와 보조시스템에 필요한 에너지의 비율, 2가지이다. 분로전류(자기방전)는 스택 내의 셀들 사이의 전압차 때문에 전해질을 통해 공통선로를 흐르는 기생전류이다. 따라서 분로의 저항을 증가시키기 위해 공통선로를 길고 좁게 만든다[67]. 또한 분로전류는 많은 수의 셀을 적층하면 감소시킬 수 있다. 예를 들어 60개 셀로 이루어진 스택의 경우, 분로전류 때문에 용량은 단지 1%만 감소되었다는 보고도 있다.

그림 2.36은 60개의 셀로 이루어진 스택 3개를 병렬로 연결한 50kWh 모듈을 보여준다[68]. 스택의 좌우측에는 전해질 탱크와 펌프시스템이 자리잡고 있다. 전자장비반은 정확한 배터리관리를 위한 것이다. 정지용 배터리는 모두 10개의 모듈로 구성되어 있으며, 직렬로 연결된 5개의 모듈(540V)이 2줄로 배치되어 있다. 2줄의 모듈은 병렬로 연결되어 있지 않고 분리된 채 독립적으로 운전된다. 이 배터리는 600A 전류로 연속방전이 가능하기 때문에 최대전력(250kW)을 2시간 동안(500kWh) 공급할 수 있다[69].

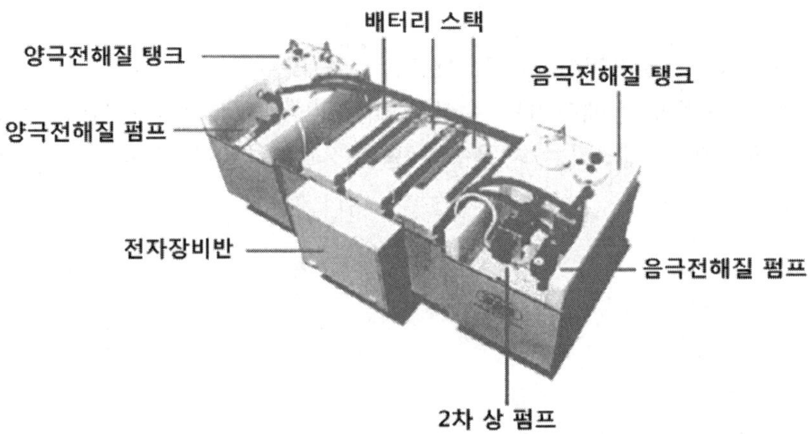

그림 2.36. 50kWh Zn/Br_2 모듈. 이 모듈은 3개의 스택이 병렬연결되어 있으며, 각 스택은 60개의 셀로 구성되어 있다. (ZBB Energy Corp사, 참고문헌 [68])

Zn/Br_2 배터리는 특히 정지용으로 개발된 것으로, 전력계통의 부하관리, 태양광 및 풍력 에너지 저장, 비상용 백업전원 및 UPS에 사용된다[66]. 이 시스템은 2MWh의 대용량인 것도 있다.

5~45kWh의 에너지를 갖는 견인용 배터리도 소형자동차와 버스에서 시험된 바 있다[65].

2.11. 바나듐 레덕스-흐름 배터리

Zn/Br_2 셀의 유동전해질 개념은 레덕스-흐름 배터리(redox-flow battery)에도 이용되어 왔다. 이 배터리의 특징은 모든 반응물들이 이온상태에 있다는 점이다. 이

런 배터리들 중에서 가장 먼저 개발된 것은 바나듐 레덕스-흐름 배터리(vanadium redox-flow battery, 이하 VRB)로서, 전극반응 시 바나듐이 여러 가지 상태로 산화된다. 이 배터리는 고체상 전해질이 없고 전해질이 순환하기 때문에 이례적으로 출력전력이 크다. 그밖의 장점들은 다음과 같다.

1) 전해질의 양을 증가시키면 용량이 증가한다.
2) 악영향 없이 완전방전이 가능하다.
3) 용액은 무한시간 동안 사용가능하다.
4) 자기방전은 무시할 수 있다.
5) 배터리의 응답이 순간적이다(1 msec 이하)

음극격실로 흘러들어가는 전해질에는 $VSO_4/V_2(SO_4)_3$로서 레덕스 결합(redox couple) V^{2+}/V^{3+}가 포함되어 있으며, 반면에 양극격실은 $VOSO_4/(VO_2)2SO_4(V^{4+}/V^{5+})$로서 VO^{2+}/VO^{2+}를 포함하고 있다. 전극반응은 다음과 같다.

음극 : $V^{2+} \rightleftharpoons V^{3+} + e \quad (E_0 = -0.26\ V)$
양극 : $VO^{2+} + 2H^+ + e \rightleftharpoons VO^{2+} + H_2O \quad (E_{cell} = 1.32\ V)$
전체 반응 : $V^{2+} + VO^{2+} + 2H^+ \rightleftharpoons V^{3+} + VO^{2+} + H_2O$
(좌측에서 우측으로의 반응이 방전반응)

각 바나듐 종들의 농도가 1M, 온도가 25℃일 때 표준전위는 1.26V이다. 실제 배터리의 경우 2~4M 농도의 H2SO4 내에서 바나듐농도는 약 2M 정도이다. 따라서 충전된 셀의 실제 OCV는 ~1.6V이다. 그림 2.37에는 VRB의 충방전 프로파일이 나타나 있다. 동작전압은 1.0~1.5V 범위이며, 에너지효율은 ~85%이다.

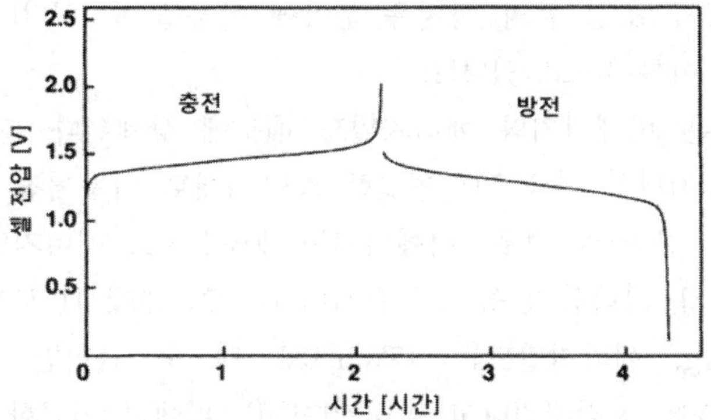

그림 2.37. 35℃, 30mA/cm^2에서 VRB의 충방전 특성 곡선.(참고문헌 [70])

셀의 구조는 Zn/Br_2 배터리와 유사하며, 그림 2.38에서 보듯이 양극형(bipolar) 전극의 스택과 전해질탱크로 구성되어 있다. 양극형 전극은 흑연-폴리에틸렌 판 표면에 흑연펠트를 접착시킨 것이다. 펠트는 전자전달을 위한 기판이자 대면적 유통(flow-through) 전극으로 작용한다[2]. 종단 전극(end electrode)은 한쪽 면이 펠트로 되어 있고, 다른 쪽 면에는 저항손실을 최소화하기 위해 Cu가 도금되어 있다. 이들 전극의 저항은 현재 $0.6\Omega cm^2$까지 낮춰져 있다(종단 전극은 $0.8\Omega cm^2$이다). 양(陽)이온(cation) 교환막은 효과적인 분리막으로 작용하며, 전해질이 혼합되면 자기방전이 발생한다. 훨씬 싼 가격의 미세기공 분리판 또한 현재 연구 중에 있다.

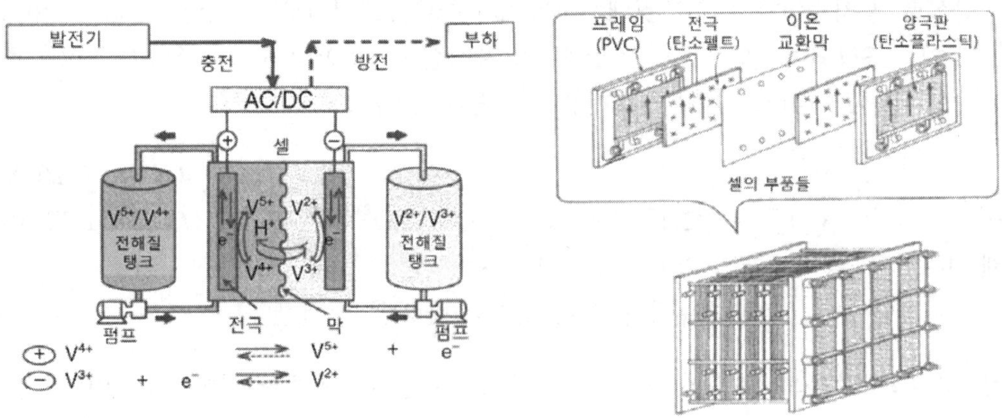

그림 2.38. VRB의 기본원리와 셀스택의 구조.(참고문헌 [71])

VRB는 부하평준화, 일시적인 전압 강하, 비상전력공급, 풍력/태양광 발전 안정화, 전력 수요 및 공급 조절 등의 정지용 분야에 사용될 수 있다[71, 72]. 견인용 분야에 대한 연구도 이루어지고 있다[2].

VRB의 장점은 낮은 비에너지와 에너지밀도 때문에 상쇄된다. 전기에너지 저장에 사용되는 배터리(80개의 셀을 직렬연결한 스택 4개로 이루어진 배터리로서, 총 444kWh의 에너지를 공급)의 경우, 비에너지는 20Wh/kg, 에너지밀도는 30Wh/L로 계산된 바 있다[73]. 바나듐의 농도를 (5M의 H_2SO_4 내에서) 3M로 증가시키면, 비에너지는 28Wh/kg, 에너지밀도는 47Wh/L로 될 수 있지만, 농도가 높으면 V_2O_5로서 V^{5+}의 석출을 촉진시킨다고 밝혀졌다[74]. 위에서 언급한 정지용 배터리는 10~45℃에서 3,000회 이상 충방전을 할 수 있다[73].

부하평준화와 전압강하 방지에 사용된 대형 VRB의 예가 그림 2.39에 나타나 있다. 배터리 박스와 전해질 탱크는 따로 분리되어 있다. 이 배터리의 경우, 정상 조건에서는 부하평준화 기능이 작동하지만, 순간 전압강하의 경우에는 정전을 방지하는데 필요한 아주 큰 전력을 즉시 공급할 수 있다. 보통 전해질의 유량이나 스택 내의 셀의 수를 증가시키면 VRB의 출력전력이 증가한다. 현 개발단계에서는 스택의 막이 매우 열화되기 쉽기 때문에 5년마다 교체해 주어야 한다[73].

배터리 박스

전해질 탱크

그림 2.39. 부하평준화 시(AC 1500kW × 1h) 및 전압급락방지 시(AC 3000kW × 1.5초) VRB 배터리.(참고문헌 [71])

2.12. 알칼리 1차 배터리

알칼리 배터리는 산업용 분야에서 관심을 끌고 있는 유일한 수계 1차 배터리이다(우주용 Ag-Zn 1차 배터리는 제외). 알칼리배터리와 충전방법이 유사한 RAM(rechargeable alkaline manganese) 배터리는 방전능력과 재충전능력이 제한되어 있기 때문에 산업용으로는 사용되지 않는다.

1960년대 초, 알칼리 Zn/MnO_2 배터리가 소개되어 다른 수계 1차 배터리에 비해 다음과 같은 장점이 어느 정도 있다고 인정받았다.

- 연속적인 고전류 방전에서도 긴 사용수명
- "휴지기간(rest period)" 불필요
- 작은 내부저항
- 튼튼하면서 내충격성인 구조
- 사용시간 당 가격 기준(cost-per-hour-of-service basis)으로 가격 대비 효율적임

- 받아들일 만한 저온 성능
- 우수한 누설저항
- 대기온도에서의 긴 저장수명

오늘날 산업용 분야에서 이 배터리의 사용이 감소하고 있다. 가격이 주된 요소가 아닌 분야에서는 언제나 Li 1차 배터리 또는 다른 종류의 재충전 배터리가 널리 사용된다.

2.12.1. 전극 재료 및 처리

알칼리 Zn/MnO_2 배터리의 애노드는 반드시 고순도의 Zn 분말을 사용한다. 애노드가 대면적이기 때문에 비교적 큰 방전율을 감당할 수 있으며, 전해질은 균일하게 분포되어 있다. 더욱이 다공질 애노드와 도전성 전해질의 조합 때문에 전극 가까이에서 반응생성물이 축적되는 범위가 감소되며, 이로 인해 분극이 감소한다. 가스발생 억제제(gassing suppressor)로서 Hg, Pb 또는 다른 중금속을 첨가하는 방법은 아예 사라졌거나 크게 줄어들었다. 아연분말 내의 불순물수준을 크게 감소시켰기 때문이다. 대신 애노드의 전해질을 고정시키고 처리성(processibility)을 개선하기 위해 겔화제(gelling agent)는 필수적이다. 이 목적으로 녹말, 셀룰로오스 유도체(cellulose derivative) 또는 폴리아크릴레이트(polyacrylate)가 자주 사용된다. 전해질은 수계 KOH 용액(35~52%)으로서, Zn-탄소 셀에서 사용되는 산성용액에 비해 전도도가 높고 가스발생(Zn 부식)이 감소되는 특징이 있다.

캐소드는 전해 MnO_2(electrolytic manganese dioxide, 이하 EMD)를 기반으로 하고 있으며, 이는 오직 이 재료만이 고출력과 긴 저장수명을 가질 수 있기 때문이다. EMD에는 ~92%의 MnO_2, ~4.5%의 H_2O 및 몇 가지 이온불순물을 함유되어 있다. 전자전도체로는 표면적을 넓히기 위해 아세틸렌 블랙도 사용될 수 있지만, 보통은 흑연 형태로 탄소가 사용된다.

고농도의 알칼리용액에서 화학적으로 안정해야 하는 분리판에는 보통 셀룰로오스, 비닐폴리머, 폴리올레핀(polyolefin), 또는 이들 재료를 모두 혼합한 것이 사용된다.

캐소드, 애노드 및 분리막은 고다공질이기 때문에, 이들은 전해질에 의해 포화될 수 있다. 전해질의 분포가 균일하고 전도도가 높으면 연속전류를 흘리는 경우 큰 방전율을 감당할 수 있다.

전극에서 발생하는 전기화학적 반응은 다음과 같이 쓸 수 있다.

$$\text{애노드} : Zn + 2OH^- \rightarrow Zn(OH)_2 + 2e$$

애노드에는 제한된 양만의 물이 존재하기 때문에, $Zn(OH)_2 \rightarrow ZnO + H_2O$의 반응이 느리게 일어난다.

$$\text{캐소드} : MnO_2 + H_2O + e \rightarrow MnOOH + OH^-$$

이 과정에서 H^+ 이온이 전해 MnO_2의 구조에 삽입됨으로써 Mn^{IV}가 Mn^{III}으로 환원된다. MnOOH가 형성되는 반응만으로만 제한된 방전에서 전체 반응은 다음과 같다.

$$\text{전체 반응} : Zn + 2MnO_2 + 2H_2O \rightleftharpoons 2MnOOH + Zn(OH)_2$$

방전이 장기화되면 MnO_2의 환원은 Mn_3O_4의 형성까지 진행된다. 그러나 이 반응은 평탄한 전압-시간 특성곡선에 해당하는 것으로 보통 잘 이용되지 않는다.

Zn 분말은 반응성이 매우 높으며 H_2O를 분해하여 수소를 발생시킬 수 있다. 그러면 수소는 배터리 내에서 과압력을 발생시키는 것은 물론, MnO_2 자기방전의 원인이 된다. 앞서 언급했듯이, Zn 분말의 불순물수준을 감소시키면 가스발생을 크게 줄일 수 있다. 그렇지 않으면 ZnO(또는 다른 산화물)나 유기억제제(organic inhibitor)(폴리에틸렌 산화물 화합물)와 같은 애노드 첨가물이 필요하다.

2.12.2. 셀 구조

- 원통형 셀

그림 2.40에 원통형 알칼리 셀이 나타나 있다. 용기는 활성물질이 아니지만, 강철 또는 니켈도금된 강철로 만들어져 있으며, 캐소드의 집전체로서 작용한다. 캐소드는 다음과 같이 두 과정 중 하나를 거쳐 만들며, 강철용기 표면에 압착된다.

- 분말이 용기와 접촉할 때 높은 압력을 가한다.
- 고리모양의 펠릿(annular pellet)을 형성시켜 용기 안에 삽입한다.

Zn 분말은 중앙의 빈 공간에 위치하며, 황동 집전체를 통해 셀바닥(음극 마개)에 용접되어 있다.

애노드 마개는 절연체에 의해 양극 셀 용기와 분리되어 있다. 셀 용기에 밀봉되어 있는 플라스틱 고리는 셀에서 누설이 발생되지 않게 한다. 또한 이 고리는 회로단락이나 셀이 혹사되는 경우 과도한 압력을 배출하기 위해 막 배기구(membrane vent)가 마련되어 있다.

원통형 셀은 표준 크기로 제작될 수 있으며 공칭용량을 높일 수 있다. 예를 들어 D셀(34 × 61mm)의 용량은 14~18Ah이며, F셀(33 × 91mm)은 22Ah이다.

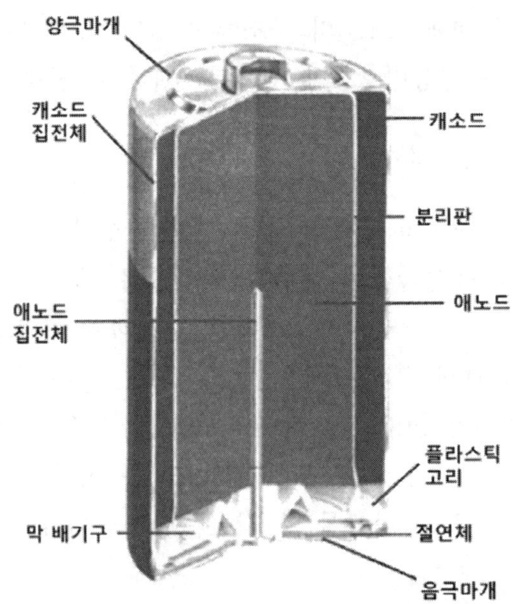

그림 2.40. 원통형 알칼리셀의 단면도.(Duracell의 허가에 의해 전재)

- 각주형 셀

여러 개의 셀로 이루어진 각주형 셀의 전압은 4.5~9V 범위에 있으며, 6V 배터리의 경우 용량은 1Ah보다 작은 것에서부터 44Ah에 이르는 것도 있다.

2.12.3. 셀 성능 및 응용분야

그림 2.41에서, 실온에서 방전율에 따른 AA 셀의 대표적인 방전곡선이 주어져 있다. 방전율이 낮을 경우(C/140) 공칭용량은 2.8Ah이며, C/10에서는 2.1Ah이다. 이러한 용량유지성능은 만족스러운 것으로 판단될 수 있지만, Li/MnO_2 및 $Li/SOCl_2$와

같이 고율방전용으로 설계된 나권형 Li 1차 셀보다는 뒤진다[79]. 1999년, 고성능 알칼리 셀들이 상용화되었다. 이들은 고율방전 시 표준모델보다 훨씬 더 성능이 뛰어났다. 그 이유는 다음 방법에 의해 셀의 저항을 크게 줄였기 때문이다.

- 음극 및 양극 집전체 모두 코팅
- 고순도 흑연 사용
- 캐소드 할당 공간에 더 많은 MnO_2를 삽입하여 채움

코팅은 집전체 상에 부식생성물이 형성되는 것을 감소시키고, 고순도 흑연분말은 전자전도도를 개선시킨다.

그림 2.42에서, 온도에 따른 알칼리배터리의 방전특성이 주어져 있다. 이 배터리는 보통 -20~50℃의 온도범위에서 사용될 수 있다. 방전율이 낮으면 하한온도는 -30℃까지 낮춰질 수 있다. 그러나 그림에서 알 수 있듯이 배터리 성능은 저온에서 크게 악화된다. 비교하자면, Li 1차 셀의 성능은 저온에서 더욱 만족스러우며, 이는 12장에서도 설명되어 있다[79].

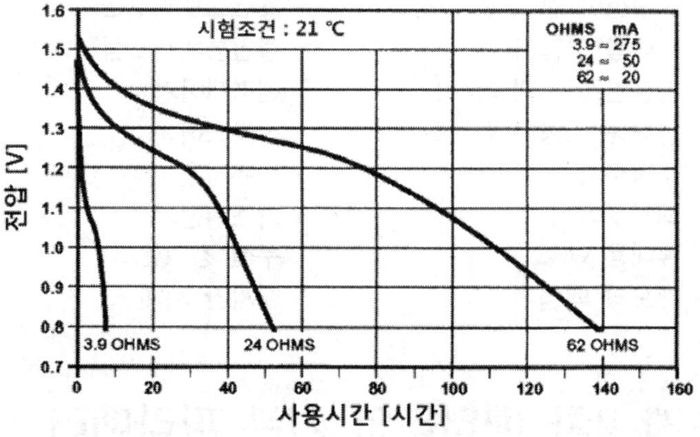

그림 2.41. 21℃에서 AA형 알칼리 셀의 방전곡선. 공칭용량은 2.8Ah로서, 방전율은 62Ω에서 C/140, 24Ω에서 C/56, 3.9Ω에서 C/10이다.(Duracell의 허가에 의해 전재)

알칼리 셀을 20℃에서 1년 동안 저장하면 원래 용량의 ~3%가 손실되고, 40℃에서는 ~12%, 60℃에서는 ~35%이다.

응용분야는 다음과 같다(11장과 12장 참조).

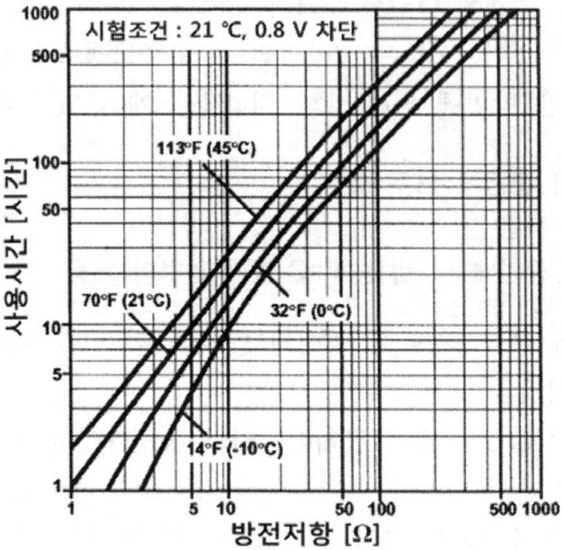

그림 2.42. 온도에 따른 D형 알칼리 셀의 방전곡선.(Duracell의 허가에 의해 전재)

- 내구성이 큰 조명기구
- 휴대용 단말기
- 앰뷸런스용 의료장비
- 휴대용 소형 무선전화기
- 추적장치
- 해양분야
- 휴대용 GPS
- 메모리 백업
- 스트로보스코프
- 출입통제시스템
- 원격제어기
- 전자도어록
- 원유시추
- 가스측정기
- 무선 경고센서
- 실시간 시계

2.13. 수계 2차 배터리의 기본 파라메터

이 장에서 설명한 2차 배터리의 주 특성이 표 2.5와 2.6에 요약되어 있다. 주어진 값들은 몇 가지 데이터들을 평균하여 구한 것이다. 각 배터리에 대한 실험조건이 다르고 크기와 구조가 다를 수 있기 때문에 주어진 값들은 주의 깊게 다루어져야 한다. 이 값들과 비수계 2차 배터리의 특성을 나타내는 1장의 표 1.11과 비교해 보기 바란다. 알칼리 1차 배터리에서와 마찬가지로 기본적인 파라메터는 11장과 12장에 주어져 있다.

표 2.5. 납 배터리와 Ni/Cd 배터리의 특성.(참고문헌 [2], pp. 75~78)

시스템		전압 범위 (V)	동작 온도 (℃)	충방전 수명 (회)[b]	비에너지 (Wh/kg)	에너지 밀도 (Wh/L)	비출력[c]	자기 방전율 (%/월)
납[a]	SLI	2.0~1.8	-40~55	200~500	35	70	높음	3
	견인용	"	-20~40	1500	25~30	80	적당히 높음	4~6
	정지용	"	-10~40	400	20~30	50~70	적당히 높음	2
Ni/Cd[a]	배기형 포켓판	1.35~1.1	-20~45	500~2000	15~35	35~45	높음	5
	배기형 소결판	"	-40~40	"	30~40	60~100	높음	10
	FNC	1.35~1.0	-50~60	500~3000+	10~40	15~80	낮음~매우 높음	10~15
	밀봉형	"	-40~45	300~700	15~35	50~120	적당함 ~ 높음	15~20

a : 셀 기준, b : DOD에 따라 다름, c : 펄스방전

표 2.6. 수계 2차 배터리 특성(납 배터리와 Ni/Cd 배터리는 제외).(참고문헌 [2], pp. 75~78)

시스템	전압 범위 (V)	동작 온도 (℃)	충방전 수명(회)[c]	비에너지 (Wh/kg)	에너지 밀도 (Wh/L)	비출력[d]	자기 방전율 (%/월)
Ni/MH[a]	1.4~1.2	-30~65	800~1200	60~80	200~270	적당함 ~ 높음	25~30
Ni/H_2[a]	1.5~1.2	-10~30	2000 이상	45~55	65~80	적당함	60
Ni/Fe[a]	"	-10~60	2000~3000	30	60	낮음 ~ 적당함	25~30
Ni/Zn[b]	1.9~1.5	-20~50	300~600	60	100~120	높음	15~20
Zn/공기[b]	1.2~1.0	0~45	20~30	150~200	160~220	낮음 ~ 적당함	
Zn/AgO[a]	1.8~1.5	-20~60	50~80	90~100	180	매우 높음	5
Zn/Br_2[b]	1.9~1.6	10~50	500 이상	65~70	60~70	낮음 ~ 적당함	12~15
VRB[b]	1.5~1.1	10~50	3000	10~30	10~30	적당함 ~ 높음	5~10

a : 셀 기준, b : 배터리 기준, c : DOD에 따라 다름, d : 펄스방전

참고문헌

1. K. Peters, in "*Modern Battery Technology*", C.D.S. Tuck Ed., Ellis Horwood, Chichester (U.K), 1991.
2. D.A.J. Rand, R. Woods and R.M. Dell, "*Batteries for Electric Vehicles*", Research Study Press, Taunton, U.K., 1998.
3. A.J. Salkind, A.G. Cannone and F.A. Trumbore, in "*Handbook of Batteries*" (Chapter 23), D. Linden and T.B. Reddy, Eds., McGraw-Hill, New York, 2002.
4. K.R. Bullock, *J. Power Sources* 51 (1994) 1.
5. D. Berndt, *J. Power Sources* 100 (2001) 29.
6. R.G. Jungst, in "*Used Battery Collection and Recycling*", G. Pistoia, J.-P. Wiaux and S.P. Wolsky, Eds., Elsevier, Amsterdam, 2001.
7. J.F. Cole, *J. Power Sources* 40 (1992) 1.
8. T. Juergens and R.F. Nelson, *J. Power Sources* 53 (1995) 201.
9. J. Tuphorn, *J. Power Sources* 31 (1990) 57.
10. R.H. Newnham, *J. Power Sources* 52 (1994) 149.
11. J.R. Pierson, J.P. Zagrodnik, R.T. Johnson, *J. Power Sources* 67 (1997) 7.
12. M.L. Soria, J. Valenciano, A. Ojeda, *J. Power Sources* 136 (2004) 376.
13. W. Peukert, *Elektrotech. Z.* 18 (1897) 287.
14. A.O. Nilsson and C.A. Baker, in "*Handbook of Batteries*" (Chapter 26), D. Linden and T.B. Reddy, Eds., McGraw-Hill, New York, 2002.
15. C.P. Albon and J. Parker, in "*Modern Battery Technology*", C.D.S. Tuck, Ed., Ellis Horwood, Chichester (U.K), 1991.
16. G. Halpert, *J. Power Sources* 12 (1984) 117.
17. A. Fleischer, *J. Electrochem. Soc.* 94 (1948) 289.
18. A.K. Shukla, S. Venugopalan and B. Hariprakash, *J. Power Sources* 100 (2001) 125.
19. Varta, Development of the Battery, http://micro.magnet.fsu.edu/electromag/ electricity/batteries/sinteredplate.html
20. D. Ohms, M. Kohlhase, G. Benczur-Urmossy, G. Schadlich, *J. Power Sources* 105 (2002) 127.
21. U. Kohler, C. Antonius and P. Bauerlein, *J. Power Sources* 127 (2004) 45.
22. Y. Morioka, S. Narukawa and T. Itou, *J. Power Sources* 100 (2001) 107.
23. J. Carcone, in "*Handbook of Batteries*" (Chapter 28), D. Linden and T.B. Reddy, Eds., McGraw-Hill, New York, 2002.
24. J.M. Evjen and A.J. Catotti, in "*Handbook of Batteries*" (Chapter 27), D. Linden and T.B. Reddy, Eds., McGraw-Hill, New York, 2002.
25. Acme Electric Co., www.acmeelec.com/aerospace/batteries.htm
26. K. Nishio and N. Furukawa, in "*Handbook of Battery Materials*", J.O. Besenhard, Ed., Wiley-VCH, Weinstein, 1999.
27. Y. Sato, S. Takeuchi and K. Kobayakawa, *J. Power Sources* 93 (2001) 20.
28. M. Beheshti, Chemistry-Independent Charge Management, *PowerPulse.Net* 2003, www.powerpulse.net
29. Energizer/Eveready, Nickel-Cadmium Batteries, www.data.energizer.com
30. Isco, Ni/Cd and Pb/Acid Battery Comparison, www.isco.com/WebProductFiles/Applications/ 201/Nicad_vs_LeadAcidBatteries
31. www.batteryuniversity.com/parttwo-36.htm
32. H. Franke, in "*Battery Technology Handbook*", H.A. Kiehne, Ed., Marcel Dekker, New York, 2003.

33. G. Pistoia, *"Batteries for Portable Devices"*, Elsevier, Amsterdam, 2005.
34. M. Suzuki and M. Wada, in "*Energy Storage Systems for Electronics*", T. Osaka and M. Datta, Eds., Gordon&Breach Science Pub., The Netherlands, 2000.
35. M. Fetcenko, in "*Handbook of Batteries*" (Chapter 30), D. Linden and T.B. Reddy, Eds., McGraw-Hill, New York, 2002.
36. T. Kohno, M. Yamamoto, M. Kanda, *J. Alloys Comp*. 193 (1999) 643.
37. J. McBreen, in "*Handbook of Battery Materials*", J.O. Besenhard, Ed., Wiley-VCH, Weinstein, 1999.
38. Motorola, Rechargeable Battery Cycle Life Issues, www.motorola.com
39. X.-G. Yang and B.Y. Liaw, *J. Electrochem.Soc*. 151 (2004) A137.
40. D. Linden and D. Magnusen, in "*Handbook of Batteries*" (Chapter 29), D. Linden and T.B. Reddy, Eds., McGraw-Hill, New York, 2002.
41. X.-G. Yang and B.Y. Liaw, *J. Electrochem.Soc*. 148 (2001) A1023.
42. Duracell, Technical/OEM, Ni-MH Rechargeable Batteries, www.duracell.com
43. User : Rjf/Prius Battery Specs, www.seattleeva.org/wiki/User:Rjf/Prius_Battery_Specs
44. Toyota Prius Battery Pack, www.cleangreencar.co.nz/page/prius-battery-pack
33. G. Pistoia, *"Batteries for Portable Devices"*, Elsevier, Amsterdam, 2005.
34. M. Suzuki and M. Wada, in "*Energy Storage Systems for Electronics*", T. Osaka and M. Datta, Eds., Gordon&Breach Science Pub., The Netherlands, 2000.
35. M. Fetcenko, in "*Handbook of Batteries*" (Chapter 30), D. Linden and T.B. Reddy, Eds., McGraw-Hill, New York, 2002.
36. T. Kohno, M. Yamamoto, M. Kanda, *J. Alloys Comp*. 193 (1999) 643.
37. J. McBreen, in "*Handbook of Battery Materials*", J.O. Besenhard, Ed., Wiley-VCH, Weinstein, 1999.
38. Motorola, Rechargeable Battery Cycle Life Issues, www.motorola.com
39. X.-G. Yang and B.Y. Liaw, *J. Electrochem.Soc*. 151 (2004) A137.
40. D. Linden and D. Magnusen, in "*Handbook of Batteries*" (Chapter 29), D. Linden and T.B. Reddy, Eds., McGraw-Hill, New York, 2002.
41. X.-G. Yang and B.Y. Liaw, *J. Electrochem.Soc*. 148 (2001) A1023.
42. Duracell, Technical/OEM, Ni-MH Rechargeable Batteries, www.duracell.com
43. User : Rjf/Prius Battery Specs, www.seattleeva.org/wiki/User:Rjf/Prius_Battery_Specs
44. Toyota Prius Battery Pack, www.cleangreencar.co.nz/page/prius-battery-pack
45. Introduction to NiMH Battery Technology, www.cobasys.com/pdf/tutorial/InsideNimhBattery
46. M. Fetcenko, *22nd International Seminar & Exhibit on Primary and Secondary batteries*, Fort Lauderdale (FL, USA), March 2005.
47. D. Coates, D. Caldwell and R. Hudson, "5.5 Inch Diameter Nickel-Hydrogen Cell Development Update", www.eaglepicher.com/NR/rdonlyres/ E21D0154-5A9A-4438-A276-C104FA592AEA/0/PS_2611a_paper1
48. J.D. Dunlop, J.N. Brill and R. Erisman, in "*Handbook of Batteries*" (Chapter 32), D. Linden and T.B. Reddy, Eds., McGraw-Hill, New York, 2002.
49. W.D. Cook and W. Studyvin, "C/NOFS Battery and Magnetic Properties", www.eaglepicher.com/NR/rdonlyres/ 305D0202-B2C0-4965-B340-015BF39BBE3F/0/PS_2611a_paper5
50. ESA, www.esa.int/esaSC/SEM106WO4HD
51. J.J. Jackovitz and G.A. Bayles, in "*Handbook of Batteries*" (Chapter 25), D. Linden and T.B. Reddy, Eds., McGraw-Hill, New York, 2002.

52. D. Coates and A. Charkey, in "*Handbook of Batteries*" (Chapter 31), D. Linden and T.B. Reddy, Eds., McGraw-Hill, New York, 2002.
53. A. Duffield, in "*Modern Battery Technology*", C.D.S. Tuck, Ed., Ellis Horwood, Chichester (U.K), 1991.
54. Earthtoys Alternative Energy Library – Emagazine, www.earthtoys.com/emagazine.php?issue_number=04.02.01&article=evionyx; Universal Electric Vehicle – UEV Products, www.universalelectricvehicle.com
55. L.A. Tinker and K.A. Striebel, in "*Energy Storage Systems for Electronics*", T. Osaka and M. Datta, Eds., Gordon&Breach Science Pub., The Netherlands, 2000.
56. R.P. Hamlen and T.B. Atwater, in "*Handbook of Batteries*" (Chapter 38), D. Linden and T.B. Reddy, Eds., McGraw-Hill, New York, 2002.
57. Electric Fuel Technical Brochure, www.electric-fuel.com/evpro/EF-bus-brochure
58. J.C. Salas-Morales and J.W. Evans, *J Appl. Electrochem.* 24 (1994) 858.
59. A.P. Karpinski, B. Makotevski, S.J. Russel, J.R. Serenyi and D.C. Williams, *J. Power Sources* 80 (1999) 53.
60. A.P. Karpinski, S.F. Schiffer and P.A. Karpinski, in "*Handbook of Batteries*" (Chapter 33), D. Linden and T.B. Reddy, Eds., McGraw-Hill, New York, 2002.
61. A.P. Karpinski, S.J. Russell, J.R. Serenyi and J.P. Murphy, *J.Power Sources* 91 (2000) 77.
62. D.F. Smith and C. Brown, *J. Power Sources* 96 (2001) 121.
63. Army Technology-Eagle Picher, www.army- technology.com/contractors/electrical/ eagle/press7.
64. C. Fabian and K. Kordesch, *Dechema Monographs*, Vol. 109, Dechema, 1987, p. 355.
65. 66. P.C. Butler, P.A. Eidler, P.A. Grimes, S.E. Klassen and R.C. Miles, in "*Handbook of Batteries*" (Chapter 39), D. Linden and T.B. Reddy, Eds., McGraw-Hill, New York, 2002.
66. M.H. Thomas, "Persistence and Progress - The Zinc Bromine Battery in Renewable Energy Systems", *Rega Forum 2003*, Yarra Valley, Victoria, Australia, June 2003.
67. A. Leo, in "*Modern Battery Technology*", C.D.S. Tuck, Ed., Ellis Horwood, Chichester (U.K), 1991.
68. Inventions&Innovations: Deep-Discharge Zn/Br_2 Battery, www.eere.energy.gov/inventions/pdfs/zbbenrg
69. ZBB Energy Corporation, The Zinc/Bromine Battery, www.zbbenergy.com/brochures/utility
70. M. Skyllas-Kazakos, D. Kasherman and M. Kazakos, in "*New Developments in Electrode Materials and Their Applications*", L. Wood and A.J. Jones, Eds., Canberra, Australia, 1990.
71. Sumitomo Electric Industries, www.sei.co.jp/sn/2001/05/feature_article
72. Redox Flow battery [KEPCO], www.kepco.co.jp.english/rd/solution/solution_2
73. C.J. Rydh, *J. Power Sources* 80 (1999) 21.
74. L. Joerissen, J. Garche, Ch. Fabjan and G. Tomazic, *J. Power Sources* 127 (2004) 98.
75. D. Linden and T.B. Reddy, in "*Handbook of Batteries*" (Chapter 22), D. Linden and T.B. Reddy, Eds., McGraw-Hill, New York, 2002.
76. www.thermoanalytics.com/support/publications/batterytypesdoc
77. *Modern Battery Technology*" (Appendix A), C.D.S. Tuck, Ed., Ellis Horwood, Chichester (U.K), 1991.
78. P.C. Symons and P.C. Butler, in "*Handbook of Batteries*" (Chapter 37), D. Linden and T.B. Reddy, Eds., McGraw-Hill, New York, 2002.
79. D. Linden and T.B. Reddy, in "*Handbook of Batteries*" (Chapter 14), D. Linden and T.B. Reddy, Eds., McGraw-Hill, New York, 2002.

전기화학적 및 비전기화학적 방법에 의한 배터리 특성 평가

3.1 소개

보통 배터리는 사용, 수송 및 심지어는 제작하기 간단한 반면에, 양극과 음극 및 중간의 전해질 상(相)과 같은 3가지 중요한 요소를 가진 매우 복잡한 전기화학 장치이다. 그리고 2개의 전극-전해질 계면은 동시에 동작해야 한다. 많은 배터리 시스템의 화학반응은 매우 복잡하며, 주된 전기화학적 반응(에너지저장 매커니즘의 핵심) 이외에도 부(副)반응과 부동태화(passivation) 현상이 포함되어 있다. 배터리와 관련된 과학에는 전기화학 이외에도 물질, 표면화학반응, 물리학, 수송현상(고체 및 액체 상에서의 확산과정), 물질 내부와 계면을 통과하는 이온과 전자에 의한 다상 전하전달(multiphase charge transfer) 등이 포함되어 있다. 배터리 화학반응의 성능이 우수하다 해서 실제적인 상업화를 성공하기에는 결코 충분하지 않다. 성공을 위해서는 공학적인 측면이 결정적이며, 물질(순도와 형태 면에서), 집전체, 분리기, 용기 및 안전성 등을 적절하게 선택할 필요가 있다. 따라서 시도와 오류(trial and error) 방법을 기반으로 하여 배터리시스템을 개발하는 것은 불가능하다. 배터리시스템의 공학은 주된 화학반응, 수송현상, 부반응과 같은 확고한 과학적 기반에 입각해야 하며, 열거동도 완벽하게 이해하고 있어야 한다. 배터리 분야에서 모든 가능한 실패 매커니즘과 안전성 문제를 미리 생각하기 위해 높은 수준의 과학적인 연구를 유지하는 것은 매우 중요하다. 이는 대량생산되고 널리 사용될 배터리 같은 제품의 경우는 결정적으로 중요하다. 예상치 못한 안전성 또는 운전문제로 인해 시장에서 배터리가 회수(recall)되는 것은 배터리제작사에게는 치명적이다.

배터리와 관련된 과학, 배터리의 품질시험, 사용한계 예측, 안전성, 배터리수명 및 충방수명 등은 명확하게 정의된 고수준의 기술과 절차의 확립을 필요로 한다. 다음에는 배터리의 특성과 관련된 가장 중요한 점들을 나열한다.

a) R&D 시의 새로운 물질의 특성평가 - 금속, 천이 금속 산화물 및 황화물, 탄소질 및 세라믹 물질, 고분자 매트릭스, 전해액, 염, 그리고 용제
b) 선택된 특정 제작사가 대량생산하는 특정 물질의 품질제어. 또한 품질제어에는 현장에서의 효과적인 특성평가방법 개발, 필요할 때 현명한 사후분석이 포함되어 있다.
c) 재충전배터리의 경우, 다양한 요소의 전자적 성질, 임피던스, 전체적인 전기화학적 성능(용량, 전압, 방전속도, 에너지, 출력 밀도, 충방전수명 등)의 정확한 측정
d) 온도의존 거동, 관련 동작온도 범위, 열적 안정성 및 관련 안전성 한계의 이해
e) 노후화과정, 점진적인 용량감소 매커니즘, 저장수명과 배터리수명의 근거있는 예측을 이해
f) 가능한 모든 안전성 한계와 이해, 그리고 확고하게 정의된 안전규정과 취급설명서 설정
g) 환경적인 면을 잘 이해하고, 폐기물의 적절한 관리지침 확립하며, 적절한 재활용과정을 제시하는 것 등이다.

3.2. 배터리 재료의 종류

1장과 2장에서, 가장 관련이 많은 배터리시스템이 분류된 바 있다. 이 절에서는 활성 및 비활성 배터리물질이 자세하게 다루어질 것이다.

3.2.1. 전극 재료

3.2.1.1. 일반적인 특징

배터리의 전극은 다음의 4개군으로 나눌 수 있다.

1) 금속물질(보통 음극이다, 3.2.1.2 참조)
2) 복합재료 구조, 여기에는 활성물질, 전도성 첨가물, 결합제(binder) 및 집전체(배터리시스템에서 가장 널리 사용된다)가 포함되어 있다.

3) 다공질 지지물질, 분산촉매입자를 포함한 지지매트릭스에 내장된 촉매물질 (보통 탄소질 물질이다).
4) 단체형 물질, 집전체 상에 분산/부착된 박막 활성물질. 그와 같은 전극은 사용되는 활성물질의 양이 적으면서 보통 고체상태인 초소형 배터리에 사용된다.

배터리의 주요 파라메터는 이론적인 용량(mAh/kg), 전위 및 방전율이다. 방전율은 용량-전류밀도(A/g) 또는 C-방전율이나 xC 또는 C/x로 나타낼 수 있다(여기서 xC는 1시간 동안 총용량의 x배가 방전된다는 것을 의미하며, C/x는 x시간 동안 총용량을 방전된다는 의미이다). 재충전시스템의 경우, 안정성, 충방전수명 및 점진적 용량 감소(예를 들면, 1회 충방전 당 % 용량 손실) 역시 중요한 파라메터이다. 정전류 방전(또는 충전) 시 전위 프로파일(profile)의 형상 또한 중요하다. 예를 들어, 금속이 상전이를 거쳐 용해 또는 삽입되도록 전극이 처리된다면 전위 프로파일이 평탄한 반면, (전극 그리고/또는 용액 내에서) 용액이 굳어지거나 농도에 구배가 생기면 전위 프로파일은 경사지게 된다. 배터리 전극에 가장 널리 사용되는 재료는 그림 3.1과 같은 복합구조를 가진다(위의 2번). 활성물질은 분말로서 금속/불활성 집전체 상에 골고루 분산된 뒤 고분자결합제(polymeric binder)로 접착된다. 활성물질이 복합재료 전극과 전기적으로 균일하게 접촉시키기 위해 보통 도전성 첨가제인 탄소입자가 사용된다. 대부분의 경우, 복합재료 전극에서 활성물질, 결합제 및 도전성 첨가제의 비율은 각각 (무게 기준으로) 85%, 5~10%, 5~10%이다. 복합재료 전극과 관련된 기술적인 목표와 문제는 다음과 같다.

a) 입자의 크기와 표면적은 매우 중요하다. 방전속도를 결정하는 데는 계면에서의 전하전달과 내부에서의 수송(예를 들면 주입과정에서의 고체상태 확산)이라는 2가지 중요한 과정이 있다. 따라서 입자의 크기가 작으면 작을수록 입자 전체의 표면적과 확산통로의 길이는 더욱 커진다. 따라서 입자의 전기화학적 반응속도는 빨라질 것이다. 그러나 입자가 너무 작으면 입자 사이의 전기적인 접촉에 문제가 발생하고, 표면적이 크다는 것은 부반응이 일어날 기회가 많아진다는 것을 의미한다. 따라서 복합재료전극에서 활성물질의 입자 크기는 최적화되어야 한다.
b) 전극의 두께는 중요하므로 요구조건에 따라 최적화되어야 한다. 활성물질의 두께가 두껍다는 것은 단위면적 당 용량이 크다는 것을 의미하지만, 또한 전체 활성물질과 용액 사이의 제한된 접촉 때문에 반응속도가 느려진다. 반

응속도가 크려면 실제 용량이 작아지는 것을 감안하더라도 얇은 전극이 훨씬 좋다.

c) 복합재료전극의 기공도는 중요하다. 기공도가 높으면 입자간 접촉상태가 나빠지지만 활성물질과 용액 사이의 접촉이 훌륭해진다. 따라서 활성물질을 압축하기 위해 전극제조 동안에 가해지는 압력의 실제 평균밀도는 최적화되어야 하는 문제이다.

d) 많은 배터리시스템, 특히 용액이 비수계인 배터리(Li 및 Li이온 배터리)의 경우, 전극의 활성물질은 자연적으로 용액과 반응할 수 있으므로, 입자를 감싸는 표면박막이 형성될 수 있다. 따라서 많은 배터리 전극에서 일반적인 전하전달과정에는 표면박막을 통한 이온의 이동이라는 필수적인 단계가 포함되어 있다(Li 및 Li이온 배터리의 경우, 대부분의 전극이 그러하다).

e) 활성물질과 용액 사이의 접촉은 결정적이다. 따라서 활성물질을 충분히 습윤시키기 위해서는 전극과 용액의 속성이 최적화되어야 한다. 겔, 고분자 및 그밖의 고체상태 시스템의 경우, 전극 역시 전해질시스템을 포함하고 있으며, 복합재료 구조의 일부로서 내장되어 있다.

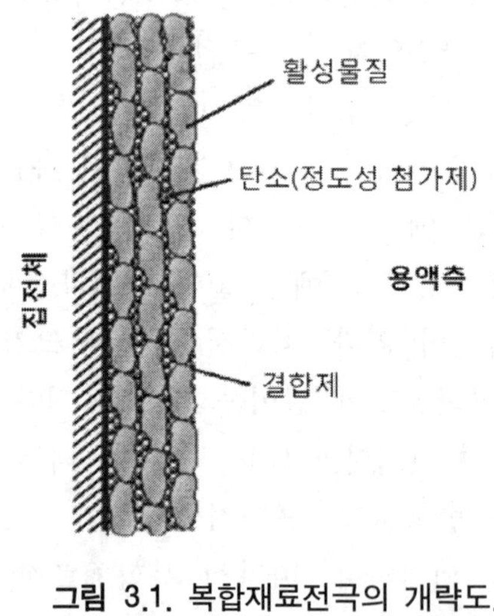

그림 3.1. 복합재료전극의 개략도.

3.2.1.2. 음극

배터리의 음극은 다음과 같이 분류된다.

a) 수계 배터리에서의 활성금속 : Cd(Ni-Cd), Pb(납), Zn(아연-공기 알칼리 Zn-MnO2), Al(Al-공기), Mg(비배터리). 여기서 방전반응에서 활성금속은 용해된다 : $M \rightarrow Mz^{+} + ze^{-}$(1~9).

b) 비수계 배터리에서의 활성물질 : 1차 및 2차 Li 배터리에서의 Li. 2차 Li 배터리시스템의 경우, 관련 전해질시스템은 겔, 고분자 또는 세라믹[10]이다. 또한 재충전 마그네슘 배터리(아직 연구개발 단계임)의 활성물질은 마그네슘이다. 이때 방전반응은 역시 활성금속은 용해된다[11].

c) Ni-MH 배터리의 경우 금속화합물. 이 화합물에는 AB5형(주성분은 A = La, B = Ni이며, Ce, Nd, Pr, Gd, Y 및 Cr이 포함되어 있다)과 AB2형(주성분은 A = Ti, Zn, B = Ni이며, V, Al 및 Cr이 포함되어 있다)이 포함되어 있다. 이 화합물은 수소화물 형태로 수소를 저장할 수 있다. 따라서 전극의 반응은 $MH + OH^{-} \rightleftharpoons M + H_2O + e^{-}$(표준수소전극(standard hydrogen electrode, 이하 SHE)*)에 대해 E_0 = 0.83V)이다. 이 전극은 위의 이종(heterogeneous)**) 반응을 촉진하기 위해 다공질이어야 하며, 소결입자로 이루어져야 한다[12].

d) Li이온 배터리의 탄소성 전극. 이는 고분자결합제(무게 기준 10 %)를 가진 ㎛ 크기의 탄소입자(무게 기준 90%)로 이루어진 복합재전극이다[13]. 가장 널리 사용되는 활성물질은 흑연으로서, 다음 반응에 따라 Li가 삽입된다. $Li^{+} + C_6 + e^{-} \rightleftharpoons LiC_6$(비용량 : 372mAh/g). 흑연입자에는 인조흑연박편(synthetic flake), 천연흑연박편(natural flake), 잘게 썬 흑연섬유(chopped graphite fiber), 메조카본마이크로비드(mesocarbon microbead, 이하 MCMB) 등의 몇 가지 종류가 있다.

Li이온 배터리의 첫 번째 과정은 충전이며, 이는 흑연을 리튬화시켜서 (Li/Li^{+} 전극에 대해 0V에 가까운 전위에서) LiC_6를 형성시킨다. 그 결과 용

*) 표준수소전극(standard hydrogen electrode, 이하 SHE) : 백금전극을 이용하여 25 ℃에서 1 M의 H^{+} 용액이 접촉하고 있는 1기압의 H_2기체로 이루어진 반쪽셀이 나타내는 전위차를 0.00 V로 정하는데, 이것을 표준수소전극이라 하며 표준전극 전위의 기준이 된다.

**) 이종반응 또는 불균일 반응(heterogeneous reaction) : 반응물이 둘 이상의 상(고체와 액체, 고체와 기체, 또는 서로 섞이지 않는 두 액체)에 속하는 성분들로 구성된 화학반응이나, 하나 이상의 반응물이 고체 촉매의 표면과 같은 계면에서 화학적인 변화를 일으키는 화학반응. 금속과 산의 반응, 배터리나 전해조 안에서 일어나는 전기화학적인 변화, 부식현상 등이 불균일반응에 속한다.

액 내에서 흑연이 낮은 전위로 분극이 이루어지면, 풍부한 표면화학반응(용액종의 환원), Li이온과 함께 용제분자의 공동주입, 부동태화 표면박막(Li이온이 존재하는 상태에서 용액종의 환원에 의해 형성된 불용성 Li 화합물 포함)의 침전이 발생한다[14]. 일반적으로 흑연전극의 표면화학반응은 Li 금속과 유사하다[15]. 모든 관련 극성 비양자성 용매(polar aprotic solvent)에 대해 반응성이 높은 LiC_6와 Li 금속은 표면보호박막의 침전 때문에 확실히 안정적이며, 이들의 반응역학은 Li이온 전도 표면박막을 통한 Li이온의 이동에 의해 조절된다(즉, 이들의 거동은 SEI 모델에 따른다)[16]. 흑연에 Li를 주입시키는 것은 LiC_n 단계들 사이의 일련의 상전이를 통해서 이루어지며, 따라서 이 과정의 전위프로파일(Li/Li^+ 전극에 대해 0.3~0V 사이)에는 몇 가지 주요 단계(평탄부분)가 포함되어 있다[14]. 배터리에서 최초의 분극 시에 순수 흑연과 용액종 사이의 반응으로 비가역적으로 용량이 소모된다. 이 비가역적인 용량과 충방전에 대한 안정성은 입자의 형상, 용액의 조성, 최초의 분극율 및 전극과 용액종 사이의 비율에 따라 달라진다[17,18]. 비가역적인 용량은 과잉 캐소드재료(보통 셀에서 가장 무겁고 가장 값비싼 활성요소이다)에 의해 보상되기어야 하기 때문에, 실제 시스템에서는 이 비가역적 용량을 최소화시키는 것이 매우 중요하다. 따라서 가역적인 용량에 대한 비가역적인 용량의 비율은 이 시스템에서 결정적인 파라메터이다. 또한 무질서한 경질탄소와 같은 비흑연계 탄소도 있는데, 이것은 Li이온 배터리에서 음극재료로 사용된다. 이 재료가 흑연보다 좋은 점은 용량이 크고 충방전 시 안정성이 높다는 것이다[19].

e) Li이온 배터리에 사용되는 기타 애노드 재료 : Li 금속은 매우 반응성이 높기 때문에 이를 대체할 수 있는 Li 합금이나 금속간 화합물(intermetallic compound)을 개발하는 노력이 진행 중이다. 여기에는 Li-Sn, Li-Si, Li-Si/SnM_1M_2(M_1M_2는 Cu, Ni, B와 같은 금속이다) 등이 있다. Li는 Sn 및 Si와 합금을 만들 수 있으며, 화학당량으로는 $Li_{4.4}Sn$ 또는 $Li_{4.4}Si$까지 가능하고, 비용량은 각각 900 및 4,000mAh/g이다[20]. 그러나 Li 합금들은 Sn 또는 Si의 리튬화 과정 시 부피가 크게 증가하기 때문에 불안정하다. 이를 안정화시키는 혁신적인 방법들 가운데 하나가 소위 Li-Si/SnM_1M_2 등과 같은 금속간 화합물을 사용하는 것이다[21]. 또한 Li이온 배터리의 음극재료로서 저전위의 리

튬화된 천이금속 산화물을 사용한 것도 있다. 그 좋은 예로서, 고율(high rate)에서도 충방전수명을 증가시킬 수 있는 스피넬구조의 $Li_4Ti_5O_{12}$(Li/Li^+ 전극에 대한 전위는 1.5V, 비용량은 120mAh/g)가 있다[22].

3.2.1.3. 양극 재료

일반적으로 양극은 비교적 높은 산화환원(redox) 전위에서 전기화학적으로 활성상태에 있어야 한다. 가장 적절한 것이 표 3.1과 3.2에 분류되어 있다.

표 3.1. 배터리 캐소드 재료로 사용되는 금속 산화물과 황화물(표 3.2에서 제시된 Li이온 배터리용 캐소드는 제외)

화합물	배터리시스템	관련 전위	관련 비용량 (mAh/g)	참고 문헌
MnO_2	재충전 알칼리	1.5V vs Zn/Zn^{2+}	〉 200	25
MnO_2	1차 알칼리	1.5V vs Zn/Zn^{2+}	〉 200	26
MnO_2	1차 Mg	1.7V vs Mg	270	27
MnO_2	1차 Li	3V vs Li/Li^+	〉 250	28
CuO	1차 Li	1.5V vs Li/Li^+	〉 400	29
Ag_2O	1차	1.6V vs Zn/Zn^{2+}	180	30
AgO	재충전 Zn	1.5V vs Zn/Zn^{2+}	280	30
AgO	재충전 Cd	1.1V vs Cd/Cd^{2+}	230	30
PbO_2	재충전	2V	120	31
V_2O_5	재충전 Li	3.5~2V vs Li/Li^+	〉 250	32,33
NiOOH	Ni금속 수소화물 재충전	1.2V	180	34
$Li_{0.3}MnO_2$	재충전 Li	3V vs Li/Li^+	≈ 250	35
TiS_2	재충전 Li	2.5V vs Li/Li^+	〉 200	36
MoS_2	재충전 Li	2.5V vs Li/Li^+	〉 200	37
Mo_6S_8 chevrel	재충전 Li	1.1~1.3V vs Mg/Mg^{2+}	〉 100	38
FeS_2	열적 Li	1.5V vs Li/Li^+	〉 200	39

표 3.2. Li이온 배터리에 대한 대표적인 리튬화 천이금속 산화물 캐소드

화합물 명칭	상태	주요 리튬화 과정	관련 전위 (V vs Li/Li^+)	관련 비용량 (mAh/g)	참고 문헌
$LiCoO_2$	널리 사용됨	상 전이	3.5~4.2	160	40,41
$LiNiO_2$	연구개발 중	상 전이	3.5~4.2	200	42,43
$LiMn_2O_2$	일부 사용됨	2상 전이	3.5~4.2	140	44,45
$LiCo_{0.2}Ni_{0.8}O_2$	일부 사용됨	고체 용액	3.5~4.2	200	46,47
$LiMn_{1.5}Ni_{0.5}O_4$	연구개발 중	2상 전이	4.5~5.0	150	48
$LiFePO_4$	최종단계 연구개발 중	상 전이	3.2~3.7	150	49
$LiNi_{0.5}Mn_{0.5}O_2$	연구개발 중	고체 용액	4.0~4.7	200	50,51
$LiCo_{1/3}Ni_{1/3}Mn_{1/3}O_2$	연구개발 중	고체 용액	4.0~4.7	200	52,53
FeS_2	연구개발 중	몇 번의 상 전이	2.0~3.3	200	54

Li이온 배터리의 캐소드재료는 리튬화된 천이금속 산화물이다. 이들 모두는 알킬탄산염(alkyl carbonate)/$LiPF_6$ 용액과 잘 반응하여 표면박막을 형성시킨다. 따라서 이들의 전기화학적인 거동과 안정성은 표면의 화학반응에 크게 영향을 받는다[23,24].

수 년 동안 폴리피롤, 폴리티오펜 및 폴리아닐린과 같은 도전성 고분자를 포함한 산화환원 고분자를 개발하려고 노력해 왔다. 완전히 플라스틱으로만 만든 Li 재충전 배터리에 이러한 고분자를 특별히 사용하자는 제안도 있었다[55]. 그러나 이 시스템은 반응속도와 안정성이 좋지 못했다.

일부 1차 Li 배터리(예를 들면 Li-$SOCl_2$)에 사용된 액상 캐소드는 1장에서 언급했다. 또한 Zn/공기 배터리에 사용된 촉매전극은 2장에서 언급하였다. 이들 전극에는 어떠한 활성물질도 함유되어 있지 않지만, 오히려 관련 배터리 반응에 대한 촉매표면으로 작용한다. 그와 같은 전극에 가장 널리 사용되는 매트릭스는 특정한 촉매입자(크기는 보통 ㎛ 이하 또는 ㎚정도이다)가 도포되어 있는 다공질 탄소이다.

3.2.2. 전해질 시스템

3.2.2.1. 수용액(aqueous solution)

이 용액은 Zn-MnO_2, Zn-공기, Ni-Cd, Ni-MH 및 납 배터리를 포함한 몇 가지 중요한 시스템에 사용된다. 전해질이 H_2SO_4인 납 배터리를 제외하고, 그 외 모든 배터리의 용액은 알칼리로서, KOH를 전해질로 사용한다. 일반적으로, 물의 열역학적 및 전기화학적 전위는 1.229 V이다. 그러나 Pb 전극 상에 형성되는 H_2로 인한 높은 과전압 때문에 산성용액 내에서 납 배터리가 2.2V로 동작할 수 있다. 알칼리시스템에서는 pH가 높기 때문에 Cd, Zn 또는 $LaNi_5$-H와 같은 저전위 애노드로도 동작할 수 있다. 산성 또는 알칼리성 수용액의 전도도는 충분히 높기 때문에, 이 배터리에서의 전해질시스템이 내부저항을 결정하는 중요한 역할을 하지는 않는다. 수용성 시스템의 저온성능은 용액의 빙점(freezing point)에 의해 제한된다.

3.2.2.2. 비수용액(nonaqueous solution)

이 용액은 Li 및 Li이온 배터리와 주로 관련이 있다. 널리 사용되는 극성 비양자성 용매로는, 에틸렌과 프로필렌 탄산염, 디메틸 및 디에틸 탄산염, 설포레인(sulfolane), 황산화메틸(dimethyl sulfoxide), 테트라하이드로퓨란(tetrahydrofuran), 디에틸 에테르(diethyl ether) 등이 있다. 리튬 배터리용 염에는 $LiClO_4$, LiBr, LiI, $LiAsF_6$, $LiPF_6$, $LiAlCl_4$, $LiBF_4$, $LiCF_3SO_3$, $LiN(SO_2CF_3)_2$, $LiC(SO_2CF_3)_3$ 등이 있다.

약 40년 동안 Li 배터리의 개발이 급속도로 진행되면서, 극성 비양자성 용매의 특성 평가에도 많은 연구가 이루어졌으며[56,57]. 주요 과제는 다음과 같다.

a) 순도를 모니터링하는 방법. 피할 수 없는 불순물은 무엇인가?
b) 극성을 정의하는 방법과, 이 정의가 이온전도도와 같은 특성과 열역학적 및 동역학적 반응에 어느 정도까지 상호관련되어 있는가?
c) 전해질 용해, 이온분리 및 전기전도도의 매커니즘
d) 전기화학적 안정성과 전위 범위
e) 제한된 전기화학적 전위범위에서 산화 및 환원의 주요 반응물/생성물

f) 화학적 안정성 한계, 특히 전기화학적 반응에 의해 생성되는 기(基) 이온의 경우
g) 활성금속, 천이금속 산화물 및 관련 부동태현상(passivation phenomena)과 같은 활성물질과의 가능한 반응
h) 첨가물에 의해 특성이 개선될 수 있는 방법 : 보호막, 가연성, 과충전보호 및 이온결합에 의한 명백한 안정성

그밖의 주요한 비수계 배터리로는 실온 용융염과 같은 이온성 액체(ionic liquid)를 전해질로 사용한 것이 있다.

3.2.2.3. 고체전해질 시스템

배터리에 사용되는 4가지 종류의 고체전해질은 다음과 같다.

a) 겔 전해질 : 액체전해액에 함침된 고체 고분자 매트릭스, 현존하는 용매는 전해질을 용해시킨다[59].
b) 무용매 고분자전해질 : 고분자사슬은 Li염을 용해시킬 수 있다. 이는 대부분 폴리에테르와 그 유도체(derivative)에 적절하다[60].
c) 고분자, 세라믹물질 및 전해질시스템으로 이루어진 복합재료. 이 시스템에서 선호되는 세라믹물질은 SiO_2, Al_2O_3와 같은 나노분말이며, 고분자매트릭스 내부에 분산되어 큰 표면적 상으로 이동함으로써 이온의 부가적인 전도매커니즘을 제공한다. 그러한 복합재료시스템을 사용하는 것은 겔이 없고 용매가 없는 고분자매트릭스에 적절하다[61].
d) 세라믹 물질과 고체상태 전해질[62].

일반적으로 겔형 전해질시스템은 실온에서 동작할 수 있는 반면, 다른 세 가지 종류는 대부분 고온에 적절하다.

3.2.3. 지지 요소

3.2.3.1. 집전체

집전체는 다음의 특성을 가져야 한다.

a) 우수한 전기전도도
b) 최소 두께/무게, 그러나 활성물질 지지가 가능한 적절 강도 유지
c) 전극의 전위 범위에서 전기화학적 및 화학적 비활성 상태
d) 우수한 표면전도도와 절연성 표면박막이 없을 것
e) 값이 쌀 것

일반적으로 탄소성 재료는 화학적 전위 범위가 가장 넓지만, 기계적인 특성은 대부분의 응용분야에서 만족스럽지 못하다. Li 및 Li이온 배터리의 음극 재료는 구리 박막/그리드가 적절하다. 구리의 내부 전도도와 표면 전도도는 충분히 크고, Li/Li^+ 전극에 대해 0~3V 범위에서 비수용액 내에서 화학적 및 전기화학적으로 비활성이므로, 모든 Li 배터리의 애노드 재료로 적합하다. 그러나 튼튼하고 유연하며 전도성이 높은 탄소 섬유 및 천을 구입할 수 있으므로, 배터리전극의 집전체로 사용될 수 있다. 집전체의 문제점과 선택에 관한 예로서, Li 및 Li이온 배터리의 경우를 다음에서 다룬다.

Li/Li이온 배터리의 양극에 사용되는 니켈, 구리, 은, 심지어는 스테인레스강과 같은 대부분의 금속은 애노드 안정성(anodic stability)이라는 문제가 있다. 그러나 알루미늄은 활성금속(SHE에 대해 E_0 = -1.2V)으로서, 고유의 전기적 특성과 부동태화 현상 때문에 양극집전체로서 가장 적합한 재료이다. 활성 플루오르화물 음이온(anion)을 유리시키는 염($LiPF_6$, $LiBF_4$ 및 $LiAsF_6$ 등)이 함유된 용액 내에서, Al은 AlF_3 보호층에 의해 부동태화되며, 이 AlF_3 층은 얇기 때문에 Al 박막이나 그리드에서 활성물질로 전자가 이동할 수 있다[63].

3.2.3.2. 분리판과 분리막

배터리에서 분리판/분리막의 역할은 매우 중요하며, 내부저항, 충방전율, 안정성, 충방전수명, 온도범위 및 안전성에 영향을 미친다. 대부분의 배터리시스템에서 활성물질은 고체전극 내에 수용되어 있으며, 용액 내의 이온들이 두 전극과 반응한다. 모든 정지용 알칼리 배터리, 납 배터리 및 비수계 Li, Li이온 및 Mg 배터리가 이 경우에 해당된다. 이때, 두 전극 사이에 필요한 것은 시스템의 기계적인 안정성을 유지시키는 분리판이다. Ni-Cd, Ni-MH 및 Pb 배터리에서는 수용액도 전기화학적 반응의 한 부분이다. 따라서 분리판은 적절한 양의 용액을 수용할 수 있도

록 충분히 두꺼워야 한다. 그러나 용액이 이온전도체로만 작용하는 배터리의 경우, 분리판은 가능한 한 얇고 다공질이어야 하지만, 2개의 복합재료 전극 사이에서 기계적 및 전기적 절연상태를 유지하도록 충분한 강도도 지녀야 한다. 예를 들어 Li 배터리에는 다공질 폴리프로필렌 또는 폴리에틸렌 박막(두께 수 십 ㎛)이 사용된다. Li 금속 배터리는 충전 시 수지상 결정(dendrite)이 형성되는 문제가 있다(Li 석출). 세라믹 입자가 포함되어 있는 분리판은 수지상 결정이 성장하여 분리판을 관통하는 것을 방지하는데 유용할 것이다. 따라서 분리판의 설계는 특수한 기술을 필요로 한다. 즉, 기공도와 기계적인 강도 사이에서 타협해야 한다. 또한 기공의 습윤도(wettability)도 중요하기 때문에, 분리판에 세라믹 입자를 함유시켜 용액에 의한 습윤이 향상되게 만들 수도 있다[64].

$Zn\text{-}Br_2$, $V^{2+}/V^{3+}\text{-}V^{4+}/V^{5+}$ 및 금속-공기 배터리를 포함한 흐름배터리(flow battery)에서, 분리판은 용액 내의 활성물질이 양쪽 격실 사이로 흐르는 것을 방지하는 선택적 막으로 작용해야 한다. 흐름배터리에서는 특수하게 설계된 분리판/막이 필요하기 때문에, 이 배터리들에 사용되는 막의 설계에 대한 논의는 이 책의 범위를 넘어선다.

3.3. 배터리 특성 평가의 단계와 수준

3.3.1. 소개

배터리 특성평가에는 몇 가지 수준이 있으며, 이 수준에 따라 여러 가지 배터리 기술이 분류되어야 한다(아래에 언급한 모든 기술들은 3.4절에서 상세하게 설명되어 있다).

3.3.2. 셀 전체의 비파괴 연구

일반적으로 모든 셀을 현장에서 연구할 때는 전기화학적 및 X선 기법이 사용될 수 있다. 가장 적절한 전기화학적 기법은, 정전류 운전조건에서 전압에 대한 시간/용량 응답특성을 측정하는 대시간전위측정법(chronopotentiometry)과 임피던스

분광법(impedance spectroscopy)이다. 일정 부하(외부저항 연결) 방전 시에 시간 t에 대해 V 또는 I를 측정하는 것도 어느 정도 특성을 파악할 수 있다. 모든 셀을 X선으로 찍을 수 있으므로 전극의 형상 및 구조의 개략적인 변화를 사진으로 얻을 수 있다. 또한 싱크로트론(하전입자 가속장치) 방사선을 이용하면, 방해 또는 차폐효과(masking effect)가 없을 경우 전극의 응답이 명확히 기록될 수 있기 때문에, X선의 흡수와 회절에 의해 셀을 현장에서 분석할 수 있다. 배터리의 일부 열적 현상 또한 현장에서 열량측정법으로 조사할 수 있다. 예를 들어 충방전 시 발생되는 열은 등온열량측정법(isothermal calorimetric measurement)으로 정확히 측정할 수 있다. 충방전 시 또는 저장 시 배터리의 부피 변화도 측정할 수 있으므로, 안전성과 고장가능성에 대한 중요한 정보를 얻을 수 있다.

3.3.3. 셀 천체의 사후 분석

배터리를 연구개발하거나 고장 매커니즘을 이해하기 위한 중요한 방법은 사후분석이다. 사후분석의 첫 번째 단계는 비파괴적이면서 안전한 방법으로 배터리 용기를 개방하는 것이며, 이는 활성물질이 손상되지 않고 배터리가 단락되는 위험한 상태가 되지 않도록 하기 위함이다. 리튬배터리와 같은 고에너지밀도 시스템이 단락된다면 열폭주가 발생하여 폭발하게 될 것이다. 따라서 원격제어시스템(용기 절단)을 이용하는 것도 하나의 방법이다[65,66]. 두 번째 단계는 활성물질, 전해액, 분리판 및 전극을 조사하는 것이다. 대부분의 경우, 특히 많은 충방전이 이루어진 배터리를 조사할 때, 필요한 정보가 담겨져 있는 잔류 용액은 분리판과 다공질 전극에 남아 있다. 따라서 예비단계로서 비활성용액으로 잔류용액을 추출해 내는 것이 중요하다. 다른 성분들도 부피분석기술, 표면분석, 현미경검사법으로 조사할 수 있는 반면, 구조적으로 가능하다면 전극은 분리시켜 전기화학적으로 조사할 수 있다. 이러한 분석들은 배터리의 고장이나 점진적인 용량감소가 어느 부분 때문인가를 결정하는데 매우 중요하다[65,66].

3.3.4. 반쪽 셀(half cell) 시험

대부분의 경우, 특히 R&D 단계에서 전극을 시험할 때, 두 전극을 그대로 둔 상태에서 전체 셀을 조사하는 것은 바람직하지 않으며, 그보다는 연구대상인 전극에 집중하는 것이 좋다. 따라서 연구대상인 지시전극(working electrode)과, 전기화학적 반응이 간단할 뿐 아니라 이 반응이 지시전극과 구별하기 쉬운 대향전극(counter electrode), 이 두 전극으로 셀을 만들면 좋다. Li이온 배터리 분야에서는 반쪽 셀을 이용하여 다양한 새 전극들을 연구하였다. Li이온 배터리에서 새 전극 연구에 이용될 수 있는 가장 우수한 대향전극 재료는 Li 금속이다. 이는 Li의 전기화학적 반응이 간단하고, 이 과정에서 Li가 단지 석출 또는 용해될 뿐이기 때문이다. 이 과정에서의 교환전류는 크며(즉 빠른 화학반응), Li 전극의 임피던스는 보통 Li 삽입 전극보다 작다. 금속으로 만든 대향전극은 완전히 부동태화되기 때문에 대부분의 비수용액을 오염시키지 않는다. 더욱이 Li 대향전극을 가진 비교적 간단한 반쪽 셀로 시험할 때에도, 기준전극이 포함된 3-전극 셀을 사용하는 것이 좋다. 이렇게 함으로써 셀의 전기화학적 반응은 지시전극의 반응만을 나타내게 된다. Li 염이 함유된 비수계 시스템의 경우, Li 선재(線材, wire)가 기준전극으로서 적절하다. 수계 시스템의 경우는, Ag 선재, Ag/AgCl, 또는 Zn, Cd, Pb와 같은 금속들의 쌍으로 이루어진 M/M^{z+} 등의 유사(pseudo) 기준전극을 사용할 수 있다. 물론, 반쪽 셀 시험에 사용되는 기술들은 모든 정교한 전기화학적 기술들과 각 성분들을 분석하는 방법(현장 방법과 사후분석, 3.4 참조)들이다.

3.3.5. 용액 연구

용액 연구에는 다음의 주요한 5v 가지 범주가 있다.

1) 화학적 조성, 이온구조, 순도, 오염수준 및 ICP, GCMS, NMR, Raman, FTIR과 같은 총량 분석(bulk analysis) 기술의 사용
2) 온도영향을 고려하여 전기화학적 표준수단에 의한 전도도 측정
3) 전압측정에 의한 전기화학적 전위 범위와 안정성
4) DSC, ARC 및 DTA 등의 다양한 방법을 이용한 열적 안정성[67-69]. 이때 순수한 용액뿐만 아니라, 용액과 전극재료의 혼합물 등도 연구대상이다.

5) 배터리 전극의 표면화학반응을 이해하기 위해, 필요하다면 고유의 환원 및 산화 생성물의 연구. 이 연구에는 전기화학적 기술에 의한 분극현상도 포함될 수 있으며, 이때 귀금속 전극 표면에 발생된 용액의 相과 화학물(예를 들면 표면박막)에 대한 분석적 연구가 이루어진다.

귀금속 전극 표면의 박막을 연구하는 경우, FTIR과 XPS(X-ray photoelectron spectroscopy)가 가장 유용하다. 수용액 및 비수용액 또한 귀금속 전극을 이용하여 설치현장에서 FTIR 분광측정법에 의해 성공적으로 연구된 바 있다[70-72]. 이러한 연구들로 인해, 리튬과 리튬-탄소 전극의 매우 복잡한 표면 화학반응이 규명되었다.

3.3.6. 전극 연구 - 총량 분석 및 표면 분석

전극 연구의 주된 주제는 다음과 같다.

a) 전기화학적 연구. 이 연구는 앞서 언급한 것처럼 반쪽 셀 시험으로 이루어진다. 주요 전기분석적 도구는 대시간전위측정법(chronopotentiometry, 정전류에서의 *V-t* 특성), 전압측정법(고속 및 저속 주사율), 과도상태 측정법 - 특히 다양한 적정(滴定, titration)기술, PITT와 GITT, 임피던스 분광측정법 등이 있다[73-75].

b) 구조분석. 이를 위한 방법으로는 X선 분말 회절법, (구조가 복잡할 경우) 중성자 회절법, EXAFS[76], XANES[77], 전자현미경측정법의 부산물인 전자회절법 등이 있으며, HRTEM[78] 또한 좋은 방법이다. 고체상태 NMR 역시 중요한 기술이다[79].

c) 형태학적 분석. 전자현미경측정법(TEM, SEM, HRSEM)과 주사탐침현미경측정법(scanning probe microscopy, 주로 AFM[80]) 등이 사용된다. 전자현미경측정법 은 전자빔과 고체 재료 사이의 상호작용에 의해 방출되는 X선을 분석(EDS 또는 EDAX 기술)함으로써 국부적으로 구성요소를 분석할 수 있다.[81].

d) 표면적 측정. 이는 저온에서 N_2와 같은 기체의 흡착을 측정하는 기술로서, BET법과 같은 흡착 기반 분석법이 함께 사용된다[82].

e) 표면 분석. FTIR, Raman, 광전자 분광측정법 등이 사용되며, 그 결과 작용기(functioning group)와 전극 표면의 원소 산화상태에 대한 정보를 얻을

수 있다(XPS). 또한 XPS를 이용하여 깊이를 측정하면, 전극표면 부근의 3차 원적 화학분석이 가능하다[83].

f) 열 연구. 재료의 고온 거동을 분석할 때는 DSC, SRC[84], DTA 및 TGA[85]와 같은 기법들이 사용된다. TGA기법은 탈착(desorption)과 분해(decomposition) 과정 때문에 온도에 따라 중량측정값이 변하게 된다. TGA를 MS와 함께 사용하면 열반응 생성물을 명확하게 분석할 수 있다.

3.4. 배터리 특성을 평가할 수 있는 방법 요약

3.4.1. 비활성환경 상자 이용

A) 머리말

비수계 시스템은 H_2O, O_2, CO_2, 심지어는 N_2와 같은 대기성분에 매우 민감하다. 따라서 비수계 시스템의 특성을 평가하는데 가장 필요적인 조건은 대기 중의 오염물질을 제거하는 것이다. 여기에는 다음과 같은 몇 가지 방법이 적용될 수 있다.

a) 진공시스템의 사용

진공시스템에서의 전기화학적 연구에 대한 문헌들이 존재한다. 이 문헌들 중에는 Yeager 등[83]의 연구도 있다. Scherson 등[86]이 수행한 초진공 시스템에서의 전기화학적 측정에 대한 연구는 특히 중요하다.

b) 건조실 이용

Li 배터리 산업에서는 습도가 1~2%로 유지되는 건조실이 이용된다. 특히 대량생산 시에 건조실을 이용하면 적절한 대기환경이 조성된다. 그러나 엄격한 조건에서 비수용액을 연구할 때는 건조실은 확실히 적절하지 않다.

c) 비활성 환경상자(Glove box)

비활성 환경상자를 이용하면 비활성 분위기 하에서 편안하고 연속적으로 연구할 수 있는 가장 널리 사용되는 방법이다.

B) 우수한 비활성 환경상자 시스템의 기본 특징. 기본 구조는 금속이나 플라스틱으로 만든 상자이다. 상자를 만드는 가장 좋은 재료는 알루미늄 또는 스테인레스강이다. 관측창 재료는 폴리카보네이트(polycarbonate, 합성수지의 일종)가 가장 좋다.

전체 시스템은 다음 요소를 포함하고 있어야 한다.

1. 상자에 부착된 진공실을 통해 상자 내부로 배터리를 넣는다. 진공실은 적절하게 밀봉된 문과 밸브 및 진공펌프로 이루어져 있다.
2. H_2O 및 O_2 흡수재(분자 체(sieve)와 그밖의 활성물질), 이들을 통해 비활성 환경 상자의 공기가 연속적으로 순환된다.
3. 오염물질인 H_2O 및 O_2를 ppm 수준으로 감시할 수 있는 분석기
4. 유기용매와 CO_2의 증기 포획시스템. 이 시스템은 비활성 환경상자 외부의 냉각포획장치를 통해 상자 내의 공기를 대량으로 순회시킨다.
5. 비활성가스 공급망과 진공펌프 라인용 전기제어 연결장치. 이것은 용기 내부의 압력을 적절하게 유지시킨다.
6. 상자 내부의 전기기기 운전용 고전압 단자
7. 전기화학적 측정을 위해 상자 외부의 장비를 연결하는 저임피던스 커넥터. 커넥터의 임피던스가 크거나 전선의 차폐상태가 불량하지 않도록 유지한다.

3.4.2. 총량분석방법(bulk analytical tool)

3.4.2.1. 질량분석법의 원리

질량분석법(mass spectrometry, 이하 MS)의 원리는, 자기장 또는 정전기장을 통과하는 하전입자가 질량/전하량 비율(m/z)에 비례하는 반경 상의 원주통로를 따라 편향된다는 것이다. 이 방법은 이온화될 수 있는 거의 모든 물질을 분석할 수 있기 때문에 널리 사용된다. 과거 수 십 년 동안 많은 분석연구실에서 질량분석법이 널리 사용되어 왔으며, 그 이유는 GC/MS 및 LC/MS와 같이 두 기술들을 함께 적용하여 색층분석 분리기법(chromatographic separation technology)에 필요한 온라인 감지기로서 질량분석기를 사용하기 때문이다. 다음은 원자질량을 측정하는 다양한 방법들이다.

a) 전자이온화 또는 전자충격(electron impact, 이하 EI). 화합물이 에너지를 가진 전자빔과 상호작용하여 전자가 이온화되며, 이때 화합물은 전자를 잃고 래디칼 양이온(radical cation)이 된다.
b) 화학적 이온화(chemical ionization, 이하 CI). 전통적인 EI 분석법에서 발전한 방법으로, 화합물을 이혼화시켜 에너지적으로 불안정한 상태로 만든다. CI는 반응가스가 과도하게 존재하는 경우 사용되는 EI로 간주할 수 있다.

c) 고속원자충격(fast atom bombardment, 이하 FAB). FAB 실험에서, 적절한 매트릭스 내에 용해된 샘플을 질량분석기에 넣은 뒤 무거운 원자로 충격을 가한다.

d) 액체 매트릭스를 사용하면, 고체 상태에 의해 발생된 것보다 더욱 강력하고 오래 지속되는 분석물질의 신호가 발생된다. 2차이온 질량분석법(secondary ion mass spectroscopy, 이하 SIMS)

e) 매트릭스-보조 레이저 탈착*) 이온화(matrix-assisted laser desorption ionization, 이하 MALDI). 이 탈착기법은 FAB와 매우 유사하지만, 분석할 분자이온을 결정질 매트릭스에서 탈착시키기 위해 입자 대신에 광자를 사용한다.

f) 열분액 이온화원(thermo-spray ionization source, 이하 TSP). 수용액을 질량분석기 내부로 직접 분사시키면 이 용액에서 이온이 발생될 수 있다. 원리는, 관 속의 용액을 가열하여 압력을 가하면, 배출되는 용액의 일부가 증발되어 분무액이 발생되고, 이것이 이온발생원으로 들어가서 이온화된다.

g) 전기분무액 이온화(electro-spray ionization, 이하 ESI). 이 방법은 하전량이 큰 미세 물방울을 만들기 위해 고전기장을 사용한다. 고전기장은 이온을 증가시킬 수 있는 고유한 장점을 가지고 있다.

h) GEMS와 LCMS는 반응생성물과 불순물 등에서 총량 용액 연구를 위한 주된 방법이다.

i) SIMS는 가장 감도가 높으면서도 도움이 되는 표면민감기법(surface sensitive technique)이다. 이를 이용하면 ㎛ 이하의 측면분해능(lateral solution)으로 표면물질을 분석할 수 있으며, 스퍼터링** 기능까지 있다면 표면의 깊이 프로파일링, 즉 박형(thin) 재료의 3차원 분석이 가능하다. 이를 위해서는 UHV(10^{-11} torr 미만)가 필요하며, 따라서 (샘플이 적절한 절차를 통해 이송된다면) 매우 감도가 높은 샘플을 측정할 수 있다.

3.4.2.2. Mössbauer 분광측정법(spectroscopy)

Mössbauer 분광측정법은 Mössbauer 효과[88]를 기반으로 한 분광학적 기술이다. 이 측정법 중 가장 일반적인 Mössbauer 흡수 분광측정법은, 감마방사선 빔을 고체샘플에 조사(照射)하여 샘플을 투과한 빔의 강도를 검지기로써 측정한다. 감

*) 탈착(脫着, desorption) : 고체 표면에 흡착되어 있던 분자가 열, 빛, 전자충격 등에 의해 표면에서 떨어져 나가는 현상

**) 스퍼터링(sputtering) : 이온을 조사(照射)하여 원자를 튀어나오게 하는 것

마선의 에너지를 변화시키기 위해, 특정한 속도범위 내에서 선형거울(linear morror)로써 감마선 발생원을 가속시킨다. 발생원과 샘플 사이의 상대운동 때문에 도플러효과로 인해 에너지전환(energy shift)이 발생한다[89].

이때, 스펙트럼 상에서 감마방사선 강도는 발생원의 속도 함수가 된다. 샘플의 공진에너지 수준에 해당하는 속도에서 감마선의 일부가 흡수되고, 그 결과 측정된 감마선의 강도는 감소하며 스펙트럼 상에서도 감소가 나타난다. 강도 감소의 횟수, 위치 및 크기를 보면 흡수하는 핵의 화학적 환경에 대한 정보를 얻을 수 있으므로, 샘플의 특성을 평가할 수 있다.

Mössbauer 효과에 의해 감마선이 흡수되기 위해서는, 조사대상인 원자를 핵전이(nuclear transition)시키기 위해 감마선은 적절한 에너지를 가지고 있어야 한다. 또한 감마선 에너지는 상대적으로 작아야 하며, 그렇지 않으면 시스템의 되튐없는 확률(recoil-free fraction)이 낮아질 것이므로 신호 대비 잡음비(signal to noise ratio, 이하 SNR)도 나빠진다. 따라서 이러한 기준이 만족되는 경우 소량의 동위원소만이 존재하므로, Mössbauer 분광측정법은 오직 ^{57}Co, ^{57}Fe, ^{134}I, ^{124}Sn 및 ^{126}Sb 등의 일부 동위원소에만 적용될 수 있다. 이 동위원소들 가운데 ^{57}Fe은 지금까지 이 방법으로 연구된 가장 잘 알려진 원소이다.

Mössbauer 분광측정법은 주로 재료의 전자구조를 연구하는데 사용된다. 이러한 공진흡수는 장수명 저준위 여기 핵에너지 상태를 가진 동위원소에서 가장 잘 관찰된다. 모든 원소들 가운데서 되튐없는 공진 단면(resonant cross section)이 가장 큰 것은 ^{57}Fe이다. 공진에너지의 대역폭은 극도로 좁다(~$1/10^{12}$). 이러한 극도로 높은 해상도 때문에 핵과 주위 전자 사이의 초미세 상호작용까지도 관찰할 수 있다. Mössbauer 스펙트럼과 샘플의 전자구조 사이의 이러한 관련성은 다양한 종류의 재료 연구에 이용될 수 있다. Mössbauer 분광측정법이 적용되어 온 분야는 고체물리학, 표면물리학, 야금학, 화학, 생화학, 지질학 등이고, 최근에는 배터리 연구에도 이용되고 있다[90].

3.4.2.3. 핵자기공명

핵자기공명(nuclear magnetic resonance, 이하 NMR) 분광측정법의 원리는, 동일한 핵들이 외부의 자기장을 따라 배열되며, 적당한 에너지를 가진 전자기복사선

(보통 무선주파수(10kHz ~ 300GHz) 범위)에 샘플을 노출시키면 에너지천이(energy transition)가 발생한다는 것이다. 그 이후 이 기술의 적용범위는 크게 확대되었다.

NMR을 이용하면 가장 많은 정보를 얻을 수 있고, 오늘날 NMR 전용 장비가 없는 화학과는 아예 생각할 수 없으므로, NMR은 가장 널리 사용되는 분광측정법이다. 최근 NMR을 더욱 발전시킨 것이 자기공명영상법(magnetic resonance imaging, 이하 MRI)으로서, 의료분야에서 널리 사용된다.

대부분의 NMR 실험에서는, 먼저 대상 물질을 적절한 용매 내에서 용해시킨다. 이는 액상에서는 예리한 윤곽선을 얻기 쉬우므로, 구조를 확인할 수 있는 풍부한 정보를 얻을 수 있기 때문이다. 그러나 샘플이 용해될 수 없거나(예를 들면 고분자) 고체상태 특성 그 자체가 목적인 경우는 적용하기 어렵다. 이러한 경우에 나타나는 NMR의 문제는, 고체샘플의 분자가 고정되어 있고 더욱이 이방성일 때는, 상호작용이 발생하여 NMR 윤곽선이 터무니없이 커지는 것이다. 하나의 해결 방안은 '마법의 각회전(magic angle spinning, 이하 MAS)' 이라는 방법으로서, 샘플을 정확히 54° 44' 8'' 의 각도에서 (보통 수직방향인) 자기장 쪽으로 (10^4 Hz 정도의 속도로) 급속히 회전시키는 것이다. 이것은 기술적으로 힘든 일이지만, 윤곽선이 매우 예리해지고 액상실험의 표준해상도에 필적하는 스펙트럼을 얻을 수 있다.

따라서 MAS-NMR은 최근에 고체입자(bulk solid)에 관심이 있는 연구자들에게 결정적으로 중요한 기술이 되었다. 또한 이 기술은 작은 고체입자나 리포좀(liposome)의 이동코팅(mobile coating), 겔과 같은 중간상(中間相, mesophase), 고체도 액체도 아닌 미세구조 샘플 등의 연구에 이상적이다. MAS-NMR은 배터리 재료의 특성평가에 적용된다[91].

다중핵(multinuclei) NMR은 용액연구에 널리 사용되며, 그 한 예로서, 재충전 마그네슘 배터리의 R&D 과정에서 수행된 전해액(에테르/MgR_2-AlCl_{3-n} 용액)의 연구가 있다[92]. 최근에는 고체상태 NMR은 다음과 같이 Li 배터리용 재료의 구조분석에 매우 중요하다.

1. 고분자전해질 연구[93]
2. 탄소성 재료의 리튬화 연구[94]
3. $LiM^1_xM^2_yM^3_zO_2$와 같은 Li 삽입물질의 구조분석(M^{1-3} = 천이금속)[95]
4. Li 배터리용 캐소드 신재료에서, Li이온 위치(표면박막, 층 내의 리튬, 천이금속층) 판별

3.4.2.4. 적외선(IR), 자외선/가시광선(UV-Vis), 라만(Raman)

a. 적외선 분광(또는 스펙트럼)측정법[87]

적외선(infra red, 이하 IR) 분광측정법은 입사흡수된 빛의 파장(또는 파수(波數, wave number, 파장의 역수))에 대한 적외선의 투과율(transmittance) 또는 흡수율(absorbance)의 강도를 측정하는 화학적 분석방법이다. 파수에 따라 적외선은 원적외선(4~400cm^{-1}), 중간적외선(200~4,000cm^{-1}), 근적외선(4,000~14,000cm^{-1})으로 나눌 수 있다. 중간적외선은 분자진동을 여기시키는데 적합하다. 따라서 이 파수 범위의 스펙트럼은 고유의 화학적 결합 형태에 따라 다르기 때문에, 결합 형태와 작용기(functional group)로써 분자의 종류를 확인할 수 있다. 파수에 대한 흡수율 $A = -\log(I/I_0)$(여기서 A는 흡수율, I는 출력빔의 강도, I_0는 입력빔의 강도)의 관계는, Beer의 법칙에 따라 적외선을 흡수하는 물질의 농도에 거의 선형적이다. 여기서 Beer의 법칙은 $A = \varepsilon \cdot b \cdot c$이며, 여기서 A는 흡수율, ε은 흡수계수, b는 샘플의 길이, c는 샘플의 농도이다(농도는 실제로 피크값들의 면적에 대해 선형이며 피크치 크기에 거의 비례한다). 두 종류의 분광측정기가 적외선 측정에 사용된다.

(i) 분산적외선(dispersive IR)

이 분광측정기는 이중빔 측정기로서, 입사빔은 2개로 분리되어 하나는 샘플을 통과하고 다른 것은 기준 환경(reference environment)을 통과한 뒤, 보통 회절격자(grating), 또는 프리즘(prism)과 슬릿(slit)으로 이루어진 단색광기(monochromator)로 들어간다. 회절격자는 IR의 파장들을 분리시킨다. 이동하는 슬릿에 의해 분리된 각 파장은 검지기(detector)로 입사된다. 이 파장들은 스펙트럼 상의 밴드폭(즉 해상도)을 조절하는 슬릿에 의해 번갈아 측정된다. 이 IR 분광측정기는 다음과 같은 단점이 있다.

- 회절격자와 슬릿 때문에 스펙트럼의 감도와 해상도가 제한된다.
- SNR비를 개선하는 방법은 오직 측정시간을 늘이는 것 뿐이다.

(ii) 퓨리에변환 적외선(Fourier transform IR, 이하 FT-IR)[97]

FT-IR의 기본원리는 Michelson의 간섭계(interferometer)와 같다. 이 간섭계에서는 IR빔 원천(source)에서 빔이 나와 빔분리기(beamsplitter)를 통과하면서 두 개로 나누어진다. 하나의 빔은 고정거울로 향하며, 다른 빔은 광학대(optical bench) 상에서 일정한 속도로 앞뒤로 움직이는 이동거울로 향한다. 두 빔은 각각의 거울에서 반사되어 빔분리기에서 재결합된다. 두 빔의 진행경로가 다르기 때문에 재결합되면 간섭패턴이 나타난다. 두 빔의 상쇄간섭과 보강간섭의 정도는 파장에 따라 달라진다. 간섭계의 출력신호는 간섭무늬(interferogram)로서 시간에 대한 강도로 나타나며, 이 신호에는 모든 파장의 영향이 포함되어 있다. 컴퓨터를 이용하여 간섭무늬를 퓨리에 변환하면 파장 스펙트럼에 대한 '정상(normal)' 강도를 얻을 수 있다. FT-IR의 주요 장점은 스펙트럼 수집(collection) 시간이 매우 짧다는 것이며, 따라서 SNR과 측정 감도를 개선하는 스펙트럼을 반복적으로 수집할 수 있다. 스펙트럼의 해상도는 이동거울의 속도에 따라 달라진다. 이 기술에 의해 감도와 해상도가 개선되기 때문에, 표면화학반응과 분말을 분석할 수 있는 다음과 같은 새로운 기술들이 개발되었다.

(가) 감쇄전반사법(attenuated total reflection, 이하 ATR). 감쇄전반사법은 표면을 분석하는 방법이다. IR빔은 내부전반사가 일어나는 임계각에서 굴절률(refractive index)이 높은 광학결정(Si, Ge, ZnSe 등) 쪽으로 향한다. 복사선은 ATR 내부에서 몇 번 반사된다. 분석해야 할 표면은 ATR 결정 표면과 가깝게 연결되어 있다. 결정을 통해 반사된 빔은 샘플 속으로 한정된 깊이까지 침투하며, 반사할 때마다 세기가 '점점 감소(evanescent)' 한다. 이 빔은 결정에서 검지기(detector)로 향한다.

(나) IR 반사율 흡수율 분광측정법(IR reflectance absorbance spectroscopy, 이하 IRRAS)[98]. IRRAS법은 반사면 표면의 박막을 분석하는 방법이다. 이 방법은 매우 민감하기 때문에 단층(mono layer)을 분석할 수 있다. IR빔을 분석할 반사표면으로 쬐면, 빔의 일부는 표면박막에 의해 흡수되고, 나머지는 표면에서 검지기로 반사된다. IRRAS법은 박막과 기판의 광학상수, 입사각, IR 입사빔의 분극상태에 따라 달라진다. 표면에 가장 민감한 입사각은 80~87° 으로서, 스침각(grazing angle)이라고도 한다. 복사선은 표면벡터와 평행한 *p*-분극광(polarized light)과 표면벡터에 수직인 *s*-분극광이 이루어져 어 있다. 일반적으로, 빔의 *p*-성분은 쌍극자가 표면에 수직인 흡착물질(adsorbed species)과 상호작용한다. 따라서 IRRAS법에는 소위 "표면선택규칙(surface selection rule)" 이 동작하므로, 금속과 같은 반사표면에 석출된 박막 또는 단층의 분자배향을 연구하는데 사용될 수 있다.

(다) 확산반사 분광측정법(diffuse reflectance spectroscopy, 이하 DRIFTS)[99]. 확산반사 분광측정법은 거친 고체표면에서 반사되어 산란된 IR 복사선을 집광하는 기술로서, 거친 표면뿐만 아니라 미세한 입자와 분말을 분석하는데도 사용될 수 있다. IR빔을 이러한 샘플에 쬐면, 빔의 일부는 입자를 통과하며 나머지는 입자의 표면에서 반사된다. 샘플을 통과하는 빔은 산란하게 되며, 이 빔을 수집, 집중시켜 검지기로 보낸다. Kubelka-Munk 모델[100]과 좌표축은 확산반사 스펙트럼을 나타내는데 적합하다.

b. Raman 분광측정법[101]

Raman 분광측정법은 IR 분광측정법의 보조적인 기술로서, Raman 효과를 이용한 것이다. 복사선이 물질에서 산란될 때, 대부분의 빛은 입사광과 같은 에너지(파장)를 가지고 산란된다. 미량의 빛만이 다른 (보통 작은) 에너지를 가지고 산란된다. 이러한 비탄성 산란(inelastic scattering)의 원인이 Raman 효과이며, 이 효과는 산란매체의 진동, 회전 또는 전자에너지 수준의 변화 때문에 나타난다. 실제의 Raman 분광측정법에서는, 진동수준과 관련된 변화만을 고려한다. 따라서 입사광과 산란광 사이의 에너지변화는 산란하고 있는 분자의 진동에너지와 같다. Raman 효과에 의해서만 분자진동이 활성화되는 것은 아니다. 분자의 분극률(polarizability) 변화와 관련된 진동만이 활성화된다. 에너지차(단위는 파수, cm^{-1})에 대한 산란광의 강도를 나타낸 것이 Raman 스펙트럼으로서, 실제로 분자의 IR 스펙트럼과 유사한 진동 스펙트럼이다. Raman 스펙트럼을 해석하는 것은 IR 스펙트럼을 해석하는 것과 거의 비슷하다. 두 방법의 주된 차이점은 선택규칙이다. IR 분광측정법은, 활성진동이 진동 중인 분자의 영구 쌍극자모멘트를 변화시키는 반면, Raman 선택규칙은 진동 중인 상태에서 분극률의 변화와 관련이 있다. 따라서 Raman 분광측정법을 이용하면, IR 분광측정법에서는 비활성인 진동모드에 관해 보조데이터를 얻을 수 있다. 또한 Raman 산란은 강도가 비교적 약하기 때문에 매우 강한 광원이 필요하며, 따라서 모든 Raman 기기는 광원으로서 레이저빔을 사용한다. 따라서 이 방법으로 측정되는 표면은 손상될 수 있다.

표면강화 Raman 산란(surface-enhanced Raman scattering, 이하 SERS) 현상[102]을 이용하면 강한 Raman 신호를 얻을 수 있으며, 이 신호는 전극은 물론이고 금속에 흡착된 단층(mono layer)을 연구하는데 이용된다. 이와 같은 방법으로 Raman 분광측정법을 적용하는 것은, 거친 금속표면에 흡착된 물질의 스펙트럼을 측정하면 강한 Raman 신호를 얻을 수 있기 때문이다. 이러한 표면강화 Raman 산란은 거친 은(silver) 표면에서 가장 강하지만, 금이나 구리의 거친 표면에서도 관측되고 있다.

c. 자외선/가시광선 분광측정법[87]

자외선/가시광선(ultraviolet/visible, 이하 UV/VIS) 분광측정기는 전자 레벨과 관련된 다양한 물질의 흡수, 전송, 반사 등의 특성을 파악하는데 사용된다. UV/VIS 범위의 스펙트럼 광(200~400/400~800nm)은 분자의 전자전이(electronic transition)를 충분히 검출할 수 있는 에너지를 가지고 있다. 공액시스템(conjugate system), 방향족 물질(aromatic material), 이종원자 유기시스템(heteroatomic organic system), 용액 내의 천이금속 등은 가시광선 또는 자외선을 흡수한다. 따라서 UV/VIS 분광측정법은 광범위한 물질에 적용될 수 있다. UV/VIS 스펙트럼은 많은 특징이 있는데, 이는 진동 및 회전 상호작용이 전자반응 위에 중첩되어 있기 때문이다. 따라서 물질을 정밀하게 규명해야 하는 경우 이 분광측정법을 사용하는 것은 어느 정도 한계가 있다. 그러나 UV/VIS의 흡수율이 흡수물질의 농도에 따라 선형적으로 변하기 때문에(Beer의 법칙) 정량적인 측정에는 유용하다.

3.4.2.5. 유도결합 플라즈마(inductively coupled plasma, 이하 ICP)

유도결합 플라즈마법(inductively coupled plasma, 이하 ICP)은 분석적인 원자 분광측정법이다. 이 방법은 대부분의 원소들(H, N, O, C, F 제외)을 식별할 수 있으며, ppm(mg/L) 단위로 이 원소들의 농도를 측정할 수 있다. 분석은 수계 균일매질(aqueous homogeneous media)에서 이루어진다. 이 매질이 희석산 또는 희석알칼리(10 %까지)일 수도 있다. 석출이 일어나지 않으면서 물과 희석될 수 있다면 유기극성용매가 분석에 적합하다. 수계 화합물을 형성시키는 처리과정을 거친 후에 실제로 모든 물질을 분석할 수 있다

ICP의 기술적 원리는 다음과 같다. ICP는 원자가 여기상태에서 저에너지 상태로 되면서 잃은 에너지를 측정한다. 에너지는 빛의 형태로 방출되며, 각 원소는 고유의 파장을 가지고 있다. 방출된 빛의 강도는 빛을 방출하는 샘플의 원자수에 비례한다. 샘플은 장비에서 다음과 같이 원자화된다. 먼저 액체샘플이 분무액으로 바뀐 뒤 수분이 제거되고, 나머지 고체 및 액체 부분은 불활성가스(보통 아르곤, 600~1000 K의 고온)를 포함한 가스와 플라즈마로 변환된다.

ICP-AES(Auger electron spectroscopy) 장비는 샘플이송시스템과, 신호를 발생시키는 유도결합 플라즈마, 신호를 측정하는 하나 이상의 광학 분광측정기, 그리고 분석과정을 제어하는 컴퓨터로 이루어져 있다.

가장 널리 사용되는 샘플이송시스템은, 연동(蠕動)펌프(peristaltic pump)와, 일정한 양의 액체분석물질을 분무기로 이송하는 모세관으로 이루어져 있다. 분석물질 방울 중 큰 것은 분무실 바닥의 배출구 안으로 떨어져 들어가고, 매우 작은 방울은 가스에 의해 IC 플라즈마로 들어간다. 따라서 이 방법은 전해액과 전극재료(적절히 처리하면 물 속에서 용해된다)의 분석에 적합하다.

3.4.2.6. 회절기법(X-선 및 중성자회절법)

전극과 고체전해질은 보통 규칙적인 원자구조를 가진 결정물질로서, 결정구조에 의해 전기화학적 성질이 결정된다. 예를 들어 이온이 고체전해질 또는 삽입전극 내에서 수송되는 것은 이 물질들의 원자배열이 특수하기 때문이다[104]. 물질의 결정구조를 파악하는 유일한 방법은 X선, 전자 및 중성자의 회절 등 회절방법을 이용하는 것이며, 이는 모든 결정질물질에 적용될 수 있다[104]. X선 회절법(X-ray diffraction, 이하 XRD)은 가장 널리 사용되는 방법으로, 어떤 특수 물질을 제조할 필요가 있는 전자회절법이나, 특수한 방사선원이 필요한 중성자회절법(neutron diffraction, 이하 ND) 등에 비해 간단하기 때문이다. 가장 현대적 기술은 X선과 중성자의 회절을 이용하는 방법으로서, 단색광의 고강도 하전입자가속장치(synchrotron source)를 사용한다. 두 빔 중 어느 하나를 결정물질에 쬐면, 회절패턴, 즉 수많은 반사광이 나타나며, 이를 이용하면 원자배열을 파악할 수 있다[105]. 가장 널리 사용되는 회절기법들을 이용하면 분말샘플의 결정구조를 분석할 수 있다.

회절패턴 상의 반사파의 위치(각도)와 세기는 (지문처럼) 각 화합물마다 다르다[104, 105]. 따라서 분말의 X선 회절패턴을 국제 분말회절파일(Powder Diffraction File, 이하 PDF) 데이터베이스의 표준패턴과 비교하면 물질의 상을 규명할 수 있다[106]. 이 방법을 이용하면 복잡한 다상(poly-phase) 물질을 정성적 및 정량적으로 분석할 수 있다.

삽입전극의 경우, 상(相)의 규명은 특히 중요하다. 삽입전극의 전기화학적 특성곡선은 모결정(母結晶)과 삽입이온에 대한 일종의 相도형(phase diagram)으로 간주할 수 있다[107]. 따라서 전기화학적 반응과정은 이온 삽입 시 모결정에서 발생하는 상전이가 반영되어 있다. 전기화학적 특성곡선 상의 특성점(characteristic point) 조건에서 용액에서 꺼낸 전극을 대상으로 상 분석법을 이용하여 이러한 반응과정을 연구할 수 있지만(비현장 실험), 또한 전기화학적 셀 내에서 전극 분극화와 동시에 연구할 수도 있다(현장 실험).

3.4.2.7. X선 기법 : EXAFS와 XANES

총량 X선 화학분석법 중에서, 재료특성을 평가할 수 있는 가장 확실한 방법은 EXAFS와 XANES이다. 이 기술들은 거대한 입자가속기에 의해서만 얻을 수 있는 강력한 단색광 X선빔 원천이 필요하며, 따라서 일반 연구자들은 시도하기가 어렵다.

EXAFS는 확장 X선 흡수 미세구조(extended X-ray absorption fine structure)의 준말이다. 이 방법은 먼저 가속기에서 발생된 강력한 단색광 X선빔을 샘플에 조사한다. 광자에너지를 X선 흡수단까지 점진적으로 증가시켜 샘플원자 중의 하나에 X선이 흡수되면 분석이 이루어진다. 광자에너지는 흡수단보다 약간 더 크기 때문에, 방출된 전자는 인접한 원자에 의해 후방산란(backscatter)된다. 후방산란의 확률은 전자의 에너지에 따라 달라지며, 따라서 산란체(scatterer) 뿐만 아니라 빔의 에너지에 따라서도 달라진다. 후방산란으로 인해 흡수확률이 변화한다. 그 결과 흡수단을 넘어서부터는 흡수률이 변동하게 된다. 이 변동을 수학적으로 분석하면 산란체, 산란체의 수, 산란체의 거리와 배열에 대한 정보를 얻을 수 있다. EXAFS는 빔을 스침각으로 입사시키면 표면에 민감해질 수도 있다.

XANES는 X선 흡수단 인근 구조(X-ray absorption near edge structure)의 준말로 EXAFS의 보조기술이며, 흡수단으로부터 40 eV 영역의 흡수구조에 X선을 집중시킨다. 흡수단 위치로부터는 원자의 산화상태에 대한 정보를 얻을 수 있는 반면, 변동을 분석하면 비어있는 궤도, 원자의 위치대칭성, 전자배열에 대한 정보를 얻을 수 있다. 데이터는 항상 쉽게 해석될 수 없으며, 보통 실험데이터를 모델기반 준경험적 계산치(modelistic semiempirical calculation)와 비교하게 된다.

3.4.3. 현미경측정법(microscopy)

3.4.3.1. 전자현미경 측정법 및 관련 기술

전자현미경(electron microscope, 이하 EM)은 물질을 고정도로 조사하기 위해 높은 에너지를 가진 전자빔(electron beam)을 사용하며, 다음과 같은 정보를 얻을 수 있다.

- 물체표면 정밀사진(topograph). 물체표면의 특징 또는 결, 이 특징과 물질의 속성 사이의 직접적인 관계(경도(硬度) 반사율 등)
- 형태. 물체를 구성하고 있는 입자의 모양과 크기. 이러한 구조와 물질 속성 사이의 직접적인 관계(연성(延性, ductility), 강도, 반응성(reactivity) 등)
- 조성비(composition). 물질을 구성하고 있는 원소와 화합물, 그리고 그들의 상대적인 비율. 조성비와 물질 속성(융용점, 반응성, 경도(硬度))
- 결정 정보. 물체 내에서 원자가 배열된 방식. 이 배열방식과 물질 속성 사이의 직접적인 관계(전도도, 전기적 특성, 강도 등)

전자현미경은 광학현미경이 가진 한계(확대율 500~1000배, 해상도 0.2㎛의 광물리학적 한계) 때문에 개발되었다. 진공 중에서 가속된 전자는 마치 빛처럼 거동한다는 것이 1920년대에 발견되었다. 이 전자는 직진하는 성질을 가지고 있으며 파장이 빛보다 100,000배나 더 작았다. 더욱이 유리렌즈와 거울이 가시광선에 작용하는 것처럼, 전기장과 자기장도 전자에 같은 작용을 한다는 것이 밝혀졌다.

EM은 표본을 영상화하고 구조와 조성비에 대한 정보를 얻기 위해 빛 대신에 집속된 전자빔을 사용한다는 것을 제외하고는 광학현미경과 동일한 기능을 가지고 있다. 다음은 모든 EM이 동작하는 기본원리이다.

1. (필라멘트 같은 전자원(electron source)으로) 전자빔을 만든 뒤, 양전위를 이용하여 표본 쪽으로 가속시킨다.
2. 금속구멍과 자기렌즈를 이용하여 이 빔을 샘플 위에 초점을 맞춘다.
3. 자기렌즈를 이용하여 이 빔을 샘플 위에 초점을 맞춘다.
4. 빔이 조사된 샘플 내부에서 상호작용이 발생하여, 전자빔에 영향을 미친다.

이 상호작용과 영향을 검출하여 영상으로 변환시킨다. 위 단계는 EM의 종류에 관계없이 모두 동일하다.

오늘날, 전자현미경 측정법에는 구조, 형상 및 조성에 대한 정보를 얻기 위해 전자빔과 샘플의 상호작용에 의해 발생하는 다양한 신호를 이용하는 모든 방법이 망라되어 있다. 현미경에서 에너지를 가진 전자가 샘플에 부딪히면 두 가지의 상호작용이 나타난다. 먼저 탄성 상호작용에서는, 전자에서 샘플로 전달되는 에너지는 없다. 전자는 어떠한 상호작용 없이 통과하거나(직접 빔), 전자구름 내부의 양전위에 의해 산란된다. 이 신호들이 TEM과 ED(전자회절)에 주로 이용된다. 또한 전자빔에서 샘플로 에너지가 전달되는 비탄성 상호작용도 있다. 이때 2차전자, 음향양자(phonon), 자외선 양자발광(UV quanta-luminescence) 및 음극선발광(cathodo-luminescence)이 발생하며, 내각전자(inner shell electron)를 쏘아 내보내면 X선 또는 오제전자(Auger electron)[**)]가 방출된다. 이 신호들이 전자현미경 측정법에 의해 분석된다.

EM의 주요부는 다음과 같다.

- 대물렌즈(objective lens). 이 렌즈로 최초의 영상이 만들어지며, 이 영상의 품질에 따라 최종 영상의 해상도가 결정된다.
- 회절/중간 렌즈. 영상화와 회절모드 사이의 전환
- 투사렌즈(projective lens). 2차 영상(영상 또는 회전패턴)을 더욱 확대.
- 영상관측부. 투사실의 스크린이나 현미경 원통 기둥 아래에 장착된 TV카메라를 통해 영상과 회절패턴을 직접 관측할 수 있다. 영상은 네거티브필름이나 저속주사 CCD 카메라 또는 영상관 등에 기록된다.
- 진공시스템. 전자는 물질과 강한 상호작용을 하기 때문에 현미경의 원통 기둥 내부에는 가스입자가 없어야 한다. 이러한 고진공도를 유지하기 위해 회전펌프(rotary pump, 예비진공펌프), 확산펌프 및 하나 이상의 이온게터(ion getter) 펌프가 사용된다.

전자현미경 측정법에는 다음과 같은 종류가 있다.

투과전자현미경 측정법(transmission electron microscopy, 이하 TEM)

- 명장(bright field)/암장(dark field) 모드. 이는 결정영역, 결함, 결정경계, 상분석, 입자크기 등을 검출한다.

---

*) * 오제전자(Auger electron) : 들뜬 상태에 있는 전자가 에너지를 방출하면서 바닥 상태로 전이할 때, 다른 전자가 이 에너지를 받아들여 방출하는 일이 있다. 이 전자를 오제전자라 한다. 원자번호가 작은 원자 또는 비교적 바깥 궤도에 전자가 비어있는 경우 많이 볼 수 있고, 원자번호가 큰 원자의 안쪽 궤도에 전자가 비어있는 경우에는 X선을 방출한다.

- 고해상도 투과전자현미경 측정법(high resolution transmission electron microscopy, 이하 HRTEM). 이는 0.1nm의 해상도로 구조와 결합을 직접 볼 수 있다.
- 전자회절법(ED). 이 방법은 격자파라메터와 결정의 대칭성, 결정의 방향을 결정하며, 상(相) 분석도 가능하다. 전자회절은 규칙적으로 배열된 원자(결정)에 의해 전자가 산란되는 집합적 탄성산란 현상이다. 입사평면 전자파는 원자와 상호작용하여, 서로 간섭하는 2차파를 발생시킨다. 이 현상으로 빔이 강해지거나(특정한 산란각에서 회절된 빔의 강화) 사라진다(빔의 소멸). XRD에서처럼, 산란이란 원자평면(격자평면)에서 빔이 반사되는 것으로 설명할 수 있다. Bragg의 법칙은 평면 사이의 거리 d와 회절각도 θ사이의 관계를 나타내며, 이때 $n\lambda = 2 \cdot d \cdot \sin\theta$이다. 전자의 파장 λ는 알고 있기 때문에 ED패턴으로부터 d를 계산할 수 있다. 또한 결정의 대칭성에 대한 정보도 얻을 수 있다.
- 에너지분산 X선 미량분석법(energy dispersive X-ray microanalysis, 이하 EDX). 이는 수 %까지의 원자백분율(few atomic percent) 감도로써 정량적으로 원소를 분석(고정소수점, 시간-분해(time-resolved) 매핑)하는 방법이다. EDX는 미량분석적 기법으로서, 표본을 고에너지 전자로 여기시켜 표본에서 방출되는 X선의 특성스펙트럼을 이용하여 원소조성비에 대한 정보를 얻는다. EDX는 비교적 간단한 기법이고, 일반적으로 원자번호가 높은 원소 분석에 더욱 적합하며, 표본을 빠르고 정상적으로 미량분석할 수 있다. 공간해상도는 탐침(probe)의 크기, 표본 내부에서의 빔의 확장, 후방산란된 전자가 분석지점 주변에 미치는 영향에 의해 결정된다.

투과전자현미경 측정법의 주된 장점은 실제 공간(영상모드)과 역격자공간(reciprocal space, 회절모드)에서의 정보를 거의 동시에 얻을 수 있다는 것이다.

주사투과전자현미경 측정법(scanning transmission electron microscopy, 이하 STEM)

이 모드는 탄성산란된 전자(직접 및 회절 빔)를 이용한다. STEM에서는, 매우 작고 수렴된 전자빔이 샘플의 제한된 영역을 주사한다. 각 지점에서 발생된 신호는 동시에 검출기에 기록되어 영상이 만들어진다. 더욱이 이 수렴된 빔은 분석적 TEM(예를 들면 EDX)이 적용되고 있는 표본에서 나온 국지적인 신호를 얻는데 사용되므로, 실제 현장에서는 주로 STEM과 분석방법을 조합하여 사용한다.

주사전자현미경 측정법(scanning electron microscopy, **이하** SEM)

이 방법은 후방산란된 2차전자를 이용한다. SEM에서 매우 작은 전자빔이 샘플 표면에 주사된다. 발생된 신호는 동시에 기록되어 영상이 픽셀별로 만들어진다. SEM에서, 신호는 전자빔(참고 : STEM은 주사전자를 이용)이 표본에 입사되는 지점에서 발생한다. TEM이 매우 얇은 표본에 적용되는 것과는 달리, SEM은 컴팩트한 샘플에 적용된다. SEM을 적용하면 표면상태와 조성비 등의 귀중한 정보를 얻을 수 있다. 1nm 이하의 해상도를 가진 고해상도 SEM 현미경은 현재 상용화되어 있어 구입할 수 있다.

고감도 전극을 연구하기 위해 SEM을 이용하려면, 특수한 전달시스템[112]이 필요할 수도 있다.

3.4.3.2. 원자간력(原子間力) 현미경 측정법

원자간력 현미경(atomic force microscope, 이하 AFM)은 ㎛에서 원자 수준까지의 물질의 표면특성을 연구하는데 사용되는 기기이다. 이 방법은 전자산업, 통신, 생물학, 화학, 자동차, 우주 및 에너지산업에 이용된다. AFM은 얇거나 두꺼운 코팅, 세라믹, 복합재료, 유리, 합성막과 생물학적 막, 금속, 고분자 및 반도체 등의 다양한 물질을 연구하는데 사용된다. 이 방법은 nN(nano-Newton) 크기의 힘을 측정하는 것뿐만 아니라 표면을 원자 해상도 정도로 형상화하는데도 사용된다.

AFM은 캔틸레버스프링(cantilever spring)과 그 끝부분에 날카로운 팁(tip)이 장착된 구조이며, 팁의 크기는 나노미터 수준이고, 팁의 재질은 실리콘 또는 실리콘 질소화물이다. 이 팁을 샘플 표면에 매우 가까이 접근시키면, 팁과 샘플 사이의 반데르발스(Van der Waals) 힘 때문에 Hook의 법칙에 따라 캔틸레버가 휘게 되며, 이때 캔틸레버의 스프링상수는 알고 있다. 캔틸레버 상부에서 반사되어 광다이오드 검출기 배열판으로 들어가는 레이저빔을 이용하면 휘는 정도를 측정할 수 있다. 즉, 탐침 팁이 접근해 있는 샘플 부위에 빔을 주사하여 측면 위치의 함수로써 캔틸레버의 휨 크기를 측정하여 영상을 얻는다.

본질적으로 AFM 기기 역시 캔틸레버의 수직방향 움직임을 기록할 수 있으며, 이는 캔틸레버의 휨을 일정하게 유지하기 위하여 필요한 것이다. 이 때문에 전과 같이 물체표면의 정밀한 정보를 얻을 수 있지만, 기기의 동적 동작영역은 더욱 넓어진다. AFM 기기에서 캔틸레버의 휨을 검출하기 위해 가장 널리 사용되는 방법은 레이저빔을 이용하는 것이다. 그러나 센서신호귀환(sensory-feedback) 기법과 같은 방법도 사용된다. 보통 스프링상수는 0.001~100N/m이며, 휨의 정도는 휨센서에 의해 수 ㎛~0.1Å까지 측정된다. 팁과 샘플 사이의 힘은 보통 10^{-11}~10^{-6}N이다. 비교하자면 공유결합된 두 원자 사이의 상호작용은 ~1Å 떨어진 거리에서 10^{-9}N 정도이다. 따라서 이 기술은 본질적으로 비파괴적이다.

원자간력 현미경은 도체 혹은 반도체 표면만을 영상화시킬 수 있는 STM의 단점을 극복하기 위해 개발되었다. AFM은 고분자, 세라믹, 복합재료, 유리, 그리고 생물학적 샘플 등 거의 모든 종류의 표면을 영상화시킬 수 있다. 영상화 이외에도 AFM은 나노 크기의 물질을 조작할 수 있는 가장 우수한 도구 중의 하나이다.

1) 접촉 모드(contact mode AFM, 이하 C-AFM)

C-AFM에서는 팁이 샘플과 물리적으로 접촉된다. 팁이 접촉한 채로 샘플표면을 움직이기 때문에 캔틸레버가 물체표면의 변화에 따라 굽어지게 된다.

2) 비접촉 모드(non-contact mode AFM, 이하 NC-AFM)

NC-AFM에서는 캔틸레버가 샘플의 표면 가까이에서 진동한다. 팁과 샘플 사이의 거리는 수 만 Å 수준이다. NC-AFM은 팁이 샘플과 접촉하지 않는 장점이 있다.

3) 간헐모드(intermittent contact mode AFM, 이하 IC-AFM)

IC-AFM은 NC-AFM과 매우 유사하다. IC-AFM에서는 진동하고 있는 캔틸레버 팁이 샘플표면에 더욱 가깝게 접근하여 겨우 접촉하거나 또는 간헐적으로 접촉한다(톡톡 두드리게(tapping) 된다). 따라서 다음과 같은 특징이 있다.

a) C-AFM보다 표면손상이 덜하다.
b) 팁과 샘플 사이의 횡력(lateral force)을 없앨 수 있다.
c) NC-AFM보다 효과적이다. 이는 NC-AFM이 주사크기가 큰 것을 영상화하므로 형상의 변화가 커질 수 있기 때문이다.

4) 위상영상화(phase imaging)

위상영상화법은 점성탄성률(visco-elasticity), 접착력(adhesion), 마찰력(friction)과 같은 성질을 나타내는데 사용된다. 위상영상화는 NC-AFM 또는 IC-AFM이 진행 중일 때 동시에 이루어진다. 또한 이 방법을 이용하면 앞서의 AFM 모드들로서는 볼 수 없는 나노 수준의 표면구조에 대한 정보를 얻을 수 있다. 위상영상화법은 캔틸레버를 진동시키는 신호와 캔틸레버 진동 출력신호 사이의 위상지연을 검출한다. 위상지연의 변화는 샘플표면의 기계적인 성질의 변화를 의미한다.

AFM은 현장에서 적용할 수 있는 형상-전기화학적 기술로서, 수많은 전기화학 연구팀이 채용해 왔다. 또한 Li 전극, Li 석출-용해 과정, 탄소성 물질로의 Li 삽입 과정 등의 연구에도 성공적으로 적용되었다[114]. 이 연구들을 위해 비활성환경 상자를 포함한 특수한 연구실이 구축되었다. 좀 더 상세한 내용은 문헌 [115]에 있다. Li 배터리에 관한 모든 연구와 관련 연구실을 설명한 문헌들도 있다[116, 117].

3.4.4. 가스흡착공정(gas adsorption process)에 의한 표면적 분석

정적법(靜積法, static volumetric method)을 이용하여 평형증기압에서 고체표면에 흡착되거나 탈리(脫離)되는 가스의 양을 측정하여 동작하는 상용 기기가 있다. 기기의 셀 내부에는 흡착가스의 임계온도 이하로 온도가 일정하게 유지되는 고체의 흡착물체(adsorbent)를 들어있다. 이때 정해진 양의 흡착가스를 셀 안으로 받아들이거나 셀 밖으로 제거하면 데이터를 얻을 수 있다. 흡착 또는 탈리가 발생함에 따라 평형이 될 때까지 샘플 셀 내부의 압력은 변한다. 평형압력에서 흡착 또는 탈리된 가스의 양은, 받아들이거나 제거된 가스의 양과, 흡착물체 주위의 공간(빈 공간)을 채우는데 필요한 양 사이의 차이이다.

이 기기는 흡착 또는 탈리된 질소의 부피를 측정할 수 있으며, 이때 압력의 하한치는 10^{-6}~1.0 orr에 이른다. 이렇게 얻은 부피-압력 데이터와 데이터축소 프로그램이 내장된 적절한 S/W를 이용하면, BET(Brunauer, Emmet 및 Teller) 표면적(단일점 또는 다중점), Langmuir 표면적, 흡착 및 탈리 등온선, 기공의 크기와 표면적 분포, 미세기공 부피, 그리고 표면적 등의 정보를 얻을 수 있다.

가스흡착 시험을 하기 전에 고체 흡착물체 표면에는 수분이나 기타 흡착물질 등의 이물질이 없어야 한다. 이때는 유리셀 내에 고체 샘플을 두고 진공에서 가열하여 표면의 이물질을 없앤다(가스 제거). 일단 샘플의 표면이 청소되면 흡착이 일어나도록 (외부 수조(external bath)를 이용하여) 온도를 일정하게 유지시킨다. 예를 들어 질소흡착 등온선을 측정하는 경우, 액체질소의 온도(비등점은 77.35K)가 사용된다.

어떤 물체의 표면적을 측정하는 표준방법은, BET 방법을 이용하여 고체표면 상에 물리적으로 흡착된 질소의 부피를 측정하며, 관계식은 다음과 같다.

$$\frac{1}{V\left[\left(\frac{P_0}{P}\right)-1\right]} = \frac{1}{V_m C} + \frac{C-1}{V_m C}\left(\frac{P}{P_0}\right)$$

여기서 V는 상대압력 P/P_0에서 흡착된 가스의 부피, V_m은 흡착물체의 전 표면이 완전한 단일분자층으로 덮여져 있을 때 흡착된 가스의 부피이다. C(BET 상수)는 첫 번째 흡착층의 흡착에너지와 관련된 것으로, 결과적으로 이 값은 흡착물체/흡착가스 상호작용의 크기를 나타내는 지표이다. V_m을 계산하면 (기기 자체의 S/W를 이용하여) 다공질 물질의 표면적을 얻을 수 있다.

3.4.5. 열해석

3.4.5.1. DTA, DSC, TGA

이들은 반응열, 또는 온도에 대한 자유에너지/엔탈피 등의 정보를 얻는 방법이다. 차분열해석(differential thermal analysis, 이하 DTA)은, 정해진 일정한 비율(0.1~160℃/분)로 온도가 증가하거나 최대 1500℃의 범위에서 온도가 일정하게 유지될 때, 샘플과 기준물체 사이의 온도차를 측정한다. 차분주사열량측정법(differential scanning calorimetry, 이하 DSC)은 샘플의 온도가 정해진 일정한 비율(0.1~320℃/분)로 증가하거나 최대 750℃의 범위에서 온도가 일정하게 유지될 때, 반응엔탈피를 측정한다.

DTA와 DSC는 매우 작은 양의 샘플을 이용하여 반응과정의 물리적, 화학적 거동에 대한 중요한 정보를 얻을 수 있다. 이 방법들을 이용하면 어떤 반응의 발열반응 또는 흡열반응 여부와 각각의 정성적 및 정량적 정보를 얻을 수 있다. 또한 반응시작 온도를 알 수 있으며, 위험 가능성이 있는 반응시스템을 차단할 수도 있다. DSC 및 DTA 측정법은, 비등온(non-isothermal) 방법을 이용하거나 온도가 다를 때의 등온조건 하에서 반응속도를 연구함으로써, 기본적인 동역학 데이터를 얻을 수 있다. 또한 DSC는 열용량을 측정할 수도 있다.

열중량측정분석법(thermal gravimetric analysis, 이하 TGA)은 DTA와 DSC의 단점을 보완한 것이다. TGA는, 정해진 일정한 비율(0.1~160℃/분)로 온도가 증가하거나 등온조건 하에서 샘플이 가열될 때, 질량의 변화를 측정한다. 특히 가스분석과 함께 온도에 대한 질량의 변화를 측정하면 반응매커니즘을 결정할 수 있다. 반응의 자유에너지/엔탈피 값을 정확히 알기 위해, TGA를 DTA 및 DSC와 함께 적용하면, TGA 결과로부터 DSC 또는 TGA 측정에 필요한 온도범위를 규명할 수 있다.

질량분광측정법(mass spectrometry, 이하 MS) 또는 적외선분광측정법(infrared spectroscopy, 이하 IS)을 이용하면, TGA/DTA가 사용될 때 발생된 가스를 분석할 수 있기 때문에, 열반응의 핵심적인 내용을 파악할 수 있다.

3.4.5.2. 가속률열량측정법

가속률열량 측정법(accelerating rate calorimetry, 이하 ARC)은 배터리재료의 열적 위험성을 평가하는데 사용되어 왔다.

ARC는 단열조건에서 열(발열) 반응으로 인한 온도변화를 측정한다. 이 방법은 원래 반응 가능성이 있는 시스템의 위험성을 평가하기 위해 만든 것이다. ARC는 다음과 같이 단열조건에서 열(온도) 변화를 모니터링하도록 프로그램되어 있다. 시스템이 샘플을 점점 가열하였음에도 ARC 기기가 온도의 변화를 검출하지 못한다면, 샘플을 다음 설정온도까지 가열시킨 후 다시 샘플의 온도변화를 탐지한다. 일단 발열반응이 시작되어 열이 발산되면, 시스템은 열반응으로 인한 온도변화를 검출하며, 단열조건 하에서 발열반응에 의해 증가한 온도를 최대 400℃까지 측정간다. 이때 샘플이 스스로 가열될 수 있기 때문에 열폭주 반응이 일어날 수도 있다. 재료의 열반응률 위험성을 평가하는 응용분야 이외에도, ARC는 반응엔탈피를 측정하고 동역학적 파라메터를 결정하는데 이용될 수 있다. 온도 및 압력의 변화를 모두 모니터링하고 싶다면 ARC가 특히 유용하다.

동역학적 및 열역학적 정보를 얻을 수 있는 주요 데이터(raw data)는 다음과 같다.

$$T \,\&\, P - t,\ \frac{dT}{dt} \,\&\, \frac{dP}{dt} - t, \text{ 그리고 } \frac{dT}{dt} \,\&\, \frac{dP}{dt} - T\text{이다.}$$

ARC는 전해액과 전극-전해액 시스템의 열폭주과정을 연구할 수 있는 이상적인 방법이다. ARC와 DSC를 함께 사용하고, 특히 ARC로써 온도와 압력의 변화를 측정할 수 있다면, 배터리재료와 부시스템(sub-system)의 고온 거동을 완벽하게 분석할 수 있다.

3.4.6. 표면분석

3.4.6.1. 개론

SEM, EDS, AFM, 소각 X선 회절법(small angle XRD), Raman 및 FTIR 분광측정법을 비롯하여 앞서 언급한 몇 가지 방법들은 표면분석도구들이다. 대부분의 경우(특히 Li 및 Li이온 배터리 분야), 전극의 표면박막과 배터리에서 형성된 부산물은 대기 중의 가스, 미량의 수분, O_2 및 CO_2 등에 대단히 민감하다. 따라서 분광측정법 및 현미경측정법은 엄격한 대기조건 하에서 이루어져야 한다. 따라서 분광분석의 주목적이 활성물질이라면 FTIR 및 Raman 분광측정기는 비활성환경 상자 내에서 작동되어야 한다. 또한 고방사능물질을 측정하기 위해 XPS나 전자현미경을 사용할 때는 비활성환경 상자나 건조실로부터 측정기기로 이 물질을 전달하는 시스템이 필요하다. 예를 들면 그림 3.2와 같은 것이다.

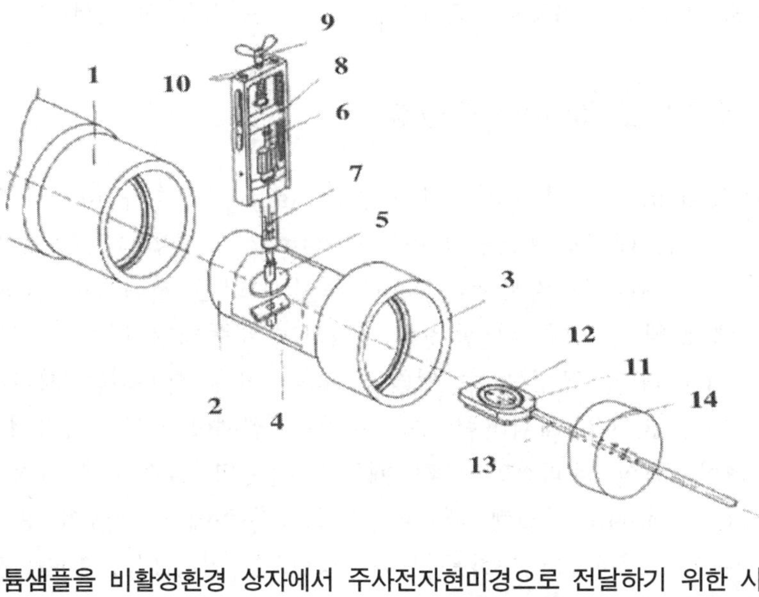

(a) 민감한 리튬샘플을 비활성환경 상자에서 주사전자현미경으로 전달하기 위한 시스템. 1. 현미경 입구. 2. 청동 실린더 시스템 몸체. 3. 고무링. 4. 고정 트레이. 5. 청동 디스크(샘플 트레이 상의 샘플을 밀봉한다). 6. 청동축. 7. 몸체에 용접된 2개의 고무링을 갖는 청동실린더. 8. 축의 단부에 부착된 가교(bridge). 9. 축쪽으로 압력을 가해 가교를 누르는 볼트. 10. 가교로부터 트레이를 분리시키는 볼트. 11. 샘플 트레이. 12. 고무링. 13. 조작봉. 14. 조작봉의 주동부(主動部, leader)

(b) a : 비활성환경 상자에서 XPS/AES 시스템으로 전달하는 시스템. 여기에는 게이트밸브와 샘플 자기조작기도 포함된다. b. 전달시스템이 장착된 분광측정기의 입구단 사진.

그림 3.2. 샘플을 비활성환경 상자에서 전자현미경 또는 분광측정기로 전달하는 시스템.

3.4.6.2. FTIR 및 Raman 분광법

표면분석에 Raman 분광법을 사용하는 것은 Raman 신호가 비교적 약하기 때문에 그리 쉽지 않다. 배터리연구에 표면강화 Raman 분광법(3.4.2.4의 SERS 참조)을 사용하는 것은, 귀금속 지시전극을 이용하여 선택된 전해액의 산화/환원 생성물을 연구할 때 뿐일 것이다. 이 반응을 분석하면 부동태현상 뿐만 아니라 용액의 부반응(side reaction)을 규명할 수 있다. 그러나 이때 사용되는 레이저빔은 강하기 때문에 샘플의 표면을 태워버릴 수 있음을 명심해야 한다. 따라서 Raman 표면분광법은 레이저빔의 파괴적인 충격 때문에 잘못된 결과가 얻어질 수도 있다. 어쨌든 마이크로 Raman 시스템 때문에 현미경 수준에서 전극의 표면을 상세히 알 수 있고 복합재료 전극의 열화를 모니터링할 수 있다[121]. FTIR 분광법은 다음과 같은 모드(역시 3.4.2.4 참조)로 배터리를 연구할 수 있으며, 이것이 그림 3.3에 설명되어 있다.

a) 투과 모드. 분극/열화/재활용된 전극에서 회수된 입자뿐만 아니라 분말 활성물질을 KBr로 갈아서 투명한 펠릿으로 만들면 투과모드로 측정할 수 있다. 이때 입자의 적외선 응답뿐만 아니라 입자표면에 형성된 물질의 적외선 신

호를 얻을 수 있다. 주요 단점은, 대부분의 분말이 투명하지 않아 광학적 가공물질에 의해 크게 방해를 받기 때문에, 정보가 소실되고 스펙트럼의 해상도가 낮아지는 것이다.

b) 총반사감쇄(attenuated total reflectance, 이하 ATR) 모드. 노후화된 복합재료 전극과 같은 샘플은, 굴절률(refractive index)이 높고 적외선에 투명한 물질로 만든 결정면에 압착된다. 이 물질로 가장 적절한 것은 ZnSe, Ge 및 Si이다. 적외선빔은 결정으로 입사된 뒤, 내부적으로 결정과 샘플 사이의 계면에서 반사된다. 빔의 투과깊이(penetration depth)는 약 0.5λ이므로, 샘플 상의 표면종으로 흡수된다. 이 모드는 고체 및 액체 물질의 적외선 측정에 매우 적합하다.

c) 평면반사 전극(flat reflective electrode). 상용 보조장치를 이용하면, 박막으로 덮여진 금속표면을 반사모드를 이용하여 측정할 수 있다. 적외선을 스침각으로 입사시켜(이때 스침각 입사가 가능한 보조장치를 이용) 반사-흡수(reflectance-absorbance) 모드(IRRAS)를 이용하면, 반사표면 상의 물질로부터 가장 우수한 응답을 얻을 수 있다. 또한 보조장치로서 P-편광(P polarized light)만을 통과시킬 수 있는 편광프리즘(polarizer)을 부가하면 흡착된 물질의 S/N비를 증가시킬 수 있으며, 이 물질의 모멘트쌍극자는 (쌍극자가 흡착된) 반사표면에 직각이다.

d) 확산반사(diffuse reflectance) 모드. 이는 입자 상의 표면종을 측정하는 가장 효과적인 모드이다(분말은 직접 측정될 수 있다). 포물선거울이 내장된 상용 보조장치는 적외선 빔을 분말샘플로 집속시키고, 샘플에서 산란된 빛을 모아 검출기로 향하도록 한다. 이 모드에서 얻은 적외선 스펙트럼은 왜곡되어 있으므로 Kubeka-Munk 변환에 의해 수정된 후 나타내어야 한다.(3.4.2.3 참조). 이때 현대적인 FTIR 분석측정기에 내장된 모든 S/W 프로그램을 이용할 수 있다.

Raman 및 FTIR 분광법은 현장에서 적용가능하면서 표면상태에 민감한 광학-전기화학적 방법으로서, 반응성이 큰 전기화학시스템에 적용될 수 있다. 따라서 전위를 제어하여 용액 내에서의 표면 화학반응을 분석할 수 있다. 이들 모드에 의해 대기성분과의 반응, 표면생성물의 세척, 그리고 전기화학적 셀에서의 제거로 인한 비가역적인 변화 등과 관련된 많은 문제들이 극복될 수 있다. 실제로 현장에서 측정하여 얻은 결과는, 현장이 아닌 곳에서 이루어진 실험 결과를 확증할 수 있다. 몇 가지 현장 기술은 3.4.8에서 설명한다.

(a) 투과모드	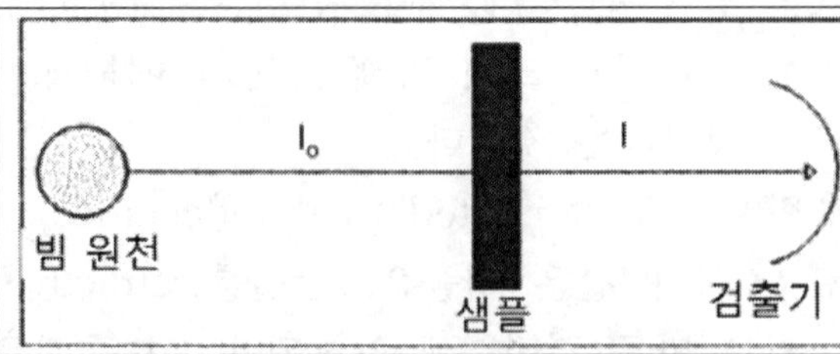
(b) 총반사감쇄 모드	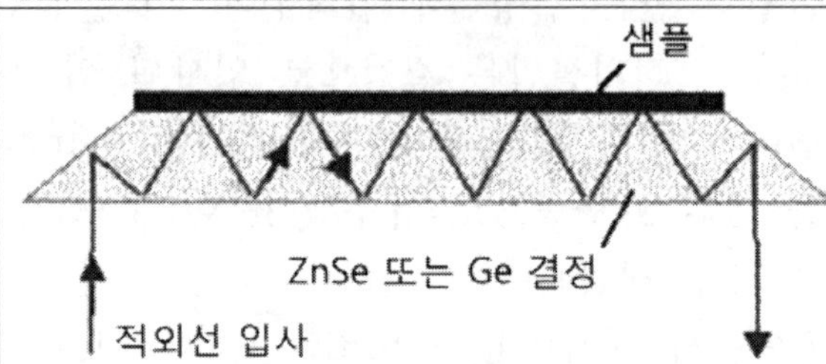
(c) 반사-흡수(IRRAS) 모드	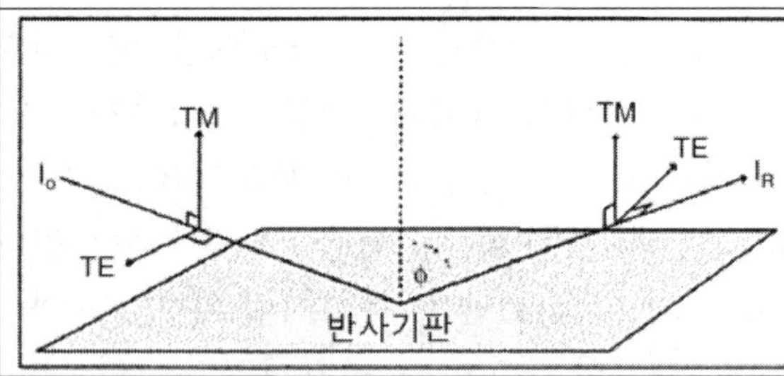
(d) 확산반사 모드	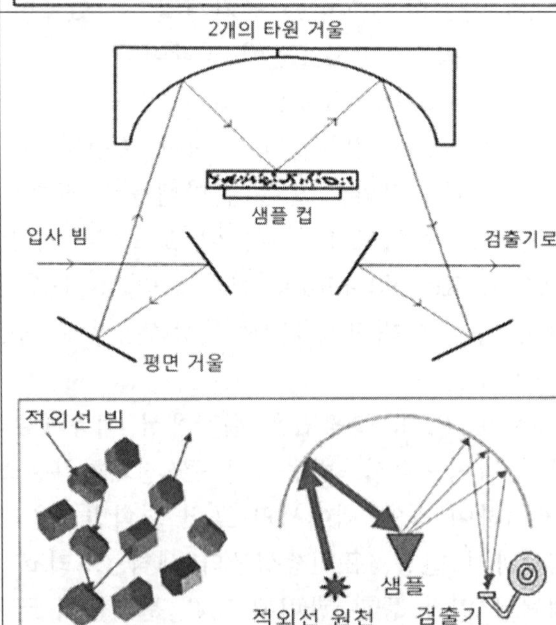

그림 3.3. 적외선 분광측정법에 의한 표면 및 내부 분석을 위한 다양한 모드들(참고문헌 [97])

3.4.6.3. XPS와 AES

(1) XPS(X-ray photoelectron spectroscopy, X선 광전자분광측정법)

모든 X선 화학분석법 중에서 표면특성을 평가하는데 가장 강력한 것이 XPS와 AES다. XPS는 지난 20년 동안 배터리 특성평가에 널리 사용되어 왔는데, 이는 많은 연구기관들이 장비를 구입할 정도로 성숙된 기술이면서, 스펙트럼 해석의 신뢰성이 훨씬 더 높아졌기 때문이다. XPS에서는, (고진공조건에 적합한) 고체샘플에 보통 1.5keV 정도의 X선 빔이 조사된다. 그 결과 광전효과에 의해 샘플의 원자에서 전자가 방출된다. 이때 각 에너지준위에서 전자가 방출될 확률은 다르지만, 보통 X선빔의 에너지에 따라 전자가 궤도에서 방출된다. 따라서 많은 원소들의 스펙트럼이 매우 다양할지라도, 방출되는 전자 중 '분석에 필요한' 것은, 강도가 가장 세거나 특성대역폭이 가장 좁은 것이다. 기본적으로 XPS 분광측정기에는 내각전자(core electron), 가전자(valence electron) 및 X선유도 오제전자(X-ray induced Auger electron)의 3종류가 중요하다. 각 전자는 샘플의 특성을 평가하는데 귀중한 정보를 가지고 있다. XPS 분석 시 가장 중요한 내각전자는 검출된 다양한 원소의 상대표면농도(relative surface concentration)와 산화상태에 대한 정보를 얻는데 사용된다.

이들에 대한 정량적인 정보는 큰 오류가 자주 발생하고, 준 정량적 정보는 더욱 그러하다. 정량적인 정보는 경험에 의한 규준화값(empirical normalization value)을 가진 상대첨두영역(relative peak area)으로부터 계산된다. 동종 샘플을 정량적으로 분석할 때는 측면 및 깊이 방향의 특성을 나타내는 로그방정식이 사용된다. 하지만 대부분의 '실제' 샘플은 화학적으로 종이 다르기 때문에 정량화는 주의깊게 이루어져야 한다. 또한 비교적 동종인 샘플이라도 항상 탄소계 물질이 일정하지 않은 두께로 흡착된 층으로 덮여져 있으며, 산화물이나 수분으로 덮여져 있을 수도 있다. 이 산화물이나 수분은 XPS 분석 시 표면감도 때문에 정량적인 분석에 악영향을 미칠 수도 있다. 정성적인 정보는 보통 '화학적 이동(chemical shift)' 을 나타내는 NMR에 의해 정확한 방출첨두치의 위치로부터 얻는다. 간단한 경우(하전(荷電, charging), 이완(弛緩, relaxation), 및 그밖의 양자효과(quantum effect) 등을 무시), 방출된 전자의 운동에너지는 식 $E_k^F = H_n$ - BE에 따라 전자를 방출하는 원자의 화학적 성질과 관련이 있다. 이때 E_k^F는 방출된 전자의 운동에너지, H_n은 X선 원천의 빔에너지, BE는 전자의 결합에너지(binding energy)이다. 모든 원자는 각자의 전자들을 가지고 있으며, 각 전자는 결합에너지라는 고유의 힘에 의해 핵 주위의 궤도에 속박되어 있다. BE는 원자핵에서 전자가 떨어진 거리, 다른 전자의 차폐, 그리고 잉여 양전하 또는 음전하의 존재 등에 영향을 받는다. 따라서 예를 들면 산소와의 상호작용 때문에 샘플 내의 특정한 원자가 양이온이 되면 (예를 들면 FeO), 전자 1개가 부족하게 되어 나머지 전자들은 핵과 더욱 강하게 결합하므로, 방출된 전자의 결합에너지는 XPS 스펙트럼 상에서 양의 이동(positive shift)을 하는 특징을 보인다. 비슷한 효과가 음이온의 경우에도 나타나지만, 이 원자의 결합에너지는 스펙트럼 상에서 음의 이동(negative shift)을 할 것이다. 흥미로운 점은, 이온성 물질에서처럼 완전한 전자전달 때문에 화학적 이동이 반드시 나타나는 것은 아니며, 대부분의 경우 결합에너지의 화학적 이동이 뚜렷해지려면 분석대상인 원자가 전자를 주고받는 이웃 원자와 강하게 상호작용하는 것으로 충분하다. 많은 경우, 단순규칙(simple rule)의 붕괴, 전자방출 이후의 효과, 하전, 그리고 기타 복잡한 효과 때문에 예측할 수 없는 화학적 이동이 나타날 수 있으며, 이는 해석하기가 극히 어렵다. 기본적인 정량적, 정성적 정보는 별개로 하더라도, 내각전자는 또 다른 화학적 정보를 가지고 있는데, 이는 부가적인 위성첨두부(additional satellite peak)를 보면 명백하다. s 전자를 제외한 모든 내각전자는 스핀궤도결합(spin-orbit coupling) 때문에 쌍(doublet)으로 존재하며, 그 크기는 첨두부분리(peak separation)에 의해 얻을 수 있다. 스핀상태, 전도대의 존재, 파이시스템(pi-system) 등의 복잡한 정보를 얻을 수 있는 XPS 분석에서는, 표면 및 본체 플라스몬(plasmon), 다중항 분리(multiplet splitting), 동요(動搖, shake-up), 진정(鎭靜, shake-off) 등이 모두 다 중요한 특징이다.

XPS 가전자대는 보통 지문모드(fingerprint mode) 물질규명이나 페르미준위와 전도대 구조를 연구하기 위한 강력한 분석도구로서 사용된다. 스펙트럼 상에서 낮은 BE 쪽에 존재하는 이 영역은 운동에너지가 큰 전자에 의해 확인되며, 자외선 광전자분광측정법(ultraviolet photoelectron spectroscopy, 이하 UPS)에 비해 해상도가 낮다. UPS는 X선 대신에 자외선을 사용하는 보조기술이다.

XP 오제전자는 발생원에 독립적이기 때문에, 결정하기 어려운 경우를 구별하기 위해 가끔 사용되는 것을 제외하고는, XPS 분석에서 거의 사용되지 않는다.

앞서 언급한 것처럼, XPS는 표면상태에 민감하다. 이는 XPS가 방출된 전자에 의존하며, 이 전자는 물질 내에서 이동도가 제한되어 있기 때문이다. 경험에 따르면, 각분해(angle-resolved) XPS를 이용하면 표면감도를 개선할 수 있지만, 분석 깊이는 대략 70~100Å이다.

(2) AES(Auger electron spectroscopy, 오제전자분광측정법)

AES는 초진공(ultra-high vacuum, 이하 UHV) 기반의 또 다른 표면감도 화학분석법으로서, XPS의 보조수단이다. AES에서는 전자빔을 샘플에 조사하여 샘플의 원자궤도에서 전자를 방출시킨다. 이때 발생하는 양이온은 내각궤도에서 전자를 빈번하게 잃어버리며, 다양한 매커니즘에 의해 이완(relax)된다. 이때 내각궤도의 빈 자리를 전자가 채워 고준위 껍질이 형성되는 전자재배열도 이러한 메커니즘 중의 하나이다. 그 결과 에너지보존법칙에 따라 다른 전자가 방출된다. XPS에서와 마찬가지로 AES에서도 오제전자를 전자광학(electron optics)으로 모은 뒤, 운동에너지와 전속(flux)을 분석한다.

주기율표에서 수소를 제외한 원소는 원자구조 및 양자역학 법칙에 따라 오제전자를 방출한다. AES에 의해 측정하면, 전극과 같은 고체샘플의 정성적 화학분석이 가능하며, 샘플을 이루는 원소들의 상대적인 양을 알 수 있다. XPS와 마찬가지로, 오제전자 방출로 인한 화학적 이동 때문에 원자의 상호작용에 대한 화학적 정보를 얻을 수 있다. 조사되는 전자빔을 조절하여 에너지를 낮추면, AES를 XPS보다 표면상태에 더욱 민감하게 만들 수 있다. 다른 방법과 마찬가지로 AES도 단점이 없지는 않다. 먼저, 데이터를 직접 해석할 수 없다. 테이터를 분석하려면 정밀하고 값비싼 UHV 시스템이 필요하다. 오제전자가 방출될 때는 보통 신호가 약하기 때문에, AES는 가벼운 원소에 더욱 적합하다. 또한 AES의 가장 큰 문제점은 특히 유기층과 일부 산화물이 전자빔에 의해 손상될 위험이 있다는 것이다. 문헌 [123]에는 배터리재료의 특성평가를 위해 이 방법을 이용한 다양한 예가 제시되어 있다.

3.4.7. 전기화학적 방법

3.4.7.1. 소개

본래 전기화학적 방법은 배터리 및 관련 부품의 특성평가에 가장 중요한 도구이다. 전기화학적 방법은 널리 사용되는 분광측정법 및 회절기법보다 재료의 표면 및 내부의 원자구조와 이들의 변화에 훨씬 더 민감할 수 있다. 현재 컴퓨터화된 다중채널 전기화학적 분석기들이 존재하는데, 이들은 S/W에 의해 작동되고 응답의 분석 뿐만 아니라 모든 전기화학적 방법을 동시에 수 백 개의 셀에 적용시킬 수 있다. 표 3.3에는 배터리 특성평가에 필요한 가장 중요한 전기화학적 방법들과 이들의 주요 특징 및 출력 형태가 요약되어 있다. 표 3.4는 제조업체들이 만든 배터리와 주요 부품들을 전기화학적으로 평가하기 위한 대표적인 장비들이 주어져 있다.

표 3.3. 전기화학적 기술과 특성시간 파라메터[124-129].

기 술	입 력	출 력	시간파라메터 (또는 특수응답)
주기적 전압전류측정법 (cyclic voltammetry, CV)	전압 $E_0 = E_0 + vt$	전류 $i(E)$	RT/Fv (v = 전위주사속도)
대시간전위측정법 (chronopotentiometry), 영전류 전위측정법 (zero-current potentiometry)	없음	전압 $E_{ocv} - t$	개회로조건 긴 시간 t
시각전류측정법 (chronoamperometry)	전압 $E - t$	전류 $i - t$	선형 $i - \frac{1}{\sqrt{t}}$
대시간전하측정법 (chronocoulometry)	전압 $E - t$	$Q - t$ $Q = \int_0^t I\,dt$	τ 반응종료
전기화학적 임피던스 분광측정법(EIS)	소진폭 교류전압	소진폭 교류전류	$Z'(\omega) - Z(\omega)$, 또는 $\log\lvert Z\rvert$와 위상각 - $\log\omega$
회전디스크전극 전압전류측정법(rotating disk electrode voltammetry)	전압 $E - t$, 회전속도	전류 $i - t$	높은 과전위에서 $i_L \propto \sqrt{\omega}$에 도달
편광법(polarography) Hg 점적(點滴) 전극 (dropping Hg electrode)	전압 $E - t$	전류 $i - E$	t_{max} (강하시간)
대시간전위측정법 (chronopotentiometry)	전류프로그래밍 $i - t$	전압프로파일 $V - t$	τ $C_{활성물질}$은 전극표면에서 영임
전기화학적 수정결정 미량천칭법 (electrochemical quartz-crystal microbalance)	CV에서처럼 전압	전류, 질량 $I, \triangle m - E$	- 주기적 전압전류측정법 또는 대시간전위측정법 에서처럼 RT/Fv 또는 τ, - 전압의 시간의존성 형태에 따라 다름.

표 3.4. 전기화학적 기구를 생산하는 대표적인 회사.

회사명	위 치	장 비 종 류
Arbin	USA	에너지 저장/변환 장치(배터리, 커패시터)용 프로그래밍이 가능한 전자동 다중채널 시험시스템
Maccor	USA	프로그래밍이 가능한 전자동 다중기능 1차 및 2차 셀 시험 시스템, 원천 또는 싱크 전류에 대해 프로그래밍이 가능한 전자장비, 주파수응답분석기, 셀 형성 장비
EG&G - Princeton Applied Research (PAR)	USA	모든 종류의 전기화학적 기구. 정전위기-정전류기 시스템, 다중채널분석기, 임피던스분광측정기, EQCM
EcoChemie	네델란드	모든 전기화학 기술을 위한 자동화실험실용 전기화학 기구 시스템 및 SPR 기구
Bitrode	USA	산업계 및 R&D 실험실용 전기화학 기구, 배터리 및 연료전지 시험용
A&H Battery services	싱가포르	배터리 시험용 장비
Storage battery systems(SBS)	USA	배터리와 연료전지용 시험기구
Bekal Hikmat Sdn Bhd	말레이시아	전기회로와 배터리 시험용 장비
Solartron Analytical	영국	단일 및 다중 채널 전기 및 전기화학적 측정을 위한 기구와 S/W, EIS와 부식에 대한 배터리와 연료전지의 모델링

3.4.7.2. 미세 전기분석법

대시간전위측정법(chronopotentiometry), 저속주사율 주기적 전압전류측정법(slow scanning rate cycling voltammetry, 이하 SSCV) 및 여러 소진폭 이완기술들(예를 들면 정전위간헐적정법(potentiostatic intermittent titration, 이하 PITT), 정전류간헐적정법(galvanostatic intermittent titration, 이하 GITT), 열역학적 평형에 대한 전기화학적 임피던스분광측정법(electrochemical impedance spectroscopy, 이하 EIS) 등)과 같은 기존의 전기분석법과, 이온삽입전극에서 삽입공정의 동역학적 특성평가를 함께 적용하면, 각 기술들이 독립적으로 사용될 때에 비해 큰 장점이 있다[124]. 새로운 전극재료의 특성을 평가할 때, 특정한 순서대로 이런 기술들을 적용하면 연구 중인 삽입과정의 속성을 더욱 빠르고 깊게 이해할 수 있다.

본질적으로 주기적 전압전류측정법(CV)은 삽입단계의 수와 각 단계의 공식적인 산화환원(redox) 전위에 대한 정보를 얻을 수 있는 일종의 대(大)진폭 전압 분광측정법이기 때문에, SSCV는 실험적으로 이온삽입전극의 특성을 평가하기 위한 가장 강력한 도구이다. 또한 상전이의 성질과 동역학에 대한 정성적인 정보뿐만 아니라, 평형상태 충방전용량을 평가하는데도 도움이 된다. 충방전용량을 더욱 정확하게 결정하려면, SSCV 이후, 인가하는 전류밀도가 낮은 대시간전위측정법을 적용하는 것이 좋다. 그리고 전류밀도가 낮을 때 삽입전극의 시간전위특성곡선의 기울기를 분석하는 동시에 현장에서 X선 회절을 분석하면, 삽입과정의 특성에 대한 또다른 정보(고용체를 거치거나 2개 상의 공존을 통해서 이루어지는 두 삽입과정을 구별하는 것)를 얻을 수도 있다. 또한 주기적 전압전류측정법에서 주사율을 달리하면 위의 두 삽입과정을 분리해내는데 유용할 것이다. 그러나 이 경우에는 측정된 CV특성곡선을 적절하게 모델링해야 한다[124-128].

전체 이온삽입 과정 중 가장 일반적인 속도결정단계(rate-determining step, 이하 RDS) 중의 하나는, 박층 전극 또는 여러 입자들로 이루어진 분말 전극 내에서 일어나는 고체상태 확산이다. 앞서 언급한 대진폭 방법은 주로 장시간의 응답을 나타내기 때문에, RDS에서처럼 고체상태 확산이 나타날 가능성에 대한 정성적인 정보만을 제공한다. 실제로 시간전위 특성곡선의 기울기가 증가하고 SSCV 첨두부가 확장된다는 것은 RDS에서처럼 확산이 있음을 의미한다. 그러나 저항에 의한 전압강하가 클 경우에도 유사한 경향이 나타난다. 소진폭방법, PITT, GITT 및 EIS를 적용하면, 확산시정수 τ_d와 화학적 확산계수 D에 대한 더욱 정확한 정보를 얻을 수 있다. 즉, 평형상태에서 소진폭 섭동(perturbation)을 선택하여 충분히 긴 시간동안 지속시키면 D를 결정할 수 있으며, 이때 D는 전극전위 E에 대해 분해능이 높다(2상 반응의 경우 D는 보통 E에 민감한 함수이므로, 이 반응들의 확산영역을 신뢰성 있게 탐지하기 위해서는 실험 숙련도가 필요하다)[124,126,128,130].

용액 산화환원종(solution redox species)의 고전적인 전기화학반응 중에서 가장 의미있는 아이디어는 시간창(time window)과 다양한 전기분석법의 속도상수라는 개념이다[129]. 최근 이 개념들을 여러 전기분석법에 적용시켜 층간삽입 입자 내의 유한공간확산(finite-space diffusion)을 연구할 수 있을 정도로 확장되었다[124,126,128,130].

τ_d가 층간삽입 과정의 확산시정수이고, 박막전극의 두께가 일정하거나 복합재료 전극의 모든 입자의 직경이 같다면, 소진폭방법을 적용할 때 τ_d가 영향을 받지 않아야 하는 것은 물론이다.

τ_d(따라서 D)는 간단히 시불변 동역학 파라메터 Φ(적용된 방법의 특징)와 전극의 평형특징인 소위 차동(差動) 층간삽입 정전용량(differential intercalation capacitance) C_{dif}의 함수로 나타낼 수 있다.

$$\tau_d = \frac{l^2}{D} = f(\Phi, C_{dif}) \tag{1}$$

여기서 l은 확산길이를 나타낸다.

각 방법의 Φ와 C_{dif}에 대한 식은 표 3.5의 4열과 5열에 있으며, 섭동파라메터와 측정된 양이 각각 2열과 3열에 주어져 있다(SSCV 실험에서 v와 I_p는 각각 전위주사속도와 최대전류이다). A_w는 Warburg 기울기, $-Z'(\omega)$와 $Z(\omega)$는 임피던스의 실수부와 허수부로서, 각속도 ω의 함수이다.

표 3.5. 미세 전기분석 기술과 관련 파라메터. 섭동의 종류, 응답, 특성 시변수 파라메터 및 전극의 차동정전용량에 대한 관련 식[124~132].

기 술	섭동 파라메터	측정량	Φ	C_{dif}
SSCV	v	I - V	$I_p\sqrt{v}$	$\frac{I}{v}$
PITT	ΔE	I - t	$\frac{I\sqrt{t}}{\Delta E}$	$\frac{\Delta Q}{\Delta E}$
GITT	ΔE	E - t	$\frac{dE}{d\sqrt{t}}$	$\frac{I\Delta t}{\Delta E}$
EIS	ω	$-Z'(\omega)$ - $Z(\omega)$	A_w	$-\frac{1}{\omega}Z''_{\omega\to 0}$

PITT와 GITT의 섭동은 이전의 적정(titration)* 단계 과정에서 도달한 전극의 평형전위에 소진폭 계단전위 또는 전류펄스를 인가하여 만들어지므로, 전 적정과정에서는 소진폭 계단전위를 지속적이며 순차적으로 상당한 회수만큼 인가하며, 층간삽입 반응의 전 전위범위를 망라하고 있다.

소진폭방법에서 유도된 화학적 확산계수 D에 대한 기존의 방정식이 다음 식 (2)~(4)에 주어져 있다.

PITT :
$$D = \left[\sqrt{\pi}\, l\left(\frac{I\sqrt{t}}{\Delta E\, C_{dif}}\right)\right]^2 \tag{2}$$

GITT : $$D = \left(\frac{4\,l^2 I^2}{\pi}\right)\left[C_{dif}\left(\frac{dE}{d\sqrt{t}}\right)\right]^{-2} \tag{3}$$

EIS : $$D = 0.5\,l^2\left[C_{dif}\,A_w\right]^{-2} \tag{4}$$

식 (2)와 (4)를 조합하면 다음과 같이 PITT와 EIS의 특성 동역학 파라메터 Φ의 직접적인 상호관계를 알 수 있다.

$$A_w\,(I\sqrt{t})\,\triangle E = \frac{1}{\sqrt{2\pi}} \tag{5}$$

식 (5)로부터 생성물의 역수는 단순하게 기본상수 2π의 제곱근과 같음을 알 수 있다. 식 (2)와 (3)으로부터도 다음과 같은 결과를 얻을 수 있다.

$$\frac{dE}{d\sqrt{t}}\,\frac{I\sqrt{t}}{\triangle E} = \frac{2I}{\pi} \tag{6}$$

이 결과로부터 PITT와 GITT의 동역학 파라메터들이 서로 관련되어 있음을 알 수 있다.

따라서 고려 중인 층간삽입 전극이 (앞서 정의된 관점에서) 균일하다면, 적용된 두 가지의 소진폭방법 중 어느 쪽에 의해서라도 D의 값은 같아야 한다. 그러나 전극이 불균일한 경우가 많으므로, 다음과 같은 두 가지 중요한 실제 경우로 이 방법의 적용분야를 확장시켰다. 즉, (i) 전극 입자의 크기가 다르지만 다공질 전극층의 유효두께가 같은 경우와, (ii) 다공질층 자체가 기하학적으로 불균일하고 두께가 다른 경우(입자 크기는 같을 수도, 다를 수도 있다)이다[131]. 전극 자체의 전자전도도와 전극의 기공에 존재하는 용액의 이온전도도가 충분히 클 경우는, 이러한 불균일성을 감도 높게 감지할 수 있는 것은 PITT임을 알 수 있었으며, 이때 t/τ에 대한 $d\log|I|/d\log(t)$의 값을 측정한 시간전류측정곡선도 구할 수 있다[132]. 입자의 크기가 다른 경우의 확산시정수 분포는 이 도표를 이용하면 가장 잘 볼 수 있다(τ_d의 분포는 오직 l의 분포에 의해서만 정해지기 때문에 D는 상수임을 명심하라). 전극의 전자전도도와 용액의 이온전도도가 충분히 크지 않은 경우, 가장 편리한 방법은 EIS이다[131]. 전극의 기하학적 불균일성 때문에 파라메터들이 결합되어 특유의 큰 저주파 반원이 나타날 수도 있다.

실제적인 이온삽입전극의 전기분석적 특성 평가 방법을 요약하면, 다음 사항들이 강조되어야 한다.

(i) 전기분석적 방법을 특정한 순서에 따라 적용하면, 재충전 배터리에 사용될 수 있는 새로운 전극재료의 층간삽입 특성을 쉽게 평가할 수 있다.

(ii) 3 가지 기본적인 소진폭 이완방법들(PITT, GITT, EIS)은 균일전극인 경우와 고체상태 확산이 단일 RDS인 경우에만 *D*의 값이 같다(혼합 동역학의 경우 *D*값을 세밀히 구분하기 위한 간단한 방법이 문헌 [133]에 제시되어 있다).

(iii) PITT와 EIS는 배터리에 사용되는 실제 삽입전극의 불균일성 종류를 구별하는데 매우 효과적이다.

3.4.8. 기타 방법들

전기화학적 연구에 사용되는 기본적인 방법들이 몇 가지 있지만, 배터리와 배터리화합물의 특성평가 또한 중요하다. 다음에서 이에 관한 몇 가지 방법들을 짧게 설명한다.

a) 이동전극(moving electrode)[134]

유명한 적하수은(dropping mercury) 전극, 회전디스크와 회전링디스크 전극은 전기화학적 분석법에 널리 사용된다. 폴라로그래피(polarography)는 적하수은 전극을 사용하되 개량된 기술이다. 정상(normal) 펄스 및 차동(differential) 펄스 폴라로그래피를 이용하면 ppb 농도까지 용액 내의 전기활성 추적물질을 검출할 수 있다. 따라서 폴라로그래피는 주로 분석에 이용된다. 더욱 상세한 내용은 문헌 [135]를 참조하라. 회전디스크 전극은 전기화학반응의 역학 연구에 유용하다. 이 전극은 배터리 분야에서 용액 내의 반응에 대한 특성을 평가하기 위해 사용될 수 있다. 예를 들어 (1차 Li 배터리에서) $SOCl_2$의 환원에 대한 역학 연구에 회전디스크 전극이 사용되었다[136].

b) 전기화학적 수정결정 미량천칭법(electrochemical quartz-crystal microbalance)[137-139]

이 기술은 얇은(두께 10㎛) 수정결정 상에 석출된 얇은 금속전극을 사용한다. 결정의 공진주파수는 결정에 석출된 물질의 무게에 따라 달라지며, △F(무게로 인한 공진주파수 변화)와 m(석출물의 질량) 사이에는 선형적인 관계가 있다. 따라서 전기화학적 측정을 위해 수정결정 상의 얇은 금속전극을 사용할 수 있으며, 수정결정의 공진주파수 변화를 측정함으로써 전기화학적 반응으로 인해 전극에 증가 및 감소된 무게를 동시에 측정할 수 있다. 전하량 및 질량의 변화를 동시에 측정함으로써 전기화학적 반응 중에 석출된 표면물질의 등가적 무게를 평가할 수 있다. 이 방법은 재충전 배터리용 Li 및 Mg 전극의 특성을 분석하는데 사용된다(자세한 것은 문헌 [138,139]를 참조하라).

c) 주사터널 현미경측정법(scanning tunneling microscopy)[140]

이 방법에서는 극소의 뾰족한 팁에서 이동하는 전위장벽 투과 전자(tunneling electron) 때문에 흐르는 매우 작은 전류와 (전위차 조절로 인한) 도전표면이 분석된다. 전류의 세기는 팁과 표면 사이의 거리에 따라 달라지기 때문에, 전위장벽 투과전자 전류의 변화를 원자 수준(수 Å)에서 표면형상으로 바꾸어 나타낼 수 있다. 적절한 3차원 압전소자를 이용하면 원자 크기의 해상도로서 표면을 형상적/형태적으로 분석할 수 있다. 전위장벽 투과전자전류는 뾰족한 팁에서 용액 내의 전극으로 흐를 수 있기 때문에, 이 방법은 (인가된 전위차에서 나타날 수 있는 전기화학적 패러데이과정(Faradaic process)이 없다면) 현장에서 전기화학적 측정용으로도 사용된다. 이 기술은 절연표면(예를 들면 부동태 박막으로 덮여 있는 전극표면)에는 적용될 수 없음을 명심하라. 이 방법은 복합 에테르용액 내에 있는 재충전 Mg 배터리의 가역 마그네슘 전극 연구에 적합하며, 에테르 용액 내에서는 Mg 전극이 부동태화되지 않는다[142].

d) 타원측정법(ellipsometry)[143]

이 방법은 표면에서 반사된 편광 가시광선의 변화를 측정하여, 주파수의 함수로써 표면상태를 분석한다. 반사광의 편광화에 영향을 미치는 요소는 다음과 같다.

- 반사표면과 표면물질의 굴절율
- 표면의 거칠기
- 박막두께
- 표면박막의 다층구조

이 방법은 전극 표면의 석출 과정과 표면박막 형성을 분석하기 위해 현장에서 사용될 수 있다. 반사빔의 편광화파라메터를 분석하려면 표면구조에 대한 모델이 필요하며, 따라서 표면에 형성된 물질의 굴절율에 대한 정보가 필요하다. 이 방법은 비수용액 내에 있는 리튬 및 탄소 전극을 분석하는데 사용되었다[144]. 이 전극들은 표면이 다층박막으로 덮여져 있으며, 따라서 현장에서 타원측정법을 이용하면 박막의 구조와 형성에 대한 유용한 정보를 얻을 수 있다[145].

e) UHV 특성평가

최근 일부 연구그룹들은 UHV 조건에서 반응성이 높은 표면을 측정하는 능력을 보였다. 10^{-10} torr 이하의 압력에서 대기오염물질의 수준은 충분히 낮기 때문에 활성금속의 표면을 매우 신뢰성 있게 측정할 수 있다. 그래서 Li 금속을 증발시켜 UHV 시스템 표면에 매우 깨끗하고 매끄러운 층을 석출시킬 수 있었다. 그러면 Li 표면에 가스 상태의 용매가 응축되어 층을 이루었다. 이때 반응생성물은 XPS, FTIR 등을 비롯한 여러 표면민감 방법에 의해 분석된다[146, 147]. 또한 UHV 조건에서 고분자전해질을 가진 Li 배터리를 연구한 보고서도 있으며, 따라서 현장 관측에 의해 표면 화학반응과 리튬전극의 형상에 대한 정보도 얻을 수 있었다[148].

3.4.9. 현장 측정

전극-용액 시스템을 연구하기 위해, 전기화학적 제어법과 함께 분광측정법 또는 현미경 측정법과 같은 소위 현장측정법을 사용하는 것이 좋다. 현장 측정은 특히 전기화학적 생성물이 불안정하거나 대기 성분과의 반응성이 매우 클 때, 아주 신뢰성 높고 검증된 데이터를 제공할 수 있다. 배터리 연구에 적합하면서, 성공적이고 의미있는 현장 측정법에 대해 다음에서 설명한다.

a) FTIR 분광측정법

동일한 용액 내에서 리튬전극 상에 형성된 표면박막 및 저전위로 분극된 비활성 금속을 규명하는 것뿐만 아니라, Li 및 Li-이온 배터리 용액의 산화-환원 과정을 연구하는데 현장 FTIR 측정법이 오랫동안 사용되었다[150]. 몇 가지 셀들(그리고 Li 배터리에 관련된 현장 FTIR 측정법을 행하는 방법)이 그림 3.4에 설명되어 있다.

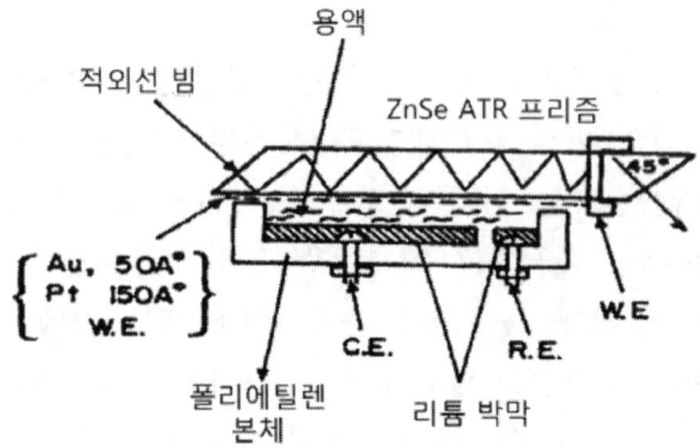

(a) ATR 분광측정법에 사용되는 분광 전기화학 셀

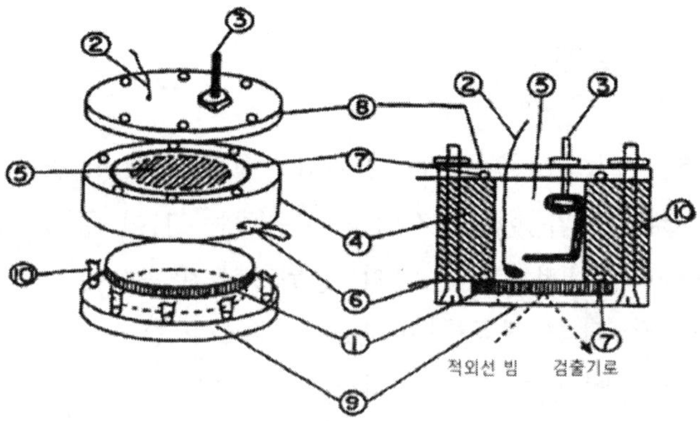

(b) 단일 내부반사 분광측정법에 사용되는 분광 전기화학 셀

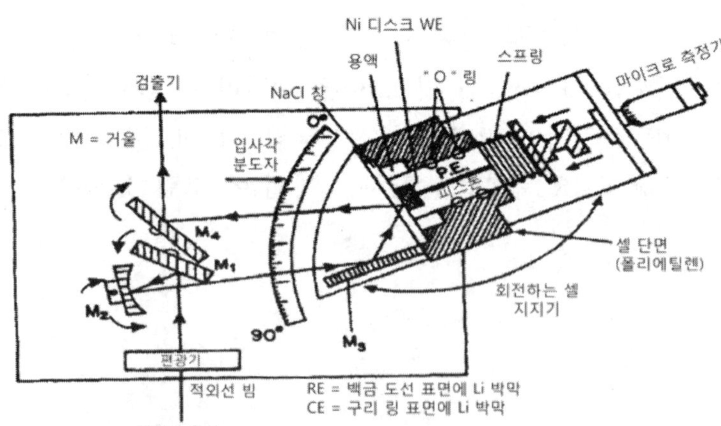

(c) 거울반사 분광측정법에 사용되는 분광 전기화학 셀

그림 3.4. 현장 FTIR 측정을 위한 다양한 셀들 (참고문헌 [70, 71]).

b) Raman 분광측정법

Raman 분광측정법은 FTIR보다 전기화학시스템에 적용하기 쉬운데, 이는 Raman법에는 가시광선이 사용되므로 비교적 간단한 유리광학창이 필요할 뿐이기 때문이다(FTIR의 경우, 광학창은 적외선 투명물질이어야 하며, 이러한 물질로는 KBr, ZnSe, Ge, Si 등이 있지만, 대부분 부서지기 쉽고 흡습성이며 값이 비싸다). 현장 Raman 분광측정법은 복합재료 전극 내부의 용액 연구와 부피 변화에 유용하다. Raman 분광측정법이 적용되는 표면은 약한 신호와 표면에 대한 레이저빔의 파괴적인 충격 때문에 문제가 많다. 리튬이 가역적으로 층간삽입되는 흑연과 천이금속산화물의 단일 입자를 현장에서 Raman 분광측정법에 의해 조사한 결과는 매우 인상적이었다. 전극의 전량분석을 위해 Raman 분광측정법을 적용함으로써, Li를 흑연[151]과 $LiMn_2O_4$[152]로 삽입하는 과정의 동역학을 추적할 수도 있었다.

c) XRD

최근 Li 배터리 전극을 현장에서 XRD법으로 측정하는 연구가 많이 이루어졌다. 투과 또는 반사 모드 둘 중의 하나를 적용할 수 있다. 적절한 셀의 구조와 이 실험의 대표적인 응답특성이 그림 3.5에 나타나 있다[153]. 적절한 광학창 재료는 베릴륨 금속 또는 마일라(mylar)(플라스틱, 고분자 재료)이다. 현장에서의 XRD법은 가장 확실한 방법으로, 층간삽입 과정의 성질을 분석함으로써, 상전이와 고용체의 형성 등을 규명할 수 있다[154]. 싱크로트론에 의해 고강도 X선빔을 사용하면, 이 실험은 특히 효과적이다[155].

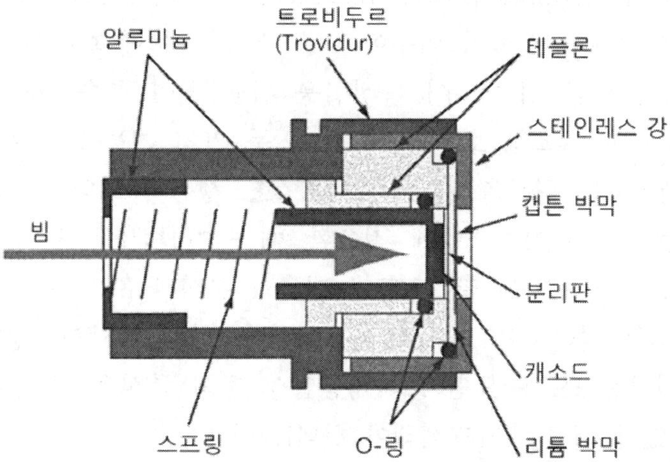

(a)

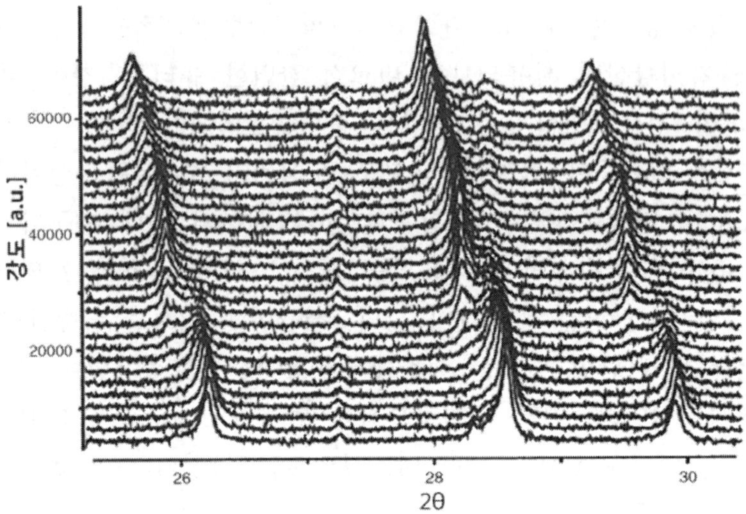

(b)

그림 3.5. (a) 전송 모드에 있는 현장 XRD 실험용 셀 (b) 스피넬 $Li_xMn_2O_4$의 XRD 패턴의 전개. 맨 아래쪽 : x = 0, 맨 위쪽 : x = 1 (참고문헌 [153]).

d) EXAFS, XANES

이미 설명한 바 있듯이, 이 두 기술을 사용하여 전체 셀을 시험하고 있는 전극을 분석할 수 있었다. 이 기술에 필요한 고강도 X선빔(싱크로트론을 사용)을 사용하면 비교적 간단한 전기화학적 셀을 설계할 수 있다[156, 157].

e) **주사탐침현미경**(scanning probe microscope, **이하** SPM) : AFM, STM

이 두 방법은 액상에서 실험이 이루어질 수 있기 때문에 현장측정에 매우 적합하다(그림 3.6 셀의 예를 참조). 이 측정법을 위해 셀이 특수하게 설계되어야 한다. 또한 AFM과 STM 시스템(보통 기기는 이 두 가지 기능을 모두 가짐)을 생산하는 대부분의 제조사는 현장측정용 전기화학셀도 생산하고 있다. 그러나 이 셀을 매우 반응성이 큰 전기화학시스템에 적용할 때는 개선해야 할 점이 많다. 현장 AFM 측정법[158]을 이용한 Li 및 Li-흑연 전극의 분석과 STM을 이용한 Mg 전극의 현장 분석[159]이 최근 시범적으로 이루어졌다. 현대의 SPM측정법이 가능해지면서 국부적인 전기전도도와 표면의 자기응답성 등의 특성을 나노 수준의 해상도로서 이용할 수 있게 되었음을 명심해야 한다[160].

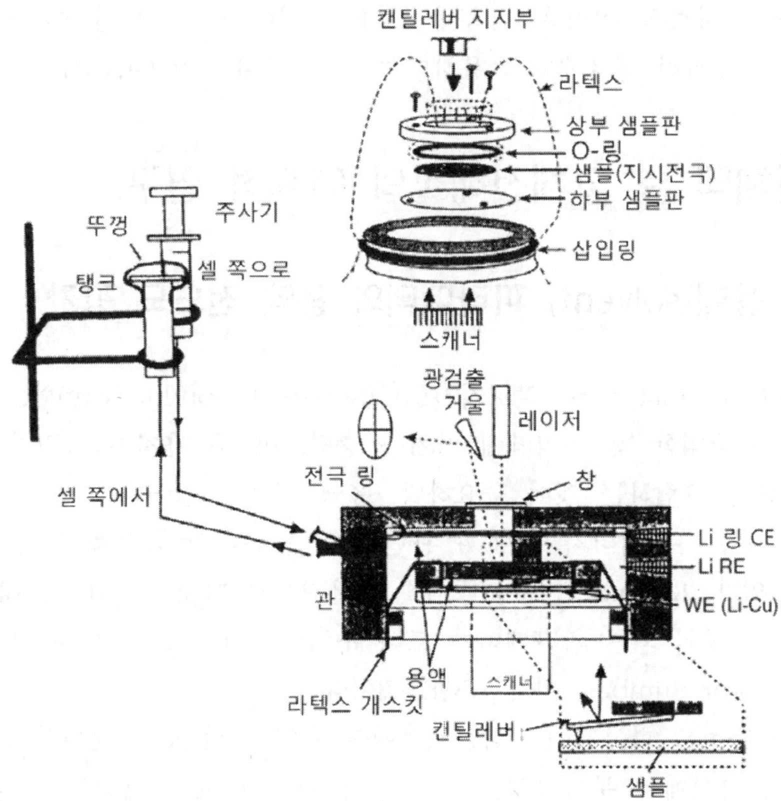

그림 3.6. 고감도 전기화학시스템을 위한 현장 AFM 측정용 전기화학셀의 개략도 (참고문헌 [114,115]).

f) **질량분광측정법**(mass spectroscopy)

수 년에 걸쳐 질량스펙트럼을 검출하는 과정에서 전기화학적 측정 방법이 개발되었다[161,162]. 전기화학셀의 액체를 분리하기 위해 적절한 막과 분광측정기용 진공실을 사용함으로써, 전기화학반응에서 나타나는 가스 형태의 휘발성 생성물을 분석할 수 있게 되었다. 이 때문에 Li 및 Li이온 배터리 용액의 산화 및 환원 생성물을 분석할 수 있으며, 따라서 Li이온 배터리의 기본적인 전극반응을 이해하는 데 도움이 된다[163].

g) Mössbauer **분광측정법**(spectroscopy)

Mössbauer 분광측정법은 전기화학적 측정과 함께 사용될 수 있다. Fe, Ni, Mn, Sn 등과 같이 강한 신호를 방출하는 천이금속을 함유한 중요한 배터리재료들이 있다. 이 분광측정법이 사용되려면 보통 전극이 두꺼워야 하므로, 현장에서

의 Mössbauer 분광측정 실험은 저속에서 이루어져야 한다. 또한 이 방법은 Sn 및 Fe가 함유된 배터리 전극에도 유용하다는 것이 밝혀졌다[164,165].

3.5. 전해액 및 고체전해질의 대표적 연구

3.5.1. 용매(solvent) 파라메터와 용액 전도도 평가

염용해도(salt solubility) 및 겉보기전도도(apparent conductivity)와, 전기화학 반응 시 용매가 열역학 및 동역학에 미치는 충격, 이 두 가지와 관련이 있는 용매의 분류 기준을 확립하는 것이 중요하다. 용액 내에서 일어나는 반응의 열역학 및 동역학(즉 선형 자유에너지 관계)과 관련이 있는 용매의 특성을 정의하는 방법은 몇 가지가 있다. Reichardt는 이 주제를 포괄적으로 다룬 바 있다[166].

특히 관심의 대상이 되는 파라메터는 도너 수(doner number, 이하 DN)[167]와 억셉터 수(acceptor number, 이하 AN)[167]이다.

용매의 도너 특성은 희석된 1,2-디클로로에탄 용액 내의 도너 분자와 기준 억셉터 분자 $SbCl_5$ 사이에서 부가생성물(adduct)이 형성될 때 발생하는 열량으로 정의된다.

$$SbCl_5 + \text{용매} \rightarrow \text{1,2-디클로로에탄 용액 내의 } [SbCl_5\ \text{용매}]$$

값의 범위는 0~60kcal/mole이다. 용매(S)의 억셉터 수(AN)는 용매(S) 및 헥산(hexane) 내의 Et_3PO의 ^{31}P NMR 측정값 차이와, 디클로로에탄 내의 부가생성물 $SbCl_5 \cdot Et_3PO$의 ^{31}P NMR 측정값을 이용하여 다음과 같이 정의된다.

$$AN = \frac{\delta(\text{용매 S의 } Et_3PO) - \delta(\text{헥산의 } Et_3PO)}{\delta(C_2H_4Cl_2\text{의 } SbCl_5 \cdot Et_3PO)}$$

여기서 δ는 ^{31}P NMR 신호의 이동량을 나타낸다.

DN 및 AN과 같은 용매파라메터의 중요성과, 물리적 정전파라메터를 DN 및 AN으로 나타내는 장점에 대해 Mayer가 설명한 바 있다[168].

전해질시스템(용액, 고분자매트릭스, 고체)의 전도도와 온도의존성은 매우 중요한 파라메터로서, 이는 계면파라메터와 함께 배터리의 내부저항을 결정하기 때문이다. 이 저항에 의해 배터리의 실제 전압, 에너지손실 및 열발산이 결정된다.

전해액 내에서 가장 공통적이면서 중요한 전도매커니즘은, 액체 매질 속에서 분리된 이온이 이동한다는 것과, 이 이온이 마찰(용매-용질(溶質, solute) 및 이온-이온 상호작용)에 의해 방해를 받는다는 것이다.

용액 내의 이온 이동도는 (일정한 온도에서) 확산계수에 비례한다(Einstein 식 [169]). 용액의 기본특성은 비전도도(specific conductivity, χ)와 몰전도도(molar conductivity, $\Lambda = \chi/c$, c는 전해질농도)이며, 이들은 다양한 이온들이 미치는 영향을 나타낸다. 강전해질 용액의 몰전도도는 농도($\alpha\sqrt{C}$, [169,170])에 따라 약간 달라진다. 약전해질이거나 저극성 용매인 경우, 용액 내의 전해질이 완전히 해리(dissociation)되지 않으면, 이온쌍, 삼중이온 등이 형성되는 것을 비롯해 다양한 복잡한 현상이 나타난다.

비수계 전도용액을 만드는 중요한 방법은 용매혼합물을 사용하는 것이다. 많은 용매들 중 고극성비양자성 용매(highly polar aprotic solvent)가 특히 많이 사용되는데, 이들은 극성 때문에 분자 사이에 강한 상호작용이 발생하여 점도(viscosity)가 높다. 따라서 극성이 크면(high polarity) 전해질의 해리(dissociation)가 커지는 장점이 있지만, 이에 따라 점도도 높아져 상대적으로 전도도가 낮아지기 때문에 서로 균형을 이루게 된다. 이는 전도도가 용매의 점도에 역비례하기 때문이다 [169,170]. 이 용매와, 유전상수가 작고 점도가 낮은 용매를 혼합하면, 단일 용매에 비해 전도도가 매우 높은 혼합물이 만들어진다. 실제로 최근 문헌[171]에서 볼 수 있듯이, 3종 또는 4종 용매를 이용하면 저온에서 전도도를 높일 수 있다. 이때 염의 농도는 당연히 최적화되어야 한다. 염농도에 대해 전도도를 함수로 나타내면 최대값이 존재한다(농도가 너무 크면 다양한 종류의 정전상호작용 때문에 이온의 이동도가 감소한다).

보통 전도도측정법(conductometry)은 간단한데, (전하전달 및 이온확산제한의 영향을 피하기 위해) 충분히 큰 주파수의 소진폭 전압/전류를 이용하여 평행판 셀 내에서 측정해야 한다. 비전도도 $\chi(\Omega^{-1}\cdot cm^{-1})$는 다음과 같다.

$$\chi = \frac{1}{\rho} = \frac{l}{R \cdot A}$$

여기서 ρ는 비저항, R은 측정 저항, l은 두 평행판 사이의 거리, A는 평행판의 면적이다. 지금은 신뢰성 높고 다루기 쉬운 전도도측정기(셀 포함)를 상용으로 구할 수 있다. 염의 농도와 온도가 극성비양자성 전해액의 비전도도에 미치는 영향을 계산할 수 있는 이론은 이미 잘 알려져 있다[172-175].

고분자전해질의 이온전도도를 개선하기 위한 방법은 다음과 같다.

1) 겔의 사용. 고분자매트릭스에는 염을 용해시키고 이온을 분리시키는 극성비양자성 용매가 함유되어 있다[176].
2) 결정화(crystallinity)를 막는 분지(分枝, branched) 고분자의 사용. 따라서 고분자-염 매트릭스 조직은 이온의 자유이동을 촉진시킨다.
3) 복합재료의 사용. 즉, 세라믹 나노물질을 함유하고 있는 고분자매트릭스의 사용[178].

고분자전해질에 의해 측정되는 핵심요소는 전도도와 이온전달율(transference number)의 온도의존성이다.

이상적인 상황은, 리튬이온 배터리의 Li이온처럼 상호작용하는 이온의 이온전달율이 1일 때이다. 특히 이완이 느린 고분자매트릭스에서 전달율이 1보다 작으면 전극 부근에서 농도구배가 발생한다. 새로운 고분자매트릭스를 설계할 때는 이러한 제약을 고려해야 한다. 고분자전해질 매트릭스에서의 전달율을 측정하는 좋은 방법들은 이미 알려져 있다[179].

3.5.2. 전해액의 전기화학적 창(전기 범위)

전해액의 전기화학적 안정성을 간략하게 논의하기 위해, 전극의 종류를 분류하는 것이 매우 중요하다. 전극은 다음과 같이 분류될 수 있다.

a) 귀금속 전극과 특수탄소

귀금속 전극은 모든 수계 및 비수계 전해액 내에서 산화환원 쌍 M/M^{z+}가 직접적인 화학반응에 참여하지 않은 금속으로 만든 전극이다. 가장 중요한 대표적인 예가 금, 백금, 유리상 탄소(glassy carbon)이다.

b) 반응성 금속전극

반응성 전극(reactive electrode)은 대부분 알칼리 및 알칼리 토류기(earth group) 금속으로 만든 전극을 말한다. 이 금속들은 고산화상태(high oxidation state)의 원소(예를 들면 ClO_4^- 및 PF_6^-)와 대기성분(O_2, CO_2, H_2O, N_2)을 포함하고 있는 염의 음이온 및 대부분의 비수계 극성 용매와 자연적으로 반응할 수도 있다. 모든 극성 용매는 C-O, C-S, C-N, C-Cl, C-F, S-O, S-Cl 등을 함유한 기(基, group)를 가지고 있음을 명심하라. 이 결합들은 활성금속의 공격을 받아 이온이 형성될 수 있기 때문에, 전극-용액 반응은 열역학적으로 모용액(母溶液, mother solution)의 성분보다 더욱 안정한 환원생성물을 발생시킬 수 있다. 그 결과 비수계시스템에서 활성금속은 항상 표면박막으로 덮여 있다[180].

활성금속이 용액으로 혼합될 때, 보통 활성금속의 표면은 이미 (대기성분과의 반응으로 형성된) "자연(native)" 박막으로 덮여 있다. 이 초기 박막층은 용액 성분이 환원되면서 형성되는 표면종으로 대체된다[181]. 이때 대부분의 경우, 이 활성금속의 개회로전위는 $M/MX/M^{z+}$ 반쪽 셀의 전위를 나타내며, 여기서 MX는 표면박막을 구성하고 있는 금속의 산화물/수산화물/염을 나타낸 것이다. 이 반쪽 셀들의 전위는 M/M^{z+}의 전위에 가깝다.

개회로 전압보다 높은 전위에서는, 표면박막을 통해 M^{z+}이온이 이동하거나, 표면박막이 파괴되어 활성금속이 용액에 노출되면서 발생하는 '직접' 용해를 통해, 활성금속이 용액에 용해될 수 있기 때문에, 전기화학적 창(전위 범위)은 매우 제한될 수 있다. 개회로전압보다 낮은 전위에서는 상황이 더욱 복잡해진다. 캐소드에서 표면박막이 파괴될 가능성은 없기 때문에, 활성금속이 석출될 가능성은, 표면박막을 통해 M^{z+}이온이 이동할 가능성, 또는 표면박막을 통해 전자가 전위장벽을 통과하여 표면층 외부에 금속석출물이 형성될 가능성 등에 따라 달라진다. 리튬과 같은 알칼리금속의 경우, 과전위(overpotential)가 매우 작으면, Li이온이 Li 전극을 덮고 있는 표면박막을 통해 이동하기 때문에, 개회로전압 이상 또는 이하에서는 Li가 용해 또는 침전되므로, 전기화학적 창은 매우 좁다[183].

c) 비활성/미약반응 금속전극

비활성(non-active)/미약반응(slightly reactive) 전극재료에는 활성금속에 비해 용액성분들에 대한 반응성이 매우 낮은 금속이 포함되어 있으므로, 이들과 용액성분들 사이의 자연적인 반응은 없다. 반면에 이들은 귀금속이 아니기 때문에, 이들 금속이 대부분의 비수용액 내의 애노드에서 용해될 때 전기화학적 창의 양의 상한값이 나타난다. 대표적인 이들 금속으로는 Hg, Ag, Ni, Cu 등이 있다. 여기에 Al과 Fe가 포함될 수도 있으며, 이들은 비수계 용매분자 또는 고산화상태의 중심원자(central atom)가 포함되어 있는 염 음이온(salt anion)과 스스로 반응할 수 있다[184]. 그러나 이들은 부동태현상 때문에 반응성이 없다. 따라서 Al 또는 스테인레스강 전극이 비수용액 내에 있는 경우, 전기화학적 창은 용액성분들의 전기화학적 반응에 의해 결정된다[185].

실제로, Al은 리튬배터리에서 양극의 집전체로 사용된다. Li/Li^+ 전극에 대해 전위가 4.5V로 높을 때, 대부분의 Li염 용액 내에서 Al이 안정한 것은, 매우 용해되기 어려운 Al-할로겐화합물이 전극표면에 형성되기 때문이며, 이 화합물은 안정한 상태를 유지하기 때문에 전극이 부식되는 것을 방지한다[186].

d) 층간삽입 전극

층간삽입 전극 재료에는 탄소 또는 천이금속 산화물과 황화물 등이 포함되어 있으며, 이 재료들에 금속 양이온과 같은 용액성분이 층간삽입된다. 가장 중요한 예를 들면, 저전위(Li/Li^+ 전극에 대해 0~1.5V)에서는 많은 종류의 탄소계 재료로, 고전위(Li/Li^+ 전극에 대해 2.5~5V)에서는 천이금속산화물과 황화물로 Li^+가 층간삽입되는 것이다[187,188].

e) 산화환원 전극

산화환원(Redox) 전극 재료에는 대부분 폴리피롤(polypyrrole), 폴리티오펜(polythiophene), 폴리아닐린(polyaniline)과 같은 전기전도성 고분자가 포함되어 있는데, 이들 때문에 전하를 상쇄시키는 반대이온(counter ion)을 고분자에 도핑시킬 때 나타나는 가역적인 산화-환원 반응이 일어난다[189].

전해액의 전기화학적 창에 대해 오랫동안 많은 연구가 이루어졌다. 배터리와 관련된 대부분의 전해액 내에서 캐소드 및 애노드 반응을 연구하여 많은 것을 알게 되었다. 배터리 용액을 포함하여 널리 사용되는 모든 비수용액의 반응에 대해 집중적으로 다룬 문헌[171]이 있다. 아래에서는 이를 간단히 요약한다.

1) 캐소드 안정성 순서. 에테르(ether) 〉 에스테르(ester) 〉 알킬탄산염(alkyl carbonate) ≈ 이미다졸륨(imidazolium) 기반 이온성 액체(ionic liquid). 양이온의 성질은 매우 중요하다. 테트라알킬암모늄으로는 전극의 부동태화가 발생하지 않으므로, 전기화학적 측정값은 용매 고유의 캐소드 안정성을 나타낸다. 금속 양이온이 존재할 때, 용액물질의 환원으로 인해 불용성 물질이 형성되기 때문에 부동태화 과정이 발생한다. 예를 들어 Li염이 존재할 때, 위의 모든 용매의 캐소드 한계전위는 Li/Li^+ 전극에 대해 약 0~0.5V이다[190].

2) 애노드 안정성 순서. 이온성 액체(Li/Li^+ 전극에 대해 5.5V) 〉 알킬탄산염(Li/Li^+ 전극에 대해 4.5~5V) 〉 에스테르 〉 에테르 (Li/Li^+ 전극에 대해 약 4V). 이들의 애노드 안정성은 용매에 의해 결정되며, 염(뿐만 아니라 음이온과 양이온)과는 관계없다. 확실히 알킬탄산염은 5V까지 안정한 것처럼 보인다. 그러나 귀금속 표면에서 작으나마 산화(부동태화 없음)가 일어나는 것은 0.6V 이상의 전위에서이다. 문헌 [150]을 참고하라.
3) 무용매(solvent-free) 고분자전해질은 실제 폴리에테르유도체(derivative)로서, 전기화학적 창은 에테르(Li/Li^+ 전극에 대해 약 0~4V)와 매우 유사하다.
4) 전해액의 안정성을 연구하기 위한 가장 중요한 방법은, 유리질탄소, 백금, 금 등으로 만든 지시전극(working electrode)과, 같은 재료로 만든 대향전극(counter electrode), 그리고 이 두 전극의 분리 상태가 우수한 시스템(예를 들면 U형 셀)에 대해 전압을 주기적 측정하는 것이다. 활성금속 염 용액(예를 들면 Li, Mg 염 용액) 내의 기준전극으로는 활성금속선(active metal wire)이 적합하다. 또한 은선(silver wire) 역시 비수용액 및 수용액 모두에게 안정한 유사(pseudo) 기준전극으로 사용될 수 있다. 그림 3.7은 전해액의 전기화학적 창에 대한 대표적인 연구들의 결과를 나타낸다.

3.5.3. 열적 연구

전해액과 관련된 열적 연구에는 다음과 같이 두 가지가 있다.

a) 전해액의 조사. 여기에는 용액, 염 및 이들이 조합된 것(용액 相) 등의 고온 특성에 대한 연구가 포함되어 있다.
b) 전극 재료와 접촉하고 있는 용액의 조사

Li 배터리의 비수용액은 실제로는 산화-환원 쌍으로서, 이 쌍에서 염 음이온(예를 들면 PF_6)은 산화제이고 용매분자는 환원제이다. 온도가 높아지면, 알킬탄산염과 같은 용매와 $LiPF_6$와 같은 염 사이에서 고발열성 반응이 촉발될 수 있다[120]. 배터리의 안정성과 한계를 이해하기 위해서는 이와 같은 고온반응과 그때의 생성물을 연구하는 것이 중요하다.

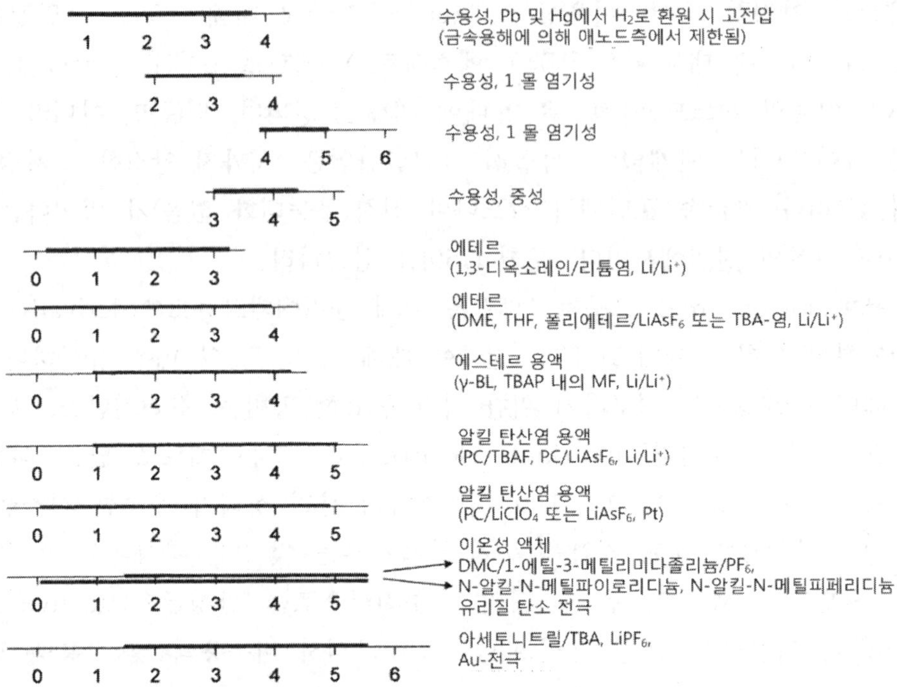

그림 3.7. 몇 가지 수용액 및 비수용액의 전기화학적 창. 전위(V)는 Li/Li^+ 전극에 대한 것이다.

연구가 유용하려면 주사열량측정(DSC) 및 가속율열량측정(ARC)이 모두 이루어져야 한다. 온도와 압력을 모니터링하면 흡열반응을 포함한 모든 열반응을 분석할 수 있기 때문에, ARC 측정에서는 압력제어 방법을 수립하는 것이 중요하다. 또한 ARC시스템을 수정하여 열반응생성물(가스, 액체, 고체)을 모아 분석할 수 있도록 하는 것이 중요하다. 따라서 전해액의 열거동을 완전히 연구하려면 다음 단계를 거쳐야 한다.

a) 염과 용매만의 주사열량측정법(DSC, 열유동-T), 이후 용액 연구
b) 시간(t)에 대한 압력(P) 및 온도(T), 온도(T)에 대한 dT/dt 및 dP/dt, 이 두 가지가 동시에 측정되는 병행 ARC 측정(용매, 염, 용액)
c) 다양한 고온에서 실험 중단, 그 이후의 생성물 분석
d) 모든 열반응 및 반응열을 맵핑하기 위한 데이터 분석

그림 3.8은 EC-DEC/$LiPF_6$ 용액의 대표적인 열 연구결과를 나타낸다[120].

전해액의 열적 거동을 알았다면, 배터리재료와 접촉하고 있는 용액의 열적 거동을 조사하는 것이 중요하다. 이를 가장 깊이 연구한 것이 Dahn 등[191,192]이다. 또한 리튬화된 흑연과 접촉하고 있는 용액을 열적으로 연구한 것도 언급해두어야

하는데, 여기서는 몇 가지 반응(활성 Li^{+} 용액, 표면종과 용액의 반응, 표면종과 Li 사이의 또다른 반응)이 분석되어 있다[193]. Li의 함유량이 다를 경우, 용액과 함께 천이금속산화물(양극)을 연구한 것은 매우 중요했다[194]. 용액종과 산화물분해생성물(예를 들면 분자산소와 용액종) 사이의 발열반응도 분석되었다. 체계적인 연구에 의해 다양한 캐소드재료의 열적 안정성이 맵핑될 수 있었다[191-194].

3.6. 전극 및 전극재료의 대표적 연구

3.6.1. 재료 연구 개요

이 절에서는 새로운 전극의 특성평가를 상세히 다룰 것이다. 전극재료를 분석하려면 반드시 다음 측정법을 사용해야 한다.

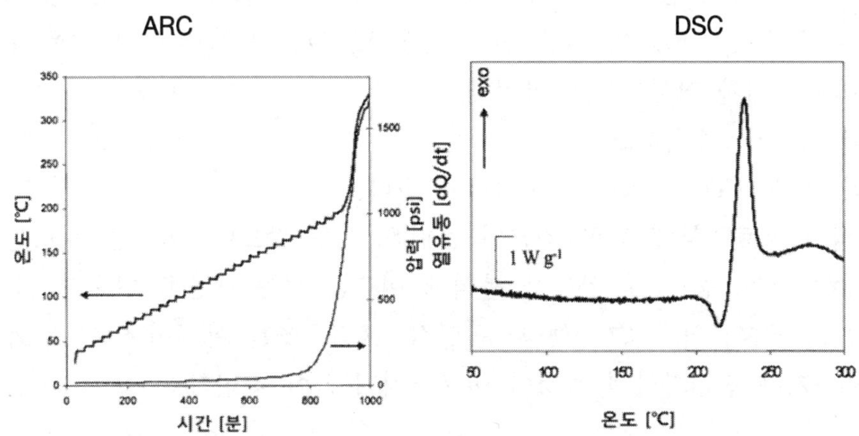

액체 분해 생성물			
140℃	180℃	220℃	350℃
$F_2PO_2^-$	에탄올, 메탄올, CH_3CH_2F, CH_3F(소량), 고분자를 함유한 미량의 P, 분해된 초기생성물의 25%	에탄올, 메탄올, H_3O+, EG, 고분자, FCH_2CH_2X, CH_3CH_2F	완전 분해, CF_3을 함유한 미량의 고분자
가스 相			
		메탄올, DMC, H_2O, EG, CH_3CH_2F, $OHCH_2CH_2F$, CH_3F	메탄올, DMC, H_2O, CH_3CH_2F, CH_3F, 220 ℃에서 가스 완전 방출 후 가열했을 때의 생성가스 : $OHCH_2CH_2F$, CH_3CH_2F, CH_3F

그림 3.8. Li이온 배터리 전해액의 대표적인 열적 연구 결과. EC-DMC-DEC/1 M $LiPF_6$를 ARC(왼쪽) 및 DSC(오른쪽)로 연구한 결과이다. ARC측정에서 온도상승(T-t)과 압력변화(P-t)가 있음을 알 수 있다. DSC 결과를 보면 발열 및 흡열 반응에 대한 정보를 얻을 수 있다(각각 T에 대한 dQ/dt 최소치 및 최대치). ARC는 가스, 액체, 고체의 반응생성물을 오을 수 있도록 배치된다(이후 생성물을 전량분석법으로 연구한다). 표는 반응물을 분석한 결과이다(참고문헌 [120]).

a) 화학적 분석. ICP와 같은 기존 방법에 의한 원소분석. ICP에서는 강산(强酸) 및/또는 산화제에 의해 재료가 용액으로 용해된다. Raman 분광측정법은 화학적 분석의 보조 측정법이다.
b) XRD에 의한 구조분석. 정확한 구조를 아는 것이 중요하다면, XRD 측정과 함께 ND, 고체상태 NMR, Mössbauer 및 EXAFS 등의 보조측정법을 사용할 수 있다.
c) 전자현미경에 의한 형상 연구. 고해상도 TEM은 입자를 구조적 및 화학적으로 완벽히 분석(EDS에 의한 전자 회절 및 원소 분석)하는데 매우 유용하다. 입자의 크기와 형상은 영상화된다.
d) 표면적은 가스흡착법으로 얻어야 한다.
e) 표면박막은 FTIR과 XPS로 분석해야 한다.

전기화학과 재료과학에 관한 최근의 문헌은 매우 많으며, 이들은 새로운 배터리 재료에 대해 설계, 종합 및 완전한 분석에 이르는 모든 내용을 다루고 있다. 전극 재료의 조성, 구조, 입자크기, 형상, 표면적, 표면구조를 확실히 알기 전까지는 전극을 제조하거나 전기화학적 측정이 이루어지지 않아야 한다.

3.6.2. 배터리전극의 전기화학적 특성 평가

3.6.2.1. 금속전극

금속 전극은 항상 배터리의 음극 측이다. 금속 전극은 보통 단체(monolithic)로서 제조 및 측정이 용이하기 때문에, 연구하기가 가장 간단하다. 연구 대상이 되는 파라메터는 배터리의 종류에 따라 다르다. 1차 배터리의 가장 중요한 파라메터는, 전압과 방전율(즉, 전류밀도가 동작전위에 미치는 영향)이다. 따라서 측정 대상은 정전류에서의 V-t 또는 정전압에서의 I-t이다. 균일한 전극 형상을 구현하기 위해서는, 이들 측정값에다 현미경측정에 의한 형상을 함께 연구하는 것도 좋다. 재충전 배터리의 경우 가장 중요한 파라메터는, 용액의 조성비, 방전율, 온도, 방전깊이 등에 대한 충방전효율이다. 충방전효율을 측정하기 위해, 관련 재료의 박막을 연구하는 것은 그리 좋은 방법이 아니다. 금속을 용액으로부터 비활성기재(inert substrate, 보통 금속집전체) 표면으로 전기화학적으로 석출시킨 뒤, 반복적으로 금속을 용해시키는 실험을 하면 중요한 정보를 얻을 수 있다. 또한 대향전극(재료는 동일한 활성금속)을 가진 2-전극 셀에서도 이러한 실험을 할 수 있다. 다음과 같은 두 실험이 적절하다.

a) 반복된 석출-용해, 따라서 Q_{diss}/Q_{dep}에 대한 충방전효율 측정.

b) 비활성기재 표면에 특정한 양의 활성물질 석출, 이후 석출된 금속의 20~30 %를 반복적으로 충방전시킴. 반복적인 충방전 후 잔류금속은 용해된다. 평균 충방전효율(cycling efficiency, CE)은 다음과 같다.

$$\mathrm{CE}(\%) = 100\left\{Q_{cyc} - \left(\frac{Q_{in} - Q_{final}}{n}\right)\right\} \times \frac{1}{Q_{cyc}}$$

여기서 Q_{in}, Q_{final} 및 Q_{cyc}는 각각 석출과정 중 초기, 최종 및 충방전 시의 전하량이다. 재충전 Li 배터리를 연구개발할 때는, 다양한 전해액 및 조건에서 Li 전극의 충방전효율을 고려해야 한다[195,196]. 또한 전자현미경을 이용한 형상 분석도 함께 이루어져야 한다. 2차 배터리의 금속전극 형상은 성능에 결정적인 영향을 미치는 요소이므로, 가능한 한 균일해야 한다.

3.6.2.2. 흐름 배터리(예를 들면 공기 배터리)와 액체캐소드 배터리의 전극

흐름 배터리(flow battery)와 액체캐소드 배터리((liquid cathode battery)의 전극은 활성물질이 함유되어 있지 않은 대신 활성물질에 대한 촉매표면으로 작용하며, 이때 활성물질은 강제로 촉매표면을 투과하거나 표면 위를 지나가도록 되어 있다. 전기화학적 반응과 생성물에 따라 이들 전극은 막(membrane)을 필요로 하며, 이때 막은 활성물질과 반응생성물이 다른 쪽 전극으로 수송되는 것을 막는 역할을 한다. 따라서 이들 전극은 집전체 뿐만 아니라, 표면에 촉매가 수용되어 있는 운반체매트릭스(carrier matrix, 예를 들면 다공질 탄소)도 필요하다. 이들 전극은 활성물질(Zn-공기 배터리에서의 공기, $Zn-Br_2$ 배터리에서의 전해질)의 흐름을 일정하고 효율 좋게 하고, 촉매와 양호한 접촉을 하기 위해, 특수한 공학기술이 필요하다. 표 3.6에는 흐름 배터리와 액체캐소드 배터리의 촉매전극이 설명되어 있다.

일반적으로, 이들 배터리의 주요 파라메터는 유량, 배출물 내의 활성물질 농도, 최적 촉매 함량 및 매트릭스의 기공도 등에 대한 *I*, *V*, *t*의 특성이다[1-4].

이러한 범주에 액체캐소드 배터리도 포함될 수 있다. 이들 중 가장 중요한 것은 $Li-SOCl_2$ 및 $LiSO_2$ 배터리이다. 여기서 전극은 실제로는 집전체로서, 이 집전체 표면에서 캐소드반응이 일어난다(표 3.6 참조). 이 전극과 관련된 가장 중요한 파라메터는 전극면적과 액체캐소드 부피에 대한 *I*, *V*, *t*의 특성이며, 이때 전극의 무게는 가능한 한 최소로 유지해야 한다.

표 3.6. 흐름배터리의 대표적인 전극과 액체전극을 갖는 배터리[1-5,9]

배터리시스템	활성물질 종류	반 응	촉매/매트릭스
아연-공기	유동가스 (산소)	$Zn + 1/2O_2 + H_2O \rightarrow Zn(OH)_2$	PTFE 박판 탄소/촉매
알루미늄-공기	유동가스 (산소)	$Al + 3/4O_2 + 3/2H_2O \rightarrow Al(OH)_3$	PTFE 박판 탄소/촉매
바나듐레독스	산화환원종을 가진 유동용액	$V^{5+} + V^{2+} \rightarrow V^{4+} + V^{3+}$	단극 또는 양극 탄소펠트
Li-염화티오닐	액체캐소드 물질	$4Li + 2SOCl_2 \rightarrow 4LiCl + SO_2 + S$	다공질 탄소전극
Li-이산화황	액체캐소드 물질	$2Li + 2SO_2 \rightarrow Li_2S_2O_4$	다공질 탄소전극
아연-브롬	산화환원종을 가진 유동용액	$Zn + Br_2 \rightarrow ZnBr_2$	탄소-폴리에틸렌 복합재료

이 조건에 가장 적합한 전극재료는 다공질 탄소이다(상세한 내용은 문헌 [1-4]를 참조하라).

3.6.2.3. 복합재료 전극

복합재료 전극은 모든 정지용(stationary) 배터리에 널리 사용되는데, 이는 (3.6.2.1에서 설명하였듯이 금속애노드를 제외한) 대부분의 경우 단체의(monolithic) 활성물질을 사용하는 것이 불가능하기 때문이며, 따라서 분말재료가 사용된다. 따라서 전극은 집전체(보통 금속박막 또는 금속망), 분말 활성물질, 고분자결합제, 전기전도도를 개선시키는 첨가물(보통 탄소분말) 등으로 이루어진 복합구조를 가져야 한다. 복합구조와 관련하여 다루어야 할 첫 번째 주제는 다음과 같다.

a) 활성물질의 형상. 마이크로입자 또는 나노입자? 입자크기가 작으면 작을수록, 고체상태 전극 내에서의 확산길이는 더욱 짧아지므로 반응속도가 빨라지고, 표면적은 커지며, 따라서 전하이동이 빨라지고, 단위 부피 당 전체 계면임피던스 또는 활성물질의 무게가 작아진다. 그러나 활성물질의 입자 크기가 작아져 접촉표면적이 커진다는 것은, 원하지 않는 접촉에 의해 부반응이 일어날 가능성이 있다는 것도 의미한다.
b) 집전체와 결합제의 재료를 선택하는 것은 화학적, 전기화학적 안정성에 따라 달라진다. 두 재료는 어떠한 부반응과도 무관해야 한다.
c) 활성물질, 결합제 및 첨가제의 비율, 두께, 제조법(수계 및 비수계 슬러리, 도포기술 및 기기, 건조절차) 및 (제조 시 외부 인가압력에 따라 달라지는) 기공도 등의 공학적 파라메터.

위에서 다룬 내용들은 배터리시스템마다 고유의 특성이 있으므로, 각 파라메터들에 대한 상세한 설명은 이 책의 범위를 벗어난다. 따라서 특정한 배터리시스템에 대한 설명하고자 한다. 복합재료 전극의 전기화학적 특성은 구조(활성물질의 비율, 전기전도도, 기공도, 두께, 입자 사이의 전기적 접촉 강도 등)에 따라 크게 달라진다. 이상적인 복합재료 전극의 경우, 전해질은 모든 입자와 접촉하고 있으며, 모든 입자는 집전체(전자이동) 및 용액(이온이동)과 동시에 상호작용하고 있다. 복합재료 전극을 완벽하게 연구하려면, 단일입자 전극, 얇은 전극, 두꺼운 전극을 모두 대상으로 해야 한다. 이 3가지 전극의 전기화학적 응답을 비교하면 방전율 결정단계(rate-determining step, 이하 RDS)를 평가할 수 있다. 1차적인 전기화학반응이 RDS냐 또는 입자간 접촉이냐 여부와, 복합구조 내부의 용액에서 이온수송이 방해받는다면 이것이 제한요인이 되는가가 확실해질 수 있다. 단일 마이크로입자에 대한 연구는 문헌[151,152,197]을 참조하고, 얇은 전극에 대한 연구와 이를 두꺼운 전극과 비교한 연구는 문헌 [124-126,130-133, 198-200]을 참조하라. 그림 3.9에서 얇은 전극과 두꺼운 전극에 대한 SSCV와 EIS 스펙트럼이 나타나 있다.

고체상태 확산 특성과, 층간삽입 정도와 전위가 확산계수에 미치는 영향을 밝히려면 CV는 적합하지 않다. PITT와 GITT와 같은 소진폭 적정기술에서는 (층간 삽입-탈리 시) 전위 (및 이온삽입 정도)에 대해 삽입모체(host) 내의 이온확산계수를 계산해야 한다.

특히 Li 및 Li이온 배터리 전극에 임피던스 분광측정법을 적용하면, 결과로 얻은 임피던스 스펙트럼은 전기화학적 과정의 모든 시정수를 나타내기 때문에 매력적이다. 그림 3.10은 다음 전극의 대표적인 임피던스 스펙트럼을 나타낸다.

1) 극성 비양자성 Li염 용액 내의 캐소드에서 저전위로 분극화되는 귀금속 전극
2) Li 전극
3) 리튬화된 흑연 전극

이 세 전극의 공통분모는 Li이온을 전도시키는 다층표면박막이 형성되는 것이며(SEI 모델), 따라서 스펙트럼의 고주파 부분은 다층표면박막을 통해 Li이온이 이동한다는 것을 나타내며, 이는 'Voight' 형 아날로그 - C||R 직렬회로로 시뮬레이션될 수 있다[199,203]. 귀금속 전극의 경우는 스펙트럼의 중간 및 저 주파수 부분이 다르다. 이는 (용액종의 환원에 대해) 전달저항(transfer resistance)이 매우 크다는 것을 나타낸다. Li 전극의 경우, 임피던스는 주로 표면박막을 통한 Li이온의 이동과 크게 관련이 있기 때문에, 저주파 부분은 크기가 감소하여 중요하지 않게 된다(여러 계면에 걸친 Li이온의 RCT는 작다)[203].

흑연전극의 경우, 스펙트럼의 저주파부분은 표면박막에서 층간삽입지점까지의 Li이온 전달, 고체상태 확산, 그리고 Li의 축적(매우 낮은 주파수에서의 용량 특성) 등을 반영한다. 따라서 Li 흑연전극의 임피던스 스펙트럼에는 삽입모체 내에서 Li이온의 고체상태 확산을 나타내는 'Warburg' 형 요소가 확실히 포함되어 있다[199]. 실제로 ($LiMO_x$ 캐소드 재료를 포함한) 모든 Li 삽입전극은 흑연전극과 비슷한 특성을 가진다. Li이온 삽입과정에는 (캐소드재료 표면에 형성되는) 표면박막을 통한 이온이동, 계면을 통한 전하전달, 고체상태 Li이온 확산, 그리고 삽입모체 내에서의 Li이온 축적(용량 특성) 등이 포함되어 있다. 따라서 그림 3.11에서 볼 수 있듯이 대부분의 Li 삽입전극의 임피던스 스펙트럼은 유사하다.

SSCV와 PITT 또는 GITT의 결과를 보면, 임피던스 스펙트럼을 이해하고 다양한 시정수를 분리할 수 있다. 매우 낮은 주파수에서는, 인가된 각주파수 ω(또는 f)가 거의 0에 가깝고, 스펙트럼의 허수부(Z'')는 다음 식과 같이 전극의 차분용량(differential capacity)을 나타낸다.

$$C' = \frac{1}{\omega Z''} \quad (\omega = 2\pi f)$$

따라서 EIS로부터 계산된 *E*에 대한 *C'* 값은 SSCV로부터 계산된 *C'*(= i/v)와 비슷해야 한다. 여기서 i는 전류밀도, v는 전위주사속도이다[124,125,201]. Li_xC_6(Li 흑연), $Li_xV_2O_5$ 및 Li_xCoO_2를 포함하는 다양한 전극에 대해 그와 같은 연구가 수행된 바 있다. 이 모든 경우에, Li를 모재로 삽입하는 것에는 상전이가 포함되어 있다. 그림 3.12는 $LiCoO_2$ 전극에 대한 SSCV, D 및 EIS를 보여준다. (CV, PITT 또는 ITS에 의해 얻은) *E*에 대한 *C'*의 최대전위에서 나타나는 *E*에 대한 *D*의 최소값은 층간삽입지점 사이에서 끌어당기는 상호작용(즉, 주입된 이온과 격자구조로 인한 이들 이온의 전자적 환경)을 반영한다[124,199,200]. (격자가스모델에 의해 거동이 밝혀진) 이러한 끌어당기는 상호작용은 이온주입과 전자전달이 진행됨에 따라 相을 편중(segregation)시키고 분리(separation)시킨다(상세한 내용은 문헌 [124-127, 129-133, 199-200]을 참조하라).

활성물질의 기본적인 전기화학적 반응을 이해한다면, 더욱 복잡한 반응을 나타내는 두꺼운 복합재료 전극을 분석할 수 있다. 전극구조가 균일하지 않기 때문에 나타나는 악영향을 평가하기 위해 EIS와 같은 방법을 사용할 수 있다.

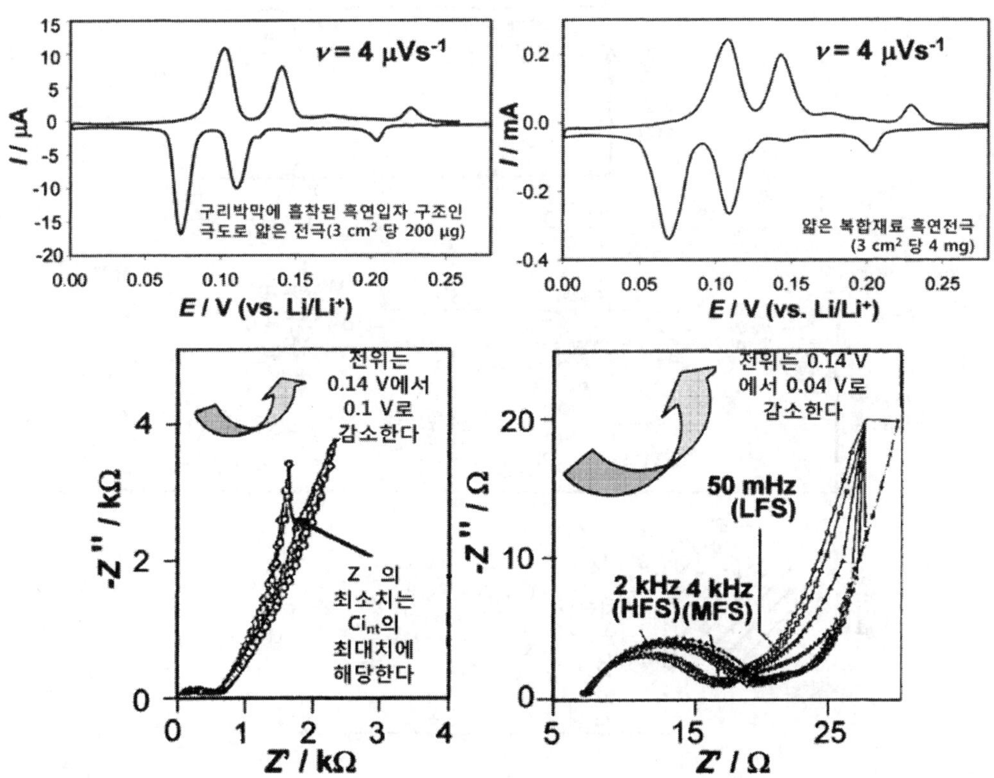

그림 3.9. 매우 얇은 전극(1 ㎛)과 두꺼운 전극의 SSCV 및 임피던스 스펙트럼 비교(참고문헌 [196,200]). (니켈산화물 캐소드를 갖는 모든 종류의 Li 배터리, Zn-MnO_2 및 알칼리 배터리와 관련된) 이온층간삽입전극의 거동은 복잡하고, 이를 이해하는 것은 몇 가지 전기분석기법을 동시에 적용시켜야 한다. 일반적인 전기화학적 거동, 상전이의 단계화 또는 고용체의 형성은 SSCV와 대시간전위측정법을 사용하면 시각화될 수 있다.

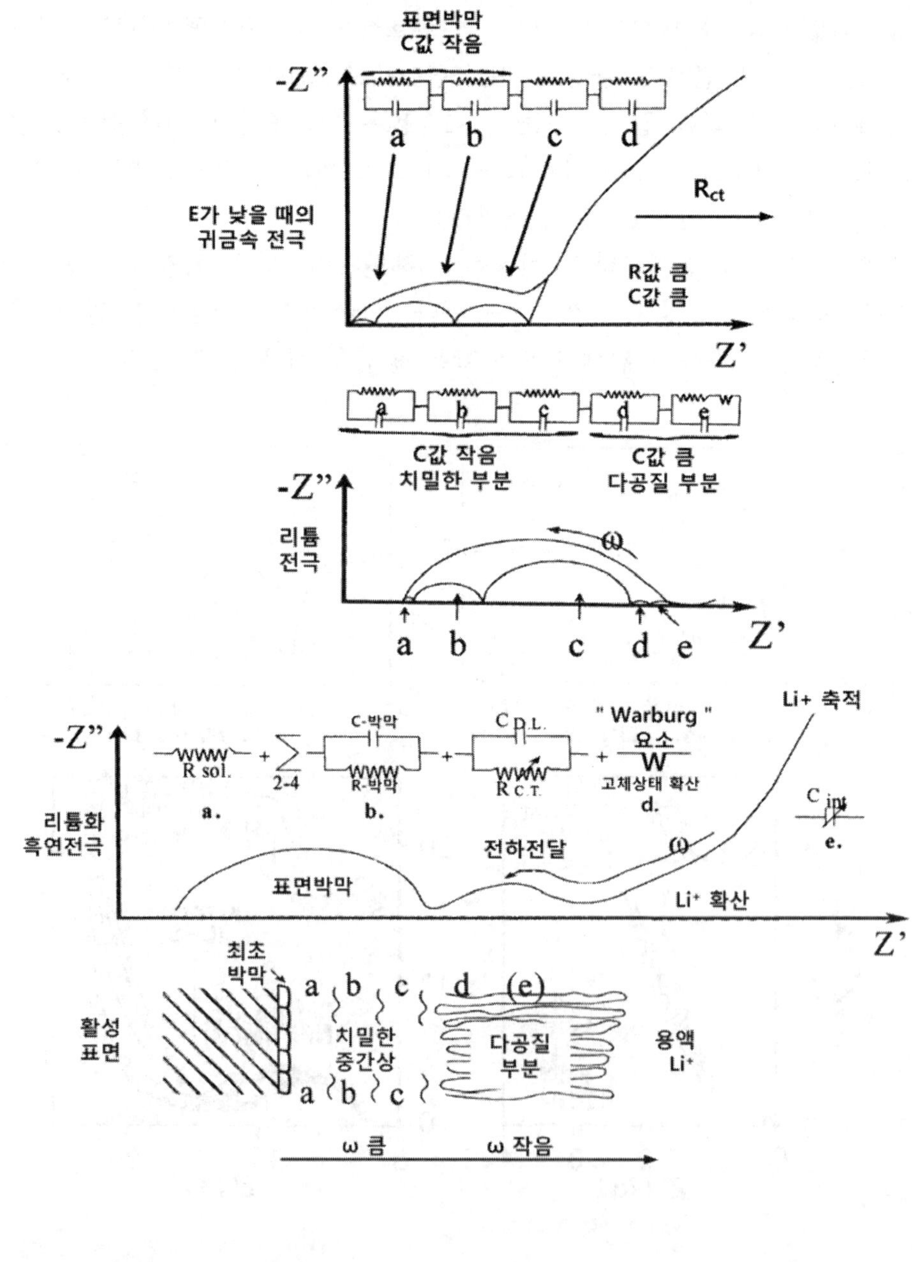

그림 3.10. 저전위로 분극된 귀금속 전극, Li 및 Li-흑연 전극의 대표적인 임피던스 스펙트럼 비교. 공통분모 : 다층 표면박막의 형성, 맨 아래쪽 그림을 보라. 3 가지 경우 모두에서, 고주파영역은 표면박막을 통해 Li이온이 이동할 때의 임피던스를 반영하므로, 응답은 유사하다. 그러나 저주파영역은 다르다(참고문헌 [201-203]).

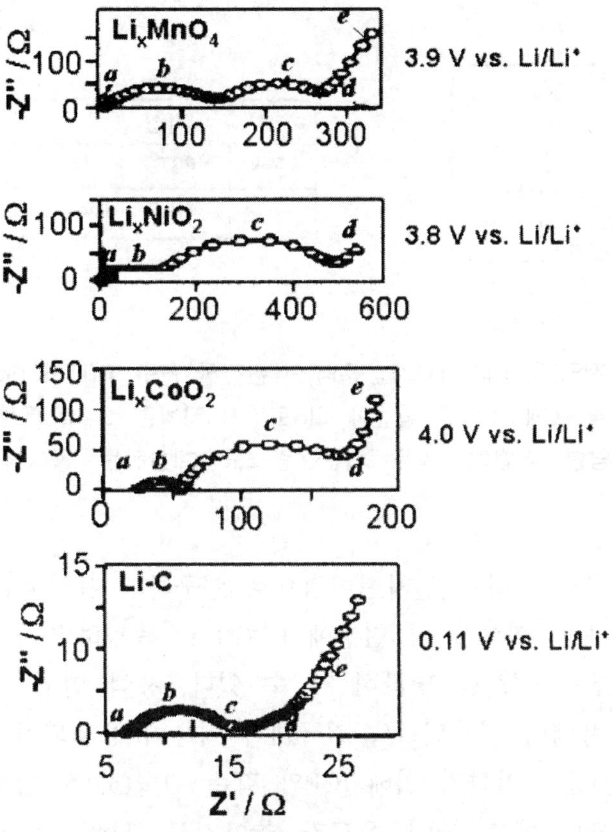

그림 3.11. 유사성을 나타내는 Li 주입전극의 대표적인 임피던스 스펙트럼. 전극과 전위가 표시되어 있다. EC-DMC/$LiAsF_6$ 용액(참고문헌 [201]).

이러한 불균일의 원인으로는, 불균일한 두께, 불균일한 입자크기, 입자간 전기적 및 전기화학적 접촉 문제(모든 활성물질이 용액과 접촉하고 있지 않다)로 인해 전극의 일부분이 기능을 하지 못하는 것 등이 있다.

문헌 [130-133]은 위에서 언급한 방법 및 이와 관련된 연구를 다루고 있다. 전극 전체 및 표면 특성을 평가하기 위한 다른 기술들과 연계하여 복합재료 전극의 전기화학적 연구가 이루어진다면 매우 유용하고 이해하기 쉬울 것이다.

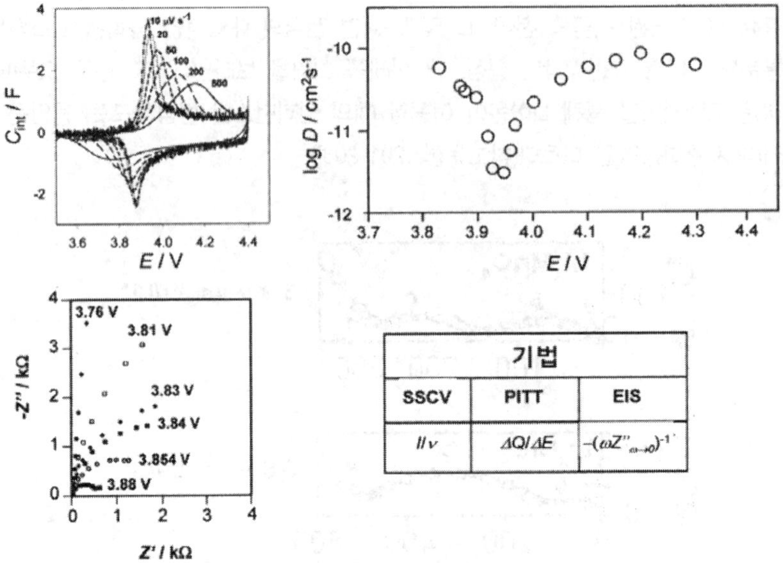

기법		
SSCV	PITT	EIS
I/v	$\Delta Q/\Delta E$	$-(\omega Z''_{\omega\to 0})^{-1}$

그림 3.12. $LixCoO_2$ 전극(EC-DMC/$LiAsF_6$ 용액)의 완전한 연구. PITT와 EIS로부터 얻은 SSCV 및 D-E. $\omega\to 0$에서의 Z' 때문에 EIS로부터 정확한 C_{int}-E 특성을 계산할 수 있다. 표는 다양한 기법에 의해 차분용량-E를 계산하는 공식을 보여준다(참고문헌 [199-201]).

또한 열화된 전극의 형상을 전자현미경으로 연구하면 활성물질의 변화를 알 수 있기 때문에 유용하다. 실험실 및 현장에서 XRD로 측정하면 열화 및 충방전으로 인한 활성물질의 총량 변화를 명확히 알 수 있다. 용액 연구 시에도 열화시험이 이루어져야 한다. 용액이 열화된 후, 전극에서 이온이 용해되어 나오는 것(전극의 열화과정의 일부임)을 파악하기 위해 ICP와 같은 기술(3.4절 참조)로 용액을 분석하는 것이 중요하다. 예를 들어 온도가 높아져서, $LixCoO_2$와 $Li_xMn_2O_4$ 또는 Li_xFePO_4를 비롯한 캐소드재료의 열화가 진행되면, 천이금속 이온(Co^{2+}, Mn^{2+}, Fe^{2+})은 활성금속에서 용액으로 용해되며, 이에 따라 캐소드 재료의 격자구조가 뚜렷하게 변화하고 비활성 상(phase)이 형성된다(참고문헌 [204]를 참조하라). 매우 중요한 것은 전극의 표면연구이다. 실제로 대부분의 경우, 부동태화 과정, 바람직하지 않은 표면화학반응으로 인한 전극 임피던스의 증가, 그리고 부동태 표면 박막에 의한 절연 때문에 활성물질의 불완전한 전기적 접촉 등의 표면현상이 나타나 배터리의 고장이 발생한다. 이에 대한 연구는 다음 절에서 다룬다.

3.6.3. 배터리 전극의 표면 특성 평가

표면화학반응, 표면박막, 부동태화 현상 등이 배터리 전극에 미치는 커다란 영향 때문에, 배터리시스템의 표면연구에 수많은 관심이 모아져 왔다. 따라서 이 주제들을 여기서 모두 다루는 것은 불가능하다. 이 절에서는 배터리 전극 표면에 대한 연구들을 참조하여 몇 가지 중요한 사항을 간략히 설명한다. 최근 가장 관심을 끄는 연구는 물론 Li 및 Li이온 배터리와 관련된 것이다. 또한 리튬배터리의 음극은 표면화학반응이 가장 중요하기 때문에 대기오염물질에 가장 민감하다. 따라서 이미 언급했듯이, 이 배터리의 연구를 위해 전기화학셀에서 분광측정기와 현미경 쪽으로 정보의 특수 전달방법을 개발해야 했으며, 그 결과 개량된 현장측정법 (FTIR[70,71,205], Raman[206], XRD[154,207], AFM[115], STM[159])이 특별히 개발되었기 때문에, 정보의 혼란과 손실을 방지할 수 있다. 반응성 높은 전극표면을 연구할 때 주의해야 할 몇 가지 사항이 아래에 나열되어 있다.

a. 일부 표면기술은 반응성 높은 표면물질에 유해할 수도 있다는 것을 명심해야 한다. XPS와 AES의 X선은 Li 또는 Li-C 표면의 물질을 더욱 환원시킬 수 있다. Raman 측정에 필요한 레이저빔 역시 반응성 높은 표면에 파괴적인 손상을 입힌다. FTIR은 결코 파괴적이지 않지만, FTIR 스펙트럼이 잘 분해되고 강한 최대치들을 포함하고 있는 표면군으로 제한된다. 같은 연구에 FTIR과 광전분광측정법을 적용하면 상승효과가 있을 것이다.
b. 리튬과 같은 활성전극의 연구를 위해 같은 용액 내에서 저 전위로 분극되는 Ni, Ag, Pt, Au 거울과 같은 비활성 전극의 연구를 함께 하는 것이 좋다. 비슷한 표면물질이 형성될 수 있으며, Li 또는 Li-C 전극에 비해 더욱 우수한 해상도에서 더욱 쉽게 연구된다[202].
c. 내부반사모드를 이용한 FTIR 분광측정법에 의해 스침각에서 반사 Li 전극을 매우 효과적으로 연구할 수 있으며, 이때 활성표면은 IR 투명창(KBr과 NaCl이 적합)에 의해 보호된다. 실제 스펙트럼이 매우 다양한 화합물(유기 및 무기 Li염)의 FTIR 스펙트럼 데이터베이스와 비교될 수 있기 때문에, 이 연구는 매우 효과적이다. 이때 화합물은 널리 사용되는 모든 전해액에서의 Li 표면 상에 형성될 수 있다.

d. 상당한 기간 동안, 외부 및 내부반사 모드를 포함하여 현장에서 Li 전극을 FTIR로 연구하기 위한 몇 가지 방법과 셀이 개발되었다. 상세한 내용은 이미 발표되어 있으며, 따라서 관련 실험경험도 확실하게 알려져 있고 이용될 수 있다. 또한 이 방법은 비수용액의 마그네슘 전극과 같은 그밖의 반응성 높은 시스템의 연구에도 적용될 수 있다.

e. 리튬화 탄소와 같은 고반응성의 복합재료 전극을 연구하기 위해, Li 탈리(deintercalation) 후에 전극을 연구하는 것이 좋다. 저 전위에서 형성되는 대부분의 표면종은 리튬 탈리 후에 탄소표면에서 안정한 상태로 남아 있다. 미립자재료에 대한 가장 적절한 기술은 확산반사이다. 그러나 분광측정기의 대기는 엄격하게 제어되어야 한다(H_2O와 CO_2가 없어야 한다).

f. 복합재료 전극의 표면연구는 용액종을 포획하고 있는 다공질 구조와 결합제의 존재 때문에 매우 복잡하다. 따라서 실험실에서 측정하기 전에 효과적인 세척과 배출이 중요하다. 스펙트럼 분석을 위해, 원 전극의 비교 스펙트럼의 경우, 활성물질, 결합제, 첨가물, 그리고 관련 용액종(용매, 염, 용액) 등의 개별요소에 대한 스펙트럼을 가지는 것이 중요하다[204, 210].

g. 테트라알킬 암모늄염 용액 내에서, CoO 또는 CuO 나노분말의 리튬화[211]와, 비활성 금속전극 상에서 알킬탄산염의 전기분해(非부동태조건에서의 환원)를 포함한 몇 가지 고유한 실험에 의해, 기준표면화합물을 조제할 수 있다[190]. 리튬화된 탄소성 물질로부터 확산반사모드에 의해 측정된 복잡한 FTIR 표면 스펙트럼은, 기준 화합물, 리튬 및 같은 용액에서 저 전위로 분극된 비활성전극에서 측정된 훨씬 더 높은 해상도의 스펙트럼과 비교될 수 있다[212].

결론적으로 복합재료 전극의 표면 화학반응을 연구에는, 몇 가지 기술들을 사용(가능하다면 실험실 및 현장 기술을 함께 사용)하고, 전극의 스펙트럼과 비교할 수 있는 기준화합물의 스펙트럼 데이터베이스(FTIR, Raman, XPS 등)를 폭 넓게 이용한다면 결정적인 도움이 될 것이다.

3.7. 복잡한 배터리의 측정

3.7.1. 소개 - 일반적인 면

전체 셀의 특성을 평가하기 위해 다음 사항과 같은 사항들을 고려해야 한다.

a. 배터리성능을 정확하고 충분하게 나타내기 위한 올바른 시험세트 선정
b. 고장 가능성 및 용량감소 매커니즘의 이해. 어떤 부품이 있으며 전극이 어떻게 서로 영향을 미치는가를 이해
c. 장기적인 저장/충방전에 의한 고장 및 용량감소 매커니즘을 시뮬레이션 할 수 있는 단시간 시험 계획
d. 배터리의 용량 증배(upscaling) 기준
e. 배터리의 직병렬 연결과 다중셀 시스템의 적절한 제어법 선택 기준
f. 안전문제, 열거동 연구, 정확한 안전시험법의 선택과 적용
g. 다양한 응용분야에 대한 정확한 운전지침의 설정

물론 재충전 셀에 대해서는 여러 가지 요구조건이 있으며, 전기화학적 및 열적 거동은 배터리마다 다르기 때문에, 배터리마다 특정한 특성평가 및 품질제어 지침이 필요하다. 따라서 이 절에서는 일반적인 정보만을 다룬다. 대량생산되는 상용 배터리와 R&D 과정에 있는 배터리에 대해 논의할 때는 이 둘을 반드시 구별해야 한다. 또한 배터리의 최초 작동 역시 구별되어야 한다. 1차 배터리의 경우 최초 작동은 오직 방전 하나뿐이다. 2차 배터리는 Li 배터리와 같이 충전된 상태에서 제작된 것도 있지만, Li-이온, Ni-MH 및 납 배터리 등은 방전된 상태에서 제작되므로 최초 동작은 충전이며, 이때 배터리는 화학반응, 부반응 가능성, 중요한 부동태화 과정 등(R&D 과정과 시스템 이면의 과학에 대한 이해를 기반으로, 제작사에 의해 최적화되어야 함)에 의해 결정되는 최적 조건에서 충전되어야 한다. 따라서 최초 동작이 성공적으로 완료된 후, 이들 배터리의 표준측정법이 시작되어야 한다(문헌 [1-4]의 예를 참고하라).

3.7.2. 상용 및 시제품 배터리의 표준 전기화학적 성능 시험 예 [1-4]

배터리의 주요 성능시험은 아래와 같다.

a. 대기온도 및 최대 용량이 공급되는 최고 방전율에서의 대표적인 충방전 특성. 고전적인 시험법으로 일정 전류에서 측정하면 *V*(또는 용량)-*t* 곡선을 얻을 수 있다.

b. 출력전류에 대해 용량을 측정하는 가변 방전율 시험(정전류 값을 바꾸어 가며 *V-t* 측정). 이 시험에서, 충방전 시 차단전압에 따라 용량이 정의되는 방법을 결정해야 한다.

c. 최대전력밀도는 *V-t* 곡선으로부터 계산된다. 이를 바탕으로 전력밀도에 대한 에너지밀도(Ragone 그래프)를 구할 수 있다.

d. 저온 한계치는 매우 중요하다. 정전류에서 온도에 따른 *V-t* 곡선을 구해야 한다. 저온에서 용량감소가 예상된다.

e. 부하가 걸린 상태에서 전압과 전류의 과도상태 응답(빠른 변화)을 나타내는 펄스거동이 측정되어야 한다.

f. 전압지연(즉, 부동태화 현상 때문에 방전 시 전압의 첫 최소치) 및/또는 메모리효과(방전깊이가 *V-t* 특성에 미치는 영향)와 같은 현상이 평가되어야 한다.

g. 반복 충방전 특성이 측정되어야 한다. 충방전 횟수에 대한 방전용량을 그래프로 그려야 한다. 온도와 방전율에 대해 충방전 특성을 측정해야 한다. 이러한 시험은 많은 시간을 필요로 한다.

h. 저장수명 시험이 중요하다. 충전된 배터리를 장기간의 저장한 후, 언제까지 용량을 유지하는가? 온도를 증가시켜 가며 시험하면, 대기온도에서의 장기간 저장조건을 시뮬레이션 할 수 있다. 모든 배터리에 대해 엄격한 조건에서 이루어진 예비연구를 기반으로, 고온 및 저온 저장 사이의 관련성이 결정되어야 한다.

i. 배터리의 안정성을 결정하기 위해 단시간의 과충전 및 과방전 시험이 중요하다.

그림 3.13은 Tadiran사에 의해 개발, 상용화된 재충전 AA Li(금속)-$Li_{0.3}MnO_2$ 배터리를 대상으로 한 시험결과를 보여준다. 이 도표들은 완전한 표준측정결과를 보여주는 것으로, 상용화와 대량생산에 의해 타당성이 입증된 바 있다.

이 배터리는 회로가 단락되거나 과충전되었을 때, 용매의 빠른 고분자화를 통한 고유의 내부안전 매커니즘을 가지고 있기 때문에, 이 매커니즘에 따라 배터리가 혹사될 경우 차단되므로 열폭주를 방지할 수 있다.

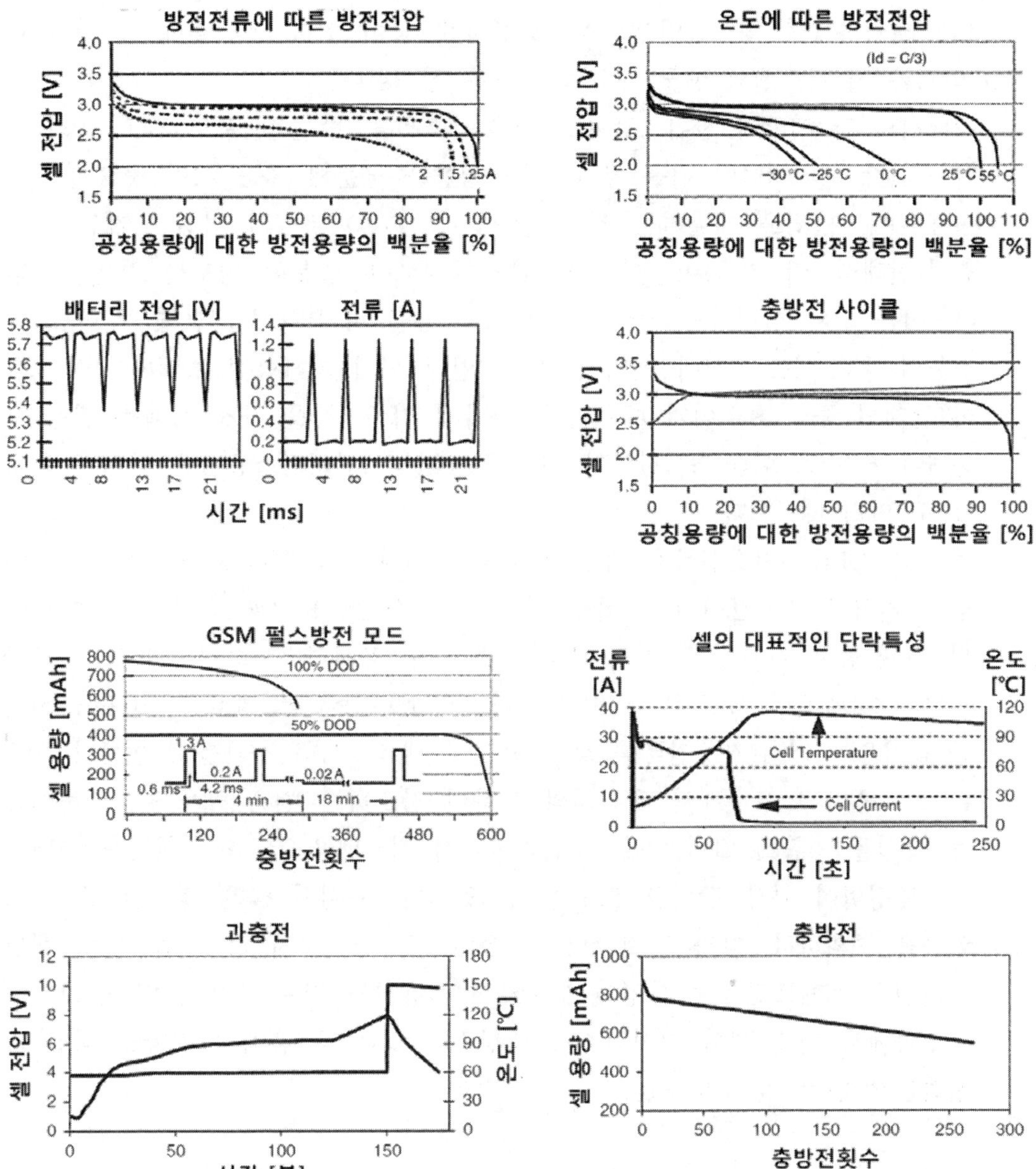

그림 3.13. 재충전배터리의 대표적인 성능요구 시험. Tadrian사의 Li-$Li_{0.3}MnO_2$ InchargeTM(AA 배터리) 셀의 특성(참고문헌 [214,215]).

3.7.3. 시제품 배터리의 측정, 임피던스 측정 및 고장매커니즘 연구

R&D 과정에서 전체 셀은 시제품을 이용하여 기본특성을 결정하는데, 기본 특성으로는 전기화학적 성능, 안전한계, 고장한계 등이 있다. 이 절에서는 배터리 R&D 단계와 시제품 셀의 연구 내용들에 대해 설명한다.

a. 배터리의 각 전극이 전위프로파일, 임피던스용량, 방전율, 용량 감소 등의 응답특성(각 배터리마다 다름)에 미치는 영향을 구분해 내는 것이 중요하므로, 이에 대한 방법을 개발하는 것이 중요하다. R&D 과정의 이전 단계는 부시스템(전해액, 각 전극)이 연구개발되는 단계로서, 충분한 정보를 얻을 수 없다. 이는 전체 셀에서는 전극들이 서로 영향을 미치며(예를 들면, 부반응 생성물의 용해-석출), 최대 에너지밀도를 얻기 위해 기하학적 형태와 컴팩트함이 설계의 중요 요소이기 때문이다. 따라서 기준전극을 가진 시제품 셀을 사용해야 하는데, 이는 두 전극의 전위프로파일과 임피던스응답을 동시에 측정할 수 있기 때문이다.

그림 3.14는 기준전극을 가진 시제품 동전형 셀의 개략도를 나타낸다. 이 셀의 기하학적 공간배치, 전극두께 및 전극의 활성물질과 용액 함유량 사이의 비율 등은 각주형 또는 나권형 셀과 매우 유사하다. 그림 3.15는 온도가 증가된 상태에서 MCMB 흑연(음극)과 $LiCoO_2$(양극)를 재료로 사용한 시제품 Li이온 배터리(기준전극을 갖는 동전형 셀)의 시험 결과를 보여준다[216]. 온도가 증가된 상태에서 배터리의 용량이 감소하는 것은 애노드 때문이라는 사실을 명확히 알 수 있다. 전기화학적 시스템을 분석하는데는 임피던스 분광측정법이 가장 강력한 도구일 수 있지만, 확실치 않은 정보를 줄 수도 있음을 주의하라. 따라서 전극의 각 응답들을 구분하지 않은 채, 전체 셀의 임피던스 스펙트럼을 특성평가 도구로서 사용하는 것은 소용이 없다. 그러나 고주파에서 전체 셀의 임피던스를 측정하는 것은 셀 용액의 저항을 직접 측정하는 방법이 될 수도 있다.

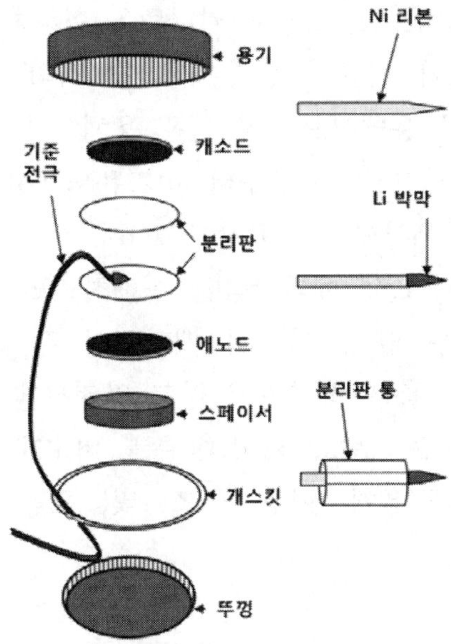

그림 3.14. 시제품 배터리의 정밀 전기분석 측정을 위한 3-전극 동전형 셀의 개략도(오른쪽에서 기준전극의 제조법이 설명되어 있다).

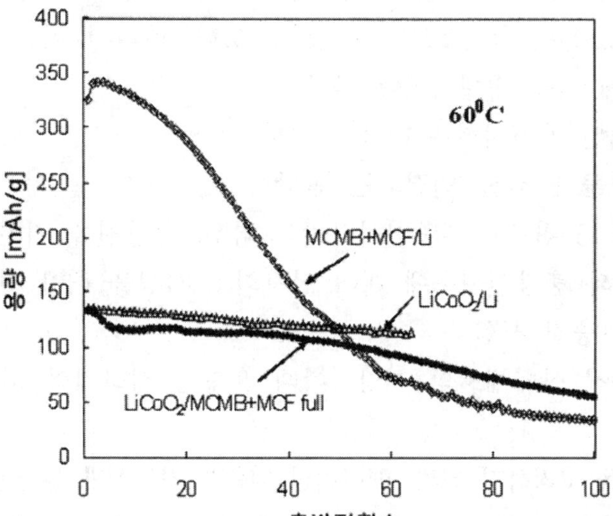

그림 3.15. 온도가 증가되었을 때, $LiCoO_2$/MCMB+MCB 전체 셀과 두 반쪽셀(MCMB+MCB/Li와 $LiCoO_2$/Li)의 점진적 용량감소 연구 결과. 전해액은 EC/EMC의 비가 1:2인 용액 내에 1M의 $LiPF_6$,이다. 이 연구결과로부터 셀의 고장이 음극 때문에 발생한다는 것을 알 수 있다(MCMB = meso carbon micro beads, 중간상탄소섬유)(참고문헌 [216]).

b. 매우 짧은 기간의 실험으로 고장 매커니즘을 이해하고 용량감소 특성을 측정하기 위해서는, 온도가 높아진 상태에서 배터리의 특성을 연구하는 것이 좋다. 부반응, 전극에서 용액상으로의 이온 용해, 그리고 부동태 파괴 등은 모두 고온에서 가속화되므로, 이로부터 대기온도에서 오랜 시간 동안 동작할 때 나타나는 고장을 예상할 수 있다[217,218].

c. 배터리의 용량감소와 고장 매커니즘을 이해하려면, 고장난 배터리의 사후분석 없이는 완전할 수 없다. 따라서 배터리의 각 R&D 과정에서는, 이러한 분석을 비롯하여 회로를 단락시키지 않고 안전하게 용기를 개봉하고, 비활성 분위기에서 활성성분을 분리시키며(대부분 비수계 배터리와 관련이 있음), 필요한 모든 분석도구(용액, 형상, 구조, 및, 표면 등의 분석도구)를 이용할 수 있어야 한다[219].

3.7.4. 안전성 및 관련 시험

배터리의 특성평가에는 엄격한 안전시험이 포함되어야 한다. 일부 시험들은 매우 위험할 수도 있으며, 폭발로도 이어질 수 있다. 따라서 이 시험들은 적절한 격실에서 원격제어에 의해 수행되어야 한다.

몇 가지 핵심적인 안전시험은 다음과 같다.

a. 배터리 전극들이 직접 연결되는 단락회로 시험과 그 이후의 전류 및 온도 측정(그림 3.13 참조). 재충전배터리의 경우, 충방전을 거친 배터리를 대상으로 충전상태와 충방전횟수에 대해 단락회로 시험을 해야 한다.

b. 과방전 및 과충전 시험

c. 온도가 높아진 상태에서의 저장. 이때 온도는 배터리의 최대 허용값으로 설정한다.

d. 환경적 제약을 고려하기 위해, 배터리의 열폭주 가능성과 열반응의 생성물의 분석

e. 못에 의한 관통, 충돌, 기계적인 충격 등에 대한 반응 관측

f. 배터리 용기의 내부식성에 대한 환경실험

새 배터리와 사용된 배터리의 화학적 조성, 그리고 배터리 성분의 열반응 생성물로부터, 배터리의 폐기물 규정과 환경친화성 및 위험성을 알 수 있다.

3.8. 이론적 배터리 특성 평가

배터리의 연구, 개발 및 생산 중에 이루어진 수많은 실험과 병행하여, 다음과 같은 사항들을 이론적으로 다룬 뛰어난 연구들도 있다.

a. 다양한 전해질(용액, 고분자매트릭스, 고체)에서의 수송 현상. 고체 전극재료(고체상태 확산과정, 이온층간삽입)와 경계면 사이에서의 수송현상에 대한 이론적인 연구[220]

b. 최초부터, 배터리 재료 계산, 산화환원 과정에서 상전이가 일어나는 전극재료에 대한 상도표의 설명. 최근에 대부분의 Li 삽입물질은 최초부터 계산에 의해 이론적으로 분석되었고, Li 삽입-탈리 과정에서 예상되는 구조적인 변화도 계산되었으며, 실험결과와 일치하는 훌륭한 결과를 얻었다. 따라서 전극재료의 이론적인 연구는 매우 신뢰성이 높다[221-223].

c. 최초부터 표면반응의 계산. Li 배터리의 경우, 전극 표면의 화학반응과 형성된 표면박막의 정보는 배터리 동작과 성능에 핵심적인 역할을 한다. 더욱이 오직 몇 가지의 용액과 염만이 Li 배터리에 적합하고, 이 시스템의 부반응 감소, 더욱 우수한 부동태화, 고온안정성 등을 개선하려면 첨가물을 이용할 수 있다. 표면반응, 활성전극표면을 고려하여 선택된 화합물, 이 둘의 이론적 에너지를 계산하면 적절한 첨가물을 찾을 수 있다[224-226].

d. 물리적 상황(계면 상황, 표면박막과 같은 시스템의 저항요소, 복합재료 전극 구조, 그리고 전해질시스템과 관련된 수송현상)을 잘 이해하여 I 및 V-t 특성, 임피던스, 방전율, 전력 및 에너지 밀도에 대해 배터리의 성능 예측. 수년에 걸쳐 액체 및 고체 전해질을 가진 배터리가 이론적으로 분석되었다. 이 연구들에 의해 배터리의 공학적 문제를 개선하고, 문제가 되는 열발산 과정을 다루며, 방전율이 높을 때의 온도를 자세히 나타내고, 고방전율을 구현하고 내부저항으로 인한 전압강하를 줄이기 위해 각 부품의 특성이 최적화되었다[227-229].

e. 배터리의 부동태현상과 부반응을 이해함으로써, 배터리의 수명에 대한 모델을 개발하여 장기간의 저장이 실제 배터리의 용량에 미치는 영향을 성공적으로 예측할 수 있다. 이러한 인상적인 연구가 Li 배터리의 개발에 기여했다[230-231].

3.9. 결론

배터리 특성평가 분야는 전기화학적인 표면 및 재료 과학, 물리학, 유기 및 무기 화학, 고체상태 화학, 그리고 폭넓은 공학적인 고려 등이 포함되어 있기 때문에 매우 광범위하다. 더욱이 각 배터리시스템은 본질적으로 화학적, 물리적 및 공학적 해결과제와 문제 및 고유의 특성을 다루는 세계이다. 따라서 이 장에서는 이러한 주제에 대해 몇 가지 기본적이고 실제적인 면을 간략하게 다루었을 뿐이다. 그러나 심층적인 연구를 위해서는, 각 주제별로 상세한 실험결과가 설명되고 논의되어 있는 본 장의 참고문헌을 보라.

감사의 말

이 장이 만드는데 도움을 주신, Mikhail Levi와 Elena Levi 교수, Orit Chusid, Yossi Gofer, Elena Markevich, Boris Markovsky, Ella Zinigrad, Gregory Salitra 박사, Liraz Asrasf 부인, Yossi Tal-Yosef 및 Maxim Koltypin 씨(박사과정 학생), 그리고 Bar-Ilan 대학의 Louise Braveman 부인, 모두에게 감사를 표한다.

참고문헌

1. D. Linden, in "*Handbook of Batteries*", second edition, McGraw-Hill, Inc. (NY), 1994.
2. R.M Dell and D.A.J. Rand, in "*Understanding Batteries*", The Royal Society of Chemistry, Cambridge, (UK) 2001.
3. T.R. Crompton, in "*Battery Reference Book*", 3rd Ed, Newnes, Oxford, (UK) 2000.
4. "*Handbook of Battery Materials*", J. O. Besenhard, Ed., Wiley-VCH Weinheim, (NY) 1999.
5. E. Peled and H. Yamin, *Israel J. Chem*. 18 (1979) 131.
6. M. Gaberscek and P. Stane, *J. Electrochem. Soc*. 146 (1999) 933.
7. D. Aurbach and I. Weissman, in "*Nonaqueous Electrochemistry*", Marcel Dekker, Inc. D. Aurbach Ed. ,New York,(1999) CH. 1.
8. J. O'M Bockris and A.K.N Reddy, in "*Modern Electrochemistry: Electrodics in Chemistry, Engineering, Biology and Environmental Science*", Kluwer Academic, New York, (NY) Ch. 13, 2000.
9. S.C. Singhal and K. Kendall, in "*High-Temperature Solid Oxide Fuel Cells: Fundamentals, Design and Applications*", Elsevier., Oxford, (UK) 2003; G. Hoogers, in "*Hoogers Fuel Cell Technology Handbook*", CRC Press, Florida, (USA) 2003.
10. P. Novak, K. Muller and O. Haas, *Chem. Rev*. 97 (1997) 207.
11. D. Aurbach, I. Weissman, Y. Gofer and E. Levi, *Chem. Record* 3 (2003) 61.
12. W.K. Hu, X.P. Gao, M.M. Geng and D. Noreus, *Electrochem. Solid State Lett*. 7 (2004) A439.
13. R. Yazami, *J. Power Sources* 97-98 (2001) 33.
14. K. Nakajima and Y. Nishi in " *New Trends in Electrochemistry: Energy Storage Systems for Electronics*", T. Osaka and M. Datta Eds., Gordon and Breach Science Publishers, (Australia, Canada, Japan, India and Switzerland) 2000 Ch. 5.
15. D. Aurbach, O. Youngman Chusid, Y. Carmeli, M. Babai and Y. Ein-Eli, *J. Power Sources* 43 (1993) 47; D. Aurbach, Y. Ein-Eli, O. Chusid, M. Babai, Y. Carmeli, and H. Yamin, *J. Electrochem. Soc*. 141 (1994) 603.
16. E. Peled, in "*Lithium Batteries*", J.P. Gabano Ed., Academic Press, London, (NY. and Paris), 1983, Ch. 3.
17. D. Aurbach, M. Koltypin and H. Teller, *Langmuir* 18 (2002) 9000.
18. D. Aurbach, H. Teller and E. Levi, *J. Electrochem. Soc*. 149 (2002) A1255.
19. E. Buiel and J.R. Dahn, *Electrochim. Acta* 45 (1999) 121.
20. K.E. Aifantis, J.P. Dempsey and S.A. Hackney, *Rev. Adv. Mater. Sci*., 10 (2005) 408: W.R. Liu , Z.Z. Guo, W.S.Young D.T. Shieh ,C.H. Wu , M. H. Yang and N.L. Wu , *J. Power Sources* 140 (2005)139.
21. M. Tillard, C. Belin, L. Spina and Y.Z. Jia, *Solid State Sci*. 7 (9) (2005) 1125-1134. E. Ronnebro , J.T Yin , A Kitano , M Wada , S Tanase and T. Sakai *J. Electrochem. Soc*. 151 (2004) A1738: E. Ronnebro , J.T Yin , A Kitano , M Wada and T. Sakai , *Solid State Ionics* 176 (2005) 2749.
22. K. Mukai, K. Ariyoshi and T. Ohzuku, *J. Power Sources* 146 (2005) 213
23. D. Aurbach, M.D. Levi, E. Levi, H. Teller, B. Markovsky, G. Salitra, L. Heider and U. Heider, *J. Electrochem. Soc*. 145 (1998) 3024; D. Aurbach, K. Gamolsky, B. Markovsky, G. Salitra, and Y. Gofer, *J. Electrochem. Soc*. 147 (2000) 1322.
24. D. Aurbach, B. Markovsky, M.D. Levi, E. Levi, A. Schechter. M. Moshkovich and Y. Cohen, *J. Power Sources* 81-82 (1999) 95.

25. J. Daniel-Ivad, K. Kordesch and E. Daniel-Ivad, *Proc. 39th Power Sources Conf.*, Cherry Hill, N.J., 330, 2000.
26. D.M. Holton, W.C. Maskell and F.L. Tye, *Proc. 14th International Power Sources Symp.* (Brighton), Pergamon, New York, 1984.
27. J.L. Robinson, in "*Magnesium Cells*", N.C. Cahoon and G. W. Heise Eds., *The Primary Battery,* Vol. 2, Wiley-Interscience, New York, Chap.2. (1976).
28. J. Gabano in "*Lithium Batteries*", Academic, London, 1983.
29. T. Iijima, Y. Toyoguchi, J. Nishimura and H. Ogawa, *J. Power Sources* 5 (1980) 99
30. A. Fleischer and J. Lander Eds., in "*Zinc-Silver Oxide Batteries*", Wiley, (NY), 1971.
31. H. Bode, in "*Lead-Acid Batteries*", Wiley, (NY), 1977.
32. E. Shembel, R. Apostolova, V. Nagirny, D. Aurbach and B. Markovsky, *J. Power Sources* 80 (1999) 90.
33. E. Andrukaitis, P.W.M. Jacobs and J.W. Lorimer, *Solid State Ionics* 27 (1988) 19.
34. J.K. Erbacher, in "*Nickel-Metal Hydride Technology Evaluation*", Final Report Wright Laboratories WL-TR—96-2069, Fairborn, OH, 1996.
35. E. Levi, E. Zinigrad, H. Teller, M.D. Levi, and D. Aurbach. *J. Electrochem. Soc.* 145 (1998) 3440.
36. K.M. Abraham, G.M. Holleck, T. Neguyen, D.M. Pasquariello and D.A. Schwartz, *J. Power Sources* 26 (1989) 313
37. K. Kumai, T. Ikeya, K. Ishihara, T. Iwahori, N. Imanishi, Y. Takeda, and O. Ymamamoto, *J. Power Sources* 70 (1998) 235.
38. M.D. Levi, E. Lancry, H. Gizbar, Y. Gofer, E. Levi and D. Aurbach, *Electrochim. Acta* 49 (2004) 3201.
39. Y. Shao-Horn and Q.C. Horn, *Electrochim. Acta, 46* (2001) 2613.
40. T. Ohzuku, A. Veda, M. Nagayama, Y. Iwakoshi and H. Komori, *Electrochim. Acta* 38 (1993) 1159.
41. M. Winter, J.O. Besenhard, M.E. Spahr and P. Novak, *Adv. Mater.* 10 (1998) 725.
42. M.G.S.R. Thomas, W.I.F. David, J.B. Goodenough and P. Groves, *Mater. Res. Bull.* 20 (1985) 1137.
43. T. Ohzuku, H. Komori, M. Nagayama, K. Sawai and T. Hirai, *Chem. Express* 6 (1991) 621.
44. G.G. Amatucci, C.N. Schmutz, A. Blyr, C. Sigala, A.S. Gozdz, D. Larcher and J.M. Tarascon, *J. Power Sources* 69 (1997) 11.
45. Y. Xia, Y. Zhou and M. Yoshio, *J. Electrochem. Soc.* 144 (1997) 2593.
46. Z. Wang, C. Wu, L. Liu, F, Wu, L. Chen and X. Huang, *J. Electrochem. Soc.* 149 (2002) A466.
47. J. Cho, Y.J. Kim, T.-J. Kim and B. Park, *Angew. Chem. Int. Ed.* 40 (2001) 3367.
48. K. Dokko, M. Mohamedi, N. Anzue, T. Itoh and I. Uchida, J. *Mater. Chem.* 12 (2002) 3688.
49. A.K. Padhi, K.S. Nanjundaswamy and J.B. Goodenough, *J. Electrochem. Soc.* 144 (1997) 1188.
50. M.E. Spahr, P. Novak, B. Schnyder, O. Haas and R. Nesper, *J. Electrochem. Soc.* 145 (1998) 1113.
51. Z. Lu, D.D. MacNeil and J.R. Dahn, *Electrochem. Solid State Letters* 4 (2001) A191.
52. T. Ohzuku and Y. Makimura, *Chem. Lett.* 1 (2001) 642.
53. D.C. Li, T. Muta, L.Q. Zhang, M. Yoshio and H. Noguchi, *J. Power Sources* 132 (2004) 150.
54. G.Q. Liu, C.L. Zeng and K. Yang, *Electrochim. Acta* 47 (2002) 3239.
55. Y. Gofer, H. Sarker, J.G. Killian, J. Giaccai, T.O. Poehler and P.C. Searson, *Biomedical Instrumentation & Technology, Association for the Advancement of Medical Instrumentation* 32(1) (1998) 33.
56. G. Blomgren, in "*Lithium Batteries*" J.P. Gabano Ed., Academic Press, (London, N.Y. and Paris), 1983, Ch. 2.

57. M. Nazri, in *"Lithium Batteries, Science and Technology"*, G.A. Nazri and G. Pistoia Eds., Kluwer Academic Publishers, Boston, (N.Y. and London), 2004, Ch. 17.
58. M. Buzzeo, R. Evans and R. Compton, *Chem. Phys. Chem.* 5 (2004) 1107
59. T. Osaka, T. Momma, H. Ito and B. Scrosati, *J. Power Sources* (1997) 392.
60. X.-G. Sun and J. B Kerr, *Macromol.* 39(1) (2006) 362.
61. M. Wachtler, D. Ostrovskii, P. Jacobsson and B Scrosati, *Electrochim. Acta*, 50(2-3) (2004) 357.
62. K. Shahi, J.B. Wagner and B.B. Owens, in *"Lithium Batteries"*, J.P. Gabano Ed., Academic Press, (London, NY and Paris), 1983 Ch. 15.
63. A.H. Whitehead and M. Schreiber, *J. Electrochem. Soc.* 152 (2005) A2105.
64. P. Arora and Zh. Zhang, *Chem. Rev.* 104 (2004) 4419.
65. D. Aurbach, E. Zinigrad, H. Teller, and P. Dan, *J. Electrochem. Soc.* 147 (2000) 2486.
66. D. Aurbach, B. Markovsky, A. Rodkin, M. Cojocaru, E. Levi and H.J. Kim *Electrochim. Acta* 47 (2002) 1899.
67. D.H. Doughty, E.P Roth, C.C. Crafts, G. Nagasubramanian, G. Henriksen and K. Amine, *J. Power Sources* 146 (1-2) (2005) 116.
68. M. Herstedt, H. Rensmo, H. Siegbahn and K. Edstrom, *Electrochim. Acta* 49 (2004) 2351.
69. R. Yamaguchi H. Ikuta and M. Wakihara, *J. Thermal Anal. Calorim.* 57 (3) (1999) 797.
70. E. Goren, O. Chusid and D. Aurbach, *J. Electrochem. Soc.* 138 (1991) L6.
71. D. Aurbach and O. Chusid, *J. Electrochem Soc.* 140 (1993) L155.
72. W. Kautek, A. Conradi, Ch. Fabjan and G. Bauer, *Electrochim. Acta* 47 (2001) 815; G.L.J Trettenhahn, G.E. Nauer, and A. Neckel, *J.Power Sources* 42 (1993) 137.
73. J.Y. Go, S.-I. Pyun and S.-I. Cho, *Electrochim. Acta* 50 (2005) 5435.
74. M.D. Levi, R. Demadrille, A. Pron, M.A. Vorotyntsev and D. Aurbach, *J. Electrochem. Soc.* 152 (2005) E61.
75. M.D. Levi and D. Aurbach, *J. Phys. Chem. B* 109 (7) (2005) 2763.
76. W. Wen, B. Kumarasamy, S. Mukerjee, M. Auinat and Y. Ein-Eli,. *J. Electrochem. Soc.* 152(9) (2005 A1902.
77. M. Holzapfel, O Proux, P. Strobel, C. Darie, M. Borowski and M. Morcrette, J. *Mater. Chem.* 14 (2004) 102.
78. Y.I. Jang, N. Dudney, D. Blom and L. Allard, *J. Power Sources* 119-121 (2003) 295.
79. C. Grey and S. Greenbaum, *Bull. Mater. Res. Soc.* 27 (2002) 613.
80. D. Aurbach and Yaron Cohen, *J. Phys. Chem. B* 104 (2000) 12282.
81. K. Amine, J. Liu and I. Belharouak, *Electrochem. Comm.* 7 (2005) 669.
82. J.B.Hudson in "*Surface Science: An Introduction*", Wiley-IEEE, (NY) p. 183, 1998
83. D. Aurbach. M. Daroux, G. McDougal and E.B. Yeager, *J. Electroanal. Chem.* 358 (1993) 63.
84. J. Jiang and J.R. Dahn, *Electrochim. Acta* 49 (2004) 2661.
85. Y.Z. Jin, Y.J. Kim, C, Gao, Y.Q. Zhu, A. Huczko, M. Endo and H.W Kroto, *Carbon* 44 (2006) 724.
86. Y. Gofer, R. Barbour, Y. Luo, D.A. Tryk, J. Jayne, G. Chottiner and D.A. Scherson, *J. Phys. Chem.* 99 (1995) 11797.
87. R.M. Silverstein and F.X. Webster, in *"Spectroscopic Identification of Organic Compounds"*, 6th edition, Wiley (NY) 1963.
88. J.R. Haskins, *Am. J. Phys.* 33 (1965) 646.
89. J.S. Winans, *J. Opt. Soc. America* 61 (1971) 1585.
90. RA Dunlap, D.A. Small, D.D. MacNeil and J. Dahn, *J. Alloys Comp.* 289 (1999)135.

90. RA Dunlap, D.A. Small, D.D. MacNeil and J. Dahn, *J. Alloys Comp.* 289 (1999)135.
91. C. Grey and Y. Lee, *Solid State Sci.* 5 (2003).
92. H. Gizbar, Y. Viestfrid, O. Chusid, Y. Gofer, H. E. Gottlieb, V. Marks and D. Aurbach, *Organometallics* 23 (2004) 3826.
93. I. Cheung, K. Chin, E. Greene, M. Smart, S. Abbrent, S. Greenbaum, G. Prakash and S. Surampudi, *Electrochim. Acta* 48 (2003) 2149.
94. F. Chevallier, M. Letellier, M. Morcrette, J. M. Tarascon, E. Frackowiak, J.N. Rouzaud and F. Be´guin, *Electrochem. Solid-State Lett.* 6 (2003) A225.
95. C.P. Grey and N. Dupre, *Chem. Rev.* 104 (2004) 4493.
96. Y. Wang, V. Yufit, X. Guo, E. Peled and S. Greenbaum, *J. Power Sources* 94 (2001) 230.
97. B.H. Stuart, in "*Infrared Spectroscopy: Fundamentals and Applications*", John Wiley and Sons, (NY) 2004.
98. W.J. Tornquist and G.L. Griffin, *J. Vacuum Sci. Technol., A: Vacuum, Surfaces and Films* 4 (1986) 1437.
99. B. C Smith, in "*Fundamentals of Fourier Transform Infrared Spectroscopy*", CRC Press, (NY) 1995.
100. K. Nishikida, in "*Selected Applications of Modern Ft-Ir Techniques*", Taylor & Francis, 1996.
101. E. Smith and G. Dent, in "*Modern Raman Spectroscopy: A Practical Approach*", John Wiley and Sons (UK) 2005.
102. E.R. Menzel and M.R. Menzel, in "*Laser Spectroscopy: Techniques and Applications*", Marcel Dekker (NY) 1994.
103. A. Montaser, in "*Inductively Coupled Plasma Mass Spectrometry*", Wiley-VCH, (NY) 1998.
104. A.R. West in "*Basic Solid State Chemistry*", Wiley-VCH, (Chichester and NY), 1998 chapters and references therein.
105. P.W. Atkins and J.D. Paula, in "*Physical Chemistry*", 7th edition, Oxford University Press, (England), Ch. 23, 2002.
106. R. Jenkins and R. Snyder in "*Introduction to X-ray Powder Diffractrometry*", Wiley, (NY), 1996 chapters and references therein.
107. R. Schollhorn, *Angew. Chem. Int. Ed. Engl.* 19 (1980) 983.
108. Y. Iwasawa, in "*X-ray Absorption Fine Structure*", World Scientific Publishing Co. Pte., Ltd., MA, (USA) 1996.
109. J. McBreen, in "*Handbook of Solid State Batteries and Capacitors*", P.S.S. Prasad Ed., World Scientific Publishing Co. Pte., Ltd., (Singapore), p. 60-78, 1996
110. A.R. Gerson, P.J. Halfpenny, N.S. Pizzini, R. Ristic, K.J. Roberts, D.B. Sheen and J.N. Sherwood, in "*X-ray Characterization of Materials*", E. Lifshin Ed., Wiley-VCH, Weinheim, (Germany), pp. 105-170, 1999
111. I. Rom, M. Wachtler, I. Papst, M. Schmied, J.O. Besenhard, F. Hofer and M. Winter, *Solid State Ionics* 143 (2001) 329.
112. D. Aurbach, Y. Gofer and Y. Langzam, *J. Electrochem. Soc.* 136 (1989) 3198.
113. O. Marti, B. Drake, S. Gould and P.K. Hansma, *J. Vacuum Sci. Technol., A:Vacuum, Surfaces and Films* 6 (1988) 287.
114. D. Aurbach and Y. Cohen, *J. Electrochem. Soc.* 143 (1996) 3525 .
115. Y. Cohen and D. Aurbach, *Rev. Scient. Instrum.* 70 (1999) 4668.
116. Z. Ogumi and S.K. Leong, *Electrochem.* 71 (2003) 1011.
117. F.P. Campana, R. Kotz, J. Vetter, P. Novak and H. Siegenthaler, *Electrochem. Comm.* 7 (2005) 107.

118. S. Brunaur, H.R. Emmet and H. Teller, *J. Am. Chem. Soc.* 66 (1938) 309.
119. J. Jiang and J.R. Dahn, *Electrochem. Comm.* 6 (2004) 39.
120. J. S. Gnanaraj, E. Zinigrad, L. Asraf, H. E. Gottlieb, M. Sprecher, M. Schmidt, W. Geissler and D. Aurbach. *J. Electrochem. Soc.* 150 A, (2003) 1533.
121. R. Kostecki and F. McLarnon, *J. Power Sources* 119-121 (2003) 550.
122. D. Briggs and J.T. Grant in "*Surface Analysis by Auger and X-ray Photoelectron Spectroscopy*", IM Publications, Chichester and Surface Spectra Manchester (UK) 2003.
123. T. Matsushita, K. Dokko and K. Kanamura, *J. Electrochem. Soc.* 152 (2005) A2229; K. Kanamura, S. Shiraishi, H. Takezawa and Z. Takehara, *Chem. Mater.* 9 (1997) 1797; S. Shiraishi, K. Kanamura and Z. Takehara *J. Appl. Electrochem*. 29 (1999) 869.
124. M.D. Levi and D. Aurbach, *Electrochim. Acta* 45 (1999) 167.
125. M.D. Levi and D. Aurbach, *J. Electroanal. Chem.* 421 (1997) 79.
126. M. D. Levi, G. Salitra, B. Markovsky, H. Teller, D. Aurbach, U. Heider and L. Heider, *J. Electrochem. Soc.* 146 (1999) 1279.
127. W.R. McKinnon and R.R. Haering, in "*Modern Aspects in Electrochemistry*", Plenum Press, (New York) Vol. 15, p. 235, 1987.
128. M.D. Levi, K. Gamolsky, D. Aurbach, U. Heider and R. Oesten, *J. Electroanal. Chem.* 477 (1999) 32.
129. A.J. Bard and L.R. Faulkner, in "*Electrochemical Methods. Fundamentals and Applications*", John Wiley & Son, (New York), p.434, 1980
130. E. Markevich, M.D. Levi and D. Aurbach, *J. Electroanal. Chem.* 580 (2005) 231.
131. M.D. Levi and D. Aurbach, *J. Phys. Chem. B* 108 (2004) 11693.
132. M.D. Levi, C. Wang and D. Aurbach, *J. Electroanal. Chem.* 561 (2004) 1.
133. M. D. Levi, E. Markevich and D. Aurbach, *J. Phys. Chem. B* 109 (2005) 7420.
134. J. Albery, in "*Electrode Kinetic*", Clarendon Press, Oxford (UK) 1975.
135. C.H. Hamann, A. Hamnett and W. Vielstich in "*Electrochemistry*" Wiley-VCH, (NY) p. 388, 1999
136. M. Sakai, J. Osteryoung and R.A. Osteryoung, *J. Electrochem. Soc.* 135 (1988) 3001.
137. S. Bruckenstein, A. Fensore, Z. Li and A.R. Hillman, *J. Electroanal. Chem.* 370 (1994) 189
138. D. Aurbach and M. Moshkovich, *J. Electrochem. Soc.* 145 (1998) 2629.
139. D. Aurbach, M. Moshkovich, A. Schechter and R. Turgeman, *Electrochem. Solid State Lett.* 3 (2000) 31.
140. G. Binning and H. Rohrer, *Physica B & C* 127 (1984) 37.
141. D. Aurbach, Y. Cohen and M. Moshkovich, *Electrochem.Solid State Letts.* 4 (2001) A113.
142. D.S. Kong, L.J. Wan and S.H Chen, *Progr. Chem.* 16 (2004) 204.
143. R E White, B. E. Conway and J.O. Bockris in "*Modern Aspects of Electrochemistry*" Springer (NY) p. 123, 1992
144. J. Lei, L. Li, R. Kostecki, R. Muller and F. McLarnon, *J. Electrochem. Soc.* 152 (2005) A774-A777.
145. F. Kong, R. Kostecki, G. Nadeau, X. Song, K. Zaghib, K. Kinoshita and F. McLarnon, *J. Power Sources* 97 (2001) 58.
146. D. Scherson, in "*Nonaqueous Electrochemistry*", D. Aurbach Ed. Marcel Dekker, (NY) Ch. 5, p. 213, 1999.
147. G. Zhuang and P.N. Ross, *J. Power Sources* 89 (2000) 143.
148. G. Zhuang, K. Wang, G. Chottiner, R. Barbour, Y. Luo, I.T. Bae, D. Tryk and D.A. Scherson, *J. Power Sources* 54 (1995) 20.
149. D. Aurbach, R. Turgeman, O. Chusid and Y. Gofer, *Electrochem. Comm.* 3 (2001) 252.
150. M. Moshkovich, M. Cojocaru, H.E. Gottlieb and D. Aurbach, *J. Electroanal. Chem.* 497 (2001) 84.
151. Y. Luo, W.B. Cai, X.K. Xing and D.A. Scherson, *Electrochem. Solid State Lett.* 7 (2004) E1.

152. Q. Shi, Y. Takahashi, J. Akimoto, I.C. Stefan and D.A. Scherson, *Electrochem. Solid State Lett.* 8 (2005) A521.
153. T. Baehtz, N.N. Buhrmester, K. Bramnik, K. Nikolski and H. Herenberg, *Solid State Ionics* 176 (2005) 1647.
154. D. Aurbach and Y. Ein-Eli, *J. Electrochem. Soc.* 142 (1995) 1746.
155. M.R. Palacin, F. Le Cras, L. Sequin, M. Anne, Y, Chabre, J.M. Tarascon, G. Amatucci, G. Vaughan and P. Strobel, *J. Solid State Chem.* 144 (1999) 36.
156. A.J. Kropf, H. Tostmann, C.S. Johnson, J.T. Vaughey and M.M. Thackeray, *Electrochem. Comm.* 3 (2001) 244.
157. Y.W. Tsai, B.J. Hwang, G. Ceder, H.S. Sheu, D.G. Liu and J.F. Lee, *Chem. Mater.* 17 (2005) 3191.
158. M. Koltypin, Yaron Cohen, Yair Cohen, B. Markovsky and D. Aurbach, *Electrochem. Comm.* 4 (2002) 17.
159. D. Aurbach, A. Schechter, M. Moshkovich and Y. Cohen, *J. Electrochem. Soc.* 148 (2001) *A*1004.
160. A. Wadas, *J. Magnetism Magnetic Mater.* 78 (1989) 263.
161. R. Imhof and P. Novak, *J. Electrochem. Soc.* 145 (1998) 1081.
162. J. Ufheil, A. Wurzig, O.D. Schneider and P. Novak, *Electrochem. Comm.* 7 (2005) 1380.
163. M.E. Spahr, H. Buqa, A. Wurzig, D. Goers, L. Hardwick, P. Novak, F. Krumeich, J. Dentzer and C. Vix-Guterl, *J. Power Sources* 153 (2006) 300.
164. I. Novik, R.H. Herber, M. Koltypin, D. Aurbach and S. Licht, *J. Phys. Chem. Solids* 66 (2005) 1307.
165. I. A. Courtney, R. A. Dunlap and J. R. Dahn, *Electrochim. Acta* 45 (1999) 51.
166. C. Reichard, *Angew. Chem. Int. Ed. Engl.* 18 (1979) 87.
167. U. Mayer, in *"Proceedings of the Workshop on Lithium Nonaqueous Battery Electrochemistry"*, E.B. Yeager, B. Schumm, Jr., G. Blomgren, D.R. Blankenship, V. Leger and J. Akridge, Eds., The Electrochemical Society, Inc., softbound series PV 80-7 p. 13 1980.
168. U. Mayer, *Monatsch. Chem.* 108 (1977) 1479.
169. P.W. Atkins and J.D. Paula, *Physical Chemistry*, 7th ed. Oxford University Press, Oxford, (Melbourne and Tokyo) Ch. 24, 2002
170. S.H. Maron and J.B. Lando in "*Fundamentals of Physical Chemistry*", Macmillan, (New York; Collier Macmillan, London) Ch. 13, 1974
171. K. Xu, *Chem. Rev.* 104 (2004) 4303.
172. G. Blomgren, in *"Nonaqueous Electrochemistry"*, D. Aurbach, Ed., Marcel Dekker, (NJ), Ch. 2, 1999
173. J.F. Casteel and E.A. Amis, *J. Chem. Eng. Data* 17 (1972) 55.
174. C.A. Angell and J C. Tucker, *J. Phys. Chem.* 78 (1974) 278.
175. J. Barthel, H.G. Gores, P.Carlier, F. Feuerlein and M. Utz, *Ber. Bunsenges. Phys. Chem.* 87 (1983) 436.
176. G.B. Appetecchi, F. Croce, P. Romagnoli, B. Scrosati,, U. Heider and R. Oesten, *Electrochem. Comm.* 1 (1999) 83.
177. H.R. Allcock, N.J. Sunderland, R. Ravikiran and J.M. Nelson, *Macromol.* 31 (1998) 8026.
178. F. Croce, L. Persi, B. Scrosati, F. Serraino-Fiory, E. Plichta and M.A. Hendrickson, *Electrochim. Acta* 46 (2001) 2457.
179. D. Golodnitsky, G. Ardel and E. Peled, *Solid State Ionics* 147 (2002) 141.
180. D. Aurbach and Y. Gofer, in *"Nonaqueous Electrochemistry"*, D. Aurbach, Ed., Marcel Dekker, (N.Y), Ch. 4, 1999.
181. D. Aurbach, R. Skaletsky and Y. Gofer, *J. Electrochem. Soc.* 138 (1991) 3536.
182. Z. Lu, A. Schechter, M. Moshkovich and D. Aurbach, *J. Electroanal. Chem.*, 466 (1999) 203.

182. Z. Lu, A. Schechter, M. Moshkovich and D. Aurbach, *J. Electroanal. Chem.*, 466 (1999) 203.
183. K. Kanamura, S. Toriyama, S. Shiraishi and Z. Takehara, *J. Electrochem. Soc.* 143 (1996) 2548.
184. D.A. Shifler, P.J. Moran and J. Kruger, *Electrochim. Acta* 42 (1997) 567.
185. K. Kanamura, *J. Power Sources* 81-82 (1999) 123.
186. M. Morita, T. Shibata, N, Yoshimoto and M. Ishikawa, *Electrochim. Acta* 47 (2002) 2787.
187. J.R. Dahn, A.K. Sleigh, H. Shi, B.M. Way, W.J. Weydanz, J.N. Reimers, Q. Zhong and U. von Sacken, in "*Lithium Batteries – New Materials, Developments and Perspectives*", G. Pistoia, Ed., Elsevier-North Holland, (Amsterdam), 1992.
188. T. Ohzuku, A. Veda, M. Nagayama, Y. Iwakoshi and H. Komori, *Electrochim. Acta* 38 (1993) 1159.
189. M. Gazard, in *"Handbook of Conducting Polymers"*, Vol. 1, T.A. Skotheim, Ed., Marcel Dekker, (New York) Ch. 19, 1988.
190. D. Aurbach and H. Gottlieb, *Electrochim. Acta* 34 (1989) 141.
191. J. Jiang and J.R. Dahn, *Electrochim. Acta* 50 (2005) 4778.
192. J. Jiang, K.W. Eberman, L.J. Krause and J.R. Dahn, *J. Electrochem. Soc.* 152 (2005) A1879.
193. M. N. Richard and J.R. Dahn, *J. Electrochem. Soc.* 146 (1999) 2068.
194. D.D. MacNeil and J.R. Dahn, *J. Electrochem. Soc.* 49 (2002) A912.
195. D. Aurbach, in "*Nonaqueous Batteries"*, D. Aurbach Ed., Marcel Dekker, (NY) Ch. 6 1999.
196. J.O. Besenhard and G. Eichinger, *J. Electroanal. Chem.* 60 (1976) 1.
197. M. Umeda, K. Dokko, Y. Fujita, M. Mohamedi, I. Uchida and J. E. Selman, *Electrochim. Acta* 47 (2001) 885.
198. D. Aurbach, J. S. Gnanaraj, M. D. Levi, E. Levi, G. Salitra, J. F. Fischer and A. Claye, *J. Electrochem. Soc.*148 (2001) A525.
199. D. Aurbach and M.D. Levi, *J. Phys. Chem.* B. 101 (1997) 4630.
200. D. Aurbach, M.D. Levi and M. Vorotyntsev, *Cond. Matt. Phys.* 5 (2002) 1.
201. D. Aurbach in "*Advances in Lithium Ion Batteries*", W.V. Schalkwijk and B. Scrosati Eds., Kluwer Academic/Plenum Publishers Inc. Chapter 1 (NY) 2002.
202. D. Aurbach and A. Zaban. *J. Electrochem Society* 141 (1994) 1808.
203. D. Aurbach, E. Zinigrad and A. Zaban, *J. Phys. Chem. 100*, (1996) 3089.
204. D. Aurbach, *J. Power Sources* 146 (2005) 71; E. Markevich, G. Salitra and D. Aurbach, *Electrochem. Comm.* 7 (2005) 1298.
205. D. Aurbach, *J. Electrochem. Soc.* 136 (1989) 906.
206. D.E. Irish, Z. Deng and M. Odziemkowski, *J. Power Sources* 54 (1995) 28.
207. G. Nazri and R.H. Muller, *J. Electrochem. Soc.* 132 (1985) 1385.
208. D. Aurbach and E. Granot. *Electrochim. Acta* 42 (1997) 697.
209. P. Novak, D. Goers, L. Hardwick, M. Holzapfel, W. Scheifele, J. Ufhiel and A. Wursig, *J. Power Sources* 146 (2005) 15.
210. D. Aurbach, B. Markovsky, A. Rodkin, E. Levi, Y.S. Cohen, H-J. Kim and M. Schmidt, *Electrochim. Acta* 47 (2002) 4291.
211. R. Dedryvere, L. Gireaud, S. Grugeon, S. Laruelle, J.M. Tarascon and D. Gonbeau, *J. Phys. Chem. B* 109 (2005) 15868.
212. D. Aurbach, B. Markovsky, K. Gamolsky, E. Levi and Y. Ein-Eli, *Electrochim. Acta* 45 (1999) 67.
213. D. Aurbach, O. Chusid, Y. Gofer, M. Watanabe, T. Momma and T. Osaka, *J. Power Sources* 97 (2001) 632.
214. P. Dan, E. Mengeritsky, Y. Geronov, D. Aurbach and I. Weissman, *J. Power Sources* 54 (1995) 143.
215. D. Aurbach, I. Weissman, A. Zaban, Y. Ein-Eli, E. Mengeritsky and P. Dan, *J. Electrochem. Soc.* 143 (1996) 2110.

216. E. Markevich, G. Salitra, B. Markovsky and D. Aurbach, "High Temperature Performance of Li-ion Battery Systems on Failure Mechanisms and Stabilization". (2006). In preparation.
217. D. Zhang, B.S. Haran, A. Durairajan, R.E. White, Y. Podrazhansky and B.N. Popov, *J. Power Sources* 91 (2000) 122.
218. P. Ramadass, B. Haran, R. White and B.N. Popov, *Journal Power Sources* 112 (2002) 606.
219. J.P. Peres, F. Perton, C. Audry, Ph. Biensan, A. de Guibert, G. Blanc and M. Broussely, *J. Power Sources* 97 (2001) 702.
220. J. Maier *Nature Mater.* 4 (2005) 805.
221. M.K. Aydinol and G. Ceder, *J. Electrochem. Soc.* 144 (1997) 3832.
222. M. K. Aydinol, A. F. Kohan and G. Ceder, *J. Power Sources* 68 (1997) 664.
223. G. Ceder, Y.-M Chiang, D. R Sadoway, M. K Aydinol, Y.-I. Jang and B. Huang, *Nature* (London) 392 (1998) 694.
224. Y. Zhang, Y. Wang, L.G. Scanlon and P.B. Balbuena, *J. Electrochem. Soc.* 152 (2005) A1955.
225. Y. Wang, S. Nakamura, K. Tasaki and P.B. Balbuena, *J. Am. Chem. Soc.* 124 (2002) 440.
226. Y. Wang and P.B. Balbuena, in "*Li Ion Batteries: Solid Electrolyte Interphase*", P.B. Balbuena and Y. Wang Eds., Imperial College Press, (UK) Ch. 5, 2004

구동용 배터리

– EV 및 HEV

4.1. 소개

19세기 말 경, 전기자동차의 미래는 매우 밝은 것처럼 보였다. 1859년 Gaston Planté가 개발한 납 배터리 때문에 차량에 에너지저장장치를 탑재하였으며, 배터리 공학자들은 단점(낮은 에너지밀도와 전력밀도, 짧은 수명 등)을 지속적으로 개선시킴으로써 장래에는 훨씬 더 나은 제품이 나올 수 있다고 낙관하였다.

유럽 최초의 전기자동차는 1881년 프랑스인 Gustav Trouvé가 삼륜차에 2개의 배터리로 구동되는 전동기를 장착한 것이다. 전기자동차 역사는 그때부터 시작되어 1899년 미국에서 1,575대의 전기자동차가 판매되었으며[1], 참고로 증기자동차는 1,681대, 가솔린자동차는 936대가 판매되었다. 당시의 전기자동차는 놀라운 성능을 보였는데, 예를 들면, 벨기에의 공학자인 Jenatzy는 1899년에 만든 전기자동차인 "Jamais Contente(never satisfied, '결코 만족되지 않는' 의 뜻)" 는 100 km/h의 속도를 기록했다.

그러나 이후부터는 가솔린자동차의 개발속도가 훨씬 더 빨라지기 시작했다. 1899~1909년 동안 미국에서 전기자동차 판매량이 2배 이상 늘어난 반면(약 4000대), 가솔린자동차의 판매량은 120배 이상 증가했다(약 120,000대). 유럽에서도 같은 상황이 전개되었다.

이러한 '실패' 에는 몇 가지 요인이 있었지만, 배터리의 성능이 낮기 때문에 주행거리가 짧고 전력공급량이 작아 판매가가 증가한 것 등이 주된 요인이었다. 동시에, 가솔린차량은 대량생산으로 가격이 급격하게 감소되었다.

한 세기가 지난 현재, 두 기술 모두 크게 개선되었으며, 배터리가 중요한 역할을 담당하는 전기차량(electric vehicle, 이하 EV)은 주행거리와 가격이 전기자동차의 성공에 가장 큰 과제이다.

에너지저장은 실제로 전기차량 개발을 좌우하는 핵심기술이다. 이 분야에 연료전지가 적용될 때까지, 오늘날 이용할 수 있는 유일한 에너지저장기술은 배터리이다.

오랫동안 많은 시제품 EV가 생산되었음에도 불구하고, 순수한 EV는 아직 널리 상용화되지는 않고 있다. 그러나 수 년 전 상용화된 하이브리드 자동차는 국면을 완전히 전환시켰다. 단기간 내에 매우 큰 시장이 전개될 것으로 예상되며, 배터리는 핵심부품이다.

이 장의 목적은 자동차의 에너지저장장치인 배터리의 주요 요구조건을 살펴보는 것이다. 이 요구조건으로부터, 현존하는 문제와 해결방안에 대해 논의한다.

전력을 사용하는 차량에는, 시가지 전차나 하이브리드버스와 같은 대형차량에서부터, 지게차나 골프카트와 같은 소형에 이르기까지 많은 종류가 있으며, 모든 차량은 배터리의 요구조건이 다르다. 지금까지 완전한 전기자동차와 하이브리드자동차에 촛점을 맞추어 선택이 이루어져 왔다. 왜냐하면 이들 차량은 현재 해결되어야 할 문제가 많지만, 장래에는 화석연료를 절감하고 CO_2와 그밖의 오염물질의 배출을 감소시키는 등, 커다란 역할을 담당할 것이기 때문이다. 이러한 해결과제 중에서, 배터리는 에너지 및 전력 공급 능력, 수명, 안전성 및 가격과 같은 많은 측면에서 결정적인 부품으로서 주된 역할을 담당하고 있다.

먼저, 다양한 전기차량의 특징을 설명하고, 에너지원에 대한 주요 요구조건이 설명된다.

둘째, 이 분야에서 과거, 현재 또는 미래에 사용되었거나 사용될 다양한 배터리 기술의 특성이 제시된다. 또한 적용 예를 들고, 각 전기차량의 요구조건에 가장 적합한 배터리시스템은 무엇인가가 논의된다.

4.2. 다양한 종류의 전기차량

4.2.1. 전기차량

이 분야에서 배터리는 차량의 유일한 에너지원으로서, 적절한 전력관리시스템을 통해 전동기로 전력을 공급한다. 이 차량을 "ZEV(zero emmission vehicle, 무배출차량)"라 부른다.

배터리는 사용 전에 외부전원을 이용하여 충전해야 한다. 기존 자동차와 경쟁하기 위해서는, 배터리가 충분한 주행거리를 보장할 만큼의 에너지를 저장해야 하고, 비교적 짧은 시간에 재충전될 수 있어야 한다.

재충전시간은 내연기관 자동차의 재급유시간과 비교되어야 한다. 아쉽게도 고에너지 배터리는 수 분 이내에 재충전될 수 없는데, 이는 배터리의 전력공급능력이 그러한 높은 충전율을 감당할 수 있을 만큼 충분히 크지 않기 때문이다. 고전력용으로 설계된 배터리의 경우에는 고속충전이 가능하겠지만, 그러면 배터리의 에너지는 형편 없는 수준으로 감소되어 주행거리가 매우 짧아질 것이다. 실제로, 배터리는 항상 에너지와 전력 사이에서 타협하여 설계된다. 고전력배터리의 설계에는 집전체, 분리판 및 전해질과 같이 매우 비활성적인 물질을 필요로 한다. 중형 전기자동차에 사용되는 대표적인 배터리의 용량은 약 30kWh이다. 따라서 이 배터리를 5분 이내에 완전히 충전시키려면, 360kW가 필요하다. 배터리가 이 정도로 고속충전되어야 한다면, 어느 곳에서나 그와 같은 전력을 공급해야 하기 때문에, 인프라 및 가격이 심각한 문제가 될 것이다. 바로 이것이 배터리가 가정에서 밤새 전력계통선으로부터 충전될 때 5~8시간이 걸리는 이유이다. 자동차가 낮에 주차하고 있을 때는, 중간 속도로 부분적으로 재충전될 수 있으며, 이때는 필요한 전력량이 작기 때문에 많은 공공지역에 쉽게 설치할 수 있다.

따라서 완전충전된 배터리의 주행거리는 결정적인 요소이며, 배터리 용량과 직접 관련이 있다. 배터리의 부피는 공간의 제한을 받기 때문에 자동차의 설계와 이용에는 중요한 요소이지만, 배터리 무게는 더욱 결정적인 요소로서 몇 가지 확실한 물리적인 고려사항 때문에 제한된다. 전기차량은 최대 부피와 최대 무게가 있으며, 이를 초과하면 안전한 주행이 보장될 수 없다.

또한 배터리 자체를 움직이는데도 에너지가 필요하므로, 자동차의 주행거리는 배터리의 에너지에 비례하지 않는다. 따라서 자동차 전체의 무게에서 큰 비중을 차지하는 배터리 자체의 무게도 에너지를 소비하는 부분이다. 28Wh/kg(납 배터리 평균)의 전력을 공급하는 배터리에 대해 차량의 최대 주행거리를 나타낸 것이 그림 4.1에 주어져 있다. 무게 800kg의 차량(배터리 무게 제외)은 135Wh/ton/km를 소비하는 것으로 추정된다. 배터리의 에너지를 증가시킴에 따라 차량에서 차지하는 배터리 무게도 더욱 빠르게 증가하여 결국에는 용납할 수 없어진다. 그림 4.2는 비에너지가 다른 배터리들에서 무게에 대한 주행거리를 나타내고 있다. 이 그림으로부터 주행거리가 200km 이상이 되기 위해서는 무게가 최소한 약 100Wh/kg은 넘어야한다는 것을 알 수 있다. 이후에 더욱 상세히 설명하겠지만, 오늘날에는 오직 Li 기반 배터리들만이 이 목표치를 달성할 수 있다.

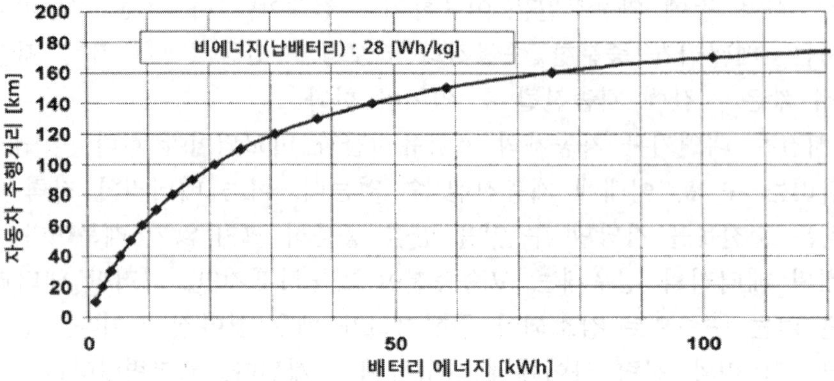

그림 4.1. 배터리에너지에 대한 중형 EV 주행거리의 계산 예.

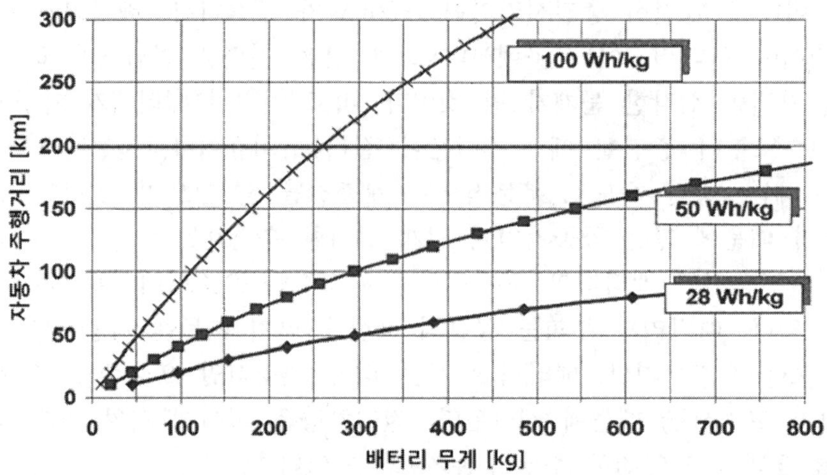

그림 4.2. 비에너지가 다른 배터리에서, 배터리무게에 대한 자동차 주행거리

따라서 가장 중요한 파라메터는 최소 부피와 무게로 저장될 수 있는 최대에너지의 크기이며, 이는 곧 배터리의 에너지밀도(Wh/L)와 비에너지(Wh/kg)임을 뜻한다.

필요한 에너지가 커짐에 따라 비싸지는 배터리가격도 매우 민감한 문제이다. 배터리수명은 차량수명(최소 10년, US Advanced Battery Consortium의 목표는 15년임)과 일치되어야 한다. 따라서 배터리는 1,000회 이상의 충방전수명을 가져야 한다. 또한 가격 대비 효과적이기 위해서는 배터리의 크기는 최소화되어야 하며, 매일 사용 시 총 에너지의 대부분을 공급해야 한다. 충방전조건에서 보면, 이는 곧 DOD(depth of discharge, 방전깊이)가 약 80%로 깊은 것을 의미한다.

EV가 도로 상에서 주행할 때를 고려하여, 배터리의 모든 부품은 엄격한 요구조건을 만족시켜야 한다. 따라서 혹사될 경우에도 배터리는 차량이나 내부에 있는 사람에게 위험하지 않아야 한다. 위험가능성은 저장된 에너지의 크기와 배터리 내부의 화학물질의 양에 비례한다. 싼 가격과 더불어 이러한 요구조건을 고려하면, 배터리의 가장 바람직한 응용분야는 EV임을 알 수 있다.

납 배터리는 EV에 오랫동안 사용되어 온 유일한 배터리였지만, 약 60km에 불과한 주행거리, 상당한 유지보수 부담, 열악한 충방전수명 때문에 개발이 크게 제한되어 왔다. 약 20년 동안 유럽, 특히 프랑스에서 NiCd 배터리가 사용되어 주행거리가 약 80km까지로 늘어났다. 충방전수명은 크게 제한되었었지만(수 천 회), 현재도 전기자동차에 가장 널리 사용되는 배터리이다. NiMH 배터리는 유지보수 없이 에너지밀도와 주행거리(100km 이상)를 개선하기 위해 일부 시범차량용으로 개발되었지만, 실제로 결코 상용화된 적은 없으며, 제작단가가 비싼 것이 원인의 하나이다. 리튬을 기반으로 한 새로운 고에너지밀도 배터리기술, 특히 Li이온 배터리는 10년 이상 EV용으로 연구되어 왔으며, 다양한 차량에 장착되어 시범운행되고 있다. 이 배터리들은 현재 거의 상용화 단계에 있으며, EV의 주행거리를 200km 이상으로 늘일 수 있다.

대표적인 중형자동차에 전력을 공급하기 위해, 무게 250kg 또는 부피 200L인 여러 배터리의 특성을 비교한 예가 표 4.1과 4.2는 주어져 있다[2]. 이 기술들과 응용 예는 이 장에서 더욱 상세히 설명할 것이다.

표 4.1. 무게가 250kg인 다양한 EV용 배터리의 비교

기 술	납배터리	NiCd배터리	NiMH배터리	Li이온배터리
차체 무게(kg)	1,200			
배터리 할당 무게(kg)	250			
배터리 구조, 냉각방식 등(kg)	55			
모듈 할당 무게(kg)	195			
에너지밀도(모듈)(Wh/kg)	33	45	70	120
탑재 에너지(kWh)	6.4	8.8	13.0	23.4
계산 주행거리(km) @120 Wh/ton/km	53	73	114	195

표 4.2. 부피가 200L인 다양한 EV용 배터리의 비교

기 술	납배터리	NiCd배터리	NiMH배터리	Li이온배터리
배터리 할당 부피(L)	200			
배터리 구조, 냉각방식 등(L)	70			
모듈 할당 부피(L)	130			
비에너지(모듈)(Wh/L)	75	80	160	190
탑재 에너지(kWh)	9.8	10.4	20.8	24.7
계산 주행거리(km) @120 Wh/ton/km	81	87	173	206

표 4.3 무게 250kg인 다양한 배터리의 전력특성 비교

기 술	납배터리	NiCd배터리	NiMH배터리	Li이온배터리
차체 무게(kg)	1,200			
배터리 할당 무게(kg)	250			
배터리 구조, 냉각방식 등(kg)	55			
모듈 할당 무게(kg)	195			
전력밀도(모듈)(W/kg)	75	120	170	370
배터리 전력(kW)	15	24	33	72

차량의 가속력과 등판능력은 배터리의 출력에 따라 달라진다. 표 4.3에서 알 수 있듯이 Li이온 배터리는 다른 배터리에 비해 성능이 가장 우수하다.

자동차의 운행 또는 주차 여부를 떠나, 배터리를 재충전할 수 있는 소형 내연기관을 이용하면 주행거리를 증가시킬 수 있다. 이러한 자동차를 '주행거리 확장형 EV' 라 한다. 소형 내연기관은 운전자가 필요할 때 또는 배터리 충전상태가 특정한 값 이하일 때 사용된다.

이러한 배터리는 순수한 EV용 배터리와 크기가 같고 요구사양도 동일해야 한다. 이는 비상 시의 요구사양을 만족시켜 자동차의 주행거리를 늘이는 훌륭한 방법이다. 이 자동차 역시 직렬하이브리드 차량으로 간주할 수 있다.

4.2.2. 하이브리드 전기차량(HEV)

HEV에서는 내연기관과 전동기가 함께 사용된다. 전기에너지는 자동차의 시동을 걸거나 피크전력을 공급하는데 사용되며, 그렇지 않으면 내연기관(internal combustion engine)이 많은 연료를 소비할 수밖에 없다. 목표는 HEV가 연료소비량이 작으면서 ZEV 모드에 있을 때 ICE 자동차와 같은 주행거리를 갖는 것이다. HEV 차량에 배터리를 적용할 때 나타나는 첫 번째 결과는, 배터리의 크기가 EV보다 훨씬 더 작지만 출력(power)은 거의 동일하다는 것이다. 따라서 가장 중요한 차이점은 전력밀도이다.

이러한 목표를 달성하기 위해 자동차 제작사들은 지금까지 많은 방법들을 고려해 왔다. 하이브리드자동차를 구분하는 가장 일반적인 방법은 '직렬' 및 '병렬' 하이브리드시스템으로 분류하는 것이다. '직렬' 하이브리드는, 내연기관에 의한 에너지가 전력으로 변환되어 자동차를 구동시키거나 배터리에 저장된다. 주행거리 확장형 EV는 보통 '직렬' 하이브리드 구조이다.

'병렬' 하이브리드 방식에서는, 자동차를 구동시키는 1차적인 수단이 내연기관이다. 내연기관의 효율이 나쁠 때는 전동기가 동력을 공급한다. 배터리는 내연기관의 에너지와 감속 및 제동 시의 운동에너지를 이용하여 일정한 충전상태를 유지한다. 다양한 HEV 방식을 요약한 것이 그림 4.3에 주어져 있다.

실제로, 이러한 구성방식에도 다음의 목적에 따라 다양한 변종들이 존재한다.

- 구동성능과 기존 자동차의 안락감은 그대로 유지하면서(출력, 가속력 등), 연료 소모량과 CO_2 방출을 가능한 한 크게 줄임
- 연료를 절감하면서, 기존 자동차 대비 구동성능과 안락감 개선
- 연료소모량을 그대로 유지하면서 자동차의 성능을 최대화시킴

이러한 목표에 따라 다양한 하이브리드자동차가 설계되었으며, 이들을 몇 가지 그룹으로 분류할 수 있다. 이들에 대한 설명이 아래에 있으며, 이들 배터리 시스템의 요구사양이 표 4.4에 요약되어 있고, 그림 4.4에 설명되어 있다. 표의 근사값들은 비교를 목적으로 제시된 것이다. 각 값들은 차량의 크기(소형자동차에서 밴이나 SUV까지)에 따라 크게 달라진다.

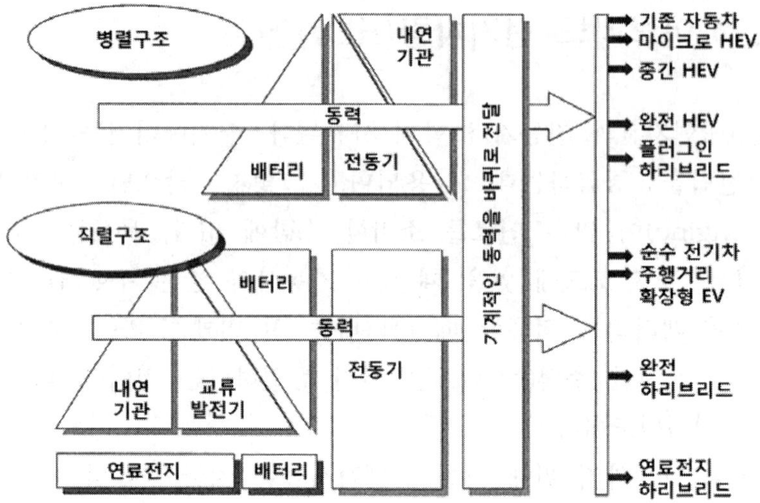

그림 4.3. 전기자동차의 종류별 구성 내용.

표 4.4. 다양한 종류의 EV/HEV와 대략적인 에너지/전력 요구사항

EV 종류	출력범위(kW)	에너지범위(kWh)	전압범위(V)
마이크로 하이브리드	2.5~5	0.5	12~36
중간 하이브리드	15~20	1	120~160
완전 하이브리드	30~50	2~3	200~350
FCHEV	25~30	1~2	220
플러그인 HEV	30~100(밴)	5~15	200~350
EV	35~70(밴)	25~40	200~350

각 방식마다 전력과 에너지의 요구사양이 매우 다르기 때문에 배터리의 종류와 크기를 선택하는데도 큰 영향을 미친다. 나중에 상세히 다루겠지만, 배터리가 주 동력을 공급하는 경우, 각 시스템(납 배터리, NiMH, Li이온)마다 적절한 응용분야가 있을 것이다. 현재 상용차 분야에서 마이크로 하이브리드의 납 배터리, 중간 및 완전 하이브리드의 NiMH 등은 결과가 만족스러운 것으로 평가된다. Li이온 배터리가 최적화된다면 장래에 하이브리드차량에 가장 좋은 대안이 될 것이다. 이 기술들과 응용분야의 예가 이 장의 마지막 절에 설명된다.

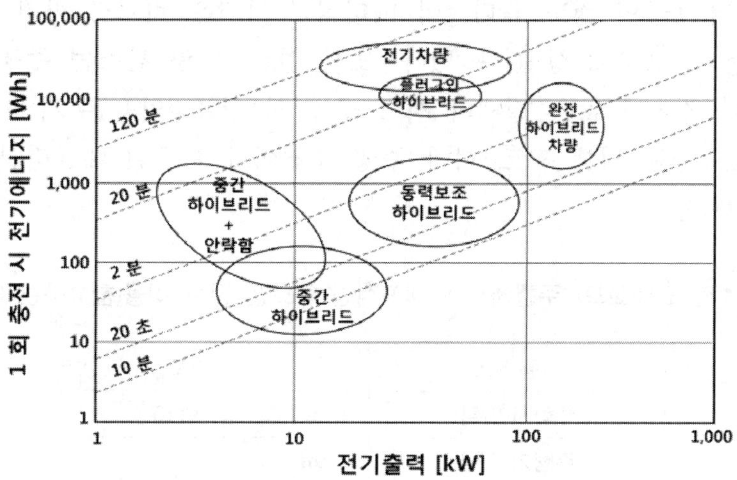

그림 4.4. 각 전기차량에 사용되는 배터리 요구 전력/에너지 요구 사항.

4.2.2.1. 마이크로 하이브리드자동차, “정지 및 시동”

마이크로하이브리드 자동차의 가장 큰 특징은 현존하는 ICE 자동차의 플랫폼을 그대로 사용할 수 있다는 것이다. 이 방식은 현 내연기관 자동차의 구조에 단지 몇 가지 요소만을 추가하는 것이기 때문에 ‘공격적인(intrusive)’ 기술(다른 기술을 무용화시켜 대체하는 기술)이 아니다. 추가된 요소를 예로 들면, 시동기-교류발전기 가역시스템(Starter-Alternator Reversible System)이라는 간단한 전기기기가 벨트를 통해 동력계통에 연결되어 엔진을 시동시키며, 이 시스템은 배터리와 인버터에 의해 전력을 공급받는다.

이 자동차에서 내연기관은 자동차가 정지하는 즉시 정지한다. 시동기-교류발전기는 엔진의 시동을 걸 때만 사용되며, 제동 시에 회수되는 회생에너지는 없다. 필요한 전력은 2.5kW 정도이고, 에너지는 수 백 Wh 수준이다. 따라서 크기가 가장 큰 12V SLI(starting-lighting-ignition, 시동-조명-점화)용 납 배터리를 사용하면 필요한 전력을 공급할 수 있다. 또한 이 배터리는 탑재된 장비와 시동기에도 에너지를 공급할 수 있다. AGM(absorbed glass mat, 흡수유리매트) 기술(다음 절의 배터리 설명을 참조하라)이 가장 적절하며 비용/성능 비가 가장 좋다. 이 배터리는 보통 완전 SOC로 유지되지만, 기존의 SLI보다 훨씬 더 자주 방전된다. 배터리의 열화가 빠른 점은 해결과제이며, 예상수명은 기존 자동차에 사용되는 SLI 배터리보다 보통 약 1~2년 정도 작다. 이 배터리의 가격은 비교적 싸기 때문에 대체 비용은 연료절약분으로 보상될 수 있다. 또한 연료소비량 감소는 주행모드에 따라 크게 달라진다. 정지가 많은 실제의 시내 구동 시 연료절약율은 거의 15%에 달할 수도 있다. 표 4.5는 일본 교토 시내 주행 조건에서 기록된 대표적인 연료소비량이 주어져 있다[3].

표 4.5. 도시(교토) 주행에서의 대표적인 공회전 정지 비율(참고문헌 [3])

주행코스		교토 시
주행시간/일	분	140
주행거리/일	km	30
평균방전전류	A	22
정지 회수	회	38
누적 정지 시간	분	35.2
총 공회전 정지 비율	%	25.1

4.2.2.2. 소프트 하이브리드 자동차, "정지 및 주행"

'정지 및 시동' 자동차와 마찬가지로 소프트하이브리드 기술 역시 현존하는 ICE 자동차에 적용될 수 있다. 이때 주된 차이점은, 제동 시에 에너지의 일부가 회생전력(50~60%의 회생에너지가 전력으로 변환된다)으로 절약될 수 있으므로, 더 많은 전기에너지가 시동에 사용될 수 있다는 것이다. 주행조건이 같다면 '정지 및 시동' 자동차에 비해 연료절약분은 거의 두 배(5~25%)로 될 수 있다. 이 자동차는 빠르게 보급될 것으로 예상되며, 2008년경 지속생산을 목표로 몇 종류의 자동차가 개발되고 있는 중이다.

현재 에너지저장시스템은 큰 변화를 요구받고 있는데, 이는 급속충전 첨두전력을 유지하면서 시동 시에는 더 많은 전력과 에너지를 공급해야 하기 때문이다. 자동차 시동에 필요한 평균전력과 평균회생전력은 약 6kW이다. 납 배터리는 시동은 물론이고 탑재된 모든 전기장치에 필요한 에너지를 공급한다. '정지 및 시동' 자동차에 비해 이 자동차의 배터리가 공급해야 할 에너지는 더 크기 때문에 SOC 역시 더 크게 변화하며, 배터리의 크기가 비슷할 경우, 대표적인 충방전깊이는 20% DOD로서, SOC는 80~100%이다. 기존의 평판형 납 배터리는 이러한 동작모드에는 적합하지 않으며, 수명이 크게 줄어들 것이다. 해결책은 배터리의 크기를 늘리는 것이지만, 이때는 부피와 무게가 부담이 될 것이다. 이보다 나은 해결책은 개량된 기술인 나권형 고출력 납 배터리를 사용하는 것이다. 오늘날 생각할 수 있는 또 다른 해결책은 기존 SLI 납 배터리와 수퍼커패시터를 연계하여 사용하는 것이다. 커패시터의 역할은 단시간 고출력의 회생전력을 받아들여 저장한 뒤 시동 시에 보조하는 것이다. 최신 납 배터리는 큰 에너지가 필요한 고급 자동차에 적합하며, 따라서 방전깊이가 크다.

4.2.2.3. 중간 하이브리드 자동차

자동차 설계 측면에서 '중간하이브리드' 방식은 '소프트하이브리드' 보다 훨씬 더 '공격적인(개조가 많이 필요한)' 기술이다. 동력전달계통은 완전히 재설계되어야 하며, 이런 종류의 자동차를 제작하려면 설계와 기술 면에서 '소프트하이브리드' 보다 훨씬 더 많은 변화가 불가피하다. 구동축에는 전동기가 연결되어 있으며, 전기구동 모드라는 단계가 하나 더 늘어난다. 자동차는 시동 이후 ICE가 작동하기 전 10~20km/h의 속도까지 EV 모드로 운행한다. 주행 시에는, 가속하는 경우 출력의 증가는 중간 정도이고, 따라서 ICE의 크기를 어느 정도 줄일 수 있다. 그 결과 배터리의 공급전력은 더 커져야 하고, 이는 곧 배터리가 더욱 빈번하고 더욱 깊이 방전되어야 한다는 것을 의미한다.

4.2.2.4. 완전 하이브리드 자동차 또는 "동력보조"

이 자동차는 대표적인 병렬구조로 이루어져 있다. 내연기관과 전동기가 모두 자동차에 동력을 공급하며, 전력은 시동과 가속 시에 사용된다. 순수한 EV 모드로 동작할 때에는 주행거리가 수 km로 제한될 수 있다. 배터리가 공급해야 할 에너지는 여전히 작다. 따라서 전력밀도를 더 높여야 한다. 배터리는 지속적으로 충전 또는 방전 상태에 있으며, 구동축계에 첨두전력을 공급하고 엔진이나 회생제동에 의해 에너지를 받아들이되, 충전상태는 중간 수준으로 유지되어야 한다. 따라서 이 배터리의 핵심 요구조건은, 깊거나 얕은 충방전을 무수히 행할 수 있는 능력뿐만 아니라, 에너지를 효율적으로 저장할 수 있는 능력이다. 현재 NiMH 배터리가 소프트 및 완전 하이브리드 자동차에 사용되고 있으며, 이미 상용화되어 있다.

4.2.2.5. 플러그인 하이브리드 자동차 (PHEV)

여타 하이브리드 자동차와는 달리, 플러그인 하이브리드 자동차(plug-in hybrid vehicle, 이하 PHEV)의 배터리는 외부의 전력계통에 연결된 충전장치에 의해 재충전될 수 있다.

이 방식은 주행거리 확장형 EV와 완전 HEV의 중간쯤에 해당한다. 이 자동차는 배터리의 충전상태가 충분하고 속도가 특정한 한계치 이하일 때, 순수한 전기모드(ZEV)로 운전될 수 있다. 전기모드 시의 가능한 주행거리는 순수한 EV(30~50 km)보다 작다. 속도를 높일 때는 내연기관이 동작한다. 이러한 가속 시에는 완전 충전 상태에 있는 시동시점에서부터 배터리가 방전되고 있다. 배터리가 최저 충전 상태(예를 들어 30%)에 도달하면, 자동차는 완전 하이브리드 모드로 동작하고, 배터리의 충전상태는 유지된다.

이 자동차의 배터리 크기는 순수한 EV 배터리의 약 1/3~1/2이다. 자동차가 운행되지 않을 때는 외부전원에 플러그를 꽂아 배터리를 재충전한다. 에너지밀도와 전력밀도는 모두 중요하다. 깊은 DOD까지 강력한 충방전능력이 요구되기 때문에, 충방전수명을 유지하기가 매우 어렵다. 배터리의 예상 수명이 10년일 경우, 충방전수명 요구사양이 표 4.6에 비교되어 있다[4]. 이때 PHEV는 EV 모드로 연간 4,000마일, HEV 모드로는 9,500마일을 주행하는 것으로 가정했다.

장기적으로 연료전지 차량이 상용화되기 이전까지, 석유값의 지속적인 상승 때문에 이러한 종류의 자동차에 대한 전망은 밝은 것처럼 보인다. PHEV는 전력계통으로부터 가능한 한 많은 전기에너지를 사용하며, 도시 지역의 오염을 줄이는 것과 여전히 장거리주행에 연료를 이용하는 것 사이에서 가장 좋은 타협안이다.

표 4.6. 전기구동 자동차 배터리의 10년 수명에 요구되는 충방전수명(참고문헌 [4])

EDV 형태	깊은 충방전		얕은 충방전	
	충방전횟수 @ 80 % DOD	누적에너지 (MWh)	충방전횟수 @ 50 Wh	누적에너지 (MWh)
완전 HEV	NA	NA	200k	10
PHEV-20	2,400	12	120k	6
EV	1,000	32	NA	NA

4.2.2.6. 연료전지 하이브리드 자동차

연료전지 차량 역시 HEV로 간주된다.

하이브리드라는 말을 쓰는 것은 에너지원(열에너지 및 전기에너지)이 다르기 때문이 아니라 전기화학적 에너지원이 1차(재급유 가능) 및 2차(재충전 가능)로 2가지가 사용되기 때문이다. 재충전배터리는 자동차의 시동과 연료전지의 보조장치(이를 주변장치(balance of plant, 이하 BOP)라고도 함)에 전력과 에너지를 공급할 뿐만 아니라, 가속 시에 필요한 피크전력을 공급한다. 연료전지는 크기가 매우 일정하면서 평균치에 가까운 에너지를 공급한다. 따라서 연료전지 스택의 크기를 줄일 수 있고, 이는 연료전지의 단가 인하에 매우 중요한 역할을 한다. 이 자동차의 배터리는 완전하이브리드 자동차의 배터리와 비슷한 운전조건에서 동작한다. 연료전지자동차가 생산되려면 많은 시일이 걸릴 것으로 예상되므로, 그때까지는 Li이온 배터리가 이 분야에서 가장 널리 연구될 것이다.

4.2.2.7. 대형 하이브리드 차량 : 통근버스, 경트럭 및 시내전철

도시의 공공 운송 차량과 시내 배달용 경트럭은 연료소비량 개선과 친환경을 위해 하이브리드화를 추진하기에 적합한 매우 흥미있는 분야이다. 일반적으로 이들 차량의 주행패턴은 매우 빈번하게 정지하기 때문에(예를 들면 유럽 도시에서 평균 300m마다 한번 정지), 전기구동에 의해 차량을 출발시키고 제동 시 회생에너지를 저장하는 등의 필요성이 있다. 최근 하이브리드 전기버스가 유럽의 일부 도시에서 시범운행되고 있다.

하이브리드 시내전철 또는 무궤도버스는 완전 전기차량으로서, 역사적 가치를 지닌 도시의 중심부 같은 일부 구간에 이 차량이 운용되면, '전선없이(cordless)' 배터리로써 동작하기 때문에 전력선을 가설하지 않아도 되므로, 인프라 구축에 유연성이 커지고 간단해진다.

이 차량에 많은 종류의 배터리시스템(납, NiMH, NiCd 등)이 실험되어 왔다. 실험 결과 NiMH 배터리가 가격은 비싸지만 내구성과 신뢰성 면에서 가장 적합한 시스템으로 밝혀졌다. 성능 요구조건은 고에너지 및 고출력으로서 기본적으로 모든 하이브리드 차량과 같다. 대표적인 요구성능이 표 4.7에 요약되어 있다[5].

4.3. 구동용 배터리 기술

이 절의 목적은 이 책의 1, 2장에서 설명한 여러 기술의 전기화학반응을 상세하게 다루는 것이 아니라, 각 배터리들의 일반적인 특성을 요약하고 구동용으로 적합한 주요 배터리(이미 상용화된 것과 시제품이 개발 중인 것 모두)의 특징을 설명하는 것이다. 현재 사용되고 있거나 사용되어 온 차량의 예도 제시된다.

표 4.7. 대형 하이브리드 공공 수송 차량의 대표적인 요구성능(참고문헌 [5])

	하이브리드 버스 (ICE 또는 FC)	하이브리드 이중모드 버스	하이브리드 무궤도버스	하이브리드 시내전철
독립전기모드 시 km/충방전	동력보조/독립운전 없음	5~20	1~5	0.4~1
충방전/시간	20~100	1~2	1~3	1~3
충방전/년	100,000~500,000	5,000~10,000	5,000~15,000	5,000~15,000
kWh/충방전	〈 0.5	1~5	1~7	2~10
kW	50~100	50~100	50~100	50~150
배터리의 DOD 허용범위(%)	1~5	5~20	5~20	5~20

4.3.1. 납 배터리

1859년에 Gaston Planté가 발명하여 19세기에 기본형이 개발된 이래, 납 배터리는 더욱 진화되어 왔다. 주된 응용분야로는 지게차, 골프카트 자동차 SLI (starting-lighting-ignition, 시동-조명-점화)용 및 그밖의 차량 동력용 등이 있으며, 또한 다양한 정지용(stationary) 분야에서 대기전력용으로도 사용된다. 납 배터리의 초기비용은 다른 배터리들과는 달리 매우 싸기 때문에, 전 세계적으로 모든 산업분야에서 가장 널리 제조되고 사용되고 있다.

납 배터리는 일반적으로 양극판의 구조, 양극판에 사용된 납합금의 종류, 배출형(vented, 또는 습식형(flooded))이냐 밸브조절형(valve-regulated, 또는 밀봉형(sealed))이냐에 따라 특성이 달라진다.

전해질이 풍부한 배출형은 물이 전기분해되는 충전이 끝날 때 가스를 배출시킬 수 있다. 따라서 정기적으로 물을 보충해 주어야 하며, 그 빈도는 충방전 조건, 온도 등에 따라 달라진다.

밸브조절형 납(valve-regulated lead acid, 이하 VRLA) 배터리는 충전 종료 시 물이 재결합될 수 있다. 산소는 양극에서 방출된 뒤 전해질을 통해 음극으로 이동하여 음극에서 재결합된다. 그 결과 물보충을 위한 유지보수가 필요하지 않다. 재결합을 촉진하기 위해 전해질을 고정시켜야 하므로, 전극 및 분리막을 특수하게 설계해야 한다.

따라서 VRLA 배터리는 산성 전해질을 고정시키는 방법에 따라 흡수유리매트형(absorbed glass mat, 이하 AGM)과 겔형(gel)으로 다시 분류할 수 있다.

AGM 배터리에서 전해질은 유리매트 분리판에 흡수된다. 재결합을 촉진시키기 위해 전해질의 양도 감소되어야 한다. 유리매트는, 전해질을 흡수하고 산소가스의 전달을 촉진하기 위한 유리섬유와 충분한 기계적인 강도를 유지하기 위한 유기섬유(organic fiber)의 혼합부직포(non-woven mixture)이다.

페이스트형(pasted) 또는 편평형(flat) 양극판(positive plate)을 가진 셀이 구동용으로 사용되며, 특히 북미지역에서는 가장 많이 사용된다. 페이스트판형(pasted-plate) SLI 배터리는 가격 및/또는 에너지밀도 때문에 저가의 구동용으로 많이 사용되지만, 깊은 충방전 시에는 성능이 나쁘다. 이는 시동성능을 최적화하기 위해 매우 얇은 양극판들을 조밀하게 배치했기 때문이다. 또한 방전 또는 충전 시에는 활성물질이 각각 확장 또는 수축되기 때문에, 양극판들은 활성물질을 구속하기 어렵다. 더욱이 조밀배치된 양극판들 때문에 전해질이 자유롭게 순환될 수 없으므로, 산성전해질은 농도가 각기 다른 층을 형성하여 층상화된다.

구동용 페이스트판형 셀은 보통 고밀도 페이스트로 만든 두꺼운 극판으로 이루어져 있다. 양극판은 하나 이상의 유리섬유층으로 싸여져 있는데, 이는 활성물질을 구속하기 위한 것이다. 전해질이 쉽게 혼합될 수 있도록 평판들 사이의 간격은 SLI보다 크다.

또한 충방전 성능을 증가시키기 위해, SLI형을 개량시킨 셀도 있다. 여기에는 '해양용 깊은 충방전(deep-cycling marine)' 배터리와 골프카드용 배터리도 포함된다.

유럽에서 사용되는 구동용 배터리의 양극판은 보통 관형(tubular)이다(북미의 일부 배터리도 관형 양극이 있다). 이 관형 양극판은 보통 페이스트형보다 비싸지만 부식속도가 최소화되고 활성물질의 구속 성능이 우수하다.

양극의 그리드합금은 충방전성능에 중요한 역할을 한다. 20세기 중반까지 페이스트형 또는 관형 판들로 이루어진 셀은 응용분야에 관계없이 4~11 %의 안티몬을 함유한 안티몬합금을 사용했다. 이 합금은 충방전성능이 우수한 반면, 수명기간 동안 유지보수 횟수가 점차 증가하는 단점도 있다. 이는 충전 동안 안티몬이 양극판에서 산화되어 음극판에 부착되며, 국부적인 작용에 의해 음극판의 자기방전율이 증가하기 때문이다. 이러한 자기방전 때문에 정전압 또는 정전류 충전 시 전류가 증가하여 전해질에서의 물손실이 더욱 커진다. 이러한 '안티몬 피독' 때문에 연구자들은 유지보수를 줄일 수 있는 대체합금을 찾기 시작했다.

안티몬합금을 사용하지 않으려는 움직임은 1935년에 시작되었으며, 이에 대한 최초의 논문은 납-칼슘 합금에 대한 것이었다[6]. 그러나 미국에서 납-칼슘의 위치가 확고해진 것은 Bell System사가 이 합금을 대형 관공서용 배터리에 적용하려는 계획을 발표한 때인 1950년 경 무렵이었다. 납-칼슘 합금으로 만든 셀은, 매우 작고 안정한 부동(float)전류, 최소화된 물소모량 등의 장점이 있었지만, 아쉽게도 깊은 충방전 성능이 50~100회로 매우 좋지 못했다. 이후 0.25~2.0%의 주석을 칼슘합금에 첨가하면 충방전 성능이 개선될 수 있다고 밝혀졌지만, 그럼에도 불구하고 칼슘기반 합금은 구동용으로 널리 사용되지 못했다.

유럽의 연구자들은 안티몬피독을 없애면서 안티몬합금의 장점을 그대로 유지하는데 노력을 집중했다. 1970년대 후반, 납-셀렌 합금이 우수한 특성을 가지고 있다는 것이 밝혀졌다. 이 합금은 안티몬의 비율이 보통 2% 이하로 매우 낮지만, 소량의 셀렌 때문에 합금을 미세입자로 만들 수 있었다. 1980년 Varta는, 무안티몬 셀의 충방전수명은 약 200회이고, 6%의 안티몬이 함유된 셀은 1400회라는 시험 결과를 논문으로 발표했다. 이처럼 높은 충방전횟수는 1.6%의 안티몬이 함유되고 0.02%의 셀렌으로 안정화된 합금을 사용한 셀의 충방전수명이 1,000회 이상인 것과 거의 일치했다[7].

Exide Technologies사의 GNB 사업부는 상표명이 'Absolyte' 인 VRLA AGM 셀에 안티몬 함량이 작은 다른 종류의 합금을 사용했다. 이 합금은 1.5%의 안티몬과 1.5%의 카드뮴이 함유되어 있으며, 양극판에만 사용된다(음극에는 납-칼슘 합금이 사용된다). 이 배터리는 깊은 충방전이 요구되는 분야에 널리 사용되는 몇 안되는 AGM형 VRLA 배터리 중의 하나이다.

이 배터리를 제외한 모든 VRLA 배터리는 납-칼슘-주석 합금 또는 납-주석 합금을 사용한다. AGM형 배터리는 보통 배출형 배터리보다 충방전 성능이 우수하다.

이는 전극판들이 압착되어 있어 유리매트 분리판이 활성물질을 효과적인 구속할 수 있기 때문이다. 그러나 이 셀들의 충방전 성능은 안티몬합금을 가진 배출형 셀보다 크게 떨어진다. 그러나 겔형 VRLA 배터리의 전해질에 인산을 첨가시키면 이런 단점이 다소 개선될 수 있다. 인산은 납-칼슘 합금의 셀에서 전도성이 좋지 않은 황산염층이 형성되는 것을 억제할 수 있다. 겔형 셀에 인산을 사용하는 것은 원래 Sonnenschein사가 특허를 가지고 있었다[8].

VRLA 배터리가 배출형보다 성능이 우수한 경우는 부분충전상태(partial-state-of-charge, 이하 PSOC)에서의 충방전이다. 납 배터리의 음극은 보통 양극보다 특히 SOC가 클 때 훨씬 높은 효율로 재충전된다. 배출형 셀의 경우, 음극이 고효율로써 계속 충전하는 동안, 양극은 (비효율적인 충전 때문에) 산소가스를 방출하기 시작한다. 양극이 완전히 충전되기 전에 충전이 중단되면, 전극 사이의 불균형이 발생하여 지속적인 충방전에 악영향을 미친다. 따라서 셀의 평형을 회복하기 위해 비교적 자주 고율 충전을 할 필요가 있다. 반면 VRLA 배터리에서는 양극에서 방출된 산소가 음극으로 이동하여 음극을 방전시키므로, 음극에서 진행 중인 충전과정에 역작용하여 극판 사이의 불균형을 방지한다. 따라서 부분 충전상태에서 작동할 때, VRLA 배터리는 배출형 배터리보다 충전상태 평준화가 잘 이루어진다.

그러나 VRLA 배터리의 부분 충전상태 운전에는 한계가 있으며, 이 한계는 HEV에서 더욱 두드러지게 드러난다. HEV 고유의 고율 충방전과 극판의 가로와 세로 방향으로 나타나는 전압강하 때문에, 활성물질이 균일하게 사용되지 않는다. 충분히 사용되지 못한 물질은 음극에서 크고 단단한 황산염 결정으로 성장하여 궁극적으로는 셀 고장의 원인이 된다. 현재는 납 배터리를 부분 충전상태에서 작동시키기 어렵기 때문에, 42V의 '중간' 하이브리드 자동차가 널리 보급되지 못하는 주된 요인 중의 하나이다. 미국의 에너지부(Department of Energy, 이하 DOE)과 함께 국제 납-아연 연구기구(International Lead-Zinc Research Organization, 이하 ILZRO)와 최신 납 배터리 컨소시움(Advanced Lead Acid Battery Consortium, 이하 ALABC)는 이 문제를 해결하기 위해 연구에 투자하여 몇 가지 방법을 제안했다[9]. 그러나 제안된 배터리를 쉽게 제작할 수 있느냐 여부는 아직 의문으로 남아 있다.

4.3.1.1. 마이크로 하이브리드 자동차용 납 배터리

납 배터리가 오랫동안 사용되어 온 지게차, 골프카트 및 그밖의 특수차량을 제외하고, '마이크로 하이브리드' 자동차는 납 배터리가 새롭게 도입될 수 있는 가장 좋은 전기자동차이다. 가까운 미래에 크게 확대될 이 분야에 적합하면서 성능이 개선된 제품들이 주요 납 배터리 제작사들(Exide사[11], JCI사 및 GS Yuasa사[12] 등)에 의해 개발 중에 있다.

그림 4.5는 마이크로 하이브리드 자동차에 사용될 수 있는 '정지-시동' 용 AGM VRLA 배터리가 나타나 있다[10]. 2005년 프랑스에서 PSA사가 출시한 시트로앵 C3 자동차에는 시동성능이 개선된 55Ah 배터리가 사용되었다. 그 결과 도시주행 모드에서 연료소비량이 약 10% 감소하였으며, 이는 14g/km의 CO_2 배출이 감소된 것과 같다.

표 4.8. '정지-시동' 용 배터리의 대표적인 충방전수명 시험 절차

절차	시험 내용
1	14.4 V에서 20 시간 + I_{20}*0.5에서 4시간 동안 충전(100% SOC)
2	1,000회 @ 40 ℃, 1.3% DOD 충전 : 14V에서 3분(최대전류 50 A), 방전 : I_{20}*16에서 1분
3	14.4 V에서 20시간 + I_{20}*0.5에서 4시간 동안 재충전
4	용량시험 : 25℃에서 C/20의 속도로 10.5V까지 방전(10시간 이상)
5	14.4 V에서 20시간 + I_{20}*0.5에서 4시간 동안 재충전
6	냉시동 시험 : -18℃에서 7.2V까지 10초간 고속 펄스전류
7	절차 1로 되돌아 감

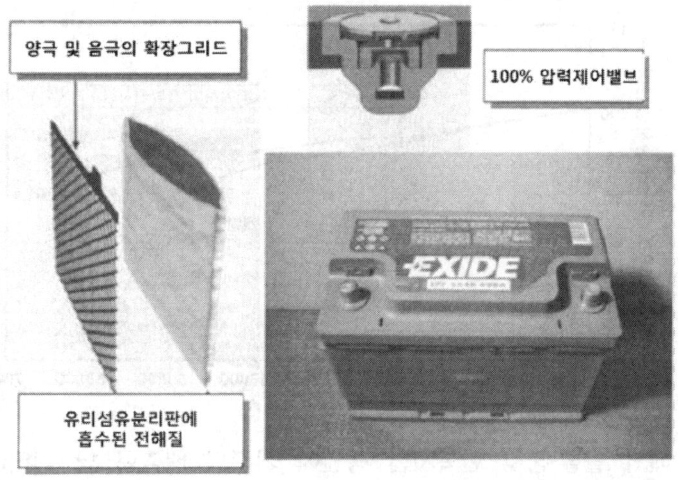

그림 4.5. 자동차용 VRLA AGM 배터리의 예(Exide Technologies사의 허가에 의해 전재).

표 4.8에는 '정지-시동' 용 배터리의 대표적인 충방전수명 시험절차가 주어져 있다. 충방전은 100% SOC, 40℃에서 1.3% DOD에서 이루어진다. 그림 4.6은 AGM VRLA 배터리의 이러한 충방전시험 동안에 용량변화의 예를 배출형(flooded) 표준배터리와 비교하여 나타낸 것이다. 그림 4.7은 같은 시험 동안에 냉시동 전력의 변화를 나타내고 있다.

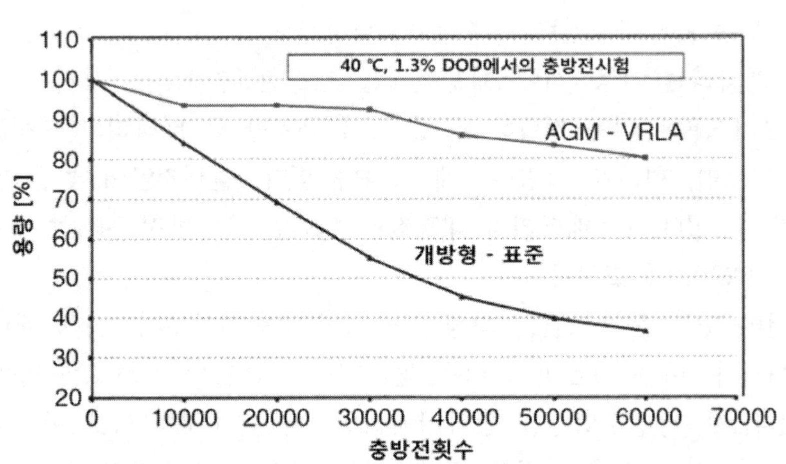

그림 4.6. 출발-정지 반복시험 동안에 기존의 배출형 납 배터리와 비교한 AGM VRLA 셀의 용량 변화(참고문헌 [11]).

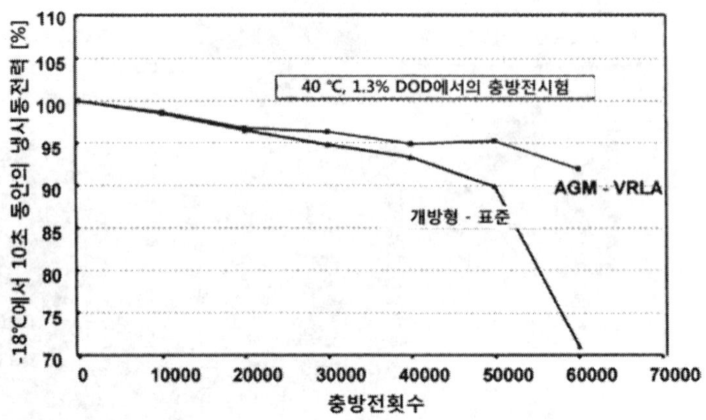

그림 4.7. -18℃에서 출발-정지 반복시험 동안에 기존의 배출형 납 배터리와 비교한 AGM VRLA 냉시동 전력 변화(참고문헌 [11]).

이러한 전력소비량은 SLI에 비해 너무 크며, 셀의 열화가 급속히 진행될 수 있다. 예를 들면 엔진실에서는 고온 때문에 양극 그리드의 부식이 증가하고 바닥에서는 음극판 황화가 발생하며, 이로 인해 예상수명은 약 3~5년이 된다. 이를 개선하여 장수명조건을 만족시키기 위해, 수많은 R&D 노력이 경주되어 왔다[12].

큰 출력과 장수명을 구현하려면, 얇은 전극을 갖는 나권형 셀이 더욱 적합하다. 납 배터리 제조업체 대부분[13]이 개발한 바 있는 나권형 셀은 깊은 DOD에서 충방전성능이 우수하고 시동전력과 충전수입성이 크다.

또한 이 배터리는 제동 시에 회생전력을 저장할 수 있는 '정지-주행' 용 또는 소프트하이브리드용에 더욱 적합하다. 몇 가지 나권형 납 배터리의 특성들이 표 4.9에 주어져 있으며, 형태가 그림 4.8에 나타나 있다. 출력전압이 높은 배터리(36V) 역시 설계할 수 있다. 이 배터리의 대표적인 전력밀도는 방전 시에는 500W/kg, 충전 시에는 200W/kg에 달한다.

문제로 남아 있는 동작조건은 회생제동 시의 과충전으로서, 이때 배터리의 물이 완전히 없어진다. 이는 밸브의 압력을 높이거나 분리판의 포화도를 증가시키면 개선될 수 있다[14]. 충전수입성을 증가시키려면, 최신 납 배터리를 이중층 커패시터 또는 최신 수퍼커패시터와 연계하여 사용하는 것도 하나의 방법이며, 시스템의 수명을 개선시키는 방법이기도 하다. 그러나 이러한 에너지저장시스템은 가격이 훨씬 비싸기 때문에, 최근 각광을 받기 시작한 Li이온 배터리에 의해 위협을 받을 것이며, 이는 Li이온 배터리가 피크전력이 크고 장기간의 충방전 성능이 우수하여 소형경량화가 가능하기 때문이다. 그러나 생산량이 증가하면 배터리-커패시터시스템은 가격 대비 효과적인 해결방안이 될 수 있을 것이다.

표 4.9. 나권형 납 배터리 OPTIMATM의 특성(참고문헌 [14])

모델명	D34/78	D75/25	D51 & D51R
성 능			
전압(V)	12	12	12
-18 ℃에서의 냉시동전류(A)	750	650	500
-0 ℃에서의 시동전류(A)	870	810	625
용량(C/20 방전율)(Ah)	55	48	41
내부저항(Ω)	0.0028	0.0030	0.0046
물리적 사양			
길이(cm)	25.4	23.6	23.6
폭(cm)	17.5	17.3	12.8
높이(cm)	19.8	19.4	22.7
최소 무게(kg)	19.7	17.2	11.8

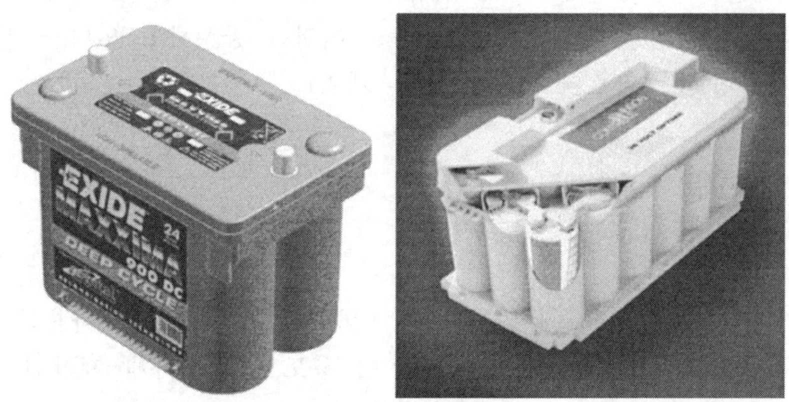

그림 4.8. 최신 나권형 납 배터리(12V, 36V)의 예(Exide and Johnson Controls의 허가에 의해 전재).

4.3.2. 니켈카드뮴 배터리

니켈카드뮴 배터리는 1899년 스웨덴의 Jünger에 의해 발명되었으며, 납 배터리에 심각한 위협이 된 최초의 배터리였다. 이 배터리는 비에너지가 크고(약 55Wh/kg) 고출력으로 설계하면 비출력도 컸지만(800W/kg), 납 배터리에 비해 획기적으로 개선된 특성은 무엇보다도 깊은 충방전 수명이 훨씬 더 길어졌고 혹사조건(전기적 및 온도적 극한 상태)에서도 더욱 강인하고 내구성이 높다는 것이었다. 특히, 부식에 의한 고장이 없기 때문에 신뢰성과 수명이 크게 개선되었다.

납 배터리에서와 마찬가지로 NiCd 배터리는 배기형(vented)과 밀봉형(sealed)의 2 가지 종류가 있다. 큰 차이점은 반응생성물을 완전히 재결합시켜 물을 재형성시킬 수 있는가 여부이다. 물은 충전 종료 무렵에 전기분해된다. 배기형에서는 이 재결합율이 100%가 아니며, 발생된 가스는 배기구를 통해 빠져나간다. 그 결과 충방전 동안에 물이 소모되므로 유지보수가 필요하다. 휴대용으로 사용되는 소형 NiCd 배터리는 밀봉형인 반면, 산업용 대형 배터리는 배기형이다. 대형 배터리의 주 용도는 철도나 항공 분야의 예비전원용이다.

휴대용 소형 니켈카드뮴 배터리는 나권형 전극을 갖는 원통형 구조인 반면, 산업용 대형 셀은 평판전극을 사용한 각주형이다.

전극은 최초의 관형판(tubular plate) 모양에서 소결니켈 다공질 판, 플라스틱 접합 구조나 발포 니켈 구조 또는 섬유 구조로 변화해 왔다. 이 모든 전극들은 크기와 응용분야가 매우 다름에도 불구하고 여전히 공존하고 있다는 점은 흥미롭다(관형이 각주형 포켓판으로 대체된 것은 제외).

4.3.2.1. EV용 니켈카드뮴 배터리

- 기술

유럽에서 제작된 순수 EV에 납 배터리 대신 NiCd 배터리를 사용한 것은 1980년대와 1990년대에 Saft사에 의해서이다. 이 용도로 특수하게 제작된 NiCd 배터리는 배기형이면서도 물의 소모량이 작았기 때문에 유지보수 빈도도 낮았다.

그림 4.9의 6V 배터리모듈은 5개의 셀이 직렬로 연결되어 폴리프로필렌 '단일블럭(monobloc)' 용기 내에 수납되어 있다. 셀들은 외부연결단자 없이 각 셀들의 벽을 통해 특수한 방법으로 직렬연결되어 있다. 또한 용기 양쪽면은 표면적이 크

기 때문에, 이 표면을 순환하는 액체에 의해 배터리 온도가 제어된다. 같은 크기의 공냉식 용기도 존재한다.

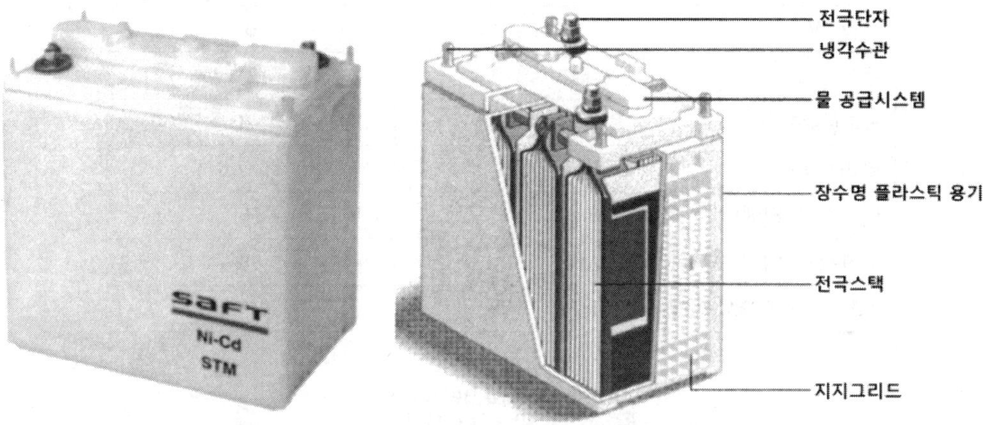

그림 4.9. Saft사에 의해 제작된 EV용 6V, 100Ah "단일블럭(monobloc)" Ni-Cd 모듈.

양극은 소결니켈 구조에 니켈수산화물과 첨가물을 화학적으로 주입하여 제조하며, 니켈이 도금된 천공(perforated) 강철편 위에 장착된다. '플라스틱 접착된' 음극은 산화카드뮴과 고분자 결합제 첨가물을 니켈이 도금된 천공 강철편 위에 접착시켜 만든다. 분리판은 다층 폴리프로필렌 부직포(不織布, non-woven)로서, 전극 사이의 기계적 및 전기적 절연상태를 확실히 유지하면서 전해질의 이온전도도를 우수하게 하고, 충전 중에 재결합을 촉진하기 위해 음극으로 산소가 원활히 확산되도록 하는 역할을 한다.

전해질은 리튬 또는 수산화나트륨 첨가물을 가진 수산화칼륨 용액이다. 전해질의 밀도는 충전상태에 따라 거의 변화하지 않는다. 충방전 동안 물이 소모되기 때문에 밀도가 약간 변화한다.

- 성능

이 배터리의 대표적인 기계적 및 전기적 특성이 표 4.10에 주어져 있으며, 방전율에 따른 방전특성곡선이 그림 4.10에 나타나 있다.

NiCd 배터리의 장점들 중 하나는 그림 4.11과 같이 충방전수명이 우수하다는 것이며, 그림에서는 C/2의 충전율과 C의 방전율로 충방전하는 동안의 용량변화를 나타내고 있다. 충전상태에 따른 비출력은 그림 4.12에 설명되어 있다.

표 4.10. EV 배터리용 100Ah 6V NiCd 모듈의 대표적인 특성

모 듈	STM 5-100MR
용량, Ah	100
전압, V	6
무게, kg	12.9
크기(mm)	248 × 120 × 260
부피, cm^3	7737.6
대표적인 비에너지(C/3), Wh/kg	55
대표적인 에너지밀도(C/3), Wh/L	88
(80 % DOD에서)대표적인 비출력, W/kg	122

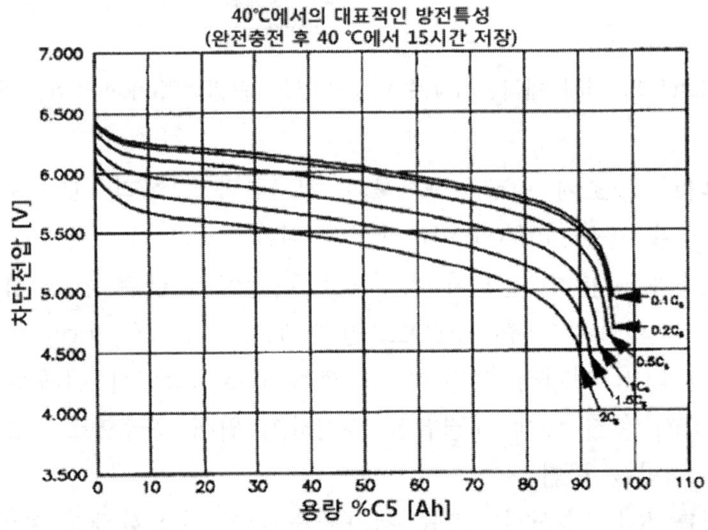

그림 4.10. 40 ℃에서 방전율에 따른 100Ah 6V NiCd 모듈(Saft사)의 방전곡선.

NiCd 배터리의 단점은 자기방전률이 비교적 높다는 것이고, 이는 셀 설계방법에 따라 크게 달라진다. 대기온도 및 40℃에서 저장 시 100Ah 배터리의 충전유지능력이 그림 4.13에 나타나 있다.

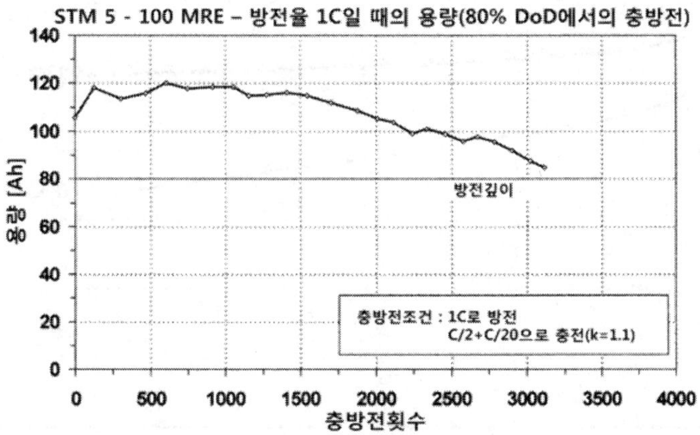

그림 4.11. 100Ah 6V NiCd 모듈(Saft사)의 충방전 시 용량 변화

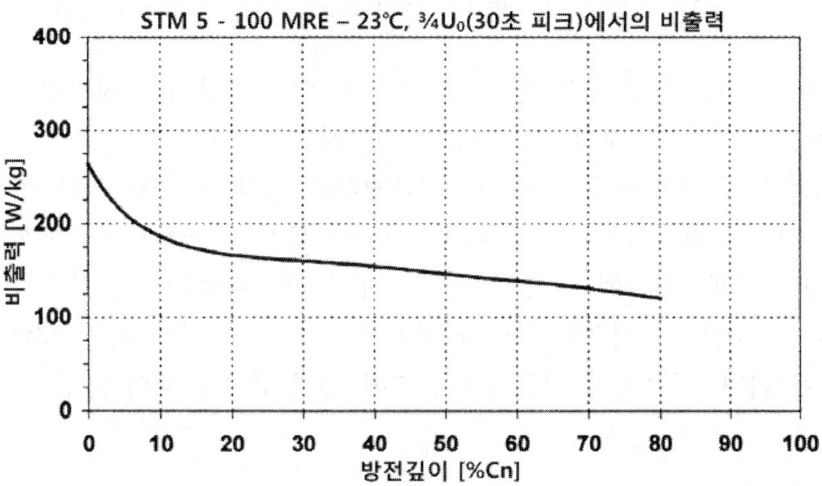

그림 4.12. 충전상태에 따른 100Ah 6V NiCd 모듈(Saft사)의 비출력.

■ 재활용

모든 자동차부품처럼 배터리도 재활용되어야 한다. 납과 카드뮴 같은 금속이 포함된 배터리의 경우는 특히 그러하다. 세계 대부분의 지역, 특히 유럽에서는 사용 후 배터리수거가 의무사항이며, 대형 니켈카드뮴 배터리는 이미 오랫동안 수거되어 왔다. 수명이 종료되면 배터리는 국가적인 수거장소로 수송된 뒤, 재활용 및 부품재생을 위해 재생업체로 보내진다. 99% 이상의 카드뮴이 재생되며, 재생된 카드뮴은 새 전극을 제조하는데 사용된다.

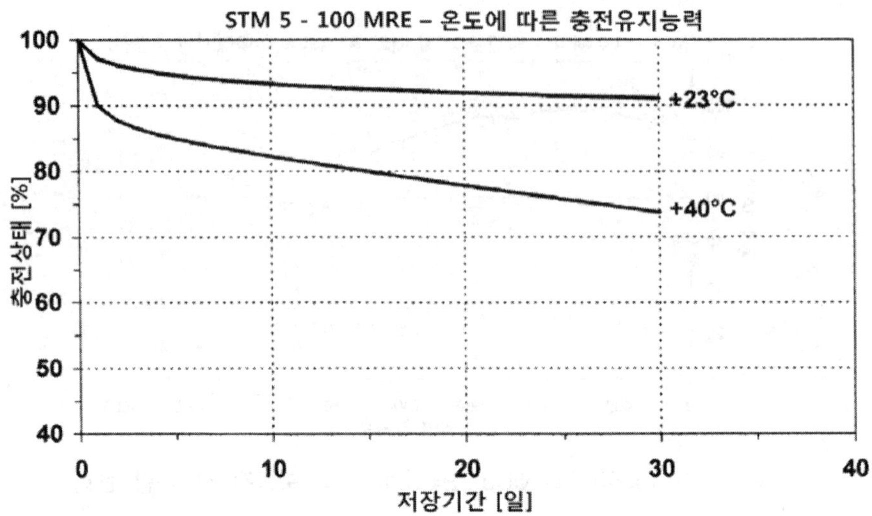

그림 4.13. 저장 시 100Ah 6V NiCd 모듈(Saft사)의 충전유지능력.

특히 니켈이나 철과 같은 금속들 역시 사용된 후 회수하여 스테인리스강을 생산하는데 재사용된다(이에 대해서는 14장을 참조하라).

재생 기업과 배터리 제작사 사이의 거래협약에 따라, 회수된 모든 카드뮴은 새로운 니켈카드뮴 배터리의 제작을 위해서만 재사용된다. 배터리제작에서와 마찬가지 방법으로, 재생플랜트에서 대기 중으로 방출되는 배출가스와 물은 지속적으로 감시해야 하며, 매달 지역당국에 이를 보고해야 한다. 이러한 배출가스는 모두 법규를 따라야 하며, 독자적인 연구기관에 의해 매년 감사를 받아야 한다.

- 배터리 조립

모듈들을 직렬로 연결하면 EV용 고전압배터리 시스템이 만들어진다. 이와 같이 조립된 배터리가 그림 4.14에 나타나 있다. 전체 시스템은 외함 안에 각각 14개(왼쪽) 및 8개(오른쪽) 모듈로 이루어져 있으며, 총 전압은 132V, 무게는 312kg이다. 물보충 시스템은 직렬 연결된 '단일블럭' 들을 직렬로 연결한 것으로, 이들을 통해 필요할 때 물이 가득 채워진다. 전해질이 인접한 셀과 접촉하면 누설전류가 흐르기 때문에 이러한 위험을 방지하도록 배터리가 설계된다.

모든 전기화학시스템과 마찬가지로 NiCd 배터리는 동작(충전 및 방전) 중에 열을 발생시킨다. 따라서 온도를 감시해야 하며, 열은 발산되어야 한다. 모든 자동차제작사들이 채택하고 있는 액체냉각시스템의 경우, 여러 단일블럭의 냉각실들은 직병렬로 연결되어 있다. 강제 공냉시스템을 선호한다면, 팬에 의해 발생된 공기가 모듈의 외벽들 사이를 원활히 순환하기 위해, 모듈의 외벽들 중 면적이 가장 큰 것들 사이의 간격이 10~20mm는 되어야 한다.

VRLA에서 충전하는 경우는, 물의 재결합 때문에 또 다른 열이 발생한다. 냉각시스템은 자동차, 배터리의 크기 및 종류에 따라 최적화되어야 한다.

- 적용 사례

최근 10년 동안 상용화된 전기자동차를 제작하는 프랑스 기업들을 위해 수 만 대의 배터리가 제작되었다. 시내 주행 시 대표적인 주행거리는 약 80km이다. 이러한 자동차와 배터리의 예가 그림 4.15와 표 4.11에 주어져 있다.

아쉽게도 시장은 확대되지 않았으며, 이들 대부분의 자동차는 더 이상 생산되지 않는다. 배터리는 대체 시장 및 일부 소형 특수차량용으로 여전히 생산되고 있다. 그 이유는 자동차의 최대 주행거리가 비교적 짧아서 그다지 호응을 받지 못했고 비싼 가격도 관심을 돌리는데 일조했기 때문이다. 가스가격의 상승과 도시 오염에 대한 가장 강력한 환경규제 때문에 미래에는 상황이 바뀔 것이다. 에너지밀도가 더욱 큰 배터리를 장착할 수 있다면 주행거리를 2배 이상 늘일 수 있을 것이다.

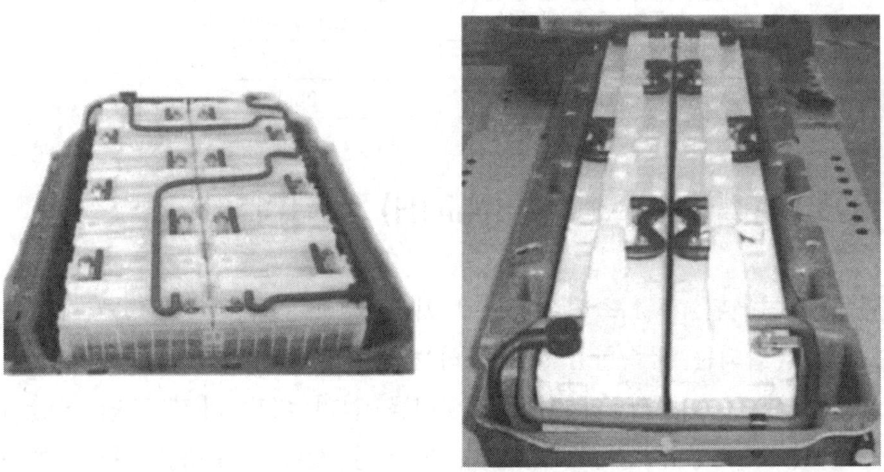

그림 4.14. Renault사의 공냉식 Kangoo 자동차에 사용된 배터리시스템. 132V, 100Ah NiCd 모듈로 구성되 어 있다.

그림 4.15. 106 Peugeot EV와 일반 특성

표 4.11. 106 Peugeot EV의 배터리 및 전동기 특성

배터리 종류/제작사	니켈카드뮴/Saft사
공칭전압	120V
용량	100Ah
총 중량	255kg
모듈수	20
배터리수명	1500회
냉각방식	액체
전동기 종류/제작사	DC/Leroy Somer사
공칭출력	11kW
최대출력	20kW

4.3.3. 니켈금속수소화물(NiMH) 배터리

1980년대에 연구된 이 시스템은 NiCd 기술이 진화한 것으로, 음극에 카드뮴 대신에 수소가 삽입되는 금속합금을 이용하는 것이다. $LaNi_5$와 그밖의 많은 금속첨가물을 기반으로 한 이 합금의 최적 조성비를 얻기 위해 과거 20년 동안 많은 연구가 이루어졌다. 조성비 연구는 충방전 및 저장 시에 장수명을 보장하는 것이 핵심이다.

NiCd와 달리 전기화학반응 시에 물이 없다는 사실을 비롯한 그 밖의 이유들 때문에, NiCd에 비해 에너지밀도가 훨씬 더 크고(최대 약 250Wh/L) 비에너지도 큰(70Wh/kg) 특징이 있다.

셀 내부의 평균압력이 낮다 하더라도(보통 40℃에서 0.5bar) 수소의 손실을 방지하기 위해 배터리는 당연히 밀봉되어야 한다. 밀봉형 NiCd에서처럼 충전이 종료되면 물은 100% 재결합된다. 이러한 재결합매커니즘은 밀봉형 수계 배터리시스템의 공통적인 현상이며, 이 때문에 충전전류가 여전히 흐르고 있을 때에도 배터리의 충전상태는 제한되므로, 충전 종료 시에 직렬연결된 셀들이 스스로 평형을 이룰 수 있다. 반면에 전기화학적으로 저장되지 않는 에너지는 열로서 방출되며, 이 열 때문에 고속충전 시에는 특히 온도제어장치가 필요하게 된다. 이 배터리는 유지보수(물 보충)가 필요 없다.

원통형 셀의 전극은 나권형이며, 각주형 셀의 전극은 평판적층형으로 소용량(최대 10Ah) 이다.

NiMH 배터리는 에너지밀도가 높기 때문에, 1990년대 초부터 카메라나 휴대폰과 같은 휴대용 전자기기 시장을 목표로 활발하게 개발되기 시작했다. 그러나 곧바로 새롭게 나타난 Li이온 배터리로 점차 대체되었다.

NiMH 배터리는 주로 비싼 가격 때문에 대용량 산업용 분야에서는 그다지 사용되지 않았지만, 에너지밀도가 크게 개선되었기 때문에 EV분야에서 NiCd를 대체할 수 있을 것으로 생각되었다. 1990년대에 USABC(United States Advanced Battery Consortium)가 자금을 지원한 프로그램에 의해 수많은 기업들이 EV에 대한 연구개발을 수행하였으며, 수많은 시제품 자동차들이 성공적으로 제작되었지만, 상용화된 것은 없다. 이 배터리는 성능에 비해 가격이 너무 비쌌기 때문에 이 프로젝트는 취소되었으며, 현재는 에너지밀도가 훨씬 더 큰 Li이온 배터리를 연구하고 있다.

1990년대 후반 하이브리드자동차 개념이 제품으로 상용화되었을 때, 고출력 에너지저장시스템으로 선택된 것은 최신 NiMH 배터리였다. 이 배터리는 수 년 동안 대량생산되어 왔으며, 현재는 유일하게 상용화된 완전 하이브리드 자동차에 사용되고 있다.

HEV 또는 EV용 NiMH 배터리의 주요 제작사는 일본의 PEVE사(Panasonic과 Toyota의 합자벤처회사)와 Sanyo사, 미국/유럽의 JCS Advanced Power Solutions사(Johnson Controls Inc사와 Saft사의 합자회사), 미국의 Cobasys사 등이 있다.

원통형과 각주형은 HEV 및 EV용으로 사용되고 있으며, 상용 차량에도 채택되고 있다. 두 셀은 나름대로 장점과 단점을 가지고 있지만, 전기적인 특성(에너지밀도, 출력밀도)은 근본적으로 동일하다. 또 두 셀을 어떻게 설계할 것인가는 전체 배터리 시스템의 기하학적 제약 사항, 열제어시스템 등에 의해 결정되며, 궁극적으로는 가격 역시 주요 기준이다.

4.3.3.1. EV용 NiMH 배터리

대용량 각주형 NiMH 배터리는 1990년대에 USABC 프로그램의 지원을 받아 개발되었다. 이 배터리들은 시제품 또는 제한된 자동차에만 사용되었지만, 배터리 관련 기술들은 상당히 성숙된 수준에 도달했다. 1996년 미국의 배터리제작사인 Ovonic사(현재는 Cobasys사)가 만든 대용량 NiMH 배터리 시스템은 GM의 EV1 자동차용으로 설계된 것이었다. 약 1000개의 배터리가 생산되었으며, 이를 장착한 자동차의 주행거리는 250km였다. 또 다른 전기차량 프로젝트에서, Chevy S10 픽업트럭은 화물 만재 상태에서 110~130km의 주행거리를 기록했다. GM EV1에 사용된 배터리가 그림 4.16에 나타나 있다.

같은 시기에 Saft사는 Chrysler EPIC 미니밴용 배터리를 생산하였으며, 그 특성은 그림 4.17에 나타나 있다.

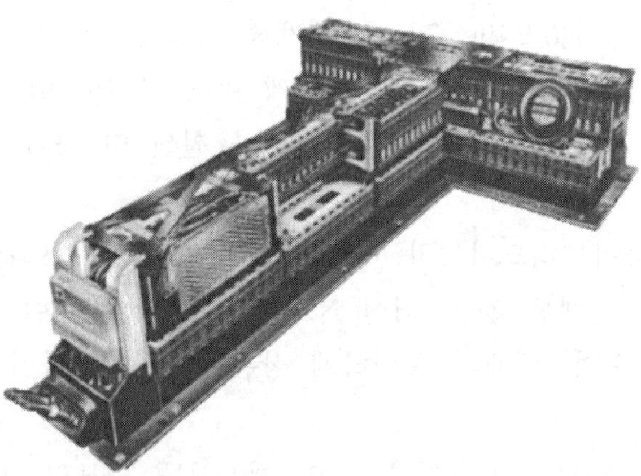

그림 4.16. GM EV1 자동차용 NiMH 배터리(Cobasys사)

외형 및 무게
4,733 × 1,950 × 1,740mm
차체무게 : 2,681kg
적재하중 : 350kg
좌석수 : 5
성능
최대속도 : 100km/h
50km/h까지의 가속시간 : 6초
시내 주행거리 : 110km

전동기	배터리
종류 : 교류 유도전동기	종류 : NiMH
상표명 : Northrop. Grumman	제작사 : Saft사
공칭출력 : 56kW	충방전수명 : 1,000회
최대출력 : 75kW	공칭전압 : 360V
	용량 : 100Ah
	총 무게 : 592kg
	모듈(24 V) 수 : 15개

그림 4.17. Chrysler EPIC 전기 미니밴용 일반 제원

- 기술

이 배터리 시스템은, 그림 4.18과 표 4.12에 설명한 것과 유사한 12V 단일블럭 2개를 연결해 24V 모듈을 만들고, 이 모듈을 여러 개 직렬연결하여 만든 것이다. 양극은 수산화니켈의 슬러리와 발포니켈 표면에 도포된 결합제로 이루어져 있다. 음극은 플라스틱 접착된 카드뮴전극과 같은 방법으로 만드는데, 천공 니켈도금 강철편 표면에 금속수소화물 분말과 고분자 결합제 첨가제를 도포하여 만든다.

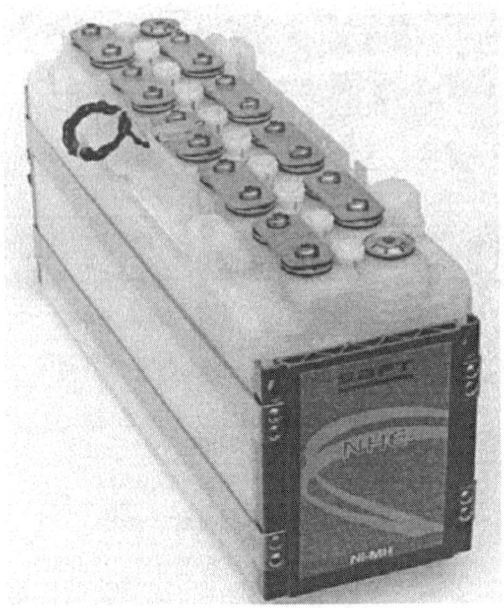

그림 4.18. 고에너지 12V NiMH 배터리 모듈(Saft)

표 4.12. 12V NiMH 모듈 NH12.3(Saft사)의 주요 특성

전압	12V
용량, C/3	100Ah
전력 @ 80% DOD 30s @ +25℃	2,800W
외형(L/W/H)	390/120/195mm
무게	19kg
비에너지	66Wh/kg
에너지밀도	137Wh/L
비출력	150W/kg
전력밀도	310W/L

▪ 성능

연속 충방전시험 시의 용량과 출력 변화를 나타낸 그림 4.19와 4.20의 예에서 보듯이, NiMH 배터리는 요구되는 충방전수명을 가지고 있다. 주된 열화 메커니즘은 충방전 시 금속수소화물 분말이 변화하기 때문이다. 잘게 부서지는 입자, 부식

으로 인한 수산화물 생성, 전해질 소모 등으로 수명종료 시점에서 출력전력이 점차 감소한다.

이 배터리의 에너지밀도와 비출력은 NiCd나 VRLA보다 크게 개선되었지만, 대량생산될 경우에도 가격/kWh가 매우 크기 때문에 EV에 널리 적용되기 어려우며, 현재도 이 배터리의 시장은 작다. 현재 이 배터리의 강력한 경쟁자는 리튬 전기화학반응을 기반으로 한 고에너지밀도 배터리이다.

4.3.3.2. HEV용 NiMH 배터리

- 완전 하이브리드

현재 NiMH 배터리는 Toyota Prius, Honda의 Civic과 Accord, Ford의 Escape 등과 같이 상용화된 하이브리드 자동차에 장착되어 운행 중에 있다.

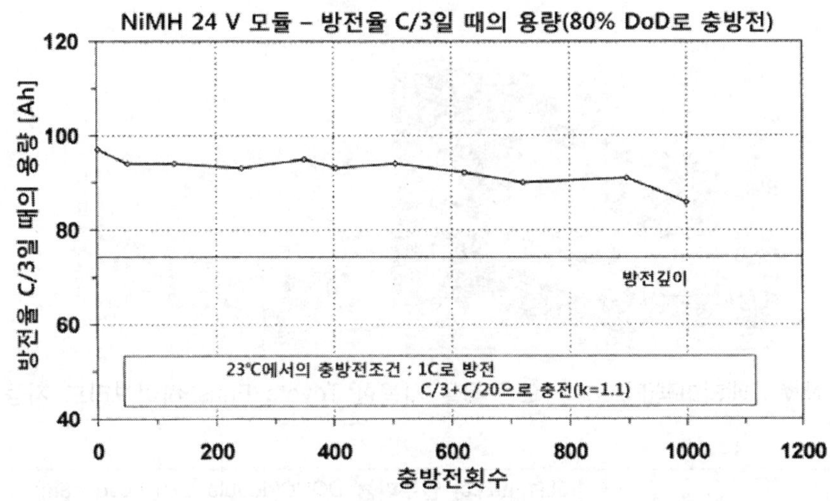

그림 4.19. EV 배터리용 24V NiMH 모듈의 충방전 시 용량 변화(Saft사)

2006년 4월 현재, 미국에서 약 8 종류의 상용화된 하이브리드 자동차를 구입할 수 있으며, 2년 내에는 더 많은 종류의 자동차가 출시될 것이다. 차세대 HEV를 개발하기 위해 많은 프로그램이 가동 중이지만, 아쉽게도 이에 대한 정보는 거의 얻을 수 없다.

시장에 가장 먼저 출시되었으면서 가장 유명한 완전 하이브리드 자동차(그림 4.21 참조)는 Toyota Prius로서, PEVE사에서 제작한 NiMH 배터리를 사용했다. Prius의 기술적인 사양은 그림 4.22에 나타나 있다.

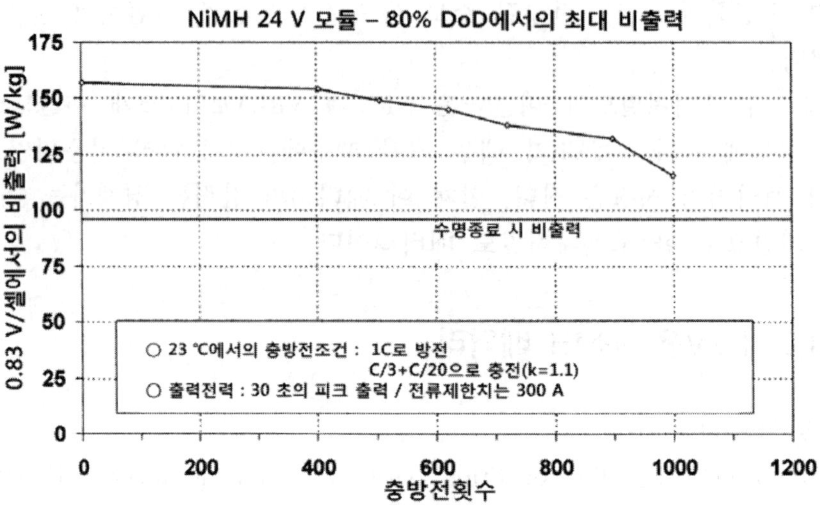

그림 4.20. EV 배터리용 24V NiMH 모듈의 충방전 시 전력 변화(Saft사)

그림 4.21. NiMH 배터리팩(PEVE사, 오른쪽)을 사용한 Toyota Prius 하이브리드 자동차(왼쪽)

가솔린엔진	• 1.5L(1,497cc) 알루미늄 DOHC(double over-head cam) 16 밸브 VVT-i 4-실린더 • 출력 : 76hp(57kW) @ 5,000rpm
전동기	• 영구자석 AC 동기전동기 • 출력 : 67hp(50kW) @ 1,200~1,540rpm • 전압 : 최대 500V
배터리	• 밀봉형 NiMH • 출력 : 28kW • 전압 : 201.6V • 연구실 시험결과에 의한 예상 수명 : 150,000마일
하이브리드시스템 순출력	• 110hp(82kW)

그림 4.22. Prius(2006년형)의 주요 사양[16]

표 4.13. PEVE사의 HEV용 NiMH 고출력 모듈의 주요 특성

	원통형 1세대	각주형 1세대	각주형 2세대	신모델
공칭전압(V)	7.2	7.2	7.2	7.2
공칭용량(Ah)	6	6.5	6.5	6.5
출력(W) (6개 셀 모듈)	872	1,050	1,352	1,352
무게(g)	1,090	1,050	1,040	1,197
크기(mm) (W / H / L)	19.6 106 285	19.6 106 285	19.6 106 271.5	18.4 96 279
배터리팩 높이(mm)		174	176	142

- 셀 구조

1997년 Toyota가 출시한 1세대 Prius는 원통형 셀로 만든 배터리시스템을 사용한 반면, 이후 세대의 자동차들은 각주형을 사용하고 있다. 각 세대별 단위셀의 특성이 표 4.13에 주어져 있다. 중요한 특성은 물론 셀의 전력이며, 셀의 저항을 줄일 수 있는 모든 파라메터는 주의 깊게 연구되어야 한다. 가장 최근에 설계된 PEVE사 모듈은 1세대에 비해 부피는 20% 감소하고 출력은 55% 증가하였다. 이는 다음에서 설명하듯이 셀과 셀 사이를 특수하게 연결하였기 때문이다.

1세대 및 2세대 각주형 셀의 수납용기 재료는 고분자이다. 최근의 신모델은 금속용기를 사용하였다[18]. 따라서 열전달 용량이 개선됨으로써 셀의 부피가 14% 감소되었으며 배터리팩을 기준으로는 26% 감소되었다. 현재 2세대 모듈의 구조는 6개의 셀이 나란히 배치되어 있다. 그림 4.23에 나타난 바와 같이 셀의 측면에 단자가 나와 있는 새로운 셀 구조 때문에 모듈의 높이를 크게 줄일 수 있다. 출력이 증가함으로써 배터리시스템의 모듈 개수는 38개에서 28개로 줄어들었으며 (23.6% 감소), 에너지는 1.8에서 1.3kWh로 줄었다(27.8% 감소)[19].

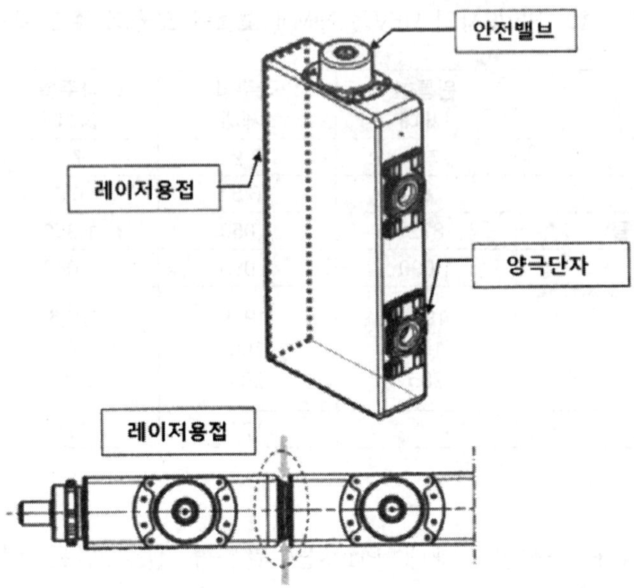

그림 4.23. HEV용 새로운 NiMH 셀(PEVE사)의 구조[18]

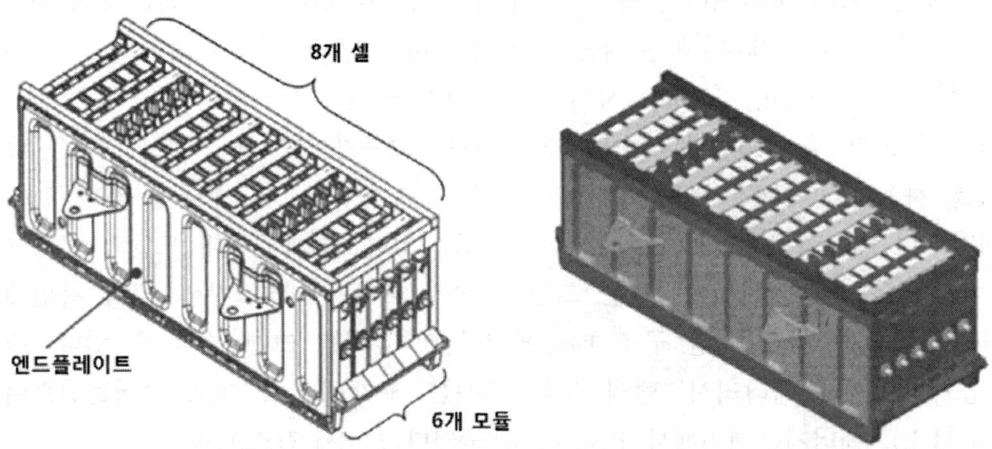

그림 4.24. HEV용 새로운 NiMH 배터리팩(PEVE사)[17]

6개의 셀만을 수납할 수 있는 현재 모듈과는 달리, 새로운 개념을 적용하여 모듈구조에 따라 셀의 개수를 바꿀 수 있기 때문에, 전체 배터리 구조를 유연성 있게 설계할 수 있으며, 따라서 차량에의 탑재 유연성도 높일 수 있다. 8개의 셀로 구성된 모듈 6개가 수납된 배터리팩이 그림 4.24에 나타나 있다. 이 배터리팩은 Toyota Lexus RX400H SUV에 사용되고 있다.

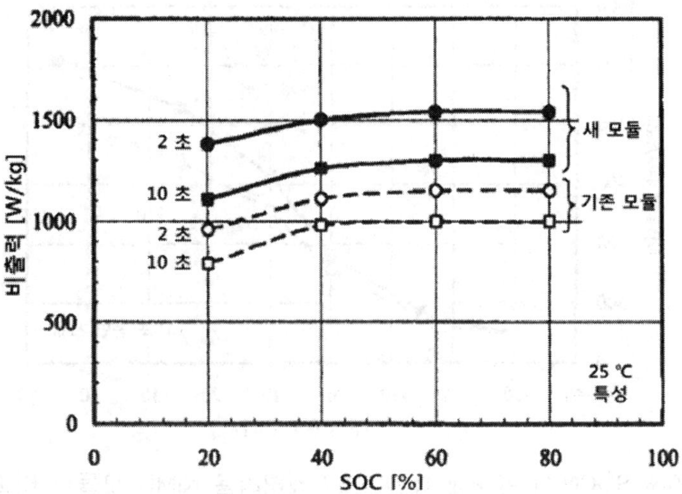

그림 4.25. 60% SOC에서 온도에 따른 HEV 배터리용 NiMH 모듈의 비출력 변화[참고문헌 20].

그림 4.25에서 보듯이 이 배터리모듈의 비출력은 1,000W/kg 이상이며, 그림의 결과는 충전상태에 따라 2초 또는 10초 동안의 펄스전력을 공급할 때 측정된 것이다. 모든 전기화학시스템은 그림 4.26과 같이 저온에서 출력이 크게 감소하며, 그림은 60% SOC에서 10초 동안 펄스전력을 공급할 때의 결과이다[20]. 0℃ 이하에서 최소의 필요전력을 얻기 위해서는, 열관리시스템으로 배터리를 예열할 필요가 있다. 그러면 분극에 의해 배터리가 자기가열되기 때문에 온도는 적절한 값으로 급속히 상승할 것이다.

열관리는 배터리설계에 있어 매우 중요한 문제이다. 팬에 의한 강제공냉이 이루어질 수 있도록 채널을 설계해야 한다. 셀의 금속용기는 고분자보다 무겁지만 열전달을 쉽게 해 준다. 열은 충방전 시에 피크전력을 공급할 때 분극에 의해 발생된다. 충전효율이 100%가 아니기 때문에 과잉의 열 역시 발생한다.

온도 때문에 열화가 크게 가속화되므로 가능한 한 온도를 낮추어야 하며, 배터리의 수명을 유지하기 위해 전 시스템에 걸쳐 온도가 균일하게 분포되어야 한다. 그림 4.27에서 보듯이 작동 중일 때의 평균온도는 보통 35℃ 정도이다.

그밖에도 Johnson Controls-Saft Advanced Power Solutions사와 Cobasys사 등의 배터리제작사 역시 각각 그림 4.28 및 4.30과 같은 각주형 모듈을 생산하고 있다. Johnson Controls-Saft Advanced Power Solutions사 모듈의 전력특성이 그림 4.29에 나타나 있다.

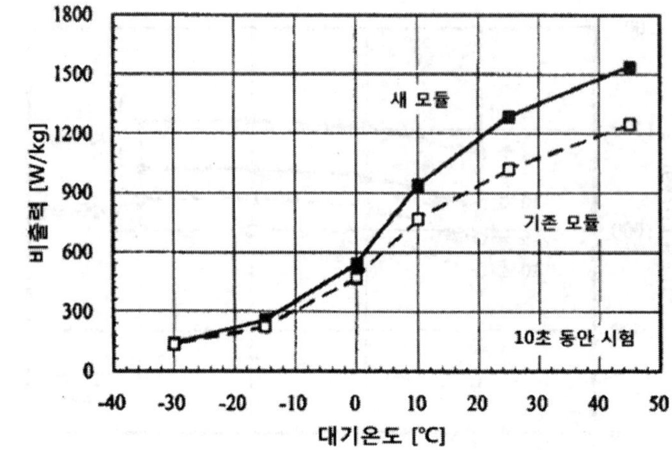

그림 4.26. 60% SOC에서 온도에 대한 HEV 배터리용 NiMH 모듈의 비출력 변화[20]

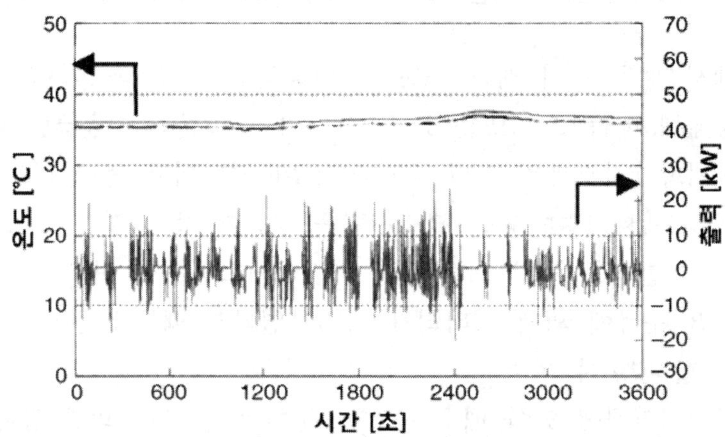

그림 4.27. Prius HEV의 시내주행 시 몇 가지 배터리 모듈의 피크전력과 온도 변화[19]

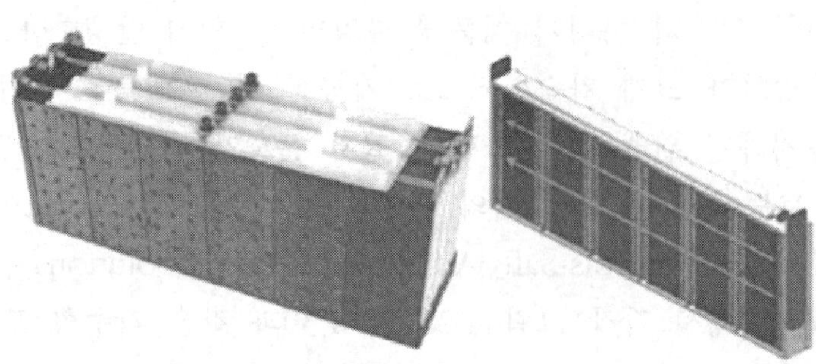

그림 4.28. 1,350W/kg, 2,550W/L인 각주형 NiMH 모듈(Johnson Controls-Saft Advanced Power Solutions)

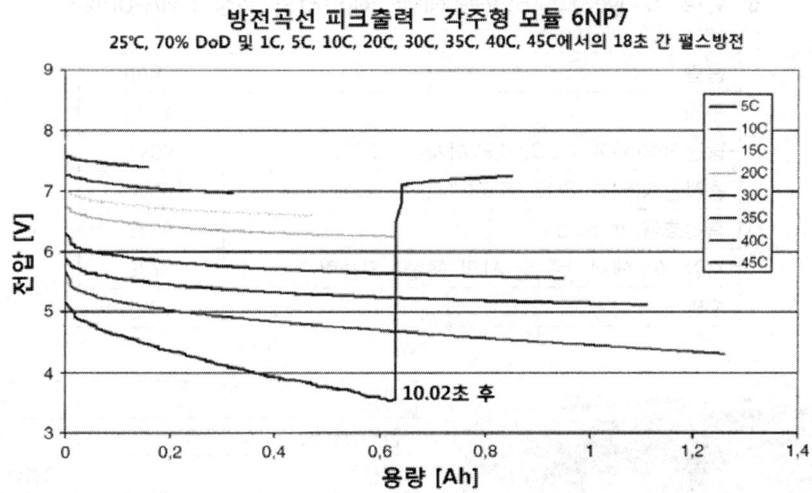

그림 4.29. 70% SOC에서 각주형 NiMH 모듈의 피크전력 방전(Johnson Controls-Saft)[참고문헌 21].

Toyota사와 PEVE사는 각주형 NiMH 배터리를 선택한 반면, Honda사의 Accord와 Civic은 원통형 셀을 사용한 NiMH 배터리를 채택했다[22]. 이 셀들은 나권형 구조의 소비자 제품과 구조가 같았다. Sanyo사가 제작한 NiMH 셀[23]의 특성이 표 4.14에 주어져 있다.

그림 4.31에는 Johnson Controls-Saft Advanced Power Solutions사가 제작한 D 크기의 6Ah 셀이 나타나 있다. 그림에서 보듯이 셀을 직렬로 연결, 조립하여 고전압 배터리시스템이 만들어진다. 집전(current collection)은 저항이 작아야 하기 때문에 매우 중요하다.

그림 4.30. 2,400W, 12V의 NiMH 모듈, Cobasys사의 21000 시리즈[24].

표 4.14. Sanyo사의 HEV용 NiMH 배터리의 특성 : HR-DP[23].

용량	6Ah
무게	180g
방전전력(50% SOC, 0.9V까지) @ 25℃	190W
충전전력(50% SOC, 0.9V까지) @ 25℃	155W
충전효율 @ 55℃	96%
저장(45℃에서 1주일) 시의 용량유지능력	87%
수명	10년

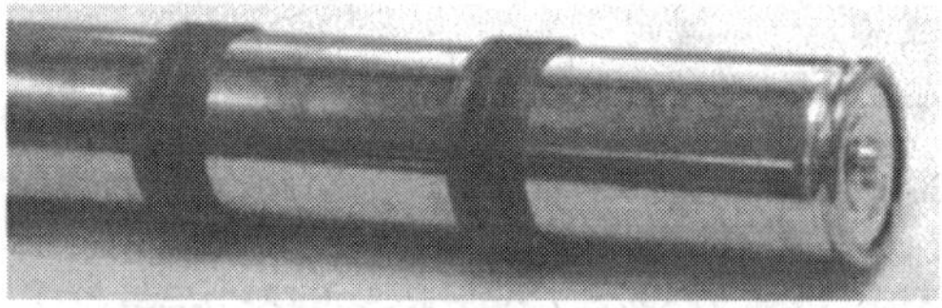

용량	6Ah
전력(10초, 35% SOC)	170W
비출력	1,100W/kg
전력밀도	3,800W/L

그림 4.31. HEV용 고출력 D형 6Ah 셀(Johnson Controls-Saft Advanced Power Solutions사의 허가에 의해 전재)

원통형 셀의 단점은 둥근 모양 때문에 배터리 조립 시 부피손실이 크다는 것이다. 또한 같은 용량의 각주형 셀에 비해 표면적이 작기 때문에 열전달표면이 줄어들어 온도제어가 어려워진다. 그러나 열관리 문제의 경우, 손실된 부피 때문에 배터리 내부의 공기유동이 원활해지는 것에 덧붙여 금속용기를 사용하면 이 단점이 완화된다. 고속회전기에 의한 제작이 용이하고, 산업화 단계에서 크기(높이)를 변경하기 쉽다는 것도 원통형만의 장점이다.

- 충방전수명

완전 하이브리드 자동차의 대표적인 특성은 방전깊이가 작은 상태에서 얕은 충방전이 많다는 것이다. 주행 중에 배터리는 지속적으로 충방전되지만, 평균 충전상태는 특정한 값으로 유지되어야 한다. 배터리관리시스템은 전류, 전압 및 온도를 측정하여 SOC를 모니터링한다. 또한 시스템의 비정상상태를 점검하여 차량제어시스템으로 정보를 전달한다. 그림 4.32는 실제 운행 시 충전상태의 변화에 따른 입력/출력 전력의 변화를 나타낸다[19].

그림 4.33은 40℃에서 두 종류의 배터리 충방전 시험 시 출력의 변화를 나타낸 것으로, 셀의 내부저항은 최소 300,000km의 등가 주행거리에 이르기까지 안정적으로 유지된다는 것을 알 수 있으며, 따라서 NiMH 시스템의 충방전수명이 우수함을 알 수 있다.

■ 소프트 하이브리드

NiMH 셀을 사용하여 '소프트 하이브리드' 용 저전압 배터리를 만들 수도 있다. Saft사와 Valeo사는 고출력 원통형 4/5F 크기의 셀을 기반으로 42V 일체형 발전기-배터리 시스템을 시범적으로 제작하였다[25]. 36개의 셀로 구성된 10kW - 620Wh 배터리가 Opel사의 Astra를 기반으로 한 시범용 차량에 사용되었다. 차체 무게, 최대속도 및 출력용량이 같은 경우, 하이브리드화된 Astra는 기존 Astra에 비해 CO_2와 연료소모량이 최대 25% 감소되었다.

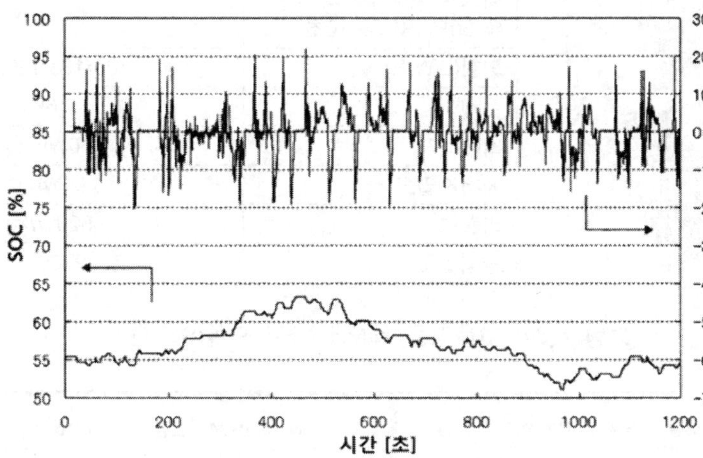

그림 4.32. Prius HEV의 시내주행 시의 출력 및 SOC의 변화 예[19].

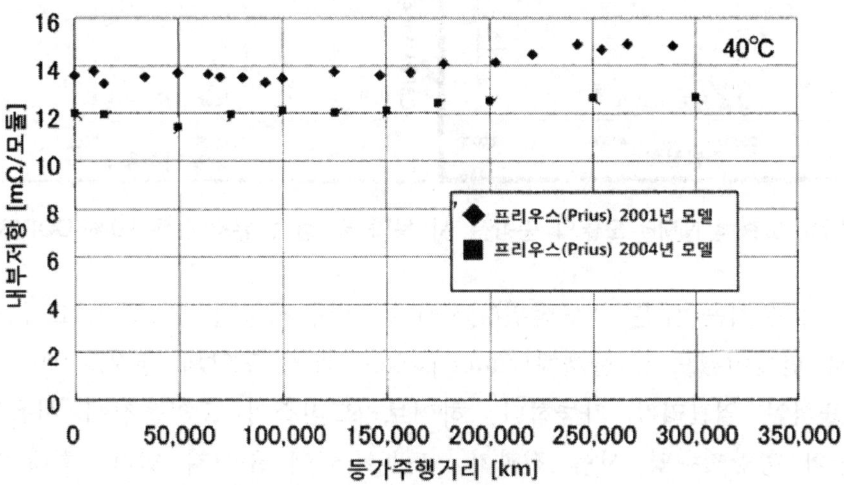

그림 4.33. PEVE사의 HEV용 NiMH 배터리의 충방전수명 특성[19].

- 대형 HEV

대형 하이브리드 차량, 버스 및 시내의 궤도전차용으로도 NiMH 배터리가 사용된다. 이때 대용량, 고출력 셀이 요구되기 때문에 보통 셀의 형태는 각주형이다. 그림 4.34는 하이브리드버스나 시내 궤도전차용 고출력 배터리에 사용된 4.2kW 모듈을 보여준다.

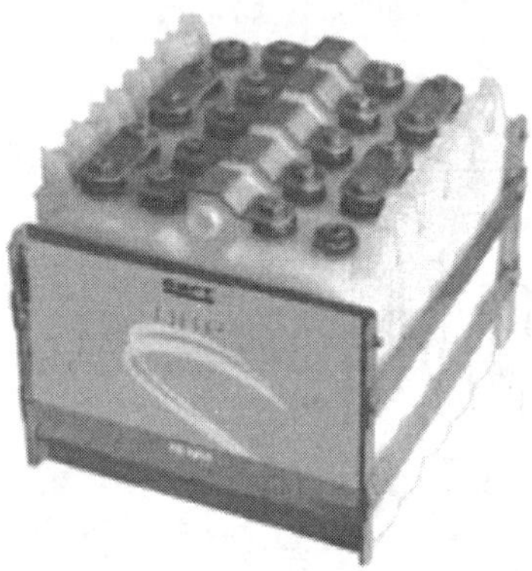

모듈 종류	NHP 340	NHP 680
공칭전압	12V	6V
용량 @ C/3	34Ah	68Ah
대표적 출력 @ 25℃ @ 50% SOC, 10초	4,200W	
외형(L/W/H)	165/168/165mm	
무게	8.6kg	
비에너지	50Wh/kg	
에너지밀도	91Wh/L	
비출력	520W/kg	
출력밀도	970W/L	

그림 4.34. 고출력용 NiMH NHP 모듈(Saft사)

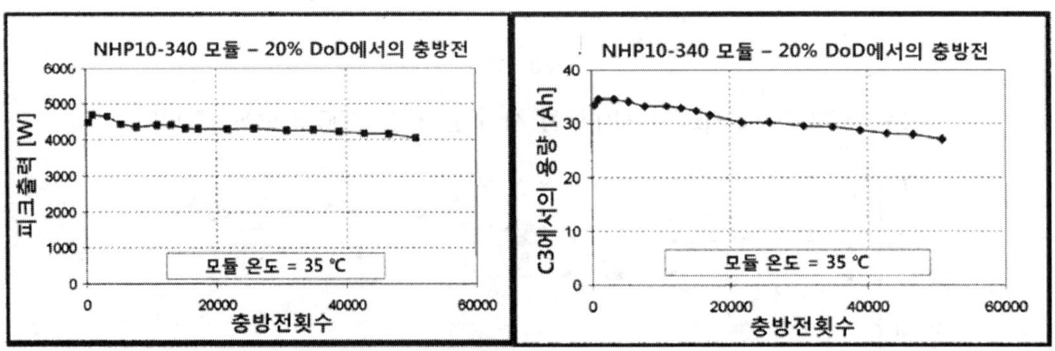

그림 4.35. 고출력 NiMH 모듈의 충방전 시 용량 및 출력 유지력 @ 20% DOD(Saft사).

이 모듈의 용기는 넓은 온도범위(-35~65℃)에서 사용할 수 있는 고성능 플라스틱 재료로 만들어졌으며, 물재킷(water-jacket, 재킷 모양의 냉각장치)형 구조 때문에 효율적인 열관리가 가능하다. 하이브리드버스의 모의운전에 사용된 NHP 340 모듈의 충방전수명 시험 결과가 그림 4.35에 주어져 있다. 최대 방전율은 150A, 최대 충전율은 120A이다. 평균온도 35℃에서 40,000회의 충방전 이후, 출력은 원래 값에 가까운 반면, 용량은 20% 정도 감소하였다. 이는 총 용량이 정격 용량으로 8,000번 방전하는 것이며, 대표적인 하이브리드버스에 적용할 경우 수명 6년에 해당한다.

▪ 하이브리드 시내 궤도전차 배터리시스템의 대표적인 사양

시내 수송을 위해 하이브리드 경전철 차량이 점점 늘어나고 있으며, 공중가설선이나 그밖의 전력분배시스템이 바람직하지 않은 고대 도시들에서는 특히 그러하다. 기존 시스템과 마찬가지로, 하이브리드 궤도전차는 대부분의 운행시간 동안 공중가설선으로부터 전력을 공급받으며, 약 1km 범위의 광장이나 유물지역을 통과할 때는 전력공급원을 탑재된 배터리시스템으로 바꾼다. 따라서 하이브리드 전차가 외부전원에 다시 접속할 때까지 배터리는 독립적으로 충분한 전력을 공급할 수 있도록 고출력 성능을 지녀야 한다. 다음에서 이와 같은 배터리의 특성들을 나열한다.

- 대표적인 하이브리드 시내 궤도전차 무게 : 30~60톤
- 배터리 단독운행 시의 주행거리 : 200~800m
- 공중가설선 없이 주행가능한 시간 : 100~200초
- 배터리 단독운행 시의 시동횟수(교통혼잡 상황 고려) : 2~5회
- 전차의 시동 시 필요한 전력 : 수 초 동안(최대 30초) 80~200kW
- 하이브리드 시스템의 대표적인 전압 : 500~900V
- 배터리 단독주행 시에 필요한 평균에너지는 5~20%의 DOD에 해당한다.

하이브리드 궤도전차용으로 NiMH 배터리가 이미 설계된 바 있다. 예를 들어 표 4.15는 이러한 고출력 NiMH 배터리의 특성을 나타내고 있다.

표 4.15. 하이브리드 시내궤도전차용 NiMH 배터리의 대표적인 사양 예(Saft사).

배터리	44~68NHP 10-340
공칭전압	530~820V
배터리시스템 무게	800~1,100kg
배터리에너지	18~28kWh
배터리전력	90~200kW
방전깊이	8~20%
충방전수명	40,000~60,000회
배터리수명	6~8년

4.3.4. 리튬이온 배터리

Li이온 배터리는 1990년대 초에 소개되었으며, 널리 사용되고 있는 최초의 비수계 재충전 시스템으로서, 배터리 기술의 혁명으로 간주될 수 있다.

이 배터리는 비록 최근에 등장했지만, 실제로는 리튬배터리를 수 십 년 간 연구한 결과이다. 리튬이온 배터리가 결정적인 도약단계를 맞은 것은, 비수계 전해질에서 충방전효율이 좋지 않은 리튬금속 전극을 대체하기 위해 리튬을 주입하는 결정으로서 탄소를 사용하였을 때였다.

Li이온 배터리의 주요 특징은 다음과 같다.

첫째, 비에너지와 에너지밀도가 크게 높아 현존하는 모든 시스템을 능가한다는 것이다. 에너지함량이 큰 재료(음극에는 리튬, 양극에는 고산화상태 금속이온)를 사용하면, 3~4V의 높은 단위셀 전압을 얻을 수 있으며(주로 선택된 양극의 속성에 따라 다르다), 이는 기존 수계시스템의 2배 이상이다. 셀전압이 크다는 것은 다음과 같은 장점이 있다.

1) 최소 3V가 요구되는 응용분야(예를 들면 휴대폰)에서 단일 셀 사용 가능
2) 대용량 배터리(예를 들면, EV용 300V 시스템)에서처럼 고전압 배터리시스템을 구성할 때 셀의 수를 줄일 수 있음.

둘째, 매우 높은 출력을 갖는 배터리시스템도 구성할 수 있다는 것이다. 이는 보통 전도도가 낮은 유기전해질을 사용하는 비수계 배터리의 특징과는 상반된다. 이는, 전해질이 전기화학반응에 포함되지 않을 뿐만 아니라, 자기방전을 야기시키는 부반응이 매우 제한되어 있기 때문이다. 따라서 매우 얇은 분리판과 전극을 사용할 수 있기 때문에, 표면적을 넓힐 수도 있다.

W/kg - Wh/kg을 나타낸 유사 Ragone 도표 상에서 여러 종류의 배터리시스템을 비교한 것이 그림 4.36에 나타나 있다.

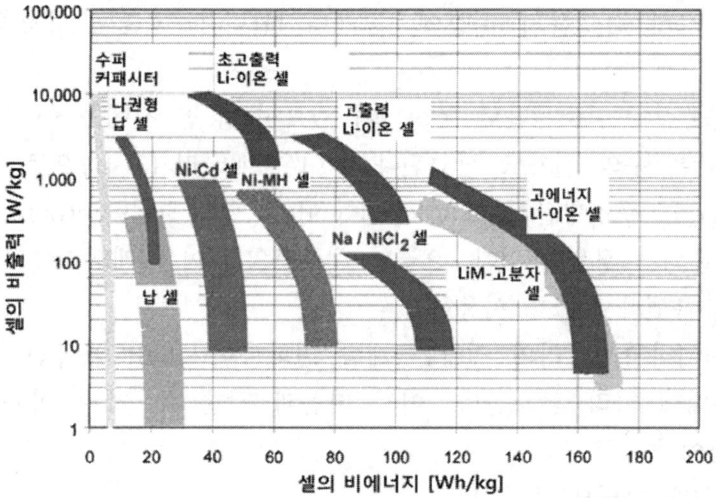

그림 4.36. 유사 Ragone 도표 상에서 비교한 산업용 재충전배터리의 단일 셀

▪ 재료

오늘날 소형 휴대용 분야에서 사용되는 가장 일반적인 화학반응은 $LiCoO_2$/흑연 시스템으로서, 이 추세는 오랫동안 지속될 것 같다. 주요 단점은 코발트의 가격이 비싸고 가격변동이 심하다는 것이며, 따라서 대부분의 산업용 배터리 분야에서는 사용되기 어렵다.

다른 화학반응을 이용한 것으로는, 소량으로 상용화되어 있거나 개발 중인 것이 있으며, 주로 양극재료의 특성에 따라 달라진다.

$LiMnO_4$ 및 파생재료(derived material)는 예상가격이 매우 낮지만, 특히 고온에서 장기간에 걸쳐 음극의 안정성을 파괴하는 망간이 약간 용해될 수 있기 때문에 수명이 짧다.

Ni 기반의 $LiNi_xM_yO_2$ 재료(여기서 M은 몇 가지 금속이온이 될 수 있다)은 $LiCoO_2$와 구조가 같지만, 코발트를 작게 사용하기 때문에 예상가격이 낮다. 이들 가운데 $LiNi_xCo_yAl_zO_2$는 'NCA(nickel/cobalt/aluminium)' 라고도 부르는데, Saft 사가 수 년 동안 연구하여 산업용 배터리로 상용화시켰다. 이 배터리는 뛰어난 충방전수명과 겉보기수명(calendar life)을 가지고 있으며, Li이온 화학반응을 이용하는 현재의 배터리 중 수명이 가장 길다[26]. 저가로 $LiCoO_2$를 대체하여 값을 싸게 하기 위해 NMC(nickel/manganese/cobalt) 산화물도 연구되고 있다.

$LiFePO_4$는 좀 더 최근에 소개되었다[27]. 주요 특징은 과충전 안정성(안전성 증가)이 개선되었고, 철을 사용함으로써 가격이 낮출 수 있는 장점이 있다. 그러나

에너지밀도가 크게 감소하기 때문에, 고에너지보다는 고출력 응용분야에 적합할 것이다.

음극의 활성물질은 탄소분말로 구성되어 있으며, 충전 시에는 이 분말 속으로 Li 이온과 함께 같은 수의 전자도 삽입된다. Li이온 배터리가 처음으로 소개되었을 때 최초의 탄소재료는 무정형탄소(disordered carbon, 즉 경질탄소(hard carbon))였으며, 여전히 사용되는 경우도 있다. 오늘날 대부분의 Li이온 배터리에서는 용량밀도가 높고 저전압인 흑연화 탄소를 사용한다.

대부분의 전기화학배터리의 전압은 계속 변화하며($LiFePO_4$/흑연 기반 배터리는 제외), 충전상태에 따라 감소한다. 이는 다음과 같은 두 가지 이유 때문에 매우 바람직한 특징이다.

1) SOC를 쉽게 나타낼 수 있다.
2) 병렬연결된 셀들은 스스로 평형을 이루기 때문에, 단위셀들을 직접 병렬연결시켜 필요한 용량을 공급할 수 있다.

충전상태에 따른 셀 전압의 변화가 그림 4.37에 주어져 있다. 이는 고용량 배터리를 구성하기 위한 매우 중요한 특성으로서, 병렬로 연결된 셀의 충전상태를 동일하게 유지하고, 전류밀도를 균일하게 분포시킬 수 있다. 이는 장수명을 위한 가장 중요한 특성이다.

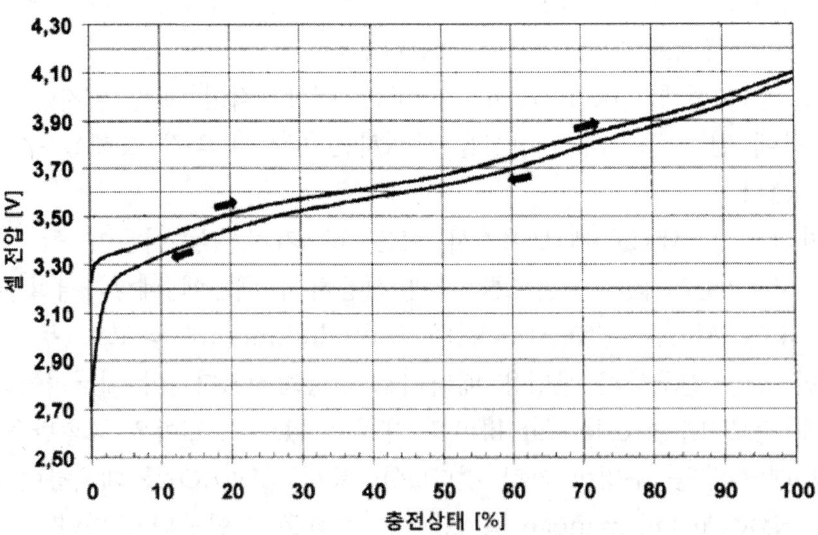

그림 4.37. 대표적인 Li이온 배터리의 셀 전압 변화($LiNi_xCo_yAl_zO_2$/흑연 배터리). 저율 충방전 곡선.

- 전해질

대표적인 전해질은 선형 또는 순환 탄산염 액체용매(liquid linear or cyclic carbonate solvent, 예를 들면 PC, EC, DMC, EMC)의 혼합물 내에 용해된 $LiPF_6$염 용액으로 만들어진다.

정확한 조성비는 제조사마다 다르며, 일반적으로 해당 응용분야의 요구조건에 맞춰져 있다. 현재까지 $LiPF_6$는 Li이온 배터리의 전해질로 적합한 유일한 리튬염이다. Li이온 배터리의 생산량이 점점 증가함에 따라 최근 10년간 단가가 크게 감소하였음에도 불구하고, 여전히 $LiPF_6$ 가격이 비싸기 때문에 전체 셀 가격에서 큰 부분을 차지한다.

배터리 사용 중에, 전해질은 전기화학적 산화/환원 반응에 직접 참가하지는 않지만, 전극의 반응과 완전히 무관하지는 않다. 최소한 전해질은 삽입된 리튬의 부식을 효과적으로 방지하고 시스템을 화학적으로 안정시키는 부동태층을 음극 표면에 형성시킨다. 고체전해질계면(solid electrolyte interface, 이하 SEI, 1 및 3장 참조)이라고도 부르는 이 층은 Li이온 배터리의 장수명, 충방전 및 저장 성능을 결정하는 핵심요소이다. 이 층의 특성을 개선하기 위해 용매에 가하는 첨가제가 널리 연구되어 왔다. 이들 가운데서 비닐렌탄산염(vinylene carbonate, 이하 VC)이 가장 효과적임이 밝혀졌다[28,29].

수계시스템에서처럼 전해질은 재결합되거나 소모되지 않기 때문에, 충방전 시의 에너지효율은 훨씬 우수하다. 입력된 전력의 100%가 회수되며, 유일한 에너지손실은 분극효과로 인한 것이다. EV, 특히 HEV를 포함한 대부분의 산업 분야에서처럼 에너지 절약이 결정적인 요소인 경우, 이는 매우 매력적인 특성이다. 에너지 절약 이외에도, 충전 시 열 발생이 작기 때문에 온도를 제어하기 위한 열교환시스템이 간단해질 수 있다.

배터리 화학반응을 적절히 선택하면(물론 여기에는 전해질과 첨가물도 포함된다), 뛰어난 화학적 안정성을 얻을 수 있고 매우 긴 수명을 기대할 수 있다. 이 점에서 니켈 기반의 $LiNi_xCo_yAl_zO_2$/흑연 배터리는 성능이 우수하다. 이 특징은 응용예를 설명하는 이 장 후반부와 배터리 수명과 신뢰성이 가장 우선시되는 우주비행선용 배터리를 집중적으로 다루는 다음 장에서 설명할 것이다.

4.3.4.1. 리튬이온 배터리 기술

- 전극

보통은 분말재료에 결합제와 용매를 섞은 슬러리를 금속박막(양극은 알루미늄 박막, 음극은 구리 박막) 표면에 얇게 코팅하는 것이다. 결합제 용액은 보통 PVDF를 N-메틸 피롤리던(pyrrolidone)에 용해시킨 것이다. 전극제조공정은 Li이온 배터리의 핵심기술이다. 전극의 두께는 매우 얇고 보통 100㎛ 이하이다. 또한 마주보고 있는 양극과 음극 사이의 평형을 적절하게 유지하기 위해 활성물질의 첨가량을 정밀하게 조절해야 한다. 일정한 전극 두께를 정밀하게 유지하면 전극스택에서 균일한 전류밀도를 얻을 수 있다.

- 분리판

Li이온 배터리에 사용되는 분리판은 거의 모두가 미세기공을 가진 매우 얇은 (10~25㎛) 판의 고분자재료(폴리에틸렌 및/또는 폴리프로필렌)이다. 이러한 재료는 오래 전부터 1차 리튬배터리에 널리 사용되어 왔다. 분리판은 필요한 전력을 공급하기 위해 두께가 얇지만 기계적인 특성은 우수하다. 그러나 분리판은 가격의 큰 부분을 차지하고 있으며, 표면적을 키워 고출력 셀을 만들 때는 특히 그러하다. 이 셀은 분리판의 제조비가 차지하는 비율이 크기 때문에 대량생산되면 단가를 크게 줄일 수 있다.

- 셀 구조

전극조립체는 크게 나권형 전극과 평판적층형 전극(flat electrode stack)의 2가지 구조가 있다. 나권형 전극은 (편평코일로 감겨진) 원통형 또는 각주형 배터리에 모두 사용되는 반면, 평판적층형 전극은 대부분 얇은 각주형 배터리에만 사용된다. 평판적층형 전극 배터리에서 셀 용기를 플라스틱(알루미늄/고분자 복합재료)으로 만든 경우, 'Li이온 고분자(Li ion polymer) 배터리' 라는 부적절한 명칭이 붙는다. 이러한 혼동의 원인은, 전극을 서로 접합하기 위해 분리판(또는 분리판의 일부)이 접합성 고분자재료로 이루어져 있다는 사실 때문이다. 실제로 이 리튬이온 셀에는 기존 셀과 같은 양의 액체전해질이 포함되어 있다. 어떤 경우에는 액체전해질을 단분자(monomer) 첨가제로써 젤리화시킨다.

대부분의 대용량 셀에 사용되는 금속용기는 극성에 따라 니켈도금 강철, 스테인레스강 또는 알루미늄이 사용된다. 전해질의 누설이나 물의 침투를 방지하기 위해 반드시 밀봉재가 사용되어야 한다.

Li이온 배터리들은 각자 개발단계가 다르며, 현재 EV 또는 HEV용 배터리용으로 고려되고 있다.

▪ 배터리조립체 및 모니터링 시스템

Li이온 배터리가 기존 수계 배터리와 크게 다른 점은, 특히 충전 종료 시 또는 과충전 시에, 전해질 속의 물과 관련된 화학반응이 존재하지 않는다는 것이다. 이 때문에 과충전을 방지하기 위해 정확한 충전종료 시점을 반드시 감시해야 한다. 그렇지 않으면 과충전에 의해 재료의 전기화학적 성질이 파괴되어, 극단적인 경우에는 배터리가 과열되어 안전문제가 발생할 수 있다. 다행히도 과충전은 항상 과전압과 관련되어 있기 때문에, 과전압은 전압제어에 의해 감시하기 쉽다. 따라서 셀들을 직렬로 연결하여 배터리시스템을 구성하는 경우, 전자회로를 이용한 전압 감시는 반드시 필요하다.

배터리관리시스템(battery management system, 이하 BMS)의 또 다른 주요 기능은 충전상태(SOC) 감시와 표시, 배터리 수명 기간 동안 필요에 따라 셀들 사이의 용량을 평형화하는 것이다. OCV가 SOC에 따라 달라질 때 이런 기능들은 쉽게 구현될 수 있다. 그러나 $LiFePO_4$/흑연 화학반응의 경우처럼, SOC에 관계없이 OCV가 일정하게 유지되는 경우는 그렇지 않다.

수계 배터리 역시 이러한 BMS가 항상 필요하지만, Li이온 셀의 BMS는 매우 복잡하며 따라서 전체적으로 가격도 비싸진다. 반면에 이 시스템을 이용하면 복잡한 배터리조립체를 훌륭하게 제어할 수 있고, 쉽게 감시 및 진단할 수 있으며, 건강상태 정보, 충전상태 등, 모든 파라메터를 적용대상(예를 들면 차량)의 감시시스템으로 전달하여 관리할 수 있다. BMS의 기능에 대한 자세한 설명은 다음 절에서 다룬다.

4.3.4.2. EV용 리튬이온 배터리

Li이온 배터리는 에너지밀도와 비에너지가 크기 때문에 EV용으로 매우 매력적이다. 휴대용 Li이온 배터리의 개발과 함께, 전기자동차에 이 배터리가 적용될 가능성을 시험하기 위해 1990년대 초에 매우 중요한 몇 가지 R&D 프로그램이 시작되었다. 이 프로그램들은 전 세계적으로 커다란 재정적 지원을 받았으며, 프로그램 집행기구로, 유럽에서는 유럽공동체위원회(European Commission)와 프랑스의 정부 기구, 미국에서는 DOE/USABC, 일본에서는 CRIEPI/LIBES 등이 있었다.

휴대용 분야에서 Li이온 배터리 개념을 처음으로 제시한 Sony사는, 역시 최초로 양극재료로 $LiCoO_2$를 사용한 시제품 Li이온 배터리를 제작하여 일본 Nissan사의 전기자동차에 탑재시켰다[30]. Saft사 역시 Li이온 배터리를 생산한 몇 안되는 기업 중의 하나로서, 코발트의 가격이 비싸고 변동도 심하기 때문에 처음부터 양극에 니켈 기반 재료를 사용하였다[31]. 이 배터리를 사용한 최초의 시제품 자동차가 프랑스의 'Vedelic' 프로그램에 의해 제작되어, 배터리의 능력을 완벽하게 보여주었다[32]. 또한 일본에서는 저가의 망간스피넬 $LiMn_2O_4$ 재료를 양극에 사용하려는 연구를 진행하였다[33]. 그러나 Mn^{2+} 이온이 전해질 내에서 용해되는 경향이 있기 때문에 배터리수명이 짧아지는 단점을 해결하지 못했으며, 현재는 새로운 니켈/망간/코발트(nickel/manganese/cobalt, 이하 NMC) 산화물이 이를 대체하고 있는 중이다.

▪ 셀 구조

모든 배터리제작사는 공정비용을 줄이기 위해 산업적으로 최선의 해결책인 권선코일 기술을 사용했다. 이 코일은 원통형 또는 모서리가 둥근 각주형 금속용기에 수납된다. 용기의 재료는 코일의 어떤 극성이 셀의 구조물에 연결되어 있느냐에 따라 니켈도금 강철 또는 알루미늄이 사용된다. 압력방출밸브는 과압 시에 셀이 폭발하는 것을 방지한다.

오직 EV에 적용하기 위해, 배터리제작사는 용량이 25~100Ah인 다양한 종류의 셀을 개발했다. 예를 들면, Johnson Controls-Saft Advanced Power Solutions사(JCI사와 Saft사의 합자벤처회사)가 제작한 고에너지 셀들이 있으며, 그 주요 특징이 표 4.16에 주어져 있다.

▪ 배터리 구조

EV용 배터리의 크기는 차량의 크기에 따라 달라진다. 보통 배터리에너지는 10~30kWh, 전압은 300V 이상이다. 배터리는 여러 모듈로써 구성되고, 각 모듈은 수많은 셀들로 이루어지며 총 에너지는 1~2kWh 범위에 있다. 그림 4.38에는 6개의 셀이 직병렬로 연결된 EV용 모듈의 예가 나타나 있다.

표 4.16. 고에너지 셀의 주요 특성(Johnson Controls-Saft Advanced Power Solutions사).

셀	VL45E	VL41M	VL27M
공칭전압(V)	3.55	3.55	3.55
정격용량 @ C/3(Ah)	45	41	27
대표적인 전력(W)	710	850	760
크기(직경/높이)(mm)	54/222	54/222	54/163
대표적인 무게(kg)	1.07	1.07	0.77
비에너지(Wh/kg)	150	135	130
에너지밀도(Wh/L)	310	285	275

그림 4.38. EV용 Li이온 모듈과 셀(Johnson Controls-Saft Advanced Power Solutions사).

모듈에는 셀 파라메터의 측정과 데이터(전압, 온도)를 배터리제어기로 전송하는 PCB기판이 내장되어 있다. 또한 모듈은 셀 온도를 관리할 수 있도록 설계되어 있다. Li이온 배터리는 엔트로피 계수가 매우 낮기 때문에, 일부 수계 배터리(예를 들면 NiMH)에서만큼 배터리 내부의 온도구배는 중요하지는 않다.

충전 시에 열은 발생하지 않으며, 주행사이클 중에 발생되는 열은 작다. 공기 혹은 액체냉각 방식이 사용될 수 있으며, 선택은 자동차제작사의 몫이다. 공기냉각 방식은 가볍고 싸지만, 소음이 많고 저온 운전 시 배터리를 가열시킬 수 없다. 자동차의 기존 냉각장치를 이용한 액체냉각은 컴팩트하고 소음이 작지만, 무겁고 비싸다. 또한 저온 운전 시 배터리를 가열시킬 수 있다.

모듈을 조립하면 배터리가 되고, 소비자가 필요로 하는 크기가 된다. 표준 배터리시스템의 구성요소는 다음과 같다.

- 전기적으로 직렬연결된 모듈 조립체
- 공냉식인 경우에는 팬, 액체냉각식인 경우에는 펌프, 수력학적 매니폴드(manifold, 多枝管), 열조절 밸브 및 액체-공기 열교환기로만 이루어진 냉각시스템.
- 외부 단락 시 배터리를 보호하기 위한 퓨즈
- 주차 중일 때 차량과 배터리를 절연시키기 위한 접촉기. 또한 이 접촉기는 사고발생 시 배터리를 절연시키기 위해 차량충격감지기에 연결될 수도 있다.
- 접지사고 감지기. 고전압 배터리의 경우 필수적이다.

이러한 대부분의 구성요소들은, 모듈의 PCB기판에서 전송되는 데이터를 받아 다양한 배터리알고리즘(예를 들면 충전, 용량측정, 혹사운전 방지 등)을 가동시키고, 자동차와 통신을 주고받는 배터리제어기에 의해 관리된다.

그림 4.39는 DaimlerChrysler사의 EPIC 밴 시제품에 사용된 배터리를 보여주고 있다[34]. 배터리의 제원은 에너지 38.5kWh, 평균전압 315V, 출력 38kW 이상, 무게 330kg(배터리 수납함 제외), 부피 0.212m^{3}이다. 이 배터리가 탑재된 EPIC 밴은 200km 이상의 거리를 주행할 수 있다. 또한 최근에 제작된 25kWh 배터리가 그림 4.40에 나타나 있는데, 수납함 2개가 따로 분리되어 있다.

그림 4.39. DaimlerChrysler사의 EPIC 밴에 사용된 Li이온 배터리의 내부 사진.

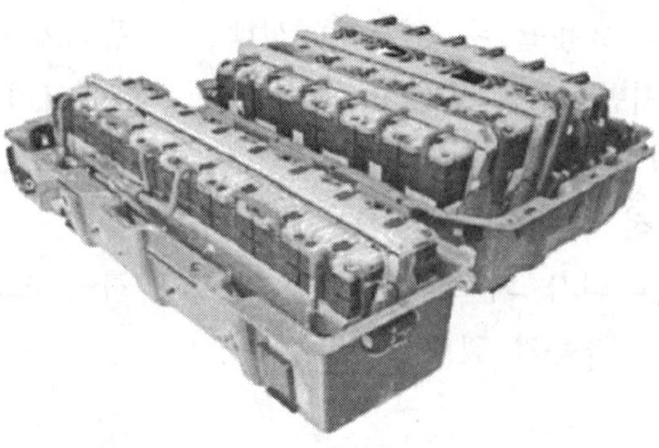

그림 4.40. EV용 25kWh Li이온 배터리(Johnson Controls-Saft Advanced Power Solutions사).

▪ 배터리관리시스템

모든 EV용 배터리는 많은 셀들이 직렬로 연결되어 있기 때문에, 전체 시스템의 우수한 성능을 보장하기 위해 관리원칙이 필요하다. 배터리 고유의 전기화학적 특성 때문에 새로운 종류의 배터리들은 더욱 정교한 관리방법이 필요하며, 이는 모든 Li이온 배터리의 일반적인 규칙이다. 예를 들면 과충전 또는 과방전을 방지하기 위해 충방전 조건을 감시해야 한다. 따라서 BMS는 전기차량의 모든 운전환경을 고려하여 배터리를 관리해야 하므로, 다음 기능을 가져야 한다.

- 배터리의 센서로부터 정보(전압, 전류, 온도 등)를 수집. 정보는 BMS로 전송되어 배터리를 정확하게 관리한다.
- 배터리를 적절하게 충전하기 위해 충전기를 제어. 충전기는 차량에 탑재되거나 외부에 설치될 수도 있다. 제어기는 각 모듈(원격측정 기판)의 센서들로부터 받은 데이터(전압, 온도 등)를 이용하여 파라메터나 컴퓨터 알고리즘에 따라 대응한다. 충전기는 보통 차량통신용 버스(bus, 공통전송로)를 통해 제어되며, 이 버스를 이용하면 차량에 탑재된 다른 장비와 교신할 수 있다.
- 배터리의 최적 성능을 보장하기 위해 셀들 사이의 평형을 관리. 가장 성능이 나쁜 셀 때문에 배터리 전체의 성능이 제한된다. BMS는 미리 설정된 알고리즘에 따라 셀을 평형화시키는 전자장치(원격측정 기판 상에 배치되어 있음)를 제어한다.
- 안전장치. 이는 과충전이나 과방전, 또는 배터리나 지원장비 등의 고장 시에 발생하는 주요 비상상태가 나타날 위험을 억제한다. 전자시스템은 H/W적으로 동작할 수도 있고(배터리 비상 차단) S/W적으로 동작할 수도 있다(사용자에게 문제 발생 보고).
- 배터리 상태 보고. 통신버스를 통해 사용자 및 그 밖의 차량탑재 장비로 정보(경고, 측정 등) 전달.
- 배터리의 열관리. BMS는 모든 운전모드(주행, 충전 등)에서 셀의 온도를 감시하며, 배터리의 온도를 관리하기 위해 펌프, 팬, 히터를 제어한다.
- 차량과의 통신. 차량의 컴퓨터와 BMS 사이에서 통신버스(CAN 2.0B)를 통해 데이터와 명령의 송수신. 이 버스는 자동차의 표준버스이다.
- BMS를 통한 유지보수. 사용자는 배터리의 유지보수에 필요한 작업을 하기 위해 유지보수용 및 진단용 도구를 사용할 줄 알아야 한다.
- 배터리 모니터링. 랩탑 컴퓨터를 사용하면, BMS에 의해 수집된 배터리 측정데이터를 감시하고 저장할 뿐만 아니라 레드시트 같은 S/W를 사용하여 결과를 검토할 수 있다. HEV용 BMS에도 유사한 기능들이 내장되어 있다.

▪ 시험 시의 대표적 성능

자동차산업에서는 EV용 배터리의 용량/에너지 비율이 20% 정도 감소하거나 용량이 20% 감소했을 때 배터리수명이 다했다고 생각한다. 그림 4.41에는 '동적 스트레스 시험(dynamic stress test, 이하 DST)' 에서 80%의 DOD까지 충방전할 때 고에너지 셀의 성능이 나타나 있으며, 또한 다양한 비율로 이루어지는 충전(회생) 및 방전 피크치도 보여주고 있는데, 이는 평균적으로 약 C/3에 해당한다. 이용가능한 에너지와 전력은 50 사이클마다 이루어지는 진단시험 시 측정된다. 에너지는 C/3 비율로 완전방전되었을 때 점검되며, 전력은 80%의 DOD에서 300A(6.7C)의 전류펄스를 사용하여 측정된다. 그림에서 볼 수 있듯이, 에너지는 2,000회 이상의 충방전 동안 뛰어난 안정상태를 유지하고 있으며, 전력공급능력 또한 마찬가지이다. 한 번의 충전으로 150km를 주행할 수 있는 전기차량의 경우, 이를 총 주행거리로 환산하면 300,000km 이상에 해당하며, 기존 차량의 수명을 초과한다. 이 결과를 보면 EV용 Li이온 배터리의 성능은 우수하며, 일반 휴대용 Li이온 배터리보다 성능이 훨씬 더 우수함을 알 수 있다.

또한 성능열화 없이 공칭 수명 기간을 넘어 얼마나 더 오랫동안 저장될 수 있는가에 따라 배터리의 수명도 달라진다. 탄소전극 표면의 부동태층의 안정성은 Li이온 배터리의 우수한 저장수명을 보장하는 중요한 파라메터이다. Saft사가 제작한 배터리는 전해질 조성비, 흑연 음극, $LiNi_xCo_yAl_zO_2$ 양극 등을 선택함으로써 그림 4.42에 나타나 있는 것처럼 저장수명이 우수하다. 이 고에너지 셀은 40℃의 완전 충전 상태에서 4.0V(100% SOC)의 일정한 부동전압(float voltage)으로 유지된다. 이 조건에서 4년 동안 저장한 후에도 에너지와 전력은 안정하게 유지되고 있음을 볼 수 있다.

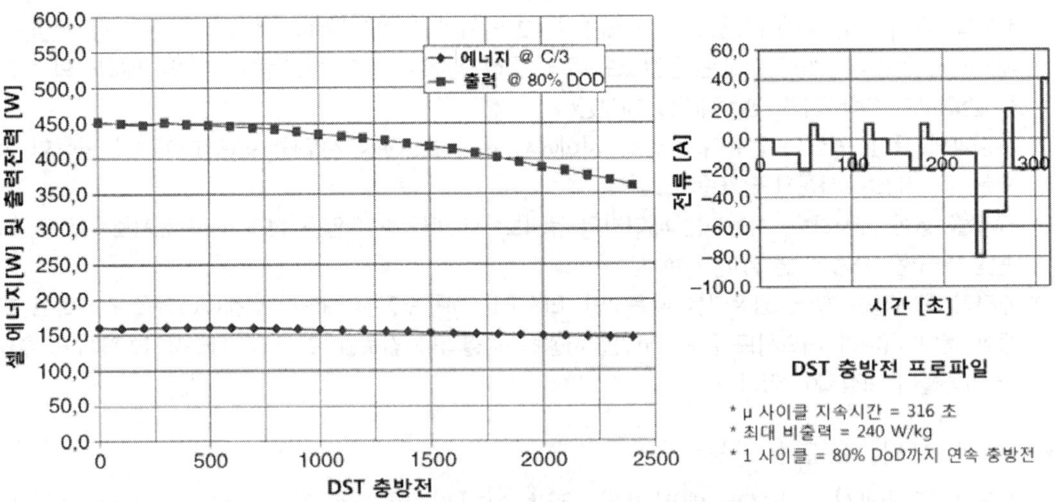

그림 4.41. DOD 80%까지 DST 사이클로 충방전하는 동안 Saft사의 'VL45E' 셀의 에너지 및 전력 변화. 에너지는 50 사이클마다 100%의 DOD, C/3의 방전율에서 측정되며, 전력은 80% DOD에서 5분간 300A의 전류펄스에 의해 측정된다.

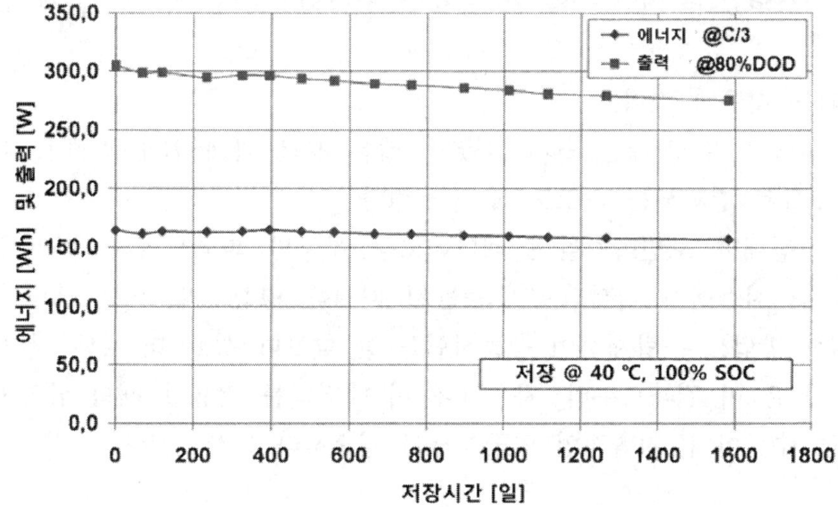

그림 4.42. 4.0V(100% SOC) 40℃에서 저장 시 Saft사 'VL45E' 셀의 에너지 및 출력 유지능력

- 혹사 허용 정도

Li이온 배터리의 안전성을 위협하는 주요 요인은 활성물질의 활성도가 매우 높고 전해질도 가연성이라는 사실이다. 셀이 과열되면 활성물질이 분해되면서 최악의 경우 배터리가 발화될 수도 있다. 따라서 셀의 안전성을 높이려면 비가연성 또는 가연성이 낮은 전해질을 새로 찾아내야 하며, 이는 현재 전 세계적으로 Li이온 배터리의 주요 연구과제이다.

그러나 셀에서부터 완전한 배터리조립체에 이르기까지 모든 단계에서 혹사 상황을 방지할 방법은 있다. 여기에는 셀 내부의 분리판을 차단하거나, 과도한 단락 전류를 방지하는 퓨즈, 과전압 또는 과열 시 전력을 차단하기 위해 전압 및 온도를 감시하는 등의 방법이 있다. 궁극적으로 폭발은 결코 발생하지 않아야 하며, 이를 위해서는 용기와 안전배기구를 적절히 설계해야 한다. 최악의 경우, 하나의 셀이 발화될 경우에도 화재는 그 셀에서만 그쳐야 하며, 전체 배터리로 확산되지 않아야 한다. 배터리를 설계할 때는 이 모든 것을 고려하여야 한다.

실제 사용되는 EV용 배터리는 개발프로그램의 일환으로 자동차제작사에 의해 가혹시험을 거친다. 예를 들면, EPIC 배터리는 엄격한 충돌시험을 거쳤는데[34], 이는 배터리가 나무나 전신주와 충돌하는 사고를 모의실험한 것이었다. 배터리의 충돌속도는 52km/h였으며, 충돌로 인해 발생된 스파크 때문에 화재가 발생하여 전해질이 연소되었다. 연소는 약 15분 동안 진행되었으며, 아무런 문제 없이 진화되었다.

관찰결과는 다음과 같다.

'폭발은 없었으며, 화재는 크지 않았고, 짧은 시간 내에 쉽게 진화될 수 있었으며, 다른 모듈로 전파되는 속도도 매우 느렸다' .

실험종료 시점에서 보면, 충돌된 배터리모듈 부분만 파괴되었다. 따라서 최악의 상황은 배터리시스템이 직접적으로 충돌될 때임을 명심하라. 이는 배터리를 차량 내에 적절한 방법으로 탑재하여 충돌시험을 할 때보다 훨씬 더 나쁜 상황이다. 자동차제작사들은 이 결과로부터, 자동차에 이 배터리를 적용할 때의 위험성은 감내할 수 있는 수준이며, 지속적인 연구개발이 필요하다고 생각했다.

▪ 차량 탑재 실험

이 책이 출판될 즈음에도, 소비자가 Li이온 배터리를 탑재한 EV를 구입할 수는 없을 것이다. Li이온 배터리가 적용된 EV는 일부 시범용 차량 뿐이다. 일본의 Hitachi Vehicle Energy Ltd.사는 망간재료를 기반으로 한 Li이온 배터리를 생산해 오고 있으며, 중국의 몇몇 기업도 생산하고 있다. 대부분의 유럽 자동차 회사들은 Saft사(현재는 Johnson Controls-Saft Advanced Power Solutions사)의 배터리로써 5년 이상 시험을 해오고 있으며, 안정적으로 매우 우수한 성능을 보였다. 이 배터리가 장착된 모든 차량들 중에서 셀과 관련된 문제는 보고된 바 없다. 예를 들면, Fiat Seicento Elettra 자동차를 대상으로 한 Fiat Research Center와 Saft사의 현장실험 보고를 참조하라[35].

유럽에서 최근에 출시된 그림 4.43의 'Cleanova' 는 프랑스의 Société des Véhicules Electriques(이하 SVE)사에 의해 제작된 것으로, Johnson Controls-Saft Advanced Power Solutions사의 25kWh Li이온 배터리를 사용했다. 이 자동차는 옵션으로 '주행거리 확장장치' 인 소형 내연기관을 장착할 수 있다. 이 주행거리 확장장치는 2시간에 배터리용량의 80%를 재충전시킬 수 있다. 보통 밤에 충전하며, 35kW, 150A의 전원으로부터 배터리에너지의 70%가 30분 내에 고속충전될 수 있다. 주행거리 성능이 표 4.17에 주어져 있다.

그림 4.43. 최근 출시된 Li이온 배터리를 사용한 Cleanova II EV(2005년)(SVE의 허가에 의해 전재).

표 4.17. Li이온 배터리를 사용한 Cleanova II 자동차의 주행성능(SVE)

EV 구성	Cleanova II	Cleanova II + 주행거리 확장장치
탑재 에너지(kWh)	25	22 + 20리터 연료
유럽 도시 주행(km)	210	530
유럽 시골 주행(km)	150	390
도시/시골 혼합 주행(km)	170	450

▪ 가격

EV의 가능성을 고려할 때 가격은 핵심적인 요소이다. 현재 EV용 대용량 Li이온 배터리의 가격은 시제품 및 소량생산 단계의 가격에 해당한다. 이러한 기본 생산 비용 이외에도 R&D 비용이 추가된다. 이를 고려하면 현재의 생산단가는 고에너지용은 150$/kWh, 고출력용은 35$/kW인 목표가격과 차이가 크다.

개발프로그램에서 가격감소는 영원한 숙제이다. Li이온 배터리는 여전히 새로운 기술이며, 최근 5년 동안 휴대용 배터리 분야에서 가격이 크게 감소되었다. 현재 대량으로 판매되는 OEM 가격은 0.3$/Wh 수준이며[36], 경쟁이 심해짐에 따라 가격이 지속적으로 감소될 것으로 예상되므로 대용량 배터리의 가격은 크게 감소될 것이다.

배터리조립체의 가격은 관리시스템(열, 전자장비)이 얼마나 정교하냐에 따라 크게 변화한다. 이때 추가되는 비용은 보통 전체 가격의 15~20%에 달한다.

Li이온 배터리는 EV에 탑재될 수 있는 4가지 주요 배터리 가운데서 km 당 운전비용이 가장 저렴하다는 것이 탑재 실험으로부터 밝혀졌다. 그 이유는 다음과 같다.

Li이온 배터리의 에너지효율(방전된 에너지/충전된 에너지)은 90% 이상인 반면, 수계 배터리의 에너지효율은 70~80%이다. 따라서 배터리에 저장된 에너지가 같을 경우, 충전 시 전원에서 공급되는 에너지의 양이 작아진다.

충전된 에너지가 같을 경우, Li이온 배터리가 탑재된 차량은 다른 배터리에 비해 무게가 가볍기 때문에 주행거리가 길어진다. Li이온 배터리와 납배터리가 탑재된 2대의 동일한 차량을 비교하면, 주행거리가 같을 경우 납 배터리 차량은 Li이온 배터리 차량보다 2배의 에너지를 소비한다. 두 배터리 모두 구입가격이 적당하고 유지보수비용을 고려하지 않으며 수명이 길다고 가정하면, Li이온 배터리는 수명기간 동안 충방전비용 면에서 매우 효율적이다.

4.3.4.3. HEV용 리튬이온 배터리

Li이온 배터리의 전극 두께와 버스를 적절하게 설계하면 매우 큰 전력을 공급할 수 있기 때문에 HEV용 배터리로는 적격이며, 고전압, 소형, 경량 및 장수명 때문에 매우 매력적이기도 하다. 생산량이 증가하면 가격도 싸질 것이기 때문에, 중기적으로는 현재 사용되고 있는 NiMH 배터리를 대체할 수 있을 정도로 경제성 면에서 경쟁력이 있다고 생각된다[37]. 이러한 HEV용 Li이온 배터리의 특성은 일찍부터 알려졌으며, 특히 1995년 미국에서 시작된 PVGV 프로그램을 통해 유명해졌고, 현재는 DOE가 지원하는 FreedomCar 프로그램의 일부로 가동되고 있으며[39], 전 세계적으로 가장 큰 개발과제이다. 일본에서는 2002년 NEDO가 'FCV 및 HEV용 Li 배터리 연구' 에 대한 5개년 프로그램을 가동하였다[40]. 현재도 Li이온 배터리가 탑재된 HEV는 소비자가 구입할 수 없지만, 수 년 내에 가능할 것으로 판단된다.

다른 화학반응을 이용한 배터리도 고려된 바 있다. 일본의 ShinKobe사(현재는 Hitachi Vehicle Energy Ltd사)[41], Japan Storage Batteries사(현재는 GS Yuasa사)[42], NGK Insulator사[43] 등과 같은 일부 제조업체는 $LiMn_2O_4$를 연구했다.

HEV와 같은 고출력 분야에서는 에너지밀도가 낮은 것이 크게 문제가 되지 않기 때문에, 안전성을 높이고 가격을 줄일 목적으로 이 재료를 연구하였다. 그러나 Mn의 용해 때문에 나타나는 저장수명(shelf life) 문제가 여전히 해결되지 않고 있다. 현재 Hitachi Vehicle Energy사의 Gen 2 셀에는 특성이 개선된 새로운 망간 기반 재료가 사용되고 있는데, 셀의 형태는 알려진 바 없다[44, 45]. 동시에, Saft사는 고에너지 셀용으로 이미 연구된 바 있는 Ni 기반 양극재료인 $LiNi_xCo_yAl_zO_2$를 선택했다[46]. 최근에 Toyota Motors사는 지능형 '공회전 정지(idling stop)' 시스템용 배터리에 역시 $LiNi_xCo_yAl_zO_2$ 재료를 사용했으며[47], 자사의 'Vitz' 자동차에 탑재하여 시험하였다. Matsushita Battery Ind. Co. Ltd사는 최근 NEDO의 프로젝트를 수행하면서 $LiNi_{0.53}Co_{0.3}Al_{0.17}O_2$를 사용한 고출력 Li이온 모듈을 개발했다고 발표했다. 최근에 개발된 $LiFePO_4$ 역시 HEV용 고출력 Li이온 배터리 재료의 유력한 후보로 제안되고 있다.

▪ 셀 구조

EV용 고에너지 셀과 마찬가지로, 고출력 Li이온 셀 역시 전기화학적 동역학을 개선하고 반응표면적을 넓히기 위해 전극의 두께를 얇게 했다는 점에서 일반 셀과 크게 다르다. 모든 배터리시스템처럼, 셀의 저항을 줄이기 위해 내부 및 외부 전력용 버스를 적절하게 설계하면 집전 시의 전력손실이 최소화된다.

어떤 배터리제작사는 셀 구조를 다르게 했다. 원통형 또는 각주형 모두 거의 나권형 구조를 사용한다. 원통형 셀의 특성과 구조가 표 4.18과 그림 4.44에 설명되어 있다.

Toyota Vitz에는 나선형 코일로 감은 각주형 셀이 사용되고 있으며[50], 다른 제작사들은 고분자/알루미늄 복합재료로 만든 '주머니' 모양의 용기에 수납된 박판적층각주형(thin flat prismatic)과 같은 구조도 연구하고 있다[51,52]. 이는 열전달 특성을 우수하게 만들기 위한 것이다.

표 4.18. 몇 가지 고출력 Li이온 셀의 특성

셀 종류	VL30P (*)	VL20P (*)	VL7P (*)	VL8V (**)	VL4V (**)
용량(Ah)	30	20	7	8.6	4.4
최대 연속전류(A)	300	250	100	520	260
피크전류(A)	500	500	250		
에너지 @ C/3(Wh)	107	71	25	30	16
전력(W)	1,250	1,130	670	1,880	1,150
직경(mm)	54	54	41	41	34
길이(mm)	222	163	145	152	152
무게(kg)	1.1	0.8	0.37	0.47	0.32

* Johnson Controls-Saft Advanced Power Solutions사

** Saft사의 시제품

그림 4.4. VL7P 7 Ah 셀

- 성능

표 4.19에는 HEV에 요구되는 주요 사양이 나열되어 있으며, 이는 처음에는 PNGV(Partnership for a New Generation of Vehicles) 프로그램을 위해 정의한 것이다[53].

HEV 배터리는 필요한 만큼의 고전력(보통 수 초 동안의 큰 펄스전력)을 공급해야 하지만, 또한 회생제동 시에도 고속충전이 가능해야 한다. 따라서 자동차제작사에 의해 정의된 것처럼 대표적인 시험 프로파일에는 방전 및 충전 펄스가 포함되어 있다.

이 때문에 완전 HEV용 배터리는 소위 '최적운전조건(sweet spot)' 인 약 50%의 SOC에서 동작하도록 설계되어 있다. Li이온 셀의 전압은 SOC에 따라 달라지기 때문에, 충방전 시의 전력공급 능력도 변화한다. 그림 4.45는 DOD와 펄스지속시간에 따른 대표적인 충방전 전력 특성을 보여준다. 그러나 사실은 단점일 수 있는 이러한 특성이 실제 동작조건인 얕은 충방전 동안에 배터리의 충전상태를 감시하는데 매우 유용하다.

표 4.19. HEV 보조동력용 배터리의 기술적 사양

특 성	단위	요 구 사 양
펄스방전 전력	kW	25(18초)
피크회생펄스 전력	kW	30(2초)
이용가능한 총 에너지	kWh	0.3(C/1의 속도에서)
충방전 최소 효율	%	90
-30℃에서의 냉시동 전력	kW	5
25 Wh 충방전에너지에서의 충방전수명	회	300,000
배터리수명	년	15
최대 무게/부피	kg/L	40/32
동작전압 한계치	V_{dc}	$V_{max} \leq 440$, $V_{min} \geq 0.5V_{max}$
허용가능한 최대 자기방전율	Wh/일	50
동작 온도범위 생존 온도범위	℃	-30 ~ 52 -46 ~ 66

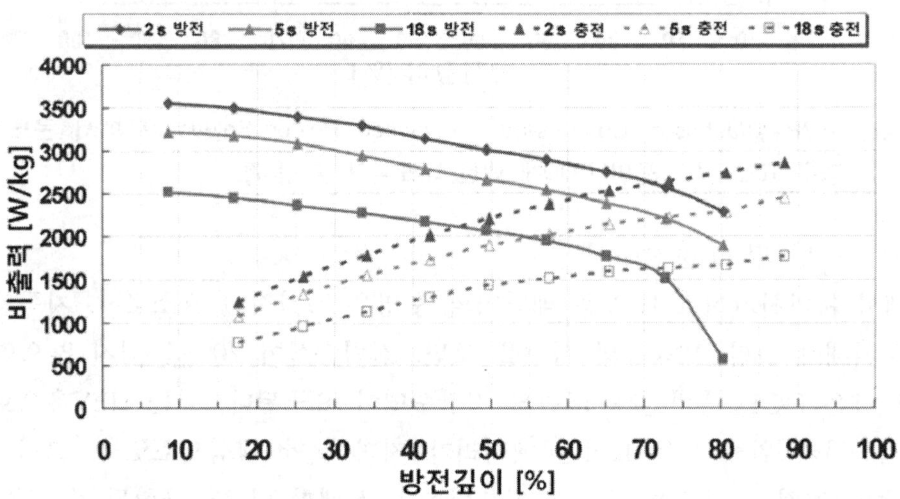

그림 4.45. 방전(dch) 및 충전(reg) 펄스 인가 시 VL7P 셀(Johnson Controls-Saft Advanced Power Solutions사)의 비출력[37].

보통 HEV용 Li이온 셀의 비출력은 2~3kW/kg이지만, 이 값이 최대는 아니며, 필요한 에너지밀도에 따라 달라진다. 예를 들어, 표 4.18에서 설명한 시제품 VL4V 셀에서는 0.2초의 펄스방전 동안 비출력은 12kW/kg에 달할 수 있다.

저온 동작 역시 필요하다. 저온 시에는 특히 전해질의 이온이동도가 낮아지기 때문에 출력이 다소 감소된다. VL7P 셀의 경우, 온도에 따라 SOC에 대한 대표적인 전력공급 능력이 그림 4.46에 나타나 있다. Li이온 배터리가 HEV에 탑재되어 실제로 동작할 경우, 분극에 의해 발생된 열 때문에 배터리온도는 보통 25℃를 초과한다. 따라서 셀뿐 아니라 배터리 수준에서도 열관리시스템이 필요하다.

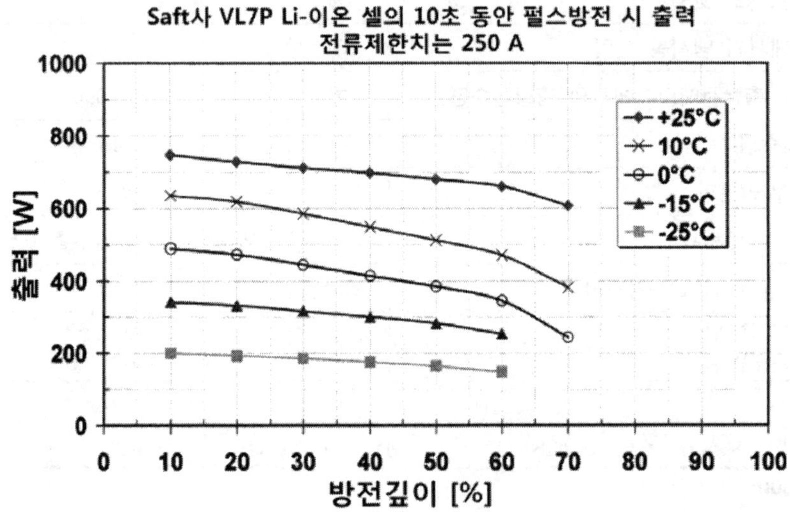

그림 4.46. VL7P 셀(Johnson Controls-Saft Advanced Power Solutions사)에서 온도가 다를 경우 10초 펄스 동안 DOD에 대한 대표적인 출력[37].

- 겉보기수명 및 충방전수명

EV에서와 마찬가지로 HEV용 배터리의 수명은 결정적인 요소로서, 자동차의 수명과 일치해야 한다. PNGV의 사양을 보면, 전력손실이 20%를 넘지 않으면서 30만번의 얕은 DOD 충방전과 15년의 저장수명이 요구된다. 이는 HEV용으로 타당함을 입증하기 위해 모든 Li이온 배터리가 지녀야 할 핵심요소로서, 그림 4.47에서 보듯이 적절한 설계와 우수한 화학반응을 선택함으로써 구현될 수 있다. 4장 앞부분에서 설명하였듯이, 이는 $LiNi_xCo_yAl_zO_2$/흑연 화학반응이 가지는 강점이다. 그림 4.48에서 볼 수 있듯이, 고온 가속열화 조건에서도 이 시스템의 저장능력은 우수하다. 구조가 다른 Li이온 배터리들에 대해 축적된 모든 데이터를 보면, 이 배터리의 수명은 자동차 수명 이상이 될 수 있다[54].

그러나 충방전 및 고온 저장 시에 용량 및 출력의 손실이 발생하는 $LiMn_2O_4$ 기반 셀의 경우는 그렇지 않다. Hitachi Vehicle Energy Ltd사는 이러한 약점을 극복하기 위해 새로운 망간 기반의 양극재료(알려진 바 없음)를 사용하여 성능을 개선했다고 최근 발표했다[44]. 그림 4.49는 스피넬 $LiMn_2O_4$를 사용한 Gen 1 셀과 신세대 Gen 2 셀의 용량과 저항 변화를 비교하고 있다.

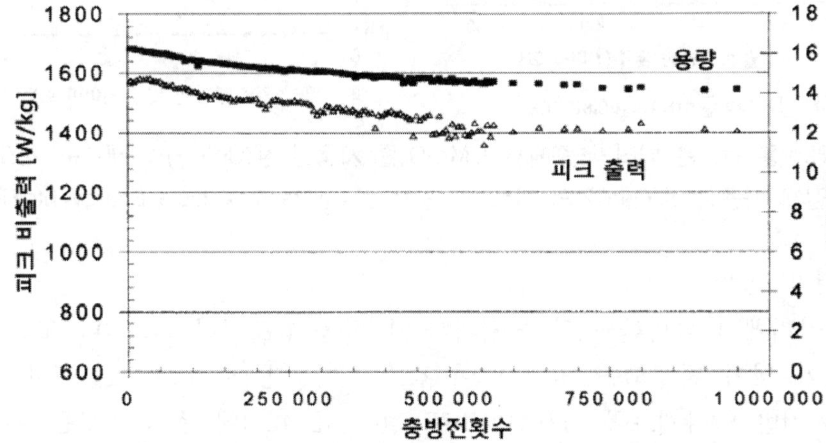

그림 4.47. HEV의 부하 프로파일 시험에서 고출력 Li이온 셀의 얕은 충방전(Saft사의 셀, 주기적으로 100% DOD로써 진단)[2].

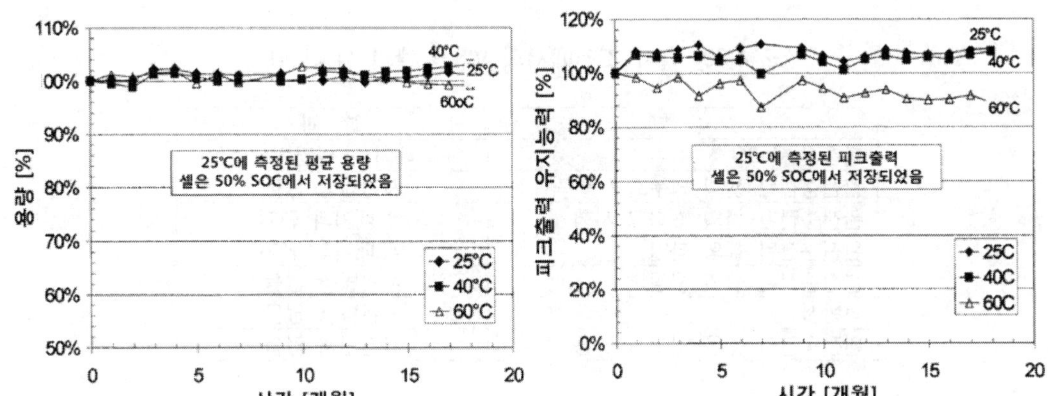

그림 4.48. 온도가 다를 경우 50% SOC에서 저장된 셀의 용량 및 출력 변화추이[2].

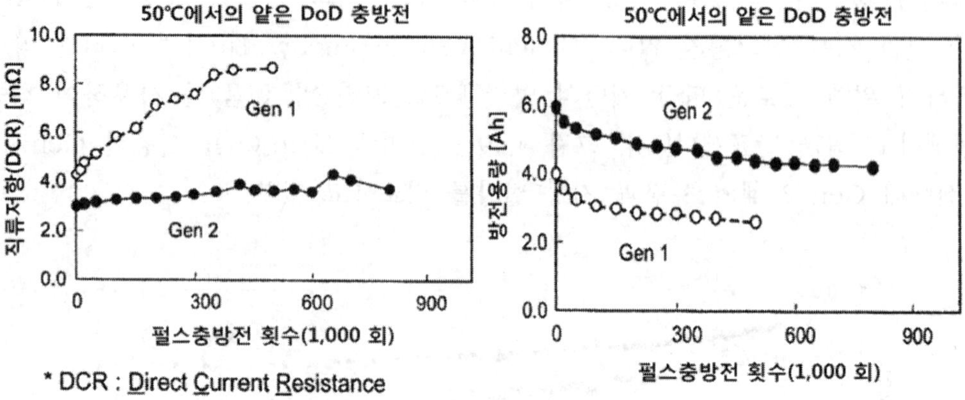

그림 4.49. HEV용 Li이온 배터리 중에서 $LiMn_2O_4$를 사용한 셀(Gen 1)과 새로운 재료와 전해질을 사용한 셀(Gen 2)의 저항 및 용량 변화(Hitachi Vehicle Energy Ltd사)[44]

- 혹사 허용 정도

EV용 배터리에서 설명한 것과 동일하다(앞 절을 참조하라). 그러나 고출력 셀은 에너지밀도가 낮아 발생되는 열의 양이 감소하기 때문에 혹사 조건에서 보다 안전하다. Ni 기반 양극재료를 사용한 VL7P 셀은 표 4.20에 주어진 모든 혹사 시험(자동차제작사가 규정)을 통과할 수 있다. 이 시험은 용기 등의 보호장치 없이 셀 자체만을 대상으로 이루어진다. 배터리조립체의 경우는 보호장치가 동작하기 때문에 전기적인 혹사 시에도 어떠한 사고도 발생하지 않는다.

표 4.20. 혹사 조건에서의 VL7P 셀의 성능[54]

시 험	결 과
과충전 @ 3C	셀 배기 + 약간의 연기
완전충전된 셀의 외부회로 단락	사건발생 없음
완전충전된 셀의 스파크 시험	셀 배기과 연기
완전충전된 셀의 과열	셀 배기과 연기
완전충전된 셀의 충돌	사건발생 없음
과방전	사건발생 없음
완전충전된 셀을 염수에 넣음	사건발생 없음

- 배터리조립체의 구조

원하는 고전압을 얻기 위해 셀을 직렬로 연결할 때, EV용 셀에서 설명한 것과 같은 원리가 적용되어야 한다. 배터리 구성 요소는 다음과 같다.

- 모듈의 H/W로 통합된 셀
- 전자적 배터리관리시스템
- 공냉식 또는 수냉식 능동 열관리
- 전력조절장치 및 안전장치

▪ 탑재 실험

HEV용 배터리는 EV용보다 개발이 늦었기 때문에, 지금까지 차량 탑재 실험은 그다지 많지 않았지만, 이 상황은 매우 빠르게 바뀌는 중이다. 다양한 배터리를 사용한 수많은 시제품 HEV 자동차가 시험되고 있지만, 지금까지 공개된 데이터는 거의 없다. Li이온 배터리가 탑재되어 대규모로 실차시험이 이루어진 것은 Toyota사의 Vitz 자동차로서, '정지 및 시동' 용과 회생제동용으로 사용되었다. 지금까지 어떠한 시험결과도 알려진 바 없다.

▪ 플러그인(Plug-in) 하이브리드 자동차용 Li이온 배터리

Li이온 배터리는 플러그인(Plug-in) 하이브리드 자동차용으로도 적합하다(4.2.2.5 참조). 이 용도의 배터리는 더욱 많은 에너지를 공급해야 하기 때문에, 니켈금속수소화물 배터리보다 에너지밀도와 비에너지가 훨씬 큰 Li이온 배터리가 유리하다. EV용과 HEV용의 중간쯤 되는 중형 배터리를 사용하면, 미리 설정된 속도범위 내에서는 순수한 EV 모드로, 다른 조건에서에서는 완전 HEV 모드로 전력을 공급할 수 있다. NiMH 배터리에 비해 SOC를 정확히 알 수 있다는 점과 및 우수한 충전효율은 또 다른 장점이다.

미국의 Electric Power Research Institute(이하 EPRI)는 DaimlerChrysler사와 협력하여 밴의 일종인 Sprinter 차체를 기반으로 한 PHEV 개발 프로그램을 수행하고 있다. NiMH와 Li이온의 두 종류 배터리를 사용한 시제품이 시험 중에 있으며, 사용되는 연료는 디젤과 가솔린 두 종류이다.

▪ 가격

EV용 배터리와 마찬가지로 시장에 빠르게 도입되기 위해서는 Li이온 배터리의 가격감소가 핵심요소이다. Li이온 배터리는 NiMH와 경쟁할 수 있으며, 생산량이 증가함에 따라 장기간에 걸쳐 경제성이 높은 해결방안을 내놓을 것으로 판단하고 있다.

4.3.5. 리튬폴리머 배터리

(리튬이온폴리머 배터리와는 달리) 진정한 리튬폴리머 배터리의 특징은 액체전해질 대신에 산화폴리프로필렌 기반의 고분자전해질을 사용한다는 것이다. 1980년대 말 Armand와 Duclot가 이 개념을 제안하였으며, 캐나다의 Hydro-Quebec사가 리튬배터리를 개발하기 위해 이를 적용하였다. 1990년대에 USABC의 프로그램에 따라 EV용 배터리를 개발하기 위해 Argotech사(Hydro-Quebec사와 3M사의 합자벤처회사)가 이 배터리시스템을 연구하였으며, 이후로 캐나다의 Avestor사(Hydro-Quebec사와 Kerr-McGee사의 합자벤처회사)가 그 뒤를 이었다. 시제품 배터리가 제작되어 시범용 차량에 탑재되었다. 2005년 Avestor사는 이 배터리를 통신용 백업배터리로 개발하는데 집중하기 위해 EV 프로그램을 중단하기로 결정하였다. Bolloré사는 프랑스정부의 프로그램(PREDIT)에 따라 1998년 EV용으로 이 배터리를 개발하기 시작했다[58].

오직 Avestor사만이 이 배터리의 화학반응과 기술에 대한 정보를 공개했기 때문에, 아래에서 설명하는 내용은 그들의 노우하우를 기초로 한 것이다.

4.3.5.1. 배터리의 화학반응과 기술

고분자전해질은 리튬염인 $Li(CFSO_2)_2N$(LiTFSI)를 산화폴리에틸렌-산화프로필렌(polyethylene oxide - propylene oxide, 이하 PEO-PPO) 매트릭스 내에 용해시켜 얻는다[57]. 실온에서 고분자전해질의 전도도는 매우 낮기 때문에 배터리는 보통 60~80℃에서 동작해야 한다. 같은 이유로, 전극의 두께도 매우 얇아야 한다. 리튬금속 전극의 가역성이 액체 유기전해질 내에서보다 더욱 우수하다 하더라도, 수지상(樹枝狀) 리튬결정의 형성이 완전히 억제되지 않기 때문에, 최소 600회 정도의 충방전수명을 얻기 위해서는 필요한 양 이상의 리튬이 셀에 공급되어야 한다. 양극재료는 리튬화된 산화바나듐 $Li_{1+x}V_3O_8$이며, 동작전압은 약 2~3V이다. 리튬이온셀에 사용된 것과 같은 고전압 발생용 재료는 산화폴리에틸렌이 안정하게 반응하는 전압범위와 일치하지 않는다. 이 재료의 가역적 비용량이 크기 때문에(200 Ah/kg) 셀 수준의 비에너지는 최대 150Wh/kg이며, 이는 Li이온 배터리와 비슷하다.

배터리모듈은 평판각주형 스택을 직렬연결시켜 만들며, 스테인레스강 용기에 수납된다. 배터리를 가열하고 적절한 동작온도를 유지하기 위해 셀들 사이에 편평한 가열장치가 설치된다. 또한 배터리모듈들은 열적으로 서로 차단되어 있다. 배터리 관리시스템은 온도를 60~80℃ 사이로 유지시킨다. 운전조건에 따라 배터리를 냉각 또는 가열시킬 필요가 있다.

다른 비수계 배터리처럼 셀 전압은 적절한 배터리관리시스템에 의해 감시되오야 한다.

4.3.5.2. 차량 탑재

USABC 프로그램에 따라 Avestor사는 Ford사의 TH!NK *city* 자동차에 이 배터리를 탑재시켰다[59]. 이 자동차의 주요 사양이 표 4.21에 주어져 있다.

표 4.21. LMP(Lithium-Metal-Polymer) TH!NK 자동차의 주요 사양[59].

자동차 이름	TH!IK *city*(시범용)
크기(L/W/H) (m)	2.9/1.6/1.98
승차인원	2명
차체 무게 (kg)	870.9
배터리	LMP
구성	7개 모듈(143V, 80Ah, 11.5kWh)
전동기	27kW

LMP(Lithium-Metal-Polymer) 배터리팩은 직렬연결된 7개의 모듈로 구성되며, 각 모듈은 20V의 전압과 80Ah의 용량을 얻기 위해 8개의 셀을 직렬, 8개의 셀은 병렬로 연결되어 있다. LMP 배터리팩의 주요 사양이 표 4.22에 주어져 있다. 만약 LMP 배터리가 기존의 NiCd 배터리 용기 내에 설치된다면 공간을 다 채우지 못할 것이며, 모듈을 특별히 설계하면 더 많은 에너지를 공급할 수 있을 것이다. 액체냉각회로와 열교환기는 배터리관리시스템의 일부이다. 총 무게는 약 871kg이며, 참고로 NiCd 배터리는 941.2kg이다.

표 4.22. LM.P 배터리팩의 사양[59].

에너지(kWh)	11.5
30초간 전력공급능력 @ 80% DOD	29
용량(Ah)	80
공칭전압(V)	143
크기(W/L/H)(mm)	755, 945, 270
무게(kg)	160

100% SOC에서 최고속도는 89km/h를 기록했으며 이때 적재중량은 77.1kg이었다. 이 기록은 NiCd 배터리와 같지만, 0~48.3km/h까지의 가속시간은 4.6초로서 표준차량의 7초보다 짧다. 도시주행 시 36.4km/h의 평균속도로 주행한 거리는 96.5km이며(이때 DOD는 90%까지이다), 참고로 NiCd 배터리는 85.3km였다.

LMP 배터리를 사용한 또 다른 시험차량인 Honda사의 Insight를 제외하고, 최근에는 어떠한 시범차량도 제작된 바 없으며, Avestor사는 EV용으로 LMP 배터리를 사용하는 것도 더 이상 고려하지 않고 있다.

프랑스의 Bolloré사는 LMP 배터리를 제작하여 곧 새로운 EV에 탑재할 것이라고 발표했다. 이 배터리에 대한 정확한 정보는 얻을 수 없었다. 이 LMP 모듈의 특성이 표 4.23에 주어져 있다[58].

표 4.23. 2.8kW 리튬폴리머 모듈의 예상 특성[58].

무게(kg)	23
부피(L)	25.2
공칭용량(Ah)	90
공칭전압(V)	30.6
크기(W/L/H)(cm)	18/34/40
비에너지(Wh/kg)	120
에너지밀도(Wh/L)	110
비출력 @ 80% DOD (W/kg)	200 이상

전력공급능력이 Li이온 배터리보다 떨어지기 때문에 HEV에 LMP를 적용하기는 어려우며, 순수 EV에만 적용될 수 있을 것이다. 이 때문에 대량생산으로 가격 저감을 꾀하는데 장애가 될 것이다. 기술적인 부분만을 보면, LMP 배터리의 과제는, 시험으로 입증된 Li이온 배터리의 긴 충방전수명과 고신뢰성을 따라잡는 것이

다. LMP 배터리에는 가연성 액체 유기용매가 포함되어 있지 않기 때문에, 혹사 조건에서 보다 안전한 것으로 알려져 있다. 그러나 다량의 리튬금속이 180℃의 융점을 넘어서면 격렬하게 연소가 시작될 수 있으므로, 심각한 안전문제는 여전히 남아 있다.

4.3.6. 나트륨염화니켈 배터리

'ZEBRA' 로 알려진 이 고온 배터리시스템은 NaS 배터리의 성능을 개선하기 위해 1980년대 중반부터 연구가 시작되었다. 주요 특징은 고체전해질인 β-알루미나와 액체전해질 염인 $NaAlCl_4$을 사용하는 것과, 동작온도가 약 300℃라는 것이다. ZEBRA 배터리는 현재 스위스의 MES-DEA사가 제작하고 있다. 이 배터리 기술은 성숙단계에 도달했으며, EV부터 버스에 이르기는 다양한 차량에 전력을 공급하기 위해 구성을 달리한 배터리가 제작되어 왔지만, 상용화된 차량에는 아직 적용된 바 없다.

4.3.6.1. 배터리의 화학반응 및 기술

고에너지의 $Na/NiCl_2$ 결합을 기반으로 한 이 배터리는 동작온도가 270~350℃로 유지되어야 하며, 나트륨과 전해질 염인 $NaAlCl_4$가 용융되어 있다. 셀전압은 270℃에서 2.58V이다. 충방전 시 나트륨이온은 관 모양의 β-알루미나 고체전해질 분리관을 통과하여 이동한다.

밀봉된 셀은 방전상태에서 제작되며, 나트륨은 현장에서 최초 충전할 때에 형성된다. 셀 제작의 핵심적인 부분은 알루미나 관이 셀 용기, 그리고 음극의 절연용 알루미나 고리와 접촉하지 않도록 밀봉하는 것이다. 적절한 밀봉성능과 열팽창특성을 가지는 일종의 유리를 사용하면 이 문제를 해결할 수 있다[60].

이 배터리시스템의 단점은 출력밀도로서, 셀 수준에서 최초의 시제품은 50W/kg였지만 그 뒤 200W/kg으로 꾸준히 개선되었다. 이는 β-알루미나 분리관의 단면을 원형에서 클로버형으로 바꾸고 2차 활성물질로서 철을 니켈에 첨가함으로써 얻어진 것이다. 이 첨가제 때문에 깊은 DOD에서도 출력을 증가시킬 수 있었다.

이 셀과 배터리에 대해 최근 발표된 성능이 표 4.24와 4.25에 주어져 있다. 소형승용차의 바닥에 탑재하기 위해 셀과 배터리의 높이를 낮춘 것도 제작되었다.

표준형 17.8kWh Z5C ZEBRA 배터리의 사진이 그림 4.50에 주어져 있다.

표 4.24. ML/8 ZEBRA 셀의 사양(MES-DEA 데이터).

셀 종류	ML/8
용량(Ah)	25
무게(kg)	0.45
크기(W/L/H)(mm)	36.5/36.5/146.4
개회로전압(V)	2.58
최대 회생전압(V)	3.1
최소 방전전압(V)	1.72
최대 방전전류(A)	80
비에너지(Wh/kg)	143
피크출력(W)	102
비출력(W/kg)	240

표 4.25. B1 ZEBRA 배터리 사양(MES-DEA 데이터).

배터리 종류	Z21
셀 종류/개수	ML/8, 240개 셀
정격에너지(kWh)	15.5
BMI 포함 무게(kg)	134
크기(W/L/H)(mm)	444/962/206
개회로전압(V)	310
최대 회생전압(V)	372
최소 방전전압(V)	206
최대 방전전류(A)	175
비에너지(Wh/kg)	115
피크전력(W)	24
비출력(W/kg)	180
열손실(W)	90 이하
냉각방식	공냉식
가열시간(시간)	24 @ 230Vac
주변온도(℃)	-40 ~ 50

배터리는 전력을 공급하지 않는 동안 전기저항히터에 의해 동작온도가 유지되어야 하며, 방전 시에는 주로 저항손실과 분극에 의해 발생된 열에너지에 의해 온도가 유지된다. 고전력을 공급할 때는 온도를 동작범위 내로 유지하기 위해 냉각시스템도 필요하다. Z5 배터리의 열손실은 270℃에서 100W 이하이며, 이는 30kWh 배터리가 외부전원 없이 최대 12.5일 동안 저장할 수 있는 능력이다. 실온을 유지하기 위해 냉각하고 재가열하는 것은 불편하지만, 배터리를 40회 이상 동결/해동시켜도 성능에는 결정적인 영향을 미치지 못했다.

그림 4.50. EV용 17.8kWh Z5C ZEBRA 배터리(MES-DEA사의 허가에 의해 전재).

4.3.6.2. 제품 성능 시험

그림 4.51에서 보듯이 이 배터리의 용량유지능력은 우수하다. 자동차제작사가 설정한 대표적인 주행사이클에 따라 4년 동안에 7,000회(명판 상에는 3,000회)의 충방전을 행하는 동안 명판 상에 표시된 용량이 유지된다. 실제로 배터리가 열화되는 것은 저항의 증가 및 용량의 점진적 감소 때문이지만, 여전히 제시된 사양에 비해 적절한 성능을 보이고 있다.

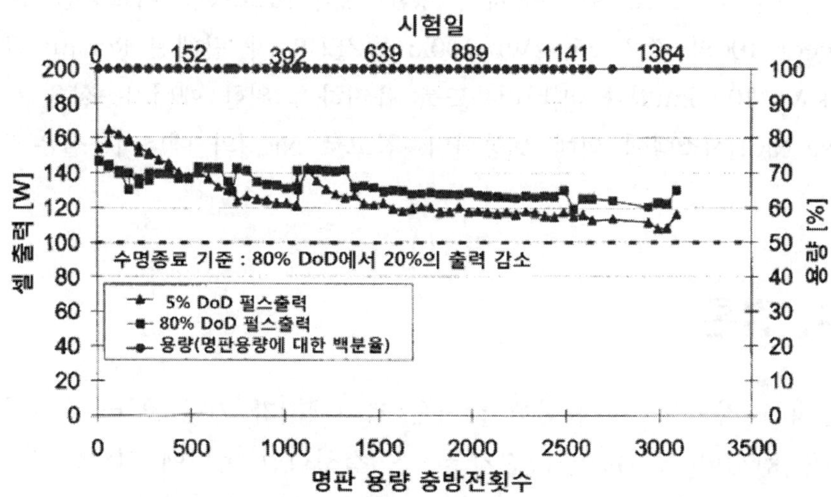

그림 4.51. 명판 상의 3,000회 충방전을 초과하여 동작하는 ZEBRA ML/4 셀 모듈의 충방전 특성[62].

4.3.6.3. 탑재 시험

ZEBRA 배터리는 15년 이상 수많은 차량에 탑재되어 시험되어 왔다. 1997년 Daimler-Benz사는 1988년 Mercedes 190부터 시작하여 C-Class에 이르기까지 ZEBRA 배터리가 탑재된 차량의 누적 주행시험 거리가 백만 km 이상이라고 발표했다[63]. 그 뒤 A-Class 시제품에는 30kWh Z12 배터리시스템이 장착되었다. 주요 특성은 298V, 104Ah, 피크전력 58kW, 370kg, 220L, 81Wh/kg, 최대 80% DOD에서 155W/kg이었다. 4인승의 1,730kg 자동차는 에어컨 없이 최대속도 130km/h로써 200km의 주행거리(SAE J1634)를 기록하였다.

스위스의 지자체 Mendrisio가 실시한 실차시험(fleet test)에서 얻은 데이터를 보면, Renault사의 Twingo자동차에 ZEBRA 배터리를 적용할 수 있음을 보였으며, 참고로 같은 크기의 15 Peugeot 106 자동차에는 NiCd 배터리를 탑재하여 비교기준으로 삼았다. 이 프로그램의 첫 단계는 도시에서 전기자동차 사용을 촉진시키기 위해 NiCd 배터리를 시험하였으며, 2001년에 종료되었다. 2번째 단계에서는 ZEBRA 배터리가 탑재된 Twingo 자동차를 시험하였다. 배터리의 에너지는 ZEBRA가 21.2kWh, NiCd가 14kWh이고, 이들을 탑재한 자동차의 주행거리는 각각 120km, 80km였으며, 차량의 전체 무게는 각각 1,230kg과 1,350kg이었다. 또한 차량의 평균 에너지소모량을 평가하는 것도 목적 중의 하나였다. 200,000km의 누적 주행거리를 기준으로 두 자동차의 평균 에너지소모량을 비교하면, NiCd가 탑재된 Peugeot 106의 경우 25.8kWh/100km, ZEBRA가 탑재된 Renault Twingo의 경우 23.2kWh/100 km였다. 배터리온도를 유지하기 위한 에너지손실은 충전효율이 100%인 $Na/NiCl_2$시스템에 의해 보상되며, 참고로 NiCd의 에너지손실은 24%로 측정되었다.

4.4. 결론

전기자동차가 지속적으로 관심을 끌어온 지 1세기가 지난 오늘날, 하이브리드자동차에 대한 관심이 증가하면서 전기구동은 결정적인 국면에 진입한 것 같다. 화석연료의 고갈에 대한 염려와 CO_2 배출을 줄이고자 하는 인식 때문에 이러한 경향은 확고해지고 있다. 하이브리드자동차의 종류는 다양하기 때문에 일부 배터리시스템은 성장기회를 잡을 수 있을 것 같다. 오늘날, '마이크로 하이브리드' 에는 납 배터리가 사용되고 있는데 이는 싸고 쉽게 구입할 수 있기 때문이며, '완전' 하이브리드와 '소프트' 하이브리드에는 니켈금속수소화물 배터리가 널리 사용되고 있는데, 이는 산업용 대용량 분야에서 성능이 우수하고 구입하기 쉽기 때문이다. 각종 휴대장비에 이미 널리 사용되고 있는 Li이온 배터리는 성능 면에서 장점이 있기 때문에 중기적으로 가장 널리 사용될 가능성이 높다. 또한 대량생산으로 가격이 감소된다면 NiMH보다 싸질 것이며, 수명과 가격 면에서 납 배터리와도 경쟁이 될 것으로 예상된다. 하이브리드 자동차의 성공사례가 늘어가는 것 역시 순수한 전기자동차 또는 플러그인 하이브리드 자동차의 개발에 도움이 될 것이다.

감사의 말

저자는 데이터와 정보를 제공함으로써 이 장이 완성될 수 있도록 도와준 모든 공학자와 과학자 여러분에게 감사를 표하며, 특히 Claude Adès(CEREVEH), Jim McDowall, Philippe Ulrich, Christophe Morin, Claude Chanson, Jean Michel Dauchier, Marc Bariand, Georges Caillon(Saft), Jean Louis Liska, Francois Barsacq, Uwe Khöler(Johnson Controls-Saft Advanced Power Solutions) 등 여러분들에게 감사를 표한다.

참고문헌

[1] R. Cowan and S. Hulten, *Technology Forecasting and Social Change*, Report, 1996.
[2] M. Broussely, in "*Lithium Batteries - Science and Technology*", G.A.Nazri and G.Pistoia, Eds., Kluwer Academic Publishers, Boston, USA, 2004.
[3] T. Kameda, *Proceedings of AABC Conference*, Hawaii, USA, 2005.
[4] F. Kalhammer, *Extended Abstracts, 46th Battery Symposium in Japan*, Nagoya, Japan, 2005.
[5] P. Ulrich and J.L. Liska, *Proceedings of 20th Electric Vehicle Symposium (EVS20)*, Long Beach, USA, 2003.
[6] H.E. Haring and U.B. Thomas, *Trans. Electrochem. Soc.* 68 (1935) 293.
[7] D. Berndt, "Stationary Lead-Acid Batteries With Selenium Alloys", *Varta Spezial Report* 1/1980.
[8] German Patent 16 71 693 (Accumulatorenfabrik Sonnenschein GmbH, Büdingen, 1.12.67).
[9] P. Moseley, "The Design of VRLA Batteries for Successful Operation in a High-rate, Partial-state-of-charge Regime", *Electrical Energy Storage Applications and Technologies (EESAT)*, 2005.
[10] J. Pessis, *Proceedings of 21th Electric Vehicle Symposium (EVS21)*, Di 2 - A2, Monaco, France, 2005.
[11] F. Trinitad, C. Hernandez, M. Lacadena, B. Jacq, G. Fossati and R. Johnson, *Proceedings of AABC Conference*, Hawaii, USA, 2005.
[12] T. Kameda, M. Kiribayashi, K. Sawai, T. Ohmae and S.Osumi, *Abstracts of the 46th Battery Symposium*, Nagoya, Japan, 2005.
[13] F. Trinitad, M. Lacadena, A. Sanchez and J. Valenciano, *Abstracts of the 46th Battery*
[14] Website: http://www.optimabatteries.com (Johnson Controls).
[15] Web site http://www.hybridcars.com/cars.html
[16] From Toyota Website: http://www.toyota.com/prius/specs.html
[17] H. Miyamoto, T. Asahina, T. Matsuura, S. Hamada and T. Eto, *Proceedings of 21th Electric Vehicle Symposium (EVS21)*, Monaco, France, 2005.
[18] S. Hamada, T. Asahina, T. Matsuura, H. Myiamoto and T. Eto, *Proceedings of AABC conference*, Hawaii,USA, 2005.
[19] S. Nagata, H. Umeyama, Y. Kikuchi and H. Yamashita, *Proceedings of 20th Electric Vehicle Symposium (EVS20)*, Long Beach, USA, 2003.
[20] K. Ito and M. Ohnishi, *Proceedings of 20th Electric Vehicle Symposium (EVS20), Long Beach*, USA, 2003.
[21] C. A. Rosenkranz and U. Köhler, *Abstracts of the 46th Battery Symposium*, Nagoya, Japan, 2005.
[22] M. Mitsumori, K. Inoue and T. Matsuda, *Abstracts of the 46th Battery Symposium*, Nagoya, Japan, 2005.
[23] I. Yonezu, K. Shinyama, Y. Magari, H. Nakamura, K. Kitaoka, M. Takee and K. Ishiwa, *Abstracts of the 46th Battery Symposium*, Nagoya, Japan, 2005.
[24] From Cobasys website http://www.cobasys.com.
[25] C. Chanson and D. Thiercery, *Proceedings of 3rd AABC conference*, Nice, France, 2003.

[26] M. Broussely, *Proceedings of the 1rst International Symposium on Large Lithium ion Battery Technology and Application (LLIBTA)*, Honolulu, USA, 2005.
[27] J.B. Goodenough, A. Phadi, K.S. Nanjundaswamy and C. Masquelier, WO9740541 Patent, University of Texas, 1997.
[28] B. Simon, J.P. Boeuve, B. Spigai and M. Broussely, *ECS Meeting Abstracts Vol.97-2*, 184, Paris, 1997.
[29] B. Simon and J.P. Boeuve, SAFT Patents, FR 94 04889 (1994), EP 0683537, US 5,626,981.
[30] T. Miyamoto, M. Touda and K. Katayama, *Proceedings of EVS13 symposium,* Vol 1, 37-44, Osaka, Japan, 1996.
[31] M. Broussely, G. Rigobert, J.P. Planchat and G. Sarre, *Proceedings of EVS13 symposium Vol* 1, Osaka, Japan, 1996.
[32] J. Beretta and D. Porcelatto, *Proceedings of 20th ElectricVehicle Symposium (EVS20)*, Long Beach, USA, 2003.
[33] K. Nakai, T. Aiba, K. Hironaka, T. Matsumura and T.Horiba, *Abstract 41th Battery Symposium in Japan*, Nagoya, Japan, 2000.
[34] O. Bitsche, G. Gutmann, A. Schmloz and L. d'Ussel, *Proceedings of 18th ElectricVehicle Symposium (EVS18)*, Berlin, Germany, 2001.
[35] G. Sarre, P. Laflaquière, C. Borello, P. Ceres and P. Rena, *Proceedings of 3rd AABC Conference*, Nice, France, 2003.
[36] H. Takeshita, *23rd International Seminar on Primary and Secondary Batteries*, Fort Lauderdale, USA, 2006.
[37] M. Broussely, P. Blanchard, P. Biensan, G. Rigobert, J.L. Liska, P. Genin and F. Barsacq, *Abstracts of the 46th Battery Symposium*, 3E, Nagoya, Japan, 2005.
[38] K. Nechev, M. Saft, G. Chagnon and A.Romero, *Proceedings of 2nd AABC Conference*, Las Vegas, USA, 2001.
[39] J.A. Barnes, T.Q. Duong and D. Howell, *Abstracts of the 46th Battery Symposium*, 3E, Nagoya, Japan, 2005.
[40] T. Ikeya, H. Miyazaki, H. Kuriyama and Y. Sato, *Proceedings of 21th Electric Vehicle Symposium (EVS21)*, A1, Monaco, France, 2005.
[41] T. Horiba, K. Hironaka, T. Matsumura, T. Kai and M. Koseki, *J. Power Sources* 119-121 (2003) 893.
[42] T. Inoue, T. Iwamoto, N. Imamura, H. Yoshida and K.Kamada, *Proceedings of 5th AABC Conference*, Hawaii, USA, 2005.
[43] K. Kitoh and H. Nemoto, *J. Power Sources* 81-82 (1999) 887.
[44] T. Horiba, T. Maeshima, T. Matsumura, M. Koseki, J. Arai and Y. Muranaka, *J. Power Sources* 146 (2005) 107.
[45] J. Arai, T. Yamaki, S. Yamauchi, T. Yuasa, T. Maeshima, T. Sakai, M. Koseki and T. Horiba, *J. Power Sources* 146 (2005) 788.
[46] M. Broussely, K. Nechev, G. Chagnon, J.P. Planchat, G. Rigobert and G. Sarre, *43rd Battery Symposium, Abstracts*, Kyushu, Japan, 2002.
[47] T. Tsuchiya, Y. Nakayama, M. Motono, K. Toki and T. Matsuura, *Proceedings of 20th Electric Vehicle Symposium (EVS20)*, Long Beach, USA, 2003.
[48] K. Haraguchi, M. Nagatami and Y. Ozaki, *Abstracts of the 46th Battery Symposium*, Nagoya, Japan, 2005.
[49] R. Fulop, *23rd International Battery Seminar and Exhibit,* Fort Lauderdale,USA, 2006.
[50] T. Sekimori, *Proceedings of 3rd AABC Conference*, Nice, France, 2003.
[51] O. Shimamura, T. Abe, T. Saito, T. Itou, T. Kinoshita, K. Watanabe, H. Horie, H. Sugawara, N. Hirata and T. Miyamoto, *Proceedings of 21th Electric Vehicle Symposium (EVS21)* A2, Monaco, France, 2005.
[52] S.W. Kim, J.S. Yu, D.Y. Jung and M.H. Kim, *Proceedings of 21th Electric Vehicle Symposium (EVS21)*, Di1- B1, Monaco, France, 2005.

[53] *PNGV Battery Test Manual*, Rev. 3, February 2001.
[54] J.L. Liska, B. Lacout and P. Genin, *Proceedings of 21th Electric Vehicle Symposium (EVS21)*, A1, Monaco, France, 2005.
[55] *EPRI Journal*, Fall 2005. Available on : http://my.epri.com
[56] M. Armand and M. Duclot, French Patent FR 7832976 (1978).
[57] C. Letourneau, M. Gauthier, A. Belanger, D. Kuller and J. Hoffman, *Proceedings of 14th Electric Vehicle Symposium (EVS14)*, Orlando, USA, 1997.
[58] F. Huglo, S. Lascaud and P. Angot, *Proceedings of 18th Electric Vehicle Symposium (EVS18)*, Berlin, 2001.
[59] C. St-Pierre, C. Carignan, D. Pomerleau, P. St-Germain and E. Ridell, *Proceedings of 18th Electric Vehicle Symposium (EVS18)*, Berlin, 2001.
[60] R.N. Bull, W.G. Bugden, S.D. Brook, R.C. Galloway and W.A. Holmes, *Proceedings of 15th Electric Vehicle Symposium (EVS15)*, Bruxelles, 1998.
[61] C.-H. Dustmann, *Proceedings of 14th Electric Vehicle Symposium (EVS14*), Orlando, USA, 1997.
[62] R.N. Bull and A.R.Tilley, *Proceedings of 18th Electric Vehicle Symposium (EVS18)*, Berlin, 2001.
[63] J. Gaub and A.van Zyl, *Proceedings of 14th Electric Vehicle Symposium (EVS14)*, Orlando, USA, 1997.
[64] R. Domeniconi, N. Mona, C.-H. Dustmann, R. Manzoni, M. Pulfer, *Proceedings of 21th Electric Vehicle Symposium (EVS21)*, Monaco, France, 2005.

우주 응용 분야 I
- 인공위성, 발사대, 항공기

5.1. 소개

NiCd, NiMH 및 Li이온 배터리가 사용되는 수많은 휴대용 분야는 제외하고, 우주용으로 사용되는 고에너지밀도 전원의 경우, 까다로운 환경조건에서 보통 10년 이상의 매우 긴 수명이 요구된다. 또한, 이런 종류의 배터리는 임무수행 기간 동안 신뢰성도 높아야 한다. 따라서 성능과 충방전수명에는 어느 정도 허용여유가 있어야 한다. 배터리가 요구조건(에너지 또는 출력)을 계속 유지할 가능성을 보여주기 위해 특별한 시험도 이루어진다.

우주분야의 응용범위를 고려하여, 이 장은 인공위성, 발사대 및 항공기에 사용되는 배터리 제품과 그 구성을 설명한다.

5.2. 인공위성 배터리

이 절에서는 인공위성에 탑재되는 배터리의 종류를 설명한다. 실제로 인공위성 배터리의 설계와 구성은 전적으로 위성궤도에 따라 달라지기 때문에, 배터리의 임무와 응용 형태도 달라진다.

인공위성에 왜 배터리가 탑재되어야 하는가? 이 질문에 답하기 위해서는, 인공위성의 구조를 설명할 필요가 있다. 인공위성은 탑재장비(payload)와 플랫폼(platform)의 조립체이다. 탑재장비에는 사용자에게 서비스를 제공하는 모든 장비가 포함되어 있으며(예를 들어 통신용 정지위성의 경우, 레이더송수신기와 안테나), 플랫폼의 목적은 탑재장비가 필요로 하는 모든 기능을 제공하는 것이며, 전력 또한 플랫폼에서 공급된다. 이 전원은 태양광패널, 배터리 및 전력조절장치(power control unit, PCU)로 이루어져 있다. 위성이 햇빛을 받고 있으면(orbit day) 태양광패널이 PCU를 통해 위성으로 전력을 공급한다. 태양광패널은 탑재장비에 전력을 공급하는 것 이외에도 햇빛을 받는 동안 배터리를 재충전한다. 위성이 지구그림자 속으로 들어가면(지구식(地球蝕, eclipse)) 태양광패널이 소용없어지므로 배터리가 플랫폼과 탑재장비에 전력을 공급한다. 따라서 배터리는 지구식 동안에 방전하고 햇빛을 받을 때는 재충전된다. 이것이 주기적으로 이루어진다. 임무기간 동안 몇 번의 주기가 반복될 수 있는가는 위성이 속한 궤도에 직접적인 영향을 받는다.

5.2.1. 인공위성 요구조건

배터리의 한계를 고려하여 궤도에 따라 3가지의 주요 위성을 고려한다.

5.2.1.1. GEO 위성

정지궤도(geostationary earth orbit, 이하 GEO)는 지구의 적도면에 위치한 원형궤도이다. 지구 상의 관찰자에게는 정지궤도의 위성이 고정된 위치에 정지해 있는 것처럼 보인다. 좀 더 기술적으로 말하면, 정지궤도는 적도면에 위치하면서 궤도 상의 회전주기가 지구의 자전주기와 같으면서 같은 방향으로 회전하는 원형궤도이다. 이를 위해서는 궤도의 높이가 35,786km가 되어야 한다. 실제로 궤도는 영(zero)이 아닌 약간의 경사각(inclination)과 이심율(離心率, eccentricity)을 가지기 때문에 하늘에서 8자 모양의 궤도를 형성한다. 정지궤도위성의 서비스영역은 지구 표면의 거의 1/3에 이르며(남위 75도에서 북위 75도까지), 따라서 궤도 상에 3개의 위성만 있다면 전 지구표면을 커버할 수 있다. 지구의 자전주기와 궤도 상의 회전주기가 정확히 일치하는 고도에 위성을 위치시키면, 위성은 지구 적도 상의 한 점에 정지해 떠있는 것처럼 보인다.

GEO 위성은 매 24시간 마다 지구 위의 궤도를 1회전한다(그림 5.1 참조). 이 위성은 남극과 북극을 볼 수 없지만, 적도면에 대해 충분히 기울어진 궤도를 회전하는 GEO 위성은 가능하다. 정지궤도 상의 위성 위치를 Arthur C. Clarke의 이름을 따서 클라크벨트(Clarke Belt)라 부르며, Clarke는 지구의 적도면 궤도에 통신용 GEO 위성의 위치를 정하는 이론을 처음으로 수립한 사람이다[1]. 음성통신 시스템에서 GEO 위성의 단점은 지구와 위성 간의 거리 때문에 전파가 왕복하면서 약 250ms(0.25초) 정도의 시간지연이 존재한다는 것이다.

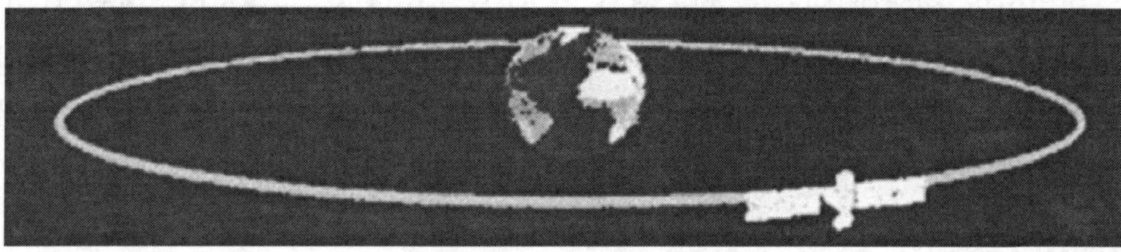

그림 5.1. GEO위성의 궤도

이 위성은 지구표면에 대해 위치가 고정되어 있기 때문에, 지구 전체를 커버하기 위해 여러 개의 위성을 설치하여 통신용(예를 들면, 가정용 TV방송이나 음성통신 및 인터넷 등이 해당되며, 종류로는 Intelsat이나 Eutelsat 및 Astra 위성 등이 있다)으로 사용한다. GEO 위성은 통신용 이외에도 지구탐사용(원격감지)으로도 사용된다. 기상위성도 정지궤도 상에 위치한다(예를 들면 Meteosat와 NOAA(National Oceanic and Atmospheric Administration satellite)가 있다).

GEO 위성의 특징은 다음과 같이 요약할 수 있다.

- GEO위성의 회전속도가 지구와 같기 때문에 위성의 한 주기는 24시간이다.
- GEO위성의 위치가 지구와 멀고, 황도면*)에 대해 지구의 자전축이 기울어져 있기 때문에 위성은 분점**)기간(1년에 2번, 각 45일) 동안 태양빛이 가려지는 지구 반대쪽 그림자영역을 오직 하루에 한 번만 통과한다. 분점기간(계절이라고도 한다)은 3월 21일과 9월 21일의 두 분점일 사이의 중앙에 위치해 있다(그림 5.2). 따라서 GEO위성에서 볼 때 지구식의 횟수는 매년 90번이다.
- 그림 5.2처럼, 지구식 시간은 일정하지 않고 처음 22일 동안은 최대 72분(1.2시간)까지 증가한 후 마지막 22일은 감소한다.
- 적용 분야에 따라 배터리의 수명은 12~18년이다. 이는 배터리의 충방전수명이 1,080 ~ 1,620회인 것에 해당한다.

---

*) 황도면(黃道面, ecliptic plane) : 태양의 주위를 도는 지구의 공전궤도 평면. 태양계의 모든 별들은 황도면 상에 존재한다. 또한 황도면은 태양의 적도에 대해 7.25° 기울어져 있다.

**) 분점(分點, equinox) : 밤과 낮의 길이가 같은 때. 또는 황도면과 천구의 적도가 만나는 점. 천구는 하늘의 모든 천체를 지구를 중심으로 하는 큰 구로 생각한 것. 즉 천구의 적도는 지구의 적도와 같다.

- 최근까지 GEO위성은 소형추진기를 이용하여 위치를 재조정하였다(코리올리 힘*)으로 인해 위성이 궤도를 벗어나 동쪽으로 이동하는 것을 보상하기 위한 것이다). 추진용 가스저장고를 가진 기존 추진시스템은 무겁다. 새로운 위치재조정시스템은 희유가스(rare gas, Ar 또는 Xe)추진기를 기반으로 하여, 새로운 원리를 적용한다. 즉 전력을 사용하여 이 가스를 플라즈마로 변환시키면, 플라즈마가 위성의 위치를 재조정할 수 있는 에너지를 공급한다. 위성의 위치는 하루에 1~2번 재조정될 수 있기 때문에, (배터리전력을 포함하여) 전력이 소모된다. 이 시스템은 표준추진시스템에 비해 가스용기의 무게를 줄일 수 있지만, 배터리 입장에서는 충방전횟수가 늘어나게 된다.

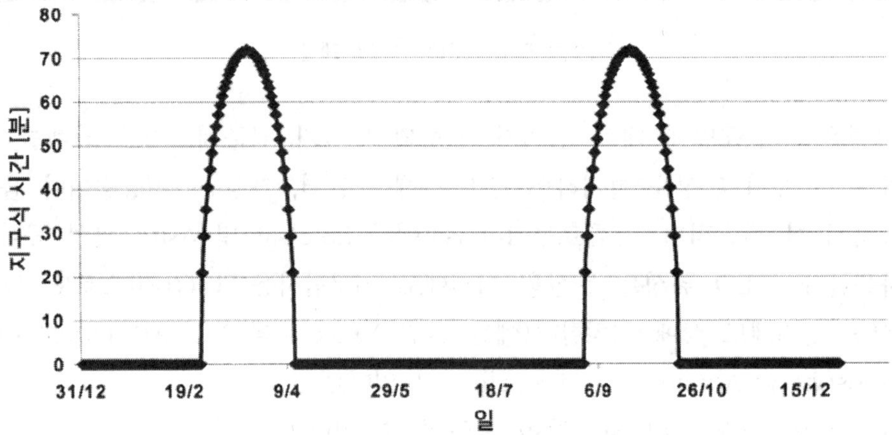

그림 5.2. GEO위성의 지구식 기간

최근 수 년 간 통신부문의 수요증가(주로 TV) 덕분에 GEO 위성의 전력은 5kW에서 18kW로 증가하였으며, 따라서 위성과 배터리시스템의 크기도 증가하였다. 전력요구량을 고려할 때, 이러한 배터리시스템의 최대 방전깊이는 60~80%이다.

GEO 위성에 사용되는 배터리의 핵심 파라메터는 다음과 같다.

- 수명은 최대 18년
- 충방전횟수는 최대 1,620회
- 재충전시간을 고려하면(최소한 24시간에 1.2시간은 빼야 됨) 충전율은 C/10
- 전력과 충방전횟수 때문에 GEO위성의 DOD는 50~80%
- DOD와 직접 관련이 있는 방전전류는 C/2~C/1.5

*) 코리올리 힘(Coriolis force) : 지구 자전 때문에 비행 중인 물체에 작용하는 편향력. 즉 비행 중인 물체의 경로가 휘어지게 된다.

- 배터리의 종류에 따라 온도는 -20~40℃
- 지점(至點, solstice) 기간 동안, 전기추진 위치조정시스템을 위해 얕은 DOD로써 배터리 사용(하루에 한 1~2번)
- 발사대 특성과 관련이 있는 고 내진동 수준
- 위성의 무게 중에서 배터리가 차지하는 비율(배터리의 종류에 따라 10~20%)이 크기 때문에 무게를 줄이기 위해 요구되는 높은 비에너지
- 고신뢰성

요약하면, GEO위성용 배터리는 매우 큰 에너지를 공급하도록 설계되어야 하고, 오랜 기간 동안(15년 이상) 높은 DOD로써 최대 2,000회의 충방전을 수행해야 한다.

5.2.1.2. LEO 위성

저궤도(low earth orbit, 이하 LEO) 위성은 지표면으로부터 400~2,000km의 고도에서 타원형 또는 원형 궤도를 이동한다(그림 5.3). 이 고도에서 궤도의 공전주기는 90분과 2시간 사이에 있다. LEO 위성은 고도가 낮기 때문에 이동속도가 매우 빠르다(25,000km/h 이상). LEO 궤도에 있는 위성을 지구 상의 관측자가 수평선 위로 볼 수 있는 시간은 최대 20분이다. 따라서 이 위성을 이용한 지구통신시스템은 (주로 전파지연이 20~30ms로 짧기 때문에) 경사각이 다른 궤도에 위치한 많은 위성들을 필요로 한다.

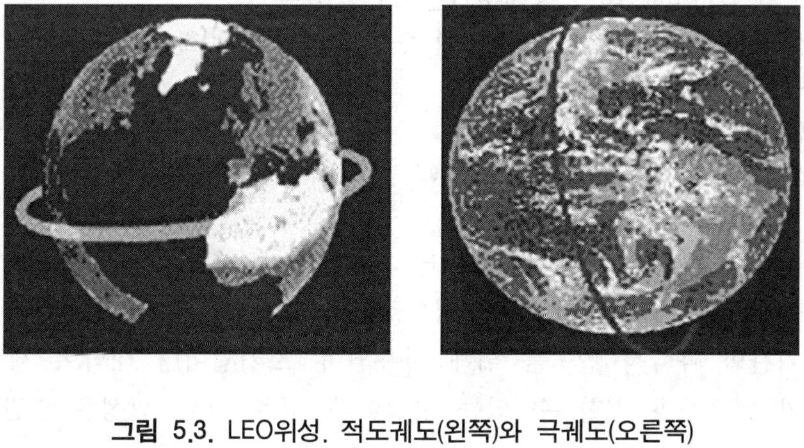

그림 5.3. LEO위성. 적도궤도(왼쪽)와 극궤도(오른쪽)

LEO 위성은 대기마찰력(atmospheric drag)에 영향을 받아 점진적으로 노후화 되므로 보통 수명은 5~8년 정도이다. 그러나 LEO 위성은 고도가 낮고 무게도 훨씬 가볍기 때문에 GEO위성보다 발사비용이 훨씬 더 작다. 더욱이 LEO 위성은 여러 대가 한꺼번에 발사될 수 있는 반면, GEO 위성은 오늘날 가장 무거운 로켓으로도 한 번에 2대만 발사가 가능하다.

대부분의 LEO 위성은 지구 또는 우주 관측용으로 사용된다(Iridium™과 Globalstar™와 같이 직접 통신 시스템에 사용되는 위성군은 제외). 가정 좋은 LEO 위성의 예는 우주망원경인 Hubble, Spot 위성군(지구 영상화 및 조사) 및 군사정찰용 등이 있다.

LEO 위성의 궤도는 적도면에 대해 0~90도의 경사각을 가진다. '극궤도(polar orbit)' 라 부르는 특정한 궤도는 적도면에 대해 90도 기울어져 있으며, 남극과 북극을 관측한다. 이 궤도는 고정되어 있으며, 지구는 그 아래에서 회전한다. 따라서 극궤도 상에 위성이 한 개 있으면 원리 상 전 지구를 관측할 수 있지만, 위성이 특정 지역의 지상관측소 수평선 위를 벗어나는 시간이 길다. 저장송출(store-and-forward) 방식*)의 통신시스템에 이 위성이 사용될 수 있다. 물론 다른 궤도에 한 대 이상의 위성을 배치하면 위성접속 성능이 개선될 수 있다. 이러한 LEO 위성을 사용하는 예로는 COSPAS-SARSAT 해양탐색구조시스템을 들 수 있다. 이 시스템은 8개의 극인접 궤도에 8 대의 위성이 사용된다.

이와 같은 위성의 핵심파라메터는 다음과 같다.

- 궤도의 경사각에 따라 공전주기는 90~120분
- 위성의 고도에 따라 연간 지구식 수는 4,500~5,500회
- 지구식 시간은 20~35분
- 수명은 5~8년
- 위성에 필요한 전력은 10~3,000W

LEO 위성은 '소형' LEO 위성(때로는 나노(nano) 위성 또는 마이크로(micro) 위성으로도 부른다)과 표준 LEO 위성으로 나눌 수 있다. 나노 위성과 마이크로 위성은 단기간의 과학적 연구를 위해 사용되며, 소기업이나 대학이 제작한다. 이 위성은 저가로 우주와 접할 수 있는 방법이다. 표준 LEO 위성은 민간이나 정부

*) 저장송출시스템(store-and-forward system) : 수신한 메시지를 일시 저장했다가 필요에 따라 송출하는 방식

및 군사적 목적을 위해 지구나 우주를 관측하는데 사용된다. 이 위성에는 가시광선 및 적외선 카메라, X-선 감지기 등의 탐지시스템이 여러 대 탑재되어 있다.

배터리 입장에서 보면, LEO 위성의 핵심요소는 충방전횟수가 많은 것이다.

LEO 위성에 사용되는 배터리의 주요 파라메터는 다음과 같다.

- 수명은 2~10년
- 연간 충방전횟수는 대략 5,000회, 10년의 LEO 임무 동안에는 50,000회
- 충전속도는 C/3에 가까움
- 방전속도는 C/2~C/1.5
- 온도범위는 0~40℃
- 임무기간과 배터리의 종류에 따라 DOD는 10~40%
- 발사기 특성과 관련이 있는 고 내진동 수준

고도가 낮기 때문에 kg 당 발사비용은 LEO 위성이 작으며, GEO 위성과는 달리 배터리 무게가 핵심요소임을 명심해야 한다.

요약하면, LEO 위성의 배터리는 최대 10년, 평균 5년의 임무기간 동안 얕은 DOD(30% 이하)로써 충방전횟수가 매우 커야 한다(25,000회).

5.2.1.3. MEO 및 HEO 인공위성

중궤도(middle earth orbit, 이하 MEO) 위성(그림 5.4)은 약 10,000km의 고도에서 타원형/원형 궤도를 이용한다. 궤도의 공전주기는 약 6시간이다. MEO 궤도에 있는 위성을 지구 상의 관측자가 수평선 위에 볼 수 있는 시간은 최대 수 시간 정도이다. MEO 위성을 이용한 지구통신시스템이 지구 전체를 담당하려면 2~3개의 궤도에 적당한 수의 위성이 필요하다.

MEO 위성은 LEO 위성과 비슷한 방법으로 동작한다. 그러나 LEO 위성에 비하면, 위성 간 임무전환(hand-over)은 빈번하지 않지만, 전파지연과 자유공간 손실은 더 크다.

잘 알려진 MEO 위성의 예로는 10,355km 고도의 2개의 경사궤도에 있는 ICO 위성군으로서, 하나의 궤도에 10대의 위성, 또 하나의 궤도에는 2대의 위성이 존재한다.

고궤도(high earth orbit, 이하 HEO) 위성(그림 5.4)은 보통 근지점(近地點, perigee)*)은 고도 약 500km이며, 원지점(遠地點, apogee)**)은 고도 50,000km이다. 위도가 높은 북쪽지방에 통신서비스를 제공하기 위해 궤도는 63.4도로 기울어져 있다. 이는 행점(apsis)***)의 회전을 방지하기 위해 선택된 경사각이며, 지구 중심과 원지점을 잇는 선이 지구표면과 교차하는 점은 항상 북위 63.4도이다. 궤도의 공전주기는 8~24시간이다. 궤도의 이심율이 크기 때문에 위성은 원지점 부근에서 공전시간의 2/3를 체류하며, 그 시간 동안 지구 상의 관측자가 위성을 보면 거의 정지해 있는 것처럼 보인다(이를 '원지점 정지(apogee dwell)' 라 부른다). 이 시간이 지나면 통신두절을 피하기 위해 같은 궤도 상에 있는 다른 위성이 임무를 넘겨받아야 한다. HEO 위성의 자유공간 손실과 전파지연은 GEO 위성과 비슷하다. 그러나 HEO 위성은 지구 상의 관측자에 대한 움직임이 비교적 크기 때문에 도플러효과가 크게 나타나므로, 이를 대비해야 한다.

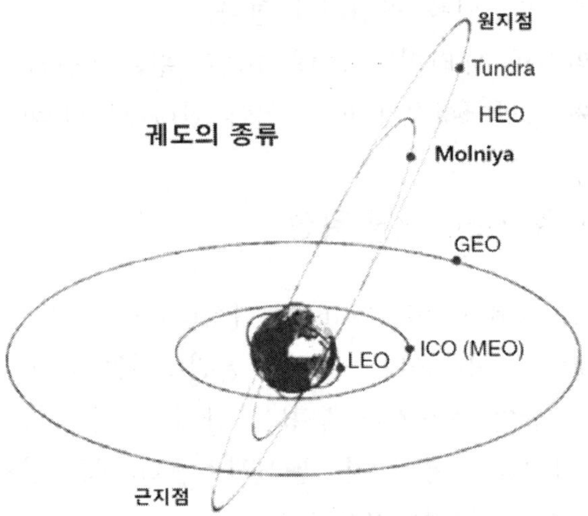

그림 5.4 MEO 및 HEO 위성

HEO위성의 예로는 러시아의 Molniya 시스템을 들 수 있으며, 이 시스템은 원지점 고도가 39,354km, 근지점 고도는 1,000km이며, 지구 주위를 120도씩 각각 나누어 담당하고 공전주기가 12시간인 3개의 궤도에 3개의 위성이 존재한다. 그

*) 근지점(近地點, perigee) : 위성이 지구에 가장 가까워지는 지점

**) 원지점(遠地點, apogee) : 위성이 지구에서 가장 멀어지는 지점

***) 행점(行點, apsis, 복수는 apses) : 위성이 행성✚과 가장 가까워지거나 멀어지는 지점. 이를 각각 근행점(近行點, periapsis)과 원행점(遠行點, apoapsis)이라 한다. 지구는 행성이므로 지구의 행점과 지점은 동일하다

리고 MEO 및 HEO 위성의 배터리 요구사양(충방전횟수, 수명, DOD)은 GEO 위성용 배터리 정도면 충분하다

5.2.2. 인공위성 배터리 기술

모든 위성, 탐사선, 우주선에는 전기화학적 발전기가 탑재되어 있다. 대부분의 경우, 이 시스템에는 재충전배터리가 장착되어 있다(장기 우주탐사선에 사용되는 핵에너지원과 연료전지를 사용하는 우주왕복선은 제외).

우주선용으로 다음과 같은 3가지 배터리가 고려되었다.

- 니켈카드뮴(NiCd)
- 니켈수소(NiH_2)
- 리튬이온(Li ion)

우주선용 배터리는 성능과 신뢰성 면에서 극한의 사양이 요구된다. 성능에 관한 한 몇 가지 주요한 기준이 다음에 나열되어 있다.

- 에너지밀도
- 전력공급 능력
- 충방전수명 및 배터리수명
- 충방전 시의 열발산(우주에서는 대류가 없음)
- (광학 및 전자 부품이 오염되지 않도록 하기 위한) 밀봉
- (발사 시 진동을 견디기 위한) 기계적인 강도

우주에서 배터리의 수리는 불가능하기 때문에 신뢰성 확보는 필수사항이며, 고장이 나면 막대한 비용이 든다. 말할 필요도 없지만, 성능과 신뢰성을 보장하기 위해서는 오랜 시간과 많은 비용이 든다.

5.2.2.1. NiCd 배터리

우주시대가 시작된 이래 발사된 우주선의 대부분은 NiCd로 구성된 에너지저장 시스템을 탑재하였다. 그 이유는 충방전수명이 길고 강인하며 충전제어방법이 비교적 간단했기 때문이다. 시스템의 신뢰성 또한 높았기 때문에, NiCd 배터리는

유인임무 뿐만 아니라 수많은 무인임무(위성)에도 사용되어 왔다. 위성의 임무기간은 최근 40년 동안 최대 15년까지 증가했다[2,3].

이렇게 성공을 거둔 원인의 대부분은 밀봉셀을 이용할 수 있었기 때문이다. 원래 NiCd 셀은 상업적 목적(주로 열차, 지하철, 발전소 등의 산업용 시스템)으로 개발되었기 때문에, 가장 초기의 셀은 우주용으로 적합하지 않았다. 따라서 (장수명을 보장하기 위해) 전기화학반응, 제작공정, 셀의 (신뢰성 높은) 밀봉, 용량 범위, 열적 설계 등을 개선하기 위해 연구개발이 이루어졌다. 1970년대에 이르러, 다음과 같은 결과를 얻게됨으로써 셀의 신뢰성이 크게 개선되었다.

- 공통적으로 발생하는 고장 원인 결정
- 충방전수명에 미치는 관리 파라메터(온도, 충전방법 등)의 이해
- 극판의 두께, 촉매담지량, 예비충전, 음극에 대한 양극의 비, 분리판의 종류 등과 같이 핵심적인 파라메터의 결정
- 제조 및 제어절차 수립

정부기관, 위성제작사 및 셀 공급자들이 주력한 연구 덕분에, 나일론 분리판과 화학적 삽입 극판으로 이루어진 NiCd 셀이 우주용으로 인증을 받았다. 이 셀을 기반으로 한 배터리가 오늘날에도 여전히 사용되고 있다.

1980년대 후반에는, 제조공정을 크게 바꿈으로써 '수퍼(super)' NiCd 셀도 우주용으로 인증받았다. 이때 크게 변화된 것은 전극제조 시 전기화학적 주입법을 채용한 것이었다. 그러나 이 셀은 이전 셀과 달리 동일한 소비자 요구사양을 만족시키지 못했다.

또한 NiCd 배터리는 1980년 말까지 위성의 주전원으로서 탑재된 유일한 배터리였다. 그 이후 GEO 위성용 배터리는 NiCd 대신 NiH_2로 점진적으로 대체되었다. 주된 이유는 NiH_2가 비에너지가 크고 깊은 DOD에서 사용할 수 있기 때문이었다.

그러나 NiCd는 강인성과 긴 충방전수명 덕분에 LEO 위성용으로 지금까지 사용되고 있으며, 일부 위성은 15년 이상 임무를 수행한 바 있다.

- NiCd 전기화학반응

NiCd 배터리의 전기화학반응에 대한 기본적인 내용은 2장에서 설명하였다. 여기서는 특히 우주용에 대한 보충적인 내용이 설명될 것이다.

전극제조 과정을 보면, 미국과 유럽의 위성에 탑재된 대부분의 셀은 Saft사가

개발한 공정을 이용하여 만든 소결전극을 사용하였다. 전극판 제조공정은 집전체(기판)로 동작하는 천공된 니켈도금 강철판을 (나선형으로) 감는 것부터 시작된다. 감겨진 니켈강철판은 니켈슬러리를 통과한 뒤 기공도를 높이기 위해(80% 이상) 고온로에서 소결된다. 몇 개의 나선형 극판이 '기둥(post)' 에 적층된 뒤 탱크에 수납되며, 이 탱크에서 극판의 기공에 질산니켈이 화학적으로 주입되면 양극이 되고, 질산카드뮴이 주입되면 음극이 된다. 진공공정을 이용해서 이러한 질소화물들을 주입시키며, 몇 번의 주입사이클을 거쳐야만 극판의 담지량(loading)을 원하는 수준으로 만들 수 있다.

주입공정 이후 질소화물은 알칼리용액 내에서 수산화물로 변환된다. 마지막 단계(전극 형성)는 비활성 상태의 대향전극에 큰 충방전전류를 흘리는 것이다.

기판으로 니켈 망(mesh)이나 막(screen)을 사용하는 건조법, 그리고 건조분말 소결공정으로 극판을 만들 수 있다. 이 방법은 소결로를 통과하는 동안 분말을 고정시키는 지지체를 이용한다. 이 공정은 아직 자동화가 되어 있지 않기 때문에, 대량생산에 적합하지 않다. 주입공정은 위에서 언급한 것과 유사한 공정을 이용하되 소규모로 이루어진다.

이 배터리는 전해질을 보지(retain)하고 OH^-와 산소를 투과시키기 위해 다공질로 만들어진 폴리아미드(polyamide) 부직펠트를 분리판으로 사용한다. 또한 다양한 종류의 분리판들이 연구 · 분석되었다. 그 주된 내용은, Pellon사와 Karl Freudenberg 사가 만든 여러 분리판들이 KOH 용액 내에서 가수분해될 때 이 반응에 대한 감도를 결정하는 것이었다[4].

우주용 NiCd 셀에 사용된 전해질은 물 속에 순수한 KOH가 31wt%(무게 기준으로 31%) 용해되어 있는 용액이다. 이 농도가 되면 위성용 배터리의 대표적인 동작온도인 0~40℃ 범위에서 이온전도성이 우수하다.

우주용 '밀봉형' 셀은 전해질결핍(electrolyte-starved) 구조로서, 항상 양극에 의해 용량이 제한되는 특징이 있다.

충전 시 일부 전류가 O_2의 발생에 사용되기 때문에, 이는 양극판의 효율과 관련이 있다. 과충전 시에는 모든 전류가 양극판에서 사용되어 O_2를 발생시킨다.

충전 및 과충전 시, 산소는 음극에서 재결합되면서 압력안정화 과정이 일어나기 때문에, 이 반응의 동역학은 충전율과 온도에 따라 달라진다[5,6]. 셀 압력은 특정한 값까지 증가하는데, 이 값은 음극에서의 산소재결합율, 분리판을 통한 산소의 확산율, 셀의 전해질 양 및 셀의 자유부피*)에 따라 달라진다.

양극판이 완전히 충전되어도 과잉(excess) 음극용량의 약 60%는 남아 있다. 이 충전되지 않은 재료를 "과충전보호재" 라 부르며, 음극판이 완전히 충전되어 수소가스가 발생하는 것을 방지하는 역할을 한다.

셀이 완전히 방전될 때도 나머지 과잉음극용량은 충전상태에 있으며, 이는 과방전보호를 위한 것이다. 이렇게 과잉충전된 Cd를 예비충전재라 부른다[5].

우주용 NiCd 셀의 성능을 우수하게 만들기 위한 핵심 설계 파라메터는 다음과 같다.

- 두께, 촉매담지량, 기공도를 포함한 양극 및 음극 제조
- 전극용량비, 이는 과충전보호 및 예비충전 수준을 보장한다.
- 전극 간 거리. 극판 절연, 전해질의 양, 재결합을 위한 가스수송능력이 보장되어야 한다.
- 수명 보장을 위한 분리판 구성, 예를 들면 전극 간 거리, 전해질 보지능력, KOH에서의 안정성
- 밀봉형태, 우주에서 10년 동안 완전한 밀봉을 보장되어야 한다.

▪ NiCd 셀 열화 모드 및 수명 감소

우주용 셀의 성능열화는 방전전압 감소, 용량손실 및 과충전전압 증가 등으로 쉽게 측정될 수 있다. 이 파라메터들의 열화속도는 응용분야와 환경에 따라 달라지며, 또한 양극판, 음극판, 분리판 및 전해질의 변화 또는 열화와 서로 관련되어 있을 수도 있다. 분리판의 파손, Cd의 이동 및 양극판의 팽창과 같은 열화과정은 회복될 수 없지만, 전해질의 재분배와 Cd 결정의 크기 변화 등은 가역적일 수 있다.

NiCd 셀의 전기화학적 반응속도는 온도가 10℃씩 증가할 때 마다 2배가 된다. 미국 인디애나 주의 Crane시에 있는 NSWC(Naval Surface Warfare Center)와 유럽의 ESA(European Space Agency)에서 NASA가 수 년 간의 시험을 행한 결과, 온도가 NiCd 셀의 성능과 충방전수명에 미치는 영향이 밝혀졌다[7,8]. 그 결과 최적성능을 위한 배터리 온도는 5℃였다.

이 온도는 저온(-5℃ 이하)이 극판의 충전허용량에 미치는 영향과, 고온이 극판의 충전효율과 나일론 분리판의 열화에 미치는 영향, 이 둘 사이에서 타협한 결과다[9,10].

셀의 모든 부품은 온도가 증가하면 영향을 받는다. 가장 쉽게 알 수 있는 영향

*) 자유부피(free volume) : 고체나 액체 상태의 시료에서 분자가 차지하고 있지 않은 공간, 즉 분자 사이의 빈 공간이다.

은 충전효율의 감소이며, 이는 20℃ 이상에서 저장용량이 크게 감소하는 것을 보면 명백하다. 온도가 증가할 때 충전효율이 감소하는 이유는 보통 양극 때문이다. 고온에서 충전효율을 증가시키기 위해, Co 및 Cd와 같은 다양한 첨가제가 사용되었으며, 개선된 정도도 모두 달랐다.

NiCd 셀의 고장 매커니즘 중에서 카드뮴 극판의 열화 원인은 아직 규명되지 않은 부분이다. 음극판의 결정 크기가 크게 달라지는 것은 환경 때문으로 알려져 있다. 결정의 크기가 커지는 것은 용량이 점진적으로 감소하는 가장 중요한 원인 가운데 하나로서, 충방전이 진행됨에 따라 카드뮴은 활성상태에서 비활성상태로 변환된다. 또한 결정이 커지면 Cd 이동의 원인이 되는 카드뮴산염 이온이 생성되어 계속 잔류하게 되는 것으로 판단된다.

일반적으로 음극판에서 작은 결정이 형성되기 쉬운 조건은 성능에 좋지만, 큰 결정이 형성되기 쉬운 조건은 좋지 않다. 큰 결정이 형성되기 쉬운 조건들로는 개회로상태 유지, 작은 방전율 및 고온 등이 있다. 반대로 작은 결정이 형성되기 쉬운 조건은 작은 충전율로 충전하는 시간을 늘이거나 큰 방전율 및 저온 등이 있다.

Cd 이동에 영향을 미치는 다른 요인들로는, 셀 조립 시 극판스택에 가해지는 기계적인 압력, 거의 모든 배터리제조에 사용되는 압축력 및 충방전에 따른 양극판의 팽창 등이 있다. 우수하게 설계된 셀은 허용가능한 전극 간의 거리가 최소이다.

니켈전극에서 나타나는 그밖의 열화매커니즘으로는 소위 '메모리효과(memory effect)' 가 있다. 이것은 일정한 DOD에서 충방전(주로 LEO 분야)할 때 나타난다. DOD가 제한되면 전압이 감소한다(최대 50mV)[11,12].

▪ NiCd 셀 기술

위성 시대가 시작되면서, 최초의 NiCd 배터리는 저용량의 원통형 셀을 사용했다. 이 셀을 일반소비자용 표준형으로 설계할 때는 용기와 단자 정도만을 바꾸었다. 용량을 증가시켜야 할 필요성 때문에 각주형 NiCd 셀이 개발되었다[6].

밀봉 각주형 NiCd 셀은 양극판(옥시수산화니켈(nickel oxy-hydroxide) 전극), 음극판(카드뮴 전극) 및 분리판으로 구성되어 있다. 그림 5.5는 우주용 셀의 상세도를 보여준다. 극판은 각 셀 단자에 연결되어 있고, 이 단자들은 셀의 덮개에 부착되어 강철용기에 삽입된 뒤 용접, 밀봉되어 있다. 전해질은 '충진관(fill tube)' 통해 주입된다. 스테인레스강 용기에는, 대부분의 경우 금속으로 용접된 세라믹재료를 사용하여 완전밀봉형 시스템으로 만든 2개의 절연된 관통형(feed-through) 단자가 설치되어 있다.

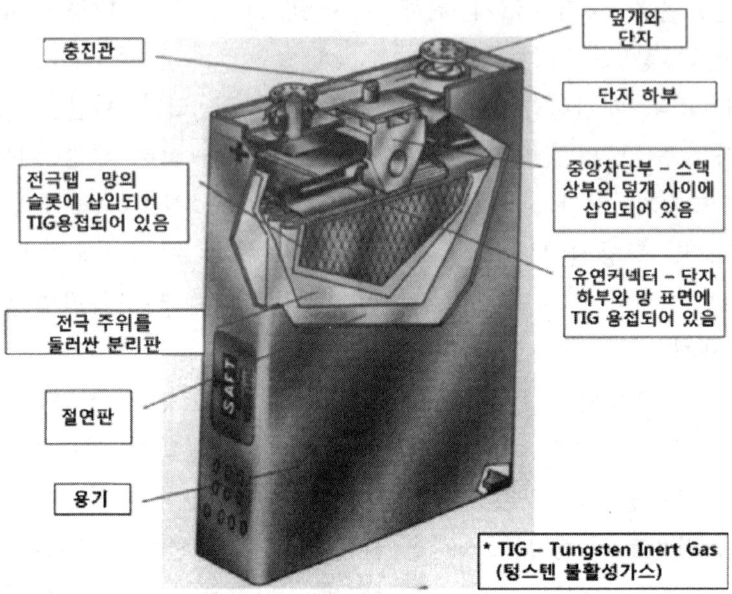

그림 5.5. 각주형 NiCd 셀(Saft 사)

▪ NiCd 배터리 설계

NiCd 배터리는 인공위성의 요구사양에 따라 주문형으로 만들어지기 때문에 배터리의 상세한 구조를 알기 어렵다. 1960년대 이후 배터리는 주로 용량면에서 크게 발전해 왔다. 우주시대가 시작될 즈음에는 NiCd의 용량이 5Ah 정도였지만, 1990년대에는 50Ah까지 증가되었다.

인공위성용 NiCd 배터리의 주요 요구사양은 다음과 같다.

- 임무(위성궤도)에 따라 적절한 충방전수명과 DOD를 가진 배터리가 사용된다. 예를 들면, 앞서 설명한 대로, LEO위성의 충방전수명이 25,000번(5년)이기 때문에 최대 DOD는 20%인 반면, 수명이 10년인 GEO는 50%의 DOD에 해당한다.
- 인공위성의 버스전압은 배터리 내부에서 직렬로 연결된 셀의 수로 결정된다. 위성용으로 선택된 전력시스템(非조절 전압버스, 제한 전압버스 및 조절 전압버스 등)은 배터리의 동작전압 범위와 직접적인 관련이 있다.
- 궤도와 지구식을 고려하면, 태양광패널로 얻을 수 있는 충전에너지, 그리고 지구식 기간과 인공위성에 필요한 평균전력(탑재중량 포함)을 고려한 방전에

너지, 이 두 가지를 계산할 수 있다. 필요한 에너지로부터 DOD를 고려한 셀 용량이 결정된다.

- 배터리는 인공위성 부품 중에서 가장 무거운 것 중의 하나이기 때문에, 무게 중심에 대한 배터리의 위치는 매우 중요하다. 배터리는 특정한 부피와 무게를 차지한다. 특히 GEO 위성의 경우는, 무게는 큰 제약조건이 된다. 또한 위성의 수명을 보장하기 위해 온도를 유지(0℃ 이상)하는데 필요한 방열기의 경우, 설치될 수 있는 위치가 비교적 제한되어 있다. 가열회로는 전력용량 및 열적 환경과 직접 관련이 있다.
- 충전방법은 다음의 여러 방법들 중에서 적절하게 선택해야 한다. 즉, 준 일정전류(semi-constant current), 타이머제어, 온도검출, -△V 검출, 세류(trickle) 충전(2장 참조).
- 발사대 종류, 인공위성 구조, 배터리위치 및 진동스펙트럼 등과 관련된 기계적 제약.
- 고장 모드와 보호 요구사양

다음에서 예를 드는 NiCd 배터리는 1900년대에 설계된 것으로, Saft사가 개발한 배터리를 기반으로 하고 있으며, 1990년대까지 GEO 위성용으로 널리 사용되었고, 여전히 LEO 위성에 사용되고 있다. 이 배터리는 Spot 4급 위성들에 사용된 표준형 24 VOS40이다. 이 배터리는 주석커넥터로써 직렬연결된 40Ah의 우주용 NiCd 셀들(VOS)로 이루어져 있다(그림 5.6). 집열판(thermal collector)으로 격리된 24개의 셀들이 2열로 배열되어 있으며, 튼튼한 2개의 엔드플레이드 사이에서 4개의 지지봉(tie rod)으로 조립되어 있다(그림 5.7). 커넥터는 한쪽의 엔드플레이트에 마련되어 있다. 집열판은 셀에서 발생된 필요 이상의 열을 방열판으로 전달한다.

이 배터리 시리즈 중의 하나인 24 VOS40 AGBC에는 11과 13의 두 그룹으로 분리된 가열기가 설치되어 있다. 배터리온도는 중앙 셀의 덮개 표면에 있는 하나의 열센서로 감시된다.

전기적인 절연을 확실히 하기 위해 얇은 Kapton® 판을 집열판과 셀 사이에 넣어 집열판에 접착시켰다.

이런 구조 때문에 다음과 같은 LEO용 배터리의 특성을 가지고 있다.

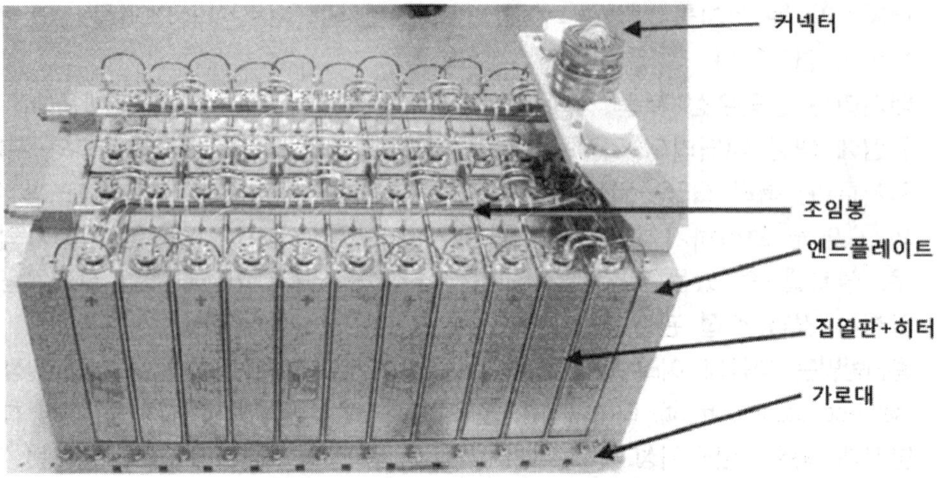

그림 5.6. 24 VOD40 배터리(Saft 사)

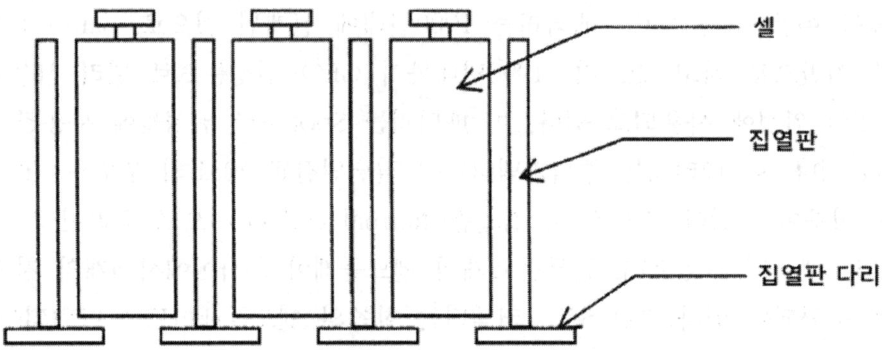

그림 5.7. 그림 5.6 배터리의 열적 구조

- 전압범위 : 24~36V, 평균 28V
- 용량 : 46Ah
- 비에너지 : 30Wh/kg
- 크기 : 464 × 260 × 260 mm
- 무게 : 47kg

이 배터리는 이미 10년 이상 LEO 위성에서 사용되어 왔다.

▪ NiCd 배터리의 장점

NiCd는 우주산업이 시작된 이후 계속 사용되어 왔다. 비록 비에너지가 낮지만 다른 성능은 뛰어나며, 주로 LEO 위성용으로 극히 신뢰도가 높게 만들 수 있다. NiCd는 극히 튼튼하며 넓은 온도범위에서 동작한다. 위성용으로서 이 셀은 관리하기가 간단하고 쉬우며, 신뢰성이 매우 높기 때문에, 우주 분야에서 매우 널리 사용되어 왔다. NiCd는 LEO 위성에 여전히 사용되고 있으며, 2012년까지 진행되는 ATV(all terrane vehicle, 전지형차) 프로그램용으로 이미 선정되어 있다.

5.2.2.2. NiH_2 배터리

1980년대 중반 이후부터 GEO로 발사된 대부분의 우주선에는 니켈-수소 배터리로 이루어진 에너지저장시스템이 탑재되어 있다[13].

이 배터리의 원리는 1950년대 소련에서 제안되었지만, 실제 개발은 1970년대 초 미국의 Comsat/Intelsat사에 의해 시작되었다[14]. NiH_2 배터리를 사용한 최초의 서방국가 위성은 1977년 6월에 발사된 LEO NTS-2였다. Ford Aerospace사는 Intelsat V 위성의 배터리를 NiCd에서 NiH_2로 교체하는데 동의했다[15]. 1983년에 발사된 Intelsat V는 NiH_2 배터리를 사용한 최초의 상용 통신위성이었다. 그 이후, 300 대 이상의 GEO 위성이 이 배터리를 사용했다. 이렇게 배터리가 교체된 주된 요인은 NiH_2의 비에너지가 50~55Wh/kg으로서 NiCd의 약 2배 정도로 크기 때문이다. 또한 DOD는 70~80%까지 깊게 할 수 있기 때문에 50%가 한계인 NiCd보다 우수하다. GEO는 무게 때문에 발사비용이 LEO보다 대략 2~3배였으므로, 결국 배터리가 교체된 주 요인은 무게 절약이었다.

1970년대와 1980년대 동안 4개 이상의 미국기업들(Eagle Picher Technology사, Hughes Aircraft Company사, Yardney사, Gates Aerospace Batteries사)이 NiH_2 배터리를 개발하기 위해 Comsat사와 미국 공군의 지원을 받고 있었다. 유럽에서는 1980년대 초에야 최소한 3개의 기업(Saft사, BAE사, Daimler사)이 이 배터리를 개발하기 시작했다. 일본에서는 Toshiba사가 이 배터리를 개발해 왔다. 러시아에서는 2개의 회사(Istochnick사 및 Saturn사)가 이 배터리의 개발과 품질 인증을 해 왔다. 대부분의 러시아위성은 이 두 회사의 배터리를 사용했다.

1990년대 중반, 시장에서 이 배터리를 공급하는 업체는 단지 3개(Eagle Picher

Technology사, Saft사, Saturn사)만이 남아 있었다. 그밖의 회사들은 수익성 때문에 모두 사라졌다. 그러나 Hughes Aircraft Company사(현재는 Boeing Satellite System사)는 자신들이 생산하는 위성용으로만 NiH_2 배터리를 계속 제작하고 있다. Yardney사와 Gates Aerospace Batteries사를 인수한 Saft사는 기술적인 문제 때문에 이 배터리의 개발을 중단했다. 다른 기업들 역시 이 배터리 시장에 남아 있을 정도로 충분한 '탑재 운용 경험' 을 가지지 못했기 때문에 중단했다.

- NiH_2 배터리의 전기화학 반응

NiH_2 셀은 NiOOH를 양극으로, 경량의 H_2 전극을 음극으로 사용한다. 2장의 설명에 덧붙여 좀 더 자세한 내용이 여기서 주어진다.

- 양극

소결된 양극은 활성물질(수산화니켈)을 다공질 소결 니켈판에 주입시켜 얻는다. 소결판을 만들기 위해 다음과 같은 2가지 방법이 사용된다.

- 건조분말 : 먼저 순수한 니켈망 스크린의 양쪽 면에 다소의 니켈분말을 부착시켜 샌드위치 형태로 만든다. 몰드 상에 있는 이 샌드위치는 그물벨트에 의해 소결로 내부로 이송된다. 니켈의 산화를 막기 위해 소결 영역의 온도는 환원분위기(H_2 및 N_2)에서 800~1,000℃이다.
- NiCd에 의한 습윤 슬러리

NiCd와의 큰 차이점은 이 다공질 구조를 채우는 공정이다. NiCd가 화학적 주입(chemical impregnation, 이하 CI) 공정으로 흡착되지만, 수산화니켈은 전기화학적 주입(electrochemical impregnation, 이하 ECI) 공정으로 흡착된다. ECI공정은 주입과정이 중앙에서 표면으로 발생하기 때문에 소결재가 매우 균일하게 충진되는 반면, 화학공정은 이와 반대로 소결재가 표면에서 중앙으로 충진된다. 충진량이 정확히 조절되므로 매우 균일해진다. 또한 소결판은 캐소드에서 분극되기 때문에, CI 공정 중에 발생하는 소결니켈의 부식은 ECI로써 줄일 수 있다. 따라서 다음 이유 때문에 ECI 전극의 성능이 CI 전극보다 우수하다.

- 활성물질의 이용률이 크기 때문에 비용량이 크다.
- 충방전에 따른 소결판의 팽창률은 ECI판에 비해 CI판이 4배 더 크기 때문에 수명이 연장된다.

또한 다음과 같은 2 종류의 ECI가 사용되어 왔다.

- 습식 공정(aqueous process, Bell Laboratories의 공정): 주입공정용 수조에 수계 기반 질산니켈 용액이 사용된다[16].
- 알콜성 공정(미 공군의 공정): 주입공정용 수조에 알콜 기반 질산니켈 용액이 사용된다[17].

원통형 용기에 수납하기 위해 전극의 형상은 파인애플 조각처럼 절단되어 있다. 전극의 일부 역시 발포 Ni나 섬유로 만들어져 있다는 것을 명심하라.

양극에서의 전기화학적 반응은 NiCd와 같다.

- 음극

음극은 연료전지 기술의 산물이다. 음극은 테플론으로 접착된 백금흑(platinum black, 금속 백금의 극히 미세한 흑색 분말) 촉매로 이루어져 있으며, 이 촉매는 광식각된(photo-etched) Ni 기판 그리드 표면에 지지되어 있다. Pt전극의 뒷면에는 소수성(hydrophobic) 테플론 뒷붙임재(backing)가 보강되는데, 이는 충방전 시 Pt전극 뒷면에서 H_2O 또는 전해질이 손실되는 것을 방지하면서 H_2와 O_2를 확산시키기 위한 것이다[18].

음극은 방전 시에 수소를 물로 산화시키고 충전 시에는 가스를 개질시키는 수소전극의 원리를 이용한다. 수소는 고압에 견딜 수 있는 용기에 저장된다.

- 분리판

NiH_2 셀의 분리판 재료로는 다음과 같은 두 종류가 사용된다.

- 석면 : 연료전지 급의 부식 석면이 미국에서 1세대 NiH_2 셀에 사용되었다. 이 분리판은 러시아에서 여전히 사용되지만, 인체에 해롭기 때문에 미국 기업들은 사용을 중단했다.
- 지르카(Zircar) : 지르카 섬유질 세라믹 분리판은 이트륨으로 안정화된 지르코늄 섬유로 직조한 것이다. 이 재료는 내화학성이 우수하고 압축 시 기계적인 특성이 뛰어나며, 산소기포 투과압력이 낮다. 지르카 분리판은 1층 또는 2층으로 사용되었지만, 오늘날에는 2층 구조가 표준이다.

- 스택구조

전극스택의 구조는 다음과 같이 2가지 기본적인 형태가 사용되었다[18,19].

- 현재까지 사용되고 있는 등을 맞댄(back-to-back) 구조(그림 5.8) : 2개의 양극이 등을 맞대고 있다. 2개의 분리판은 음극과 양극 사이에 위치해 있다. 2개의 음극 역시 서로 등을 돌린 구조이고(고어텍스 막(Goretex membrance)은 서로 마주보고 있다), 가스확산용 플라스틱 스크린이 두 음극 사이에 위치해 있으며, 이 음극과 가스확산층 쌓은 분리판 표면에 놓여져 있다. 이들 전체 조립체가 하나의 전극스택 모듈을 형성한다.
- 재순환구조 : 하나의 모듈은 가스확산 스크린, 음극, 분리판 및 양극으로 이루어져 있다(그림 5.9). 재순환구조는 충전종료 시에 발생하는 미세폭발(popping) 현상에 매우 민감하다. 이 현상은 산소 재결합 반응 때문에 발생하는 것으로서, 조절할 수 없다. 따라서 현재는 등을 맞댄 구조가 많이 사용된다.

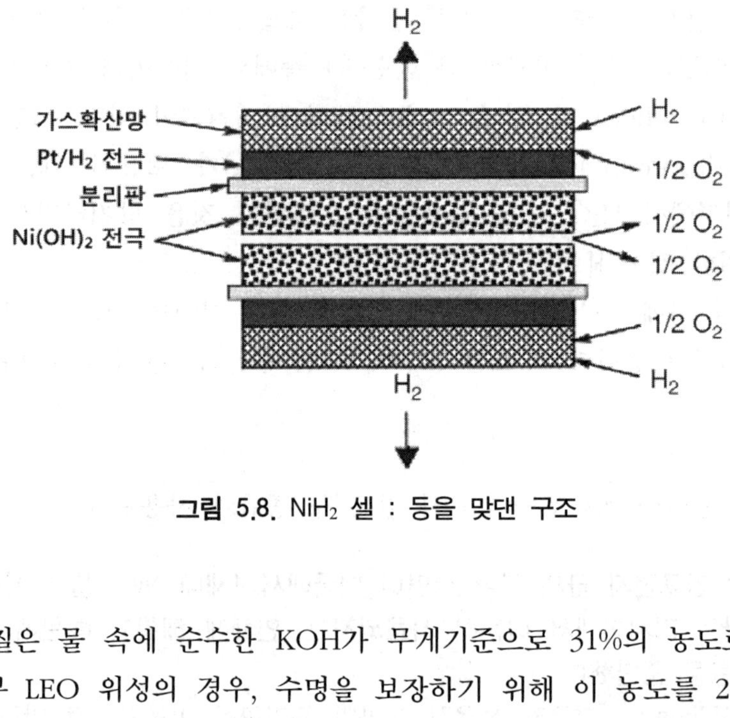

그림 5.8. NiH_2 셀 : 등을 맞댄 구조

- 전해질

표준전해질은 물 속에 순수한 KOH가 무게기준으로 31%의 농도로 용해된 용액이다. 일부 LEO 위성의 경우, 수명을 보장하기 위해 이 농도를 26%까지 낮춘 것도 있다.

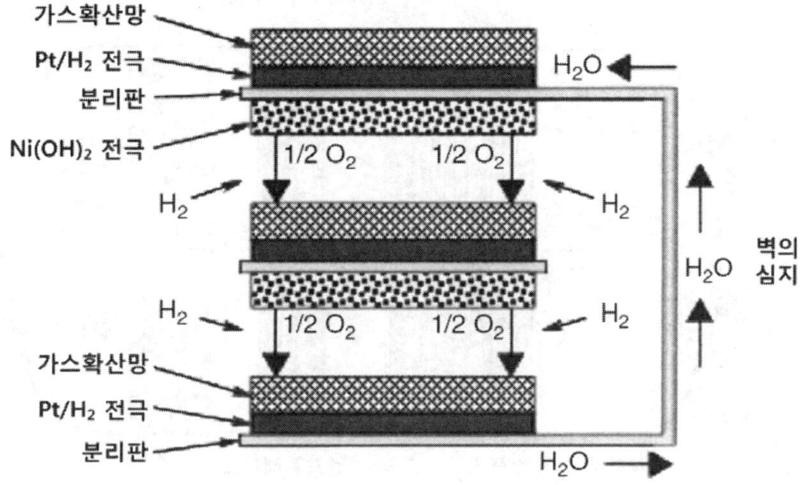

그림 5.9. NiH_2 셀 : 재순환 구조

▪ NiH_2 셀의 구조

모든 NiH_2 셀은 내부에 고압의 H_2가 있기 때문에 압력용기를 필요로 한다[20]. 충전 시에 발생된 H_2는 밀봉용기에 저장된다. 압력용기는 크기를 줄이기 위해 최대 70bar의 고압에 견딜 수 있도록 설계된다. 또한 용기의 무게를 줄이기 위해 재료로는 인코넬(inconel) 718을 사용한다. 인코넬 벽의 두께는 0.6~0.8mm이다. 용기의 구조는 다음과 같다.

- 액압성형된(液壓成形, hydro-formed) 1~2개의 구형 또는 반구형 덮개(dome)
- 원통(cylinder)으로만 이루어진 것, 또는 반구형 덮개가 있는 원통 1개

실제로 구조에 따라 덮개와 원통은 기계적으로 일체형으로 만들 수 있다. 따라서 한 쪽 끝만 반구형인 원통을 조립하기 위해서는 텅스텐 불활성가스(tungsten inert gas, 이하 TIG)를 이용하여 그 주변을 따라 한 번 용접하면 되고, 양쪽 끝 모두가 반구형인 원통을 조립하기 위해서는 2번의 TIG 용접이 필요하다. 그림 5.10은 2개의 반구형 덮개를 2번 용접한 용기를 보여준다. 두 단자의 위치는 셀의 양쪽 끝(동축형)에 있는 것과, 한 쪽의 반구형 덮개(토끼 귀형, 그림 5.10 참조)에 같이 있는 것 2가지가 있다.

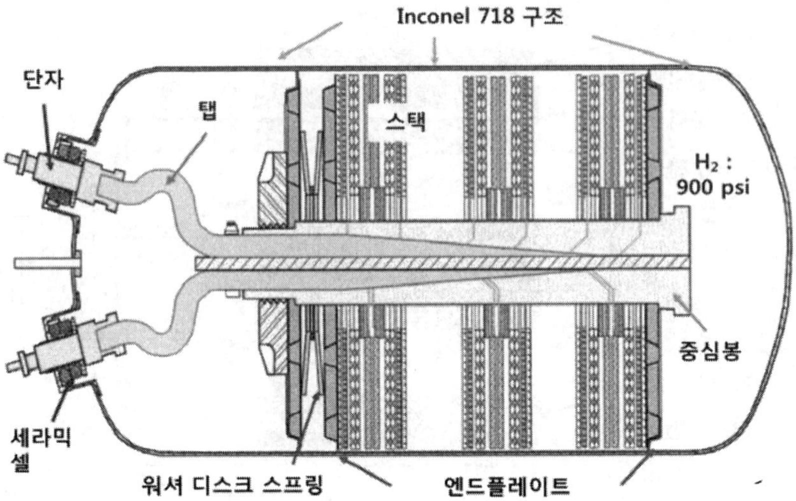

그림 5.10. Saft 사의 NiH_2 셀

용접 대상에는 전극스택을 지지하는 용접링도 포함된다. 2개의 엔드플레이트를 2번 용접하여 스택의 양쪽 끝부분을 지지하며, 스택은 폴리슬폰(polysulfone)으로 만들거나, 강성(剛性, stiffness)이 문제가 되면 인코넬로 만든다. 또한 엔드플레이트로 고정된 폴리슬폰 중심봉(center core)에 전극스택의 부품(양극, 음극, 분리판 및 가스스크린)을 끼워 조립한다. 이 중심봉은 조립 시 전극과 스택 배열의 기준이 되고, 지지구조물이 되며, 양극 및 음극 탭들을 연결하는 도관(conduit) 역할도 한다. Belleville 워셔는 수명기간 동안 양극의 팽창을 조절함으로써 전극스택에 일정한 힘이 가해지도록 한다.

압력용기의 내부벽에는 플라즈마를 이용하여 산화지르코늄이 분사, 도포되어 있는데, 이는 내부벽을 지르카 분리판과 접촉하는 심지벽(wall wick)으로 만들기 위해서이다. 이 접합 때문에 전해질이 다른 전극쌍들 사이로 교환될 수 있다.

두 종류의 단자가 사용되어 왔다.

- 테플론 부싱으로 압착밀봉된 단자. 반구형덮개와 단자 돌출부 사이는 세라믹 워셔로 압착되어 있다.
- 세라믹과 금속을 접합하여 만든 세라믹 밀봉 단자. 이는 NiCd 셀에 사용된 것과 유사하다.

최초의 셀은 용기의 직경을 3.5인치(88.9mm)로 하여 품질을 인증받았다[21]. 또한 전극쌍의 수를 조절하여 용량을 결정하였다. 예를 들면, 최초의 Intelsat V 셀은 24개의 전극쌍을 사용하였으며, 용량은 30Ah였다. 3.5인치 용기를 사용한 셀의 용량범위는 30~110Ah였다. 이후에는 직경이 다른 용기가 사용되었는데, 저궤도위성에는 63.5mm가 사용되었으며, 114.3mm 용기는 100~220Ah 용량, 139.7mm 용기는 250~350Ah였다. 이런 구조를 갖는 셀을 개별압력용기(individual pressure vessel, 이하 IPV)라 부른다.

일부 공통압력용기(common pressure vessel, 이하 CPV) 또는 종속압력용기(dependent pressure vessel, 이하 DPV)가 위성용으로 사용되었다[22,23]. CPV는 2개의 전극스택이 분리되어 있는데, 수소를 '공통으로' 사용한다. 따라서 CPV에서는 배터리가 2개의 셀로 구성되어 있기 때문에 중간방전(mid-discharge) 전압은 2.5V에 가까우며, 참고로 배터리가 1개의 셀로 이루어진 IPV에서는 1.25V이다. DPV도 같은 원리를 이용하고 있으며, 20~24개의 분리된 전극스택(가스교환 밸브가 장착된 플라스틱 백으로 싸여 있다)으로 이루어져 있다. 용기의 직경은 25.4cm 이상이다. 이 시스템의 핵심은, 수소함량은 동일하게 유지하면서 물리적인 장벽을 이용하여 스택전해질이 교환되지 않도록 하는 것이다.

충전 시 양극에서 옥시수산화물(oxy-hydroxide, NiOOH)이 형성되며, 음극에서는 수소가 발생된다(2장 참조). 밀봉된 용기 내에서 수소가 발생하기 때문에 내부압력은 65~70bar로 증가한다. 이 때문에 셀은 충전종료 압력을 견뎌야 하며, 이때 안전율은 2.5~3이 되어야 한다. 안전율을 검증하기 위해 셀 제작 시 파열시험을 행해야 한다.

NiCd 셀과 마찬가지로, 양극이 완전히 충전되어 과충전될 때, 양극에서는 오직 산소만이 발생된다. 충전 및 과충전 동안 산소는 음극에서 수소와 재결합된다. 따라서 압력안정화 과정이 자연적으로 진행되며, 재결합 반응은 주로 충전율과 온도에 따라 달라진다.

그러나 재결합 반응 때문에 열이 발생하며, 산소와 수소의 농도가 연소범위에 도달하면 자연적인 반응으로 인해 미세폭발(popping)이 발생한다. 이 폭발은 전극을 파괴할 수 있으며, 따라서 회로를 단락시킬 수 있다. 이러한 현상을 피하기 위해, 산소기포가 형성되지 않도록 분리판을 통한 산소확산이 충분히 이루어져야 한다.

NiH_2 셀은 '여유용량(precharge)*)' 을 가지게끔 설계할 수 있는데, 이 용어는 사전에 양극의 니켈 또는 음극의 수소를 여분으로 더 많이 공급하여 한쪽 전극의 용량을 늘인 것이지만, 실제로는 사용할 수 없는 용량을 나타내는 말이다. 이 셀에서는 다음과 같이 2가지의 여유용량 방식이 있다.

- 음극 여유용량(negative precharge) : 이 셀의 여유용량은 완전히 방전된 후 남은 수소압력으로 측정된다. 셀이 재충전되기 시작할 때 수소는 이미 존재하기 때문에, 이 셀을 수소 여유용량 셀이라 부른다. 실제로 이 셀은 양극의 니켈이 모두 소모되면 음극에 수소가 남아 있어도 전력을 공급할 수 없기 때문에 양극제한(positive-limited) 셀이다. 셀이 0 V가 되면 양극이 완전 방전되고 방전되지 않은 수소가스 때문에 잔류압력이 존재한다. 역반응(과방전 반응) 시에는 수소가 양극에서 발생되고, 음극에서는 같은 비율로 수소가 소모된다. 따라서 압력의 증가 없이 셀은 계속 역반응 모드로 동작할 수 있기 때문에 밀폐화가 가능하다. 이는 수소 충전여력 셀의 또 다른 장점이다.
- 양극 여유용량(positive precharge) : 양극 여유용량 셀이 완전히 방전되어 0 V로 되면 모든 수소가스가 완전히 소모되고, 양극(니켈전극)에는 여유용량이 남아 있다. 따라서 이 셀을 양극 여유용량 셀이라 부른다. 양극 여유용량 셀은 마찬가지로 음극제한(negative-limited) 셀에 해당한다. 이 셀이 역반응모드로 동작하면, 여유용량을 가진 양극이 완전히 방전될 때까지 음극에서 산소가 발생한다. 이 산소는 셀이 재충전될 때 소모된다. 그러나 산소가 백금과 반응하여 용해될 수 있기 때문에 양극 충전여유 셀을 역반응모드로 동작시키지 않는 것이 바람직하다. 이는 발생된 산소가 또 다른 문제를 발생시키기 때문이다. 즉, 알칼리 용액 내에서 산소는 음극의 백금금속을 쉽게 용해시킬 수 있다. 백금은 가용성 물질이 되어 셀 전체로 확산될 수 있다.

■ NiH_2 셀의 열화 모드와 수명 감소

인공위성용 셀의 성능열화는 방전전압 감소, 용량감소, 과충전전압 증가 등으로 쉽게 측정될 수 있다. 이들 파라메터의 열화속도는 응용분야와 환경에 따라 달라지며, 셀 거동의 변화 또는 열화와 상호관련될 수 있다. 셀 수준의 열화 또는 고장모드는 다음과 같이 열거할 수 있다[24,25].

---

*) precharge(여유용량) : 이 단어의 원래 의미는 셀이 완전히 방전된 후에도 음극에 수소, 또는 양극에 니켈이 남아있기 때문에, 다시 충전을 시작하면 마치 수소나 니켈이 미리 충전되어 있는 것처럼 보이기 때문에 붙여진 말이다. 그러나 이 단어를 '예비충전' 또는 '사전충전' 등으로 번역하면 그 뜻이 잘못 이해될 수 있기 때문에 '여유용량'으로 번역하였다.

- **양극**

양극의 용량감소는 두 번째의 전압평탄 구간이 나타나는 것과 관련이 있다. 이는 저장조건이 나쁘기 때문일 경우가 많다(고온 및/또는 저전압). 도체로서 양극에 존재하는 코발트는 용해되어 전극에서 코발트가 분리된다[26]. 코발트농도는 계면에서 더욱 감소되며, 그곳에 형성된 절연층 때문에 완전방전 이전에 전압강하가 커진다. 따라서 저전압(0.8V 부근)에서 용량의 일부가 회복된다.

양극은 전극의 두께가 증가하면 셀 성능에 영향을 미친다. 충전(β상 대신에 주로 γ상 형성)과 방전 동안 활성물질에서 발생하는 구조의 변화 때문에 전극의 두께가 지속적으로 증가한다. 높은 담지량, 수산화물의 불균일한 분포 및 저강성(low stiffness) 소결 때문에 두께가 더욱 빠르게 두꺼워진다. 두께가 변하면 기공도가 변하여 전해질의 분포가 바뀔 수 있기 때문에 완전건조 현상이 나타날 수 있다. 완전건조 현상 때문에 내부임피던스가 증가하고 용량이 감소하게 된다. 임피던스가 크기 때문에 방전 중간시점(mid-discharge) 전압과 방전종료 시점 전압이 감소하며, 이는 위성의 전력시스템에 충격을 줄 수도 있다.

양극에서 나타나는 3번째의 열화 원인은 시간에 따라 발생하는 부식현상 때문이다. 집전체의 니켈은 KOH와 반응하여 수산화니켈로 변환된다. 따라서 활성물질의 총량이 증가한다. 그러나 이 활성물질은 오직 순수한 $Ni(OH)_2$에 의해서만 형성되기 때문에, 두 번째 평탄전압 구간의 용량을 증가시킴으로써 저전압에서의 용량을 더욱 회복시킬 수 있다.

- **음극**

음극은 앞서 언급한 미세폭발 현상 때문에 열화되며, 이 현상은 셀이 활성화된 상태에서 산소가스의 유동에 의해 잉여 전해질이 배출되면서 분리판 내에 기공이 형성될 때 항상 발생한다. 미세폭발로 인한 충격 때문에 음극에서 국지적인 연소에 의해 구멍이 생긴다. 전해질 분포의 불균일로 인해 대량의 미세폭발이 일어나 전극이 깨지는 현상도 다수 보고된 바 있다. 이때 대부분의 경우, 부서진 두 전극 조각이 접촉하여 회로가 단락된다.

- **스택**

성능열화의 핵심요소는 전해질의 양과 분포이다. 큰 여유공간, 전극스택과 용기벽 사이의 큰 이격거리 때문에 온도구배가 커질 수 있다. 내부 온도구배가 5~7℃이면 증발/응축 현상이 나타날 수 있다. 따라서 스택 외부에서 물이 어느 정도 발생하고(반구형 덮개 내부에서는 거의 발생한다), 전해질의 농도가 증가하면, 양극이 노후화되고 내부임피던스가 증가한다. 이 현상을 방지하거나 줄이기 위해, 손실된 물 또는 전해질이 스택으로 되돌아가는 통로를 만들기 위해 ZrO_2로 만든 벽 심지(wall wick)가 사용되었다.

- 용기

NiH_2 셀은 완전충전되었을 때 고압에서 동작하도록 설계된다. 이미 언급한 대로 충전종료 시점 압력(end-of-charge pressure, 이하 EOCP)은 60~70bar에 달할 수 있다. 모든 셀은 최대동작압력(maximum operating pressure, 이하 MOP)의 1.5배까지 시험되며, 2가지의 인코넬 구조에 대해 파열시험도 행해진다. 그러나 장기운전으로 인해 주변 용접부와 단자 용접부에서 수소가 누설될 수 있다. 수소누설 때문에 압력이 낮아지고 용량도 감소한다.

▪ NiH_2 배터리 구조

NiH_2 배터리 구조는 위성의 플랫폼, 전력 요구사양 및 임무의 종류와 직접 관련이 있다. GEO 및 LEO 위성의 최대 DOD 사양은 다음과 같다.

- GEO : 50~80% DOD에서 방전할 경우 10~15년
- LEO : 20~40% DOD에서 방전할 경우 3~7년

위성의 전력조절장치는 전압의 크기에 따라 셀의 수를 결정한다. 또한 플랫폼의 형태에 따라 배터리를 위한 여유공간이 달라진다[27].

NiH_2 배터리는 셀을 고정시키기 위해 작은 구멍들을 가진 바닥판(base plate)을 사용한다. 바닥판은 양극산화처리된(anodized) 알루미늄으로 만든다. 셀은 슬리브(sleeve, 축 등을 끼우는 원통)를 끼우고 있는 원통형의 알루미늄 또는 흑연/에폭시(무게 절감 목적)로써 지지된다. RTV(room temperature vulcanizing, 실온경화)판 또는 Kapton판과 접착제(solithane)로 이루어진 층 때문에, 위성발사 시 셀의 기계적인 진동이 억제될 수 있고, 배터리 구조물과 전기적으로 절연될 수 있으며, 셀에서 발생된 열이 바닥판으로 전달될 수 있다. 핵심 파라메터는 이 층의 전도도, 두께 및 계면의 특성이다. 셀이 충전될 때는 압력이 증가하기 때문에, 슬리브구조는 압력용기 팽창으로 인한 응력을 견뎌야 한다.

슬리브는 스크류나 특정한 접착제를 이용하여 바닥판에 고정되어 있다. 그림 5.11은 Saft사의 배터리를 보여준다. 슬리브가 끼워지는 구조 때문에 셀에서 바닥

판까지 2개의 전기적 절연장벽이 생긴다. 전기적 연결에는 Cu나 Al 선 또는 버스바(bus bar)가 사용된다. 연결선은 단자마개에 부착되어 있다. 전력커넥터를 이용하여 배터리를 충전 또는 방전시킨다.

전기회로에는 원격측정에 의해 배터리의 상태(battery health)를 점검하기 위한 각 셀의 전압선도 포함된다. 각 셀에 있는 가열기로써 온도를 관리하기 위해 일부 셀에는 열전대(thermocouple)가 설치되어 있다. 압력을 감시하기 위해, 3~4개의 셀을 싸고 있는 반구형 덮개 상에 온도보상형 스트레인게이지 브리지(strain gauge bridge)가 설치된다. 신호를 원격측정하기 위해 특수한 커넥터가 사용된다.

수소가 누설될 때 발생하는 회로 개방 고장(open circuit failure)을 피하기 위해 각 셀에는 우회회로(bypass circuit)가 마련되어 있다. 충전보호회로는 3개의 실리콘 다이오드를 직렬로 연결하여(문턱전압 = 2.3V) 만들었으며, 방전보호회로는 1~2개의 쇼트키(schottky) 다이오드(문턱전압 = - 0.7V)로 이루어져 있다.

그림 5.12는 배터리의 다이오드, 커넥터, 슬리브, 전선 및 가열회로를 보여주는 사진이다.

그림 5.11. Saft사의 NiH_2 배터리 구조

그림 5.12. 보조장치가 포함된 NiH_2 배터리(Saft 사)

5.2.2.3. Li이온 배터리

최근까지도 정지궤도 통신위성에는 NiH_2 배터리가 사용되었다. 이 위성의 크기, 따라서 지구식 동안의 요구전력은 1980년대 이후 계속 증가해 왔다. 1990년대 초, 위성의 평균무게는 2톤, 요구전력은 2~3kW였다. 오늘날에는 평균무게가 5톤이며 요구전력은 10kW 이상이다.

위성제작사는 2006~2007년에 요구전력이 15~30kW인 위성을 제작하려는 계획을 세웠다. 그 한 예가 차세대 위성인 Alphabus로서, 현재 유럽에서 개발 중에 있다(최대전력 25kW).

위성용 20kW NiH_2 배터리의 무게는 최소한 700kg이다. 배터리 전체 무게는 곧 한계치에 이를 것이다. GEO궤도로 위성을 발사할 때 kg 당 비용을 고려하면 배터리는 핵심적인 부품이다. 더욱이 열발산이 크기 때문에 NiH_2 배터리가 사용될 때는 14~16kW로 범위가 제한된다.

1996년에 시작된 Stentor 프로젝트의 일환으로 CNES/ESA/Alcatel Alenia Space and EADS - Astrium사가 수행한 연구개발로부터, GEO 위성용으로 리튬이온 배터리(Saft사의 배터리가 사용되었음)가 유용하다는 것이 입증되었다.

2004년에 발사된 상용위성 WA3과 Amazonnas는 GEO 통신위성에 새로운 배터리 기술이 적용된 시발점이었다.

LEO의 경우에는 초소형 위성이 사용되어 왔다. 실제로 ABSL(이전에는 AEA) 기술을 이용하여 단기임무용 STRV와 Proba 1 위성에 저전력 배터리가 사용되었다.

Li이온 배터리는 NiCd와 NiH_2 배터리에 비해 많은 장점이 있기 때문에 우주분야에서 가장 적합한 배터리로 생각된다. 주된 장점은 비에너지가 125Wh/kg이기 때문에 배터리시스템의 무게가 줄어든다는 것이며, 반면 NiH_2의 최대값은 60Wh/kg이다. 따라서 배터리 무게는 40% 이상 감소된다. 20kW 위성의 경우, 무게가 350kg 이상 감소될 것으로 예상된다.

NiH_2에 대한 Li이온 배터리의 두 번째 장점은, 열발산이 작고 충방전효율이 높기 때문에 무게를 더욱 줄일 수 있다는 것이다. 즉, 방열기와 태양광패널의 크기를 줄일 수 있기 때문에, 최소한 5~10%의 무게를 더 줄일 수 있다.

Li이온 배터리의 자기방전율(0.03%/일)은 NiH_2(10%/일)에 비해 매우 작다. 따라서 조립, 발사대 조작 및 동하지(冬夏至)시 위성의 충전상태 관리 등이 더욱 쉽다. 자기방전률이 낮기 때문에 위성이 발사대에 놓여 있을 때 배터리의 재충전이 필요하지 않으므로 발사조작이 더욱 간단해진다. 반면 NiH_2는 자기방전률이 높기 때문에 마지막 카운트다운 시까지 배터리를 재충전시켜야 한다. 이는 주로 배터리의 열을 관리해야 하기 때문이며, 이와 같은 조작은 발사단계에서 중요한 부분이다.

또한 NiCd와 NiH_2에서 나타나는 메모리효과가 Li이온 배터리에서는 없으므로, 배터리의 충방전수명을 크게 늘일 수 있다. 따라서 NiH_2에서 필요한 수리작업이 Li이온 배터리에서는 없어지므로 위성의 배터리관리가 더욱 간단해진다.

표 5.1은 NiCd와 NiH_2 배터리에 비해 Li이온 배터리의 장점과 단점이 요약되어 있다. 또한 위성 전체에서 볼 때의 영향이 그림 5.13에 주어져 있다.

표 5.1. NiCd와 NiH_2 배터리에 대한 Li이온 배터리의 장점과 장점

	NiCd	NiH_2	Li이온	위성시스템에 미치는 영향
비에너지(Wh/kg)	30	60	125	무게 절약
에너지효율(%)	72	70	96	충전전력(태양광패널수) 감소
열에너지 (크기 : 1~10)	8	10	3	방열기와 열파이프 크기 감소
자기방전률(%/월)	10	80	1	발사대에서의 세류충전 또는 단순한 관리작업 조차 필요 없음
온도범위(℃)	0~40	-15~20	10~35	대기온도에서 관리
메모리효과	있음	있음	없음	수리작업 불필요
에너지 측정/감시	없음	압력	전압	SOC 관측 용이
충전상태 관리	CC	CC	CC CV + 충전균일화	시스템 충전 균일화 필요
모듈화 가능성	없음	없음	있음	하나의 셀 설계, 여러 셀들을 병렬연결할 수 있는 능력

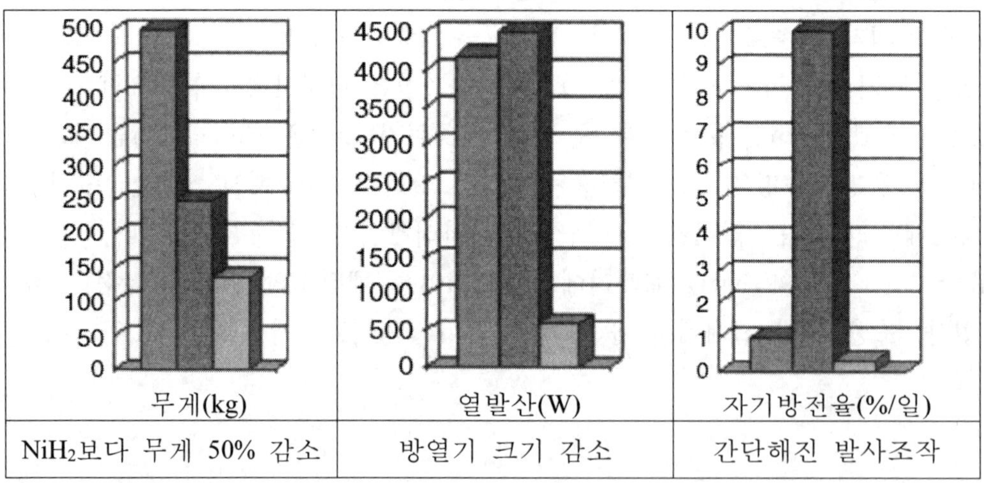

그림 5.13. 3개의 위성용 배터리 비교(위성의 필요전력은 8kW이다). 각 그래프에서 왼쪽 막대는 NiCd, 중간은 NiH_2, 오른쪽은 Li이온이다. Li이온의 성능이 가장 뛰어나다.

Li이온 배터리의 또 다른 장점은 SOC와 OCV가 직접 연관되어 있다는 것이다. 이 때문에 다음과 같은 특징을 가진다.

- 전압으로 에너지를 정확히 측정할 수 있기 때문에 언제라도 배터리의 충전상태를 정확히 알 수 있다. NiH_2에서는 (셀의 압력이 충전에 따라 증가하기 때문에) 충전상태를 대략적으로나마 알기 위해 스트레인게이지를 이용한다.
- 셀을 직접 병렬연결할 수 있기 때문에 배터리의 모듈화 가능성이 높다.

Li이온 배터리의 유일한 단점은 배터리관리를 위해 매우 정교한 전자시스템이 필요하다는 것이다.

NiCd와 NiH_2에 비해 Li이온 배터리의 수많은 장점들 때문에 기저전력원(baseline power source)으로 Li이온 배터리를 채택하는 인공위성의 수가 증가하고 있다. 모든 인공위성 제작사들은 이미 Ni 기반 배터리와 Li이온 배터리를 조합하여 이들의 특성에 맞도록 플랫폼을 바꾸었다.

▪ Li이온 배터리의 전기화학적 반응

Li이온 배터리의 전기화학적 특성은 1장에서 자세히 설명했다. 특히 위성과 같은 우주분야에서 특별한 관심을 끄는 몇 가지 특성을 여기서 다룬다.

실제로 Li이온 반응을 이용한 전기화학적 시스템은 많이 있을 뿐만 아니라 특성도 매우 다르기 때문에, 위성에서 요구되는 매우 높은 성능을 만족시킬 수도, 아닐 수도 있다. 현재 위성전용 시스템은 양극물질로 $LiCoO_2$를 주로 하여 흑연이나 경질탄소(hard carbon)와 함께 사용하거나, Ni 기반 혼합 산화물인 $LiNi_xCo_yAl_zO_2$를 주로 하여 흑연과 함께 사용하고 있다.

▪ 양극물질

$LiCoO_2$는 프랑스, 일본 및 미국에서 제작된 셀에 사용되고 있다. 이 재료는 몰당 최대 0.5Li를 방출하고 코발트의 반을 3가 상태로 산화시킬 수 있기 때문에, 비용량은 최대 140Ah/kg, 용량밀도는 최대 690Ah/L이다. 그러나 이 재료는 30℃ 이상에서 어느 정도의 용해와 열화가 일어나기 때문에 저장 시 용량이 손실된다. 따라서 장수명이 요구되는 분야보다는 단기간의 임무에 적합하다.

$LiNiO_2$는 비용량이 매우 크다(최대 200Ah/kg). 이 재료는 Stentor 프로젝트(유럽위성 프로젝트)의 일환으로 우주선용 Li이온 배터리의 개발이 시작된 이후부터 Saft사가 연구해 왔다[28]. 이 재료는 코발트보다 싸기 때문에 대용량 배터리용으로 적합했다. 그러나 합성하기가 어렵고, 과충전 상태에서 안정도가 떨어지기 때

문에, 혹사조건에서 위험성이 증대하는 단점을 가지고 있다. 과거 연구들은 모두 혼합 산화물에 초점이 맞춰져 있었지만, $LiNi_xCo_yAl_zO_2$는 Saft사의 우주용 Li이온 배터리에 사용하기 위해 채택된 것으로, 현재는 산업용으로 대량으로 구입할 수 있다[29].

Ni 기반 산화물에서 추출할 수 있는 Li의 양은 $LiCoO_2$보다 크기 때문에 용량도 커질 수 있다. 그러나 최초 충전 시 효율은 100%보다 작고, Li가 과도하게 생성되어 음극의 탄소에 저장된다. 전해질의 산화에 의해 음극에서 Li가 손실되는 것이 셀 노후화 원인의 하나이기 때문에, 약 12%에 달하는 이 과잉 Li는 배터리의 수명을 늘이는데 매우 유용하다.

▪ 음극물질

몇 가지의 결정질 또는 비결정질 재료(코크스, 경질탄소, 흑연)들은 리튬이 주입될 수 있다고 입증되었기 때문에 Li이온 셀의 음극재료가 될 수 있다. 그중 흑연은 다른 재료에 비해 비용량이 크기 때문에 우주분야에서 널리 사용되고 있다. 흑연의 표면특성은 전해질과 탄소 사이의 계면에서 형성되는 부동태층의 성질을 결정하기 때문에 매우 중요하다. 더 이상 음극이 산화되지 못하도록 작용하는 부동태층은 이 배터리의 핵심기술이다. 재료를 적절하게 선택하면, 충방전수명 및 저장수명이 매우 긴 배터리를 만들 수 있다. Saft사는 전해질 첨가제인 비닐렌탄산염(vinylene carbonate, 이하 VC)이 부동태층의 특성을 개선할 수 있다는 사실을 발견했다[30,31].

▪ 전해질

우주선용 Li이온 셀의 전해질은 다른 분야에 사용된 것과 다르지 않다. 각 제작사는 활성물질의 성질에 따라 자신들만의 고유한 제조법을 가지고 있다. 예를 들면, Saft사의 위성용 Ni 기반 셀의 전해질은 PC/EC/DMC 1M $LiPF_6$ 용액에 VC 첨가제가 포함되어 있다. 전해질의 조성과 순도는 배터리의 장수명을 보장하는 핵심요소이다.

▪ 전극구조

유기전해질에서는 이온의 이동도가 낮기 때문에 Li이온 셀의 전극 두께가 상대적으로 얇아야 한다(0.2mm 이하). 전극은 집전체와 전극지지체의 역할을 하는 매우 얇은 금속판을 슬러리로 코팅하여 만든다. 슬러리는 활성물질 분말, 적절한 결합제 및 도전성 분말의 혼합물로 만든다. Li이온 배터리 대부분은 단순히 2개의 전극을 함께 말아서 만들며, 전극 사이에는 폴리프로플렌(polypropylene) 또는 폴리에틸렌(polyethylene)으로 만든 미세기공을 가진 얇은 분리판(두께는 최대 25 ㎛)이 삽입된다.

이 셀들에는 비록 압력이 가해지지 않지만, 충분한 기계적 강도를 가지는 것이 바람직하며, 따라서 대형 셀의 경우는 원통형 구조가 더욱 적합하다.

대전력용 셀의 전극은 두께가 더욱 얇고 표면적이 더욱 커야 한다. 즉 분리판, 전해질 및 집전체가 더욱 얇고 커야 한다. 적절한 방법으로 탭을 내면 전력손실을 최소화하면서 전류를 모을 수 있다. 반면에, 전극이 두꺼우면 최대 에너지밀도를 얻을 수 있으므로, 같은 부피에서 비활성재료의 양을 줄일 수 있다.

▪ 위성용 Li이온 셀의 구조

위성에 탑재된 Li이온 셀의 용량은 1.5~100Ah이다. 실제로 진정한 우주용 셀은 우주 환경을 고려하여 특별히 개발되고 품질이 인증된다. Saft사, JSB(Japan Storage Battery)사 및 Yardney사 등도 이러한 과정을 거쳤다. 비록 구조가 매우 다르다 할지라도 개발과정은 비슷하다. 즉, 기존의 산업용 배터리를 우주용에 맞게 바꾸었기 때문에, 그 결과 특수한 형태의 단자가 사용되었으며, 특수한 탭, 용기, 용접방식 등이 연구되었다.

다음과 같은 2가지 종류의 셀을 대상으로 평가하였다.

- 기존의 원통형 셀
- 각주형 또는 타원각주형 셀

우주용 셀의 핵심요소는 다음과 같다.

- 완전밀봉을 보장하는 단자
- (발사단계에서) 진동을 견디기 위한 용기 내의 스택 지지체

이제부터 우주용으로 사용된 두 종류의 셀을 설명한다.

Stentor GEO 프로그램은 Saft사가 Li이온 배터리를 위성의 주전력원으로 적용할 수 있는 최초의 기회였다(그림 5.14). 프랑스 우주국(French Space Agency)

인 CNES가 자금을 지원한 이 실험프로그램은 새로운 배터리의 타당성을 입증하기 위한 것이었다. Stentor 배터리는 프랑스에서 개발된 전기차량용 셀을 우주용으로 개조한 VES140을 사용했다. VES140의 용량은 140Wh(40Ah), 비에너지는 약 125Wh/kg이었다. 양극에는 $LiNi_xCo_yAl_zO_2$, 음극에는 흑연이 사용되었다. 용기는 단자를 지지하는 2개의 용접 덮개를 가진 원통으로 이루어져 있다. 이 셀의 기계적, 열적, 전기적, 열방사 및 충방전 성능에 대한 폭넓은 시험이 이루어졌다. 2003년 9월, 이 셀은 최초로 ESA 위성(SMART 1)에 탑재되어 발사되었으며, 지금까지 주요 GEO 플랫폼의 기본이 되고 있다.

그림 5.14. VES140 Li이온 셀(Saft사).

두 번째 우주용 셀은 GS Yuasa사(이전에는 JSB사)에 의해 개발되었으며, Melco사가 판매하였다. 이 셀은 타원각주형으로서, 용량은 360Wh(100Ah), 비에너지는 약 140Wh/kg이었다(그림 5.15). 이 셀의 양극재료는 $LiCoO_2$, 음극은 흑연이었으며, 용기재질은 알루미늄 합금이었다. 2003년, 이 셀은 최초로 일본의 실험용 위성인 SERVIS1에 탑재되어 발사되었으며, 2005년에는 Space System Loral사가 제작한 위성 IPSTAR에 탑재되었다.

이러한 고용량 셀은 주로 고출력이 요구되는 GEO 위성용으로 제작되고 있다.

상용 셀 역시 위성분야에 적용되어 왔다는 것을 지적해 두고자 한다. ABSL사(이전에는 AEA사)의 배터리가 대표적인 예이다. ABSL사는 Sony사가 제작한 18650 모델의 소용량(1.5Ah) 셀(양극물질은 $LiCoO_2$, 음극은 경질탄소)들로 만든 배터리를 주로 저출력용 LEO위성(초소형 및 소형 위성)용으로 공급했다.

그림 5.15. GYT 100Ah Li이온 셀.

▪ Li이온 셀의 열화 모드와 수명 감소

앞서 언급했듯이, 우주분야에서 배터리수명은 매우 중요하다. 따라서 이를 평가하기 위해서는 반드시 열화매커니즘을 이해해야 한다[32].

우주분야에서 Li이온 배터리의 수명은 저장기간과 충방전기간이 지속하는 기간이다. GEO의 경우, 저장은 지점(至點)에서 발생하며, 충방전은 분점(分點)에서 발생한다. LEO의 경우는, 발사 전에 저장기간이 고려되어야 하며, 그 직후부터는 지속적인 충방전이 이루어진다.

저장 시 음극의 거동은 상세히 분석되어 있으며, 열화의 원인은 주로 불용성 SEI층의 성장 때문이며, 성장속도는 층의 결정결함을 통과하는 전자의 턴널링현상에 의해 억제되는 것으로 추정된다[33]. 실제로, SEI 층의 성장 때문에 탄소 내부로 주입된 리튬의 일부가 소모되므로, 셀의 용량이 감소하고, 두께가 증가하는 동안 성장속도는 감소한다. 부동태층을 통한 이와 같은 음극의 리튬부식효과 때문에 시간과 온도에 따라 용량손실이 발생하며, 이러한 손실은 예측가능하다.

양극재료가 $LiCoO_2$인 경우, Co이온이 전해질에서 용해되어 음극으로 이동할 수 있기 때문에, 저장 시 양극의 용량이 감소한다. 또 금속이온이 환원되면 음극 내에서 Li 부식이 촉진된다. 반면에, Ni 기반의 양극($LiNi_xCo_yAl_zO_2$)에서는 Al이 존재하기 때문에, 저장 시에 용량손실 없이 산화물이 안정화된다. 앞서 보았듯이, 이 산화물은 음극에서 리튬과잉을 초래하기 때문에 셀의 수명을 크게 연장시킬 수 있다. 이 모든 특성들 때문에, Saft사가 산업용으로 개발한 $LiNi_xCo_yAl_zO_2/C$ 시스템은 뛰어난 충방전 및 저장 수명을 가진다[34].

▪ Li이온 배터리의 구조

응용분야가 다양하기 때문에 배터리의 구조 역시 매우 다양하다. 이 구조는 다음과 같은 2가지 특징 때문에 널리 사용된다.

- 전압의 SOC 의존성. 이 때문에 전자제어회로 없이 원하는 용량을 얻기 위해 직접 셀들을 병렬로 연결할 수 있으며, 어떠한 위치에서도 셀이 동작할 수 있다.
- 반면에, 유기전해질을 가진 배터리에서는 과충전 상태 가역매커니즘(shuttle mechanism)이 존재하지 않기 때문에, 모든 셀과 이들을 병렬연결한 그룹의 충전 및 방전종료 전압이 모니터링되어야 하며, 특히 100 V에 가까운 고전압인 경우는 특별한 배터리관리시스템(battery management system, 이하 BMS)이 필요하다. 그러나 전력전자공학의 발달로 이러한 BMS가 가능해졌기 때문에 매우 정확하고 안정적인 배터리특성이 보장될 수 있으며, 이는 수계 시스템에서 셀 내부의 가역매커니즘에 의한 특성보다 훨씬 더 우수하다. BMS에는 통신이 가능한 정교한 지능형 기능이 포함될 수도 있다. 가장 많이 이용되는 정보는 배터리의 '연료게이지' 로서, 실시간으로 충전상태를 알 수 있다.

우주용 Li이온 배터리의 핵심요소는 평형시스템이다. NiCd 및 NiH_2 셀과 달리 Li이온에서는 충전종료 상태를 평형화시킬 수 있는 과충전 및 재결합 현상이 나타나지 않는다. 따라서 배터리의 직렬연결된 셀들 내부에서 충전상태가 평형화되지 않으면(원인은 셀/배터리 또는 원격측정에 의한 외부누설전류), $NiCd/NiH_2$ 배터리에서처럼 셀들을 재평형화시킬 수 있는 방법이 없다. 일반적으로 모든 Li이온 배터리는 평형화를 위해 전자기기를 필요로 한다. 우주용 배터리의 경우, 특별한 전자회로가 사용되어야 한다. 평형시스템은 충전상태가 가장 낮은 셀에 대해 가장 높은 셀을 평형화시키기 위해 작은 전류를 우회시키는 저항을 사용한다. 실제로 위성탑재 컴퓨터(on board computer, 이하 OBC)에 의해, 각 셀의 상태를 원격측정하여 전체 셀전압의 분산도를 결정한 뒤 능동적으로 평형화가 이루어진다. 전압분산도가 너무 크면, 전력조절장치(power control unit, 이하 PCU)는 계전기

(relay)에 신호를 보내 가장 높은 충전상태의 셀과 연결시킨다. 따라서 전압이 높은 셀을 다른 셀과 평형화시키기 위해 외부저항을 통해 누설전류가 흐른다.

배터리에는 다음과 같이 2가지의 상반되는 구조가 존재한다.

- *s-p* 구조 : 이는 직렬연결된 셀 모듈을 병렬연결한 것이다. 모듈 내에서 직렬연결된 셀의 수에 따라 배터리의 출력전압이 결정된다. 에너지/용량은 필요한 전력량에 맞춰진다. 이 구조는 저용량 셀을 이용하여 저출력 배터리를 구성할 때 주로 이용된다. *s-p* 구조는 전압 손실이 없어야 하는 위성 버스에 적합하다. 직렬연결된 모듈을 여러 개 사용하면 배터리는 전압 감소 없이 셀의 고장에 대응할 수 있다. 이때 단락 시 각 모듈은 반드시 보호되어야 한다. *s-p* 구조의 주요 단점은 *s-p* 평형화 시스템(개별 셀)을 사용해야 하는 필요성 때문이다. 이는 전압 원격측정과 같은 상황이다. 이후에 설명하겠지만, 이 시스템은 시간에 따라 충전상태의 불평형(누설전류의 분산도와 관련이 있음)을 피하기 위해 반드시 필요하다. 그림 5.16은 *s-p* 구조의 셀 배치를 보여주고 있다.
- *p-s* 구조 : 이는 대용량 셀에 적합하다. 이 구조는 주로 전압조절 기능이 없는 위성의 버스용으로 적용된다. 병렬연결된 셀들이 하나의 모듈을 이루어 배터리의 용량을 결정하고, 이 모듈들이 직렬연결되어 배터리의 전압이 결정된다. 모듈의 수는 위성의 전압범위와 일치해야 하며, 셀이 고장난 경우에는 특히 그러하다. 실제로 고장이 발생하면, 모듈이 동작하지 않으므로, 배터리 전체로 볼 때는 전압이 3.6V 정도 감소한다. 그러나 배터리의 용량은 원래 상태를 유지한다. 이 구조는 GEO 통신위성에서처럼 고출력배터리용으로 적합하다. 더욱이 *p-s* 구조에서 필요로 하는 전자시스템의 수는 오직 s개이다. 우주용 전자기기의 가격을 고려할 때, 평형시스템의 수를 줄이면 커다란 장점이 있다. 같은 모듈 내의 모든 셀들은 SOC와 전압이 같기 때문에 원격측정용 전선의 수 역시 s개로 줄어든다. 그림 5.17은 *p-s* 구조의 개략도를 나타내고 있다. *p-s* 구조의 우주용 배터리에서는, 회로개방에 의한 배터리 고장이 발생하지 않고 모듈이 과충전되지 않도록 하기 위해 우회시스템(by-pass system)이 마련되어 있다.

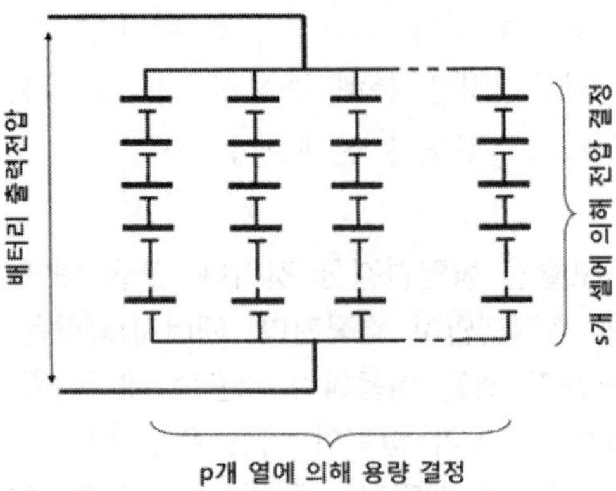

그림 5.16. *s-p* Li이온 배터리의 구조.

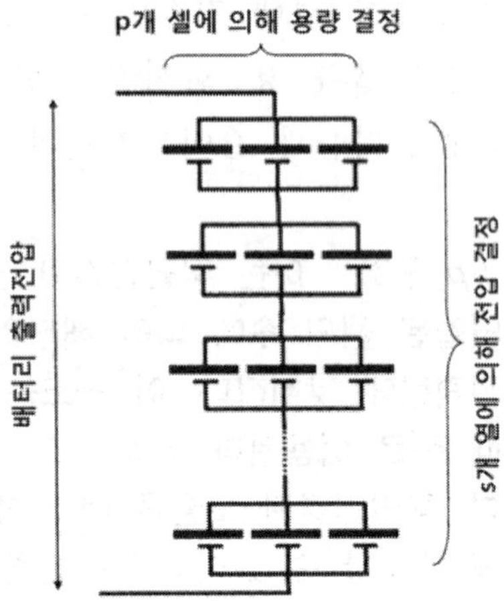

그림 5.17. *p-s* Li이온 배터리의 구조.

NiCd와 NiH_2 배터리에서처럼 우주용 Li이온 배터리는 위성마다 다르다. 다음에서 설명하듯이, 셀의 구조에 따라 설계가 달라진다.

Stentor 프로그램의 일부로서 Saft사가 인증한 최초의 우주용 배터리는 그림 5.18처럼 2p11s(11개의 셀이 직렬연결된 모듈 2개가 병렬연결되어 있음) 배터리 세트 2대로 구성되어 있다. 이 배터리에는 GEO 사양에 맞춰 평형용 전자기기, 각 모듈용 우회시스템, 가열기 및 커넥터 등이 포함되어 있다.

그림 5.18. Stentor 배터리 세트.

GEO 상업위성은 Stentor 위성보다 높은 출력이 필요하기 때문에, 다양한 용량을 가진 모듈이 사용되었다. 모듈 구성을 3p~12p로 할 수 있기 때문에 1~30kW의 LEO 및 GEO 위성의 전력을 공급할 수 있다. 이 모듈들은 평형용 전자회로, 우회시스템, 가열기 및 커넥터 등을 구비하고 있다

GEO 배터리는 10~12개(10~12s, 50V 버스), 또는 20~24개(20~24s, 100V 버스)의 모듈이 직렬로 연결되어 있다. 모듈의 구성은 필요한 전력량에 따라 달라진다. 예를 들어 6p 모듈은 100V 버스로써 23.4kW의 전력을 공급하고, 50V 버스로 만들면 2배의 전력을 공급할 수 있다. 8p 이상의 모듈은 105Wh/kg 이상의 용량을 공급할 수 있다.

GS Yuasa Technology Ltd사와 Melco(Mithubishi Electronic Corp.)사가 개발한 타원원통형 100Ah Li이온 셀(그림 5.15)은 또다른 위성용 배터리의 기본구성이 되었다. 배터리의 구조는 Saft사의 것과 유사하며, 구성은 다음과 같다[35,36].

- 직렬연결된 셀 모듈의 병렬연결(*s-p* 구조)
- 각 패키지마다 우회시스템
- 평형용 전자회로

그림 5.19는 10개의 셀이 직렬연결된 100Ah 배터리모듈을 나타낸 것으로, 정격출력 1kW, 정격용량 3.6kWh, 비에너지 100Wh/kg, 무게는 35.9kg이다.

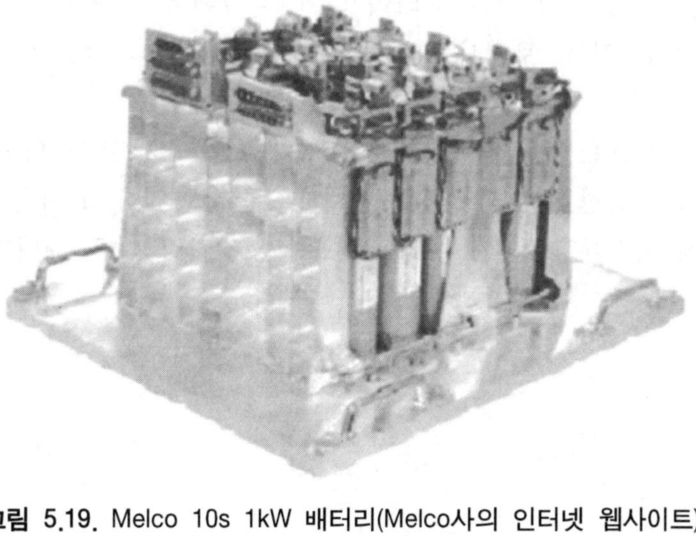

그림 5.19. Melco 10s 1kW 배터리(Melco사의 인터넷 웹사이트).

ABSL/AEA Technology사는 초소형 및 소형 LEO 위성용으로 상용 소용량 원통형 1.5Ah 셀(Sony사가 제작한 18650HC)을 사용하기로 결정했다[37]. 원하는 전압을 얻기 위해 셀을 직렬연결하였으며, 원하는 용량을 얻기 위해 이 직렬연결 모듈을 병렬로 연결했다. 각 셀은 대량생산으로 인해 특성이 균일하기 때문에 별도의 전자회로가 필요하지 않다. 이 셀은 원래 다목적용으로 개발된 것으로, 과충전을 방지하기 위해 각 셀마다 안전용 전류차단기가 포함되어 있다. 직렬모듈 중의 한 셀이 과충전되어 고장나면 그 직렬모듈 전체가 작동하지 않는다는 것을 고려하면 평형화 수단은 마련되어 있지 않다. 원하는 배터리 수명을 보장하기 위해, 직렬연결회로의 수는 고장확률을 고려하여 정한다.

구조를 이와 같이 하면 용량이 약간 증가하기 때문에, 소형 우주선에 다양하게 적용될 수 있으며, ABSL 배터리는 수많은 초소형 과학위성에 탑재된 바 있다. 예를 들어, 3×(6s11p)형 1.07kWh 배터리는 2003년 초 Churyumov- Gerasimenko 혜성을 향해 발사된 ESA Rosetta 플랫폼용으로 설계되었다. 신뢰성을 입증하기 위해 이러한 배터리구조를 대용량으로 확장하는 시험도 이루어지고 있다.

Saft사 역시 초소형 LEO 위성용으로 MP176065 모델(각주형 셀)을 기반으로 한 저용량(5.8Ah) 배터리를 제안했다. 이 배터리의 모델명은 Proba2로서, 8s3p의 *s-p* 구조이며, 각 셀에는 평형저항(자동평형회로)이 마련되어 있다.

- 우주용 Li이온 배터리의 결론

위성에 탑재된 최초의 Li이온 배터리가 궤도 상에서 우수한 성능을 나타낸 덕분에 운영자, 위성조립사, 보험사들은 이제 Li이온 배터리가 위성에 탑재되어야 한다고 확신하고 있다.

미국 및 유럽의 모든 위성제작사들은 차세대 LEO 및 GEO 위성을 설계할 때, Li이온 배터리를 이용한 전력시스템을 탑재하도록 만들었다. Li이온 배터리는 장점이 많기 때문에 과거에 NiCd가 NiH_2로 대체된 것처럼 다른 배터리를 대체해 나가고 있다.

5.3. 발사대용 배터리

발사대는 인공위성, 우주정거장, 우주용 장비와 우주비행사를 발사하는데 사용된다. 발사대에는 단 한 번의 임무(기간은 수 분~몇 개월)를 수행하기 위해 비에너지가 큰 전력원을 필요로 한다.

1차 또는 2차 배터리에 관계없이 발사대용 전력원으로서 다음과 같은 배터리가 현재 사용되고 있다.

- 재충전 배터리
  - 니켈카드뮴
  - 리튬이온
- 1차 배터리
  - 리튬-티오닐 염화물(lithium-thionyl chloride, 이하 LTC)
  - 리튬-이산화황(lithium-sulfur dioxide, 이하 LSDO)
  - 산화은-아연
  - 산화은-알루미늄
  - 염화은-마그네슘
  - 열배터리(thermal battery, 이하 BT)

연료전지(fuel cell, 이하 FC) 역시 사용될 수 있다.

위 배터리들의 특성이 다음에서 상세히 다루어진다. 이 배터리들은 모두 위성용 배터리에서 요구되는 사양보다 훨씬 더 높은 내진동 성능을 가지고 있다.

5.3.1. 재충전 배터리

발사대에 재충전배터리를 탑재하는 주 목적은 다음과 같다.

- 먼저 발사 전 시험을 하기 위한 목적과, 다음으로 임무 기간 동안 장비성능을 보장하기 위해 입증되고 신뢰성이 높은 시스템 구비하는 것
- 발사가 지연될 경우 배터리를 교체하지 않아도 됨

NiCd는 오랫동안 발사대에 탑재된 유일한 재충전 배터리이다.

Saft사는 아리안(Ariane) 로켓의 발사대가 가동되기 시작한 이후, 이 발사대에 사용되는 모든 배터리를 공급해 오고 있다. 이 용도로 특별히 제작된 NiCd 배터리가 품질인증을 거쳤다. 이 배터리는 전자장비 뿐만 아니라, 점화장치 가동, 안전 및 원격측정을 위해 전력을 공급한다. 보통 NiCd 배터리는 진동을 억제하고 완전한 밀봉을 유지하기 위해 여러 개의 원통형 셀로 만든다. 그림 5.20은 아리안 5(Ariane V) 로켓의 안전장치용으로 사용된 배터리이다. 미국과 러시아의 발사대 역시 특수제작된 전용 NiCd 배터리를 사용한다. 반면에 중국은 상용(일반 소비자용) NiCd 배터리를 사용한다.

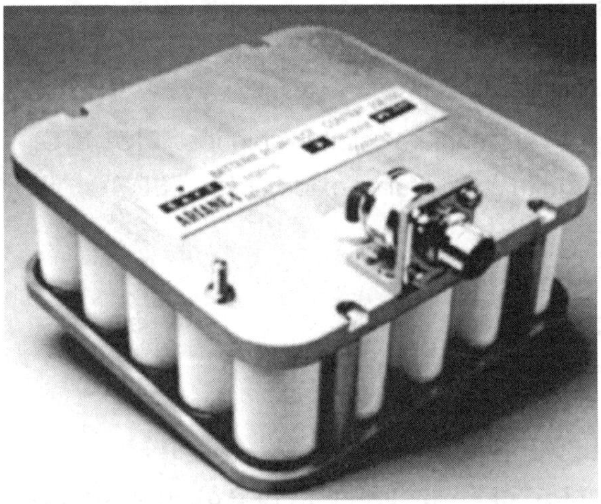

그림 5.20. 아리안 (Ariane) 로켓 발사대용 NiCd 25VR1.6 배터리.

NiCd 배터리의 주요 특징은 다음과 같다.

- 평균전압 : 1.2V
- 비에너지 : 30Wh/kg
- 우수한 비출력

발사대용 NiCd 배터리의 주요 장점은 다음과 같다.

- 발사대(Ariane 등)용으로 입증된 성능
- 재사용 가능(500 회 이상): 배터리의 성능을 보장하기 위해 발사 이전에 용량 점검
- 밀봉시스템(용접된 용기)

단점은 다음과 같다.

- 저장수명 : 2~3년
- 유지보수 필요
- 낮은 비에너지
- 발사대 대기 시 높은 자기방전율

새로운 세대의 Li이온 배터리 역시 고려될 수 있다. 발사대에 사용되는 Li이온 배터리의 주요 특징은 다음과 같다.

- 평균전압 : 3.6V
- 비에너지 : 125Wh/kg
- 매우 높은 비출력

발사대용 Li이온 배터리의 주요 장점은 다음과 같다.

- 발사대(Vega 등)용으로 입증된 품질
- 재사용 가능(NiCd 참조)
- 저장수명 : 5년 이상
- 낮은 자기방전율
- 밀봉시스템(용접된 용기)
- 사용가능 에너지를 OCV로 알 수 있음.

단점은 다음과 같다.

- 연소가능 재료
- 유지보수 필요
- 넓은 전압범위

첫 번째 예는 대한민국의 발사대 Kari에 사용된 그림 5.21의 Li이온 배터리이다. 이 배터리는 10S VES140(40Ah) 셀을 사용하였는데, 100ms 동안 600A(15C), 5분 동안 340A(8C)의 펄스전력을 공급할 수 있도록 설계되었다.

또한 유럽의 발사대 Vega에 사용된 추력기벡터제어기(thruster vector control, 이하 TVC)에는 고출력 Li이온 배터리가 탑재되었는데, 여기에 8Ah 고출력 셀이 사용되었다. 비행 시의 전류프로파일은 200A의 충방전으로 이루어지는데, 이는 25C의 충방전율에 해당한다.

따라서 비에너지와 전력용량 때문에, Li이온 배터리는 발사대용 전원으로 더욱 각광을 받고 있다.

그림 5.21. Kari 발사기 배터리.

5.3.2. 1차 배터리

발사대의 가장 중요한 요소는 높은 방전율 및 큰 비에너지이기 때문에, Li이온 배터리의 가장 큰 수요처이다. 액추에이터가 유압식에서 전동식으로 바뀌면 훨씬 더 큰 용량의 1차 배터리가 필요할 것이다.

5.3.2.1. 은-아연 배터리

오랫동안 사용된 주요 1차 배터리는 은-아연 배터리이다(이 배터리의 기본적인 화학반응은 2장을 참조하라). 이 배터리는 큰 비에너지(최대 100Wh/kg)와 뛰어난 충방전율을 가지고 있는 반면, 일단 전해질이 충진되면 저장수명은 짧아진다. 발사가 오랫동안 지연되는 경우 배터리를 교체해야 하는 불편함이 있지만, 그래도 이러한 특성은 받아들일 만하다. 그림 5.22는 Ariane 프로그램뿐만 아니라 여러 우주왕복 임무 및 과학임무에 사용된 은-아연 배터리를 보여준다.

이 배터리의 주요 특징은 다음과 같다.

- 평균전압 : 1.5V
- 비에너지 : 100Wh/kg
- 높은 비출력

발사대용 은-아연 배터리의 주요 장점은 다음과 같다.

- 발사대(Ariane, NASA 등)용으로 입증된 성능
- 건조한 조에서 저장 시 유지보수 불필요

단점은 다음과 같다.

- 발사 이전에 셀 가동 필요
- 가동 후 저장수명 한계(1달)
- 밀봉되지 않은 셀

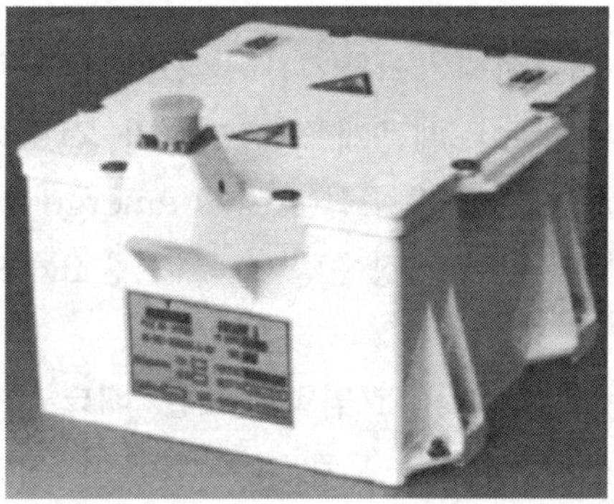

그림 5.22. Saft사의 은-아연 배터리 39×14 PNS.

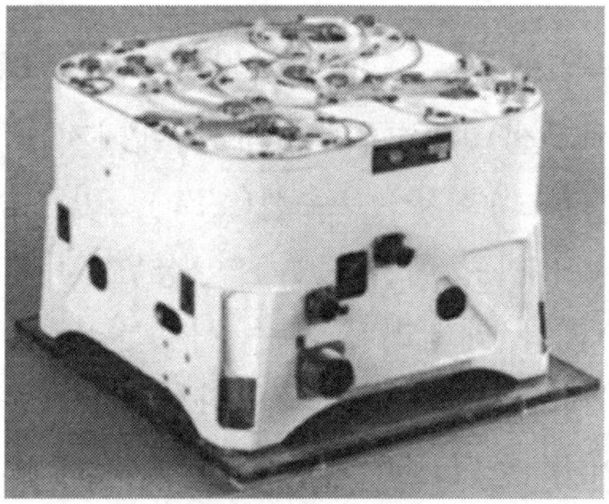

그림 5.23. Titan 4 Centaur Li/$SOCl_2$ 250Ah 배터리.

5.3.2.2. 리튬 배터리

대용량 Li/염화티오닐 셀은 미국 Centaur 프로그램(그림 5.23)과 Hermes Shuttle 프로젝트용으로 Saft사가 개발하였다. 이 배터리는 수많은 유럽 및 미국 프로그램에 사용되었으며, 자동수송우주선(automated transfer vehicle, 이하 ATV)용으로도 선택되었다.

이 분야에 사용되는 1차 Li 배터리의 주요 특징이 표 5.2에 주어져 있다.

표 5.2 발사대용 1차 Li 배터리의 특성

	$Li/SOCl_2$	Li/SO_2	Li/MnO_2
평균전압(V)	3.5	2.9	3.0
비에너지(Wh/kg)	500	260	275
비출력	매우 낮음	중간	낮음
장점	저장수명 〉 10년	저장수명 〉 10년	저장수명 〉 10년
	유지보수 불필요	유지보수 불필요	유지보수 불필요
	매우 낮은 자기방전율	매우 낮은 자기방전율	매우 낮은 자기방전율
	밀봉 셀	밀봉 셀	밀봉 셀
			낮은 부동태화
단점	높은 부동태화	중간 부동태화	
	낮은 전력		연소가능 재료

유인우주선에는 Wh가 가장 큰 1차 배터리가 필요하다. 임무기간이 긴 유인우주선(우주왕복선)의 경우, 최대 비에너지는 필수적이며, 이 때문에 연료전지가 선호되기도 한다. 1회용 우주선(ATV) 및 승무원비상구조용 우주선(crew emergency rescue vehicle, 이하 CRV)의 경우, 비에너지보다는 오랜 저장수명이 더욱 중요하므로, 1차 리튬 배터리가 자주 사용된다.

긴 저장수명이 요구되는 과학분야에는, Li/이산화황 및 Li/염화티오닐 배터리가 사용되어야 한다. 이 배터리들은 비에너지가 매우 큰 반면, 오랜 저장기간이 지난 뒤 처음 사용할 때는 '전압지연(voltage delay)' 현상이 나타날 수 있다. 또한 에너지가 매우 큰 보빈형 $Li/SOCl_2$ 배터리는 충방전율이 낮다.

5.3.3. 열 배터리

일부 열배터리 역시 발사대용으로 사용된다. 주요 특징은 다음과 같다.

- 평균전압 : 1.2V
- 비에너지 : 120Wh/kg
- 높은 비출력

발사대용 열 배터리의 주요 장점은 다음과 같다.

- 발사대(Ariane, NASA 등)용으로 입증된 성능
- 저장수명 : 20년 이상
- 유지보수 불필요
- 매우 낮은 자기방전율
- 밀봉된 셀

단점은 다음과 같다.

- 셀 가동 명령 필요
- 발사 전 시험 불가
- 가동 수명 최소 2시간

5.4. 항공기용 배터리

5.4.1. 항공기 탑재 배터리

배터리가 전력을 공급하는 항공기용 장비는 매우 많다(on-off 기반 또는 주 전원의 고장 시 예비용 등). 여기에는 비상등 장비, 항공용 전자장비, 비상탈출장치, 비상용 의료장비 등이 있다. 가장 중요한 것은 '주' 배터리 및 '비상용' 배터리로서, 이 절에서 다룬다.

5.4.2. 항공기용 주 배터리의 역할

개척 시대에 대서양 횡단 항공기에 탑재된 장비는 자동차의 장비와 비슷했다. 배터리의 용도는 가솔린엔진을 손쉽게 시동시키는 것이기도 했지만, 가장 중요한 것은 항공기의 전기시스템과 통신시스템에 전력을 공급하는 것이었다. 장비가 복잡해지면서 전압변화 허용범위도 감소했기 때문에, 배터리가 배전 버스바(bus bar)에 연결된 정전압시스템이 채택되었다. 보통 이것은 공칭전압이 24 VDC인 장비를 위한 28 VDC 전원으로서, 이 28 VDC 전원은 오늘날까지도 최첨단 항공기의 표준으로 남아 있다.

오늘날 항공기의 주 배터리는 초창기와 비슷하게 몇 가지 중요한 기능을 한다.

첫 번째 기능은 주 발전원이 고장나는 경우 30~60분 정도 필요한 비상전력을 공급하여 항공기가 지상으로 귀환할 수 있도록 하는 것이다. 중요성 면에서 첫 번째와 거의 같은 두 번째 기능은, 보통 15~30초의 짧은 시간 동안 매우 큰 피크전력이 요구되는 엔진 또는 보조전력장치(auxiliary power unit, 이하 APU)를 기동시키는 것이다. 스위칭과 부하에 전력을 전송하기 위해 고전력 성능 역시 필요한 특성이다. 또한 매우 짧은 시간 동안은, 배터리가 과도상태와 순간펄스 전류 및 발전기에서 발생된 중첩된 교류의 영향을 줄이는 용량성 필터로 작용하기 때문에, 항공기의 DC 회로망의 전압을 안정화하는데 도움이 된다. 또한 지상에서 재급유 및 점검 시, 주 배터리의 에너지가 사용될 수 있다.

5.4.3. 항공기 환경의 정의

- 일반 사항

항공기 장비와 각종 시스템은 미국 FAA 또는 유럽 EASA와 같은 관할 당국의 요구조건을 만족시켜야 한다. 이 조건은 배터리가 항공기의 안전에 위협이 되지 않음을 보장하는 것이 주 내용이다. 물론, 배터리 성능에 영향을 미칠 수 있는 열화요소(수명종료 성능, 온도, 충전상태 등)를 고려하여, FAA/EASA와 협력 하에 항공기시스템 설계자가 분석한 것을 바탕으로 배터리를 선택해야 한다.

내공성(耐空性, airworthiness, 비행에 견딜 수 있는 특성)을 보장하기 위해, 인증시험 단계 및 전체 수명기간 동안 실증 절차가 수립되어야 한다. 또한 배터리 작동 안전성을 비롯한 연속 내공성 및 특히 비상조건에서의 임무 수행 능력은 유지보수 검사에 의해 확인되어야 하며, '유지보수가 불필요한' 배터리의 경우도 마찬가지이다.

항공기 환경에서 공통의 성능 및 안전성 시험 방법을 정의할 목적으로 항공기용 배터리에 대한 특정한 표준이 몇 가지 존재한다. 여기에는 EN2570, IEC60952 및 RTCA DO 293 등이 있다. 이 표준에는 설계지침과 표준화된 형식(format)이 주어져 있으며, 성능을 비교하는데도 도움이 된다.

배터리가 연결될 수 있는 항공기 전기회로망의 품질을 정의하는 EN2270 및 Mil Std 704와 같은 표준도 있다. DC 회로망에서는 정상상태, 비정상상태 및 비상상태 시의 허용전압 제한치 뿐만 아니라 펄스전류와 과도전류의 제한치도 포함되어 있다.

널리 사용되는 표준인 Eurocae/RTCA DO160과 다양한 군사표준(US Mil 810)에 따라 항공기 환경표준 자체는 잘 수립되어 있다. 일반적으로 항공기의 종류(대형 수송용, 헬리콥터, 연습기), 항공기 내부에서의 위치(온도 조절 불가, 부분 온도 조절, 가압지점), 엔진 종류(피스톤, 제트, 터보프로펠러), 진동원과의 근접 정도 등에 따라 보통 환경의 특성이 정해진다. 이러한 요소들 때문에 온도, 고도, 가속도, 배터리에 가해지는 충격 및 진동이 영향을 받는다. 또한 습도, 염무(鹽霧, salt fog), 세척제와 연료 및 윤활유 같은 오염물질에 대한 내성 등의 요구조건도 만족해야 한다.

항공기용 주 배터리의 전기화학적 반응으로 인해 항공기의 전기시스템에 전자기적 간섭이 발생하지는 않는다. 또한 항공기가 번개를 맞는 경우, 이로 인한 전자기적 교란의 영향도 받지 않는다고 생각된다. 물론 항공기에 전자부품이 장착되어 있다면, 전자기적 교란에 대한 내성이 입증되어야 한다.

새로운 배터리를 개발하는 데는 3달 ~ 2년 정도가 걸리며, 인증과정을 마치는 데도 같은 기간이 걸린다. NiCd와 같은 성숙된 기술이나 현존하는 제품과 구조가 거의 유사한 경우, 개발시간이 가장 짧아진다.

▪ 온도

대표적인 온도 사양은 다음과 같다.

- (제한된 기간 동안) 지상에서 생존
- 온도변화 : -55~85℃(열적 충격 과도상태 : 5분 이하)
- 동작온도 : -40~70℃

그러나 적용가능한 화학반응이 제한되어 있다는 것을 고려하면, 극한온도에서 제한값은 받아들여야만 한다. 예를 들면, 상용 항공기의 경우 -20℃는 시동을 위한 실제 한계값이다.

▪ 고도

압력이 가해지지 않는 영역의 장비는 390~18,000m의 고도를 견뎌야 한다. 압력이 가해지는 영역의 등가고도(equivalent altitude)는 보통 2,400m이지만, 이때 급속한 감압효과 역시 고려해야 한다.

▪ 기계적 조건

진동 요구조건은, 스펙트럼 상에서 보통 10~2,000Hz의 주파수에 대해 강도가 0.0001~0.2g^2/Hz인 임의의 진동을 제거하는 능력으로 나타내진다. 이 스펙트럼을 기준으로 엄격하게 준수되어야 할 것은, 진동원에서 장비가 떨어져 있는 거리와 진동원의 종류이며, 이러한 진동의 주 원천은 엔진이다. 터보프로펠러 및 회전익 항공기와 같은 특수한 경우, 회전속도와 관련된 진동첨두치는 임의진동 스펙트럼에 중첩된다.

충격 및 가속 요구조건은 '정상적인' 작동수준과 '충돌' 수준의 두 가지로 나누어진다. 정상적인 작동 수준인 경우 배터리는 정상적인 기능을 발휘해야 하지만, 충돌 수준에서는 단지 원래 형태를 유지해야 한다. 작동 수준은 항공기의 종류에 따라 달라지며, 공기역학적 버피팅(aerodynamic buffeting, 난기류에 의한 기체의 이상 진동 현상)과 같은 효과와 관련이 있지만, 곡예비행을 하는 군용 비행기의 경우는 그 수준이 더욱 높아야 한다.

대표적인 요구조건은 다음과 같다.

- 작동 충격(톱니파 모양의 충격) : 6g/11ms(민간 비행기) ~ 10g/11ms(군용 비행기)
- 충돌 충격(톱니파 모양의 충격) : 20g/11ms(민간 비행기) ~ 30g/11ms(군용 비행기)
- 운전 가속(계속 유지) : 5g(민간비행기) ~ 10g(군용 비행기)
- 충돌 가속(계속 유지) : 9g(민간비행기) ~ 15g(군용 비행기)

정상적인 충격뿐만 아니라 진동 및 가속 시험, 연속적으로 심각한 충격을 발생하는 팬 날개의 손실이나 타이어 파열과 같이 단기 충격에 대한 내구성 역시 실증되어야 한다.

5.4.4. 현재 기술

▪ 일반사항

오늘날의 항공기에는 주로 NiCd와 납 배터리 2가지가 사용되고 있다. 은-아연 배터리는 성능이 매우 우수하여 과거 동유럽에서 널리 사용되었지만, 비교적 짧은 충방전수명 때문에 NiCd로 교체되었다.

배기형(vented) 납 배터리와 NiCd 배터리는 항공기 초기부터 사용되어 왔다.

배기형 납 배터리는 경항공기 또는 일반 항공기용으로 계속 사용되고 있지만, 밸브조절 납 배터리(valve regulated lead-acid battery, 이하 VRLA)가 도입되면서 점점 사용량이 줄고 있다. 반면에 배출형 NiCd 배터리는 대부분의 대형 항공기 및 헬리콥터 분야에 사용되고 있으며(그림 5.24), 업무용 제트비행기와 같은 소형 항공기 분야에서는 납 배터리와 함께 사용되고 있다.

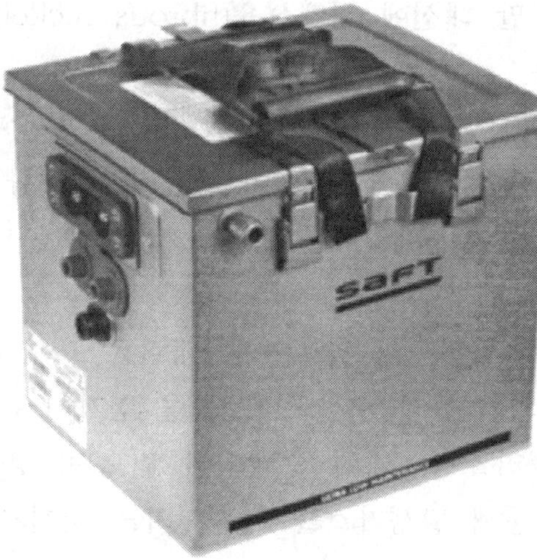

그림 5.24. Airbus A380용 50Ah NiCD 배터리

항공기용 밸브조절형 NiCd 배터리는 존재하지만, 항공기에 그리 널리 사용되지는 않는다. 이는 항공기에 함께 탑재시켜야 할 전용 충전기가 필요하고 열관리를 해주어야 하는 부담이 있기 때문이다. 또 NiMH 배터리 역시, 저온에서의 성능 감소뿐만 아니라 NiCd 배터리와 비슷한 제약 때문에 널리 사용되지 못하고 있다.

오늘날 항공기용으로 가장 매력적인 배터리는 Li이온 배터리이다. 이 배터리는 현재 사용되는 배터리에 비해 무게를 크게 줄일 수 있기 때문에, 가장 최신 군용 프로그램에 이미 채택된 바 있다. Li이온 배터리는 기존 배터리에 비해 정교한 제어가 필요하기 때문에, 시스템개발을 위해 많은 노력이 필요하다.

- 배터리 구조

항공기용 배출형 NiCd 배터리는, 전력용 커넥터와 배출관이 설치된 금속용기 내에 셀들이 수납되어 있으며, 셀들은 보통 용기 외부에서 직렬연결된다. 온도 또는 전압 센서, 그리고 때로는 가열장치를 위해 보조커넥터가 설치될 수도 있다.

이 셀의 전극은 내부 집전체에 연결되어 있으며, 집전체는 셀 커버를 관통하는 단자에 연결되어 있다. 양극은 보통 기공도가 매우 큰 니켈 기판 상에 활성물질을 용착(鎔着, deposit)시킨 것이며, 이 기판은 니켈도금된 천공(穿孔, perforated) 연강판(軟鋼, mild steel plate) 위에 니켈분말을 '소결' 로 용착시킨 것이다. 음극은 양극과 같은 방법으로 만들거나 또는 직접접착공정(direct pasting process)을 이용해서 만든다. 니켈분말 대신에 니켈섬유(fibrous nickel)이나 발포니켈(nickel foam)이 사용될 수 있다.

보통 분리판은 폴리아미드(non-woven polyamide) 부직펠트로 만든다. 과충전 시 산소가 양극에서 생성되어 음극으로 이동한 뒤 재결합하여 열을 발생시키고 과충전 전류를 증가시키기 때문에, 이를 방지하기 위해 분리판 조립체 내에 산소 장벽이 만들어져 있다.

셀 스택은 전해질 내에 함침되어 있으며, 전해질은 고온에서 충전성능을 높이기 위해 수산화칼륨에 소량의 리튬과 수산화나트륨을 첨가시켜 만든다.

각 셀은 용기(주로 플라스틱) 내에 수납되어 있으며, 용기는 전해질의 누출을 방지하면서 저압밸브를 통해 발생가스를 배출시키는 덮개가 씌워져 있고, 덮개는 물보충을 위해 탈부착이 가능하다.

배출형 납 배터리는 보통 단일 플라스틱 용기를 사용하며, 용기에는 각 셀마다 격실이 마련되어 있다. 또한 무게를 줄이기 위해 셀들끼리는 벽을 통해 연결되어 있다. 또 활성물질을 납합금(납-칼슘, 납-주석) 격자 위에 접착하고, 이 격자를 집전체에 용접시킨 뒤 배터리의 전력용 커넥터에 연결한다. 전극 간의 절연을 보장하기 위해 고분자 매트 또는 유리섬유 매트를 사용하며, 이 매트는 황산전해질과 활성표면의 접촉을 유지하게 만든다.

VRLA 배터리도 비슷한 구조를 사용하지만, 혹사 조건에서 오직 내부압력을 줄이는 기능을 하는 고압밸브에 맞춰서 각 셀이 설계되어 있다. 배출형 시스템과는 달리, 분리판은 산소전달을 촉진시켜 산소 재결합을 최대화하도록 설계되어 있다. 이는 물손실과 완전 건조상태(drying-out)를 크게 줄이기 위함이다.

밸브조절형 NiCd 배터리는 배기형 NiCd 배터리와 구조가 같지만, 산소 재결합을 증가시키기 위해 배기압력을 높이고 보조전극을 채용하였다.

- 방전 특성

시중에서 구입할 수 있는 항공기용 24V 주 배터리의 용량은 15~60Ah(방전속도 1C)이다. 실제 성능은 에너지와 전력 사이의 타협 정도에 따라 달라진다.

방전율와 온도의 영향을 설명하기 위해, 23℃ 및 -18℃에서 방전율이 1C 및 8C일 경우 NiCd 배터리의 에너지밀도를 100으로 했을 때 다른 배터리의 상대적인 에너지밀도가 그림 5.25에 나타나 있다. 데이터는 40~50Ah의 용량을 가진 24V 배터리에 대한 것으로, 제작사로부터 정보를 얻었다.

그림 5.26은 같은 온도에서 NiCd 배터리에 대한 다른 배터리의 상대적인 전력밀도를 나타낸 것이다.

항공기에 탑재되는 배터리의 수는 시스템 구조에 따라 다르다. 하나 이상의 배터리가 필요하면, 조달 측면(교체용이성 등)에서 같은 배터리가 사용되는 것이 바람직하며, 이에 따라 사양이 정해진다.

소형 항공기의 경우, 보통 2대의 배터리가 사용된다. 하나는 시동용으로서, 전력사용률을 최대화하기 위해 전압이 12~14V까지 감소된 상태에서도 동작할 수 있다. 시동 중에 공급전압이 18~20V 이하로 떨어진다면, 2번째 배터리가 동작이 중단된 필수장비에 전력을 공급한다. 비상 시에서는 두 배터리를 병렬연결하여 필요한 에너지를 공급한다. 예를 들면, 총 무게가 75kg인 2개의 24V, 44Ah NiCd 배터리가 사용된 지역 운항 제트항공기인 Embracer ERJ145가 있으며, 또한 총 무게가 50kg인 2개의 22.8V, 27Ah NiCd 배터리가 사용된 Embracer ERJ170이 있다. 두 비행기의 배터리가 다른 것은 시동 및 비상 시의 요구조건과 충전시스템이 다르기 때문이다.

Airbus A380은 전력망을 재구성할 수 있으면서 중단 없는 전력공급이 가능하도록 설계된 복잡한 구조를 가지고 있다. 이를 보장하기 위해 3개의 24V, 50Ah NiCd 배터리가 탑재되어 있다. 4번째 50Ah 배터리는 APU 시동 전용이다. 배터리의 전체 무게는 210kg이다. 요구 사양 중에서 배터리 무게가 차지하는 비율은 매우 크다.

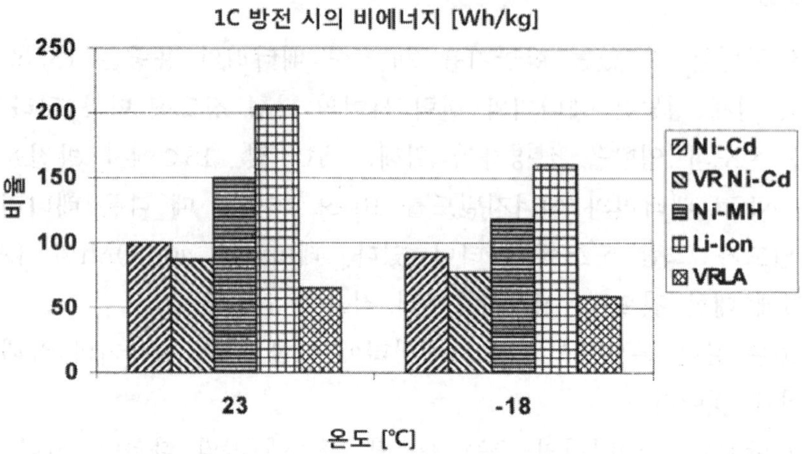

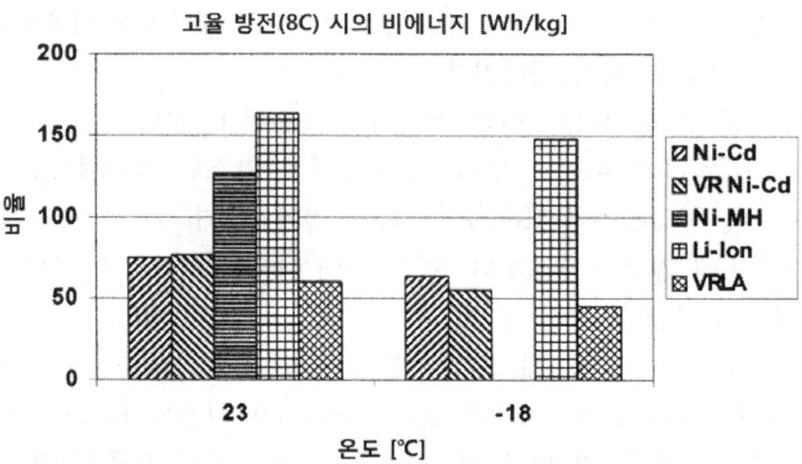

그림 5.25. 23℃ 및 -18℃에서 NiCd 배터리에 대한 다른 배터리의 상대적인 에너지밀도

- 항공기 탑재 충전

대부분의 배터리는 DC 전력계통에 직접 연결하여 충전되며, DC 전력계통은 DC발전기, 또는 교류발전기와 변압기로부터 전력을 공급받는다. 충전전압은 쉽게 바꿀 수 없기 때문에 이러한 시스템으로써 배터리충전을 최적화하기 위한 여지가 많지는 않다.

일부 항공기 시스템은 DC 전력계통의 전압을 조절할 수 있는 전용 충전기를 사용한다. 이러한 충전기는 보통 배터리의 온도와 충전시간에 따라 충전전류와 전압을 바꿀 수 있다.

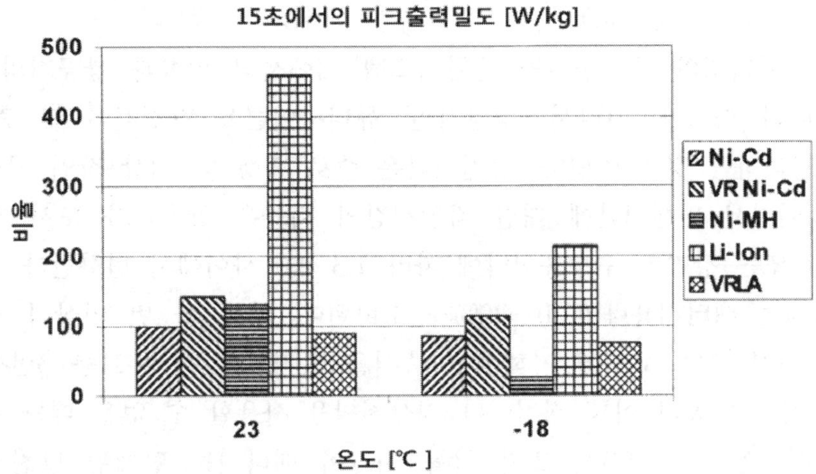

그림 5.26. 23℃ 및 -18℃에서 NiCd 배터리에 대한 다른 배터리의 상대적인 피크전력밀도

이는 가장 짧은 시간에 SOC를 최적화하고, 노후화의 원인이 되면서 배출형 배터리의 경우는 물을 소모하게 만드는 과충전을 최소화하기 위함이다. Li이온 배터리의 경우, 과충전을 제어하지 않으면 배터리가 파괴될 수 있기 때문에, 특히 전용 충전제어기가 배터리 내부 또는 외부에 반드시 마련되어 있어야 한다.

열폭주 현상은 관할 당국의 오랜 염려사항이었다. 배터리의 열발생 속도가 열발산 속도를 초과하면 배터리온도가 상승한다. 과방전 또는 과충전 시에 발생된 열은 주로 자연대류에 의해 발산되며, 일부 특수한 구조의 배터리는 대류기능을 강화시키거나 강제대류 방식을 채택하고 있다. 정상적인 정전압충전 조건 하에서는 열발생과 열발산이 평형을 이루며, 따라서 안정한 조건이 수립된다. 그러나 어떤 환경에서는 열적 불안정이 발생난다.

주어진 충전전압에서의 과충전전류는 배터리의 온도에 따라 달라진다. 이 경우 온도가 상승하면 과충전전류가 상승하고, 따라서 더욱 많은 열이 발생하여 온도가 더욱 상승하는 과정이 계속 이어져서, 온도가 급격히 상승하게 된다.

열적 불안정의 원인은 다음과 같다.

- 높은 대기온도로 인한 매우 높은 충전전압
- 특정한 작동 절차, 예를 들면 고온에서의 빈번한 시동으로 인한 열 축적
- 부정확한 유지보수 방법으로 인한 노후화 징조 검출 실패

- 듀티사이클(duty cycle)

항공기용 배터리의 동작주기는 운항시스템 내에서의 역할과 항공기의 운항 프로파일에 따라 다르다. 따라서 '정상적인' 듀티사이클을 방전깊이 및 충전시간과 연관시켜 정의하는 것은 어렵다. 충전시간은 주로 비행 및 지상 작업 시간에 따라 달라진다. 여기서 비행시간에 대한 작업시간의 비율은 항공기가 도시 간 근거리 왕복용이냐 또는 장거리 수송용이냐에 따라 1.3~2.0 사이에서 변화한다.

시동 시에는 배터리용량의 10~20%가 소비된다. 가끔 한 번 이상의 시동이 필요하지만, 엔진 또는 APU에 가해지는 충격을 방지하기 위해 보통 3번까지로 제한된다. 그러나 항공기 이륙 직전이나 지상전원을 사용할 수 없을 때는 시동 전용 배터리가 사용될 수도 있다. 또한 착륙 시, 이 배터리는 탑재된 발전기와 함께 APU 시동에 사용될 수도 있다. 비상용 배터리는 심하게 방전될 수 없으며 수명기간 대부분은 그냥 DC 버스에 연결된 상태로 있다.

반면에 지상전원과의 연결이 끊어진 상태이거나 인가된 부하 때문에 탑재된 전원을 이용할 수 없는 경우(예를 들면 시스템 시동과 가동중지, 비행 준비 및 재급유 시), 시동용 및 비상용 배터리 모두 지상에서 방전될 수도 있다. 유지보수 또는 청소 시에는 또다른 부하가 인가될 수 있지만, 이들 부하 중 일부는 '배터리방전(battery flat)' 으로 인해 예상치 못하게 전원이 차단될 수도 있다. 또한 메모리 장치와 시계 등의 경부하는 결코 전원이 차단되지 않는 '무정전 버스(hot bus)' 에 연결되어 있다. 이들 부하에는 단지 수 백 mA 정도의 전류가 흐르지만, 항공기가 며칠 이상 사용되지 않는 경우 깊게 방전될 수도 있다.

- 배터리수명

배터리의 수명기간은 작동시간, 대기온도, 시동빈도 및 탑재충전 여부 등과 같은 다양한 요소에 따라 달라진다.

따라서 실제 상황에서 셀의 예상수명이 얼마나 될 것인가를 사전에 결정하는 것은 어렵다. 보통 장거리 수송용 제트항공기에 탑재된 배기형 NiCd 배터리의 수명은 6~9년이며, 도시 간 근거리 왕복 항공기는 5~7년이다. 반면에 군용 연습기와 전투기의 경우는 4~6년이다. 참고로 납 배터리의 수명은 NiCd 수명의 1/2~1/3 사이이다.

배기형 NiCd 배터리의 주된 고장은 모두 점진적으로 진행되며, 그 원인으로는 다음과 같이 3가지가 있다.

- 산소 장벽 고장(열폭주로 이어질 가능성이 많음)
- 분리판 고장(하나 이상의 셀들이 단락됨)
- 활성물질의 열화로 인한 비가역적인 용량 손실

회로가 개방되는 고장은 거의 알려진 바 없다. 배터리가 항공기에 탑재된 상태에서 예방을 위한 유지보수 작업을 하면, 고장이 임박했을 때 신뢰성 있게 감지할 수 있다.

납 배터리의 주요 고장매커니즘은 다음과 같다.

- 활성물질의 열화로 인한 용량 손실
- 활성물질이 집전체와 절연되어 내부저항 증가
- 집전체의 부식

용량 손실은 점진적으로 진행되는 반면, 활성물질의 절연은 지상 작업 시에 발생하는 깊은 방전에 의해 급격히 진행된다. 보통 성능이 열화된 상태에서도 계속 전력을 공급해야 하는 항공 분야에서 또다른 큰 문제는 부식인데, 이 때문에 아무런 사전 징후 없이 배터리 내부회로가 개방되는 고장이 발생할 수 있다.

5.4.5. 미래 전망

무게가 줄어들면 연료소비량이 감소하고 적재량이 증가하기 때문에, 항공기 제작사들은 항공기 무게를 최소로 줄일 수 있는 방법을 계속 찾고 있으며, 이는 배터리와 지지구조물과 같은 장비에도 해당된다. 기존의 배터리 기술로는 무게를 크게 줄일 수 없기 때문에 해결책은 Li이온 배터리가 될 것 같다.

가장 중요한 점은 장비의 수가 증가하면서 전력 요구량 또한 증가한다는 것이다. 오늘날의 항공기에는 4가지의 발전원이 존재하는데, 기계적, 유압식, 공압식 및 전기적 발전원이 그것이다. 무게감소, 유지보수 용이성, 신뢰성 및 효율 때문에, 항공기 제작사는 전기적 발전원을 선호하고 있으며, 유압회로와 액추에이터를 전기적인 것으로 대체하고 있는 것이 그 단적인 예이다. 앞으로 시간이 더욱 지나면, 현존하는 내연기관 구동 보조전력장치를 대체하는 것은 연료전지가 될 것이다. 그럼에도 불구하고 항공기 작동을 위해서는 어느 정도 배터리가 필요할 것으로 판단된다.

이러한 기술발전 때문에 항공기 전기시스템은 크게 바뀌게 될 것이며, AC 또는 DC 회로망의 전압(115 V)을 2배로 높이거나 배터리를 270 VDC 회로망에 직접 연결하는 것 등이 그 예가 될 수 있다. 리튬이온 배터리는 무게가 가볍고 셀의 수가 작아도 같은 전압을 발생시킬 수 있기 때문에, '더욱 전기적인 항공기' 시스템에 대응하는데 가장 적합할 것으로 판단된다.

약자

AC: Alternating Current
BOL: Beginning of Life
C/n: current rate equal to nominal capacity divided by n
CI: Chemical Impregnation
CPV: Common Pressure Vessel
DC: Direct Current
DOD: Depth of Discharge
DPV: Dependant Pressure Vessel
ECI: Electrochemical Impregnation
EOC: End of Charge
EOCP: End of Charge Pressure
EOCP: End of Discharge Pressure
EOCV: End of Charge Voltage
EODV: End of Discharge voltage
EOD: End of Discharge
EOL: End of Life
GEO: Geostationary Earth Orbit
HEO: High Earth Orbit
IPV: Individual Pressure Vessel
LEO: Low Earth Orbit
LSDO: Lithium Sulfur Dioxide
LTC: Lithium Thionyl Chloride
MEO: Medium Earth Orbit
MOP: Maximum Operating Pressure
NiCd: Nickel Cadmium
NiH_2: Nickel Hydrogen
NiMH: Nickel Metal Hydride
OBC: On Board Computer
P: Parallel
PCU: Power Control Unit

참고문헌

1. A. C. Clarke, "Extra Terrestrial Relays", *Wireless World,* 1945.
2. W.R.C. Scott and D.W. Rusta, "Sealed-Cell Nickel Cadmium Battery Application Manual", *Nasa Reference Publication 1052,* Dec. 1979.
3. F. E. Ford, G.M. Rao and T.Y. Yi, "*Handbook for Handling and Storage of Nickel Cadmium Batteries: Lessons Learned*", Nasa Reference Publication 1326, Feb. 1994.
4. H.S. Lim *et al*, "Studies of the Stability of Nylon Separator Materials", *Proc.27th Power Sources Symposium,* Atlantic City, NJ, A77-28126, 83-85, 1976.
5. A.K. Shukla, S. Venugopalan and B. Hariprakash, *J. Power Sources* 100 (2001) 125.
6. G.Halpert, *J. Power Sources* 15 (1985) 119.
7. P.R. Voyentzie, G. Rampel and W.N. Carson, "Characterization of Recombination and Control for Spacecraft Nickel Cadmium Cells, Final Report", *Nasa* Contract 5-11547, 1970.
8. Naval Weapons Support Center, "Evaluation Program for Secondary Spacecraft Cells", *25th Annual report of cycle life test,* Contract S4166D, WQEC/C 85-52, 1985.
9. W.R. Scott, "A study of Degradation of Plates for Nickel Cadmium Spacecraft Cells", *TRW Report* N°24118-6002-RU 00, 1974.
10. G.W. Morrow, "Nickel-Cadmium Cell Design Variable Program Data Analysis", 1984 Goddard Space Flight Center Battery Workshop, *NASA Conference Publication* 2382, 208-227, 1984.
11. Y. Sato, S.Takeuchi and K. Kobayakawa, *J. Power Sources* 93 (2001) 20.
12. J. Carcone, in "*Handbook of Batteries*" (Chapter 28), D. Linden and T.B. Reddy, Eds., McGraw-Hill, New York, 2002.
13. J.D. Dunlop, G.M. Rao and T.Y. Yi, "NASA Handbook for Nickel Hydrogen Batteries", *Nasa Reference Publication 1314,* 1993.
14. J.D. Dunlop, G. Van Ommering and J. Stockel, "Nickel Hydrogen Cells" US Patent 3,867,199, 1975.
15. L. Miller, "The NiH_2 Battery System: A Space Application Summary" *Proc. 23 IECEC,* Denver, Colorado, 489-492, 1988.
16. R.L. Beauchamp, "Positive Electrode for Use in Nickel Cadmium Cells and the Method for Producing Same and Product Utilizing Same", US Patent 3,653,967, 1972.
17. D.F. Pickett, H.H. Rogers, L.A. Tiker, C. Bleser, J.M. Hill and J. Meador, "Establishment of Parameters for Production of Long Life Nickel Oxide Electrodes for Nickel-Hydrogen Cells" *Proc IECEC,* Seattle WA, 1918, 1980.
18. J. D. Dunlop, J.N. Brill and R. Erisman, in "*Handbook of Batteries*" (Chapter 32), D. Linden and T.B. Reddy, Eds., McGraw-Hill, New York, 2002.
19. H.H. Rogers, S.J. Krause and E. Levy," Design of Long Life Nickel Hydrogen Cells", *Proc. 28th Power Sources Conference,* 1978.
20. J.D. Dunlop and J.F. Stockel, " Status of Comsat/Intelsat Nickel Hydrogen battery technology", *Proc 15th IECEC,* Seattle, WA, 1878, 1980.
21. G. Van Ommering, C.W. Koehler and D.C Briggs, "Nickel Hydrogen Batteries for Intelsat V", *Proc 15th IECEC,* Seattle, WA, 1885, 1980.
22. J.P. Zagrodnik and K. Jones, "Development of Common Pressure Vessel Nickel Hydrogen Batteries", *25th IECEC,* Reno, Nevada, 1990.
23. J.C. Garner," A Nickel-Hydrogen Common Pressure Vessel Space Flight Experiment", *Proc. 27th IECEC,* 6-115, 1992.
24. M. Earl, "Intelsat VII. A NiH_2 Cell Evaluation", COMSAT Laboratories, Private Communication, 1993.

25. "Nickel Hydrogen Storage/Capacity Fade Session" 1992, *NASA Aerospace Battery Workshop, Nasa Conference publication 3192,* 1992.
26. H. Vaidyanathan, *J. Power Sources* 22 (1988) 221.
27. D.E. Nawrocki and J.D. Armantrout, "The Hubble Space Telescope Nickel Hydrogen Battery Design", *25th IECEC*, Reno, Nevada, 1990.
28. Y. Borthomieu, M. Broussely and J.P. Planchat, *Proceedings Sixth European Space Power Conference*, p. 679, May 2002.
29. G. Dudley, J.P. Planchat and P. Willmann, *Proceedings Sixth European Space Power Conference*, p. 673, May 2002.
30. B. Simon, J.P. Boeuve, B. Spigai and M. Broussely, *ECS Meeting,* Abstracts Vol. 97-2, 184, Paris, 1997.
31. B. Simon and J.P. Boeuve, SAFT Patents, FR 94 04889 (1994), EP 0683537, US 5,626,981.
32. M. Broussely, in "*Advances in Lithium Ion Batteries*", W. A. van Schalkwijk and B.Scrosati, Eds., Kluwer Editors Academic/Plenum Publishers, Ch. 13, 2002.
33. M. Broussely, S. Herreyre, P. Biensan, P. Kasztejna, K. Nechev and R.J. Staniewicz, *J. Power Sources* 97-98 (2001) 13.
34. M. Broussely, Ph. Biensan, F. Bonhomme, Ph. Blanchard, S. Herreyre, K. Nechev and R.J.Staniewicz, *J. Power Sources* 146 (2005) 90.
35. T. Gonai, T. Okamura and M. Goto, *Proceedings 19th International Communications Satellite Systems Conference*, Toulouse, p. 147, April 2001.
36. T. Inoue, N. Imamura, H. Yoshida, M. Mizutani and M. Goto, *Proceedings 19th International Communications Satellite Systems Conference*, Toulouse, p. 186, April 2001.
37. R. Spurrett, C. Thwaite, M. Slimm and D. Lizius, *Proceedings Sixth European Space Power Conference*, Porto, p. 476, May 2002

우주 응용 분야 II
- 행성탐사임무(궤도우주선, 착륙선, 로봇탐사차량, 탐사선)

6.1. 소개

배터리는 우주선의 필수 부품으로서, 독립적으로 또는 태양광발전이나 원자력발전과 같은 에너지원과 연계하여 전력을 공급한다. 태양과 가까운 행성이나 지구 인근 또는 지구궤도에서는 태양광의 강도가 충분히 크기 때문에, 태양광패널을 이용하여 다양한 임무를 수행할 수 있다. 태양과 멀리 떨어진 행성을 탐사하기 위해서는 태양광의 강도가 낮기 때문에 원자력발전이 바람직한데, 이는 1980년대 NASA의 가장 큰 프로젝트인 보이저(Voyager, 태양계 외부행성 탐사선)호와 갈릴레오(Galileo, 목성 탐사선)호에 의해 입증된 바 있다. 전력원을 선택하면 에너지 저장 요구조건이 정해지므로, 이에 따라 배터리시스템을 선택할 수 있다. 태양광발전으로 전력을 공급하는 경우, 일식 기간 동안 전력을 공급하기 위해서는 적절한 충방전수명을 지닌 재충전 배터리시스템이 바람직하다. 반면에 원자력발전의 경우는, 고전력 및 긴 저장수명을 가진 배터리시스템이 필수적이다. 5장에서 저궤도위성이나 정지궤도위성 분야에 사용되고 있는 배터리에 대해 상세히 설명한 바 있다. 또한 발사대와 항공기에 사용되고 있는 배터리시스템에 대해서도 다루었다. 따라서 이 장에서는 행성탐사임무에 사용되는 배터리만을 다룰 것이다. 다양한 우주선용 배터리에 대해 상세히 다룬 문헌이 많이 있으며, 이들 내용이 본 장의 일부분을 차지하고 있다[1-5].

위성탐사임무용으로는 1차 배터리, 2차 배터리 및 열 배터리의 3가지가 주로 사용되어 왔다. 1차 배터리는 다음 목적을 위해 사용되었다.

- 발사 시 및 발사 후 태양광패널의 전개 시까지 전력 공급
- 기계적 구동을 위한 폭발장치(pyro device)의 점화, 또는 항로교정용 로켓모터의 점화를 위해, 보통 30ms 이하의 짧은 시간 동안 고전력을 공급
- 시계나 컴퓨터 메모리용으로 정해진 기간 이상 동안 매우 낮은 전력을 공급

1차 배터리는 비에너지가 높고 특히 충전이나 다른 에너지원이 필요 없기 때문에, 1회용 응용분야에서 재충전 배터리보다 선호되고 있다.

재충전 배터리는 다음과 같은 경우에 우주선에 전력을 공급한다.

- 발사 중 및 발사 후 태양광패널이 전개 시까지
- 자세 제어를 위한 폭발장치와 로켓 점화
- 순항 이상 시 또는 궤적 제어 조종
- 일식 기간 중 우주선과 우주선의 장비 및 탑재체(payload)*)
- 야간 또는 일식 기간 중의 실험
- 통신 및 데이터 전송
- 전자장비 온도 유지
- 시계용

열 배터리는 보통 폭발장치를 점화시키기 위해 짧은 시간의 고전력펄스를 연속적으로 인가하는데 사용된다. 예를 들어, 열 배터리는 우주선 본체로부터 착륙선이나 로봇탐사차량(rover)의 분리 또는 진입·하강·착륙(entry-descent-landing, 이하 EDL) 시 보조전력을 공급한다. EDL 시의 동작으로는 낙하산 전개, 열차단재 분리, 역추진로켓 점화(TIRS 및 RAD) 등이 있다. 열 배터리는 5~30분의 짧은 수명 때문에 이들 동작 직전에 가동된다. 이 배터리는 비록 비에너지가 낮지만 용융염 전해질을 사용하기 때문에 출력이 큰 특징이 있다.

6.2. 우주용 배터리의 일반적인 특징

우주용 배터리는 주로 엄격한 요구조건과 환경에 적합하도록 개발된 것이기 때문에 고유의 특성을 가지고 있다. 이 특수한 배터리의 고유특성으로는 신뢰성, 견고함, 안전성 등이 극히 높다는 것이다. 고비용의 우주탐사임무와 승조원의 안전보

*) 탑재체(payload) : 목적에 따라 광학 카메라, 적외선 또는 자외선 카메라, 분광기, 통신 중계기, 이온 측정기, 자기장 측정기 등이 있다.

장 때문에, 높은 신뢰성과 안전성이 큰 비중을 차지하는 것은 당연하다. 이 때문에 배터리시스템의 화학반응과 구조에 커다란 제약이 주어진다. 안전성과 신뢰성 이외에도 우주용 배터리는 다음과 같은 특징을 가져야 한다.

1) 우주선의 장비를 오염시키거나 우주선을 손상시키는 바람직하지 않은 물질을 제거하지 않은 채 우주와 같은 진공 상태에서 동작할 수 있는 능력. 온도 및 진공 조건을 맞춘 상태에서 사전 모의시험으로 이를 입증한다(이를 '열진공충방전시험(thermal vacuum cycling)' 이라 부른다).
2) 극한온도에서 동작할 수 있는 능력. 태양과 가까운 행성탐사에는 고온배터리가 필요한데, 예를 들면 금성탐사에는 475℃에서도 생존할 수 있는 배터리가 필요하다. 반면에 화성이나 화성보다 태양에서 더 멀리 떨어진 행성탐사에는 화성 표면온도가 약 -120℃이기 때문에 저온 배터리가 적합하다.
3) 고강도의 방사선 환경에서 생존할 수 있는 능력. 예를 들어 목성은 방사선 수치가 4 Mrad(4백만 rad)로서 매우 높기 때문에 고분자물질을 열화시킬 수 있다.
4) 설치방향에 무관하면서 미소중력(무중력상태에 가까움)에서도 동작할 수 있는 능력
5) 발사, 열적 요인으로 인한 충격, 행성착륙 시의 충격 등과 같이 큰 진동과 가속 조건에서 생존할 수 있는 능력
6) 미생물오염으로 인해 행성 환경에 미치는 영향을 최소화해야 하고, 기구오염 수준이 무시할 만한 수준일 것(행성 보호)

이러한 일반적인 요구조건들 이외에도, 우주용 배터리는 고유 임무에 맞는 '형태와 기능성' 을 만족시키는 것이 필수적이다. 행성임무 수행 시 에너지저장의 필요성은 다음에서 설명하듯이 다양하다.

6.3. 행성 및 우주 탐사 임무

우주탐사임무는 크게 로봇과 인간에 의한 2가지로 나눌 수 있다. 또한 우주에 망원경 설치하는 과학탐사임무에도 배터리가 필요하다. 로봇에 의한 행성탐사임무는 다음과 같이 여러 가지 종류가 있다.

1) 궤도탐사
2) 근접비행(flyby) 및 샘플채취 귀환
3) 착륙
4) 로봇탐사차량(rover)
5) 탐사
6) 충돌체(impactor) 및 관통체(penetrator)
7) 기타 과학 임무

반면에 유인탐사임무는 다음과 같다.

1) 유인탐사선(crew exploration vehicles, 이하 CEV), 우주왕복선의 대안으로 제시
2) 국제우주정거장
3) 달착륙선
4) 월면(月面) 활동(extra-vehiclar activities, 이하 EVA)
5) 표면탐사
6) 기타 과학임무

월면활동을 좀 더 자세히 말하면 다음과 같다.

1) 현장 과학임무 : 관측, 지질적인 샘플 채취 및 지리적인 형상 파악, 굴착 등
2) 고정위치 과학임무 : 지질적인 감시(예를 들면 지진), 우주에서의 물리적 현상 감시(예를 들면 방사능), 천문기구 등
3) 현지 자원 이용, 굴착 및 처리, 행성표면 이동/수송, 우주복, 승조원 수송 로봇탐사차량 등과 같은 기술 입증

여기서 각 임무들에 대해 간략히 설명할 것이며, 특히 에너지저장장치의 특징에 대해 다룰 것이다(표 6.1).

표 6.1. 다양한 로봇 및 유인 행성탐사임무에 사용된 배터리의 특징(XX : 높음, X : 적당함).

구분	임무	에너지원	비에너지	에너지 밀도	동작온 도범위	충방전 수명	저장 수명	출력 밀도	방사능 허용치	안전성
로봇	탐사차량/착륙선	태양광	XX	XX	XX	X	X	X	-	X
		핵발전	X	X	XX	XX	XX	XX	XX	X
	센서		XX	XX	XX	X	X	X	XX	X
	정찰선		XX	XX	XX	X	X	X	XX	X
	탐사선		XX	XX	XX	N/A	X	X	XX	X
	충돌체		XX	XX	-	XX	X	X	XX	X
	궤도 탐사선	태양광	-	-	-	XX	XX	X	X	X
		핵발전	X	X	-	XX	XX	XX	XX	XX
유인	우주 정거장		X	X	-	XX	XX	X	XX	XX
	유인 탐사선		X	X	-	X	X	XX	XX	XX
	유인 발사선		X	X	-	X	X	XX	XX	X
	행성 이륙선		X	X	X	X	X	XX	XX	XX
	행성 착륙선		X	X	X	X	X	XX	XX	XX
	전진기지-하이브리드		X	X	-	-	XX	XX	XX	XX
	우주비행사용 도구		XX	XX	X	X	X	XX	XX	XX
	월면 활동		XX	XX	X	X	X	X	XX	XX

6.3.1. 로봇 우주 탐사

로봇탐사는 우주탐사, 특히 지구와 아주 멀리 떨어져 있거나 인간에게 매우 위험한 환경을 가진 행성을 탐사하는 매우 바람직한 방법이다. 로봇, 통신 및 전력 기술의 발전 덕분에 NASA는 최근 태양계의 여러 행성을 탐사하는데 커다란 성공을 거두었다. 이와 같은 로봇임무를 다음에서 자세히 설명한다.

6.3.1.1. 궤도선

궤도선(orbiter)은 보통 대상 행성의 대기를 이해하고 기후를 매일 관측하기 위해 행성표면을 측량하기 위한 것이다. 더욱이 이 우주선은 지구와 행성표면 사이의 통신중계기 역할도 하며, 로봇탐사차량(rover)이나 착륙선(lander)이 탑재되어 있을 수도 있다. 역사적으로 행성궤도선, 특히 달이나 화성궤도선은 1차 전력원으로서 태양에너지를 사용하며, 지구식 기간 동안 전력을 공급하기 위해 2차 배터리가 필요하다. 반면에, 외행성(태양에서 지구보다 멀리 떨어진 행성, 목성, 토성, 해왕성과 그 위성들)에 대한 궤도우주선에는 주로 핵발전이 사용되며, 더불어 부하평준화를 위해 커패시터나 장수명 재충전 배터리가 사용된다. 핵발전이 사용된 최근의 외행성 궤도선으로는 목성 주위를 도는 갈릴레오(Galileo)와 토성 주위를 도는 카시니(Cassini) 2대가 있다. 반면에 화성을 지속적으로 관측하기 위해 글로벌 서베이어(Global Surveyor), 오딧세이(Odyssey), 익스프레스(Express) 및 리커너전스(Reconnaissance) 등의 궤도우주선도 있었다.

궤도우주선은 행성 주위를 여러 번 회전하는데, 마스 글로벌 서베이어(Mars Global Surveyor)의 경우 수 년에 걸쳐 화성의 극과 극을 하루에 12번 회전한다. 따라서 이때 사용되는 재충전 배터리는 충방전수명이 뛰어나야 하며(5000회/년) 작동수명과 내습수명(wet life)도 우수해야 한다(5~10년). 이 경우 배터리는 급속한 충방전이 행해지는데, 예를 들면 약 30분간 방전 이후 원래 충전상태까지 60분 이내에 충전된다. 깊은 방전 조건에서 이와 같이 최대 30,000회까지 충방전을 수행할 수 있는 배터리는 없다. 그러나 방전깊이가 얕아질수록 충방전수명은 비선형적으로 크게 증가한다. 니켈-카드뮴과 니켈-수소 등의 배터리시스템은 수 천 번의 충방전을 수행할 수 있는 뛰어난 성능을 보인 바 있다. 배터리는 비에너지와 에너지밀도가 큰 것이 바람직하지만, 가장 중요한 성능은 장수명이다. 태양광발전으로 얻은 에너지를 이용하면 배터리의 온도를 0℃ 이상으로 유지시킬 수 있으므로, 저온 성능은 핵심요소가 아니다. 외행성, 특히 목성의 궤도선에는 고강도의 방사능이 피폭되기 때문에 배터리는 이에 대한 내성을 가져야 한다. 궤도선용 배터리의 대표적인 요구사양이 그림 6.1과 표 6.1에 주어져 있다.

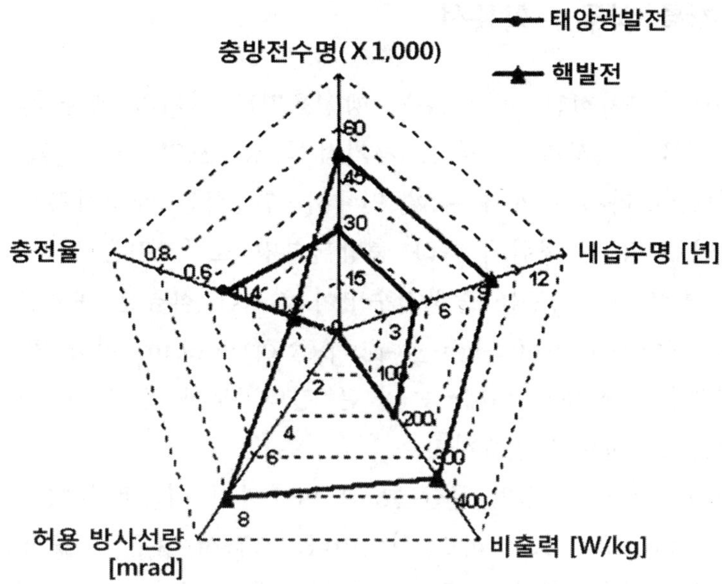

그림 6.1. 행성 궤도선용 배터리의 요구 사양

니켈 기반 재충전 배터리, 특히 니켈-카드뮴 및 니켈-수소 배터리는 충방전수명이 뛰어나기 때문에 이 분야에서 널리 사용되어 왔다. 다양한 구조를 가진 NiCd 및 NiH_2 배터리의 상세 성능이 다음 절에서 주어져 있다. 한편, 은-아연 배터리는 충방전수명이 부족하고, 니켈-금속수소화물 배터리는 우주용 배터리의 거의 모든 사양을 만족시키지 못한다. 최근 리튬이온 배터리는 경량화, 소형화와 더불어 충방전수명이 뛰어나기 때문에 미래의 궤도우주선에는 니켈 기반 배터리를 대체하게 될 것이다.

6.3.1.2. 행성 근접비행 및 샘플채취 귀환 임무

행성 근접비행(flyby)은 또 다른 종류의 임무로서, 우주선은 행성을 연구할 수 있도록 충분히 가까이 접근한다. 근접비행은 항공기나 우주선이 궤도 상을 돌거나 착륙하는 것이 아니라, 자세한 관측을 위해 행성 표면의 목표지점을 매우 근접해서 통과하는 비행이다. 근접비행 임무는 현장분석을 위해 과학기구가 필요할 수 있으며, 또한 샘플을 지구로 가져오기 위해 샘플 채취-귀환 캡슐이 탑재될 수도 있다.

6.3.1.3. 착륙 임무 - 착륙선

착륙선(lander)의 1차적인 과학임무는 행성표면과 대기의 생물학적/화학적 조성(유기물 및 무기물), 기상학, 지진학, 자기적 특성, 표면 형상 및 물리적 특성을 연구하는 것이다. 따라서 무게와 부피 면에서 효율적인 에너지저장기술이 필요하다. 착륙선의 임무기간과 정원에 따라 충방전수명 요구조건은 달라진다. 태양광발전으로 전력을 공급하는 임무는 충방전수명이 짧거나 적당한 재충전 에너지저장장치가 필요하다. 핵발전시스템(radioisotope power system, 이하 RPS)을 사용하는 우주선에서 전력을 저장하기 위해서는 높은 전력밀도와 긴 저장수명을 가진 재충전배터리와 같은 2차전원이 필요하다.

착륙한 우주선은 행성 표면의 극한온도와 마주하게 되는데, 예를 들면 화성표면은 -120~30℃, 달표면은 -120~90℃ 사이이다. 따라서 넓은 온도범위에서 동작할 수 있는 배터리가 바람직하다. 또한 화성 표면에 착륙하는 것은 어려울 뿐더러, 착륙선의 무게와 부피가 크면 진입·하강·착륙 시 받는 충격이 커지므로, 이 두 가지는 큰 제약조건이다. 특히 착륙선의 에어로쉘(aeroshell)*) 두께는 제한되어 있으며, 낙하산, 추진착륙시스템 및 착륙충격저감시스템(예를 들면 에어백) 등의 성능은 모두 착륙선의 무게에 따라 달라진다. 또한 착륙선에 과학장비를 충분히 탑재할 때 배터리의 체적 역시 매우 중요하다. 배터리, 따라서 전력시스템의 무게와 부피가 감소하면 임무가 질적 및 양적으로 개선될 수 있는데, 이는 탑재체를 늘일 수 있고 충격부하의 감소에 의해 임무의 위험이 줄어들기 때문이다.

비에너지와 에너지밀도가 커야 하기 때문에, 과거 행성착륙선에는 은-아연 배터리가 사용되었다[11]. 그러나 충방전수명이 짧은 것이 커다란 단점이었다. 더욱이 충방전수명과 저장수명이 뛰어나면서 비에너지와 에너지밀도는 비슷한 리튬이온 배터리가 등장하면서 은-아연 배터리는 더 이상 사용되지 않게 되었다.

6.3.1.4. 착륙임무 - 로봇탐사차량

로봇탐사차량(rover)은 행성 표면의 암석을 형상화하여 현장에서 분석하고, 행성 표면의 생물학적 및 지질학적 특성을 이해하기 위해 착륙선과 유사한 과학탐

*) 에어로쉘(aeroshell) : 우주선의 연착륙용 소형 제어 로켓 부착 방호막

사연구를 수행한다. 로봇탐사차량은 착륙선과는 달리 명령에 따라 행성표면을 이동하여 다른 지역에서 탐사를 수행하는 기능도 가지고 있다. 로봇탐사차량에 에너지저장장치가 필요한 것은 착륙선과 마찬가지이지만, 보통 무게와 부피 면에서 더욱 많은 제약이 따른다. 에너지저장장치의 요구사양 역시 로봇탐사차량이 태양광발전이냐 핵발전이냐에 따라 달라진다. 태양광발전식 로봇탐사차량은 충방전수명이 짧거나 중간 정도인 재충전배터리가 필요하다. 핵발전(RPS)식 로봇탐사차량은 2차전원이 필요할 수도 있으며, RPS의 전력을 저장하기 위해 주로 높은 전력밀도와 긴 저장수명을 가진 재충전배터리가 사용된다. 로봇탐사차량 역시 최소한 -30~40℃의 넓은 온도범위에서 동작하는 에너지저장장치가 필요하다. 착륙선과 로봇탐사차량용 배터리의 대표적인 요구 사양이 그림 6.2와 표 6.1에 주어져 있다.

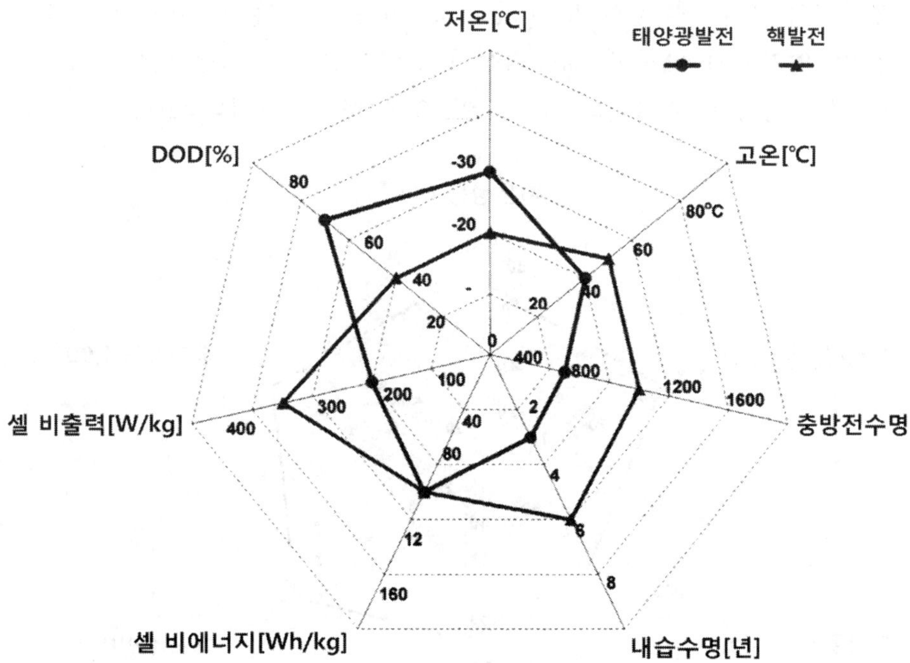

그림 6.2. 행성의 착륙선 및 로봇탐사차량용 배터리의 요구 사양

고에너지 1차 배터리, 특히 리튬-염화티오닐 배터리가 최초의 로봇탐사차량에 사용되었지만, 수명이 짧았다[12]. 이 로봇탐사차량용 1차 배터리는 Li이온 배터리로 점차 대체되었으며, 그 결과 임무기간이 증가했다.

6.3.1.5. 착륙 임무 - 탐사선

행성에서의 또 다른 임무로는 행성탐사가 있으며, 여기에는 갈릴레오나 카시니-호이겐스(Cassini-Huygens) 같은 탐사선(probe), 또는 마스딥스페이스(Mars Deep Space) 2와 같은 관통체(penetrator)가 있다. 이들은 행성의 대기와 표면을 탐사하기 위한 것으로, 과학기구를 포함한 탑재체가 비교적 작다. 따라서 소형 배터리 이외에는 어떠한 에너지저장장치도 탑재될 수 없다. 크기와 무게가 제한되기 때문에 비에너지와 에너지밀도가 중요한 기준이 된다. 주어진 방전조건에서 비에너지와 에너지밀도를 고려하여 반드시 재충전시스템을 사용해야 하는 것이 아니라면, 이 임무에는 1차 배터리가 에너지원으로 사용될 것이다. 또한 열차단에도 한계가 있기 때문에, -80℃ 정도의 극한온도에서도 배터리가 동작하는 것이 바람직하다. 관통선용 배터리의 경우, 특유의 또 다른 요구사양은 착륙 시 80,000g 정도의 큰 중력가속도가 인가되기 때문에 내충격성이 높아야 한다. 그림 6.3과 표 6.1은 행성 탐사선 및 관통체용 배터리의 대표적인 요구사양이 나타나 있다.

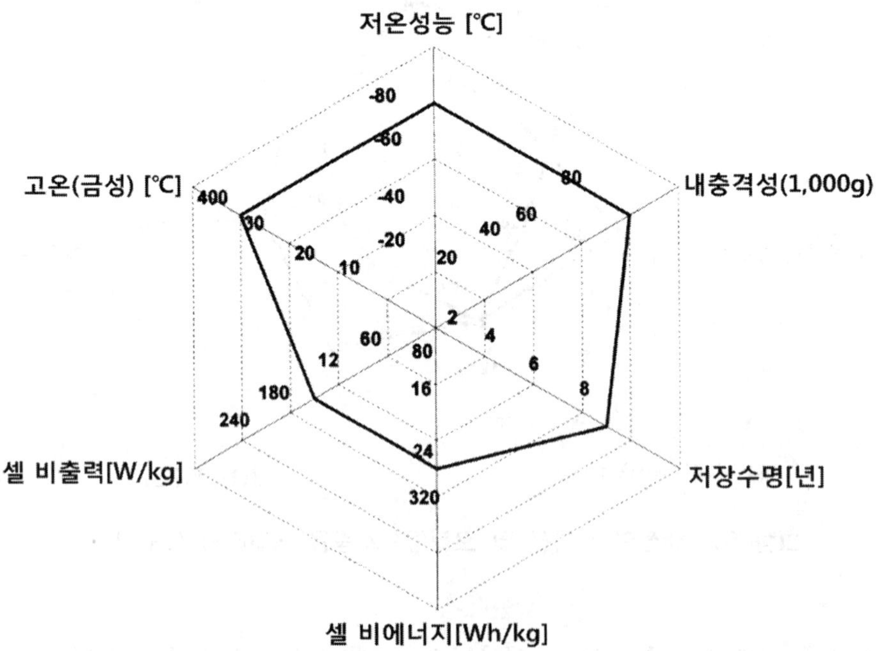

그림 6.3. 내행성 및 외행성 탐사선용 배터리의 성능 요구 사양

비에너지가 큰 1차 리튬 배터리, 특히 캐소드가 액체인 배터리는 이 분야에 적합한 후보로서, 이유는 저장수명이 길기 때문이다. $LiSO_2$ 배터리가 행성탐사선용으로 채택되었으며, 극한 온도에서의 성능과 내충격성이 큰 초소형 탐사선용으로 개량형 $LiSOCl_2$ 배터리가 개발되었다[13].

6.3.1.6. 충돌체 및 관통체

이 우주선들은 행성표면에서 탐사하지만, 수동으로 조작되는 것은 아니다. 최근의 딥임팩트 충돌체(Deep Impact impactor)는 중량이 370kg으로서, 행성과 충돌시킬 목적으로 만들어졌다. 그 결과 분화구가 생성되면서 분화구 내부의 물질들이 표면으로 분출되면서 표면 아래의 물질을 밝혀낼 수 있다. 마찬가지로 관통체는 행성 표면을 깊이 관통해 들어가서 내부의 물질을 탐사하는 것이다. 따라서 행성 표면 아래쪽을 탐사함으로써, 궤도선의 영상정보나 로봇탐사차량 및 착륙선의 연구로는 얻을 수 없는 매우 중요한 정보들을 얻을 수 있다. 에너지원으로는, 충돌체와 관통체에는 1차 배터리가 필요한 반면, 모선은 태양광발전, 또는 RPS와 장수명 재충전배터리(예를 들면 딥임팩트호에 사용된 NiH_2 배터리)가 사용된다.

6.3.1.7. 기타 과학 임무

이 임무에는 지구 대기권에 의한 장애를 줄이고 해상도를 높이기 위해, 지구를 벗어나 광학 또는 스펙트럼 연구를 포함한 다양한 과학임무가 포함된다. 우주선은 지구 주위의 궤도 상에 위치하며, 예로는 지구 상에서 약 5,600km 떨어진 궤도 상에 있는 허블우주망원경(Hubble Space Telescope)을 들 수 있다. 이 임무는 수 년 간 과학적 관측을 하기 때문에 보조전력시스템은 보통 태양광패널과 장수명 재충전배터리로 이루어져 있다. 허블우주망원경에는 NiH_2 배터리가 사용되었으며, 케플러(Kepler)와 같이 곧 발사될 NASA의 우주선에는 무게와 부피를 줄이기 위해 Li이온 배터리가 사용될 예정이다.

6.3.2. 유인 탐사 임무

유인탐사임무는 아폴로(Apollo) 프로그램에 따라 1960년대에 시작되었으며, 인간이 달에 착륙하는 것도 그 중의 하나였다. 최근의 유인탐사임무는 우주정거장에 초점이 맞춰져 있다. 이와 같이 과거 또는 미래의 다양한 유인탐사 임무에 대해 여기서 간략하게 설명한다. 이 임무에 요구되는 에너지 사양이 표 6.2에 주어져 있다.

표 6.2. 유인탐사임무에 요구되는 에너지 사양

우주선종류, 임무	임무/응용분야	에너지시스템	배터리 요구 사양
유인탐사선 (crew explotation vehicle, CEV)	지시선 (command module, CM) 작업선 (service module, SM)	• 5~10kWh • 4.5kWh(평균) • 3×28V 버스	• 안전성 • 고에너지밀도 • 장수명 고출력 • 고온에서의 회복력
	유인발사선 (crew launch vehicle, CLV)		
이륙선 (surface ascent module, PSAM)	이륙 단계 (ascent stage)	• 13.5kWh • 3×28V 버스	• 안전성 • 고에너지밀도 • 장수명 고출력 • 고온에서의 회복력
	착륙 단계 (descent stage)	• 4.5kWh(평균) • 1×28V 버스	
행성표면 임무(surface missions)			
단기 탐사 임무 (sorties)	EVA	• 0.1~1kW	• 안전성 • 고에너지밀도 • 장수명 고출력 • 저온 및 고온 성능
	비가압(unpressurized) 로봇탐사차량/착륙선	• 1kW	• 안전성 • 고에너지밀도 • 장수명 고출력 • 저온 및 고온 성능
전초기지 임무 (outpost missions)	비가압 로봇탐사차량/착륙선	• 1kW	
	가압 로봇탐사차량/착륙선	• 1~5kW	• 안전성 • 고에너지밀도 • 장수명 고출력 • 저온 및 고온 성능
	연료전지/배터리 하이브리드 발전소	• 10 ~100kW	• 안전성 • 고에너지밀도 • 장수명 고출력

6.3.2.1. 우주왕복선

우주왕복선은 지상에서 약 180~400km 떨어진 궤도 상에 있는 국제우주정거장으로 화물을 수송하는데 사용된다. 화물 또는 탑재체는 직경이 약 4.65m, 길이가 약 18.6m인 왕복선의 격실에 실어 수송한다. 궤도선은 우주에서 약 7일 동안 임무를 수행하는 승조원을 최대 8명까지 수송한다. 과거 40년 동안 미국의 모든 유인우주선은 연료전지(알칼리 연료전지) 발전시스템을 사용했다. 우주왕복선에는 3대의 연료전지가 탑재되어 있었으며, 각 연료전지의 출력은 12kW였다. 극저온 저장 수소와 산소 탱크가 승조원실 바로 뒤쪽의 탑재체 격실 아래에 설치되어 있었다.

6.3.2.2. 유인탐사선

유인탐사선(crew exploration vehicle)과 유인발사선(crew launch vehicle)은 달이나 화성 또는 더 멀리 떨어진 행성을 탐사하기 위한 NASA의 차세대 우주왕복선이다. 유인탐사선에는 보통 평균 출력이 4.5kW, 에너지용량이 약 5~10kWh인 재충전 리튬이온 배터리가 사용된다. 이 유인선에서 가장 결정적으로 고려해야 할 요소는 인간중심의 특성 또는 안전성을 가져야 한다는 것이다. 또한 배터리시스템의 비에너지와 에너지밀도는 높아야 한다. 충방전수명과 저장수명 모두 우수하면 좋지만, 결정적인 요소는 아니다. 또한 고온에서 생존할 수 있는 능력이 요구되지만, 저온 동작은 필수적이지 않다.

6.3.2.3. 행성 이륙 단계 및 하강 단계 모듈

달 이륙선 및 착륙선(lunar ascent and descent module)은 가까운 미래에는 달표면을, 그 이후에는 화성표면을 유인탐사하기 위한 것이다. 이 우주선에 필요한 평균전력은 4.5kW이며, 에너지저장용량은 약 13.5kWh로 예상되며, 주로 Li이온 배터리가 사용될 것이다. 이 분야에서 가장 결정적인 요소는 인간중심의 특성 또는 안전성이다. 그밖의 바람직한 성능으로는 높은 비에너지, 고온에서의 성능 회복력 및 긴 저장수명 및 충방전수명 등이 있다.

6.3.2.4. 월면(月面) 활동

월면활동(extra-vehicular activity, EVA)에는 다음과 같은 종류가 있다.

- 현장 과학임무(field science), 이를 위해 각 승조원들이 달표면을 이동해야 하며, 여기에는 현장관측, 지질샘플 채취, 지리적 형상 파악, 굴착 또는 관구 조성(trenching) 등이 필요하다.
- 고정위치 과학임무(emplacement science), 이를 위해 오랫동안 전력이 공급되어야 하며, 여기에는 지구물리적 현상 감시(예를 들면 지진), 우주물리적 현상 감시(예를 들면 방사능), 천문기구 설치 등이 있다.
- 기술 실연(technology demonstration), 여기에는 현지자원 이용(in-situ resource utilization, 이하 ISRU), 굴착 및 처리, 행성표면 이동/수송, 우주복, 승조원 수송 로봇 탐사차량 등이 있다.

이와 같이 다양한 분야마다 필요한 에너지양은 서로 다르지만 1kWh 이하로 예상된다. 또한 안전성 이외에도 배터리는 높은 비에너지와 동작온도 범위가 넓어야 한다.

6.3.2.5. NASA의 미래 표면탐사 임무

표면탐사임무는 크게 4일 정도의 (달)표면 단기탐사 임무와 전초기지 임무로 나눌 수 있다.

단기탐사 임무는 로봇을 이용하며 다음과 같은 것이 포함되어 있다.

- EVA
- 비가압 소형 로봇탐사차량과 착륙선
- 과학장비
- ISRU 실연(달 극지의 휘발성 자원(volatiles, 예를 들면 가스) 채취용 로봇탐사차량)

전진기지 임무에는 다음과 같은 것이 있다.

- 달 거주지
- 가압 로봇탐사차량

- 과학장비
- 자원 발굴(발굴, 수송)
- ISRU 시험 설비(휘발성 자원 또는 표층 자원)

표면탐사선용 에너지저장시스템은 넓은 범위의 크기와 용량이 필요하다. 예를 들면 로봇이동시스템 또는 비가압 로봇탐사차량은 수 백 W의 전력이 필요한 반면, 가압 또는 유인 로봇탐사차량은 수 kW가 필요하다. 높은 비에너지, 장수명 및 높은 안전성 이외에도, 표면탐사선용 배터리의 또 다른 요구 성능은 극한온도에서 동작할 수 있는 능력이다. 특히 이 시스템은 고온(60℃ 이상)에서의 생존 능력뿐만 아니라 -40 ~ -60℃의 저온에서도 동작 가능해야 한다. 전초기지와 거주지에서는 수 일 동안 수 kW ~ 수 십 kW의 전력이 필요하다. 이 분야에서는 수 십 ~ 수 백 kWh의 저장능력과, 정상 부하 및 피크 부하를 담당할 수 있는 재충전 에너지저장시스템이 필요하다. 기저부하용으로는 연료전지, 피크부하용으로는 재충전배터리로 이루어진 하이브리드시스템은 좋은 방안이 될 수 있다.

6.4. 과거 및 현재 행성 임무

미국의 NASA(National Aeronautics and Space Administration), 유럽의 ESA(European Space Agency) 및 기타 여러 국가 우주국의 다양한 행성 및 우주 탐사 임무가 앞서 설명한 분류기준에 따라 간략히 설명된다. 각 임무별 및 배터리별 상세 내용이 표 6.3~6.5에 주어져 있다.

6.4.1. 달 임무(아폴로)

1966~1967년에 걸쳐 NASA는 조종성이 뛰어난 달궤도선인 루나 오비터(Lunar Orbiter) 5대를 발사하였다. 달궤도선의 1차 임무는 무인정찰선(surveyor)과 유인 아폴로우주선의 적절한 착륙지점을 선택하기 위해 달 적도 부근의 정밀사진을 얻는 것이었다. 루나 오비터 3이 이 임무를 성공적으로 수행한 덕분에, 남은 2대의 우주선은 순수한 과학적 목적을 위해 더욱 정밀한 달표면 사진을 찍을 수 있었다. 그 결과 60m/픽셀 이상의 고해상도로써 99%의 달표면 사진을 찍을 수 있었을

뿐만 아니라, 달궤도 인근의 방사능과 초소형 운석에 대한 데이터를 수집할 수도 있었다.

이 궤도우주선의 전력시스템은 4개의 태양광패널과 375W의 전력을 공급하는 12Ah NiCd 배터리로 구성되어 있다. 태양이 가려지는 짧은 일식 동안에는 배터리가 사용되었다.

6.4.2. 화성 및 그밖의 행성 탐사 임무

▪ 마리너 임무

1962~1973년 사이 NASA의 제트추진연구소(Jet Propulsion Laboratory)는, 최초로 금성, 화성, 수성을 방문한 뒤, 금성과 화성으로 되돌아가서 더욱 자세한 관측을 하는 내행성 탐사프로젝트를 위해 10대의 마리너(Mariner) 우주선을 설계, 제작했다. 마리너호 모두는 비교적 소형인 로봇탐사선으로서 무게는 0.5톤 이하였다.

마리너 2의 전력시스템은 날개 모양의 2개의 태양광패널이 우주선에 직접 전력을 공급하거나 1,000Wh의 밀봉형 은-아연 배터리를 재충전시키며, 이때 배터리는 태양광패널이 펼쳐지기 전이나 태양이 가려질 때 또는 부하가 클 때 사용된다.

마리너 3과 4는 28,224개의 셀로 구성된 4개의 태양광패널로부터 전력이 공급되며, 화성에서는 태양광패널이 310W의 전력을 공급할 수 있다. 또한 1,200Wh의 은-아연 재충전배터리는 조종과 예비용으로 사용되었다.

마리너 9(다른 행성의 궤도를 도는 최초의 우주선)는 70%의 화성표면을 측량하여 화성의 대기와 표면의 순간적인 변화를 연구할 수 있었다. 마리너 9에는 14,742개의 셀이 4개의 태양광패널을 구성하고 있으며, 패널의 총 넓이는 7.7m^{2}였다. 이 패널은 지구에서는 800W, 화성에서는 500W의 전력을 공급할 수 있었다. 전력은 20Ah의 NiCd 배터리에 저장되었다. 마리너 9는 167일 동안 비행하여 1971년 11월 화성에 도착하였다. 이 우주선은 대기의 조성, 밀도, 압력 및 온도뿐만 아니라 표면의 조성, 온도, 중력 및 정밀사진 등에 대한 데이터를 수집했다. 마리너 9는 최소 50년 동안 화성궤도를 돌게 될 것이며, 그 이후에는 화성대기권으로 진입하게 될 것이다.

▪ 바이킹 프로그램(1975)

바이킹(Viking) 프로그램은 화성탐사를 위해 바이킹 1과 바이킹 2의 2대의 무인탐사선으로 이루어져 있었다. 우주선에는 위성을 가지고 있었는데, 위성의 임무는 궤도에서 화성표면의 사진을 찍고 바이킹 착륙선과 통신하기 위한 중계기 역할이었다. 궤도우주선은 궤도 상에서 영상화작업과 그 밖의 과학적 임무를 수행하였고, 착륙선은 화성표면에 기기들을 배치하였다. 궤도선의 전력은 크기가 1.57 × 1.23m인 8개의 태양광패널에서 공급되며, 패널은 각 날개마다 2개씩 설치되어 있다. 태양광패널은 34,800개의 셀로 이루어져 있으며 화성에서 620 W의 전력을 공급할 수 있다. 또한 전력은 2개의 30Ah NiCd 배터리에 저장된다. 착륙선은 플루토늄-238을 연료로 사용하는 2대의 원자력발전기(radioisotope thermoelectric generator, 이하 RTG)에 의해 4.4V에서 30W의 전력이 공급된다. 또한 피크부하를 담당하기 위해 4대의 밀봉형 NiCd 배터리(8Ah, 28V)가 탑재되어 있다. 바이킹 1의 궤도선과 착륙선은 각각 4년과 6년 동안 계속 화성을 탐사했으며, 바이킹 2의 궤도선과 착륙선은 각각 2년과 3.5년 동안 탐사했다.

▪ 마스 옵저버(1992)

마스 옵저버(Mars Observer)는 1976년의 바이킹 탐사선 이후 붉은 행성(red planet, 화성의 속칭)으로 보내진 최초의 미국우주선이다. 이 우주선은 화성의 지리와 기후, 특히 표면의 구성물질과 광물학적 특성을 연구하고, 화성의 중력장 및 자기장을 이해하기 위한 것이다. 그러나 이 우주선이 궤도진입 전에 3일 동안 통신이 두절되고 나서야 NASA의 실패작 중의 하나임이 드러났다. 전력은 6개의 태양광패널에 의해 공급된다. 그러나 순항 시 발전량을 줄이기 위해 단지 4개의 패널만 펼쳤다(이유는 우주선이 태양에 근접했기 때문). 우주선이 화성의 그림자 내에 있는 동안, 에너지는 2대의 NiCd 배터리에 의해 공급되었으며, 각 배터리의 용량은 43Ah였다.

▪ 마스 글로벌 서베이어(1996)

NASA의 궤도선인 마스 글로벌 서베이어(Mars Global Surveyor, 이하 MGS)는 약 10년이 지난 후에도 계속 동작하였던 매우 오래된 화성우주선으로서, 어떤 다른 화성탐사 우주선보다 임무를 훌륭히 수행하였으며, 정밀사진, 중력, 자기장, 열

특징, 표면조성물질 및 대기에 대한 과학적 데이터를 수집하고 있다. 1976년 바이킹 이후 최초로 화성으로 발사된 가장 성공적인 미국우주선이었다. 이 우주선은 자체 고도계의 도움을 받아 최초로 놀랄만한 3차원 화성 영상을 보여주었다. 이 우주선은 임무완수 후에도, 마스 리커너전스 오비터(Mars Reconnaissance Orbiter)가 활동에 들어가서 피닉스(Phoenix) 2007 마스 스카우트(Mars Scout) 착륙선과 로봇탐사차량인 2009 마스 사이언스 레이버러터리(Mars Science Laboratory)의 착륙가능 지점을 영상화할 때까지 화성을 계속 관찰하는 새로운 임무가 부과되었다.

MGS의 전력시스템은 4대의 태양광패널(2대는 GaAs, 2대는 Si)이 28 VDC로 980W의 전력을 공급하였으며, 20Ah의 NiH_2 배터리가 함께 사용되었다. 각 배터리는 그림 6.4와 같이 2개의 셀이 수납된 공통압력용기(common pressure vessel, 이하 CPV) 8개로 이루어져 있으며, 모두 16개의 셀이 있다. DC-DC 컨버터를 이용하여 필요한 28 VDC 전압을 얻을 수 있었다. 각 배터리에는 2개의 스트레인게이지와 2개의 온도센서가 설치되어 있다. 충전제어를 위해 배터리전압, 반쪽 배터리 전압 및 열보상전압(VT), 셀 압력 등을 원격측정한다[16].

그림 6.4. 마스 글로벌 서베이어용 NiH_2 배터리(20V, 20Ah).

- 마스 서베이어(Mars Surveyor) 프로그램(1996년)

 - **마스 클라이미트 오비터(Mars Climate Orbiter)와 마스 폴라 랜더(Mars Polar Lander)**

마스 서베이어(Mars Surveyor) '98 프로그램은 2대의 우주선으로 구성되어 있었는데, MCO(Mars Climate Orbiter, 이전에는 Mars Surveyor '98 Orbiter)와 마스 폴라 랜더(Mars Polar Lander, 이전에는 Mars Surveyor '98 Lander)가 그것이다. 두 우주선의 임무는 화성의 날씨, 기후 및 물과 이산화탄소를 연구하는 것이었다. 또한 마스 클라이밋 오비터는 마스 폴라 랜더를 비롯해 NASA 및 다른 국가의 차기 화성착륙선을 위해 데이터중계 임무도 띠고 있었다. 이 궤도선은 궤도진입 조종 중에 항법오류로 목표고도 80km가 90km로 높게 설정되는 바람에 57km 고도의 화성대기권에 진입하지 못하고 파괴되었다[17]. 이 궤도선에서는 하나의 날개에 설치된 3개의 GaAs/Ge 태양광패널에 의해 지구에서는 1,000W, 화성에서는 500W의 전력이 공급된다. 이 전력을 저장하는 것은 공통압력용기를 가진 NiH_2 배터리이다.

1999년에 발사된 마스 폴라 랜더(Mars Polar Lander)는 2대의 마스 딥 스페이스(Mars Deep Space) 2 탐사선이 부착되어 있었으며, 1999년 12월에 화성에 도착할 예정이었다. 대기권 진입 직후 착륙선은 마스 패스파인더의 에어로쉘(Mars Pathfinder-heritage aeroshell)과 낙하산에 의해 속력이 감소되며, 화성표면에 착륙한 후에는 착륙선에 의해 배치된 2조의 GaAs 태양광패널을 이용하여 전력을 공급할 예정이었다. 2대의 NiH_2 배터리는 일사량이 작은 때와 피크전력이 필요한 작업을 할 때 사용될 예정이었다. 그러나 마스 폴라 랜더(Mars Polar Lander)는 착륙 중 다리를 펼치려 할 때 신호에 오류가 발생했다. 즉, 우주선은 착륙 중인데 이미 착륙했다는 오류신호가 발생하여 엔진이 미리 정지됨으로써, 착륙선이 화성과 충돌하여 파괴되어 버렸다.

- 마스 오딧세이(2001년)

2001 마스 오딧세이(Mars Odyssey) 전력시스템의 핵심은 태양광패널과 NiH_2 배터리를 이용하여 직접 에너지를 공급하는 것이다. 태양광패널은 전기적으로 6개 부분으로 구분되어 있으며, 각각은 12열(string)의 셀들로 이루어져 있다. 배터리는 하나의 NiH_2 스택으로 이루어져 있으며, 스택에는 2개의 16Ah 셀을 위한 공통압력용기가 알루미늄 기판 상에 11개 설치되어 있다. 에너지전달은 충전조절장치에 의해 이루어지며, 이 장치는 16개의 선택가능한 전압-온도(VT) 특성곡선에 따라 배터리 충전에 필요한 태양광패널의 각 열(string)을 제어한다.

- 마스 익스프레스(2003년) 및 비글-2 랜더

최초의 행성임무에서 ESA(European Space Agency)는 당시까지 가장 높은 정밀도로서 화성의 대기권과 표면 및 지하 5km까지를 원격측정하기 위해 마스 익스프레스(Mars Express) 궤도선과 비글-2(Beagle-2) 랜더 착륙선을 발사하였다. 마스 익스프레스는 화성일 1년 또는 지구일 687일이라는 예정 기간 동안 성공적으로 임무를 수행하였다. 이 우주선의 임무기간은 화성일로 1년 더 연장되었다.

마스 익스프레스의 전력시스템은 태양광패널로 구성되어 있으며, 이 패널은 화성이 태양으로부터 가장 멀리 떨어진 거리에 있을 때에도(원일점(遠日點)) 650W의 전력을 공급할 수 있으며, 이 값은 임무수행 시 최대 전력공급량인 500W를 상회하는 것이다[18]. 일식 기간 중 전력을 공급하는 에너지저장장치로는 Li이온 배터리(67.5Ah)가 사용되었다. AEA/ABSL사가 제작한 이 Li이온 배터리는, Sony사가 제작한 18650 Li이온 셀(1.5Ah)들로 이루어져 있는데, 이 셀은 경질탄소 애노드, 리튬화된 코발트산화물 캐소드 및 자동안전장치로 구성되어 있다. 이 셀들은 적절한 기준에 의해 전기적 특성이 유사하도록 선택된 것으로서, 배터리의 충전을 제어하기 위한 정교한 전자장치가 필요하지 않다.

화성에 도달하기 6일 전, 마스 익스프레스는 비글-2 착륙선을 발사하였으며, 이 착륙선은 낙하산과 에어백의 도움을 받아 정확한 착륙지점에 도달하도록 되어 있었다. 그러나 비글-2는 궤도우주선 및 지상기지의 전파망원경과의 교신이 두절된 이후 행방불명되었다.

- 마스 레커너전스 오비터(2005년)

지구와 화성이 26개월 마다 근접조우(close encounter)하는 것을 이용하여, 2005년 NASA는 예전보다 더욱 포괄적인 화성탐사를 위해 마스 리커너전스 오비터(Mars Reconnaissance Orbiter)를 발사했으며, 이 위성에는 지금까지 다른 행성 궤도에는 보내진 바 없는 강력한 망원카메라가 장착되어 있었다[19]. 이 위성의 표면투과레이더는 물과 얼음을 찾기 위해 화성의 지하층을 스캔하고, 작은 조각의 표면광물을 규명하여 그 조성과 기원을 결정하며, 대기권의 물과 먼지의 변화를 추적하고, 화성 전체의 기후를 매일 관측한다. 또한 지금까지 화성에서 가장 넓은 접시안테나와 가장 큰 전력을 이용하여 화성의 사진과 기타 정보들을 지구로 전송할 것이다. 더욱이 착륙지점을 정찰하고 표면탐사임무를 위한 중요한 통신

중계기 역할도 한다. 마스 리커너전스 오비터는 2개의 태양광패널로부터 32V에서 전력을 얻으며, 각 패널은 넓이가 100m^{2}로서 3,744개의 고효율 3중접합 태양광셀로 이루어져 있다. 화성에서 두 태양광패널은 1kW의 전력을 발전한다. 마스 리커너전스 오비터 역시 태양광패널이 태양을 향하고 있지 않을 때나(예를 들면, 발사, 궤도진입 및 대기마찰제동*) 시) 화성이 태양을 가릴 때, 전력원으로서 2대의 NiH_2 배터리(Eagle Picher Technologies사)를 사용한다.

각 배터리는 그림 6.5처럼 용량이 50Ah인 11개의 RNH-50-71 공통압력용기(common pressure vessel, 이하 CPV) 셀로 구성되어 있으며, 모든 셀은 직렬로 연결되어 있다. 배터리의 크기는 118.1cm(가로) × 34.3cm(세로) × 최대 10(높이)cm이며, 무게는 최대 41kg이다. 배터리에는 5개의 온도센서와 3개의 스트레인게이지가 설치되어 있다. CPV 셀의 특징으로는 인코넬압력용기(직경 8.9cm), 2층의 지르카(Zircar) 분리판, 35mm 슬러리판, 64개 전극판의 이중스택 구조, 토끼귀 모양의 단자, 최대 종단압력 1,200psi 및 총 무게 2.7kg이다. 보통 방전 시 사용되는 배터리용량은 최대 40%이다.

2006년 마스 리커너전스 오비터는 성공적으로 화성궤도에 진입하여 뛰어난 화성 영상을 보내기 시작했다. 이 위성은 대기마찰제동을 이용하여 화성에서의 궤도를 타원형에서 원형으로 바꾸었다.

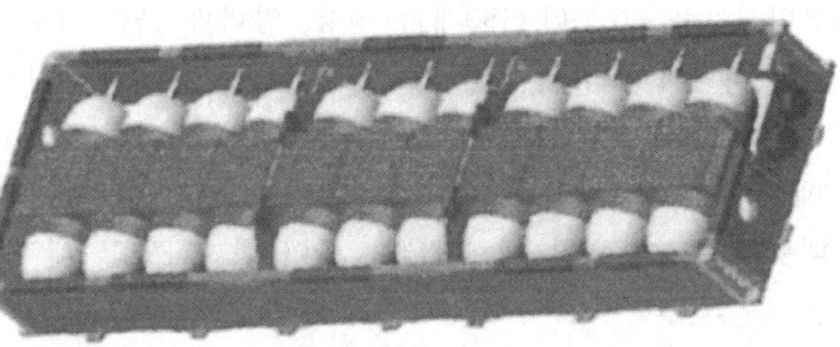

그림 6.5. 마스 레커너전스 오비터(Mars Reconnaissance Orbiter)용 NiH_2 배터리(28V, 50Ah).

- 갈릴레오(1989년)

갈릴레오(Galileo)는 목성의 궤도를 돌면서 매우 성공적으로 임무를 수행하였다. 이 우주선은 자기장과 하전입자를 측정하기 위해 매우 정밀한 장비가 탑재되어

*) 대기마찰제동(aerobraking) : 화성 착륙 시 대기권의 마찰을 이용하여 속도를 줄이는 방법)

있었으며, 최적의 측정을 위해 궤도를 느리게 회전하였다. 또한 갈릴레오에는 목성의 요동치는 대기권 속을 항해할 수 있도록 설계된 착륙탐사선이 탑재되어 있었다. 갈릴레오는 목성의 달인 유로파(Europa) 표면의 얼음층 아래에 용융상태의 소금물바다가 있다는 강력한 증거를 발견했다. 또한 이 우주선은 다른 2개의 달인 가니메데(Ganymede, 목성의 가장 큰 위성)와 카스티요(Castillo, 목성의 위성)에도 소금물 층이 있다는 징후도 발견했다. 모선의 전력원은 2대의 발전기로서, 하나는 플루토늄 238을 사용하는 핵분열반응기이고, 다른 것은 열전(thermoelectric) 장치이다. 탐사선은 대기권 최상층부로부터 낙하산의 도움을 받아 150km를 내려오면서 목성의 기후에 대해 58 분 동안 데이터를 수집했다. 탐사선에 탑재된 $LiSO_2$ 배터리는 성공적으로 전력을 공급했으며, 갈릴레오호가 7년 동안의 항해 후 목성에 도착할 즈음에, 이 배터리의 평가 용량은 최대 21Ah, 공칭출력은 최대 580W였다[20].

- 마스 패스파인더 착륙선 및 소저너 로봇탐사차량(1989년)

마스 패스파인더(Mars Pathfinder, 이하 MPF)는 1990년대 중반 JPL과 NASA를 대표하는 가장 성공적인 화성표면 탐사임무를 완수하였으며, 로봇탐사차량으로 최초의 행성탐사를 수행하였다. 이 우주선은 기존의 로켓추진 착륙법(이전의 바이킹 착륙선에 적용된 것) 대신에 새로운 저가형 착륙법(낙하산과 에어백)의 타당성을 입증하였다. 마스 패스파인더는 23억 비트의 정보, 착륙선으로부터 16,500개 이상의 영상과 로봇탐사차량으로부터 550개의 영상, 암석과 흙에 대한 15가지 이상의 화학적 분석결과, 바람과 그밖의 기후요소들에 대한 광범위한 데이터를 제공함으로써, 화성에 대한 인류의 이해도를 높였다. 착륙선과 소저너(Sojourner) 로봇탐사차량은 각각 예정 수명의 3배와 12배 동안 생존하였다. 이러한 데이터로부터 화성은 한때는 따뜻하고 습했으며 액체상태로 물이 존재하였고 대기층은 훨씬 두꺼웠다는 것을 알 수 있었다.

패스파인더에 사용된 태양광전력 저장장치로는, 착륙선에는 Ag-Zn 재충전배터리, 로봇탐사차량에는 $LiSOCl_2$ 1차 배터리가 사용되었다[21]. 이 두 배터리 모두 무게와 부피 면에서 에너지밀도가 높았기 때문에 선택되었다. Ag-Zn 배터리의 해결과제로는 다음과 같은 것들이 있다.

- 역발사(inverted launch)
- 40회의 임무를 위한 충방전

- 젖은 상태 수명(wet stand) 14개월
- 전해질 누설 방지

돌이켜 볼 때, 가능했다면 Li이온 배터리가 더 좋은 선택이었을 것이다. BST사의 MPF Ag-Zn 배터리(27V, 40Ah, 그림 6.6 참조)는 다음과 같은 특징을 가지고 있었다.

- 강인한 분리판 시스템
- 최소 자유전해질
- 특수한 배기밸브
- 티타늄 배터리 용기 및 커버

그림 6.6. 마스 패스파인더 착륙선용 은-아연 배터리(27V, 40Ah).

배터리는 예비발사 시의 방전시험에서 55Ah의 용량을 나타내었다. 순항 기간 중에는 개회로 조건 하에서 -5~0℃와 최대 80%의 충전상태가 유지되었다. MPF 착륙선의 배터리는 만족스럽게 동작하였으며, 발사 기간, 순항 기간, 진입·하강·착륙(EDL) 기간 및 주임무 기간(1~30 sol, sol은 화성에서의 하루를 뜻함, 24시간 37분 22초) 동안 요구사양을 만족시켰다. 또한 31~84 sol 동안 확장된 임무를 수행했다. 주 임무에는 30회의 충방전횟수가 필요하며, 각 속도는 방전 시에는 16시간 동안 최대 C/40, 충전 시에는 6~8시간 동안 최대 C/8이다. 주 임무를 성공적으로 수행한 이후, 비록 부하가 줄어든 이유도 있지만 배터리의 수명이 화성일로 84일 동안 늘어났기 때문에 임무가 효과적으로 확장되었다. Ag-Zn 배터리에 덧붙여, EDL 동작 동안 열적 사건의 발생 시의 피크부하를 담당하기 위해 $LiFeS_2$ 열배터리 역시 사용되었다.

소저너(Sojourner)는 소형의 6바퀴 로봇으로서, 무게는 약 11.5kg이다. 이것은 패스파인더에 탑재되어 화성에 착륙한 뒤, 우주선에서 분리되어 화성의 특정지역을 통과하면서, 과학실험을 수행하고 영상과 데이터를 착륙선으로 전송하는 것이 임무이다. 비록 주임무가 4일만에 완료된다 하더라도, 핵발전가열장치(radioisotope heater unit, 이하 RHU)에 의해 가열되는 전자장치가 따뜻하게 유지됨으로써 로봇탐사차량은 추운 화성의 밤을 몇 일 간 견딜 수 있도록 설계되었다. 전력시스템에는 200개 이상의 셀로 이루어진 태양광패널로써 16W의 전력을 공급한다. 또한 야간의 실험과 통신을 위해 비에너지가 큰 1차 배터리가 포함되어 있다. 따라서 이 전력시스템에는 12V, 39Ah인 3대의 $LiSOCl_2$ 배터리(3s3p 구조, 그림 6.7 참조)가 탑재되어 있으며, 83일 동안 로봇탐사차량에 전력을 공급하였다.

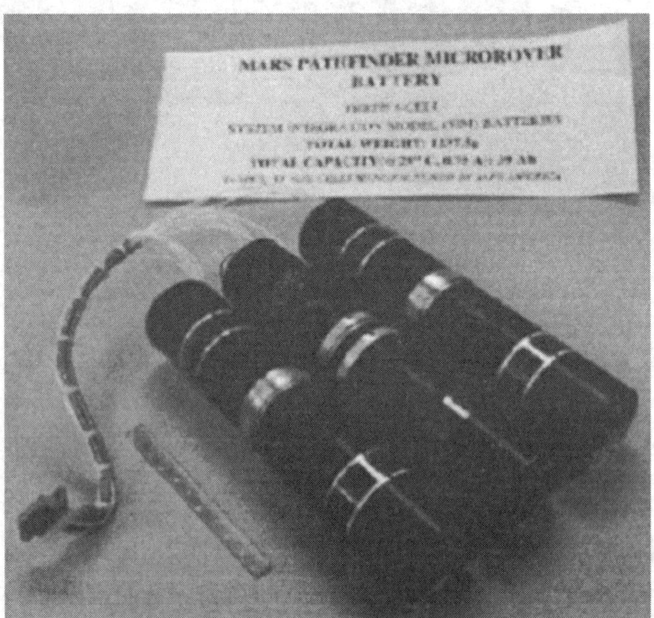

그림 6.7. 소저너(Sojourner) 로봇탐사차량용 리튬/염화티오닐 배터리(12V, 39Ah).

▪ 초소형 화성탐사선 – 딥스페이스 2(1998년)

1998년 마스 서베이어 랜더(Mars Surveyor Lander) 임무에는 실험적인 고성능 탐사선인 딥 스페이스 2 마스 마이크로프로브(Deep Space 2 Mars microprobe) 2대가 사용되었다. 화성에 도착할 즈음에 이 탐사선들은 모선에서 분리되어 대기권을 통해 하강한 뒤 예정된 지점에서 화성표면을 뚫고 들어갔다. 이때 탐사선은 분석을 위해 화성표면을 30cm 정도 뚫고 들어가도록 표면 모듈(동체)과 지표밑 모듈(선수)의 2부분으로 설계되었다(그림 6.8 참조). 탐사선에는 과학적 측정을 위한 기구 몇 가지와 1996 마스 글로벌 서베이어(Mars Global Surveyor, 이하 MGS) 궤도선을 통해 지구로 데이터를 중계하기 위한 송신기가 탑재되어 있었다. 그러나 이 임무들과 1차 마스 서베이어 랜더 임무는 성공적이지 못했지만, 배터리 기술에서는 커다란 진전이 있었다.

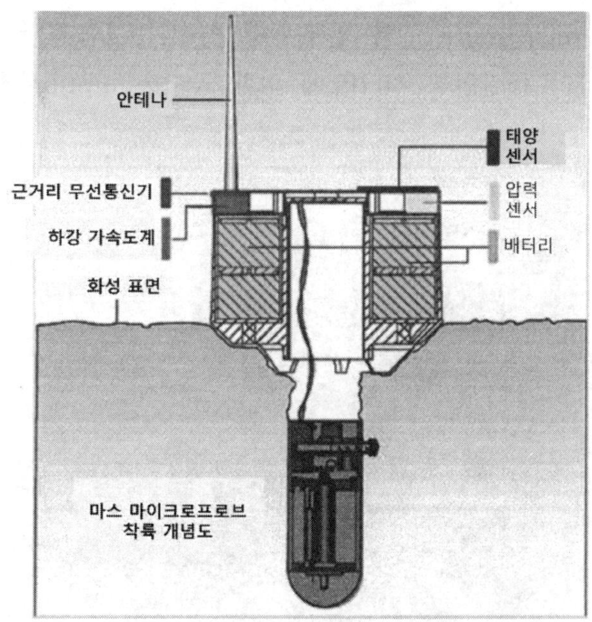

그림 6.8. 딥스페이스 2 마스 마이크로프로브. 선수 : 표면 아랫부분, 동체 : 표면 윗부분

$LiSOCl_2$ 배터리가 하강 시와 표면관통 후에 동작하는 기구 및 통신장비에 전력을 공급하였다. 착륙 및 관통 시에 탐사선이 받는 큰 충격과 동체가 직면하는 극저온 때문에, 배터리의 요구사양으로는 80,000g의 충격력을 견디고 -80 ~ -60℃에서도 동작할 수 있어야 하며, 나아가 최소 2년간의 저장수명을 유지해야 한다.

$LiSOCl_2$ 배터리는 그러한 온도에 가장 적합하며[22], 성능은 다음 방법에 의해 더욱 개선되었다.

- 특히 저온에서 부동태화와 전압지연을 감소시키기 위해, 기존의 $LiAlCl_4$ 대신에 $LiGaCl_4$ 사용
- 전해질의 점도를 감소시키고 이온전도성을 높이기 위해 염의 농도를 0.5~1.0M로 감소시킴[23]

마찬가지로 크기가 D형의 반인 셀에서 전극을 원반형으로 설계함으로써 특히 축 방향의 충격허용도가 개선되었다(그림 6.9 참조). 각 탐사선에는 2개의 $LiSOCl_2$ 배터리가 탑재되었고, 각 배터리는 4개의 셀로 구성되었으며, 배터리전압은 6~14V였다. 배터리용량은 C/50~C/1000의 조건에서 25℃, 2Ah, -80℃에서 550mA이며, 저장수명은 2.5년, 충격허용도는 80,000g였다. 저장수명은 초소형 열량계에 의한 측정(microcalorimetric measurement)과 임무수행 후 성능시험을 통해 확인할 수 있으며, 내충격성은 배터리 품질인증 시 JPL에 의한 공기총(airgun) 시험으로 의해 입증될 수 있다.

그림 6.9. 딥스페이스 2 마스 마이크로프로브용 리튬/염화티오닐 배터리(2Ah).

- 마스 서베이어 프로그램 (MSP01) 랜더(2001)

MSP01 랜더(Lander)용 재충전배터리는 Li이온 배터리가 탑재될 예정이었으며, 그랬을 경우 행성탐사용으로 사용된 최초의 Li이온 배터리였을 것이다[24]. 랜더에는 2대의 배터리가 병렬로 연결되었으며, 각 배터리는 8개의 25Ah Li이온 셀이 직렬로 연결되어 있었다. Lockheed Martin사가 셀 평형장치를 설계, 제작했으며, 우회회로(bypass)를 이용하여 셀은 설정된 충전전압에 한 번에 도달한다. 이를 위해 각 셀의 전압뿐만 아니라 각 배터리 및 전체 배터리 전압과 온도가 5군데(기판, 선택된 3개의 셀, 접지시험 지점)에서 모니터링된다. 이러한 목적을 위해 3가지 배터리가 검토되었으며, Yardney Technical Products사(현재 Lithion사)와 Bluestar Technology사(현재 Eagle Picher사의 일부) (이 두 회사의 배터리는 액체전해질을 사용했음), Alliant Tech. Systems사(겔 상의 고분자 전해질 사용) 등이 제작한 Li이온 배터리가 그것이다. 이 배터리들은 우주분야에 Li이온 화학반응이 사용될 수 있다는 큰 믿음을 주었고[25], 독특한 장점을 가지고 있었다. 그중 Yardney사의 배터리가 결국 선택되었는데, 16개의 각주형 Li이온 셀(명판 상 용량은 25Ah)이 8s2p로 연결되어 있었다(그림 6.10 참조).

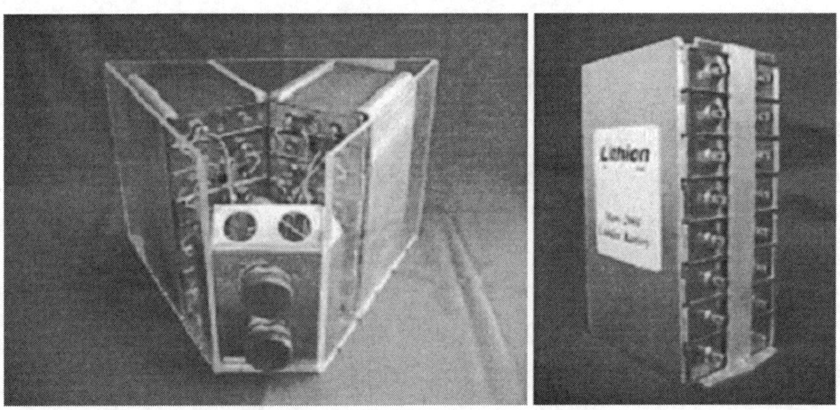

그림 6.10. 마스 서베이어 랜더용 리튬이온 배터리(28V, 60Ah[실질 용량]).

이 셀들에는 1세대 저온 전해질이 사용되었으며, 이 전해질은 에틸렌탄산염(ethylene carbonate, 이하 EC)와 디에틸탄산염(diethyl carbonate, 이하 DEC) 및 디메틸탄산염(dimethyl carbonate, 이하 DMC)이 동일 비율로 혼합된 1M의 $LiPF_6$로서, JPL이 개발한 것이었다[26]. 그러나 NASA는 우주선이 제작되고 있는 중에 이 계획을 중지하기로 결정했다. 이때는 배터리를 포함한 일부 구성부품이 완전히 개발되어 제작된 상태였다. 이 부품들 대부분은 이후 부활된 MSP 01 착륙선인 피닉스에 사용될 수 있었다. 이때 제작된 배터리조립체 시제품은 8개 셀로 이루어진 배터리로 나누어진 뒤, 마스 랜더(Mars Lander)와 마스 오비터(Mars Orbiter)용으로 성능시험을 받았다[27]. 이 배터리는 5년에 걸쳐 1,400회의 충방전을 수행한 후에도 방전종지전압(end of discharge voltage, 이하 EODV)이 거의 감소되지 않는 뛰어난 성능을 나타내었다. 또한 이 배터리를 궤도선에 적용하기 위해 유사한 시험을 거친 결과, 13,000회 이상의 충방전을 수행하였으며, 방전전압 역시 거의 감소되지 않았고 용량은 약 9% 정도 감소하였다[28].

- 마스 익스플로레이션 로버(2003년)

2003년 마스 익스플로레이션 로버(Mars Exploration Rover, 이하 MER)인 스피릿(Spirit)과 오퍼튜니티(Opportunity)는 Li이온 배터리가 기존의 수계 배터리보다 행성표면 탐사임무에 장점이 있음을 보였다[29]. Li이온 배터리에는 몇 가지 고유한 특징이 있으며, 어떤 다른 배터리시스템도 이 임무에서 그와 같은 성공적인 결과를 보여주지 못했을 것이다. 예를 들어, RHU에 의해 가열되는 로봇탐사차량의 전자박스(warm electronic box, 이하 WEB) 내부는 온도가 제어되는 환경에서 배터리가 수납되어 있는데, 이 배터리의 무게와 크기가 큰 문제였다. NiH_2 배터리는 너무 부피가 크고 무거웠으며, 허용가능한 무게와 부피로서는 필요한 에너지의 20~25%만을 공급할 수 있을 뿐이었다. Ag-Zn 배터리는 부피는 훨씬 작았지만 무게는 제한값의 2배였으며, 임무수명도 90일 이하로 매우 짧았다. 소저너(Sojourner)에서와 마찬가지로, 1차 배터리를 사용했다면 임무기간을 크게 제한시켰을 것이다.

스피릿(Spirit)과 오퍼튜니티(Opportunity)는 행성탐사 역사상 가장 성공적인 2가지 우주탐사임무를 가지고 있었다. 이 2대의 '로봇지질학자' 의 목적은, 화성표면을 조사하고, 물의 존재여부를 밝히기 위해 암석 내부를 분석하여 생명체의 증거를 발견하는 것이었다. 또한 화성의 지질 조건에 대한 정보를 얻음으로써 화성의 기원에 대한 인류의 이해를 높일 목적도 있었다[30,31]. 2005년 초 이 두 로봇탐사차량이 화성에 극적으로 착륙한 이후, 약 90일 간의 1차적인 임무를 성공적으로 수행하였으며, 나아가 약 800화성일(sol)*) 간의 연장된 임무를 성공적으로

*) 화성일(sol) : 화성(火星)의 하루, 24시간 37분 22초

수행하였다. 이 두 로봇탐사차량에 의해 몇 가지 놀라운 과학적 발견이 이미 이루어졌으며, 화성의 반대쪽에 위치한 두 로봇탐사차량의 착륙지점에서 과거에 물이 존재했었다는 증거가 발견되었다.

로봇탐사차량의 에너지변환시스템은 펼칠 수 있게 만들어진 태양광패널로서, GaInP/GaAs/Ge 3중접합 셀이 사용되었다. 태양광패널의 수명초기(beginning of life, BOL) 에너지는 약 1,000Wh/sol이다. 500회의 충방전과 18개월간의 작업 이후 용량이 감소하였는데, 주된 이유 중 하나는 화성의 먼지가 태양광패널에 쌓였기 때문이었다. 그러나 화성의 바람에 의해 태양광패널의 먼지가 제거되면서 원래의 에너지수준으로 회복될 수 있었다(그림 6.11). 이들 로봇탐사차량의 에너지저장시스템은 Li이온 배터리로서, NASA의 행성탐사임무에 최초로 사용되었다 [29,32,33]. MER용 Li이온 배터리의 특징은 넓은 온도범위에서 동작할 수 있다는 것으로서, 이는 JPL이 개발한 저온 전해질 덕분이다. 특히 배터리는 실온(30℃) 뿐만 아니라 -30℃에서도 작동할 수 있었기 때문에, 열관리장치의 무게와 부피를 줄일 수 있었다. 이 배터리는 발사 시 약 200Wh, 순항 시 궤도제어조종(trajectory control maneuver, 이하 TCM)을 위해 160Wh, 화성표면 작업 시는 약 280Wh, 진입·하강·착륙(EDL) 시에는 동시에 3가지의 로켓(각 부하전류는 7A)을 여러 번 점화하기 위한 에너지를 공급한다. 이 두 로봇탐사차량 모두 Li이온 배터리 2대가 병렬로 연결되어 있으며, 각 배터리는 8개의 10Ah의 셀이 직렬로 연결되어 있다. 28V, 20Ah 배터리는 이전의 MPS01 랜더용으로 개발된 것과 화학반응이 같으며, Yardney사(Lithion사)가 제작하였다. 이 배터리는 EC-DEC-DMC 내에 1M의 $LiPF_6$가 포함된 1세대 전해질을 사용하였다. 이 배터리는 저온에서 성능이 우수할 뿐만 아니라, 로봇탐사차량의 임무에 요구되는 것보다 더 뛰어난 저장 수명 및 충방전 수명을 가졌으며, 동작온도 범위는 -30~40℃로 넓었다.

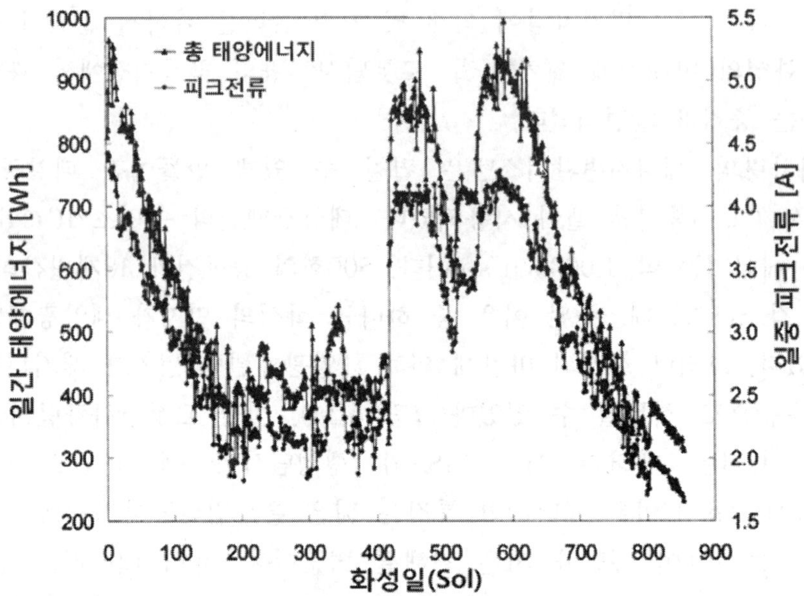

그림 6.11. 스피릿 로봇탐사차량에 탑재된 태양광패널의 총 에너지(윗쪽)와 피크전류(아래쪽)

이 두 배터리는 서로 전기적으로 독립되어 있으며, 정해진 전압범위 내에서 배터리의 충전과 방전을 제어하기 위해 각자 배터리제어반(battery control board, 이하 BCB)을 가지고 있다. 이 BCB들은 배터리 내부의 셀이 과충전 또는 과방전되지 않도록 각 셀 전압을 감시하고 제어하는 것으로서, JPL사가 설계, 제작한 것이다. 충전 시에는 각 셀마다 설치된 120Ω의 저항(우회회로)을 통해 셀이 평준화된다. 임무수행 중에는 원격측정으로 모든 개별 셀 전압, 배터리전압, 각 배터리에 흐르는 전류, 배터리온도 등을 모니터링한다. 4개의 온도탐침(PRT)이 양쪽 끝의 셀 2군데, 중간 위치의 셀 및 배터리 외함에 설치되어 있다.

발사 이후에는, 배터리 용량이 처음에 비해 최대 80%까지 감소되며, 순항 시에는 영구적인 용량손실을 최소화하기 위해 온도를 -10℃까지 감소시킨다[32,34]. 발사 중에는 가장 낮은 셀전압이 3.82V이고, 순항 중에는 셀 사이의 전압차가 140mV를 초과하면 주기적으로 셀전압을 평준화시킨다[32,34]. 따라서 화성표면에서 스피릿과 오퍼튜니티의 각 배터리는 800sol 동안 임무를 훌륭히 수행했으며, 이때 EOD 전압은 28V로서 양호한 상태였다(그림 6.12와 6.13은 처음 550sol 동안의 데이터이다).

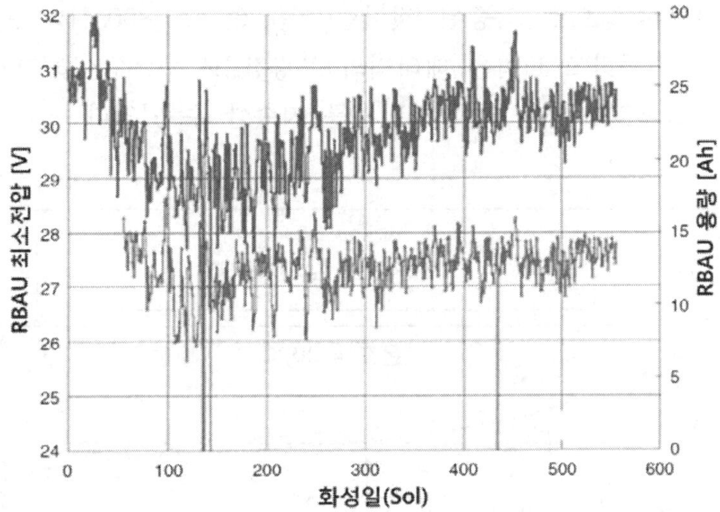

그림 6.12. 스피릿에 탑재된 재충전배터리 조립체(rechargeable battery assembly unit, 이하 RBAU)의 EOD전압(윗쪽)과 용량(아래쪽)

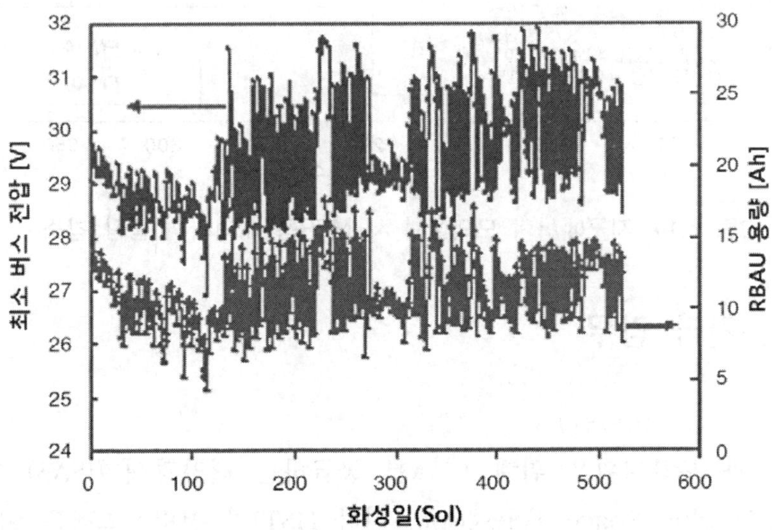

그림 6.13. 오퍼튜니티에 탑재된 RBAU의 최소 버스전압(윗쪽)과 용량(아래쪽)

스피릿의 경우, 20sol 즈음에 소프트웨어의 이상으로 전압이 24V 아래로 떨어지면서 완전방전되었지만, 배터리는 다시 잘 회복되었다. 약 200sol 즈음에는 일간 최대 및 최소 온도가 계속 감소하여 0℃ 및 -15℃로 되었지만, 그뒤 처음값인 23℃와 10℃로 되돌아갔다.

지구에서의 모의실험으로 입증된 것처럼(그림 6.14), 800sol의 표면탐사 동안 태양광패널은 잘 작동하고 Li이온 배터리의 용량감소도 10% 이하였기 때문에[35], 로봇탐사차량은 그후로도 2년 더 화성탐사를 지속할 수 있었다.

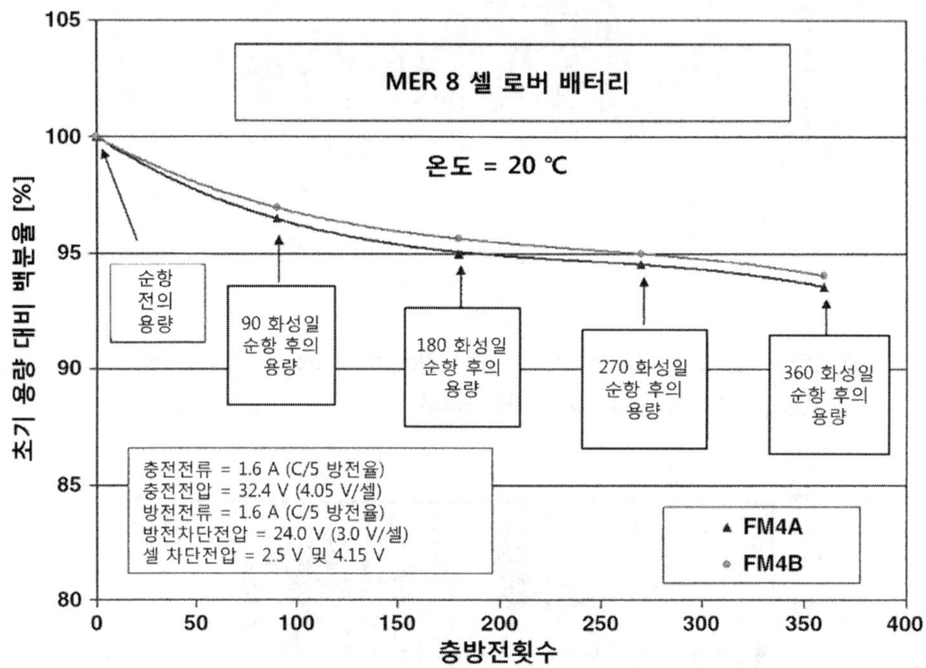

그림 6.14. 지구에서의 모의실험 시 MER용 배터리의 용량 감소

6.4.3. 기타 임무

- 허블우주망원경(1990년)

배터리 충전과 부하지원을 위해 173A를 공급하는 태양광패널(SA3) 외에도, 허블우주망원경(Hubble Space Telescope, 이하 HST)의 전력시스템은 여전히 원래의 6개 배터리에 의존하고 있다. 이 배터리들은 3개의 버스를 통해 병렬로 연결되어 있으며, 전체 배터리시스템은 2개의 모듈로 이루어져 있는데, 각 모듈은 3개의 88Ah NiH_2 배터리로 이루어져 있다. Eagle Picher사/Lockheed Martin사가 제작한 각 IPV 배터리는 23개의 셀로 이루어져 있지만, 전기적으로는 22개의 셀만이 연결되어 있다. 셀은 건조소결된 니켈양극, 이 양극에 적층된 백금음극, 지

르코늄 산화물 천(cloth) 분리판, 폴리슬폰 코어 표면의 가스스크린을 기반으로 하고 있다. 배터리는 16년의 임무 동안 뛰어난 성능을 보였다[36-38].

▪ 국제우주정거장

2005년 11월, NASA와 15개국의 우주정거장 과학자들은 유인 작업을 시작한 이래 5년째를 맞았다. 미국이 주도한 국제우주정거장(International Space Station, 이하 ISS)에 16개국(캐나다, 일본, 러시아, ESA(유럽우주국) 회원 11개국 및 브라질)의 과학적, 기술적 자원이 집중되었다. NASA 과학자들은 우주정거장이 지구 상에서는 실현될 수 없는 거의 무중력에 가까운(microgravity) 환경을 가지고 있기 때문에, 미래에 우주정거장에서의 장기임무에 도움이 되는 결정적인 정보를 모았다. 역사상 가장 크고 복잡한 국제과학프로젝트인 ISS는 250 법정(法定)마일(statute mile, 1,609.3m)의 고도에서 51.6도의 경사각을 가진 궤도상에 위치했다. 우주정거장이 이 궤도에 있으면, 모든 협력국들은 승조원과 물자를 수송하기 위해 자국의 우주선을 보낼 수 있다. 또한 이 궤도에서는 지구 면적의 85%와 지구 인구의 95%가 사는 지역을 확실하게 관측할 수 있다. 러시아의 미르(Mir) 우주정거장보다 4배 이상 큰 ISS는 무게가 183 톤이고 거주공간은 424m^{3}이다.

ISS의 전력시스템에는 100kW 태양광패널뿐만 아니라 NiH_2 배터리가 포함되어 있다. 38개의 IPV 셀은 모두 직렬연결되어 전체가 하나의 궤도대체단위(orbital replacement unit, 이하 ORU, 그림 6.15 참조)로 모듈화되어 있다[39]. 76개의 셀을 사용하여 2개의 ORU가 직렬연결된다. 셀은 RNH-81-EPI형으로서, 용량은 81 Ah이다[39]. ORU의 전압범위는 38~62.3V이며, 에너지는 4kW, 무게는 최대 820kg, 크기는 94×104×48cm이다. 이 배터리는 LEO에서 6.5년 동안 38,000번을 충방전할 수 있도록 설계되었다. 이 배터리는 35%의 DOD까지 충방전해야 하지만, 현재는 약 15~25%의 DOD에서 작동하고 있다. ISS의 전력시스템은 모든 탑재 부하에 필요한 이상의 전력을 공급해오고 있다. 6.5년 동안 배터리는 용량이 거의 감소되지 않았기 때문에, 교체시기가 늦어지고 있다[40]. 2004년 Boeing사는 NiH_2 배터리를 Li이온 배터리로 교체하자고 제안했지만, 그 당시에는 Li이온 배터리에 대한 장기시험 데이터가 충분하지 못했기 때문에, NASA는 이를 거절했다.

그림 6.15. 국제우주정거장에 탑재된 니켈-수소 배터리 장치

- 스타더스트(1999년)

스타더스트(Stardust)는 오직 혜성탐사 만을 위한 최초의 미국 우주선이자, 달궤도 밖에서 외계물질을 가지고 귀환하는 임무를 띤 최초의 로봇선이었다. 스타더스트호는 1999년 2월 발사되었으며, 가벼운 물질인 에어로젤(aerogel)*)을 이용하여 빌트-2(Wild-2) 혜성의 먼지를 수집하는 것이 주임무였다. 혜성은 태양계에서 가장 오래된 물체로서, 생명의 기본요소의 일부가 포함되어 있을 가능성이 높을 것으로 믿어진다. 혜성에는 별과 행성을 만드는데 사용된 물질의 잔해가 포함되어 있으며, 태양계 기본요소의 본질에 대한 단서를 제공하는 탄소기반 휘발성 원소를 풍부하게 지니고 있다. 2004년 1월, 스타더스트는 거의 4년간의 비행 후 혜성과 랑데뷰했다. 2006년 1월, 스타더스트의 샘플리턴캡슐(Sample Return Capsule, 이하 SRC)은 정밀분석을 위한 혜성의 먼지를 가지고 성공적으로 지구로 귀환했다.

스타더스트가 발사된 후, 수평유지장치(gimbal)가 없는 2개의 태양광패널이 즉각 전개되었다. 이 패널의 면적은 6.6m^{2}로서, 태양에서 떨어진 거리가 지구보다 거의 3배나 더 먼 곳에서도 스타더스트에 태양에너지를 공급했다. 11개의 16Ah CPV 셀 2개로 이루어진 하나의 NiH_2 배터리가 일식 기간과 피크부하 시에 전력

*) 에어로젤(aerogel) : 세상에서 가장 가벼운 고체. 1931년 미국 과학자 스티븐 크리슬러 박사가 처음 개발한 에어로젤은 도토리묵과 같은 젤 형태의 고체에서 물기(액체)를 완전히 빼고 그 자리에 기체를 채워넣어 만든 것이다. 부피의 98%가 공기여서 공기만큼 가볍다. 에어로젤이 지닌 나노미터(nm·1nm는 10억분의 1m) 크기의 무수한 구멍은 열전달을 차단하고 충격을 흡수하는 데 탁월하다.

을 공급했다[41]. SRC에는 지구 재진입 시와 낙하산 착륙 시 전력을 공급하기 위해 $LiSO_2$ 배터리가 사용되었다. 여유전력을 위해 4개의 셀(Saft America사가 제작한 LO26 SHX)로 이루어진 2대의 배터리가 병렬연결되었다. 배터리는 이 임무 기간 동안 최대 7년의 뛰어난 저장수명을 보였다.

- 제네시스(2001년)

제네시스(Genesis)의 목적은 지구의 영향권을 벗어나 2년 동안 태양풍(solar wind)에서 원시물질(pristine material)을 수집한 뒤, 최첨단 연구실에서 먼지의 원소 및 동위원소를 분석하기 위해 샘플을 가지고 지구로 귀환하는 것이다. 이를 연구하면 행성의 탄생과 진화, 행성의 위성 및 그밖의 태양계의 모든 별들을 더욱 잘 이해할 수 있다. 스타더스트의 임무처럼 제네시스의 임무 역시 샘플의 수집 및 귀환이므로, 태양광패널과 배터리로 구성된 전력시스템도 스타더스트와 같다. 실제로 제네시스 역시 모선에는 NiH_2 배터리, SRC에는 $LiSO_2$ 배터리가 사용되었다. 발사 후 약 3년이 지나 재진입할 때, 배터리의 탈부동태화(depassivation)는 성공적이었지만, 잘못 설치된 g-스위치 때문에 타이머가 순차적으로 동작하지 못해 SRC가 경착륙(hard landing)해 버렸다. 그러나 SRC가 가져온 샘플을 분석함으로써 이 우주선의 과학적 목적 대부분은 달성되었다.

6.5. 미래 화성탐사 임무

- 피닉스 랜더(2007년)

2007년 8월에 발사될 예정인 피닉스는 NASA의 '스카우트 프로그램(Scout Program)' 의 첫 번째 화성임무이다. 스카우트(Scout)는 NASA의 화성탐사프로그램의 주임무를 수행하기 위한 보조우주선으로서, 매우 혁신적이며 저가로 설계되었다. 피닉스는 화성의 북극평원에서 휘발성 분자(특히 물)와 복잡한 유기분자를 측정하도록 특별히 설계된 것으로서, 이전의 마스 오딧세이(Mars Odyssey) 궤도선 역시 이곳 표층에서 얼음이 풍부한 흙의 증거를 발견하였다. 실패로 끝난 2번의 화성탐사 임무는, 이후 명칭에서 알 수 있듯이, 피닉스(Phoenix)호로 '부활하였다.' 2000년 초 2001 마스 서베이어 랜더(Mars Surveyor Lander) 프로젝트는 연기되었지만, 역시 피닉스 임무로 부활되었다. 이때 많은 과학기구들이 이미 제작되어 있었으므로, 화성탐사를 위해 개조될 필요가 전혀 없었다. 피닉스는 고정착륙선으로서, 로봇팔로 얼음층을 파서 얻은 샘플을 분석하기 위해 탑재된 정교한 과학기구들을 이용한다.

- 마스 사이언스 래보러터리(2009년)

제안된 마스 사이언스 래보러터리(Mars Science Laboratory, 이하 MSL) 로봇탐사차량(2009년에 발사)은 약 110W의 RPS 전원을 기저부하용으로 사용한다. 또한 부하평준화를 위해 2차 배터리가 사용되며, 종류로는 장수명과 넓은 동작온도를 갖는 Li이온 배터리가 가장 유력하다. 로봇탐사차량에는 화성암석에 대한 현장분석연구를 수행하기 위해 약 10가지의 기구들이 탑재되어 있으며, 2년간의 화성표면탐사 기간 중 약 6000m의 거리를 이동하게 되어 있다. MSL 로봇탐사차량은 MER 로봇탐사차량에 비해 용량과 수명이 증가될 예정이기 때문에, 에너지저장시스템의 에너지밀도, 비출력 및 수명은 MSL의 임무를 결정하는데 매우 중요하다. 최신 에너지저장기술이 사용된다면 무게와 부피가 크게 줄어들 것이다. MSL 임무에 Li이온 배터리를 사용하면, 착륙 시 기존의 수계 배터리보다 무게가 최대 40kg까지 줄어들고, 발사 시에는 무게를 더욱 절약할 수 있을 것이다. Li이온 배터리에서 요구되는 860sol의 수명과 3년의 저장수명은 마스 익스플로레이션 로버(Mars Exploration Rover)에 의해 이미 입증되었다.

6.6. 우주용 배터리 기술

앞서 언급했듯이, 임무의 종류와 적용가능한 기술에 따라 1차 배터리, 재충전배터리 및 열 배터리를 포함한 많은 종류의 배터리가 사용되었으며, 이것이 표 6.3에 요약되어 있다. 이 표에는 NASA 우주선에 사용된 다양한 1차 및 2차 배터리가 주어져 있다.

표 6.3 NASA의 주요 무인 및 유인 탐사 임무와 그때 사용된 배터리시스템

탐사	임무종류	임무	목적	연도	에너지 저장장치	배터리	임무수명(년)
로봇	궤도선 / 근접 비행선	Lunar Orbiter	지구의 달	1967	재충전	Ni-Cd	
		Mariner-2	금성근접비행	1962	재충전	Ag-Zn	
		Mariner-4	화성 영상화	1962	재충전	Ag-Zn	3년
		Mariner-5	금성 대기권	1962	재충전	Ag-Zn	
		Mariner-9	화성 측량	1972	재충전	Ni-Cd	최초 행성궤도선-11개월
		Viking-1	화성 측량	1975	재충전	Ni-Cd	4년
		Viking-2	화성 측량	1975	재충전	Ni-Cd	2년
		Mars Observer	화성궤도선	1996	재충전	Ni-Cd	성공적이지 못함
		Mars Global Surveyor	화성 측량	1996	재충전	NiH_2	10년 이상, 진행중
		Mars Climate Orbiter	화성 측량	1998	재충전	NiH_2	성공적이지 못함
		Mars Odyssey	화성 측량	2001	재충전	NiH_2	5년 이상, 진행중
		Mars Express	화성 측량	2003	재충전	Li ion	3년 이상
		Mars Reconnaissance Orbiter	화성 측량	2005	재충전	Li ion	3개월 이상, 진행중
	착륙선	Viking-1	화성표면탐사	1975	재충전	Ni-Cd	4년
		Viking-2	화성표면탐사	1975	재충전	Ni-Cd	3.5년
		Mars Pathfinder	화성표면탐사	1995	재충전	Ag-Zn	84일
		Mars Polar Lander	화성표면탐사		재충전	NiH_2	성공적이지 못함
		Mars Surveyor Program Lander	화성표면탐사	2001	재충전	Li ion	임무 정지
		Beagle-2 착륙선	화성표면탐사	2003	재충전	Li ion	성공적이지 못함
		Phoenix 착륙선	화성표면탐사	2007	재충전	Li ion	90일
	로봇탐사차량	Mars Sojourner	화성표면탐사	1995	1차	$Li\text{-}SOCl_2$	84일
		Mars Exploration Rover	화성표면탐사	2003	재충전	Li ion	1000일 이상, 진행중
		Mars Science Laboratory	화성표면탐사	2009	재충전	Li ion	680일
	탐사선	Galileo	목성 환경	1992	1차	$Li\text{-}SO_2$	8년 이상(순항)
		Cassini-Huygens	토성 환경	2004	1차	$Li\text{-}SO_2$	8년 이상(순항)
		Mars Microprobe DS2	화성 표면아래	1998	1차	$Li\text{-}SOCl_2$	성공적이지 못함
	샘플 수집 귀환	Stardust	혜성 Wild-2	1998	1차	$Li\text{-}SO_2$	3년 이상(순항)
		Genesis	태양풍입자	2000	1차	$Li\text{-}SO_2$	8년 이상(순항)
		Deep Impact	혜성	2002	1차	$Li\text{-}SOCl_2$	3년 이상(순항)
	기타	Hubble Space Telescope	우주망원경	1990	재충전	NiH_2	14년 이상(순항)
유인	유인 착륙선	Apollo	달표면				
	기타	International Space Station		1998	재충전	NiH_2	8년 이상(순항)
	탐사 임무	승무원탐사선	우주정거장에 우주인 수송	2012	재충전	Li ion	데이터 없음
		승무원발사선		2012	재충전	Li ion	데이터 없음
		EVA	우주복과 기구	2012	재충전	Li ion	데이터 없음

6.6.1. 1차 배터리

6.6.1.1. 은-아연 배터리

은-아연 1차 배터리는 주로 발사선의 열적 장치와 탑재된 전자유도제어 시스템에 전력을 공급하기 위해 사용되어 왔다. 또한 비에너지, 전력밀도 및 에너지밀도가 높기 때문에 미사일이나 항공기와 같은 많은 군사분야에도 사용되었다(표 6.4 참조).

표 6.4. 우주용 1차 배터리시스템의 특성

시스템	응용분야	OCV	Ah	결선	Wh/kg	Wh/L	W/kg	작동온도(℃)	자기방전율(%/년)	임무수명	제작사
Ag-Zn	각주형 셀	1.6			200	550	1100	0~55	60		YTP, EPI, BST
	발사선	28			119	283	118	5~40	60	3개월	EPI
$Li-SO_2$	원통형 셀	3			238	375	682	-40~70	〈2.5		
	Galileo 탐사선	30	21	12s3p	91	147	261	-15~60	〈2.5	9년	Alliant Tech
	Genesis SRC	24	14	8s2p	142	127	402	-20~30	〈2.5	6년	Saft
	MER	30	35	12s5p	136	388	390	0~60	〈2.5	5년	Saft
	Stardust	12	20	4s2p	116	182	400	-26~50	〈2.5	10년	Saft
$Li-SOCl_2$	원통형 셀	3.65			390	878	139	-30~60	〈1		Saft, WG, EPI
	Sojourner	11	36	3s3p	245	514	102	-20~30	〈1	5년	Saft
	Deep Impact	33	250	9s24p	221	380	106	-20~30	〈1	5년	Saft
	Deep Space-2	14	2	4s2p	128	339	64	-60~30	〈1	5년	Yardney
	Centaur 발사선	30	250	9s	200	517	83	-20~30	〈1	5년	Yardney
Li-BCX	원통형 셀	3.8			414	933	148	-40~70	〈2		Wilson GB
	우주인용 장비	7.6	12	2s	185	211	115	-50~72	〈2	3년	Wilson GB
$Li-CF_x$	원통형 셀	3.0			614	1051	15	-20~60	〈1		EPI
	범위안전	39	24	13s	167	149	14	-20~60	〈1	10년	EPI

Ag-Zn 셀은 분말아연 애노드, 은산화물 캐소드, 수계 알칼리 전해질(수산화칼륨(40~45%)과 용해된 아연산염으로 이루어짐)을 사용한다. 수 Ah ~ 수 백 Ah의 용량범위에서 가장 널리 사용되는 구조는 평행판 각주형(parallel-plate prismatic)

이다. Ag-Zn 각주형 셀의 구조는 AgO판과 Zn판 사이에 고분자분리판이 설치되어 있다. 우주용 Ag-Zn 배터리의 제작사는 Yardney Technical Products사, Eagle Picher Industries사 및 BST Systems Inc.사 등이 있다[42].

셀의 공칭전압은 1.5V이다. 원통형 셀의 비에너지는 200 Wh/kg, 에너지밀도는 500Wh/L이상이며, 비출력은 매우 크다. 이 값들은 구조, 결선법, 커넥터 및 센서에 따라 절반이 될 수도 있다. 이 배터리는 다른 1차 배터리에 비해 충방전능력이 가장 크다. 이 배터리의 주된 단점은 활성물질의 용해로 인한 짧은 저장수명(몇 개월), 저온에서의 성능저하(0℃에서 공칭용량의 70%, -20℃에서 35%), 모든 수계 배터리와 마찬가지로 제한된 작동온도, 놓이는 방향에 대한 민감함 등이 있다. 온도가 높아지면 수명 역시 급격히 감소한다. 이 배터리시스템은 저장수명이 짧기 때문에 제한된 행성탐사임무에만 적용가능하다.

6.6.1.2. 리튬-황 배터리

NASA는 행성탐사선(갈릴레오 및 카시니-호이겐스 탐사선), 샘플수집귀환캡슐(스타더스트, 제네시스), 마스 익스플로레이션 로버(Mars Exploration Rover)의 착륙선 등에 $LiSO_2$ 셀과 배터리를 사용했다(표 6.3 참조). 이 배터리는 애노드에 금속 Li, 캐소드에는 전해질에 용해된 이산화황을 사용하고 있으며, 탄소집전체에서는 이산화황이 환원된다[43]. 전해질은 아세토니트릴(acetonitrile)에 용해된 1M의 LiBr로 만든다. 그밖의 상세한 내용은 1장을 참조하라. Honeywell사가 갈릴레오 및 카시니-호이겐스 탐사선용으로 배터리를 만든 반면, Saft America사는 스타더스트, 제네시스 및 화성탐사용으로 배터리를 제작했다. 현재 유일한 미국제작사인 Saft America사가 우주용 및 국방성용으로 $LiSO_2$ 셀을 생산하고 있다.

$LiSO_2$ 셀은 에너지밀도(225Wh/kg 이상)와 비에너지(최대 375Wh/L)가 모두 높다. 배터리의 공급전력은 배터리의 설계와 구조에 따라 달라지며, 실제 응용 시에는 셀 값의 50~80% 사이에서 변한다. 이 셀은 리튬 1차 셀 중에서 가장 비출력이 크며, -40~60℃에서 작동한다. 이 셀에 부하가 인가되면, 리튬전극의 부동태화 때문에 전(全) 전압에 도달하기까지 전압지연(voltage delay) 또는 지연작동(delayed action)이라 부르는 짧은 지연현상이 나타난다[44]. 실제 사용에 앞서 방전조절 또는 예비방전을 하면, 이 문제를 최소화하거나 감소시킬 수 있다. 이 배터리를 우주

용으로 사용할 때 또 다른 문제점은 저온에서의 용량감소, 불확실한 방사능 허용도, 10년 이후의 불확실한 수명 등이 있다. 이 배터리가 실제로 사용된 우주분야가 표 6.4에 주어져 있다.

이 시스템은 높은 전력밀도, 적당한 비에너지, -40~60℃의 동작온도가 요구되는 행성탐사우주선용으로 유력한 후보이다.

6.6.1.3. 리튬-염화티오닐 배터리

리튬-염화티오닐 배터리는 마스 패스파인더 로버(Mars pathfinder Rover)인 소저너(Sojouner)(그림 6.7 참조), 뉴밀레니엄 딥스페이스 2(New Millennium Deep Space 2), 우주비행사용 장비, 딥임팩트(Deep Impact) 등에 사용되었다. Li는 애노드재료이며, 캐소드 재료는 액체 염화티오닐(thionyl chloride, $SOCl_2$)이다. 전해질은 $SOCl_2$에 용해된 $LiAlCl_4$로 이루어져 있다. 어떤 셀에서는 $LiGaCl_4$를 사용하여 -80℃에서도 셀을 동작할 수 있게 했다. 우주용으로 선호되는 $LiSOCl_2$ 셀은 나권원통형의 구조를 가지고 있다.

이 배터리를 기반으로 한 몇 가지 변종 배터리도 사용된 바 있다. 어떤 셀은 안전성과 성능을 개선시키기 위해 전해질에 (Li-BCX) 염화브롬(BrCl)을 첨가한다. BrCl은 액체캐소드의 기능을 하여 OCV를 높여 준다[45]. $LiSOCl_2$ 셀은 Saft사(프랑스), Saft America Inc.사, Eagle Picher Industries사, Wilson-Greatbatch Ltd.사 등에서 제작하고 있으며, Wilson- Greatbatch Ltd.사는 LiBCX 셀도 제조하고 있다.

$LiSOCl_2$ 및 LiBCX 셀은 $LiSO_2$셀에 비해 비에너지(390~410Wh/kg)와 에너지밀도(875~925Wh/L)가 크다(표 6.4 참조). 이 배터리의 공급전력 역시 배터리의 설계와 구조에 따라 달라지며, 실제 응용 시에는 공칭값의 30~60% 사이에서 변한다. 이 배터리의 주된 단점은 낮은 비출력(100W/kg 이하), 제한된 저온(-40℃) 성능, Li의 부동태화로 인해 저장 후 특히 커지는 전압지연 등이 있다. 사용에 앞서 방전상태를 조절하면 이 시스템과 관련된 전압지연을 최소화시킬 수 있다.

6.6.1.4. 리튬-일불소화탄소 배터리

$LiCF_x$ 배터리는 제한된 충방전율과 안전 문제(표 6.4 참조) 때문에 우주분야에서 사용이 제한되어 왔다. $LiCF_x$ 셀은 애노드 재료로서 Li를 사용하고 캐소드 재

료로는 도전성 탄소분말과 함께 고체 CF_x를 사용하며, 전해질은 액체유기물질(예를 들면 PC/DMC 내의 $LiBF_4$, 또는 BL[butyrolactone] 내의 $LiAsF_6$)을 사용한다[46]. 원통형으로 만든 셀과 배터리는 주로 Eagle Picher Industries사가 제작한 것이며, Rayovac사와 Panasonic사는 일반(non-specialty) 셀도 제조하고 있다.

$LiCF_x$ 셀의 작동전압은 2.5~2.7V이며, 리튬시스템 중에서 비에너지(400~600 Wh/kg)와 에너지밀도(최대 1000Wh/L)가 가장 높다. 이 배터리의 주된 단점은 저온에서의 제한된 성능과 매우 낮은 비출력(최대가 15W/kg)이다. 비출력이 낮은 것은 주로 일불소화탄소 캐소드의 낮은 전도도 때문이다. 다른 요인으로는 전해질의 낮은 전도도, 두꺼운 전극으로 인한 작은 표면적 등이 있다. 최근 이 모든 단점들을 해결하기 위한 연구개발이 진행 중에 있다. 즉, 불소화탄소의 전자전도도는, 적절한 촉매와 함께 저온에서 불소를 부분적으로 첨가한 탄소를 사용하면 개선될 수 있다[47]. 이와 같이 아불소화물(sub-fluoride)를 사용하면 충방전율이 증가하고 저온성능이 개선된다[48]. 마찬가지로 불소화 프로필렌 탄산염이나 불소화 에테르와 같은 저점성(low viscosity) 공통용매(co-solvent) 기반 전해질은 저온성능을 더욱 개선시킬 수 있다[49]. 점성 역시 저농도의 염을 사용하면 감소된다. 충방전율을 개선시키기 위한 새로운 방법은 전해질에 아니온(anion) 수용체(예를 들어, 3중 (hexafluoroisopropyl) 붕산염)를 첨가하는 것이며, 이 수용체는 방전 시에 형성되는 염화물이온과 합성되어 LiF의 침전으로 인한 캐소드의 부동태화를 방지한다.

이는 상당히 유력한 성능개선방법이지만, Eagle Picher사는 얇은 전극을 이용하여 저온형 고율충방전 $LiCF_x$ 셀을 개발하기 시작했으며, 개발된 실험용 'D-형' 셀은 충방전율이 매우 높았다. 최대 C/8에 해당하는 2A의 방전 시, 셀은 약 15.5Ah의 에너지를 공급했으며, 이때 캐소드의 비용량은 720mAh/g이었다. 이는 463Wh/kg의 비에너지와 860Wh/L의 에너지밀도에 해당하며, $LiSO_4$ 셀의 260Wh/kg과 440Wh/L, $LiMnO_2$ 셀의 260Wh/kg과 630Wh/L과 비교된다. 이 셀은 29℃에서 C/15로서 약 11.5 Ah의 에너지를 공급하며, 이는 590mAh/g의 캐소드 비용량에 해당한다.

최근의 이러한 발전 때문에 $LiCF_x$ 시스템은 1차 배터리와 같은 사양이 요구되는 행성임무에 매우 적합해졌다.

6.6.1.5. 1차 배터리의 비교 평가

행성임무에 적절한 1차 배터리 시스템을 선택하기 위해 현재 구입가능한 시스템에 대해 다음에서 간략히 비교한다.

a) $LiSOCl_2$ 및 $LiSO_2$ 배터리는 에너지가 크고 단기간의 전력공급 능력이 적당한 것부터 큰 것까지 있으며, 동작온도는 -40~70℃이다. 그러나 전력과 에너지는 저온에서 크게 감소하며, 70℃ 이상에서는 내부압력이 증가하기 때문에 안전문제가 발생한다. 두 시스템 모두, 특히 $LiSO_2$ 배터리는 대기온도 또는 그 이하의 저장온도에서 약 10년의 뛰어난 저장수명이 입증되었다. 이는 갈릴레오, 스타더스트 및 마스 익스플로레이션 로버 등에서 성공적인 임무로부터 입증된 바 있으며, 그 뒤로도 많은 우주임무에서 성공을 거두었다.

b) LiBCX 배터리는 $LiSOCl_2$ 시스템에 비해 에너지가 약간 크고 동작온도와 성능은 비슷하다. 그러나 수 년 이상의 수명은 불확실하다.

c) 1차 배터리시스템의 방사능허용치는 비교적 알려진 바 없으며, 유일하게 갈릴레오 $LiSO_2$ 배터리의 방사능 누적조사량이 600krad이라고 보고된 것이 있다[51]. 또한 위의 모든 1차 배터리는 대표적으로 약 5,000g의 충격레벨을 만족시키며, 5,000g 이상의 충격시험은 그다지 많이 수행되지 않았으나, 80,000g의 고충격에서도 무사했던 딥스페이스 2(Deep Space 2)의 특수제작 $LiSO_2$ 셀 시험은 예외이다.

d) $LiCF_x$ 배터리는 아마도 장수명이면서 가장 에너지가 클 것이지만, -40~70 ℃의 온도범위에서 전력공급능력이 매우 낮다. 이는 주로 낮은 전자전도도와 두꺼운 캐소드 때문이다.

6.6.2. 열 배터리

행성탐사임무에서 단지 몇 분 동안 진행되는 진입·하강·착륙 시에, 다양한 폭발작업을 수행하기 위해 큰 전류펄스를 공급하는데 열 배터리가 사용된다. 그와 같은 작업에는 본체분리, 낙하산 펼침, 역추진로켓의 점화 등이 있다. 열 배터리는 그와 같이 큰 전력밀도를 충족시키기 위해 높은 이온전도도를 갖는 용융염 전해질을 사용한다[52]. 전해질은 배터리가 활성화되기 전에는 고체상태로서 배터리 용기의 밀봉재와 결합되어 있으며, 배터리 내부에서 기생손실이 최소화되므로 성능이 열화되지 않고 무한 저장이 가능하다. 대부분의 열배터리에 사용되는 전기화학 반응은 알칼리 할로겐화합물의 용융공정혼합물(molten eutectic mixture) 내에 Li 합금 애노드와 이황화철 캐소드로 이루어져 있다. 바람직한 열 배터리의 특성 대부분은 용융공정전해질 때문이다. 배터리가 활성화되기 전까지 재료는 완전히 불활성이며 비전도성을 띤다. 배터리가 활성화되면 전해질이 용융되어 고전도성이 되면서, 캐소드가 애노드와 상호작용할 수 있다. 열원은 Fe분말과 $KClO_4$의 혼합물이다. 열원이 점화되면 전해질을 녹이는 에너지가 공급되어 배터리가 동작될 수 있다. 점화는 보통 모선의 태양광패널이나 배터리의 전류펄스나 전기기폭장치, 또는 격발뇌관의 기계적 충격에 의해 이루어진다. 열 배터리의 장점으로는 큰 전력밀도, 동작 시 작고 균일한 내부임피던스, 최소 잡음, 다양한 환경에 대한 적응성 등을 들 수 있다. 열 배터리의 구조는 기계적 및 열적 조건을 고려하여 설계해야 하며, 보통 원통형이다. 기계적인 면에서, 셀스택 부품들은 단단한 것도 있고 깨지기 쉬운 것도 있기 때문에, 스택은 충격, 진동 및 가속과 같은 환경을 고려하여 기계적인 압력이 인가된 상태에서 밀봉된다. 열적인 면에서는, 배터리는 효율적으로 열을 유지하도록 설계되어야 한다. 원통 구조는 표면적에 대한 내부체적의 비가 최적이고, 열유지 성능이 최고이므로, 가능하다면 많이 사용된다.

하나의 셀에는 동전 모양의 다양한 부품이 차례로 적층되며, 이것이 그림 6.16에 나타나 있다[53].

전력밀도와 체적 요구사양에 따라, 열 배터리는 여러 셀이 직렬연결된 하나의 스택, 또는 셀이 직렬연결된 스택이 2개 이상 병렬연결되어 있다. 완전히 절연된 스택은 스테인레스강 용기 내에 밀봉 수납되며, 표준유리재를 통해 금속밀봉재와 전기적으로 연결된다. 열 배터리가 일단 작동하면, 활성물질이 완전히 소모되거나 또는 배터리의 온도가 전해질의 융점 이하로 떨어질 때까지, 계속 동작한다. 따라서 배터리가 확실히 절연되는 것이 중요하다. 활성화된 배터리는 환경에 더욱 민감해진다. 그러나 충격, 진동 및 가속이 큰 상태에서도 효율적으로 기능을 발휘한다. 배터리가 일단 활성화되면 전압은 최대값까지 급격히 증가하며(2초 이내), 남은 수명 동안 점차 감소한다.

일부 행성임무에 계속 사용된 열배터리는 EAP 12137(Eagle Picher Technologies 사 제작)로서, 무게 680g, 직경 6.8cm, 높이 5.6cm, 대표적인 수명은 650초였다. 이 배터리는 마스 패스파인더, 마스 오딧세이, 마스 익스플로레이션 로버 등에서 -40℃의 저온에서도 30~50A의 전류펄스를 성공적으로 공급하였다.

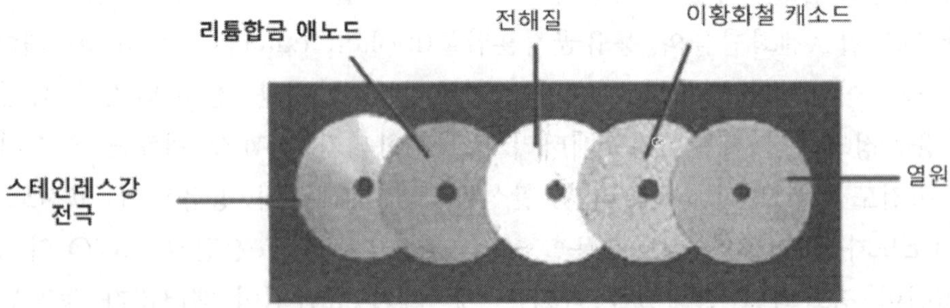

그림 6.16. Eagle Picher사에 의해 제작된 대표적인 열배터리의 셀 구성 부품

6.6.3. 충전 배터리

지금까지 행성탐사임무에 사용된 재충전 배터리시스템으로는 AgZn, NiCd, NiH_2와 같은 수계시스템과, Li이온과 같은 비수계시스템이 사용되어 왔다. 이 배터리들의 특징이 표 6.5에 주어져 있으며, 아래에서 간략히 설명한다.

6.6.3.1. 은-아연 배터리

AgZn 배터리는 제한된 충방전수명을 가진 재충전배터리로서 수많은 분야에서 NASA가 채택하였다. 앞서 언급한대로, 이 배터리는 마스 패스파인더 랜더에 사용되어, 화성의 지상기지에서 발사, 야간 실험 및 통신을 위한 전력을 공급했으며, 약 3달 동안의 화성체류 기간 동안에는 소저너 로봇탐사차량에서 지상기지를 거쳐 지구로 데이터를 중계하기 위한 전력도 공급했다[40].

재충전 AgZn 배터리는 AgZn 1차 배터리 및 셀과 비슷하다. 주된 차이점은 충방전수명을 늘이기 위해 성능이 개선된 분리판재료를 사용하고 전극의 구조를 바꾼 것이다. 공칭 셀 동작전압은 1.5V이다. 셀의 비에너지는 100Wh/kg 이상이고 에너지밀도는 최대 250Wh/L이다. 반면에 패스파인더의 배터리는 시스템 전체를 기준으로 최대 65Wh/kg에 불과했다. 이 시스템은 다른 재충전 알칼리 전해질 셀에 비해 충방전율이 크다. 주된 단점은 저장수명과 동작수명, 동작온도 범위가 제한되어 있다는 것이며, 배터리의 설치방향도 민감한 문제다. AgZn 배터리는 Yardney Technical Products사, Eagle Picher Industries사, BST Systems Inc.

사 제품을 구할 수 있다. 이 배터리는 충방전수명과 저장수명이 짧기 때문에 앞으로의 우주과학임무에는 사용되기 힘들 것이다(표 6.5 참조).

표 6.5. 우주선용 재충전배터리시스템의 성능

시스템	응용분야	구조	용량		동작 전압 (V)	비 에너지 (Wh/kg)	에너지 밀도 (Wh/L)	동작 온도범위 (℃)	설계 수명 (년)	충방전 수명 (회)	제작사
			정격	실제							
AgZn	셀	1	40	51	1.5	128	248	-20~25			BST
	패스파인더 랜더	22s	40	51	27	100	191	-20~25	2	100	Yardney
NiCd	표준 50 Ah	1	50	62	1.25	37	111	-20~25	3		Gates
	랜드샛 (Landsat)	22s3p	50	60	22~36	34	53	-20~26	3	25K	MDAC
	TOPEX	22s3p	50	60	22~36	34	53		3~5	40K	MDAC
수퍼 NiCd	9 Ah 셀	1	9	12	1.25	31	93	-20~30	15		EPI
	50 Ah 셀	1	50	63	1.25	32	100	-20~30	15		EPI
	Sampex 배터리	22s	9	12	28	28	72	-20~30	5	58K	EPI
	영상	22s	21	24	28	33	71	-20~30	5	14K	
IPV NiH_2	IPV 셀	1	83	98	1.25	48	71	-20~30			EPI
	우주정거장	76s6p	81	93	48	24	8.5	-20~30	6.5	11K	Boeing
	HST	22s6p	80	85	28	8	4	-20~30	5	65K	EPI
	랜드샛 7	17s2p	50	62	24			-20~30	5	〉50K	LMAC
CPV NiH_2	CPV 셀	2	16	18	2.5	43.4	77				EPI
	MIDEX MAP	11s	16	18	28	36	21				
	오딧세이	22s2p	16	18	28	36	21.1	-3~8	10~14	1K	LMAC
	마스 98	11s	16	18	29	37	41	5~10	3		LMAC
	MGS	16s2p	20	23	20	35	25	5~10	1 sol	50K	LMAC
	EOS Terra	54s2p	50	55	67			-5~10	5		
	스타더스트	11s	16	18	28	36	21	-5~11	7	1135일	LMAC
SPV NiH_2	SAR 10065	12s	50	60	28	54.6	59.3				EPI
	클레멘타인 (Clementine)	22s	15	18	28	54.8	78		200회	200	JCI/NRL
	이리듐 (Iridium)	22s	60	70	28	53.4	67.7	-20~30			
Li이온	2001 마스 랜더	8s2p	50	62	28	105	240	-20~30	90일	1.3K (지상)	Yardney
	2003 마스 로버	8s2p	16	20	28	92	240	-20~30	90일	860	Yardney
	마스 익스프레스	8s45p	68	68	28	90	200	0~20	1	10K	ABSL

6.6.3.2. 니켈-카드뮴 배터리

1960년대부터 1990년대 초에 이르기까지 NiCd 배터리는 우주임무에 주로 사용된 배터리였다. 1959년에 발사된 익스플로러 6(Explorer 6)은 NiCd 배터리를 사용한 최초의 우주선이었으며, 그 직후 일련의 성공적인 장기(長期) 기상위성(TIROS)에도 이 배터리가 최초로 사용되었다. 그 이후로 NiCd 셀과 배터리는 NASA의 우주선에 가장 널리 사용되는 에너지저장원이 되었다. NASA의 '스탠다드 셀(Standard Cell, 1970년대에 개발)' 및 '스탠다드 배터리(Standard Battery)'는 많은 LEO, GEO 및 초기 화성 임무(마스 옵저버(Mars Observer), 마젤란(Magellan) 등)에 성공적으로 사용되었다. 최근에는 표준 NiCd 배터리를 더 이상 구입할 수 없기 때문에 '수퍼(Super)' NiCd 배터리가 사용된다. 실제 NiCd 배터리의 중요한 특징 일부가 표 6.5에 주어져 있다.

NiCd 셀의 양극은 NiOOH를 소결시킨 것이다. 다른 상세한 내용은 2장과 참고문헌[55]를 보라. 셀의 용량을 증가시키고 배터리를 효율적으로 팩키징하기 위해, 원통형 셀 대신에 각주형이 사용되었다. 우주선용 NiCd 셀은 상용 셀에 비해 전극구조, 분리막시스템, 밀봉재의 종류 등이 크게 다르다. 충전 제어법은 충방전 용량비를 제어하거나 또는 정전류충전에 이어 정전압에서 점차 전류를 감소시키는 것이 있으며, 두 번째 방법은 열적으로 보상된다. 이 열적 보상은 열폭주 가능성을 피하기 위한 것이다.

우주용 NiCd 배터리는 NASA 표준 NiCd와 수퍼 NiCd의 2가지 모두 구입가능하다. NASA 표준 NiCd 배터리는 화학적 주입법으로 처리된 전극과 나일론 분리막을 사용하고 있으며, 수퍼 NiCd 배터리는 전기화학적 주입법으로 만든 전극과 무기물질인 산화지르코늄(Zircar)를 분리막으로 사용하고 있다. 표준 NiCd 배터리는 현재 미국에서는 생산되지 않고 있으며, 오직 수퍼 NiCd 배터리만이 Electro Energy Mobile Products사(이전에는 미국 콜로라도 스프링스에 위치한 Eagle Picher Inc.사였음)에 의해 생산될 뿐이다. 또한 이 회사의 주 생산품은 다른 배터리시스템이기 때문에, 수퍼 NiCd 배터리를 구입할 수 있을지 여부는 불확실하다. 그러나 일본이나 프랑스의 Saft사로부터는 NiCd 셀을 구입할 수 있을 것이다.

NiCd 배터리는 NiH_2 배터리가 나타나기 전까지 몇 가지 행성임무에 널리 성공적으로 사용되었기 때문에 매우 긴 충방전 수명과 신뢰성을 입증되었다. 이 배터리는 LEO에서 20~30%의 DOD로서 30,000회 이상, GEO에서 50% 이상의 DOD로서 1,000회 이상 충방전을 달성했다. 셀의 비에너지는 30~35Wh/kg에 불과했으며 에너지밀도는 60~90Wh/L였다. 이 값들은 배터리의 설계방법과 구성에 따라 10~20% 정도 감소된다.

수퍼 NiCd 배터리는 고분자분리막이 없기 때문에 방사능허용치가 크다는 것이 밝혀졌다. 이 배터리의 산화지르코늄 분리막은 방사능에 노출되면 성능이 약간 열화될 것으로 예상되었다. 수계 전해질, 금속산화물 전극, 스테인레스강 셀 용기 및 세라믹밀봉재를 포함한 모든 무기질 셀 부품 역시 방사능허용도가 클 것으로 예상되었다. 이후 이러한 예상은 JPL의 연구로 확인되었는데[57], 이 연구를 보면, 마스 업저버(Mars Observer)용 37Ah 수퍼 NiCd 셀(Eagle Picher사 제작)은 냉장조건 하에서 10년 동안 저장되면서, 코발트-60 방사능원을 이용하여 다양한 방사능레벨로 누적 조사(照射)한 결과, 29 Mrad라는 뛰어난 방사능허용치를 기록하였다.

이 배터리의 주된 단점은 무겁고 부피가 크며 동작온도범위가 좁고 자기방전율이 크며 메모리효과가 있다는 것이다. 장점으로는, 뛰어난 충방전 특성(부분적인 DOD에서 수 천 회의 충방전), 인상적인 저장수명, 산소재결합을 통한 고유의 과충전허용 등이 있다[55]. 이러한 장점에도 불구하고, 무게와 부피에 대한 제한이 커지고 행성임무에 대한 온도요구조건이 확대됨과 함께 특히 우주용 Li이온 셀의 기술 성숙에 따라, 앞으로 착륙선이나 로봇탐사차량과 같은 행성임무에는 이 배터리가 적합하지 않게 될 것이다. 그러나 이 배터리는 궤도임무, 특히 긴 충방전수명과 저장수명이 중요한 분야에는 고려될 수 있다. 그러나 이 분야에서조차도 비에너지가 더욱 큰 Li이온 셀의 도전을 받고 있으며, 참고로 Li이온 셀의 충방전수명과 저장수명은 지속적으로 개선되고 있다고 한다.

6.6.3.3. 니켈-수소 배터리

행성 궤도선이나 위성과 같은 분야의 경우, 배터리의 예상 충방전수명은 수 천 회를 초과하며, 임무수명은 수 년 이상이다. NiH_2 배터리는 궤도선 또는 특히 수 년 이상의 장기임무용으로 뚜렷이 선호된다[58]. NiH_2 배터리로 전력이 공급되는 NASA 우주임무 중 유명한 것으로는 마스 글로벌 서베이어(Mars Global Surveyor), 마스 오딧세이(Mars Odyssey), 마스 레커너전스 오비터(Mars Reconnaissance Orbiter)

와 같은 마스오비터(Mars Orbiter)와, 허블 우주망원경(Hubble Space Telescope, 이하 HST), 국제우주정거장(International Space Station, 이하 ISS), 스타더스트(Stardust), 제네시스(Genesis) 및 그밖의 LEO와 GEO 위성과 같은 장기임무들이 있다. 실제로, 이 배터리가 사용되었던 기간은 채 20년이 안되지만, 누적 동작년수는 어떠한 배터리보다 훨씬 길다.

최초의 실용적인 NiH_2 셀은 러시아에서 개발되었으며, 최초의 특허는 1964년에 취득되었다. 1970년, INTELSAT(International Telecommunications Satellite Organization, 국제전기통신위성기구, COMSAT사 & Tyco Laboratories사)는 GEO 위성용으로 우주용 NiH_2 셀을 최초로 개발하기 시작했다[59,60]. 1972년, 미 공군과 Hughes Aircraft사는 LEO 위성용으로 NiH_2 셀을 개발하기 시작했다. NiH_2 셀은 NiCd 셀보다 비에너지가 크고 충방전수명도 길다는 사실 때문이었다. 이 배터리에 대한 상세한 내용은 참고문헌[61]에 주어져 있으며, 기본적인 화학반응은 2장과 5장에 설명되어 있다.

H_2 전극은 광식각된(photo-etching) Ni 박막 기판 상에 지지된 박막 백금흑(Pt black) 촉매로 이루어져 있으며, 이 기판 뒷면에는 가스확산막이 접착되어 있다. 니켈 옥시수산화물(oxyhydroxide) 전극은 보통 Ni 스크린에 의해 지지된 다공질 소결 Ni 분말에 $Ni(OH)_2$를 주입하여 얻는다. 충전 시 형성된 수소는 내부압력을 증가시므로, 내부압력은 보통 셀의 충전제어를 위한 충전상태 지시기로 이용된다. 충전 종료 시 수소압력은 1,000psi에 달할 수 있기 때문에, 그림 6.17처럼 완전밀봉을 위해 셀팩은 양끝에 반구형 마개(보통 인코넬 718 합금으로 만든다)를 가진 압력용기 내에 수납된다.

인코넬물질은 특히 수소 취화(脆化)*)에 내구성이 있다. 전극재료의 비율에 따라 다음과 같은 2가지 구조가 가능하다.

- **수소 여유용량(precharge), 즉 양극용량에 비해 과도한 수소**
- **양극 여유용량, 이때 초기 충전 시 생성된 수소의 일부가 배출된다.**

양극 여유용량 구조를 적용하면 충방전수명이 더욱 길어질 것으로 보인다. 반면에 음극 여유용량 구조는 양극에서 발생된 산소가 남아있는 수소와 반응함으로써 깊은 방전을 확실하게 방지한다. 2가지의 전해질 농도(31wt%와 26wt%인 KOH 용액의 경우)에 대해 다양한 시험이 이루어졌다. 그 결과 전해질의 농도가 높을수

---

*) 취화(embrittlement) : 금속이나 고분자 재료가 연성을 상실하여 무르고 약해지는 현상)

록 용량이 최대화되는 반면, 농도가 낮으면 수명이 늘어난 결과를 얻었다. 거의 모든 우주임무의 경우, 현재는 농도가 31%wt인 용액을 사용한다. 압력용기는 다음과 같이 3가지 종류가 있다.

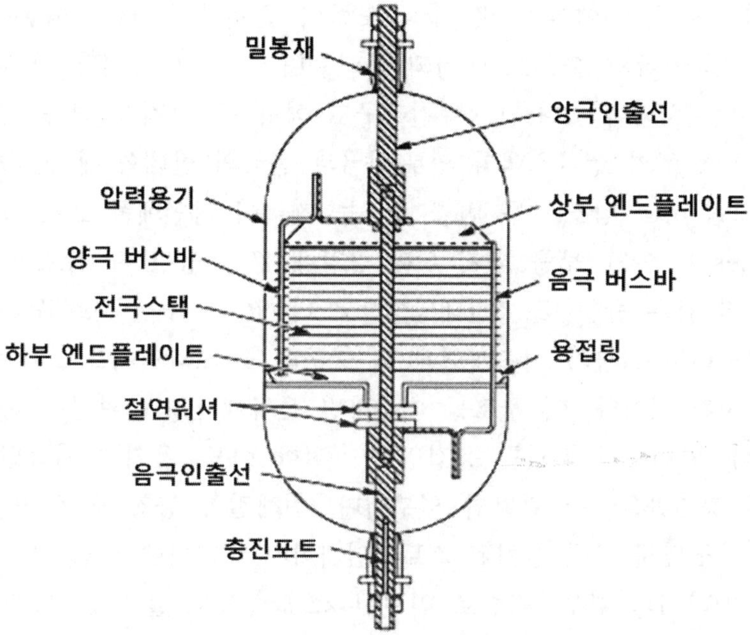

그림 6.17. COMSAT/EPI NTS NiH_2 셀의 단면도

- 개별압력용기(individual pressure vessel, 이하 IPV), 셀은 각자 용기에 수납된다.
- 공통압력용기(common pressure vessel, 이하 CPV), 보통 2개의 셀이 하나의 용기에 수납된다.
- 단일압력용기(single pressure vessel, 이하 SPV), 배터리의 모든 셀이 하나의 용기에 수납된다.

다음과 같은 2가지 기본 전극스택이 우주용 셀에 사용된다.

- Comsat사의 등을 맞댄 구조
- 미 공군팀과 Hughes Company가 공동으로 개발한 재순환 구조[62]

5장의 그림 5.8에 주어진 등을 맞댄 구조에서, 2개의 양극은 서로 등을 맞대고 있다. 양극의 양쪽 면은 분리막과 맞닿아 있고, 이어서 음극(음극의 백금층이 양극을 보고 있음)과 가스스크린이 놓여져 있다. 이 부품들이 한 모듈의 전극스택을 이루고, 원하는 용량에 따라 몇 개의 모듈이 압력용기 속에 수납되어 있다. 재순환 구조(그림 5.9 참조)에서는 몇 개의 모듈이 존재하며, 각 모듈은 가스스크린, 음극, 분리막 및 양극의 순으로 배치되어 있으며, 그리고 마지막 단계에는 수소전극과 분리막이 설치되어 있다. 또한 전극구조 역시 두 가지가 있다. 첫 번째 구조는, 버스바(bus bar)가 전극스택의 외부(양극과 음극의 반대쪽)에 존재한다(Comsat사의 구조, 그림 6.17 참조). 두 번째 구조는 전극이 파인애플 조각 모양으로서(미 공군과 Hughes사 구조), 탭을 내기 위해 중앙에 큰 구멍이 나 있으며, 이 탭은 단자 구조에 따라 같은 방향 또는 반대방향으로 나 있다. 최근, ManTech사가 설계한 새로운 구조는 Comsat사의 적층배열에 미 공군의 구조(파인애플조각 형상 및 다른 특징)를 결합시킨 것이다. 이 구조를 이용하면 음극에서 가스확산이 촉진되고 열관리가 개선된다. 압력용기 외피를 용접링에 용접한 이후, 용기는 압축밀봉재로 밀봉된다. 전해질 충진관은 음극단자의 일부이며, 전해질의 충진 이후 용접된다. 셀의 압력은 셀의 반구덮개 상에 설치된 스트레인게이지 브리지에 의해 모니터링된다.

보통 30V 배터리의 경우, 직렬로 연결된 22개의 IPV 셀 또는 11개의 2셀 CPV가 수평 또는 수직으로 배치된 기판 상에 설치된다. 11개의 2셀 CPV 구조는 가장 일반적인 형태로서, 셀은 알루미늄 통을 이용하여 설치되며, 이 통은 2가지 목적으로 사용되는데 그 하나는 발사 시 셀을 기판 상에 지지하는 것이며, 다른 것은 방전 시 배터리에서 발생되는 열을 발산시키는 것이다. 충전 시 압력용기의 팽창 때문에 셀과 통 사이에 나타나는 전단응력을 줄이기 위해, 유연성 있는 실리콘 고무 접착제가 사용된다.

NiH_2 배터리는 현재 우주용으로 사용되고 있는데, 예를 들어 그림 6.15에 나타나 있는 국제우주정거장이 그것이다. 이 배터리 전체의 비에너지와 에너지밀도(조립체 전체의 무게와 부피 기준)는 24Wh/kg과 9Wh/L이다.

NiH_2 배터리 생산 초기에는 경쟁제작사가 많았기 때문에 구조도 다양했다. 결국 ManTech사의 구조가 매우 우수하며, Eagle Picher Technologies사는 주 제작사가 되었다. NASA/USAF의 LEO 수명시험으로부터 Eagle Picher사의 배터리가 우주용으로 가장 우수하다는 것이 확실해졌다. NASA의 Glenn Research Center(미국

Ohio주 Cleveland)는 전해질농도, 벽심지(wall-wick), 제작공정의 표준화 등의 연구로 NiH_2 배터리 기술의 발전에 큰 기여를 했다. 1986년의 챌린저(Challenger) 우주왕복선의 재앙 이후로, 합동연구팀은 NiH_2 배터리를 허블우주망원경(HST)에 적용시키는데 전념했다. 1990년에 제작된 5대의 배터리는 아직도 HST에 사용되고 있다. 이 결과가 끼친 영향을 막대했으며, 그 이후 이 배터리는 몇 번의 우주임무와 국방분야에 도입되었다. 미국에서의 NiH_2 배터리 사업은 50Ah 기준으로 최대 약 6,000셀/년(또는 9천만 $/년)을 기록했으며, 이와 같은 시장규모는 모두 HST, ISS 및 국방성 프로그램 때문이다. Eagle Picher사는 미국 및 세계의 다양한 우주 프로그램을 위해 약 90%의 NiH_2 셀과 배터리를 공급하였다.

지금까지 다양한 구조의 NiH_2 셀이 개발되었다. 가장 일반적인 구조는 IPV 셀이다. 이 셀은 부하가 인가된 상태에서 전압이 1.20~1.27V이다. 압력용기의 직경은 6.3~14.0cm이다. 셀 용량은 셀의 직경에 따라 20~350Ah이다(그림 6.18 참조)[63].

이 셀은 압력용기가 필요하기 때문에, 체적은 NiCd에 비해 크며 에너지밀도는 약 60Wh/L로 비교적 낮다. 반면에 비에너지는 NiCd보다 높다. 즉, IPV NiH_2 셀은 50Wh/kg의 비에너지를 입증해 보였다. 공통압력용기(CPV)나 단일압력용기(SPV)를 사용하면 비에너지를 더욱 크게 하고 부피를 줄일 수 있다. 단일용기에 22개의 셀이 수납된 SPV는 배터리 구조 면에서 볼 때 매우 효율적이다. 이 셀을 사용하는 배터리는 보통 16~76개의 셀이 사용된다. SPV NiH_2 배터리는 클레멘타인(Clementine) 및 이리듐(Iridium) 프로그램에 탑재되었다. 이 배터리의 용량은 IPV 셀을 사용한 배터리보다 작았다. 예를 들어 상용 IPV 배터리용 셀의 용량은 350Ah까지 가능하지만, 지금까지 우주선(이리듐 프로그램 중의 하나)에 탑재된 가장 큰 용량의 SPV 배터리는 50Ah였다.

이 배터리의 대표적인 성능이 표 6.5에 주어져 있으며, NiH_2 배터리를 사용한 유명한 NASA 임무가 표 6.3에 주어져 있다. NiH_2 셀의 비에너지가 NiCd보다 높다는 것 이외에도, 더욱 깊은 DOD에서 동작해도 수명은 더 길다. 예를 들어, NiCd 셀은 10~25%의 DOD로 설계되며 동작 시는 DOD가 더욱 낮아지는데 비해, ISS용으로 설계된 NiH_2 셀의 DOD는 보통 30%이다. 50~75%의 DOD로 충방전하는 NiH_2 셀은 NiCd 셀의 성능을 훨씬 초과한다. GEO궤도에서 동작하는 NiH_2 셀은 최대 일식 기간에 75%의 DOD가 가능하도록 설계된 반면, NiCd 셀은 50~60%로 설계된다. NiH_2 셀의 또 다른 장점은 다음과 같다.

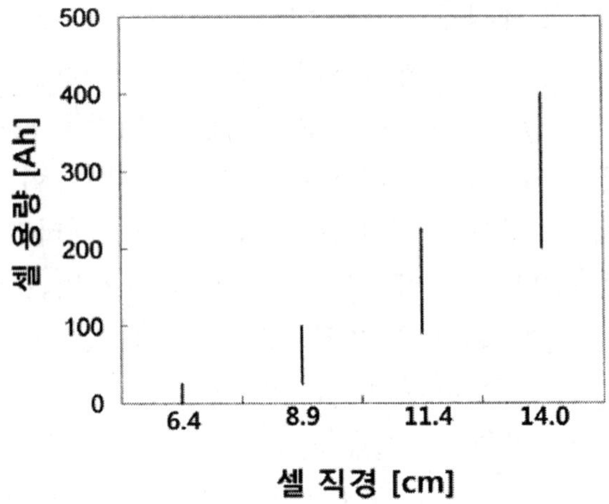

그림 6.18. 니켈-수소 셀의 셀 직경 - 용량의 관계

- 내부압력으로부터 간단하게 충전상태를 알 수 있다.
- 우발적인 셀의 극성역전 시 셀이 손상되지 않는다.
- NiCd 셀보다 과충전 허용도가 크다.

반면에 단점은 다음과 같다.

- 과충전 시 열이 발생하여 '작은 폭발(popping, 음극 촉매 표면에서 산소가 수소와 재결합하는 것이 조절되지 않음으로써 발생)' 로 인해 내부가 단락될 가능성이 있다.
- 압력용기의 천공/균열/파괴 가능성이 있다.
- 저장 시 용량손실이 크다.
- 셀의 단가가 비싸다.

NiH_2 배터리는 1983년 최초의 상용위성 INTELSAT V에 탑재된 이후로 몇 번의 지구 및 타 행성 궤도임무에 사용되어 왔다. 이 배터리는 GEO에서 장수명이 입증되었기 때문에, 최근 20년 동안 상용 통신위성에 널리 사용되었다. NASA는 LEO궤도로 올려진 HST에 처음으로 NiH_2 배터리를 사용했다. 이 배터리는 얕은 DOD(10%)로 동작하면서 1990년 이후 완벽히 임무를 수행하고 있다.

배터리의 수명에는 DOD뿐만 아니라 정확한 온도범위가 결정적이다. NiH_2 셀의 통상 동작온도는 -10~30℃이다. 배터리의 구조물 또는 기판의 온도는 모선에서 수동적 또는 능동적으로 조절되어야 한다. LEO 분야에서 배터리 수명을 최적화시키는 하나의 방법은 온도보상 전압제어법을 적용하는 것으로서, 이는 셀이 가스가 발생되는 온도에 도달하면 온도에 따라 충전전압을 조절하는 것이다. 이 방법은, 이미 NiCd 셀에서 설명한 대로, 배터리 전압이 미리 설정된 제한값에 도달할 때까지 태양광패널로부터 일정한 크기의 큰 전류가 공급되는 것이다. 이 기간 동안 충전과정은 매우 효율적이다. 배터리전압이 미리 설정된 값에 도달하면, 이후의 나머지 충전 기간 동안에는 전류가 점차 감소한다. 충전전압은 온도에 따라 조절되며, 특히 제어불가능한 과충전을 피하기 위해 온도가 증가함에 따라 충전전압을 감소시킨다. 또한 충전제어시스템은 예상치 못한 방전깊이, 또는 셀 및 배터리 사이의 불균형을 제어한다. 이러한 충전제어법 때문에 많은 우주임무에서 셀의 수명이 증가되었으며, 특히 궤도임무에 적절하다. GEO궤도에서 위성이 햇빛을 받고 있으면, 전류를 최소화하고 긴 충전과정 중에 발생되는 열도 최소화하기 위해 세류충전(trickle charge)법이 사용된다. 이후 VT 제어, 또는 NiH_2의 경우에는 셀이 거의 완전충전되었음을 지시하는 압력변환기의 신호를 이용하여, 충전전류가 감소된다. 그 뒤 전류는 과충전전류를 최소화하기 위해 감소된다.

6.6.3.4. 니켈-금속수소화물 배터리

이 시스템의 화학반응은 2장을 참고하라. 1990년대에 NiCd 배터리를 대체할 목적으로 휴대용 전자장치 시장에 등장한 NiMH 배터리는 인상적인 출발을 보였다 [64,65]. 이 배터리는 NiCd에 비해 에너지 면에서 크게 성능이 개선되었으며, 그 밖의 다른 성능은 거의 비슷했다. 그러나 부분 DOD에서 NiMH 셀의 충방전수명이 불확실한데 비해, NiCd 셀은 30,000회 이상으로 성능이 뛰어났다. Ergenics사(미국 New Jersey주 Ringwood)는 금속수소화물 합금의 에너지 저장능력과 NiH_2 셀의 뛰어난 충방전수명 및 방전속도를 결합시켜 우주용에 매우 적합한 배터리를 개발했다. 충전 시 H_2가 생성되는 순간, 수소는 밸브를 통해 수소가 저장되는 금속합금으로 이동할 수 있다. 합금은 분리된 격실 내에 있으며 부식성 전해질과 접촉하고 있지 않기 때문에, 합금의 수명은 무한하다. 배터리의 충방전수명이 증가되는 원인은, 배터리가 개회로상태일 때 전극재료가 분리되어 있기 때문이다. 방전 시에는, H_2가 밸브를 통해 다시 방출되어 배터리의 '전기화학적 영역(electrochemical section)' 에 이를 수 있다. 기존의 NiMH 배터리에 비해 이 시스템은 충방전수명뿐만 아니라 충방전율 면에서도 확실한 장점을 가지고 있다. 실제로 합금은 H_2를 저장하는데 필요한 것이 아니라, 전기화학적 반응에 대한 지지체이며, 이 반응은 지지체가 아니라 빠른 산화환원과정을 촉진하는 전극 상에서 발생한다.

우주용으로서 NiMH 배터리의 적합성이 완전히 평가되기 이전에, NiMH 배터리의 개발의지는 급격히 줄어들었으며, 특히 항공우주 분야에서는 NiMH 배터리보다 비에너지가 거의 2배나 큰 Li이온 배터리가 나타나면서 이 현상이 더욱 가속화되었다. 실제로, Li이온 배터리는 많은 우주임무에서 NiH_2를 대체할 것이 확실하다.

6.6.3.5. 리튬-이온 배터리

우주분야에서 리튬이온 배터리시스템은 비교적 신참이다. 그러나 특히 무게와 부피에 제한이 있고 적당한 충방전수명이 요구되는 많은 우주임무에 우선적으로 채택되고 있다. 휴대장비 시장의 요구 때문에 최근 이 배터리시스템의 기술이 급속히 발전하였다. 우주비행사용 캠코더나 기타 기구들의 전력을 공급하기 위해 우주왕복선에 사용되었던 소용량(1~2Ah) Li이온 배터리가 대부분의 휴대장비에 사용된다. 마스 익스프레스(Mars Express)나 프로바(Proba)와 같은 일부 유럽 우주선이나 우주왕복선의 우주비행사용 도구 등에 Sony사가 제작한 Li이온 소용량 셀이 사용되었지만, 우주용 대형 셀은 각주형, 원통형 및 권식각주형(wound-prismatic) 구조가 서서히 부상했다. 이러한 구조를 갖는 배터리가 미국에서 개발됨으로써, NASA-미 국방성 컨소시움은 저온동작, 고용량, 긴 충방전수명 및 저장수명이라는 다양한 요구사양을 갖는 5~200Ah Li이온 셀의 제작법을 성공적으로 개발할 수 있었다[66].

- 장점과 단점

Li이온 셀의 특징은 1장에서 설명된 바 있다. 이 셀의 가장 중요한 장점은 비에너지와 에너지밀도가 높다는 것이다. 이 배터리는 실제 우주용으로 사용되는 NiCd나 NiH_2 배터리에 비해 3~4배의 무게와 부피를 절감할 수 있으므로, 발사 및 착륙비용을 줄일 수 있고 적재중량을 증가시킬 수 있으며 더 많은 과학임무를 수행할 수 있다. 더욱이 이 배터리는 기생손실이 없기 때문에 쿨롱 효율이 최대

75%인 수계 시스템에 비해 100% 가까이로 훨씬 높으며, 따라서 태양광패널의 크기와 열발산을 위한 방열기의 크기도 줄일 수 있다.

Li이온 셀은 전해질이 비수계이기 때문에 0℃ 이하에서 성능이 더욱 좋아지므로, 저온에서의 그러한 장점들은 매우 중요하다. 이 장점들 때문에 임무수행능력이 강화되므로 특히 행성탐사에 적합하다. 이 셀의 전압은 수계시스템의 약 3배이므로 셀 수와 인터커넥터(interconnect)의 수를 줄일 수 있다. 더욱이 자기방전율이 NiCd 셀의 약 3~5배, NiH_2 셀의 약 10~15배 정도로 매우 낮기 때문에, 유지보수 횟수를 줄일 수 있다. 반면에 Li이온 배터리의 단점은 다음과 같이 2가지가 있다.

- 과충전 제한 반응이 없기 때문에, 셀의 과충전을 방지하기 위한 정교한 전자기기가 필요하며, 또한 안전에 대한 위험가능성이 있다.
- NiH_2 셀에 비해 모든 방전깊이에서 충방전수명이 짧다(그림 6.19 참조)

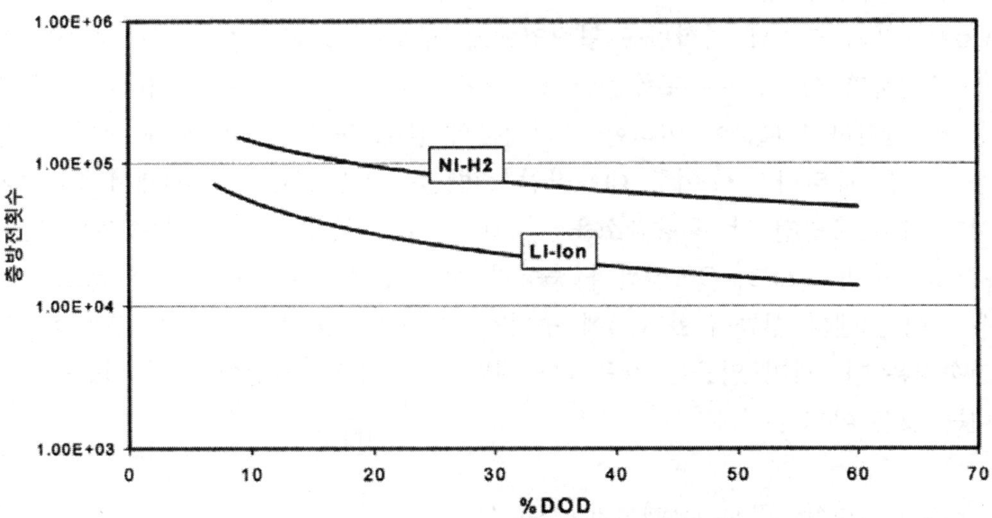

그림 6.19. NiH_2 셀과 Li이온 셀의 DOD - 예상 충방전수명 특성

이 셀의 성능을 더욱 개선하기 위해, 주로 전해질의 저온성능 개선과 고온 회복력의 개선에 연구의 초점이 맞춰져 있다[67-72]. 다시 말하면, Li이온 배터리의 동작온도범위를 확장시키는 것은 특히 열관리 면에서 행성탐사임무에 크게 적합하다. 셀 구조면에서는 스테인레스강 용기를 알루미늄이나 파우치(pouch)로 대체하도록 개선되었다. 이와 같이 셀 부품이 개선된 것 이외에도, 몇 군데의 항공우주

연구실은 궤도선, 위성, 착륙선 및 로봇탐사차량과 같은 다양한 우주분야에서 Li이온 배터리의 성능을 확립하여 입증하였다. 이 연구들에는 다양한 DOD와 온도에서 충방전 성능을 시험한 것도 포함된다.

항공우주용 Li이온 배터리는 전 세계적으로 일부 기업들만 제작 또는 개발하고 있다. 이들 기업은 다음과 같다.

1) 미국 : Yardney Technical Products사, Saft America사, NRO/DoD(국방성), NASA, AFRL 및 Eagle Picher사
2) 일본 : 일본우주국(Japanese Space Agency), Japan Storage Battery Company사
3) 유럽 : 유럽우주국(European Space Agency), 프랑스의 Saft Battery Company사, 영국의 AEA사(현재는 ABSL사)

위의 모든 제작사들은 크기가 다른 대용량 셀을 만드는 반면, ABSL사는 Sony Corporation사가 만드는 18650셀로 이루어진 우주용 Li이온 배터리를 만든다.

현재의 Li이온 셀은 비에너지가 100~150 Wh/kg, 에너지밀도가 250~350 Wh/L로서, 셀의 크기와 화학반응/협력업체에 따라 다르다. 셀이 아닌 배터리 기준으로 계산하면 이 값들은 보통 20~30 % 정도 감소된다. Li이온 배터리는 구조가 비교적 간단하기 때문에 이러한 에너지값의 감소 정도가 NiH_2보다 작다. 최신 우주용 Li이온 배터리가 보여준 대표적인 충방전수명은 100% DOD에서 1,000회 이상이며, 1회 충방전 당 용량감소율은 0.015~0.03%였다. 입증된 동작온도 범위는 -20~40℃이며, -20℃, C/5에서의 충방전 시 용량은 실온 시의 70% 정도였다. 우주용 Li이온 셀의 성능이 표 6.6에 주어져 있다(註 : 표에서 주어진 부분 DOD 충방전수명은 현재까지 입증된 값을 나타내며, 반드시 각 기업이 가진 기술능력을 나타내는 것은 아니다).

■ 미 정찰국/국방성*) 프로그램에서의 MSA 셀

미국의 정찰국/국방성 프로그램은 LEO 분야에서 요구되는 Li이온 셀/배터리를 개발하는데 집중되어 있으며, 이 프로그램은 30% DOD에서 30,000회 이상의 충방전수명을 갖는 10~50Ah 각주형 셀을 개발하는 것이 목표이다. 이 셀의 화학반응은 Sony사가 채택한 것과 비슷하다. 셀의 충방전수명을 개선하기 위한 기술적 방법은 다음과 같다.

---

*) 미국 정찰국 : NRO(National Reconnaissance Office)
미국 국방성 : DOD(Department of Defence)

표 6.6. 제작사별 우주용 Li이온 셀의 성능

구 분	Yardney	EPI	Saft-USA	MSA	JSB	ABSL
화학반응	MCMB $LiNiCoO_2$	MCMB $LiCoO_2$	C $LiNiCoO_2$	MCMB $LiCoO_2$	C $LiCoO_2$	MCMB $LiCoO_2$
Amp-Hrs	5,10,25,55	6, 25	4,8,44,115	10, 50	50, 100, 175	
충방전수명 (GEO)						1,350
충방전수명 (DOD%)	18,000 (30%)	8,000 (30%)	18,000 (30%)	〉10,000 (40%)	〉10,000	11,000 (30%)
충방전수명 (100% DOD)	〉1,000	〉1,000	〉1,000		〉1,000	〉1,000
비에너지* (Wh/kg)	130~145(C) 110(B)	110~130	130~150(C)	98~123	136~146	104(B)
에너지밀도 (Wh/L)	260~300	240~260	277~315	256~315	254~300	

* C : 셀, B : 배터리

a) 엄격한 공정처리 제어 확립

b) 동작조건(DOD, 충전전압과 동작온도 선택)의 최적화

c) 전해질과 전극접착제에 의해 셀 화학반응의 작은 수정

d) 가벼운 셀부품과 지글러(Ziegler) 단자밀봉재 사용

이를 위한 실험용 셀이 제작되었으며, 많은 기관에서 이 셀의 충방전수명에 대한 시험이 진행 중에 있다.

▪ Yardney사(Lithion사) Li이온 배터리

Yardney Technical Products사 또는 그 자회사인 Lithion사는 주로 우주용 및 국방용 Li이온 셀과 배터리를 생산하고 있다. 셀은 각주형으로서, 원하는 용량을 얻기 위해 몇 개의 캐소드 및 애노드 평판이 직렬로 연결되어 있다. 이러한 초기형 셀이 그림 6.20에 나타나 있는 마스 서베이어 랜더(Mars Surveyor Lander)용 20Ah 셀이다. 많은 우주분야에 사용된 전해질은 EC/DEC/DMC가 같은 비율로 섞인 혼합물에 1M의 $LiPF_6$가 용해된 것으로서, 저온성능을 개선하기 위해 JPL사가 개발한 물질이다.

그림 6.20. NASA/미 국방성 컨소시움을 위해, 1996년 Yardney사가 개발한 각주형 20Ah Li이온 셀

표 6.7에는 Lithion사가 제작한 다양한 Li이온 셀이 주어져 있다. 우주용 셀의 용량은 7~55Ah이며, 고에너지 제품인 경우 비에너지는 120~145Wh/kg이다. 반면에 고율 충방전 제품은 10C로 동작할 수 있지만, 비에너지는 105Wh/kg으로 낮다.

우주항공용 셀의 예로는, 마스 익스플로러(Mars Explorer) 로봇탐사차량에 사용된 NCP-8 셀, X-37(시험용 무인항공기)에 사용된 NCP-12 및 NCP-43 셀, 마스 랜더(Mars Lander)에 사용된 NCP-025 셀, 보조전력장치(Electric Auxiliary Power Unit, 이하 EAPU)용으로 시험된 바 있는 NCP-55 셀 등을 들 수 있다.

표 6.7. Yardney사(Lithion사)가 생산한 표준형 Li이온 셀

모델	용량 (Ah)[1]	전압 (V)	방전율(A)		방전 온도 (℃)	폭[3] (mm)	두께[3] (mm)	높이[3] (mm)	무게 (kg)	에너지 밀도 (Wh/L)	비에너지 (Wh/kg)
			연속[1]	펄스[1,2]							
NCP0.05-1	0.05	3.6	0.25	0.5	-20~60	14	4	25	0.004	175	60
NCP7-X*	7	3.6	~140		-40~60	52	25	77	셀 종류에 따라 다름		
NCP8-1	8	3.6	40	80	-40~60	78	25	64	0.305	320	130
NCP9-1	8.5	3.6	16	24	-40~60	54	19	100	0.246	289	121
NCP12-1	12	3.6	60	120	-20~60	71	25	102	0.420	305	125
NCP12-2	12	3.6	120	600	-40~60	71	25	102	0.422	237	102
NCP25-1	30	3.6	125	250	-20~50	95	28	152	0.890	335	145
NCP25-2	25	3.6	250	1250	-40~60	95	28	152	0.908	250	105
NCP43-1	43	3.6	86	344	-20~50	107	31	166	1.270	340	142
NCP55-1	50	3.6	200	400	-40~70	138	34	145	1.600	265	112.5
NCP55-2	50	3.6	100	300	-20~50	138	34	145	1.582	291	125.16

1. 실온, 2. 0.1초 3. 단자를 제외한 외형치수

* 이 모델에는 몇 가지 동류가 있다.

▪ Saft사

Saft사는 캐소드에 혼합 NiCo 산화물, 애노드에 흑연탄소를 사용한다. 이 셀은 원통형으로서, 스테인레스강으로 만든 용기가 처음에는 음극이었지만, 나중에는 알루미늄으로 만든 용기가 양극이 되었다. 구입가능한 셀의 용량은 4Ah(D-형), 9Ah(DD-형), 40Ah 및 100Ah이다. 또한 특수분야를 위해 최대 15Ah까지의 고율방전 셀도 개발되었다. 행성 로봇탐사차량용으로 DD형 셀이 시험된 바 있으며, 40Ah 셀은 위성, 우주왕복선 및 에너지성(Department of Energy, DOE)의 하이브리드 자동차에 사용되었다. 고용량 Saft 셀에 대한 상세한 내용은 4장을 참조하라.

▪ AEA사(ABSL사)

AEA사(현재는 ABSL Power Solution사)는 가혹한 환경에서 사용될 수 있는 배터리를 설계, 제작하는 도구와 능력을 가지고 있다고 선언했는데, 이 환경에서 고려하는 핵심요소는 진동, 주기적인 열변동 및 전자기적 적합성 등이다. 우주선, 항공기, 기구(氣球) 및 무인항공기(unmanned airborne vehicle, 이하 UAV)용으로 고신뢰성 배터리와 충전기가 설계되었다. 4천만 시간의 수명시험에서 얻은 방대한 데이터에 의해 입증된 장기임무용 배터리를 확신을 가지고 정확한 크기로 만들 수 있었다.

AEA사/ABSL사가 채택한 방법은 항공우주용 Li이온 배터리를 만드는 다른 제작사와 다르다. 원하는 용량에 따라 결정된 셀 수를 바탕으로 배터리를 설계하는 대신에, ABSL사는 다수의 소형 18650셀을 이용하여 원하는 직병렬구조로 만든다. 셀의 용량이 최대 1.5Ah인 경우, 8개의 셀을 직렬연결하며, 이때 전압은 30V가 된다. 이렇게 직렬연결된 셀들 몇 개를 병렬연결하면 원하는 용량을 얻을 수 있다. 예를 들어 GEO 분야에서 품질이 인증되어 NASA의 케플러(Kepler) 임무에 사용된 20Ah 30V 배터리는 병렬연결 수가 16개(8s16p)이다. 따라서 배터리에서 직렬연결된 셀 모듈이 1~2개 고장나더라도 정상동작하는 여유용량(redundancy)을 가질 수 있다. ABSL사가 주장한 또 다른 장점은 전자적 셀충전 제어기가 필요하지 않다는 것이다. 이 배터리는, 완전히 자동화된 작업으로 성능이 균일한 셀을 만들어 셀들의 임피던스와 자기방전율이 거의 같기 때문에, 충방전 또는 저장 시 셀 간 전압 역시 거의 차이가 없다. 따라서 배터리는 개별 셀전압이 아니라 직렬연결 모듈의 전압을 기반으로 충전이 제어되며, 또한 셀 내부의 고유한 안전기능 역시 충전상태를 제어할 수 있다.

■ JSB(Japan Storage Battery)사

JSB(Japan Storage Battery)사는 LEO와 GEO용으로 50~190Ah의 셀을 개발하고 있으며, 성능평가를 위해 미국 항공우주회사들에게 개발된 셀들을 배포했다. 이 셀들의 성능이 표 6.8에 주어져 있다. 얕은 DOD(40% 이하)에서의 충방전횟수는 뛰어나다. 니켈시스템과 마찬가지로, Li이온 셀과 배터리의 충방전수명은 DOD가 얕아짐에 따라 크게 개선된다. JSB셀이 그림 6.21에 나타나 있다. 이 셀들의 형태는 권식각주형(wound-prismatic)으로서, 제조 면에서는 권형 셀, 패키징 면에서는 각주형 셀이 쉽다는 장점을 이용한 것이다.

표 6.8. JSB 항공우주용 Li이온 셀의 성능

셀 형태	DOD (%)	시험 중인 셀	지금까지의 충방전 횟수	시작일	고장까지 예상 충방전 수명	충방전 조건	온도 (℃)	시험 기업
LSE100	평균 7	2	80,000	98. 5	250,000	•충전 : 0.5C •방전 : 1C •99분 당 충방전횟수 : 5	15	JSB
LSE100	평균 12	3	49,000	99. 5	100,000	•충전 : 0.25C •방전 : 1C •99분 당 충방전횟 수 : 5	15	JSB
LSE100	20	2	24,000	01. 3	100,000	•충전 : 0.5C, 30분 •방전 : 1C, 12분	15	JSB
LSE100	25	5	25,000	99. 4	115,000	•충전 : 0.3C, 60분 •방전 : 0.5C, 30분	15	JAXA
LSE100	30	3	23,000	99. 5	35,000	•충전 : 0.25C, 85분 •방전 : 0.6C, 30분	20	ESTEC
LSE100	40	5	24,000	00. 4	42,000	•충전 : 0.5C, 60분 •방전 : 0.8C, 30분	15	JAXA

JAXA : Japan Aerospace Exploration Agency
ESTEC : European Space Research and Technology Center

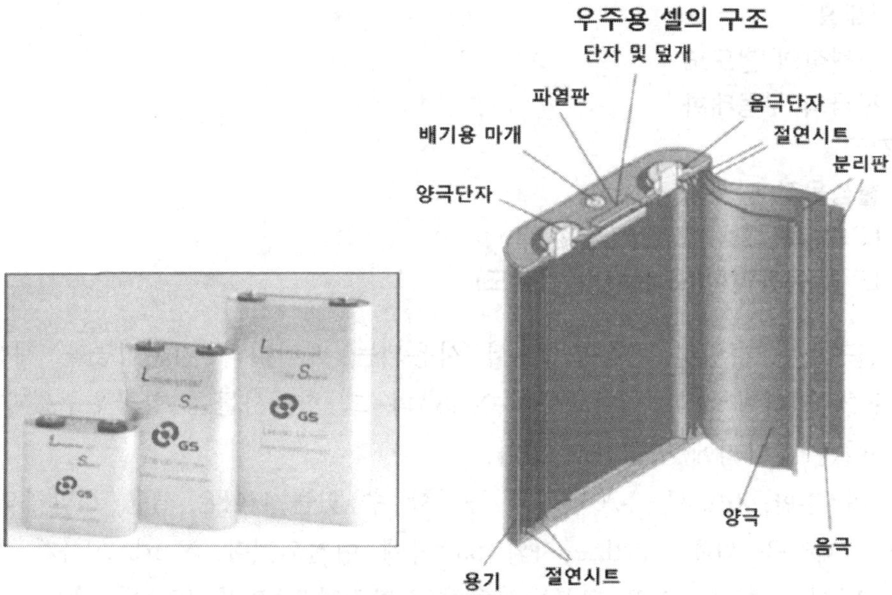

그림 6.21. JSB사가 생산한 권식각주형(wound prismatic) Li이온 배터리

6.7. 우주용 Li이온 배터리의 고유 특성

우주용 Li이온 배터리의 일반 특징 이외에도, 궤도선 또는 LEO 위성 분야에서는 부분 DOD에서의 우수한 저온성능과 긴 충방전수명, 외행성탐사 또는 GEO 위성 분야에서는 긴 저장수명 등의 고유한 특징을 가지고 있다. 이 분야에서의 현 상황과 이러한 특징을 입증 또는 개선하기 위해 진행 중인 연구가 아래에 간략히 설명되어 있다.

6.7.1. Li이온 배터리의 저온 성능

Li이온 배터리의 저온 성능에 영향을 미치는 요소는 다음과 같다.

- 셀 구조
  - 분리막 재료 속성
  - 집전 방법
  - 셀 크기와 열적 속성

- 전해질
  - 전해질의 전도도
  - 전극의 부동태화
- 전극
  - 활성물질 담지량
  - Li^+의 확산도
  - Li^+ 반응동역학(SEI에서의 확산도)

일부 연구소는 다양한 응용분야에서 사용되는 배터리의 저온성능을 개선하기 위한 연구를 진행해 오고 있다. 특히 NASA와 그 협력사들은 항공우주용과 행성탐사용 Li이온 배터리에 집중하고 있다.

1990년대 후반, JPL사는 -20℃에서 동작할 수 있는 Li이온 셀을 개발하였으며, 이 기술은 제작을 위해 Yardney사와 Saft사에 이전되었다. Yardney사가 제작한 Li이온 배터리는 현재 MER 로봇탐사차량(스피릿과 오퍼튜니티)에 사용 중이며, 그 어떤 재충전배터리보다 가장 우수한 저온성능을 가지고 있다.

화성 로봇탐사차량용으로 만든 3번째 Li이온 배터리 이후, JPL사는 연구를 계속하여 점성이 낮은 용매가 함유된 새로운 혼합물을 이용하여 몇 가지 새로운 전해질을 규명했는데, 이 전해질 때문에 -60℃의 낮은 온도에서도 Li이온 셀이 효율적으로 동작했다[71-73]. 이 전해질을 이용하여 Lithion사와 Saft사가 제조한 실험용 셀은, -40℃에서 현재 사용 중인 Li이온 셀보다 용량이 50% 이상 더 크다는 것을 실증했다. 그림 6.22에는 이러한 개량형 저온전해질을 이용하여 만든 실험용 Li이온 셀의 상대적인 성능이 나타나 있다. 이들 전해질을 사용한 셀 역시 미 국방성의 항공기에 성공적으로 사용되고 있다. JPL사 이외에도, Army Research Laboratory사[74], Covalent Associates사[75] 및 Saft America사[76] 등과 같은 기업들도 우수한 저온성능을 갖는 전해질을 개발했다. 그러나 이들이 개발한 전해질은 우주용으로는 사용되지 않았다.

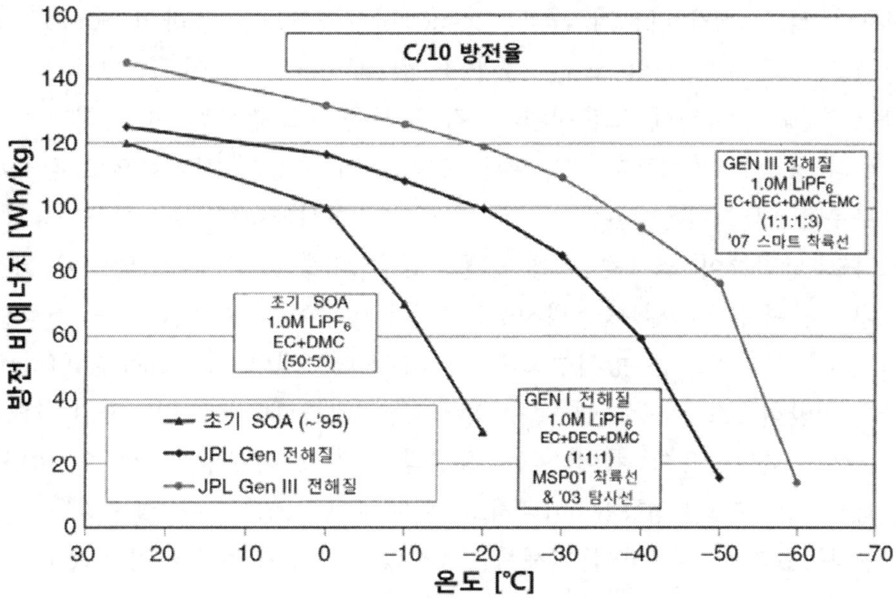

그림 6.22. 특성이 개선된 저온 전해질을 가진 Li이온 셀의 성능

6.7.2. 방사능 허용치

Li이온 셀에는 고수준의 방사능에 영향을 받는 유기전해질과 고분자분리막이 존재한다. 따라서 JPL사는 약 25Mrad까지 다양한 수준의 누적방사능에 이 셀들을 노출시킨 후 그 성능을 평가하기 위해 상세한 실험과 평가를 수행했다. 실험에 사용된 시제품(prototype) 셀들은 Saft사, Yardney사 및 Sony사/ABSL사가 만든 것들이다. Saft사와 Yardney사가 만든 셀의 대표적인 재료와 부품은 다음과 같다

- 흑연전극
- 니켈 코발트 혼합 산화물 캐소드
- 유기탄산염이 함유된 혼합물에 1 M의 $LiPF_6$가 용해된 전해질
- 구리 애노드 및 알루미늄 캐소드 기판
- 불화 고분자결합제
- 폴리프로필렌/폴리에틸렌 분리판
- 금속밀봉재에 대한 유리 및 몰리브덴 핀
- 스테인레스강 용기.

Sony사의 셀도 그리 다르지 않다. Co-60 방사능원을 이용하여 30rad/sec(14시간 동안 1.5Mrad에 해당)의 고조사율과 1.24rad/sec(2주 동안 1.5Mrad에 해당)의 저조사율로 셀을 감마선에 노출시켰다. 각 조사율로 노출시킨 이후 대기온도와 저온에서 셀의 용량을 측정했다. 그 결과 충방전 시 용량이 점진적으로 감소하였다. 이 연구로부터 이 Li이온 셀은 18Mrad의 높은 방사능조사량이 허용가능하며, 그러한 고강도 방사능이 조사될 때에도 용량감소 비율은 5% 이하였음이 밝혀졌다. 더욱이 이 5% 손실 중 일부는 방사능노출 시 이루어진 충방전 또는 저장으로 인한 것이었다. 그림 6.23은 방사능노출 시 제작사별 셀의 특성변화를 나타내고 있다[77-78]. 일반적으로 4가지 셀 모두 방사능에 대한 내성이 뛰어나며, 약간 차이가 나는 것은 화학반응의 차이 또는 용량감쇠 정도 때문임을 알 수 있다. 개별 부품에 대한 방사능의 영향을 이해하고 외행성 탐사임무 시 발생하는 연장저장 이후의 방사능효과를 평가하기 위해서는 더 많은 연구가 이루어져야 한다.

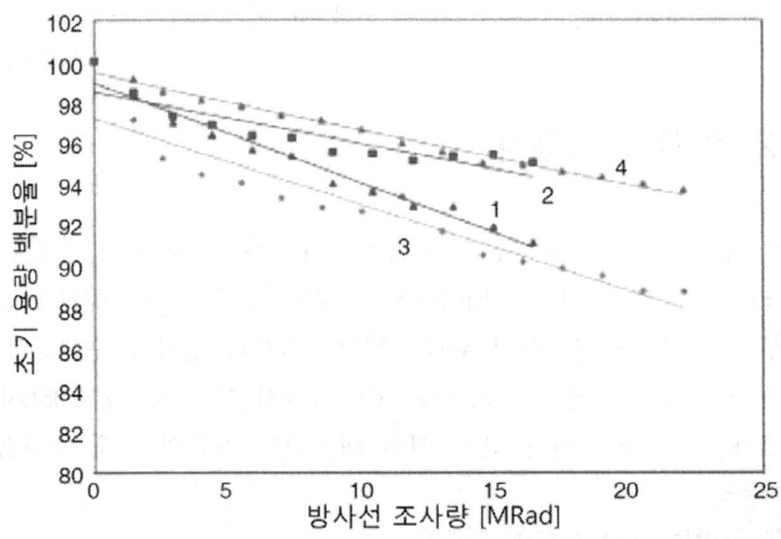

그림 6.23. 감마방사능의 누적조사량이 다를 경우의 용량유지 특성. (1) Sony사/AEA사 18650 셀 (2) Sony사/AEA사 제어 셀 (3) Lithion사의 7Ah 각주형 셀 (4) Saft사의 DD형 Li이온 셀

6.7.3. 겉보기 수명

겉보기수명은 항공우주 분야에서 가장 중요한 또 하나의 특성이다. 특히 목성이나 토성 같은 외행성 탐사임무 중에는 6~12년의 배터리수명이 요구되는 경우도 있다. 항공우주 분야에는 Li이온 배터리가 여전히 낯설기 때문에, 긴 수명을 입증해 보이기 위해 계속 발전하고 있다. JPL사와 그밖의 다른 제작사는 Li이온 셀/배터리의 저장수명을 시험해오고 있다. Lithion사의 7Ah 각주형 셀과 Saft America사의 9Ah 원통형 DD형 셀에 대해, JPL사는 55, 40, 23, 10, 0, -20℃의 온도, 50%의 충전상태에 해당하는 3.65V의 충전전압, 최근 5년 동안의 저장 후의 조건에 대해 성능을 평가하고 있다. 이 셀들은 대기온도 및 저온에서 용량검사와 AC 임피던스(EIS)가 측정된다. 그림 6.24에서 볼 수 있듯이, 지금까지 측정된 용량유지 결과는 매우 희망적이며, 가속저장시험을 기초로 한 예상 용량손실을 보면 Li이온 배터리가 장기 우주임무용으로 매우 유력함을 알 수 있다. 저장 또는 충방전 시 Li이온 셀의 용량손실을 이해하는데는 2가지 모델이 있다. 첫 번째 모델은 탄소 상에서 고체전해질 중간상(solid electrolyte interphase, 이하 SEI)의 성장이 포함되어 있으며[80], 다른 모델은 흡장/탈리 시 체적변화와 관련된 형상재배열로 인해 양극 상에서 전자전도도를 잃어버리는 것[81]과 관련이 있다.

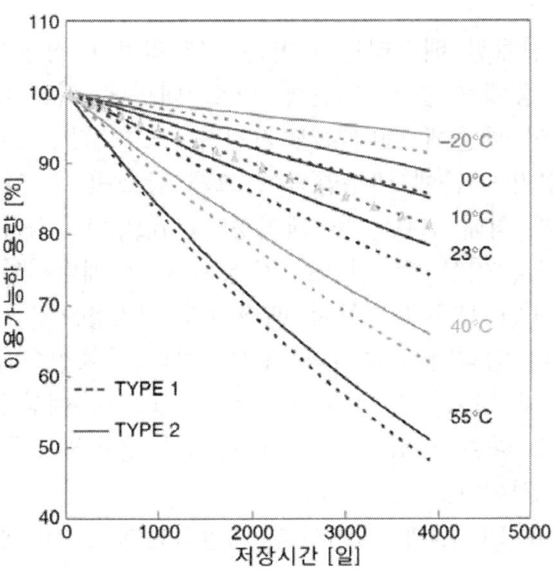

그림 6.24. 온도가 다를 경우 3.6V(50% SOC)에서 전력계통 상에서 충전 시 용량 변화

6.8. 리튬 배터리 - 최신 기술

리튬 또는 리튬이온 셀은 액체전해질을 고분자전해질이나 또는 제한된 분야에서는 고체전해질로 대체함으로써 보통의 형상과 다를 수 있다. 고분자전해질에는 겔 고분자*)와, 주어진 온도 이상에서 고분자의 부분적인 이동을 통해 Li^+의 이동도를 유지시키는 '건성(dry)' 고분자가 있다. 이들 배터리는 최신 Li이온 셀뿐만 아니라 기존의 Ni 기반 배터리(NiCd 또는 NiH_2)에 비해 성능이 우수하기 때문에 전망이 밝다. Li고체 무기전해질 배터리는 다른 리튬배터리에 비해 저장수명과 동작수명이 매우 긴 고유의 특성이 있다. 그러나 이 두 배터리들은 기술성숙도(Technology Readiness Level, 이하 TRL)가 1~3단계로서, 개발 초기단계에 있다.

겔 고분자 전해질(gel polymer electrolyte, 이하 GPE) Li이온 셀의 특징은 액체전해질 Li이온 셀의 특징에 가까우며, 단지 팩키징효율(90~95%)과 형상요소(form factor)에서만 장점이 있다. 겔 고분자 Li이온 셀은 보통 가벼운 용기를 사용하므로(예를 들면 파우치), 우주의 진공상태에서 사용할 수 있도록 셀들을 밀봉된 하우징에 수납시킬 필요가 있다.

최근 LG화학의 미국 자회사인 Compact Power사가 제작한 Li이온 고분자셀을 JPL사가 시험한 바 있다. 이 셀의 충방전수명과 저온성능이 그림 6.25와 6.26에 각각 나타나 있으며, 이때 저온성능은 JPL사의 저온전해질로 작동하는 셀에 대한 데이터이다[82].

Li금속-고체고분자전해질 배터리는 Li이온 배터리보다 장점이 있을 가능성이 있다. 고분자배터리는 용매가 없기 때문에 탄소 대신에 리튬금속이 애노드 재료로 사용될 수 있으며, 이 때문에 에너지가 커진다. 또한 건성 고분자전해질 기반 셀은 휘발성 부품이 없기 때문에 내부압력이 크게 감소될 수 있어, 가벼운 알루미늄/수지-박판 필름(두께 최대 100㎛)을 케이싱(casing)으로 사용할 수 있다. 따라서 비에너지는 200Wh/kg 이상 될 것으로 예상된다. 비에너지와 에너지밀도가 각각 140Wh/kg, 174Wh/L인 상용 Li고분자 배터리가 정지용으로 이미 판매되고 있다.

반응성 용매(이것이 임피던스 증가와 용량손실의 주요인이다)가 없기 때문에 충방전수명, 저장수명 및 자기방전 성능이 개선될 것으로 예상된다. 폴리머 기반 전해질을 가진 셀의 또 다른 장점은 우주선 탑재가 용이하도록 형상을 바꿀 수 있는 유연성이 있다는 것이다.

실질적인 우주용 LiSPE 셀과 배터리를 개발하는데 있어 기술적 해결과제는 다음과 같다.

---

*) 겔 고분자 : 액체전해질을 가소체로서 비활성 고분자 매트릭스에 첨가시킨 물질

- 성능이 예측가능한, 크고 균일한 필름을 만들기 위한 대규모 막(membrane) 제조 공정
- 항공우주용에 적합한 품질을 가진 셀의 제조공정과 적절한 셀 설계

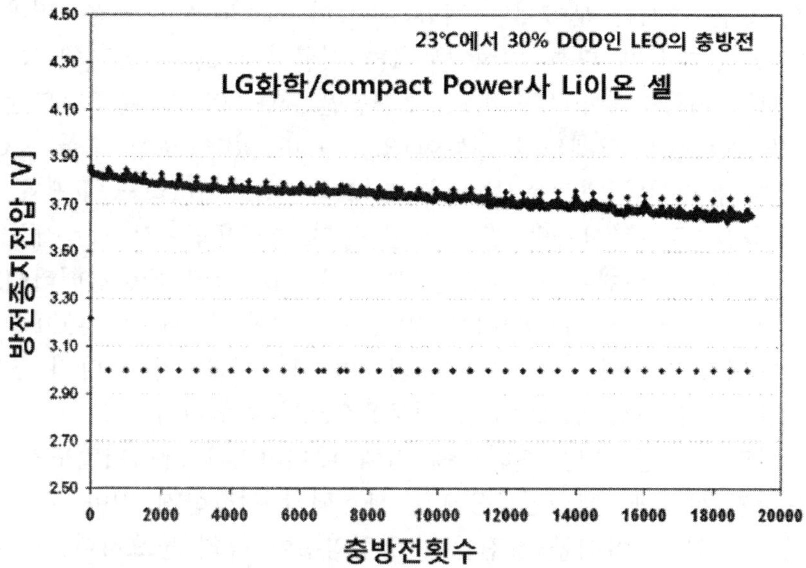

그림 6.25. LEO용 LG화학/Compact Power사 셀의 충방전성능(23℃, 30% DOD)

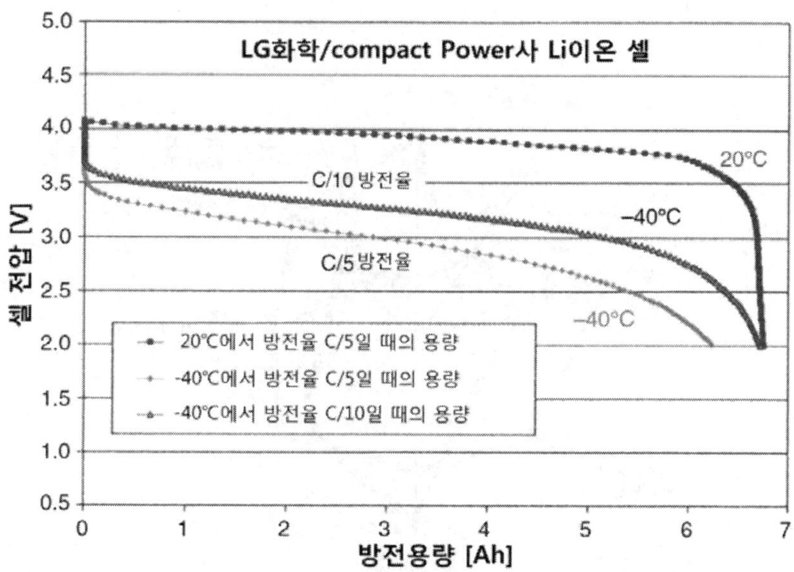

그림 6.26. JPL사의 전해질을 사용한 LG화학/Compact Power사 셀의 저온 성능

6.9. 재충전배터리에 대한 결론

AgZn 배터리는 수계 재충전 배터리 중에서 비에너지와 에너지밀도가 가장 크지만, 발사대와 같은 단시간 분야에만 적합하다. 이 시스템은 충방전수명과 저장수명이 제한되어 있기 때문에 다른 행성임무에는 적합하지 않다. 반면에 NiCd 배터리는 충방전수명과 저장수명이 우수하고, 오랫동안 -10~20℃의 온도범위에서 LEO와 GEO 위성 및 궤도선에 탑재되어 성능이 입증된 바 있다. 또한 수퍼 NiCd 배터리는 방사능에 대해 뛰어난 내성을 보였다. 그러나 NiCd 배터리는 무게와 부피가 작아야 하는 착륙선, 로봇탐사차량 및 탐사선 등의 행성표면탐사 임무에는 적합하지 않다. NiCd 배터리와 마찬가지로 NiH_2 배터리는 그 어떤 재충전배터리보다 훨씬 뛰어난 충방전수명(30~40% DOD에서 50,000회 이상)과 저장수명(GEO 작동수명인 15년을 초과)을 보였다. 그러나 비에너지와 에너지밀도가 그다지 좋지 못하기 때문에 충방전수명이 핵심 요소인 궤도임무용으로만 적합하다.

Li이온 배터리는 니켈 기반 배터리에 비해 비에너지와 에너지밀도가 크고 저온성능이 우수하기 때문에, 행성임무용으로 사용되기 시작한지 얼마 되지 않았으나, 급격히 증가하고 있다. 이러한 장점들은 행성임무에 특히 중요하다. 현재 진행 중인 충방전수명과 저장수명에 대한 성능 개선과 입증 작업이 끝나면 궤도분야에 사용될 것이다. 그림 6.27에는 항공우주용 재충전배터리의 상대적인 성능이 도식적으로 주어져 있다.

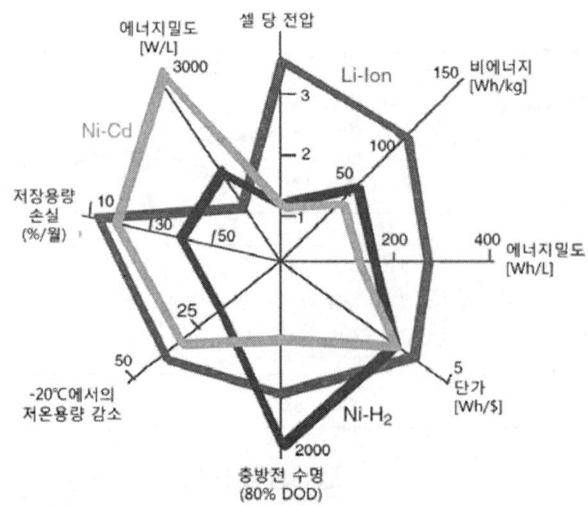

그림 6.27. 표준 재충전 셀로 이루어진 Li이온 셀의 비교

감사의 말

이 장의 일부는 National Aeronautics and Space Administration과 함께 Jet Propulsion Laboratory, California Institute of Technology의 도움을 받았으며, 다양한 배터리 프로그램의 지원을 받았다. 또한 우리는 개인적인 친분이 있는 기술자들로부터 발표된 문헌에서 얻을 수 있는 것 이상의 데이터를 얻었음에 감사드린다.

참고문헌

1. G. Dakermanji and R. Sullivan, "Space Power Systems", in "*Fundamentals of Space Systems*" 2nd Edition, Vincent L. Pisacane, Ed., Oxford University Press, New York, 2005.
2. A. K. Hyder, R. L. Wiley, G. Halpert, D. J. Flood and S. Sabripour, "*Spacecraft Power Technologies*", Imperial College Press, London, 2000.
3. C. A. Hill, "Satellite Battery Technology: A Tutorial and Overview, *IEEE Aerospace and Electronic Systems Magazine*, 153-158, 1998.
4. L. D. Massie, "Future Trends in Space Power Technology", *IEEE AES Systems Magazine,* November 1991.
5. S. Ginter, G. Gisler and J. Hanks, "Spacecraft Energy Storage Systems", *IEEE AES Systems Magazine,* May 1998.
6. "*Handbook of Batteries*", D. Linden and T.B. Reddy, Eds., McGraw-Hill, New York, 2002.
7. P. J. Johnson, S. W. Donley and D. C. Verrier, *J. Power Sources* 76 (1998) 210.
8. D. K. Coates, C. L. Fox, *J. Propulsion Power* 12 (1996) 879.
9. S. W. Hall, 27th Annual Report of Cycle Life Test, EDD-96-109, Department of the Navy Crane Division, NSWC Cabd, Indiana, 1996.
10. R. M. Sullivan, C. G. Hoffman and G. M. Rao, *J. Power Sources* 69 (1997) 27.
11. (a) S. Surampudi, B. Otzinger, D. Perone, R. Ewell, D. Burger, M. Shirbacheh and P. Bankston, "Mars Pathfinder Lander Battery and Solar Array Performance", *36th Aerospace Sciences Meeting and Exhibit,* Reno, NV Jan 12-15, 1998, and (b) D. E. Perrone, M. Klekotka and S. DiStephano, "The effect of cell design and storage conditions on the cycle life performance of silver-zinc cells", *Proceedings of the 31th Intersociety Energy Conversion Engineering Conference*, Aug 11-16, 1996, p. 416-420.
12. B. V. Ratnakumar, M. C. Smart, R. C. Ewell, L. D. Whitcanack, A. Kindler, S. R. Narayanan and S. Surampudi, "Lithium-Sulfur Dioxide Batteries on Mars Rovers", *Proceedings of the 2nd International Energy Conversion Engineering Conference*, Providence, Rhode Island, August 15-18, 2004.
13. P. G. Russell, D. Carmen, C. Marsh, T. B. Reddy, R. Bugga, F. Deligiannis and H. A. Frank, "Development of a Lithium/Thionyl Chloride Battery for the Mars Microprobe Program", *Proceedings of the 13th Annual Battery Conference on Applications and Advances*, Long Beach, CA, Jan. 13-16, 1998, p. 341-346.
14. G. M. Rao and H, Wajsgras, "Hubble Space Telescope On-Orbit NiH_2 Battery Capacity Performance (1990 to 2002), *Proceeding of the 37th Intersociety Energy Conversion Engineering Conference*, July 29-31, 2004, p. 295.
15. D. Koch, *et al*., "Overview and Status of the Kepler Mission", *Optical, Infrared, and Millimeter Space Telescopes, SPIE Conference 5487*, Glasgow, 2004.
16. S. DiStefano, D. Perrone and B. V. Ratnakumar, "Characterization of Nickel-Hydrogen 2-Cell Common Pressure Vessels for NASA Missions", *Proceedings of the 32nd Energy Conversion Engineering Conference*, Honolulu, HI, July 27-Aug. 1, 1997, pp. 145-158.
17. D. T. Lyons, J. G. Beerer, P. Esposito and M. D. Johnston, "Mars Global Surveryor: Aerobraking Mission Overview", *J. Spacecraft and Rockets*, 36/3, 1999.
18. R. Ferretti, M. Denis, A. Moorhouse, E. Rabenau, O. Page and E. Escale, "Mars Express Power Subsystem In-Flight Experience", *SpaceOps 2006 Conference*, Rome, Italy, June 19-23, 2006.
19. J. E. Graf, M. D. Johnston, R. W. Zurek, R. P. De Paula, H. J. Eisen and B. Jai, "The Mars Reconnaissance Orbiter Mission", *54th International Astronautical Congress of the International Astronautical Federation*, Bremen, Germany, Sept. 29-Oct. 3, 2003.

20. B. P. Dagarin, R. K. Taenaka and E. J. Stofel, "Galileo Probe Battery Systems", *Proceedings of the 31st International Energy Conversion Engineering Conference*, Washington, DC, Aug. 11-16, 1996, pp. 427-432.
21. S. Surampudi, B. Otzinger, D. Perrone, R. Ewell, D. Burger, M. Shirbacheh and P. Bankston, "Mars Pathfinder Lander Battery and Solar Array Performance", *Proceedings of the 36th Aerospace Sciences Meeting and Exhibit*, Reno, NV, Jan. 12-15, 1998.
22. B. V. Ratnakumar, H. Frank, A. Kindler, F. Deligiannis, E. Davies, J. Blakevoort and S. Surampudi, *NASA Battery Workshop*, Huntsville, AL, Oct. 27, 1998.
23. H. Frank, F. Deligiannis, E. Davies, B. V. Ratnakumar, S. Surampudi, P. G. Russel and T. B. Reddy, *NASA Battery Workshop*, Huntsville, AL, Oct. 27, 1998.
24. M. C. Smart, B. V. Ratnakumar, L. Whitcanack, S. Surampudi, J. Byers and R. Marsh, "Performance Characteristics of Lithium-Ion Cells for NASA's Mars 2001 Lander Application", *IEEE Aerospace and Electronic Systems Magazine* 14 (1999) 36.
25. R. A. Marsh, S. Vukson, S. Surampudi, B. V. Ratnakumar, M. C. Smart, M. Manzo and P. J. Dalton, *J. Power Sources* 97-98 (2001) 25.
26. M.C. Smart, B.V. Ratnakumar and S. Surampudi, *J. Electrochem.Soc.* 146 (1999) 486.
27. M.C. Smart, B.V. Ratnakumar, L. D. Whitcanack, K. B. Chin, S. Surampudi, R. Gitzendanner and F. Puglia, Performance Testing of Lithion 8-Cell, 25 Ah Lithium-Ion Batteries for Future Aerospace Applications", *1st International Energy Conversion Engineering Conference (IECEC)*, Portsmouth, Virginia, Aug. 17-21, 2003.
28. C. M. Reid, M. C. Smart, R. V. Bugga, M. A. Manzo, T. B. Miller and R. Gitzendanner, "Performance and Comparison of Lithium-ion Batteries Under Low-Earth-Orbit Mission Profiles", *4th International Energy Conversion Engineering Conference (IECEC)*, San Diego, CA, June 26-29, 2006.
29. B. V. Ratnakumar, M. C. Smart, A. Kindler, H. Frank, R. Ewell and S. Surampudi, *J. Power Sources* 119 (2003) 906.
30. S. W. Squires *et al.*, *Science* 305 (2004) 794.
31. S. W. Squires *et al.*, *Science*, 306 (2004) 1698.
32. B. V. Ratnakumar, M. C. Smart, R. C. Ewell, L. D. Whitcanack, K. B. Chin and Surampudi, S., "Lithium-ion Rechargeable Batteries on Mars Rovers", *2nd International Energy Conversion Engineering Conference (IECEC)*, Providence, Rhode Island, 18 Aug. 2004.
33. B. V. Ratnakumar, M. C. Smart, R. C. Ewell, L. D. Whitcanack, K. B. Chin and S. Surampudi., "Lithium-ion Rechargeable Batteries on Mars Rovers", *NASA Battery Workshop*, Huntsville, AL, Nov. 2003.
34. B. V. Ratnakumar, M. C. Smart, L. D. Whitcanack, K. B. Chin, R. C. Ewell, S. Surampudi, F. Puglia and R. Gitzendanner, "An Update on the Performance of Lithium-Ion Rechargeable Batteries on Mars Rovers", *4th International Energy Conversion Engineering Conference (IECEC)*, San Diego, CA, June 26-29, 2006.
35. M. C. Smart, B.V. Ratnakumar, R. C. Ewell, L. D. Whitcanack, S. Surampudi, F. Puglia and R. Gitzendanner, "An update on the Ground Testing of the Li-ion Batteries in Support of JPL's 2003 Mars Exploration Rover Mission", *4th International Energy Conversion Engineering Conference (IECEC)*, San Diego, CA, June 26-29, 2006.
36. D. E. Nawrocki, J. R. Driscoll, J. D. Armantrout, R. C. Baker and H. Waisgras, *Proceedings of the 1992 NASA Aerospace Battery Workshop, NASA-CP-3192,* Huntsville, AL, USA, 1992, p. 293.
37. Hollandsworth and J. D. Armantrout, "Hubble Space Telescope Battery Capacity Trend Studies", *Proceedings of the 2003 NASA Aerospace Battery Workshop*, Huntsville, AL, USA, 2003.

38. S. J. Krol and G. M. Rao, "Hubble Performance On-Orbit", *IEEE Aerospace and Electronic Systems Magazine* 18 (2003) 13.
39. F. Cohen and P. Dalton, "International Space Station Nickel-Hydrogen Battery Start-Up and Initial Performance", *Proceedings of the 36th Intersociety Energy Conversion Engineering Conference (IECEC),* Savannah, GA, July 29-August 2, 2001.
40. P. Dalton and F. Cohen, "International Space Station Nickel-Hydrogen Battery On-Orbit Performance", *Proceedings of the 37th Intersociety Energy Conversion Engineering Conference (IECEC)*, Washington DC, July 28-August 2, 2002.
41. C. P. Bankston, "Progress in Spacecraft Electric Power System Technologies for Deep Space Missions", *Proceedings of the 35th Aerospace Sciences Meeting and Exhibit,* Reno, NV, Jan. 6-9, 1997.
42. R. Serenyi and J. Skelton, "Silver-Zinc-Battery Technology Improvement Program, *Proceedings of the 41st Power Sources Conference*, Philadelphia, PA, June 14-17, 2004, paper 28.1.
43. D. Linden and B. McDonald, *J. Power Sources* 5 (1980) 35.
44. B. V. Ratnakumar, M. C. Smart, R. C. Ewell, L. D. Whitcanack, A. Kindler, S. R. Narayanan and S. Surampudi, "Lithium-Sulfur Dioxide Batteries on Mars Rovers", *Proceedings of the 2nd International Energy Conversion Engineering Conference,* Providence, Rhode Island, August 15-18, 2004.
45. C. C. Liang, P. W. Krehl and D. A. Danner, *J. Appl. Electrochem.* 11 (1981) 563.
46. (a) R. L. Higgins and L. R. Erisman, "Applications of the Lithium/Carbon Monofluoride Battery", *Proc. 28th Power Sources Symp., Electrochemical Society,* Pennington, NJ, June 1978 and (b) E. S. Takeuchi and S. A. Smesko, "Performance Aspects of Low Rate Lithium/CFx Cells", *Proc. 7th Annual Battery Conf.*, Long Beach, CA, 1992.
47. K. Guerin, J. P. Pinheiro, M. Dubois, Z. Fawal, F. Masin, R. Yazami and A. Hamwi, *Chem. Mater.* 16 (2004) 1786.
48. (a) Jay Whitacre, R. Yazami, A. Hamwi, M. C. Smart, W. Bennett, G. K. S. Prakash, T. Miller and R. Bugga, "Low Temperature Li-CF_x Batteries Based on Sub-Fluorinated Graphitic Materials", *209th Meeting of the Electrochemical Society,* Denver, CO, May 7-12, 2006. (b) Ratnakumar Bugga, J. Whitacre, M. C. Smart, R. Yazami, G. K. S. Praksh, W. Bennett and T. Miller, Recent Advances in Li-CF_x Battery Technology for High-Rate and Low-Temperature Applications, *2005 Space Power Workshop,* Manhattan Beach, CA, April 27, 2006.
49. M. C. Smart, J. F. Whitacre, B. V. Ratnakumar, G. K. S. Prakash, P. Bhalla and K. Smith, "Development of Electrolytes for High Specific Energy Li-CF_x Batteries Capable of Operation over a Wide Temperature Range", *IBA/JPL Workshop on Carbon Fluorides for Lithium Batteries,* Pasadena, CA, Feb 21, 2006.
50. W. C. West and J. F. Whitacre, *IBA/JPL Workshop on Carbon Fluorides for Lithium Batteries,* Pasadena, CA, Feb 21, 2006.
51. D. L. Bindshadler, E. E. Theilig, K. A. Schimmels and N. Vandermey, "Project Galileo: Final Mission Status", *54th International Astronautical Congress of the International Astronautical Federation*, Bremen, Germany, Sept. 29-Oct. 3, 2003.
52. B. H. van Domelan and R. D. Wehrle, "A Review of Thermal Battery Technology", *Intersoc. Energy Convers. Conf.*, 1974.
53. F. Tepper, "A Survey of Thermal Battery Designs and Their Performance Characteristics", *Intersoc. Energy Convers. Conf.*, 1974.

53. F. Tepper, "A Survey of Thermal Battery Designs and Their Performance Characteristics", *Intersoc. Energy Convers. Conf.*, 1974.
54. F. Deligiannis, R. Sherwood, D. Perrone and S. Di Stefano, "TOPEX/Poseidon NiCd Battery Performance-Comparison of Flight and Ground Test Results", *Proceedings of the 29th Intersociety Energy Conversion Engineering Conference*, Monterey, CA, Aug 7-11, 1994.
55. J. Carcone, in "*Handbook of Batteries*" (Chapter 28), D. Linden and T.B. Reddy, Eds., McGraw-Hill, New York, 2002.
56. B. Abrams-Blakemore and T. A. Edgar, "Performance Evaluation of Nickel-Cadmium and Nickel-Hydrogen Aerospace Cells with Electrochemically Deposited Nickel Electrodes", *Proceeding of the 9th Annual Battery Conference on Applications and Advances*, Long Beach, CA, January 11-13, 1994, pp. 70-73.
57. P. Timmerman, L. Whitcanack, E. Davies and F. Deligiannis, "Ultra-Radiation Hard Aerospace Batteries", *Proceeding of the 16th Annual Battery Conference on Applications and Advances*, Long Beach, CA, January 2001.
58. D. K. Coates, C. L Fox and L. E. Miller, *Int. J. Hydrogen Energy* 19 (1994) 743.
59. J. Dunlop, J. Giner, G. van Ommering and J. Stockel, U. S. Patent 3,867,199 (1975)
60. J. D. Dunlop, G. M. Rao and T. Y. Yi, *NASA Handbook for Nickel-Hydrogen Batteries, NASA Reference Publication 1314,* Sept. 1993.
61. J.D. Dunlop, J.N. Brill and R. Erisman, in "*Handbook of Batteries*" (Chapter 32), D. Linden and T.B. Reddy, Eds., McGraw-Hill, New York, 2002.
62. (a) H. H. Rodgers, S. J. Krause and E. Levy, Jr., "Design of Long Life Nickel-Hydrogen Cells", *Proc. 28th Power Sources Conf.,* June 1978. (b) G. L. Holleck, M. J. Turchan and D. DeBiccari, "Improvement and Cycle Testing of Ni/H_2 Cells", *Proc. Proc. 28th Power Sources Conf.*, June 1978, and (c) G. Holleck, "Failure Mechanisms in Nickel-Hydrogen Cells", *Proc. 1976 Goddard Space Flight Center Battery Workshop*, pp. 279-315.
63. L. Miller, *J. Power Sources* 18 (1986) 279.
64. H. F. Gibbard, "Nickel Metal Hydride Battery Applications", *Proceedings of the 9th Annual Battery Conference on Applications and Advances*, Long Beach, CA, Jan. 11-13, 1994, pp. 65-70
65. (a) H. S. Lim, D. F. Pickett, J. F. Stockel and J. J. Smithrick, "Advanced Nickel-Metal Hydride Cell Development at Hughes: A Joint Work with US Government" *Proceedings of the 10th Annual Battery Conference on Applications and Advances*, Long Beach, CA, Jan. 10-13, 1995, pp. 65-70, and (b) J. Chen, D. H. Bradhurst, S. X. Dou, H. K. Liu, Y. S. Zhang and D. Y. Song, "Development of High Energy Nickel-Metal Hydride Cells" *Proceedings of the 13th Annual Battery Conference on Applications and Advances*, Long Beach, CA, Jan. 13-16, 1998, pp. 405-409.
66. R. A. Marsh, S. Vukson, S. Surampudi, B. V. Ratnakumar, M. C. Smart, M. Manzo and P. J. Dalton, *J. Power Sources* 97-98 (2001) 25.
67. M.C. Smart, B.V. Ratnakumar and S. Surampudi, *J. Electrochem.Soc.* 146 (1999) 486.
68. M. C. Smart, B. V. Ratnakumar, L. Whitcanack, K. Chin, S. Surampudi, H. Croft, D. Tice and R. Staniewicz, *J. Power Sources* 119 (2003) 349.
69. W. Li and B. L. Lucht, *J. Electrochem. Soc.* 153 (2006) A1617.
70. M. C. Smart, B. V. Ratnakumar, J. F. Whitacre, L. D. Whitcanack, K. B. Chin, M. D. Rodriquez, D. Zhao, S. G. Greenbaum and S. Surampudi, *J. Electrochem. Soc.* 152 (2005) A1096.
71. M. C. Smart, B. V. Ratnakumar and S. Surampudi, *J. Electrochem. Soc.* 149 (2002) A361.
72. M. C. Smart, B. V. Ratnakumar, K. B. Chin and S. R. Narayanan, "Ester-Based Electrolytes that Enable Lithium-Ion Cell Operation at Very Low Temperatures (-40 to –70°C)", *206th Meeting of the Electrochemical Society*, Honolulu, Hawaii, Oct. 3-8, 2004.
73. M. C. Smart, B. V. Ratnakumar, L.D. Whitcanack, Ji-Sang Yu and M. Alamgir, Low Temperature Ester-Based Electrolytes and their Demonstration in High Power, Gel Polymer Electrolyte Lithium-ion Cells, *207th Meeting of the Electrochemical Society*, Quebec City, Canada, May 19, 2005.

74. E.J. Plichta and W.K. Behl, *Proceedings of the 38th Power Sources Conference*, Cherry Hill, NJ, p. 444, June 1998.
75. Y. Ein-Eli, S.R. Thomas, V. Koch, D. Aurbach, B. Markovsky and A. Schechter, *J. Electrochem. Soc.* 142 (1996) L273.
76. S. Herreyre, O. Huchet, S. Barusseau, F. Perton, J. M. Bodet and Ph. Biensan, *J. Power Sources* 97-98 (2001) 576.
77. B. V. Ratanakumar, M. C, Smart, L. D. Whitcanack, E. D. Davies, K. B. Chin, F. Deligiannis and S. Surampudi, *J. Electrochem. Soc.* 151 (2004) A652.
78. B. V. Ratnakumar, M. C, Smart, L. D. Whitcanack, E. D. Davies, K. B. Chin, F. Deligiannis and S. Surampudi, *J. Electrochem. Soc.* 152 (2005) A357.
79. B. V. Ratnakumar, M. C. Smart, K. B. Chin , L. D. Whitcanack, S. R. Narayanan and S. Surampudi, "Storage Characteristics of Li-Ion Batteries for NASA's Missions", *206th Meeting of the Electrochemical Society*, Honolulu, Hawaii, Oct. 3-8, 2004.
80. M. Broussely, S. Herreyre, P. Biensan, P. Kasztejna, K. Nechev and R. J. Staniewicz, *J. Power Sources* 97-98 (2001) 13.
81. T. Inoue, H. Yoshida, M. Mizutani and M. Goto, "Qualification Test Results of 100 AH Lithium Ion Cells for Space Applications", *18th AIAA International Communications Satellite Systems Conference*, Oakland, CA, Apr. 10-14, 2000.
82. M. C. Smart, B. V. Ratnakumar, A. Behar, L.D. Whitcanack, J.-S. Yu and M. Alamgir, "Gel Polymer Electrolyte Lithium-Ion Cells with Improved Low Temperature Performance", *IBC-HBA 2006,* Waikoloa, Hawaii, 9-12 January 2006.

정지용 응용 분야 I
- 통신 및 UPS용 납 배터리

7.1. 소개

납배터리는 통신시스템이나 무정전전원장치(uninterruptible power supplies, 이하 UPS)뿐만 아니라 자동차 및 견인용(traction) 분야에서 130년 이상 사용되어 왔다. 정지용(stationary) 배터리는 주로 통신 및 UPS 분야에 사용되며, 납 배터리는 이 분야에서 매우 신뢰성이 높은 시스템임이 입증되어 있다.

납 배터리는 다른 전기화학적 저장시스템에 비해 비에너지가 비교적 작지만, 세계에서 가장 중요한 2차 전원으로 사용되고 있다. 이는 비에너지만 고려할 수는 없기 때문이다. 산업용 배터리를 선택할 때 결정적인 요소는 비에너지, 수명 및 단가이다. 이 모든 요소를 고려할 때, 납 배터리는 훌륭한 대안이며, 따라서 당분간 가장 중요한 전기화학적 저장시스템이 될 것으로 예상된다. 이는 무거운 납의 무게가 그다지 문제가 되지 않는 정지용 분야의 경우에는 특히 그러할 것이다. 정지용 분야에서는 비에너지보다 에너지밀도가 우선적으로 고려되므로 납 배터리는 적절한 선택이다.

역시 정지용 분야에 사용되는 NiCd 시스템은 10장에서 다룰 것이다.

본 장에서는 다양한 정지용 납배터리를 다루며, 특히 밸브조절 납(valve-regulated lead-acid, 이하 VRLA)*) 배터리의 구조에 대해 초점을 맞출 것이다. 최대 200Ah의 용량을 가지는 납 배터리는 보통 양극판이 편평하며, 용량이 커짐에 따라 관형(tubular) 구조도 사용된다.

---

*) 밸브조절 납 배터리(valve regulated lead-acid battery) : '밀폐형 납 배터리'라고도 한다.

납 배터리는 130년 전부터 정지용 및 대기전원용(standby) 분야에 처음으로 사용되었다[1]. 오랫동안 개방형(flooded) 납 배터리만 사용되었으나, 오늘날 UPS와 통신 분야에는 VRLA가 사용된다. 부하평준화와 같은 대용량 분야에는 개방형 배터리가 사용되고 있지만, 이 분야에서도 VLRA의 사용이 증가하고 있는 것 같다.

납 배터리가 대기전원용으로 사용될 경우에는 배터리에 부동전압(float voltage)을 인가하여 완전 충전 상태를 유지해야 하며, 이때 부동전압은 배터리의 개회로전압보다 약간 더 크게 하여 배터리의 모든 부반응(side reaction)에 필요한 에너지를 공급해야 한다. 보통 이러한 부반응들로는 그리드부식, 양극판에서의 산소발생, 수소발생, 그리고 VLRA의 경우는 음극판에서의 산소재결합 등이 있다. 온도에 따라 최적의 부동전압을 선택하는 것은 VLRA의 성능을 양호하게 유지하는데 가장 중요한 요소이다. 이 문제는 다음 절에서 더욱 상세히 설명한다.

지난 수 십 년 동안 정지용 납 배터리의 비출력(specific power)은 꾸준하게 증가해 왔다. 이 때문에 충전수입성(charge acceptance)이 훨씬 더 증가했다. 다음에서 고출력 납 배터리의 개발 과정을 간략하게 설명한다.

납 배터리의 출력 성능을 개선하는 데는 다음과 같이 2가지 방법이 있다.

1) 그리드와 같은 집전부의 전기저항 감소

2) 활성물질과 셀 구조의 최적화

단가와 장수명이 크게 중요하지 않은 응용분야의 경우, 극도로 높은 출력밀도를 얻을 수 있다. 보통 배터리의 전력밀도를 개선하려면 충방전성능이 낮아지고, 그 반대도 마찬가지이다. 따라서 타협이 이루어져야 한다. 그러나 최근의 연구개발 결과, 새로운 셀 구조를 채용하면 매우 큰 출력전력과 뛰어난 충방전수명을 얻을 수 있음이 밝혀졌다.

7.2. 납 배터리 기술

납 배터리는 양극 및 음극의 활성물질로 각각 PbO_2와 Pb를 사용한다. 두 활성물질의 기공도는 모두 50% 이상이다. 전해질은 희석된 H_2SO_4이다. 이 셀의 개회로전압(OCV)은 황산의 농도에 따라 달라진다. 보통 산의 농도는 산성밀도(acid density, 즉 비중)로 측정되는데, 이는 이 파라메터를 쉽게 알 수 있기 때문이다. 예를 들어, 실온에서 산성밀도가 1.26g/cm^{3}라면, 이는 약 35%의 황산의 무게농도

(weight concentration)와 같다. 비중이 1.26g/cm^{3}이면 셀 당 OCV는 약 2.10V에 해당한다. 보통 비중에 0.84를 더해 OCV를 구하는 근사식이 사용된다.

납 배터리가 방전되면, Pb와 PbO_2는 $PbSO_4$와 H_2O로 변환된다. 납 배터리의 방전반응은 다음과 같다.

$$Pb + PbO_2 + 2H_2SO_4 \rightarrow 2PbSO_4 + 2H_2O \quad (1)$$

방전 시 황산은 소모되고 전해질의 비중은 감소한다. 따라서 황산농도의 감소 정도는 배터리의 방전깊이(depth of discharge, 이하 DOD)를 결정하는데 사용될 수 있다.

배터리가 충전될 때 반응식은 식 (1)과 반대이다.

$$2PbSO_4 + 2H_2O \rightarrow Pb + PbO_2 + 2H_2SO_4 \quad (2)$$

셀 반응식 (1)로부터 이론적인 비에너지를 계산할 수 있으며, 그 결과는 161 Wh/kg이다. 그러나 실제로는 이 값을 얻을 수 없는데, 그 이유는 그림 7.1에 설명되어 있는 것처럼 몇 가지 바람직하지 않은 요인들 때문에 비에너지가 감소하기 때문이다. 실제로 비에너지는 수 십 년 동안 꾸준히 개선되어 왔으며, 현재는 5시간 방전율로는 약 35Wh/kg, 100시간 방전율로는 약 55Wh/kg이다. 이 값들은 이론적인 값 161Wh/kg을 고려할 때 비교적 큰 값으로서, 오랫동안 연구개발이 이루어진 결과이다.

납 배터리는 방전반응 시 생성되는 순수한 물로 인해 전도도가 크게 낮아지기 때문에, 필요한 양보다 더 많은 황산을 주입해야 한다. 또한 원하지 않는 반응을 피하기 위해 방전상태에 있는 황산도 다소 필요하다. 더욱이 농축된 황산은 전도도가 매우 낮으며 활성물질을 매우 빠르게 황산납으로 변환시키기 때문에 희석된 황산이 사용되어야 한다.

활성물질(납 및 이산화납) 역시 완전히 이용될 수 없기 때문에 더 많은 양이 필요하다. 그밖에 분리막, 용기, 그리드와 같은 도체, 단자 등의 부품들도 필요하다. 이 모든 요소들 때문에 비에너지가 크게 감소한다. 특히 활성물질의 이용률은 방전율에 따라 크게 달라지며, 방전율이 크면(방전시간이 짧으면) 크게 감소한다.

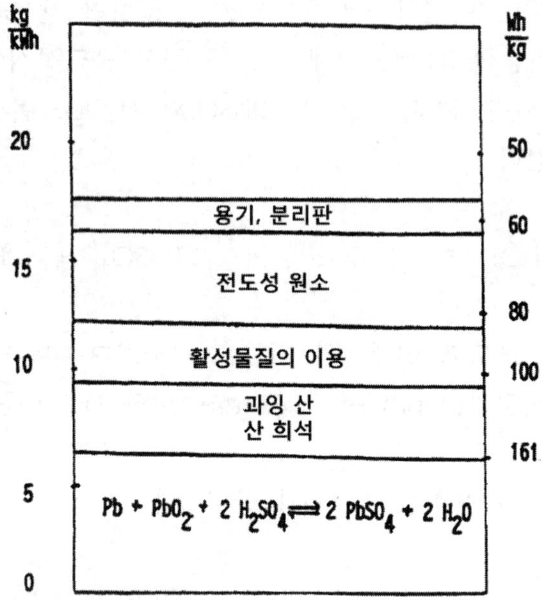

그림 7.1. 납 배터리의 비에너지

1~100시간의 방전율에 따른 비에너지의 변화가 그림 7.2에 나타나 있으며, 방전율이 크면 비에너지가 감소함을 알 수 있다. 방전율이 매우 크면, 즉 방전시간이 1시간 이하이면 비에너지는 훨씬 더 낮아진다. 이러한 감소 원인이 다음 절에서 더욱 상세히 설명된다.

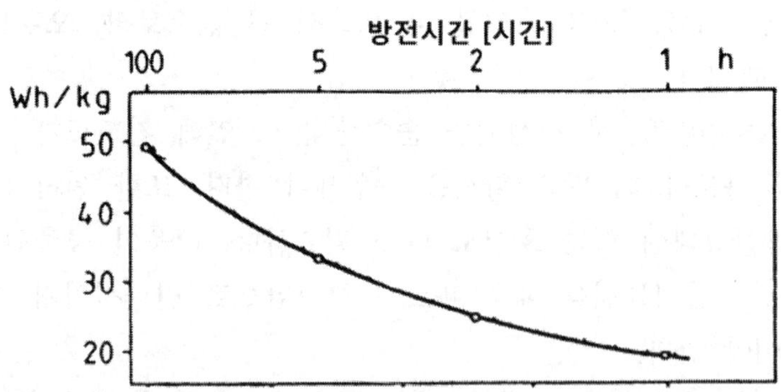

그림 7.2. 방전율에 대한 비에너지

정지용 분야에서 VRLA 배터리가 꾸준히 사용되어 왔다 하더라도, 특정 용량에서는 아직도 개방형 배터리가 사용되고 있다. 즉, 용량이 최대 약 500Ah까지인 중/소용량 배터리로서, 양극은 보통 평판이다. 이 배터리의 용량은 다음과 같이 2 가지가 있다.

1) 12.5 ~ 200Ah의 용량을 갖는 6V 모듈

2) 200 ~ 475Ah의 용량을 갖는 2V 셀

위의 두 용량을 갖는 배터리는, 극판 당 용량이 12.5 또는 25Ah인 극판이 2개 사용된다. 고출력 방전성능을 얻기 위해서는 용량이 최대 25Ah인 비교적 작은 극판을 사용하면 훨씬 장점이 많다. 그림 7.3은 용량이 각각 12.5 및 25Ah인 극판쌍(하나는 양극판, 다른 것은 음극판)의 경우, 정출력 방전율을 달리 했을 때 방전시간에 대한 전압 특성을 나타낸 것이다. 보통 UPS용 배터리는 정전류가 아니라 정출력을 공급해야 하기 때문에, 정출력 방전율이 정전류 방전율보다 더 중요하다.

그림 7.3의 곡선들은 원하는 응용분야에 필요한 극판쌍의 수를 구하는데 유용하다. 최소 방전전압뿐만 아니라 요구전력과 방전시간으로부터, 셀에 사용되는 극판쌍의 수를 도표에서 정할 수 있으며, 따라서 모듈의 크기도 구할 수 있다. 곡선들은 방전시작 직후가 아니라 방전깊이가 10%일 때부터 시작된다. 이는 방전이 시작될 때의 전압은 배터리의 이력(history)에 따라 달라지기 때문이다. 즉, 이 전압은 이전에 배터리가 어떤 패턴으로 충방전되었는가에 따라 달라진다. 특히 방전시작 직후부터 나타날 수 있는 소위 '급격한 변화(coup de fouet)' 도 존재한다. 이는 또 다른 전압강하 현상으로서, 수 초 동안 나타난다.

이 현상은, 방전시작 시 활성물질의 자리결정(seat crystal) 부족으로 인해 황산납의 석출이 지연되면서 나타나는 결정화 과전압(crystallization overvoltage) 이 그 원인이다. 이 때문에 전해질에서 납이온이 과포화되어 셀 당 방전전압이 약 30mV 정도 낮아진다. 음극의 활성물질에는, 첨가제이면서 황산납 석출을 위한 자리결정으로 작용하는 황산바륨이 다소 포함되어 있지만, 양극에는 그러한 첨가제가 사용될 수 없기 때문에, 배터리가 완전 충전된 상태에서 방전이 시작된다면 결국 전압강하는 양극에서만 나타난다. 대부분의 배터리 응용분야에서 이 정도의 전압강하는 그다지 중요하지 않다. 그러나 보다 안정적인 방전전압이 요구되는 일부 대기전원의 경우, 이러한 '급격한 변화' 는 방전 시 순간적으로 가장 낮은 전압이 될 수 있으므로, 적절한 용량의 배터리를 결정하기 위해서는 고려되어야 한다.

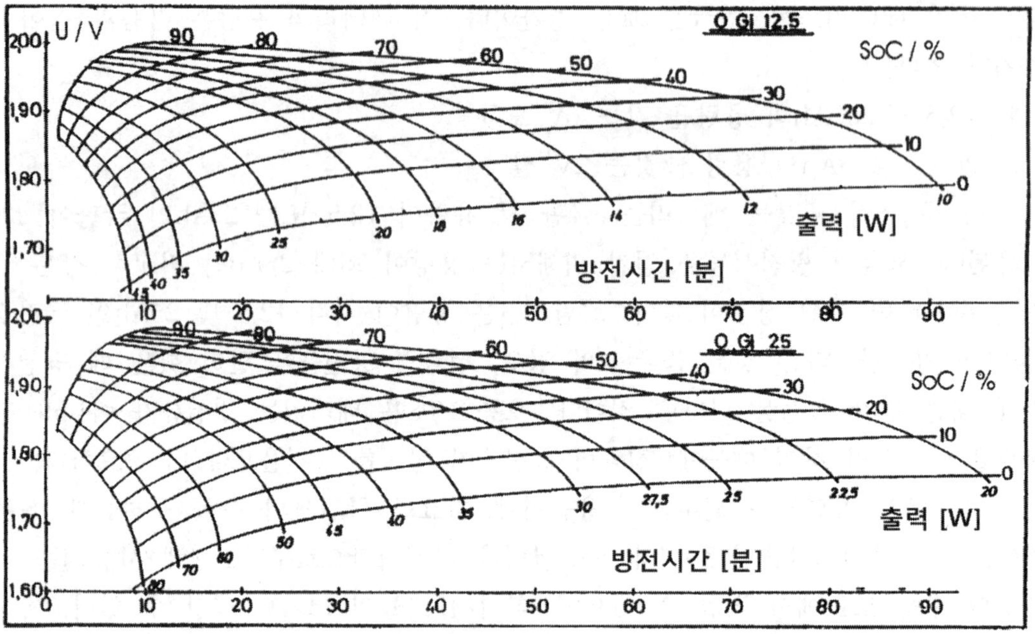

그림 7.3. 정출력 방전율이 다를 경우 12.5 및 25Ah 극판의 방전곡선

UPS 배터리를 재충전하는 정상적인 방법은 전압제한치를 부동전압(보통 셀 당 2.23V)으로 설정하는 전압제한 정전류 충전법(IU)이다. 이 방법의 단점은 배터리를 완전히 충전하기 위해 긴 시간이 필요하다는 것이다. 최초 충전전류를 크게 하면 총 충전시간이 약간 줄어들 수 있다.

그러나 좀 더 효과적인 방법은, 방전 후 자동시스템을 이용하여 일정 시간 동안 충전전압을 높여(셀 당 2.4V) 충전시키는 것이다. 이후 충전전압은 부동전압으로 되돌아간다. 이 충전법을 이용하면 재충전시간이 크게 짧아지고, 배터리수명도 감소되지 않는다. 왜냐하면 부동전압으로 충전하는 시간보다 훨씬 짧은 시간 동안(수 시간) 더 높은 충전전압을 이용하기 때문이다.

OGi 배터리는 동작온도가 20℃일 때 최소한 10년의 수명을 가지도록 설계되었다. 10년의 수명을 달성하는 것은 전혀 문제가 없음이 시험에 의해 입증되었다. 실제로 이 배터리의 수명은 통상 12년 정도임이 밝혀져 있다.

납 배터리의 개회로전압은 전해질로 사용되는 황산의 농도에 따라 달라진다. 그러나 충전 또는 방전 이후 OCV가 배터리의 휴지전압(rest voltage)에 도달하기까지는 다소 시간이 필요하다는 것을 반드시 알아야 한다. 특히 VRLA 배터리는 전해질의 농도가 균일화되는 속도가 매우 느리게 때문에, 전류가 흐른 후 모든 과전압이 감소되기까지는 어느 정도의 시간이 필요하다. 전기화학적인 관점에서 볼 때, OCV는 양극과 음극의 전위차이다. 전극의 전위는, 표준전극의 전위와 농도, 좀 더 정확히는 모든 전극반응 요소의 활성도를 이용하여 Nernst 식에 의해 구할 수 있다.

전류가 흐르고 있을 때는 어느 정도의 분극 때문에 충전전압은 OCV보다 훨씬 더 높아야 한다. 최적 충전전압을 결정하려면 방전 후 완전 재충전에 걸리는 시간 등, 다양한 파라메터를 고려해야 한다. 충전종료 시 셀 당 과전압(OCV와 충전전압의 차이)이 최대 600mV인 응용분야의 경우는 특히 그러하다. 대기 상태에 있는 배터리에는 대부분의 시간 동안 소위 부동전압이 인가되므로 완전 충전단계에 있다. 부동전압 때문에 매우 작은 전류가 흐르며, 이 때문에 다음과 같은 부반응이 전극에서 발생한다.

- 주로 양극에서의 그리드 부식과 산소 발생
- 음극에서의 수소발생

VRLA의 경우, 음극에서의 산소 재결합은 또 다른 반응이다. 이 모든 부반응을 담당할 수 있는 전류가 흐르도록 부동전압은 매우 높아야 하며, 그렇지 않으면 배터리는 천천히 방전될 것이다. 또 다른 중요한 점은, 양극 그리드의 부식속도가 가능한 한 느리도록 충전전압을 조절해야 한다는 것이다. 양극 그리드의 부식속도가 최소로 되는 전압은 양극의 개회로전압이 아니라 약간 더 높은 전압, 즉 분극전압이 약 70mV인 경우이다. 이에 대해서는 VRLA 배터리를 다룬 다음 절들에서 더욱 상세히 다룬다.

산성밀도 1.24g/cm^3, 셀 당 부동전압 2.23V인 개방형 셀의 경우, 과전압은 약 140mV로서, 이는 다시 음극 과전압과 양극 과전압으로 나누어진다. 음극 과전압(분극)은 납을 제외한 음극 표면에 존재하는 다른 금속의 양에 따라 크게 달라지는데, 이는 이들 금속이 음극의 수소과전압을 감소시켜 수소가 더욱 많이 발생하기 때문이다.

만약 아주 소량의 금속만이 존재하는 극히 깨끗한 표면이 있다면 대부분의 과전압은 음극쪽에서 나타날 것이다. 그러나 실제로 표면에는 몇 가지 다른 금속이 있기 때문에, 과전압은 음극과 양극 양쪽 모두에서 나타난다. 과전압이 음극과 양극에 대략 비슷한 비율로 나타난다고 가정하면, 140mV의 절반, 즉 70mV가 양극에서 나타날 것이고, 이는 양극그리드의 부식이 시작되는 최소값에 가깝다. 이 정도의 양극 과전압 값이면 부식속도를 최소화할 수 있을 뿐만 아니라, 양극이 완전 충전 상태를 유지할 수 있을 정도로 충분히 높다.

개방형 배터리의 그리드에는 매우 작은 양의 안티몬이 함유된 합금이 사용된다. 실제로 오늘날 대기전원용 배터리에는, 안티몬이 전혀 함유되지 않은 납-칼슘 합금이 자주 사용되며, 이때 수소과전압은 좀 더 음극쪽으로 이동하여 양극 과전압이 상대적으로 낮아진다. 부동전압이 비교적 낮으면, 양극 전위가 너무 낮아져서 부식속도가 높아지므로, 양극판의 충전상태는 충분하지 않게 될 것이다. 이러한 바람직하지 않은 상황에서는, 수소과전압을 감소시키기 위해 소량의 불순물을 첨가하는 것이 편리하다. 밸브조절 배터리의 경우 상황은 더욱 복잡하다. 이는 다음 절에서 다룬다.

7.3. 대용량 배터리

최대 수 천 Ah의 용량을 갖는 정지형 납 배터리는 상용으로 구입할 수 있다. 이 셀의 양극은 관형으로서, 매우 견고하기 때문에 배터리의 장수명이 보장된다. 이러한 종류를 OPzS라 부르며, 셀의 용량은 투명용기에 수납된 것으로는 200~3,000Ah, 경질고무 용기에 수납된 것으로는 최대 12,000Ah까지의 것이 있다. 보통 부동전압은 OGi(셀 당 2.23V)의 경우와 같다.

이러한 큰 용량을 갖는 배터리는 극판의 높이가 크다. 보통 극판이 높을수록 셀의 총 내부저항에 대한 그리드의 전기저항의 비율이 커진다. 그 결과 높이가 약 50cm 이상인 극판은 셀의 하부쪽에서 방전깊이가 얕아진다. 그리드 아래쪽에서 전압강하가 크면, 배터리의 이용가능한 에너지가 감소되고 셀에서의 열발생이 증가한다. 이를 개선하기 위해 '구리-인장-금속(copper-stretch-metal, 이하 CSM) 그리드로 이루어진 새로운 셀이 개발되어 시장에 자리잡은 지가 20년 이상 되었다[2-4].

이러한 CSM 셀의 상세한 구조가 그림 7.4에 나타나 있다. CSM 그리드는 그림의 왼쪽 부분에서 볼 수 있다. CSM 셀은 무게와 부피가 표준 셀과 같지만, 음극 그리드 재료로는 납 대신에 구리가 사용된다. 그리드는 인장된 구리에 얇은 납층을 씌운 구조이다. 셀의 양극에는 관형 판이 사용된다. 음극 그리드의 재료인 구리가 셀의 충방전 특성에 미치는 영향이 문헌[5,6]의 이론적인 모델을 이용하여 평가된 바 있다. 이 모델에서 셀은 수직 또는 수평 저항들의 회로망으로 간주된다. 극판의 높이가 같은 셀(555mm)을 비교하면 CSM 셀의 내부저항은 표준 셀보다 약 17% 정도 더 낮다. 음극판의 낮은 저항 때문에 CSM 구조는 상부와 하부 셀 사이에서 전류분포가 매우 균일하다[7]. CSM과 표준 셀의 전류분포를 실험적으로 조사한 결과 이론적인 모델로부터 예측된 결과와 동일하였다.

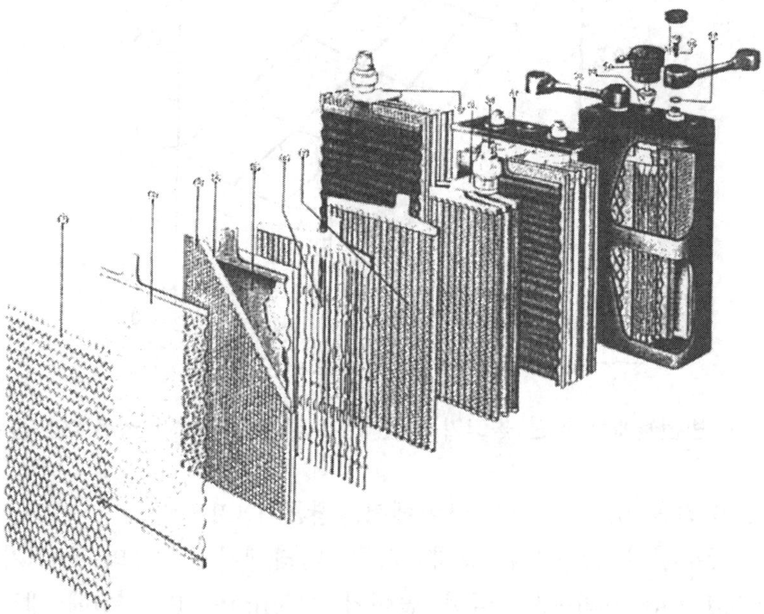

그림 7.4. CSM 셀의 상세 구조. 그림의 바로 왼쪽에 CSM 그리드를 볼 수 있다.

극판의 높이가 같은(555mm) 표준 및 CSM 셀에서, $2\times I_5$(I_5는 5시간 방전율일 때의 전류)로 방전이 시작된 시점에서의 국부적인 전류밀도 분포가 그림 7.5에 나타나 있다. 극판의 윗부분에서는 표준 셀의 전류밀도가 CSM보다 훨씬 더 크다. 반대로 극판의 아랫부분에서는 CSM 셀의 전류밀도가 표준 셀보다 더 크다. 이는 CSM 극판에서의 전류분포가 더욱 균일하다는 것을 의미한다. 국부적인 전류밀도 차이는 극판의 국부적인 DOD 차이를 의미한다.

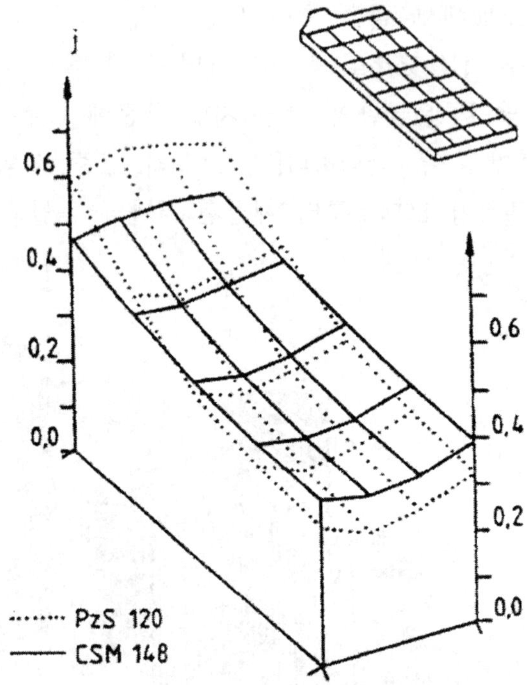

그림 7.5. $2\times I_5$ 방전율에서 극판 높이가 같은 PzS 및 CSM 셀의 국부적인 전류밀도 분포

그림 7.6은 방전율 $0.5I_5$ ~ $7I_5$ 사이에서, 평균 DOD $(Q_{top} - Q)/Q$에 대한, 극판 윗부분의 국부적인 DOD의 상대편차를 나타낸다. 극판의 높이가 555mm인 PzS 120과 CSM 148 이외에도, 극판 높이가 315mm인 PzS 70에 대한 것도 그림에 주어져 있다. 그림으로부터, CSM 극판은 높이가 훨씬 작은 PzS 70 셀과 특성이 비슷하다는 것을 알 수 있다. 국부적인 DOD의 상대편차는 국부적인 활성물질 이용률의 불균형 정도를 나타낸다. 극판높이가 555mm인 PzS 120의 경우, 상부와 하부 영역 사이의 방전율 차가 특히 크면, 활성물질 이용률도 크게 다르다. 이는 상부에서의 활성물질 이용률은 비교적 큰 반면, 하부에서는 사용될 수 없는 예비(reserve) 재료가 존재하기 때문이다.

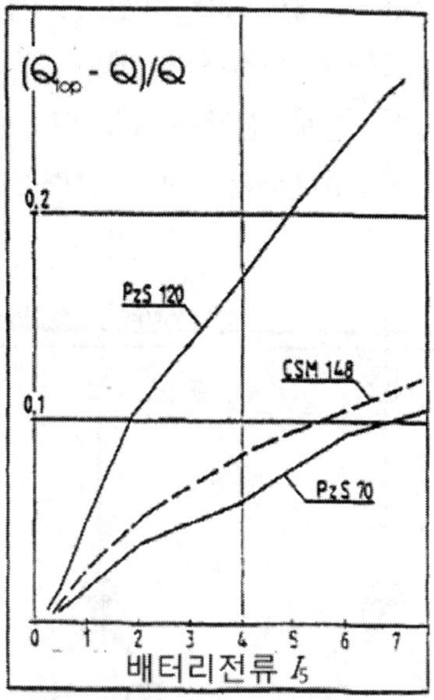

그림 7.6. 극판높이가 555mm인 PzS와 CSM 및 315mm인 PzS에서, 평균 DOD (Q_{top} - Q)/Q에 대한 극판 윗부분의 국부적인 DOD의 상대편차

구리의 전기전도도는 납보다 훨씬 더 크기 때문에 CSM 셀에서는 필요한 그리드재료가 작다. 이는 셀의 활성물질과 전해질이 더 많이 사용될 수 있음을 의미하므로, 에너지밀도와 전력밀도 모두가 증가될 수 있다. 음극 그리드용으로 납 대신에 구리를 사용하면 방전 시 장점이 있을 뿐만 아니라 더욱 좋은 효율로써 충전수입성(charge acceptance)*)을 크게 개선시킬 수 있다. 큰 방전전력과 높은 에너지효율을 얻기 위해 극판높이가 큰 셀이 필요하다면, 반드시 CSM 셀(견인용)과 OCSM 셀(정지용)이 사용되어야 한다[2-4].

양극판이 관형이고 음극그리드에 구리가 사용된 OCSM 셀은 다양한 정지용 분야에서 성공적으로 사용되어 왔다. 예를 들어 1986 년 17MW/14MWh의 배터리가 베를린의 BEWAG사에 설치되었다. 당시는 이 배터리가 세계에서 가장 큰 것이었다[8,9]. 이것은 베를린의 '독립전원(island utility)' 시스템을 강화하기 위해 설계된 것으로서, 주파수조절과 순동예비력(瞬動豫備力, spinning reserve)**)을 위해 1987년 초부터 사용되었다.

*) 충전수입성(charge acceptance) : 방전된 배터리가 충전 시 흘릴 수 있는 전류의 크기

**) 순동예비력(瞬動豫備力, spinning reserve) : 발전기 정지 등 급격한 주파수 저하에 대비하여 순간적인[10 초] 대응으로 출력을 증가시켜 다른 예비전력이 확보될 때까지 계속하여 자동발전이 가능한 예비력으로, 자동발전제어(AGC) 또는 조속기(Governor Free) 운전에 따라 자동으로 대응할 수 있는 발전기 출력의 여유분을 말한다.

BEWAG사 배터리저장시스템의 개략도가 그림 7.7에 주어져 있다. 12개의 모듈이 병렬연결되어 있고, 각 모듈은 590개의 셀이 직렬연결되어 있으며, 용량은 1,000Ah이다. 따라서 배터리의 전체 전압은 1180V, 용량은 12,000Ah로서, 컨버터와 변압기를 통해 베를린 BEWAG사의 30kV 전력계통에 직접 연결되어 있다.

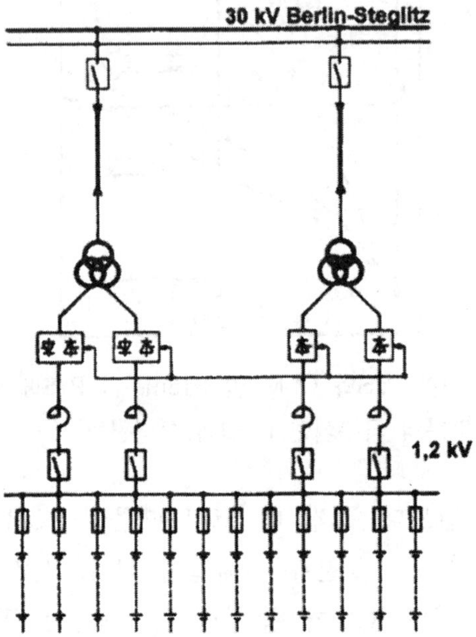

그림 7.7. BEWAG사 배터리 저장시스템의 개략도

주파수조절 시, 42시간 동안 BEWAG사 배터리의 한 모듈에 흐르는 대표적인 전류가 그림 7.8에 나타나 있다. 한 모듈 당 제한전류값은 ±700A이고, 이는 최대 전력 ±8.5 MW에 해당하며, 이 전력은 최대편차 ±0.2Hz로서 항상 50Hz의 주파수를 유지하기에 충분하다. 순동예비력이 필요하면 방전전류의 제한값은 한 모듈 당 1,400A로 변화되어 17MW를 사용할 수 있다.

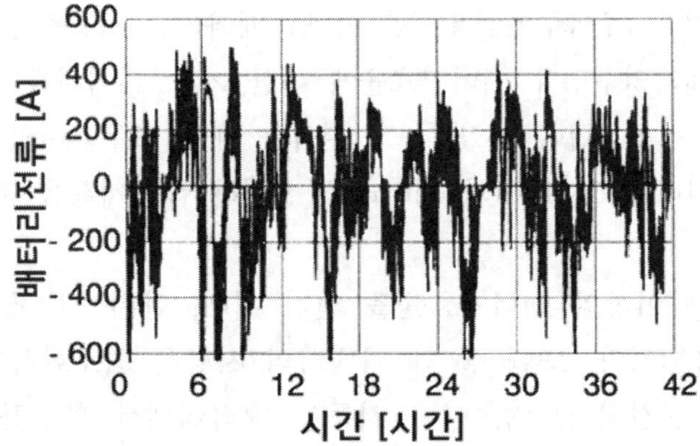

그림 7.8. 주파수조절 시 BEWAG사에 설치된 배터리 한 모듈 당 대표적인 전류

같은 42시간 동안의 배터리 충전상태(SoC)가 그림 7.9에 주어져 있다. SoC는 평균 70%를 유지하되 편차는 약 ±20%이므로, 충전수입성이 뛰어나고 특정한 용량여유분이 존재한다. 50%의 최소 SoC에서조차 최소 30분 동안 최대 17MW의 순동예비력을 가질 수 있다. 2일 간의 주파수조절 임무를 수행한 후, 셀은 IU 충전절차에 따라 4시간 동안 충전되었다. 매주 14시간 동안 완전 재충전이 이루어진다.

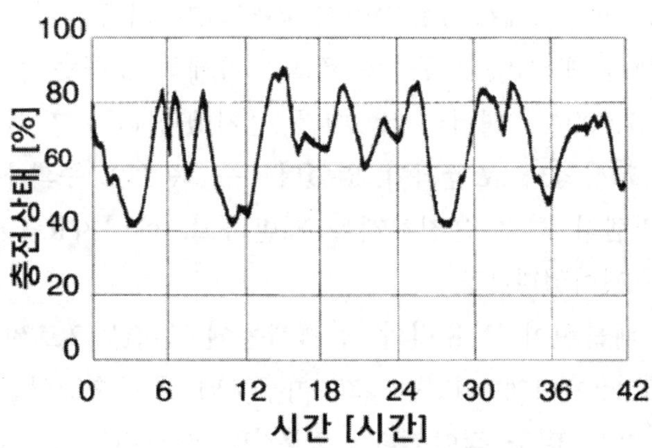

그림 7.9. 주파수조절 시 BEWAG사에 설치된 배터리의 충전상태

이러한 응용분야의 경우, 우수한 충방전수명, 고출력 및 우수한 충전수입성을 가진 배터리가 필요하다. 중요한 목표는 총 에너지효율이 80% 이상이 되는 것이었다. 따라서 음극에 구리그리드, 양극에 관형판을 가진 HAGEN CSM 구조를 사

용하기로 결정되었다. 주파수조절용으로 이 납 배터리를 사용하는데 필요한 모든 정보를 평가하고, 배터리수명과 에너지효율에 대한 기본 데이터를 얻기 위해, 1981년부터 1986년까지 예비시험이 있었다. 그 결과는 매우 고무적이었고, Steglitz에 있는 BEWAG사 발전설비에 14MWh의 배터리를 설치하려는 계획을 확정짓는데 큰 영향을 미쳤다[10].

고출력 및 80% 이상의 에너지효율을 얻기 위해, 단위 셀 구조가 아닌 10V 블럭 배터리가 사용되었다. 또한 셀 간 커넥터의 저항을 최소화하기 위해 셀들이 격벽을 통해 직접 연결되었으며, 이는 시동용 배터리에서 확실하게 입증된 기술이다. 5셀 블럭의 용기는 폴리프로필렌으로 만들어졌으며, 각 셀마다 자동 물 재충전 시스템이 마련되어 유지보수 횟수가 비교적 적게 유지될 수 있다. 극판의 높이는 800mm이고 충전전압은 셀 당 2.4V까지 제한되어 있기 때문에, 산성층화(acid stratification) 문제가 예상되었다. 이 문제를 극복하기 위해 전해질 교반시스템(stirring system)이 설치되었다. 처음에는 이 배터리가 하루 동안 담당한 최대 용량은 공칭용량의 2.2배인 것으로 평가되었지만, 실제로는 훨씬 더 크다는 것이 밝혀졌다(최대 3.3배). 배터리 내부에서 온도차가 매우 커지는 것을 피하기 위해 플라스틱 관형 열교환기가 사용되었다.

1987년 Steglitz 발전소에서 14MWh의 배터리가 가동되기 시작했을 때, 이 발전소의 운전조건에서 배터리의 특성을 좀 더 자세히 조사하기 위해, BEWAG사는 시험설비에 48V, 1,000Ah 배터리 몇 대를 설치했다[11]. 그 목적 중에는 다른 배터리들에 대한 비교시험도 포함되어 있었다. 주 목표는 주파수조절과 순동예비력용 배터리저장시스템의 최적 운전체계를 개발하고, 에너지효율과 배터리수명에 대한 데이터를 얻는 것이었다[12].

1993년 12월, 베를린이 서유럽의 전력계통에 연결됨으로써, 주파수조절은 더 이상 심각한 문제가 아니게 되었다. 그 이후부터 주파수편차는 매우 작아졌으며, 담당해야 하는 용량은 더욱 작아졌다. 그렇지만 배터리는 그 후에도 거의 2년 동안 순동예비력으로서의 임무를 계속했다.

1995년, BEWAG사의 배터리는 드디어 수명이 다했다. 14MWh의 배터리 저장시스템은 수명 기간 동안 거의 아무런 문제 없이 성공적으로 동작하였다[13,14]. 운전 조건이 가혹했기 때문에 이는 매우 뛰어난 결과였다. 배터리가 담당했던 용량은 공칭용량의 7,000배였으며, 총 담당 에너지는 약 100GWh였다.

원래 BEWAG사는 용량이 같은 4대의 배터리저장시스템을 베를린의 전력계통에 설치하려고 계획했다. 그러나 동유럽의 정치적 변화 때문에 베를린 시는 '독립전원(island utility)' 상태가 되지 못했고, 이후의 배터리저장시스템 설치 계획 역시 무산되었다. 그러나 BEWAG사가 주도한 배터리시스템은 전 세계 다른 '독립전원시스템' 의 주목을 크게 받았다.

유럽과 같은 대형 전력계통 시스템에서는 주파수조절이 심각한 문제가 아니지만, 여전히 대용량 배터리가 유용하게 사용될 수 있다. 예를 들어 배터리가 1차 및 2차 전력조절용으로 사용될 때에 큰 경제적 이익을 얻을 수 있다[14]. 이와 같은 응용분야는 납 배터리가 적용될 수 있는 큰 시장이 될 수 있다.

단지 수 분 동안 매우 큰 전력을 필요로 하는 특수 응용분야용으로, OCSM 구조를 기반으로 한 새로운 종류의 납 배터리가 개발되었다. OCSM 피크전력기라 부르는 이 새로운 배터리는 음극그리드 재료가 구리이지만, 양극은 관형 판이 훨씬 더 얇은 평판형으로 대체되었다. 이 때문에 셀 부피가 같을 경우 더 많은 극판쌍을 사용할 수 있으므로, 우수한 고출력 방전성능을 얻을 수 있다. 그림 7.10은 OCSM 피크전력 셀(구리 음극그리드, 평판 양극 구조), 그리고 비교를 위해 용기의 크기가 같은 OCSM 셀(구리 음극그리드, 관형 판 양극 구조)을 대상으로 시간에 대한 방전전류 특성을 나타낸 것이다. OCSM 피크전력 셀의 방전성능이 훨씬 더 뛰어남을 확실히 알 수 있다.

요약하면, 다양한 발전분야에서 대용량 배터리용 시장이 급격히 증가하고 있다. 지금까지 이 분야는 주로 개방형 납 배터리의 시장이었지만, UPS 및 통신분야와 같은 전력설비 분야에서도 VRLA 배터리가 개방형 배터리를 대체할 것이다.

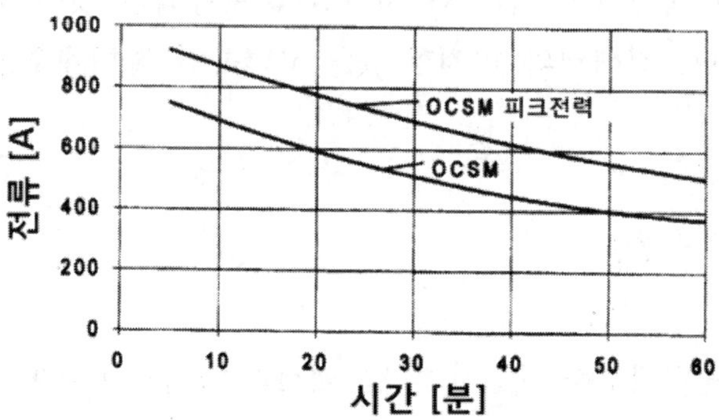

그림 7.10. OCSM 피크전력 셀(구리 음극그리드, 평판 양극 구조)과 비교를 위해 같은 크기의 용기에 수납된 OCSM 셀(구리 음극그리드, 관형 양극 구조)의 방전시간에 따른 (5~60분) 방전전류 특성

7.4. 출력 성능의 개선

배터리에서 공급되는 전력 P는 방전전류 I와 배터리전압 U의 곱으로 나타낼 수 있다. 전압 U는 개회로전압 U_0에 전류와 배터리의 내부저항의 곱 $I \times R_i$를 뺀 값이다.

$$P = (U_0 - IR_i) \times I \tag{3}$$

최대 전류는 단락전류 I_s이다.

$$I_s = U_0 / R_i \tag{4}$$

최대전력 $P_{\max}$가 공급되는 전압은 $U = 0.5U_0$이다.

$$P_{\max} = U_0^2 \ / \ 4R_i \tag{5}$$

따라서 최대전력을 증가시키려면 OCV를 증가시키거나 내부저항을 감소시키면 된다.

OCV는 주로 전극쌍에 의해 결정된다. 납 배터리의 경우, OCV는 대략 셀 당 2.1V이다. 앞 절에서 다루었듯이 정확한 값은 황산의 농도에 따라 달라진다.

내부저항은 보다 복잡하며, 전기적 저항만이 포함되는 것이 아니라 일부는 과전위(분극)도 존재한다. 전해질의 비저항 ρ를 고려하면 출력계수(power factor) P_f는 다음과 같다[15].

$$P_f = U_0^2 \ / \ \rho \tag{6}$$

다른 배터리의 출력계수를 계산하면 납 배터리의 출력계수가 가장 좋다는 결과를 얻는다. 그 이유는 납 배터리의 OCV가 비교적 크고(2.1V) 황산의 비저항이 보다 낮기 때문이다(1.1 Ωcm). 니켈 기반 배터리(NiCd 또는 NiMH)는 OCV가 매우 낮고 (1.3V) 전해질의 비저항 또한 매우 크다(1.8 Ωcm). 리튬이온 배터리는 OCV가 매우 크다(3.6V). 이는 역률이 U_0^2에 비례하기 때문에 확실한 장점이 있지만, 유기전해질이 사용되기 때문에 비저항이 황산의 50배 이상이다.

수퍼커패시터(super-capacitor) 또는 울트라커패시터(ultra-capacitor)라고도 부르는 이중층 커패시터(double-layer capacitor)는, 비저항이 작지만 U_0가 1V 이상 될 수 없는 수계 전해질이 사용되거나, 또는 U_0는 크지만 전해질의 비저항이 훨씬 더 큰 유기전해질이 사용된다.

물론 배터리시스템의 내부저항이 바로 전해질의 저항인 것은 아니다. 배터리 전극 사이의 거리가 보다 작다면 비저항이 큰 전해질의 영향은 보상될 수 있다. 분극의 영향 역시 고려해야 한다. 수퍼커패시터는 1,000m²/g 이상의 극히 넓은 전극 표면적을 가지고 있기 때문에, 모든 분극을 크게 감소시킬 수 있다. 납 배터리에서, 황산은 전기화학적 반응의 일부로서 방전 시에는 소모되므로, 전해질의 비저항이 증가한다는 것을 알아야 한다. 그럼에도 불구하고 납 배터리는 고출력 특성을 가지므로, 납의 무게에도 불구하고 고출력전원에 적합한 시스템이다. 또한 납산은 값이 싸다는 매우 큰 장점이 있다. 따라서 납 배터리는 고출력 분야에 널리 사용되어 왔다.

납배터리의 음극 및 양극을 매우 얇게 만들면, 내부저항의 대부분은 전해질의 저항이며, 이때 극히 큰 전력이 공급될 수 있지만, 이는 단지 짧은 시간 동안 뿐이다. 수명 역시 크게 감소한다. 이와 같은 시제품(prototype) 배터리의 전력밀도는 10초 동안 약 4kW/kg였으며, 이는 매우 뛰어난 값이다[15].

출력용량이 개선되는 주된 요인은 내부저항의 감소 때문이다. 그리드의 재료가 무(無) 안티몬 합금인 VRLA의 경우, 오랜 기간 동안 황산의 비중을 1.26~1.28에서 1.3 또는 그보다 약간 더 높은 값까지 증가시킨 결과, OCV가 약간 증가되었을 뿐, 그 이상 증가시키기에는 한계가 있었다.

그 오랜 기간 동안에 내부저항은 크게 감소했지만, 더욱 감소될 여지는 남아있다. 이미 지적하였듯이, 배터리의 내부저항은 매우 복잡하다. 즉, 모든 집전부와 전해질에서 저항이 존재하지만, 분극의 영향도 다소 존재한다. 분극의 원인으로는 전하전달 반응, 확산 및 결정화 등이 있다. 이들 모두는 비(非)저항성이며, 충전상태, 배터리의 충전 또는 방전 중 여부, 전류의 크기 및 전류가 흐르는 시간에 따라 크게 달라진다.

고출력 방전이 시작되면 주로 모든 저항과 전하전달 반응 때문에 전압강하가 발생한다. 고출력 방전 시작 직후 다른 요인들(확산, 활성물질 표면의 변화) 때문에 전압이 더욱 크게 감소하며, 따라서 배터리의 출력이 감소된다. 따라서 매우 짧은 시간 동안 고출력 방전이 필요할 경우, 장시간 고출력 방전에 비해 분극의 영향은 그다지 중요하지 않다.

도체 부분의 저항은 배터리의 내부저항이 대부분을 차지한다. 여기에는 그리드, 상부 도체봉(top bar), 셀 간 커넥터 및 단자 저항이 포함된다. 고출력 분야의 경우, 그리드의 구조를 개선하여 저항을 감소시키려는 연구도 있었다[16, 17]. 이는 컴퓨터를 이용하여 매우 쉽고 정확하게 계산될 수 있으며, 그 결과 매우 작은 저항을 갖는 그리드를 실제로 만들 수 있었다. 그러나 저항이 매우 작은 그리드를 주조한다는 것은 그리 쉽지 않으며, 주조된 그리드는 부식속도가 더욱 빨라지는 단점이 있다. 따라서 그리드 구조를 바꾸는 것은 주조와 접착 문제를 고려하여 신중하게 다루어야 한다[18]. 그리드 주조 시 나타나는 모든 어려움을 피하는 방법이 최근 제안된 바 있다[19]. 이는 전기증착을 이용한 새로운 그리드 제작법으로서, 무게를 최소화하고 전기저항을 작게 하기 위해 그리드의 구조를 최적화한 것이다. 이 방법은 다음 절에서 상세히 설명한다.

앞 절에서 설명하였듯이, 고용량이면서 극판 높이가 큰 납 배터리의 고출력 성능을 개선하는 또 다른 방법은, 음극 그리드에 구리를 사용하는 것이다.

또한 음극그리드에 구리를 사용하는 대신에, 그리드의 집전성능을 개선하기 위해, 극판 바닥쪽에 2차 러그*)(또는 탭)를 설치하여 전류 분지(分枝)탭(take-off tab)으로 사용하는 방법도 있다[20-22]. 이 방법은 특히 방전율이 높을 경우에도 구리 음극그리드를 사용한 경우와 비슷한 장점을 가진다. 즉, 그리드에서의 전압강하 감소, 열발생 감소, 극판 바닥쪽에서 매우 균일한 재료이용 등의 장점이 있다. 또한 충전수입성 역시 훨씬 더 개선될 것이다. 이중 탭 개념은 고출력 나권형 VRLA을 개발하기 위해 사용되어 왔다.

위에서 언급하였듯이, 양극형(bipolar) 구조는 도체 부분의 저항을 최소화하기 위한 가장 좋은 방법이다. 양극형 또는 준 양극형(semi-bipolar) 구조로 만든 나권형 VRLA 배터리의 이론적 계산과 시험에 대한 문헌들도 있다[23-27]. 수명이 짧아도 되는 특수 분야에서는 이러한 양극형 배터리가 매우 성공적이었다. 그러나 장수명이 요구되는 경우에는, 부식이나 누설과 같은 많은 문제점이 나타난다. 따

*) 러그(lug) : 코일이나 도파관(導波管)의 특성을 변화시키기 위한 가동(可動) 금속편

라서 지금까지 이러한 양극형 개념들 중 그 어느 것도 시장에서 성공적으로 자리 잡지 못했다.

분극은 활성물질의 표면적에 많은 영향을 받는다. 방전 시 활성물질의 일부가 소모되고 황산납이 표면의 일부를 덮는다. 따라서 방전이 진행될수록 유효 표면적은 크게 감소하며 따라서 분극이 점점 증가하게 된다. 활성물질의 표면적을 크게 하면 최소한 어느 정도는 이러한 영향을 보상할 수 있다. 그러나 현재 표면적은 이미 상당히 큰 값에 도달해 있고(양극물질의 경우 약 $5m^2/g$), 이 값을 더욱 크게 하면 수명이 크게 감소될 수 있으며, 충방전이 빈번한 분야는 특히 그러하다. 수명이 최우선 고려사항이 아니라면, 표면적의 증가는 분극영향을 줄일 수 있는 방법이지만, 충방전 시 표면적이 크게 감소한다는 것을 명심하라. 이러한 열화 때문에 배터리의 대전류 성능이 감소하게 된다.

그리드 및 그리드에 부착되는 재료 사이의 계면이 잘 접착되어 있다면 저항을 줄일 수 있다. 계면에 어떤 장벽층이 나타나면 이 부분의 저항이 크게 증가한다 [28-30]. 이러한 문제를 피하기 위해서는 특히 주석 함량이 큰 합금(보통 약 1wt% 이상)을 사용한다[18,31-33]. 극판 처리공정, 특히 경화공정이 우수하면 도움이 된다.

전극반응이 일어나는 지점 및 이와 가장 가까운 그리드 부분 사이의 두 활성물질(이산화납과 납)은 모두 도체로서 작용한다. 그러나 활성물질의 다공질구조와 이산화납의 낮은 전도도를 고려해야 한다. 방전이 진행됨에 따라 비전도성 황산납이 점차 형성된다. 따라서 이 황산납 펠럿(pellet, 粒狀體)의 크기는 활성물질 내부의 전기저항에 큰 영향을 미친다.

고분자구조의 전극을 사용한 경우에 대해 조사한 문헌[34]이 있는데, 이때 그리드는 고분자로 만들어졌으며, 구리와 납으로 얇게 코팅되어 있다. 이러한 고분자망 구조(polymer network structure, 이하 PNS)의 그리드는 표준 납 그리드에 비해 훨씬 가볍고 망의 크기도 훨씬 작다. 그리드망의 크기는 1×1 ~ 3×3mm 범위에서 다양한 종류가 있다. 망의 크기가 작아지면 활성물질 내부의 전류통로가 짧아지기 때문에 방전성능이 훨씬 좋아진다. 시제품은 원하는 결과를 보였지만, 이 전극은 단가가 높은 것이 큰 단점이었다.

방전 시에는 활성물질의 기공 내에 있는 황산이 가장 먼저 사용된다. 그 직후 확산이 시작되면서 황산이 극판 사이의 공간에서 활성물질의 기공으로 전달된다.

고율방전 시에는 확산에 한계가 있다. 이 때문에 극판 내부에는 전해질이 부족해지고, 이용가능한 활성물질이 충분함에도 불구하고 전극반응은 거의 중단된다. 관형 양극판의 단면이 그림 7.11에 나타나 있다. 방전율이 100시간이면 극판의 내부 및 외부의 방전수준은 같음을 알 수 있다. 1시간 방전율에서서는 두꺼운 극판의 확산제한 때문에 내부는 외부에 비해 정확히 50%가 방전된다.

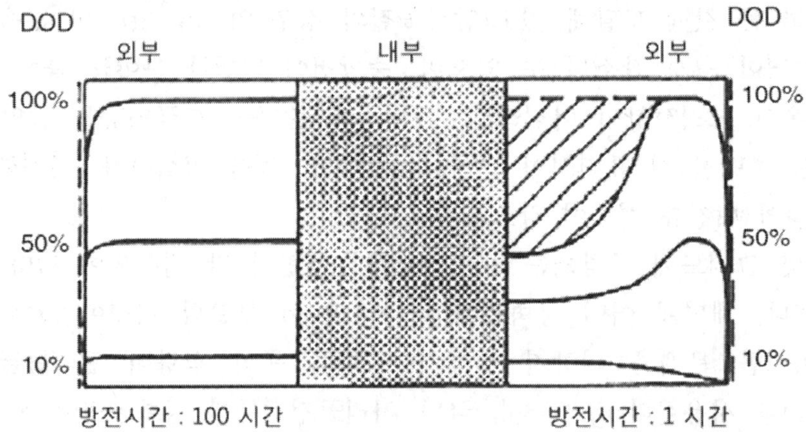

그림 7.11. 높은 방전율에서 두꺼운 극판의 확산제한을 보여주는 관형 양극판의 단면도

얇은 극판을 사용하면 확산문제를 감소시킬 수 있다. 이는 과거 수 십 년 동안 자동차 시동용 및 UPS용 배터리의 성능을 개선하기 위해 성공적으로 적용된 방법이다. 오늘날의 극판은 더욱 얇다. 특정 분야에서는 두께가 1mm인 것도 있다. 얇은 극판 구조의 대안으로 전해질이 극판을 통해 흐르도록 한 것도 있다. 이 배터리의 시제품을 시험한 결과, 확산문제는 감소되었지만, 다른 단점 때문에 실제로 아직 사용되고 있지는 않다.

매우 얇은 전극이라는 개념을 이용해 금속박판(thin metal foil, 이하 TMF)을 고려한 것도 있다[35-37]. 나권형 금속박판 전극과 흡수유리매트(absorptive glass mat, 이하 AGM) 분리막을 사용하면 극히 높은 출력과 뛰어난 충전능력(chargeability)을 얻을 수 있다. 그리드는 두께가 단지 약 0.6mm에 지나지 않는 압연박판으로서, 활성물질층의 두께도 같다. 이 배터리는 전동공구용, 자동차 시동용 및 그밖의 고출력 및 급속 재충전용으로 개발되었다. 새로운 구조를 목표로 한 이러한 연구개발 때문에 납 배터리가 극히 높은 출력특성을 갖는다는 것을 보여줄 수 있었다. 그러나 높은 신뢰성과 충분히 긴 수명을 달성하는 것은 비교적 어려웠다. 최근 소위 초고전력(ultra high power, 이하 UHP) 구조라는 또 다른 방법이 제안되었는데, 이때 전극으로 얇은 평판, 분리막으로는 얇은 극소유리매트(microglass mat) 또는 특수 마이크로기공성 폴리에틸렌 막을 사용하였다[38]. 이 배터리의 시제품을 시험한 결과, 예상대로 출력성능이 개선되었다. 이 구조는 특히 UPS용으로 관심을 끌고 있다.

전해질 저항의 일부는 분리막이 그 원인이다. 실제로 방전율이 높을 때 배터리의 전체 전압손실은 대부분 분리막 때문이다. 과거 수 십 년 동안 분리막의 성능을 개선하기 위해 전기저항을 포함한 많은 파라메터가 개선되어 왔다[39,40]. 오늘날에는 보통 폴리에틸렌 분리막이 사용되는데, 이것은 분자량이 지극히 큰 폴리에틸렌 펠릿(pellet)을 실리카 및 기름과 혼합시켜 만든다. 이 분리막은 기공도가 크고 전기저항이 비교적 작다. 또한 이 분리막은 뛰어난 냉시동 성능이 요구되는 자동차 시동용 배터리에 매우 적합하다. AGM 분리막을 사용하면 저항을 더욱 줄일 수 있다. 이에 대해서는 이후에서 상세히 다룰 것이다.

장시간의 고출력 방전 시, 활성물질의 표면적 감소와 전해질의 결핍이 미치는 영향은 활성물질의 결정구조(기공도와 결정의 크기)에 따라 크게 달라진다. 또한 접착제의 제조법과 밀도도 영향을 주지만, 제작공정 역시 큰 영향을 미친다. 제작공정에는 접착, 경화/건조, 함침(浸液) 및 성형이 있다. 최근 이러한 주제에 대해 많은 연구가 이루어졌다[41-45]. 양극판(positive plate)은 경화온도가 낮은 경우부터 높은 경우까지 밀도가 3.8~4.3g/cm^{3}인 접착제를 사용하며, 그 결과 3염기(tribasic, 이하 3BS)나 4염기(4BS) 황산납 경화물질 또는 이 두 가지가 혼합된 물질이 만들어진다[43,44]. 이 연구에서는 펄스 기법과 방전단계를 가진 함침 및 형성 프로그램도 포함되어 있다. 그 결과 형성된 양극재료는 결정구조가 매우 다르며, 초기성능 데이터와 충방전수명 시험 결과 역시 달랐다.

위의 연구들에는 잉여 전해질과 음극물질을 가진 단일 양극판의 충방전 가속시험이 포함되어 있다. 시험에서는 밀도가 3.8~4.3g/cm^{3}인 접착제들로 만든 극판들이 사용되었으며, 경화된 결정구조는 3BS나 4BS 또는 이 두 가지가 혼합되어 있다. 형성 이후의 물질구조는 SEM을 이용해 조사했다. 4BS에서 형성된 양극물질은 여전히 전형적인 4BS 황산납 망상(network) 구조를 가지고 있으며, 이 황산납의 결정은 상당히 크기 때문에 양극 활성물질의 골격과 같은 기능을 한다. 3BS에서 형성된 양극물질의 사진을 보면, 전형적인 β-PbO_2에 의해 형성된 그물 모양의 매우 작은 PbO_2 입자덩어리를 볼 수 있다.

양극판은 상대밀도가 1.30인 황산 내에 있는 2개의 음극판 사이에 끼워져 있다. 방전전류는 1.5V 이상에서 11A였고, 충전전류는 2.4V 이하에서 2.8A였으며, 이후의 추가 충전에서는 6시간 동안 0.7A가 흘렀다. 70회의 충방전 이후 시험이 종료되었다. 그뒤 손실된 재료의 양을 결정하기 위해 양극판의 무게를 측정하였다. 그 결과가 그림 7.12에 나타나 있다. 4BS로부터 제조된 극판은 3BS 기반 극판보다 박리(剝離, shedding) 현상이 더 작았다. 3BS와 4BS의 혼합물로 제조한 것은 중간이었다. 또한 접착제 밀도의 영향도 있다. 즉 접착제의 밀도가 4.0과 4.3g/cm^3인 경우, 박리된 재료의 양이 그림에 비교되어 있다. 잉여 전해질을 가진 셀을 높은 방전율로 가속 충방전 시험한 결과를, 낮은 방전전류 또는 다른 충방전 프로그램으로 얻은 시험결과와 비교할 필요가 있다. 이 시험에서 밝혀진 사실은, 양극 활성물질의 지지체 없이(예를 들면, 관형판의 경우는 건틀릿(gauntlet), 다른 경우는 조임(tight) 분리판을 이용), 재료입자와 4BS 황산납 결정망 사이의 접촉면적을 더욱 키우면서 기공도를 낮추고 밀도를 높이면 박리 과정이 늦추어진다는 것이다.

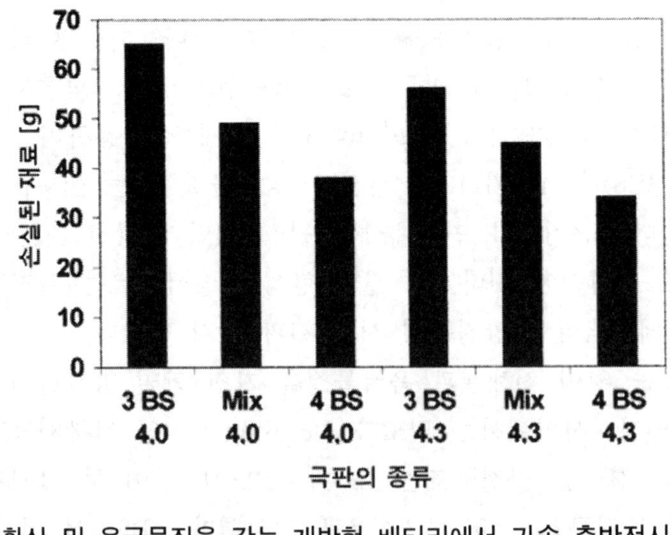

그림 7.12. 잉여 황산 및 음극물질을 갖는 개방형 배터리에서 가속 충방전시험 후 박리된 양극재료의 양

따라서 배터리의 수명을 고려할 때, 극판의 두께를 감소시키거나 활성물질의 기공도와 표면적을 더욱 증가시키는 것은 어느 정도 한계가 있으며, 어느 정도의 충방전 성능을 필요로 하는 경우는 특히 그러하다. 반면에 극판에 유리매트를 고압으로 압착시킨 AGM 구조를 사용할 수도 있다. 동일한 극판을 가진 개방형과 AGM 구조를 시험한 결과, AGM은 개방형보다 충방전수명이 훨씬 길고 경화물질의 구조와 기공도의 영향을 덜 받는다는 것이 밝혀졌다. 이는 AGM 구조와 유리매트에 의한 고압 때문에, 기공도가 큰 활성물질과 넓은 표면적이 이용될 수 있으며, 그 결과 충방전 성능을 크게 손상시키지 않고도 뛰어난 전력공급능력을 가질 수 있다는 의미이다.

AGM 구조의 영향을 조사할 목적으로, 그림 7.12의 가속 충방전시험에 사용된 극판들을 사용해, 5시간의 방전율에서 공칭용량이 24Ah인 2V AGM 셀을 만들었다. 이 셀은 두께 1.7mm로 압축된(약 35% 미세섬유, 25% 압축) 유리매트 분리판으로 싸여진 3개의 양극판과 4개의 표준 음극판으로 이루어져 있다. 용기로는 퍼플렉스(Perplex)가 사용되었으며, 개방압력이 120~150mbar인 압력배출밸브도 함께 사용되었다. 전해질은 약 8분 내에 중력에 의해 채워지며, 전해질의 포화도는 95%이다. 가속 충방전시험을 위한 방전전류는 1.5V 이상에서 34A였다. 셀은 2.4V까지는 10A의 전류를 흘려 IU로써 충전되며, 총 충전시간은 7시간(30℃)이다. 이는 상당히 가혹한 시험으로서, 충방전수명에 대한 성능차를 쉽게 알 수 있다. 보통 이러한 시험에서 충방전수명이 우수하다는 것은 실제 운전조건에서도 그러하다는 것을 의미한다.

그림 7.13은 AGM 셀의 충방전시험 결과를 나타낸 것이다. 먼저 결과를 보면 개방형 구조와 달리 AGM 셀의 특성이 매우 다르다는 것을 알 수 있다. 충방전수명은 AGM셀이 훨씬 더 우수하며, AGM 셀에서도 4BS의 장점은 없었다. 실제로 3BS/4BS 혼합물 또는 3BS가 훨씬 우수한 반면, 4BS는 매우 좋지 못했다. 또한 접착제의 밀도를 더욱 높이면 충방전수명이 개선되었다. 3BS 또는 3BS/4BS 혼합물과 접착제 밀도가 4.3g/cm^{3}일 때가 가장 결과가 좋았으며, 3BS 또는 4BS이면서 밀도가 3.8g/cm^{3}일 때 가장 결과가 나빴다. AGM 배터리의 충방전수명을 높이는 데 4BS가 가장 좋을 것이라는 선입관은 사실이 아니라는 것을 명심해야 한다. 실제로 이루어진 충방전횟수를 직접 비교해 보면 차이는 훨씬 더 나빠진다. 4BS는 시작부터 용량이 작기 때문에, 배터리 동작 시 공급한 총 용량의 차이는 훨씬 크다.

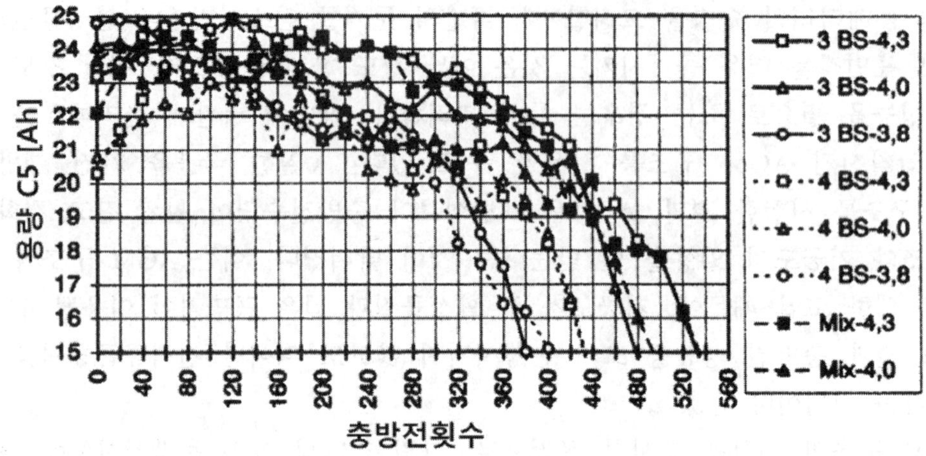

그림 7.13. 2시간의 함침과 정전류 형성 이후 2V AGM 셀의 가속 충방전 시험 결과

AGM 구조를 이용하면, 높은 충방전율에서도 우수한 충방전수명을 얻을 수 있음을 이러한 연구결과로부터 확실히 알 수 있었다. 같은 종류의 극판을 사용하면, 개방형에 비해 AGM 구조가 훨씬 우수한 충방전수명을 보였다. 고장이 발생한 것은 모두 양극 활성물질이 연성화(softening)된 경우였다. AGM 구조의 경우, 우수한 충방전수명을 얻기 위해 4BS가 반드시 필요한 것은 아니고 3BS가 더욱 좋으므로, 비교적 짧은 성형시간을 이용하여 처음부터 큰 용량과 높은 성능을 가진 AGM 배터리를 만들 수 있다. 이 결과는, 3BS가 4BS보다 훨씬 나쁜 성능을 보인 개방형 배터리의 시험결과와 상반된다. 개방형과 AGM 사이의 주된 차이는, AGM에서는 전해질 결핍 상황이 발생하며, 양극재료가 유리매트의 비교적 높은 압력 때문에 매우 잘 지지된다는 것이다. 그밖에도 접착제 밀도의 영향이 크기 때문에 $4.3g/cm^3$이 최적이며 $3.8g/cm^3$은 최악이다.

7.5. VRLA 기술의 특징

납 배터리 기술의 많은 발전들(예를 들면, 에너지밀도와 충방전수명의 증가, 자기방전율 감소, 자동생산으로 인한 단가 감소 등) 가운데서, 가스재결합 기술의 개발과 도입은 아마도 가장 중요한 점일 것이다. 이 가스재결합 기술, 즉 밸브조절 납(VRLA) 배터리는, 산의 누설위험 때문에 개방형 배터리가 사용될 수 없었던 분야에 사용될 수 있다.

가스재결합 배터리는 또 다른 장점을 가지고 있다. 예를 들어, 전 수명기간 동안 물을 채울 필요가 없다는 것과, 30일 동안의 단락시험에서도 배터리가 견딜 수 있도록 설계되며, 재충전 이후에도 시험 이전과 같은 용량을 가진다는 것이다. 또한 물분해 반응이 크게 감소하기 때문에 단지 작은 양의 수소만이 방출되며, 따라서 자기방전율도 낮다. 최근 VRLA 배터리에 대한 많은 연구들이 발표되었으며, 그 일부가 문헌[18,46-58]에 주어져 있다.

VRLA 배터리의 전해질은 흡수유리매트(AGM 배터리) 또는 겔화제(gelling agent)(겔 배터리)에 의해 고정되어 있다. 전해질이 고정되어 있기 때문에 재결합이 가능해진다. 즉, 특히 충전 시 양극에서 발생된 산소는 음극으로 이동하여 수소와 반응(재결합)함으로써 물이 형성된다. 이 반응 때문에 음극에서 생성된 수소가스의 양이 감소되므로, 셀에서 방출되는 수소와 산소의 양이 크게 감소한다. 그러나 방출된 가스의 양은 확실히 영이 아니라 약간이라도 존재하므로, 가끔 사용되는 '밀봉형 배터리' 라는 용어 때문에 가스가 결코 방출되지 않는다고 오해해서는 안된다.

겔형과 AGM형의 두 기술은 유사점이 많지만, 차이 또한 존재한다. 예를 들어 높이가 큰 셀의 경우 오직 겔형 셀만이 사용될 수 있으며, 그렇지 않으면 산(전해액)의 층화현상(acid stratification)을 피할 수 없다. 시중에는 상당히 높이가 큰 AGM 셀이 있지만, 산의 층화현상을 피하기 위해 수평방향으로만 설치되도록 설계된 것이다. 높이가 낮은 셀의 경우, 셀의 방향에 관계없이 겔형과 AGM형 모두 사용가능하다. 보통 고출력용으로는 AGM형이 사용되지만, 장수명이 요구될 때는 겔형이 사용된다.

보통 VRLA 배터리는 실제로 안티몬이 없는 납 합금을 사용한다. 이는 부식에 의해 안티몬이 양극그리드에서 떨어져 나와 음극으로 이동해 수소과전압을 낮추기 때문이다. 그러나 그 결과 수소발생이 증가하여, 결과적으로 자기방전율과 물손실이 증가한다.

오늘날 대부분의 배터리제작사들은 납-칼슘 합금을 선호한다. 칼슘은 그리드경화제(grid hardening agent)로 작용한다. 또한 합금에는 약간의 주석(최대 1%, 때로는 그 이상일 경우도 있음)도 함유되어 있다. 주석은 주조과정을 개선시키며, 양극의 그리드와 활성물질의 계면에서 나타나는 문제들을 피하는데 도움이 된다.

납-칼슘-주석 합금과 납-안티몬 합금의 부식은 서로 근본적인 차이가 있다. 보통 합금에 함유되어 있는 안티몬은 부식속도가 빠르며, 안티몬 함량이 감소하면 부식속도도 감소한다. 안티몬합금에서 전형적으로 나타나는 이와 같은 부식은 입자내부(intra-granular)의 과정으로서, 전체 면적에 걸쳐 매우 규칙적인 부식전선(corrosion front)이 나타난다. 납-칼슘 합금의 경우, 주조상태가 우수한 샘플은 부식속도가 낮지만, 그리드가 적절히 주조되지 않으면 입자 간(inter-granular) 부식이 커질 수 있다. 이러한 종류의 부식은 균일하지 않지만, 그리드의 일부 영역에 깊이 침투하며, 따라서 그리드가 매우 커질 수 있다.

때로는 그리드가 너무 커지기 때문에 전극표피층이 휘어지기도 한다. 그리드가 커질 경우, 그리드의 납이 배터리의 수명을 제한하는 이산화납으로 모두 산화되는 것은 아니다. 그리드가 커지면, 음극의 상부봉(top bar)과 접촉하여 내부적으로 회로가 단락되는 고장이 자주 발생한다.

방전회수가 매우 작은 대기용에서는, 활성물질이 그리드와 함께 확장될 수 없기 때문에 그리드와 활성물질 사이가 접촉되지 않는 현상이 나타난다. 그림 7.14는 부동충전용으로 사용된 배터리의 양극판으로서, 커진 납-칼슘-주석 그리드의 단면이다. 그리드의 주조상태가 좋지 않기 때문에 배터리는 3년 후에 고장났다. 그러나 충방전 시 활성물질은 그리드와 접촉을 유지할 수 있기 때문에 활성물질을 포함한 전체 양극판이 커졌고, 따라서 양극그리드와 음극 상부봉이 내부 단락된다면 배터리 수명이 제한될 수 있다.

양극 그리드의 부식은 대기전원용 배터리의 예상수명에 큰 영향을 미치기 때문에 부식속도에 영향을 미치는 파라메터들에 대해 많은 연구가 있었다. 그리드의 부식과 커짐은 다음에 요소에 따라 달라진다.

① 합금 조성비
② 그리드 구조
③ 주조 조건
④ 양극 활성물질
⑤ 부식을 가속화시키는 불순물
⑥ 배터리 온도
⑦ 양극판의 전위

그림 7.14. 부동시험으로 3년 간 사용된 이후 저품질로 주조된 납-칼슘-주석 그리드가 커진 경우의 양극판

합금조성비가 VRLA 배터리 양극그리드의 부식안정성에 미치는 영향이 문헌 [59-70]에 주어져 있다. 실제로 칼슘함량을 줄이면 부식속도를 줄일 수 있음이 밝혀졌다. 그러나 칼슘함량이 낮으면 그리드의 경화가 느려지기 때문에 타협이 필요하다. 극판처리 시 그리드를 경화시킬 수 있도록 칼슘함량이 충분히 높아야 하지만, 심각한 부식을 피하기 위해서는 칼슘함량이 충분히 낮아야 된다(보통 0.1% 이하). 이러한 칼슘함량의 적절한 타협값은 보통 그 범위가 매우 좁다.

물론 위에서 언급한 여러 변수들의 영향 역시 고려해야 한다. 어떤 변수들이 부식에 유리하다면 칼슘함량을 다소 높일 수 있다(최대 약 0.09%). 반대로 유리하지 않은 변수들(위의 ②~⑦ 항목) 때문에 칼슘함량을 낮추어도 부식속도는 높아질 수 있다.

보통 그리드 구조가 주조과정과 부식작용에 미치는 영향은 과소평가되어 있다. 특히 방전전류가 큰 응용분야의 경우, 전기저항을 줄이기 위해 그리드의 구조를 바꾸는 경향이 있었다. 앞 절에서 이미 논의하였듯이, 이같은 그리드 구조 변경은 발생가능한 주조 및 부식 문제를 적절히 고려해 조심스럽게 다루어져야 한다.

주조과정에는 그리드의 품질, 즉 부식 특성에 영향을 미치는 많은 변수들이 있다. 예를 들어, 그리드/금형(mould) 구조, 용융합금로와 금형의 온도, 주조속도, 냉각속도, 압력주조 시의 압력 등이 그것이다. 보통 압력주조는 관형 극판의 제조에 사용되며, 모든 다른 변수들이 상당히 유리하다면, 압력주조에 의해 부식속도가 매우 낮은 납-칼슘-주석 그리드를 만든다. 이 방법으로 제작된 그리드는, 수 년

간 사용된 후에도 매우 얇은 부식층만이 나타날 뿐이다. 납-칼슘-주석 관형 그리드의 부식은 VRLA 배터리 고장의 원인이 된 적이 거의 없다.

보통 평판형 양극을 제작할 때는 중력 그리드 주조법이 사용된다. 평판형 양극의 납-칼슘-주석 그리드는 관형 그리드보다 매우 민감하고 매우 부식되기 쉽다. 그러나 대기전원용으로 사용되는 평판형 양극판 배터리의 경우에도, 부식은 단지 제약요소 중의 하나임을 명심하라.

합금조성비와 주조조건이 그리드부식에 미치는 영향이 그림 7.15에 주어져 있다. 황산 내에서 중력주조된 납-칼슘-주석 그리드의 가속 부식시험 시, 3주마다 그리드를 전해질에서 꺼낸 뒤, 부식층을 제거하지 않은 채 세척하고 건조시켜 무게를 측정했다. 모든 시험에서 그리드 재료의 일부가 산화되면서 첫 주 동안 무게가 약간 증가했다. 2주째부터 무게가 감소한 것은, 점진적인 산화 동안에 산화된 물질이 박리되었기 때문이다.

보통 부식안정성이 우수하면 충방전 시작 시에 무게가 약간 증가하고 산화물이 꽤 늦게 박리되기 시작하는 반면, 부식안정성이 나쁘면 충방전 시작 시 무게가 크게 증가하고 곧 이어 산화물의 박리로 무게가 급격히 감소하게 된다. 합금에서 칼슘과 주석의 함량을 증가시키면 부식안정성이 약간 좋아지지만, 주조조건에 미치는 영향은 매우 커진다는 것을 그림 7.15로부터 알 수 있다.

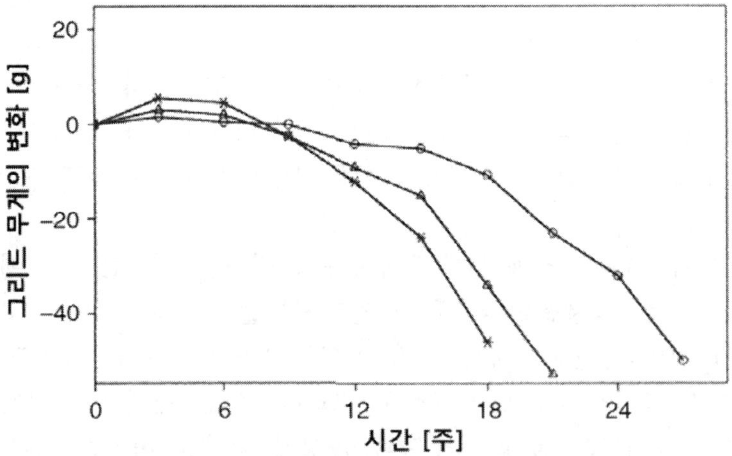

그림 7.15. 황산 내에서 중력주조된 납-칼슘-주석 그리드의 가속 부식시험(60℃, 비중 1.26g/cm^3, SHE에 대해 1.85V 정전위). 부식층을 제거하지 않고 3주마다 그리드 무게의 변화를 측정하였다. (*)는 표준합금/표준주조, (△)는 (칼슘과 주석 함량을) 증가시킨 합금/표준주조, (o)는 (칼슘과 주석 함량을) 증가시킨 합금/개선된 주조의 경우를 나타낸다.

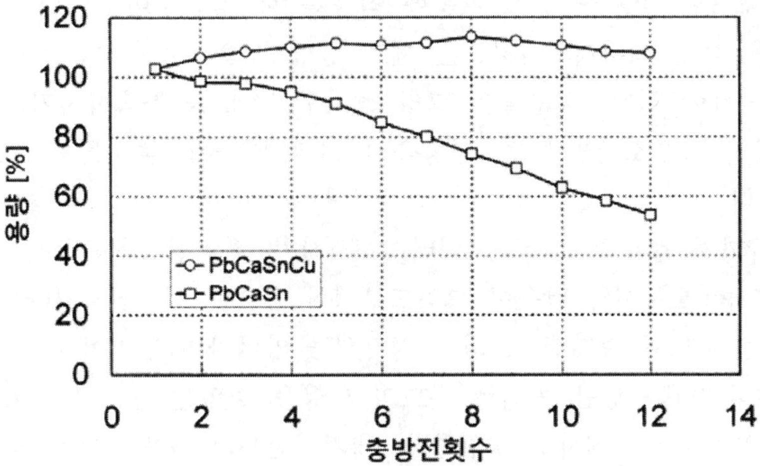

그림 7.16. 양극 합금용 입자미세화제(grain refiner)로서 구리가 있는 경우와 없는 경우, 겔 배터리(A400형)의 가속 과충전시험.

반대로 양극 합금에 구리를 첨가한 배터리는 성능이 훨씬 우수하였으며, 12회의 충방전 시험 이후에도 여전히 용량은 안정적으로 100% 이상을 유지하였다. 이 배터리를 절개하여 분석한 결과 부식율이 매우 낮았음을 알 수 있었다. 양극 활성물질이 그리드 부식에 미치는 영향에 대해서는 많은 연구가 이루어졌지만, 이를 완전히 이해하는 것이 쉽지 않다[71-74]. 그러나 그리드 자체 및 접착된 그리드의 두 경우에 대한 부식시험 결과가 서로 다르기 때문에, 영향을 미치는 것만은 확실하다. 활성물질이 영향을 미치는 이유는 아마도 방전종료 시 그리드표면 부근의 pH가 증가하여, 활성물질의 기공에 존재하는 전해질의 확산능력이 제한되는 것과 관련이 있을 것이다. 다른 요인으로는 충방전 시 활성물질의 체적변화로 인해 그리드 상에 가해지는 응력이 있다. 그리드의 일부분은 활성물질과 너무 가깝게 접촉하고 있어서 전해질과 전혀 접촉할 수 없다는 점 또한 고려되어야 한다. 활성물질은 그리드부식을 가속시킬 수도 지연시킬 수도 있지만, 두 경우 모두 무시해서는 안된다. 따라서 실험실에서 엄격하게 준비된 납 샘플로써 부식시험을 한 결과는 배터리에서 얻은 결과와 매우 다를 수 있다.

그리드 부식속도를 가속시키는 불순물(예를 들면 유기산 또는 염소 성분)은 잘 알려져 있으며, 보통 개방형 셀과 VRLA 셀에서 차이는 이 불순물의 영향은 입증된 것이 없다. 보통 불순물은 아주 쉽게 제거될 수 있다. 개방형 셀에 비해 VRLA

셀은 물을 보충할 필요가 없기 때문에 작동 중에 불순물이 셀로 혼입되지 않는 장점이 있다. 물론 배터리제작사들은 제조 중에도 오염물질이나 불순물이 혼입되는 것을 방지해야 한다. 불순물은 그리드의 부식속도를 가속화시키고, 일부 불순물은 자기방전과 수소발생에 큰 영향을 미치기 때문에, 불순물을 방지하는 것은 매우 중요하다.

보통 지금까지 설명한 내용은 배터리제작사가 책임질 사항이다. 그 이외에는 VRLA 배터리의 오용이나 남용이 그리드부식의 중요한 결정인자이다. 가장 가능성이 큰 요소는 온도와 충전전압, 더욱 정확히는 양극판의 전위이다. 고온에서는 부식속도가 높아진다는 일반 논리로 온도의 영향을 설명할 수 있다. 이는 개방형은 물론이고 VRLA 배터리에서도 성립한다. 대기전원용의 경우, 예상수명이 20℃에서 주어지는데, 이는 최대의 사용시간을 얻기 위해서는 약 20℃로 배터리의 온도를 유지하는 것이 좋다는 것을 의미한다.

당연한 일이지만, 여기서 말하는 온도는 주변 온도가 아닌 배터리의 온도이다. 배터리온도가 20℃ 이상이 되는 것을 피할 수 없다면, 저장수명이 크게 감소하는 것을 피하기 위해 배터리 제작사의 지시에 따라 충전전압을 조절해야 한다. 배터리온도가 20℃ 이하로 될 때 역시 충전전압을 조절할 필요가 있다.

대표적으로 범하는 오류는, 공간을 절약하기 위해 배터리를 가능한 한 서로 가까이 두는 것이다. 배터리는 어느 정도 열을 발생시키기 때문에, 배터리를 단단히 패킹하면 부동상태에서도 열발생보다 열방출(공기대류에 의해 배터리 주위로 열의 방사와 수송이 함께 이루어짐)이 작아서 배터리온도가 증가한다. 배터리에 의해 발생되는 열을 무시하면, 완전건조 또는 열폭주가 발생하는 수준까지 온도가 높아지지 않는다 하더라도, 가속화된 그리드 부식 때문에 저장수명이 크게 감소할 수 있다. 이 상황이 개방형 셀에서도 나타날 수 있지만, VRLA 셀의 경우에는 훨씬 위험할 수 있다. 왜냐하면 부동(float) 충전 시 거의 모든 전기에너지 입력이 산소 재결합 과정에 사용되어 완전히 열로 변환되기 때문이다.

충전전압이 양극 그리드의 부식에 미치는 영향은 널리 연구된 바 있다. 특수 상황에 놓인 VRLA 배터리에 대한 논의가 문헌[50,75-77]에 있다. 부식속도는 충전전압에 따라서만 달라지는 것이 아니라 산소 재결합 효율에 따라서도 달라진다. 산소 재결합 효율은 충전전류, 따라서 양극판의 전위에 영향을 미치며, 이 전위는 부식의 결정적인 요인이다.

개방형, 겔형 및 AGM 셀에서 셀전압의 크기에 따른 양극의 분극 특성이 그림 7.17에 주어져 있다. 개방형 셀의 경우, 양극판 및 음극판의 과전압은 거의 같다고 가정한다. AGM 셀에 대해서는, 산소 재결합 효율이 높을 때와 낮을 때의 결과가 그림에 주어져 있다. 이는 단지 특성을 도식적으로 나타낸 것일 뿐, 실제 상황은 더욱 복잡하다는 점을 강조해 두고 싶다[50]. 산의 농도에 충전전압을 맞추거나 그 반대로 하는 것이 매우 중요하다[77].

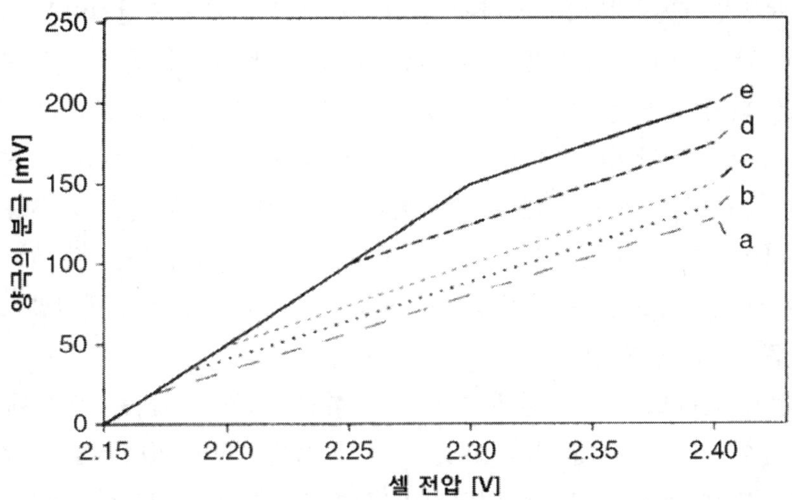

그림 7.17. 개방형, 겔형 및 AGM형 셀에서 셀전압에 대한 양극의 분극 특성(비중은 1.3g/cm^3 이라 가정). (a) 개방형 셀 (b) 새로운 겔형 셀 (c) AGM형(낮은 산소재결합 효율) (d) 사용기간을 연장한 겔형 (e) AGM형(높은 산소재결합 효율)

납배터리의 완전건조(drying out) 현상은 대부분 매우 가혹한 충전방법과 관련이 있으며, 이때 보통 셀의 온도도 높다. 이러한 문제를 피하기 위한 가장 좋은 방법은 배터리 동작 시 극한상황을 방지하는 것이다. 예를 들어, 특히 심방전 이후 배터리가 고온이 되었을 때 충전율을 높게 하지 않는 것이다. 고온이 문제가 되는 경우는 특수한 냉각시스템이 필요할 것이다. 완전건조는 셀의 용량을 감소시키며, 궁극적으로는 수명을 단축시킨다. 또한 산소의 재결합 효율을 증가시키기 때문에, 과도한 재결합효율로 인해 배터리 온도가 급격하게 증가할 수 있는 UPS 분야에서는 완전건조가 심각한 문제가 될 수 있다. UPS용 VRLA 배터리에서 나타나는 소위 '열폭주(thermal runaway)' 는 이 문제 때문에 발생한다.

완전건조와 열폭주를 피하는 가장 좋은 방법은, 부동충전 시 배터리에 어느 정도 열이 발생하므로 배터리 사이의 간격을 너무 좁게 패킹하지 않아야 한다는 것이다. 인접한 배터리들 사이에 최소 10mm 정도의 간격을 두어 효율적으로 열을 발산시키는 것도 좋은 방법이다.

이후에 상세히 설명하겠지만, 충전전압이 높으면 충전시간을 줄이고 황산화(sulfation)를 피하는데 도움이 된다. 그러나 큰 전류가 셀을 통해 흐르기 때문에 열폭주와 완전건조 위험이 높아진다는 것을 명심해야 한다. 따라서 방전 이후 정해진 시간동안만 충전전압을 높여야 한다. 이 시간 이후 충전전압을 부동전압으로 자동적으로 감소시키는 충전기는, 이러한 문제를 방지하기 위한 적절한 방법이다.

열폭주를 피하기 위한 가장 좋은 방법은 배터리의 온도를 모니터링하여 측정된 온도에 따라 부동전압이나 전류를 자동적으로 바꾸어 주는 것이다. 부동전압 또는 부동전류를 제어할 때는 실내온도가 아닌 측정된 배터리온도를 사용해야 한다. AGM배터리의 경우, 분리판의 포화 정도를 확실히 제어하는 것 역시 중요하다. 포화수준이 너무 낮으면 부동전압이 적당하다 할지라도 산소재결합 효율이 매우 높아져서 큰 전류가 흐른다.

부동전압이 같아도 AGM 셀에 흐르는 전류는 매우 다를 수 있는데, 이는 산소재결합 효율이 다르기 때문이라는 것은 앞서 설명한 바 있다[50]. 최초 사용 시부터 재결합효율이 매우 낮은 겔 배터리의 상황은 다르다. 그러나 다소 물이 손실된 이후는 이 배터리의 재결합효율도 증가할 것이다. 너무 많은 물이 손실되면 겔 배터리의 재결합효율은 매우 높아질 수 있다.

과거 연구 논문을 보면 VRLA 셀에 가스재결합 촉매를 사용한 경우의 장점이 설명되어 있다[78-80]. 촉매를 셀의 상부공간에 주입하면 수소가 다량으로 재결합하는 것을 도울 수 있으며, 촉매가 없으면 수소가 이동하여 물이 손실된다. 이러한 촉매는 물손실을 줄일 수 있을 뿐만 아니라 VRLA 배터리에서 셀들이 균일하게 부동충전될 수 있도록 할 수 있다. 그러나 촉매의 신뢰성이나 수명에 대해서는 다소 불확실한 점이 남아 있다.

개방압력이 매우 높은 압력방출밸브(pressure-release valve)를 이용하면 물손실을 줄이는데 도움이 될 수 있지만, 셀이 고압일 때 발생하는 다른 문제들을 상쇄시킬 정도는 아니다. 과도한 물손실을 줄이기 위해서는 보통 100~200 mbar의 압력이 적절한 타협점이 될 것이다.

부동운전 시 VRLA 배터리의 거동은 많은 파라메터들에 의해 영향을 받으며, 또한 매우 복잡하다[55]. 전극의 전위와 반응속도에 미치는 셀의 동역학적 파라메터, 부동전압/부동전류, 온도의 영향을 설명하는 수학적 모델은 개발되어 있다[81]. 개방형 배터리의 주된 부반응은, 양극에서는 그리드부식과 산소발생이고, 음극에서는 수소발생이다. VRLA 배터리의 경우, 재결합과정, 즉 음극판에서의 산소환원 역시 고려되어야 한다. 부동충전 시 바람직하지 않은 조건 하에서는 활성물질이 이탈될 수 있음이 실험과 함께 수학적 모델에 의해 명백히 밝혀졌다.

재결합효율이 높으면 산소발생과 산소환원이 균형을 이룰 것이며, 따라서 어떠한 형태의 전극방전도 피하기 위해 음극판의 수소발생전류는 양극판의 그리드부식전류와 거의 같아야 한다. 만약 수소발생 속도에 비해 그리드부식 속도가 너무 빠르면, 음극판은 느리게 방전되어 황산화될 것이다. 따라서 적절한 부동전압 선택과 정확한 온도보상법은 양극판과 음극판을 완전 충전된 상태로 유지하는데 큰 영향을 미친다. 특히 고온에서 부동전압이 너무 크게 감소하면 배터리가 황산화되는 문제가 발생한다.

겔 배터리의 경우, 부동충전전압의 온도보상을 개선하는 방법이 최근에 제안되었다[82]. 이 방법의 장점은 기존 방법에 비해 고온에서 부동전압의 감소가 줄어들며, 부동충전전압을 보상할 필요가 없는 온도범위가 존재한다는 것이다. A400 겔 배터리의 경우, 온도에 따라 부동충전전압과 균일화 충전전압이 어떻게 바뀌어야 하는가가 그림 7.18에 나타나 있다. 균일화충전을 하면 모듈 내에 직렬연결된 모든 셀이 완전충전 상태가 된다. 그러나 이와 같이 높은 전압으로 충전하는 것은 12시간 이내로 제한되어야 한다.

AGM 배터리가 부동상태에서 사용 중일 때 때로는 음극판이 황산화되므로, 이를 피하기 위해 수소과전압을 감소시키는 불순물을 충분히 낮은 수준으로 유지해야 한다[83]. 음극판의 수명에 최악인 조건은, 양극 그리드의 내부식성이 매우 높은 경우와, 배터리 내에 독성 불순물이 고농도로 집적되는 경우이다.

부동상태에서 가끔 방전하는 것은 대기전원용 배터리의 기본 임무이다. 그러나 어떤 분야에서는 보통 때보다 더 자주 방전해야 하며, 이때는 어느 정도의 충방전 성능 역시 필요하다는 것을 의미한다. 6V, 240Ah 겔 배터리를 80% DOD로 충방전 시험한 결과가 그림 7.19에 나타나 있다. 50회 충방전한 이후마다 용량을 시험했다. 그림에서는 약 100%의 용량을 안정적으로 유지하는 구간이 있으며, 약

600회의 충방전 이후에 용량이 점점 감소하여, 800회 이후에는 80% 이하가 되는 것을 알 수 있다. 이 결과는 편평한 양극판을 가진 겔 배터리가 가지는 전형적 특성이다. 보통 겔 배터리는 비교적 충방전수명이 우수하다.

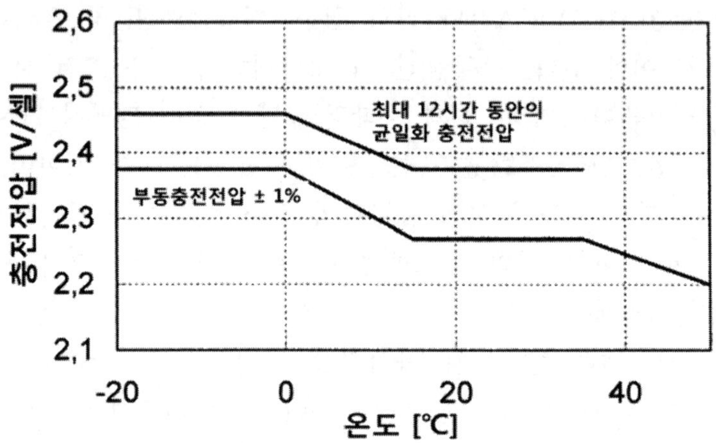

그림 7.18. A400형 겔 배터리에서 온도가 다를 경우 부동충전 전압 및 균일화충전 전압

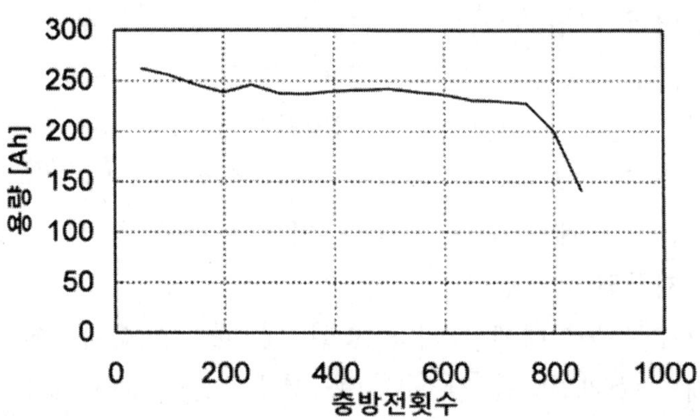

그림 7.19. 6V, 240Ah 겔형 배터리의 충방전시험(80 % DoD까지 충방전 시험). 50회 충방전마다 용량 시험.

AGM 배터리의 충방전성능은 최근 크게 개선되었다[18,53]. 충방전용으로 이 배터리를 개발하기 시작했을 때, 전해액이 층화되는 심각한 문제가 있었다. 그러나 배터리의 설계를 개선함으로써 이 현상을 거의 방지할 수 있게 되었다. 주된 개선점은, 스택압력을 충분히 높이고 분리판의 포화도를 정확히 선택한 것이었다. 그러나 극판의 높이가 큰 AGM 배터리의 경우는, 셀을 수평방향으로 놓아야만 층화 현상이 극복될 수 있다.

수 십 년 전, 양극그리드 재료로 무(無)안티몬 납-칼슘을 사용한 납 배터리가 처음으로 시장에 출시되었을 때는 충방전수명이 극히 좋지 못했다. 그 원인을 조사한 결과, 양극그리드와 활성물질 사이에 황산납 장벽층이 형성되었기 때문인 것으로 밝혀졌다[28-30]. 배터리에 안티몬을 사용하지 않은 경우는 이 현상이 더욱 쉽게 발생하기 때문에, 이를 '무(無)안티몬 효과' 라 불렀다. 초기의 납-칼슘 배터리가 이러한 큰 단점을 가지기 때문에, 무안티몬 효과와 충방전 시 그리드합금 조성비가 양극판의 특성에 미치는 영향에 대해 많은 연구가 이루어져 왔다[56,57,84-88].

그 결과, 안티몬이 부족하면 그리드/양극물질 계면에 영향을 미칠 뿐만 아니라 양극 활성물질의 전체 결정구조[84]와 물질 연성화(softening) 과정에도 영향을 미친다는 것이 밝혀졌다. 오늘날 안티몬이 없는 그리드를 사용함으로써 나타나는 악영향 모두를 '조기용량손실(premature capacity loss, 이하 PCL)' 이라 부른다. 이 PCL 문제를 극복하기 위해 전 세계적으로 많은 노력이 경주되어 왔다[89].

양극 활성물질의 연성화는 장벽층의 형성보다 더욱 심각한 문제이다. 연구결과(예를 들어 경화공정의 개선, 접착제 형성, 합금 조성비, 특히 주석 함량과 첨가제 사용)에 따르면, VRLA 배터리가 충방전을 포함한 모든 용도로 사용될 때에도, 장벽층이 배터리의 수명에는 크게 영향을 미치지는 않는다. 이 결과는, 무안티몬 납 배터리에서는 양극의 그리드/활성물질 계면에서 황산납 장벽층이 형성되면서 주로 고장이 발생한다는 원래의 이론과 서로 반대된다.

셀에서 산의 밀도가 감소하는 것은 양극 활성물질의 연성화 때문이 아니므로, 연성화는 황화와 쉽게 구별될 수 있다. 이는 연성물질이 주로 이산화납으로 이루어져 있고, 황산납의 함량은 보통 매우 낮기 때문이다. 활성물질이 연성화되는 것은, PbO_2 입자가 서로 접촉하지 않게 되어 활성물질의 일부가 전기적으로 절연됨으로써 방전과정에 더 이상 참여할 수 없기 때문이다. 따라서 연성화된 양극 활성물질을 가진 배터리의 개회로전압은 공칭값을 유지하지만, 용량은 작아진다. 충방전횟수가 늘어남에 따라 연성화는 항상 극판의 외부로부터 시작되어 점점 극판 내부로 진행해 간다. 마지막 충방전 단계에서 용량이 감소되는 것은 연성화된 물질의 양이 증가하기 때문이다[18].

양극 활성물질 연성화의 원인은 최근 수 년 간 많은 연구대상이 되어 왔다. 일부 논문에서는 열화를 설명하기 위해 소위 '쿠겔호펜(Kugelhaufen)' 이론을 만들었다[84,90-93]. 이 이론은 양극 활성물질을 접촉면이 좁은 구형(spherical)입자 덩어리의 그물망으로 간주하는 모델을 이용한다. 이는 충방전 시 양극 활성물질의 결정구조가 변하는 것을 설명하는 훌륭한 방법이다. 그러나, 실제로 활성물질은 매끈한 표면을 가진 구형입자로 이루어져 있을 뿐만 아니라, 입자 표면에 뚜렷한 미세구조가 존재하며, 대부분의 재료는 바늘모양의 미결정*) 형상을 취할 수 있다는 점에서, 연성화 현상을 완전히 설명할 수는 없을 것 같다.

두 번째 이론은 활성물질을 결정 부분과 겔 부분의 혼합물로 간주하는 것이다[84,94-96]. 이 이론에서는, 겔 영역의 활성물질 내에는 수소비율이 크며, 충방전 시 겔 영역이 변화하면 이산화납 입자들이 서로 접촉하지 못하는 원인이 될 수 있다고 가정한다. 충방전 시 수화(水和) 영역과 소위 X선 비결정질 재료가 양극 활성물질의 특성에 미치는 영향이 연구되어 왔다[96-101]. 최근 충방전 시 이산화납의 미세구조 변화를 상세히 조사한 연구도 있다[102].

두 이론에 의해 충방전 시 양극 활성물질의 열화현상을 잘 이해할 수 있음에도 불구하고, 오늘날에도 연성화를 방지하거나 최소한 지연시키는데 가장 중요한 파라메터가 무엇인지 확실치 않다. 보통 연성화는 방전율이 클 때 촉진되지만, 때로는 방전전류가 매우 작은 경우에도 그 영향이 나타난다. 그러나 일반적으로 큰 방전펄스가 연성화과정을 가속시키는 것은 사실이다. 몇 가지 파라메터 역시 연성화 속도에 크게 영향을 미친다. 즉, 배터리의 구조, 극판처리, 응용분야, 충전방법 등이 그것이다. 충전방법이 다를 경우 미치는 영향에 대해 많은 연구가 있었다[91,92,103]. 특히 접착제의 밀도와 처리법이 경화와 형성에 미치는 영향 역시 상세히 조사된 바 있다[43,44].

보통 양극 활성물질의 황산화는 해당 응용분야에 적합하지 않는 배터리 충전방법 때문에 발생된다. 보통, 물손실이 발생하여 결국 물결핍의 원인이 되는 과충전과, 양극물질이 황산화되는 부족충전 사이의 충전상태 범위는 그리 크지 않다[18,50,104].

그림 7.20에는 3가지의 충전법에 의해 충전된 배터리를 충방전시험한 결과가 나타나 있다. 그림을 보면, 높은 충전전압을 사용하면 오랫동안 배터리를 양호한 상태로 유지하는데 도움이 된다. 물손실은 14.4V의 충전전압에서도 항상 매우 작았다.

---

*) 미결정(微晶子, crystallite) : 고체 고분자에서는 분자가 규칙적으로 배열하고 있는 영역과 불규칙적인 영역이 혼재하고 있는 경우가 많다. 이때 규칙적인 분자 배열을 하고 있는 부분을 미결정이라고 한다.

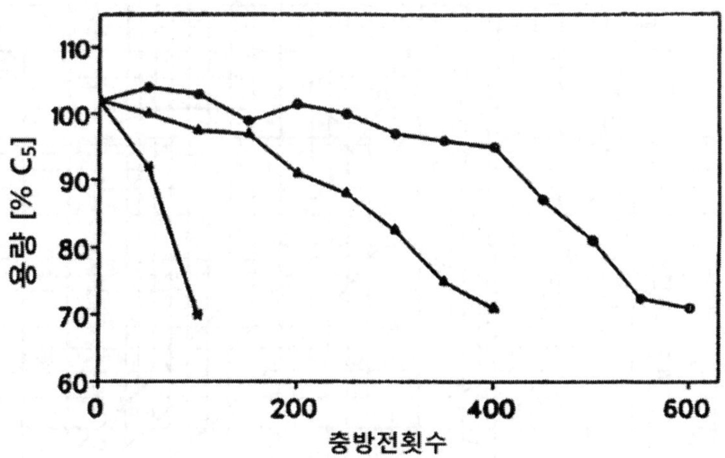

그림 7.20. AGM 배터리의 충방전수명에 미치는 충전전압의 영향(Drysafe Compact Plus사, 12V, 25Ah). 25℃에서 50회의 충방전마다 용량을 시험했음. 10.2V가 될 때까지 5A로 방전, IU로써 15시간 충전, $I = 2 \times I_5$. 전압은 (*)가 13.8V, (△)가 14.1V, (o)가 14.4V일 때임.

배터리는 전 수명기간 동안 단지 몇 번 정도만 방전하는 대기전원 임무와, 매일 충방전 폭이 큰 임무가 있으며, 어떤 분야에는 이 둘의 중간 정도 능력이 필요한 경우도 있는데, 태양광발전 분야(9장 참조), 부하평준화 분야 또는 비교적 자주 방전하는 대기전원 분야 등이 그것이다. 높은 충전전압이 그리드부식과 물결핍을 촉진시키는 반면, 낮은 충전전압은 황산화를 조장할 수 있다는 문제 때문에, 주어진 시간 동안 배터리가 높은 전압으로 충전된 후, 자동적으로 낮은 값으로 바꾸어 주는 충전기를 사용하는 것이 좋은 타협안이다. 예를 들어 12시간 충전 후 셀 당 충전전압을 2.4V에서 2.3V로 바꿀 수 있다. 앞 절에서 설명하였듯이 개방형 배터리도 이 방법을 사용하는 것이 좋다. 다른 방전깊이로 방전한 이후, 셀 당 2.4V의 충전전압으로 AGM 배터리(완전건조 방지형)의 방전용량을 100%로 되돌리기 위한 충전시간과 초기 충전전류가 그림 7.21에 주어져 있다.

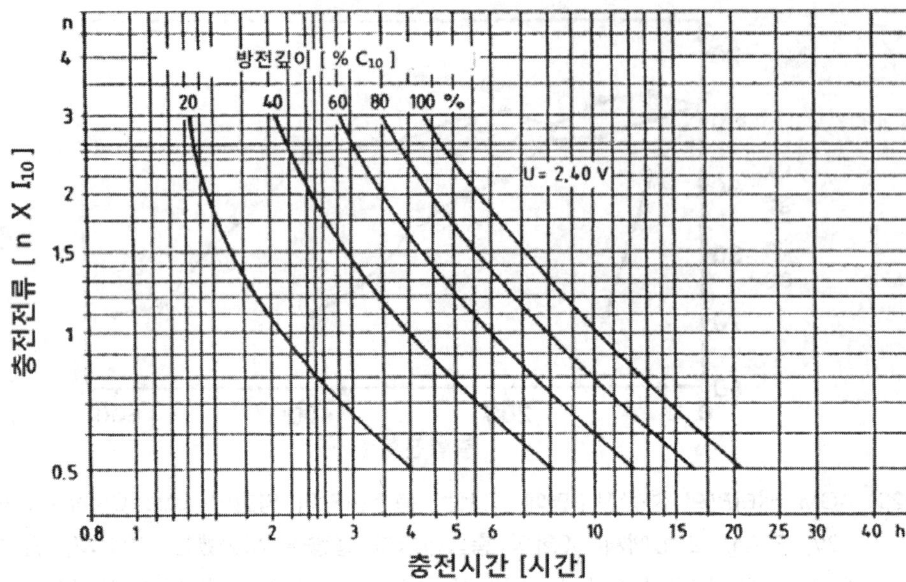

그림 7.21. 다른 방전깊이로 방전한 이후, AGM 배터리의 방전용량을 100%로 되돌리기 위한 충전시간과 초기 충전전류.

셀들을 직병렬로 연결한 VRLA 배터리의 동작특성이 연구되어 왔다. 수 년 전의 데이터를 보면 이 배터리는 광범위한 방전 및 재충전 조건에서도 만족스럽게 동작하였음을 알 수 있다[105]. 방전 시에는 부하가 요구하는 총 전류가 병렬연결된 각 모듈(각 모듈은 셀들이 직렬연결되어 있음)에 나누어 흐르며, 재충전 시에는 각 모듈의 공칭용량에 비례하여 에너지가 회복된다.

7.6. 겔 배터리

겔로 만드는 것은 전해질을 고정시키는 한 방법이다. 보통 겔화제(gelling agent)는 200m^2/g 이상의 매우 큰 표면적을 갖는 실리카(silica)이다. 기본 입자는 극히 작지만, 셀 내에서는 3차원의 망구조가 형성된다. 겔의 구조와 여러 겔화 공정이 그림 7.22에 설명되어 있다. 충진(filling)되기 이전의 겔은 전해질에 실리카가 고도로 분산되어 있는 혼합물로서, 저어주면 점성을 낮게 유지할 수 있다. 실리카가 생성될 동안 이미 작은 덩어리(aggregates)로 변환된 기본 입자들은 더 큰 덩어리(agglomerated aggregates)로 뭉쳐지지만, 이 혼합물은 여전히 액체와 같이 거동하므로, 매우 쉽게 셀에 충진될 수 있다. 이후 분산작용이 없다면(예를 들어, 저어주지 않는다면), 혼합물은 3차원 구조로 형성된 뒤, 굳어져서 단단한 겔을 형성한다. 실리카의 구조와 겔의 열화 효과에 대한 좀 더 상세한 내용은 문헌 [106]에 주어져 있다.

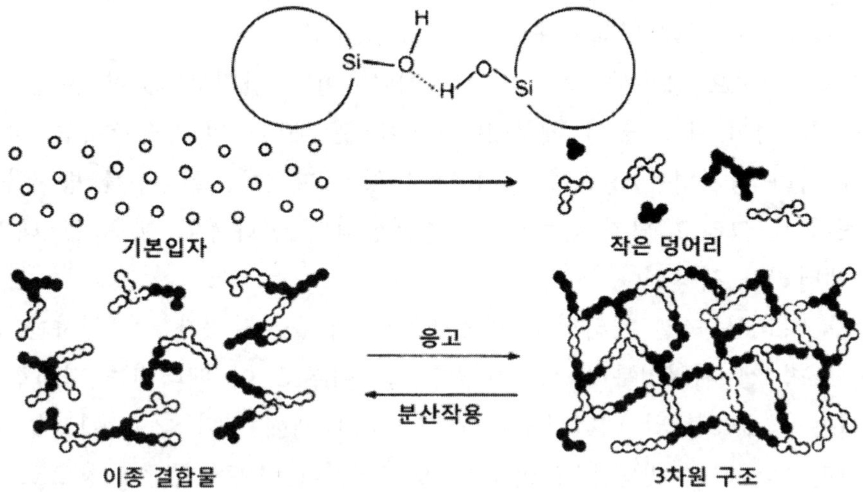

그림 7.22. 겔화 단계 설명

이러한 겔을 사용하면, 대용량 배터리에서 높이가 큰 극판을 수직방향으로 세워도 산의 층화현상이 발생하지 않는 특징이 있다. 개방형 배터리의 경우, 산의 층화현상은 잘 알려진 문제로서, 이를 해결하려면 전해질 교반시스템이나 많은 가스를 발생시키는 과충전법을 이용하여 전해질을 다시 섞어야 한다. 겔 배터리에서는 산의 층화현상이 거의 발생하지 않는다.

겔 배터리의 양극(positive)은 관형 및 평판형이 모두 사용된다. 극판의 높이가 큰 겔형 셀은 보통 관형이 많이 사용되며, 일부는 평판형도 있다. 또 극판이 작은 겔형 셀은 보통 평판인 반면, 관형도 일부 사용된다. AGM형에 비해 겔 배터리는 내부저항이 매우 크다. 이는 모든 고출력 응용분야의 경우 큰 단점이다.

겔형 배터리의 장점은, 극한 조건(예를 들면 고온 또는 깊은 방전 시)에서도 수명이 매우 길고 신뢰성이 극히 높다는 것이다. 또한 충전하지 않고 실온에서 보다 오래 저장될 수 있다는 점이다(최대 2년). 이는 자기방전율이 매우 낮고, 충전성능도 뛰어나기 때문이다. 보통 2년 간 저장된 배터리를 재충전하는 것은 매우 어렵지만, 겔 배터리의 경우는 문제가 없다.

겔 배터리가 생산될 때는, 전해질에 인산이 첨가되는 경우도 있고, 아닌 경우도 있다. 보통 대기전원용 배터리에는 인산이 사용되지 않으며, 어느 정도 충방전이 필요한 배터리에 주로 사용된다. 인산이 특히 충방전수명의 개선에 미치는 영향을 연구한 문헌은 [107-113]이다. 이 결과에 따르면, 인산이 이산화납 표면에 흡착됨으로써 결정의 성장이 바뀌게 된다. 인산은 양극 활성물질과 그리드 사이에서 절연박막이 형성되는 것을 방해한다.

겔 배터리의 주요 응용분야는 통신시장이다. 이미 설명하였듯이, 이는 주로 겔 배터리의 신뢰성이 매우 높기 때문이다. 또한 겔 배터리의 부동전류는 비교적 작고 온도에 따라 증가하는 정도가 그리 크지 않기 때문에, 열폭주를 방지하는데 매우 효과적이다. 그리고 방전-재충전 시 충전상태의 변화폭이 매우 큰 대기전원의 경우 겔 배터리가 사용된다.

Sonnenschein사는 겔 배터리를 최초로 시장에 출시하였다. 이 회사는 1958 년 플래쉬용 소형 겔 배터리부터 시작하였다. 그 이후로 이 배터리는 다양한 응용분야에서 기존의 개방형 납 배터리를 지속적으로 대체해 왔다[82,114,115]. 충방전을 위해 인산을 첨가하는 방법은 1965년에 도입되었다. 1978년, 정지용으로 관형 양극의 대형 겔 배터리가 개발되었다. 더욱 최근에는 시동용 및 견인용 겔 배터리가 생산되었으며, 통신용에서는 두껍고 편평한 양극판이 사용되었다.

대용량 겔 배터리는 보통 극판이 관형으로서, 용량은 보통 200~3000Ah 사이이다. 이 배터리의 특징은 극히 높은 신뢰성과 매우 긴 사용(service)수명이다. Kramm과 Kretzschmar[114,116]는 대기전원용 겔 배터리에 대해 연구했으며, 특히 온도와 충전전압이 배터리의 내구성에 미치는 영향을 조사했다. 이 연구결과를 보면, 표준 겔 배터리의 구조를 OPzV로 하면 매우 긴 수명을 얻을 수 있음을 확실히 알 수 있다. 겔 배터리가 부동운전 상태에 있을 때, 온도에 대한 예상수명이 그림 7.23에 나타나 있다. 이 배터리가 수 십 년 동안 시장에 출시되어 왔기 때문에, 현장의 경험에 의해 실제 배터리수명은 약 20℃ 부근에서 15~18년임이 입증되었다.

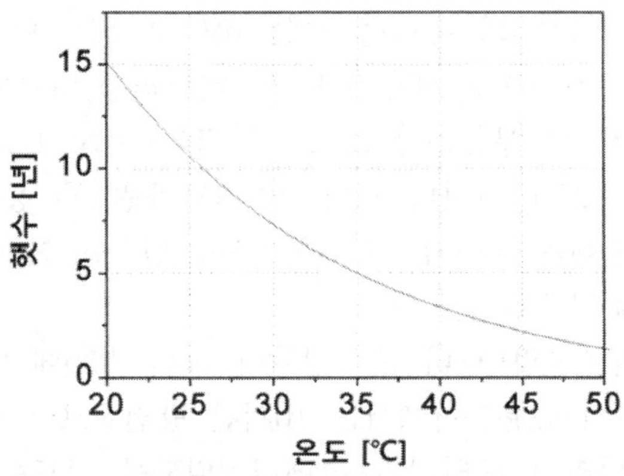

그림 7.23. 정지용 겔형 배터리(OPzV, A600형)의 부동운전 시, 온도에 대한 수명 특성

전해질은 겔에 의해 고정되어 있기 때문에, 셀 역시 산의 누설 위험 없이 수평 방향으로 놓을 수 있다. 겔형 셀로 이루어진 48V, 1000Ah 납 배터리가 수평방향으로 놓여져 있는 것이 그림 7.24에 나타나 있다.

그림 7.24. 통신용 OPzV A600형 겔형 셀로 이루어진 정지용 48V, 1000Ah 배터리(수평방향으로 놓여져 있음)

겔 배터리 역시 5~180Ah의 용량을 갖는 6V 및 12V 단위블럭으로 생산된다. 이 배터리들도 주로 통신용으로 사용된다. 이 배터리는 양극이 편평하며 운전수명은 12년이다. 40℃, 셀 당 부동전압 2.22V인 경우, 12V 16Ah 배터리의 가속 수명시험 결과가 그림 7.25에 나타나 있다. 약 35 개월 후 용량이 80% 이하로 감소하고, 약 40개월 후에는 50%에 도달하였음을 알 수 있다. 이는 20℃에서 12년 이상의 기대수명에 해당한다.

방전율과 온도가 유효용량에 미치는 영향이 그림 7.26에 나타나 있다. 이 배터리가 사용되는 대부분의 응용분야에서는 10시간 방전율보다 1~4배 정도 더 큰 방전전류가 요구된다. 따라서 배터리는 고에너지밀도를 갖도록 최적화되어 있으며, 방전시간은 2~10시간이다.

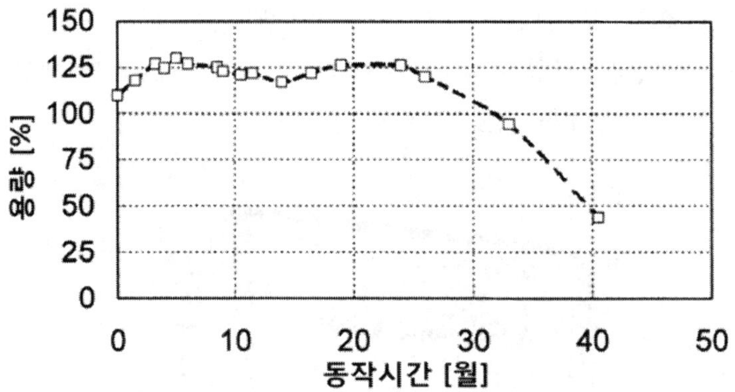

그림 7.25. 40℃에서 셀 당 2.22V의 부동전압을 갖는 겔형 배터리(A400형)의 가속 수명시험 결과

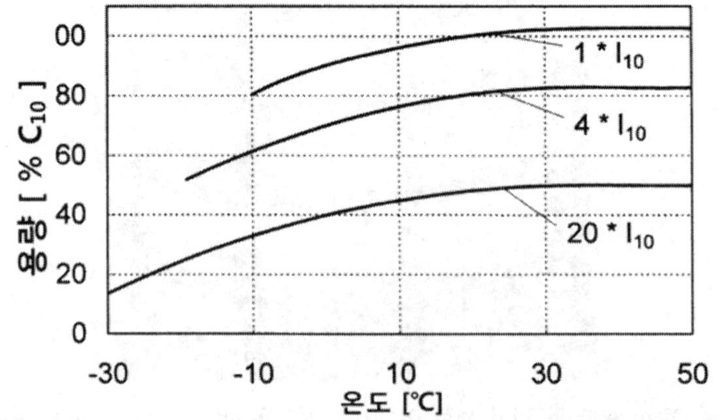

그림 7.26. Sonnenschein사의 Dryfit 배터리(A400형) 용량 특성. 방전율이 다를 경우 온도에 대한 용량 변화. I_{10}은 10시간 동안 균일하게 방전되는 전류이다.

방전 이후 짧은 시간 내에 배터리를 비교적 높은 충전상태로 되돌려야 하는 응용분야가 있다. 보통 납 배터리는 방전 이후 SoC가 약 70~80%라면 빠른 시간 내에 충전될 수 있음은 잘 알려져 있다. 그러나 그 이하가 되면 점점 충전이 느려지며, 겨우 수 % 정도에서는 훨씬 많은 시간이 필요하다. 이는 개방형, 겔형 및 AGM형 배터리 모두 공통적이다.

겔 배터리의 경우, 셀 당 최대 충전전압이 2.4V이고 초기 충전전류가 다를 때, 완전 방전(100% DoD)된 이후 특정한 충전상태까지 재충전되는데 걸리는 시간을 나타낸 것이 그림 7.27에 나타나 있다. 초기 충전전류가 20시간 방전율의 10배인 경우, 70%의 충전상태까지는 약 2시간이 걸리며, 4시간 후에는 90%의 충전상태가 됨을 그림에서 알 수 있다. 비록 고출력 AGM 배터리는 더욱 빨리 충전될 수 있다 하더라도, 그림을 보면 겔 배터리 역시 고속충전이 가능함을 확실히 알 수 있다.

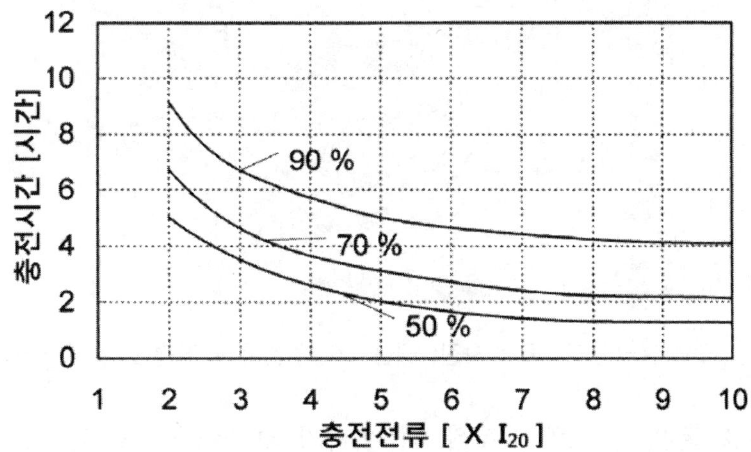

그림 7.27. 셀 당 최대 충전전압이 2.4V이고 초기 충전전류가 다를 경우, Dryfit 배터리(A500형)가 완전 방전(100% DoD)된 이후 특정한 충전상태까지 재충전되는데 걸리는 시간

그러나 셀 당 최대 충전전압은 2.4V인데, 이는 부동전압보다 훨씬 더 크다는 점을 알아야 한다. 이같이 높은 충전전압이 가해지는 시간은 제한되어 있으며, 그 이후 곧 바로 부동전압 수준으로 되돌아간다면, 겔 및 AGM 배터리 모두 수명 단축 없이 고속충전이 가능하다. 따라서 고속충전 시에는 배터리제작사가 설정한 최대전압과 시간을 지키는 것이 중요하다.

7.7. AGM 배터리

AGM 배터리의 전해질은 90% 이상(대표적인 값은 93%)의 기공도를 가진 유리매트 분리판 내에 고정된다. 유리섬유는 매우 가늘기 때문에 흡수율이 높다. 유리매트의 기공 크기는 수 ㎛ 정도이다. 가늘고 굵은 섬유들이 섞여 짜여진 대표적인 유리매트 분리판 사진이 그림 7.28에 나타나 있다.

그림 7.28. AGM 분리판의 SEM 사진, 배율 500배(섬유의 직경은 약 0.5~5㎛의 범위)

가는 섬유가 굵은 섬유보다 훨씬 더 비싸기 때문에, 예를 들어 재료의 1/3은 가는 섬유, 2/3는 굵은 섬유가 혼합된 것이 사용된다. 이 비율을 결정하는 것은 분리막이 지녀야 하는 기계적인 특성과 심지(wicking) 기능 및 평균 기공크기 등과 같은 파라메터들에 영향을 받는다. 분리판에 사용된 가는 섬유의 양에 따라 배터리의 성능을 조사한 결과를 보면, 가는 섬유의 양이 많을수록 산성층화가 줄어들고 배터리수명이 연장됨을 알 수 있다. 100% 가는 섬유로 만들어진 유리매트는 재료가격이 매우 비싸기 때문에 거의 사용되지 않는다. 그러나 극단적인 경우, 가는 것과 굵은 것이 섞인 분리판의 사용이 적절하지 않을 때는, 가는 유리를 100% 사용하거나 또는 그 비율을 크게 할 수도 있다.

최근, AGM 분리판은 관심의 초점이 되어 왔으며, 압축성 및 탄성 등과 같은 특성이 완벽하게 조사되었다[117,118]. 보통 AGM 배터리의 경우, 100% 유리섬유로 만든 유리매트 분리판이 사용된다. 분리판의 강성을 개선하기 위해 합성섬유 강화법이 적용될 수도 있다[119]. 유리섬유가 100%인 분리판은 일부 장점이 있지만 기계적인 특성은 비교적 좋지 않으며, 이는 많은 극판을 한꺼번에 처리할 때와 배터리 내부에서 단락회로를 방지하는 데는 단점이 될 수 있다. 타협안으로서, AGM 배터리의 분리막을 100% 순수한 유리섬유로 만든 경우보다 성능이 크게 떨어지지 않으면서 훨씬 더 나은 기계적인 특성을 얻기 위해 수 %의 유기섬유를 첨가하는 방법이 있다.

AGM 배터리에는 보통 편평한 양극판이 사용된다. 분리판의 높은 기공도와 기공 구조 때문에 전기저항이 극히 낮아지므로, 높은 방전속도가 요구되는 분야에는 AGM 배터리가 가장 적합하다. 실제로 AGM 및 겔 배터리를 시험한 결과, 방전율이 클수록 겔형에 비해 AGM형이 좋다는 것이 밝혀졌다. 따라서 고출력성능이 요구되는 대부분의 응용분야에서, 겔형보다는 AGM형이 많이 사용된다. 그러나 고온 또는 심방전과 같이 극한조건을 갖는 응용분야에서는, 대출력이 요구된다 해도 겔 배터리가 더 좋다.

AGM 배터리는 수명, 에너지밀도, 또는 출력에 대해 최적화될 수 있다. 20℃에서 약 12년의 예상수명을 갖는 12V, 80Ah AGM 배터리의 방전곡선이 그림 7.29에 나타나 있다. 전류가 120A일 때도 방전용량은 약 35Ah임을 그림에서 알 수 있다. 방전시간은 17분 이상이며 전압은 꽤 오랫동안 매우 높은 값을 유지한다. 이는 고출력 AGM 배터리의 대표적인 특징이다.

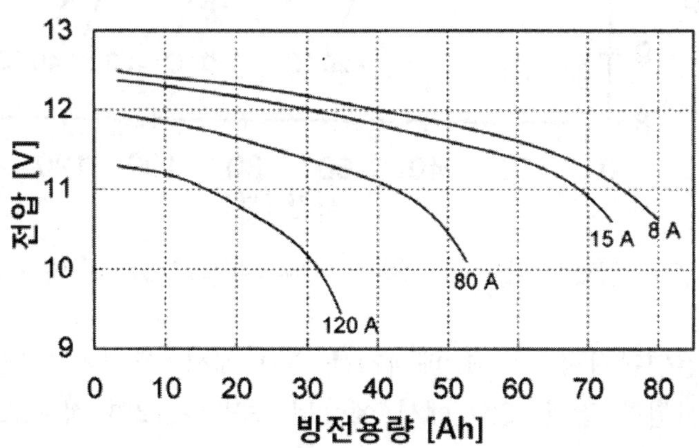

그림 7.29. 20℃에서 12V, 80Ah AGM 배터리(Marathon형)의 방전곡선

AGM 배터리는 10시간 방전율로서 30~180Ah의 용량을 갖는 6V 또는 12V 단위블럭으로 만든 것을 구할 수 있고, 200~500Ah의 용량을 갖는 2V 셀도 구할 수 있다. 이들은 장수명, 고에너지밀도 및 중간 이상의 출력이 요구되는 모든 분야 뿐만 아니라 통신시스템에도 사용된다. -20~40℃의 온도에서 이 배터리의 방전특성이 그림 7.30에 나타나 있다. 특히 0℃ 이하의 저온에서는 용량이 크게 감소한다. 이는 배터리의 용량을 완전히 이용하기 위해서는 온도가 너무 낮으면 안 된다는 것을 의미한다. 반면에 배터리의 온도가 높아지면 용량이 증가하는 장점은 있지만, 부식속도가 크게 증가하여 배터리의 수명이 감소하기 때문에 고온은 피해야 한다.

어떤 종류의 특수 배터리는 단자가 전면에 배치되어 있다. 이 배터리의 외형은 길이가 길고 폭이 좁기 때문에, 양극 및 음극 두 단자가 각각 양쪽 끝에 있지 않고 배터리의 전면에 배치되어 있다. 이 때문에 배터리의 설치, 특히 선반이나 캐비넷 내부에서 단일블럭들을 연결하기가 훨씬 쉬워진다. 이러한 전면단자형 12V, 100Ah 배터리의 사진이 그림 7.31에 나타나 있다. 오늘날 이러한 배터리는 통신시스템에 사용된다.

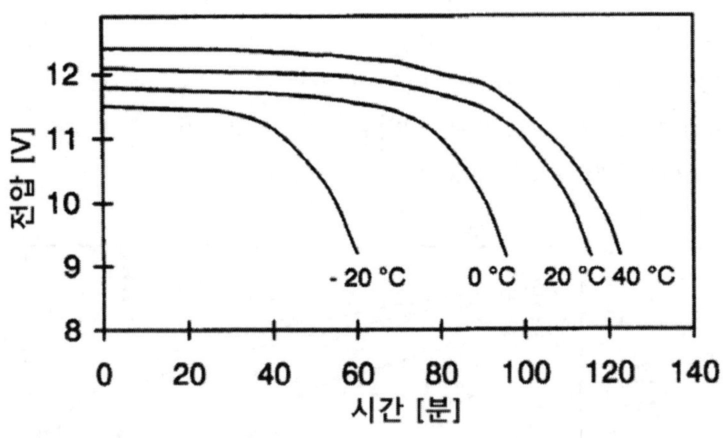

그림 7.30. 온도에 따른 12V, 60Ah AGM 배터리(Drysafe®)의 방전특성

12V, 50Ah 전면단자형 AGM 배터리를 55℃에서 셀 당 부동전압을 2.27V로 하여 가속 수명시험한 결과, 20℃에서 예상된 수명은 12년 정도로 확인되었다. 약 2달 후에, 10시간 방전율로 용량을 검사한 결과가 그림 7.32에 주어져 있다. 용량은 300일 이상 동안 비교적 안정된 상태로 높은 수준을 유지하였다. 이후 용량은

크게 감소하였으며, 공칭용량의 70%로 떨어진 380일 후에 시험을 중단하였다. 따라서 55℃에서의 부동충전 수명은 1년이며, 이는 20℃에서 부동운전할 경우 12년의 수명에 해당한다.

그림 7.31. 통신용 전면단자형 12V, 100Ah AGM 배터리(Marathon®)

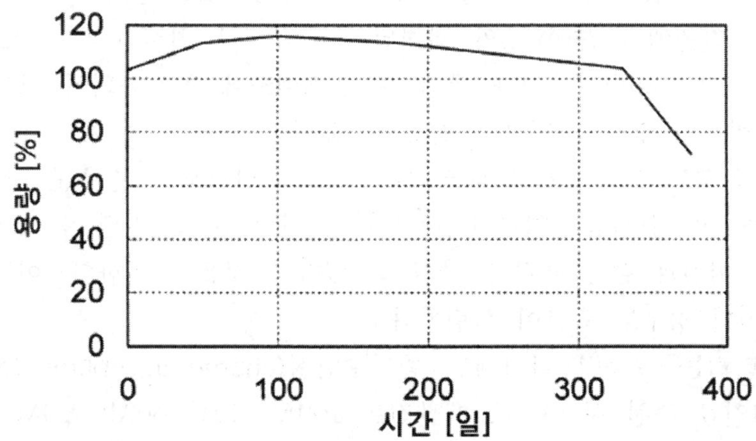

그림 7.32. 55℃ 및 셀 당 2.27V의 부동전압에서 12V, 50Ah 전면단자형 AGM 배터리의 가속수명시험 결과

매우 큰 전력(15분 방전율로서 180W/L)을 공급하도록 설계된 AGM 배터리는 수명이 약 10년이며, 용량은 60~180Ah, 전압은 6V 및 12V 2가지가 있다. 이 배터리는 5분 ~ 1시간의 방전율이 요구되는 응용분야에 사용된다. 공칭용량이 40Ah인 AGM 배터리의 방전율이 10시간이고, 셀 당 차단전압이 1.6~1.9V일 때, 3~60분의 방전율에 대한 셀 당 출력이 그림 7.33에 주어져 있다. 방전율이 5분인 경우 하나의 셀에서 이용가능한 전력은 2kW 이상임을 그림으로부터 알 수 있다.

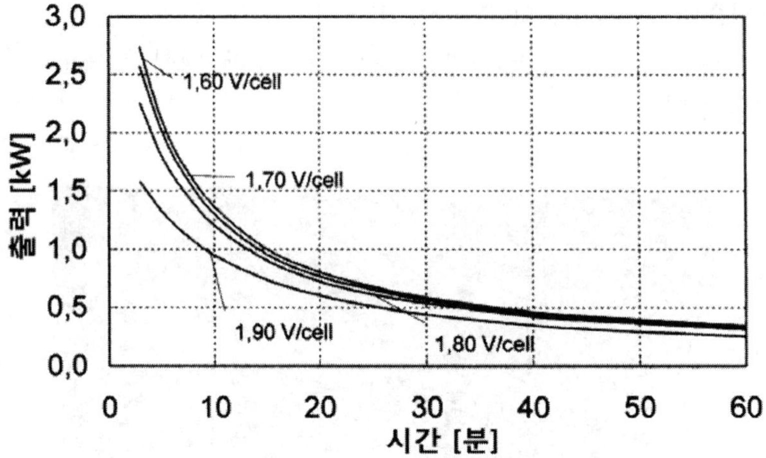

그림 7.33. 공칭용량이 40Ah인 AGM 배터리의 경우 방전율이 10시간이고, 셀 당 차단전압이 1.6~1.9V일 때 3~60분의 방전시간에 대한 셀 당 출력

두 번째 고출력 배터리로는 전압 12V, 용량이 5~85Ah인 것이 있다. 이 배터리는 15분의 방전율에서 200W/L의 전력밀도를 갖도록 최적화되어 있으며, 대표적인 응용분야는 UPS이다. 그러나 극히 큰 전력밀도에 최적화되어 있기 때문에 예상수명은 일반적인 값인 10년보다 훨씬 더 짧다.

이상에서 논의된 모든 AGM 배터리는 회로가 단락되는 경우를 고려하여 설계되었다. 이는, 이 배터리의 회로가 30일 동안 단락되어도 견딜 수 있으며, 재충전 후에는 시험 이전과 같은 용량을 가질 수 있다는 것을 의미한다. 이는 앞서 설명한 겔 배터리의 경우도 똑같이 성립한다.

AGM 배터리는 고출력 이외에도 충전수입성(charge acceptance)도 우수하다. 전류제한 정전압 충전 시(14.4V, 제한전류 100A), 12V, 60Ah AGM 배터리의 충전특성이 그림 7.34에 나타나 있다. 배터리는 먼저 100% DoD까지 방전된 후, 100A의 전류가 20분 이상 흐르는 것을 그림에서 알 수 있다. 이 시간 동안 총 용량의 50% 이상이 재충전된다. 1시간 후에는 충전전류가 급격히 감소하며 배터리는 총 용량의 90%까지 재충전된다. 고출력 AGM 배터리는 약 50% SoC까지 매우 빠르게 재충전되며, 80~90%까지는 비교적 빠르게 재충전될 수 있다. 그러나 나머지 수 %의 용량이 재충전되려면 많은 시간이 필요하다.

그림 7.34의 충전특성은 극판의 두께가 중간 정도인 AGM 배터리를 대상으로 측정한 것이다. 배터리의 성능을 크게 높이기 위해 극판의 두께는 줄이는 것이 추세이다. 이 때문에 배터리의 충전수입성은 더욱 개선될 것이다.

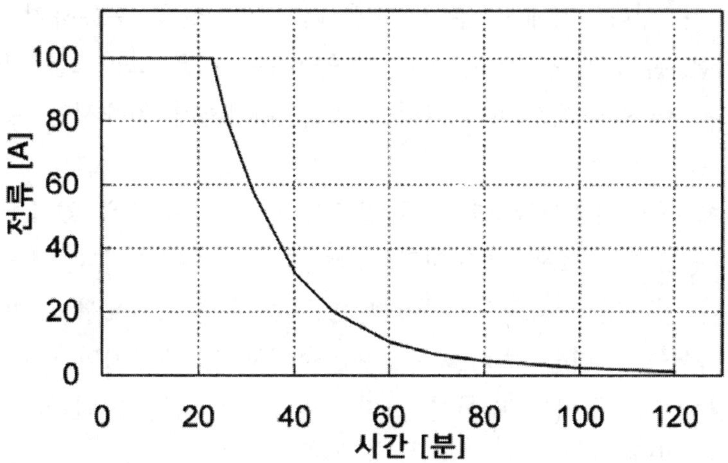

그림 7.34. 제한전류 100A, 일정전압 14.4V로 충전시킨 12V, 60Ah AGM 배터리의 고속충전 특성

고속충전 시 AGM 배터리의 내부온도는 증가한다[120,121]. 시험 결과 온도는 크게 증가하지만, 보통 그 크기는 허용범위 내에 있다. 따라서 방전 이후 배터리를 빠르게 충전하기 위해 고속충전도 수용가능한 방법이다. 그러나 특정한 조건에서는 배터리 온도를 기반으로 한 충전제어가 필요하다. 온도와 충전전압을 함께 제어하면, 고속충전 때문에 AGM 배터리의 수명이 감소되지는 않을 것이다[53].

최근 대용량(1.4MWh) AGM 배터리를 정지용 분야에 적용한 사례가 보고된 바 있다[122,123]. 이 배터리는 1997년 알래스카의 Metlakatla의 섬마을에 설치되었으며, 목적은 섬의 전력계통에 순시요구전력을 공급하여 전력계통을 안정화시키고 잉여전력을 저장하는 것이었다. 배터리는 2V, 3,600Ah, AGM 모듈로 이루어져 있으며, 각 모듈은 3개의 셀이 병렬연결되어 있다. 셀들은 산의 층화현상을 피하기 위해 수평방향으로 놓여져 있다.

7.8. 미래 전망

UPS의 경우, 방전시간은 짧아지고 방전율은 커지는 경향이 있다. 요구되는 방전시간은 보통 5~15분이며, 이 시간 동안 사용자들이 바라는 유일한 성능은 대전력을 공급받는 것이다. 현재 구입가능한 납 배터리는 15분의 방전시간으로 200W/L를 공급한다. 그러나 실제로는 220W/L까지 가능하며, 이런 성능을 가진 배터리가 이미 생산된 바 있다. 정해진 부피 내에 더 많은 셀을 수용하기 위해서는 음극 및 양극에 얇은 판이 사용되어야 한다. 이는 매우 얇은 그리드를 사용해야 한다는 것을 의미한다. 이 분야에서 배터리의 수명을 유지하기 위해서는 부식속도가 매우 낮아야 한다.

통신 분야에서는 에너지밀도와 전력밀도가 커지는 경향에 있다. 그러나 통신분야에서 가장 중요한 요소인 방전시간은 약 수 시간 정도이다. 장래에는 이 분야 역시 신뢰성과 장수명이 요구될 것이며, 때로는 극한조건에서도 마찬가지일 것이다. 이를 위해서는 그리드 두께를 감소시켜야 하며, 에너지밀도와 전력밀도가 높아야 하는 경우에도 두께는 얇아야 한다. 이 분야에서는 전면단자형 배터리의 수요도 증가하고 있다.

따라서 장수명과 함께 전력밀도 및 에너지밀도라는 요구사양이 높아지는 경향 때문에, 부식속도가 낮으면서 얇은 그리드가 필요하다. 이를 위해서는 기존 배터리의 양극그리드 합금과 부식특성에 영향을 미치는 다른 파라메터들을 개선시켜야 한다. 그러나 최신 배터리구조가 적용된다면 여러 가지로 선택할 수 있는 방법이 있다.

납 배터리 그리드용으로 완전히 새로운 재료와 제조공정이 개발되었다[19]. 새로운 제조공정은, 분산입자화된 납을 전기공동증착(electro-codeposition)시켜 배터리 그리드를 생산하는 것이다. 그리드의 두께와 구조는 폭 넓게 선택될 수 있다. 따라서 그리드의 무게를 최소화하고 전류분포에 맞추어 그리드의 구조를 최적화할 수 있다. 그리드 주조법(grid casting) 대신에 전류증착법(galvanic deposition)도 있으며, 이는 중력주조법(gravity cast)이나 확장그리드(expanded grid)가 가지는 한계를 넘어 그리드의 구조를 개선시킬 수 있다.

먼저 캐소드(원하는 그리드 형상에 따라 미리 도선으로 그리드구조가 형성되어 있음) 상에 납을 전기화학적으로 증착시키며, 설정된 두께에 도달하면 납증착층을 벗겨낸다. 이러한 공정 때문에 주조그리드법보다 얇고 가벼운 그리드를 제조할 수 있다. 납과 함께 공동증착되어 분산강화(dispersion strengthening)에 기여하는 매우 작은 크기의 구리나 TiO_2 입자와 같이 납에 용해되지 않는 성분을 전해질에 첨가함으로써, 배터리 제조공정에 필요한 강성을 얻을 수 있다. 전기성형된 납 기반 그리드를 증착시키는 공정에는 인산염, 완화첨가제(soothing additives)가 섞인 탄화플루오르(fluoroborate)가 사용되며, 약 40℃에서 이루어진다. 그리드가 증착되는 캐소드는, 구리를 사용해 그리드구조를 재현시킨 인쇄회로기판(printed circuit board, 이하

PCB)이다. 분산질(分散質, dispersoid) 입자의 대표적인 (평균) 직경은 10~100nm이다. 체적율(volume fraction)은 단지 수 십 %로서, 경도(hardness)를 크게 증가시킬 수 있다.

이 방법의 또 다른 장점은 그리드를 복합재료를 만들 수 있다는 것인데, 그리드의 중심부는 Pb-분산질이고 Pb-Sn 합금으로 코팅된다. 앞에서 설명한 대로, 주석은 그리드의 외장재로써 가장 적합하다. 기존의 주조그리드에 비해 이 새로운 방법은 정확하게 필요한 위치에 주석이 사용될 수 있다.

이 그리드의 대표적인 두께는 약 0.5mm이다. 이는 표준 주조그리드보다 훨씬 더 얇다. 그리드의 속성 역시 완벽하게 밝혀졌다. 입자의 크기와 분산질의 체적율을 선택하면 경도를 폭 넓게 조절할 수 있다. 내크리프(creep resistance) 성능도 우수하다.

부식시험 결과 그리드의 내식 성능은 Pb-Ca-Sn 주조 그리드와 같거나 그보다 우수하다는 것이 밝혀졌다. 이 그리드가 수 백 개의 배터리 극판(양극 및 음극)에 사용되었는데, 이는 배터리를 전기적으로 시험하기 위해서이다. 이들 시험에는 몇 가지 수명시험도 포함되어 있었다. 이러한 가속 수명시험으로부터, 주조된 Pb-Ca-Sn 그리드 샘플(20주 단위)과 전기증착 그리드 샘플(18주 단위) 사이의 차이는 실제로 없다는 것이 밝혀졌다. 전기증착 그리드(33g)보다 표준 주조그리드(55 g)의 재료 양이 훨씬 더 많이 들기 때문에 이는 매우 뛰어난 결과이다. 더욱이 내식성 관점에서 보면, 그리드 생산공정을 최적화시킬 여지가 있을 것이다.

결국 표준 주조 그리드가 전기증착 그리드보다 얇고 가볍다 해도, 전기증착 그리드의 내식안정성은 더욱 우수할 가능성이 충분히 있다. 또한 전기증착 그리드를 사용한 배터리에 대한 시험도 이루어졌다. 높은 방전율에서 같은 양의 양극 및 음극 활성물질을 사용한 표준 주조 그리드 배터리에 비해 전기증착 그리드는 더욱 우수한 결과를 보였다.

이러한 고무적인 결과를 보면 새로운 형태의 그리드가 고출력 배터리의 강력한 후보임을 알 수 있다. 공정 역시 새로운 배터리구조에 사용되는 납합금 박판을 생산하는데 적합하다. 배터리 그리드와 접착제의 재활용을 위해 새로운 제조공정과 개방형 제련공정(hydrometallurgical process)이 함께 적용될 수 있다. 즉, 배터리 폐품의 처리에서부터 새 배터리 그리드의 생산에 이르기까지 공정을 완전히 통합할 수 있다.

대기전원용 배터리의 경우, 평판전극은 책형 금형(book mould)*) 주조법, 관형 전극은 압력주조법이 그리드 제조 표준공정이었다. 그러나 시동용 배터리를 생산하는 경우, 확장금속(expanded-metal) 주조법 또는 연속주조법과 같이 더욱 개량된 그리드 생산기술로 이미 바뀌었다. 이 기술들은 자동화된 공정라인에 의해 연속적으로 극판을 제조할 수 있다. 시동용 배터리의 극판 생산에 사용되는 확장금속 그리드 리본의 일부를 나타낸 것이 그림 7.35에 있다. 이 기술의 우수성 때문에, 시동용 배터리 제조설비에는 전통적인 그리드 주조법 대신에 이 기술이 대체 적용될 것으로 예상된다.

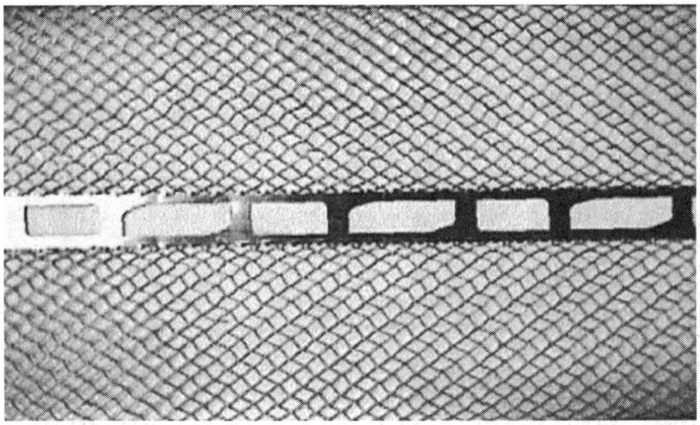

그림 7.35. 자동차용 배터리에 사용되는 극판의 연속생산을 위한 확장금속 그리드 리본

처음 확장금속 기술이 개발되었을 때는 양극그리드의 부식속도에 심각한 문제가 있다. 그러나 개량된 합금을 사용하고 특수한 압연공정을 적용하여 이 문제를 효과적으로 해결할 수 있었다. 납-칼슘-주석 합금으로 만든 확장 양극 그리드에는 더 이상 부식문제가 없다[124]. 처음에는 개방형 배터리에 확장금속 그리드가 사용되었지만, 자동차용으로 확장 양극 그리드 및 음극 그리드가 사용된 AGM 배터리는 이미 개발되어 있었다[125].

원칙적으로 확장그리드 기술과 같은 연속 극판 제조공정이 대기전원용 배터리에도 사용되지 못할 이유는 없다. 물론 대기전원용 배터리는 자동차용과는 매우 다르며, 배터리의 예상수명 또한 다르다. 주된 문제는 부식, 양극그리드의 성장 가능성, 양극 활성물질의 그리드 접착, 회로단락 방지 등이다.

---

*) 책형 금형(book mould) : 측면에 경첩이 붙은 분할형을 말하며, 마치 책을 여는 모양이므로 이와 같은 이름이 붙었다.

완전한 극판 제조공정 뿐만 아니라 합금과 그리드 제조기술이 개선되면, 확장금속 그리드가 사용된 배터리의 수명을 연장시킬 수 있고, 최소한 일부 대기전원 분야에서는 기존의 책형 금형 주조그리드의 훌륭한 대안이 될 수 있다. 배터리 그리드용 주조 및 압연 납합금의 야금술과 성능에 대한 상세한 논의는 Prengaman의 문헌[88,126-128]을 참고하라.

연속 극판 공정의 또 다른 대안은, 회전원통 표면에서 활주하는 주조접촉자(casting shoe)로 용융납 또는 납합금이 공급되는 연속 그리드 주조 공정이다. 이 방법은 보다 얇은 그리드의 제조로만 제한되어 있는데, 그렇지 않으면 회전원통 표면의 빈 공간(cavity) 내에 있는 납이 빨리 냉각될 수 없기 때문이다.

음극그리드 제조 시 납-칼슘-주석 합금과 함께 소위 '컨캐스트(Concast) 공정' *)이 적용된다면 보통 문제가 발생하지 않는다. 그러나 양극그리드의 경우는 부식과 성장이 크게 나타난다.

이 문제를 극복하기 위한 첫 번째 방법은 연속주조 직후 특수 압연공정을 이용하는 것이다. 소위 '컨롤(Conroll)' 공정**)을 적용하면, 그리드 부식문제는 완전히 없어지는 것처럼 보인다. 그러나 활성물질의 부착은 또 다른 문제로서, 이 문제는 '컨롤' 그리드가 가지는 특수한 2차원 구조 때문에 많은 영향을 받는데, 이 2차원 구조는 책형 금형 주조 또는 확장 금속그리드의 3차원 구조와 크게 다르다. 특수한 극판처리로 인해 발생하는 활성물질 부착 문제를 극복하기 위한 연구가 있었지만, 납-칼슘-주석 '컨롤' 그리드가 표준그리드 기술에 대한 실제적인 대안이 될 수 있을 것인가 여부는 지금까지도 확실치 않다.

'컨캐스트' 양극그리드의 부식문제를 극복하기 위한 두 번째 방법은, 순수 납이나 납-주석 합금을 사용하는 것이다. 단점은 무(無)칼슘 '컨캐스트' 그리드는 연성이 크다는 사실이다. 따라서 극판의 처리 및 배터리 조립 시에 큰 문제가 발생한다. 양극그리드의 부식속도는 훨씬 감소될 수 있다. 그러나 다소 취급이 어려운 점 이외에도, 양극 활성물질이 부착되는 문제가 여전히 존재하고, 따라서 우수한 극판처리가 필요해진다.

그리드를 연속 생산하기 위한 또 다른 방법은 박판 납을 천공(穿孔, punching)하는 것이다. 그러나 납 박판의 제법 많은 부분이 떨어져나가 폐기되므로, 다시 녹여야 하는 단점이 있다. 그러나 이 방법은 순수한 납으로 비교적 얇은 그리드를

---

*) 컨캐스트(Concast) 공정 : Concast는 continuous casting의 합성어. 연속 주조공정

**) 컨롤(Conroll) 공정 : Conroll은 continuous rolling의 합성어. 연속 압연공정

제조할 수 있으므로, 부식속도는 매우 느려진다. 무칼슘 그리드의 연성으로 인한 문제가 또 다시 발생하지만, 우수한 내식성 때문에 얇은 극판을 가진 고출력 대기 전원용 배터리에 천공법을 사용하는 것이 매우 매력적이다.

편평한 극판을 갖는 전통적인 AGM 배터리 구조 이외에도, 나권형 전극과 AGM 분리판을 갖는 원통형 셀을 만드는 것도 하나의 방법이다. 핵심은 나권형 주조와 단단히 감겨진 납-주석 그리드층 때문에 분리판이 큰 압축력에도 견딜 수 있다는 것이다. 이 때문에 배터리의 장수명과 우수한 성능이 보장된다. 전극이 얇기 때문에 활성물질의 표면이 기존의 평판형 배터리보다 훨씬 더 크다. 이 때문에 내부저항이 감소하고 매우 큰 출력 특성을 가진다[129-131]. 수 년 전에 시동용으로 개발된 50Ah, 12V 나권형 배터리(Orbital®)의 사진이 그림 7.36에 나타나 있다.

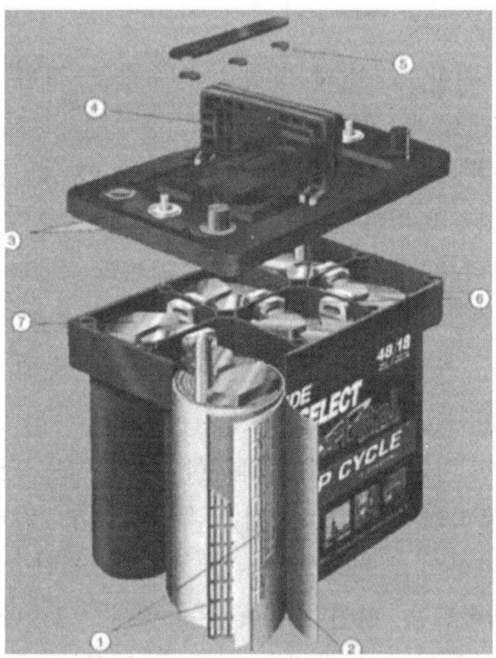

그림 7.36. 자동차용 나권형 AGM 배터리

온도와 SoC가 다를 경우 Orbital® 배터리의 전력용량과 충전수입성에 대해 많은 연구가 있었다[132]. 온도와 SoC가 다를 경우, 50Ah, 12V Orbital® 배터리가 10V에서 10초 동안 공급한 평균전력이 그림 7.37에 나타나 있다. 그러나 모든 온도에서 SoC가 감소하면 전력용량도 크게 감소한다. 0℃, 20% SoC 및 -20℃,

40% SoC에서 공급된 전력은 2kW로서, 40℃, 80% SoC의 1/3에 지나지 않는다. 온도와 낮은 SoC 모두 전력용량에 큰 영향을 미친다. 매우 낮은 온도에서 배터리를 사용하는 분야는 SoC를 매우 높게 유지해야 한다.

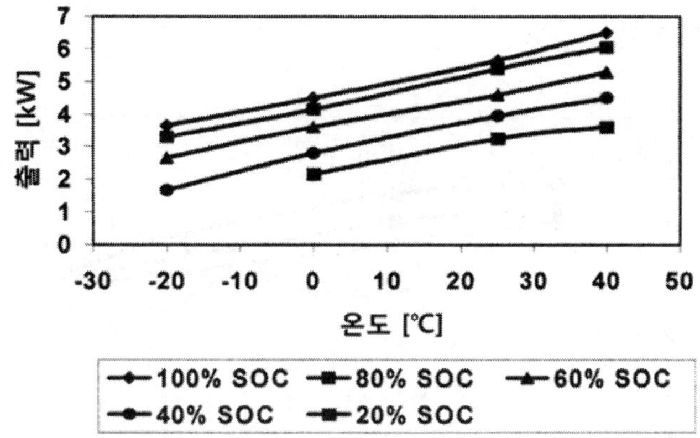

그림 7.37. SoC가 다를 경우 Orbital® 배터리(12V, 50Ah)의 온도에 따른 출력전력

50Ah, 12V Orbital® 배터리에서 SoC가 다를 경우, 15V에서 온도에 따른 5초 동안의 평균 충전수입성이 그림 7.38에 주어져 있다. 동작조건이 적절할 경우(고온, 저 SoC), 충전수입성은 배터리가 아니라 전원장치에 의해서 제한된다. SoC가 100 %에 가까울 때는 모든 온도에서 충전수입성이 매우 나쁘며, 그림에서도 나타나 있지 않다. 0℃에서 배터리가 거의 완전히 방전되지 않는 한 충전수입성은 낮다. 0℃ 이하에서는 배터리에 다시 큰 전력을 공급하기가 훨씬 더 어렵다.

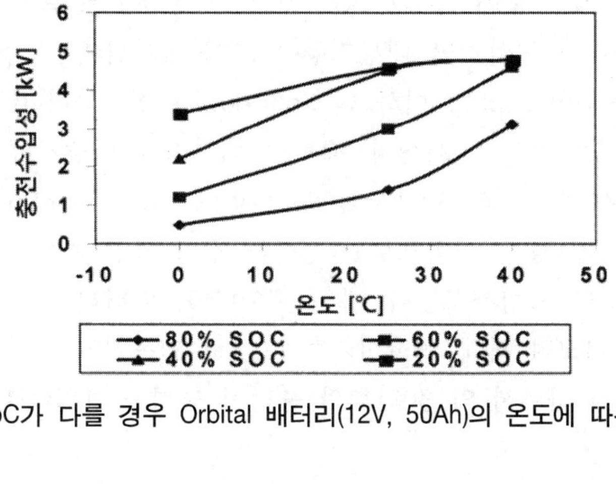

그림 7.38. SoC가 다를 경우 Orbital 배터리(12V, 50Ah)의 온도에 따른 충전수입성

12V, 50Ah Orbital® 배터리의 측정 내부저항으로부터, SoC가 다를 경우 온도에 따른 Orbital® 배터리의 뛰어난 고출력 성능을 알 수 있다[132]. 1초 후 방전에 의해 얻은 데이터가 그림 7.39에 나타나 있다. 배터리의 내부저항은 40℃에서 단지 3mΩ에 지나지 않으며, -20℃ 온도와 40% SoC의 불리한 조건에서도 내부저항은 5mΩ 이하이다.

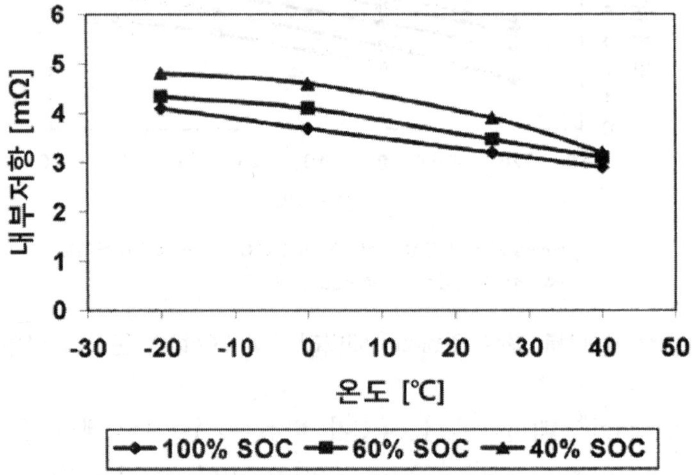

그림 7.39. SoC가 다를 경우 Orbital® 배터리(12V, 50Ah)의 온도(-20~40℃)에 따른 방전 시 내부저항

충전시작 1초 후 내부저항을 측정하면, 예상대로 납 배터리는 재충전 시보다 방전 시 훨씬 더 큰 전력을 공급할 수 있음을 알 수 있다. 완전충전된 배터리의 충전수입성이 나쁘기 때문에, 100% SoC에서의 내부저항은 측정하지 않는다. 온도가 낮아지거나 SoC가 높아지면 내부저항이 크게 증가하며, 그림 7.40과 같이 두 조건이 함께 만족되면(즉 20℃ 이하 및 SoC 60% 이상) 특히 내부저항은 커진다.

배터리의 수명기간 동안 열화현상 때문에 내부저항이 증가하고 고출력 성능을 감소시킨다. 따라서 배터리의 건강상태(state-of-health)를 결정하고 제어하기 위해서는 내부저항과 OCV를 정기적으로 측정하는 것이 가장 좋은 방법이다.

Orbital® 배터리는 충방전성능이 매우 뛰어나다. 배터리를 60% SoC까지 방전시킨 후 DoD를 비교적 작게 변화시키는(1.25%) 연속적인 충방전을 행하는 시험이 있었다. 이 조건 하에서 약 30만회의 충방전 능력을 보였다[133, 134].

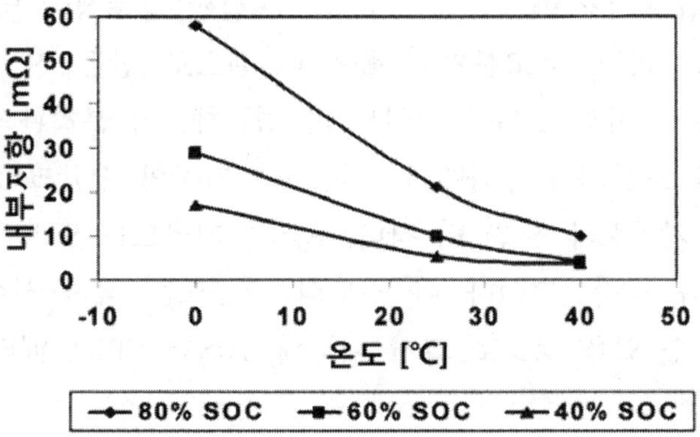

그림 7.40. SoC가 다를 경우 Orbital® 배터리(12V, 50Ah)의 온도(0~40℃)에 따른 충전 시 내부저항

여기서, 12V, 50Ah Orbital® 배터리의 시험결과는, 매우 우수한 충방전수명을 가지도록 최적화된 배터리를 대상으로 한 것이었음을 지적해 두고자 한다. 2번째 배터리는 방전전력을 최적화시킨 것으로서, 방전전력과 충전수입성 면에서 훨씬 뛰어난 결과를 보였다. 기존의 평판형 AGM 배터리보다 훨씬 우수하였음에도 불구하고, 충방전수명은 최적화된 배터리에 비해 약간 좋지 못했다. 고출력이 가장 우선적인 고려사항인 분야에서는, 출력에 최적화된 배터리가 가장 좋을 것이다.

최근 이러한 구조를 갖는 배터리가 자동차의 시동용으로 개발되었다. 이 배터리는 비에너지와 비출력이 매우 높은데, 이 두 성능은 자동차에게 매우 중요한 요소이다. 셀의 형태가 원통이기 때문에 전기화학적 부품이 들어갈 수 없는 공간이 생기므로, 에너지밀도와 전력밀도는 낮다. 대기전원용 배터리는 에너지밀도 및 전력밀도가 배터리의 무게보다 훨씬 중요하기 때문에, 이러한 배터리가 가장 좋은 선택은 아니다. 그러나 이러한 배터리는 비에너지가 매우 높기 때문에, 모든 공간이 활용되지 않는다 하더라도 장래에는 최소한 대기전원용의 일부로 주목을 끄는 대안이 될 수 있을 것이다.

AGM 분리판의 확실한 단점은 양극 활성물질의 확장을 방지하는 방법이 없다는 것이다. 이는 유리매트가 압축가능하기 때문이다. 고압을 견딜 수 없는 유리섬유의 기계적인 특성 때문에 매우 큰 적층압력은 적용될 수 없으며, 압력 제한값이 있다. 따라서 AGM 배터리의 경우, 충방전 시 발생하는 양극 활성물질의 확장은 피할 수 없다.

유리매트 분리판과 유사한 특성을 가지지만 훨씬 압축성이 낮은 재료가 좋은 대안이 될 수 있다. 최근, 초고분자량 폴리에틸렌으로 만든 산 젤리화 분리판(acid jellifying separator, 이하 AJS)이 시험된 바 있는데, 이 분리판의 기공 내에는 특정한 양의 실리카가 포함되어 있다[135,136]. AJS 기공의 평균크기는 0.2㎛로서, 보통 수 ㎛인 AGM의 기공보다 훨씬 더 작다. AJS의 기공도는 80% 이상으로서 90% 이상인 유리매트보다 낮다. 그러나 이 정도의 기공도는 극판 사이에서 충분한 양의 전해질을 흡수할 수 있을 정도로 크기 때문에, AJS는 VRLA 배터리에 사용될 수 있을 것이다.

실제로 AJS는 겔형과 AGM형 분리판의 중간 정도의 특성을 가지며, VRLA 배터리의 전해질을 고정시키는 세 번째 방법이 될 수도 있다. 재료의 압축성은 유리매트보다 훨씬 낮다. 스택 압력의 증가에 다른 AJS 및 AGM 분리판의 두께 감소가 그림 7.41에 나타나 있다. 또한 배터리가 467회의 충방전을 거친 후, AJS 분리판의 두께 감소 곡선도 포함되어 있다. AJS는 거의 압축될 수 없기 때문에 활성물질은 확장될 수 없으며, 따라서 이는 충방전이 주임무인 일부 응용분야에는 확실한 장점이 될 수 있다. AJS의 주된 응용분야는 충방전 분야인 것 같지만, 또한 대기전원용으로도 일부 적합할 것이다.

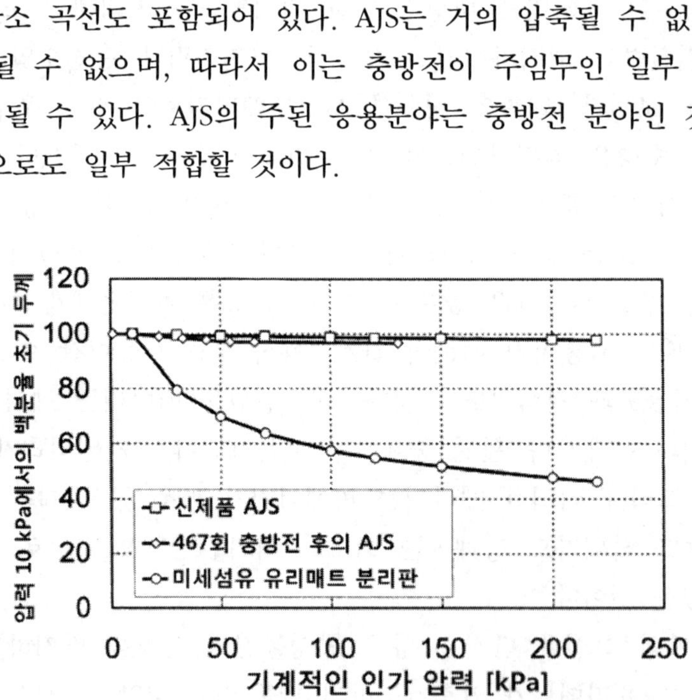

그림 7.41. 압력의 증가에 따른 AJS 및 AGM 분리판의 두께 감소

7.9. 결론

납 배터리는 비에너지, 수명 및 단가 면에서 뛰어나기 때문에 지금까지 대기전원용 배터리시장의 대부분을 차지해 오고 있다. 앞으로 대기전원용 배터리시장은 크게 증가할 것으로 예상된다. 대기전원용 시장의 대부분은 이미 VRLA 배터리가 차지하고 있다. UPS의 경우, 출력은 커지면서 방전시간은 수 분 정도로 짧아지는 경향이 있다. 따라서 수명이나 신뢰성이 감소되지 않으면서 큰 출력을 공급할 수 있는 대기전원용 배터리 개발이 가장 중요한 목표일 것이다.

참고문헌

1. H. Bode, *Lead/acid Batteries*, Wiley-Interscience, New York, 1977
2. R. Kießling, *J. Power Sources* 19 (1987) 147
3. R. Wagner, in H. Kahlen (ed.) *Batterien*, Vulkan, Essen, Germany, 1992
4. R. Wagner, *VDI Berichte* 1058 (1993) 131
5. J. Euler, W. Nonnenmacher, *Electrochim. Acta* 2 (1960) 268
6. J. Euler, L. Horn, *Electrochim. Acta* 10 (1965) 1057
7. J. Meiwes, *Electrotech. Zeitung* 8 (1986) 3
8. H. Dominik, G.K. Krämer, B. Voigt, *Proc. 21th IECEC*, San Diego, CA, USA, 1986
9. R. Kießling, *J. Power Sources* 19 (1987) 227
10. C. Böhle, K.G. Krämer, *Electrotech. Zeitung* 14 (1987) 652
11. K.G. Krämer, R. Saupe, H. Staroske, *Proc. 4th Int. Conf. Batteries for Energy Storage*, Berlin, Germany, 1993
12. K.D. Aust, Henschel, K.G. Krämer, *Proc. Int. Conf. Batteries for Utility Energy Storage*, Berlin, Germany, 1987
13. K.D. Aust, *Proc. 5th Int. Conf. Batteries for Energy Storage*, Puerto Rico, 1995
14. K.G. Krämer, *Proc. 5th Int. Conf. Batteries for Energy Storage*, Puerto Rico, 1995
15. A.I. Attia, D.E. Perrone, *ILZRO-Seminar*, Orlando, Fl, USA, 1989
16. E.M. Valeriote, *J. Power Sources* 28 (1989) 93
17. E. Meissner, *J. Power Sources* 42 (1993) 103
18. R. Wagner, *J. Power Sources* 53 (1995) 153
19. G. Barkleit, A. Grahl, M. Maccagni, M. Olper, P. Scharf, R. Wagner, H. Warlimont, *J. Power Sources* 78 (1999) 73
20. L.T. Lam, R.H. Newnham, H. Ozgun, F.A. Fleming, *J. Power Sources* 88 (2000) 92
21. M.J. Kellaway, P. Jennings, D. Stone, E. Crowe, A. Cooper, *J. Power Sources* 116 (2003) 110
22. A. Cooper, L.T. Lam, P.T. Mosely, D.A.J. Rand, in D.A.J. Rand, P.T. Mosely, J. Garche, C.D. Parker (eds.), *Valve-regulated Lead-Acid Batteries*, Elsevier, Amsterdam, Netherland, 2004
23. K. Wen-Hong, *J. Power Sources* 36 (1991) 155
24. Z. Mao, R.E. White, *J. Electrochem. Soc.* 138 (1991) 1615
25. M. Saakes, D. Schellevis, D. van Trier, M. Wollersheim, *J. Power Sources* 67 (1997) 33
26. M. Saakes, E. Kluiters, D. Schmal, S. Mourad, P. ten Have, *J. Power Sources* 78 (1999) 199

27. M. Saakes, C. Kleijnen, D. Schmal, P. ten Have, *J. Power Sources* 95 (2001) 68
28. J. Burbank, *J. Electrochem. Soc.* 111 (1964) 1112
29. H. Giess, in K.R. Bullock and D. Pavlov (eds.), *Advances in Lead-Acid Batteries*, The Electrochemical Society, Pennington, NJ, USA, 1984
30. T.G. Chang, in K.R. Bullock and D. Pavlov (eds.), *Advances in Lead-Acid Batteries*, The Electrochemical Society, Pennington, NJ, USA, 1984
31. R. Miraglio, L. Albert, A. El Ghachcham, J. Steinmetz, J.P. Hilger, *J. Power Sources* 53 (1995) 53
32. N. Bui, P. Mattesco, P. Simon, J. Steinmetz, E. Rocca, *J. Power Sources* 67 (1997) 61
33. R.D. Prengaman, *J. Power Sources* 78 (1999) 123
34. M.L. Soria, J. Fullea, F. Saez, F. Trinidad, *J. Power Sources* 78 (1999) 220
35. T. Juergens, R.F. Nelson, *J. Power Sources* 53 (1995) 201
36. J.R. Pierson, J. Zagrodnik, R.J. Johnson, *J. Power Sources* 67 (1997) 7
37. R.C. Bhardwaj, *J. Power Sources* 78 (1999) 130
38. M.L. Soria, J. Valenciano, A. Ojeda, G. Raybaut, K. Ihmels, J. Deiters, N. Clement, J. Morales, L. Sanchez, *J. Power Sources* 116 (2003) 61
39. J.K. Whear, W. Böhnstedt, *J. Power Sources* 116 (2003) 141
40. K. Ihmels, W. Böhnstedt, in D.A.J. Rand, P.T. Mosely, J. Garche, C.D. Parker (eds.), *Valve-regulated Lead-Acid Batteries*, Elsevier, Amsterdam, Netherland, 2004
41. D. Pavlov, *J. Power Sources* 53 (1995) 9
42. N.E. Bagshaw, *J. Power Sources* 67 (1997) 105
43. R. Wagner, P. Scharf, *Proc. 30th Int. Symp. Automotive Technology and Automation*, Florence, Italy, 1997
44. I. Dreier, F. Saez, P. Scharf, R. Wagner, *J. Power Sources* 85 (2000) 117
45. D. Pavlov, in D.A.J. Rand, P.T. Mosely, J. Garche, C.D. Parker (eds.), *Valve-regulated Lead-Acid Batteries*, Elsevier, Amsterdam, Netherland, 2004
46. R.F. Nelson, *J. Power Sources* 31 (1990) 3
47. H. Tuphorn, *J. Power Sources* 31 (1990) 57
48. D. Berndt, *Maintenance-Free Batteries*, Research Studies Press, Taunton, Somerset, UK, 1993
49. G. Baudo, *Proc. 11th Int. Lead Conf.*, Venice, Italy, 1993
50. R. Wagner, *Proc. 11th Int. Lead Conf.*, Venice, Italy, 1993
51. B. Culpin, *J. Power Sources* 53 (1995) 127
52. K. Takahashi H. Yasuda, H. Hasegawa, S. Horie, K. Kanetsuki, *J. Power Sources* 53 (1995) 137
53. R. Wagner, W. Bögel, J.-P. Büchel, *Proc. 29th Int. Symp. Automotive Technology and Automation*, Florence, Italy, 1996
54. F.A. Fleming, P. Shumard, B. Dickinson, *J. Power Sources* 78 (1999) 237
55. D. Berndt, *J. Power Sources* 95 (2001) 2
56. R. Wagner, in D.A.J. Rand, P.T. Mosely, J. Garche, C.D. Parker (eds.), *Valve-regulated Lead-Acid Batteries*, Elsevier, Amsterdam, Netherland, 2004
57. P.T. Moseley, D.A.J. Rand, in D.A.J. Rand, P.T. Mosely, J. Garche, C.D. Parker (eds.), *Valve-regulated Lead-Acid Batteries*, Elsevier, Amsterdam, Netherland, 2004
58. R. Wagner, *J. Power Sources* 144 (2005) 494
59. A.M. Howart, E.Willinganz, *Electrochem. Technol.* 6 (1968) 370
60. W. Sharfenberger, S. Henkel, *Z. Metallk.* 64 (1973) 478
61. G.W. Mao, J.G. Larson, P. Rao, *J. Electrochem. Soc.* 120 (1973) 11
62. M.V. Rose, J.A. Young, *Proc. 5th Int. Lead Conf.*, Paris, France, 1974

63. J. Perkins, G.R. Edwards, *J. Mat. Sci.* 10 (1975) 136
64. R.D. Prengaman, *Proc. Electrochemical Society, Fall Meet.*, Las Vegas, NV, USA, 1976
65. E.M.L. Valeriote, *J. Electrochem. Soc.* 128 (1981) 1423
66. N.E. Bagshaw, *J. Power Sources* 12 (1989) 113
67. R.D. Prengaman, *J. Power Sources* 33 (1991) 13
68. H. Giess, *J. Power Sources* 53 (1995) 31
69. L. Albert, A. Goguelin, E. Jullian, *J. Power Sources* 78 (1999) 23
70. S. Fouache, A. Chabrol, G. Fossati, M. Bassini, M.J. Sainz, L. Atkins, *J. Power Sources* 78 (1999) 12
71. A.C. Simon, S.M.Caulder, *J. Electrochem. Soc.* 121 (1974) 531
72. S. Feliu, E. Otero, J.A. Gonzalez, *J. Power Sources* 3 (1978) 145
73. G. Papazov, T. Rogachew, D. Pavlov, J. Garche, K. Wiesener, *J. Power Sources* 6 (1981) 15
74. J. Garche, *J. Power Sources* 53 (1995) 85
75. W.B. Brecht, D.O.Feder, J.M. McAndrews, A.J. Williamson, *INTELEC 1988, Conf. Proc.*, San Diego, CA, USA
76. M.E. Fiorino, F.J. Vaccaro, R.E. Landwehrle, *INTELEC 1988, Conf. Proc.*, San Diego, CA, USA
77. W.B. Brecht, N.F. O'Leary, *INTELEC 1988, Conf. Proc.*, San Diego, CA, USA
78. W.E. Jones, D.O. Feder, *INTELEC 1996, Conf. Proc.*, Boston, MA, USA
79. D. Berndt, W.E. Jones, *INTELEC 1998, Conf. Proc.*, San Francisco, CA, USA
80. S.S. Misra, T.M. Noveske, S.L. Mraz, A.J. Williamson, *J. Power Sources* 95 (2001) 162
81. D. Berndt, U. Teutsch, *J. Electrochem. Soc.* 143 (1996) 790
82. F. Kramm, *INTELEC 1998, Conf. Proc.*, San Francisco, CA, USA
83. F.A. Fleming, *INTELEC 1999, Conf. Proc.*, Copenhagen, Denmark
84. A. Winsel, E. Voss, U. Hullmeine, *J. Power Sources* 30 (1990) 209
85. A.F. Hollenkamp, *J. Power Sources* 36 (1991) 567
86. D. Pavlov, A. Dakhouche, T. Rogachev, *J. Power Sources* 42 (1993) 71
87. M. Kosai, S. Yasukawa, S. Osumi, M. Tsubota, *J. Power Sources* 67 (1997) 43
88. R.D. Prengaman, in D.A.J. Rand, P.T. Mosely, J. Garche, C.D. Parker (eds.), *Valve-regulated Lead-Acid Batteries*, Elsevier, Amsterdam, Netherland, 2004
89. P.T. Moseley, *J. Power Sources* 88 (2000) 71
90. U. Hullmeine, A. Winsel, E. Voss, *J. Power Sources* 25 (1989) 27
91. E. Meissner, E. Voss, *J. Power Sources* 33 (1991) 231
92. E. Meissner, *J. Power Sources* 46 (1993) 231
93. E. Bashtavelova, A. Winsel, *J. Power Sources* 46 (1993) 219
94. D. Pavlov, I. Balkanov, T. Halachev, P. Rachev, *J. Electrochem. Soc.* 136 (1989) 3189
95. D. Pavlov, *J. Electrochem. Soc.* 139 (1992) 3075
96. D. Pavlov, in D.A.J. Rand, P.T. Mosely, J. Garche, C.D. Parker (eds.), *Valve-regulated Lead-Acid Batteries*, Elsevier, Amsterdam, Netherland, 2004
97. S.M. Caulder, J.S. Murday, A.C. Simon, *J. Electrochem. Soc.* 120 (1973) 1515
98. A.C. Simon, S.M. Caulder, in D.H. Collins (ed.), *Power Sources* 5, Academic Press, London, UK, 1975
99. J.P. Pohl, H.Rickert, in D.H. Collins (ed.), *Power Sources* 5, Academic Press, London, UK, 1975
100. K. Harris, R.J. Hill, D.A.J. Rand, *J. Electrochem. Soc.* 131 (1984) 474
101. J. Yamashita, Y. Matsumaru, *J. Appl. Electrochem.* 18 (1988) 595
102. I.M. Steele, J.J. Pluth, J.W. Richardson, *J. Power Sources* 95 (2001) 79

103. R.F. Nelson, in D.A.J. Rand, P.T. Mosely, J. Garche, C.D. Parker (eds.), *Valve-regulated Lead-Acid Batteries*, Elsevier, Amsterdam, Netherland, 2004
104. R. Wagner, D.U. Sauer, *J. Power Sources* 95 (2001) 141
105. B.A. Cole, R.J. Schmitt, J. Szymborski, *INTELEC 1998, Conf. Proc.*, San Francisco, CA, USA
106. F. Kramm, H. Niepraschk, *INTELEC 1999, Conf. Proc.*, Copenhagen, Denmark
107. K. Eberts,in D.H. Collins (ed.), *Power Sources* 2, Pergamon Press, Oxford, UK, 1970
108. S. Sternberg, A.Mateescu, V. Branzoi, L. Apatenau, *Electrochim. Acta* 32 (1967) 349
109. K. Bullock, D.H. McClelland, *J. Electrochem. Soc.* 124 (1977) 1478
110. K. Bullock, *J. Electrochem. Soc.* 126 (1979) 360
111. K. Bullock, *J. Electrochem. Soc.* 126 (1979) 1848
112. G.A. Morris, P.J. Mitchell, N.A. Hampson, D.I. Dyson, *Power Sources*, 12 International Power Sources Symposium Committee, Leatherhead, UK, 1989
113. E. Meissner, *J. Power Sources* 67 (1997) 135
114. F. Kramm, H.Kretzschmar, *INTELEC 1996, Conf. Proc.*, Boston, MA, USA
115. R. Wagner, *J. Power Sources* 67 (1997) 163
116. F. Kramm, *INTELEC 1997, Conf. Proc.*, Melbourne, Australia
117. G.C. Zguris, *J. Power Sources* 67 (1997) 307
118. C. Pendry, *J. Power Sources* 78 (1999) 54
119. R. Simarro, *J. Power Sources* 78 (1999) 65
120. H. Giess, *INTELEC 2000, Conf. Proc.*, Phoenix, AZ, USA
121. P. Häring, H.Giess, *J. Power Sources* 95 (2001) 153
122. J. Szymborski, G. Hunt, A. Tsagalis, *INTELEC 2000, Conf. Proc.*, Phoenix, AZ, USA
123. C.D. Parker, J. Garche, in D.A.J. Rand, P.T. Mosely, J. Garche, C.D. Parker (eds.), *Valve-regulated Lead-Acid Batteries*, Elsevier, Amsterdam, Netherland, 2004
124. M.D. Achtermann, M.E. Greenle, *J. Power Sources* 33 (1991) 87
125. S. Fouache, J.P. Douady, G. Fossati, C. Pascon, *J. Power Sources* 67 (1997) 15
126. R.D. Prengaman, *J. Power Sources* 67 (1997) 267
127. R.D. Prengaman, *J. Power Sources* 78 (1999) 123
128. R.D. Prengaman, *J. Power Sources* 95 (2001) 224
129. F. Trinidad, F.Saez, J. Valenciano, *J. Power Sources* 95 (2001) 24
130. F. Trinidad, C. Gimeno, J. Gutierrez, R. Ruiz, J. Sainz, J. Valenciano, *J. Power Sources* 116 (2003) 128
131. J. Valenciano, F. Trinidad, M. Fernandez, *J. Power Sources* 113 (2003) 318
132. J. Valenciano, *Internal EXIDE Report*, 2004
133. J. Valenciano, F. Trinidad, *Proc.* 2nd *Europ. Conf., Alternative energy sources for automobiles*, Poitiers, France, 2004
134. M.L. Soria, J. Sainz, J. Valenciano, F. Trinidad, *Proc. STORE Conf., Storage for Renewable Energies*, Aix-en-Provence, France, 2003
135. W. Böhnstedt, *J. Power Sources* 78 (1999) 35
136. M. Perrin, H. Döring, K. Ihmels, A. Weiss, E. Vogel, R. Wagner, *J. Power Sources* 95 (2001) 85

정지용 응용 분야 II
- 부하평준화

8.1. 정지용 분야에서 배터리의 중요성

8.1.1. 전력시스템

발전산업의 초기단계(약 100년 전)에는, 거의 모든 전력수용가가 중앙발전소로부터 수 km 범위 이내에 있었으며, 전기화된 지역은 독립되어 있었다. 이후 전기적인 섬들은 서로 연결되기 시작했으며, 결국에는 거대한 전력시스템이 형성되게 되었다.

그림 8.1은 대표적인 전력시스템의 개략도이다. 여러 곳의 중앙발전소가 송전선을 통해 전력을 공급한다. 송전시스템은 대용량 전력을 배전시스템으로 전달한다. 배전시스템은 적절한 전압으로 수용가에 전력을 공급한다. 최근에는, 배전시스템에 재생에너지원을 가진 분산발전기를 설치하여 열병합발전을 겸하는 경우가 많다. 그리고 지역 또는 국가 사이에도 전력선이 연결되어 있다.

전력시스템이 증가하는 원인은 규모 면에서의 장점, 발전소의 입지조건 등이 있으며, 다음 절에서 설명하겠지만, 총 전력수요에 대한 부하전력의 변화비율이 감소하는 것 역시 큰 원인 중의 하나이다.

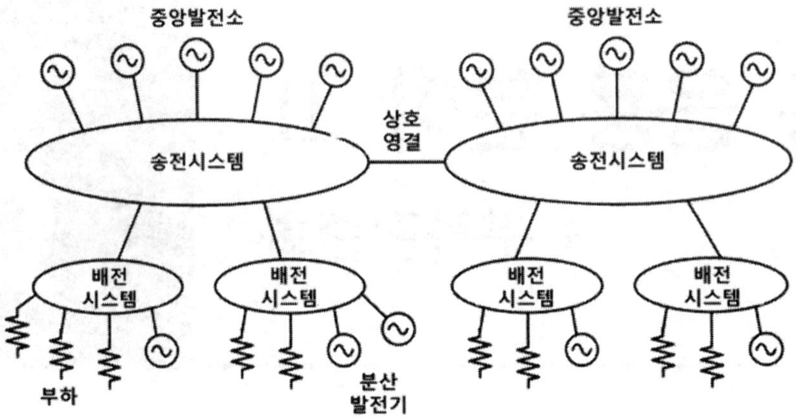

그림 8.1. 대표적인 전력시스템

8.1.2. 부하곡선과 발전설비의 위치

보통 전기기기와 장비는 운전상태에 따라 소비전력이 달라진다. 전력시스템은 주파수와 전압을 안정적으로 유지하기 위해 매 순간 수요에 대한 공급전력이 평형을 이루어야 하지만, 각 구역의 발전기가 1:1로 대응하여 이같은 변동전력을 효과적으로 공급하는 것은 어렵다.

그러나 이같은 구역별 전력변동이 전력시스템과 연계되면, 다양한 통계법칙을 적용하여 총 수요 중에서 서로 관련 없는 변동전력의 비율을 감소시킬 수 있다. 따라서 대형 전력시스템 입장에서는, 단지 일별 또는 계절별 변화에만 대응하면 되기 때문에, 이를 쉽게 예측하여 경제적으로 합리화된 전력공급 계획을 세울 수 있다.

그림 8.2a는 전력시스템의 대표적인 일별 부하곡선과 전력공급 시점을 나타내고 있다. 운전비용이 싸고 부하추종 성능은 떨어지는 대형 발전소는 최적화된 운전조건 하에서 기저부하(base load)를 담당한다. 중형 발전소는 중간 크기의 부하에 대응하는 전력을 생산한다. 운전비용이 비싼 소형 발전소는 피크전력을 담당한다. 양수발전소(pumped hydroelectric power station)는 전기에너지 저장시스템으로서, 8.5.1절에서 설명할 것이다.

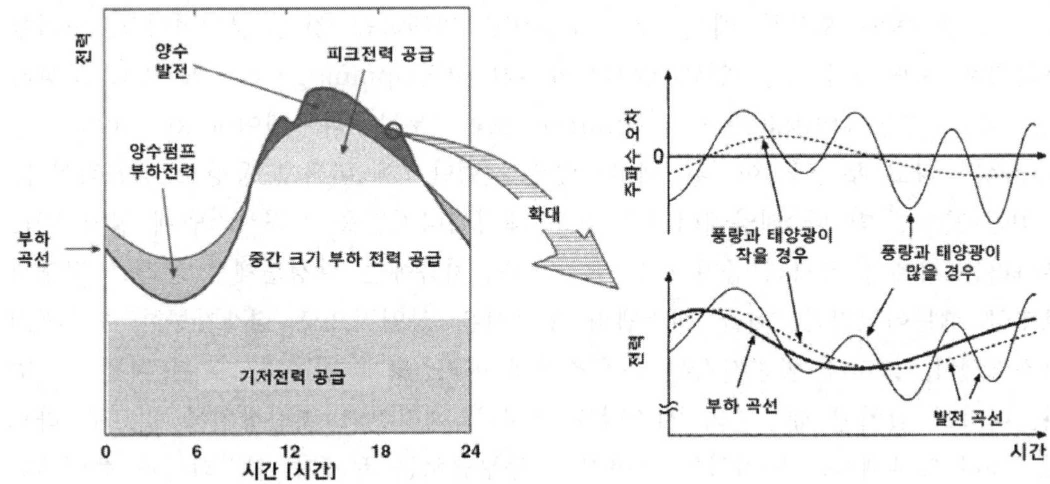

그림 8.2. 대표적인 일간 부하곡선 및 공급전력 할당 방법

8.1.3. 부하평준화(load leveling)

일별, 계절별 부하평준화는 피크전력을 줄이고 최저전력을 증가시키는 것으로서, 전력시스템을 매우 경제성 높게 운용할 수 있다. 더욱이 일부 발전소는 연중 수 시간에 지나지 않은 피크전력을 담당하기 위해 대기상태에 있기 때문에, 피크전력을 저감시키는 것은 과도한 설비투자를 제한하기 위해 매우 중요하다.

계절별 부하변동을 관리하려면, 주기적인 발전소 점검 계획과 저수지형 수력발전소(양수발전소)의 투입을 고려한다. 일별 부하평준화는 전력시스템의 관리와 운전에 직접적인 영향을 미치기 때문에 경제성 및 에너지효율을 개선하는데 효과적이다.

일별 부하평준화 문제를 해결하는 한 가지 방법은, 전기온수기와 같이 에너지소비 시간대를 바꿀 수 있는 부하를 요금이 훨씬 싼 야간으로 이동시켜 수요를 관리하는 것이지만, 이 분야의 수요는 제한되어 있다. 다른 방법은 전기에너지 저장시스템을 설치하는 것이다.

8.1.4. 부하주파수 제어

전력시스템의 특징은 그림 8.2b에서처럼 수요와 공급 사이의 작은 불균형 때문에 주파수가 변한다는 것이다. 따라서 안정한 시스템 동작과 고품질 전력을 보장하기 위해 주파수오차를 매우 작은 수준으로 억제하는 것이 필수적이다. 이러한 불균형은 수력 또는 석유연료 발전소의 예비전력(spinning reserve)으로 보상하며, 이를 '추종제어(follow-up control)' 또는 '부하주파수제어(load frequency control)' 라고 부른다. 이러한 예비전력은 전력단가가 비싸고 용량도 제한적이다.

최근에는 풍력이나 태양에너지와 같은 재생에너지원을 전력시스템에 설치 또는 추가하는 사례가 급격히 증가하고 있다. 이는 처음에는 환경문제를 고려한 정부의 보조금 때문이었지만, 이들 시스템의 투자액은 상업적으로 경쟁가능한 수준까지 감소되었다. 그러나 발전전력은 기후조건에 따라 크게 변동하므로 조절될 수 없다. 따라서 설치된 대부분의 시스템은 또다른 예비전력 저장장치를 필요로 하므로, 특히 일본에서는 증가하는 비용을 공동부담하는 문제가 전력회사와 풍력에너지 공급자 사이의 쟁점이 되고 있다. 이 문제에 대한 하나의 해법은, 전기에너지 저장장치를 이용하여 변동하는 출력전력을 조절하는 것이며, 이에 대한 실험적인 시범설비가 풍력발전단지에 건설 중이다.

8.1.5. 기타 응용분야

정전 및/또는 전압강하 시, 수용가는 비상전원용 무정전전력공급장치(uninterruptible power supply, 이하 UPS)용으로 정지용 전기에너지 저장장치를 이용할 수 있다. 또한 값비싼 배전시스템을 개선하는 대안으로 사용될 수도 있다. 전력계통이 매우 복잡하게 얽혀 있는 일본에서는 가정용 태양광발전시스템에 UPS 사용을 고려하고 있다. 더욱이 UPS는 자려식 인버터(self-commutated inverter) 또는 동기기(synchronous machine)를 통해 연결되어 있기 때문에 배전선의 국지적 전압 조절을 위한 무효전력원으로 동작할 수 있다.

표 8.1에는 정지용 전기에너지 저장시스템의 응용분야가 요약되어 있다. 매일 충방전이 요구되는 전력저장 시스템은 발전소용으로 적합할 뿐만 아니라, 계약수요전력(contract demand) 감소와 심야시간대 전력 이용으로 인한 전기요금 감소 때문에 일반 수용가용으로도 적합하다.

표 8.1. 정지용 에너지저장 시스템의 응용분야

수용가 \ 응용분야	장기간 임무(하루)	단기간 임무 (수 초 ~ 수 십 분)
전력회사	- 일간 부하평준화 - 전력계통망 개선 대안	- 부하주파수제어
소비자	- 계약수요전력 감소 - 심야전력 사용	- UPS
풍력 및 태양광 에너지 공급자	- 전력계통망 개선 대안	- 출력전력 조절 - 전압조절

8.1.6. 현재 상태

현재 대형 펌프를 이용한 양수발전소는 일간 부하평준화와 부하주파수 제어용 전기에너지저장장치에 가장 널리 사용된다. 또한 압축공기 에너지저장(compressed air energy storage, 이하 CAES) 시스템을 가진 100MW급 가스터빈 발전소가 전 세계적으로 몇 기 정도 운전 중에 있으며, 수 초 ~ 수 시간 동안 사용되는 소형 2차 배터리 저장시스템이 설치되어 있다. 저장시스템을 통해 공급되는 총 전력은 일본, 유럽 및 미국에서 각각 약 15%, 10% 및 2.5%이다[1]. 일본과 유럽의 비율이 높은 것은 양수발전소 때문이며, 특히 일본의 경우는 발전소의 부하율(평균부하/피크부하)이 낮다.

8.1.7. 장래 전망

최근 양수발전소에 적합한 입지는 감소하고 있으며, CAES에 적합한 입지의 수도 매우 제한적이다. 또한 전력수요가 증가함에 따라 피크전력 수요 역시 증가할 것으로 예상된다. 반면에 최신 배터리시스템에 대한 연구개발이 활발히 진행 중이며, 그들 중 일부는 이미 상용화되어 있다. 이 배터리시스템은 분산형 저장시스템의 장점을 최적으로 이용하면서, 정지용 분야에서 미래 에너지저장시스템의 유력한 후보로 기대되고 있다. 일본의 경우, 배전시스템에서 부하평준화용 분산저장시스템의 손익분기점 단가는 양수발전소의 2배로 평가된다. 이는 송전 및 배전 시스템을 보강할 필요가 없기 때문이다[2].

정지용 전기에너지 저장시스템은 용량과 부피가 매우 크기 때문에, 도시지역에 설치할 때는 비에너지와 에너지밀도가 고려되어야 한다. 그러나 수송 분야에 비해서는 이것이 큰 문제가 안된다. 반면에 경제성을 고려하면, 두 파라메터가 중요한 요소가 된다. 따라서 작은 투자비와 높은 효율로 인해 저비용 운전과 장수명이 가능한 시스템이 적절한 성능과 신뢰성을 가진다면 적합하다.

8.2. 나트륨-황 배터리 시스템

8.2.1. 배터리의 화학반응 및 구성요소

그림 8.3a는 나트륨-황 셀의 내부구조를 나타내고 있다. 셀은 용융나트륨 음극과 용융황 양극으로 이루어져 있다. 전극은 β''-Al_2O_3 고체전해질에 의해 분리되어 있다. 셀은 두 극의 활성물질(나트륨과 황)이 용융상태에 있도록 하고 β''-Al_2O_3 전해질의 적절한 이온전도도를 보장하기 위해 고온(270~350℃)에서 동작해야 한다. 2개의 반쪽셀과 전체 셀의 화학반응은 다음과 같다.

음극 : $2Na \underset{충전}{\overset{방전}{\rightleftharpoons}} 2Na^{+} + 2e^{-}$

양극 : $xS + 2e^{-} \underset{충전}{\overset{방전}{\rightleftharpoons}} S_x^{-2}$

전체 반응 : $2Na + xS \underset{충전}{\overset{방전}{\rightleftharpoons}} Na_2S_x$ $(x = 5\sim3)$, $E_{OCV} = 1.78 \sim 2.076$ V

황과 Na_2S_5의 2상(2相) 혼합물이 존재할 때, 방전깊이 60%까지 개회로전압 E_{OCV}는 2.076V로 일정하다. 이후 전압은 단일상의 Na_2S_x 영역에서 선형적으로 감소하여, 설정된 방전종료점에 이른다[4].

그림 8.3b는 모듈의 내부구조를 보여주고 있다. 모듈은 단열외장재 내에 수 백 개의 셀과 충진된 모래로 이루어져 있다. 셀의 화학반응은 방전 시는 발열반응이며 충전 시는 흡열반응이다. 또한 셀은 자체 저항성분 때문에 충방전 시 모두 가열된다. 모듈의 온도는 전극반응 사이의 열적 평형, 셀의 저항에 의한 가열, 모듈

외장재로부터 방사된 열 및 전기히터에 의한 가열에 따라 달라진다. 전기히터는 모듈의 온도를 300~350℃로 유지하는데 사용된다. 시간에 따른 동작온도의 변화가 문헌[5,6]에 주어져 있다. 히터의 전력 때문에 나트륨-황(NaS) 배터리시스템의 총효율이 감소한다.

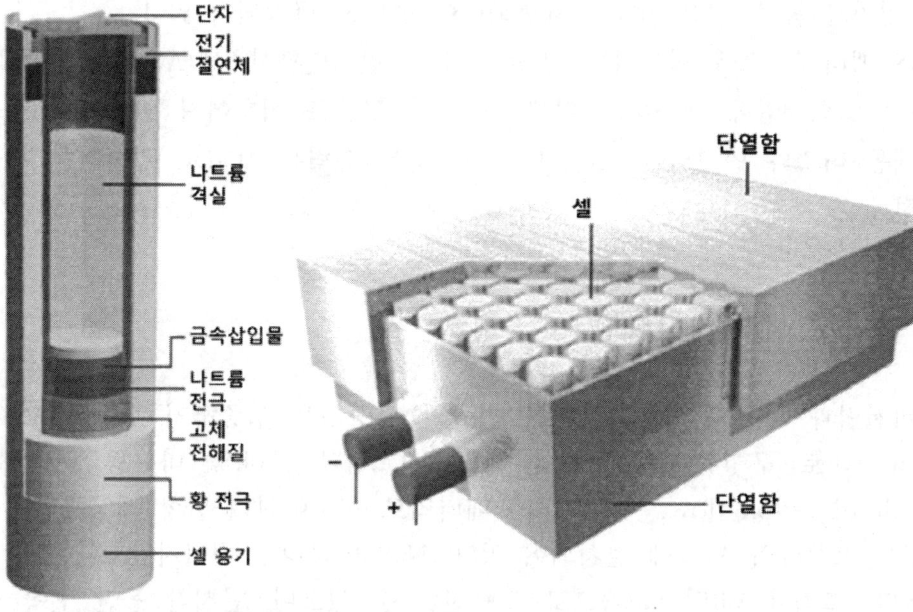

그림 8.3. NaS 배터리의 구조(참고문헌 [3], NGK Insulator사의 허가에 의해 전재)

NaS 배터리의 제작사인 NGK Insulator사는 일간 부하평준화 및/또는 고속 충방전을 위해 몇 가지 종류의 모듈을 제공하고 있다. 일간 부하평준화용 모듈의 경우, 셀은 직병렬로 연결되어 있다. 그러나 고속충방전 모듈은 모든 셀들이 직렬로 연결되어 있으며, 전기히터의 에너지소비를 최소화하기 위해 열발산을 줄이도록 설계되어 있는데, 이는 실제 사용 시 대기상태 기간이 매우 길기 때문이다. 이 모듈은 30초 동안 연속 정격전력의 500%를 공급할 수 있다[5]. 이는 NaS 배터리가 일간 부하평준화뿐만 아니라 단시간의 피크부하 저감용으로도 이용될 수 있음을 의미한다. 그러나 모듈의 종류를 선택하기 전에 동작패턴을 결정해야 한다.

NaS 배터리의 저장용량은 충방전횟수가 거듭됨에 따라 점진적이고 비가역적으로 감소하며, 심방전은 충방전수명을 급격히 감소시킨다[5]. 초기 저장용량은 정격용량보다 13% 정도 크게 설계되며, 연간 150회씩 15년 동안 정격 방전깊이까지 충방전된 후에는, 초기 저장용량이 정격값까지 감소한다. 또한 노후화로 인해 내부저항이 증가하기 때문에 충방전효율은 수 % 정도 감소한다.

NaS 배터리시스템은 300℃에서 밀봉되어 있기 때문에, 예상수명은 15년으로 제한된다. 작동온도와 대기온도 사이의 열사이클은 저장용량에 거의 영향을 미치지 않지만, 세라믹전해질에 가해지는 열응력 때문에 바람직하지는 않다. 열사이클은 수명기간 동안 10번 이내로 제한되어야 한다고 규정되어 있다.

NaS 배터리시스템 팩키지는, 필요 용량과 전력변환시스템(AC-DC 컨버터와 변압기)의 입력전압에 대응하기 위해 몇 개의 모듈로 이루어져 있다. 이 시스템은 전력계통 버스와 연결되어 있다. 방전 및 충전 전력은 AC-DC 컨버터를 제어하여 조절한다.

8.2.2. 실제 시스템

소비전력과 비용을 줄이고, 최신 기술의 타당성을 입증하기 위해, 1MW NaS 배터리 2대로 구성된 총 2MW의 배터리시스템과 170kW 바나듐 레덕스 흐름(vanadium redox flow, 이하 VRF) 배터리로 이루어진 분산형 태양광발전시스템이 일본 쯔쿠바의 AIST에 설치되어 있다. NaS 배터리는 에너지밀도와 충방전효율이 높다. 그러나 VRF는 고속으로 충방전할 수 있으며, 단시간 동안 연속 방전율보다 3배 이상 큰 과부하에도 대응할 수 있는 장점이 있다. 이 특성을 이용하여 NaS 배터리시스템은 일간 부하평준화에 적용하여 비싼 피크전력을 값싼 저부하시 전력으로 대체하고, VRF 배터리시스템은 피크전력 수요 저감과 태양광 에너지의 평활화에 사용한다[7]. 이 절에서는 NaS 배터리시스템을 다루고, VRF 배터리시스템은 8.3절에서 설명한다.

$2MW_{ac}$, 7.2시간 NaS 배터리시스템이 2004년 쯔쿠바의 AIST에 설치되었다. 그림 8.4와 8.5는 각각 NaS 배터리시스템의 사진과 지상설치 계획을 나타내고 있다. 그림에서 1MW NaS 배터리 팩키지(10.3m[W] × 2.3m[D] × 5.2m[H], 각 팩키지의 무게는 86톤) 2기와, 변압기 및 2,400kVA AC-DC 컨버터용 팩키지(9.2m[W] × 3.3m[D] × 4.0m[H], 무게는 31톤) 1기가 설치되어 있음을 알 수 있다. 각 1MW NaS 배터리에는 50kW 모듈(출력 $52.6kW_{dc}$/입력 $57kW_{dc}$) 20대가 직렬연결되어 수납되어 있다. 각 모듈은 384개의 셀(2V, 1.5kW 셀이 12p32s로 연결되어 있음)로 구성되어 있다. 전극재료(나트륨과 황)는 위험물질로 분류되

기 때문에 일본의 화재방지법에 따라 배터리 팩키지 주위로 3m의 개방된 공간이 확보되어야 한다.

그림 8.4. 일본 쯔쿠바의 AIST에 설치된 $2MW_{ac}$, 7.2시간 NaS 배터리시스템의 사진

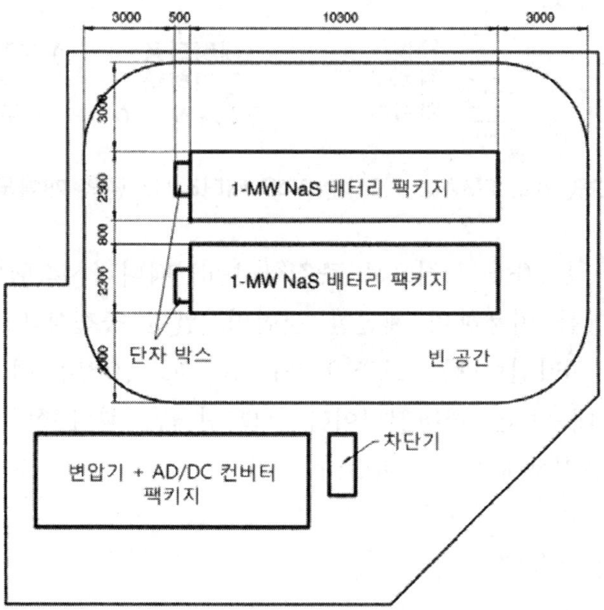

그림 8.5. $2MW_{ac}$, 7.2시간 NaS 배터리시스템의 지상설치 계획

그림 8.6은 NaS 배터리시스템의 개략도를 나타낸다. NaS 배터리는 AC-DC 컨버터를 통해 2,400kVA 주변압기에 연결되어 있다. 시스템의 AC-DC 컨버터는 항상 역률 1로 동작하므로, 연결된 시스템에 무효전력을 공급하지는 않는다. 주변압기 이외에도, 전기히터와 AC-DC 컨버터의 보조기기에 전력을 공급하기 위해 250kVA 보조변압기가 설치되어 있다. 각 모듈에는 총 소비전력이 7.35kW인 전기히터가 모듈외함의 바닥과 측면에 부착되어 있다.

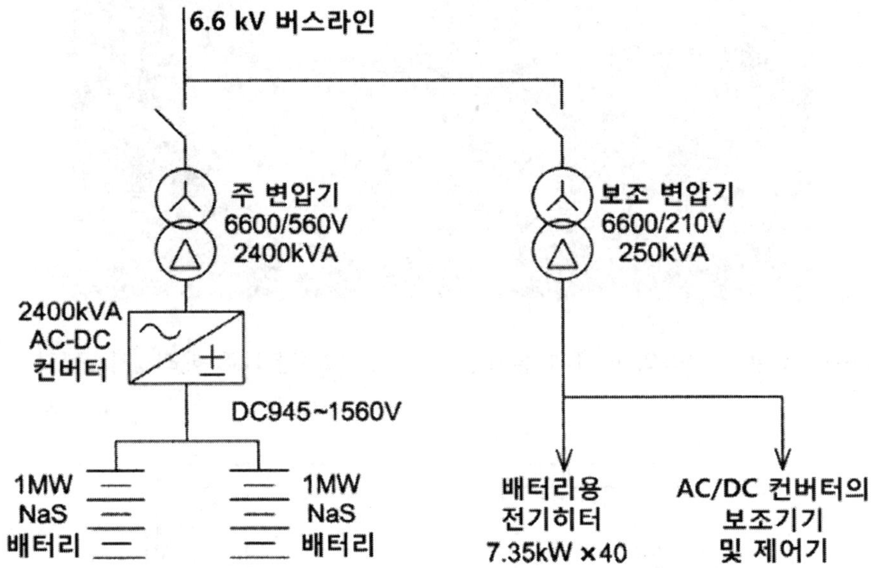

그림 8.6. 2MW$_{ac}$, 7.2시간 NaS 배터리시스템의 개략도

그림 8.7은 여름날 10분 간격으로 측정한 NaS 배터리시스템의 운전 특성이다. SoC는 시간과 전류를 이용하여 계산한 것이며, 완전 충전상태는 전압으로 알 수 있다. 그림 8.7의 히터전력에는 보조기기와 AC-DC 컨버터 제어기의 소비전력도 포함되어 있지만, 대부분은 히터전력이다. 히터전력은 셀의 화학적 흡열반응을 보상하는 것이므로 충전상태에서 소비량이 커진다.

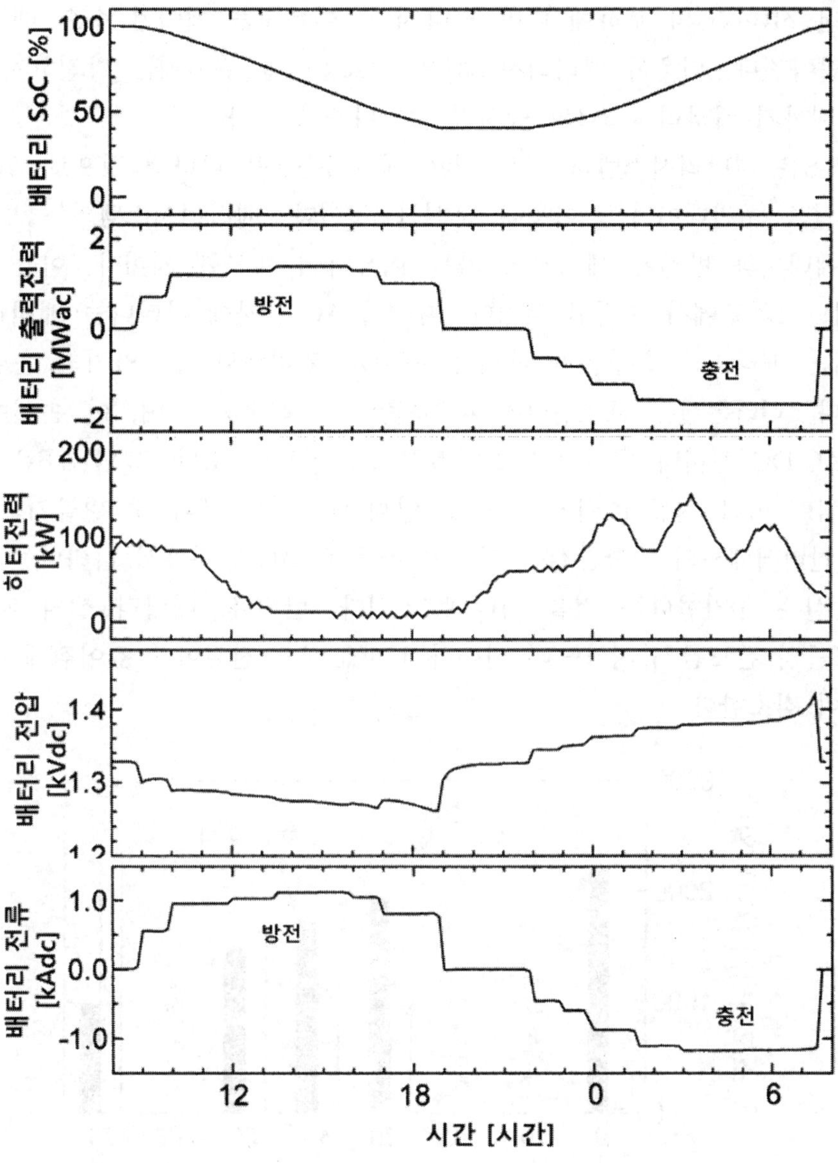

그림 8.7. 2MWac, 7.2시간 NaS 배터리시스템의 운전 특성

NaS 배터리의 운전에 앞서, 현장 경험으로 예상되는 부하특성곡선을 고려하여 충방전 패턴이 수작업으로 작성되었다. 이 운전패턴은 피크부하를 줄이기 위해 낮 시간에는 방전하고 밤에는 가장 높은 충전상태까지 값싼 전기에너지를 충전하도록 설정되어 있다. 충전전력은 배터리시스템의 정격전력(2,400kW$_{ac}$) 또는 부하 및 현장 배터리시스템의 총 계약전력량(8,300kW)에 따라 달라진다. 따라서 방전깊이

역시 충전 시(야간)의 부하에 따라 달라지며, 여름에는 에어컨 수요 때문에 충전 상태가 얕아진다. 더욱이 배터리시스템은 일요일이나 휴일에는 방전하지 않기 때문에, 현재까지 배터리시스템의 방전깊이는 다소 달랐다.

그림 8.8은 배터리시스템의 일간 평균 에너지손실을 나타낸 것으로, 2004년 12월부터 연간 운전데이터를 이용해 분석한 것이다. 배터리시스템의 충방전손실은 충전된 에너지와 방전된 에너지의 차를 이용하여 계산한 것이다. 이들 에너지는 주변압기의 1차측에서 측정된 것이다. 따라서 AC 단자에 나타나는 배터리의 충방전손실에는 배터리의 손실뿐만 아니라 AC-DC 컨버터와 주변압기의 손실도 포함되어 있다. 히터손실은 보조변압기의 2차측에서 측정하였으며, 이 손실에는 보조기기와 AC-DC 컨버터 제어기의 소비전력도 포함되어 있다. 그림 8.8은 방전깊이가 깊어짐에 따라 전류가 커지고, 이로 인해 배터리의 셀과 주 변압기의 권선 및 AC-DC 컨버터에서의 저항손실이 커지기 때문에, AC 단자에서 나타나는 배터리의 충방전손실은 증가한다는 것을 나타내고 있다. 반면에, 배터리 셀의 저항손실은 배터리모듈의 온도를 유지하는데 기여하기 때문에 방전깊이가 깊어짐에 따라 히터의 손실이 감소한다.

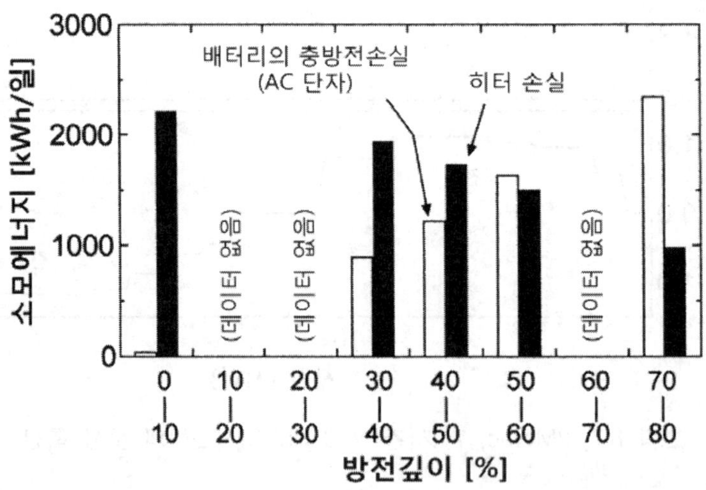

그림 8.8. 2MW$_{ac}$, 7.2시간 NaS 배터리시스템의 일간 에너지손실

그림 8.9는 그림 8.8의 데이터를 이용하여 계산한 배터리시스템의 일간 평균효율을 나타낸다. AC 단자에 나타나는 배터리의 충방전효율은 85% 이상이다. 그러나 전기히터에서 소비된 전력 때문에 특히 방전이 얕을 경우 총효율이 감소된다.

AC 단자에 나타나는 배터리의 총효율은 88%이며, 연중 전체 시스템의 총효율은 75%였다. Meisei 대학에 설치된 또 다른 1MW NaS 배터리시스템의 연중 총효율은 77.6%였다[8]. 방전이 깊어지면 효율은 증가한다.

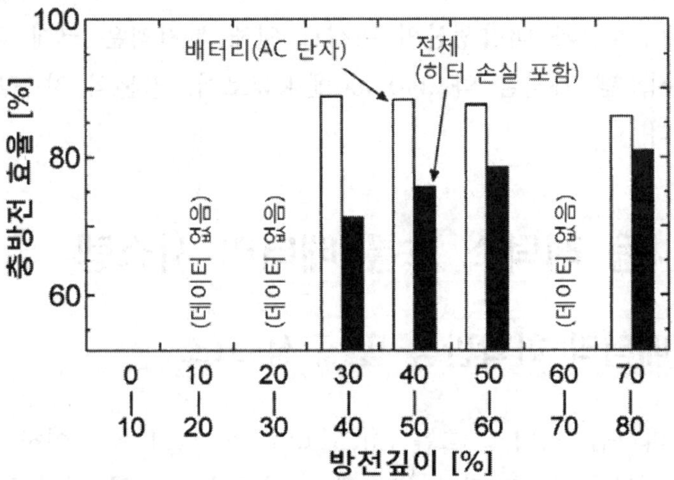

그림 8.9. 2MW$_{ac}$, 7.2시간 NaS 배터리시스템의 일간 효율

그림 8.8에서 0~10% 방전깊이의 데이터는 충방전이 없는 날들이다. 연간 이 조건에 해당되는 일수는 67일이다. 방전하지 않는 날, 전기히터에서 소비된 평균 에너지(2,210kWh)는 발산된 열과 같다. 따라서 모듈의 평균 열손실은 2.3kW로 계산된다.

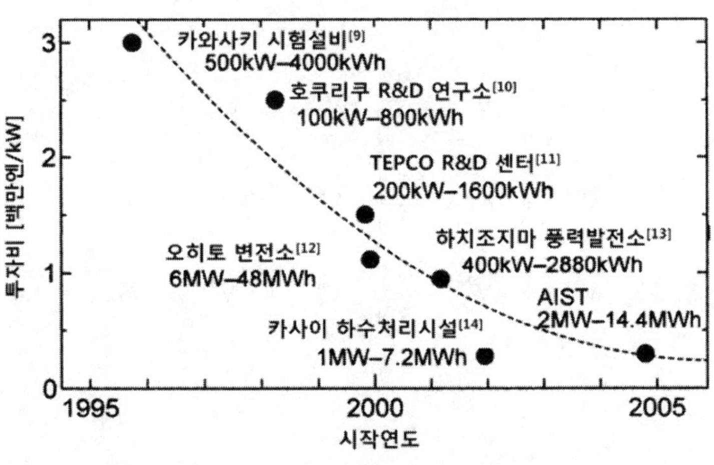

그림 8.10. NaS 배터리시스템의 투자액 변화

8.2.3. 투자비

그림 8.10은 일본에 설치된 NaS 배터리시스템들의 가동시작 연도와 공개된 투자액(일부 데이터는 유지보수비용이 포함되어 있음) 사이의 관계를 나타낸다. 이 그림으로부터 연구개발과 대량생산의 개시로 인해 투자액은 크게 감소하였음을 알 수 있다. 현재 시스템 가격은 약 240,000엔/kW로서, 일본의 양수발전소와 비교해도 경쟁력이 있다.

8.3. 바나듐 레덕스 흐름 배터리 시스템

8.3.1. 배터리 화학반응 및 구성 요소

그림 8.11은 바나듐 레덕스 흐름(vanadium redox flow, 이하 VRF) 배터리의 구조를 나타내고 있다. VRF 배터리의 셀은 전하가 다양한 바나듐 이온들 사이에서 전달되는 원리를 기반으로 하고 있다. 전해질은 대략 납 배터리와 동일한 산성도를 가지는 황산이다. 황산은 외부탱크에 저장된 뒤 펌프에 의해 필요한 만큼 셀로 공급된다. 셀은 양자교환막에 의해 2개의 반쪽셀로 나누어져 있다. 이 막에 의해 종류가 다른 2가지의 바나듐 함유 전해액이 분리되어 있으며, 이 막을 통해 이온화된 전하(H^+ 이온)가 이동함으로써, 전류가 흐르는 전기회로가 완성된다[16]. 2개의 반쪽셀과 완전한 셀의 화학반응은 다음과 같다.

음극 : $$V^{2+} \underset{\text{충전}}{\overset{\text{방전}}{\rightleftharpoons}} V^{3+} + e^-$$

양극 : $$V^{5+} + e^- \underset{\text{충전}}{\overset{\text{방전}}{\rightleftharpoons}} V^{4+}$$

전체 반응 : $$V^{5+} + V^{2+} \underset{\text{충전}}{\overset{\text{방전}}{\rightleftharpoons}} V^{4+} + V^{3+}, \quad E_{OCV} = 1.4 \sim 0.9\ V$$

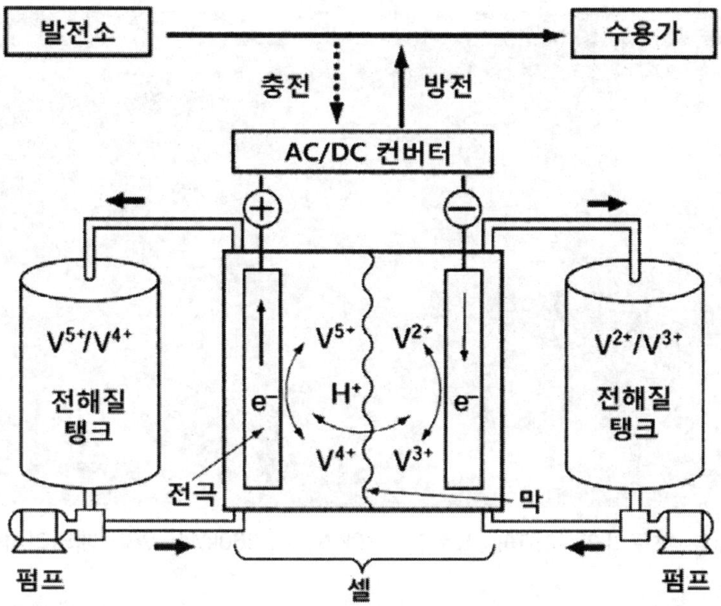

그림 8.11. 바나듐 레덕스-흐름(VRF) 배터리의 원리(문헌 [15], Sumitomo Electric Industries사의 허가에 의해 전재)

정격출력은 셀스택과 전력변환시스템(power conversion system, 이하 PCS)의 용량에 의해 결정되는 반면, 정격 저장에너지는 전해질의 양에 의해 결정된다. 따라서 VRF 배터리시스템에서 이 두 시스템의 정격은 서로 독립적이다.

8.3.2. 실제 시스템

8.2.2절에서 설명하였듯이 170kW$_{ac}$, 1,360kWh VRF 배터리시스템이 2004년 일본 쯔쿠바의 AIST에 설치되었다. 그림 8.12, 8.13 및 8.14는 각각 VRF 배터리시스템의 사진, 지상설치 계획 및 전해질 순환시스템을 나타내고 있다. 시스템은 8개의 전해질 탱크(직경 3m, 높이 3.8m), 배터리 셀스택이 수납된 2개의 팩키지, 공냉식 열교환기가 수납된 2개의 팩키지, PCS(변압기, AC-DC 컨버터, 개폐기)와 펌프, 수냉식 열교환기 및 공냉식 냉장실이 구비된 하나의 팩키지로 구성되어 있다. 전체 배터리장치는 48kW 배터리 셀스택 4기가 직렬로 연결되어 있다.

그림 8.12. 일본 쯔쿠바의 AIST에 설치된 170kW$_{ac}$, 1,360kWh VRF 배터리시스템의 사진

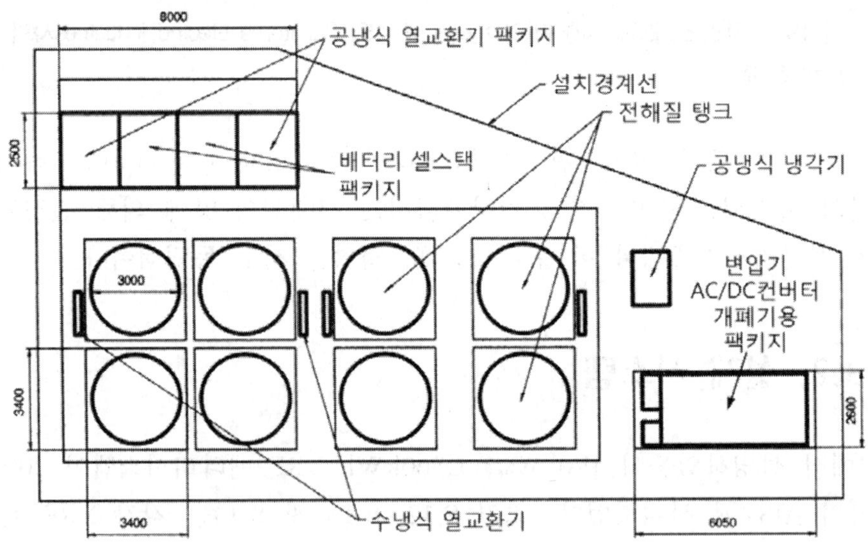

그림 8.13. 170kW$_{ac}$, 1,360kWh VRF 배터리시스템의 지상설치 계획

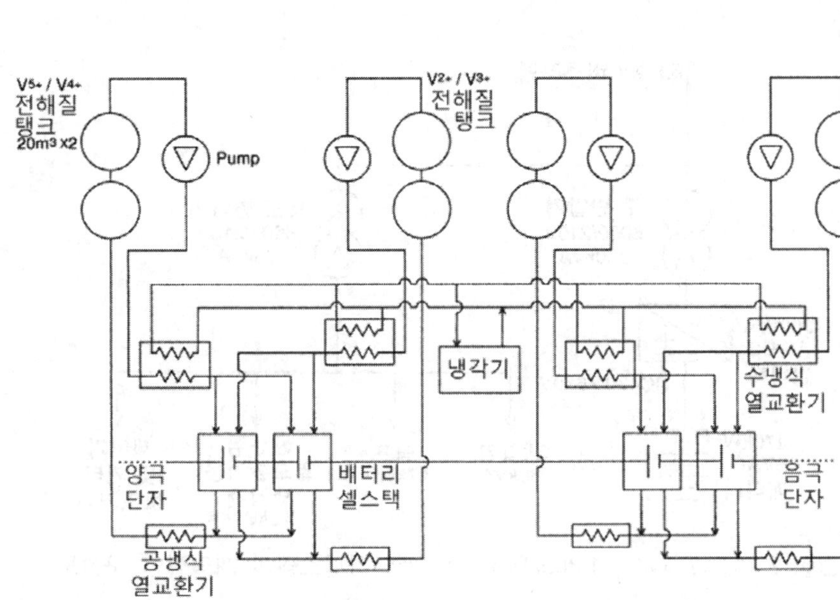

그림 8.14. 170kW$_{ac}$, 1,360kWh VRF 배터리시스템의 전해질 순환시스템

셀스택의 열은 전해질에 의해 제거된다. 따라서 스택의 온도는 전해질의 온도와 같다고 생각하면 된다. 시스템이 매일 가동되면 온도는 매일 1~2℃씩 증가한다. 스택의 허용가능 온도는 40℃이며, 시스템은 약 30℃에서 가장 효율이 좋다. 이 30℃라는 값은, 온도가 증가함에 따라 내부저항의 감소 곡선과 자기방전의 증가 곡선의 교점을 나타낸다[17]. 따라서 전해질은 공냉식 열교환기에 의해 냉각되어야 한다. 여름철에 공냉식 열교환기의 냉각능력이 충분하지 않을 때는 수냉식 열교환기가 사용된다.

그림 8.15는 VRF 배터리시스템의 개략적인 구성도를 나타낸다. VRF 배터리는 300kVA AC-DC 컨버터를 통해 300kVA 주 변압기에 연결되어 있다. 이 시스템에서 AC-DC 컨버터는 항상 1.0의 역률로 동작하므로, 전력계통 측으로 어떠한 무효전력도 공급하지 않는다. 주 변압기 이외에도 보조기기용(냉장기, 펌프, 냉각팬 등) 75kVA 보조변압기가 설치되어 있다.

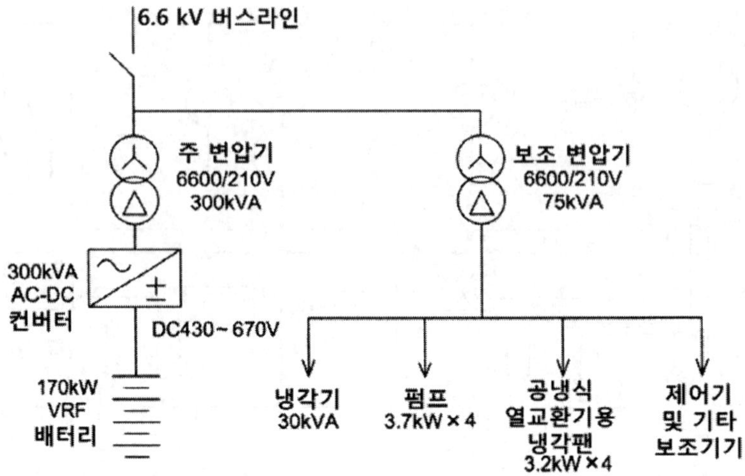

그림 8.15. 170kW$_{ac}$, 1,360kWh VRF 배터리시스템의 개략적인 구성도

그림 8.16은 6월의 어떤 날에 30초 간격으로 측정한 운전 결과를 나타낸 것이다. 보조기기에서 소비된 전력 데이터는 1kWh의 분해능을 갖는 전력계를 사용하여 측정된 값이기 때문에 대략적인 값이다. PCS의 소비전력은 DC단자에서의 전력과 주 변압기 1차측 전력 사이의 차이를 계산한 것이다. 이 소비전력에는 AC-DC 컨버터와 주 변압기의 손실이 포함되어 있다. 피크수요전력의 저감과 태양에너지 평활용으로 VRF 배터리시스템이 적용된 경우는 아직 없으며, 주중에 부하평준화용으로 사용된 예는 있다. 충전 시 DC 전압이 660V에 도달할 때까지 DC 입력전력은 230kW로 유지된다. 그 뒤 전류를 감소시켜 DC 전압을 660V로 유지시킨다. 마지막으로 전류가 220A에 도달하면 완전히 충전된 것으로 결정한다[17]. 저장된 에너지는 8시간 동안 170kWac로 일정하게 방전된다. 배터리시스템은 일요일이나 휴일에는 방전되지 않는다. 이러한 방법으로 배터리시스템은 100%의 방전깊이로 가동되기도 하였고, 하루 동안 대기상태로 운전되기도 했다.

시스템은 2004년 11월에 가동이 시작되었다. 그러나 셀스택에서 전해질이 누출되어 2005년 여름과 겨울에 오랫동안 시스템이 정지되었다. 더욱이 보조기기의 소비전력은 2005년 5월에 측정되기 시작했다. 따라서 전체 배터리시스템의 운전 데이터는 2005년 5~6월과 10~11월 사이의 것이다.

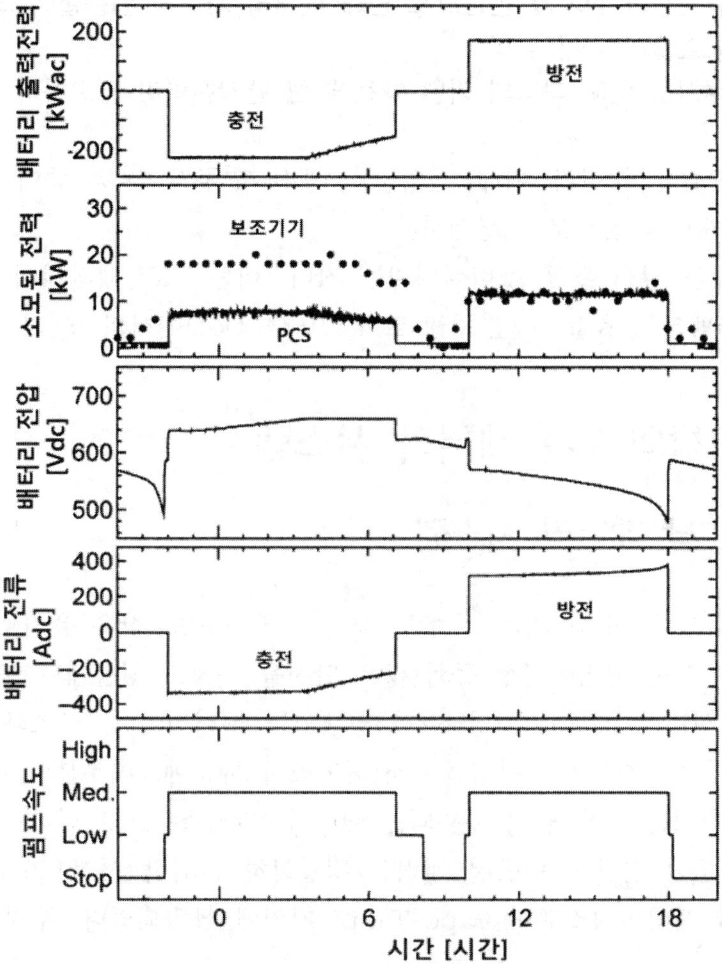

그림 8.16. 170kW$_{ac}$, 1,360kWh VRF 배터리시스템의 동작곡선

표 8.2는 측정기간 동안 배터리시스템의 일간 에너지손실과 총효율의 평균값을 나타낸다. 배터리의 충방전손실 E_{cyc}는 DC 단자에서 충전 및 방전된 에너지 차이를 이용하여 계산된다. PCS의 손실 E_{pcs}는 DC 단자와 주 변압기 1차측 단자 사이의 에너지 차이를 이용하여 계산된다. 보조기기에서 소비된 에너지 E_{aux}는 보조 변압기의 2차측에서 측정된다. η_{ac} 및 η_{dc}는 각각 DC 단자와 주 변압기 1차측에서의 효율이며, η_{all}은 전체 시스템 효율이다.

100% DoD에서 전체 시스템 효율 η_{all}은 64%로서 비교적 낮은 값이었다. 그러나 다른 시스템에서는 이미 η_{all} 〉 70%, η_{dc} 〉 80%가 달성된 바 있다[18]. 그 이유는 다음과 같은 것처럼 보인다.

- 고출력 운전과 장기간 운전으로 인해 배터리 저항의 열손실이 크다
- PCS의 효율이 약간 낮다
- 실외 설치로 인해 태양의 가열 때문에 큰 냉각전력이 필요하다

펌프의 압력손실을 줄이기 위해 셀의 성능개선 연구가 진행 중이며[19], 따라서 효율이 크게 개선될 것으로 예상된다.

방전하지 않는 날의 평균 소비에너지는 작다. 이는 VRF 배터리시스템의 장점이다. 전체 시스템의 총효율 η_{all}은 63%로서, 100% DoD에서의 η_{all}과 거의 같다.

8.4. 그밖의 2차 배터리 시스템

8.4.1. 납 배터리 시스템

납 배터리가 낮은 비에너지와 비출력, 짧은 충방전수명, 잦은 유지보수 필요성 및 납과 황산으로 인한 환경위험성 등의 많은 단점을 가지고 있음에도 불구하고 싼 가격과 검증된 신뢰성 때문에 가장 먼저 선택되는 배터리이다. 구조와 기술이 계속 발전함에 따라 이러한 많은 단점들이 완화되었기 때문에, 대부분의 대용량 응용분야에서 납 배터리는 가장 널리 사용되는 에너지저장시스템으로 남아 있다[20].

2001년, 변동이 심한 풍력발전 전력을 평활화하기 위한 시험용으로, 200 kW_{ac}, 1,320kWh 납 배터리시스템이 Cape Tappi 지역에 설치되었다. 투자비는 1억 8백만 엔이었다[13].

Shin-Kobe Electric Machinery사는 새롭게 설계된 장수명의 VRLA 배터리를 개발했다. 이 배터리는 4,500회의 충방전수명, 70%의 방전깊이에서 15 년의 수명, 87%의 충방전효율 등 뛰어난 특성을 가지고 있다. 그림 8.17은 셀의 충방전 수명 특성을 나타내고 있다. 2V, 1,000Ah 셀의 크기는 172mm[W] × 303mm[D] × 507mm[H]이며, 무게는 72kg이다. 그리고 수 백 kW 전력저장시스템에 대한 실증시험이 진행 중에 있다[22]. 그림 8.18은 12개의 2V, 1,500Ah 셀로 이루어진 VRLA 배터리 세트를 나타낸다.

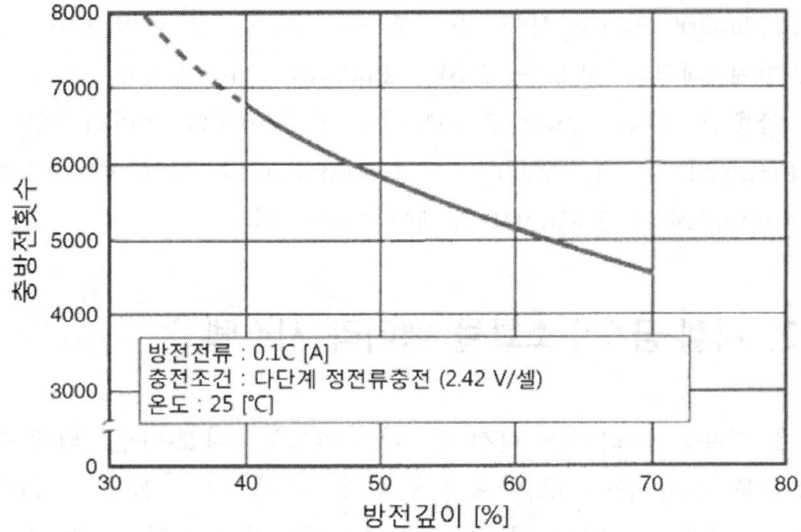

그림 8.17. 새로운 VRLA 배터리의 충방전수명(문헌 [21], Shin-Kobe Electric Machinery사의 허가에 의해 전재)

그림 8.18. 2V, 1,500Ah VRLA 배터리 세트(문헌 [22], Shin-Kobe Electric Machinery사의 허가에 의해 전재)

2002년, Nabari Factory사에 100kW 시스템이 설치되었으며, 설치면적은 $40m^2$였다. 전체 배터리 세트는 288V, 2,000Ah, 24톤으로서, 앞서 설명한 셀(3,000회의 충방전, 67kg) 288개로 이루어져 있다. 6개의 배터리 세트가 있으며, 크기는 1.145m[W] × 1.02m[D] × 1.456m[H]이다. 100kW PCS의 크기는 1.8m[W] × 0.9m[D] × 2.15m[H], 무게는 1.8톤이다.

8.4.2. 니켈-금속수소화물 배터리 시스템

니켈전극을 사용한 배터리는 니켈-철, 니켈-카드뮴, 니켈-아연, 니켈-수소 및 니켈-금속수소화물 등과 같이 많은 종류가 있다. 니켈-카드뮴(NiCd) 배터리는 전력산업에서 가장 널리 사용되는 배터리로서, 납 배터리에 비해 비에너지가 크고 충방전수명이 길며 유지보수 횟수가 작다. 정지용으로 이 배터리를 사용하는 것은 10장에서 다룬다. 니켈-금속수소화물(NiMH) 배터리는 카드뮴이 없기 때문에 환경친화적인 장점이 있고, 같은 크기의 NiCd 배터리보다 에너지밀도가 높다. 더욱이 NiMH 배터리는 메모리효과로 인한 가역적 용량손실이 그리 뚜렷한 경향이 없으며, 충방전수명은 다소 더 우수하다[23].

NiMH 배터리는 원통형과 각주형으로 제작될 수 있으며, 두 종류 모두 장점과 단점이 있다. 원통형은 제조하기가 극히 어렵고 각주형은 20Ah 이상의 응용분야에서 널리 사용된다[24]. 전기자동차 및 하이브리드 전기자동차용으로 대용량 NiMH 배터리가 집중적으로 개발되었지만, 정지용 분야에도 역시 전망이 밝다.

Kawasaki Heavy Industries사는 정지용으로 NiMH 배터리를 개발하고 있으며, 마이크로그리드(microgrid) 시범단지에 20대의 2.3kWh NiMH 배터리 스택을 설치하였다. 마이크로그리드는 분산배치된 발전기에 의해 소단위의 지역사회에 에너지를 공급하기 위한 소규모 전력공급망이다. 그림 8.19와 8.20은 NiMH 배터리의 구조와 사진을 보여준다. 191Ah, 12V 스택의 크기는 1,050mm[W] × 160mm[D] × 350mm[H]이며, 10개의 각주형 셀이 수납되어 있다[25]. 이 배터리는 고속 충방전용(수 C)으로 적합하다.

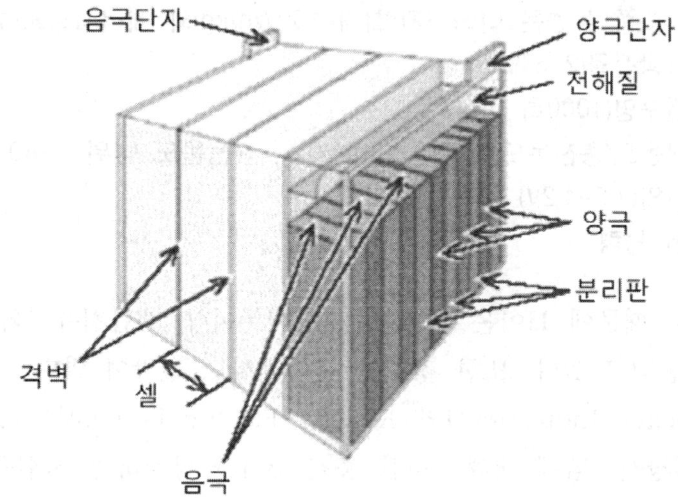

그림 8.19. 니켈-금속수소화물 배터리의 구조(Kawasaki Heavy Industries사의 허가 하에 전재)

그림 8.20. 12V, 440Ah NiMH 배터리 스택(Kawasaki Heavy Industries사의 허가 하에 전재)

8.4.3. 리튬이온 배터리 시스템

다른 배터리에 비해 Li이온 배터리의 주요 장점은 다음과 같다[26].

- 상용화된 제품의 높은 비에너지(최대 150Wh/kg)와 에너지밀도(최대 400Wh/L)
- 낮은 자기방전율(2~8%/월)
- 긴 충방전수명(1000회 이상)
- 넓은 동작온도(충전온도 범위 : -20~60℃, 방전온도 범위 : -40~65℃)
- 높은 셀전압(2.5~4.2V)
- 고율 방전 능력

이러한 장점들 때문에 Li이온 배터리는 휴대폰이나 랩탑컴퓨터와 같이 휴대용 장치에 널리 사용되고 있다. 또한 정지용 분야에서도 전망이 밝다.

Mitsubishi Heavy Industries사와 Kyushu Electric Power사는 24kWh Li이온 배터리 에너지저장시스템에 대해 8시간 충전, 8시간 방전하는 시험을 공동으로 수행해 왔다[27]. 표 8.3에는 시스템의 사양이 주어져 있다. 초기 용량은 432Wh였지만, 충방전으로 인한 열화를 고려하여 셀의 정격용량은 270Wh로 설정되었다. 시스템 패키지에는 전력변환장치(PCS)도 포함되어 있다. 정격용량에서 70%의 방전깊이로 운전되면 3,500회 이상의 충방전수명(10년의 배터리수명에 해당)이 예상된다. 8시간 충전으로 2.3kW 전력이 충전된 후, 10시간 동안 방전할 때, AC 단자에서의 전체 충방전효율은 86%였다. 나머지는 손실이다. 배터리 충방전손실은 3%, 제어기의 소비전력 5%, PCS의 손실은 10.5%였다[28].

표 8.3. 24 kWh Li이온 배터리 에너지저장시스템의 사양

<table>
<tr><th colspan="2">구 분</th><th>270Wh급 셀</th><th>1.1kWh급
모듈(4개 셀)</th><th>24 kWh 시스템패키지
(22개 모듈과 PCS)</th></tr>
<tr><td colspan="2">무 게(kg)</td><td>2.7</td><td>12.2</td><td>700</td></tr>
<tr><td rowspan="3">크기(mm)</td><td>폭</td><td>66.5</td><td>160</td><td>940</td></tr>
<tr><td>깊이</td><td>116</td><td>262</td><td>550</td></tr>
<tr><td>높이</td><td>175</td><td>238</td><td>2075</td></tr>
<tr><td colspan="2">공칭전압(V)</td><td>3.8
(3.1~4.2)</td><td>15.1</td><td>AC 100/200V
DC 264~370V</td></tr>
<tr><td colspan="2">정격용량(kWh)</td><td>0.27</td><td>1.1</td><td>24</td></tr>
<tr><td colspan="2">초기용량(kWh)</td><td>0.432</td><td>1.69</td><td rowspan="3">정격출력 : 3kW</td></tr>
<tr><td colspan="2">초기 비에너지(Wh/kg)</td><td>160</td><td>139</td></tr>
<tr><td colspan="2">초기 에너지밀도(Wh/L)</td><td>320</td><td>169</td></tr>
</table>

8.5. 그밖의 전기에너지 저장시스템

2차 배터리 이외에도 양수발전(pumped hydroelectric), 압축공기에너지저장(CAES), 초전도 자기에너지 저장(superconducting magnetic energy storage, 이하 SMES), 전기이중층 커패시터(electric double layer capacitor) 및 플라이휠 등과 같이 다양한 에너지저장 방법이 존재한다. 각 저장시스템은 특성에 따라 응용분야가 다르다.

8.5.1. 양수발전시스템

양수발전시스템은 가장 대형의 에너지저장기술로서, 이미 상용화되어 있다. 기존 시스템은 가역 펌프-터빈 발전기-전동기와 2곳의 대형저수지(하나는 낮은 곳에, 다른 하나는 높은 곳에 존재한다)로 이루어져 있다. 2곳의 저수지는 펌프-터빈을 통해 수관에 의해 서로 연결되어 있다. 전력수요가 작은 야간에는, 낮은 저수지에서 높은 저수지로 물을 펌프로 퍼올려 위치에너지 형태로 저장한다. 피크전력수요가 발생하는 낮 시간에는 물이 낮은 저수지 쪽으로 방류되면서 전력을 생산하게 된다.

일본 Yamanashi에 있는 Kazunogawa 양수발전소는 1999년에 운전을 시작했다. 이는 1.6GW, 8.2시간 펌프가동 양수발전소로서, 위쪽 저수지의 부피는 $11.47 \times 10^6 m^3$, 아래쪽 저수지는 $11.5 \times 10^6 m^3$, 유효낙차는 714m[29], 총 투자비는 약 3,800억 엔이었다.

8.5.2. 압축공기 에너지저장시스템

압축공기 에너지저장시스템(CAES)은 가스터빈(G/T) 발전기와 함께 사용되며, 이를 CAES-G/T 시스템이라 부른다. 종래의 가스터빈 발전소에는 효과적인 연소를 위해 압축공기가 필요하며, 이때 소비되는 총 연료의 약 2/3가 공기를 고압으로 압축하는데 사용된다. CAES-G/T 시스템은 전력수요가 작은 시간대에 잉여 전기에너지로써 전동기-발전기를 이용하여 연소공기를 압축시켜 지하동굴에 저장한다(이때는 전동기로 동작). 이후 피크전력수요 시간대에는 압축공기가 지하동굴에서 분사되어 연소공기로서 가스터빈에 공급된다. 이때 전동기-발전기는 전력을 생산하기 위한 발전기로 동작한다. 1978년부터 독일에서 290MW, 4시간 시스템(Huntorf CAES)이 가동 중에 있으며, 1991년부터 미국에서도 110 MW, 26시간 시스템(McIntosh CAES)이 가동 중에 있다. Huntorf CAES는 총 면적이 320,000m^{3}인 2곳의 소금동굴에 5.5~7.5MPa의 압축공기를 저장한다. McIntosh CAES는 면적이 540,000m^{3}인 소금동굴에 4.4~7.3MPa의 압축공기를 저장한다[30].

공기압축에 소비된 에너지는 열로 변환되므로, 효율적인 저장을 위해 압축공기는 대기온도로 냉각된다. 따라서 내부에너지는 열역학적으로 압축공기에 저장되는 것은 아니다. 대신에 엔탈피가 p_g(게이지압력)의 밀도로 증가하며, 실제로 저장은 효과적이다.

그림 8.21은 CAES-G/T의 입력 또는 출력되는 에너지를 나타낸다. CAES-G/T 시스템의 입력은 연료(F)와 전기에너지(E_{in})이고 출력이 전기에너지(E_{out})이기 때문에 충방전효율을 계산하는 것은 불가능하다. 따라서 충방전 효율 대신에 전달효율(delivery efficiency)과 저장효율이 사용된다.

$$\text{전달효율} = \frac{\text{전기에너지 출력}}{\text{순 연료 입력}} = \frac{E_{out}}{F + E_{in}/\eta_n} \tag{8.1}$$

$$\text{저장효율} = \frac{\text{저장에너지로부터의 전기에너지 출력}}{\text{저장에 필요한 전기에너지 입력}} = \frac{E_{out} - \eta_d F}{E_{in}} \tag{8.2}$$

식 (8.1)에서 η_n은 야간에 공기압축을 위해 전기에너지를 CAES-G/T로 공급하는 발전설비의 열효율이고, E_{in}/η_n은 발전설비의 연료입력을 나타낸다. 식 (8.2)에서 η_d는 낮 시간에 CAES-G/T 시스템 대신에 이용할 수 있는 발전설비의 열효율이고, $\eta_d F$는 연료 F가 발전설비에서 소비되면서 발전하는 전기에너지 출력을 나타낸다. 따라서 CAES-G/T 시스템의 효율은 다른 열 발전설비의 효율과 연계하여 평가된다. 반면에 다른 저장시스템의 충방전효율이 η_s이면 전달효율은 $\eta_s\eta_n$이고 저장효율은 η_s이다. 간단히 하기 위해, 여기서는 $\eta_p \equiv \eta_n = \eta_d$인 경우를 고려한다.

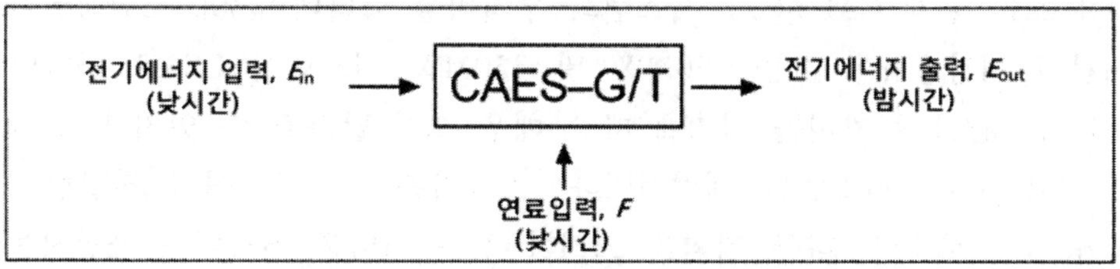

그림 8.21. CAES-G/T 시스템의 에너지흐름

표 8.4는 현존하는 CAES-G/T 시스템의 효율을 다른 저장시스템과 비교한 것이다. 효율 계산 시 Huntorf 설비는 E_{in}/E_{out} = 0.83, F/E_{out} = 1.612, McIntosh 설비는 E_{in}/E_{out} = 0.818, F/E_{out} = 1.217의 값이 사용되었다[31]. Huntorf 설비는 복수기(recuperator)가 없기 때문에 효율이 McIntosh 설비보다 낮다. 전체 전력시스템의 효율 중에서는 전달효율이 더욱 중요하다. 전달효율을 보자면, Huntorf 발전설비의 효율이 η_p = 37%일 때, η_s = 70%인 다른 저장시스템의 전달효율에 해당하며, McIntosh 발전설비의 효율이 η_p = 42% 및 50%라면, η_s = 75% 및 70%인 다른 저장시스템에 해당한다. η_p가 증가해도 저장효율이 감소하는 것은 다른 발전설비보다 CAES-G/T 시스템 열효율이 낮기 때문이다.

표 8.4. 현존하는 CAES-G/T 시스템과 다른 저장시스템의 효율

설 비		전달효율(%)	저장효율(%)
Huntorf CAES-G/T (복수기 없음)	η_p = 0.37	25.9	52.5
	η_p = 0.42	27.9	42.8
	η_p = 0.50	30.6	33.1
McIntosh CAES-G/T (복수기 있음)	η_p = 0.37	29.2	70.2
	η_p = 0.42	31.6	62.7
	η_p = 0.50	35.1	55.3
다른 저장시스템 (η_s = 0.70)	η_p = 0.37	25.9	70.0
	η_p = 0.42	29.4	
	η_p = 0.50	35.0	
다른 저장시스템 (η_s = 0.75)	η_p = 0.37	27.8	75.0
	η_p = 0.42	31.5	
	η_p = 0.50	37.5	

그림 8.22는 실제 CAES-G/T 시스템의 투자비를 나타내며[30], 소금동굴에서 최소 7시간의 저장용량을 갖는 150MW 및 350MW 시스템이 US$로 나타나 있다(1992년 기준)[32]. 투자비는 지역에 따라 매우 크게 달라질 수 있지만, 그것을 감안해도 CAES-G/T 시스템은 매력적이다. 소금지층으로 이루어진 적합한 지역은 제한되어 있기 때문에, 다른 지역을 고려할 경우 저비용 저장법을 개발하는 것이 중요하다.

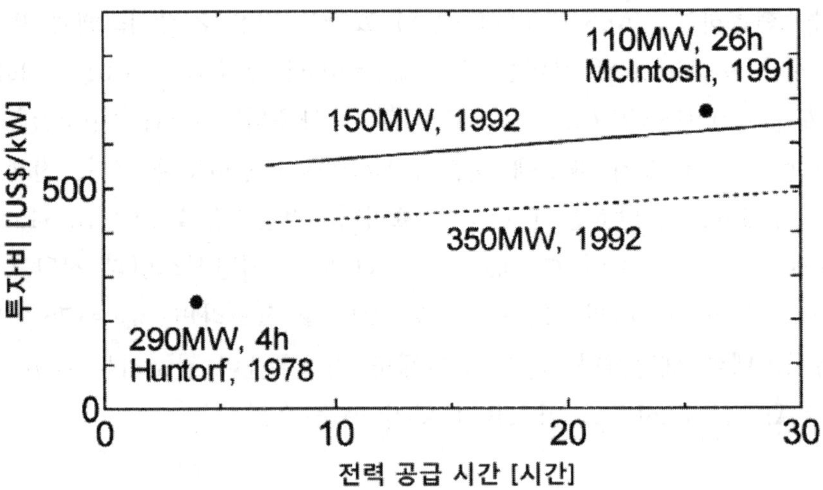

그림 8.22. CAES-G/T 시스템의 투자비

8.5.3. 초전도 자기에너지 저장시스템

전류가 I일 때 인덕턴스가 L인 코일에 저장되는 자기에너지 E_m은 다음과 같다.

$$E_m = \frac{1}{2}LI^2 = \int \frac{B^2}{2\mu}(dV_l) \tag{8.3}$$

여기서 B, μ, V_l은 각각 자속밀도, 투자율 및 부피를 나타낸다. 식 (8.3)은 저장된 에너지가 $B^2/(2\mu)$임을 나타낸다. 일반 도체가 코일에 감겨 있으면, 저장된 에너지는 저항손실 때문에 순식간에 소모된다. 따라서 자기에너지를 저장하기 위해서는 초전도코일이 필요하다.

코일은 온도, 전류밀도 및 자속밀도의 임계값보다 낮은 조건에서 초전도상태가 유지된다. 이 3개의 임계값은 서로 관련되어 있다. 따라서 초전도코일은 극저온유지장치(cryostat) 내에 설치되어야 하며, 액체냉각제 또는 냉각장치에 의해 작동온도까지 냉각되어야 한다. 이후 전력변환시스템을 이용하여 AC 전력시스템에 연결해야 한다. 더욱이 비상 시 방전을 위해 스위치와 저항기로 구성된 고장방지시스템 또한 필수적으로 설치되어야 한다. 이들이 초전도 자기에너지 저장(superconducting magnetic energy storage, 이하 SMES) 시스템의 주요 구성요소이다.

원칙적으로 에너지저장용 초전도코일의 구조는 쌍극솔레노이드(dipole solenoid)형과 토로이드(toroid)형의 2가지가 있다. 쌍극솔레노이드형은 넓은 공간으로 자속이 분산되지만 토로이드형보다 권선수는 작으면서 더 많은 에너지를 저장할 수 있다. SMES로 인한 전자장비의 오동작을 방지하기 위해, 인근 지역으로서 방사되는 자속을 5Gauss 이하로 줄일 필요가 있다.

실제 초전도코일의 자기에너지 밀도는 2차 배터리의 에너지밀도보다 훨씬 더 낮지만, 정지용 분야에서의 초전도코일 장치는 큰 전류를 흘릴 수 있고(수 kA) 내전압이 크기 때문에(수 kV), 단시간 고출력 분야에 적합하다. 충방전 시에는 코일에서의 교류손실과 코일 지지용 구조물에서 와류손실이 발생한다. 더욱이 극저온유지장치의 벽과 전류인입선(대기온도에서 일반 도체와 연결되어 있음)을 통해 열이 지속적으로 빠져나간다. 이 때문에 냉각기에서 에너지가 소비된다.

1MW, 1kWh SMES 시스템은 1998년 일본의 후쿠오카에 있는 Imajuku 변전소에 시험용으로 설치되어 6kV의 상용 전력선에 연결되었다. 구조를 직경 2m, 높이 1m인 토로이드형으로 만들기 위해, 크기가 0.75m[W] × 0.2m[D] × 1m[H]인 D형 초전도 코일 6개가 사용되었다. 전체 시스템의 정격전압, 저장에너지 및 최대자속밀도는 각각 $500V_{dc}$, 3.6MJ 및 5.5T이다. 코일은 NbTi 도체로 만들었으며 4.2K의 액체헬륨에 의해 냉각된다. 극저온유지장치의 손실은 대기상태에서는 23W이고, 동작상태에서는 36W이다[33]. 4.2K에서의 이와 같은 열손실을 제거하기 위해 냉각장치에서 수 백 배의 전력이 소비된다.

2003년 일본의 미에(지역명)에 있는 액정공장에, 전압강하를 보상하기 위해 5MVA 1-s SMES 시스템이 설치되었다. 분산자속을 감소시키기 위해 직경 0.65m, 높이 0.7m인 4개의 초전도 솔레노이드가 4극(4-pole) 시스템 내에 배치되어 있다. 이 4극 시스템의 정격전압, 정격전류, 저장에너지, 사용가능 에너지 및 최대자속밀도는 각각 2.5kV$_{dc}$, 2,675A$_{dc}$, 7.34MJ 및 5.3T이다. 코일의 재료는 NbTi이고, 4.2K의 액체헬륨에 의해 냉각된다. SMES 시스템은 면적이 4.5m × 18m인 건물 내에 설치되었다[34].

8.5.4. 전기이중층 커패시터

전압 V에서 정전용량이 C_{edlc}인 전기이중층 커패시터(electric double layer capacitor, 이하 EDLC)에 저장되는 정전에너지 E_c는 다음과 같다.

$$E_c = \frac{1}{2} C_{edlc} V^2 \tag{8.4}$$

최대전압이 2.7V로 작지만, C_{edlc}는 매우 크고, EDLC의 에너지밀도는 2차 배터리보다는 작지만, 전해질 커패시터보다는 수 백 배 더 크다. EDLC는 2차 배터리보다 빠른 충방전이 요구되는 분야에 적합하다.

EDLC는 전기에너지밀도와 내부저항 사이에서 타협이 필요하다. 따라서 작은 내부저항과 작은 에너지밀도를 갖는 EDLC가 단시간 펄스전력 공급용으로 사용되며, 높은 내부저항과 고에너지밀도를 갖는 EDLC는 장시간의 임무에 사용된다. EDLC 모듈은 원하는 전압 및 전류를 얻기 위해 커패시터가 직병렬로 연결되어 있다.

EDLC 모듈의 전압은 식 (8.4)에 따라 충방전 시 변화하지만, 전압원 인버터(대표적인 것은 AC-DC 컨버터)에 인가되는 DC 전압이 크게 변화하는 것은 바람직하지 않다. 따라서 양방향 DC-DC 컨버터 또는 전환스위치를 이용하여 DC전압이 크게 변화하는 것을 제한하는 것이 필수적이다. 양방향 DC-DC 컨버터의 전력손실 때문에 충방전효율이 낮아진다. 전환스위치(change-over switch)가 사용되면 제어속도가 약간 느려진다.

Power System사는 2시간 가동용 100V, 2kW 전력저장시스템을 개발했다. 시스템은 5.76kWh를 저장하지만 4kWh만 이용가능하다. 시스템은 DC-DC 컨버터 대신에 전환스위치만을 가지고 있으며, AC 단자에서의 전체 충방전효율은 85% 이상을 달성했다[35].

Chubu Electric Power사와 Meidensha Corporation사는 2시간 가동용 6.6kV, 2,000kVA UPS 시스템을 개발했다. 시스템의 크기는 13.5m[W] × 2.8m[D] × 3.4m[H]이다. 시스템은 총 정전용량이 128F이고 전압이 625V인 커패시터 뱅크를

사용한다. 각 커패시터 모듈은 정격이 80F, 125V이고, 크기는 362mm[W] × 668mm[D] × 431mm[H]이며, 무게는 약 100kg이다[36]. EDLC에서 출력에너지($P\Delta t$ = 4MJ)보다 저장에너지($0.5C_{edlc}V^2$ = 25MJ)가 큰 이유는 동작전압 범위에서 커패시터 및 컨버터의 손실 때문이다.

또한 두 회사는 60초 가동용 210V, 50kVA UPS 시스템도 개발했다. 이 시스템의 크기는 2.6m[W] × 0.8m[D] × 2.0m[H]였다. 커패시터에 저장된 에너지($0.5C_{edlc}V^2$)는 총 5MJ이고, 이용가능한 출력에너지($P\Delta t$)는 3MJ이었다[37].

시스템에 사용된 커패시터 수명은 전극의 열화가 쉽게 발생하지 않기 때문에 15년 이상이다. 이 시스템은 시험 중에 있으며, 모든 전압강하를 정확하게 보상하고 있다.

8.5.5. 플라이휠 에너지저장 시스템

관성모멘트가 J인 플라이휠(flywheel)의 회전 각속도가 ω(rad/s)일 때 저장되는 운동에너지 E_r은 다음과 같다.

$$E_r = \frac{1}{2}J\omega^2 = \frac{1}{8}(GD^2)\omega^2 = \int \frac{1}{2}\rho(r\omega)^2 dV_l \approx \int \frac{\sigma}{2} dV_l \tag{8.5}$$

여기서 GD^2, ρ, r, V_l, σ는 각각 플라이휠 효과, 회전체의 밀도, 반경, 부피 및 원주방향의 인장응력을 나타낸다. $\sigma \approx \rho(r\omega)^2$ 식은 중심방향의 인장력이 없는 경우 원심력과 원주방향 인장력이 평형을 이루는 조건에서 얻어진다. 저장된 에너지는 발전기-전동기를 통해 충방전된다. 플라이휠 에너지저장 시스템은 고출력 분야에 적합하다.

1985년, JT-60(자기적으로 구속된 핵융합 원자로용 실험장치)에 사용되는 토로이드형 자계코일을 자화시는 펄스전력을 공급하기 위해 215MVA 플라이휠 전동기-발전기가 설치되었다. 장치의 크기는 직경 11m, 높이 12.2m이며, 회전자의 직경은 약 7m였다. 최대 저장에너지, 이용가능에너지 및 플라이휠 효과는 각각 7.9GJ, 4.0GJ 및 16,000톤-m^{2}였다. 이 시스템은 10분 간격으로 600~420rpm으로 동작하며, 이것이 반복된다. 회전속도 범위는 플라이휠의 피로강도를 고려하여 결정된다. 시스템의 가동/정지가 3,000회일 경우, 충방전수명은 최대정격에서 150,000회, 50%

정격에서 450,000회이다[38]. 정격 회전속도(600rpm)에서 주요 손실은 베어링의 마찰손실 2.2MW, 풍손(windage loss) 2.64MW, 철손(core loss) 0.7MW이다[39].

자기부상은 베어링의 마찰손을 줄이는데 효과적이다. 초전도 자기베어링(magnetic bearing)을 적용한 10kW급 플라이휠 에너지저장시스템이 개발 중에 있다. 전체 시스템은 풍손을 줄이기 위해 진공용기 내에 설치된다. 탄소섬유강화플라스틱(CFRP) 회전자의 무게, 직경, 정격 회전속도 및 관성모멘트는 각각 425kg, 1m, 15,860rpm 및 26.1kg·m^{2}이다. 7,500rpm의 회전으로 2.24kWh의 에너지를 저장한 결과도 얻었다. 안정화를 위해 초전도 자기베어링과 능동 자기베어링을 갖는 시스템의 회전 에너지 손실은 7,500rpm에서 각각 40W와 58W였다[40].

8.6. 비교

이 절은 현존하는 전기에너지 저장시스템의 크기, 비용, 전력 및 저장에너지밀도, 효율 등에 대해 비교할 것이며, 이전 문헌[41]의 내용을 다소 개정하였다.

8.6.1. 현존 시스템

정지용 분야에서 현존하는 대표적인 저장시스템이 표 8.5에 주어져 있다. 이 표의 많은 저장시스템은 앞서 이미 설명했다. 여기서는 표에 주어진 기호에 따라 저장시스템을 구분한다.

표 8.5에 주어진, 출력전력과 저장시스템의 출력지속시간 사이의 관계가 그림 8.23에 나타나 있다. 그림으로부터 각 저장시스템은 적절한 용량범위가 있으며, 저장시스템은 일간 부하평준화용과 전력품질 개선용의 2가지로 구분할 수 있음을 알 수 있다. 양수발전, CAES 및 배터리는 일간 부하변동을 평준화하는데 적합하며, 기존 베어링이 사용된 SMES와 플라이휠은 응답이 빠르기 때문에 순간적인 전압강하 보상이나 단시간 UPS용으로 적합하다. 부상베어링 방식의 플라이휠과 전기이중층 커패시터(EDLC)는 수 시간 이하의 운전과 소용량 분야에 전망이 밝다. NiMH와 Li이온 배터리 역시 수 시간 이하의 운전 분야에 적합하다.

표 8.5. 현존하는 전기에너지 저장시스템

기호	설 치 지 역	연도	용 량
	나트륨-황 배터리		
S1	일본, Kanagawa, Kawasaki 시험소	1995	500kW, 8h
S2	일본, Toyoma, Hokuriku R&D 연구소	1998	100kW, 8h
S3	일본, Kanagawa, Tsunashima 변전소	1988	6000kW, 8h
S4	일본, Kanagawa, TEPCO R&D 센터	1999	200kW, 8h
S5	일본, Shizuoka, Ohito 변전소	1999	6000kW, 8h
S6	일본, Tokyo, Hachijojima 풍력발전소	2001	400kW, 7.2h
S7	일본, Tokyo, Kasai 하수처리시설	2001	1000kW, 7.2h
S8	일본, Tokyo, Meisei 대학	2002	1000kW, 7.2h
S9	일본, Ibaraki, AIST	2004	2000kW, 7.2h
	바나듐 레덕스 흐름 배터리		
R1	일본, Osaka, Tatsumi 변전소	1996	450kW, 2h
R2	일본, Ibaraki, Kashima-kita 전력회사	1997	200kW, 4h
R3	일본, Hokkaido, Horikappu 풍력발전소	2001	170kW, 6h
R4	일본, Tottori, 액정공장	2001	1500kW, 1h
R5	일본, Hyogo, Kwansei Gakuin 대학	2001	500kW, 10h
R6	일본, Ibaraki, AIST	2004	170kW, 8h
R7	일본, Hokkaido, Tomamae 풍력마을발전소	2004	4000kW, 1.5h
	납 배터리		
P1	일본, Osaka, Tatsumi 변전소	1986	1000kW, 4h
P2	일본, Aomori, Tappi 풍력단지	2001	200kW, 6.6h
P3	일본, Mie, Nabari 공장	2002	100kW, 4h
	니켈-금속수소화물 배터리		
N1	일본, Tokyo, 마이크로그리드 시범단지	2005	2.3kWh
	Li-이온 배터리		
L1	일본, Nagasaki, Nagasaki R&D 센터	2004	3kW, 8h
	양수발전		
H1	일본, Yamanashi, Kazunogawa 발전소	1999	1600MW, 8.2h
	CAES-G/T		
A1	독일, Huntorf 발전설비	1978	290MW, 4h
A2	미국, Alabama, McIntosh 발전설비	1991	110MW, 26h
	SMES		
M1	일본, Fukuoka, Imajuku 변전소	1998	1MW, 1kWh
M2	일본, Mie, 액정공장	2003	5MW, 1초
	전기이중층 커패시터		
C1	일본, Kanagawa, Power Systems사	1999	2kW, 2h
C2	일본, Nagano, 공장	2002	50kW, 60초
C3	일본, Nagano, 공장	2004	2000kW, 2초
	기존 베어링을 사용한 플라이휠		
F1	일본, Ibaraki, JT-60	1985	215MVA, 1.12MWh
F2	일본, Okinawa, Chujowan 변전소	1996	26.5MVA, 58.4kWh
	부상베어링 방식의 플라이휠		
F3	일본, Aichi, Electric Power R&D 센터	1997	1kWh
F4	일본, Ehime, Matsuyama FW 연구센터	1998	15kW, 10kWh

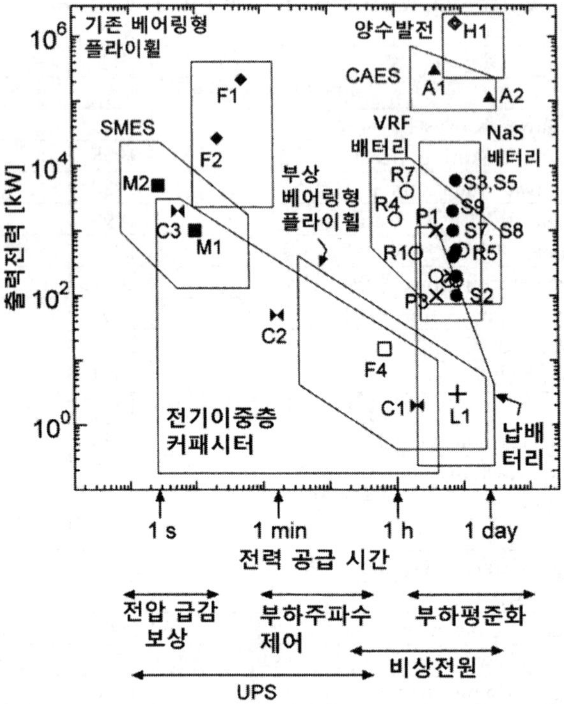

그림 8.23. 전기에너지 저장시스템의 출력전력과 운전시간

8.6.2. 수명 및 투자비

저장시스템의 수명이 표 8.6에 주어져 있다. 20년 사용 후 EDLC의 정전용량은 9% 정도 감소할 것으로 평가된다[35]. 정지용 저장시스템의 수명은 휴대용보다 길지만, 2차 배터리의 충방전수명은 여전히 좋지 않다. 수명은 10~15년 정도로 제한되며, 이는 다른 저장장치의 대략 절반 이하이다.

표 8.6. 에너지 저장시스템의 수명

구분	NaS	VRF[15]	납 (P3)[22]	Li이온 (L1)[28]	양수 발전[42]	CAES[42]	EDLC (C1)[35]	플라이휠 (F1)[38]
기간(년)	15	〉 10	15	10	〉 40	〉 20	20	-
충방전횟수	2,250~ 4,500	〉 12,000	4,500	3,500	-	-	70,000	150,000

투자비 당 출력전력과 에너지저장용량 사이의 관계가 그림 8.24에 나타나 있다. 그림에서 1US$는 100엔으로 계산했다. 여기서 그림 오른쪽의 시스템이 큰 에너지를 저장하는데 적합하며, 위쪽은 투자비 면에서 고출력 충방전 분야에 적합함을 알 수 있다. 이 그림의 분포도는 그림 8.23과 비슷하다.

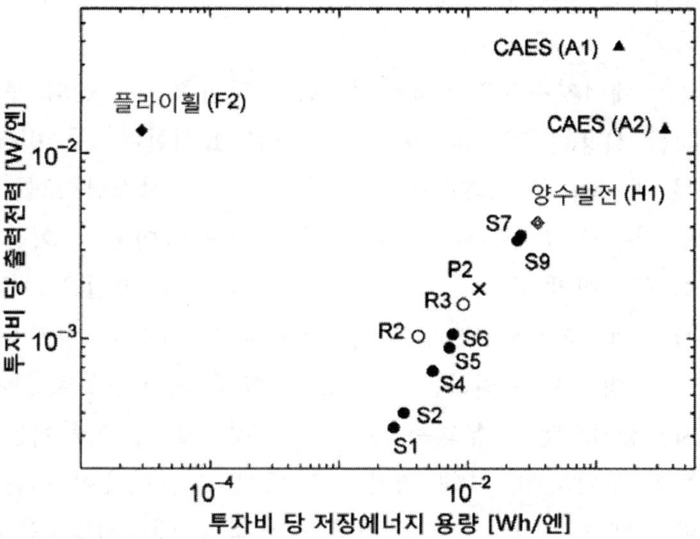

그림 8.24. 에너지 저장시스템의 투자비 당 출력전력과 에너지저장용량

양수발전시스템의 투자비는 보통 건설기간 x(年)와 함께 증가한다. 일본에서는 1970~1998년 사이에 건설된 시스템의 비용을 대략 6.5(x - 1965) 천엔/kW로 계산한다. Kazunogawa 발전소(H1)의 투자비는 대략 24만 엔/kW으로서, 식으로 계산한 값과 대략 비슷하다. CAES 시스템의 투자비는 설치지역이 적절하면 합리적이다. NaS 배터리시스템의 투자비는 8.2.3절에서 설명한대로 크게 감소하였다. 8.1.7절에서 설명하였듯이, 분산형 저장시스템이 장점을 가지고 있다 하더라도 가장 큰 단점은 짧은 수명이다. 단점을 장점으로 상쇄할 경우, 현재 NaS 배터리시스템이 투자비 면에서 강점을 가진다.

8.6.3. 출력전력 및 에너지저장밀도

여기서 출력전력밀도 $p(\mathrm{W/m^3})$와 에너지저장밀도 $e(\mathrm{Wh/m^3})$를 설명한다. 출력전력밀도의 정의는 정격출력전력을 저장장치의 부피로 나눈 것이며, 에너지저장밀도는 저장된 에너지를 부피로 나눈 것이다. 이들 밀도를 계산하기 위해 4가지의 부피를 고려한다.

첫 번째 방법은 에너지저장요소(배터리 셀, 플라이휠 등) 만의 부피를 고려하는 것이다. 이 부피를 사용한 밀도를 아래 첨자 1로 표시한다. 두 번째 방법은 에너지저장에 필요한 공간의 부피(배터리 모듈이나 EDLC 시스템 모듈, 양수발전소의 아래쪽 및 위쪽 저수지, CAES시스템의 지하동굴, 플라이휠의 회전자 등)를 고려하는 것이다. 이때는 아래 첨자 2로 표시한다. 세 번째 방법은 에너지저장장치에 필요한 장치(배터리팩키지, SMES의 극저온유지장치, 고정자 전기자와 지지구조물 및 회전부 등)의 부피까지 고려하는 것으로서, 아래 첨자 3으로 표시한다. 마지막은 전체 에너지저장시스템의 부피를 고려하는 것으로서, 여기에는 전력변환시스템, 열교환기 등이 포함되며, 아래 첨자 4로 표시한다. 더욱이 이론적인 에너지밀도 역시 고려할 필요가 있다. 양수발전의 이론적인 에너지밀도는 ρgh로서, ρ는 물의 밀도, g는 중력가속도, h는 유효낙차이다. CAES시스템의 경우는 게이지압력이고, SMES시스템은 식 (8.3)으로부터 얻는 $B_c^2/(2\mu)$로서, B_c는 임계자기장(코일재료가 NbTi인 경우 4.2K에서 11.5T)이다. 플라이휠의 에너지밀도는 식 (8.5)에서 얻는 $\sigma_c/2$로서, σ_c는 인장피로강도(강철인 경우 최대 $54\mathrm{kg/mm^2}$, 105배의 반복부하에서 CFRP의 경우는 최대 $274\mathrm{kg/mm^2}$)이다. 이론적인 에너지밀도는 아래 첨자 0으로 표시한다. 예상대로 이 밀도들 사이의 관계는 $p_1 > p_2 > p_3 > p_4$이고 $e_0 > e_1 > e_2 > e_3 > e_4$이다.

이 밀도들이 그림 8.25에 나타나 있다. 문헌 [43]의 데이터는 2차 배터리의 e_0에 대해 적용된다. 그러나 모든 밀도 데이터는 얻을 수 없다. 그림 8.25a를 보면, SMES, EDLC 및 플라이휠의 출력전력밀도가 높음을 알 수 있다. 그림 8.25b는 2차 배터리가 다른 시스템보다 에너지밀도가 높다는 것을 나타낸다. VRF배터리의 밀도는 약간 낮지만[44], 전해질에서 바나듐이온의 농도가 증가함에 따라 밀도도 커진다.

플라이휠 시스템의 경우, e_1/e_0과 e_3/e_1(= p_3/p_1) 값은 배터리저장시스템보다 상당히 낮다. 이 비율값은 용기구조를 최적화하면 증가한다. 그러나 플라이휠 시스템의 경우, 에너지를 저장하지 않는 지지구조물과 전동기의 고정자 때문에 에너지저장 부분보다 더 큰 공간이 필요하므로, 밀도를 배터리시스템 수준으로 증가시키는 것은 어렵다. 따라서 플라이휠 시스템에서 실제의 밀도를 계산할 때 에너지저장 부분만을 고려하면 오류가 발생한다. 마찰손실이 작은 경우 고속회전이 가능하기 때문에, CFRP 플라이휠에서 기존의 베어링 대신에 부상베어링을 사용하여 회전속도를 증가시키면 높은 에너지밀도를 얻을 수 있으며, CFRP의 인장응력 허용값은 강철플라이휠보다 크다. 비에너지(Wh/kg)의 경우는 그 차이가 더욱 중요하다.

마찬가지로, SMES의 경우 필요한 극저온유지장치의 부피가 초전도코일에 비해 극히 크기 때문에 e_3/e_0 값은 낮다. 실제로 SMES 시스템은 에너지밀도가 낮다. 솔레노이드형 SMES시스템은 내부 및 외부 모두에 자기장을 형성시킬 수 있기 때문에 에너지를 더욱 효과적으로 저장할 수 있다. 그러나 분산된 외부자기장이 다른 장비나 생명체에 영향을 미치지 않도록 위치를 선택해야 한다.

한편, 그림 8.25에서 CAES의 경우는 연료소비 때문에 e_2 〉 e_0 이므로, e_0는 두꺼운 백색 막대그래프로 나타내었다.

(a)

(b)

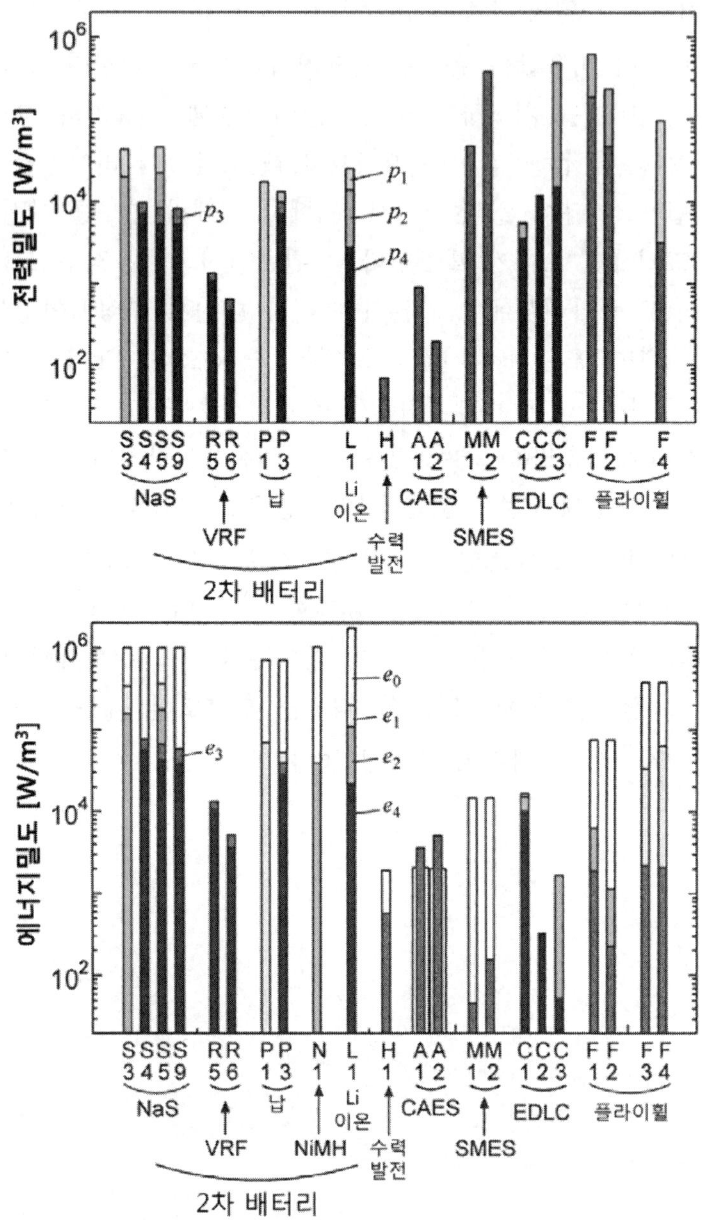

그림 8.25. 각종 에너지 저장장치의 (a) 출력밀도 (b) 에너지저장 밀도

8.6.4. 충방전효율

한 번의 충방전 동안의 에너지흐름이 그림 8.26에 나타나 있다. 이 그림에서 T는 충방전주기, η_{in}은 상용 AC단에서 저장시스템까지의 변환효율, η_{out}은 저장시스템 측에서 AC 측까지의 변환효율, P_{idl}은 정격에너지 E_s까지 충전될 때의 손실이다. P_{idl}은 배터리와 EDLC의 경우는 자기방전 손실, 플라이휠의 경우는 공전손실(idling loss)에 해당한다. 충방전 시 부분충전된 상태에서의 P_{idl}은 정격에너지가 충전된 상태보다 작지만, 간단히 같다고 간주한다. 그림 8.26으로부터, AC단자의 에너지 충방전효율 η_e는 다음과 같이 나타낼 수 있다.

$$\eta_e = \frac{E_{out}}{E_{in}} = \frac{\eta_{in}}{\dfrac{i}{\eta_{out}} + \dfrac{T}{\tau_s} \cdot \dfrac{E_s}{E_{out}}}, \text{ 여기서 } \tau_s = \frac{E_s}{P_{idl}} \qquad (8.6)$$

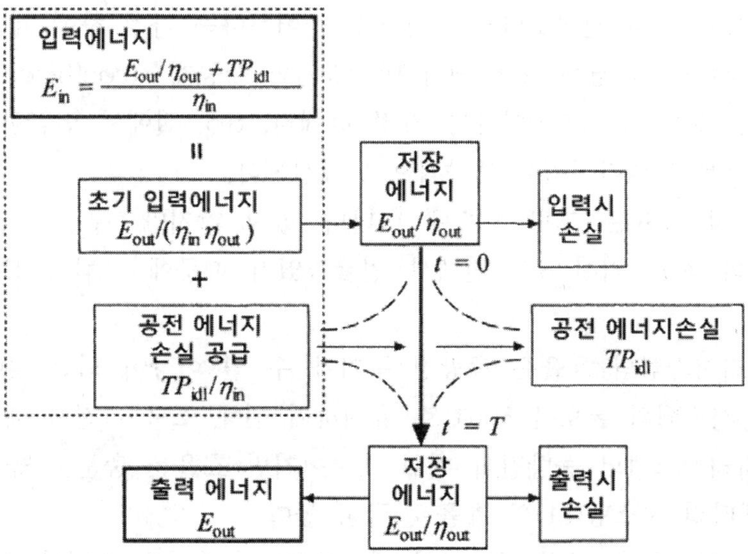

그림 8.26. 1회 충방전사이클 동안의 에너지 흐름

T/τ_s를 무시할 수 있으면, η_e는 대략 $\eta_{in}\eta_{out}$로 쓸 수 있다. η_e와 T 사이의 관계가 그림 8.27에 나타나 있다. AC-DC 컨버터의 경우, DC-AC 및 AC-DC 변환효율은 모두 95%로 가정했다. 방전율이 효율에 미치는 영향은 무시했다. 계산 시 시스템의 알 수 없는 파라메터는 일반적으로 사용되는 값을 선택했다.

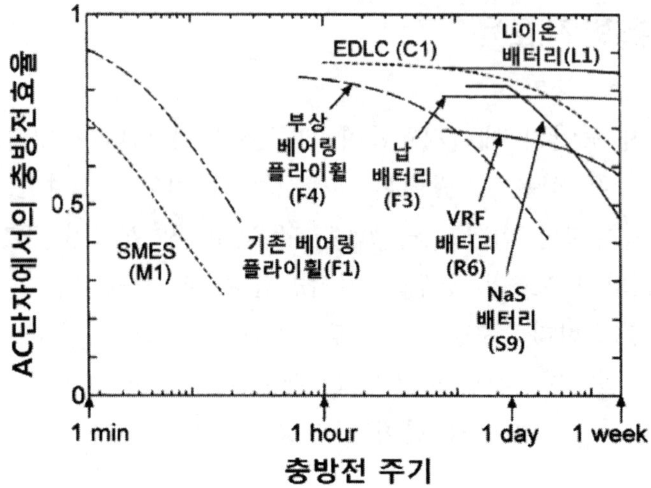

그림 8.27. AC 단자에서의 충방전 기간 - 효율 특성

VRF 배터리시스템(R6)의 효율은, 셀구조가 개선되면 펌프의 압력손실이 감소하기 때문에 보조기기의 전력소비는 절반으로 줄어든다는 가정 하에 계산되었다.

SMES시스템(M1)의 경우, 4.2K에서 냉각장치의 성능계수(coefficient of performance, 이하 COP)가 1/500이라는 가정 하에서, 8.5.3절에서 언급한 극저온유지장치의 손실로부터 냉각전력이 대략적으로 계산된다.

양수발전소의 효율은 그림 8.27에 나타나 있지 않지만, 보통 75% 정도이다. CAES시스템의 효율 역시 8.5.2절에서 언급하였기 때문에 그림 8.27에 나타내지 않았다.

NaS 배터리시스템의 효율은 충방전 주기가 수 일 이상이 되면 낮아진다. 이는 NaS 배터리 시스템의 온도를 300℃로 유지하기 위해 소모된 전력 때문이다. 그러나 NaS 배터리시스템의 충방전이 매일 이루어지면 효율은 충분히 높아진다. 더욱이 Li이온 배터리 시스템(L1)의 효율은 극히 높다.

종래의 마찰베어링을 가진 플라이휠 시스템(F1)의 충방전 주기가 길어지면 공전손실이 커지기 때문에 효율은 급격하게 감소한다. EDLC 시스템의 효율은 커패시터의 성능개선(내부저항과 자기방전율 감소)과 DC-DC 컨버터 대신 전환스위치를 사용함으로써의 사용으로 인해 문헌[41]에 보고된 값보다 훨씬 더 커졌다. 부상베어링 방식의 플라이휠의 효율 역시 베어링의 마찰손실을 작기 때문에 증가한다.

감사의 말

저자는 배터리시스템의 정보를 수집하여 배열하고 그림을 그려준 K. Nibu 양에게 감사한 마음을 표하고자 한다. 또한 직관력을 동원하여 도움을 주고 배터리시스템의 운전데이터를 제공해 준 M. Kounosu씨, 그리고 배터리시스템을 설치, 운전하고 Tsukuba의 AIST에서 원격측정장치를 구성하는데 함께 작업한 모든 분들에게 감사드린다.

참고문헌

1. H. Gotschall and D. Mears, in "*EPRI-DOE Handbook of Energy Storage for Transmission and Distribution Applications*" (Chapter 1, Introduction), No. 1001834, Electric Power Research Institute, 2003.
2. T. Shito, "Sodium sulfur (NaS) batteries", *OHM* 82 (1995) 32 (in Japanese).
3. Website for NGK Insulators, Ltd., http://www.ngk.co.jp/english/products/power/nas/index.html
4. J.W. Braithwaite and W.L. Auxer, in "*Handbook of Batteries*" (Chapter 40), D. Linden and T.B. Reddy, Eds., McGraw-Hill, New York, 2002.
5. H. Gotschall and D. Mears, in "*EPRI-DOE Handbook of Energy Storage for Transmission and Distribution Applications*" (Chapter 8, Sodium-Sulfur Batteries), No. 1001834, Electric Power Research Institute, 2003.
6. R. Ideta, K. Iba, "Data Analysis of Temperature and Auxiliary Power of NAS Battery", *2006 Annual Meeting Record*, IEE Japan, 6-116, p. 198 (in Japanese).
7. T. Kato, H. Tsuboi, M. Omori, "Distributed energy demonstration system in Tsukuba site", *AIST Today* 4 (2004) 15 (in Japanese).
8. S. Miyajima, T. Amemiya, "Present and future review of NAS battery", *OHM* 93 (2006) 36 (in Japanese).
9. Website for TEPCO, http://www.tepco.co.jp/cc/press/95082802-j.html (in Japanese).
10. Website for Hokuriku Electric Power Company, http://www.rikuden.co.jp/press/attach /denti.htm (in Japanese).
11. Website for TEPCO, http://www.tepco.co.jp/cc/press/99092901-j.html (in Japanese).
12. Website for TEPCO, http://www.tepco.co.jp/cc/press/99102701-j.html (in Japanese).
13. NEDO Investigation Report, "Introduction possibility investigation for wind power with storage battery", NEDO-NP-0004, p. 277, Feb 2002 (in Japanese).
14. Website for Sewerage in Tokyo, http://www.gesui.metro.tokyo.jp/oshi/img127pdf/ info127_1.pdf (in Japanese).
15. N. Tokuda *et al.*, "Development of Redox Flow Batteries", *SEI Technical Review*, No. 156 (2000), p. 77 (in Japanese, English version is *SEI Technical Review*, No. 50 (2000), p. 88).
16. Ben Norris, in "*EPRI-DOE Handbook of Energy Storage for Transmission and Distribution Applications*" (Chapter 10, Vanadium Redox Batteries), No. 1001834, Electric Power Research Institute, 2003.
17. Communications with F. Sonoda, Sumitomo Electric Industries, Ltd., Feb-Mar 2006.
18. T. Itoh, T. Kanno, A. Ikeuchi, K. Kawai, T. Hara, N. Tokuda, "Development of Vanadium Redox Flow Battery System", *Proc. 34th IECEC* (1999).
19. M. Takao, "Technical development trend and application examples of redox flow battery", *OHM* 93 (2006) 42 (in Japanese).
20. H. Kamath, in "*EPRI-DOE Handbook of Energy Storage for Transmission and Distribution Applications*" (Chapter 6, Lead-Acid Batteries), No. 1001834, Electric Power Research Institute, 2003.

21. Website for NEDO, http://www.nedo.go.jp/kengyou/gyoumuka/tenjikai/h16/page/paneru/pa-ene/t_e-02-1.pdf
22. H. Takabayashi, I. Shimoura, K. Onoue, Y. Matsumura, S. Kondo, "Valve-Regulated Lead-Acid Batteries with a Long Cycle Life for Power Storage System", *Shin-Kobe Technical Report*, No. 15 (2005), p. 31 (in Japanese).
23. H. Kamath, in "*EPRI-DOE Handbook of Energy Storage for Transmission and Distribution Applications*" (Chapter 7, Nickel-Cadmium and Other Nickel Electrode Batteries), No. 1001834, Electric Power Research Institute, 2003.
24. M. Fetcenko, in "*Handbook of Batteries*" (Chapter 30), D. Linden and T.B. Reddy, Eds., McGraw-Hill, New York, 2002.
25. "Development for practical application of large capacity advanced nickel metal hydride battery systems", *Brochure of Kawasaki Heavy Industries, Ltd.* (in Japanese).
26. G.M. Ehrlich, in "*Handbook of Batteries*" (Chapter 35), D. Linden and T.B. Reddy, Eds., McGraw-Hill, New York, 2002.
27. Website for Mitsubishi Heavy Industries, Ltd., http://www.mhi.co.jp/power/e_power/topics/2004/nov_10.html
28. K. Hashizaki, H. Tajima, Y. Fujioka, T. Nishida, T. Hashimoto, Y. Mori, "Development of Power Storage System Applying Li-ion Batteries", *Mitsubishi Juko Giho* 41 (2004) 290 (in Japanese).
29. Kazunogawa Hydraulic Power Constructive Place in TEPCO, "Whole aspect of Kazunogawa Power Plant", *OHM* 87 (2000). 69 (in Japanese).
30. S. Kuroda, "Compressed Air Energy Storage Gas Turbine Power System (CAES-G/T) and a Pilot Plant", *Energy (Journal of the Japan Energy Association)*, No. 253 (1999) 21 (in Japanese).
31. Y. Uchiyama, M. Kadoyu, "Technical Assessment and Economic Study of Compressed Air Energy Storage in Japan", *CRIEPI Technical Report*, Y90002, 1990 (in Japanese).
32. R. B. Schainker, B. Mehta, R. Pollak, "Overview of CAES Technology", *Proc. 55th American Power Conference* (1993), p. 992, 1993.
33. H. Hayashi, T. Sannomiya, H. Kanetaka, K. Tsutsumi, F. Irie, M. Tezuka, K. Asano, S. Nose, H. Yamamura, "Fabrication of a 1kWh/1MW Module Type SMES", *Advances in Superconductivity XI*, N. Koshizuka and S. Tajima, Eds., Springer, Tokyo, 1999, Vol. 2, p. 1401.
34. S. Nagaya, N. Hirano, M. Kondo, T. Tanaka, H. Nakabayashi, K. Shikimachi, S. Hanai, J. Inagaki, S. Ioka, S. Kawashima, "Development and Performance Results of 5 MVA SMES for Bridging Instantaneous Voltage Dips", *IEEE Trans. Applied Superconductivity* 14 (2004) 699.
35. NEDO, "Final report of demonstrated investigation for new load levelling technique", Mar 2000 (in Japanese).
36. S. Sugimoto, R. Hatano, N. Yamamoto, J. Shimomura, H. Zaitsu, H. Nara, M. Ohbe, "Development of High Voltage Large Capacity Uninterruptible Power Supply System", *2005 Annual Meeting Record*, IEE Japan, 4-027, p. 42 (in Japanese).
37. S. Sugimoto, R. Hatano, S. Ogawa, Y. Ando, H. Nara, "Development of Uninterruptible Power Supply System Utilizing Electric Double-Layer Capacitors", *Proc. 15th Annual Conference of Power & Energy Society*, IEE Japan (2004), 273, p. 25-9 (in Japanese).
38. T. Matsukawa, M. Kanke, R. Shimada, Y. Yoshida, K. Yamashita, T. Nakayama, "A 215 MVA flywheel motor-generator with 4 GJ discharge energy for JT-60 toroidal field coil power supply system", *IEEE Trans. Energy Conversion* 2 (1987) 262.
39. S. Ishizu *et al.*, "Energy Storage Systems for Industrial Applications", *Trans. IEE Japan*, 109-D (1989) 705 (in Japanese).
40. T. Ichihara *et al.*, "Fabrication and evaluation of superconducting magnetic bearing for 10 kWh-class flywheel energy storage system", *Physica C* 426-431 (2005) 752.
41. J. Kondoh *et al.*, "Electrical energy storage systems for energy networks", *Energy Conversion & Management* 41 (2000) 1863.

42. S. Hibino *et al.*, "Development of Fundamental Technology on Compressed Air Energy Storage", *CRIEPI Technical Report*, U28, 1994 (in Japanese).
43. Y. Sato, R. Shimada, "Electrical power system engineering", Maruzen, Tokyo, 2002 (in Japanese).
44. H. Morii, S. Miura, M. Minamiura, K. Motoi, "Application of Redox Flow Battery for Load Equalization", *Electrical Construction Engineering*, No. 587 (2001) 71 (in Japanese).

정지용 응용 분야 III
- 태양 및 풍력에너지 저장용 납 배터리

9.1. 소개

전력계통이 연결되지 않은 오지에 전기에너지를 공급하는 태양광(photo-voltaic, 이하 PV) 및 풍력 에너지 시스템이 증가하고 있다[1-3]. 또한 어떤 국가에서는 전력계통이 연결되었다 하더라도 전원이 불안정하고 품질이 낮다. 이러한 지역에서는 주거, 서비스, 신호등, 통신시스템, 비상조명, 펌프, 전기장벽, 냉장고, TV/라디오 및 그밖의 많은 분야에서 전기에너지가 사용된다. 특히 개발도상국은 태양광 및 풍력 시스템을 이용하여 전기에너지를 얻는 경우가 많지만, 이들 국가 뿐만은 아니다. 예를 들어 유럽의 알프스는 전력계통선이 연결되지 않는 경우 태양 및 풍력 에너지가 사용되는 대표적인 지역이다.

독립전원으로 사용되는 이러한 태양광 또는 풍력 시스템은 자신의 발전에너지보다 수용가의 요구에너지가 더 클 경우, 다른 에너지원이 추가로 필요하다. 실제로 발전기의 공급전력이 수용가의 요구전력과 같은 경우는 거의 없다. 여름과 겨울에 태양에너지가 크게 다른 지역에서는 특히 그러하다. 발전된 것보다 더 많은 에너지가 필요하거나, 저장시스템이 없는 경우 사용할 수 없거나 버려질 잉여에너지가 존재하는 경우도 있다. 따라서 에너지저장시스템 및/또는 디젤/가스 발전기가 필요해진다.

대부분의 경우, 저장시스템은 납 배터리가 사용된다[2-4]. 니켈-카드뮴(10장) 또는 니켈-철 같은 배터리는 그다지 많이 사용되지 않는다. 따라서 여기서는 독립적인 태양 및 풍력시스템의 에너지저장용 납 배터리에 대해 설명한다.

납 배터리시스템을 채택하는 이유는 7장에서 설명한 통신용 및 UPS용과 동일하다. 납 배터리는 수명, 단가, 전력, 신뢰성 등에서 우수한 특성을 가지고 있다.

납 배터리가 매력적인 이유는 단가가 매우 낮다는 것이다. 7장에서 이미 지적하였듯이, 에너지밀도가 중요한 대부분의 정지용 분야에서 납의 비교적 큰 무게는 그리 중요하지 않으므로, 납 배터리는 태양 및 풍력 에너지 저장에 적합하다.

9.2. 태양 및 풍력 시스템용 에너지 저장 장치

태양열 또는 태양광 발전시스템은 몇 가지 요소로 구성되어 있다. 그림 9.1에 나타나 있는 것처럼 기본구성은 태양광발전기, 충전제어기, 배터리 및 수용가의 전기설비 등으로 구성된다. 이 시스템은 보통 조명, 주차요금 시스템, 교통신호 등의 전원으로 사용된다. 예를 들어 북유럽과 같이 여름과 겨울의 햇볕 양 차이가 크면, 전 겨울 동안 에너지를 저장할 수 있는 용량의 배터리를 사용하지는 않는다. 이는 저장시스템의 단가가 태양광발전에 비해 훨씬 더 커지기 때문이다. 단가가 최적화된 시스템은 겨울 동안 중간 용량의 에너지저장원을 사용한다[5]. 그러면 배터리는 낮과 밤 사이 및 악천후 기간의 에너지 변화를 보상하는데 사용된다. 따라서 이 시스템이 항상 충분한 에너지를 공급한다는 보장은 없다.

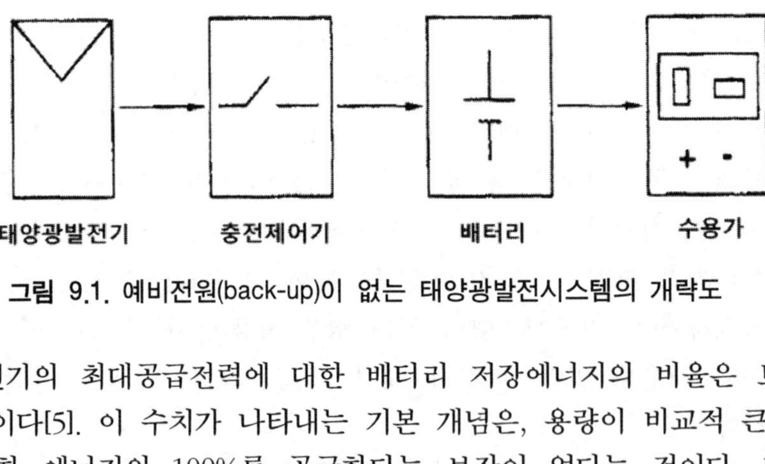

그림 9.1. 예비전원(back-up)이 없는 태양광발전시스템의 개략도

태양광발전기의 최대공급전력에 대한 배터리 저장에너지의 비율은 보통 5~50 kWh/kWp 이다[5]. 이 수치가 나타내는 기본 개념은, 용량이 비교적 큰 배터리일지라도 필요한 에너지의 100%를 공급한다는 보장이 없다는 것이다. 비율이 25 kWh/kWp 이하인 시스템에는 보통 소형 디젤 또는 가스 엔진을 사용하여, 악천후가 장기간 지속되거나 매우 큰 에너지가 필요한 극한 상황에서 보조전원으로 사용한다. 이러한 디젤 또는 가스엔진은 시스템의 신뢰성을 개선시키고, 나아가 배터리의 용량을 크게 줄일 수 있으므로 단가도 절약할 수 있다.

그림 9.2에는 하이브리드시스템이 나타나 있다. 그림은 태양광발전기와 가스엔진이 조합된 예를 보여준다. 그러나 풍력발전기와 가스엔진, 또는 풍력발전기와 태양광발전기 및 가스엔진으로 이루어진 하이브리드시스템도 있다. 디젤 또는 가스 엔진은 수용가에 직접 에너지를 공급할 수도 있고, 충전기/정류기를 통해 직류측(배터리측)으로 연결될 수도 있다. 수용가가 AC전원을 필요로 하면, 배터리출력측에 DC/AC 컨버터가 사용된다.

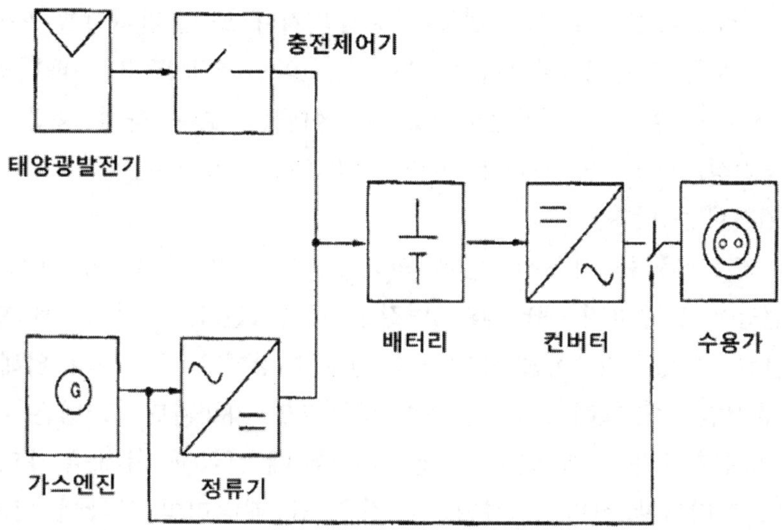

그림 9.2. AC 전원용 예비전원(가스발전기)과 컨버터를 가진 태양광발전 시스템의 개략도

PV 시스템 구성요소의 예상수명은 대부분 최대 25년까지로 상당히 길다. 배터리의 수명이 이들보다 훨씬 짧기 때문에, 25년 동안의 비용 계산 시 이들의 대체비용도 함께 고려해야 한다. 따라서 배터리의 수명연장은 PV 시스템의 전체 가격을 감소시키는 중요한 요소이다. 수명연장은 배터리 구조의 개선에 의해 이루어져야 할 뿐만 아니라, 응용분야, 더욱 자세히는 적절한 충방전전략에 따라 미치는 영향도 달라진다. 특히 중요한 것은 배터리의 방전깊이에 의한 충격과 충전전압의 한계치이다. 이는 다음 절에서 더욱 자세히 설명한다.

예를 들어 물보충과 같은 배터리의 유지보수 작업은 또 다른 가격상승 요인이다. 유지보수가 적절히 이루어진다면 일정한 비용이 들지만, 이를 소홀히 하면 배터리의 수명에 커다란 악영향을 미치기 때문에 비용이 훨씬 많이 들 것이다. 이 문제를 피하기 위한 방법의 하나가 유지보수가 필요 없는 VRLA 배터리를 사용하는 것이다[7]. 정지용 분야에 이러한 시스템을 사용하는 사례가 꾸준히 증가해 왔다(7장 참조).

태양광 및 풍력 에너지 저장장치용 VRLA 배터리는 이후에 더욱 자세히 설명한다.

태양광 및 풍력 에너지 분야에 납 배터리를 이용하는 경우 및 그 운전조건에 대한 연구는 많다[3,8-13]. 태양광 및 풍력 독립발전은 두 분야로 나눌 수 있다. 첫 번째는, 그림 9.1처럼 태양광발전기가 유일한 에너지원인 소형 시스템인 경우이다. 수용가 측으로는 바로 DC 전류가 공급되거나 또는 컨버터를 통해 AC 전류가 공급된다. 보통 하루에 공급하는 에너지는 약 0.25kW이다. 배터리가 부하에 매우 작은 전류를 공급하는 기간도 있으며, 이때는 보다 얕게 충방전된다. 보통 배터리의 충전상태(SoC)는 시기에 따라 달라진다. 즉, 여름에는 SoC가 100%에 가까우며, 겨울에는 낮다.

배터리의 최소 SoC는 자동시스템에 의해 조절되어야 하며, 이 시스템은 정해진 최소 방전전압에 도달하면 배터리와 연결을 차단시킨다. 그렇지 않다면 배터리는 완전히 방전될 수 있으며, 이는 배터리를 건강한 상태로 유지하기 위해 피해야 할 상황이다. 방전전류가 그리 크게 변하지 않는다면 자동차단시스템은 복잡하지 않다. 그러나 방전전류가 크게 변하면, 전류가 클 때 분극에 의해 추가로 전압이 감소하는 것도 고려해야 한다. 전류가 클 경우 납 배터리의 분극에 미치는 영향은 7장에서 자세히 설명하였다. 방전전류가 크게 변할 때 SoC를 결정하는 문제는 이후에서 설명한다.

이와 같이 배터리가 소형시스템에 사용되는 경우는 동작온도 범위가 매우 넓다. 대부분의 경우 배터리 온도는 -10~45℃ 사이이다. 그러나 어떤 분야에서는 극한 온도에 이르는 경우도 있다. 온도는 배터리의 성능에 큰 영향을 미친다(7장 참조). 따라서 특히 배터리의 온도가 실온과 크게 차이가 나는 경우를 반드시 고려해야 한다.

두 번째 분야는, 태양광발전기 이외에도 다른 에너지원(풍력발전기, 디젤 또는 가스 엔진, 연료전지 등)이 사용되는 대형시스템이다. 이와 같은 하이브리드 시스템은 매일 1~100kWh 범위에서 에너지 공급원이 빈번하게 바뀐다. 하이브리드시스템은 보통 단상 또는 3상 교류전류를 공급해야 하며, 매우 큰 전력을 공급해야 할 때도 있다. 이때 반드시 배터리가 사용된다. 경험에 따르면, 평균적으로 에너지의 2/3가 배터리를 통해 전달된다[14]. 이때 배터리는 연간 약 100번 완전히 충방전(또는 에너지 전환)되고, 이는 배터리에게 큰 부담이므로, 우수한 충방전수명을 갖는 배터리가 필요하다. 그렇지 않다면 배터리 수명이 문제가 될 것이다. 통신이나 UPS 같은 정지용 분야의 경우(7장 참조), 태양광 및 풍력 발전시스템은 더욱 우수한 충방전성능을 갖는 배터리를 사용해야 한다. 태양광 발전용 납 배터리를 개발할 때는 이 점을 고려해야 한다.

배터리 운전을 기준으로, 하이브리드시스템 분야는 다시 3개의 하위그룹으로 나누어진다. 하나는, 방전전류는 비교적 작지만 SoC가 다르면서 충방전이 빈번하게 이루어지는 분야이다. 온도범위는 보통 5~30℃ 사이이다. 두 번째는, 방전전류가 중간 크기이면서 충방전은 빈번하지만 SoC는 항상 100%에 가까운 분야이다. 이는 배터리가 깊이 방전되지 않아야 하는 것을 의미한다. 이 배터리는 일반 가정의 지하실에 설치되며 5~20℃의 온도에서 운전된다. 세 번째는, 방전전류가 크고 매우 깊게 방전되며, 때로는 20% 이하의 SoC까지 방전되는 분야이다. 이 배터리는 실내에서 15~25℃의 비교적 일정하고 적당한 온도에서 운전된다.

앞서 이미 설명하였듯이, 방전율이 작을 때의 전압은 거의 개회로전압(OCV)에 가깝다는 점을 고려하여, 깊은 방전을 방지하기 위한 차단전압은 신중하게 선정해야 한다. 따라서 방전회로를 차단시키기 위한 최대전압은 높게 설정되어야 한다. 분극이 작을 경우 배터리 방전전압은 OCV보다 약간 낮게 유지될 것이기 때문에, 예를 들어 100시간 방전율일 때 셀 당 1.9V의 설정전압은 너무 낮다.

태양광 및 풍력 발전분야의 경우 전체 시스템의 효율은 중요한 요소이다. 납 배터리의 효율은 비교적 높다. 물론 정확한 수치는 분야에 따라 다르다. 그러나 대부분의 경우, Ah 효율은 95% 이상(보통 97%)이며, Wh 효율은 90% 이상(보통 91%)이다. 이 값은 다른 배터리시스템에 비해 훨씬 높은 것으로서, 예를 들어 NiCd 배터리의 경우 Ah 효율은 최대 90%, Wh 효율은 최대 80%이다[17].

비용절감 면에서, 또는 태양광발전용 배터리를 구입하기가 어렵기 때문에, 태양광 및 풍력 발전시스템용으로 특수한 납 배터리가 개발되었지만, 보통 50~150Ah의 차량시동용 표준 배터리가 사용된다. 시동용 배터리는 고출력 냉시동에 맞게 최적화되었을 뿐, 태양광 및 풍력 발전 분야의 특수사양에 맞추어 최적화된 것은 아니기 때문에, 보통 고장이 조기에 발생하므로 자주 교체해야 된다. 따라서 수명이 짧고 값싼 배터리를 자주 교체하는 대신에, 값은 비싸지만 훨씬 더 긴 수명을 갖는 태양광발전용 배터리를 사용하는 것이 결국은 경제적이다.

9.3. 개방형 납 배터리

7장에서 납 배터리 기술을 개략적으로 설명했다. 태양광 및 풍력 발전시스템용 개방형(flooded) 배터리의 용기 크기는 다른 정지용 분야와 같다. 양극은 평판형, 또는 고용량이 필요할 때는 관판형이 사용된다. 관판형은 OPzS형의 2V 셀에 사용된다. 평판형 양극을 갖는 소형 셀은 6V 또는 12V 단일 블록이다. 대기전원용 배터리의 공칭용량은 10시간 방전율로서 주어지지만, 태양광발전용 배터리는 100시간 방전율로서 주어진다. 방전율이 10시간과 100시간일 때, 용량 차이는 약 20%이다. 예를 들어 360Ah(100시간 방전율) 태양광발전용 배터리의 용기는 300Ah(10시간 방전율) 대기전원 배터리의 용기와 크기가 같다.

산의 층화현상은 충방전이 잦은 분야에 사용되는 개방형 배터리의 심각한 문제이다[18-24]. 실제로 견인용과 같이 충방전이 잦은 분야의 경우, 심각한 산 층화현상이 매우 빠르게 나타난다. 그러나 심한 과충전으로 충전/방전 계수가 1.2, 즉 20% 과충전되면, 셀 내부에서 많은 가스가 발생하므로 황산이 다소 이동하면서 전해질이 다시 섞이고 층화현상이 방지된다. 산의 층화현상은 주로 방전깊이(DoD)에 따라 결정된다. 방전깊이가 깊을수록 층화현상도 심해진다.

그림 9.3은 단 몇 번의 충방전 동안에 OPzS 셀에 나타나는 대표적인 층화현상의 진행과정을 보여준다. 그림에서 각 충방전 시 DoD는 100%이며, 과충전은 그다지 크지 않다. 가스는 그다지 많이 발생되지 않기 때문에 전해질이 다시 섞일 가능성은 없다. 과충전 이외에 층화현상을 방지하기 위한 대안은 전해질순환시스템을 사용하여 전해질을 주기적으로 섞어주는 것이다.

이미 설명하였듯이, 태양광 및 풍력 발전시스템용 배터리의 수명을 연장하는 것은 시스템의 전체 가격에 중대한 영향을 미친다. 수명연장의 핵심요소는 양극그리드의 내부식성 증가와 양극 활성물질의 충방전 성능 개선이다.

수 년 전 이러한 파라메터들을 개선하는 방법과, 얻어진 결과에 대한 상세한 내용을 조사한 것이 7장에서 다루어졌다. 오늘날의 배터리는 활성물질의 우수한 구조 때문에 그리드의 내부식성이 높고 충방전성능이 탁월하다. 현재 배터리의 고장원인은 항상 양극그리드의 부식이나 양극 활성물질의 열화 때문만은 아니다. 배터리가 다소 부족충전되면서 나타나는 활성물질의 황화(sulfation) 영향 역시 고장원인 중의 하나이다.

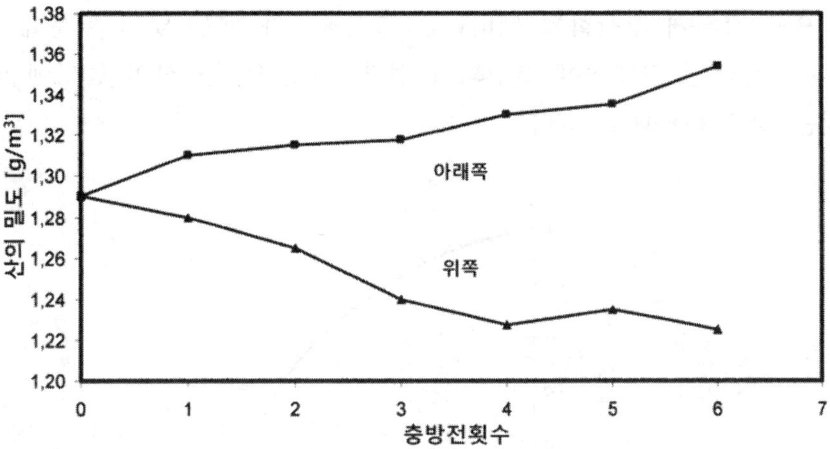

그림 9.3. 가스가 발생되는 과충전이 없고 전해질순환시스템도 없는 경우, 충방전이 잦은 분야에 사용되는 개방형 배터리의 산 층화현상의 한 예

방전 후 다시 배터리를 충전할 때, 황산납이 납이나 이산화납으로 완전히 다시 변환되지 않을 때 황화가 발생한다. 몇 번의 충방전 동안에 이 현상이 발생하면 극판에서 황산납이 축적된다. 이 때문에 황산의 농도가 감소하고 용량도 감소한다. 또한 다음과 같이 간접적으로도 부정적인 영향도 미친다. 즉 황산납은 활성물질의 표면적을 감소시키고 기공의 직경도 줄이기 때문에, 황산이 기공으로 수송되는 속도가 느려져 배터리의 성능이 더욱 감소한다.

실제 경우는 상황이 더욱 나쁘다. 황산납은 매우 작은 결정들로 석출되기 때문에 표면적이 넓어, 충전 시 용해된 상태에 있다. 그러나 방전 이후 곧바로 완전히 재충전되지 않는다면, 큰 표면적을 갖는 매우 작은 결정들이 작은 표면적을 갖는 큰 결정으로 바뀌면서 황산납의 재결정화가 일어난다. 이렇게 열화된 황산납이 재용해되기는 매우 어려우며 훨씬 더 긴 시간이 필요하다. 황산납이 극판에 오래 남아 있을수록, 결정이 용해되어 배터리가 완전히 재충전되기는 더욱 어려워진다. 이 상태가 1년 이상이 지난 후, 열화된 황산납을 완전충전 상태로 되돌리려면, 매우 긴 시간이 필요하거나 특별한 방법으로 충전하는 것뿐이다. 따라서 배터리가 방전된 직후 완전히 재충전시키는 것이 바람직하다.

다소의 부족충전으로 인한 황산화는 수용가의 에너지수요와 태양광발전기가 공급하는 에너지 사이의 불균형을 나타내는 징조이다. 최적 충전전압의 제한값 역시 중요한 요소이다. 즉 충전전압 제한값을 증가시키면 황산화를 감소시키는데는 도움이 되지만, 부식과 물소비가 증가하기 때문에 신중하게 선택해야 한다.

방전된 또는 강하게 황산화된 배터리는 황산농도가 매우 낮기 때문에, 배터리가 저온에서 사용된다면 전해질이 결빙되기 쉽다. 그림 9.4는 산의 농도에 따라 빙점이 달라지는 것을 나타내고 있다.

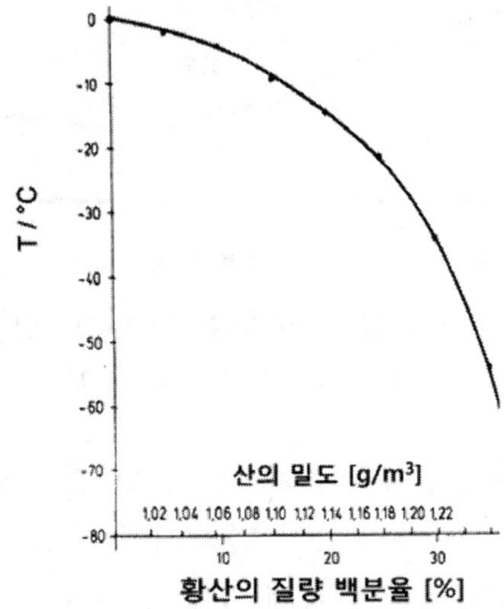

그림 9.4. 농도에 따른 황산용액의 빙점

그림에서 알 수 있듯이, 완전히 충전된 배터리의 산 농도는 1.26g/cm^3 이상이며, 빙점은 -50℃ 이하이다. 배터리가 부분적으로 방전되어 산의 농도가 1.2 g/cm^{3}라면 빙점은 약 -30℃이고, 이는 대부분의 응용분야에는 매우 낮은 온도이다. 그러나 SoC가 낮으면 빙점은 물의 빙점(0 ℃)에 가까워진다. 이로 인해 용기가 균열되는 등의 손상을 주기 때문에 피해야 한다.

배터리의 현재 SoC를 알기 위해 때로는 충전상태표시기(state-of-charge indicator)가 사용된다. 특히 상당한 정밀도와 신뢰성이 요구되는 충전상태표시기는 매우 비싸다. 그러나 최소한 오늘날의 대형 태양광 및 풍력발전 시스템은 충전상태표시기를 가지고 있다.

9.4. 대형 배터리

일반적으로 대형 태양광 및 풍력 발전설비의 경우, 수 천 Ah의 용량을 갖는 큰 납 배터리가 필요하다. 이러한 배터리는 보통 높이가 큰 극판을 가진 2V 셀들로 구성되어 있다. 양극에는 매우 높은 신뢰성과 장수명이 입증된 관형 극판(tubular plate)이 사용된다. 음극에 구리그리드를 만드는 구리-인장-금속(copper-stretch-metal, 이하 CSM) 기술은, 극판의 높이가 큰 대형 배터리를 사용하는 태양광 및 풍력 발전 분야에 적합하다. CSM 기술은 7장에서 이미 상세하게 설명하였다.

수 년 전, 재생에너지의 이용을 개선하는데 유용한 다기능 에너지저장시스템 개념이 평가된 바 있다[25]. 이 시스템은 다음과 같이 3가지의 기능을 가진다.

- UPS
- 전력품질 개선
- 재생전력원을 이용한 피크부하 분담(부하가 작을 때 잉여에너지를 배터리에 저장했다가, 피크부하 시 이 에너지를 공급)

1.2MW 납 배터리 2대로 이루어진 다기능 에너지저장시스템이 독일에 설치되어 있다. 그 중 하나는 태양광 발전설비와 연결되어 있고, 다른 하나는 풍력 발전설비와 연결되어 있다. 배터리는 표준구조를 갖는 OCSM 셀로 이루어져 있지만, 다기능 저장 분야의 특별한 요구사양에 따라 바뀔 수 있다. 이 둘 중 하나인 544V, 4,140Ah 다기능 배터리시스템의 개략적인 구조가 그림 9.5에 나타나 있다. 하나의 배터리 열은 272개의 셀이 직렬로 연결되어 있고 용량은 1,380Ah이며, 모두 3개의 배터리 열이 병렬로 연결되어 있다.

배터리는 2V CSM 셀로 이루어져 있으며, 양극은 관판형(tubular plate)이고, 음극그리드 재료는 구리이다. 양극그리드의 재료는 안티몬 함유량이 작은 합금이 사용된다. 셀 용기는 투명한 SAN(styrene acrylonitrile)으로 만들었으며, 구리삽입물과 함께 HAGEN patentpole®이 사용된다. 셀 뚜껑에는 모두 5개의 구멍이 뚫어져 있는데, 그 중 2개는 냉각파이프용, 1개는 전해질 교반시스템용, 1개는 자동물보충 시스템용, 나머지 한 개는 전해질수위지시기(선택사항)용이다. 24셀 짜리에서는 이 구멍이 온도센서용으로 사용되었다.

각 셀에는 자동 물보충 시스템이 있어서 유지보수작업이 거의 필요없다. 실제로 배터리 물보충시스템이 셀에 설치되어 280리터의 대형탱크에 연결되어 있다. 이 탱크는 이온교환기를 통해 자동적으로 물을 보충한다.

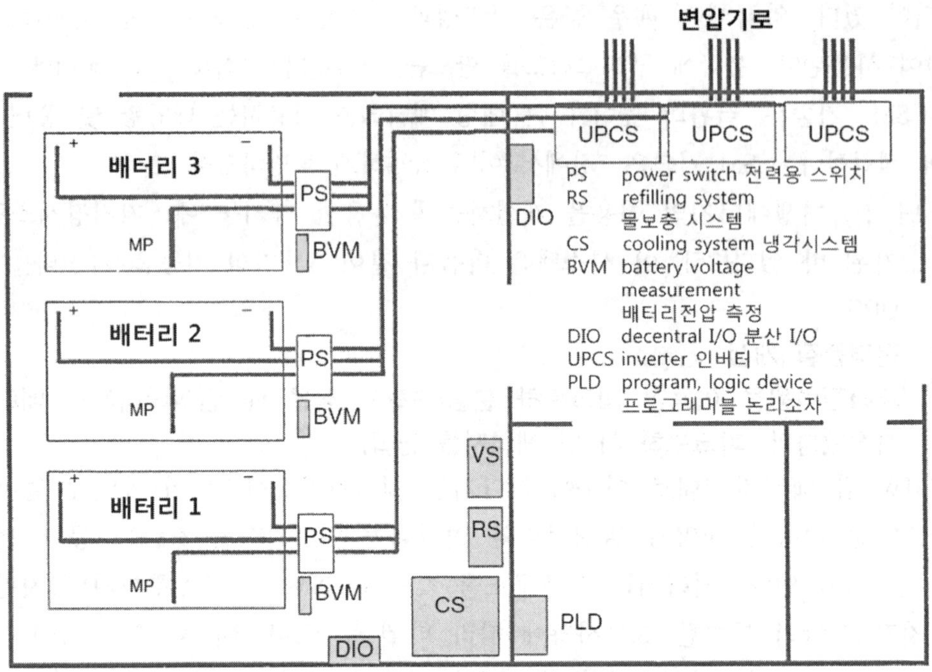

그림 9.5. 1.2MWh의 다기능 납 배터리의 개략도

위에서 언급하였듯이, 산의 층화현상은 특히 셀이 대형일 때 문제가 된다. 이 문제를 해결하기 위한 방법은, 배터리를 크게 과충전시켜 가스를 많이 발생시킴으로써 전해질을 완전히 다시 섞는 것이다. 그러나 이 방법은 충전효율을 크게 악화시킬 뿐만 아니라 물손실이 크게 증가하고 셀로 많은 열이 전달된다. 전해질 교반시스템을 사용하면 이 모든 단점들을 방지할 수 있다. 다기능 배터리시스템을 개발해야 하기 때문에 전해질 교반시스템에 대한 연구가 이루어졌다. BEWAG 배터리에 적용된 원리(7장 참조)가 동일하게 사용되었다. 그러나 배터리 용량이 1.2MWh이기 때문에 BEWAG에 사용된 시스템은 약간 바뀌었다. 중앙 컴프레서는 모든 셀로 공기를 공급하며, 전체 배터리에 필요한 공기의 양은 약 $24m^3/h$이다. 전해질교반시스템은 매일 약 15분 동안 사용되며, 산의 농도를 균일화시킨다.

다기능 배터리시스템의 응용분야에서는 가끔 비교적 큰 전류를 흘려야 하는 경우도 있다. 이때 배터리 내부에서 고온 또는 큰 온도차를 방지하기 위해, 플라스틱 파이프 열교환기를 가진 특수한 구조의 셀이 개발되었다. 각 셀에는 내부직경이 3mm인 플라스틱 파이프가 4번 감겨 있다. 파이프에 필요한 공간을 충분히 확보하고 감겨진 플라스틱 파이프가 전해질 내로 완전히 잠기게 하기 위해 높이가 797mm인 대형 셀 용기가 사용되었다. 이 때문에 약 40mm인 전해질 최소수위가 높아진다.

자동 물보충시스템에 의해 전해질의 최소 및 최대 수위 사이의 차이가 크게 감소된다 하더라도, 단자 역시 약 20mm 정도 늘어나야 한다. 냉각시스템의 정격전력은 40kW이다. Herne의 태양광 발전설비에 사용되는 배터리의 경우, 하나의 회로에서 4개의 셀이 연속적으로 냉각되는 반면, Bocholt의 풍력발전설비에 사용되는 배터리는 2개의 셀만이 연속적으로 냉각될 뿐이다. 셀 간격은 10mm이며, 배터리의 온도는 24PT110 센서로 측정된다.

배터리가 비교적 큰 전력을 공급하고 단자도 약간 더 길기 때문에, 셀의 내부저항을 줄이기 위해, 단자 윗부분에서 상부 버스바 바로 아래까지 연장된 구리삽입선이 있다. 셀의 단자는 4개이며, 각 극성마다 단자가 2개씩 병렬로 나와 있다. 배터리 내부의 전압불균형을 제어하기 위해 작동 중에 모듈의 전압을 측정하며, 이때 각 모듈은 8개의 셀로 이루어져 있다. 셀은 면적이 300mm^{2}인 편평한 구리바(bar)로 연결되어 있고 두 단자가 병렬로 사용되기 때문에, 모두 600mm^{2}의 공간 상 면적이 필요하다.

배터리의 예상성능을 확인하기 위해, 6개의 1,380Ah CMS 셀로 이루어진 모듈을 시험했다. 방전전류를 바꾸어가면서 표준용량을 조사한 후, 몇 가지 고율방전 시험도 수행했다. 그림 9.6은 셀 당 방전전력이 1.47 및 2.94kW로 일정한 경우, 1,380Ah OCSM 셀을 표준 OPzS 셀과 비교한 방전곡선을 나타낸다. 그림에서 셀 당 약 3kW로 고율방전하는 경우에도 상당 시간 동안 비교적 전압이 높음을 알 수 있다. 이것이 구리를 음극재료로 사용한 셀의 대표적인 특성이다. 또한 그림에는 같은 무게와 크기를 갖는 표준 OPzS 셀의 방전곡선도 주어져 있는데, CSM 셀의 성능이 훨씬 더 우수함을 확실히 알 수 있다. CSM 셀은 내부저항도 훨씬 더 작기 때문에, 충전수입성 시험 역시 표준 OPzS 셀보다 훨씬 더 우수하다.

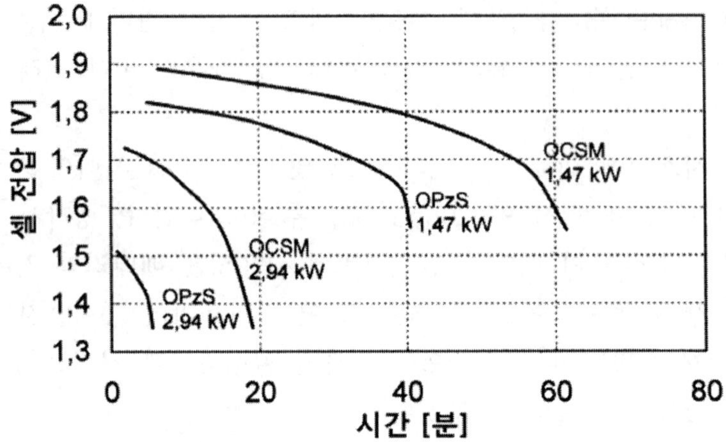

그림 9.6. 1,47kW와 2,94kW의 정출력 조건에서, 고율방전 시 1,380Ah OCSM 셀과 표준 OPzS 셀의 방전특성 비교

전해질순환, 자동 물보충 및 냉각 등의 시스템을 포함한 모든 다른 구성요소들도 시험한 결과, 모두 적절하게 동작하고 있음을 확인하였다. 그림 9.7은 818 A로 1시간 방전하는 동안 냉각시스템에 대한 시험결과를 나타낸 것으로서, 6개의 셀 중 3개가 냉각되었다. 온도가 18 ℃인 냉각수의 유량은 300mL/분이었다. 1시간 방전 동안 전해질 온도는 냉각시스템이 있는 경우는 약 4℃, 없는 경우는 약 6℃ 증가하였다. 이 결과로부터 냉각시스템의 효용성을 확인할 수 있다.

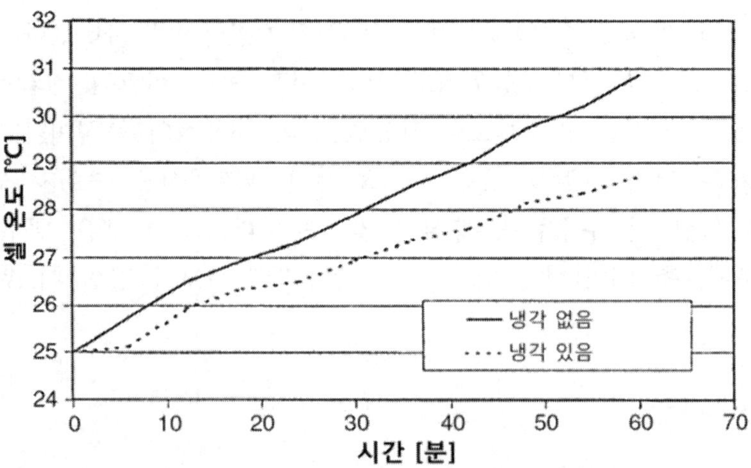

그림 9.7. 818A로 1시간 방전하는 다기능 배터리에서, 냉각시스템의 유무에 따른 1,380Ah OCSM 셀의 전해질 온도 변화.

Herne과 Bocholt에 설치된 2대의 배터리에는 컨버터가 사용되어, 전력계통을 출입하는 무효전력을 조절할 수 있고, 고속 지능형 제어시스템을 이용하여 능동필터 기능을 가지는 등의 다양한 기능을 가지고 있다. 이 배터리시스템의 주요한 3가지 기능은 다음과 같다.

- **저장된 태양광/풍력 에너지를 이용하여 피크전력 공급**
  배터리를 사용하면 재생에너지원으로부터 저장된 전력이 높은 효율로 피크전력을 담당할 수 있다. 이와 같이 시스템 부하를 저장장치와 분담하는 것은 현재 시스템의 용량을 더욱 효율적으로 이용할 수 있다. 동시에 시스템 전송손실과 연료비축 비용이 감소한다. 또한 1차 에너지의 사용 감소로 인한 가격적인 장점과 발전소 및 전력계통 용량의 최적 이용 때문에 수용가는 전기요금을 절약할 수 있다.

- **전원의 신뢰성 개선**
  산업 생산설비의 구조적인 변화와 지속적인 현대화로 고도의 기술력을 요하는 장비(전자장비, 마이크로프로세서 등)의 사용이 증가했다. 이런 설비는 전력계통의 정전이나 고장으로 인한 생산 중지나 공정 중단 등의 불가피한 외란에 대응한다. 이런 고장 시 사용되는 에너지저장 장치는 UPS이다.

- **전력품질 개선**
  수용가에서는 고품질 전력에 대한 요구가 계속 증가하고 있다. 재생에너지원에 의해 불연속적으로 전력을 생산하는 경우, 전력계통의 정현파 전력에 고조파 전력이 혼입되며, 이 고조파 전력에 취약한 수용가측 장비에 악영향을 미친다. 시스템 교란(perturbation)은 점점 더 많은 논란이 되고 있다. 장래에는, 전력계통의 안전한 운전을 위해 외란 허용제한치를 낮출 것으로 예상된다. 시스템을 증설하는 대신에 전력변환기를 가진 에너지저장시스템을 사용한다면, 외란이 더욱 경제적으로 억제될 수 있다. Herne과 Bocholt에 사용된 전력변환기는 부하전압의 외란을 보상하기 위해 실시간 제어알고리듬이 적용되어 있다.

Herne의 태양광발전설비와 Bocholt의 풍력발전단지 모두, 통합 전력조절시스템(Unified Power Conditioning System, 이하 UPCS)이 사용되었다. 이 시스템의 개발에 대한 상세한 내용은 문헌 [26-28]에 있다. 그림 9.8은 UPCS의 기본 설계를 나타낸다. UPCS는 광학스위치, 전력변환기, 필터회로, 그리고 선택사항으로 배터리와 AC/DC 컨버터로 구성되어 있다. 컨버터는 개별 제어되는 3개의 전력변환

소자로 구성되어 있으며, 2개로 분리된 DC 링크단이 연결되어 있다. 중성점은 DC 링크의 중간점에 연결되어 있다. 컨버터에 의해 발생되는 고조파성분을 억제하기 위해 컨버터출력단에 필터가 설치되어 있다[27]. UPCS를 전압이 낮은 전력계통과 연결하기 위한 출력측 변압기는 없다.

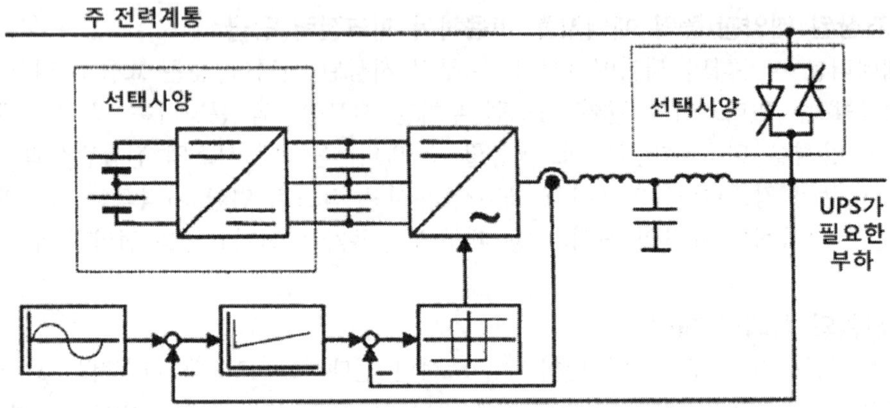

그림 9.8. UPCS의 순시전압 제어

전원측 변압기, 부하, 정격 100kW의 UPCS, 동작 및 정지 시간이 조절가능한 용접기 등으로 시험설비를 구축하였다. 이 시험에서 용접기는 전압급감장치(voltage dip)로 사용하기 위한 것이다. 그림 9.9는 전원전압 복구율(refresh rate)에 대한 PCC의 전압감소율을 나타낸 것으로서, UPCS를 사용함으로써 순간 전압감소율이 적절한 수준까지 줄어든다. 또한 단시간 전압급감율인 P_{ST}도 크게 감소한다.

에너지저장시스템은 3개의 모듈로 구성되며, 각 모듈은 정격 400kW의 전력변환기와, 공칭전압 544V, 방전율 10시간, 용량 1,380Ah인 배터리로 구성되어 있다. 이 3개의 모듈은 자동화시스템에 의해 제어된다.

이 시스템은 데이터를 인식하는 모듈과 평가하는 모듈로 나누어진다. 배터리를 최적으로 작동시키기 위해, 배터리의 현재 상태를 파악할 수 있는 충분한 데이터가 필요하다. 따라서 각종 배터리 데이터를 인식하는 시스템이 설치되었으며, 8개의 셀로 이루어진 그룹 내에서 충방전 전류, 셀 온도, 셀 전압에 대한 정보를 수집했다. 또한 컨버터와 보조장치들의 파라메터도 측정, 제어된다. 에너지저장시스템의 정확한 운전을 위해 전력계통 운용자와의 데이터통신은 중요하다.

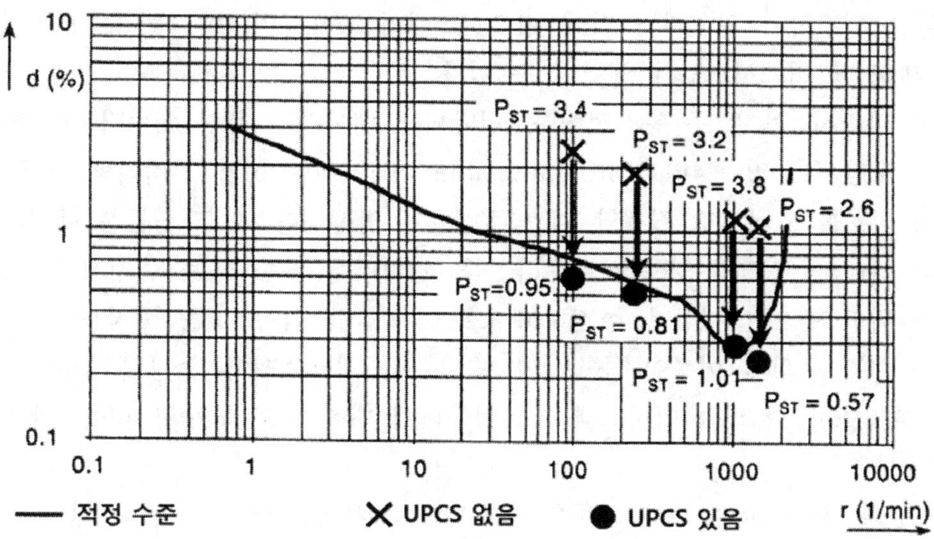

그림 9.9. 정격 100kW의 UPCS가 있는 경우와 없는 경우, 용접장비에 의한 전압급감 시 전원 전압 복구속도와 단시간 전압급감율에 대한 PCC 전압감소율

자동화시스템의 중요 부분은 배터리를 제어하기 위해 명령을 내리는 데이터 평가장치이다. 가장 중요한 것은 안전 관련 정보이고, 그 다음으로 수집된 데이터로부터 측정값을 평가하고 배터리의 대표적인 데이터를 발생시키는 것이다. 데이터의 검증은 유효범위검사(range checking)에 의해 이루어지며, 목적은 측정오차를 검출하는 것이다. 유효범위검사는 장비에서 측정된 데이터의 상한값 또는 하한값에 대한 정보도 제공한다. 물론 장비의 기능장애도 쉽게 검출해 낼 수 있다. 데이터 평가방법은 주로 데이터 평활화(data smoothing) 또는 오프셋 보정(offset correction) 등을 이용한다. 이는 데이터의 품질과 신뢰성을 높이기 위한 것이다.

특히 측정 범위가 넓을 경우(예를 들면 수 A ~ 1kA의 배터리의 전류를 측정하는 경우), 데이터품질에 대한 추가 정보를 얻기 위해 더욱 정교한 평가개념이 사용된다. 충전상태를 나타내는 방전용량과 같은 배터리 데이터는 직접 측정할 수 없으므로 계산해야 한다. 계산된 데이터는 배터리의 저장전력, 그리고 전력계통에 연결되어야 할 동작시간 등을 평가하기 위한 기본정보가 된다. 이 두 값을 비교하면 최적운전이 가능하다.

배터리의 출력 DC 전압이 매우 높다면 절연과 관련하여 데이터인식 문제가 발생한다. 이 문제를 피하기 위해, 전압분리 능력을 갖는 특수 모듈이 사용된다. 이 모듈들을 연결하기 위해서는 자체 버스시스템이 필요하며, 이 버스는 브리지회로를 통해 일반 버스시스템과 연결될 수 있다.

일반 버스시스템은 주 통신선이다. 전달되는 데이터는 측정 데이터뿐만 아니라 명령도 포함되어 있다. PLD(programmable logic device)가 컨버터와 다른 주변 장치에 신호를 보내기로 결정할 때 명령신호가 발생된다. 이 명령들은 에너지저장 장치의 상태와 모드에 영향을 미친다. 즉, 컨버터를 가동 또는 중지시키고, 전력 전송을 위한 필요한 값들을 설정하고, 보조장치들을 가동 또는 중지시킨다. 공정 제어는 PLD에 의해 이루어지는 반면, 운용자는 디스플레이시스템을 통해 전체를 관리한다. 또한 디스플레이시스템은 공정상태에 대한 정보를 주고 데이터베이스를 제어한다.

Herne와 Bocholt의 두 시스템은 1998년에 설치되었으며, 큰 문제 없이 여전히 잘 동작하고 있다. Herne와 Bocholt에서 얻은 경험에 의하면, 다기능 배터리 에너지저장시스템은 재생에너지(태양광 및 풍력에너지)의 효율성을 개선하는 좋은 방안이 될 수 있다[29]. 이는 태양광 및 풍력 시스템과 함께 배터리가 전력계통에 연결되어 어떻게 사용되는가를 보여주는 한 예이다. 특히 전력계통의 불안정에 민감한 운용시스템들 때문에 고품질 전력에 대한 요구가 증가하고 있으므로, 미래에는 대용량 납 배터리 시장이 커질 것이다. 이러한 전력설비 분야에 개방형 배터리가 사용될 수 있지만, 설치 면적이 제한된 곳에는 VRLA 배터리가 선택될 것이다. 그러나 불균일한 온도와 같은 잠재적인 어려움을 피하기 위해, 특히 대용량 배터리는 주의 깊게 설계되어야 한다. 다음 절에서는 VRLA 배터리가 적용된 응용분야의 예를 2가지 든다. 여기에는 겔형 및 AGM형 소형 및 대형 배터리가 사용되었다.

9.5. VRLA 배터리를 이용한 소형 시스템

유지보수가 필요 없는 VRLA 배터리는 기존 개방형 배터리에 비해 몇 가지 장점이 있다. 예를 들어 배터리 수명기간 동안 물보충이 필요 없으며, 자기방전율이 매우 작고, 산성액이 유출될 위험이 없다. VRLA 기술의 특징과 대기전원용 분야에 사용된 겔형 및 AGM 배터리에 대한 상세한 내용은 7장에서 다루었다.

통신 및 UPS용 배터리의 경우처럼 태양광 및 풍력 분야에 사용되는 VRLA 배터리 구조는 확실한 특징이 있다. 대기전원용과 반대로 태양광 및 풍력 분야는

AGM형보다 겔형 배터리가 자주 사용된다. 이는 대기전원의 요구전력이 크지 않기 때문이다. 그러나 요구전력이 큰 경우는 AGM형 배터리가 사용된다.

태양광 및 풍력 분야에 사용되는 개방형 배터리와 마찬가지로, 대기전원용 배터리와 태양광/풍력 분야용 배터리의 용기 크기는 그리 차이가 없지만, 태양광발전용 배터리의 방전율은 100Ah 정도이고, 대기전원용 배터리의 방전율은 10Ah 정도이다. 이는 대부분의 VRLA 배터리(소형 평판형 배터리는 물론 대형 관형 배터리 모두)에 해당되는 사실이다.

통신이나 UPS와 같은 대기전원은 충방전이 빈번하지 않기 때문에, 양극그리드의 부식과 저수위까지의 물손실을 방지하기 위해 충전전압을 적절한 값으로 선택한다 [30]. 태양광 및 풍력 발전용 배터리는 대부분 충방전이 빈번하다. 이를 위해 특수하게 개발된 다양한 구조를 가진 배터리가 필요할 뿐만 아니라, 배터리를 건강하고 좋은 상태로 유지하기 위해 충전전략과 충전전압을 다양하게 할 필요도 있다.

보통 충방전이 매우 빈번하면, 부족충전과 황산화로 인한 배터리수명의 감소를 피하기 위해 매우 높은 충전전압이 필요하다. 반면에, 충전전압이 너무 높으면 그리드부식과 물손실이 과도하게 되어 배터리의 수명이 제한될 수 있다.

태양광 및 풍력발전의 경우, 배터리는 그리드부식이나 물손실보다는 부족충전과 황산화가 더욱 자주 발생하는 것 같다. 이는 배터리를 적절하게 충전시킬 수 있을 정도로 충전전압이 크지 않다는 것을 의미한다. 특히 높이가 큰 극판과 충방전 횟수가 많은 겔형 배터리는 양극의 황산화를 피하기 위해 주기적으로 매우 높은 충전전압을 필요로 한다. 그러나 고전압 충전법은 주의 깊게 선택되어야 한다. 개방압력이 높은 압력방출밸브(pressure-release valve)는 물손실을 줄이는 데는 도움이 되겠지만, 셀의 가스압력이 높을 때 나타나는 다른 문제들을 무시할 정도로 그 효과가 큰 것은 아니다. 과도한 물손실을 줄이기 위해서는 보통 100~200 mbar의 압력이 좋은 타협점이 될 것이다.

따라서 태양광 및 풍력발전 분야에서 겔형 및 AGM형 배터리의 수명을 연장하기 위해서는 충전전략을 최적화하는 것이 중요하다[31,32]. 수 년 전, 이 분야에서 VRLA 배터리의 충전전략을 조사한 후, 이를 개선하기 위한 프로그램이 개발되었다. 여기에는 방전전략(예를 들면 최대 허용가능 DoD)을 조사하는 것도 포함되어 있었다. 이 조사에서 얻은 가장 중요한 결과가 다음에서 설명된다.

조사의 일부는 Freiburg(독일)의 'Solarhaus(영어로는 solar house) Freiburg'에서 이루어졌다. 이 집은 이미 태양광발전을 위한 시험장으로 사용되어 왔다. 조사 대상은 겔형 및 AGM형 VRLA 배터리였다. 태양광발전 하이브리드시스템은 전력계통에 연결되어 있었으며, 이는 디젤엔진이나 가스터빈 발전기 대신에 시스템을 백업하기 위해서였다.

192V 배터리의 양극은 평판구조로 되어 있다. 태양광발전 하이브리드시스템은, 48V 배터리가 포함된 48V 에너지저장장치, 1,000W 태양광발전기, 충전제어기 및 전력계통 백업용 정류기의 4부분으로 구성되어 있다.

그림 9.10은 전체 시스템의 개략도를 보여준다. 3개의 48V 저장장치는 12V, 155Ah의 겔형 배터리 단일블럭들로 구성된 반면, 4번째의 48V 저장장치는 6V, 144Ah의 AGM형 배터리 단일블럭으로 이루어져 있다. 겔형 단일블럭들의 용량은 100시간 방전율로 185Ah, 10시간 방전율로는 155Ah이다. AGM형의 경우, 용량은 약간 낮으며, 100시간 방전율로 170Ah, 10시간 방전율로는 144Ah이다. 모든 단일블럭들, 즉 전체 192V 배터리는 직렬로 연결되어 있기 때문에 모든 셀의 부하는 동일하다.

태양광발전기가 공급하는 최대 충전전류는 19A이며, 백업 시 전력계통이 공급하는 충전전류는 20A이고, 최대 충전전류는 25A이다. 배터리의 온도는 연중 시기에 따라 달라지며, 12~25℃이다.

4개의 하부시스템은 태양광발전기/충전제어기 또는 전력계통/정류기로부터 충전되며, 4개가 독립적으로 충전될 수 있다. 또한 충전제어기와 정류기는 컴퓨터에 의해 제어된다. 이 컴퓨터 역시 모든 관련 데이터를 측정하고 저장하는데 사용되었다. 이 데이터는 배터리, 태양광발전기, 정류기 및 부하로 입출력되는 모든 전류와 각 단일블럭의 전압들이다. 충전방법은 4가지가 있으며, 각 방법은 표 9.1에 주어져 있는 것처럼 충전전압의 범위가 2.30~2.45V로 다르다.

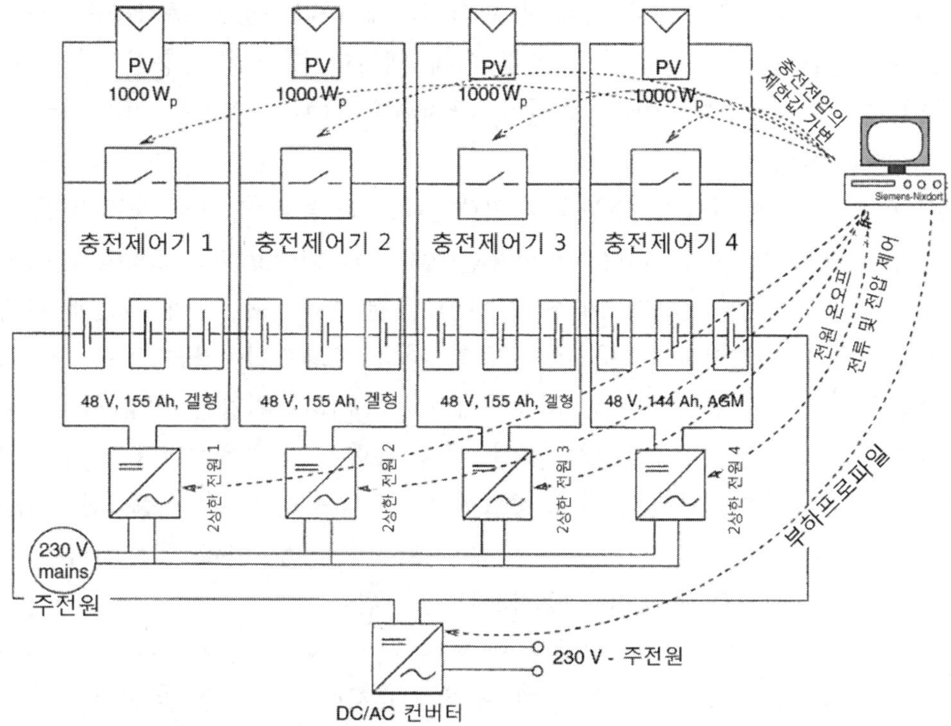

그림 9.10. 'Solarhaus Freiburg' 에 있고, 전력계통과 연결된 백업 시스템을 가지고 있으며, 평판 양극과 4개의 하부시스템을 가진 192V, 155Ah 배터리로 구성된 태양광발전 시스템의 개략도. 하부시스템 1~3 : 12V 모듈, 155Ah(평판양극, 겔형), 하부시스템 4 : 6V 모듈, 144Ah(평판양극, AGM형)

표 9.1. 'Solarhaus Freiburg' 에 있는 태양광 하이브리드시스템의 충방전 방법의 차이.

구 분	시스템 1	시스템 2	시스템 3	시스템 4
배터리 종류	•겔형 •평판전극	•겔형 •평판전극	•겔형 •평판전극	•AGM형 •평판전극
최대 DoD(%)	70	70	70	70
최대 충전전압 (V/셀)	•2.35 •시간제한 없음	•2.45 •하루 최대 2시간인 경우 2.35	•DoD에 따라 2.35~2.45	•2.35 •시간제한 없음
태양광발전기에 의한 충전완료 시까지 최대전압 지속시간(시간)	5	2	전압에 따라 다름	5

최소한 30일 마다 표 9.1에 주어진 파라메터에 따라, 정상 동작하는 태양광발전기 또는 백업충전장치의 특별 충전에 의해 배터리가 완전히 충전된다. '태양광발전기에 의한 완전충전' 이후 충전이 중지되고, (Ah 균형을 기반으로 하는) DoD는 0%로 설정된다.

또한 반 년마다 배터리의 용량을 시험했는데, 그 절차는 먼저 '태양광발전기에 의한 충전' 이후 방전시킨 다음, 강화충전(强化充電, intensive charge) 이후 두 번째 방전을 시키는 것이었다. 이는 첫 번째 방전 이후 표 9.1의 기준에 따라 충전이 이루어졌음을 의미한다. 두 번째 방전 전의 강화충전이라는 것은 정전류/정전압/정전류, 즉 IUI_a 충전으로서, 최종단계에서의 배터리전압은 정상 동작 시보다 훨씬 더 높다. 공칭용량(또는 앞선 방전 시의 용량이 공칭용량보다 크다면, 방전용량)의 112%까지 충전되면 충전이 종료된다. IUI_a 충전을 위한 정확한 충전방법은 $I = I_{10}$, 셀 당 $U = 2.35\ V$, $I_a = 0.08 \times I_{10}$이다. 두 번째 방전 이후, 배터리는 태양광발전기에 의해 정상적인 방법으로 충전된다.

오랜 시간이 걸리는 이러한 절차의 목적은, 사용자가 이용가능한 용량(첫 번째 방전 시)과 배터리의 건강상태(두 번째 방전 시) 사이의 차이를 보여주기 위한 것이다. 즉, 한편으로는 배터리의 이용가능한 용량과, 다른 면으로는 배터리제작사가 보장한 배터리 수명이라는 점에서 이 차이는 중요하다. 결과에서 알 수 있듯이, 첫 번째와 두 번째 방전 사이의 용량차이는 최대 15%였다.

이는 충전상태와 완전 충전상태의 정의가 엄연히 다르다는 것을 의미한다. 문헌 [33]의 정의에 따르면, '태양광발전기에 의해 충전' 하면 '실제 완전 충전상태($FULL_p$)' 가 되며, 이에 해당하는 충전상태는 '실제 충전상태(SOC_p)' 이다. 이 정의는, 태양광발전시스템의 충전조건 때문에 배터리가 완전히 재충전될 수 없으므로, 시스템 운용자는 배터리의 용량을 완전히 사용할 수 없다는 것을 고려한 것이다. '112% 충전' 되는 두 번째 충전방법에 의해 진정한 '완전 충전상태(FULL)' 가 되며, 이는 '상대(relative) 충전상태(SOC_r)' 에 해당한다. 이는 배터리의 실제 건강상태를 기반으로 정의된 용량이다. 그러나 위에서 언급하였듯이, 이는 실제로 사용될 수 있는 용량이 아니다. 다양한 운전조건에서 충전상태와 관련 파라메터에 대한 완전한 정의는 문헌 [33]에 주어져 있다.

그림 9.11은 배터리의 용량시험을 위해 태양광발전기의 *IU* 충전에 의한 충방전 시(시험을 시작할 때 *I* 충전시간은 배터리의 충전상태에 따라 다르다)의 대표적인

전류 및 전압파형을 나타낸 것이다. 이 네 단계를 순서대로 설명하면, 먼저 첫 번째 방전(10 시간 방전율), 앞선 충전용량 또는 공칭용량의 112%까지 *IUIa*에 따라 재충전('강화충전'), 두 번째 방전(10시간 방전율), *IU* 재충전으로 배터리는 다시 동작하는 순서를 보여주고 있다.

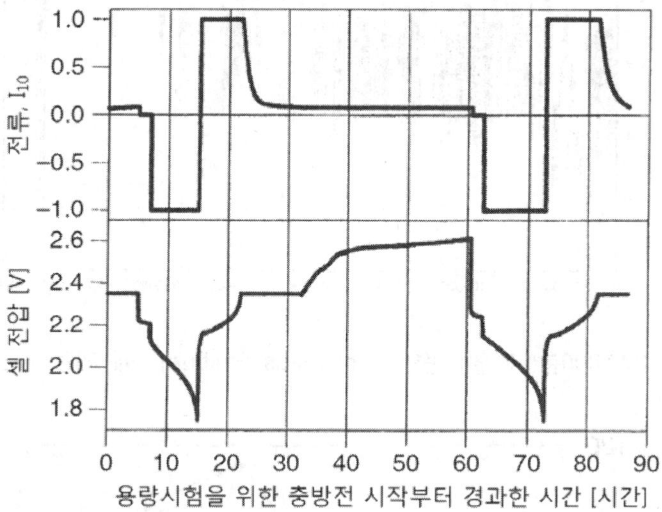

그림 9.11. 태양광발전기에 의해 충전되는 배터리의 용량시험 시,, I_{10} 방전, 112% IUI_a 충전 (강화충전), 두 번째 I_{10} 방전, IU 충전의 순서에 따른 대표적인 전압 및 전류 파형.

용량시험 때문에 배터리는 1년에 2번 강화충전된다. 그러나 오늘날의 태양광발전시스템 기술로써 이 방법을 현장에 적용하는 것이 적합하지 않다.

그림 9.12는 약 390,000분(272일) 동안 'Solarhaus Freiburg' 에 있는 시스템 1의 SoC를 나타낸다. 약 370,000분 후, 6월에 실시된 용량시험에서 급격한 방전이 일어났음을 볼 수 있다. 약 260,000분 이후에는 배터리가 수 일 동안 완전 충전(100% SoC)된 상태인 반면, 대부분의 기간 동안 SoC는 30~70%였다.

2년 동안 가동된 'Solarhaus Freiburg' 배터리의 조사결과를 보면, '태양광발전기 충전' 과 '강화충전' 후의 용량차이(5~15%)가 실제로 존재했음을 알 수 있었다. 그림 9.13은 이 용량시험의 결과를 나타낸다. 겔형 단일블럭(시스템 1)의 용량편차는 매우 작은 반면, AGM형 단일블럭(시스템 2)의 편차가 매우 뚜렷함을 알 수 있다.

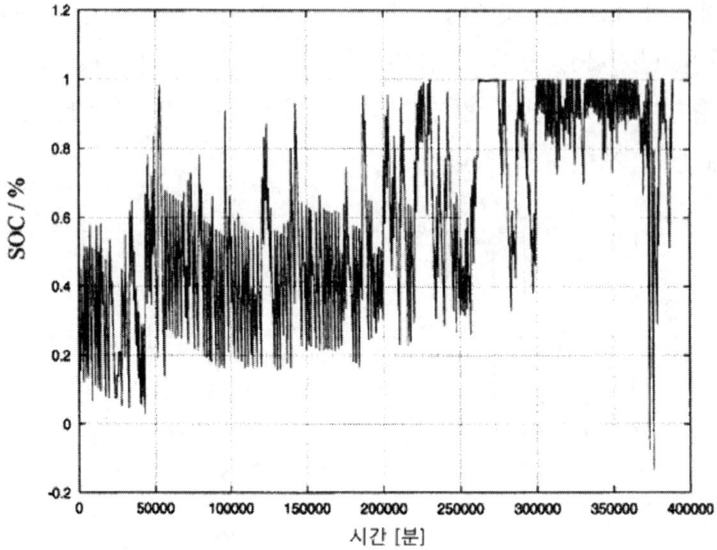

그림 9.12. 약 390,000분(272일) 동안 'Solarhaus Freiburg' 에 있는 시스템 1의 SoC

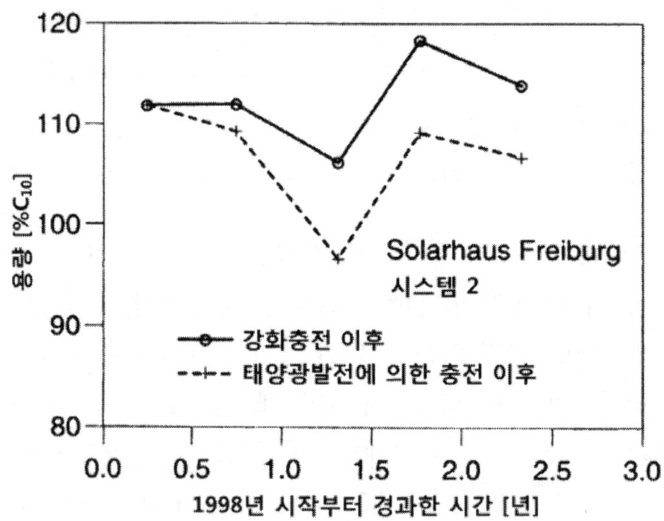

그림 9.13. 2년 동안 가동된 'Solarhaus Freiburg' 의 시스템 2가 강화충전된 전후의 10시간 방전 용량 변화.

마지막 충전단계에서는 각 단일블럭의 전압이 크게 변화하는데, 이는 특히 배터리수명의 초기단계에서 나타나는 현상이다. 그 원인은 VRLA 배터리의 재결합특성이 다소 차이가 나기 때문이며, 이 현상이 배터리의 고장을 의미하지는 않는 반면, 개방형 셀은 다르다. 그림 9.14는, 6V AGM형 단일블럭 8개로 구성된 48V

시스템 4에서, 충전 종료 단계에서 각 블럭의 전압이 크게 다른 것을 보여준다. 일부 단일블럭은 충전전압이 비교적 이른 시간에 증가하여 나중에 낮은 값으로 되돌아가는 반면, 다른 것들은 훨씬 이후에 전압이 증가한다. 이러한 특성 차이 때문에 셀의 용량이 영향을 받지는 않으며, 이는 8개의 동일한 AGM형 블럭의 10시간 방전 결과를 나타내는 그림 9.15로부터 알 수 있다.

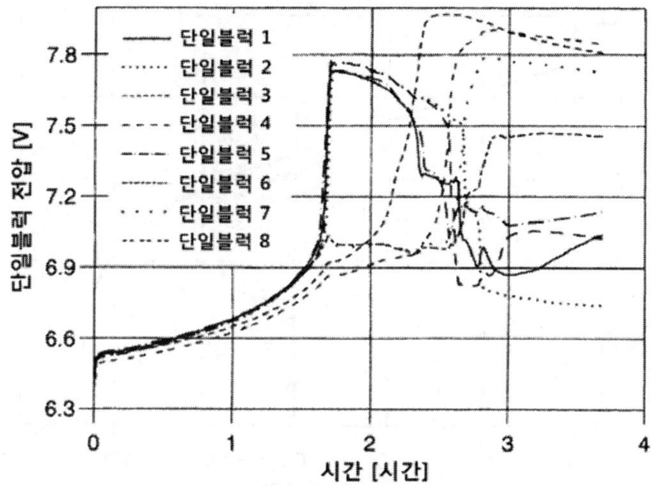

그림 9.14. 'Solarhaus Freiburg' 의 6V AGM형 단일블럭의 시스템 4에서 충전 종료단계에서의 전압 차이

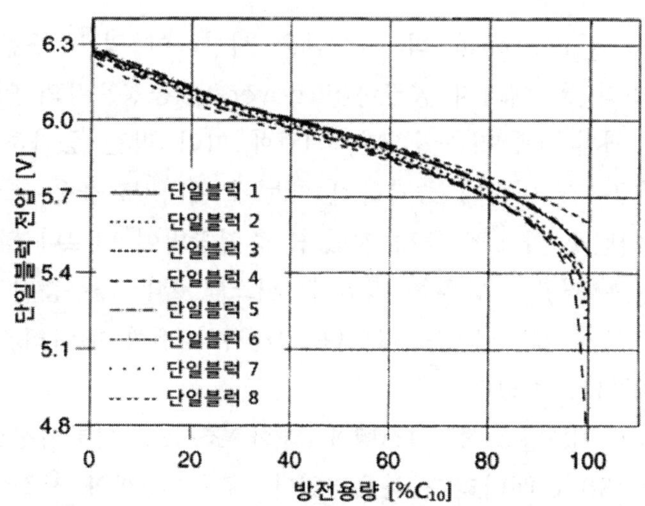

그림 9.15. 그림 9.14의 충전 이후 8개의 동일한 AGM 블럭의 10시간 방전 결과

평판 양극 겔형 배터리의 몇 가지 충전방법이 그림 9.16에 나타나 있다. 강화충전 후의 용량 차이는 그리 크지 않지만, 충전전압이 가장 높을 때(시스템 2의 셀 당 2.45V)의 용량이 다른 시스템보다 크게 우수하다. 적용된 모든 충전방법은 다소의 부족충전을 피할 수 없었지만, 높은 전압으로 다시 한번 충전시키면 용량은 복구될 수 있다.

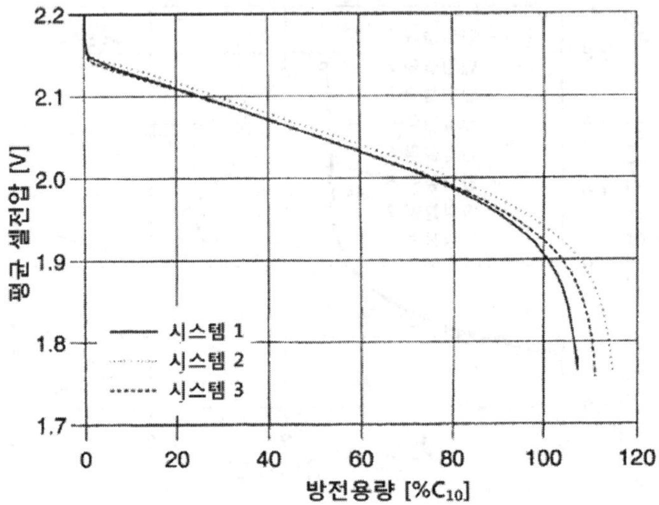

그림 9.16. 2년 동안 가동된 'Solarhaus Freiburg' 의 평판 양극 겔형 배터리에서, 충전방법이 용량에 미치는 영향. 곡선들은 강화충전 후 10시간 방전 시의 평균 셀전압을 나타낸다.

다음은 'Solarhaus Freiburg' 의 시스템을 시험하여 얻은 주된 결과이자 결론이다. 연간 배터리의 총 에너지 공급량(turnover)은 공칭용량의 약 100배였다. 처음의 충전계수는 거의 1에 가까웠지만, 시간에 따라 약간 증가하여 2년 후는 약 1.03이었다. 충전계수가 이렇게 증가하기 때문에 에너지효율은 조금씩 감소하였지만, 2년 후에도 여전히 약 90%를 유지했다. 충전방법이 다르다 해서 배터리의 방전성능과 수명이 큰 영향을 받지는 않았다. 시스템 2와 3은 충전전압이 높았지만, 그렇다고 용량이 크게 개선되지는 않았다. 3가지의 겔형 배터리 모두 AGM 배터리시스템보다 전압차가 작았다.

또한 백업전원이 없는 소형 시스템에 대한 조사도 이루어졌으며, 이때 역시 AGM형 및 겔형 VRLA 배터리가 사용되었다. 모두 16개의 시스템을 조사하였고, 각 시스템의 전압은 8V였다.

- 8개 시스템 : 12V 모듈, 41Ah(평판 양극, 겔형)
- 8개 시스템 : 12V 모듈, 45Ah(평판 양극, AGM형)
- 부하 : 시스템 당 7W
- 태양광발전기 및 백업전원 없음

이 시스템들은 'Solarhaus Freiburg' 시스템과 크게 다르다. 'Solarhaus Freiburg' 시스템의 경우, 부하는 Solarhaus에 거주하는 사람들의 생활방식에 따라 크게 달라지는 반면, 소형 시스템의 부하는 비교적 일정하다. 이 소형 시스템은 모두 16개가 있었으며, 각 시스템은 100W 태양광발전기, 충전제어기, 7W의 부하 조명 및 24V VRLA 배터리로 구성되어 있다. 8개의 시스템은 100시간 방전율에서 41Ah, 10시간 방전율에서는 34Ah인 겔형 배터리로 구성되어 있으며, 다른 8개의 시스템은 100시간 방전율에서 44Ah, 10시간 방전율에서는 39Ah인 AGM형 배터리로 구성되어 있다. 각 배터리는 평판전극을 가진 12V 단일블럭 2개로 이루어져 있다.

16개의 소형시스템 중 4개가 그림 9.17에 주어져 있다. 컴퓨터는 충전을 제어하여 전압이 너무 낮게 되면 부하를 차단한다. 또한 단일블럭의 전압 및 모든 전류는 이 컴퓨터에 의해 측정, 저장된다. 여러 가지 충방전 방법이 표 9.2에 주어져 있다.

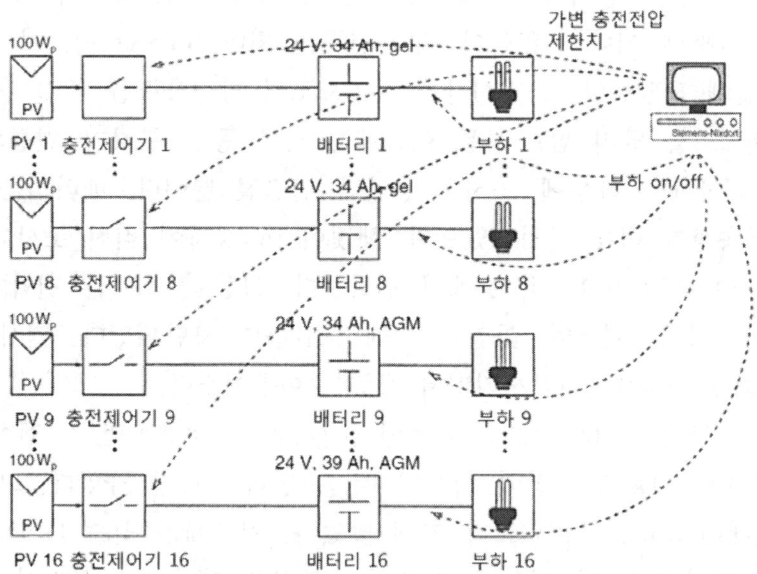

그림 9.17. 평판 양극 24V 배터리로 구성된 16개의 소형 태양광발전시스템 중 4개 시스템의 개략도. 8개의 소형시스템은 겔형(34Ah)이며, 다른 8개 소형시스템은 AGM형(39Ah)이다.

표 9.2. 소형시스템의 여러 가지 충방전 전략

운전전략	1	2	3	4
시험 시스템의 수	4	4	4	4
배터리 종류	•겔형/AGM형 •평판전극	•겔형/AGM형 •평판전극	•겔형/AGM형 •평판전극	•겔형/AGM형 •평판전극
최대 DoD(전압측정) (%)	70	70	50	70
최대 충전전압 (V/셀)	•2.35 •시간제한 없음	•2.40 •하루 최대 2시간의 경우 2.30	•2.40 •하루 최대 2시간의 경우 2.30	•2.40 •하루 최대 2시간의 경우 2.35
태양광발전기에 의한 충전완료 시까지 최대전압 지속시간(시간)	5	2	2	5

연간 약 8달 동안 시스템은 7W의 부하전력을 공급한다. 그러나 12월에는 공급전력이 단지 50%에 지나지 않는다. 방전전류는 최대 0.25A로서, 이는 최대 150시간의 방전율에 해당한다. 조명시간을 줄임으로써 방전용량을 줄일 수 있다(여름/겨울에 운전모드를 달리 함). 보통 여름에는 하루 종일 부하가 연결되어 전력이 공급되지만, 겨울에는 하루에 16시간 동안만 연결될 뿐이다. 배터리는 열차단 없이 옥외의 금속상자 내에 설치되었으며, 햇빛이 이 상자에 직접 조사된다. 따라서 연간 온도는 넓은 범위(-15~45℃)에서 변화한다. 모든 시스템은 전압제어를 통해 급격한 방전을 방지하였으며, 특정한 값에 도달하면 차단되었다. 역시 다양한 충전방법으로 최대 DoD를 변화시키면서 시험이 이루어졌다.

그림 9.18은 약 380,000분(264일) 동안 소형시스템(충전방법 3, 겔형 배터리)의 SoC를 나타낸다. 10월에 시험이 시작될 때, 여전히 SoC가 높았다. 그러나 그 직후 및 겨울 내내 SoC는 100%보다 크게 낮았다. 여름에는 일중 DoD가 약 8%였으며, SoC는 매일 100%가 되었다. 겨울에는 부하를 약 1/3로 감소시켜야 했다.

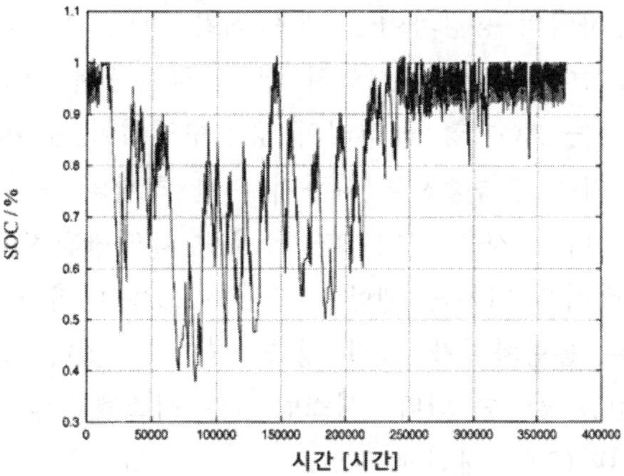

그림 9.18. 약 380,000분(264일) 동안 소형 시스템(운전전략3, 겔형 배터리)의 SoC

태양광발전기에 의한 충전과 강화충전 사이의 용량차이는 10~20%로 비교적 컸다. 그림 9.19는 하나의 배터리를 대상으로 1년 간 가동한 이후, 충전방법 2에 의해 2개의 12V 겔형 단일블럭을 10시간 방전율로 방전시킬 때의 방전곡선을 나타낸다. 태양광발전기에 의한 재충전은 약 80%까지 가능한 반면, 강화충전에 의한 것은 100% 이상의 용량까지 가능하다. 다른 소형 시스템에 대한 결과도 비슷했다. 차이는 항상 최대 20%였으며, 이는 정상적인 방법으로 충전되는 소형시스템은 'Solarhaus Freiburg' 시스템보다 부족충전 상태로 되기 훨씬 쉽다는 것을 알 수 있다.

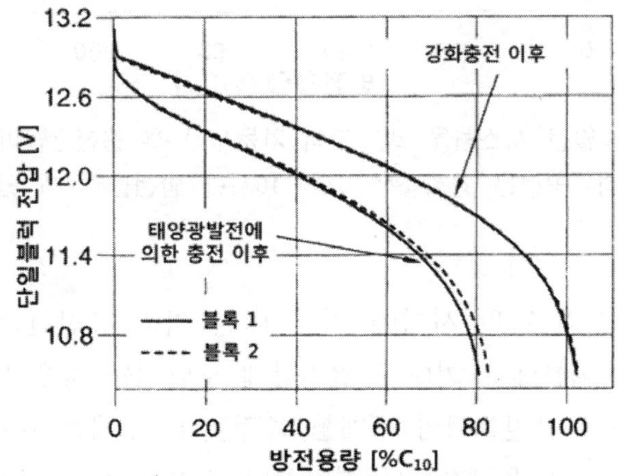

그림 9.19. 배터리를 1년 간 가동한 이후, 강력충전 전후의 소형시스템 1의 2개의 12V 겔형 단일블럭이 10시간 방전율일 때의 방전곡선.

겔형 단일블럭들 사이의 용량차이는 매우 작은 반면, AGM형 단일블럭 내의 용량차이는 매우 뚜렷하다. 반면 AGM형의 경우, 강화충전 전후의 용량차이는 겔형 배터리보다 작다. 이는 AGM형 배터리의 충전수입성이 우수하기 때문이며, 따라서 태양광발전기에 의한 부족충전을 피하기 위한 최적의 충전방법은 겔형과 AGM형이 서로 달라야 한다는 것을 의미한다. 소용량 태양광발전 시스템의 충전방법이 평판 양극 겔형 배터리에 미치는 영향이 그림 9.20에 나타나 있다. 강화충전 후에는 충전방법에 따른 용량차이가 크지 않음을 알 수 있다. 그러나 충전방법 3의 용량이 가장 작아짐을 알 수 있다. 시스템 3은 시스템 2와 충전방법이 비슷하지만, 최대 DoD는 낮다(70% 대신에 50%).

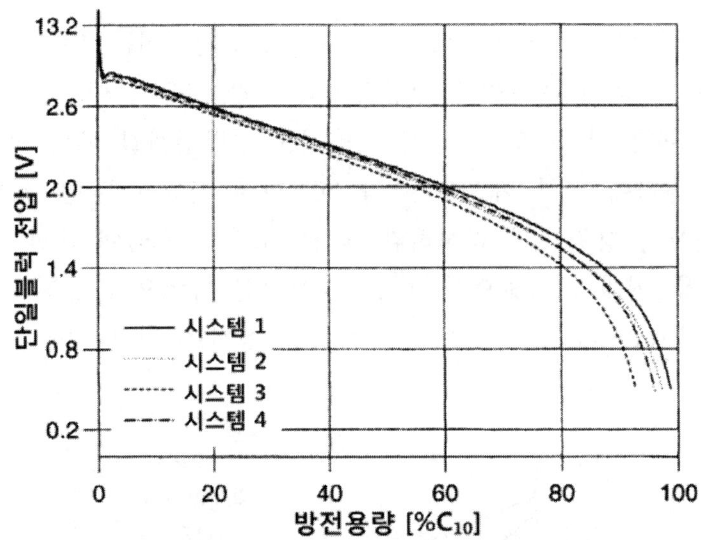

그림 9.20. 소형 태양광발전 시스템을 2년 간의 가동시킨 후 충전방법이 평판 겔형 배터리에 미치는 영향. 곡선은 강화충전 이후 10시간 방전율일 때 단일블럭의 평균전압을 나타낸다.

소형 시스템은 4월과 10월 사이에 거의 매일 최대 충전전압에 도달되는 반면, 하이브리드시스템은 여름에도 최대 충전전압에 도달되는 경우가 훨씬 작았다.

각 용량시험 이전에 단일블럭의 무게를 측정했다. 무게손실은 그다지 크지 않음을 밝혀졌으며, 물손실은 용량감소의 결정적인 요인이 아닌 것처럼 보인다.

다음은 소형 시스템의 시험으로부터 얻은 주요 결과와 결론이다. 총 4년 간의 시험 중 처음 2.5년 동안은 배터리의 용량이 크게 감소하였지만, 그 이후는 안정화되어 시험 종료 시까지 더 이상 용량이 감소되지 않았다. 최대 DoD가 작은 시스템(70%가 아닌 50%)은 가장 특성이 나쁘다는 것이 밝혀졌다. 따라서 최대 DoD를 낮추는 것은 좋지 않으며, 수명기간 동안 70%의 DoD가 무리 없이 적당한 것으로 보인다. 겔형 배터리와 비교할 때 AGM형 배터리의 성능은 더욱 차이가 난다. 일부 AGM형 배터리는 겔형 배터리 이상의 성능을 가진 것도 있었지만, 다른 것들은 성능이 좋지 않았는데, 이는 아마도 제작 상의 결함 때문일 것이다. 결과를 보면 다른 시험에서 밝혀진 것들, 즉 겔형 및 AGM형 배터리 모두 태양광발전 분야에 사용될 수 있다는 것이 확실하다. 그러나 이 시험에서 모든 겔형 모듈은 성능차이가 매우 작다는 것은 아주 인상적이다.

태양광발전 분야에서, 충방전방법이 VRLA 배터리의 수명과 성능에 미치는 영향을 현장에서 체계적으로 조사한 것은 이번이 처음이다. 결과를 보면 충전방법에 따라 사용가능한 용량이 다르고, 잔존용량이 차이가 남을 알 수 있다. 대표적인 방법을 이용하여 배터리를 충전한 이후 용량을 시험한 결과, 배터리는 완전히 충전될 수 없음이 밝혀졌다. 그러나 강화충전 후에는 전체 용량이 회복되었다.

9.6. 겔형 배터리를 이용한 대형 시스템

비교적 소용량의 겔형 및 AGM형 배터리를 필요로 하는 소형 태양광 및 풍력발전시스템을 제외하고, 큰 양의 에너지를 저장할 필요가 있는 분야도 있는데, 이때 대용량 배터리가 사용된다. 이 배터리의 양극은 보통 관판형(tubular plate)이다. 개방형 배터리(OPzS)는 이미 앞 절에서 설명했다. 대기전원용 배터리와 용기의 크기가 같은 태양광발전용 대용량 VRLA 배터리도 있다. 극판의 높이가 큰 AGM형에서는 산의 층화현상이 나타나는 것을 피할 수 없기 때문에, 대부분의 대용량 배터리는 겔형(OPzS 태양광발전용)이다(7장 참조). 그림 9.21은 태양광발전용 겔형 배터리를 보여준다.

그림 9.21. 태양광발전용 겔형 배터리의 사진. 뒤의 왼쪽은 관판형 전극을 가진 2V OPzV 셀, 앞쪽 및 뒤의 오른쪽은 평판 전극을 갖는 2개의 12V 단일블럭.

'Solarhaus Freiburg' 에 있는 소형 VRLA 배터리에 대한 시험 외에도, OPzV에 대해 유사한 시험이 수행되었다. 이 중 일부 시험은 독일의 Talhof에서 이루어졌으며, 이곳의 주택은 전력계통과는 연결되지 않고 독립된 태양광발전시스템과 연결되어 있다.

Talhof에는 1.8kW 태양광발전기, 5kW 발전기와 결합된 가스엔진, 48V 겔형 배터리를 가진 태양광 하이브리드 발전시스템이 있다. 시스템은 4부분으로 나누어지며, 각각은 12V 배터리를 가진 12V 전원장치, 450W 태양광발전기, 충전제어기 및 가스엔진용 정류기가 그것이다. 전체 시스템의 개략도는 그림 9.22에 주어져 있다. 각 12V 장치는 관판형(tubular plate) 양극을 가진 6개의 겔형 셀로 이루어져 있다. 용량은 100시간의 방전율에서 360Ah, 10시간 방전율에서는 300Ah이다. 전체 48V 배터리 내부의 모든 셀은 직렬로 연결되어 있으므로, 모든 셀의 부하전류는 같다. 그러나 태양광발전기/충전제어기 그룹이나 가스엔진/정류기 그룹은 4개의 하부시스템 각각을 개별적으로 충전시킬 수 있다.

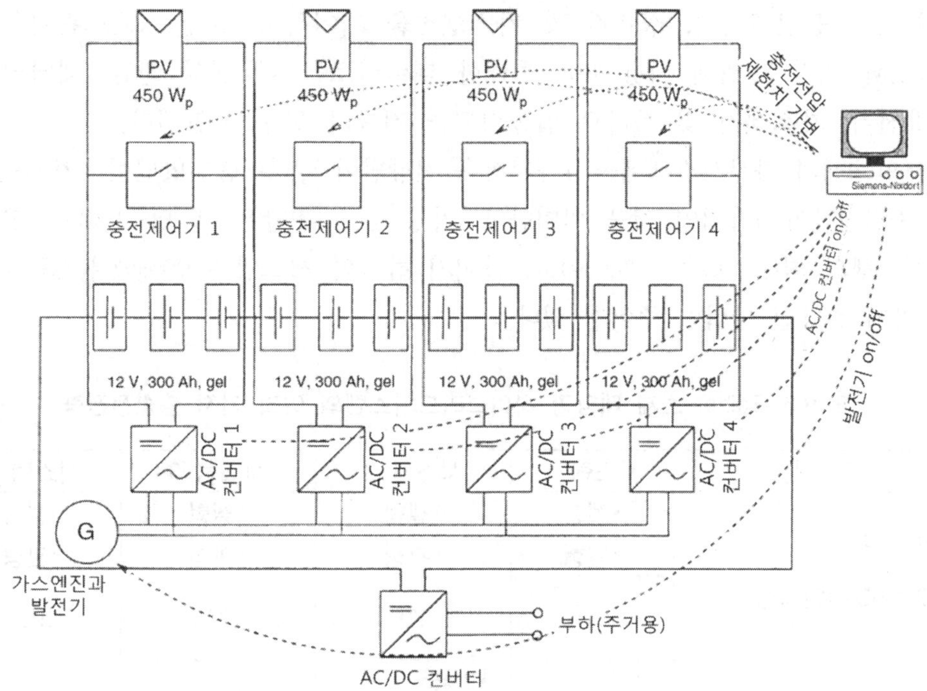

그림 9.22. 관판식 겔형 48V 300Ah 배터리와 백업시스템을 가진 4개의 하부시스템으로 이루어진 태양광발전시스템(Talhof 소재)의 개략도

태양광발전기에서 공급되는 최대 충전전류는 26A, 가스엔진 발전기는 59A였다. 최대 방전전류는 75A였지만, 대표적인 방전전류는 10A 이하이다. 연간 배터리의 온도는 시기에 따라 다르며, 5~25℃였다. 가스엔진은 가능한 한 사용을 줄이는 방향으로 하였다. 또한 야간에는 소음 때문에 가스엔진을 가동시키지 못하는 제약도 있었다. 배터리의 심방전(DoD 〉 80%)을 피하기 위한 경우에는 유일하게 예외로 하였다. 배터리의 SoC는 저녁시간에 자동적으로 점검되며, 야간의 에너지소비량을 예측하여, 필요하다면 가스엔진-발전기로 배터리를 충전하였다. DoD가 90%를 초과하면 매우 깊은 방전을 피하기 위해 방전을 완전히 중단해야 하며, 이를 위해 전류가 흐르는 동안 배터리전압을 조절하게 된다.

배터리만을 위해 충방전 방법을 최적화할 수는 없다. 실제로는 주택 거주자의 요구와 기대(예를 들면, 야간에는 가스엔진이 가동되지 않아야 하고, 가스엔진의 가동시간은 짧아야 하며, 가스소비량이 작아야 하는 것 등) 역시 고려해야 한다. 그러한 것들을 무시하고 최적의 충방전 방법을 설계하는 것은 매우 쉽지만, 실제로는 타협책이 필요하다.

컴퓨터는 충전제어기, 정류기 및 가스엔진을 제어하며, 또한 모든 관련 데이터의 측정과 저장을 위해 사용된다. 이러한 데이터로는 각 셀의 전압, 배터리와 태양광발전기, 가스엔진 및 부하로 입출력되는 전류가 모두 포함된다.

앞서의 4개의 하부시스템에는 4가지의 충전방법이 있다. 충전방법이 4가지인 것은 보통 충전전압이 4가지인 것을 의미한다. 가장 높은 전압은 셀 당 2.30~2.45V이다. 3개 시스템의 최대 DoD는 70%이고, 나머지 하나의 시스템은 90%였다. 표 9.3에는 여러 가지 충방전 방법이 주어져 있다.

표 9.3. Talhof 소재 태양광 하이브리드시스템의 여러 가지 충방전전략

구 분	시스템 1	시스템 2	시스템 3	시스템 4
배터리 종류	•겔형 •관형	•겔형 •관형	•겔형 •관형	•겔형 •관형
최대 DoD(전압측정) (%)	70	70	70	90
최대 충전전압 (V/셀)	•2.35 •시간제한 없음	•2.45 •하루 최대 2시간의 경우 2.35	•2.30~2.45 •DoD에 따라 다름	•2.35 •시간제한 없음
'태양광발전기에 의한 충전완료' 시까지 최대전압 지속시간(시간)	5	2	전압에 따라 다름	5

태양광발전기에 의한 정상 충전 또는 가스엔진-발전기에 의한 과충전에 의해, 최소 30일마다 표 9.3에 주어진 파라메터에 따라 배터리를 '태양광발전에 의한 완전충전' 을 시킨다. '태양광발전에 의한 완전충전' 이후 충전은 중단되며, DoD는 0%로 설정된다(Ah 평형을 기반으로 한다).

예를 들어 그림 9.23은 1년간 가동한 하부시스템 1의 모든 셀을 IUIa에 따라 강화충전한 이후의 방전곡선을 나타내고 있다. 이 방전절차는 앞서 'Solarhaus' 에서 설명한 것과 같다. 모든 셀은 여전히 100% 이상의 용량을 가지고 있었다.

충전방법이 다를 때의 영향이 그림 9.24에 나타나 있다. 강화충전 이후 용량차이는 그리 크지 않았다. 셀 당 충전전압이 2.45V로 비교적 높은 경우에도 어느 정도 부족충전을 피할 수 없었다. 그러나 더 높은 전압으로 재차 충전하면 용량을

회복시킬 수 있었다. 또한 매일 시간을 바꿔가며 충전전압을 2.45V로 비교적 높게 인가하여도 배터리가 손상을 입지 않았음은 확실하다.

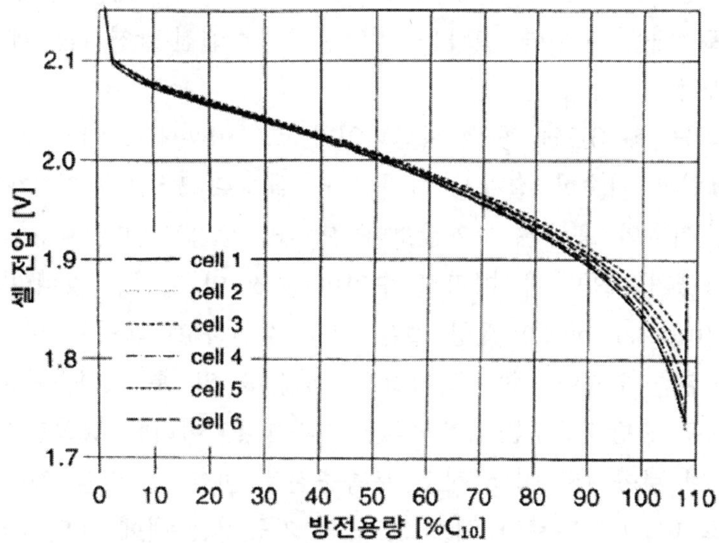

그림 9.23. 2년 간 가동한 Talhof 소재 시스템 1의 관판형(tubular plate) 양극을 갖는 겔형 셀이 강화충전된 이후 10시간 방전율일 때의 방전곡선

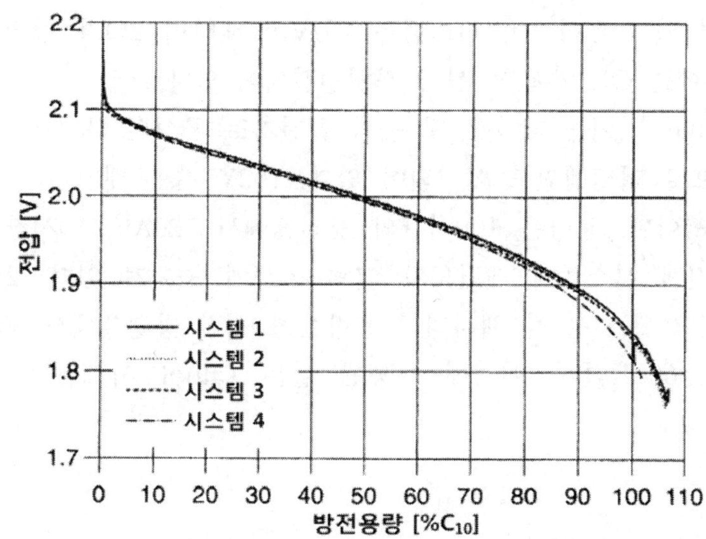

그림 9.24. 2년 간 가동한 Talhof 소재 관판식(tubular plate) 겔형 셀에 미치는 여러 가지 충전방법의 영향. 특성곡선은 강화충전 이후 10시간 방전율일 때의 평균 셀전압을 나타낸다.

배터리가 공급한 총 에너지양은 연간 공칭값의 약 100배였으며, 에너지 총 소비량은 공칭값의 150배였다. 이는 에너지소비량의 2/3가 먼저 배터리에 저장된다는 것을 의미한다. 충방전계수는 1에 보다 가까우며, 이 때문에 에너지효율은 90% 이상으로 매우 우수한 결과를 얻었다. 가스엔진-발전기는 매달 5~100시간 정도 사용되었다.

결국 배터리는 총 3.5년 동안 시험되었다. 그 이후에도 배터리 용량을 시험한 결과 위의 그림과 비슷한 결과가 나타났다. 실제로 3.5년 동안 가동한 배터리를 강화충전시킨 이후의 용량은 초기값보다 오히려 증가하였다. 이는 배터리가 좋은 조건에서 동작했기 때문이며, 따라서 수명이 훨씬 더 길어질 것이다.

즉, 관판식(tubular plate) 겔형 셀은 매우 강인하고, 태양광 및 풍력 발전시스템에 사용될 경우 수명이 매우 길어질 수 있음을 알 수 있다. 물론 강화충전 절차를 포함한 총 충방전계수는 1을 약간 초과했다. 이러한 강화충전이 없으면 이 계수는 훨씬 더 낮아져서 어느 정도 부족충전을 피할 수 없을 것이다. 또한 충전방법이 다르고 DoD가 다르다 해도 3.5년의 가동기간 내에 배터리의 성능이 크게 달라지지는 않는다고 결론지을 수 있다.

알프스에 있는 'Rotwandhaus' 에서도 가장 우수한 충방전 방법에 대한 조사가 이루어졌다. 'Rotwandhaus' 는 독립 전기에너지시스템을 가지고 있으며, 전력계통에 연결되어 있지 않다. 이 시스템은 162V의 배터리 2대가 병렬연결되어 있으며, 각 배터리에는 OPzV 겔형 셀이 직렬연결되어 있다.

'Rotwandhaus' 에는 태양광 및 풍력 발전기로 구성된 하이브리드시스템이 있으며, 백업용으로 디젤엔진도 설치되어 있다. 162V 겔형 배터리의 양극은 관판형(tubular plate)이며, 용량은 100시간의 방전율에서 720Ah, 10시간 방전율에서는 600Ah였다. 전체 시스템의 개략도가 그림 9.25에 주어져 있다. 2대의 배터리가 병렬로 연결되어 있으며, 각 배터리의 용량은 10시간 방전율에서 300Ah, 100시간 방전율에서는 360Ah였다. 여기에 사용된 셀은 Talhof 시스템에 사용된 2V 셀(OPzV)이다.

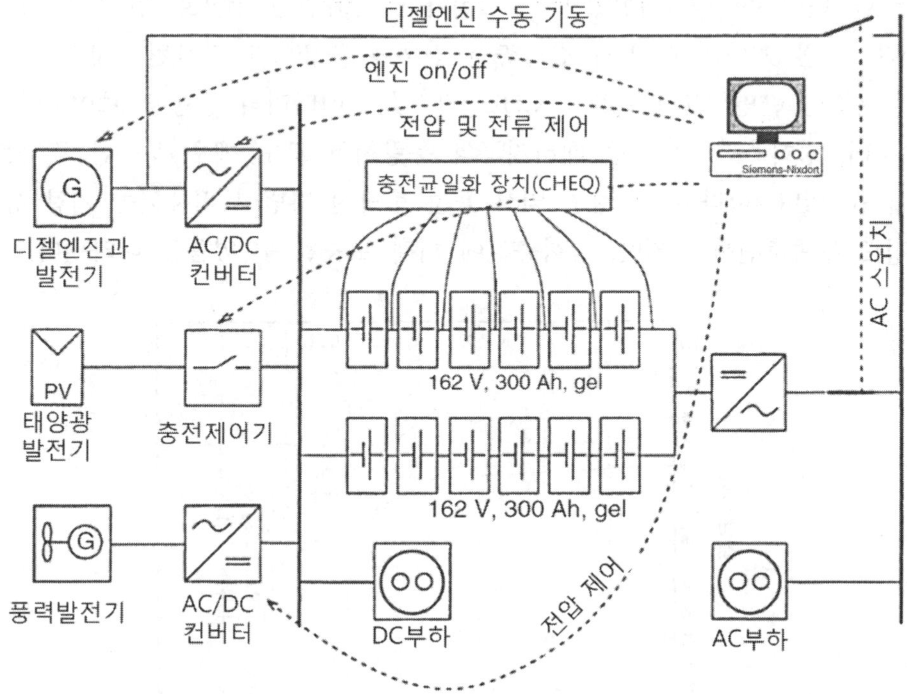

그림 9.25. 알프스의 'Rotwandhaus' 에 있는 관판형(tubular plate) 162V 600Ah 겔형 배터리를 가진 태양광발전시스템의 개략도. 배터리 2대가 병렬연결되어 있으며, 하나는 충전균일화 장치가 설치되어 있고 다른 하나는 그렇지 않다.

이번에는 단 하나의 충전방법만을 사용했으며, 유일한 차이는 2대의 배터리 중 하나에만 충전균일화 장치(charge equalizer, 이하 CHEQ)를 사용했다는 것이다. 이 때문에 대상이 된 모든 셀들의 전압이 실제로 같아졌다. CHEQ 시스템에 대한 상세한 내용은 문헌 [34-36]을 참조하라.

배터리의 에너지 담당량을 더욱 높이고 수명이 길게 할 수 있는가 여부를 확인하기 위해 시험 시 CHEQ를 포함시켰다. 충전 시 셀 당 전압은 2.35V, DoD는 80%로 제한되었다. 두 대의 배터리 모두 충전방법이 같기 때문에, 배터리의 성능에 차이가 나면 직접 CHEQ를 사용하게 된다. 주요 파라메터는 모두 컴퓨터에 의해 제어, 측정 및 저장된다.

또 디젤발전기의 가동시간은 가능한 한 짧게 유지시켰다. 그러나 가장 우선적인 것은 배터리의 심방전을 방지하는 것이다. 디젤발전기로 배터리를 충전한 이후, 최소한 한 달에 한 번 SoC 측정장치를 조정(calibration)하였다.

연간 한 번씩 용량을 시험했으며, 시험마다 강화충전 전후로 한 번씩 모두 2번 방전된다. 그림 9.26은 112%의 강화충전 전후에 CHEQ가 장착된 2대의 배터리 용량을 보여주는 반면, 그림 9.27은 CHEQ가 없는 배터리의 용량을 보여준다. 두 그림으로부터, 강화충전 이후 두 배터리군의 용량시험 모두 매우 우수한 결과를 보였음을 알 수 있다. 따라서 이 경우 역시 표준 충방전 방법이 적용되는 기간 동안에는 어느 정도 부족충전이 있지만, 강화충전에 의해 보충될 수 있음을 나타낸다.

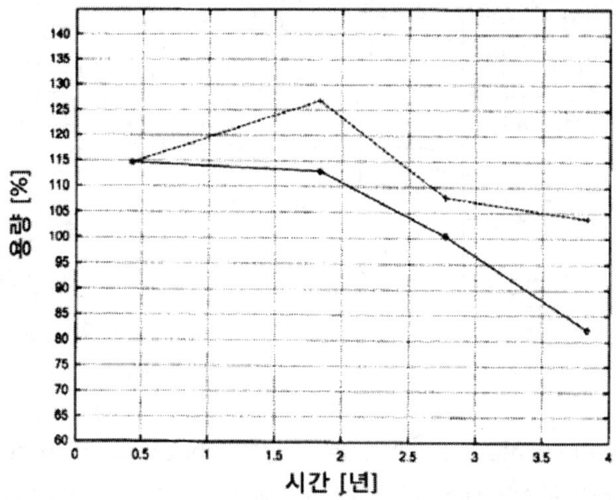

그림 9.26. 강화충전 전후에 CHEQ가 장착된 배터리의 10시간 방전용량의 변화(알프스 'Rotwandhaus' 에에 설치된 배터리를 시험). 위쪽 곡선은 강화충전 이후의 용량을 나타낸다.

시험 결과를 비교하면, 두 배터리의 용량은 실제로 같으며 약 1.5년의 동작 기간 동안 비교적 안정적으로 용량이 유지됨을 알 수 있다. 그러나 이후에는 CHEQ가 없는 배터리의 특성이 더욱 우수하며, 3.5년 이후의 용량도 초기치보다 훨씬 더 높음을 알 수 있다. 반대로 CHEQ가 장착된 배터리는 시험종료 시점에서 용량이 훨씬 낮으므로, 태양광 및 풍력 발전분야에서는 CHEQ가 효과가 없음을 알 수 있다.

앞 절 및 7장에서, 극판의 높이가 큰 대용량 배터리에 구리 음극그리드를 사용하는 것(즉 CSM 기술)에 대해 상세히 설명했다. 대용량 VRLA 배터리에 구리 음극그리드를 사용하면 출력이 커지며, VRLA 배터리의 모든 장점은 이것 때문이다 [37-39]. 지금까지 구리는 높이가 큰 극판에 가장 유용했기 때문에 겔형 셀에는 구리 음극그리드만이 사용되어 왔으며, 이러한 구조에는 AGM형보다 겔형이 많이 사용되었다[7]. 구리 음극그리드와 겔 기술을 함께 적용하면, 구리가 용해될 위험 없이 고출력의 유지보수 없는 배터리를 만들 수 있다[40]. 이 결과는 이런 종류의 배터리를 현장에서 가동시켜 본 경험과 잘 일치한다. 다양한 정지용 분야에서 15년 이상 이러한 배터리를 가동시킨 결과, 전해질 내부 또는 음극의 활성물질 표면상에서 구리의 양이 눈에 띌 정도로 발견된 바는 없다.

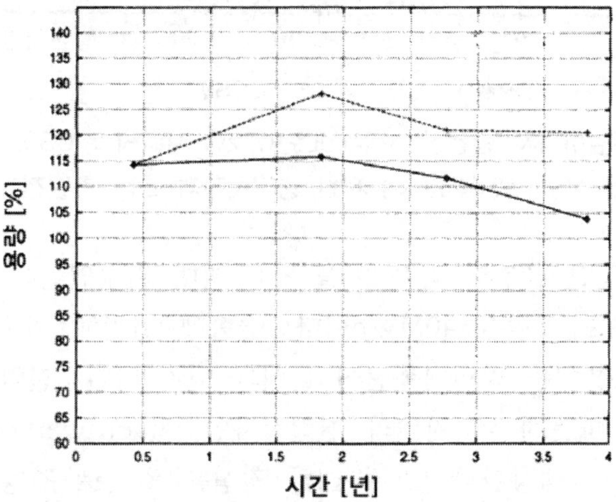

그림 9.27. 강화충전 전후에 CHEQ가 없는 배터리의 10시간 방전용량의 변화(알프스의 'Rotwandhaus' 에 설치된 배터리를 시험). 위쪽 곡선은 강화충전 이후의 용량을 나타낸다.

고출력 외에도 이들 셀은 충전수입성이 매우 뛰어나다[7,20,39]. 그리고 방전전류가 크지 않음에도 불구하고 태양광 및 풍력발전 분야에서 CSM 기술이 관심을 끌게 되었다. 초기 충전전류를 다르게 했을 경우, 표준 겔형 셀(OPzV, 납 음극) 및 구리 그리드 겔형 셀(OCSV)의 방전용량을 100%로 복구하기 위한 충전시간이 그림 9.28에 주어져 있다. 구리 그리드를 사용하면 OCSV 셀의 충전수입성이 더욱 좋아지기 때문에 충전시간을 크게 줄일 수 있음을 알 수 있다.

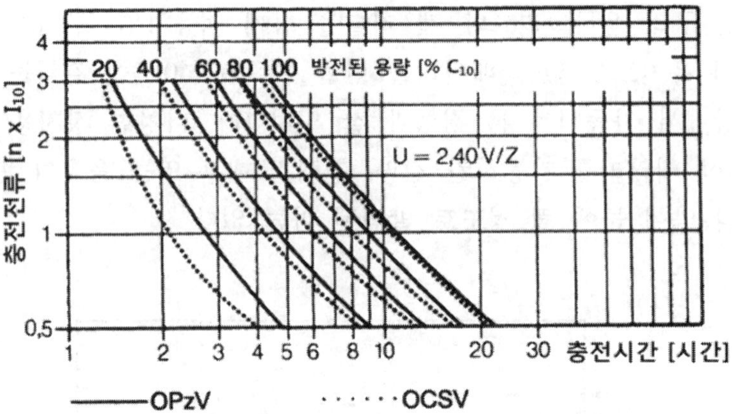

그림 9.28. 다른 방전깊이까지 방전한 이후, 표준(OPzV) 배터리와 CSM 겔형(OCSV) 배터리의 방전용량을 100%로 복구하기 위한 충전시간과 초기 충전전류

Flanitzhütte는 독일 남부의 작은 마을로서, 최대 거주인원은 여름에 약 70명이며, 전기에너지 수요는 연간 40MWh이다. 숲속에 위치해 있으며 이웃마을과 꽤 멀리 떨어진 이 마을에는 전력계통선이 들어와 있지 않다. 전력계통선을 가설하는 것은 매우 비싸기 때문에 이 지역의 전력회사인 Bayernwerke사는 전기에너지로부터 고립된 '섬'에 태양광발전소에 대한 경험을 쌓기로 결정했다. 따라서 태양광발전기의 공급자인 Siemens Solar사 및 배터리공급자인 Hagen사와 협력하여 그곳에 태양광발전설비를 설치하였다. 1992년 여름부터 태양광발전설비에 의해 전기에너지가 공급되고 있다[41-46].

Flanitzhütte의 발전설비 사진이 그림 9.29에 나타나 있다. 태양광발전기와 배터리가 설치된 집이 앞쪽에 보인다. 태양광발전설비의 개략도는 9.30에 주어져 있다. 그림에는 가장 핵심적인 부분인 태양광발전기, 배터리, 가스엔진-발전기 및 컨버터가 나타나 있다. 태양광발전기는 360m^{2}의 실리콘 셀로 구성되어 40kW의 최대전력을 공급한다. DC/DC 컨버터와 2대의 3상 DC/AC 컨버터(하나는 기본 전력수요를 위한 25kW 시스템이고, 다른 것은 피크전력 대응용 4kW 시스템이다)를 통해 모든 가구에 정격 전압과 주파수를 갖는 3상 전력을 공급할 수 있다.

그림 9.29. Flanitzhütte의 태양광발전 설비 사진

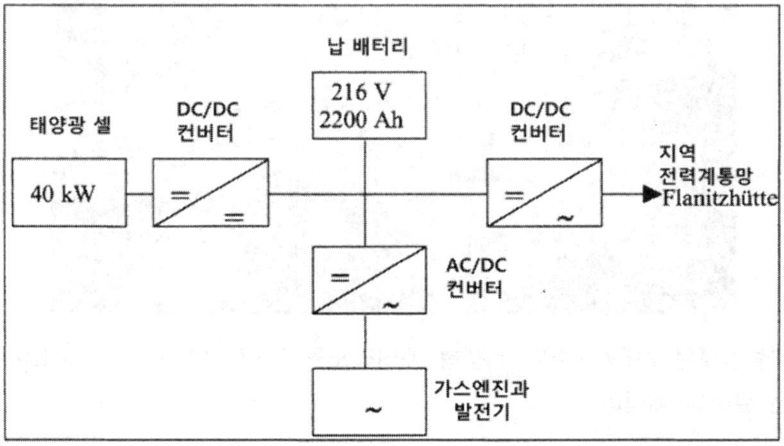

그림 9.30. Flanitzhütte 태양광발전 설비의 개략도

DC 측에는 납 배터리가 있어서, 태양광 셀의 발전전력이 필요한 전력보다 작은 경우, 모자라는 부분만큼의 전기에너지를 공급할 수 있다. 반대로 실제 수요보다 더 많은 에너지를 생산할 때는 배터리가 충전된다. 이는 야간이나 햇빛의 강도가 약할 때마다 배터리가 주전원과 함께 에너지를 공급한다는 것을 의미한다. 반면에 햇빛이 강할 때에는 수용가가 필요로 하는 모든 에너지를 태양광 셀이 공급하고, 잉여에너지는 배터리충전에 사용된다.

216V, 2,200Ah 납 배터리는 양극이 관판형(tubular plate)이며 겔相 전해질을 갖는다. 실제로 전체 배터리는 2대의 배터리모듈이 병렬연결되어 있으며, 각 배터리 모듈은 2V OCSV 셀 108개가 직렬로 연결된 것으로서, 1,100Ah의 에너지를 공급할 수 있다. 따라서 배터리의 용량은 모두 합하여 475kWh이며, 이 값은 최소한 3일 동안 전기적으로 고립된 마을에 전력을 공급할 수 있도록 선택한 값이다. 이와 같이 용량이 클 경우는 높이가 큰 극판이 필요하고, 태양광발전의 방전전류가 비교적 작다 할지라도 구리그리드를 사용하면 훨씬 뛰어난 충전효율을 얻을 수 있기 때문에, 구리가 음극그리드 재료로 사용되어 왔다. 그림 9.31은 배터리가 설치된 방의 사진을 보여준다. OCSV 셀들로 구성된 2대의 배터리 모듈이 2층의 선반에 수납된 것을 사진에서 확실히 볼 수 있다.

그림 9.31. 직렬연결된 216V 1,100Ah 겔형 배터리모듈 2대로 이루어진 Flanitzhütte 태양광발전 설비의 배터리

Flanitzhütte 마을의 총 에너지소비량에 대한 태양광발전 에너지의 비는 연간 평균 약 65%이다(여름에는 98%, 겨울에는 50% 이하이다). 이 비율은 더욱 용량이 큰 태양광발전기를 설치하면 높아질 수 있지만, 여름에는 생산된 전기에너지가 배터리에 더 이상 충전될 수 없을 정도로 과도하게 되는 것은 물론 비용도 매우 많이 든다.

소비된 에너지가 태양광 셀에 의해 생산된 에너지보다 클 경우는, 배터리의 SoC가 너무 낮아질 때마다 가동되는 가스엔진/발전기가 가동된다. 여름에는 가스엔진이 거의 가동되지 않지만, 겨울, 특히 오랫동안 비가 내리고 난 후에는 자주 가동된다. 보통 가스엔진은 배터리의 SoC가 40% 이하로 되면 가동되기 시작하고 80% 이상이 되면 중단하게 된다.

실제로 가스엔진을 사용하는 알고리듬은 매우 복잡하며, 여름 또는 겨울, 낮과 밤, 배터리의 SoC 등에 따라 컴퓨터프로그램에 의해 제어된다. 배터리의 SoC가 너무 높아서 태양광에너지가 더 이상 저장될 수 없는 상태를 가능한 한 피하는 것이 기본적인 전략이다. 예를 들어, 밤부터 날이 샐 무렵까지 최저 30%의 SoC는 받아들일 만한 수준인데, 이는 다음 날 태양광 셀이 충분한 에너지를 빠르게 공급하여 배터리의 SoC를 회복할 수 있을 것으로 예상된다는 가정 하에서이다.

여름과 겨울 동안 배터리의 SoC가 어떻게 변하는가에 대해서도 자세한 조사가 이루어졌다. 에너지소비량과 태양광 셀에 의한 에너지공급량의 평형점을 기준으로, 태양에너지의 비율을 더욱 증가시키고 가능한 한 가스엔진의 사용한 줄이는 방향으로 이 컴퓨터프로그램을 개선하였다. 그 결과 태양에너지의 비율은 약 65%에서 70% 이상으로 증가하였다.

여름 날 250시간 동안의 배터리 SoC가 그림 9.32에 주어져 있다. 배터리 온도와 전압 및 충방전 전류와 같은 파라메터들을 고려하여 Ah 평형법에 의해 SoC를 측정하였다. 때로는 배터리를 완전히 충전하고 SoC 표시기를 100%로 맞추기 위해, 부가적으로 정전류 충전을 하여 배터리를 완전히 재충전시킨다. 그림 9.32의 곡선들로부터 SoC는 대부분 40~90% 사이에 있음을 알 수 있다.

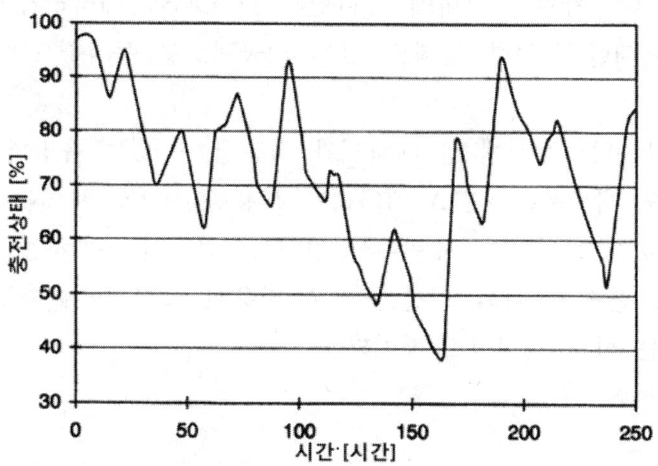

그림 9.32. Flanitzhütte의 여름 250시간 동안 배터리의 SoC

연간 태양광 셀로부터 공급된 에너지의 대표적인 프로파일(1992년 10월 ~ 1993년 9월)과 에너지소비량 및 배터리 담당 에너지가 그림 9.33에 나타나 있다. 가장 바람직하지 않은 기간은 11~12월 사이로, 이 기간에는 태양광 셀로부터 공급되는 에너지양이 가장 작은 반면, 에너지 수요는 비교적 크기 때문이다. 매월 배터리의 담당 에너지는 1.7~3.3MWh로서, 연간 총 30MWh가 공급된다. 배터리의 에너지효율은 약 91%로 밝혀졌으며, 이는 매우 뛰어난 값이다.

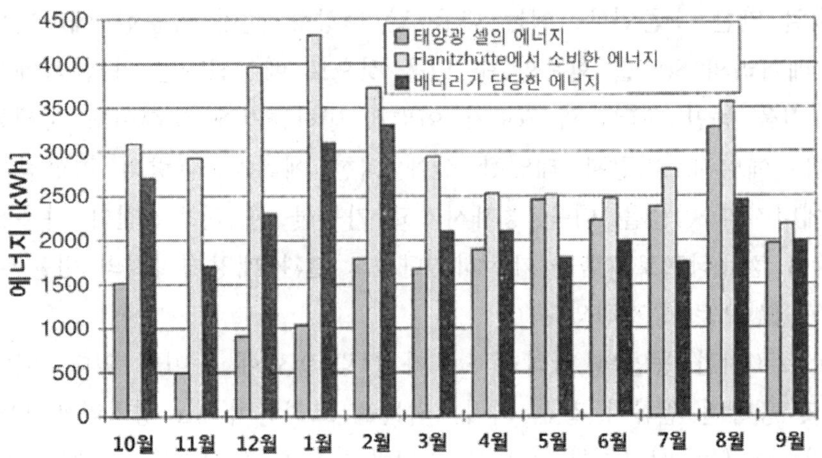

그림 9.33. 연간 태양광 셀에 의해 공급된 에너지, Flanitzhütte 마을의 에너지소비량 및 배터리 담당 에너지의 대표적인 프로파일

Flanitzhütte 태양광발전 설비에는 11년 동안 OCSV 배터리가 동작 중이며, 겔형 배터리는 어떠한 뚜렷한 문제도 없이 성공적으로 동작했으며, 이후 배터리의 수명이 다했다.

태양광발전 분야는 장래에 납 배터리가 적용될 수 있는 유망한 시장이 될 것이며, 그 중에서도 대부분은 VRLA 배터리가 사용될 것으로 보인다. 이 시장은 개발도상국에서 선호하고 있지만, 유럽에서 전기적 '섬' 이 존재하는 지역에도 수요가 크다. 이 경우, 전력계통과의 연결은 매우 비용이 많이 들기 때문에 배터리와 태양광발전 설비는 아주 경제적일 것이다.

9.7. 장래 기술 개발

4 가지 프로그램('Solarhaus Freiburg', '소형시스템', 'Talhof' 및 'Rotwandhaus')에 사용된 배터리에서 얻은 모든 결과를 요약하면, 다음과 같다.

시험한 모든 충전방법은 배터리를 완전히 충전하기에는 불완전하다. 용량시험에서 나타난 결과 역시 5~20% 정도 부족충전됨을 보였다. 용량시험 후의 강화충전에 의해 이 부족충전량은 회복될 수 있다. 그러나 태양광 및 풍력 발전설비가 정상적으로 가동되는 동안에는 그러한 강화충전법이 사용되지 않는다는 것을 명심해야 한다. 강화충전 없이 시험된 배터리는 더욱 나쁜 성능을 나타낼 것으로 예상할 수 있다.

'Talhof' 및 'Solarhaus'의 충방전계수는 1보다 약간 더 크며, 이는 다소 부족충전되었음을 의미한다. 그러나 소형시스템은 여름 동안 완전충전 상태가 가장 길기 때문에 충방전계수 값이 더 크다.

'Talhof' 및 'Solarhaus'의 OPzV 배터리는 거의 4년의 동작 이후 완전한 자신의 용량을 그대로 유지했지만, 이는 강화충전된 이후일 뿐이다.

소형시스템의 평판식 겔형 배터리는 거의 4년의 가동 이후 용량이 다소 감소하지만, 공칭용량의 약 85%에서 안정화된다. 소형시스템에 사용된 배터리의 경우, DoD 제한값을 70%로 설정하는 것은 문제가 아니다. 단지 제한값을 50%로 한 경우에 비하면 성능이 더 우수했다.

관판식(tubular plate) 겔형 배터리 역시 DoD 제한값을 70%로 하여도 아무런 문제가 없었으며, 약간 더 깊은 방전도 가능한 것처럼 보인다.

따라서 부족충전과 관련된 문제를 감소시키기 위해, 태양광 및 풍력발전을 이용한 충전절차는 최적화되어야 한다. 가끔 실시하는 강화충전은 이 문제를 극복할 수 있는 좋은 방법이다. 그러나 현재의 태양광발전용 배터리의 성능 역시 더욱 개선될 필요가 있다. 그러한 개선에 필요한 몇 가지 조건은 다음과 같다.

태양광발전용으로 사용되는 겔형 배터리를 개선하기 위해서는, 평판 양극형과 관판(tubular plate) 양극형의 2가지 겔형 배터리 모두 전해질의 양과 첨가물인 인산의 양을 바꿔야 한다. 전해질/활성물질의 비는 극판 사이의 거리를 늘이거나(극판부가 두꺼워진다) 더욱 큰 용기를 사용하면 증가한다. 인산의 양은 전혀 첨가하지 않는 경우와 가혹 충방전(hard cycling) 시 사용되는 값 사이에서 바뀐다.

평판형의 경우, 극판 간 거리는 1mm 정도 증가하며, 따라서 셀의 전해질 양이 30% 정도 증가한다. 관판형의 경우, 거리는 1.5mm 증가하며, 따라서 전해질의 부피는 15% 더 증가한다. 전해질의 부피가 15% 증가하면 방전된 배터리의 산 농도가 높아지기 때문에 용량이 증가하고 동결 문제가 감소된다.

시험에 사용된 평판형 배터리는 다음과 같다.

- **인산이 첨가되지 않은 표준 전해질 부피**
- **인산이 첨가된 표준 전해질 부피**
- **인산이 첨가되지 않고 부피를 30% 증가시킨 전해질**
- **인산이 첨가되고 부피를 30% 증가시킨 전해질**

위의 4가지 종류에 대해 4시간 동안 6.1A의 방전전류를 흘려 충방전시험을 하였다. 매 10번째 충방전마다 셀 당 차단(cut-off) 전압을 1.70V로 하고 6.1A의 전류를 공급하여 완전방전(100% DoD)시켰다. 충전방법은 셀 당 I = 5A, U = 2.40V인 IU였으며, 총 충전시간은 16시간이었다.

그림 9.34는 300회의 충방전시험에 대한 결과를 나타낸다. 인산을 사용하면 초기 용량이 작아짐을 알 수 있다. 그러나 충방전 동안 이 셀들의 용량은 오히려 약간 증가하는 경향도 있으며 비교적 안정된 값을 유지하였다. 그러나 인산이 첨가되지 않은 배터리는 곧 바로 용량이 일부 감소되었고, 약 100회의 충방전 이후에는 인산이 첨가된 배터리보다 용량이 줄어들었다.

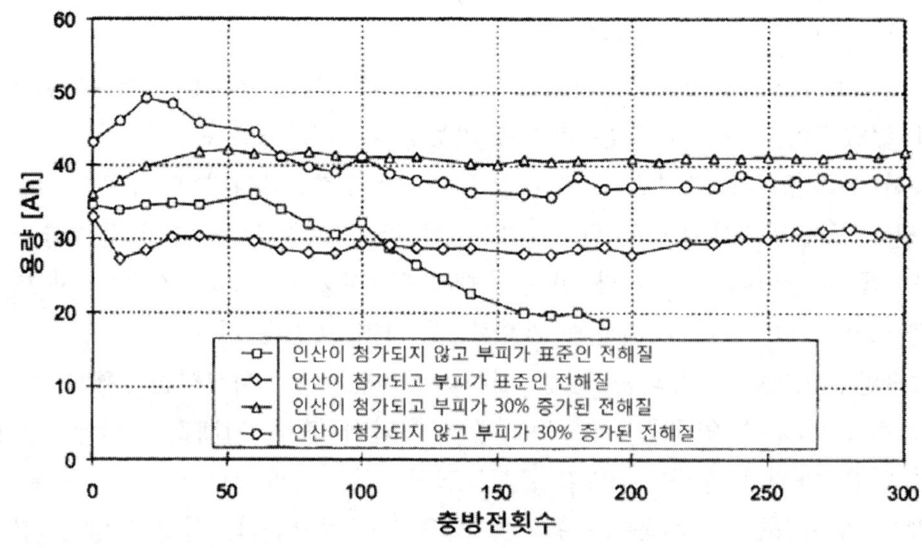

그림 9.34. 전해질과 인산의 양이 다를 경우 각 평판식 겔형 배터리들의 충방전 시험

예상대로 전해질을 더 많이 사용하면 용량은 크게 증가한다. 인산이 첨가되거나 그렇지 않은 배터리의 특성과, 전해질의 부피가 용량에 미치는 영향은 원리적으로 모두 알려져 있으며, 이 시험 결과로부터 앞서 밝혀진 내용이 확인되고 있다. 인산이 납 배터리의 특성에 미치는 영향에 대해 상세한 연구가 이루어진 바 있다 [47-53].

태양광발전용 배터리의 충전성능은 매우 중요한 파라메터이기 때문에 충전수입성이 실험실에서 조사된 바 있다. 300회의 충방전에 걸쳐 셀 당 제한전압인 2.40V에 도달하기 전에 5A의 정전류로 충전할 때 걸리는 시간이 그림 9.35에 나타나 있다. 4시간 동안 6.1A의 정전류로 방전이 이루어졌으며, 방전 방법은 4가지 배터리 모두 동일하였다.

인산이 첨가된 배터리와 그렇지 않은 배터리 사이에는 큰 차이가 있었지만, 실제로 전해질의 양이 미치는 영향은 없었음을 그림으로부터 알 수 있다. 인산이 첨가된 배터리는 첨가되지 않은 것에 비해 훨씬 긴 시간 동안 5A의 충전전류를 흘릴 수 있었다. 더욱이 인산이 첨가된 배터리의 경우, 충전시간은 비교적 일정한 반면(4.4시간), 그렇지 않은 배터리는 이 시간이 초기에는 4.1시간에서 300회의 충방전 후에는 3.8시간으로 감소하였다.

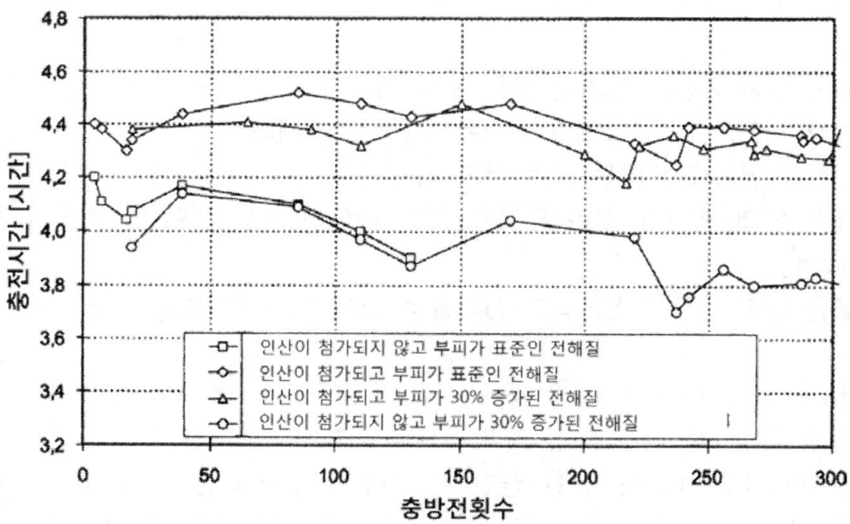

그림 9.35. 전해질과 인산의 양이 다를 경우 각 평판식 겔형 배터리들의 충전수입성. 곡선들은 셀 당 한계전압인 2.40V에 도달하기 전에 5A의 정전류로 충전할 때 걸리는 시간을 나타낸다.

셀 당 전압이 2.40V에 도달하기 전의 충방전계수는 인산이 첨가되지 않은 경우는 최대 84%, 첨가된 경우는 최대 91%였다. 충방전 동안 인산이 첨가된 배터리의 충방전계수는 약간 낮아지는 경향이 있다.

이 결과로부터 전해질의 부피가 크고 인산이 첨가된 배터리가 태양광 및 풍력발전 분야용으로 유력한 후보라고 결론지을 수 있다. 이 두 가지 기술을 사용하면 충방전 및 충전수입성이 우수한 배터리를 얻을 수 있다. 그러나 실험실과 현장에서의 실제 응용은 다르기 때문에, 앞 절에서 설명한 표준 배터리와 같은 방법을 적용하여 4가지 배터리 모두 'Solarhaus Freiburg' 에서 시험하였다.

그러나 2년 동안 'Solarhaus Freiburg' 에서 수행한 시험의 결과는 실험실에서 얻은 결과와 달랐다. 즉, 인산이 첨가되지 않은 배터리들이 첨가된 배터리들보다 성능이 그렇게 나쁘지 않고 오히려 약간 더 우수했기 때문이다. 따라서 실험실에서의 시험이 현장에서의 시험과 항상 동일한 결과를 보여주는 것은 아니라는 사실을 다시 한번 보여준다. 'Solarhaus Freiburg' 에서의 시험으로부터, 인산의 메커니즘과 영향은 매우 복잡하며, 이 결과를 완전히 이해하기 위해서는 더욱 많은 연구가 필요하다는 것이 확인되었다. 그러나 전해질의 양이 많은 두 종류는 'Solarhaus Freiburg' 에서 잘 동작하고 있으며, 실험실에서 얻어진 우수한 결과도 확인되었다.

관판형은 다음과 같은 종류들로 시험했다.

- 표준 양의 인산이 첨가된 표준 부피 배터리
- 인산이 표준 양의 25%만 첨가된 표준 부피 배터리
- 인산이 첨가되지 않은 표준 부피 배터리
- 표준 양의 인산이 첨가된 표준 부피 배터리, 단 전해질의 비중이 높다(0.02 g/cm^3)
- 표준 양의 인산이 첨가되고 전해질의 양이 15% 증가된 배터리

셀 당 차단전압이 1.85V인 조건에서 셀의 방전전류는 4.2A였다. 그림 9.36은 위의 5가지 종류의 배터리에 대한 방전곡선을 나타낸다. 가장 결과가 좋은 것은 전해질의 부피가 15% 더 큰 것인 반면, 인산이 첨가된 표준 부피 배터리는 방전성능이 가장 나빴다. 또한 방전 동안 전압의 크기도 다소 달랐다. 각 관형 배터리들의 초기 성능데이터는 각 평판형 배터리들에서 얻은 결과와 잘 일치하였다. 인산이 첨가된 배터리들은 초기성능이 가장 나빴지만, 인산이 첨가되지 않은 것보다

충방전 성능이 더욱 우수할 것으로 예상된다. 이는 실제로 이후의 충방전시험에 의해 확인되었다.

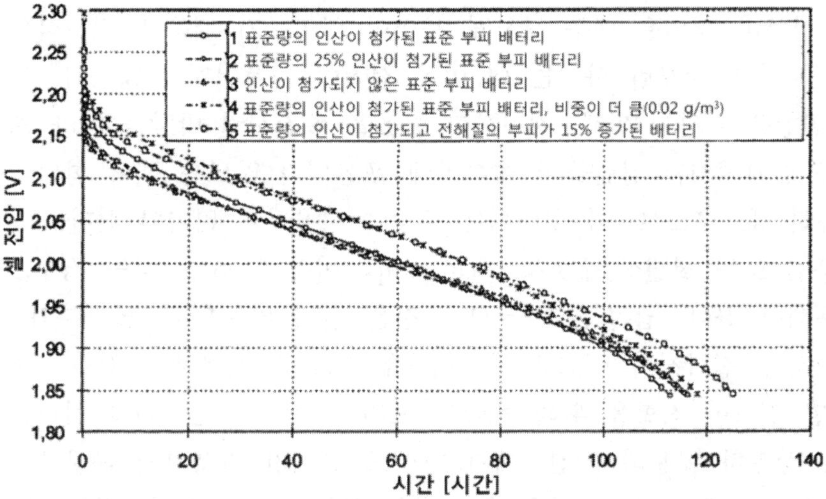

그림 9.36. 전해질과 인산의 양이 다를 경우 각 관판식 겔형 배터리들의 방전곡선

태양광 및 풍력발전용 배터리의 부족충전 문제 외에도, 최적화되지 않은 구조와 제조과정 때문에 VRLA 배터리에서도 몇 가지 고장이 있을 수 있으며, 이는 순전히 배터리제조사의 책임이다. 몇 가지 대표적인 고장모드가 아래에 설명되어 있다.

압력해제밸브(pressure release valve)에 특히 주의해야 한다. 이 밸브의 동작상태가 좋지 않거나 개방 후 정확하게 닫히지 않으면, 심각한 문제가 발생한다. 이 경우 산소가 셀로 들어가고 음극물질이 산화됨으로써 배터리가 저장되는 동안 음극판이 황산화된다. 이 문제를 피하기 위해, 배터리에 장착하기 전에 압력해제밸브를 주의깊게 조정해야 한다. 이는 배터리가 동작 중에 완전 건조될 위험이 있는 중요한 문제이다.

특히 상부의 도입선에 주석이 첨가된 합금이 사용된 VRLA 배터리의 경우, 돌출된 상부바(top bar)가 부식되면 음극판의 고장을 발생시키는 또 다른 문제가 있다. 이 현상은 일부 문헌에서 연구된 바 있다[20,54-56]. 이것은 납 배터리의 양극단자에서 발생하는 소위 '틈새부식(crevice corrosion)' 과 유사한 것으로서, 틈새부식은 금속도입선 주위로 덮개를 매우 단단하게 조일 때 틈새가 생겨 이곳으로 황산이 침투해 들어가면서 발생하는 부식이다. 이 상태가 되면 도입선 표면에는 얇은 전해질 박막만이 존재하며, 이 영역에서 전기화학 반응이 일어나면 이온성 전류가 박막을 따라 흐름으로써 이 부분에서 전압강하가 발생하여, 그 결과 전압은 부식을 가속화시키는 범위로 낮아지게 된다.

돌출부/상부바 영역은 매우 강하게 부식이 일어나기 때문에 전기적으로 완전히 절연되어, 극판과 상부바 사이는 더 이상 접촉이 이루어지지 않는다. 이러한 보이지 않는 위험을 피하기 위해, 전기화학 반응을 촉진시켜 박막을 따라 흐르는 이온성 전류를 증가시키는 불순물이 상부바에 포함되지 않도록 해야 한다. 주석은 상부바에 특히 해로우므로, 이 영역에는 주석을 사용하지 않아야 한다.

또한 용접 또는 철편상 주조(cast-on-strap, 이하 COS)를 하는 경우, 적절한 기술을 사용해야 한다. 납-칼슘 합금의 용접은 쉽지 않으므로, 돌출부와 상부바 사이를 견고하게 접합시키기 위해서는 특수한 기술을 사용해야 한다. 만약 COS를 사용하려면 견고한 접합을 위해 돌출부 표면을 깨끗이 만들어야 한다. 물론 양극의 돌출부/상부바 부분의 연결상태가 나빠도 문제가 발생하기 때문에, 양극판 및 음극판의 부위 모두 같은 상태를 유지해야 한다. 따라서 상부바/극판부 사이를 견고하게 접합시키고 상부바 재료로 적절한 합금을 사용하면, 이 부분에서의 부식 위험을 크게 줄일 수 있다.

배터리 내부에서 단락이 발생하면 항상 고장이 난다. 이를 방지하는 것은 배터리제조사의 책임이다. 이전에는 특히 배터리가 깊게 방전된 경우, 납이 분리막을 통해 뾰족하게 성장하면서 가끔 단락이 발생했다. 오늘날에는 전해질에 특수한 재료(보통 황산염)를 첨가하여 납의 성장문제를 완전히 해결하였기 때문에, 더 이상 심각한 문제가 아니다.

배터리의 에너지밀도를 높이기 위해 극판의 크기가 매우 커졌다. VRLA 배터리의 극판은 보통 용기의 바닥에 세워져 있다. AGM 배터리의 경우, 한 장으로 된 유리매트를 사용하면 셀의 하부에서 단락이 일어날 위험이 항상 존재한다. 최소한 두 극판 중 하나를 유리매트로 감싸는 것이 이 문제를 방지하기 위한 좋은 방법이다. 그럴 경우 셀 하부에서 단락에 의한 고장을 거의 영으로 감소시킬 수 있다. 에너지밀도를 증가시키기 위해서는 극판의 폭과 높이를 크게 증가시켜야 한다. 유리매트의 크기는 이 극판들보다 그다지 크지 않기 때문에, 셀의 조립 시 극판들 사이에서 유리매트를 주의깊게 배치함으로써, 극판의 상부나 측면에서 단락이 발생하는 것을 방지해야 한다.

9.8. 결론

대부분의 태양광발전 분야에서는 발전시스템이 전력계통에 연결되어 있지 않다. 따라서 에너지저장시스템이 필요하며, 보통 납 배터리가 사용된다. 독립형 태양광 및 풍력 발전 시장은 크게 성장하였으며, 따라서 이러한 분야에 사용될 배터리의 수요도 증가하고 있다. 이 추세는 계속될 것이므로, 태양광발전용 배터리 시장의 전망도 매우 밝다. 또한 개방형(flooded) 배터리보다는 VRLA 배터리(보통 겔형)가 사용되는 추세도 뚜렷하다. 배터리에서 부족충전과 황산화는 고장의 주된 요인이다. 따라서 이 분야에서는 개선된 충전방법이 필요하다.

참고문헌

1. H. Gabler, in J. Garche, W. Höhe, G. Stadermann (eds.), *Elektrochemische Speichersysteme für regenerative Energieversorgungsanlagen,* Forschungsverbund Sonnenernergie, Berlin, Germany, 1999
2. R.H. Newnham, in D.A.J. Rand, P.T. Mosely, J. Garche, C.D. Parker (eds.), *Valve-regulated Lead-Acid Batteries,* Elsevier, Amsterdam, Netherland, 2004
3. A. Jossen, J. Garche, D.U. Sauer, *Solar Energy* 76 (2004) 759
4. J. Garche, in J. Garche, W. Höhe, G. Stadermann (eds.), *Elektrochemische Speichersysteme für regenerative Energieversorgungsanlagen,* Forschungsverbund Sonnenernergie, Berlin, Germany, 1999
5. J. Schmid, in J. Garche, (ed.), *Elektrochemische Speicher in regenerativen Energiesystemen,* Universitätsverlag, Ulm, Germany, 1994
6. R. Wagner, D.U. Sauer, *J. Power Sources* 95 (2001) 141
7. R. Wagner, in D.A.J. Rand, P.T. Mosely, J. Garche, C.D. Parker (eds.), *Valve-regulated Lead-Acid Batteries,* Elsevier, Amsterdam, Netherland, 2004
8. G. Bopp, M. Bächler, H. Gabler, W. Höhe, W. Mittermeier, D.U. Sauer, P. Sprau, B. Willer, M. Wollny, *Proc.13th E.C. Photovoltaic Solar Energy Conference*, Nice, France, 1995
9. J. Garche, *J. Power Sources* 53 (1995) 85
10. D.U. Sauer, G. Bopp, M. Bächler, W. Höhe, A. Jossen, P. Sprau, B. Willer, M. Wollny, *Proc.14th E.C. Photovoltaic Solar Energy Conference*, Barcelona, Spain, 1997
11. J. Garche, A. Jossen, H. Döring, *J. Power Sources* 67 (1997) 201
12. G. Bopp, H. Gabler, K. Kiefer, K. Preiser, E. Wiemken, *Proc. NORTH SUN*, Espoo, Finnland, 1997
13. D.U. Sauer, J. Garche, *J. Power Sources* 95 (2001) 130
14. H. Gabler, E. Wiemken, *Proc. 2nd World Conference on Photovoltaic Solar Energy Conversion,* Vienna, Austria, 1998
15. D.U. Sauer, M. Bächler, G. Bopp, W. Höhe, J. Mittermeier, P. Sprau, B. Willer, M. Wollny, *J. Power Sources* 64 (1997) 197
16. W. Höhe, A. Jossen, G. Bopp, D.U. Sauer, B. Willer, M. Wollny M. Bächler, P. Sprau, in J. Garche, W. Höhe, G. Stadermann (eds.), *Elektrochemische Speichersysteme für regenerative Energieversorgungsanlagen,* Forschungsverbund Sonnenernergie, Berlin, Germany, 1999
17. A. Jossen, H.-P. Hönes, H. Karl, G. Lehner, in J. Garche, (ed.), *Elektrochemische Speicher in regenerativen Energiesystemen,* Universitätsverlag, Ulm, Germany, 1994
18. S. McCarthy, A. Kovach, G.T. Wrixon, *Proc.9th European Photovoltaic Solar Energy Conference*, Freiburg, Germany, 1989
19. R. Wagner, in H. Kahlen (ed.) *Batterien,* Vulkan, Essen, Germany, 1992
20. R. Wagner, *J. Power Sources* 53 (1995) 153
21. H. Döring, A. Jossen, D. Köstner, J. Garche, *Proc.10th Symposium Photovoltaische Solarenergie*, Staffelstein, Germany, 1995
22. D.U. Sauer, *J. Power Sources* 64 (1997) 181
23. W. Rusch, in J. Garche, W. Höhe, G. Stadermann (eds.), *Elektrochemische Speichersysteme für regenerative Energieversorgungsanlagen,* Forschungsverbund Sonnenernergie, Berlin, Germany, 1999
24. D.U. Sauer, in A. Luque, S. Hegedus (eds.), *Handbook of Photovoltaic Science and Engineering*, Wiley & Sons, New York, USA, 2003
25. R. Wagner, M. Schroeder, T. Stephanblome, E. Handschin, *J. Power Sources* 78 (1999) 156
26. U. Kriegler, B. Ratering-Schnitzler, *Proc.4th European Power Quality Conference,* Nuernberg, Germany, 1997
27. R. Harke, U. Kriegler, B. Ratering-Schnitzler, M. Schroeder, T. Stephanblome, *J. Power Sources* 67 (1997) 173
28. U. Kriegler, B. Ratering-Schnitzler, *VDI Berichte* 1291 (1996) 73
29. R. Wagner, *Proc. Int. Symposium on Power Sources for stationary and distributed Power Systems*, Munich, Germany, 2003

30. R. Wagner, *Proc. 11th International Lead Conference*, Venice, Italy, 1993
31. R. Wagner, D.U. Sauer, in J. Garche, W. Höhe, G. Stadermann (eds.), *Elektrochemische Speichersysteme für regenerative Energieversorgungsanlagen*, Forschungsverbund Sonnenenergie, Berlin, Germany, 1999
32. R. Wagner, U. Theimann, G. Bopp, D.U. Sauer, *Proc. 15th Symposium Photovoltaische Solarenergie*, Staffelstein, Germany, 2000
33. D.U. Sauer, G. Bopp, A. Jossen, J. Garche, M. Rothert, M. Wollny, *INTELEC 1999, Conf. Proc.*, Copenhagen, Danmark, 1999
34. H. Schmidt, C. Siedle, L. Anton, *Proc.13th E.C. Photovoltaic Solar Energy Conference*, Nice, France, 1995
35. H. Schmidt, C. Siedle, L. Anton, H. Tuphorn, *Proc. 30th Int. Symp. Automotive technology and Automation*, Florence, Italy, 1997
36. H. Schmidt, L. Anton, *INTELEC 1999, Conf. Proc.*, Copenhagen, Danmark, 1999
37. R. Wagner, *VDI Berichte* 1641 (2001) 273
38. R. Wagner, *7. Kasseler Symposium Energie-Systemtechnik*, Kassel, Germany (2002) 60
39. R. Wagner, *J. Power Sources* 144 (2005) 494
40. R. Wagner, *J. Electrochem. Soc.* 143 (1996) 139
41. R. Wagner, *Elektrische Energietechnik*. 2 (1993) 6
42. R. Wagner, in J. Garche (Editor) *Elektrochemische Speicher in regenerativen Energiesystemen*, Universitätsverlag, Ulm, Germany, 1994
43. U. Kranz, in J. Garche, (ed.), *Elektrochemische Speicher in regenerativen Energiesystemen*, Universitätsverlag, Ulm, Germany, 1994
44. M. Eingartner, R. Knapp, U. Kranz, *Elektrizitätswirtschaft*, 21 (1995) 1376
45. R. Wagner, *J. Power Sources* 67 (1997) 163
46. R. Wagner, H.-U. Koch, *2.. Kasseler Symposium Energie-Systemtechnik*, Kassel, Germany (1997) 115
47. K. Eberts,in D.H. Collins (ed.), *Power Sources* 2, Pergamon Press, Oxford, UK, 1970
48. S. Sternberg, A.Mateescu, V. Branzoi, L. Apatenau, *Electrochim. Acta* 32 (1967) 349
49. K. Bullock, D.H. McClelland, *J. Electrochem. Soc.* 124 (1977) 1478
50. K. Bullock, *J. Electrochem. Soc.* 126 (1979) 360
51. K. Bullock, *J. Electrochem. Soc.* 126 (1979) 1848
52. G.A. Morris, P.J. Mitchell, N.A. Hampson, D.I. Dyson, *Power Sources*, 12 International Power Sources Symposium Committee, Leatherhead, UK, (1989)
53. E. Meissner, *J. Power Sources* 67 (1997) 135
54. G. Baudo, G.B. Cecchinato, *INTELEC 1989, Conf. Proc.*, Florence, Italy
55. R.D. Prengaman, *Proc. 4th Int. Lead-Acid Battery Seminar*, San Francisco, USA, 1990
56. D. Berndt, Maintenance-Free Batteries, Research Studies Press, Taunton, Somerset, UK, 1993

정지용 응용 분야 IV
- 니켈-카드뮴 배터리의 역할

10.1. 소개

휴대용 장비에 사용되는 충전가능한 니켈-카드뮴(NiCd) 시스템은 보통 밀봉형(sealed)으로서, 중부하(重負荷, heavy duty)나 알칼리 배터리 대신에 사용될 수 있다. 산업용으로는 보통 개방형(flooded)이 사용되며, 이 배터리는 다른 배터리가 적용되기 어려운 분야에서 틈새시장을 가지고 있기 때문에, 이 장은 이러한 산업용 대용량 개방형 NiCd 배터리를 다룬다. 또한 납 기반 배터리에 비해 우수한 기술적 특징과 장수명 때문에, 특히 고신뢰성이 요구되는 정지용 분야에 사용된다.

니켈-카드뮴 셀의 공칭전압은 1.2V이다. 이는 가장 널리 사용되는 1차 셀의 전압 1.5V보다 낮으며, 납 배터리의 2V보다는 훨씬 낮다. 그러나 NiCd 배터리는 방전 시 매우 일정한 전압을 유지하기 때문에 대부분의 전자장비가 요구하는 전압유지 성능을 만족시킬 수 있다. 이 배터리의 공칭전압은 낮지만, 큰 전류를 흘려야 하는 응용분야에서는 납 배터리보다 적합하다. 이는 내부저항이 매우 낮기 때문이며, 짧은 시간에 매우 큰 전류를 흘릴 수 있다. 이 때문에 엔진의 시동이나 그밖의 고속방전이 요구되는 응용분야에 널리 사용된다.

10.2. 역사

1899년 스웨덴의 Waldemar Jungner는 최초의 니켈-카드뮴 배터리를 만들었다. 그 당시 유일한 경쟁자는 납 배터리였다. 니켈-카드뮴 배터리는 특정한 분야에서 몇 가지 장점을 가지고 있다. 초기 모델은 물리적 및 화학적으로 견고했으며, 이 모델의 설계를 변경함으로써 에너지밀도를 1차 배터리의 약 반 정도까지 증가시켰는데, 이는 납 배터리의 에너지밀도보다 훨씬 높은 값이었다.

1910년 산업용 니켈-카드뮴 배터리를 생산하는 회사가 스웨덴에 설립되었다. 이때 생산된 배터리는 니켈과 카드뮴 활성물질이 함유된 니켈도금 강철 포켓(nickel-plated steel pocket)으로 만든 '포켓판형(pocket plate type)' 이었다.

1932년 독일의 과학자 Schlecht와 Ackermann이 소결판을 발명했을 때 이 배터리의 기술적 도약이 이루어졌다. 이 소결판 때문에 포켓판형보다 에너지밀도가 훨씬 더 높아졌으며, 특히 항공분야에 적합했다. 보통 소결판은 포켓형 배터리의 포켓보다 훨씬 얇기 때문에, 단위체적 당 표면적이 크고, 따라서 크기가 같을 경우 다른 배터리에 비해 큰 전류를 흘릴 수 있었다.

1947년 프랑스 과학자 Neumann이 셀을 완전히 밀봉하는데 성공함으로써 NiCd 주요 기술이 완전히 개발되었다. 따라서 밀봉형 니켈-카드뮴 배터리가 상용화되었으며, 니켈-금속 수소화물 및 리튬이온 배터리가 나타날 때까지 휴대용 재충전 배터리용으로 가장 널리 사용되었다.

10.3. 화학반응

니켈-카드뮴 배터리의 기본적인 화학반응은 2장에서 설명했다. 여기서는 보충적인 내용을 설명할 것이다.

충전상태에서 양극판은 NiOOH, 음극판은 다공질 Cd로 이루어져 있으며, 두 극판 모두 셀 구조에 따라 1.2~1.3g/cm^{3}의 비중을 갖는 KOH 전해질 용액 내에 잠겨 있다. 셀이 방전하면 활성물질은 다음 반응에 따라 KOH가 아닌 H_2O를 소모한다.

$$2NiOOH + Cd + 2H_2O \rightleftharpoons 2Ni(OH)_2 + Cd(OH)_2$$

이 반응으로 인해 나타나는 현상은 다음과 같다.

- 방전 시 전해질의 물이 활성물질과 결합되기 때문에 팽창이 일어난다. 결합되는 물의 양은 작으므로, 전체 전해질의 비중에 미치는 영향은 무시할 수 있다.
- 충방전 시 전해질의 밀도는 거의 변하지 않기 때문에, 전기화학반응에 영향을 미치지 않고 다량의 전해질을 저장하여 사용할 수 있다.
- 양극 활성물질인 NiOOH의 구조는 복잡하며, 수화(水和, hydration) 정도에 따라 다양한 결정이 존재한다.

니켈-카드뮴 배터리는 특성이 안정되어 있기 때문에, 장수명과 전기적 및 기계적 특성이 뛰어나며 가혹 운전에 대한 내구성을 지니고 있다.

기본 니켈-카드뮴 셀의 성능을 개선시킨 또 다른 획기적인 변화는 수산화칼륨 전해질에 수산화리튬을 첨가시킨 것이다. 이로 인해 셀은 가혹 운전에 대한 내구성이 더욱 높아짐으로써 수명이 늘어나는 효과가 있다.

개방형 셀을 완전 충전시키기 위해서는 어느 정도 과충전시킬 필요가 있으며, 이로 인해 니켈-카드뮴 배터리에는 두 가지 결과가 나타난다. 즉, 음극이 과충전되면 수소가스가 발생하고, 양극이 과충전되면 산소가스가 발생한다. 따라서 셀이 정상적으로 동작하는 경우, 니켈-카드뮴 배터리의 종류에 따라 다양한 양의 수소와 산소가 방출된다.

10.3.1. 메모리 효과

니켈-카드뮴 배터리가 완전히 방전되기 전에 재충전되면 소위 '메모리효과(memory effect)' 라는 현상이 나타난다. 이는 충전 시 배터리가 재충전이 시작되는 점을 '기억하는' 것이며, 이 상태에서 계속 사용하면 마치 배터리가 방전된 것처럼 그 점에서 전압이 급격히 감소한다. 배터리의 용량은 실제로 크게 감소되지 않는다. 그러나 이와 같이 전압이 감소되어 배터리가 제대로 작동할 수 없다면 에너지를 많이 뽑아 쓸 수 없고, 따라서 실질적으로는 배터리의 용량이 감소되는 결과가 된다. 니켈-카드뮴 배터리에서 전력을 공급받는 일부 전자장비는 전압이 정상으로 되돌아 갈 때까지 오랫동안 저전압으로 동작할 수 있다. 그러나 이 장비가 더 이상 저전압으로 동작할 수 없게 되면 배터리에서 필요한 전력을 공급받을 수 없기 때문에, 실질적으로는 배터리 용량이 줄어들게 될 것이다.

메모리효과가 나타나는 이유와 용량이 감소되는 원인에 대해서는 많은 논란이 있었다. 그러나 실제로 이 현상은 소형 밀봉식 주조 니켈-카드뮴 셀과 관련이 있으며, 산업용 개방형 셀에서는 나타나지 않는다. 따라서 정지용 분야에서는 나타나지 않을 것으로 예상된다. 이 효과에 대해 자세히 알고 싶으면 2장과 관련 문헌을 참조하라.

10.4. 니켈카드뮴 배터리의 구조적인 특징

10.4.1. 극판 기술

산업용 NiCd 배터리에 사용된 극판의 구조는 전통적으로 포켓형이다. 분말이나 압축 연탄(煉炭, briquette) 형태의 활성물질이 니켈로 도금된 강철박판으로 만든 천공 포켓(perforated pocket)으로 감싸져 있다. 이 포켓은 기계적인 지지체와 집전체로 작용한다. 몇 개의 포켓을 강철프레임에 넣어 주름을 만들거나 용접시켜 사각판을 만든다. 포켓판은 활성물질 입장에서 볼 때 면적/부피 비가 비교적 작으며, 보통 방전율이 중간 이하인 응용분야에 사용된다. 그림 10.1에서 오늘날의 포켓판 셀의 구조가 나타나 있다.

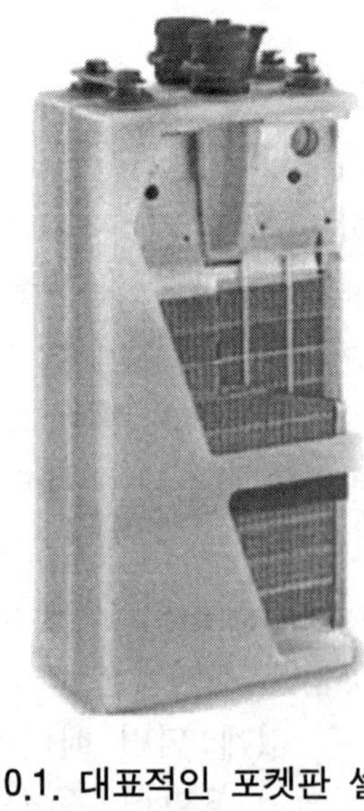

그림 10.1. 대표적인 포켓판 셀의 구조

면적/부피 비를 크게 하여 고율방전 특성을 가질 수 있도록 소결전극이 개발되었다. 카보닐 니켈 분말의 산화를 피하기 위해, 약 1000℃의 환원분위기에서 니켈 도금 천공 강철로 만든 뒷받침판(backing foil) 표면에 분말이 소결된다. 이 판은 보통 0.5~1.0mm 두께로 제작되며, 활성물질 용액이 주입되면 제작공정이 마무리된다. 소결기판은 활성물질의 이용률을 높이지만, 제작비가 비싸다.

가장 최근, 섬유와 플라스틱을 접합시켜 만든 전극이 개발되었다. 섬유기판은 유기섬유나 탄소섬유에 니켈을 코팅하여 만들며, 이후 때로는 열분해에 의해 섬유를 제거하기도 한다. 이 전극의 장점은 두께를 최대 10mm까지 두껍게 할 수 있으며, 따라서 저전력용 셀에 적용하면 비용량이 커진다. 반면에 대전력용으로 얇은 전극(최소 1mm 두께)도 만들 수 있다. 그러나 대전력용 섬유전극은 보통 포켓판보다 제작비가 비싸다.

플라스틱 접합 전극(plastic bonded electrode, 이하 PBE)은 연속공정으로 제조된다. 먼저 활성물질을 섞어 반죽을 만든 뒤, PTFE와 같은 유기 열접합제와 혼합하여, 니켈 도금 천공 강철 기판 상에 압연시킨다. 이후 이 압연 기판은 오븐(oven)을 통과한 뒤, 표면에 탭재료가 용접되고, 마지막으로 적당한 크기로 찍어낸다. 양극 활성물질에 이 방법을 적용하기에는 고유의 강도가 충분치 않아 강화기판과 같은 기계적인 지지체가 필요하기 때문에, PBE의 제조는 음극판에만 사용된다.

10.4.2. 활성물질

니켈-카드뮴 셀에 사용되는 활성물질은 셀이 방전되었을 때의 상태로 제조되며, 양극 활성물질은 수산화니켈, 음극은 수산화카드뮴이 사용된다. 이 활성물질들을 옥시수산화니켈(nickel oxyhydroxide)과 다공질 카드뮴로 바꾸기 위해, 완성된 셀 극판 스택에서 충방전을 포함한 형성공정이 사용된다.

포켓 및 섬유 극판용 양극재료는 보통 $NiSO_4$ 용액에 NaOH를 첨가하여 얻은 $Ni(OH)_2$를 석출시켜 만든다. 고온특성과 충전허용량을 개선하기 위해, $CoSO_4$ 형태로 존재하는 코발트나 때로는 $CdSO_4$가 첨가된다. 포켓 극판의 전기전도도를 개선하기 위해, 양극에 사용되는 산화물 분말에는 흑연이나 니켈 분말 또는 니켈 박편(flake)이 혼합되어 있다.

포켓, 섬유 및 PBE(음극) 극판용 활성물질은, 혼합이나 공침(co-precipitation)으로 만든 다양한 첨가물을 혼합시켜 고체 또는 반죽 형태로 제조된다. $Cd(OH)_2$ 음극재료는 카드뮴과 황산니켈 용액을 공침시켜 제조되며, 음극 포켓판용 재료는 황산철을 공침시켜 제조된다. 발포제(expander)로서 철을 첨가하면 음극 활성물질의 성능은 개선되지만, 양극 활성물질에는 나쁜 영향을 미친다. 철 대신에 다양한 유기질 및 무기질 발포제가 음극의 활성물질에 첨가될 수 있지만, 효과적이지는 않다.

10.4.3. 분리판

포켓판 셀 스택에는 양극판과 음극판의 접촉을 방지하기 위해 폴리스티렌(polystyrene)이나 폴리프로필렌(polypropylene)으로 만든 수직분리봉이 사용된다. 유지보수가 많지 않은 제품에서는 이와 같은 분리봉 대신에, 재결합을 증가시키고 물 소비를 감소시키는 섬유질 폴리아미드 분리판이 사용된다. 그러나 고율방전 포켓판 셀에서는 내부저항이 증가하기 때문에 이 방법이 적절하지 않다.

폴리아미드(polyamide)와 폴리프로필렌 천 역시 소결, PBE, 발포 및 섬유 극판용 분리판으로 사용되며, 이때 보통 미세기공을 가진 PVC로 만든 천공 뒷받침판 또는 가스차단용 막형 분리판이 함께 사용된다.

10.4.4. 전해질

보통 니켈-카드뮴 셀은 구조와 응용분야에 따라 밀도가 1.20~1.30g/cm^{3}인 수산화칼륨 용액으로 채워져 있다. 포켓형 셀에는 보통 1.20~1.23g/cm^{3}의 농도가 엷은 용액이 사용된다. 용액의 농도가 너무 엷으면 내부저항이 증가하여 성능이 감소한다. 농도가 짙으면 특히 온도가 높아질 때 수명이 감소하고 셀의 부품이 열화된다.

수산화리튬은 가장 일반적인 전해질 첨가제이며, 첨가량은 보통 15~30g/L이다. 리튬은 주로 양극에 영향을 미쳐 셀의 용량과 충방전성능을 개선시키는 것 같다. 수산화리튬의 농도가 높아지면 이온전도도가 감소하고 고율방전 성능이 떨어진다.

10.4.5. 구입가능한 제품

니켈-카드뮴 배터리는 다양한 응용분야에 맞도록 설계된 것들을 구입할 수 있으며, 그것이 표 10.1에 주어져 있다[1-5]. 대용량의 경우는 병렬연결된 배터리의 수를 늘인다.

표 10.1. 다양한 니켈-카드뮴 배터리의 성능과 용량

구분	대표적인 방전 방법	대표적인 용량범위(Ah)	대표적인 응용 분야
고율방전	30분 이하	10~1,000	• 엔진시동 • 스위치 개폐 • 변전소 • UPS • 전자석
중율방전	30분~2시간	10~1,000	• UPS • 전원공급 • 전차 • 가스터빈 제어 • 일반적인 혼합 부하
저율방전	2시간 이상	10~1,500	• 비상등 • 경보기 • 철로신호 • DC기구 • 통신시스템 • 재생에너지(태양광 포함)

10.5. 전기적 및 기계적 특징

이 절에서 설명하는 다양한 산업용 개방형 니켈-카드뮴 배터리는 적용된 기술에 따라 특성이 달라진다. 따라서 큰 차이가 나는 점을 주목하면서, 모든 종류에 공통적인 특징이 설명될 것이다.

모든 니켈-카드뮴 배터리는 정상적인 부동(floating)충전 분야에서 20℃로 동작하는 경우 20년 이상의 수명을 가지며, 까다로운 환경조건에 적합하다.

10.5.1. 고온 및 저온 성능

고온 때문에 배터리 성능이 거의 영향을 받지는 않지만, 그림 10.2에 나타나 있는 것처럼 저온은 큰 영향을 미친다.

니켈-카드뮴 배터리는 손상 없이 매우 넓은 온도범위에서 사용될 수 있다. 포켓판 셀에 비해 소결/플라스틱접합 셀에 미치는 저온의 영향은 작다. 그러나 0℃ 이하에서 성능이 크게 감소하는 VRLA 셀보다는 두 셀의 성능이 뛰어나다.

니켈-카드뮴 배터리는 어떠한 방전율로도 사용될 수 있는 것은 확실하지만, Ah당 비용이 결정적인 요소이다. 따라서 니켈-카드뮴 셀은 성능에 따라 다양하게 설계된다.

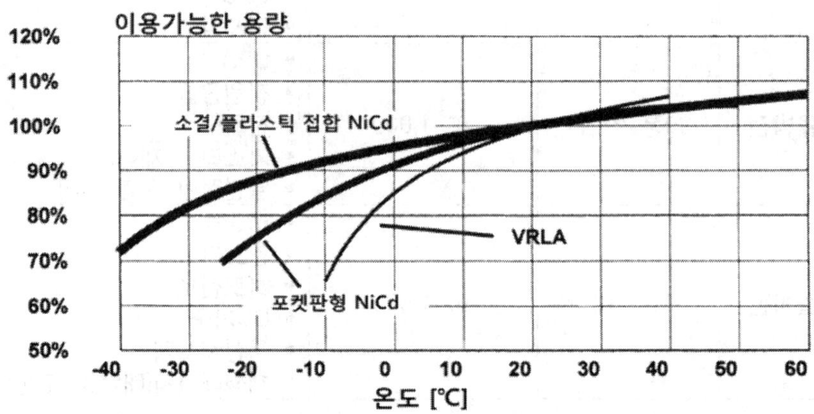

그림 10.2. 납 및 니켈-카드뮴 셀의 성능에 미치는 온도의 영향

10.5.2. 고온에서의 수명

배터리의 전기화학적 활성도는 온도와 함께 증가하므로 활성물질의 자연적인 열화 속도 역시 증가한다. 그러나 이것 때문에 니켈-카드뮴 셀 전극조립체 중의 강철 부품이 영향을 받지는 않으므로, 장수명이 확실히 보장된다. 열화 속도는 온도가 10℃ 증가할 때마다 수명이 약 20% 감소한다. 이는 같은 조건에서 수명이 약 50% 감소하는 납 배터리와 비교된다.

따라서 정상동작 온도에서 수명이 20년인 니켈-카드뮴 셀이 평균 대기 온도 4

5℃에서 동작하면 수명은 약 15년 정도로 감소될 것이며, 같은 조건에서 10년 수명의 납 셀은 2년 정도로 감소될 것이다.

따라서 니켈-카드뮴 배터리는 고온 환경을 가진 응용분야에서 선호되고 있다. 그 예로는 통신장비의 외부캐비넷(10.8절 참조), 유전탐사, 태양광 및 풍력 에너지 저장 분야, 철로장비 등이 있다. 온도범위는 보통 -20~50℃이며, 특수목적 배터리의 경우 더욱 가혹한 온도범위인 -50~70℃도 허용될 수 있다.

10.5.3. 충방전 특성

니켈-카드뮴 포켓판 셀은 많은 횟수로 깊이 방전될 수 있으며, 충방전횟수는 각 충방전 시의 방전깊이에 따라 달라진다.

포켓판 셀은 70%의 방전깊이로서 1000회 이상, 15%의 방전깊이로는 10,000회 이상의 충방전을 수행할 수 있다(그림 10.3 참조). 이 때문에 충방전이 빈번한 응용분야에 적합하다.

소결 양극 / 플라스틱접합 음극 배터리의 경우, 70%의 DoD에서 3,500회 이상 충방전을 수행할 수 있으며, 이 때문에 주요 전기자동차 제작사들이 이 배터리를 사용하고 있다.

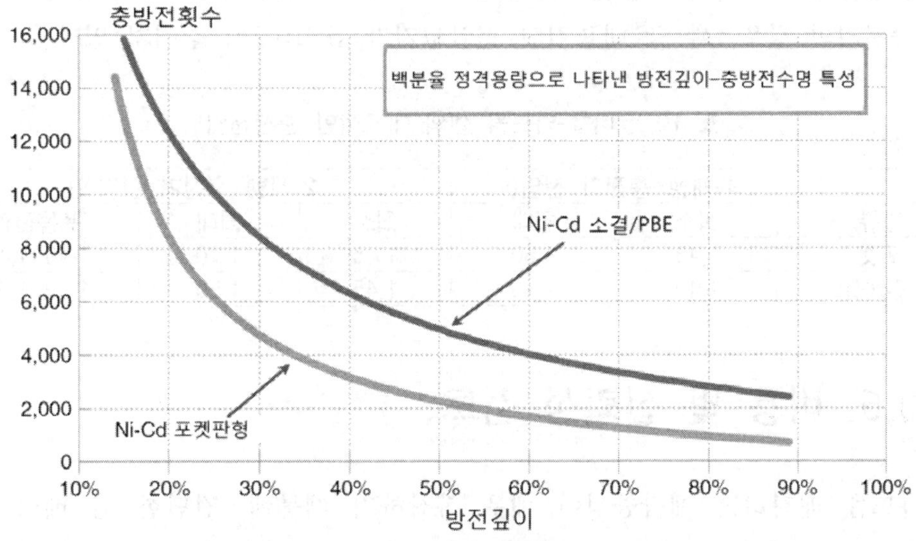

그림 10.3. 니켈-카드뮴 셀의 충방전 성능

10.5.4. 충전 특성

이 배터리를 충전할 때는 2-레벨 충전법과 1-레벨 충전법이 있으며, 이때 선택된 방법은 재충전시간과 물소비량에 영향을 미친다.

2-레벨 충전기는, 보통 정해진 시간 동안 고전압으로 충전하고, 그 뒤는 충전상태를 유지하기 위해 낮지만 항상 일정한 부동전압으로 바꾼다. 첫 번째 고전압 충전단계는 배터리가 방전된 후(즉, 시스템이 사용된 후) 시작되며, 배터리의 충전상태를 높은 수준으로 빠르게 회복시킨다. 이러한 충전시스템의 장점은, 고전압충전은 매우 짧은 시간 동안만 인가되어 성능의 열화 없이 배터리를 빠르게 재충전시키며, 부동충전 시는 저전압이기 때문에 셀에는 매우 작은 전류가 흐르고, 따라서 물소비가 최소화되는 것이다.

소결/PBE 배터리는 저전압 저율로 충전할 경우, 완전 방전 상태에서 완전 충전까지는 24시간이 걸린다. 포켓판 배터리는 같은 시간 동안 완전충전되지 않고 90%까지 재충전된다. 이 단계 이후 충전기 전압은 배터리의 현재의 충전상태를 유지하거나 조금씩 충전할 수 있도록 바뀐다.

1-레벨 충전기는, 배터리를 빠르게 충전시킬 수 있는 고전압과 과도하게 물을 소비하지 않을 수 있는 저전압 사이의 타협안으로서 오직 정해진 크기의 전압만으로 충전한다. 그러나 이 충전기는 간단하고 신뢰성이 높다는 큰 장점이 있다.

두 충전기의 경우, 셀 당 대표적인 전압크기가 표 10.2에 주어져 있다.

표 10.2. 니켈-카드뮴 셀의 대표적인 충전전압

	1-레벨 충전기 전압(V)		2-레벨 충전기 전압(V)		
종류	최소	최대	최소	최대	부동전압
포켓	1.43	1.50	1.45	1.70	1.40~1.42
소결/PBE	1.40	1.43	1.45	1.55	1.39~1.41

10.6. 비용 및 신뢰성 검토

니켈-카드뮴 배터리는 제작공정이 매우 복잡하기 때문에, 간단한 납 배터리보다 가격이 매우 비싸다. 그러나 배터리의 유지보수 비용은 구매가격보다 훨씬 더 비싸기 때문에, 시스템의 수명을 고려할 때 초기 구매비용이 가장 싼 것을 선택하는 것은 가장 비싼 방법이 되기 쉽다. 실제로 배터리시스템의 비용은 다음 3가지로 나눌 수 있다.

- 구매비용, 여기에는 배터리 가격, 구매 및 행정 비용, 설치인건비 등이 포함된다.
- 연간 유지보수 비용, 여기에는 보통 국가표준과 관련된 배터리 검사비용, 배터리 물공급 비용 등이 있다.
- 배터리 대체 비용, 여기에는 새 배터리 가격, 구매비 및 행정비, 설치인건비, 사용된 배터리의 해체비 등이 포함된다.

이러한 요소들 때문에 응용분야에 따라 다양한 배터리가 사용되며, 가장 널리 사용되는 것은 VRLA 배터리, 개방형 납 배터리, 개방형 니켈-카드뮴 배터리, 저 유지보수 니켈-카드뮴 배터리 등이다.

그러나 보통 특수 분야에 중요한 것은 비용뿐만 아니라 충방전수명과 심지어는 신뢰성이며, 신뢰성에 대한 요구가 높아질수록 시스템 제작 비용은 기하급수적으로 증가한다(그림 10.4 참조).

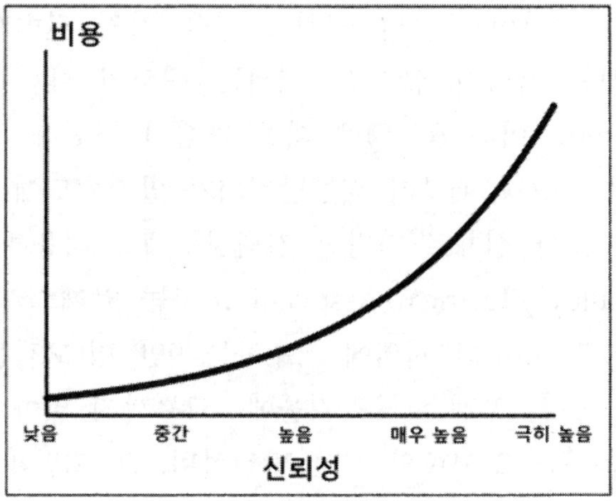

그림 10.4. 신뢰성 - 비용의 관계

신뢰성은 고장발생 빈도와 가혹운전 횟수를 기반으로 한다. 신뢰성의 척도는 실제 운전조건에서 배터리의 성능과 연관되어 있으며, 어떠한 제어방법을 쓰더라도 고장을 예측할 수 있는 것이 중요하다. 배터리의 성능이 방전사양을 만족시키지 못할 때 이를 고장을 간주한다면, '고장이 없는' 배터리는 매우 중요하다. 다시 말하면, 사용자가 배터리가 동작할 것으로 기대하는 한 어떠한 고장도 발생하지 않아야 한다.

특수 분야에 사용되는 배터리의 경우, 여러 요소를 평가하는 것이 중요하다. 비용과 관련된 것은 수명, 유지보수 및 설치비 등이 있다. 신뢰성과 관련된 것은 예측가능한 고장원인, 충방전능력, 극한온도에서의 특성, 전기시스템의 고장, 기계적인 교란 등에 대한 허용한계 등이 있다.

신뢰성과 비용 사이에서 올바른 균형을 유지하는 것은 쉽지 않으며 주의 깊은 분석이 요구된다.

10.7. 에너지저장용 대형 배터리

10.7.1. 소개

알래스카는 '전기적 섬', 즉 외부로부터 전력을 공급받지 않고 자급자족하려고 노력해 왔다. 이는 피크전력 수요나 전원 고장을 지역 전력계통망으로 해결해야 한다는 것을 의미한다. 따라서 알래스카에서는 배터리 에너지저장시스템(battery energy storage system, 이하 BESS)에 대한 관심이 커졌다. BESS의 기본기능은, 발전기나 전력계통선의 고장 때부터 디젤발전기가 발전속도에 도달할 때까지 전력을 공급하는 것이다. 또한 실제로 다양한 전력상황에도 대응해야 한다.

GVEA(Golden Valley Electrical Association)사는 알래스카의 페어뱅크스에 본부를 두고 있으며, 5,700km^{2}의 지역에 거주하는 9만 명(고객은 4만 명)의 주민에게 전력을 공급하고 있다. 알래스카는 겨울에 -51℃까지 낮아지며, 여름에는 32℃까지 높아진다. 이 회사는 25MW의 석탄 발전설비, 200MW의 디젤 및 석유 가스터빈 발전설비를 가지고 있으며, 3,540km의 배전선과 540km의 송전선을 보유하고 있다.

1985년 앵커리지 전력회사와 GVEA사 시스템 사이의 300km가 138kV 전력선으로 연결됨으로써, GVEA사는 저가의 천연가스 발전과 수력발전을 이용할 수 있게 되었다. 그러나 이 때문에 GVEA사는 당시까지 담당했던 부하 이상의 발전용량을 제공해야 할 필요성이 커졌고, 정전 및 송전선 교란의 위험도 증가했다. 1990년대 초, 안정성 문제를 조사하던 전력회사 대표 모임은 가장 효과적인 방법이 BESS를 설치하는 것이라는 결론을 내렸다.

10.7.2. BESS의 정의

계획된 여러 프로젝트들에 공급할 전력을 근거로, BESS의 기본 요구사양은 15분 동안 40MW의 전력을 공급할 수 있어야 하며, 출력이 4MW/분으로 감소하는 경우에도 충분한 여유에너지를 가져야 한다는 것이었다. 이 40MW라는 것은 부분적으로 미 에너지성이 자금을 지원하는 HCCP(Healy Clean Coal Plant, 힐리 청정석탄발전소)의 예상출력을 근거로 한 것이었으며, 이러한 전력이면 이전에 발생된 시스템고장의 74%가 발생하지 않도록 계획된 것이었다. 15분의 동작시간이면 다른 발전설비가 투입될 수 있는 충분한 시간이었다.

BESS의 기본 요구기능은 VAR(무효전력) 보상, 순동예비력(瞬動豫備力, spinning reserve), 전력시스템 안정화, 전력공급 계획 자동 수립, 정기적인 부하 증가 대응, 발전량 자동제어, 충전 등 모두 7가지 모드였다.

설치비용은 20년의 수명을 근거로 해야 했으며, 각 공급자는 자기 제안의 타당성을 설명하기 위해 전체 수명주기에 대한 비용분석 보고서를 제출해야 했다. ABB사/Saft사 컨소시움은 10년에 걸친 프로젝트 계획을 수립하였으며, 구체적인 일정은 다음과 같이 요약된다.

- 1990년 : 프로젝트 수립
- 1996년 : GVEA사 자문 및 회의
- 1996년 : ABB사/Saft사 컨소시움 구성
- 1998년 : 기술 입찰서(technical proposal)
- 2000년 : 가격 입찰서(commercial proposal)
- 2001년(5월) : 최종협상 대상으로 ABB사/Saft사 컨소시움 선정
- 2001년(8월) : 최종 입찰서
- 2001년 후반 결정

2001년 GVEA사가 계약서에 서명했을 때 HCCP는 아직 전력을 공급할 준비가 되지 않았기 때문에, 요구성능은 40MW에서 27MW로 감소되었지만, 이후 단계에서 이를 증가시킬 가능성은 남겨두었다. 그러나 이렇게 용량이 감소되었음에도 불구하고 고장률은 68%가 감소될 것으로 예측되었다.

10.7.3. BESS 설계

BESS를 구성하는 주된 요소는 다음과 같이 2가지가 있다.

- Saft사가 개발한 니켈-카드뮴 배터리 : 에너지저장 장치
- ABB사가 설계, 제작한 컨버터 : 배터리의 DC 출력을 AC 전력으로 변환하여 GVEA사의 전력계통에 전력을 공급.

이 BESS는 짧은 시간 동안 최대 46MW의 전력을 공급할 수 있지만, 이는 주된 역할이 아니다. 실제의 주 목적은 전력공급이 갑자기 중단되어 비상발전기가 기동하는 15분 동안 전력을 공급하는 것이다.

10.7.3.1. 배터리

BESS의 배터리는 모듈 4개가 병렬연결되어 있는 것으로, 각 모듈은 고성능 포켓판 셀 3,440개가 직렬연결되어 있으며, 용량은 920Ah이다. 따라서 저장용량은 4 × 920Ah = 3,680Ah이며, 배터리에 사용된 셀의 총 갯수는 3,440 × 4 = 13,760개이다. 간편한 취급을 위해, 각 모듈을 10개의 셀로 만든 뒤 산업용 선반에 설치하였다. 선반 사이의 복도는 지게차가 접근할 수 있기 위한 것이다(그림 10.5 참조).

전체 배터리의 무게는 1,300톤이며, 차지하는 면적은 120m × 26m이다. NiCd 배터리의 장점을 유지하면서 20~25년의 수명을 얻기 위해 고성능 포켓판 구조가 채택되었다. 이 포켓판 셀은 20분 동안 정격용량의 80%를 공급할 수 있으며, 배터리수명이 약간 감소되긴 하지만 빈번한 심방전도 견딜 수 있다.

10개 셀로 이루어진 모듈은 공장에서 미리 제작되기 때문에, 이 모듈을 사용하면 고장 발생 시 신속한 교체가 가능하고, 함께 설치된 물충전시스템을 통해 간단히 물을 보충할 수 있다.

배터리는 4개의 모듈이 병렬연결되어 있지만, 전력수요가 증가하면 6 또는 8개의 모듈을 병렬연결할 수 있다.

그림 10.5. BESS 배터리의 일부

전체 배터리의 무게는 1,300톤이며, 차지하는 면적은 120m × 26m이다. NiCd 배터리의 장점을 유지하면서 20~25년의 수명을 얻기 위해 고성능 포켓판 구조가 채택되었다. 이 포켓판 셀은 20분 동안 정격용량의 80%를 공급할 수 있으며, 배터리수명이 약간 감소되긴 하지만 빈번한 심방전도 견딜 수 있다.

10개 셀로 이루어진 모듈은 공장에서 미리 제작되기 때문에, 이 모듈을 사용하면 고장 발생 시 신속한 교체가 가능하고, 함께 설치된 물충전시스템을 통해 간단히 물을 보충할 수 있다.

배터리는 4개의 모듈이 병렬연결되어 있지만, 전력수요가 증가하면 6 또는 8개의 모듈을 병렬연결할 수 있다.

10.7.3.2. 전기시스템

전기시스템의 핵심인 전압원컨버터(volatge source converter)에는 표준화된 PEBB (Power Electronic Building Block, 전력전자블럭)가 포함되어 있다. NPC (neutral point clamped, 중성점 고정) 결선 방식의 이중스택 PEBB 하나가 단상 H-브리지를 구성하며, 이 브리지회로는 상당 4개가 설치되어 있다. 스택은 탈이온화된 물에 의해 냉각된다. 시스템의 부품은 신뢰성이 높은 부품을 사용해야 하고, 모든 부품은 쉽게 구할 수 있어야 한다.

10.7.4. 가동 결과

실제 가동을 위해 BESS가 인도된 것은 2003년 9월 19일이었고, 11월 11일에야 최초로 전력을 공급하였으며, 약 2500가구가 정전되는 것을 막았다.

2004년 BESS는 56번 동작하여 연간 290,000가구가 정전되는 것을 방지하였으며, 현재(2006년 중반)까지의 고장방지 횟수는 표 10.3에 주어져 있다[5]. 이러한 결과는 GVEA사의 BESS 웹사이트에 공지되고 있으며, 자료는 계속 업데이트되고 있다.

표 10.3. 지금까지 알래스카의 BESS에 의해 방지된 정전

연도	총 단전 방지 횟수	총 단전 시간(분)	전력공급 가구수	가구 당 총 단전 방지 시간(분)	가구 당 평균 단전 방지 시간(분)
2003	3	24	11,122	8	1 회 이상
2004	56	529	286,598	66	7
2005	34	416	226,052	48	5.6
2006 (6월까지)	36	334	117,897	27	2.9

10.7.5. 수상 경력

배터리 기반 시스템을 논의할 때 수상 경력을 언급하는 것은 매우 이례적이지만, 알래스카 BESS는 이 분야에서 상당한 명성을 얻었다. ABB사는 BESS 컨버터의 개발과 설계에 대한 공로로 Platts 2003 Global Energy Award를 수상했고, GVEA사는 BESS 프로젝트를 수행한 공로로 EPRI 기술상을 수상했으며, 2005년 4월 BESS는 5분 동안 46MW를 공급함으로써 세계에서 가장 강력한 배터리로서 기네스 세계기록(Guiness World Record) 인증을 받았다.

10.7.6. 최종 검토

페어뱅크스 지역의 정전이 감소함으로써 GVEA사의 BESS는 송배전, 발전 및 전략계획 수립 분야에서 다음과 같은 또 따른 이득도 얻었다.

- 송배전분야에서는 전압조절 능력, 초기 동요 안정성(初期 動搖 安定性, first swing stability), 손실 감소 등이 개선되었다.
- 발전 분야에서는 순동예비력(瞬動豫備力, spinning reserve) 제공, 출력증감율 억제 완화(ramp-rate constraint relief), 부하추종, 정전 시 전력망 복구(black start), 부하평준화, 터빈시동 지연 감소 등이 있다.
- BESS의 사용으로 나타나는 그밖의 장점으로는, 전력품질의 개선, 피크전력 감소, 전원에서 발생하는 정전 감소로 인한 신뢰성 증가 등이 있다.

10.8. 통신용 소형 배터리

기존 통신환경에서는 배터리시스템이 보통 깨끗하고 통풍이 잘되며 온도가 조절되는 건물 내에 설치된다. 이러한 환경에 배터리를 설치하는 것은 어렵지 않으며, 컴팩트하고 유지보수가 간단한 VRLA 배터리가 비록 예상수명만큼 작동하지는 않아도 가장 널리 사용된다.

휴대폰, FTTC(fibre to the curb)*) 및 그밖의 개발품이 등장하면서, 신뢰성 높은 원격 계전시스템도 필요하게 되었다. 이 시스템은 보통 통풍이 잘 되지 않으며 외부보다 내부의 온도가 높은 장비 내에 설치된다. 이 장비에는 배터리로 구성된 고유의 비상전원시스템이 설치되어 있다.

이러한 시스템들의 개발 덕분에 VRLA를 에너지저장시스템으로 사용하되, 기존 산업에서 잘 알려진 성숙된 기술을 함께 이용하는 것은 아주 당연한 선택이 될 것이다. 그러나 실외 캐비넷용 에너지저장시스템의 주된 요구사양은 컴팩트함이다.

그러나 이러한 설치환경의 변화 때문에 VRLA 배터리는 극히 가혹한 조건에서 작동되어야 했으며, 현장에서는 고장이 조기에 발생하고 있었다. 따라서 더욱 우수한 배터리기술이 요구되었다.

---

*) 광통신망의 종류
광통신 케이블의 가입자 접근 정도에 따라 광가입자망(FTTX) 기술은 FTTC(fiber to the curb), FTTH(fiber to the home), FTTO(fiber to the office) 등으로 구분된다. 이중 FTTC는 가입자 밀집 지역의 일정 지점(步道)까지는 광케이블로 연결하고, 이 지점부터 가정이나 사무실까지는 기존 포설된 케이블로 연결하는 광분배망 형태다. 그리고 가정이나 사무실까지 광케이블이 연결되는 방식에 따라 FTTH(fiber to the home)와 FTTO (fiber to the office)로 구분된다.

그러나 VRLA 배터리는 컴팩트하기 때문에, 이미 상용화된 다른 배터리로 대체할 수 없고, 전기자동차 시장에서 사용 중인 소결/PBE 배터리의 경험을 기반으로 한 특수한 니켈-카드뮴 배터리가 설계, 제작되어야 했다. 그러나 소형 VRLA 배터리를 대체할 수 있을 정도로 작은 크기로는 만들 수 없었으며, VRLA을 니켈-카드뮴 배터리로 대체할 수 있는 최소 용량은 100Ah였다.

NiCd 배터리는 전 세계 통신시장에 널리 보급되었으며, 과거 5년 전부터 소결/PBE 구조의 직렬연결 모듈 수 천 개가 동작하고 있다.

가동 결과는 고장횟수가 매우 적었기 때문에 긍정적이었으며, 현재 가동 중인 수많은 배터리를 대상으로 기술적으로 평가되었다. 이 시험 결과가 2002년의 Intelec 학술회의에서 발표되었다[3]. 일부 배터리는 현장에서 통신장비용으로 시운전 중인 것을 선택하여 전 시험기간 동안 모니터링한 반면, 다른 것은 일반 상용설비에 사용된 것을 대상으로 하였다.

조사된 모든 배터리는 대표적인 통신용 48V 시스템에 사용되는 것으로, 공칭전압이 1.2V인 셀 38개로 이루어졌으며, 배터리의 전압범위는 42~55V였다. 이 배터리들은 유지보수가 적은 표준형으로서, 실외에 설치될 경우(그림 10.6 참조) 처할 수 있는 고온 상황에서도 5년마다 한 번씩만 물을 보충해도 되는 구조였다.

시험대상 배터리는 미국 남부의 가장 따뜻한 지역(캘리포니아주에서 조지아주까지)에 설치된 것을 대상으로 하였다.

평가된 배터리들은 7개월 ~ 4년까지 가동되어 온 것으로서, 대부분의 응용분야에서 유효용량은 공칭용량의 약 95%였다. 단 두 경우에만 유효용량이 단지 75%에 불과했는데, 이는 가동 전에 수명연장을 위한 '규칙' 을 준수하지 않았기 때문이다. 그러나 이 75% 용량의 배터리는 아직 가동 중에 있다. 즉 완전 고장난 것은 아니며, 원하는 수명보다는 짧지만 여전히 시스템을 지원할 수 있었다.

시험대상 배터리의 유효용량은 가동조건에 따라 달라지며, 배터리의 충전상태, 즉 적용된 충전조건과 관련이 있다는 것을 명심해야 한다. 그러나 충전상태로부터는 배터리의 수명을 알 수는 없는데, 이는 배터리를 완전충전시키면 용량은 공칭용량에 가까운 값으로 회복될 수 있기 때문이다.

고온과 실외 통신설비의 유지보수가 잘 이루어지지 않는다는 점은 배터리에게는 매우 어려운 환경이다. 위에서 언급했듯이, VRLA 배터리의 경험으로 볼 때 예상수명은 15년 이상, 물보충 간격은 5년 정도가 보통이다.

그림 10.6. 대표적인 옥외 캐비넷 설비

이것은 기술적으로도 예상된 값이지만, 현장 시운전으로 입증되었다. 배터리가 그러한 환경 하에서 최대한의 성능을 발휘할 수 있도록 보장하려면, 충전방법에 대한 깊은 주의와 설치에 앞서 준비가 필요하다는 것이 시운전으로부터 입증되었다.

시운전 결과로부터, 고온 하에서 NiCd 배터리의 강점과 충방전수명을 고려하여 비용을 평가한다면, NiCd 배터리는 비용 대비 매우 효과적인 해결방안이 된다는 것을 알 수 있다.

10.9. 수명과 신뢰성 - 오래된 배터리의 경우

영국 Twickenham 부근의 Kempton에 있는 거대한 증기엔진의 복구작업 중에, 84개 셀로 구성된 배터리가 12개의 나무상자 안에서 발견되었다. 명판의 기록으로부터 이것은 전압 110V, 용량 32.5Ah인 니켈-카드뮴 배터리로서, Reddich사(영국)가 제작한 'Nife® 배터리' 임이 밝혀졌다. 배터리는 염소(chlorine) 창고를 모니터링하는 장비에 백업전력을 공급했던 것으로 추정된다.

셀의 날짜 코드를 분석한 결과, 이 배터리는 1960년대 후반에 제작되었으며, 같은 시기 또는 1961년 초에 가동되기 시작하였음이 밝혀졌고, 따라서 복구작업이 이루어진 당시에도 이미 45년이 지난 것이었다. 엔진창고는 1980년에 가동이 중단되었기 때문에, 배터리는 최대 20년 동안 사용된 후, 어떠한 유지보수 없이 25년 동안 습기찬 환경에 버려졌다고 생각된다.

Saft사가 후원한 복구작업은 현재 완료되었으며(그림 10.7 참조), 셀들은 일부 부품(특히 전해질)을 교체하여 가능한 한 원래 상태에 가깝게 만들었다. 유일하게 달라진 점은 오늘날의 안전요구조건을 따르도록 한 것이었다. 그 결과 셀들의 용량은 원래의 약 50%까지 회복되었다.

그림 10.7. Kempton에서 발견된 오래된 NiCd 배터리가 복구된 모습

배터리는 엔진창고의 조명용 비상전원으로 사용되고 있으며, 3시간까지 전력을 공급할 수 있었던 것으로 평가된다. 물론 방문자의 안전을 위해 법적 기준을 만족시키는 현대적인 비상조명시스템(소형 밀봉형 NiCd 배터리 사용)도 설치되어 있다.

이와 같은 성공적인 복구작업으로부터 NiCd 셀의 뛰어난 내구성을 단적으로 알 수 있으며, 수명과 신뢰성 면에서 큰 평판을 얻은 이유를 알 수 있다.

10.10. 니켈-카드뮴 배터리의 응용분야 요약

니켈-카드뮴 배터리가 사용되기 시작한 것은 100년 전이었으며, 그 당시에는 특수한 분야의 틈새시장에 사용되었다. 사실 산업용 배터리가 사용될 수 있는 모든 영역에 이 배터리가 사용될 수 있으며, 특정한 요구조건을 만족시키도록 특수 제품도 설계될 수 있다.

특히 니켈-카드뮴 배터리는 수명, 성능, 충방전능력 및 극한 온도와 그밖의 환경조건에서도 견딜 수 있는 성능을 보유한 강점이 있다.

이 배터리는 엔진시동, 개폐기, UPS, 공정제어, 데이터와 정보, 비상조명, 보안 및 화재 경보, 스위칭 및 송전, 신호발생, 태양광과 풍력 및 하이브리드시스템과 같은 재생에너지 분야 등을 포함한 광범위한 분야에 사용되고 있다. 다음에서는 위에서 언급한 것들 중 일부 분야와 정지용 분야에 대해 간략히 다룬다.

- 엔진시동

가혹한 환경에서 사용되는 니켈-카드뮴 배터리는 수명을 감소시키지 않고도 고출력용으로 만들 수 있다. 전력산업에 엔진시동용 배터리가 사용될 경우는, 주전원이 고장날 때 즉시 가동되어야 하는 보조발전기와 소화기용이다. 대표적인 시동과정은 10C의 고전류가 30초 동안 흐르며, 이것이 몇 번 되풀이될 수 있다.

엔진시동용 배터리는 동작시간이 짧지만 결코 고장이 발생하지 않아야 하고, 열화되거나 낮은 SoC 또는 매우 낮은 온도에서도 고출력 성능을 유지해야 한다. 예상수명은 15~20년 정도이다. 방전은 수 %로 얕기 때문에, 이를 기준으로 니켈-카드뮴 셀은 수 백 ~ 수 백만 번의 충방전이 가능하다.

대표적인 엔진시동용 배터리(그림 10.8 참조)는 24V, 100Ah이고, 전압범위 및 용량은 각각 12~36V, 20~200Ah이다.

그림 10.8. 엔진시동용 Ni-Cd 배터리시스템

▪ UPS

UPS용 배터리는 수 초 ~ 수 시간까지 방전된다. 이 분야용으로 비용 대비 가장 효과적인 방안은 간단히 말하면, 그에 맞는 적절한 성능을 갖는 니켈-카드뮴 셀을 선택하는 문제이다. 수명과 고장에 대한 강인성이 만족되면, 셀의 다른 모든 성능 역시 같은 수준으로 보장된다.

그러나 방전성능이 낮은 것부터 높은 것 중에서 최적의 배터리를 선택하고, 특정한 분야에 가장 성능이 우수한 것을 찾을 필요가 있다. 최근 UPS분야에서는 섬유전극도 사용되어 왔으며, 방전시간이 0.5~600분인 다양한 종류의 배터리가 사용되었다[6].

카스피해 북쪽의 거대한 유전탐사설비용 제어 및 통신 시스템의 비상전원으로 설치된 대용량 NiCd 배터리시스템(10,000Ah 이상)처럼, UPS용 배터리는 최대 8시간까지 동작해야 할 수도 있다[7].

대표적인 UPS용 배터리는 다음과 같다.

- 산업용 UPS : 백업전원용, 110 또는 220V, 30분 ~ 1시간 또는 그 이상 동안 100~200Ah 에너지 공급(그러나 1,500Ah까지 가능)
- 데이터센터/은행용 : 백업전원용, 400V, 15~30분 동안 최대 100Ah 에너지 공급(그러나 400Ah까지 가능)

그림 10.9는 1994년 프랑스의 EDF 발전소에 설치된 대용량 배터리시스템을 나타낸 것으로, Saft사의 고출력 NiCd 배터리가 사용되었다. 이 시스템에는 UPS용으로 230V, 115V 및 24V용 배터리 모듈과, 엔진시동(터빈의 윤활유 펌프)을 위한 백업전원용 230V, 390Ah의 배터리가 설치되어 있다.

그림 10.9. 산업용 UPS에 사용된 대형 Ni-Cd 배터리의 예

▪ 변전소

변전소용 배터리는, 납 배터리에서 나타나는 '급격한 전압 변화(coup de fouet)' 없이 고율 방전 능력을 유지해야 한다. NiCd 배터리는 수명기간 동안의 방전성능과 고온에서의 장수명 특성이 점진적으로 감소하는 정도가 가장 작기 때문에, 이는 배전망 중의 소형 변전소가 가장 필요로 하는 중요한 특징이다.

▪ 원격 태양광발전 분야

니켈-카드뮴 배터리는 우수한 충방전능력, 유지보수가 적은 원격시스템, 원격지까지 수송 시 작은 무게, 온도나 거친 취급 등의 가혹 조건에 대한 큰 내구성 등의 장점이 있기 때문에, 이 분야에 이상적으로 적합하다. 재결합율을 증가시킨 분리판 덕분에 유지보수 기간이 길어진 새로운 종류의 니켈-카드뮴 배터리도 개발되었다.

니켈-카드뮴 배터리는 매일 주간 또는 야간에 보통 5~30%의 DoD로써 충방전되지만, 겨울에는 훨씬 더 깊게 방전될 수 있으며, 특히 일조량이 적은 겨울 동안 낮은 충전상태에서도 동작할 수 있다. 같은 조건에서 납 배터리는 충전상태가 높아질 가능성이 전혀 없기 때문에 황산화가 발생한다.

니켈-카드뮴 배터리는 원격지의 라디오/통신 설비에 전력을 공급하고, 해안 및 해상에서 신호를 발생시키며(등대, 신호등), 석유시추장비와 파이프라인의 전기화 등에 사용된다.

스톡홀름 인근의 군도(群島) 중에서 멀리 떨어진 섬에 설치된 태양광-풍력 하이브리드 발전시스템에 연결된 니켈-카드뮴 배터리가 그 예가 될 수 있다. 이 배터리는 포켓판 구조로서 48V, 571Ah이며, 이전에 설치되었던 납 배터리를 대체하여 1983년에 가동되었고, 최소 20년의 수명이 예상된다[8].

이 응용분야에 사용되는 배터리는 보통 12V, 24V, 48V이며, 용량은 100~1,000Ah이다. 배터리는 다수의 셀이 직렬연결된 모듈 1개로 구성되어 있지만, 때로는 수 천 Ah의 에너지를 공급하기 위해 모듈을 몇 개 병렬연결시켜 사용하기도 한다.

그림 10.10은 태양광에너지를 저장하는 6V의 140Ah 및 45Ah 모듈을 나타낸 것이다.

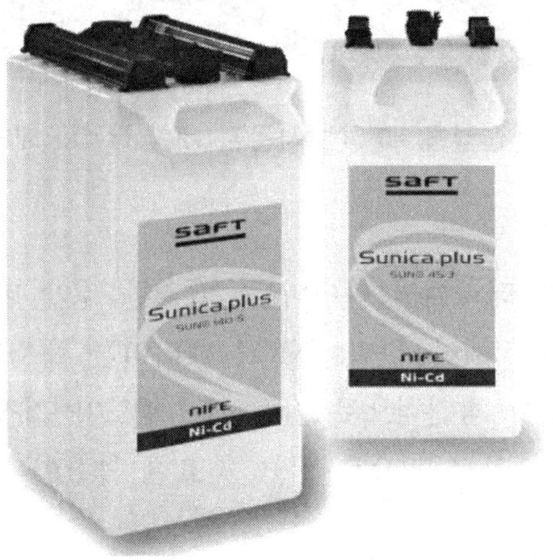

그림 10.10. Saft사의 태양광에너지 저장용 NiCd 배터리

- 철도차량

철도차량에 대기전원용 배터리가 탑재되어 있다. 기관차 시동용 외에도, 전기기관차에서부터 지하철이나 전차와 같은 도시의 대량수송 차량, 장거리 열차에 이르기까지 모든 철도차량(화물차 제외)에 NiCd 배터리가 설치되어 있다.

배터리는 여객용 철도차량에서는 조명과 환기용으로만 사용되고, 그리고 대부분의 최신 열차에서는 주전원이 없는 경우 출입문개폐, 열차정지, 무선통신 및 공기조절시스템과 같은 보조기기에 에너지를 공급한다.

이 배터리는 열차의 컨버터 또는 주전원이 자주 차단되는 경우(차량 교체, 열차 조종, 비상 정지 등)를 고려해 비상용으로 설계되었기 때문에 얕은 충방전이 빈번하게 이루어진다.

여객용 열차는 보통 3~5시간 방전되는 24V, 300~500Ah 배터리가 사용된다. 오늘날의 전기기관차 및 차량의 전기장비용의 배터리는 대부분 110V이며, 1시간 방전으로 50~150Ah의 에너지를 공급할 수 있다. 지하철용 배터리의 전압은 64V와 72V도 사용되지만, 대부분은 96V 또는 110V가 사용되고, 0.5~1시간 동안 100~200Ah의 에너지를 공급한다. 전철용 배터리는 주로 24V로서, 30분 동안 100~200Ah의 에너지를 공급한다. 표 10.4에는 다양한 철도차량에 사용되는 배터리의 특징이 요약되어 있다.

표 10.4. 철도차량에 사용되는 배터리의 특징

차량 종류	전압(V)	용량(Ah)	방전시간(시간)
여객용 차량	24	300~500	3~5
전기기관차 및 철도 차량용 전기장비	110	50~150	1
지하철	64, 72, 96, 오늘날에는 110	100~200	0.5~1
전철	24	100~200	0.5

철도차량용 배터리는 열차에 직접 설치할 수 있도록 외함과 전기적인 장비가 포함된 완전시스템 상태로 공급되는 경우가 늘어나고 있다.

그림 10.11은 Saft사의 74 MRX 80 NiCd 배터리시스템을 나타낸 것으로, 전압은 98 V이며, 90분 동안 80Ah의 에너지를 공급할 수 있다.

NiCd 배터리는 보통 납 배터리보다 초기비용이 매우 비싸므로, 비용 대비 가장 효과적인 대안이 되지 않을 수도 있다. 그러나 앞서 언급한 예에서처럼 특정한 조건 하에서 고신뢰성이 요구되는 경우, 장기적인 관점에서 볼 때 다른 배터리에 비해 NiCd 배터리는 가격이 싸고 충방전수명이 긴 것이 보통이다.

그림 10.11. 철도차량에 백업전력을 공급하기 위한 96V, 80Ah 배터리시스템(Saft사의 허가에 의해 전재)

참고문헌

1. A. Green, Characteristics of the NiCd Battery related to Energy Storage in Renewable and Energy Storage Systems, *International Symposium on Power Sources for Stationary and Distributed Power Systems*, September 2003, Munich, Germany.
2. M. L. Whitehead, A Comparison of Nickel-Cadmium and Lead-Acid Industrial Batteries, *ERA Technology Ltd Report 98-0480,* May 1998.
3. S. Lansburg, J.M. Cocciantelli, O. Vigerstol, Performance of Ni-Cd Batteries After Five Years of Deployments in Telecom Networks Worldwide, *INTELEC,* Sept/Oct 2002, Montreal, Canada.
4. A. Green, Finding the Right Balance Between Reliability and Economics for Batteries Used in Critical Rail Trackside Applications, *Railway Engineering,* June 2005, London, UK.
5. J. McDowall, T. DeVries and N. Umbricht, Getting Results from the Most Powerful Battery System in the World, *PCIM,* June 2005, Nürnberg, Germany.
6. D. Ohms, M. Kohlhase, G. Benczur-Urmossy, G. Schadlich, *J. Power Sources* 105 (2002) 127.
7. www.engineeringtalk.com/news/sgt/sgt151.html
8. www.engineeringtalk.com/news/sgt/sgt114.html

기타 응용 분야 I - 측정기, 전동공구, 경고/보안 및 의료 장비 등

배터리가 사용되는 산업을 모두 열거하자면 끝이 없을 것이다. 따라서 다음과 같이 기술적으로 도전해 볼만한 분야만을 선정하여 이 장에서 다룬다.

- 계측시스템
- 원격 이동 감시
- 자동 보조시스템
- 경고 및 보안 시스템
- 메모리 백업 시스템 및 실시간 시계
- 전문가용 무선공구
- 앰뷸런스용 의료장비

응용분야가 동일하다 하더라도 전원의 기술적 사양은 상당히 다를 수 있다. 이것이 각 응용분야에서 배터리의 예상 성능을 나타내는 정확한 파라메터 값을 제시할 수 없었던 이유이다. 따라서 아래의 각 응용분야마다 매우 엄격하거나 또는 대략적인 사양이 존재할 수 있다는 것을 이해한다면, '대표적인' 또는 '일반적인' 데이터만이 제시될 것이다.

11.1. 전원

11.1.1. 여러 가지 전기화학시스템

이 장에서 상세히 다루는 분야는 일부 산업분야에 비해 전원의 용량이 상대적으로 작은 특징이 있다. 실제로 배터리의 용량은 거의 20Ah를 넘지 않는다.

이 분야의 또 다른 특징은 사용되는 전기화학시스템의 종류가 매우 다양하다는 것이다. 널리 사용되는 1.5V 알칼리 셀(Zn/MnO_2)은 외에도, 오늘날 다음과 같은 수많은 리튬 기반 1차 배터리를 구입할 수 있다(1장 및 2장 참조).

- 1.8V 리튬/이황화철(Li/FeS_2)
- 3V 리튬/이산화망간(Li/MnO_2)
- 3V 리튬/일불화탄소(Li/CF_x)
- 3V 리튬/이산화황(Li/SO_2)
- 3.6V 리튬/염화티오닐($Li/SOCl_2$)

오늘날 산업용 시장에서 사용되는 2차 배터리들 중에서 다음 배터리들이 가장 널리 사용된다(1장 및 2장 참조).

- 2.0V 밀봉형 또는 밸브조절 납(SLA 또는 VRLA)
- 1.2V 니켈/카드뮴(Ni/Cd)
- 1.2V 니켈/금속수소화물(Ni/MH)
- 3.7V 리튬/이온(Li/이온)

동일한 전기화학시스템에서도 배터리의 종류가 여러 개 존재할 수도 있다는 점을 명심하라. 이 배터리들의 차이는 주로 형태로 인한 것이다. 즉, 어떤 셀은 원통형(지금까지 산업용 분야에서 가장 널리 사용된 형태)이지만, 다른 것은 각주형 또는 동전형이다.

또한 전기화학반응 및 크기가 같은 셀이라도 방전성능이 크게 다를 수 있으며, 이는 내부구조가 매우 다르기 때문이다. 예를 들어, Saft사의 LS33600 셀은 R20(또는 D형) 크기의 $Li/SOCl_2$로서, 관형 양극의 면적은 42cm^{2}이며, 외부회로가 단락되어도 전류는 5.0A를 초과하지 않는다. 그러나 Saft사의 LSH20은 R20 크기의 $Li/SOCl_2$이지만, 나권형 전극의 면적은 328cm^{2}이며, 외부회로 단락 시 전류는 30A 이상이 될 수도 있다.

리튬/염화티오닐 시스템을 보면, 화학반응이 같은 셀들의 형태, 크기, 내부구조 및 특징이 다양하다는 것을 더욱 쉽게 이해할 수 있다. 리튬/염화티오닐 시스템의 종류는 다음과 같이 다양하다.

- 저율방전 원통형 셀 : 공칭용량이 0.5Ah 이하인 소형 셀에서 35Ah 이상인 DD 크기의 셀까지 있음
- 저율방전 각주형 셀
- 저율방전 박판형 셀
- 고율방전 원통형 셀 : 50A 이상의 펄스전류 공급 가능
- 소형 저율방전 원통형 셀 : 최대 150℃의 온도에서 동작 가능
- 대형 고율방전 원통형 셀 : 최대 200℃의 온도에서 동작 가능
- 병렬연결된 이종층(hybrid layer) 커패시터와 결합된 저율방전 원통형 셀(12장 참조)

Ni/Cd 시스템에서 보듯이 재충전시스템 역시 다양한 특징이 있다. Ni/Cd 셀의 전극에는 소결전극(저가/저성능), PBE전극, 다공질 발포니켈 전극(고가/고용량) 등이 있다.

따라서 문제는 설계자에게 제시되는 수많은 전기화학시스템들 중에서 어떤 것을 선택하는가, 다시 말하면 이 전기화학시스템들을 어떻게 비교할 것인가이다.

물론 일부 분야는 사양이 매우 구체적이기 때문에 선택될 배터리는 명확해진다. 예를 들어 약 150℃에서 동작하는 벌목공구 개발자는 전원을 선택할 수 있는 여지가 그리 많지 않다. 그러나 일반적으로는 개발자가 이용할 수 있는 다른 전원이 존재하며, 이 전원들을 사용할 수 있는 몇 가지 방법도 있다.

이 장에서 언급된 응용분야는 보통 이동하거나 휴대하는 장비나 장치이다. 이는 전원 선택 시 무게나 부피가 중요하다는 것을 의미한다. 반면에 배터리가 교체될 수 없거나 가능한 한 거의 교체가 불필요한 응용분야도 있다. 실제로 셀의 교체비용은 매우 커질 수 있다(예를 들면 전력회사의 계기용 셀 한 개의 교체비용은 약 100유로이다!). 결과적으로 수명이 긴 셀이 필요하며, 전원의 에너지용량 또한 결정적인 요소이다.

배터리가 실외에서 사용되는 경우, 매우 열악한 동작조건 역시 배터리의 선택을 결정하는 요소이다. 예를 들면, 전자식 전력계의 메모리용 셀의 경우처럼, -40~70℃의 온도에서 10년 이상 높은 신뢰성으로 동작할 수 있는 배터리는 많지 않다.

가격 또한 배터리선택의 결정적인 요소이다. 싼 가격의 배터리가 결국에는 가장 비싸질 수 있기 때문에, 가격을 근거로 한 배터리 선택이 항상 옳은 방법은 아니다.

위에서 언급한 특징에 비추어 다양한 1차 시스템을 비교하기 위해서는 표 11.1이 유용할 것이다(1, 2, 12장 참조).

표 11.1. 1차 배터리 비교

구분	알칼리 (C 크기)	Li/MnO_2 (나선형 C)	Li/CF_x (나선형 C)	Li/SO_2 (나선형 C)	$Li/SOCl_2$ (나선형 C)
전압(V)	1.5	3.0	3.0	3.0	3.6
용량(Ah)	6.5	4.5	5.0	3.75	5.5
대표적인 동작온도(℃)	-20/60	-40/70	-40/85	-60/70	-60/85
비에너지 (Wh/kg)	140	280 보빈형:355	360	280	390 보빈형:610
에너지밀도 (Wh/L)	370	510 보빈형:720	565	425	750 보빈형:1155
가격	낮음	높음	만족	만족	높음

1차 리튬 셀은 다음과 같은 몇 가지 이유 때문에 알칼리 셀보다 매우 비싸다.

- 1차 리튬 셀들 중 일부는 유리-금속으로 밀봉되어 있다. 이 밀봉법은 알칼리 셀에 사용된 플라스틱 테(plastic grommet)보다 훨씬 비싸다.
- Li 셀은 값비싼 건조실에서 조립되어야 하는 반면 알칼리 셀은 개방된 공간에서 제작될 수 있다.
- 보통 Li 셀은 수 년 동안 동작해야 하며, 때로는 부식성 환경에서도 동작해야 한다. 부식에 대한 내구성은 필수적이며, 매우 값비싼 스테인레스강 용기를 사용하는 것이 해결방안이 될 수 있지만, 알칼리 셀 용기에 사용된 니켈 도금 강철보다 비싸다.

그러나 리튬이온 셀의 수명이 10년 이상인 반면(계기나 센서에 사용되는 경우는 이보다 더욱 길다), 알칼리 셀의 수명은 4~5년 정도이며, 매우 조심스러운 사용자(또는 민감한 응용분야)는 매년 배터리교체를 요구할 수도 있다. 어떤 응용분야(예를 들면 전력용 계기)의 경우, 배터리 하나의 교체비용이 매우 클 수 있으므로, 리튬 배터리를 사용하면 교체빈도가 줄어들어 결국에는 비용이 크게 절감될 수 있다.

표 11.2에는 2차 배터리들이 비교되어 있다(1, 2, 12 장 참조).

표 11.2. 2차 배터리 비교

구분	SLA(*)	Ni/Cd	Ni/MH	Li/이온
전압(V)	2.0	1.2	1.2	3.7
비에너지 (Wh/kg)	35	50	90	165
에너지밀도 (Wh/L)	80	170	330	330
충방전횟수 (100% DoD)	200	600/1000	300/500	500
가격	낮음	적당	만족	높음

(*) 밀봉형 납 배터리

Li이온 배터리는 거대한 시장으로 성장한 휴대폰과 노트북 같은 개인용품에 전력을 공급하기 위해 개발되었다. 그러나 최근 수 년 간 산업용 분야에서도 Li이온 배터리의 사용이 증가해 왔다. 고에너지밀도, 넓은 동작온도, 긴 충방전수명, 낮은 내부저항 때문에 많은 분야에서 적용이 확대되고 있다. 현재 Li이온 배터리는 가격차가 줄어들고 기술적으로도 장점이 있다고 인식되고 있기 때문에, 많은 휴대용 장비에서 알칼리 배터리를 비롯한 여타 2차 배터리를 대체해 가고 있다. 또한 대용량 알칼리 배터리가 사용되었던 기존 분야에서도 대용량 Li이온 배터리가 사용되고 있는 중이다.

11.1.2. 올바른 전원을 선택하는 방법

어떤 분야의 사양을 만족시키는 올바른 전원을 선택하는 것, 즉 장치나 장비 설계자의 기대성능을 만족시키는 배터리를 선정하는 것은 다음에 설명하는 대로 매우 복잡한 과정이다.

실제로 산업설비는 더욱 정교해지고 요구사양도 매우 많아지고 있으며, 사용되는 1차 및 2차 셀의 수도 매우 많다. 올바른 배터리를 선택할 수 있는 방법은 다음과 같다.

- 먼저 기술적인 사양과 투자액을 포괄적으로 고려해야 한다. 이는 당연한 것처럼 보이지만, 전원이 가져야 할 성능을 정확히 파악하는 것은 항상 쉽지 않다. 예를 들어 스칸디나비아나 남부 유럽에서 운행 중인 자동차의 앞유리 쪽에 톨게이트용 송수신기(transponder)가 설치되어 있는 경우, 송수신기 내부에 사용되는 셀의 동작온도 조건을 매우 정확하게 기술하는 방법이 그것이다.
- 전기적 요구사양이 상세히 분석되어야 한다. 회로의 최대 및 최소 전압이 결정되면, 전기화학시스템의 종류와 직렬연결될 셀의 수를 즉시 결정할 수 있다.
- 최대 피크전류가 결정되면 저율, 중율 및 고율 방전셀 중의 하나를 선택할 수 있다. 전류가 매우 작은 경우(최대 수 mA) 동전형 셀, 전류의 크기가 중간 정도인 경우(500mA 이하)는 보빈형 셀(동심형 전극), 그리고 매우 큰 펄스전류의 경우(500mA 이상)는 커패시터와 병렬연결된 나권형 셀 또는 보빈형 셀이 사용될 수 있다.
- 배터리의 예상수명으로부터 셀의 크기 또는 배터리팩 내에 병렬연결된 회로의 수가 결정된다. 주어진 응용분야의 조건으로부터 배터리의 수명을 계산하는 것은 힘든 일로서, 상세한 내용은 산업비밀로 되어 있으며, 따라서 외부로 공개되기 어렵다.
- 배터리성능에 영향을 미치는 환경적인 요소가 연구되어야 한다. 저장 및 동작온도의 상한 및 하한값이나 평균온도를 알면 적절한 화학반응을 가진 셀을 선택할 수 있지만, 이것만으로는 항상 충분하지 않다. 상당한 시간에 걸쳐 온도에 따른 성능의 변화를 확실히 알 수 있도록 그래프를 작성하는 것이 좋다.
- 특히 셀들을 배터리팩으로 조립할 때 기계적인 제약요소 또한 고려되어야 한다. 열충격 및 충방전, 기계적인 충격, 진동, 가속, 저압 및 고압, 부식환경, 오염된 액체, 가혹운전 가능성 등이 그것이다. 배터리가 견뎌야 하는 가혹 조건은 끝이 없다.
- 배터리를 선택할 때는 허용가능한 최대 무게 또는 크기가 주된 고려요소이다(예를 들어, 흔히 배터리가 선정되기에 앞서 수납공간이 미리 결정되어 있는 경우이다).
- 배터리팩의 설계 시에 적절한 셀 용기의 재료, 고신뢰성 커넥터(배터리가 수 년 동안 부식환경에서 동작해야 하는 경우 금도금 접촉판을 사용해야 할 수도 있다) 및 보호부품을 선택해야 한다. 셀을 보호하기 위해 셀을 에폭시수지에 함침, 건조시키거나 간단히 니스를 칠할 수 있다.

- 전원이 만족시켜야 할 모든 기준과 규정을 숙지해야 한다. 군수용으로는 많은 기준이 제시되어 있으며, 민수용도 마찬가지이다. UN, IATA, IMO, ADR, CFR, IEC, UL, EN, RTCA 등은 배터리사용자에게는 모두 비슷한 약자들이다.
- 경제적인 면을 명확히 분석해야 한다. 물론 셀이나 배터리팩의 가격을 고려해야 하지만, 배터리개발, 품질검사, 대체 등에 필요한 기타 비용도 큰 부분을 차지한다. 새로운 배터리팩을 개발하는데 필요한 시간도 결정적인 비용요소에 영향을 미친다.

11.2. 계측 시스템

개인이나 산업 부문, 또는 공공빌딩은 다양한 '액체'를 사용하며, 이를 위해서는 양을 결정(계측)해야 한다. '계측'이란 말은 계산, 할당, 읽기, 송신, 청구서 작성, 밸브 작동(예를 들면 지진 발생 지역의 가스계측기) 등이 포함된 것이다. 이를 위해 전력회사는 계기를 비롯하여 밸브, 비용분담기(cost allocator), 온압보정기(gas volume corrector), 계기판독기, 컴퓨터터미널 등의 다양한 장치를 사용하고 있으며, 이들은 독립된 전원을 필요로 하는 경우가 많다.

이전에는 간단하고 견고하며 약간의 유지보수만이 필요한 기계식 또는 전기기계식 계기가 사용되었다. 그러나 이 계기들은 시간이 지남에 따라 정확도가 떨어지고 신기술이 적용될 여지도 거의 없었다. 이러한 문제를 해결하기 위해, 1980년대 초 전자계기가 도입되었으며, 이 계기는 정전 검출, 다중세율 부과, 사용시간 기록, 선불(prepayment) 기능 등이 가능했다.

전자계기용 전원은 다음과 같은 4가지 기능이 요구되었다.

- 외부전원을 이용할 수 없을 때 계기(계산용 마이크로프로세서, LCD 디스플레이, 때로는 선불 장치 등)에 전력을 공급한다.
- 주전원 정전 시, 메모리, 실시간 시계, LED 디스플레이용 백업전원으로 동작한다.
- 원격 검침 모듈에 전력을 공급한다.
- 계기의 부속품(예를 들면 밸브) 또는 보조기기(온압보정기, 데이터집중장치(data concentrator), 계기반복검침기)에 전력을 공급한다.

위의 모든 기능들을 사양으로 바꾸면 다음과 같다.

- 비활성(sleep) 모드일 때 수 μA
- 대기(awakening and listening) 모드일 때 수 mA
- 데이터 수신 시 수 mA
- 데이터전송 시 수 A의 펄스전류
- 허용가능 최소전압 2.0~3.0V
- 넓은 동작온도 범위 -40~70℃
- 수명 5~10년(현재는 20년으로 늘어나는 추세에 있다)

그밖에도 계기용 전원은 다음의 기능을 가져야 한다.

- 대부분의 계기가 실외에 설치되어 있으며 어떤 경우는 해변에 설치된 경우도 있기 때문에 부식환경에 대한 내구성이 커야 한다.
- 인증기관(Underwriters Laboratories)의 인증, 유엔 수송규정, ATEX(고유의 안전) 기준, 화염시험 등과 같은 수많은 품질 및 안전관련 시험 규정을 통과해야 한다.

대부분의 계측기에는 1차 리튬배터리가 사용되고 있다. 다음에서 다루는 계기의 주요 부품의 사양을 보면 그 이유를 알 수 있다.

11.2.1. 열측정기와 열비용분담

1970년대 초 유가의 급격히 상승으로 일부 유럽국가들은 강력한 에너지절약 시책을 시행했다. 예를 들어 독일에서는 각 아파트의 온수소비량을 측정하기 위한 열측정기를 의무적으로 사용해야 한다.

유량은 회전바퀴에 의해 기계적으로 측정될 수 있지만, 온도검출과 열소비량 계산에는 전자장비가 필요하다. 이 때문에 열측정기에 배터리가 필요하다.

병원균의 증식을 피하려면 파이프 물의 온도는 70℃ 이상을 유지해야 한다. 따라서 계기가 파이프로부터 어느 정도 떨어진 곳에 장착되지 않는 한, 계기 및 계기용 배터리는 45℃ 이상의 온도에서 오랜 기간 동안 동작할 수 있어야 한다.

북유럽에서 널리 사용되는 열비용분담기(heat cost allocator, 이하 HCA)는 내장된 전자기기들 때문에 배터리가 필요하다. 아파트나 사무실의 각 격실에 반드시 설치되어야 하기 때문에 시장규모는 매우 크며 경쟁도 치열하다. 그 결과 제조사들은 고온에 견딜 수 있으면서 연중 일정 기간만 동작하는 좀 더 작고 값싼 전원을 사용하되 전류소비량도 줄이기 위해 노력하고 있다.

- 기술적 사양
  - **독립전원**
  - **기저전류** : 20㎂ 이하
  - **펄스전류** : 50mA 이하
  - **차단전압** : 2.5~3.0V
  - **동작온도** : 10~80℃
  - **수 명** : 6년(독일 규정) ~ 12년 이상

- 전원

위 사양들을 고려할 때, 어떤 전기화학시스템도 그렇게 오랫동안 고온을 견딜 수 없기 때문에, HCA용으로는 캐소드에 액체 또는 고체가 사용되는 1차 리튬셀이 고려대상이 될 수밖에 없다. 초기에는 HCA용으로 대용량 3V Li/SO_2 및 1.5V Li/CuO 셀이 사용되었고, 그 다음은 2.5V Li/$Cu_4O(PO_4)_2$, 3V Li/CF_x, 3V Li/MnO_2 및 3.6V Li/$SOCl_2$ 원통형 셀(예를 들면 R6 크기의 셀, 이 장에서 언급하는 모든 셀의 크기를 보려면 표 11.3을 참조하라), 그리고 최근에는 전류소비량이 급격히 줄면서 심지어 3V 동전형 셀도 사용되었다.

오늘날 소형(1/2R6) 및 대형(R20) Li/$SOCl_2$ 셀의 시장 역시 널리 형성되어 있다. 이는 계기가 빌딩 내의 자동중계장치나 원격 계기판독기로 데이터를 전송하는 등의 더 많은 기능을 가지게 된 결과 때문이다. 이러한 결과가 생기게 된 원인 중 하나는, 소비자에게 더욱 긴 수명의 셀을 제공하려는 계기제조사들의 바램도 있다.

11.2.2. 전력계

전자전력계는 1980년대 초 열측정기가 나타난 직후 미국 시장에 등장했다. 전력회사가 전자전력계를 채택한 동기는 다중요율(multi-rate tariff), 사용시간(time-of-use, TOU) 기록에 의한 에너지관리, 원격검침, 부하 전환 등과 같은 수많은 기능들을 사용할 수 있기 때문이었다. 이러한 새로운 종류의 계기들은 전력을 소비하는 데이터저장용 메모리가 포함되어 있다. 이 메모리는 주전원으로부터 항상 전력을 공급받을 수 있지만, 단시간 정전이 발생하면 내부에 저장된 정보가 지워지는 문제가 있었다. 이를 해결하기 위해 1차 리튬 셀을 적용하여 메모리백업 전원으로 사용했다.

- 기술 사양
  - 교체가능한 독립전원
  - 기저전류 : 20㎂ 이하
  - 펄스전류 : 수 mA 이하
  - 차단전압 : 2.4~3.4V
  - 작동온도 : -40~70℃(때로는 85℃)
  - 수 명 : 10~20년

- 전원

미국의 주요 제조사들의 주도 하에, 플라스틱용기에 수납된 1/2R6 Li/$SOCl_2$ 셀이 북미 시장에서 사실상 표준이 되었다. 전력계용으로 이 셀을 초기부터 채택한 원인은 다음과 같다.

  - 셀의 높은 동작전압
  - 어떠한 누설도 발생하지 않는 완전한 밀봉성(유리-금속 밀봉재 사용)
  - 매우 넓은 온도범위에서 동작할 수 있는 능력(미국에서는 전력계가 실외의 유리상자 내에 설치되어 있다)
  - 낮은 자기방전율로 인한 장수명

1/2R6 Li/$SOCl_2$ 셀은 미국 이외의 지역에서도 사용되어 왔다. 수 년 간 Li/MnO_2 동전형 셀은 물론이고 수퍼커패시터와 같은 다른 백업장치도 도입되었다. 오늘날에는 1/2R6 크기의 Li/MnO_2나 Li/$SOCl_2$ 셀이 다시 강세를 보이고 있다. 이렇게 다시 부활하는 원인은 소형 Li/$SOCl_2$ 셀이 현장(예를 들면 경보센서)에서 실제 사용되면서 무교체 수명 20년이라는 성능을 과시했기 때문이다.

11.2.3. 가스계기

산업용 전자가스계는 1980년대 중반에 처음으로 도입되었다. 그 뒤 1990년대 초 더욱 높은 정확성 때문에 영국의 전력회사는 완전히 전자화된 가정용 가스계의 개발을 선도했다. 그 이후로 백만 대 이상의 계기가 영국에 설치되었다. 다른 국가들도 이를 따랐거나(예를 들면 중국) 혹은 최소한 대규모로 현장시험을 수행하였다(예를 들면 프랑스).

계기(따라서 계기에 사용된 셀)의 특성은 만족스러웠지만, 전자가스계의 가격이 너무 비쌌기 때문에 널리 사용되기가 어려웠다.

- 기술 사양
  - 교체가능한 독립전원
  - 기저전류 : 100㎂ 이하
  - 펄스전류 : 최대 250mA(요금을 미납할 경우 원격으로 가스를 차단시켜야 하는 선불계기에서는 최대 수 A)
  - 차단전압 : 보통 2.2~3.0V
  - 작동온도 : -40~70℃
  - 수　　명 : 보통 10년(어떤 경우는 11년이 보장되어야 했다)
  - 유럽에서는 ATEX 품질시험(고유의 안전성)
  - 난연시험(flame test) 만족
- 전원

처음에는 Li/CF_x 셀 2개를 병렬연결하여 사용하려고도 했지만, 결국에는 R20 보빈형 Li/$SOCl_2$ 셀이 영국산 계기에 최초로 채택되었으며, 오늘날에도 이 용도로 가장 많이 채택되고 있다. 그 원인은 이 셀의 에너지밀도가 매우 높고 수명이 길기 때문이다.

가장 최근의 가스계기에서는 더욱 소형 전원이 채택된 바 있다(예를 들면 R14와 병렬연결된 2개의 R6).

때로는 밸브 개폐에 고전력이 요구되는 경우, 값싸고 교체가 쉬우며 계기의 외부에 설치될 수 있는 알칼리 셀이 사용되었다. ATEX 품질시험(EN50020)에서는 퓨즈로 보호된 고율방전 Li/$SOCl_2$ 셀의 사용이 금지되었는데, 이는 시험 시 퓨즈가 제거되어야 하기 때문이다.

11.2.4. 수량계

제작사들이 수량계를 전자장비로 만드는 데는 오랜 시간이 걸렸다. 이는 저가의 신뢰성 높은 기계식 계량기와의 치열한 경쟁 때문이며, 원격검침이 필요할 때는 기계식 계량기에 간단히 부착될 수 있는 무선통신모듈(AMR)이 사용될 수 있다.

오늘날 1차 리튬배터리가 장착된 전자식 수량계가 존재하지만, 애초에 기대했던 것보다는 훨씬 적용 규모가 작다.

- 기술 사양
  - **교체가능한 독립전원**
  - **기저전류** : 100㎂ 이하
  - **펄스전류** : 수 mA ~ 2A(GSM 송신 또는 선불기능의 경우)
  - **차단전압** : 2.5~3.0V(GSM 송신의 경우)
  - **작동온도** : -20~60℃
  - **수　　명** : 5~10년(최근 요구사양은 20년임)

- 전원

오늘날 전자수량계에는 높은 차단전압과 고에너지밀도의 셀이 필요하기 때문에, 보통 원통형 Li/CF_x 셀(R6에서 R20까지)이 사용되고 있다. 또한 이 셀이 제어장치와 선불형 계기의 밸브스위치에 전력을 공급하는 경우도 있다.

고전류펄스가 공급되어야 하는 경우(예를 들면 밸브를 작동시킬 때)에는, 고율방전 대용량 셀 또는 커패시터가 병렬연결된 저율방전 셀이 사용되고 있다. 이보다 용량이 작은 경우에는 2/3A Li/MnO_2 셀이 사용되어 왔다.

11.2.5. RF 송신을 이용한 자료이력기록

데이터 수집을 위해 몇 가지 통신기술이 사용되고 있으며, 무선송신은 그 중 하나이다.

예를 들어 최근 무선처리 자료이력기록기(data logger)라는 새로운 시스템이 사용되기 시작했다. 와이파이(WIFI)나 불루투스(Bluetooth)보다 훨씬 보안성이 높은 개방형 기준 WINA를 이용하여, 무선모듈이 장착된 송신기가 처리데이터(예를 들면 압력과 온도)를 기지국으로 송신한다. 주전원에 연결하는 비용이 너무 비싼 원격장비의 경우 이 시스템이 주목을 받는다.

- 기술 사양
  - **독립전원**
  - **기저전류** : 150㎂ 이하

- 펄스전류 : 100mA 이하
- 차단전압 : 2.5~3.2V
- 작동온도 : 유럽에서는 -20~60℃, 북미에서는 -40~70℃,
- 수 명 : 최대 10년

- 전원

오늘날 이 응용분야에서는 높은 동작전압과 매우 긴 수명 때문에, 보통 고에너지 밀도/저율방전 원통형 Li/$SOCl_2$ 셀(R6에서 R20까지)이 사용되고 있다. 재충전전원 역시 사용될 수 있다. 예를 들어 자료이력기록시스템의 송신기는 Li이온 배터리가 전력을 공급한다.

11.2.6. GSM 또는 GPRS 전송을 이용한 자료이력기

이동통신용 전역시스템(Global System for Mobile communications, 이하 GSM)이라 부르는 휴대폰 송신시스템이 유럽에 도입됨으로써 음성 뿐만 아니라 데이터도 전송할 수 있게 되었다. 이에 따라 GSM 데이터시스템(9,600bps), 고속전송 GPRS(General Packet Radio Service) 시스템(115,000bps)이 산업용 실외설비에 널리 사용되고 있으며, 이때 오랫동안 넓은 온도범위에서 동작할 수 있는 독립전원이 필요하다.

- 기술 사양
  - 독립전원
  - 기저전류 : 100㎂ 이하
  - 펄스전류 : 최대 2A(GSM의 경우 4.6msec마다 0.577㎲ 지속)
  - 차단전압 : 보통 2.5~6.0V
  - 작동온도 : -20~70℃
  - 수 명 : 1~7년(더 길 때도 있다)

- 전원

오늘날 이 분야에서는 소형 Li/$SOCl_2$ 셀(고전류펄스가 공급되어야 하기 때문에 커패시터나 병렬연결된 Li이온 셀이 장착되어 있다) 또는 대용량의 고전력 셀(예를 들어 나권형 R20셀)로 만든 배터리팩이 보통 사용된다. 이는 GSM 회로의 높은 차단전압 때문이다.

11.2.7. 원격검침기

고비용 때문에 완전히 전자화된 계기는 보통 사용되지 않는다. 그렇지만 전자계기가 가진 몇 가지 기능은 전력회사에 매우 유용하다. 예를 들면 원격검침을 들 수 있으며, 계기를 눈으로만 확인하는 기존 방법이 문제가 될 경우 사용된다.

이 문제를 해결할 수 있는 방법이 자동계기판독기(automatic meter reader, 이하 AMR)로서, 실제로는 원격검침을 의미하므로, 이를 원격검침기라 부르기로 한다(그림 11.1 참조). 이 기기는 기계식 계기의 눈금변위를 전자신호로 변환시켜 다양한 방법(휴대용 컴퓨터, 무선통신시스템, 전화선, GSM, GPRS, Zigbee 등)으로 전송한 뒤, 청구서에 이용한다. 이 AMR 장치는 1980년대 중반 미국에서 처음 사용되었으며, 현재 전 세계에서 사용되고 있다.

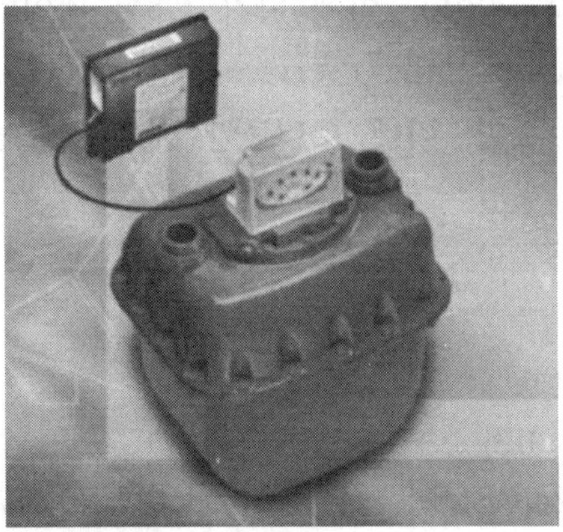

그림 11.1. 가스계기에 사용된 AMR

- 기술 사양
  - 독립전원
  - 기저전류 : 30㎂ 이하
  - 펄스전류 : 20mA ~ 2A(GSM 전송의 경우)
  - 차단전압 : 보통 2.0~3.2V(GSM 전송의 경우)

- 작동온도 : 유럽에서는 -20~70℃, 미국에서는 -40~80℃,
- 수 명 : 10~20년
- 가스계기용 AMR의 경우 ATEX 품질시험(고유의 안전성) 만족

▪ 전원

지금까지 AMR에는 소형 $Li/SOCl_2$ 셀(대부분을 차지)과 원통형 Li/MnO_2 셀(R6 및 A 크기)이 사용되었다. 또한 GSM 또는 GPRS 전송 기능이 포함되어 있는 경우, 더욱 크고 방전율이 큰 $Li/SOCl_2$ 셀이 사용되고 있다. 이 셀들이 사용된 주원인으로는 AMR회로의 높은 차단전압 뿐만 아니라 수 년 동안 매우 넓은 온도범위에서 동작하는 배터리가 필요했기 때문이다. 이를 위해서는 이 셀들이 낮은 자기방전율과 완전한 밀봉 특성을 가져야 한다.

고전류펄스가 요구되는 경우, 다음과 같이 2 가지 방법이 사용된다.

- 커패시터가 병렬연결된 고율방전/대용량 셀. 예를 들어 어떤 배터리회사는 보빈형 $Li/SOCl_2$ 셀과 이종층커패시터(hybrid layer capacitor, 이하 HLC)를 함께 사용할 것을 권고한다. 이렇게 하면 셀의 높은 에너지밀도와 높은 동작전압, HLC의 고전류 공급능력을 이용할 수 있다. 또한 온도가 크게 변하는 경우에도 10~20년의 수명을 얻을 수 있다(12장 참조).
- 고율방전/소용량 셀(예를 들면 나권형 전극 $Li/SOCl_2$ 셀)

11.2.8. 기타

많은 종류의 계기들이 존재하며(주차료계산기, 택시요금기, 가솔린펌프, 온도계, 온도조절장치, 휴대용 투표계기, 산업용 시계 등), 대부분은 저가의 알칼리 셀이 전력을 공급하며, 일부 분야는 매우 비싼 1차 리튬 셀이 사용된다.

▪ 기술 사양

- 교체가능한 독립전원
- 기저전류 : 20㎂ 이하
- 펄스전류 : 500mA 이하
- 차단전압 : 보통 2.5~6.0V. 차단전압은 3.0V 이하일 수도 있지만, '배터리 저전압(low battery)' 표시가 나타나는 경우에도 전압은 높을 수 있다.

- 작동온도 : -40~85℃(오븐 속에서는 125℃)
- 수　　명 : 2~10년(더 길 때도 있다)

▪ 전원

사양의 범위가 매우 넓기 때문에 이 기기들은 다양한 1차 리튬 셀을 사용하며, 이들은 고전력 여부에 관계없이 긴 수명과 넓은 온도범위를 가진다. 재충전 전원 역시 사용될 수 있다.

11.3. 원격 이동 모니터링

실시간으로 특정한 이동체(물체, 동물, 인간)의 위치에 대한 정보를 얻는 것이 점점 더 필요성을 더해 가고 있다. 현재 실시간 통신은 당연한 것으로 여겨진다.

수송 소포나 수화물의 감시, 동물의 이동 연구, 기계고장의 탐지, 생산라인 상에서의 데이터수집(예를 들면 자동차 생산라인), 트럭이나 외판원의 위치, 공공도서관의 대출 및 반납시스템 등, 이동하는 물품이나 사람을 추적하는 문제에 대한 관심이 빠르게 커지고 있음을 나타낸다. 그 이유는 이 기기들 사이의 정보처리로 인해 현저하게 생산성이 증가하고 서비스가 개선되기 때문이다.

여러 수단들 가운데서 무선통신망과 연결된 인공위성은 이 목적으로 사용된다. 그러나 효율적인 전원을 가진 전용 통신터미널이 없다면, 이러한 모니터링 방법은 특히 이동물품을 관리할 때 동작하지 않을 수 있다.

성공적인 모니터링을 위해서는 다음과 같은 몇 가지 기능들이 필요하다.

- 송수신기(transponder, 예를 들면 RFID 태그), 바코드 등을 이용한 휴대기기 확인
- 인공위성망이나 때로는 기지국을 이용한 정확한 위치 파악
- 인공위성, 휴대전화망(GSM, GPRS) 또는 드물게는 무선시스템을 이용한 통신
- SMS나 e-mail을 이용한 메시지 송신

이 영역에는 응용분야가 아주 많으며, 그 중 일부를 12장에서 다룰 것이다(예를 들면, 물품추적, 텔레매틱시스템(telematic system, 전화와 컴퓨터를 결합한 정보서비스 시스템)). 특히 몇 가지 통신수단과 기술을 집중적으로 다룰 것이다.

11.3.1. ID 태그

물품확인(identification, 이하 ID)은 스캐닝이 가능한 판독기 부근에 물품이 있는가를 결정하는데 있다. 그것은 전용 단거리통신(대부분은 무선통신)을 기반으로 하고 있으며, 물품과 연결된 전자장비를 사용한다.

ID 태그는 휴대용 모니터링시스템 뿐만 아니라 경고시스템과 다양한 추적시스템 및 접근제어시스템에서 사용되고 있다.

RFID(radio frequency identification) 기술은 무선통신주파수를 사용하는 ID시스템이다. 대상물체 표면에 있는(또는 내장된) 스마트태그는 모든 필요한 정보를 가지고 있으며, 송수신 판독기를 이용하여 원격데이터를 수집한 뒤 정보시스템에 의해 분석, 처리할 수 있다. 이에 대해서는 12장을 참조하라.

RFID는 다른 자동 ID 기술(예를 들면, 바코드)에 비해 가격이 비쌈에도 불구하고, 많은 장점들(예를 들면, 재사용, 읽고 쓰기 가능, 태그를 눈으로 볼 필요 없음) 때문에 무한한 가능성이 있다. 실제로 오늘날 이 스마트태그는 이미 널리 사용되고 있으며, 예를 들면 건물출입배지, 자동차잠금시스템, 고속도로 통행료시스템, 식품추적망 등이 있다. 예를 들어 미국의 수송업체는 이동하고 있는 많은 트레일러의 위치를 실시간으로 정확히 파악하기 위해 WIFI가 가능한 RFID시스템을 사용하고 있다. 이 시스템으로 인해 작업능력이 크게 개선되었고 야적장 관리비도 줄일 수 있었다.

미리 프로그램된 RFID 태그를 이용하면 운전자가 지게차의 시동을 걸 수 있을 뿐만 아니라, 창고관리자가 모든 지게차를 관리(이용시간, 배터리상태, 속도 등)할 수도 있다. 결국 건물 내부의 모든 지게차의 위치를 제어할 수 있으며, 따라서 통행의 안전성을 개선시킬 수 있다.

RFID를 이용한 확인은, 항공기 식별을 위해 2차 세계대전부터 사용되어 왔으며, 20년 전부터 소형화가 가능해지면서 널리 사용되기 시작했다. 가장 최근에는 제약회사가 가짜약품에 대처하기 위해 일부 약상자에 RFID 태그를 부착하기로 결정했다. 이로 인해 모든 공급망에 정품 약품이 공급될 수 있었다.

RFID기술은 이제 겨우 시작단계이고, 많은 기술적, 상업적 또는 사회적 장애물 때문에 성장속도는 여전히 더디지만, 다음 예들을 볼 때 널리 사용될 가능성은 시간문제이다.

- 2006년 초, 미국회사는 종업원 2명에게 실리콘칩을 이식했다. 목적은 중요한 서류가 저장된 방에 출입하는 것을 감독하는 것이었다.
- 미국 식약청(Food and Drug Administration)은 의료용으로 인체에 실리콘칩을 이식하는 것을 승인했다.

RFID 태그에는 배터리를 부착하지 않음으로써 소형화시킬 수 있는 장점이 있지만(수동태그), 셀이 장착된 대형 태그(능동태그)는 더욱 다양하게 응용될 수 있다. 예를 들어 능동태그는 식품을 추적하는데 사용될 때의 온도변화, 자동차 조립 공정 중 차체에 조립될 선택사양, 또는 해양컨테이너에 부착되는 경우 안전 관련 정보 등과 같은 유용한 정보를 얻기 위해 센서를 사용할 수 있다.

- RFID의 기술 사양
  - **독립전원**
  - **기저전류** : 100μA 이하
  - **펄스전류** : 보통 수 mA ~ 250mA
  - **차단전압** : 2.5~6.0V
  - **작동온도** : -40℃(또는 더 낮을 수도 있음) ~ 85℃(또는 더 높을 수도 있음)
  - **수 명** : 수 개월 ~ 10년

- 전원

위에서 언급한 사양을 보면, 가장 효율이 좋은 알칼리 셀조차도 RFID 태그용으로 사용될 수 없고, 1차 리튬셀이 사용될 수밖에 없는 이유를 알 수 있다.

대부분의 태그(예를 들면, 상점의 절도방지 태그)는 소형 동전형 3V 셀이면 충분하며, 그밖의 일부 태그에서는 차단전압이 높거나 가혹한 온도조건 때문에 소형 원통형(예를 들면 R6) $Li/SOCl_2$ 셀이 널리 사용되었다. 이는 이 셀이 높은 동작전압과 장기간의 운전수명, 또는 100℃ 부근의 고온에서도 전해질이 누설되지 않도록 유리-금속 밀봉재를 사용함으로써 높은 신뢰성을 가졌기 때문이었다. 최근 RFID 태그의 요구출력이 점점 더 커짐에 따라, 이러한 원통형 셀의 사용이 더욱 증가할 것이다.

작동온도 조건이 매우 가혹하면(예를 들어 매우 높은 온도에서 장시간 노출되는 경우) 이 $Li/SOCl_2$ 셀의 내부저항은 크게 증가하고, 이것이 너무 커지면 피크 전류가 흐를 경우 동작전압은 회로의 차단전압 이하로 감소할 것이다. 이를 방지하기 위해 태그개발자는 고율방전 셀이나 커패시터를 병렬연결시킨 저율방전 셀을 사용한다.

11.3.2. 휴대용 바코드리더

RFID 기술이 등장했음에도 불구하고 바코드(bar code) 시스템은 가장 널리 사용되는 ID 기술로 남아 있다. 이는 값이 싸기 때문이기도 하지만 RFID시스템이 이용할 수 있는 공용주파수가 부족하기 때문이기도 하다. 국제표준기구(International Standard Organization, 이하 ISO)가 13.56MHz의 공용주파수를 제안하였지만, 많은 RFID 태그 제조사들은 다른 주파수로써 동작하는 시스템들을 계속 제안하고 있으며, 이 때문에 바코드의 경쟁자로서 RFID태그가 조속히 도입되지 않는 원인이 되고 있다.

바코드태그에는 어떠한 전원도 없지만, 이 태그를 읽는 휴대용 판독기는 전원을 가지고 있다. 판독기는 휴대용으로서 8시간 동안 동작할 수 있다.

- 기술 사양
  - 휴대용 재충전 전원
  - 전　　류 : 0.2A 이하
  - 전　　압 : 3.6V
  - 용　　량 : 1.2~2.0Ah
  - 작동온도 : 0~40℃
  - 작동시간 : 8시간 동작

- 전원

Li이온 셀은 에너지밀도가 높기 때문에 현재 바코드리더용 전원으로 채택되고 있으며, 값싼 장비에는 여전히 Ni/MH 배터리도 사용되고 있다.

11.3.3. GPS

1973년 미 국방성이 장거리미사일을 유도하기 위해 개발한 인공위성 기반 전역위치시스템(global positioning system, 이하 GPS)은 민간부문에서 수많은 응용분야에 사용되고 있다. 1982년 러시아의 GLONASS 시스템과 1989년 GALILEO 시스템의 출범은 GPS가 성공적이었음을 웅변하고 있다. 이 시스템은 모든 휴대기기의 위치를 파악할 수 있을 뿐만 아니라 자신이 어디로 움직이는지를 결정하는데 도움을 줄 수 있으므로, 어떤 이동장치의 운항, 주행, 비행뿐만 아니라 심지어는 등산용 보조장치로도 사용될 수 있다.

GPS는 다음과 같은 분야에도 사용된다.

- GPS 자료이력기록기(메모리카드 내장) - 온도, 습도 또는 개폐상태 등의 데이터와 함께 위치데이터를 수집, 저장한다
- GPS 지도 작성 - GPS 수신기는 소유자(자동차운전자)의 위치에 대한 데이터를 제공하는 운항보조시스템의 일부이다. 대부분 CD-ROM에 저장된 디지털화된 거리의 지도는 탑재된 LCD 스크린을 이용하여 읽기 쉬운 정보를 제공한다.

GPS 수신기는 다음과 같이 2가지 종류로 구분된다.

- 예를 들어 자동차의 납 배터리가 전력을 공급하는 고정용 수신기
- 독립된 전원을 갖는 휴대용 수신기

▪ 휴대용 GPS 수신기의 주전원의 기술 사양

- 교체가능한 독립 전원
- 기저전류 : 보통 100㎂ 이하, 그러나 때로는 수 mA
- 펄스전류 : 수 초 동안 200mA ~ 1A
- 차단전압 : 보통 5~10V
- 동작온도 : -40~80℃
- 운전시간 : 수 시간 ~ 수 년, 또는 수 백 회의 충방전
- 취 급: 비전문가라도 배터리를 교체할 수 있어야 한다. 이때 미국 UL(Underwriters Laboratories, 제품안전 인증 회사)의 사용자 교체 승인(user replaceable recognition)이 필요할 수도 있다.

▪ 전원

휴대용 GPS 수신기는 내부 시계용과 주 전원용의 2개 전원이 장착되어야 한다.

시계용으로 사용되는 것은 보통 동전형 3V 리튬셀(수 년 전에도 역시 3.6V Li/$SOCl_2$ 셀이었다)이며, 주 전원용은 재충전 가능성 또는 교체 가능성에 따라 재충전 셀(Ni/Cd, Ni/MH, Li/이온) 또는 1차 셀(알칼리, 리튬)이 사용된다. 또한 환경적 동작조건(온도)이나 사용자의 재정상태에 따라 셀이 선택된다.

이것이 R20 Li/SO_2 또는 MnO_2 또는 $SOCl_2$로 만든 대용량 1차 리튬배터리팩이 군사용 수신기에 사용되는 이유이며, 반면에 소형 리튬 셀(드물다), 알칼리 셀 및 재충전 셀은 민수용으로 사용된다.

11.3.4. GSM 모듈

휴대폰용 전역시스템(global system for mobile phones, 이하 GSM)은 소리를 전송하기 위해 도입되었지만, 역시 빠른 데이터전송 수단이 되었다. 그러나 현재 많은 추적시스템 사용자가 선호하는 것은 GPRS망인 것 같다.

몇 가지 모듈을 시중에서 구입할 수 있으며, 데이터를 원격으로 수신하는 다양한 산업용 장비에 사용된다.

- 기술 사양
  - 독립 전원
  - 대기 시 기저전류 : 100㎂ 이하
  - 통신 시 기저전류 : 300mA 이하
  - 통신 시 펄스전류 : 4.6msec마다 0.577㎲ 동안 1~2A 지속
  - 차단전압 : 2.8~10V
  - 동작온도 : -25~60℃ (유럽의 대표적인 값)
  - 운전시간 : 1~10년

- 전원

  재충전 셀을 사용할 수도 아닐 수도 있다.
  - 재충전배터리 : 개인용 GSM 전화기 분야에서 Li이온 시스템의 시장점유율이 가장 크고, 산업용 GSM 모듈에서는 NiCd, NiMH가 Li이온과 함께 여전히 사용되고 있다.
  - 충전수단이 없거나 환경조건이 가혹할 때 또는 크기나 무게가 중요한 경우, 고율방전/저용량 셀 또는 저율방전/고용량 셀(커패시터 보조)로 이루어진 1차 $LiSOCl_2$ 배터리팩이 해결책이다.

11.4. 자동 보조시스템

인공위성통신은 많은 자동 보조시스템의 집합체로서, 조난당한 여행자를 보호하기 위해 전 세계에 걸쳐 존재한다.

조난신호는 다음과 같은 방법으로 송신될 수 있다.

- 비상 위치표시용 비콘(Emergency Position Indicating Radio Beacon, 이하 EPRIB) : 이것은 바다에서 문제가 발생한 경우 동작하는 해양안전장치이다.
- 잠수함 위치표시 비콘(Sub-marine Personal Locator Beacon, 이하 SPLB)
- 비상 위치표시 송신기(Emergency Locator Transmitter, 이하 ELT) : 항공기용
- 개인 위치표시 비콘(Personal Locator Beacon, 이하 PLB) : 지상용
- 텔레매틱 시스템 : 사고통지용으로 지상차량에 사용하기 위해 현재 개발 중에 있다(12장 참조).

많은 종류의 비콘(조난 중인 사람이 사용하는 송신장치) 가운데서 가장 유명한 것은 ARGOS와 SARSAT/COSPAS이다.

ARGOS 비콘은 가끔 작동되는 것이 아니라 일정한 시간마다 신호를 방출하므로, 추적이 가능하다. 이 비콘은 주로 환경측정용(해수면, 해류 속도와 방향, 어류량, 오염도 등)으로 사용되지만, 수 천 개의 ARGOS 비콘과 20개의 인공위성망을 이용하면 조난 중인 선원의 위치를 파악할 수 있음이 증명되었다.

SARSAT/COSPAS 비콘은 지구 상의 해상, 육상, 공중 어느 곳으로도 수송될 수 있으며, 아주 가끔씩 동작한다. 조난 중인 선원에 의해 비콘이 동작하는 순간, 11개의 인공위성망에 의해 신호가 송신되고, 42개 지상기지국 중의 한 군데에서 수신된다. 비콘의 위치가 계산된 뒤, 전 세계에 위치한 20여개의 관리 및 구호 단체 중의 하나에 위치정보가 송신된다. 60만 개 이상의 SARSAT-COSPAS 비콘은 전 세계적으로 널리 사용되며, 대부분은 선박에 탑재되어 있다.

휴대폰에도 위치확인 기능이 있기 때문에, 휴대폰통신망 역시 비상 시(예를 들어 조난당한 등반가의 위치를 파악하는 경우)에 사용될 수 있다.

참고로, 구조장비 중에서 구명조끼와 구명보트에 부착된 안전등은 수 십 년 동안 사용되어져 왔음을 알아야 한다.

11.4.1. SARSAT/COSPAS 비콘

SARSAT/COSPAS 시스템에는 ELT(121.5 및 406MHz), EPIRB(121.5 및 406MHz) 및 PLB(406 MHz)가 있다. SARSAT/COSPAS 비콘은 보통 '406 MHz 조난 비콘' 으로 불린다(그림 11.2).

- 기술 사양
  - 독립 전원
  - 대기 시 기저전류 : 없음
  - 활성모드 시 기저전류 : 100mA 이하
  - 펄스전류 : 0.5~2A
  - 차단전압 : 10.0~20.0V
  - 동작온도 : -20~55℃(1등급) 및 -40~55℃(2등급)
  - 작동시간 : 대기전원 4년에 송신 48시간

- 전원

이 장치에 1차 배터리가 성공적으로 적용된 원인은, 넓은 온도범위에서 동작하면서 장기간 저장이 가능한 뛰어난 성능 때문이다.

거의 모든 리튬시스템(Li/MnO_2, Li/SO_2, Li/$SOCl_2$)이 사용되었으며, R14와 R20 고율방전 셀을 다양한 크기(2~10개 셀로 구성)의 배터리팩으로 조립한 것이다.

Li/MnO_2 셀은 Li 부동태화에 대해 내구성이 뛰어난 장점이 있는 반면, Li/SO_2 셀은 매우 낮은 온도에서도 큰 전류를 공급할 수 있다. Li/$SOCl_2$ 셀은 동작전압이 높기 때문에 4개 셀만을 직렬로 연결해도 차단전압은 최소한 10V가 될 수 있는 반면, Li/MnO_2나 Li/SO_2 셀은 5개를 직렬연결해야 한다. 따라서 좀 더 작고 가벼운 배터리팩을 설계할 수 있다.

그림 11.2. SARSAT/COSPAS 비콘

11.4.2. 안전등

이 경고시스템은 구명조끼나 구명보트에서 찾아볼 수 있다. 따라서 해양구조 플래시 등이 여기에 속한다.

- 기술 사양
  - 교체가능한 독립 전원
  - 대기 시 기저전류 : 없음
  - 동작전류 : 수 mA ~ 500mA
  - 차단전압 : 2.5~5.5V
  - 동작온도 : -1~30℃에서부터 -40~75℃
  - 동작시간 : 대기상태 수 년 더하기 동작시간 수 시간
  - 몇 가지 인증이 필요(예를 들면 SOLAS(safety of life at sea), FAA(Federal Aviation Administration))
  - '수송 시 위험이 없는(not-restricted-to-transport) 배터리' (즉 9등급이 아닌 배터리, 14장 참조)가 필요할 수도 있다.

- 전원

쉽게 구할 수 있고 값이 싼 알칼리 셀이 사용되지만, 이 장치에 사용할 때 가장 주된 단점은 자주 교체해 주어야 한다는 것이다.

1.5V 해수활성(sea-water activated) 배터리는 현재도 여전히 사용되고 있지만, 차츰 에너지밀도가 높고 낮은 자기방전율 때문에 저장수명이 긴 1차 리튬셀로 대체되고 있다. 저율방전 원통형 소형 셀과 고율방전 R20셀이 이 장치에 사용될 수 있다.

안전 기준 또는 규정이 전원의 선택에 영향을 미칠 수 있음을 명심하라. 예를 들어, 최근 EPIRB 제작사는 3개의 Li/SO_2 셀로 이루어진 배터리팩 대신에 2/3 크기의 6개 Li/MnO_2 셀로 이루어진 배터리팩을 사용하기로 결정했다. 이는 단지 '수송 시 위험이 없는 품목', 즉 9등급 수송 품목이 아니라는 이유 때문이었다. 실제로 이 팩의 리튬 함유량은 단지 2g에 지나지 않지만, 이는 수송을 금지시킬 수 있는 리튬의 상한값이다.

11.5. 경고 및 보안 시스템

가정용/빌딩용 무선보안장치는 겨우 1980년대 중반에 유럽과 미국에서 출현하였지만, 비상조명장치(emergency light unit, 이하 ELU)는 오래 전부터 많은 공공건물에 설치되었다. 최초의 시장은 당연히 1차 셀과 배터리가 차지했다면, 두 번째 시장은 재충전시스템이 장악하였으며, 대부분 Ni/Cd 셀이었다.

ELU 시장은 한 가지 종류의 장치(조명등) 밖에 없지만, 무선통신시장은 다음과 같이 다양하다.

- 존재 여부와 사건 발생 여부를 탐지하여 송신하는 센서
- 소음 신호를 방출하는 경보기
- 비밀번호를 입력하기 위한 키보드
- 기억하고(예를 들면, 센서에 의한 식별, 이전 사건의 연대기), 감독하고(예를 들면 센서, 무선통신망), 동작시키는(예를 들면 송신기, 경보기, 전화기) 중앙장치
- 기억하여 호출하는 전화기 송신기
- 노인용 비상호출 경보기

앞 절과 마찬가지로 단지 몇 가지의 응용예만이 다음에서 제시될 것이다.

11.5.1. 비상조명장치 (emergency light unit, ELU)

조명등은 화재 시의 안전 시행령, 건물과 작업장의 시행령과 같은 유럽의 규정에 의해 설치되어야 할 빌딩의 의무 안전장비의 일부이다. 이 조명등은 국제규격(IEC), 일본규격(JISC 8705) 및 미국(UL 924)과 같은 몇 가지 특정한 표준사양을 만족해야 한다. 또한 PSB 검사를 만족시켜야 하며, ISO 9001 인증시험을 거쳐야 한다.

독립된 비상조명등(비상모드에서 배터리로부터 전력을 공급받을 수 있는 조명등)은 안전조건을 만족시키는 전원으로 배터리를 사용한다.

- 기술 사양
    - 세류충전 독립전원(즉, 영구적인 과충전을 견딜 수 있는 배터리), 이 전원은 언제든지 동작할 준비가 되어 있어야 한다.

- C/20~C/15의 충전율. 그러나 조명등 제작사는 총 전류소비량을 줄이고 C/30 이나 심지어는 C/50까지 충전전류를 줄이려고 노력한다는 점에 주의하라.
- 일정한 급속 재충전율 : 최대 C/10
- 충전 시 차단전압 : 1.55V/셀(온도가 0℃ 이하인 경우)
- 방전 시 차단전압 : 1.0V/셀
- 동작온도 : -20~60℃
- 수명 : 동작조건(국제조명표준(International Luminaries Standard, 이하 ILS) 규정)에서 최소 4년
- 동작시간 : ELU는 1~3시간 동안, 즉 비상 시 사람들이 건물을 떠나고 구조팀이 개입하기에 충분한 시간 동안 조명이 가능해야 한다.

▪ 전원

Ni/Cd 배터리가 30년 이상 조명등 분야에서 사용된 경험으로부터 신뢰성과 재생산 가능성이 입증되었다. 이것이 오늘날 Ni/Cd 배터리가 조명등에 사용되고 있는 이유이다. 소결 양극, 플라스틱접합 음극, 그리고 최근에는 플라스틱접합 니켈 전극 기술이 이 셀의 설계에 이용된다.

R14 이하 및 R20 크기 셀(표 11.3 참조)은 용량이 보통 0.6~7Ah로서, ELU 배터리팩에 가장 널리 사용된다.

Ni/MH 배터리는 공칭용량이 우수하기 때문에 컴팩트한 독립전원 조명등용으로 시험된 바 있다. 따라서 Ni/Cd 배터리보다 배터리팩의 두께가 얇다. 그러나 다음의 기술적 단점들 때문에 ELU에 적용되는 것이 제한되고 있다.

- 보통의 조명등은 동작온도가 40℃ 이상인데, 이 조건에서는 Ni/MH 배터리의 금속수소화물 음극이 열화되어 부식이 발생하기 때문에 수명이 단축된다.
- 조명등에서 흔히 있는 경우로서, 지속적인 과충전 때문에 온도가 증가하여 배터리의 수명이 감소된다.
- (값비싼 합금을 기준으로) 음극의 가격은 Ni/Cd 셀의 Cd보다 비싸며, 이는 전체 셀 가격에 악영향을 미친다.

그러나 특정한 틈새시장, 예를 들면 매우 얇은 배터리가 필요한 고급사양의 응용분야나 동작조건이 40℃ 이하로 적당한 경우, Ni/MH 배터리가 사용된다. 오늘날 이 배터리의 ELU 배터리 시장점유율은 1~2% 이하이다.

Li이온 배터리의 고유 성능은 ELU의 요구사양을 만족시키지만, 앞서의 두 배터리에 비해 가격이 비싸기 때문에 이 분야에서 널리 사용되지 못한다.

11.5.2. 무선경보센서

무선통신을 이용해 중앙설비와 연결된 센서는 (강도의) 움직임, (창문이나 문의) 작동, 연기나 열의 방출, (물이나 가스의) 누설 등을 탐지할 수 있다.

무선통신설비에 맞게 설계된 센서가 사용된 예로는, 온도와 진동을 모니터링하기 위해 제지공장용 생산기계에 설치된 것이 있다.

- 기술 사양
  - 독립전원
  - 대기전류 : 보통 1~100㎂
  - 동작전류 : 보통 20~150mA
  - '배터리 저전압' 표시 전압 : 2.8~8.4V
  - 차단전압 : 2.0~6.0V
  - 동작온도 : -5~30℃(건물 내부에 설치된 경고시스템, 공장 내부에서는 50℃까지), -40~70℃(실외용)
  - 수명 : 1~20년
  - 품질인증 : UL 기술자 또는 사용자가 교체가능한 부품. 폭발 가능성이 있는 환경에서 사용되면 EN50020으로도 알려진 ATEX 인증 역시 필요할 수도 있다.

- 전원

가격에 따라 경고시스템은 알칼리 또는 1차 리튬셀을 사용한다. 알칼리 셀 중에는 9V 전압이 가장 많으며, 리튬 셀은 3V Li/MnO_2와 3.6V Li/$SOCl_2$의 소형 원통형 셀(1/2R6, R6, 2/3A, A)이 주류를 이룬다. 리튬이온 셀의 낮은 자기방전율과 넓은 동작온도 때문에, 매우 가혹한 온도조건에도 불구하고 20년의 수명이 필수적인 응용분야에 성공적으로 적용되었다(일부 센서는 백화점의 유리창이나 유리문에 부착된다).

11.5.3. 무선경보 중앙장치(wireless alarm central units)

이것은 전체 경보시스템의 두뇌에 해당하는 것으로, 정보를 받아 동작한다(예를 들어 전화기 벨, 경보기 동작, 그림 11.3 참조).

- 기술 사양
  - 독립전원
  - 기저전류 : 150㎂ 이하
  - 펄스전류 : 수 십 mA ~ 2A
  - 차단전압 : 3.0~6.0V
  - 동작온도 : 0~50℃
  - 수　　명 : 1~10년

- 전원

역시 시스템의 가격과 성능에 따라 알칼리 또는 1차 리튬 셀(R14, R20)이 사용된다. 그러나 지금까지는 개인용 경보시스템에는 알칼리 셀, 산업용으로는 리튬 셀이 많이 사용되었다.

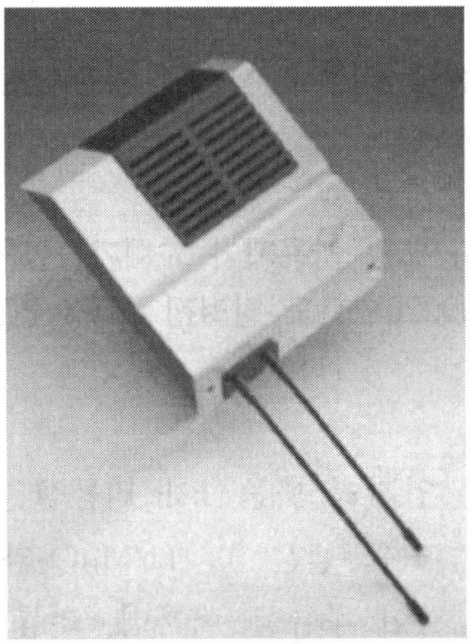

그림 11.3. 무선경보 시스템의 중앙장치

11.5.4. 경보기

경보기(alarm siren)는 건물(무인은행, 공장, 상점, 박물관 등)의 내부 또는 외부에 설치될 수 있다.

- 기술 사양
  - **독립전원**
  - **기저전류** : 150㎂ dlgk
  - **펄스전류** : 30초 ~ 수 분 동안 최대 수 A
  - **차단전압** : 3.0~6.0V
  - **동작온도** : -30~70℃
  - **수 명** : 5~10년

- 전원

업무용 및 산업용 건물을 보호하기 위해 사용되는 대부분의 경보기는, 실외의 가혹한 온도조건에서 장수명과 고전류를 공급해야 하기 때문에 고율방전 1차 리튬 셀(예를 들면 2개의 R20 Li/$SOCl_2$ 셀을 직렬연결)이 사용된다. 그러나 일부 무선경보시스템 제작사는 자신들이 생산한 알칼리 배터리팩을 사용할 경우 동작시간이 5년이라고 주장하고 있다.

11.5.5. 지그비(ZigBee)

무선통신 방식으로는 블루투스(Bluetooth), 와이파이(WIFI), 와이맥스(WI-MAX) 또는 지그비(ZigBee) 등이 있다.

불루투스와 비슷하지만 훨씬 싸고 간단한 지그비(IEEE 802.15.4로도 알려져 있다)는 단거리 데이터통신용으로, 비용 대비 효과적인 무선통신 표준이다.

기기 사이의 통신 및 통신망 형성이 가능한 지그비는 가정용 제어, 원격점등 및 가열제어 뿐만 아니라 산업 및 건물의 자동화에 가장 적합한 통신방식이다. 지그비로서 다양한 종류의 기기와 가전제품이 원격으로 제어될 수 있으며, 매우 유연한 방법으로 이용된다. 다양한 개인소비자와 상용 및 산업용 분야에서 이 기술을 적용하기 위해 일부 회사가 연합하여 지그비동맹(ZigBee Alliance)을 만들었다. 지그비는 무선주파수 433 또는 866MHz를 이용하는 저전력의 값싼 칩을 사용하며, 배터리가 전력을 공급해야 한다.

- 기술 사양
  - 독립전원
  - 기저전류 : 200㎂ 이하
  - 펄스전류 : 200mA 이하
  - 차단전압 : 2.2~3.0V 이상
  - 동작온도 : 유럽에서는 -20~60℃
  - 수 명 : 5~10년

- 전원

현재 일부 분야에서는 소형 1/2R6 Li/$SOCl_2$ 셀이 고려 중이고, 다른 분야에서는 좀 더 큰 셀(예를 들어 R20)이 필요한 것이 확실하다. 앞서와 마찬가지로 높은 동작전압과 오랫동안 동작할 수 있는 능력 때문에 이 셀이 선택된다.

11.5.6. 접근통제시스템(access control system)

문의 자물쇠, 호텔금고, 전자열쇠, 자동차단시스템, 티켓발행장비 등은 접근통제시스템의 일부이다. (ID태크를 사용하는 것에 대해서는 10.3.1에서 다루었다.)

주전원의 정전 시 납 배터리가 사용되는 자동울타리(automatic barrier)는 여기에 포함되지 않으며, 전기적인 자동차 문 잠금장치도 역시 그러하다.

- 기술 사양
  - 독립전원
  - 기저전류 : 0~수 ㎂(메모리백업이 필요한 경우)
  - 펄스전류 : 최대 3A(자물쇠 작동)
  - 차단전압 : 2.5V 이상
  - 동작온도 : 5~35℃(실내), -40~70℃(실외)
  - 수 명 : 1~10년

- 전원

쉽게 교체할 수 있어야 하거나 저가의 셀이 필요한 경우 알칼리 셀이 사용된다. 메모리백업용(예를 들어 금고)으로는 3V 동전형 1차 리튬이온 셀이 사용된다. 펄스전류를 흘려 자물쇠를 작동시키는 데는 커패시터가 병렬로 연결된 나권형 2/3 Li/MnO_2 또는 소형 저율방전 Li/$SOCl_2$ 셀(예를 들어 1/2R6 또는 R6)이 사용된다.

11.5.7. 원격제어 시스템

이 시스템은 액체, 저장고나 탱크의 고체(예를 들면 탱크 내의 가솔린, 쓰레기 통 내의 쓰레기) 등의 높이를 측정할 수 있다.

탱크에 남아있는 연료의 양을 측정하기 위해 시스템을 다음과 같이 구성할 수 있다. 연료탱크 바닥에 압력센서를 설치하여 케이블을 통해 데이터를 GSM 기기로 송신할 수 있다. 이 기기는 데이터를 SMS 신호로 바꾸어 기지국으로 송신하고, 기지국의 컴퓨터는 남아있는 연료의 양을 평가한다. 경고 제한값에 도달하면 탱크에 연료를 재충전한다.

이 시스템은 비싼 가격에도 불구하고 주목을 받고 있는데, 이는 (배송과 집하 시) 트럭의 경로를 최적화할 수 있으므로 비용을 절감할 수 있다.

- 기술 사양
  - 교체가능한 독립전원
  - 기저전류 : 최대 수 백 ㎂
  - 펄스전류 : 수 십 mA ~ 수 A
  - 차단전압 : 2.8 ~8.0V
  - 동작온도 : - 40~65℃
  - 수　　명 : 2~5년(때로는 10년)
  - 품질인증 : 가연성이 높은 물질(연료 또는 LPG)의 통제 시 ATEX 인증

- 전원

구형 시스템에는 펄스전류가 필요 없으며, 저율방전 소형 1차 리튬 셀(Li/MnO_2 또는 $Li/SOCl_2$)로 만든 배터리팩이 사용된다. 실외 온도에서 경고신호를 송신하기 위해 휴대폰통신망을 이용하는 최근의 시스템은, 고율방전 $Li/SOCl_2$ R20 셀 또는 커패시터가 병렬연결된 저율방전 $Li/SOCl_2$ R20 셀로 만든 고전력 배터리팩을 사용한다. 비용을 절약하기 위해 현재는 알칼리 셀로 만든 배터리팩도 고려되고 있다.

11.5.8. 텔레매틱 시스템

일부 국가의 신형 자동차에 의무적으로 탑재해야 하는 이 경보시스템은 12장의 자동차 분야에서 다룰 것이다.

11.5.9. 전력선 감시

전력선의 정전은 수 천 km의 전력선을 따라 어디에서든 발생될 수 있다. 일단 정전되면 신속히 그 위치를 파악해야 한다. 그렇게 하기 위해 플래쉬가 장착된 탐지기가 영국이나 프랑스 같은 국가의 전 고압송전망에 설치되어 있다. 이 장치는 정전된 경우 동작하기 때문에 독립된 전원을 필요로 한다. 가혹한 환경조건 때문에 1차 리튬 배터리가 사용된다.

- 기술 사양
  - 독립전원
  - 기저전류 : 대기 시 0~500㎂, 동작 시 1mA 이하
  - 펄스전류 : 500mA 이하
  - 차단전압 : 2.0~6.0V
  - 동작온도 : -40~70℃
  - 수　　명 : 5~15년 동안 1000 시간 이상

- 전원

때로는 매우 가혹한 실외조건(예를 들면 캐나다)에서 긴 동작수명이 필요하기 때문에 소형 또는 대형의 3.0V 또는 3.6V(더 많이 사용됨) 1차 리튬 셀이 사용된다. 큰 용량의 배터리가 필요하면 저율방전 R20 Li/$SOCl_2$ 셀을 직병렬로 연결하여 사용한다. 이는 이 셀의 용량이 가장 크기 때문이다(최대 19Ah). 또한 피크전류를 공급하기 위해 커패시터를 배터리팩과 병렬로 연결시켜 사용하기도 한다.

11.5.10. 파이프라인 검사 게이지(PIG)

파이프라인에서 누설이 발생하면 경제적 손실이 매우 크기 때문에, 관의 부식상태를 검사하기 위해 파이프라인 검사 게이지(pipeline inspection gauge, 이하 PIG)라는 특별한 장치가 파이프라인의 내부에 삽입, 설치된다.

- 기술 사양
  - 독립전원
  - 기저전류 : 수 A 이하
  - 펄스전류 : 10A 이하
  - 차단전압 : 6.0~30V
  - 동작온도 : -30~90℃
  - 수명 : 200시간 이하

- 전원

위험지역에서 태양에너지를 이용하는 일부 파이프라인 원격감시장치(ATEX 인증 필요)는 제외하고, 고율방전 저에너지의 R20 Li/$SOCl_2$ 셀로 만든 큰 배터리팩이 PIG에 사용된다. 이는 이 셀이 우수한 전력공급능력, 높은 동작전압, 넓은 동작온도라는 장점을 가지기 때문이다.

11.6. 메모리 백업 - 실시간 시계

메모리 백업(memory back up, 이하 MBU) 및 실시간 시계(real time clock, RTC)는 수많은 일반소비자용 및 전문가용 장치에 널리 사용되며, 전문가용 장치 중에는 다음과 같은 것들이 있다.

- 자동판매기, 게임기와 도박기, 동전교환기, 자동금전출납기(automatic bank teller, ABT)
- PC, PLC(programmable logic controller), NC(numerical controller) 장치, 시험기계, 타이머, 용접기계, 저울 등
- 모든 종류의 기구와 단말기
- 계측시스템(예를 들어 전력계)
- 제어기(예를 들어 비접촉 티켓판독기)
- 많은 종류의 사무실 장비(프린터, PC, 우편물처리기, 복사기, 통신장비, 금전등록기, 스마트키 등)
- 탑재 기구(항공기, 선박, 지상차량)
- (몇 가지 종류의) 메모리카드

흥미로운 예는 자동차제작사의 작업장에서 찾아 볼 수 있다. 자동차 생산설비에 사용되는 산업용 로봇은 최초 운전 시 동일한 위치와 움직임을 수행하도록 할 수 있으며(그렇지 않으면 서로 손상을 입을 수 있다), 위치와 움직임에 관한 정보는 로봇의 메모리로 입력된다. 최종 작업일 또는 휴일 동안 로봇의 전원은 꺼지지만, 메모리에 저장된 정보는 보존되어야 한다. 따라서 로봇의 메모리에 전력을 공급하기 위해 1차 또는 2차 배터리가 필요하다.

메모리기능을 가지고 있으면서 보통 시계도 내장된 이 모든 기기들은 주 전원이 정전되거나 꺼질 때 백업용 전원이 필요하다.

▪ 기술 사양

- 독립전원
- 기저전류 : 1㎂ 이하 ~ 1mA
- 펄스전류 : 최대 수 십 mA
- 차단전압 : 2.0~7.0V('배터리 저전압' 표시는 8V 이상에서 나타남)
- 동작온도 : -40~70℃(때로는 더 높다)
- 수 명 : 수 년 ~ 10년

▪ 전원

필요한 에너지의 양은 지속적으로 감소하므로, EEPROM 또는 커패시터는 잘 동작할 수 있지만, 셀과 배터리는 메모리백업 시장에서 여전히 살아남아 있다.

- 가끔 매우 작은 또는 소형 배터리가 사용되며, 종류로는 동전형 알칼리 셀, 3.0V 또는 3.6V 1차 리튬 셀, 소형 3.0V 또는 3.6V 원통형 셀, 버튼형 Ni/Cd 셀로 만든 소형 재충전 배터리 등이 있다. 알칼리 셀은 가격이 가장 중요한 요소일 때 사용되고, 리튬 셀은 5년 이상의 수명이 요구되거나 고온에 노출되어도 성능이 변하지 않아야 할 때 사용된다. 매우 작은 동전형 3.0V Li/CF_x 및 Li/MnO_2 셀은 실시간 시계나 마이크로칩에 가장 많이 사용되었다.
- 동전형 셀은 보통 둥근 플라스틱 띠로 밀봉된다. 이 띠 사이로 전해질이 누설되면 수 년 후에는 셀이 건조된다(수명이 다한다). 동전형 셀의 수명을 10년까지 확장하기 위해 에폭시수지로 감싼 셀이 일부 배터리제작사에 의해 제안된 바 있다.
- 필요한 에너지가 클 때는 소형 원통형 1차 리튬 셀(예를 들어 R6)이 사용된다. 때로는 필요에너지가 너무 큰 경우(예를 들면 산업용 로봇), 몇 개의 R14 (심지어는 R20) 1차 3.6V 리튬 셀 또는 재충전 1.2V Ni/Cd 셀이 필요하다.

11.7. 전문가용 무선공구

전문가용 무선 전동공구보다 더 리튬이온 셀의 성능개선을 반기는 분야는 없을 것이다. 실제로 이 장치는 높은 에너지밀도 이외에도 고출력과 급속충전이 요구되며, 최근 Li이온 셀의 기술발전에 의해 두 가지 모두가 만족되었다. 예를 들어 현재는 약 10~15분 이내에 이 배터리를 부분적으로 재충전할 수 있다.

최근 공구제작사는 자사 공구에 Li이온 배터리팩을 도입한 뒤, 홍보책자에서 다음과 같은 장점이 있다고 주장하고 있다.

- 무게 40% 경감
- 공급전력 40~50% 증가
- 전문가용 Ni/Cd 배터리보다 충방전수명 2배 증가
- 작업시간 연장(공구제작사에 따라 28V 리튬이온 배터리는 기존의 18V Ni/Cd 배터리보다 작업시간이 2배 연장)
- 자기방전율은 5배 낮아지므로 용량유지시간이 더 길어진다(18개월, 이 시간은 28V Li이온 팩이 장착된 공구를 생산하는 제작사에 따라 다르다).
- 메모리효과 없음
- Ni/MH 배터리보다 더 넓은 동작온도 범위(-20~70℃)
- 일부 범용 충전기는 Li이온 및 Ni/Cd 배터리를 모두 충전시킬 수 있다.

전동공구에 매우 큰 방전전류를 흘리기 위해서는(최대 10C 또는 심지어는 그 이상), Li이온 배터리의 구성을 바꾸어야 하며, 공급전류가 큰 배터리는 이용가능한 용량이 작아진다(예를 들면 $Li/SOCl_2$와 같은 배터리의 경우도 마찬가지이다). 예를 들어 배터리공급자는 같은 종류의 셀(18650)을 사용하여 방전율이 0.2C인 2.6Ah인 배터리와 10C인 1.5Ah 배터리를 제공한다. 안전성을 감소시키지 않으면서 큰 전류를 흘리기 위해, 배터리공급자는 표준 Li이온 셀에 보통 사용되는 코발트산화물 캐소드를 다른 종류의 캐소드로 대체하였다.

Ni/MH 시스템 역시 공구의 사양을 만족시키기 위해 성능이 크게 개선되고 있다. 예를 들어 충방전횟수가 500회에서 1,000회로 증가되었다. 또한 자기방전으로 인한 화학반응을 부분적으로 방지하는 첨가물을 사용한 덕분에 실온에서 저장 시 연간 용량손실은 15~20%(1년 후에는 최초 용량의 80~85%가 여전히 남아 있었으며, 2년 후에는 60~70%였다)로 감소하였다.

무선 전동공구는 가장 큰 재충전배터리 시장 중의 하나이다. 여기에는 가정, 공장 및 정원 등의 실내 및 실외에서 사용되는 많은 공구들이 포함된다. 몇 가지 종류의 무선공구의 기술 사양이 다음에서 제시된다.

11.7.1. 드릴

- 기술 사양
  - **매우 가볍고 휴대가능한 전원**
  - **전압** : 4.8, 7.2, 9.6, 12.0, 14.4, 18.0, 24 **및 Li이온 배터리팩의 경우는** 36V
  - **용량** : 1.2~3.0Ah
  - **충전시간** : 10~60**분, 그러나** 3**시간의 충전시간이 필요한 드릴도 있다.**

- ○ 전원

몇 년 전까지만 해도 Ni/Cd 배터리팩이 주로 사용되었으며, 현재도 값싼 공구에는 여전히 사용되지만, Ni/MH 및 최근에는 Li/이온 배터리가 널리 사용된다. 이러한 변화의 원인은 에너지밀도이며, 대부분의 다른 무선공구도 마찬가지이다.

11.7.2. 드릴과 드라이버-렌치

이 공구는 구멍을 뚫고 나사를 죌 수 있다.

- 기술 사양
  - **매우 가볍고 휴대가능한 전원**
  - **전압** : 9.6~36V(Li**이온 배터리)**
  - **용량** : 1.0~3.0Ah
  - **충전시간** : **보통** 10~60**분, 그러나** 3~5**시간의 충전시간이 필요한 것도 있다.**

- 전원

Ni/Cd와 Ni/MH 그리고 최근에는 Li/이온 배터리가 시장을 주도하고 있다.

11.7.3. 드라이버

- 기술 사양
  - 가볍고 휴대가능한 전원
  - 전압 : 2가지 종류가 존재한다
    - 저전압용 : 2.4~4.8V
    - 고전압용 : 7.2~14.4V
  - 용량 : 보통 1.0~2.6Ah
  - 충전시간 : 여기서도 2가지 종류가 존재한다
    - 급속충전 : 15~60분
    - 저속충전 : 2 ~12시간

- 전원

Ni/Cd와 Ni/MH 배터리가 시장을 주도하고 있지만, 최근 Li/이온 배터리팩이 사용되기 시작했다. 알칼리 배터리팩(예를 들어 4R6)도 일부 공구에 사용되고 있다는 점도 언급해 둔다.

11.7.4. 연삭기(grinder)와 사포연마기(sander)

- 기술 사양
  - 매우 가볍고 휴대가능한 전원
  - 전압 : 보통 7.2~18.0V
  - 용량 : 2.0Ah
  - 충전시간 : 보통 60분

- 전원

Ni/Cd 배터리가 가장 널리 사용되는 것 같으며, 때로는 연삭기에서는 Ni/MH, 사포연마기에는 Li/이온 배터리가 사용되기도 한다.

11.7.5. 평삭기(planer)

- 기술 사양
  - 매우 가볍고 휴대가능한 전원
  - 전압 : 14.4~18.0V
  - 용량 : 2.0~3.0Ah
  - 충전시간 : 보통 30~60분

- 전원

Ni/Cd와 Ni/MH 배터리팩이 사용된다.

11.7.6. 톱(둥근톱, 실톱, 휴대용 전기실톱, 다이아몬드톱 등)

- 기술 사양
  - 매우 가볍고 휴대가능한 전원
  - 전압 : 7.2~24.0V
  - 용량 : 1.0~3.0Ah
  - 충전시간 : 보통 30~60분

- 전원

Ni/Cd와 Ni/MH(대부분) 배터리팩이 이러한 톱들에 사용되지만, 역시 최근에는 Li/이온 시스템도 사용되기 시작했다.

11.7.7. 미니 공구

이 공구가 개인용인지 전문가용인지를 알고 싶어 할 수도 있다. 어쨌든 이 미니공구의 중요성이 증대하고 있기 때문에 여기서 다루고 있다.

- 기술 사양
  - 매우 가볍고 휴대가능한 전원
  - 전압 : 4.8~10.8V

- **용량** : 1.0~2.0Ah
- **충전시간** : 보통 3시간

▪ 전원

무선 미니공구에는 비싼 가격에도 불구하고 최근 에너지밀도가 높은 Li/이온 배터리팩이 사용되고 있다.

11.7.8. 관개시스템

밭이나 정원은 농장이나 집에서 멀리 떨어져 있기 때문에, 급수시스템을 감시하는 전자장치는 항상 주전원에 연결될 수 없으며, 따라서 독립된 전원이 필요하다. 시계에 전력을 공급하는 정도는 소형 셀만으로도 충분하지만, 야외의 가혹한 환경조건에서 밸브를 자동개폐하는 등의 기능을 수행하기 위해서는 강력한 대형 배터리가 사용되어야 한다.

▪ 기술 사양

- **독립전원**
- **정지전류** : 150㎂ 이하
- **펄스전류** : 20~500mA(밸브자동개폐 시)
- **전압** : 2.0~3.0V
- **무부하 시 및 동작 시 온도** : -20~50℃
- **수명** : 5~10년

▪ 전원

알칼리 셀은 개인용 장비에 사용되지만, 전문가용은 소형(1/2R6) 또는 대형 셀(나권형 R20)로 이루어진 1차 리튬 배터리팩(보통 $Li/SOCl_2$)이 사용된다.

11.7.9. 울타리정지기, 전동사슬톱, 진정(剪定)가위

울타리정지기(hedge trimmer) 시장에서는 전동 또는 내연기관 구동이 주류를 이루고 있지만, 현재는 무선용도 시중에 나와 있다. 전동사슬톱(chain saw)과 전정(剪定)가위(pruning shear)의 경우도 마찬가지이다.

- 기술 사양
  - 매우 가볍고 휴대가능한 전원
  - 전압 : 9.6~18.0V(전정가위의 경우 40~48V)
  - 피크전류 : 최대 1초 동안 5~15A
  - 용량 : 보통 1.5~2.6Ah(전정가위의 경우 최대 4Ah)
  - 충전시간 : 1~3시간(전정가위의 경우 10시간)
  - 운전시간 : 보통 수 시간

- 전원

이 공구들에 사용되는 것은 대부분 Ni/Cd와 Ni/MH 배터리이지만, Li이온 역시 이 시장에 침투하고 있다. 그 이유는 가벼운 공구와 긴 작업시간이 필요하기 때문이다. 예를 들어 포도수확계절이 되면 작업시간은 보통 8~10시간이므로, 여기에 맞는 배터리가 환영받는다.

11.8. 전문가용 제품

이 분야에는 수많은 장비들이 있으며, 휴대용단말기, 전문가용 노트북, 가스모니터, 오디오/비디오 장비 등을 예로 들 수 있다.

모든 종류의 독립전원이 이러한 장비들에 사용된다. 특히 알칼리 셀이 이 시장을 지배하고 있으며, 2차 배터리 역시 서서히 시장을 잠식해 가고 있다.

11.8.1. 휴대용 단말기

휴대용 단말기의 종류는 매우 많기 때문에, 여기서는 무선결제 단말기만의 주전원 사양을 제시한다.

- 기술 사양
  - 휴대용 전원
  - 전류 : 최대 10초 동안 0.1~0.3A이며 피크값은 2~4A(프린팅작업 시)이다
  - 전압 : 6.0~7.2V
  - 용량 : 0.8~1.5Ah
  - 충전시간 : 1~3시간

▪ 전원

1차 및 2차 배터리 모두 휴대용 단말기에 사용된다. 예를 들어 현재 가스탐지기에 사용되는 것은 알칼리 셀, Ni/MH 또는 12V 납 배터리팩이다.

결제단말기는 주로 R6 Ni/MH 셀을 사용하지만, 현재는 각주형 Li이온 셀이 최신 단말기에 사용되고 있다.

가끔 일부 기기는 두 종류의 전원을 모두 사용한다. 즉, 재충전배터리를 주 에너지원으로 하고, 메모리백업과 실시간 시계용으로는 소형 1차 배터리(예를 들면 알칼리 셀 또는 Li/MnO_2)를 사용한다.

11.8.2. 전문가용 A/V 장비

TV와 영화전문가는 독립전원을 가진 다양한 장비들(예를 들면 독립형 카메라, 캠코더, 조명시스템, 음성녹음기 등)을 사용한다.

개인용 비디오카메라와 달리 전문가용은 전자장비들 때문에 훨씬 더 많은 전력이 필요하고, 보조조명용 전력도 공급해야 한다. 이러한 요구조건을 만족시키기 위해서는 배터리팩이 사용되어야 한다. 이때 신뢰성은 핵심요소이다.

▪ 기술 사양

- 휴대용 전원
- 전류 : 수 A~5A(카메라용), 4~10A(조명시스템용)
- 전압 : 카메라의 경우 6~14V(보통은 7.2V), 조명시스템의 경우 12~30V
- 용량 : 4~9Ah
- 동작온도 : -30~50℃
- 충전시간 : 보통 1시간
- 방전시간 : 보통 2~3시간, 정밀하지 않은 조명시스템의 경우 1시간 또는 12시간
- 무게 : 대부분의 경우 작을수록 좋다.

▪ 전원

전문가용 A/V 장비에 사용된 배터리팩은 1차 셀 또는 보통은 2차 배터리로 만든다. SLA 배터리는 값이 싸다는 장점이 있지만 무겁다.

1차 리튬셀(Li/SO_2, Li/$SOCl_2$)은 가혹한 온도조건에서 야외촬영을 할 수 있는 장점이 있지만, 교체가 필요하다.

Ni/Cd 배터리는 조명시스템이 필요로 하는 대전류 공급능력, 500회 이상의 충방전횟수, 실외의 가혹운전조건에서의 뛰어난 성능 때문에 이 분야에서 오랫동안 사용되어 왔다. 그러나 에너지밀도가 높은 Li이온 배터리가 현재 이 시장의 점유율을 높여 가고 있다. 이 배터리시스템의 충전을 위해 태양광패널이 장착된 것도 있다(예를 들어 선박에 탑재되거나 고립된 지역에서 사용되는 경우).

이러한 장비들에는 Ni/MH 배터리도 사용된다. 예를 들어 짐차에 실린 음성녹음기에 전력을 공급하기 위해 12V Ni/MH 배터리팩이 사용된다. 이 배터리팩 대신에 SLA 또는 Ni/Zn 배터리도 사용될 수 있다.

11.9. 휴대용 의료장비

인체에 이식할 수 있는 장치로부터 휴대용 장치(예를 들어, 홀터(Holter) 심전도계) 및 장비, 의료기기는 모든 종류의 1차 및 2차 배터리를 사용한다.

인체이식 장치에는 리튬요오드, 리튬탄소 일불화물 및 리튬은 산화바나듐 셀이 사용된다.

알칼리 셀(대부분 9V)이 휴대용 기기분야를 확고히 장악하고 있다면, 일부 기기에는 1차 리튬 셀도 사용되고 있다.

재충전배터리는 많은 종류의 휴대용 장비에 전력을 공급하지만, 마찬가지로 Li이온 시스템도 사용되는 빈도가 점점 늘어나고 있다.

11.9.1. 휴대용 제세동기

이 의료기기는 상당히 위험한 기능부전인 심실 세동(細動)(ventricular fibrillation, 이하 VF)을 치료하는데 사용된다. VF 시 심장은 비효율적으로 박동하여 피를 전 신체로 보낼 수 없게 된다. 제세동기(defibrillator)는 환자의 가슴에 강력한 전기적 충격을 가해 VF를 중단시켜 심장이 정상적인 박동리듬을 회복할 수 있게 한다. 이 치료를 하지 않으면 환자는 수 분 이내에 사망할 수 있다.

제세동기는 인체에 이식되거나 또는 휴대가능하다(휴대용은 그림 11.4 참조).

이 시스템에는 제세동기 자체뿐만 아니라 추적검사용 모니터도 포함된다. 휴대용 제세동기는 현재 널리 사용되고 있으며, 따라서 가벼운 전원에 대한 수요가 증가하고 있다. 이 장치는 현재 경찰차뿐만 아니라 앰뷸런스와 상용비행기에 탑재되어 있다.

- 기술 사양
  - 휴대가능한 전원
  - 기저전류(대기 시) : 수 μA
  - 기저전류(분석 시) : 수 분 동안 500mA 이상
  - 충격펄스전류(제세동 시) : 제세동기용으로 보통 5~10초 동안 5A, 커패시터 충전 시는 이것이 매 15~20초 마다 되풀이된다. 모니터용으로 2A.
  - 출력전압 : 8~20V(보통 12V)
  - 동작온도 : -20~60℃
  - 동작시간 : (항공기의 경우, 4년 동안 사용되지 않은 경우에도) 최대 수 백 회 방전
  - 수명 : 예를 들어 항공기에서는 최대 4년
  - 강인성
  - 고에너지밀도
  - 고내구성

- 전원

휴대용 심장 제세동기는 오랫동안 납 또는 Ni/Cd 등의 재충전배터리를 사용해 왔다. 오늘날에는 이 배터리들 중 일부가 Li이온 배터리로 대체되었다.

그러나 수 년 전 법에 의해 모든 항공사는 자사의 항공기에 한 대의 휴대용 제세동기를 탑재해야 한다고 결정되었다. 그 이후로 무게 때문에 가벼운 전원이 필요하게 되었으며, 강력한 나권형 1차 Li/SO_2 또는 Li/MnO_2 셀(2/3A~R20 크기)로 만든 고율방전 배터리팩이 선택되었다. 수명종료 시점을 신뢰성 높게 탐지할 수 있는 것도 이 2가지 1차 리튬시스템을 선택하게 된 또 다른 이유이다.

그림 11.4. 휴대용 제세동기

11.9.2. 심장 내부 펌프시스템

수술 후 순간 심장박동지원은 때로는 심장내부(inter-cardial) 펌프시스템이 담당한다. 장비가 주전원에 연결되어 있지 않을 때 배터리가 사용되므로, 비상 시에 환자를 이동시키면서 전력을 공급할 수 있다.

- 기술 사양
  - 재충전 전원
  - 전류 : 1시간 동안 최대 2.5A
  - 전압 : 20V
  - 동작온도 : 실온
  - 고신뢰성

- 전원

  2차 배터리 중에서 Li이온 배터리가 시장을 잠식해 가고 있다.

11.9.3. 심실 보조펌프 시스템

심실보조펌프(ventricular assist pump)는 심장의 혈액공급을 돕는 내부 및 외부 혈액펌프를 모두 가지고 있다. 이 장비는 영구적으로 사용될 수도 있고, 수술 후의 상황에서도 사용된다. 전력은 재충전배터리에 의해 공급되며, 이 배터리는 사용모드에 따라 주 전원일수도 있고 백업전원용일 수도 있다.

- 기술 사양
  - **휴대가능한 재충전 전원**
  - **전류** : 2시간 동안 1A
  - **전압** : 보통 20V
  - **동작온도** : 실온
  - **고신뢰성**

- 전원

역시 마찬가지로 Li이온 배터리의 사용이 증가하고 있다.

11.9.4. 휴대가능한 의료용 비상 액체 온난기

비상혈액과 정맥주입액은 저온, 심지어는 영하에서 저장된다. 그러나 정맥 주사 또는 수혈용으로 액체가 사용되기 전에 온도를 37℃로 높여야 한다. 이와 같이 생명에 결정적인 임무를 수행할 때 액체의 온도를 신뢰성 높게 제어하는 것이 필수적이다.

- 기술 사양
  - **휴대가능한 재충전 전원**
  - **전류** : 2.5시간 동안 1A
  - **전압** : 보통 10V
  - **동작온도** : 실온
  - **고신뢰성**

▪ 전원

배터리무게가 주된 초점이기 때문에, 무게가 단지 200g 이하이면서 위의 사양을 만족시키는 Li이온 배터리가 사용되고 있다. 그 예가 그림 11.5의 6.8Ah 각주형 배터리이다.

그림 11.5. Saft사의 각주형 6.8Ah Li/이온 배터리

11.9.5. 전기 인공호흡기

이 장비는 만성 또는 급성 호흡장애를 겪고 있는 사람들의 호흡을 돕는데 사용되며, 보통 전력계통에 연결되어 있다. 그러나 최근 휴대용 호흡보조 장비가 시장에 출시되었다. 한 번의 충전으로 최대 11시간까지 동작한다.

▪ 기술 사양

- 휴대가능한 재충전 전원
- 전류 : 약 0.5A
- 전압 : 4.8~24(보통)V
- 용량 : 2~9Ah
- 동작온도 : 실온
- 충전시간 : 4~8시간

▪ 전원

배터리 무게가 초점이기 때문에 이 장비의 전원으로는 Li이온 배터리가 가장 좋지만, 일부 장비에는 Ni/Cd 팩도 사용된다. 또한 Li이온 배터리는 수명종료 시점을 정확히 알 수 있기 때문에 더욱 강점이 있다. 즉, Li이온 배터리 때문에 인공호흡기 사용자는 용량이 얼마나 남았는가를 쉽게 알 수 있다.

11.9.6. 특수 의료기구

일부 수술용 및 실험실용 도구는 오랫동안 1차 및 2차 배터리를 사용해 왔다. 예를 들어 초소형 피펫(micropipette)에는 거의 20년 동안 고율방전 R14 Li/$SOCl_2$ 셀이 사용되어 왔다. 이는 이 셀이 고에너지밀도, 고전류 공급능력을 가지고 있기 때문이었다.

일부 수술용 도구에 1차 리튬 셀을 사용하는 이유 중의 하나는, 이 수술도구를 청소하는 고압용기의 온도가 매우 높기 때문에(140℃), 부주의로 수술도구가 이 고온에 노출되어도 안전하게 견딜 수 있는 것은 이 셀뿐이었기 때문이다.

▪ 기술 사양

- **휴대가능한 전원**
- **전류 : 200mA 이하**
- **전압 : 보통 2.5~3.0V**
- **동작온도 : 보통 실온, 사고로 고온에 노출될 수도 있음**
- **매우 높은 신뢰성**
- **동작시간 : 수 시간 ~ 수 년**

▪ 전원

어떤 장비에서 방출되는 전자기신호 때문에 배터리시스템이 장애를 일으키지 않도록 하기 위해, 일부 특수 도구의 전원은 자기장의 발생 수준이 매우 낮아야 할 필요가 있다. 따라서 배터리제작사들은 의무화된 이 요구조건을 받아들여, 니켈이 함유된 모든 셀 부품을 제거함으로써 이러한 기술적인 문제를 해결했다.

11.10. 결론

1차 및 2차 배터리시스템은 산업용 분야에서 괄목할 만한 성장을 이루었다. 요구사양이 그다지 가혹하지 않거나(예를 들어 수 년 이하의 동작시간, 적당한 동작온도), 또는 전원의 가격이 가장 큰 문제일 때, 또는 재충전이 필요하지 않는 경우, 가장 값이 싼 알칼리 셀이 널리 사용되었다(전체 운전비용을 고려하면 항상 값이 싸지는 않다).

최초의 1차 리튬 셀(Li/I_2, Li/CuO, Li/Ag_2CrO_4)이 탄생한 후 거의 35년 동안, 오늘날 우리에게 익숙해진 많은 산업용 장비는 이 리튬 기반 배터리의 뛰어난 성능 때문에 존재할 수 있었다고 단언할 수 있다.

실제로 매우 긴 동작시간과 극한 온도의 기술적 사양이 요구된다면, 고가에도 불구하고 1차 리튬 배터리가 유일한 해결책이다(전체 운전비용을 고려하면 항상 값이 비싸지는 않다).

그러나 많은 응용분야에서 단 한번 사용되는 전원은 과도한 비용이 드는 방법이므로, 이런 경우에는 재충전배터리가 사용된다. 현재는 다음과 같은 몇 가지 단점에도 불구하고 Li이온 배터리를 사용하는 것이 확실한 추세이다.

- 충전 및 방전 전압을 전자적으로 제어해야 한다.
- $/Wh가 높다
- 충방전 시 각주형 셀의 부피가 커짐(원통형은 아님)

Li이온 셀이 가진 높은 에너지밀도 및 낮은 자기방전율 때문에 많은 무선장비 개발자들이 관심을 보였으며, 최근에는 동작온도와 전력공급능력의 개선으로 다른 응용분야에서도 적용되는 사례가 늘어날 것이다.

감사의 말

Saft RBS의 Florence Aurial씨와 Alain Jamard씨 및 Saft LBD의 Graham Archdale씨와 Alain Kerouanton씨의 도움에 감사드린다.

12장 기타 응용 분야 II - 추적시스템, 요금징수, 석유시추, 자동차액세서리, 해양분야

12.1. 소개

이 장은 배터리(대부분 비수계 배터리)를 사용하는 일부 산업분야를 개괄적으로 다룬다. 여기서 다루는 주제는 타이어압력 감시시스템(tire pressure monitoring system, 이하 TPMS), 자동충돌알림장치(automatic collision notification, 이하 ACN), 전자식 요금징수기(electronic toll collection, 이하 ETC), 추적시스템, 석유시추 및 해양 응용분야 등이다. 각 응용분야의 경우, 대표적인 부하프로파일, 환경요구조건 및 이용가능한 전원 등이 상세히 다루어질 것이다.

12.2. 타이어압력 감시시스템(TPMS)

타이어팽창압력은 도로안전, 타이어수명 및 차량의 연료소비량에 중요한 요소이다. 2002년 미 운수성(US Dept. of Transportation)의 도로교통안전국(National Highway Traffic Safety Administration, 이하 NHTSA)의 연방조사당국은 신형 경차의 표준장비로서 타이어압력 감시장치를 의무적으로 포함시킨다는 새로운 규칙을 발표했다. TPMS는 타이어압력이 적정수준의 25% 이하가 되면 운전자에게 경고하는 시스템이다.

NHTSA는 타이어의 펑크로 인해 매년 23,000번의 충돌과 500회 이상의 치명적인 충돌이 발생한다고 보고했다. 따라서 타이어감시 장비가 설치되면 미국에서만 연간 10만 명 이상의 상해자와 70명 이상의 사망자를 구할 수 있을 것으로 예상했다.

경차용으로 현재 몇 가지의 TPMS(직접형, 간접형, 무배터리형 TPMS)를 구입할 수 있다.

12.2.1. 직접형, 간접형 및 무배터리형 TPMS

타이어압력을 감시하는 기본적인 방법으로는 직접형과 간접형의 2가지가 있다. 직접형은 4개 타이어의 압력을 각각 따로 측정하기 위해 압력센서를 사용한다. 이 데이터는 무선 RF송신기를 통해 중앙전자장치로 송신된다. 압력이 너무 낮거나 갑자기 떨어지면, 시스템은 제어패널 상의 디스플레이를 통해 운전자에게 경고를 보낸다. 이 시스템은 타이어바퀴에 직접 부착된 공기압 감시장치/송신기가 포함되어 있기 때문에 직접측정형이라 부른다.

명칭에서 알 수 있듯이, 간접법은 떨어진 거리에서 타이어 압력값을 측정하며, 적용할 수 있는 방법은 많지만, 가장 최신의 간접 TPMS는 잠김방지 브레이크시스템(anti-lock brake system, 이하 ABS)과 함께 작동한다. ABS에는 4개 바퀴의 회전속도를 측정하기 위해 바퀴속도센서가 장착되어 있다. 타이어압력이 감소하면 바퀴의 회전반경이 감소한다. 그 결과 바퀴의 회전속도는 반대로 증가한다. 센서는 빨라진 회전속도를 탐지하고, 시스템은 운전자에게 경고를 보낸다.

직접법은 1psi 정도의 작은 압력감소도 탐지할 수 있고 타이어의 직경변화에 의존하지 않기 때문에 간접법보다 더욱 정확한 데이터를 제공할 수 있다.

무배터리형 TPMS 개념은 중앙수신기 대신에 신호를 주고받을 수 있는 트랜시버(transceiver)와 수동소자인 트랜스폰더(transponder, 직접 측정시스템의 능동송신기 대신 사용)를 사용하는 것이며, 이때 트랜스폰더는 트랜시버에서 받은 신호의 에너지를 이용한다. 이렇게 하면 배터리 없이 타이어 내부에 설치된 타이어압력 감시장치에서 데이터를 전송할 수 있다. 대량생산되는 직접형 타이어 감시시스템과는 대조적으로, 무배터리형 TPMS는 여전히 개발단계에 있다.

몇 군데 자동차 장비 전문 생산 기업에서 TPMS 시스템을 생산하고 있다. 직접형 TPMS의 선도기업인 독일의 Beru AG사는 타이어안전시스템(tire safety system, 이하 TSS)을 생산하고 있다. TSS는 타이어의 공기압을 감시하고 고주파 안테나를 통해 중앙전자장치로 데이터를 송신하기 위해 압력 및 온도센서가 내장된 전자시스템(바퀴에 장착되어 있다)으로 이루어져 있다. 아일랜드의 Schrader

Electronics사 역시 직접형 TPMS를 생산하고 있다. 이 시스템의 기본원리는 각 바퀴에 장착된 밸브센서에서 측정된 타이어압력정보를 가장 가까운 바퀴의 탐지기에 전송한 뒤, 중앙수신기로 신호를 보내는 것이다. 미국의 TRW Automotive사는 직접형 및 간접형 시스템을 모두 생산하고 있다. 일본의 ALPS Electric사는 무배터리형 TPMS를 개발했다.

12.2.2. 전력소비량

대부분의 자동차제작사들이 요구하는 TPMS의 수명은 7~10년이다. 이 요구조건을 만족시키기 위해서는, 각 부품의 대기전류가 매우 작아야 하며(㎂ 수준), 가능한 한 빈번하지 않게 효율적으로 측정하고 송신해야 한다. 배터리의 수명은 다음과 같은 몇 가지 파라메터에 따라 달라진다.

(a) 펄스전류의 형태와 RF센서를 구동하기 위한 피크전류 - 펄스전류의 진폭이 크면 클수록 배터리의 수명은 짧아진다.

(b) 전체 TMPS의 평균 전류소비량 - 평균전류량이 작으면 작을수록 배터리의 수명은 길어진다.

대표적인 TPMS의 요구조건은 최소 동작전압 2~2.5V, 대기전류 1~5㎂, 1분 당 몇 번의 mA 크기 펄스전류, 그리고 각 펄스전류 지속시간은 수 ms이다.

'직접 측정시스템' 의 배터리는 타이어 내부에 설치되어 있기 때문에, 배터리의 무게와 부피 및 형상이 매우 중요하다. 대표적인 모양은 높이가 수 mm인 웨이퍼 같은 것이다. 타이어의 내부 환경은 온도가 -40~125℃일 뿐만 아니라 큰 충격과 진동 주파수를 가지므로 매우 가혹하다.

12.2.3. TPMS의 전원

현재 대량생산되는 TPMS에 사용되는 배터리로는 $Li/SOCl_2$, Li/MnO_2, Li/CF_x 등이 있다. 이들은 모두 각각 장점과 단점이 있다. $Li/SOCl_2$ 시스템은 에너지밀도가 높고 자기방전율이 낮으며 운전온도범위가 -55~150℃로 넓고, 확실한 밀봉이 가능하기 때문에 이 분야에 널리 사용된다.

그림 12.1은 TPMS에 사용되는 배터리의 온도를 주기적으로 변화시키며 시험한 것이다.

이 분야에는 Tadiran Batteries사가 생산하는 2개의 동전형 Li/$SOCl_2$ 셀이 사용된다(표 12.1). 이 셀은 음극재료로 리튬, 양극 활성물질로 $SOCl_2$ 및 무기전해질을 사용한다. 이 셀은 유리-금속 밀봉재와 레이저용접에 의해 완전밀봉되어 있다.

동전형 Li/MnO_2 셀은 양극 활성물질로 이산화망간, 그리고 유기전해질을 사용한다. 동전형 CR 2450 HR 셀은 일본의 Maxell사에 의해 생산되고 있으며, 용량은 550mAh, 동작온도범위는 -40~120℃이다. CR 2450 EX는 용량이 525mAh, 동작온도범위는 -40~150 ℃이다. 이 셀은 현재 고급 사양의 TPMS에 사용된다.

표 12.1. TPMS에 사용되는 웨이퍼형 Li/$SOCl_2$ 셀

셀의 종류	용량(Ah)	무게(g)	체적(ml)
TL4986	0.40	5.3	1.2
TL2450	0.55	8.8	2.6

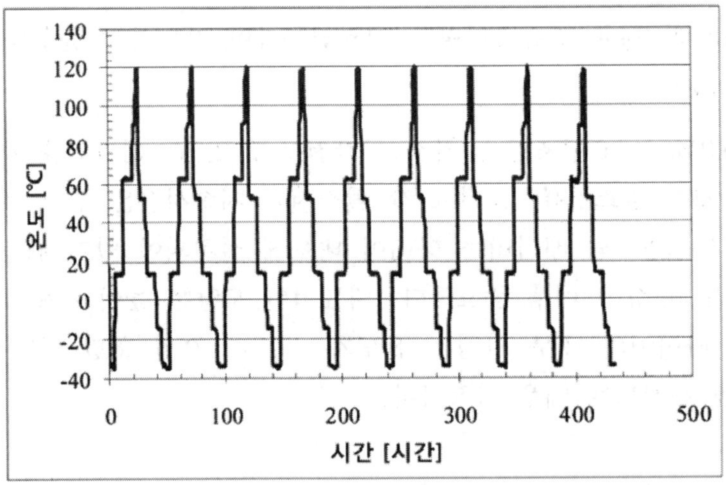

그림 12.1. TPMS용 배터리의 주기적인 온도변화 시험

12.3. 전자요금징수

몇 가지 종류의 요금징수시스템이 현재 전 세계적으로 사용되고 있다. 그들 중 일부는 완전히 자동화되어 있으며, 다른 것들은 반자동 또는 수동으로 동작한다 [1-4]. 자동요금징수시스템은 교통정체를 감소시키고 유료도로의 효율을 높이며, 장래의 교통수요에 적극적으로 대응하는 수단을 제공한다. 이 장에서는 ETC(전자요금징수)법을 중심으로 다양한 종류의 요금징수시스템을 설명한다. 이 시스템들은 유료 고속도로와 교량에 훨씬 더 많이 사용되며, 대부분은 전자장치 내부에 설치된 배터리에 의해 전력을 공급받는다. 필요한 전류와 전압, 환경조건 및 가장 적합한 전원을 설명할 것이다.

12.3.1. 요금징수시스템

전자요금징수시스템은 통행료를 내는 차량을 식별하는 절차인 자동차량식별(Automated Vehicle Identification, 이하 AVI) 시스템에 따라 다르다. 거의 모든 통행료 징수 장치는 톨게이트를 통과한 차량을 기록하며, 대부분의 AVI 시스템은 RFID(무선주파수 식별장치)를 이용하고 있다. 톨게이트에 설치된 판독장치는 차량에 장착된 트랜스폰더(송신기(transmitter)와 응답기(responder)의 합성어)와 통신을 하는데, 이 트랜스폰더를 보통 태그라고 부르며 차량에 탑재된 배터리의 전력을 이용한다. 이와 같은 태그를 능동태그라 부르며, 데이터를 수신, 저장 및 송신할 수 있다. RFID 태그는 뛰어난 정확성을 가진 것이 확인되었으며, 차량이 정지하거나 속도를 늦출 필요 없이 고속 상태에서도 판독할 수 있다[5-7]. 수동태그는 배터리가 없으며, 판독장치의 전자기장에 의해 전력을 공급받는다.

다른 종류의 태그는 현재 도로요금징수에 사용된다. 차량에는 광학적 또는 전자적으로 판독되는 바코드가 장착되어 있다. 광학시스템은 빛의 반사, 즉 바코드 태그에서 반사된 레이저를 이용한다. 이 시스템은 판독기와 태그의 상대적인 위치, 주위 환경, 또는 날씨 조건(안개, 비, 눈) 등에 민감하다. 광학시스템은 고속도로에 비해 환경조건이나 차량속도와 그다지 큰 관계가 없는 자동차주차장에 매우 유용하다.

트랜스폰더의 필요성을 없애기 위해, 어떤 시스템은 카메라를 이용하여 요금징수영역을 통과한 차량의 영상을 찍어 자동적으로 번호판을 인식한다. 번호판의 영상은 차량을 확인하는데 사용된다. 따라서 요금소와 상호작용 없이 도로를 이용할 수 있다. 완전 자동인식시스템의 단점은 요금징수 오류를 방지하기 위해 사람이 검사하는 단계가 필요하다는 것이다.

12.3.2. 전원

대부분의 능동태그 ETC 시스템은 전자장비 내부의 독립전원을 사용한다. 능동태그의 대표적인 부하프로파일은 5~30㎂의 작은 대기전류와 매우 짧은 시간 동안의 10~50mA 전류펄스이다. 차량이 톨게이트 영역을 벗어나면 필요한 전류는 주로 대기전류이다. 차량이 톨게이트 입구로 진입하면 트랜스폰더가 동작하여 판독기와 통신한다. RFID 태그의 대표적인 동작전압은 3.0~3.6V이며, 최소 차단전압은 2.7~2.8V이다. 배터리 동작수명의 요구조건은 ETC 장비와 요금소에 따라 다르다. 어떤 요금소에서는 2~3년이 요구되는 반면, 다른 곳에서는 5~10년이 요구된다. 배터리용량은 전류소비량과 배터리 수명의 요구조건에 따라 1.0~3.0Ah이다. 동작온도 조건은 요금소의 지리적 위치에 따라 달라진다. 대표적인 온도범위는 -40~80℃이지만, 보통은 좀 더 제한적으로 -20~72℃가 적용된다.

펄스전류 부하에서 비교적 전압이 높아야 하는 조건 때문에, 요금징수에 가장 널리 사용되는 배터리는 Li/$SOCl_2$(보빈형 또는 보빈형+커패시터 셀형)이다. 이 배터리 역시 동작온도범위가 가장 넓다. Li/MnO_2나 알칼리 셀과 같은 배터리도 사용된다. 동작전압을 3.0V로 하기 위해 Li/MnO_2 셀에 승압컨버터를 사용하거나 2개의 셀을 직렬연결하여 강압컨버터를 사용한다. 알칼리 셀은 2년의 수명이 요구되고 사용자가 쉽게 교체할 수 있는 경우에 주로 사용된다.

12.4. 자동충돌알림(ACN) 시스템

어디에서 차량이 충돌했는가를 비상반응기(emergency responder)가 알 수 있다면, 매년 유럽과 미국에서는 수 만 명의 인명을 살릴 수 있고 최대 15%까지 중상자 수를 감소시킬 수 있을 것이다. 유럽의회의 수송 및 여행 위원회(European Parliament's Transport and Tourism Commettee)는 의회가 범유럽 차량비상호출 시스템인 E-call의 조속한 설치를 지지, 장려해야 한다고 권고했다. 2009년을 최종기한으로 시행될 것으로 예상된다.

자동충돌알림(automatic crash notification, 이하 ACN) 시스템은 사고발생 후 자동적으로 비상의료서비스가 필요하다는 것과, 구조팀에게 정확한 부상자의 위치를 알려주기 위해 무선통신과 GPS 기술을 이용한다. 이 시스템은 에어백이 작동하거나 계기판의 버튼이 눌러지면 동작한다. 최신 자동충돌알림장치는 다수의 센서를 사용하여 차량의 전면, 후면 및 측면에 심각한 충돌이 발생할 경우, 에어백의 작동여부에 관계없이 자동적으로 텔레매틱스 서비스센터를 호출한다.

텔레매틱스는 운전자와 탑승자에게 해당 지역 고유의 정보, 차량 내부의 오락서비스 등을 제공하기 위해 무선으로 음성과 데이터를 결합시킨 자동차 통신장치이다. 자동차 내부의 텔레매틱스 시스템의 핵심은 중앙서비스센터와 무선으로 연결된 텔레매틱스 통신장치(telematics communication unit, 이하 TCU)이다. TCU는 모든 텔레매틱스 관련 기술이 통합된 시스템의 핵심기능을 수행한다. 또한 해당 지역 고유의 정보를 중앙서비스센터로 전송하고 센터는 휴대폰을 통해 운전자에게 텔레매틱스 서비스가 제공되도록 돕는다[8-11].

이 서비스에서는 비상 시에 앰뷸런스를 보내거나 파손된 자동차의 운전자에게 긴급출동서비스(roadside assistance)를 신청하는 것도 포함된다. 그밖에도 중앙서버가 운전자에게 차량 항법정보나 실시간 교통정보를 제공할 수도 있다.

12.4.1. 전기적 사양과 전원

대부분의 ACN 시스템은 차량용 배터리를 전원으로 사용한다. 그러나 사고 시 차량의 주 배터리가 손상되어 통신이 차단될 수 있다. 따라서 이와 같이 인명과 관련된 응용분야에서는 통신을 유지하기 위해 백업배터리가 필수적이다. 전원의 요구조건은 제작사마다 다르다. 대표적인 백업용 배터리의 요구조건은, 5~15분 동안 약 20W의 고전력을 즉시 공급하고, -40~85℃의 넓은 온도범위에서 동작하며, 자동차 내부에서 안전하게 사용할 수 있어야 하고, 차량의 가혹한 운전조건에서도 신뢰성 높게 동작해야 하며, 5~10년의 동작수명을 가져야 할 것 등이다. 차량이 충돌하여 주 배터리가 차단되거나 손상된 경우, 현재 일부 텔레매틱스 시스템만이 백업용 배터리를 구비하고 있다. ACN 시스템이 의무사항이 되는 수 년 내에 백업용 배터리가 널리 사용될 수 있을 것이다. 이 텔레매틱스 시스템의 백업용 배터리는 다음과 같이 크게 2가지 종류가 있다.

(a) 미국의 Ultralife사가 제작한 리튬-이산화망간 배터리

(b) Tadiran사의 1차 고출력 배터리(12.4.4 참조)[12,13]

그림 12.2는 8개의 AA 셀을 4s2p(직렬 4개 셀, 병렬 2개 셀)로 연결한 배터리의 대표적인 방전곡선을 나타내고 있다. 배터리의 무게는 170g, 저장수명은 10년이다.

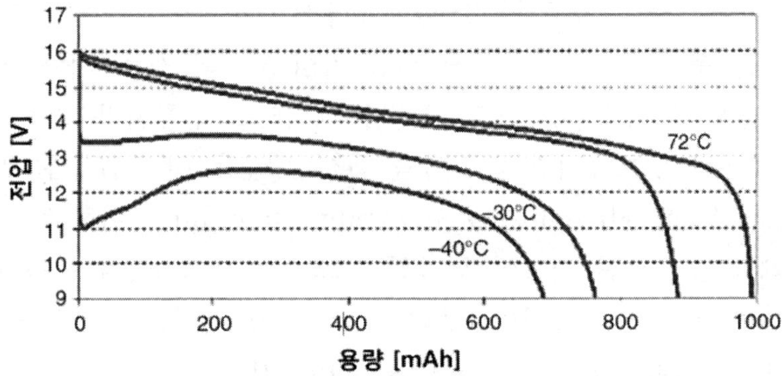

그림 12.2. 텔레매틱스에 사용되는 Tadiran사 배터리팩의 대표적인 2A 방전곡선

12.5. 추적시스템

요즈음과 같은 세계화 시대에 물품추적의 필요성은 점점 더 커지고 있다. 물품은 크기, 물품과 물품소유자 사이의 거리에 따라 분류될 수 있다. 즉, 수퍼마켓과 같은 제한된 지역의 작은 생산품으로부터, 전 세계에 걸쳐 선박, 기차, 트럭에 의해 수송되는 대형 컨테이너에 이르기까지 다양한 종류가 있다.

물품추적은 경제적, 물류적 및 안전적 관점에서 중요하다. 물품추적은 상품의 분배효율을 개선하고, 도난을 방지할 수 있으며, 테러를 위한 휴대물품의 사용을 방지할 수 있다. 따라서 물품에는 식별과 정보전송을 위해 태그/송신기가 장착되어야 한다. 이 장비가 동작하기 위해서는 전원, 즉 배터리가 필요하다.

사람 또는 연구용 동물의 위치추적과 같은 것은 여기서 다루지 않는다.

이 절에서는 추적방법을 설명하고, 몇 가지 종류의 전자시스템과 이 시스템들의 전기적 특징을 설명한 뒤, 이 분야에 사용되는 전원들에 대해 간략히 살펴본다. 특히 이 절에서는 매우 큰 전력과 에너지를 필요로 하는 대형 물품추적시스템에 대해 집중적으로 다룰 것이다. 이동하는 물체나 사람의 감시에 사용되는 시스템에 대해 더 많은 정보를 알고 싶다면 12장을 참조하라.

12.5.1. 추적방법

추적시스템에는 다양한 종류가 있다. 보통 이 시스템은 물품의 크기, 물품과 그 소유자 사이의 거리에 따라 크게 2가지로 분류될 수 있다. 제한된 영역에 위치한 소형 물품의 경우, 필요한 에너지원은 비교적 간단하고 작은 반면, 이송가능한 대형물품의 경우, 장거리에 걸쳐 정보를 전송하기 위해 고출력 에너지원이 필요하다. 먼 거리를 이동하는 물품 때문에 배터리가 자주 교체될 수는 없으므로 이 전원 역시 수명이 길어야 한다.

12.5.1.1. RFID

이 방법에서는 전자태그가 물품에 부착된다. 무선탐지기는 물품의 종류, 저장기간, 저장온도 등과 같은 정보를 가진 이 태그를 판독할 수 있다. 이 시스템은 수퍼마켓, 생산라인 및 소형 창고 등 작고 제한된 영역의 물품에 매우 유용하다.

가장 간단한 것은 전원이 없는 태그로서, 전원은 판독기/탐지기에 있다.

최신 RFID 방법은 물품의 정보와 위치를 전송하기 위해 능동태그가 필요하다. 이 경우 태그를 동작시키기 위해서는 전원이 필요하다.

안테나가 장착된 능동 RFID 태그의 대표적인 특징은 다음과 같다.

a) 무게 : ~ 3kg
b) 전송전력 : ~ 1W
c) 저장 및 동작온도 범위 : 약 -20~50℃
d) 전원수명 : ~ 6개월

이 조건에 가장 적합한 후보는 2/3A Li/MnO_2 셀이 될 것이다. 이 셀의 용량은 약 1.3Ah이며, 6달의 동작기간 동안 위의 온도범위에서 1초 동안 1W를 최소한 13,000회 공급할 수 있다. 이 셀은 비교적 싸고 쉽게 구할 수 있기 때문에 이 분야에서 널리 사용될 것으로 예상된다.

RFID의 요구조건은 저전력과 긴 동작시간이기 때문에, 다른 후보로는 AA 크기의 나권형 Li/$SOCl_2$ 셀, 알칼리 셀 및 보빈형 Li/$SOCl_2$ 셀도 적합하다.

12.5.1.2. GPS

GPS는 트럭, 선박, 기차 및 항공기에 의해 전 세계로 수송되는 컨테이너나 화물과 같은 대형 물품의 추적에 매우 유용하다. 이 방법에서 송신기는 통신위성으로 정보를 전송하고, 위성은 정보를 기록한 뒤 지상기지국으로 전송하여, 물품소유주에게 정보를 전달한다.

이 방법에는 위성의 종류에 따라 다양한 종류의 송신기가 사용된다.

- 저궤도(LEO) 위성

LEO 위성은 고도 160~480km의 상대적으로 낮은 궤도에서 지구 주위를 돈다. 이들의 속도는 매우 빠르고 약 1.5시간마다 지구를 한 바퀴 회전한다. 궤도가 낮기 때문에 단지 좁은 영역만을 담당할 수 있으며, 속도가 빠르기 때문에 통신을 할 수 없는 많은 '사주기(dead period)' 가 존재하므로 통신주기는 짧다. 이 위성통신의 장점은 송신기에 필요한 송신전력이 작다는 것이다.

- 정지궤도(GEO) 위성

GEO 위성은 최대 고도 36,000km의 높은 궤도에서 지구 주위를 돈다. 지구 상의 특정한 지점에 대해 위성의 위치는 변하지 않으며, 따라서 하루에 지구를 한 바퀴 회전한다(지구의 자전주기와 같다). 고도가 높기 때문에 통신영역이 매우 넓으며, 따라서 3대의 GEO 위성만 있으면 일부 극지방을 제외하고 지구의 거의 모든 지역을 담당할 수 있다.

이 특징 때문에 '사주기(dead period)' 없이 연속적인 통신과 추적이 가능하다. 그러나 LEO 통신과는 달리 GEO 송신기는 고전력을 필요로 한다.

▪ 중궤도(MEO) 위성

MEO 위성은 최대 고도 18,000km의 중간 궤도에서 지구 주위를 돈다. 이 위성의 궤도는 LEO나 GEO(원형)와는 달리 타원형이다. 또한 LEO나 GEO와 달리 극지방까지도 담당할 수 있다. 이 위성의 송신기에 필요한 통신전력은 적당한 수준이다(즉 LEO와 GEO의 중간 정도이다).

12.5.2. GPS 송신

표 12.2에는 GPS 기술을 선도하고 있는 기업들이 생산하는 몇 가지 송신기의 요구사양이 요약되어 있다. 표에는 전원의 전압, 전류, 동작 및 저장온도, 예상수명 등이 요약되어 있다.

표 12.2. GPS 추적용 배터리의 요구사양

응용분야	동작전압(V)	대기전류(A)	피크전류(A)	동작온도(℃)	저장온도(℃)	동작수명(년)
1	7.2	0.4	2.2 CDMA*	-40~85	-40~85	3
2	12	0	2 GSM**	-20~70	-20~70	2
3	12	15	1 GSM	-25~70	-25~70	10
4	7.2	0	2 GSM	-40~85	-40~85	2
5	8	0.05	2.5 GSM	-30~72	-30~72	100일
6	12.4	0	2 CDMA	-20~60	-40~85	2
7	36	0.1	2.5 GSM	-40~85	-40~85	2
8	6	0.04	1 CDMA	-40~60	-40~85	3
9	7.2	0.1	2 GSM	-35~55	-35~55	3
10	14.4	0.035	0.725	-35~85	-35~85	3

* CDMA = Code Division Multiple Access
** GSM = Global System for Mobile communications

▪ 전압

표에서 볼 수 있듯이, 송신기는 6~36V의 비교적 높은 전압이 필요하다. 이 분야의 대표적인 동작전압은 약 12V이다.

▪ 대기전류

대기전류는 비교적 작고 어떤 경우에는 아예 필요 없다. 대표적인 값은 수 십 ㎂이다. 그러나 데이터로거나 안테나 등과 같은 보조시스템이 있는 경우에는 수 mA가 필요하다.

- 송신전류

필요한 송신전류는 수 십 ~ 수 백 mA이며, 최대 수 ms의 짧은 시간 동안 최대 2.5A의 피크전류가 흘러야 한다(GSM 및 CDMA 송신 프로파일). 송신시간은 수 초 ~ 수 분 사이이며, 송신주기는 수 시간 ~ 1주일이다.

송신전류값, 지속시간 및 빈도는 통신위성의 종류에 따라 정의되어 있다. 예를 들어 LEO위성과의 통신에는 보통 짧은 시간 동안 비교적 작은 전류가 필요한 반면, GEO위성과는 길고도 빈번한 통신을 위해 고전류가 필요하다.

- 온도범위

이 분야는 매우 넓은 동작 및 저장온도가 요구된다. 보통 온도범위는 -40~85℃이지만, 어떤 경우는 이 범위를 넘어서기도 한다. 이러한 가혹한 요구조건은 극지방과 같은 매우 추운 지역에서 사막과 같은 매우 뜨거운 지역으로 물품을 수송할 경우 필요하다. 대부분의 경우 극한 온도에서 장수명(예를 들면 85℃ 이상 또는 -40℃ 이하의 온도에서 수 일 동안) 역시 요구된다.

때로는 동작에 앞서 저장이 필요하다. 저장온도가 높으면 배터리의 자기방전율과 임피던스가 증가한다. 리튬 기반 전원은 부동태화하는 경향이 있기 때문에, 방전 시작 시 순간최소전압(transient minimum voltage, 이하 TMV) 문제가 예상된다.

- 동작시간

GPS 송신기에 요구되는 동작시간은 수 개월에서 수 년 사이이다. 이 기간이 곧 배터리의 교체시간이다. 동작수명이 길면 배터리를 자주 교체해 줄 필요가 없기 때문에 비용과 자원을 절약할 수 있다.

- 결론

GPS 송신기는 약 24W(2A × 12V)의 피크전력을 필요로 한다는 것을 표 12.2로부터 알 수 있다. 0.1mA의 대표적인 평균전류값(대기전류 포함)의 경우, 2년의 동작기간 동안 매우 넓은 온도범위에서 약 17.5Ah가 필요하다.

따라서 이 분야에서 요구되는 에너지원은 오랜 동작기간 동안(수 년 동안) 넓은 온도범위에서 큰 피크전력을 공급하고 에너지밀도가 높아야 한다. 자기방전율도 낮아야 한다.

개스켓으로 밀봉된 시스템은 온도범위가 제한되어 있기 때문에(최대 60℃), 완전히 밀봉된 전원은 큰 장점을 가진다.

이 분야에는 고전압이 필요하므로, 직렬연결 수를 줄이기 위해 동작전압이 큰 전원이 필요하다.

12.5.3. 전원

- 재충전시스템

표 12.3에는 선도적인 배터리제작사로부터 얻은 3가지 재충전시스템의 특징이 요약되어 있다. 이 3가지는 VRLA, 'D' 크기 Ni/MH 셀, 18650 Li이온 셀이다. 시스템의 동작전압은 1.2V(Ni/MH) ~ 4V(Li이온)이며, 용량은 2.5Ah (Li이온, VRLA) ~ 9Ah(Ni/MH)이다.

표 12.3. GPS 추적용 전원 후보

시스템		공칭동작전압 (V)	용량 (Ah)	동작온도(℃)	저장온도(℃)	최대연속전류 (A)	자기방전율 (%/년)	밀봉종류
2차	VRLA	2	2.5	-40~65	-20~60	30	50	완전밀봉
	Ni/MH	1.2	9	-20~50	-20~30	70	100	가스켓
	Li이온 18650	4	2.5	-30~60	-20~50	12	20	가스켓
1차	알칼리	1.5	16	-20~55	-20~55	2	3	가스켓
	Li/MnO_2	3	10	-20~60	-20~60	2.5	1	가스켓
	Li/SO_2	3	8	-55~70	-55~70	4	3	완전밀봉
	나권형 Li/TC	3.6	13	-60~85	-60~85	2	3	완전밀봉
	보빈형 Li/TC	3.6	19	-55~85	-55~85	0.2	1	완전밀봉
	펄스 + Li/TC "D" 보빈형 + HLC1550	3.6	19	-55~85	-55~85	0.2 (수 분 동안 5)	1	완전밀봉

가장 최신 Li이온 셀을 포함한 이들 시스템은 연속 및 펄스 전류 방전 시 방전율이 매우 높다.

VRLA 시스템의 경우 최고 동작온도는 65℃, 최저 동작온도는 -40℃로서, Li이온 배터리도 특수한 전해질을 사용하면 이 온도값을 얻을 수 있다. 세 시스템의 저장온도는 -20℃로 제한되어 있으며, VRLA 배터리의 경우 최고 저장온도는 60℃에 달한다. 특히 VRLA와 Ni/MH 시스템의 경우 온도상한값은 자기방전율이 급격히 증가하는 온도를 기준으로 설정된다. Ni/MH 및 Li이온 시스템을 개스켓으로 밀봉하면 온도에 민감해진다는 것을 명심하라. Ni/MH 시스템의 최고 저장온도는 정확히 30℃로 제한되어 있다.

이들 세 시스템은 모두 충방전수명이 길다(수 백 회). 충전온도 범위는 Li이온의 경우 -20~40℃, VRLA와 Ni/MH의 경우 0~40℃이다. 이들 시스템의 권장 충전온도는 실온이다. 충전시간은 VRLA와 Ni/MH의 경우 약 1시간, Li이온의 경우는 약 2시간이다.

동작수명은 5년(Li이온과 Ni/MH) ~ 10년(VRLA)이다.

- 1차 시스템

마찬가지로 표 12.3에는 몇 가지 1차 시스템의 특징이 요약되어 있다. 보고된 값은 선도적인 제작사들이 만든 'D' 크기 셀의 값이다.

1차 시스템에는 알칼리 셀과 다양한 리튬 셀이 포함되어 있다. 대표적인 동작전압은 알칼리 셀의 1.5V에서부터 $Li/SOCl_2$(Li/TC) 셀의 3.6V까지이다. 이 1차 시스템의 용량은 Li/SO_2 시스템의 8Ah에서부터 $Li/SOCl_2$(Li/TC)와 PP(PulsesPlus®) 시스템의 19Ah 사이이다.

알칼리 셀과 Li/MnO_2 셀의 동작온도 범위는 -20~55/60℃이다(개스켓 밀봉). 다른 시스템은 완전밀봉되어 있으므로 온도범위는 더욱 넓다.

연속전류는 PP 시스템의 경우 수 분 동안 최대 5A에 달한다. 장시간의 연속전류는 보빈형 $Li/SOCl_2$ 및 PP 배터리의 경우 200mA에서부터 다른 시스템의 경우 2~4A 범위에 있다.

보빈형 시스템의 피크전류는 약 250mA로 비교적 작다. 대신 나권형 시스템은 훨씬 더 큰 전류를 흘릴 수 있으며, 예를 들면 Li/SO_2 셀의 경우 최대 30A의 펄스전류를 흘릴 수 있다. PP 시스템의 최대 피크전류는 15A로서, 이는 이종충커패시터가 존재하기 때문이다(12.5.4에서 설명).

자기방전율은 비교적 낮다. Li/MnO_2, 보빈형 Li/TC 및 PP 시스템의 경우 최대 1%/년이며, 알칼리, Li/SO_2, 나권형 $Li/SOCl_2$ 경우는 최대 3%/년이다.

12.5.4. 이용가능한 배터리의 장점과 단점

▪ 재충전시스템

- 장점

표 12.3에 설명되어 있는 3가지 재충전시스템은 추적시스템에서 요구되는 전류(연속전류 및 피크전류)를 공급할 수 있다. 동작수명(최대 5년) 역시 해당 분야에 적합하다. 또한 긴 충방전수명 때문에 배터리의 교체빈도를 줄일 수 있다. Li이온 시스템은 전압이 높기 때문에(최대 4V) 직렬연결되어야 하는 셀의 수를 줄일 수 있다.

- 단점

이 시스템을 재충전하는 데는 시간과 자원이 요구된다. 이 배터리는 전압, 전류 및 온도를 제어하여 충전해야 하며, 이는 관리 측면에서 부담이 된다.

이 분야의 요구조건인 고전압을 만족시키기 위해서는, 저전압 배터리인 VRLA와 Ni/MH 셀 여러 개를 직렬로 연결해야 한다. 이때 각 직렬연결된 배터리는 충전 시 독립적으로 제어되어야 하기 때문에, 기술적인 제약사항이 될 수 있다.

이 셀들의 또 다른 단점은 대부분의 1차 시스템에 비해 자기방전율이 크고 동작온도 및 저장온도 범위가 제한되어 있다는 것이다. 이 시스템은 충전시스템을 쉽게 이용할 수 있는 제한된 장소에서 짧은 동작시간이 요구되는 특수한 추적분야에 제한적으로 사용될 것이다.

▪ 1차 시스템

알칼리

알칼리 셀은 쉽게 구할 수 있고 값이 싸며 사용이 쉽기 때문에 많은 응용분야에 널리 사용된다. 용량과 전력 공급 능력 역시 추적 분야의 기본적인 요구조건을 만족시킬 수 있다. 그러나 대부분의 추적 분야에서는 알칼리 셀의 저전압, 좁은 동작온도 범위, 비교적 큰 자기방전율 등이 결정적인 단점으로 작용한다.

Li/MnO_2

Li/MnO_2 셀의 용량(10Ah), 전류공급능력 및 자기방전율은 추적 분야의 요구사양을 만족시킬 수 있다. 가장 큰 단점은 동작온도와 저장온도 범위가 제한되어 있다는 것이다(단지 -20~60℃). 대부분의 추적 분야에서는 넓은 동작온도 범위가 요구되기 때문에, 이 셀이 널리 사용되지는 못하고 있다.

Li/SO_2와 나권형 $Li/SOCl_2$

Li/SO_2 시스템은 추적분야에서 요구되는 전력, 에너지 및 동작온도를 만족시키지만, 나권형 $Li/SOCl_2$ 셀의 높은 동작전압, 넓은 동작온도 및 저장온도 때문에 아마도 가장 최적의 선택은 아니다. 나권형 $Li/SOCl_2$ 셀에 비해 Li/SO_2 셀의 장점은 저온에서 지속적으로 고전류를 공급할 수 있는 것이다. 그러나 이 특징은 대부분의 추적 분야에서 결정적인 요소가 아니다.

빈번하고(시간 당 수 회) 장시간의(수 분 이상) 송신과 더불어 짧은 운전수명(최대 수 개월)이 요구되는 추적분야의 경우, 나권형 $Li/SOCl_2$ 셀이 가장 적합할 것이다. 다른 시스템에 비해 이 시스템이 가지는 단점은 자기방전율이 비교적 높다는 것이다. 비교적 높은 온도에서 긴 동작수명이 요구되는 추적분야의 경우 이 단점은 결정적이다.

보빈형 $Li/SOCl_2$

이 셀의 유일한 단점은 전류공급능력이 제한되어 있다는 것이다. 이러한 단점이 없다면 이 셀은 추적 분야에서 매우 우수한 전원이 될 수 있다. 이 셀은 동작전압이 높고(3.6V) 용량이 크며(D 크기의 경우 19Ah) 저장온도 및 동작온도 범위가 넓고 자기방전율이 매우 낮다[14-16]. 추적 분야의 요구전력은 매우 중요한 요소이기 때문에 이 셀은 적합하지 않다.

PulsesPlus® 배터리

PulsesPlus® 시스템은 보빈형 $Li/SOCl_2$의 전류한계를 극복하기 위해 개발되었다. 문헌 [17-20]에 상세히 설명되어 있는 이 시스템은 보빈형 $Li/SOCl_2$에 병렬로 특수한 커패시터(이종층 커패시터, hybrid layer capacitor, 이하 HLC)를 연결한 것이다. HLC가 연결됨으로써 매우 큰 전류(AA 크기의 경우, 연속전류 5A, 1 초 지속기간 동안 최대 15A)를 공급할 수 있는 장점이 있다.

이와 같이 고에너지 보빈형 $Li/SOCl_2$와 고전력의 HLC를 결합시킴으로써, 하루에 몇 번의 짧은(최대 수 분) 송신으로 긴 동작수명(수 년)이 요구되는 추적분야에 PulsesPlus®는 아주 적합한 시스템이 되었다.

12.6. 석유시추

석유 및 가스 시추공정에서, 시추작업을 방해하지 않으면서 원격지에서 '시추 중 측정(measurements while drilling, 이하 MWD)' 과 '시추 중 기록(logging while drilling, 이하 LWD)' 을 할 필요가 있다. 그렇게 함으로써 시간을 절약하고 '도그레그' (dogleg, 목표지점까지 최적의 시추경로로부터 벗어난 편이도)와 같은 바람직하지 않은 영향을 감소시킨다. MWD 기구는 시추조건과 시추방향에 대한 실시간 정보를 제공한다.

따라서 다양한 종류의 원격센서가 필요하고, 이 센서로부터 얻은 데이터를 MWD 기구가 검사하여 지상의 운용자에게 전송한다.

시추방향 측량 데이터는 머드펄스*) 원격측정기(mud pulse telemetry)에 의해 전송된다[21]. 기구의 방향과 기울기에 대한 정보는 가속도계와 자기력계에 의해 측정된 뒤, 시추머드 순환시스템을 통해 논리신호로서 디지털처리기로 전송된다. (특수한 기구에 의해 발생되는) 머드펄스는 논리 '1' (음 또는 양의 압력펄스) 또는 논리 '0' (펄스들 사이의 중간압력)으로 해석되며, 이진정보로서 데이터가 전송된다.

또한 전자기 MWD 기구로부터 지상으로 데이터를 보내면, 머드펄스 원격측정기 없이 동일한 정보가 전송될 수 있다. 지상의 운용자나 소프트웨어는 제어정보를 기구로 다시 송신할 수 있다.

12.6.1. 응용분야

대부분의 원격 응용분야에 전력선이 필요하다면 불편하며 비용도 많이 든다. MWD 센서와 시추도구는 멀리 떨어져 있기 때문에, 이 장비들은 이 기구들과 가능한 한 가까운 곳에 위치한 독립 배터리팩에 의해 전력이 공급되어야 한다(그림 12.3 참조).

---

*) 머드펄스(mud pulse) : 시추가 진행되는 동안 '머드(mud)'라 불리는 유체를 시추공을 통해 주입한다. 이는 시추공이 끊어지는 것을 방지하고, 드릴 부분의 온도를 낮추며, 시추공 벽면이 무너지지 않고 압력을 유지할 수 있도록 굴착파이프를 통해 주입하는 것이다. 시추를 진행하면서 압력, 온도, 진동 그리고 암석의 물성치를 추정가능하도록 도와주는 전기저항값 등을 측정하여 성공적인 시추를 도모한다.

MWD 데이터들은 파내려간 땅 속의 센서로부터 지표면까지 머드를 통해 전달된 압력파인 '머드 펄스' 를 통해 얻는다. 특히 MWD는 드릴비트를 정확하게 조종할 수 있도록 드릴비트의 위치 및 각도와 같은 정보와 굴착되고 있는 물질들의 정보를 제공해 주기 때문에 정확한 시추가 가능하도록 도와준다.

배터리팩은 응용분야에 따라 요구조건을 만족시켜야 한다. 배터리는 -40 또는 -20℃부터 150 또는 200℃까지의 넓은 온도범위와 기계적인 충격과 진동, 그리고 높은 압력 등의 가혹한 환경조건에서 동작해야 한다.

전기적인 요구조건은 응용분야에 따라 달라진다. 송신 기간 사이의 시추작업 동안 얻은 데이터가 메모리에 저장된 후 지상에서 분석되는 경우, 메모리 백업용으로는 저율방전형 셀이 보통 사용된다. 절단기구 또는 전동기가 동작할 때는 고율방전형이 필요하다. 그와 같은 응용분야들의 예가 다음에서 주어져 있다.

시추기구의 기하학적 구조 때문에 배터리팩의 크기와 형태가 엄격히 제한된다. 배터리팩은 시추용 파이프 내에 설치되어야 하기 때문에 원통형이어야 하며, 배터리 이외에도 적절한 안전회로, 커넥터 및 배터리 간 연결선 및 절연관 등도 내장되어야 한다.

시추분야에서 배터리전원이 필요한 부분은 크게 메모리백업, 센서 및 전동기구의 3가지로 나눌 수 있다. 이 모든 부분은 보통 같은 배터리팩에 의해 전력이 공급되지만, 어떤 경우는 이 배터리팩을 몇 개의 구역으로 나눈 뒤, 각 구역의 용도를 다르게 할 수도 있다(그림 12.3 참조).

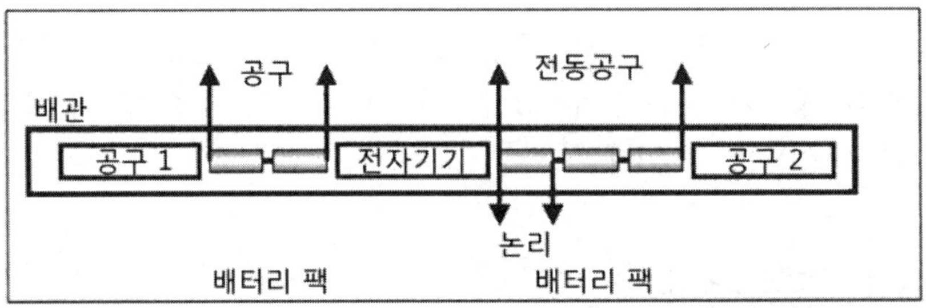

그림 12.3. 시추기구에 사용된 배터리팩의 개략적인 위치와 용도

메모리백업 부분에서는 배터리에너지가 시추작업 시의 센서데이터를 저장하고, 지상에서 시추작업을 끝내기 위해 이 데이터를 수정하는데 사용된다. 에너지 소비가 큰 송신작업을 되도록 적게 하면 에너지가 절약되므로, 축적된 정보는 메모리에 저장된다. 메모리백업에는 중간 이하의 전력이 필요하고, 장시간의 무정전 운전에는 고용량이 요구된다.

MWD와 LWD 분야는 센서와 기구의 개수 및 전자회로의 설계에 따라 중간 이상의 큰 전력이 필요하다. MWD 센서는 시추온도와 압력, 토양층저항(soil formation resistance), 유전의 공극율(porosity), 3차원의 시추방향 및 파이프라인 검사데이터가 포함된 정보를 수집, 저장 및 전송한다. 그 뒤 머드펄스 원격측정기 또는 전자기펄스 송신기에 의해 수집된 데이터가 전송된다.

전동기구 분야에는 센서의 동작, 토양층 관통 및 석유와 가스의 유동개시를 위한 내장도구와 천공기(perforator), 시추절단절차에 필요한 전단기구, 무회전(spin-less) 유량계, 차단밸브 및 다양한 종류의 전동기가 포함되어 있다.

이 분야에는 상당한 에너지가 소비되며 큰 전력이 필요하지만, 동작횟수는 제한되어 있다.

표 12.4. 시추분야용 배터리의 몇 가지 예

분 야	전압(V)	대기전류(mA)	저펄스 전류(mA)	고펄스 전류(mA)	주기	온도범위(℃)	사용 배터리
메모리 게이지	3	0.05~0.3	4~5 〈 1 초	10~50 〈 1 초	수 초	-40~130	AA, C 리튬, 알칼리
압력-온도 게이지	3	0.1~0.2	4~5 〈 1 초		수 초~ 수 시간	-40~150	C 리튬, 알칼리
주제어기 (메모리)	15	0.2				-40~150	C 리튬
센서	3	0.05	50 수 초		수 초	-40~150	C 리튬
파이프 검사 게이지	7	200~400			수 십 시간 (합계)	-40~150	C, D 리튬
MWD 기구	30	70~80	250 수 초	1200 수 초	0.5~ 1 시간	-40~120	DD 리튬
전동 MWD 타이머	50/7	10		1500 수 초	수 분~ 수 시간	-40~150	DD 리튬
전단기구	15	5	250 수 분	5000 수 초	4~6회	-40~165	C 리튬

12.6.2. 전력요구조건

온도와 압력 센서는 보통 메모리백업 모드에서는 수 십 ~ 수 백 μA, 샘플링과 송신 또는 센서 간의 스위칭 시에는 최대 수 십 mA가 필요하다. 샘플링시간은 수 초에서 수 시간까지 조정할 수 있다.

동작전압은 약 3V이고, 동작시간은 측정 및 전송방법, 전자회로 및 배터리의 에너지에 따라 수 백 시간에서 수 년까지 변한다.

이 분야에는 보통 C나 AA 또는 그보다 더 작은 크기의 1차 리튬배터리 한 개가 사용되거나, 공칭전압이 3V 이상인 배터리로 이루어진 소형 배터리팩이 사용된다. 알칼리 배터리를 사용하는 경우, 공칭전압이 낮기 때문에(1.5V) 직렬연결된 배터리의 수는 2배가 되어야 한다. 그러나 이 분야에서는 최대온도가 높기 때문에 이 배터리가 널리 사용되지 못하고 있다. 이미 언급하였듯이 실제로 대부분의 경우 온도는 150℃에 달하며, 때로는 200℃가 될 때도 있다.

메모리의 내용을 수 십만 번 읽기 위해, 동작 중에 배터리전압은 최소 차단전압 이하로 감소되지 않아야 한다.

MWD 및 LWD는 대기모드와 논리모드에서 보통 수 십 ~ 수 백 mA가 필요하고, 동작모드에서는 수 백 mA ~ 수 A가 필요하다. 운전사이클 사이에 존재하는 동작정지 모드에서는 수 mA의 전류가 필요하므로, 전체 에너지소비를 줄이고 배터리의 수명을 증가시킨다.

어떤 배터리팩의 전압은 몇 개의 1차 배터리를 직렬로 연결하여 수 십 V에 달한다. 배터리팩의 용량, 전력공급능력 및 동작수명을 증가시키기 위해서는, 병렬회로의 수를 증가시켜야 한다. C, CC 및 DD 크기의 배터리팩이 널리 사용된다.

이러한 요구조건 이외에도, 전동기구에서는 예를 들어 전단기구가 사용되는 경우처럼 수 백 ms ~ 수 초까지 동안 수 A의 전류가 흘러야 한다.

이러한 작업에 필요한 전력이 관심사항이다. 배터리의 내부임피던스 때문에 배터리에서 전류가 공급되면 전압강하가 나타나고 출력전력이 감소한다. 최소한의 기능을 유지하기 위한 전력을 배터리가 공급할 수 없는 경우, 작업이 실패한다. 전단기구에서는 전동기가 정지한다.

빈번한 동작이 필요한 데이터측정과 달리, 전동기구 분야는 보통 작업사이클이 수 회에 지나지 않으며 시추작업과는 별도로 수행될 수 있다. 때로는 이와 같은 작업이 부정기적으로 이루어지기 때문에, 작업 사이의 저장주기는 아주 길다.

이 모든 분야에서 전압과 전류 프로파일은 기구의 구조와 임무에 따라 매우 다양하게 변화한다. 따라서 배터리의 전력을 이용하는 각 시추분야는 각자에 맞게 설계된 배터리팩이 필요하다.

최상의 배터리팩을 설계하기 위해 설계자가 고려해야 하는 요소들이 무엇인지 살펴보자.

12.6.3. 배터리 선택 기준

▪ 전기적 요구조건

모든 시추작업은 복잡하고 비용이 많이 드는 공정이며, 시추공학자가 시추기구를 설계하는 것이 NASA 공학자가 로켓발사대를 설계하는 것보다 쉬운 문제만은 아니다.

MWD와 LWD의 주 임무는 최대한 정보를 얻어 시추 시 최대한 작업을 하는 것이다. 시추장비의 특정 전자회로가 적절하게 동작하기 위해 요구되는 전력, 전류, 최소 전압은 동시작업 횟수에 의해 결정된다. 부하프로파일은 배터리의 성능과 평균전류, 나아가 배터리의 수명을 제한할 수 있기 때문에 매우 중요하다. 배터리팩의 설계가 시작되기 전에 이 모든 요구조건이 확실히 정해져야 한다.

▪ 동작온도 범위

많은 시추분야에서, 온도는 -40℃까지 낮아질 수 있다(표 12.4 참조). 여러 배터리들의 내부임피던스는 온도의 함수로서, 온도가 감소함에 따라 다양한 형태로 증가하므로, 최저 온도는 반드시 고려해야 될 요소이다.

최고 온도는 보통 가장 결정적인 문제로서 배터리 선택의 폭을 크게 좁아지게 만든다. 다양한 성능과 화학반응을 가지고 있으며 최대온도가 125, 150, 165, 180 및 200℃인 고온 배터리를 시중에서 구입할 수 있다. 배터리의 완전밀봉 구조는 고온에서 전해질이 완전히 건조되는 것을 방지할 수 있다.

▪ 기계적 환경적 조건

배터리는 강한 시추 충격과 진동 및 고압 조건을 견뎌내야 한다. 특히 고출력 나권형 및 이중 애노드 리튬 배터리의 경우 내부회로가 단락되면 위험하기 때문에 이 조건은 매우 중요하다.

▪ 배터리팩의 크기

배터리팩은 제한된 공간에 맞게 설계되어야 하기 때문에, 가장 좋은 성능이 보장되지는 않는다 하더라도 피할 수 없는 문제이다. 시추 분야에서는 몇 가지 공간적인 제한이 있으며, 시추장비 설계자는 최상의 방법을 찾기 위해 배터리제작사와 협력할 필요가 있다. 어떤 경우에는 설치공간의 한계 때문에 동작수명을 줄여야 할 수도 있으며, 따라서 배터리를 자주 교체해 주어야 하고 비용도 많이 들게 된다.

따라서 배터리 부피는 중요한 선택요소이다. 예를 들어 알칼리배터리의 정격전압(1.5V)은 리튬/염화티오닐(3.6V) 또는 리튬/염화설퍼릴(sulfuryl chloride) (3.9V) 배터리의 절반 이하이므로, 동일한 전압을 얻기 위해서는 더 많은 배터리가 필요하다. 배터리의 구조 및 종류(화학반응)와 직접적인 관련이 있는 에너지밀도(Wh/L)는 배터리팩의 부피와 성능에 큰 영향을 미친다.

- 배터리 자기방전

어떤 응용분야에서 배터리가 오랫동안 동작하지 않은 채 저장상태에 있거나 동작평균전류가 작아서 배터리의 자기방전값과 비슷한 경우, 자기방전이 문제가 될 수 있다. 화학반응이 같지만 구조가 다른 배터리는 자기방전도 다르다. 예를 들어 나권형 배터리는 보빈형보다 자기방전율이 확실히 크지만 화학반응과 크기는 같다.

- 안전성

배터리의 구조가 다르면 안전성도 달라진다. 예를 들어 나권형 리튬 배터리는 보빈형보다 안전성이 낮다.

12.6.4. 배터리 화학반응

배터리팩의 설계와 각 배터리 성능 사이의 적절한 균형은 특정 부하프로파일과 환경조건에서 배터리팩의 성능에 영향을 미친다. 따라서 배터리성능은 설계방법과 화학반응에 의해 결정된다.

고온 응용분야에 적합하면서 시중에서 구입할 수 있는 1차 배터리에는 알칼리, 리튬/염화티오닐 및 리튬/염화설퍼릴의 3가지 종류가 있다. 표 12.5는 석유시추장비에 사용되는 3가지 종류의 배터리를 비교하고 있다.

표 12.5. (실온에서) DD 크기 배터리의 주요 성능 비교

배터리 종류	배터리 구조	정격전압 (V)	정격용량 (Ah)	전력 공급능력	에너지밀도 (Wh/L)
알칼리 (D크기 셀 2개)	보빈형	1.5	15×2=30	높음	320
염화리튬티오닐	보빈형	3.6	40	낮음	1470
염화리튬티오닐	이중 애노드	3.6	29	적당	1020
염화리튬티오닐	나권형	3.6	27	높음	900
염화리튬설퍼릴	나권형	3.9	25	높음	930

- 알칼리 배터리

알칼리 배터리의 전압은 방전깊이에 따라 지속적으로 감소하고, 공급전류가 증가함에 따라 그 감소 정도는 더욱 급격해진다. 따라서 팩에 많은 수의 배터리를 사용하여 이를 보상해주어야 한다.

시추분야에 사용되는 알칼리 배터리는 위의 2가지 리튬배터리에 비해 에너지밀도가 3배나 낮기 때문에, 배터리 수가 크게 증가한다. 따라서 같은 전압을 얻기 위해 팩에 사용되는 배터리의 수 역시 2배가 되어야 한다.

저온에서 알칼리 배터리로부터 이용할 수 있는 에너지는 작기 때문에, 추운 기후조건에서 작업하면서 부분방전된 이후에는 재가동 능력이 크게 떨어진다. 그밖에도 이 배터리는 개스켓으로 밀봉되어 있기 때문에 상한 온도가 비교적 낮고 사용기간이 짧은 분야에만 사용될 수 있다.

알칼리 배터리는 값이 싸고 구조가 같은 경우(보빈형의 경우) 고출력 능력을 가지고 있지만, 위에서 언급한 모든 단점들 때문에 시추분야에서 잘 사용되지 않는다.

- 염화리튬티오닐 및 염화리튬설퍼릴

리튬 애노드를 가진 1차 산소할로겐화합물(oxyhalide) 배터리는 에너지밀도가 가장 높으며(표 12.5 참조) 보빈형, 나권형 및 이중애노드의 3가지 구조가 있다. 양극단자가 유리-금속으로 밀봉되어 있으며 수납용기까지도 레이저로 용접되면 이 배터리는 완전밀봉되므로, 전해질 누설이나 완전건조를 방지할 수 있다.

염화티오닐 시스템의 에너지밀도는 매우 높으며, 보빈형의 경우는 특히 더 높다(표 12.5). 나권형을 고려한다면 염화설퍼릴 시스템의 에너지밀도가 다소 더 높다.

보빈형 산소할로겐화합물 배터리는 연간 용량손실이 최대 1%로 자기방전율이 확실히 낮다. 이는 부동태층(SEI)의 형성 때문인데, 리튬애노드의 표면과 액체캐소드의 접촉 시 순간적으로 표면에 부동태층이 형성된다[22]. 이 층은 매우 얇고 우수한 이온전도체이다. 이 층 때문에 시스템이 장기적으로 안정화되고 몇 년 동안 저장된 이후에도 배터리가 충분한 기능을 발휘할 수 있다. 그러나 이러한 긍정적인 특징 때문에 순간적인 고전류 펄스가 인가될 때는 나쁜 결과가 나타난다. 특히 저온에서 전압강하(전압응답지연)가 발생하고, 단시간 전력이 부동태에 의해 영향을 받는다면 어떤 경우에는 배터리가 못쓰게 될 수도 있다.

전압응답지연의 원인은 SEI 부동태층의 저항 때문이며, 시간과 온도에 따라 SEI의 두께가 증가하기 때문에 저항 역시 증가한다. 이 문제를 화학적으로 해결하기 위해 많은 연구가 이루어졌지만, 적절한 배터리팩의 설계 또는 최초 사용 전에 부동태방지 프로토콜(depassivation protocol)의 지능적인 사용에 대한 연구가 이루어져야 한다.

표준조건(실온, 정격전류)에서 염화티오닐 및 염화설퍼릴 배터리는 매우 일정한 전압으로 정격용량을 전부 공급할 수 있으며, 수명종료 시점에서만 전압이 감소한다. 이들 배터리는 다양한 공급전류와 고온환경에서 일정한 전압을 유지할 수 있지만, 전압의 크기는 방전 및 저장 조건에 따라 달라진다.

보빈형 염화티오닐 배터리는 전해질염으로서 염화리튬알루미늄을 사용하고, 저온에서부터 적당히 높은 온도까지 저율방전 성능이 우수하지만, 150℃에서 부동태가 발생하므로 낮은 전압이 유지된다. $LiAlCl_4$를 $LiGaCl_4$로 대체하면 저온(-80℃까지)에서 배터리의 성능이 개선되고 전력공급능력도 어느 정도 개선되는 것으로 알려져 있다.

이중 애노드 리튬/염화티오닐 배터리는 적당한 전력공급능력을 가지고 있으며, 나권형이 가장 우수하다. 고출력 배터리의 단점은 에너지밀도가 낮고(표 12.5 참조) 자기방전율이 높다는 것이다. 더욱이 나권의 내부는 금속용기와 열적으로 잘 차단되어 있기 때문에, 전류가 흐를 때 발생된 열을 효과적으로 제거하지 못하다. 이 때문에 안전과 관련된 문제가 발생할 수 있다.

이러한 시추분야에서는 때로 배터리가 사용되지 않을 수도 있기 때문에, (고온에서) 부분방전된 배터리팩이 수 주 동안 저장상태에 있을 수도 있다. 그 결과 부동태의 영향 때문에 재가동 성능이 문제가 될 수 있다[23]. 배터리 재가동에 앞서 다음 절차 중의 하나를 수행하면 이와 같은 부동태 문제를 없앨 수 있다.

a) 단시간에 고전류 펄스 인가
b) 배터리를 몇 번 짧게 단락시킴

12.6.5. 미래 발전 방향

큰 에너지가 필요한 것은 시추분야 뿐만이 아니다. 전동기구처럼 시추분야의 일부는 비교적 작은 에너지를 소비하면서 짧은 기간 동안 큰 출력을 필요로 한다. 아주 작은 양의 에너지가 필요한 또 다른 응용분야는, 머드가 순환되지 않아 머드 압력의 원격측정이 실패할 경우 사용되는 메모리백업 분야이다. 미래의 개발과제에는 재충전 리튬배터리 또는 수퍼커패시터를 도입하는 것도 포함되어 있다. 재충전 배터리가 적용된다면 1차 배터리팩의 교체에 대한 개선책이 될 수 있다. 이 아이디어는 공회전 모드에서 배터리팩을 충전하는 머드유동 가동 터빈(mudflow-activated turbine)을 기반으로 하고 있으며, 머드가 유동하지 않는 경우는 배터리팩으로부터 에너지가 공급된다.

그러나 이와 같이 재충전배터리로 대체하는 데는 다음과 같이 몇 가지 장애가 있다.

(a) 재충전 리튬배터리는 125℃의 온도에서 오랫동안 견딜 수 없으며, 이 온도에서 내부저항이 크게 증가한다.
(b) 이 배터리의 에너지밀도는 1차 리튬배터리보다 낮다. 이는 배터리팩이 1차 배터리보다 커져야 한다는 것을 의미한다.
(c) 배터리팩의 안전성에 문제가 있다. 모든 재충전 리튬배터리는 젤리롤(jelly roll)형으로서 고전력 공급능력을 가지고 있다. 고온에서의 열발산이 효율적이지 못하다.

수퍼커패시터는 동작온도범위가 매우 좁으며 자기방전율이 크다. 비록 고전력을 공급할 수 있지만, 에너지저장능력은 리튬배터리보다 훨씬 낮다. 이러한 이유 때문에 수퍼커패시터는 고비용일 뿐만 아니라 고온 또는 그밖의 비표준조건에서의 임무수행 능력이 의심을 받는다.

- 결론

석유시추 분야에 가장 좋은 배터리는 여전히 애노드가 금속리튬이고 캐소드(및 용매)가 염화티오닐 또는 염화설퍼릴인 산소할로겐화합물 리튬배터리이다.

저율 및 중율 방전 배터리는 에너지밀도가 매우 높고 자기방전율이 낮기 때문에, 장수명이면서 저전력이 요구되는 메모리나 일부 MWD 작업에 유용하다.

나권형 고율방전 염화티오닐 또는 염화설퍼릴 리튬배터리는 고전류 및 고전력 공급이 요구되는 MWD와 전동기구 분야에 가장 적합하다. 보빈형에 비해 이 나권형 배터리의 단점은 자기방전율이 높고(연간 5%), 고전류가 흐르기 때문에 부동태 영향이 매우 확실히 나타나며, 안전성이 낮다는 것이다.

알칼리 배터리는 고전력 공급능력이 있으며, 산소할로겐화합물 리튬배터리보다 값이 싸지만, 전압과 에너지밀도가 크게 낮다. 또한 개스켓 밀봉 구조 때문에 고온 분야에 적합하지 않으며, 동작수명이 짧아진다.

재충전 배터리의 개발은 아직 시작단계이며, 기술적인 부분과 안전성 부분에서 여전히 해결해야 될 많은 문제가 남아 있다.

수퍼커패시터의 적용은 좁은 동작온도 범위와 낮은 에너지밀도 때문에 제한될 것이다.

12.7. 해양 분야

현대적인 통신기술과 기반시설의 급속한 발전 때문에, 해양 분야에서 많은 신개념과 응용기술이 빠르게 발전하고 있다.

오늘날 이 분야에서 전 세계적으로 가동 중인 프로그램이 몇 개 있다. 몇 개의 대학과 OEM 회사들은 수중에서 발생하는 다양한 현상을 연구하기 위해 새로운 플랫폼과 방법을 개발하였다. 과학용 및 GPS용 부표들의 연결망은 세계의 바다를 커버하고 있다. 전역 위성시스템은 부표 또는 그밖의 다른 이동체를 사용하여 해수면 수위, 염도, 해양조류, 온도 및 색깔 변화, 해저의 지형 및 구조상태 등에 대한 정보를 수집한다.

12.7.1. 응용분야

대부분의 해양용 장비는 멀리 떨어져 있으며, 백업 없이 동작하고 쉽게 교체가 능한 독립전원을 필요로 한다. 이 해양용 장비는 해양, 남극얼음 또는 표류빙산

상에 설치될 수 있기 때문에 배터리를 교체하려면 큰 비용이 든다. 1차 배터리는 이러한 장비에 사용되며, 각 프로젝트마다 장비의 형태, 임무 및 예상수명이 다르기 때문에, 대부분의 경우 특수하게 설계된 배터리팩이 필요하다.

해양용 장비가 매우 다양함에도 불구하고 다음과 같이 몇 가지 그룹으로 나눌 수 있다.

(a) 해양용, 지구물리학용 및 GPS용 장비가 내장된 다양한 종류의 부표
(b) 과학탐사용, 산업용 및 군사용 임무를 띤 잠수정
(c) 해저 지형용 및 지구물리학용 센서
(d) 오랜 대기시간과 단시간 고전력이 요구되는 안전시스템

해양용 장비는 다양한 종류의 작업을 관리한다. 탐사정보는 해저용 과학장비에 의해 부표로 전송되며, 이후 위성을 통해 최종사용자 또는 인터넷 데이터베이스로 전송된다[27]. 잠수정과 함께 사용되는 심해장비가 통신을 할 때는 수면으로 부상한 뒤 같은 임무를 수행한다.

12.7.2. 전력요구조건

이 시스템은 인식테이터의 검사, 처리 및 저장을 지원하기 때문에 오랫동안 중간 이하의 전력이 요구되며, 데이터전송과 선박의 전동기에는 큰 전력이 필요하다. 송신단계 또는 잠수정의 위치를 바꿀 때는 짧은 기간 동안 전력수요가 급격히 증가한 뒤, 다시 낮은 수준으로 복귀한다. 배터리팩의 성능과 수명은 결정적이다. 또한 넓은 온도범위에서 큰 전류를 흘릴 수 있어야 하고 장시간 동작해야 하는 성능이 요구될 수도 있다.

표 12.6은 해양분야에서의 몇 가지 응용예를 나타낸 것이다. 표에서 알 수 있듯이, 대부분의 응용분야에서 부하는 큰 전류(수 A)가 요구되므로, 고전력 셀이 사용되어야 한다. 일부 응용분야에서는 작은 전류가 필요한 곳도 있다. 이 경우 동작수명이 길고 에너지밀도가 높은 1차 보빈형 리튬/염화티오닐 배터리가 사용된다.

표 12.6. 배터리팩에 의해 전력이 공급되는 해양분야

응용분야	전압 (V)	펄스 부하	팩 용량	온도 (℃)	수명	사용 배터리
해저지진계	~15	3A 1초	300Ah 3.9kg	약 0	62일	PulsesPlus
안전팽창 시스템	6	4.5A 20ms	2.3Ah 0.12kg	-34~54	7년	PulsesPlus
해저지진계	27	5A 1 분	50Ah	약 0	7일	나권형 리튬
			48Ah 2.5kg		10일	PulsesPlus
GPS 지진센서	~7	수 W	50Ah	약 0	1년	나권형 리튬
		수 W	80Ah 3.2kg	약 0	2년	PulsesPlus
GPS 빙산부표	~15	수 W	54kg	-40~85	1년	알칼리
			152Ah 3.2kg	-40~85	1년	PulsesPlus
GPS 부표	~15	2A 10 초	960Ah 19.4kg	-40~85	6개월	PulsesPlus
활주정(艇)	~15	수 W	30Ah 1kg	-40~85	45일	PulsesPlus
조류(潮流) 측정계	9	1.27A 1초	7.8Ah* 70Wh	0~35	~1개월	알칼리
	~12		17Ah* 199Wh		3개월	PulsesPlus
센서시스템	6.2	10mA	137Ah	20	13개월	보빈형 리튬

* 배터리 팩 부피 동일

12.7.3. 배터리 선택 기준

해양용 배터리팩을 설계하는 데는 다음 몇 가지 사항이 고려되어야 한다.

(a) 대용량 : 동작수명이 길어지고(교체주기 길어짐) 비용 절감

(b) 고에너지밀도 : 배터리팩의 무게와 크기가 감소됨

(c) 대전력 공급능력 : 동작 시 대전력 펄스를 지원해야 함

(d) 넓은 동작온도 범위 : 배터리의 종류(화학반응)와 구조에 따라 저온조건이나 심각한 정격출력 감소를 감당하지 못할 수도 있다.

(e) 안전성 : 해양 분야에 사용되는 다양한 종류의 배터리는 안전규격이 모두 다르다. 이 분야에서는 위험 가능성이 있다고 알려진 나권형 배터리와 같은 고출력 배터리가 필요할 수 있으며, 배터리팩은 원하는 동작수명을 얻기 위해 수 십 개의 배터리가 사용될 수 있다. 따라서 안전회로와 작업자 개인의 예방책이 중요하다.

고출력 해양용 분야에서는, 장치설계자가 알칼리 배터리, 나권형 리튬 배터리 또는 PulsesPlus® 배터리 중에 어떤 것을 선택해야 하며, PulsesPlus® 배터리는 12.5.4절에 설명되어 있다. DD 크기의 염화티오닐 PulsesPlus® 셀은 용량이 40Ah, 에너지밀도 1,420Wh/L, 그리고 전력공급능력이 매우 크다(이 값들을 표 12.5의 값들과 비교해 보라).

알칼리 배터리는 전력공급능력이 크지만, 리튬 배터리에 비해 에너지밀도가 낮고 동작전압이 낮다(표 12.5 참조). 표에서 제시된 용량과 에너지밀도의 평균값은 실온 조건에서이다. 다른 배터리에 비해 알칼리 배터리는 저온에서 이 값들이 더욱 급격히 감소한다. 예를 들어 알칼리 배터리팩이 PulsesPlus® 배터리팩과 같은 전력 및 에너지를 가지기 위해서는 훨씬 더 크고 무거워져야 한다. 잠수정은 공간과 무게 및 형상에서 제한이 있기 때문에 무게와 부피가 매우 중요하다.

북극빙원에 설치된 GPS/빙산부표에서처럼 극한 온도조건에서 동작하는 장비는 알칼리 배터리가 더욱 비효율적이므로, 이러한 극한 조건에 대처하기 위해서는 배터리팩의 크기가 더욱 커져야 한다. 이 특수한 예에서 알칼리 배터리팩(380D 크기 배터리, 총 54kg) 대신에 3.2kg 32D 크기의 리튬/염화티오닐 배터리 및 4대의 이종층 커패시터가 성공적으로 사용되었다(그림 12.4 참조)[28]. 배터리팩의 수명은 1년이며, 아직 교체되지 않았다.

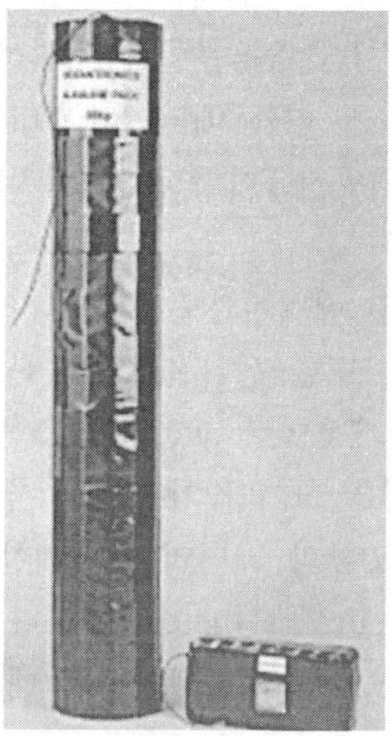

그림 12.4. GPS/빙산부표에 사용된 동일한 동작수명을 가진 알칼리 및 PulsesPlus® 배터리팩

96DD 크기의 리튬/염화티오닐 셀 및 12개의 이종층 커패시터로 이루어진 배터리팩과 같은 성능을 가지기 위해서는 알칼리 배터리팩의 크기가 어느 정도가 되어야 하는지를 상상하는 것은 어렵다(그림 12.5 참조)[16].

그림 12.5. 96DD 크기의 리튬/염화티오닐 셀과 12개의 이종층 커패시터로 이루어진 해양용 배터리팩(Tadiran사의 허가에 의해 전재)

나권형 리튬 배터리는 넓은 온도범위에서 고율로 에너지를 공급하고 고출력 펄스를 흘릴 수 있기 때문에 단시간 응용분야에 적합하다(표 12.3과 12.5 참조). 그러나 이미 언급하였듯이, 보빈형 리튬 배터리와 PulsesPlus® 하이브리드 리튬 배터리에 비해 이 배터리는 자기방전율이 크고 에너지밀도가 낮으며 안전성에도 문제가 있고, 또한 비싸다.

하이브리드 리튬 배터리팩은 에너지밀도가 높고 전력공급능력이 탁월하며 자기방전율이 낮고 안전성이 높다. 또한 동작온도범위가 넓으며, 장시간 중간 크기 이하의 평균전류가 흐르면서 단기적으로 고전력 펄스를 공급할 수 있는 응용분야에 사용된다. 따라서 이 배터리팩은 크기가 가장 중요시 되는 분야 뿐만 아니라 제한된 공간에서 사용되는 다른 종류의 배터리를 대체할 수 있는 응용분야에 적합하다. 음향조류측정기(acoustic current meter)를 하나의 예로 들면, 알칼리 배터리팩 대신에 같은 크기의 하이브리드 리튬배터리로 대체한 결과 배터리팩의 용량이 약 3.5배 증가하였다.

하이브리드 리튬 배터리팩은 알칼리 배터리 뿐만 아니라 다른 리튬 배터리에 비해 많은 장점이 있다. 단기간 고전력을 공급해야 하는 응용분야의 경우, PulsesPlus® 하이브리드 리튬 배터리는 나권형 리튬배터리와 성능이 비슷하지만, 동작수명이 더욱 길다. 해저 지질구조를 탐사하는 GPS 지진장비에 15개의 DD 크기 나권형 리튬 배터리가 장착되었으며, 동작수명은 1년이다. 15개의 DD 크기 PulsesPlus® 배터리로 구성된 하이브리드 리튬 배터리팩의 수명은 2년이다.

어떤 해양장비에는 펄스전력 공급능력은 제한되더라도 에너지밀도가 높은 조건이 요구되는 경우도 있다. 이때 보빈형 염화리튬티오닐 배터리는 그 어떤 배터리보다 고에너지밀도와 장수명을 가진다는 점에서 확실한 장점을 가지고 있다.

안전을 위한 대기전력용 분야는, 고전력 또는 고에너지가 필요할 때까지 수 년 동안 배터리는 무부하 상태 또는 매우 작은 기저전류만을 흘려야 한다는 점에서 관심을 끈다. 예를 들어, 선박의 안전팽창시스템과 같은 응용분야로서, 여기에는 모든 종류의 고출력 리튬배터리, 즉 나권형 Li/산소할로겐화합물 또는 PulsesPlus® 배터리가 사용될 수 있다.

참고문헌

1. J.J. Hasset, "Electronic Vehicle Toll Collection System and Method" US Patent No. 7012547, March 2006.
2. E.M. Stuart *et al., IBTTA AVI Conference Proceedings,* June 1990, New York, New York.
3. J.J. Hasset *et al.*, "Electronic Vehicle Toll Collection System and Method" US Patent No. 5144553, April 1992.
4. "Toll Booth Net Automates Fare Collection, Save Cash" *Network World, Vol .5,* Issue 23, June 12, 1989.
5. *Wikipedia, http://en.wikipedia.org/wiki/Electronic_Toll_Collection_System*
6. J.C. Freeny, "Object Monitoring Method and Apparatus" US Patent No. 4217588, 1980.
7. *Encyclopedia of Computer Science and Engineering,* Van Nostrand Reinhold Company Inc, 1983, pp. 563-565.
8. A. Demmler, *Automotive Engineering* 104 (1996) 85.
9. Sang-Bin Rhee, *IEEE Trans. Vehicular Tech.* Vol. VT-27 (1978) 244.
10. C. Reuber, *Funk-Technik* 41 (1986) 275.
11. H.L. Song, "Vehicle Locating and Navigating System", US Patent No.5208756, May 1993.
12. H. Yamin and C. Menachem, *The 22th international Seminar on Primary and Secondary Batteries,* Fort Lauderdale, Florida 2005.
13. H. Yamin and C. Menachem, *The 23th international Seminar on Primary and Secondary Batteries,* Fort Lauderdale, Florida 2006.
14. H. Yamin, M. Pallivatical and U. Zak, *10th international Seminar on Lithium Technology and Applications,* Deerfield Beach, Florida, 1993.
15. H. Yamin, M. Pallivatical and E. Elster, *Proceeding of the 35th International Power Sources Symposium,* Cherry Hill, New Jersey, 1992.
16. H. Yamin, M. Shlepakov, C. Menachem and D. Bar-Tov, *The 40th International Power Sources Symposium,* Cherry Hill, New Jersey, 2002.
17. H. Yamin, S. Luski, J. Carmely, E. Elster and M. Shlepakov, *The 16th International Seminar on Primary and Secondary Batteries*, Fort Lauderdale, Florida 1999.
18. H. Yamin, E. Elster and M. Shlepakov, *The 17th international Seminar on Primary and Secondary Batteries,* Fort Lauderdale, Florida 2000.
19. C. Menachem and H. Yamin, *The 19th international Seminar on Primary and Secondary Batteries,* Fort Lauderdale, Florida 2002.
20. C. Menachem and H. Yamin, *The 23th IPSS Meeting,* Amsterdam 2003, *and J. Power Sources* 136 (2004) 268.
21. *Wikipedia, http://en.wikipedia.org/wiki/Mud_pulse_telemetry*
22. E. Peled, *in "Lithium Batteries",* J.-P. Gabano, Ed., Academic Press, New York, 1983, 211-239.
23. A. P. Johnson, *Proceeding of the 39th Power Sources Conference,* Cherry Hill, New Jersey, 2000.
24. S. Levitus, T.P. Boyer, M.E. Conkright, T. O'Brien, J. Antonov, C. Stephens, L. Stathopolis, D. Johnson, and R. Gelfeld, *World Ocean Database Volume 1: Introduction, U.S. Government Printing Office,* Washington, D.C., 1998.
25. "*Implementation Plan for the Global Observing Systems for Climate in Support of the UNFCCC*" October 2004, GCOS – 92 (WMO/TD No. 1219), World Meteorological Organization, 2004.
26. T. Garrison. *Oceanography (5th Edition)*, Thomson Brooks/Cole, 2005, p. 252.
27. M. Yilmaz, P. Migliacio and E. Bernard, *Oceans 2004 Proceedings*, Kobe, Japan.
28. S. Jacobs, *Sea Technology Magazine,* July 2001.

배터리관리 및 수명 예측

13.1. 정의

'배터리 관리' 와 '수명 예측' 을 적절하게 설명하기 위해, 많은 배터리기술이 일관성 있게 정의되어야 할 필요가 있다고 생각한다. 그와 같은 기술들은 문헌 [1]에 잘 요약되어 있으므로, 독자는 이것을 먼저 잘 검토해 보기를 강력하게 권한다. 이 장에서의 기술적인 설명을 위해 문헌 [1]에서 정의된 용어들을 사용할 것이다.

13.1.1. 배터리 관리

'배터리 관리' 는 배터리의 종류(1차 또는 2차)에 관계 없이 최소한 하나의 배터리를 출입하는 에너지와 전력을 효율적으로 사용하고 제어하는 것으로 정의할 수 있다. 보통 배터리는 셀들을 직병렬로 연결한 배터리 모듈을 말하며, 이 모듈은 단일 용기에 수납된다. 또한 배터리팩은 보통 직병렬로 연결된 배터리 모듈로 이루어져 있다. 배터리팩은 전력을 공급하는 주 장치 내에 설치될 수도 있으며, 제거 또는 교체가 가능하다. 배터리 관리는 주로 방전과 관련된 것이며, 2차 배터리의 경우는 충전도 포함된다.

'배터리 관리' 는 보통 두 가지의 주된 목적을 위해 배터리 동작기능에 내장되어 있다. 하나는 배터리의 성능을 최적화하는 것이고, 다른 것은 안전위험 요소를 완화시키는 것이다. 대표적인 배터리관리시스템에는, 셀의 기본 파라메터(압력, 온도, 전압 또는 전류)가 제조사가 미리 설정한 제한치를 벗어나 동작하지 않도록 하기 위해, 이 파라메터들을 '모니터링' 하는 것이 그 중의 하나이다.

다음에는 각 배터리마다 현재 상태에 대한 정보를 얻기 위해 특성을 '측정' 하는 것이다. 이후 이와 같이 매우 상세한 정보는 각 배터리의 용량 또는 충전상태를 나타내는데 사용될 수 있다. 또한 배터리 셀을 출입하는 전력과 에너지를 직접 제어하는데도 사용될 수 있다.

기본적인 모니터링 및 측정 이외의 '배터리 관리' 에는 추가적인 처리과정과 측정정보를 배터리에서 서버로 송신하는 통신이 포함될 수 있다. 또한 배터리의 남은 동작시간 또는 용량과 같은 추가적인 정보를 제공하기 위해 측정데이터를 계산하는 과정도 포함된다. 이후 이 정보는 남은 배터리에너지를 효율적으로 이용하기 위해 사용될 수 있다. 배터리를 충전하기 위한 가장 좋은 방법, 즉 용량을 최대화하기 위한 방법을 결정하기 위해, 충전기 역시 이 통신수단을 이용할 수 있다.

일반적으로 '배터리 관리' 는 한 번의 방전사이클 동안 배터리로부터 가장 효과적으로 에너지를 뽑아내는 것이다. 2차 재충전 배터리의 경우는, 배터리의 충전을 최적화하는 것은 물론, 이후의 방전 시 배터리로부터 대부분의 에너지를 뽑아내기 위한 것도 '배터리관리' 에 포함된다. 그렇게 함으로써 관리시스템은 배터리의 수명과 성능에 해를 끼치는 동작조건의 영향을 최소화할 수 있다.

13.1.2. 배터리 수명 예측

'배터리 수명 예측'

배터리 수명 예측은 보통 '가용(可用)수명(service life)' 을 평가하는데 사용되며, 이 가용수명에는 배터리 또는 배터리팩의 '겉보기수명(calendar life)' 과 '충방전수명(cycle life, 2차 배터리의 경우)' 이 포함된다. 보통 배터리팩의 수명은 여러 가지 요소들 때문에 개별 배터리의 수명과는 다르다.

겉보기수명은 배터리 또는 배터리팩의 용량이 최초값의 80% 이하로 될 때까지의 수명으로 정의되며, 보통 '저장수명(shelf life)' 이라고도 한다. 배터리가 여전히 에너지를 공급할 수 있다 하더라도, 산업계에서는 '수명종료(end-of-life, 이하 EOL)' 의 기준점으로 이와 같이 용량이 20% 감소하는 시점을 사용한다. 배터리 또는 배터리팩의 저장수명은 용량보존능력(charge retention) 또는 자기방전율에 의해 결정된다.

2차 재충전 배터리 또는 배터리팩에서는 가용수명을 보통 배터리의 '충방전수명(cycle life)' 이라고도 부른다. 배터리가 최초 충전 시보다 용량이 80% 이하가 될 때까지의 완전히 충방전된 횟수가 보통 EOL시점으로 사용된다.

따라서 '배터리 수명 예측' 에는 배터리가 EOL점을 향해 어떻게 노후화되고 열화되는가를 결정하는 것도 포함되어 있다. 또한 배터리가 가까운 장래에 얼마나 빠르게 EOL점을 향하여 열화될 것인가를 예측해야 한다. 배터리 또는 배터리팩의 '건강상태(state-of health, 이하 SOH)' 는 보통 EOL로 향해 열화되는 상태를 나타내는데 사용된다.

'성능, 기능 및 수명(performance, function and life)'

배터리의 공칭전압, 용량, 비에너지 및 비출력, 에너지밀도와 전력밀도, 피크전력, 또는 수명에 심각한 영향을 미치지 않으면서 흘릴 수 있는 최대전류 등의 특성은 배터리 고유의 화학반응에 의해 결정된다. 따라서 '기능' 을 수행하기 위해 필요한 목표치처럼, 배터리의 '성능(performance)' 은 측정된 특성평가치를 특정한 기준값에 대해 백분율로 나타낸 것이다. 배터리의 '기능(function)' 은 보통 듀티사이틀(duty cycle)로서 정의되는데, 기능이 충족될 수도 아닐 수도 있으며, 합격을 1, 불합격을 0으로 할 때 현재의 유효기능을 0과 1 사이의 값으로 나타내기 위해 기능상태(state-of-function, 이하 SOF)라는 파라메터를 사용한다. 다시 말하면 SOF가 0이면 배터리는 EOL에 도달한 것이다. 이 정의는 임무 수행이 가능한가를 판단할 때 적용된다. 대부분의 경우, 재충전 또는 회생제동 이후나 동작조건이 달라져도 배터리는 원래 기능을 다시 수행할 수 있다.

'동작 조건'

배터리 또는 배터리팩의 가용수명은 '동작조건' 에 따라 크게 달라진다. 전류, 전압 및 온도의 3가지 기본 파라메터는 어떤 동작조건에서 배터리의 성능을 나타내는데 사용된다. 배터리의 전압과 전류는 보통 온도변화에 영향을 받으며, 배터리 내에서 발생된 열과 배터리를 출입하는 열의 전달 때문에 온도가 변하면서 듀티사이클과 동작조건도 달라지기 때문에, 배터리의 가용수명을 평가하는 것은 간단하지 않다.

'노후화메카니즘(aging mechanism)'

배터리의 열화(degradation) 때문에 성능이 악화되고 가용수명이 단축된다. 열화과정은 그 속성에 따라 가역적일 수도 비가역적일 수도 있다. '노후화(aging)'는 배터리에 사용된 부품 또는 재료가 열화되는 것을 말하며, 이로 인해 배터리의 성능이 변화한다. 예를 들어 납 배터리에서 산의 층화현상과 황산화는 성능의 열화를 초래한다. 산의 층화현상은 어느 시점까지는 가역적일 수 있는 반면, 오랜 기간 동안 축적된 황산화는 가역적이지 않다. '노후화메카니즘' 은 노후화과정을 기계역학적으로 이해하는 것으로서, 열역학적 방법, 운동역학적 방법, 또는 이 둘을 함께 고려하는 방법 등이 사용될 수 있다. Ni/MH 또는 Li/이온 배터리시스템의 노후화메카니즘은 규명하기가 쉽지 않다.

'스트레스 요소(stress factor)'

스트레스 요소는 배터리의 성능과 수명에 영향을 미치는 변수로서, '동작조건'에 포함된다. 이 요소들은 사용자의 요구조건, 듀티사이클, 주위환경조건, 동작조건, 그리고 배터리의 구조 등에 의해 결정된다. 이 요소들 때문에 노후화가 일어나고 방전율도 바뀐다. 여기서 배터리의 노후화는 몇 가지 메카니즘이 동시에 작용할 수도 있고, 또는 단 하나의 메카니즘만이 작용하여 나타날 수도 있음을 명심해야 한다.

특정한 동작조건에서의 배터리 '설계, 계획 및 선택(design, planning and selection)'

동작조건이 배터리 수명에 미치는 영향을 평가하는 것은 매우 중요하며, 따라서 어떻게 하면 가장 적절한 시스템을 올바르게 '설계, 계획 및 선택' 할 수 있을 것인가를 알 수 있다. 어떤 동작조건이 특정 배터리시스템에게는 가혹하다 할지라도, 정확한 원칙에 따라 배터리를 계획한 절차대로 동작시키면, 기술적 및 경제적 목표를 모두 만족시킬 수 있는 최상의 해결책이 될 수 있다. 이에 대한 좋은 예로는, 재생에너지 저장시스템에 사용되는 납 배터리시스템을 들 수 있다. 재생에너지 시스템의 전력은 간헐적으로 발전되기 때문에, 배터리 저장시스템이 자주 혹사될 수 있다. 그러나 배터리시스템을 특정 듀티사이클 동안 동작시킨 후 주기적으로 완전히 재충전시킨다면, 황산화의 염려 없이 오랫동안 주어진 기능을 수행할 수 있다. 따라서 배터리의 동작 계획을 적절하게 설계한다면 혹사를 줄일 수 있으므로 최적 이용이 가능하다.

13.2. 모니터링과 측정

배터리 관리는 먼저 배터리의 현재 상태를 결정하기 위해 다양한 물리적 특성들을 감시하고 측정하는 것이다.

감시에는 압력과 같은 하나의 특성 또는 파라메터를 대상으로 하거나, 전류차단과 같이 하나의 작용(action) 또는 차단점(trip point)을 대상으로 하는 것도 있다. 반대로 측정은, 미리 정해진 범위에서 전압이나 온도와 같은 여러 특성들을 결정할 수 있다. 대표적인 Li/이온 셀의 경우 안전한 동작영역을 결정하는 방법에 대한 예가 그림 13.1에 주어져 있다.

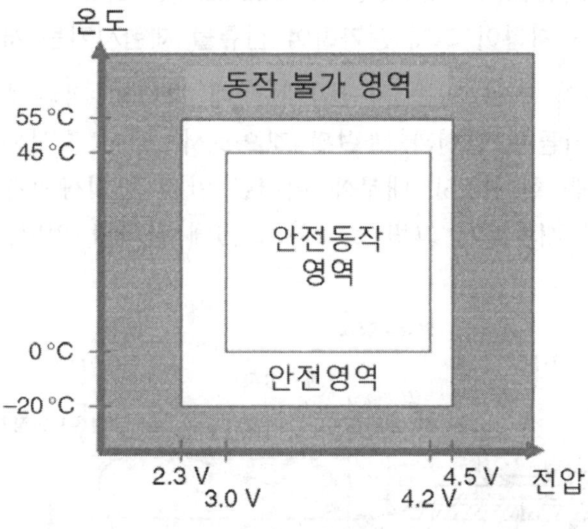

그림 13.1. 대표적인 Li이온 셀의 안전 운전영역(전압-온도) 결정 방법에 대한 예

감시와 측정의 목적은 셀, 모듈, 배터리팩이 제조사에 의해 설정된 바람직한 안전운전영역 내에 있게 하기 위한 것이다. 측정은 배터리가 동작영역 내에 있도록 하기 위한 첫 단계로서, 배터리팩 수준에서 이루어진다. 또한 감시는 셀이 파손될 수 있는 극도의 혹사조건을 방지하기 위해, 셀 수준에서 이루어진다.

또한, 셀과 배터리 측정은 충전상태(state-of-charge, 이하 SOC)의 계산과 표시, '스마트' 배터리기능, 지능 충전 및 배터리 수명 예측 등과 같이 최신 배터리관리시스템의 기반이 된다.

13.2.1. 셀 감시

배터리 내부의 각 셀을 내부 또는 외부에서 감시할 수 있다. 혹사와 안전에 매우 민감한 Li/이온 배터리에서, 셀의 상태를 감시하는 것은 특히 중요하다. 셀 제조사는 배터리 내부에 다음과 같은 감시장치를 장착하고 있다.

- 압력감지 전류차단장치(current interrupt device, 이하 CID) : 내부 셀의 압력이 높아지면 전류를 차단
- 용융분리기 : 더 이상의 셀 운전 중단
- 열퓨즈 : 설정된 온도에서 개방되어 전류를 차단
- 화염소거배기장치 : 폭발성 전해질의 누출을 방지
- 정(正)온도계수(positive temperature coefficient, 이하 PTC) 저항 : 고전류가 흘러 가열되면 저항이 크게 증가하여 전류를 제한시키는 저항

이 장치들은 하나의 조건 또는 차단점에 대해 하나의 파라메터(압력, 온도 등)를 감시한다. 이 장치들은 안전과 관련된 것으로서, 셀이 혹사되지 않도록 전류를 차단하는 등의 작용을 한다[2,3]. 내부에 이러한 안전 감시장치가 몇 개 설치된 대표적인 Li/이온 셀의 개략도가 그림 13.2와 13.3에 나타나 있다.

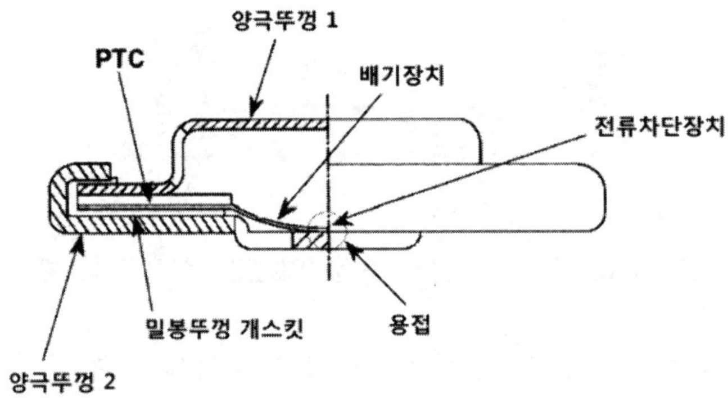

그림 13.2. 셀 감시장치의 예. PTC, 전류차단장치 및 배기장치(Sanyo Energy사의 허가에 의해 전재, 참고문헌 [2])

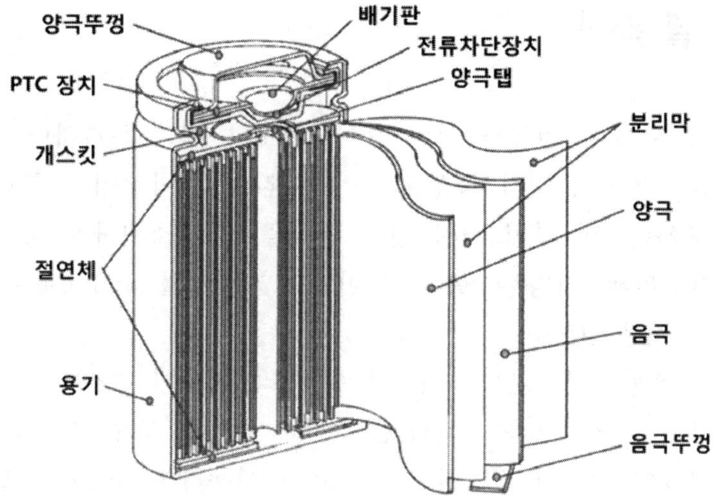

그림 13.3. 내부 셀 모니터링 장치의 예. PTC, 전류차단장치 및 방출판(Sanyo Energy사의 허가에 의해 전재, 참고문헌 [2])

외부 감시장치에는 온도, 전압, 또는 전류와 같은 특성을 감시하는 단일점 감시장치가 있다. 감시장치는 셀이 혹사되지 않도록 전류를 차단하는 작용을 한다. 오직 한번 사용되거나 리세트(reset)되는 이 장치의 예로는 다음이 있다.

- PTC 저항 : 고전류 시 차단[4,5]
- 열퓨즈 : 보통 설정된 온도에서 개방되며, 오직 한 번만 동작함
- 바이메탈 보호기 : 설정된 온도에서 전류를 차단하고 다시 저온이 되면 회로를 연결[6]

위에서 언급한 감시장치는 배터리의 종류, 셀 제조사 및 예상 응용분야에 따라 셀의 내부 또는 외부에 설치될 수 있다. 예를 들어 PTC와 열퓨즈는 각 셀의 내부 및 배터리팩에 설치된다.

대부분의 감시기능은 수동형이면서 전자회로가 없지만, 전원이 있다면 동작 시 최소의 전력을 소비한다.

13.2.2. 셀 측정

셀의 특성 측정은 앞서 언급한 셀의 감시장치보다 더욱 복잡하다. 셀의 파라메터를 측정할 때는 셀의 물리적 특성을 정량적 값으로 바꾸어 정확히 나타낼 수 있는 장치가 필요하다. 이 장치 역시 셀의 전력을 크게 소비하지 않아야 한다. 이와 같은 측정을 위해 다양한 종류의 아날로그-디지털(analog-to-digital, 이하 A/D) 변환장치가 사용된다.

셀의 온도를 측정할 때는 온도가 증가함에 따라 저항이 감소하는 반도체소자인 소위 서미스터(thermistor) 또는 부(負)온도계수 저항이 사용된다. 온도변화 때문에 이 소자의 저항이 변하면 간단한 전자회로를 이용하여 저항변화를 온도변화로 변환시킬 수 있다[7].

셀의 전압 역시 전자회로에 의해 쉽게 측정되며, 측정전압이 클 경우는 전자회로가 처리할 수 있는 크기로 감소시킨 후에 측정한다(저항을 이용한 간단한 전압 분배기 회로는 측정 시 셀 전력을 소모하므로 셀의 불균형문제가 발생할 수 있기 때문에, 이 회로를 적절하게 설계하지 못할 경우 용량감소의 원인이 된다).

셀의 측정은, 그 결과가 셀의 파라메터가 원하는 범위를 벗어나지 않도록 방지한다는 점에서 감시기능과 다르다. 예를 들어 셀의 온도가 증가하면, 전류를 차단하기 위한 회로가 동작한다. 측정은 차단온도보다 낮은 온도가 되면 다시 전류를 흘릴 수 있는 기능이 있는 반면, 감시기능은 보호회로가 재가동되지 않거나 하나의 차단점에서만 재가동되며, 따라서 셀 전압의 크기도 변한다.

압력과 같은 일부 셀 특성은 유용하게 사용될 수 있지만, 가끔 비용 대비 효과적인 방법으로 측정하기 어려울 때가 있다. 압력 또는 이와 관련된 파라메터를 측정하기 위해서는 스트레인게이지(strain gauge)나 이와 비슷한 부품이 사용될 수 있다.

배터리 외함 밖으로 적절한 신호선이 나와 있을 때, 배터리팩 외부에서 셀 파라메터를 측정할 수 있다. 이때 신호선은 주의깊게 배치해야 하며, 부주의로 인한 단락을 방지하기 위해 보호되어야 한다. 1차 셀이 외함이 없는 상태에서 그대로 주 장치에 삽입된 경우, 이러한 신호선을 이용한 측정법이 사용된다.

13.2.3. 배터리 감시

여기서 '배터리' 는 모듈 또는 팩을 의미한다. 배터리 내부에서 직렬 또는 병렬 연결된 모듈을 감시하는 것은 직렬연결된 모듈의 전압 또는 전류와 같은 파라메터를 관측하는 것이다(그림 13.4 참조). 전압의 크기를 감시하고, 단락회로와 같은 과전류상태를 방지하기 위해 전류도 감시한다. 외부온도가 배터리팩에 영향을 미칠 것으로 예상되면, 배터리팩 온도감시 장치가 부가적으로 사용될 수도 있다.

배터리팩 수준에서 특성을 감시할 때는 앞서 언급한 모든 장치들(열퓨즈, PTC, 서미스터 등)이 사용될 수 있다. 보통 이들 감시장치 역시 간단한 전자회로를 사용하며, 모든 전자회로는 배터리가 안전 동작영역에 있도록 하고 손상될 정도의 혹사상태를 방지해야 한다. 예를 들어 1차 셀을 사용하는 경우, 셀이 충전되는 것을 방지하기 위해 배터리의 전류통로에 직렬로 다이오드가 삽입된다. 다이오드는 인가전압이 정방향인 경우에만 전류를 흘리기 때문에 일종의 간단한 전류 및 전압 감시소자로 동작한다.

셀 감시장치 중 일부는 배터리의 모듈/팩 수준에서 중복되게 설치될 수도 있지만, 동작영역과 여유값을 엄격하게 유지하기 위해 제한값은 다르게 설정된다.

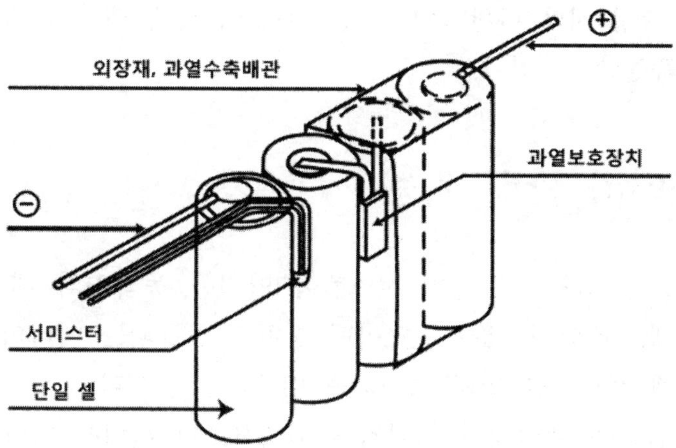

그림 13.4. 배터리 외부에 설치된 감시 및 관리 장치의 예(Panasonic Battery사의 허가에 의해 전재).

13.2.4. 배터리 측정

셀 측정과 마찬가지로 배터리에서도, 바람직한 배터리 동작영역을 유지하기 위해 전압, 온도 및 전류 측정값이 사용될 수 있다. 배터리 자체의 전력소모를 최소화하면서 이러한 파라메터들을 측정하기 위해 정밀도와 복잡도가 다른 다양한 전자회로가 사용될 수 있다.

또한 배터리와 셀들에 대한 또 다른 정보를 얻기 위해, 배터리와 셀의 측정 파라메터를 함께 이용할 수 있다. 예를 들어, 각 셀의 등가저항(또는 임피던스)을 측정하기 위해 셀 전압과 배터리 전류를 동시에 측정해야 한다. 이 정보는 배터리의 내구성과 노후화 수준을 결정하는데 유용하다.

또한 배터리 수준에서 측정된 값을 이해하기 위해, 셀 측정으로는 얻을 수 없는 부가적인 정보를 이용할 수 있다. 즉, 개회로전압(open circuit voltage, 이하 OCV)을 알기 위해서는, 전류가 차단된 이후의 시간을 아는 것도 좋지만, 전류측정값을 계속 감시하는 방법도 있다(반대로, 부하전류나 충전전류가 차단된 이후의 대략적인 시간 또는 충전율을 알기 위해 OCV를 반복적으로 측정할 수 있다).

마찬가지로 배터리전류도 측정되고 있다면, 충전 또는 방전 전류가 처음으로 흐른 때의 계단전압이 측정될 수 있다. 이 정보로부터 배터리의 성능을 직관적으로 알 수 있다. 셀 측정 시와 마찬가지로, 전자회로에 의해 배터리 내부 또는 외부에서 파라메터를 측정할 수 있다.

13.3. 배터리 관리 기능

셀과 배터리를 감시하는 목적은 시스템이 안전한 동작영역 내에 있도록 하기 위한 것인 반면에, '배터리 관리' 는 어떤 장치로 공급되는 배터리 에너지를 충분히 이용하기 위해 셀과 배터리의 측정값을 이용하는 것이다.

주 장치에 공급되는 배터리의 에너지를 최대화하기 위해서는 다음과 같은 것들을 관리해야 한다.

- 1차 또는 2차 배터리의 방전
- 2차 배터리의 충전
- 2차 배터리의 경우 충방전 시 배터리온도

'배터리관리시스템(battery management system, 이하 BMS)' 은 배터리의 종류와 주 장치의 요구사양에 따라 간단해질 수도, 복잡해질 수도 있다. 소형 장치에 사용되는 1차 셀들 중 일부는, 언제 셀이 완전히 방전되는가를 알기 위해 간단히 전압을 감시하기도 한다.

하이브리드 전기차량(hybrid electric vehicle, 이하 HEV)에 사용되는 배터리팩의 경우, 제어 및 관리시스템은 SOC와 SOH를 평가하는 정교한 기능이 요구되기 때문에 매우 복잡하다.

BMS의 구조 역시 주 장치와 배터리에 따라 다르다. 소형 장치에서는, 배터리 외부 또는 주 장치 내부에서 배터리 파라메터를 탐지하는 것이 보통이다. 셀과 배터리의 특성은 주 장치에 의해 감시 또는 측정된다. 이는 소형 1차 배터리가 사용되는 경우 흔히 있는 일이다[8].

주 장치 또는 배터리가 커지거나 셀의 화학반응이 더욱 복잡할수록, 여러 가능들을 감시하고 측정하는 기능은 더욱 셀과 직접 관련되어 있으며, 따라서 이 기능들은 배터리 내부에 내장되어 있다(셀의 감시장치는 여전히 셀 내부에 존재할 수도 있다).

배터리 관리시스템은 보통 이종구조(hybrid architecture)로 이루어져 있다. 즉, 감시기 및 측정기 중 일부는 배터리 내부에 존재하고, 나머지는 주 장치 내부에 존재한다. 구조가 이와 같은 것은 복잡함을 피하고 비용을 줄이기 위함이다[9].

예를 들어 Li/이온 배터리팩은 경우, 안전관련 감시기능은 내장되어 있는 반면, SOC 평가나 충전제어 시 필요한 측정 기능은 외부에서 이루어진다. 그밖에도, 일부 완전히 독립된 배터리에는 충전제어를 포함한 모든 배터리관리 기능이 팩에 내장되어 있다.

거의 모든 노트북컴퓨터에 사용되는 스마트배터리는 배터리팩 내부에서 측정하는 이종방법을 사용하지만, 측정 및 계산된 정보를 주 장치와 충전기로 전달하기 위해 데이터통신 채널을 사용한다.

휴대용 음악 플레이어에서부터 자동차에 이르기까지 모든 주 장치의 요구조건에는 BMS의 기능, 크기 및 복잡성이 제시되어 있다. 그러나 모든 주 장치는 배터리 셀의 특성과 주 장치의 요구사양 등을 고려하여 BMS를 설계해야 한다.

13.3.1. 충전 관리

모든 2차 시스템에서 충전관리는 안전하고 신뢰성 높은 배터리동작을 위해 가장 중요하다. 1차 셀만이 사용된 시스템에서조차도 충전방지는 여전히 설계 시 고려사항이다(주 장치에서 1차 및 2차 셀(또는 배터리팩) 사이에서 전력이 상호교환되어야 한다면, 이 기능이 반드시 구비되어야 한다).

충전관리에는 충전방지(1차 시스템의 경우)부터 충전 시작 및 중지, 충전 전압과 전류를 제어하고 조절하는 것까지 포함된다. 충전관리법은 배터리와 주 장치에 따라 달라진다 - 일부 충전관리기는 충전을 할 때와 하지 않을 때 신호를 보내는 기능만 필요한 반면, 다른 충전관리기는 실제적인 충전제어 기능을 가지되, 정확한 충전 전압 및 전류 파형을 발생시켜야 한다.

충전관리에는 배터리의 전체 용량까지 정확하게 충전하는 것도 포함되는데, 이 때 배터리는 과충전되지 않아야 하고 과도한 열발생 같은 다른 스트레스도 없어야 한다.

충전관리기는 배터리팩의 구조에 따라 외부 또는 완전히 내부에 설치될 수 있다. 그러나 충전 시 필요한 전력 변환장치 및 조절장치에 의해 발생되는 열 때문에, 충전관리기가 배터리 외부에 설치되는 것이 보통이다.

'충전제어기' 라는 말은 보통 충전 중에 배터리 내부로 전류를 흘리거나 흐르지 않게 할 수 있는 실제 장치를 나타낸다. 충전제어기는 보통 충전기인데, 계통의 전압과 전류를 배터리 충전에 필요한 전력으로 변환시키는 것이다. 충전기는 언제 어떻게 배터리를 충전해야 하는가를 결정할 수 있는 정보를 배터리로부터 얻을 수 있지만, 보통 충전기 자체에 충전전류의 공급 여부를 결정하는 전력조절장치가 포함되어 있다.

일부 시스템에서는 충전기가 시스템의 전원공급장치로도 동작한다 - 충전될 배터리는 시스템의 부하와 간단히 병렬로 연결되어 있다. 이는 전형적인 백업전원이다. 시스템의 전원이 고장나면 배터리가 부하에 전력을 공급한다. 시스템의 전원이 복구되면 충전기는 부하에 전력을 공급할 뿐만 아니라 동시에 배터리도 충전시킬 수 있다. 이런 시스템은, 백업용 납 배터리와 마찬가지로 배터리로 전류가 흐르지 못하게 하는 충전제어장치가 없을 수도 있다. 대신에 충전전압을 낮추어 배터리로 전류가 흐르지 못하도록 한다(시스템이 고장나면 여전히 배터리로 전류가 흐를 수 있기 때문에, 이때는 수작업으로 시스템에서 배터리를 꺼내야 한다). 이런 시스템에서는 '충전기' 가 충전뿐만 아니라 시스템 부하에 필요한 전력을 공급하는 사실상의 직류정류기로 동작한다.

다음에서는 충전관리 시 특정한 파라메터를 감시 및 측정하는 것에 대해 설명한다. 강인하고 안전성이 높으며 안정여유도가 큰 충전관리 기능을 제공하기 위해, 배터리관리 시스템은 보통 여러 가지 기술들이 사용된다.

13.3.1.1. 온도에 따른 충전 관리

셀의 화학반응과 주 장치의 사양에 따라, 배터리 셀의 온도가 충전관리의 한 요소가 될 수 있다. 그러나 화학반응의 종류에 관계 없이 배터리의 온도가 너무 낮거나 높으면 충전은 시작되지 않는다. 또한 배터리 온도가 설정된 온도범위를 벗어나는 경우도 충전이 중단된다. 충전율은 온도 때문에 감소할 수 있지만 충전이 완전히 중단되는 것은 아니다.

충전이 시작 또는 중단되는 것은 NTC 서미스터(thermistor)와 같은 내부온도탐지소자에 의해서이다. 간단한 전자회로로 NTC 서미스터의 저항을 검출하여 배터리팩의 온도를 안다면, 적절한 시기에 충전을 지속 또는 중단시킬 수 있다.

충전 시 온도를 더욱 정확하게 제어하기 위해서는, NTC 서미스터의 저항을 측정하여 배터리의 온도변화율을 구해야 한다. 이 정보는 Ni/Cd 및 Ni/MH 시스템이 언제 거의 완전 충전되는가를 결정하는데 사용될 수 있다. 충전전류가 일정하면서 0.5C 이상인 경우 온도변화율 dT/dt가 1~2℃이면 95% 완전 충전되었음을 의미한다. 이것이 dT/dt '충전종료(end-of-charge, 이하 EOC)' 조건으로서, Ni/Cd 및 Ni/MH 배터리의 고속충전에 사용된다[3,7].

마찬가지로 납 배터리에서는 온도가 충전전압을 조절하는데 사용된다. 다른 배터리에서는 최대 온도변화율을 이용하여 완전 충전되었음을 나타낸다.

또한 일부 배터리에서는 충전수입성이 온도에 따라 변하기 때문에, 온도가 SOC의 계산의 한 부분으로 사용될 수 있다(니켈 기반 재충전배터리는 온도가 증가함에 따라 충전수입성이 감소한다). 이 관계를 모델링하면 충전 시 배터리의 SOC를 검출하는데 사용될 수 있다.

모든 경우, 온도를 얼마나 정교하게 검출할 것인가는 배터리와 주 장치의 요구조건에 따라 달라진다.

13.3.1.2. 전압에 따른 충전 관리

셀의 종류에 따라 배터리 전압 역시 충전관리의 한 요소로 사용될 수 있다. 각 셀 전압 또는 배터리 전압을 간단히 감시하여 설정된 제한값에 도달하면 충전을 시작 또는 중단한다. 일부 배터리시스템에서는 전압이 너무 낮으면 내부적으로 셀이 단락되었거나 다른 고장이 발생했을 수도 있으므로, 충전하지 않아야 한다. 마찬가지로 배터리 또는 셀의 전압이 너무 높아지면 역시 충전을 중단해야 한다.

예를 들어 Li/이온 배터리에서는 각 셀의 전압을 감시하여, 어떤 셀의 전압이 너무 낮거나 높으면 충전 및 방전을 중단시키기 위해, 안전감시용 전자회로가 사용된다. 이 회로는 보통 전력용 트랜지스터나 계전기와 같은 전류차단장치(current interrupting device, 이하 CID)를 동작시키기 위해 전압비교기(voltage comparator)를 이용한다[2].

Ni/Cd 또는 Ni/MH 배터리에서는 측정된 배터리 전압이 충전관리에 사용되는데, 전압의 변화를 이용하여 완전 충전상태를 결정한다. 즉, 배터리 전압변화율의 기울기가 음(negative)이 되면 완전히 충전된 상태를 나타낸다(보통 0.5C 이상의 정전류 충전 방법이 사용되며, 이때 '-△V' 가 셀 당 -5 ~ -15mV이면 완전충전 상태를 나타낸다[13].)

Li/이온 및 납 배터리는 모두 정전류법에 의해 설정된 전압값(온도에 따라 변할 수 있다)까지 충전하며, 이때 배터리 전압이 충전관리 요소로 사용된다. 이 전압값에 도달하면 백업용 납 배터리에서처럼 충전기는 계속 이 전압을 유지한다. 또한 일정한 시간 동안이나 배터리 충전전류가 설정된 제한값으로 감소할 때까지 전압을 유지하는 경우도 있다. 다른 종류의 셀 역시 설정전압을 이용한 충전관리법을 이용한다.

전압펄스를 이용하는 일부 충전관리법은, 전압의 크기와 인가된 시간을 변화시켜 충전한다. 또한 이 방법에서는 짧은 시간 동안 방전을 시키기도 한다. 이 방법을 이용하면 고속충전이 가능하다고 주장하지만, 충방전수명이나 장기간의 성능에 악영향을 미칠 수 있다. 이때 반드시 전압을 측정해야 하는데, 측정 시 샘플링 속도가 매우 빨라야 하고 정확도도 높아야 하므로, 비용이 많이 들고 회로가 복잡해진다.

배터리팩의 충전관리에는 팩 내의 각 셀도 고려대상이다. 셀의 안전조건 뿐만 아니라 셀 전압의 불평형 문제 역시 중점적으로 다루어야 한다. 셀 전압의 불평형은 보통 배터리 또는 주 장치 내부의 온도차이 때문에 나타나고, 이로 인해 각 셀의 자기방전율이 달라진다. 화학반응이 다른 일부 셀은 배터리를 과충전시켜 셀의 불평형을 해소시킬 수 있으며, 이때 모든 셀은 완전 충전상태에 도달한다. 그러나 대부분의 Li/이온 재충전배터리는 저율충전으로라도 과충전이 허용되지 않기 때문에 다른 방법이 적용되어야 한다.

측정 수단의 복잡함, 정확도, 측정비용 등은 배터리와 주 장치의 요구조건에 따라 달라진다. Ni/Cd나 Ni/MH 배터리에서처럼, -5 ~ -15mV의 전압변화율을 검출하기 위해서는 매우 정교한 전자측정기법이 필요할 것이다.

13.3.1.3. 다른 방법을 이용한 충전 관리

다른 충전관리 방법으로는, 배터리를 저율로 충전시킬 때 사용되는 타이머가 있다. 일부 니켈 및 납 배터리는 15시간 이상의 정해진 시간 동안 저율로 충전된다. 보통 이 정도 긴 시간 동안 이러한 세류충전법(trickle charge)법을 이용하면, 완전 방전된 배터리까지도 확실하게 완전 충전될 수 있다. 그러나 니켈 또는 납 배터리는 이처럼 저율충전으로 과충전시켜도 손상을 입지 않으므로, 일부 셀이 이미 완전충전된 경우에도 부족충전된 다른 셀들을 완전 충전시킬 수 있다. 이와 같은 충전관리법의 또 다른 장점은, 시간이 지남에 따라 셀의 사용방법이나 온도변화로 인해 불평형된 셀을 다시 평형화시킬 수 있다는 것이다.

동작시간이 정해진 전자타이머 역시 안전용 백업장치에 사용되고, 다른 측정장비에 의한 오동작을 방지하기 위해 사용되기도 한다. 앞서 언급한 완전 충전 조건 중에서 하나라도 만족되지 않을 때는 이와 같은 타이머가 과잉 충전을 방지할 수 있다. 예를 들어 Ni/MH 배터리에서는, 외부의 열이나 고장난 셀의 영향 때문에 1~2℃의 온도변화율(dT/dt)이 아예 검출되지 않을 수 있다. 이와 같이 dT/dt 신호가 검출되지 않을 때는, 충전타이머를 이용하여 과도한 충전을 방지할 수 있으며, 이때 타이머는 충전전류의 크기에 비례하여 미리 설정된 시간이 지나면 자동적으로 충전전류를 차단시킨다.

또한 타이머는 EOC 상태가 부정확하게 또는 조기에 검출되는 것을 방지한다. 예를 들면 처음에 배터리의 온도가 낮으면 충전과정에서 동일한 온도변화점(dT/dt)이 조기에 나타날 수 있다. 이때는 충전 시작 후 10분까지 dT/dt 변화점의 검출을 지연시킴으로써 이러한 부정확한 상태가 나타날 가능성을 방지할 수 있다[3].

시간을 측정하기 위해서는 전자회로와 매우 신뢰성 있는 타이머(보통 발진기를 이용한다)가 필요하다. 충전시간은 비교적 길기 때문에(10분 ~ 수 시간) 디지털카운터가 시간을 측정하며, 정해진 시간이 지나면 관련 회로를 구동시키는 출력신호를 발생시킨다.

어떤 경우는 충전관리를 위해 충전기가 주 장치용으로 설치된 타이머를 이용할 수도 있다.

충전제어와 관리를 위해 최근에는 일부 Ni/MH 시스템이 고감도의 압력 감시 및 차단 방법을 채택하기 시작했다. 셀의 내부압력이 확립되면 이는 보통 EOC 상태에 도달했다는 신호이며, 이 상태에서는 산소재결합 사이클이 주된 역할을 하여 열을 발생시키고 온도를 증가시키며 충전효율을 감소시킨다. 이 시점에서 셀의 충전을 중단하면 과충전을 방지하고 큰 온도변화나 심지어는 열폭주를 피하는데 매우 효과적이다. Yang과 Liaw[12]는 Ni/MH 급속충전 시험으로 이 원리를 실증해 보였다. Rayovac의 IC^3 기법[13]은 소비자용 Ni/MH와 15분 충전기로써 이 방법을 적용하고 있다.

때로는 충전관리를 위해 배터리의 SOC를 사용하면 EOC를 적절하게 검출할 수 있다. 타이머의 사용과 마찬가지로, SOC를 이용하면 배터리가 완전충전되는 시점과 dT/dt 또는 -△V의 EOC 신호가 언제 탐지될 것인가를 알 수 있다. 이는 반복되는 과충전 또는 재충전 시도에 의해 손상될 수 있는 배터리에 아주 바람직하다. 예를 들어, 이미 완전충전된 배터리에 대해 dT/dt 또는 -△V의 EOC 신호를 탐지하려 시도하는 것은 배터리를 과충전상태로 만들 수 있으며, 이는 용량과 충방전 수명에 악영향을 미칠 수 있다[10].

HEV와 같이 완전충전이 바람직하지 않은 응용분야에서도 충전관리를 위해 SOC를 이용하면 특히 좋다. 보통 HEV용 배터리는 항상 전력을 주고받을 수 있어야 한다. 따라서 HEV용 배터리는 보통 40~80% 사이에서 SOC가 유지된다. 대부분의 배터리에서는 80%의 SOC가 완전충전된 상태라는 것을 탐지할 수 있는 충전관리 기법이 없으므로, SOC가 얼마인가를 정확하게 탐지하는 것이 필수적이다.

SOC를 계산하려면 충전전류 및 특히 충전관리와 관련된 EOC 상태를 추적하는 것 외에 더 많은 것이 필요하다. SOC를 계산할 때는 셀의 충전효율 또는 충전수입성을 비롯하여 자기방전, 방전효율, 방전종료(end-of-discharge, 이하 EOD) 탐지 및 온도영향 등과 같은 다른 요소들도 모델링하고 고려해야 한다.

13.3.2. 방전관리

방전관리의 가장 큰 목적은 배터리에너지를 최적의 방법으로 사용하는 것이다.

여기에는 특정 조건에서 방전을 방지하는 것뿐만 아니라, 방전 시작 및 중단, 방전 시 출력 전압 및 전류의 제어 및 조절도 포함된다. 이는 보통 배터리와 주장치에 따라 달라진다 - 어떤 경우는 방전을 하라는 명령신호만 필요한 경우도 있지만, 다른 것은 실제적으로 방전전류를 제어하는 것도 있다.

2차 배터리는 물론이고 1차 배터리 역시 가장 효율적인 방법으로 셀에서 에너지가 공급되는 것이 방전관리의 목표이다. 1차 셀로 이루어진 배터리팩이 재충전 배터리팩에 전력을 공급할 경우도 있는데, 이때 재충전배터리의 전압과 정합시키기 위해 1차 셀의 출력전압을 변환하는 추가적인 전자회로가 필요할 수도 있다. 따라서 주 장치가 동작할 때, 1차 배터리팩은 재충전 배터리팩처럼 작동하면서 에너지를 공급한다[14].

방전관리라는 것은 단락방전 방지, 배터리 셀이 완전 방전되었을 때의 방전중단 등과 같이 방전을 안전한 수준으로 적절하게 제한하는 것을 말한다.

가장 단순한 시스템을 예로 들면, 퓨즈를 이용하여 방전전류가 단락 시처럼 위험 한계치를 초과하지 못하도록 방지하는 방전관리법이 있다. 즉, 배터리 전압이 낮아지면 주 장치는 단순히 작동이 중단되고 배터리와의 연결이 차단되기 때문에, 배터리 또는 주 장치는 높은 수준의 방전관리 기법이 필요 없을 수도 있다.

그러나 낮은 배터리전압 때문에 장치의 동작이 중단된 후에도, 주 장치 내의 모든 부품에 에너지가 공급되지 않는 것은 아니다. 즉, 일부 부품에는 OFF 상태에서도 측정가능한 정도의 전류가 흐를 수 있다. 이를 점검하지 않고 그대로 방치하면, 수 mA의 전류로도 배터리 셀이 손상될 수 있다.

어떤 배터리시스템에는 전류차단 기능이 필요한데, 이 기능은 설정제한치 이상까지 또는 셀을 손상시킬 수 있는 값까지 전류를 흐르지 못하도록 한다. 이때 셀 또는 배터리의 특성(전압, 온도)을 감시하고 측정한 데이터가 사용된다.

예를 들어, 배터리의 출력이 노트북컴퓨터의 정출력 DC-DC 컨버터와 같은 장치에 인가되면, DC-DC 컨버터는 배터리 에너지를 급속히 소비하므로, 배터리 내부에서는 셀 전압이 역전될 수 있다. 이는 DC-DC 컨버터의 정출력 특성 때문이다 - 즉, 배터리전압이 감소하면 부하전력을 일정하게 공급하기 위해 전류가 증가해야 된다(전압×전류). 고출력 방전의 경우, 배터리의 전압특성곡선의 아래 끝부분에서는, 부하 때문에 전압이 제작사 권장값보다 훨씬 낮아질 수 있다.

'방전제어기(discharge control)' 라는 말은 방전 시 배터리에서 공급되는 전류를 흘리거나 차단할 수 있는 실제적인 장치가 존재한다는 것을 나타낸다. 이 제어기는 보통 주 장치 내부에 설치되며, 배터리의 출력전압을 주 장치 내부의 낮은 전압으로 바꾸어주는 DC-DC 컨버터이다.

스마트배터리와 같은 최신 방전관리 시스템에서는, 주 장치는 배터리로부터 다양한 정보를 얻을 수 있는데, 이 정보는 DC-DC 컨버터를 통해 최대 효율로 배터리를 방전시키려면 어떤 방법이 가장 좋은가를 결정하는데 사용된다.

충전관리기처럼 방전관리기도 배터리팩의 내부 또는 외부에 설치될 수 있다.

13.3.2.1. 전압에 의한 방전 관리

가장 간단한 방전관리 방법은 전압을 이용하는 것인데, 이는 배터리의 완전방전 여부를 결정할 때 가장 쉽게 사용하는 파라메터이기 때문이다. 배터리전압을 감시하고 설정된 제한전압값 이하에서 방전을 중단시키는 간단한 전자회로는 쉽게 만들 수 있고 값도 싸다.

그러나 대부분의 배터리셀은 전압-방전용량 특성이 평탄하므로, 언제 방전이 중단되어야 하는가를 예측하는 것은 어렵다. 1차 리튬 배터리 역시 전압-방전용량 특성이 평탄하지만, 일부 2차 리튬/이온 배터리의 특성은 약간의 기울기를 가지고 있다. 그러나 1차 리튬 배터리의 평탄한 전압-방전용량 특성에도, 전압이 급격히 감소하고 남은 용량도 무시할 수 있을 정도로 작아지는 시점이 존재한다.

특히 방전 특성곡선이 기울어져 있는 셀의 경우, 전압만을 이용한 방전관리 성능을 개선하기 위해, 셀이 완전히 방전되기 이전에 중간 지점의 전압을 감시, 측정하여 특성곡선 상에서 용량점을 결정하면, 잔존용량 평가 성능을 다소 개선시킬 수 있다.

Ni/Cd 또는 Ni/MH 셀의 경우, 전압에 의해 방전관리를 하려면 주 장치에서 요구하는 방전특성을 고려해야 한다. 이들 배터리는 반복적으로 같은 전압까지 방전되면 '메모리효과' 라 부르는 현상이 나타날 수 있다. 이 때문에 전압이 감소하고 전압 특성곡선의 끝부분에 나타나는 전압급감 현상이 나타나며, 따라서 완전 방전상태가 아닌데도 완전 방전상태인 것처럼 표시에 오류가 발생할 수 있다.

주 장치 때문에 배터리가 전압 방전곡선 상의 같은 점까지 반복해서 방전한다면, 메모리효과가 나타날 수 있다. 즉, 배터리 용량을 보존하여 이후 주 장치에 낮은 방전율로 전류를 공급하려는 의도로, 주 장치의 방전종지전압(end-of-discharge voltage, 이하 EODV)을 실제보다 빠르게 나타나도록 설정하면 메모리효과가 나타날 것이다.

예를 들어, 배터리전압이 대부분의 제작사가 권장하는 1.0V/셀 또는 0.9V/셀의 EODV에 도달하면, 주 장치가 일시정지 또는 동작대기 상태에 들어갈 수도 있다. 이 경우 기본적인 의도는, 저전력 동작상태에 들어간 후 1.0~1.05V/셀 사이의 용량은 여전히 사용할 수 있으며, 따라서 배터리에서 흘러나가는 전류가 작아진다는 것이다. 그러나 배터리가 같은 전압까지 반복적으로 방전되면 메모리효과에 의한 전압급감이 나타나고, 이 때문에 주 장치가 이용할 수 있을 것으로 예상했던 용량 부분을 사용할 수 없게 된다. 실제로 이 용량은 사용할 수 있는 부분이지만, 더 낮은 전압으로 방전할 때만 가능하며, 이 낮은 전압이란 주 장치의 DC 입력부에 인가되도록 설계된 값보다 더 낮아질 수 있다.

또한 주 장치의 최종 사용자는 매번 같은 방법으로 반복적으로 주 장치를 사용하되, 사용 때마다 배터리를 같은 전압까지 방전시킨다면 메모리효과를 나타나게 할 수 있다.

Ni/Cd 또는 Ni/MH 셀의 메모리효과를 없애는 공통적인 방법은, 충전 전에 배터리를 완전히 방전시키는 것이다. 이는 충전 전에, 완전방전에 필요한 회로를 가진 충전기를 이용하면 된다. 최근 Ni/Cd 또는 Ni/MH 셀의 성능이 개선되면서 메모리효과의 발생 역시 감소되었다.

Li/이온과 납 배터리를 포함한 일부 배터리시스템은 용량손실로 이어질 수 있는 셀의 손상을 방지하기 위해 차단전압을 낮춘다. 이때 전력용 소자나 계전기를 이용하여 배터리의 방전전류를 차단할 수 있다.

Li/이온 시스템을 이와 같이 제어하는 이유는, 어느 하나의 셀 전압이 설정제한값(보통 그 셀의 권장 EODV) 이하로 자주 떨어지기 때문이다. 단 이 경우에도 직렬연결된 모든 셀의 총 배터리전압은 주 장치의 대표적인 EODV보다 여전히 클 수 있음을 명심하라. 이와 같이 상반되는 현상이 나타나는 것은 Li/이온 배터리의 전압범위가 3.0~4.2V로 넓은 것도 하나의 원인이지만, 대부분은 셀 사이의 전압불평형 때문이다[11].

다른 배터리 역시 하나의 셀이 권장 EODV 이하 또는 심지어 0V 이하로 방전되면 손상될 수 있다. Ni/Cd 또는 Ni/MH 배터리에서처럼 많은 셀들이 직렬로 연결된 상태에서 각 셀이 개별적으로 감시되지 않을 때 이러한 상황이 발생한다. Ni/Cd 또는 Ni/MH 셀의 공칭전압은 1.2V에 불과하기 때문에 배터리팩에는 12개 이상의 셀이 직렬연결되어야 하고, 이때 배터리팩 전체의 전압만을 감시한다면, 팩 내부에서 하나의 셀 전압이 급격히 감소해도 이를 탐지하기가 매우 어려워진다.

예를 들어, 15개의 Ni/Cd 셀이 직렬로 연결된 전동공구의 경우, 방전 시 전압은 1.2V/셀의 공칭전압에서 1.0V/셀 EOD까지 변한다. 이는 전체 배터리의 방전전압이 18V에서 15V로 변하는 것과 같다. 그러나 불평형되거나 고장 또는 손상된 셀의 전압은 0V로 급격히 감소하지만, 나머지 셀들 때문에 이런 상태가 겉으로 드러나지 않음으로써, 총 배터리전압은 보통 방전 차단전압인 15V 이상이 될 수 있다. 이때 0V인 셀의 전압은 역전될 수도 있으며(즉 음전압), 따라서 셀은 더욱 손상된다.

전압만을 이용한 방전관리법은 간단하고 구현하기도 쉽지만, 온도와 방전율이 변할 때는 고성능 배터리관리시스템이라도 대부분 약점이 있다.

13.3.2.2. 온도와 전류에 따른 방전 관리

고전류 또는 고온으로 인한 가혹 방전상태를 방지하기 위해, 온도와 전류 모두를 고려한 방전관리 방법이 사용된다.

단락에 의한 과부하 상태는 PTC CID에 의해 방지되며, 이는 다른 셀들이 사용하는 방법과 유사하다. 고속 동작 전자회로 역시 방전전류를 지속적으로 감시하여, 과전류가 탐지되면 방전경로를 차단하기 위해 전력용 트랜지스터나 계전기를 동작시킨다. Li/이온 배터리팩에서는 이러한 회로가 공통적으로 사용된다. 과전류 상태가 되면 작동하는 다양한 전력용 퓨즈 역시 쉽게 구할 수 있다[4,5].

배터리의 셀의 온도가 상한치 이상으로 높아져서 셀을 손상시키지 않게 하기 위해, 열퓨즈나 다른 장치들도 사용될 수 있다. 전자회로는 배터리의 온도를 감시하여 온도가 더 이상 증가하지 않도록 방전전류를 차단시키기 위해 전력용 트랜지스터 또는 계전기를 동작시킨다. 이 온도관리 방법은 방전관리에는 자주 사용되지 않지만, 셀의 종류나 주 장치의 요구조건에 따라 사용될 수도 있다.

어떤 경우는 직접적인 방전관리를 위해 배터리의 온도와 방전전류를 사용한다.

주 장치에 일정한 전력이 공급되려면 배터리전압이 감소함에 따라 전류가 증가해야 하므로, 이러한 전류 증가를 배터리의 완전방전 상태를 탐지하는 수단으로 사용할 수 있다. 이것은 EOD 부근에서의 전류증가분을 정확하게 측정하는 것이 주 장치에게는 비용 대비 효과적일 것이라고 가정하고 있다. 또한 주 장치의 부하는 특성이 분석되어 배터리의 성능과 일치되어야 한다.

마찬가지로 배터리의 공급 전류가 증가하면 배터리의 온도도 증가하지만, 이 온도 증가 속도는 셀의 열적 반응시간 때문에 늦어진다. 즉, 일정 부하에서 전류가 증가하여 온도가 증가하면, 이는 배터리가 완전 방전상태에 거의 이르렀음을 나타내는 지표로 사용될 수 있다.

앞서 언급한 전압 기반 방전관리 성능을 개선시키기 위해서 온도와 방전전류도 함께 사용될 수 있다.

대부분의 배터리는 방전을 끝내는 이상적인 전압이 온도와 방전전류의 크기에 따라 변할 수 있다. 방전전류가 크면 배터리의 가용에너지를 완전히 사용하기 어렵지만, 방전전류가 작으면 이 에너지를 효율적으로 완전히 사용할 수 있다. 그러나 대부분의 주 장치는 요구조건 때문에 방전전류의 범위가 넓다. 또한 동작온도 역시 (용량을 완전히 이용하기 위해) 셀 성능에 따라 폭 넓게 변할 수 있다. 따라서 최신 방전관리 방법은 측정된 온도 및 방전전류를 기반으로 EODV 또는 배터리의 유효 완전방전점(effective empty point of battery)을 변화시켜야 한다.

일부 배터리의 방전효율은 잘 모델링되어 있으며, 온도 및 방전율과의 연관성도 잘 알려져 있다. 따라서 배터리를 적절하게 이용하기 위해, 측정된 온도와 방전율을 고려한 가장 최적 전압까지 낮추기 위해, 주 장치의 DC-DC 컨버터의 입력전압이 조절될 수 있다. 배터리가 노후화됨에 따라 이 모델도 노후화로 인한 효율 및 관련 전압응답의 변화를 정확하게 나타낼 수 있어야 하며, 이때 이 변화의 원인은 대부분 셀의 임피던스 변화 때문이다.

폭 넓은 입력전압을 수용하기 위해 주 장치의 입력단을 조절하는 것은 주 장치의 값이 비싸지고 구성도 복잡해진다. 또한 입력전압의 범위가 넓기 때문에 주 장치의 전력변환장치의 효율도 바뀔 것이다. 다른 방법은 고정된 EODV를 이용하는 것으로서, 측정 및 계산된 값들을 이용하여 공급될 수 있는 용량 또는 전력을 나타내는 것이다.

13.3.2.3. 충전상태에 의한 방전 관리

좀 더 확실한 방전관리 방법은 전압, 온도, 전류, 시간 및 임피던스 등의 측정 데이터를 이용하여 계산된 배터리의 충전상태(SOC)를 이용하는 것이다. SOC를 결정하는 것이 얼마나 복잡한가 하는 것은 셀의 종류와 주 장치의 요구조건에 따라 크게 달라진다. 1~2개의 배터리 측정 파라메터를 이용하면 대략적인 값을 얻을 수 있지만, 정교한 시스템은 5개 이상의 측정 또는 계산된 파라메터를 이용해야 한다.

SOC의 정의는 방전 시 가용용량이며, 배터리 정격용량의 백분율로 나타낸다. 어떤 경우에는, 가장 최근에 완전 충전된 용량을 기준으로 SOC를 백분율로 나타내며, 따라서 이 값이 배터리의 노후화 정도를 나타내는 것은 아니다.

온도 및 방전전류 관리에서처럼, 배터리 셀이 권장 최소전압보다 낮은 전압에서 방전되는 것을 방지하기 위해, SOC를 이용하여 전압제한치에 도달하는 시점을 예측할 수 있다.

SOC를 계산할 때는 보통 온도와 방전전류 보상법을 사용하는데, 이는 EODV를 조절하기 위해서가 아니라 적절한 전압에 도달했을 때 나타나는 SOC값을 보상하기 위한 것이다.

전압을 조절하는 대신에 SOC값을 보상하는 이 방법은 아직 배터리에 남아 있는 용량을 나타낼 수 있지만, 이 용량은 방전율이 낮거나 온도가 변했을 때만 뽑아 쓸 수 있는 것이다. 따라서 방전율이 높으면 배터리는 EODV에 도달할 수 있지만, 방전율이 낮아지면 사용가능한 용량은 여전히 다소 남아 있다.

반대로 앞서 언급한 전압 방법은 전류와 온도를 기반으로 EODV를 바꾸는 것으로서, 현재 온도와 방전전류에서 이용할 수 있는 모든 용량을 방전시키는 것이다. 이 방법은 방전전류가 일정할 때는 작용할 수 있겠지만, 방전전류가 변할 때는 그다지 쓸모가 없을 것이다.

앞서 언급한 SOC 방법들은, 주 장치가 이용하는 배터리 정보를 단순화시키기 위해, 남은 용량을 보통 백분율이나 다른 단위로 나타낸다. 남은 용량을 mAh 또는 mWh 단위로 나타낼 수도 있지만, C5나 그밖의 표준화 방전속도를 기준으로 정규화시켜 나타낼 수도 있다. 이로 인해 주 장치는 SOC 정보를 정확히 해석하여 이용할 수 있다.

이러한 정보는 배터리의 에너지 또는 전력 공급능력에 대한 것이기 때문에, 이를 이용하면 주 장치의 전력관리 성능이 더욱 높아진다. 이는 노트북컴퓨터와 같이 배터리 용량이 제한되어 있으면서 부하전류가 크게 변하는 주 장치에 특히 유용하다.

노트북컴퓨터는 피크 방전전류가 5A 이상이며, 대기 상태일 때는 오랫동안 10mA 이하의 전류를 흘려야 할 경우도 있다. 그래서 노트북컴퓨터의 CPU가 사용하는 전력 때문에 방전전류는 이 두 극한값 사이에서 매우 급격하게 변화될 수도 있다. 또한 DVD 플레이어, 무선통신장치, 디스플레이 등과 같은 많은 주변장치들이 노트북컴퓨터에 장착되어 있기 때문에 배터리가 공급해야 할 전력량은 크게 증가할 수 있다.

배터리로부터 얻은 SOC 정보를 이용하면 노트북컴퓨터의 전력관리시스템은 배터리의 이용가능 에너지를 더욱 효과적으로 사용할 수 있다. 노트북컴퓨터의 내부시스템은 스크린의 밝기 감소, CPU의 클럭주파수 감소, 하드디스크 구동장치의 전원차단 등으로 전력소모를 줄일 수 있다. 배터리의 SOC가 감소함에 따라 이러한 방법을 더욱 적극적으로 적용할 수 있으며, 배터리의 이용가능한 에너지를 최적화할 수 있다.

일부 주 장치에서는 요구조건에 따라 다른 방전관리 방법을 이용해야 하며, 그 좋은 예가 HEV이다.

대표적인 HEV에는 큰 용량의 배터리가 필요한 것은 아니지만, 가속 또는 저속 운전 시에 배터리는 단시간에 큰 전력을 공급해야 한다. 따라서 가장 유용한 정보는, 방전전력을 공급하거나 회생제동 시와 같이 충전전력을 받아들일 때 배터리의 능력을 나타내는 전력상태(state-of-power, 이하 SOP) 또는 전력공급능력(power capability)이다.

HEV의 경우 방전관리 중에서 가장 중요한 점은 배터리의 SOP이다. SOP 정보는 HEV의 배터리 이용을 최적화한다는 점에서 SOC와 매우 비슷하다. SOP 정보는 SOC와 비슷하지만 SOC보다 계산이 매우 복잡하며, 정확한 셀 모델, 다중 측정 및 장치의 요구조건에 대한 확실한 이해 등이 필요하다.

SOC와 SOP는 예측계산치로서, 배터리와 셀의 특성 파라메터를 정확히 측정하고 지속적으로 계산결과를 갱신해야 하기 때문에, 큰 전력이 요구된다. 이 측정치는 해상도가 높아야 하며 필요한 정보를 충분히 제공할 수 있을 정도로 빈번하게 측정되어야 한다. 또한 넓은 범위의 온도 및 충방전속도에 대해 배터리 셀의 예상

특성을 잘 모델링해야 한다. 이 모델링에는 시간, 온도 및 SOC 등과 상호관련된 충전수입성, 방전효율 및 자기방전 등의 파라메터가 포함되어 있다.

마지막으로 시간, 노후화, 또는 배터리의 혹사 정도에 따라 이 특성파라메터가 어떻게 변하는 가에 대한 정보 역시 이해해야 하며, 이러한 정보는 예측계산을 수행하는 CPU가 이용할 수 있도록 코드화되어야 한다.

특정한 배터리에서는, 셀의 화학반응 역시 SOC의 계산에 영향을 미친다. 예를 들어 납 배터리의 SOC는 전자센서에 의해 전해질의 비중을 측정하여 구할 수 있다.

오늘날 배터리관리시스템의 표준인 스마트배터리시스템(smart battery system, 이하 SBS)을 이용하는 노트북컴퓨터에서는 다양한 종류의 SOC 정보가 사용된다. SBS는 보통 SOC와 비슷한 정보를 이용하여, 배터리의 가용용량을 더욱 효과적으로 사용할 수 있게 돕는다. 예를 들면, 배터리가 현재 공급하고 있는 것보다 더 크거나 작은 방전전류로써 전력을 공급할 수 있는가를 결정하기 위해, 배터리에 신호를 보낼 수도 있다(좀 더 상세한 내용은 13.3.4를 참조하라).

13.3.3. 안전관리

배터리와 주 장치의 안전관리는 모든 BMS의 요구사항이다. 일부 배터리는 다른 것보다 휘발성이 높고, 일부 주 장치와 동작 환경은 배터리 셀에 매우 가혹할 수도 있다.

전해질의 누설, 배기, 셀의 팽창, 열폭주 등은 셀 고장 메커니즘들로서, 배터리를 혹사시킬 때 나타날 수 있는 현상이다.

고장 발생 시 안전작동을 위해서는 배터리팩의 구조가 적절해야 한다. 배터리팩은 난연성 물질로 만들어져야 하고, 부주의한 셀 단락을 방지하기 위해 주의 깊은 설계가 필요하며, 전해질이 누설되지 않도록 보호장치(전해질에 의해 단락될 수 있는 코팅부품)가 설치되어야 하고, 제작사의 권고를 받아들여야 한다.

앞서 충방전관리법을 열거하였듯이, 셀과 배터리팩에는 보통 혹사조건을 제한하기 위한 장치들이 설치되어야 한다. 이들 장치는 각 셀마다 또는 몇 개의 셀을 하나로 묶어서 전류, 전압, 온도 및 압력을 감시, 측정한다. 배터리의 충방전관리 외에도 작동 시의 안전성을 높이기 위해, 셀과 배터리에 화염소거 배기장치, 압력감지 밀봉장치, 열반응 분리막 등이 추가될 수도 있다.

또한 셀과 배터리팩의 특성, 그리고 배터리팩 내부의 전자회로를 감시하기 위해 또 다른 전자회로가 사용된다.

예를 들면, 전력용 트랜지스터 또는 계전기와 같은 CID가 배터리시스템에 사용될 때 보통 안전 동작을 보장하기 위해 전자감시소자가 CID 부근에 장착된다. 예를 들면, 전력용 트랜지스터는 과열되면 단락될 수 있다. 따라서 전력용 퓨즈가 전력용 트랜지스터 가까이에 설치되어, 트랜지스터가 과열되면 퓨즈가 개방되어 더 이상 전류가 흐르지 못하게 한다. 마찬가지로 전력용 트랜지스터 또는 계전기를 제어하는 전자소자는 이 트랜지스터나 계전기가 동작했을 때의 결과를 감시할 수 있다. 만약 트랜지스터나 계전기가 전류를 차단한 이후에도 전류가 계속 흐르면 2차 안전퓨즈가 동작하여 완전히 전류를 차단시킨다.

일부 배터리시스템에서는, 하나의 셀이 0V 또는 전압이 음이 될 정도로 혹사 방전되어 손상될 수 있다. 많은 셀들이 직렬연결되어 있으면서 각 셀이 개별적으로 감시되지 않을 때 이런 상황이 발생한다. 마찬가지로 배터리가 과전압 또는 과충전에 의해 과열되면, 열폭주, 가스방출, 심지어는 폭발할 수도 있다.

모든 경우, 정상동작 범위를 넘어선 배터리 및 주 장치의 안전 한계를 고려하는 것은 BMS 설계자의 책임이다[15].

13.3.4. "스마트배터리시스템"- 배터리 관리의 예

배터리관리시스템의 예로 노트북컴퓨터를 들 수 있다. 스마트배터리시스템(smart battery system, 이하 SBS)은 1995년 노트북컴퓨터의 재충전배터리에 사용하기 위해 Duracell Inc.사와 Intel Corp.사에 의해 개발된 것으로, 배터리, 충전기 및 주 장치에서 요구되는 사양들을 모두 만족시켜야 한다. 이 시스템은 앞서 언급한 수많은 특성파라메터들을 이용하며, 복잡하지만 완벽한 배터리관리시스템이다.

안전성은 SBS 표준 사양의 하나이지만, 이 SBS 사양은 셀의 종류와 무관하게 설계되었기 때문에, 대부분의 노트북컴퓨터가 Li/이온 셀을 사용하지만 각 셀의 안전요구조건은 시스템설계자의 몫으로 남아 있다.

SBS 응용분야는 측정, 계산 및 송수신된 정보를 상세히 기술하고 있으며, 이들 정보는 스마트배터리, 스마트충전기 및 스마트시스템의 주 장치 사이에서 송수신되는 것이다. 이 장치들은 충전(배터리 및 충전기) 및 방전(배터리 및 주 시스템)을 관리할 수 있도록 신호를 주고받는다[16-18].

스마트배터리시스템에는 어떤 정해진 방식이 요구되는 것은 아니지만, 노트북컴퓨터에 사용되는 대표적인 스마트배터리시스템은 적절한 전자회로를 이용하여 셀 및 배터리의 파라메터를 측정한 뒤, SOC 계산 시와 마찬가지로 30개 이상의 데이터를 계산하여 구한다. 이 데이터들은 Philips Corporation사의 2선 방식(2-wire) 상호집적회로(inter-integrated circuit, 이하 I2C) 버스를 기반으로 한 표준 통신 인터페이스(시스템관리버스(system management bus, 이하 SMB))를 통해 송수신된다. 이 데이터 버스를 이용하면, 주 장치용 배터리의 관리를 최적화하기 위해 3가지 장치(추가적으로 스마트배터리가 사용된다면 그 이상)가 한꺼번에 통신할 수 있다[19].

일부 SBS에서는 측정 전자회로가 배터리 내부에 설치되어 있지 않다. 적절한 정보가 데이터통로를 통해 시스템의 주 장치로 송수신되는 한 구조 상의 제한은 없다. 마찬가지로 스마트충전기는 시스템 주 장치의 전력조절 전자회로와 기능을 공유할 수도 있기 때문에, 완전히 독립된 장치는 아니다[8,20].

SBS 시스템에는 스마트배터리와 스마트충전기 사이의 통신에 의해 충전을 관리하는 기능이 포함되어 있다. 스마트배터리는 데이터 인터페이스를 통해 스마트충전기에 특정한 전압과 전류로 충전하라는 요청신호를 보냄으로써 언제 어떻게 충전되어야 하는가를 지시한다. 스마트 충전기는 요청받은 전압 및 전류로 충전을 수행해야 한다. 스마트배터리는 현재 배터리 상태를 고려하여 가장 좋은 방법으로 충전할 수 있는 전압과 전류를 지속적으로 요청해야 하며, 이때 충전 시 전압과 전류는 계속 측정해야 있다.

스마트충전기는 설정 제한값 이내에서 요청된 전압과 전류를 공급할 뿐만 아니라, 혹사상태를 방지하기 위해 타이머와 안전장치 기능을 내장하고 있다(스마트충전기는 스마트배터리로부터 2분마다 갱신된 정보를 받아야 하며, 그렇지 않으면 충전이 중단된다).

스마트배터리는 스마트충전기에게 충전이 완료되어 갈 때 언제 충전을 중단하라는 신호를 보낼 것인가를 결정한다. 만약 내부의 온도가 높다고 측정되어 배터리가 완전충전되기 전에 충전이 중단되면, 스마트배터리는 데이터인터페이스를 통해 스마트충전기에 충전 중단을 요청할 수 있다. 다시 충전할 조건이 되면, 스마트배터리는 스마트충전기로부터 적절한 충전 전압과 전류를 요청한다.

방전관리 역시 스마트배터리와 시스템 주 장치(보통 노트북컴퓨터의 프로세서, 키보드컨트롤러 또는 내장 컨트롤러) 사이의 통신을 이용하여 같은 방법으로 이루어진다. 방전관리를 위해 스마트배터리는 현재까지의 정적 및 동적 데이터를 시스템 주 장치에 제공한다. 이 정보에는 상대 및 절대 SOC값, 가장 최근의 완전충전용량, 충방전횟수, 완전 방전상태까지 및 완전 충전상태까지의 계산된 시간 등이 있다. 또한 스마트배터리는 전압, 전류 및 온도에 대한 측정데이터를 지속적으로 갱신하여 제공한다.

SBS를 이용하여 방전관리를 한 사례 중에서 특별한 것은, 노트북컴퓨터의 시스템 주장치가 배터리시스템에게 현재 방전율 이상 또는 이하의 전류로써 에너지를 공급할 수 있는가를 확인할 수 있는 능력을 가진 경우이다. 이 특성을 이용하면 노트북컴퓨터의 CPU 클럭주파수를 낮게 바꾸면 실행시간이 얼마나 남아있는가 사용자에게 알려줄 수 있다. 마찬가지로 노트북컴퓨터는 하드디스크를 구동하기에 용량이 충분한가, 아니면 저전력 대기 모드가 적용되어야 하는가를 결정하기 위해 스마트배터리에게 확인해야 한다.

비슷한 요구조건을 가진 BMS는 SBS의 속성을 이용하여 설계할 수 있지만, 통신인터페이스와 데이터 내용이 다르다. 예를 들어 일부 HEV의 BMS는 CAN Bus와 같은 매우 강력한 통신인터페이스와 SOP 정보가 포함된 데이터를 사용한다.

13.4. 수명예측

우리는 오늘날 배터리 없이는 생활하기 힘들며, 배터리의 신뢰성은 배터리에 크게 의존하고 있는 수많은 사용자에게는 큰 관심사항이다. 휴대폰, MP3 플레이어, PDA, 디지털카메라, 노트북컴퓨터, HEV, 독립센서시스템, 보안 및 안전 시스템 등과 같은 이동장치는 모두 장수명 고신뢰성의 배터리가 필요하다. 예상보다 고장이 잦거나 수명이 짧은 배터리는 결국 값이 비싸지는 경우가 많다. 따라서 전문가 및 일반소비자용으로 새로운 SOC 측정기, SOH 게이지 및 SBS가 개발되고 있는 것은 당연한 일이다.

다양한 응용분야에 사용되는 배터리의 수명을 예측하는 데는 고려해야 할 점이 많다. 예를 들어 그들 중의 하나는, 어떤 기능을 수행하기 위해 배터리의 성능이 특정한 기준을 만족시키는가를 즉시 예측하는 것이다. 즉, 배터리가 HEV를 가속시키거나 또는 어떤 장치(카메라 또는 휴대폰)를 구동시키는 전력을 공급할 수 있는가를 예측하는 것이 중요하다. 이를 위해서는 보통 SOC 또는 SOP를 평가해야 하며, 따라서 즉시 사용가능한 배터리의 잔존 용량 또는 전력공급능력을 예측할 수 있다. 수명예측의 또 다른 목적은 EOL의 기준에 대해 배터리의 장기간 수명을 평가하는 것이며, 따라서 사용자는 어떤 시스템이 특정한 기능을 확실하게 수행하려면 배터리를 교체할 필요가 있는가 여부를 결정할 수 있다. 이때 보통 배터리의 겉보기수명, 충방전수명, 또는 가용수명 등이 사용되고 있다.

배터리수명은 EOL에 대한 기준에 따라 달라지므로 결국 응용분야의 특성에 따라 달라진다. 배터리의 수명을 예측할 때는 노후화 메카니즘을 완전히 이해해야 하며, 각 응용분야에 사용되는 셀의 구조와 동작조건의 차이가 크면 매우 다른 결과를 낳을 수 있다. 무엇보다 먼저, 수명은 기술적 및 경제적 관점에서 셀을 선택할 때 필요하기 때문에, 해당 응용분야에서 배터리의 EOL을 결정하는 확실한 기준을 근거로 예측되어야 한다. 둘째, 수명예측에는 개별 셀의 노후화가 얼마나 심각하게 진행되었느냐에 관계없이 해당 응용분야에서 일어날 수 있는 모든 노후화 메카니즘을 결합시켜 하나의 성능지수(figure of merit)가 사용되어야 한다. 예를 들어 납 배터리를 사후분석(postmortem)하면, 그리드의 일부가 매우 심각하게 부식되었을 경우 이를 파악할 수 있지만, 배터리 자체는 여전히 적절한 용량의 에너지를 공급할 수도 있다.

수명은 가능성 또는 확률을 하나의 성능지수로 예측하는 것이 가장 좋으며, 이 지수는 전동기 구동, 또는 일정시간 동안 안전시스템 작동 등과 같은 특정한 기능을 원하는 순간에 수행할 수 있는가 여부를 나타낸다. 수명예측을 위해서는 모든 노후화 메카니즘의 영향뿐만 아니라, 예측시점에서의 모든 스트레스(stress)를 고려해야 하고, 배터리의 정확한 설계특성을 고려해야 한다.

따라서 수명예측의 실제 과제는 어떤 동작조건에서 배터리의 수명을 예측하는 것이고, 이 동작조건에서는 스트레스 요인들이 실제와 유사하게 복합적으로 작용하는 수명시험은 없다. 자주 하는 질문은 다음과 같다.

- 이 동작조건에서 이 배터리는 얼마나 오래 갈 것이며, 동작조건이 바뀐다면 수명은 어떻게 달라지나?
- 새로운 구조의 배터리 또는 새로운 물질이 사용된 배터리는 잘 알려진 동작조건에서 얼마나 오랫동안 사용될 수 있을 것인가?

모든 수명시험이 행해지기 전에, 특정한 응용분야에 사용될 배터리의 설계, 계획 및 선택에 대해 답이 필요하다.

수명예측을 논의할 때, 최소한 배터리 성능예측을 위해 2가지 방법이 있다는 점을 기억해야 한다. 첫 번째는 특정한 동작조건에서의 '성능예측(performance prediction)' 또는 직접적인 배터리성능(충방전특성, 전력공급능력, 용량 등) 예측이다. 두 번째는 '수명예측(life prediction)' 또는 배터리의 평균 성능 및 장기 성능에 대한 예측으로서, 배터리의 종류와 구조를 선택할 때 목적을 설정하고 비용을 분석하는데 중요한 EOL 기준에 특히 관심이 집중되어 있다.

실질적인 배터리 수명을 예측할 때, 목표는 특히 실제 상황에서 현실적인 배터리수명을 예측하는 것이다. 보통 모델링 및 시뮬레이션에 있어 최소한 다음과 같은 4단계의 개발과정이 이루어져야 할 필요가 있다.

1. 첫 단계는 셀의 화학반응에 대한 정확한 성능 예측 모델을 유도하는 것이다. 이 모델이 실제로 유용하게 적용되기 위해서는 모듈 수준까지 확장될 필요가 있다.
2. 2단계는 연구실의 실험을 기반으로 수명 예측 모델을 유도하는 것이다. 열화 과정과 메카니즘이 규명되어 모델에 반영된다면, (가장 큰 영향을 미치는) 노후화 메카니즘으로부터 평가된 열화속도를 이용하여 배터리성능을 예측할 수 있다.
3. 3 단계는 다음을 구하기 위해 수명평가 과정 중의 몇 단계를 수행해야 한다.
   a. 실제 동작환경에서 배터리의 성능데이터를 수집하는 방법
   b. 모델예측을 위한 유용한 정보를 구하기 위해 데이터를 분석하는 방법. 노후화 메카니즘과 속도를 해석하는 신뢰성 높은 방법을 찾아내는 것이 가장 중요하다.
   c. 위 정보를 실제의 수명 예측 모델에 반영하는 방법
4. 4 단계는 모델의 예측 성능을 인증하고, 사용시간과 동작조건에 따라 배터리의 수명을 예측할 수 있는 적응모델의 훈련에 필요한 데이터를 얻기 위해 검증규약을 개발하는 것이다.

이 4단계를 거치면 실제 응용분야에서 배터리의 수명을 더욱 신뢰성 있게 예측할 수 있다. 다음에서는 각 개발단계의 성숙도를 설명하고 평가하기 위해 이러한 모델평가 방법을 따를 것이다.

13.4.1. 성능예측 : 개발 1단계

배터리성능 예측은 컴퓨터 모델링과 시뮬레이션에 의해 분석적이고 수치적으로 이루어진다. 대표적으로 얻을 수 있는 결과로는, 특정한 듀티사이클 동안 배터리의 용량을 예측하기 위해 충방전곡선을 모델링하는 것이다. 이는 배터리설계 또는 배터리의 안전운전을 위한 최적화 등에 유용하다.

오날날 H/W 및 S/W의 급속한 발전과 강력한 연산능력을 가진 컴퓨터 덕분에, 기본 재료의 특성 예측과 처리로부터 장치의 설계에 이르기까지 다양한 부분에서 모델링과 시뮬레이션의 역할이 증대될 것이라 예상할 수 있다. 가까운 장래에는 시스템 설계와 처리를 위해 다양한 거시적 및 미시적 모델링과 시뮬레이션 방법이 하나의 강력한 도구로 통합될 것으로 예상된다. 따라서 기본물질이나 분자 수준에서부터 거시적 차원에 이르기까지, 물질의 속성과 함께 장치의 성능을 예측하여 동작원리를 이해하고 제어하는 통찰력을 갖게 될 것이다.

배터리의 성능을 예측하는 데는 최소한 다음과 같이 4가지 방법이 있다.

- 경험법
- 기본원리 기반 전기화학적 모델
- 등가회로 방법
- 인공지능 기반 방법

각 방법은 통계적으로 의미있는 분석을 통해 수명을 예측하는 방법도 이용할 수도 있다.

모델링과 시뮬레이션의 궁극적인 목표는, 비용, 시간 및 오류를 최소화하면서, 주어진 자원의 한계 내에서 해당 분야에 사용된 배터리의 성능을 신뢰성 높게 예측하는 것이다. 따라서 가장 효과적이고 적절한 방법을 선택하는 것이 중요하다. 단순히 성능을 예측하는 경우는, '분석적' 모델로부터 필요한 정보를 얻기 위해 시험결과를 커브피팅(curve fitting)한 뒤 보간 또는 외삽하는 것이 가장 적합할 것이다[21,22]. 배터리 설계 또는 빠른 시제품 제작을 위해서는, '기본원리' 를 기반으로 한 모델이 좋은 선택일 것이다[23-30]. 기본원리를 기반으로 한 전기화학 모델은 실제와 가까운 시뮬레이션을 위해 기하학적 구조, 반응역학적/수송 특성, 재료 및/또는 셀 부품의 열역학적 특성 등과 같은 많은 요소들을 고려해야 하기 때문에 사용하기가 너무 복잡하다. 반면에 구조나 동작조건의 변화에 대응하여 배터리의 거동을 시뮬레이션할 수 있기 때문에, 통찰력 있는 상세한 특성을 도출하고 성능한계의 원인을 이해할 수 있는 장점이 있다.

경험데이터가 많지 않을 때 배터리의 거동을 예측하는 또 다른 방법은 소위 등가회로 모델[31-34]을 사용하는 것이다. 이 모델은 회로의 전기소자를 이용하여 배터리의 물리적 과정과 전기화학적 반응을 모사함으로써 배터리의 거동을 시뮬레이션할 수 있다. 이 방법은 '기본원리' 기반의 전기화학 모델보다 구조가 단순하고 다루어야 할 파라메터도 훨씬 작기 때문에, 여러 조건에서 배터리의 거동을 정확히 예측할 수 있으므로 시스템 차원의 시뮬레이션에 적합하다.

더욱 최근에는 주로 신경회로망 기법을 이용하는 '인공지능' 기반 '(유도)' 모델[35-38]이 주목을 받고 있다. 이 모델은 '블랙박스(black box)' 기법을 사용하기 때문에 더욱 적응력이 높다. '블랙박스(black box)' 기법은 메카니즘을 무시하므로, 따라서 메카니즘의 변화도 무시하며, 앞서 설명한 모델보다 적응력이 매우 높다. 시험데이터, 또는 배터리 동작 시 루프에서 순시적으로 얻은 데이터를 이용하여 이 모델을 훈련시키면 확실한 배터리정보를 얻을 수 있다.

특성예측의 목적은, 설계가능성 연구, 원하는 성능을 얻기 위한 설계 최적화, 성능곡선 예측, 성능입증, 동작 시의 안전성 한계, 유지보수 계획 수립, 보증평가 등에서부터 비용분석에 이르기까지 다양하다. 모델 예측과 함께 배터리의 상태를 실시간으로 감시/측정하면, 작업장에서는 최신 부품과 시스템의 개발을 위해 가상 대상시험(臺上試驗, bench test)*)이나 HIL(hardware-in-the-loop)**) 기법을 이용하여 동시에 개발을 진행할 수 있다. HEV 동력전달체계 개발과 같은 매우 복잡한 분야에서는 이 방법들의 적용이 현재 고려 중에 있다.

배터리 모델링에 대한 초기 연구는 '기본원리' 기반의 전기화학적 모델을 이용한 납 배터리에 집중되어 있었다[23-30]. 배터리 셀의 거동을 정확하게 예측하기 위해 더욱 실제에 가까운 모델을 개발하려는 노력이 많이 이루어졌다. 그림 13.5는 전기화학적 현상(전하전달반응과 물질수송)과 열처리과정(열발생 및 열손실)을 통합한 '기본원리' 기반 전기화학 모델의 개략도를 보여준다. 이 모델은 배터리 동작 시 순시적, 공간적 정보(전위, 화학적 농도, 전류밀도, 온도변화, 내부압력 변화 등)를 상세하게 나타낼 수 있다. 필요한 입력파라메터(셀 특성파라메터와 동작조건)를 알고 있다면 이 모델은 다양한 화학반응에 적용될 수 있다.

---

*) 대상시험(臺上試驗, bench test) : 어떤 장치(裝置)를 전용 시험대에 설치하여 수행하는 시험. 시험대(試驗臺) 시험과 같은 뜻이다.

**) HIL(hardware-in-the-loop) : 직역하면 시뮬레이션 안에 하드웨어가 있다는 뜻으로서, 순수한 시뮬레이션이 갖는 부정확함과 실제 장착시험의 복잡함이나 위험성을 보완하기 위한 방법이다. 즉, 시스템 모델에 근간을 둔 실시간 시뮬레이션 기법과 하드웨어를 접목시킨 실시간 시스템 해석기술이다.

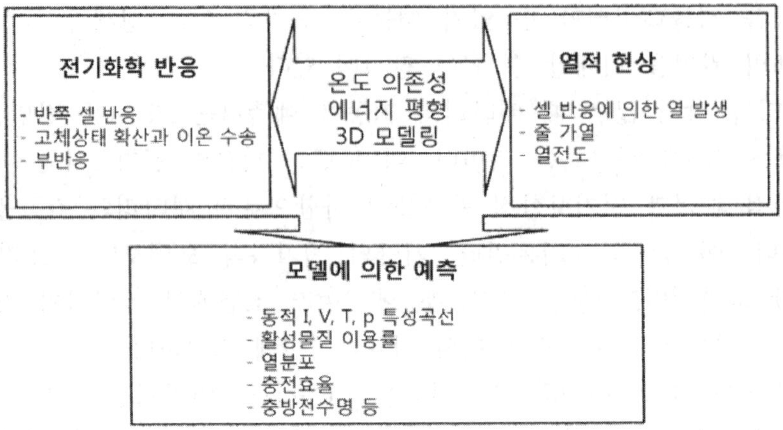

그림 13.5. 전기화학적 셀의 반응역학과 수송역학 및 열현상을 통합시킨 "기본원리" 기반 전기화학적 모델의 개략도[30]

그림 13.6은 Alavyoon 등[39]의 데이터를 이용하여 개방형 납 셀의 산의 층화현상을 시뮬레이션한 결과이다. 그림의 y축은 전극판의 높이(단위는 mm)이고, x축은 산의 농도(단위는 몰(M))이다. 보통 실험데이터를 얻기가 어려움에도 불구하고, 이 '기본원리' 기반의 전기화학 모델로부터 얻은 순시적, 공간적 상세정보는 산의 층화현상을 이해하는데 많은 도움이 된다. 일단 모델의 타당성이 입증되었다면, 안정적이고 안전한 배터리 동작의 위해 다양한 셀 구조나 극한의 동작조건까지 성능을 평가하기 위해 시뮬레이션을 이용한다. Gu 등[40]은 셀에서 배터리모듈로 모델링의 영역을 더욱 넓혔다.

전기자동차 및 하이브리드 자동차(electric and hybrid vehicle, 이하 EHV)에 성능이 더욱 개선된 Ni/MH 및 Li/이온 배터리시스템이 사용될 것으로 예상되기 때문에, 이들 배터리의 동특성을 예측하기 위해 모델링과 시뮬레이션 방법이 사용될 수 있다[30].

그림 13.7은 공칭전압 7.2V, 공칭용량 6.5Ah인 Ni/MH 배터리모듈의 시뮬레이션 결과를 나타낸 것으로, 방전, 충전, 동적 응력 시험(dynamic stress test, 이하 DST) 사이클, 시험데이터와의 비교 등의 과정을 거친 결과이다. 이 모델은 실험실의 시험에서뿐만 아니라 실제 동작조건에서도 배터리의 거동을 예측할 수 있다. 따라서 신뢰성 높은 시뮬레이션이 가능하며 실용적이다.

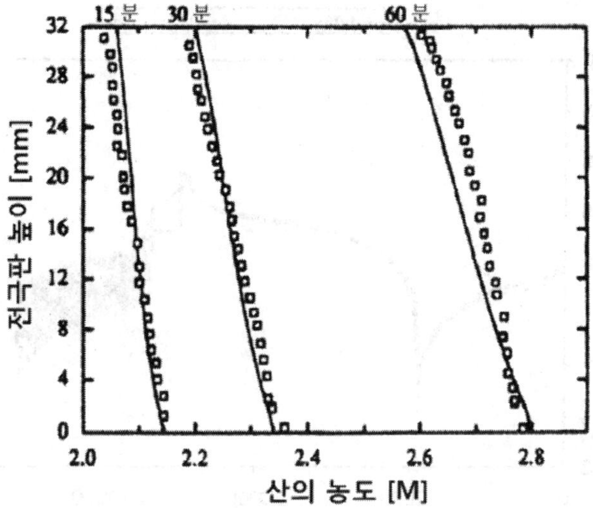

그림 13.6. 재충전 시 충화현상을 나타내는 개방형 납 셀의 시뮬레이션 결과. 사각형 데이터 점들은 Alavyoon 등[39]의 연구결과이며, 선들은 같은 문헌의 파라메터를 기반으로 시뮬레이션한 결과이다.

'기본원리' 기반 전기화학 모델이 상세하게 성능을 예측할 수 있지만, 모델을 수립하고 타당성을 입증하는 것은 복잡하며 요구되는 막대한 연산능력은 부담이 된다. 신뢰성 높은 성능예측이 필요하지만 계산에 필요한 자원이 제한되어 있는 경우는, '등가회로' 또는 '인공지능' 기반 모델이 더욱 매력적이다. 예를 들어 Verbrugge & Conell[32]은 EHV용으로 사용된 GM-Ovonic사(현재는 Cobasys사)의 Ni/MH 배터리의 성능을 시뮬레이션하기 위해 자기방전과 열적 거동을 포함시킨 등가회로 모델을 사용했다. Urbina 등[37]과 Yap 등[38]은 통계적 회귀 인공신경망(artificial neural network, 이하 ANN) 모델을 이용하려고 연구해 왔으며, 이들은 ANN 모델을 훈련시켜, 하이브리드 차량에 사용된 Li/이온 배터리의 용량과 전력공급능력을 예측하였다.

배터리 시뮬레이션 능력을 성공적으로 보여준 많은 모델들 때문에 실제로 단기적인 배터리성능(주로 용량과 전력공급능력)의 예측 능력은 크게 향상되었다. 그러나 장기적인 배터리수명 예측은 여전히 해결되어야 할 문제이다.

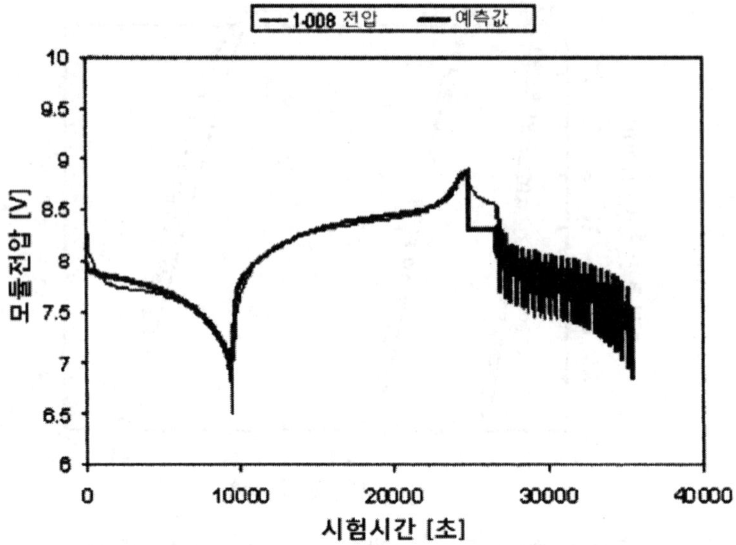

그림 13.7. 방전, 충전, 동적 응력 시험 사이클 및 시험데이터(얇은 실선)와의 비교 과정을 거친 전압 7.2V, 용량 6.5Ah의 Ni/MH 배터리모듈의 시뮬레이션 결과(굵은 실선)

13.4.2. 실험실 평가에 의한 수명 예측 : 개발 2단계

최신 모델링 및 시뮬레이션 방법이 배터리의 성능을 예측하는데 매우 유용하다 하더라도, 이러한 방법이 실제로 적용되지 못한 원인은 노후화에 따른 배터리성능의 변화를 예측할 수 없다는 약점 때문이다. 따라서 성공적인 배터리수명 예측은 노후화로 인한 성능변화를 반영할 수 있는 고신뢰성 모델의 개발에 달려있다.

또한 EHV와 재생에너지시스템(renewable energy system, 이하 RES) 분야의 경우, 간헐적인 듀티사이클 때문에 배터리 모델링과 시뮬레이션이 더욱 어렵게 된다. 실험실 수준의 시험과 경험적인 예측만으로는 만족할 만한 결과를 얻기 어렵다. 실험실 시험과 컴퓨터 모델링 및 시뮬레이션을 통합한 혁신적인 방법이 고안된다면, 배터리의 수명예측 문제를 해결할 수 있는 매우 실현가능한 방법이 될 것이다.

배터리의 열화메카니즘은 보통 온도변화, 방전깊이, 과충전 정도, 충방전 속도 및/또는 자기방전 등과 같은 스트레스 요인들에 노출된 이력에 따라 달라진다. 또한 동작온도, 듀티사이클에 의해 가해진 스트레스의 주파수 및 진폭 등을 포함한 동작조건에 따라서도 매우 달라진다.

수명을 예측하는 원리는 동일하지만, EHV와 같은 응용분야에서는 배터리 관리와 수명예측에 대한 요구가 다른 분야보다 매우 강하기 때문에, 여기서는 EHV의 경우를 예로서 든다. 또한 배터리의 크기에 따라 내용이 달라질 것이며, 따라서 본문 중의 일부 문제는 다소 차이가 있을 수 있다는 점도 명심하라.

EHV에 사용되는 배터리를 보통 '견인용(traction)' 배터리라 부른다. 가장 널리 사용되는 배터리는 개방형(flooded) 또는 밀봉형(무보수 또는 밸브조절형) 납(VRLA) 배터리 모듈이다. Ni/MH 배터리는 높은 비에너지와 향상된 전력공급능력 및 수명 때문에 현재 Toyota Prius, Honda Insight, Civic 등과 같은 하이브리드 자동차에 사용되고 있다. 리튬이온 배터리, 그리고 가장 최근에는 리튬폴리머 배터리가 납 배터리의 대안으로 강력하게 부상하고 있으며, 그 전제조건은 안전성, 비용 및 수명 문제가 적절하게 해결되어야 한다는 것이다. 현재 몇 가지 대형 각주형 Li/이온 또는 Li/폴리머 셀이 상용화를 위해 시험 중에 있으며, EHV 분야에서의 적용가능성을 평가받고 있다.

배터리 성능모델을 수명모델로 만들기 위해서는 열화과정을 배터리모델에 포함시켜, 열화가 배터리성능에 미치는 영향(용량손실, 전력공급능력)을 평가해야 한다. 그림 13.8은 VRLA 셀의 '기본원리' 기반 전기화학 모델을 이용하여 가상의 과충전 및 깊은 충방전 조건으로 시뮬레이션하였을 때, 반복적인 가스방출과 그로 인한 완전건조 상태를 겪은 셀의 공칭용량이 감소하는 결과를 나타낸다. 이 경우 '기본원리' 기반 모델에는 각 사이클마다 과충전으로 인한 과도한 가스발생 조건이 포함되었다. 밸브압력 설정치와 셀 반응으로 생성된 가스의 양 때문에 각 사이클마다 전해질에서 물이 소모되었고, 이는 다시 산의 농도와 분포도를 변화시켰다. 각 사이클마다 산의 농도가 변화하여 반응속도와 물질수송에 영향을 미쳤으며, 따라서 가스 재결합율과 압력이 바뀌었다. 셀 특성과 조건을 바꾸면 물소모와 완전건조 과정이 촉진되었으며, 따라서 용량손실이 더욱 가속화되었다.

그림 13.9는 깊은 충방전에 의한 수명시험 시 VRLA 셀의 저항변화로 인한 공칭용량 손실을 시뮬레이션하는데 '등가회로' 모델이 어떻게 사용되는가를 보여주는 예이다. VRLA 셀은 깊은 충방전시험(100% DOD) 시 40% 이상 과충전되며, 375회의 충방전 이후 기능장애가 발생했다. 방출된 가스와 소모된 물의 양을 감시한 결과, 처음 250회의 충방전까지 셀의 남은 용량은 거의 일정했다. 사후분석에 의하면, 열화의 원인은 다음과 같았다.

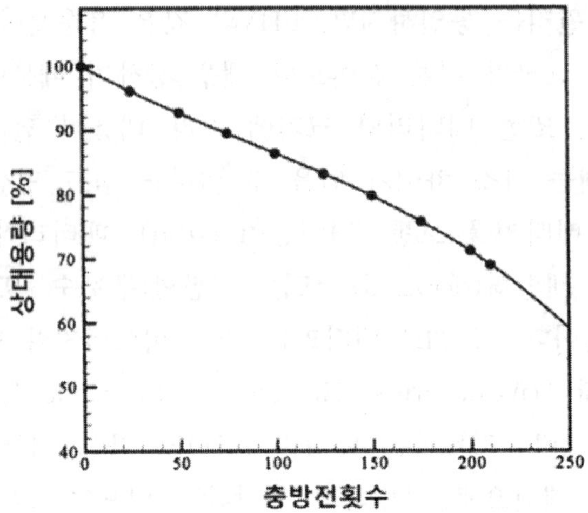

그림 13.8. 과잉 가스방출과 완전건조로 인한 VRLA 셀의 공칭용량의 점진적 감소 시뮬레이션 결과

그림 13.9는 깊은 충방전에 의한 수명시험 시 VRLA 셀의 저항변화로 인한 공칭용량 손실을 시뮬레이션하는데 '등가회로' 모델이 어떻게 사용되는가를 보여주는 예이다. VRLA 셀은 깊은 충방전시험(100% DOD) 시 40% 이상 과충전되며, 375회의 충방전 이후 기능장애가 발생했다. 방출된 가스와 소모된 물의 양을 감시한 결과, 처음 250회의 충방전까지 셀의 남은 용량은 거의 일정했다. 사후분석에 의하면, 열화의 원인은 다음과 같았다.

(1) 가스방출과 물 소모를 야기시키는 과충전

(2) (과도한 가스방출로 인한) 양극판의 팽창 및 그리드 부식

충방전 시험 시 등가회로 모델은 이러한 두 가지 현상의 상호작용을 효과적으로 시뮬레이션했다. 또한 근본적인 메카니즘 변화로 인해 나타나는 주된 현상으로서 용량손실 거동을 정확히 예측했다. 셀의 충방전 시험이 250 회에 이르기까지 완전건조(dry-out) 과정이 셀의 용량에 미치는 영향은 없었다. 또한 약 320 회에 이르기까지는 가스방출과 그리드부식으로 인한 극판 팽창이 용량에 큰 영향을 미치지는 않았다. 등가회로 모델에서 충방전에 따른 저항변화는 유도전류성 또는 저항성 요소의 영향을 받았다. 유도전류성 저항변화는 주로 위의 원인 (1)과 관련이 있는 반면, 저항성 저항변화는 주로 원인 (2)와 관련된 조건들 때문이다. 충방전 시험 시 셀 저항이 변화하면 잔존용량에 영향을 미친다. 이 등가회로 모델은 실제 실험 시 관찰된 현상을 정확히 재현해내었으며[41], 그림 13.9(a)의 시뮬레이션에서는 용량의 점진적 감소 거동을 보여주었다.

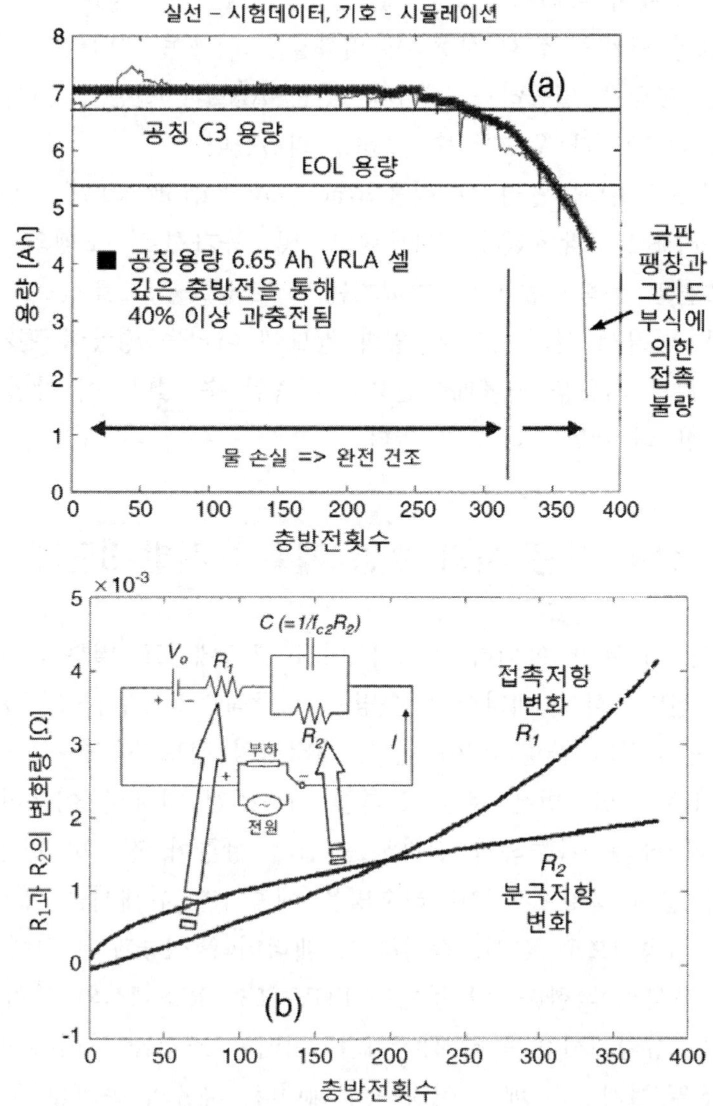

그림 13.9. (a) 깊은 충방전 시험 시 40% 이상 과충전되는 VRLA 셀의 용량 변화. 각 요인들이 얼마나 용량을 감소시키는가를 나타내기 위해, 가스방출과 물 소모로 인한 용량변화와 그림 (b)에서 설명되어 있는 극판 팽창과 그리드 부식으로 인한 저항변화를 볼 수 있다. (b) 가스배출과 물 소모, 극판 팽창과 그리드 부식으로 인한 VRLA 셀의 열화가 반영된 등가회로 모델

'기본원리' 기반 모델과 '등가회로' 모델 모두를 이용한 위의 설명은 배터리 수명예측에서 몇 가지 주목할 만한 능력을 보여주었다. 그러나 두 모델은 실험실의

체계적인 시험조건에서 배터리수명을 예측할 수 있는 가능성을 보여 주었을 뿐이다. 다음의 중요한 단계는 실제 사용 시 열화를 고려하여 배터리의 성능을 시뮬레이션할 수 있는 능력을 입증하는 것이다. 이는 ANN과 같은 모델이 '기본원리' 또는 '등가회로' 모델보다 우수할 수 있음을 의미한다.

이 문제를 다루기 위해 원리 상 적응법(adaptive approach)을 채택할 수 있음이 최초의 연구[38]로 밝혀졌다. '기본원리' 및 '등가회로' 모델의 도움을 받은 '인공지능' 모델은 동작 시 셀에 가해지는 스트레스 정도를 (스트레스 지수로) 평가할 수 있다. 따라서 셀의 성능과 열화 정도에 미치는 영향이 평가되어 모델에 반영된 뒤 배터리의 거동을 시뮬레이션하고 예측할 수 있다. 이 방법은 상당한 기대를 갖게 하지만 더 개발될 필요가 있다.

13.4.3. 실제 사용 시의 수명 예측 : 개발 3단계

배터리는 동작 시 뿐만 아니라 저장과 대기 모드에서도 열화가 일어난다는 사실을 명심해야 한다. 실제 배터리의 수명을 성공적으로 예측하기 위해서는 모든 경우에 나타나는 열화가 반영되어야 한다. 배터리의 겉보기수명, 충방전수명, 가용수명에 대한 기존 시험방법은 보통 엄격한 기준조건 하에서 이루어진다. 그러나 이는 동작조건이 예측불가능하게 변화하는 실제 상황이 정확히 반영되어 있지는 않는다. 따라서 실제 상황에서 배터리수명을 예측하기 위해서는 배터리에 가해지는 스트레스를 지속적으로 감시, 측정하고, 배터리의 성능과 수명에 미치는 영향을 광범위하게 분석해야 한다. 이 문제는 EHV 또는 RES에서와 같이 부하가 간헐적으로 인가되는 상황에서는 특히 복잡하다. 이러한 조건들 하에서 배터리의 수명을 예측하는 것은 현재로는 매우 어려운 문제이다. 다음의 논의를 통해 이러한 문제들과 상황들을 인식하고 이를 극복하기 위한 방안을 찾을 것이다.

가동 중인 배터리의 동작조건이 실험실에서 이루어진 수명시험 조건과 매우 유사하다면, 배터리수명을 예측하는 것은 간단히 외삽법(外揷法, extrapolation)으로 구할 수 있지만, 성공적인 경우는 매우 드물다. 지금까지 UPS 및 배터리안정화 DC 회로를 갖는 시스템에 사용되는 배터리를 부동운전(float operation)하는 경우에만, 현장설비에 적용되는 수명시험 결과를 이용하여 정확한 수명예측이 가능할 것이다. 수명시험 결과를 직접 이용할 수 있는 또 다른 경우는, 지게차와 같이 빈번하게 완전충전되는 배터리의 충방전동작이다. 그러나 자세히 살펴보면, 지게차의 운전 시 DOD와 같은 동작조건, 온도와 DOD의 함수인 충전조건, 평균 방전전류, 방전전류 변화 등이 크게 달라진다는 것을 알 수 있다. 이러한 각 동작조건들이 배터리수명에 미치는 영향이 얼마나 다른가는 결코 명확하지는 않다.

최신 UPS가 설치된 상황에서 정전이 발생하면, 시스템은 남은 백업시간을 평가해야 한다. 일반적인 방법은 현재 방전곡선을 이전 방전곡선과 비교하는 것이며, 그 결과 배터리의 실제 용량을 알 수 있다. 특정한 고장모드가 발생하지 않는 한 다음 몇 주 동안의 배터리 동작을 정확하게 예측할 수 있다.

이러한 경험적 방법은 실용적이지만 수명예측을 위한 최신 컴퓨터모델과 시뮬레이션을 위해서는 그다지 일반적이지 않다. 장애요인 중의 하나는 용량의 점진적 감소 메카니즘을 결정할 수 있는 신뢰성 있는 분석수단이 없다는 것이다. 최근, 점진적인 용량감소를 몇 가지 메카니즘과 연관시킬 수 있는 현장 비침범성(in-situ non-invasive) 증분용량분석(incremental capacity analysis, 이하 ICA) 기법[42]이 제시된 바 있다. 이 기법은 시험 충방전 시 음극과 양극이 용량감소에 기여하는 정도를 분리해내는데 사용될 수 있다.

이와 같은 분석은 증분용량(△Q/△V - V) 곡선의 해석을 기반으로 하고 있다. 이와 같은 표현은 전압 평탄 부분(1차 상변환과 관련 있음)이나 변곡점(고체상태 용액과 관련이 있음)을 확실히 인식할 수 있는 △Q/△V 피크로 바꿈으로써, 음극 또는 양극의 특정 반응을 나타내는 표식으로 삼을 수 있다. 상 다이어그램, 평형 전위곡선, 충방전곡선 등과 해당 IC 곡선 사이의 관계를 나타내는 예로서, 전극재료로 사용된 공융 2종 시스템(eutectic binary system)에 대한 결과가 그림 13.10에 개략적으로 나타나 있으며, IC 피크는 상변환 및 고용체 상태와 관련이 있는 특정한 특성을 나타낸다고 설명하고 있다.

대부분의 ICA는 동작전극의 활성물질로부터 나오는 징후만을 관찰하기 위해 Li 금속 기준전극을 사용한 셀에 대해 이루어진다. 상용 셀에 대해서는 보통 ICA가 수행되지 않으며, 이는 IC 데이터의 해석이 복잡하고 어렵기 때문이다. 그러나 점진적인 용량감소를 조사하기 위해서는 열화가 한 전극에서 시작될 수도 있지만 전해질과의 상호작용을 통해 다른 전극에도 잇달아 악영향을 미칠 수 있기 때문에, 음극 및 양극 모두가 포함된 완전한 셀에 대해 평가할 필요가 있다.

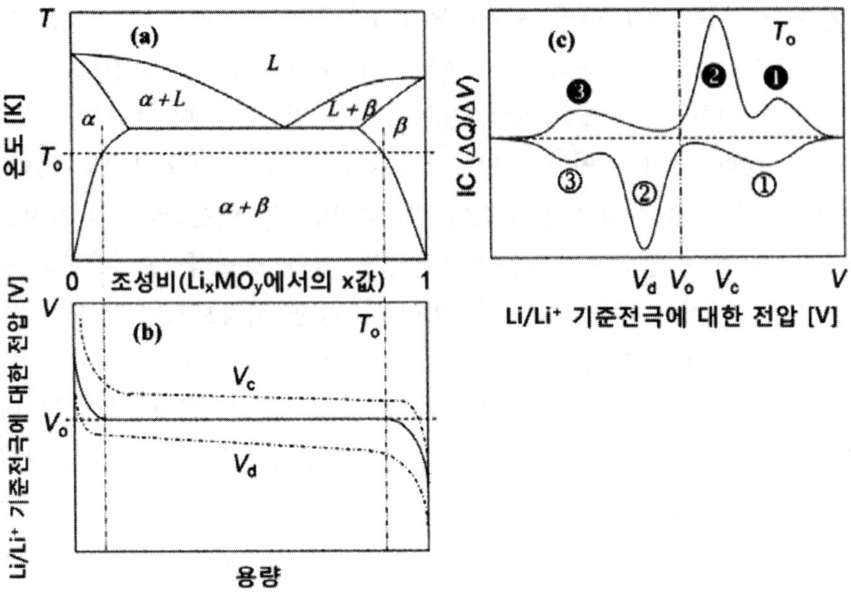

그림 13.10. 배터리 응용분야에서 전극재료로 공융시스템의 개략적인 설명. (a) 2종 상 다이어그램 (b) 평형전위 곡선 및 충방전곡선 (c) 해당 IC곡선, 상변환과 고용체 상태와 관련 IC 피크.

노후화가 진행되면, IC 곡선은 노후화메카니즘을 따라 특성피크가 변화할 것이다. 노후화로 인한 시스템의 변화의 원인으로는, 용량 또는 전력공급능력의 점진적 감소를 야기시키는 고유의 두 가지 메카니즘이 있다. 하나는 간단히 '활성물질의 손실(loss of active material)' 로서, 그 원인은 부피 팽창과 누적된 변형으로 인해 전기적 접촉 실패 또는 전극의 활성 매트릭스 손상 때문에 발생한다. 다른 것은 '화학반응의 변화(change in chemistry)' 로서, 그 원인은 활성물질을 열화시키는 부반응(side reaction) 때문에 전극과 전해질 사이의 계면에서 표면층이 형성되기 때문이며, 예를 들면 Li이온 배터리에서의 고체전해질 중간상(solid electrolyte interphase, 이하 SEI)이 형성되는 것이 그것이다. 이런 두 가지 열화 원인들 때문에 용량이나 전력공급능력이 영구적이고 비가역적으로 손실된다.

이러한 고유한 열화메카니즘 때문에 충방전 시 분극이 커지고, 이에 따라 '부족방전(under-discharge)' 또는 '부족충전(under-charge)' 이라는 외부적 요인으로 인한 열화(일시적이고 회복가능하며 따라서 가역적이다)도 나타날 수 있다. 그림 13.11은 이러한 현상을 개략적으로 나타내고 있다.

전체 셀 구조에 대한 IC 곡선을 분석하면 셀 성능에 대한 유용하고도 많은 정보를 얻을 수 있다. 예를 들어, 음극 또는 양극에서의 반응동역학 역시 ICA에 의해 밝혀질 수 있다. 반응동역학의 열화 역시 충방전을 통해 분석될 수 있다. 활성물질의 손실, 화학반응의 변화 등도 이 방법에 의해 결정될 수 있을 것이다. 다양한 재료들, 처리과정들 또는 노후화조건 등을 상세히 비교하는데 있어, 이 분석기법은 다른 기법보다 감도(sensitivity)가 더욱 뛰어나다.

ICA를 적용하는 것은 특정한 메카니즘에 의한 열화정도를 정량화하기 위한 기법이 사용될 수 있다는 하나의 사례일 뿐이다. 이러한 과정을 통해 실제 상황에서 배터리수명을 예측하는 모델의 타당성이 분석되고 개선될 수 있을 것이다.

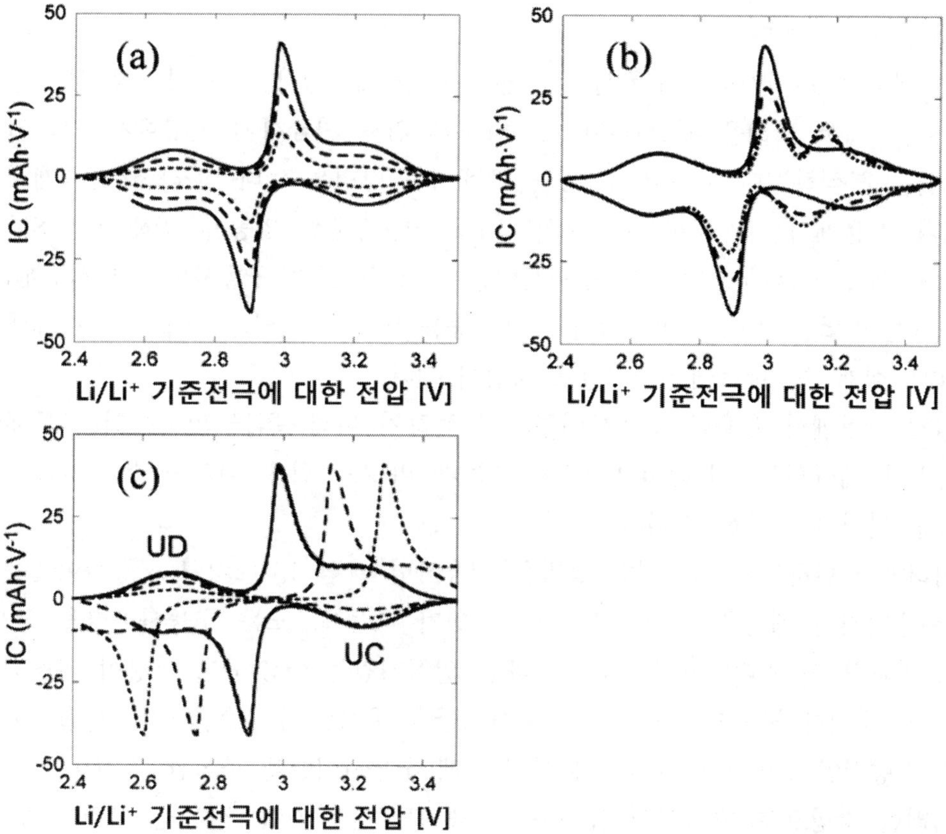

그림 13.11. (a) 활성물질의 손실 (b) 화학반응의 변화 (c) 부족방전 및 부족충전 등과 같은 다양한 메커니즘 때문에 나타나는 IC 특성 변화의 개략적인 설명

13.4.4. 미래 방향

배터리 수명예측 모델의 개발을 위한 1단계 및 2단계 과정은 이미 기술적으로 성숙된 상태로서, 높은 신뢰성으로 실제 적용이 가능하다. 그러나 3단계 및 4단계는 장래에 해결되어야 할 과제로 남아 있다. 그러나 이용할 수 있는 지침이 많은 것도 아니고, 이전의 경험을 이용하여 개발될 수 있는 것도 아니다. 가장 결정적인 문제 중의 하나는 실제 적용 시 배터리의 '사용법(usage)'을 구분하여 정량화시키는 것이다. '사용법'이란 용어는 상당히 추상적이고 모호하다. '사용법'을 정량화하면, 배터리 사용량을 수학적으로 의미있는 방법으로 추정하고 불규칙적이고 산발적인 듀티사이클을 분석함으로써, 사용패턴에 따른 듀티사이클의 특징을 잘 규정짓는 것이다.

한 예로 EHV 분야의 구동사이클 분석을 들 수 있다. 구동사이클 분석은 실제 상황에서 매우 어려운 해결과제이다. 비교를 위해 지금까지 현장에서 기록된 구동사이클을 분석하는데 사용될 수 있는 체계적인 방법은 없다. 따라서 동력계에 의한 시험과 시뮬레이션을 포함하여 분석, 비교 및 타당성 입증을 위해 FUDS(federal urban driving cycle, 연방도시구동사이클)와 같은 표준 구동사이클이 사용된다. 이 전통적인 방법은 차량의 공통적인 기본성능을 비교하기 위해 산업계에서 채택한 것이지만, 실제 수명예측에 어느 정도 지침이 된다.

실제 상황에서 유용한 구동사이클을 분석하기 위해, 최근 퍼지논리 구동패턴 인식기법이 제안되었는데[43,44], 이는 분석과 비교를 위해 어떤 구동사이클의 구동패턴을 인식하기 위한 것이다.

이러한 간단하고도 직관적인 방법을 이용하면 그림 13.12처럼 구동사이클을 시간과 주행거리의 백분율로 정규화시킬 수 있기 때문에, 모든 구동사이클을 한꺼번에 같이 비교할 수 있다. 퍼지논리 구동패턴 인식기법을 이용하면, 차량이 가동되는 시간 동안 특정한 구동패턴을 갖는 구동사이클을 구성할 수 있다. 이 방법을 이용하면 더욱 정량적인 설명과 포괄적인 분석에 의해 구동사이클을 분석할 수 있다.

이러한 방법으로 배터리의 듀티사이클을 분석하면 어떤 값들을 발견할 수 있다. 전력 및 용량의 소비량을 '사용패턴'으로 분류할 수 있으며, 따라서 '사용패턴'이 배터리수명에 미치는 영향을 규명하고 구분할 수 있을 것이다[45].

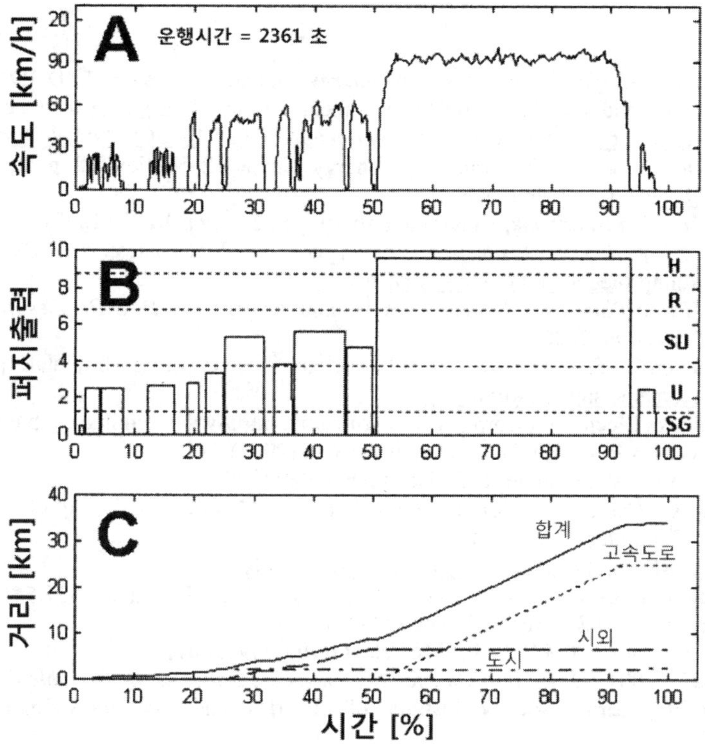

그림 13.12. 어떤 구동사이클을 순차구동패턴으로 구성하기 위해 퍼지논리 구동패턴 인식기법을 사용한 구동사이클 분석(H : 고속도로, R : 시골길, SU : 도시외곽, U : 도시길, ST : 정지 및 주행). 이 기법을 이용하면 어떠한 구동사이클이라도 일관되게 분석, 비교할 수 있다.

이는 배터리 수명예측을 위한 개발 3단계가 가까운 장래에 어떻게 실현될 수 있을 것인가를 보여주는 하나의 예일 뿐이다. 따라서 듀티사이클의 특성, 그리고 배터리수명에 영향을 미치는 '사용패턴들' 의 상호관련성 등을 규명하면, 배터리 수명을 더욱 정확하게 예측하는 능력을 크게 강화시킬 것이다.

마찬가지로 배터리관리시스템 역시 3단계 및 4단계까지 개발이 이루어지면, 실제 응용분야에서 배터리의 가용수명을 더욱 신뢰성 높게 예측할 수 있으며, 전력과 용량을 간헐적으로 소비하는 불규칙적인 듀티사이클을 분석하고 예측할 수 있다.

참고문헌

1. *USABC Electric Vehicle Battery Test Procedures Manual,* Revision 2, DOE/ID-10479, January 1996, Appendix F. A Portable Document Format (PDF) copy can be found at http://www.uscar.org/consortia&teams/USABC/manualPDFs/USABC_Manual_App_F.pdf
2. *Engineering Handbook - Lithium Ion*, Sanyo Energy, Chapter 2, Section 2-2, p 4, p 16, and p 27, http://www.sanyo.com/batteries/lit.cfm
3. *Nickel Metal Hydride Handbook*, Panasonic Battery, pp 12-13, pp 36-37 (2005).
4. *Raychem Circuit Protection*, Tyco Electronics, PolySwitch™, http://www.circuitprotection.com/polyswitch.asp
5. M. Galla, in "*PowerPulse.net*", *Battery Pack Manufacturers Use PPTC Devices for Primary Overcharge Protection*, 2006.
6. Texas Instruments, *Sensors & Controls*, Klixon® snap-acting bi-metal protectors, http://www.ti.com/snc/support/klixon.htm
7. SeMitec® Ishizuka Electronics Corp., NTC thermistors, http://www.semitec.co.jp/english
8. D.F. Stolitzka and S.E. Austin, U.S. Patent 6,486,636 (2002).
9. D. Freeman and J.A.V. Formenti, U.S. Patent 6,650,089 (2003).
10. R. Casas and O. Casas, in "*IEEE Computer*", *Battery Sensing for Energy-Aware System Design*, IEEE Computer Society, 2005.
11. POWERPRECISE Solutions, Inc., http://www.powerprecise.com
12. X.G. Yang and B.Y. Liaw, *J. Power Sources* 101 (2001) 158; U.S. Patent 6,437,542 (2002).
13. W.H. Bushong *et al.*, U.S. Patent 6,878,481 (2005).
14. J. Hewes, R. Yoppolo and M.P. Hull, U.S. Patent 6,232,749 (2001).
15. IEEE Std 1625™-2004, *"IEEE Standard for Rechargeable Batteries for Portable Computer"*, IEEE Power Engineering Society, Institute of Electrical and Electronics Engineers, Inc. (2004).
16. R. Dunstan, U.S. Patents 5,565,759 and 5,572,110 (1996).
17. Smart Battery System Implementers Forum (SBS-IF), http://www.sbs-forum.org
18. System Management Interface Forum (SMIF), http://www.powersig.com
19. System Management Bus (SMBus), http://www.smbus.org
20. D. Friel, "*SBS Simplifies Portable Power System Design*", *Electronics Engineer Asia*, Cover Story, June 1999.
21. W. Peukert, *Electrotech Z.* 18 (1897) 287.
22. C.M. Shepherd, *J. Electrochem. Soc.* 112 (1965) 657.
23. J. Newman and W. Tiedemann, *AIChE J.*, 21 (1975) 25.
24. W.G. Sunu, in *Electrochemical Cell Design*, R.E. White, Editor, p. 357, Plenum Press, New York, (1984).
25. H. Gu, T.V. Nguyen and R.E. White, *J. Electrochem. Soc.* 134 (1987) 2953.
26. T.V. Nguyen, R.E. White and H. Gu, *J. Electrochem. Soc.* 137 (1990) 2998.
27. D.M. Bernardi, H. Gu and A.Y. Schoene, *J. Electrochem. Soc.* 140 (1993) 2250.
28. J. Newman, Karen E. Thomas-Alyea, *Electrochemical Systems*, 3rd ed., Wiley Interscience, NY, 2003.
29. W.B. Gu, C.Y. Wang and B.Y. Liaw, *J. Electrochem. Soc.* 144 (1997) 2053.
30. B.Y. Liaw, K.P. Bethune and X.G. Yang, *J. Power Sources* 110 (2002) 330.
31. P. Mauracher and E. Karden, *J. Power Sources* 67 (1997) 69.
32. M.W. Verbrugge and R.S. Conell, *J. Electrochem. Soc.* 149 (2002) A45.
33. B.Y. Liaw, R.G. Jungst, A. Urbina and T.L. Paez, *Proc. of the Electrical Energy Storage – Applications and Technologies Conference 2003(EESAT 2003)*, San Francisco, CA, 27-29 October 2003.
34. B.Y. Liaw, G. Nagasubramanian, R.G. Jungst and D.H. Doughty, *Solid State Ionics* 175 (2004) 835.
35. C.C. Chan, E.W.C. Lo and W. Shen, *J. Power Sources* 87 (2000) 201.

36. A. Salkind, T. Atwater, P. Singh, S. Nelatury, S. Damodar, C. Fennie, Jr. and D. Reisner, *J. Power Sources* 96 (2001) 151.
37. A. Urbina, T.L. Paez, R.G. Jungst and B.Y. Liaw, *J. Power Sources* 110 (2002) 430.
38. K.C. Yap, A. Urbina, B.Y. Liaw and R.G. Jungst, *Proc. of the Electrical Energy Storage – Applications and Technologies Conference 2003(EESAT 2003)*, San Francisco, CA, 27-29 October 2003.
39. F. Alavyoon, A. Eklund, F.H. Bark, R.I. Karlsson and D. Simonsson, *Electrochim. Acta* 36 (1991) 2153.
40. W.B. Gu, C.Y. Wang and B.Y. Liaw, *J. Power Sources* 75 (1998) 151.
41. K. Bethune and B.Y. Liaw, presented in the 201st Electrochemical Society Meeting, Philadelphia, PA, May 2002, Abstract 147.
42. M. Dubarry, V. Svoboda, R. Hwu and B.Y. Liaw, presented in the 209th Electrochemical Society meeting, Denver, CO, May 7-11, 2006, Abstract # 101.
43. B.Y. Liaw, K.P. Bethune, C.S. Kim, *Proceedings of the 19th Electric Vehicle Symposium* (EVS-19), October 19-23, 2002, Busan, Korea, p. 348.
44. B.Y. Liaw, *J. Asian Electric Vehicles* 2 (2004) 551.
45. M. Dubarry and B.Y. Liaw, presented in the International Meetings of Lithium Batteries (IMLB) 2006, Biarritz, France, June 18-23, 2006.

배터리 수거 및 재활용

14.1. 소개

재생불가능한 자원의 소비와 발생된 폐기물 양을 줄이는 것은 이제 의무사항이 되고 있다. 천연자원의 절약과 환경보호를 위한 과제는, 수명종료 제품이나 장비를 비용 대비 효과적이고 환경적으로 건강하게 재활용할 수 있는 신기술을 개발하는 것이다.

모든 배터리에는 화학반응의 종류에 관계 없이 적당한 비율의 금속이 포함되어 있다. 금속은 최초의 특성이 손상되지 않고 반복적으로 재활용될 수 있다. 더욱이 재활용은 원광(原鑛, virgin ore)에서 뽑아 쓰는 것보다 훨씬 비용이 적게 들고 친환경적이며, 일반적으로 환경에 미치는 영향이 훨씬 작다. 실제로 원광으로부터 금속을 생산하는 것에 비해 재활용 금속은 에너지를 크게 절약하고 물 사용량을 줄이며 유해가스 배출량을 크게 감소시킬 수 있다.

선진국에서는 폐기물관리가 더 더욱 당면한 문제가 되고 있다. 배터리의 경우는 특히 다음 질문이 제기된다. 배터리를 분리수거해야 하는가 또는 폐기물 중에서 배터리를 간단히 수거할 수 있을 것인가? 이 질문에 대답하기 위해서는 폐기물이 이동하는 경로를 잘 이해해야 한다.

보통 수명이 다한 배터리의 관리에는 소각, 매립 및 재활용의 3가지 방법이 있다. 대부분의 배터리는 연소가능한 물질이 많이 포함되어 있지 않기 때문에, 소각은 확실히 좋은 방법이 아니다.

많은 나라에서는 수명이 다한 배터리를 매립하는 것이 아직도 허용되고 있다. 이런 방법이 환경적으로 큰 부담이 된다는 것을 입증할 증거는 없지만, 사용된 재료에서 회수될 수 있는 금속을 생산하기 위해 새 원광을 처리해야 하기 때문에, 배터리의 매립은 가장 고려하지 않아야 하는 방법이다. 그런 점에서 매립은 환경에 부담을 지우는 것이 될 수 있다.

따라서 수명이 다한 배터리를 관리하기 위한 마지막 남은 방법은 재활용이다. 이 방법은 배터리에 의한 오염문제를 감소시킬 수 있을 뿐만 아니라 귀중한 천연자원을 보존할 수도 있다. 그러나 환경에 미치는 악영향도 있다는 점을 고려해야 한다. 즉, 재활용에 필요한 에너지의 소모, 제거되어야 할 '재료'의 양(공기 및 물을 오염시키는 배출물), 생산된 또는 재활용된 재료의 유용성 등이 그것이다. 물론 이 모든 것들은 경제적인 효율성과 균형을 이루어야 한다. 이 파라메터들을 고려하여 가장 좋은 타협책을 도출해 내려고 하는 것이 다음에서 소개하는 소위 '생태효율(eco-efficiency)' 연구의 목적이다.

이 장의 목적 중의 하나는 다양한 수거방법들과 현존하는 재활용 처리과정들을 조명하고, 각각의 장점과 단점들을 살펴보는 것이다.

14.2. 재활용 기술에 대한 생태효율 연구

생태효율(eco-efficiency) 개념은 수거와 재활용에 대한 환경효용성과 비용효용성 사이의 관계를 고려하는 것이다. 배터리재활용에서 환경적으로 건강한 관리 행위, 즉 생태효율에 대한 연구는 아직도 비교적 드물다. 그러나 다른 재료의 생태효율 연구에 적용된 원리가 배터리에도 그대로 적용될 수도 있다. 여기서 2004년 휴대폰의 회수와 재활용 문제에 대해 스웨덴의 Stevels와 Huisman가 연구한 내용을 살펴보자.

이 연구는 생태효율 방법을 사용한 것으로서, 매립에서부터 사전 분해작업을 통해 금속을 용광로로 직접 투입하는 방법에 이르기까지 몇 가지 폐기물 관리방법의 환경적 효용성을 조사했다. 이 연구에서는 배터리 매립 방법의 환경적 손실/이익을 고려하고 제품에 포함된 재료의 다양한 환경적 특성을 고려하여, 각 재료에 단순한 '실제 무게(physical weight)'가 아닌 '환경무게(environmental weight)'를 부여하였다[1].

예를 들어 폐휴대폰의 금을 회수하는 것은 금의 채광과 정제에 따른 커다란 환경적 충격을 피할 수 있기 때문에 '환경무게'의 값이 크다. 따라서 폐휴대폰에서 소량의 특정 금속을 회수하는 것은 강철 또는 플라스틱을 대량으로 회수하는 것보다 환경적으로 훨씬 더 큰 이익이라고 판단하고 있다. 그렇다면 효율적이면서 환경적으로 건강한 재활용을 위해 그 대상은 플라스틱에서 금속으로 전환되어야 한다. 그림 14.1에는 휴대폰 재료의 실제 무게와 환경무게 사이의 차이가 나타나 있다. 이 연구에서는 환경무게를 적용한 후, 폐기물관리 방법의 총 환경적 손실과 이익을 경제적 비용 및 이익과 비교하였다.

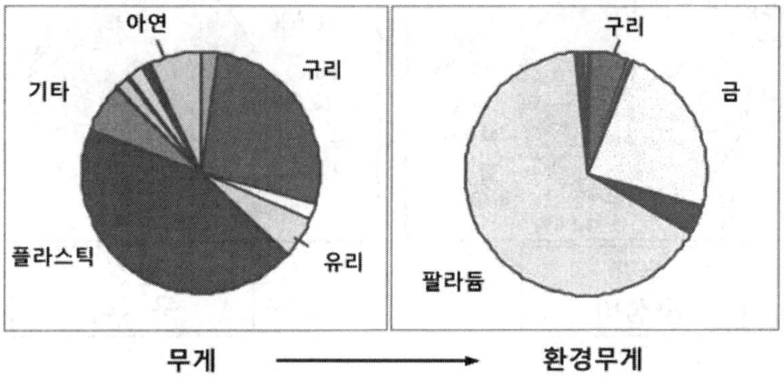

그림 14.1. 휴대폰 재료의 실제 무게와 환경무게

이 연구에 의해 휴대폰 등의 소형 전자제품과 같은 특별한 경우, 다른 폐기물 관리 방법보다 직접 용광로에서 녹이는 방법이 더욱 환경효율적이라는 결론에 이르렀다. 특히 이 연구에서는 휴대폰을 수동 또는 자동으로 해체하는 것은, 첫째 환경적 이익이 크지 않고, 둘째 전용 열처리(pyro process) 방법에 의해 효율적으로 금속을 회수할 때 얻을 수 있는 경제적 이익보다 비용이 더 많이 든다는 결론을 내리고 있다.

따라서 이와 같은 환경효율 방법은 환경적으로 건강하고 경제적이면서 효율적인 관리를 위해 가장 좋은 실행방안이라는 결론에 도달할 수 있음을 연구로부터 알 수 있다. 또한 이 연구에서는 해체비용이 다르고 회수될 재료의 종류와 양이 다른 폐기물에 대해서도 반드시 같은 결론을 내리지는 않는다. 폐기물 고유의 (경제적 및 환경적) 특성을 조사한 후에, 각 폐기물을 가장 환경효율적으로 관리하기 위한 방법을 결정할 수 있다. 더욱이 이 연구에서는 모든 폐기물 관리방법을 시험하지 않았고, 특정한 재활용 장치나 용광로를 포함하여 적용된 여러 방법에 따라 연구 결과도 달라질 것이다. 이 연구에서는 스웨덴의 몇 가지 특별한 재활용장치 및 회수시설이 이용되었다.

그러나 휴대폰과 배터리에 대한 앞서의 결론을 비교해 보자. 예를 들어 Li이온 배터리 부품에 대해 실제 무게 기준 재료구성비에 대해 환경무게를 나타내기 위해 Huisman은 그림 14.1과 동일한 방법을 적용했다(그림 14.2 참조).

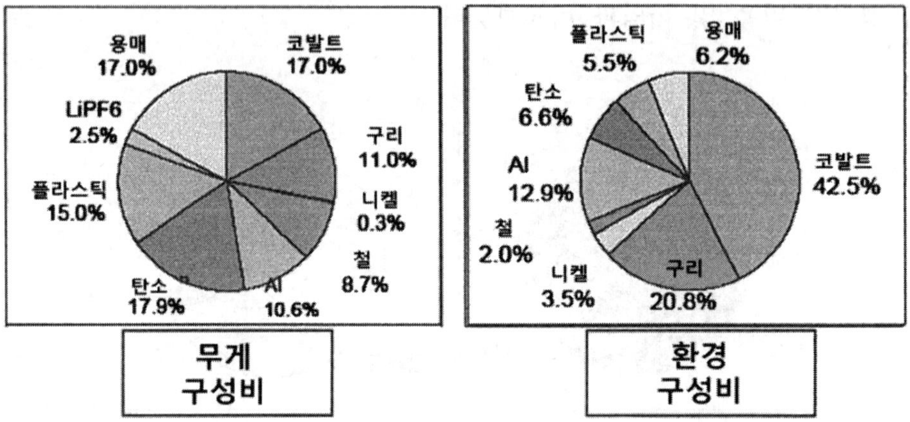

그림 14.2. Li-이온 배터리의 무게 기준 재료 구성비와 환경무게 기준 구성비 비교

이 예에서 코발트+니켈+구리의 실제 무게는 28.3%인 반면, 같은 원소의 환경무게는 66.8%로 2배 이상 높았다. 이는 배터리의 금속성분을 재활용할 때 환경적 및 비용적 이익이 있음을 나타낸다. 이는 다른 금속을 버리는 위험을 감수하면서 이 세 재료들을 분리해서 재활용하는 것이 아니라, 배터리를 직접 제련하여 쉽게 재활용할 수 있다.

이렇게 함으로써, 다른 방법들의 환경적 이익/부담에 대한 비용/소득을 비교 평가하면 환경효율을 분석할 수 있다. 그림 14.3의 수평축은 표준계산으로 얻은 환경적 이익/부담(수명주기평가(Life Cycle Assessment) 결과를 1,000개의 점(millipoint, mPts) 중의 하나로 표시)을 나타내고, 수직축은 비용/소득을 나타낸다. 그림의 A, B, C, D는 동일 제품을 대상으로 한 다양한 수명종료 시나리오를 나타낸다. 각 방법에 적용된 재활용, 설계 및 시스템 구성 기술들은 모두 다르다.

최종 결과가 오른쪽 위 영역에서 끝이 난다면 이 방법이 채택되어야 하는 반면, 왼쪽 아래 영역에서 끝나는 것은 피해야 한다.

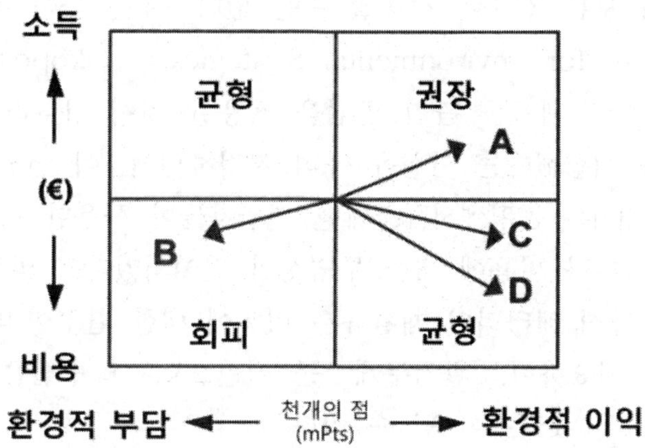

그림 14.3. 환경효율

이 방법을 휴대폰과 배터리에 적용시켰으며, 모든 해체과정에서부터 제련과정에 이르기까지 다양한 기술들이 적용되었다.

가장 나쁜 방법은 도시의 폐기물 소각법이다. 따라서 배터리는 국내 및/또는 도시의 폐기물과 분리하여 회수해야 한다. 가장 좋은 방법은 휴대폰을 용광로에 넣어 모든 귀금속을 회수하고, 배터리를 전용 용광로에 넣어 금속들을 회수하는 것이다. 환경적으로는 긍정적이지만 훨씬 더 많은 비용이 드는 방법으로는, 플라스틱을 포함하여 모든 재료를 분리수거하기 위해 휴대폰과 배터리를 완전해체하는 것이다. 그림 14.4는 이 개념을 설명하고 있다.

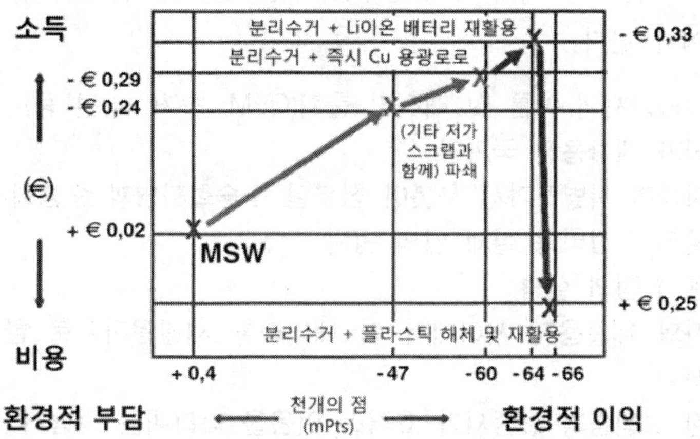

그림 14.4. Li이온 배터리가 사용된 휴대폰의 환경효율 방향

물론, 이 방법이 모든 경우에 적용될 수는 없다. 예를 들어 독일 환경전략연구소(German Institute for Environmental Strategies)의 Ökopol[2]은 스웨덴 과학자들의 연구가 완벽한 폐기물 관리 방법을 적용한 것이 아니라 스웨덴에서의 실행방안과 조건만을 시험했다는 사실을 특히 지적하면서, 이 연구의 한계성을 강조했다. 또한 Ökopol[2]은 논평에서, 스웨덴 연구자들이 사용한 경제성 계산 방법과 입력데이터 뿐만 아니라 비용에 대한 투명성이 결여되었다고 의문을 제기했다.

어쨌든 재활용, 특히 배터리의 재활용은 비용에 대한 환경이익을 최적화하기 위해 새로운 관점이 필요하며, '환경무게' 를 기반으로 한 방법은 새로운 관점으로 바라보기 위한 중요한 첫걸음이 될 수 있다.

14.3. OECD 회원국들 사이의 배터리 이동

수명종료된 배터리의 수거와 재활용에는 많은 기술적인 문제들이 있다. 수거된 뒤 분류되거나 미분류된 배터리의 수송은 그러한 문제들 중의 하나이다. 경제협력개발기구(Organization for Economic Cooperation and Development, 이하 OECD) 회원국들은 위험물질이 주위 환경으로 유기되는 것을 확실히 방지하기 위해 엄격한 폐기물처리 요구조건을 설정하였다.

일부 배터리들에는 위험성이 높은 물질들이 포함되어 있기 때문에 이와 같이 특별한 OECD 규정은 당연히 배터리에도 적용된다. 예를 들어 분리수거되지 않은 배터리가 회원국들 사이에서 수송된다면 이를 알려주어야 하며, 공지사항에는 다음이 포함되어야 한다.

- 배터리공급자의 이름 및 배터리 출처(OEM, 수거, 파편 등)
- 배터리가 재활용될 국가명
- 필요하다면 특별허가서 사본이 첨부된 수송회사명과 수송회사 소속국
- 폐기물의 구성비와 실제 양의 평가
- 재활용 과정의 설명
- 공급자와 재활용자 사이에서 이 배터리를 재활용하기로 한 계약을 입증하는 증명서
- 적절한 보험증과 보증서가 효력이 있음을 나타내는 증명서

선적승인을 얻기 전에 그와 같은 신고서가 인정받을 때까지는 수 개월이 걸린다. 또한 신고내용의 유효기간은 1년이며, 선적 시에는 위에서 언급한 모든 정보를 공개하는 이동추적서가 붙어 있어야 한다. 마지막으로 재활용자는 190일 이내에 폐기물을 처리해야 하며, 폐기물을 재활용한 후에는 관계 당국에 통보해야 한다.

이 모든 공식절차가 긍정적인 의도를 가지고 있으며 어쨌든 폐기물의 거래를 추적할 필요가 있다 하더라도, 이 절차 때문에 규제가 생기고 악영향도 나타난다. NiCd 배터리에 대한 미국의 조치는 그 좋은 한 예이다. 1990년 미 환경보호국(US EPA)은 어떤 폐기물을 위험한 것으로 분류해야 하는가를 결정하기 위해 시험(TCLP 시험) 절차를 바꾸었다. 이 새로운 시험을 위해서는 재료가 파쇄되어야 하기 때문에, 수명종료된 NiCd 배터리는 침출(浸出, leaching) 잔재물이 너무 많아서 그 시험을 통과하지 못했다. 그 결과 NiCd 배터리는 처리, 저장, 수송 및 재활용을 위해 모든 수거 및 재활용 과정이 특별한 허가를 얻어야 하는 위험폐기물로 분류되었다.

NiCd 배터리의 모든 수거 및 재활용 과정이 이렇게 복잡해지면서 큰 행정적인 부담 때문에 수거 및 재활용을 위한 대부분의 계획은 즉각 중지되었다. 또한 특수한 위험물 폐기 운반차량으로 배터리를 수송해야 하기 때문에 비용이 최소한 2~3배로 커져 폐기물 처리과정의 경제성이 없어졌다. 그 결과 이듬 해에는 NiCd 배터리의 수거율이 급격히 감소하였다. 1995년 EPA는 결국 특별한 허가 없이 모든 기관과 회사가 수명종료된 NiCd 배터리의 수거와 저장을 할 수 있도록 다시 허용하였다. 또한 미국과 캐나다의 경우 RBRC(rechargeable battery recycling corporation, 재충전배터리 재활용 협회)를 통해 배터리의 선적이 쉬워지면서 수거율이 다시 증가하여, 오늘날에는 연간 5백만 파운드 이상의 양이 수거되고 있다[3].

결론적으로, 배터리의 수거와 수송을 쉽게 함으로써 환경위험 가능성이 높아진 것이 아니라 완전히 그 반대가 되었다. 적합한 장소에 가장 좋은 재활용 시설이 설치되어 있다 하더라도, 배터리가 높은 수거율로써 효과적으로 수거될 때에만 천연자원 및 환경을 보호할 수 있을 것이다.

따라서 오늘날 수명종료된 모든 배터리는 OECD 분류법 AA 180을 근거로 한 다음과 같은 바젤신고(Basel Notification) 절차에 따라 수송되어야 한다.

'사용한 배터리 또는 축전지(accumulator), 온전한 상태 또는 파쇄된 상태 (whole or crushed), 배터리와 축전지 생산 시 발생된 납산, 폐기물, 스크랩이 아닌 것'

각 배터리가 수송되려면 유럽폐기물부호(European Waste Codes, 16 06 xx)와 같은 특수부호를 할당받아야 하며, 그중 일부는 수송 위험 폐기물로 분류되고, 심지어 일부는 '9등급' 폐기물로 분류되기도 하는데, 이는 현재 가장 엄격한 등급이다(혼합/미분리수거된 중고배터리는 항상 9등급의 위험물로 분류된다). 유럽폐기물부호와 수송위험물이 표 14.1에 요약되어 있다. 그림 14.5에는 9 등급 위험폐기물의 기호가 나타나 있다.

표 14.1. 배터리의 유럽폐기물부호

	EW 기호	수송 위험
납 배터리	16 06 01	있음
NiCd 배터리	16 06 02	있음
수은 함유 배터리	16 06 03	있음
알칼리 배터리	16 06 04	없음
기타 배터리	16 06 05	없음*
전해질	16 06 06	있음
혼합 배터리	16 06 05	있음

* Li이온 배터리와 같은 일부 배터리는 수송위험물로 분류된다.

위험 9 등급

여러 위험물질과 제품

(No. 9)
기호색(위 반쪽에 수직띠 7개) : 흑색
배경색 : 백색
아래쪽 모퉁이에 숫자 '9'로 표시하고 밑줄

그림 14.5. 일부 배터리를 수송하는데 사용되는 9등급 기호

다음은 '리튬배터리' (UN 3090)라 부르는 범주에 대한 경우이다. 입법자는 종류에 관계없이 Li를 함유하고 있는 모든 배터리를 이 '리튬배터리' 품목에 포함시켰다. 그 결과 위험가능성은 완전히 다르지만 (금속 리튬이 포함된) 1차 리튬배터리 및 2차 리튬이온 배터리는 같은 품목으로 수송되어야 한다. 1차 리튬배터리의 경우, 주된 위험발생 요인은 외부의 활성물질(주로 금속이온)과의 접촉이다. 이 금속물질은 정상적인 환경 하에서는 불안정하기 때문에 자연적으로 리튬산화물로 변환되고, 이 반응은 발열반응이기 때문에 큰 양의 에너지를 방출한다. 따라서 이 반응은 매우 격렬하게 발생하므로 폭발이 일어난다.

Li이온 배터리는 금속이온이 포함되어 있지 않기 때문에 산화로 인한 폭발위험성이 없다. 그러나 어쨌든 입법자는 이 두 종류의 배터리를 같은 품목으로 분류하였기 때문에 Li이온 배터리 역시 수송 시 위험폐기물로 간주되고 있다.

14.4. 배터리 수거 기구

세계 일부 국가에서는 이미 수명종료된 배터리를 수거하기 위한 기구가 설립되어 있으며, 다른 국가에서도 현재 진행 중이다. 일반적으로 대부분의 국가에서는 기본적인 '생산자 책임 재활용 제도 (Extended Producer Responsibility, 이하 EPR)' 원칙이 적용된다. OECD는 EPR을 다음과 같이 정의하고 있다.

'제품에 대한 생산자의 책임이 제품의 수명종료 단계까지로 확대되는 환경정책'

그럼에도 불구하고 상황은 그렇게 확실치 않으며, 국가 간 또는 지역 간에서 다소 일치하지 않는 점도 나타난다. 무엇 때문에 유럽이 이 분야에서 가장 앞선 지역으로 간주될 수 있는가 하는 점을 살펴보자.

14.4.1. 유럽의 특별한 상황

배터리에 대한 유럽의 새로운 지침은 2006년 4/4분기 즈음 비준될 것으로 예상된다. 그 이후 이 지침을 각 유럽국가의 언어로 번역하고 첫 평가를 위해 충분한 데이터를 얻으려면 다소 시간이 필요할 것이다. 이는 2009/2010년 즈음에 배터리의 수거율(따라서 재활용율)이 최소가 될 것이라는 것을 의미한다.

어쨌든 이 새로운 지침은, 2005년 8월 모든 유럽국가들에서 효력이 발생한 전기 및 전자 폐장비 지침(Waste Electric and Electronic Equipments Directive, WEEE-2002/96/EC)에 크게 영향을 받았다. 모든 기준이 아직 완전히 정의되진 않았지만, 최근에 유럽연합에 가입한 국가들을 비롯한 모든 유럽국가에서 동일한 EPR 원칙이 적용될 것이 확실해 보인다. 2005년 9월 위원회는 WEEE 지침을 참고로 하여 배터리 '생산자' 를 다음과 같이 정의했다.

'생산자란, 계약에 대한 소비자보호에 관한 지침 97/7/EC에 따라 원격통신을 포함한 모든 판매기법에 관계 없이, 제품이나 차량에 창착된 것들을 비롯한 모든 배터리 또는 축전지를 회원국의 시장에 상업적인 목적으로 처음으로 출시한 회원국의 사람을 말한다.'

위원회는 어떤 회원국 시장에 출시된 모든 배터리의 생산자가 누구인지를 해당 국가가 확실하게 알 수 있게 하기 위해 정의를 단순화했는데, 이는 생산자책임 원칙이 효력을 발생하기 위해서는 반드시 필요한 사항이었다.

그밖에도 새로운 지침에는 다음 사항이 규정되어 있다.

- 모든 유럽국가 내에서 배터리 수거
- 전년도 판매량을 근거로 한 사용 배터리(소형에서 대형 산업용 배터리까지)의 수거율 최소화
- NiCd 배터리의 재활용 목표치는 약 75%, 납 배터리는 65%, 기타 배터리는 최소 55%
- 모든 종류의 배터리 매립 금지
- 배터리에 특정한 재료(주로 Cd, Hg, Pb) 사용 제한 또는 금지

또한 회원국은 다음 사항을 의무적으로 보장해야 한다.

- 다 써버린 휴대용 배터리 및 축전지는, 최종 사용자가 개별적으로 또는 사용자의 인근 지역에서 무료로 수거될 수 있는 여건이 구축되도록 기구를 설립한다.
- 최종 사용자는 다 써버린 배터리 및 축전지를 수거하는 기구로 전달한다.

- 산업용 배터리 및 축전지의 생산자 또는 그들을 대신하는 제 3자는 다 써버린 산업용 배터리 및 축전지를 최종 사용자로부터 수거한다.

2005년, 일부 유럽국가들은 이미 특정 배터리를 수거하는 공공 또는 사설 기구가 설립되어 있다. 확실히 그 분야에서 가장 앞선 국가는 벨기에(Bebat), 네덜란드(Stibat) 및 독일(GRS)로서, 그들의 수거율은 이미 높은 수준에 이르렀으며, 다가올 법안 발효 시에도 대응할 수 있는 여유가 있다. 그러나 일부 국가들(주로 EU-25의 신입회원국)은 거의 준비되지 않은 상태에 있다.

14.4.2. 수거 기구의 재원 마련

수거율과 재활용율을 높이는데 가장 큰 장애는 인프라를 구축하기 위한 재원마련이다. EPR에 따라, 생산자는 모든 국가에서 수거 및 재활용 기구를 설립하고 자금 공급을 보장해야 한다. WEEE의 경우처럼, 이 자금은 보통 소비자가 부담하는 정상가격 내에 포함된 재활용 요금으로 마련된다. 그러나 기구 설립을 위한 재원 마련책은 국가마다 다르기 때문에, 표 14.2에 주어진 것처럼 부과되는 요금도 크게 다를 수 있다.

표 14.2. 유럽 회원국들과 스위스의 수거 및 재활용 요금

국 가	1차 배터리		2차 배터리			
	ZnC(알칼리)	리튬	NiCd	Li이온	NiMH	소형 납
오스트리아(UFB)	90	90	90	90	90	90
벨기에(Bebat)	350	350	350	350	350	350
덴마크(Gov)	-	-	1,610	-	-	4
프랑스(Screlec)	46	91	175	175	175	130
독일(GRS)	40	78	51	34	24	27
네델란드(Stibat)	65	65	65	65	65	65
노르웨이(Rebatt)	8	8	155	155	155	155
스웨덴(Gov)	-	-	3,320	-	-	19
스위스(Inobat)	320	320	320	320	320	320

보통 수거 및 재활용 비용은 배터리와 축전지의 수거량 및 실질 가치와 상호 관련되어 있으며, 또한 금속함유량과도 관련이 있다. 결국 배터리 중에서 가장 귀중한 부분은 항상 금속이며, 그들의 가치는 시기에 따라 크게 변동하기 때문에(그림 14.6 참조) 배터리의 실질 가치 또한 크게 달라진다.

현재의 금속 가격 수준을 볼 때, 일부 배터리에서는 수거 기구가 재정적으로 균형을 이룰 수 있을 것 같다. 예를 들면, 현재 가격이 14,000US$/톤인 니켈을 이용하고 있는 NiMH 배터리의 경우가 이에 해당한다(그림 14.7 참조, 수직축은 재료가격/재활용비용의 비율을 나타낸다). 그러나 이러한 경우가 대부분의 다른 시스템(총 수거/재활용 비용이 실질 가치를 초과하는 시스템)에도 해당되는 것은 아니다.

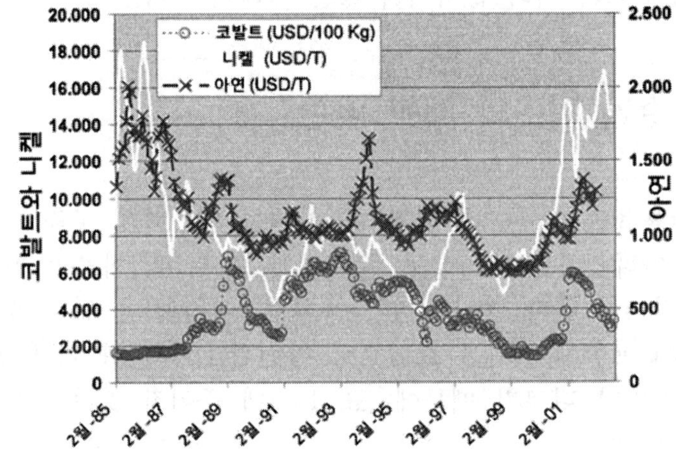

그림 14.6. 코발트, 니켈 및 아연의 가격 변동

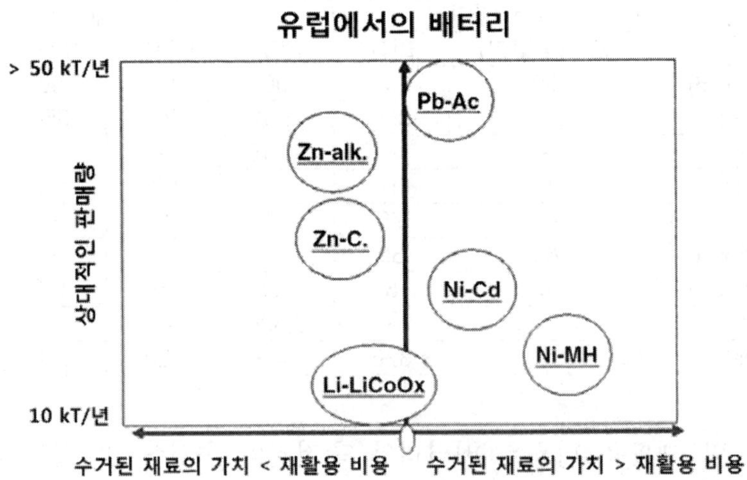

그림 14.7. 배터리의 재활용비용에 대한 실질 가치(2005년의 평가값. 문헌 [4]에서 인용)

그럼에도 불구하고 '환경무게' 에서 설명하였듯이, 이 배터리들을 재활용할 때 얻을 수 있는 환경적 이익은 항상 재정비용을 능가하므로, 환경에는 항상 이익이 된다. 이러한 관점에서, 전용 처리공정으로 재활용하는 것이 수명종료된 배터리 관리를 위한 해결방안이다.

배터리제작사는 경쟁력을 높이고 경영비용을 줄이기 위해 다 써버린 배터리의 실질 가치를 감소시키기 위한 해결책을 계속 찾고 있다. 이는 특히 Li이온 배터리와 같은 '신기술' 의 경우도 마찬가지이다.

'표준' Li이온 배터리는 무게 기준으로 14%의 코발트를 함유하고 있지만, 코발트 가격이 비싸고 변동이 심하기 때문에, 산업계에서는 코발트를 훨씬 작게 사용하거나 또는 아예 사용하지 않는 Li이온 배터리를 개발하려고 하고 있다. 이렇게 하면 배터리의 실질 가치가 훨씬 작아지므로, 재활용의 긍정적인 효과(또는 비용감소)를 더욱 증가시킬 것이다. 이 때문에 신제품을 개발하고 설계할 때, 수명종료된 제품을 관리하는 것이 경제적이지 않을 것이라는 점을 산업계가 반드시 고려해야 하는 문제가 나타난다.

14.4.3. 금속의 가격변동 영향을 줄이기 위한 순환경로 개념

유럽의회에서 배터리지침(Battery Directive) 작성에 관여하고 있는 Blokland[5]는 보고서에서 재활용에 대한 '순환경로(Closed Loop)' 개념을 다음과 같이 도입했다.

'순환경로라는 개념은 폐 배터리 또는 폐 축전지에 함유된 금속이 새 제품을 제작할 때 재사용된다는 것을 의미한다.'

이 개념은 실제로 몇 가지 장점이 있다. 수거 및 재활용되는 재료의 가치 변동을 피하기 위해 가장 좋은 해결방안은, 배터리에 사용된 재료들을 대부분 회수하여 같은 분야에 재사용하는 '순환경로' 를 구현하는 것이다(그림 14.8 참조). 그러면 재료 생산자는 (자신만의 재활용시스템을 개발하거나 또는 다른 생산자와 협력에 의해) 재활용 설비를 설치하여 폐 배터리를 이 설비로 수거한 뒤, 사용된 대부분의 재료를 회수하여 다시 순환경로에 투입할 수 있다. 이러한 순환경로가 적용되는 재료는 특히 배터리에서 항상 가장 비싸고 가장 위험가능성이 높은 제품인 금속의 경우이다. 예를 들어 배터리의 총 금속함유량의 80%를 회수하면, 새 배터리의 생산에는 단지 20%의 '새 금속(fresh metal)' 만이 필요하고 나머지 80%는 재활용에 의해 얻을 수 있으므로, 제작사는 금속의 가격변동에 훨씬 영향을 덜 받게 된다.

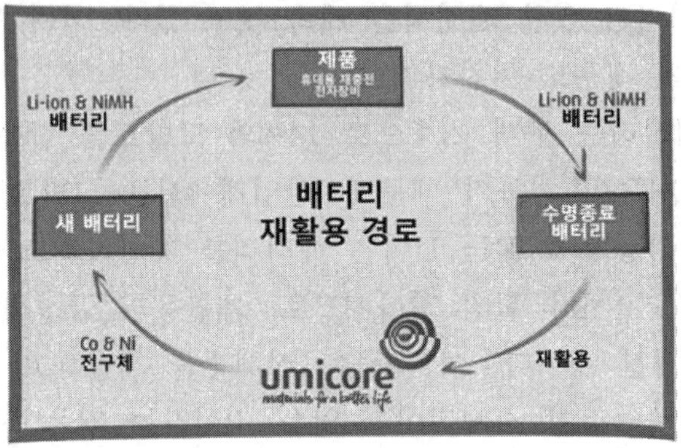

그림 14.8. 배터리 순환경로

또한 이 순환경로 방법은 대부분의 환경 관련 연구자에 의해 지지를 받고 있으며, 금속을 사용한 제품을 재활용하기 위한 순환경로 구현이 가시화되고 있는 추세에 있다.

한 단계 더 나아가서, 재료 제조사가 필요한 양의 금속을 배터리 제작사에게 빌려준다면, 배터리 제작사는 금속의 가격변동 위험으로부터 완전히 '해방' 될 수 있을 것이다. 그렇게 함으로써 금속을 소유한 기업과 금속 제조사의 관계는 그대로인 반면, 배터리 제작사는 단지 금속을 빌리기 때문에 제조비와 금속의 가격변동 영향을 줄일 수 있다.

14.5. 배터리제작사의 특별한 예 : Saft사

국가적 의무 수거계획과는 별도로, 일부 배터리 제작사는 폐 배터리를 완벽하게 관리하기 위해 솔선하여 기업 차원의 수거방안을 개발하였다. 실제로 배터리제작사가 가진 고민은 '단지 기존의 수거/재활용 계획에 의존할 것인가 아니면 제작사가 적극적으로 역할을 담당할 것인가' 라는 것이다.

첫 번째 방법에서는, 제작사가 폐기물 수거 기업을 겸하여, 폐기물 소유주/생성자와 폐기물처리/재활용 기업 사이에서 중개인으로 활동할 수 있다. 이 기업들은 엄격하게 조정, 통제 및 감시되기 때문에 적절하게 자신의 역할을 수행해야 한다. 한 마디로 시장 자체의 힘에 의해 스스로 조직화되어 문제를 해결한다.

두 번째 방법으로는, 배터리제작사가 수거 및 재활용 계획에 직접 또는 간접으로 포함되어 있다. 프랑스 기업인 Saft사가 이에 해당한다[6].

Saft사는 산업용 하이테크 배터리를 설계, 제작하는 세계적인 전문기업이다. Saft사의 배터리는 산업 기반시설이나 제조공정, 수송, 우주 및 국방과 같은 고성능 분야에 사용된다. Saft사는 산업분야에 사용되는 NiCd 배터리와 개인용 제품에 사용되는 1차 리튬 배터리를 생산하는 세계적인 첨단 제작사이다.

이 산업용 배터리 전문기업은 NiCd 및 1차 리튬 배터리의 수거계획을 범 유럽적으로 실현하고, 차후에는 자신이 생산하는 다른 종류의 배터리까지 범위를 확대하기로 결정했다. Saft사는 재정적, 시장적 및 전략적인 이유로 이와 같은 선택을 하였다.

재정적인 이유는 다음과 같은 사실을 기반으로 하고 있다.

- 산업용 배터리 생산을 위해 배터리 금속과 화합물을 원재료 형태로 구매할 때, Saft사는 이미 배터리 순환경로 내에 들어가 있다.
- 유럽의 재활용기업은 금속 회수를 위한 노우하우를 이미 가지고 있으며, 그 효율성도 입증되었고 순환경로 역시 잘 감시되고 있다.
- 새 배터리를 생산하는데 필요한 금속의 일부는 쉽게 재활용 산업에서 구할 수 있다.
- Saft사는 원재료 가격변동의 충격을 경험하였고, 그와 같은 충격과 무관한 시스템을 개발하기 원했다.

또한 다음과 같은 몇 가지 시장적인 요인들도 중요한 역할을 했다.

- 산업부문에서는, 제품/서비스에 대해 새로운 규제가 가해지면 판매자가 차별화되는 요인으로 작용한다. 유럽의 입법자들이 제안한 EPR 개념은 그 한 예가 될 수 있다.
- 또한 최종 사용자는 배터리 제작장비의 판매자에게 압력을 가하고 있으며, 이로 인해 배터리제작사 역시 수명이 끝난 제작장비의 관리를 위해 압력을 받고 있다는 것을 Saft사는 이미 인식하고 있었다.
- 이러한 방법으로 배터리제작사는 새로운 기업 서비스(폐 배터리의 재활용)를 하는 이외에는 다른 선택의 여지가 없었다.

마지막으로 전략적인 측면 역시 간과하지 않아야 한다. 실제로 Saft사가 대부분의 폐 배터리를 통제되지 않은 상태로 내버려 둔다면, 장래에는 법적 규제가 가해지는 여건을 조성하는 것과 같다(특히 NiCd 배터리의 경우 이것은 사실이 되었다). 또한 규제가 가해지지 않고 있는 국가들에서는, 일부 시장 참여자들이 값싸고 환경에 악영향을 미치면서 그럴듯한 해결책을 찾으려고 할 것이기 때문에, 배터리 제작사의 이미지가 손상을 입게 된다.

이 모든 이유들 때문에 Saft사는 배터리 수거 및 재활용 계획에 적극적으로 참여하기로 결정했다. 그 결과 그들은 재활용 기업의 회계를 감시함으로써 소비자들로부터 수거된 모든 배터리를 모을 수 있는 수거계획이 수립되었다. 수거된 모든 NiCd 폐 배터리를 깨끗하고 확실하게 처리하기 위해, 수거, 수송 및 재활용을 담당하는 기업들과 계약이 체결되었다.

이로 인한 효과를 정량화하기는 어렵겠지만, Saft사는 판매 능력이 증가되었고 시장에서의 선도적인 지위를 계속 유지할 수 있었다.

Saft사는 기업 스스로 수거계획을 실행하려는 배터리 제작사 또는 장비 제작사의 단지 하나의 예에 지나지 않는다. 다른 예로는 전자제품 제작사 또는 하이브리드 전기자동차(HEV)에 사용된 배터리를 재활용하기 위한 해결방안을 찾고 있는 자동차 제작사를 들 수 있다.

14.6. 재활용률 : 이것이 의미하는 바는 무엇인가?

소비자나 산업계에서 발생된 폐기물의 일부는 수거, (일부 경우에만) 분류, 매립된다. 이것을 '재활용' 이라 할 수 있을까? 당연히 아니다. 그렇다면 배터리를 해체하여 새 배터리를 만드는데 필요한 모든 요소가 재사용되는 것을 '재활용' 이라 할 수 있는가? 당연히 그렇다. 그러나 재활용을 정의하는 것이 항상 그렇게 간단하지는 않다. 실제로 (배터리에서 수동 또는 자동으로 분리되는) 플라스틱은 2차 플라스틱 시장이 없기 때문에 매립되며, 따라서 재활용되지 않는다.

'재활용효율' 또는 '재활용율' 의 최소 수준을 의무화시키려는 새로운 지침에 대해 세계 모든 지역, 특히 유럽연합 내에서 많은 논의가 진행 중이다. 그러나 '재활용' 을 명확히 정의하지 않고는 수치가 큰 의미를 가지지 못한다.

일반적으로 '재활용(recycling)' 과 '회수(recovering)' 를 구별해야 한다. 재활용의 정의는 다음과 같다.

'원래 또는 기타 목적을 위해 폐기물 생산공정에서의 재처리'

반면에 회수의 정의는 다음과 같다.

'난연성(難燃性) 폐기물의 유무에 관계 없이 가연성 폐기물을 직접 소각하여 열을 회수함으로써 에너지 발생 수단으로 이용하는 것'

그러나 무엇이 재활용되었고, 회수되었으며, 손실되었는가를 정의하기 위해, 재활용 공정 중 어디에서 계산이 이루어져야 하는가?

모든 폐 배터리를 해체하고 모든 주요 구성요소를 원 재료 성분으로 분리시키는 기업을 생각해보자. 최소한 플라스틱 성분, 강철 성분, 그리고 한 개 또는 몇 개의 금속 성분이 나타날 수 있다. 각 성분은 이론적으로 이용가능하고, 따라서 다른 산업에 필요한 중간제품으로 간주될 수 있다. 이 경우 재활용율은 거의 100%에 이를 것이 확실하다.

이제 한 단계 더 자세히 살펴보자. 모든 성분이 순수한 상태로서 다른 물질이 섞여 있지 않다고 가정하자(다양한 종류의 물질들은 그 자체로도 복잡할 뿐만 아니라 상호관련성이 높기 때문에 이러한 경우는 결코 존재하지 않는다). 특히 세계적으로 강철의 수요와 소비가 많은 오늘날의 상황에서는, 강철 성분은 아마도 큰 문제 없이 철강산업에서 재사용될 수 있고, 따라서 가격을 안정시킬 수 있을 것이다. 이는 재활용으로 간주될 수 있다. 금속 성분의 경우, 다음 처리단계는 금속의 구성비에 따라 달라지기 때문에 상황은 심각해진다. 다른 금속이 섞여 있으면 원하는 금속을 회수하는 공정이 적합하지 않기 때문이다. 예를 들면 코발트를 들 수 있는데, 코발트 중의 알루미늄이 완전히 제거되지 않는 한 수처리 공정에서 바로 정련될 수 없다. 이 경우에는 열처리 공정이 필요하다. 따라서 때로는 직접 회수가 쉽지 않고 선택한 공정에 다소 문제가 있더라도, 대부분의 금속 성분은 재활용되는 것으로 간주될 수 있을 것이다.

그러나 현재 가장 까다로운 플라스틱을 살펴보자. 다른 제품과 마찬가지로, 배터리를 구성하는 플라스틱은 하나의 종류가 아니다. 휴대폰에는 20가지 이상의 서로 다른 플라스틱이 사용된다. 플라스틱 산업에서 플라스틱을 원 재료로 재활용하는 것이 목적이라면, 각 플라스틱은 다른 플라스틱과 혼합될 수 없다. 따라서 유일한 해결방안은 플라스틱 혼합물을 재사용하는 것이다. 그러나 그렇게 하면 혼합물의 물리적인 특성이 변하고 순수 플라스틱보다 특성이 나빠지므로, 플라스틱 혼합물이 입력재료로 사용되는 공정을 지속가능한 방법으로 관리하기가 매우 어려워진다. 따라서 정원용이나 가구(家具)용과 같은 저급한 분야에만 사용될 수 있을 것이다. 이런 용도의 혼합 플라스틱 시장은 매우 제한되어 있으므로, 재활용 산업에서 생산되는 막대한 양의 재생플라스틱이 모두 소화되지 못할 것으로 간단히 결론 내릴 수 있다. 또한 전체 무게 중에서 플라스틱이 차지하는 비율이 높은 전기제품에서 발생되는 폐기물을 의무적으로 수거, 재활용해야 하면서부터, 이러한 불균형 상황은 최근 더욱 악화되었다. 또한 재활용된 플라스틱에는 금속이 일부 함유되어 있는데, 이 금속은 보통 플라스틱을 재용융, 성형시키는데 사용되는 사출기술에 적용하기가 매우 적합하지 않다.

따라서 배터리를 수동 또는 자동으로 해체하면서 회수된 플라스틱의 유일한 해결방안은, 매립하거나 기껏해야 시멘트산업이나 금속산업에서 소각시켜 사용하는 것이 보통이다. 이것을 재활용이라 할 수 있을 것인가? 유럽법률의 정의에 따르면, 플라스틱을 소각하는 것은 재활용이 아니며, 에너지공급원으로 재사용하는 것만이 회수로 간주될 수 있다.

이제 각 성분들과 재활용율을 다루는 원래 상황으로 되돌아가자. 플라스틱이 적절하게 재활용될 수 없다면 '실제' 재활용율이란 무엇인가? 공정 중 어느 단계에서 이 재활용율이 계산되어야 하는가? 최초의 파쇄/해체 공정 이후인가 또는 각 성분이 재활용되는 적절한 경로에 들어간 다음인가? 쉽지 않은 질문이다.

보통 폐기물 소유주는 계획된 재활용공정을 평가해야 하며 항상 다음과 같은 질문들을 고려해야 한다.

- 이것은 진정한 재활용인가?
- 모든 성분이 실제로 재활용되는가?
- 모든 공정단계가 반드시 필요한가?
- 그것이 환경적으로 잘 통제되고 있는가?
- 가장 논리적이고 '환경적으로 건강한' 방법인가?

14.7. 배터리 재활용 : 현존하는 기술

먼저 배터리를 수거하여 재활용하는 방법은 오랫동안 논의되어 왔으며, 오늘날에도 계속되고 있다. 배터리 종류별로 수거 및 재활용 방법이 달라야 할 필요가 있는가 또는 모든 배터리를 같은 방법으로 재활용할 수 있는가? 이 질문에 정확한 답을 하기 위해서는 몇 가지 배터리의 화학적 조성비를 간단히 살펴보자.

각 배터리는 화학반응이 서로 다르고, 따라서 서로 특성이 다른 금속들로 이루어져 있다. 표 14.3은 주요 상용 배터리의 화학적 조성비를 나타내고 있다. 배터리 화학반응의 다양함과 복잡함을 간단히 살펴보면, '각 배터리는 전용 처리공정으로 재활용되어야 하는가' 여부에 대한 질문에 답할 수 있다.

표 14.3. 주요 배터리시스템의 조성 물질

배터리 종류	평균 조성비(wt%)
납	63-67 Pb, 27-23 H_2SO_4
알칼리	30 Fe, 20 Zn, 15 Mn
Ni-Cd	30-35 Fe, 15-20 Ni, 20-25 Cd, 2-4 Co
Ni-MH	35-45 Ni, 15-20 Fe, 5-8 Co, 12-15 희토류
Li-이온	20-25 Fe, 11-16 Co, 5-10 Al, 5-10 Cu, 2 Li
Li-폴리머	13-15 Co, 20-30 Al, 6-11 Cu, 2 Li

답은 보통 '그렇다' 이다. 각 배터리에 함유된 모든 금속을 분리하는 데는 많은 에너지가 소비되며, 정제되어야 할 물과 공기의 양도 매우 많아질 것이므로, 경제적으로나 환경적으로 결코 적절하지 않다. 배터리를 재활용할 수 있는 가장 합리적인 방법은, 종류가 다른 배터리를 서로 분리시켜 원 광물을 대체할 수 있는 진정한 2차 금속공급원으로 사용하는 것이다. 실제로 배터리는 금속이 집중적으로 사용되므로 무시할 수 없는 금속공급원이다. 그러나 일부 경우에는 배터리의 금속을 분리시키지 않은 상태로 재활용하는 것이 편리할 수도 있다(이후에서 다루는 Citron과 Umicore의 공정을 참고하라).

따라서 환경적인 이유(매립지의 폐기물 양을 줄이고, 위험가능성이 있는 물질을 중화시키며, 새 금속을 생산하기 위해 원 광물의 사용을 제한하고, 원 광물보다 훨씬 농축되어 있는 2차 물질을 사용하며, 그 결과 각 성분의 재생에 필요한 에너지와 오염가능이 큰 제품의 사용을 줄인다) 뿐만 아니라 일부는 재정적인 이유에서도 배터리를 재활용하는 것이 가치가 있다. 그러나 효율이 높으려면 재활용공정이 잘 적용되고 통제되어야 한다.

재활용 공정에는 '습식' 공정과 '건식' 공정 2가지가 있다.

보통 습식제련공정(hydro metallurgic process)의 첫 단계는, 배터리가 파쇄되어 있으며 때로는 배터리의 주요 성분(플라스틱, 강철 등)이 이미 분리된 상태에 있는 단계이다. 파쇄작업의 다음 단계는 다양한 종류의 용액(산, 염기 또는 유기용매)에 일부 또는 대부분의 금속을 용해시키는 것이다. 이후 순수 또는 준 순수 금속을 만들기 위해 용매추출, 이온교환, pH 농도에 따른 석출(precipitation) 등과 같은 선택적 추출법으로 용액을 정제시킨다.

습식제련공정의 경제성은 투입재료의 복잡성(complexity), 순도, 생산제품의 가격 등에 따라 달라진다. 핵심문제는, 어느 단계에서 제련공정을 중단하고 잔류물을 판매하거나 처분하는 가를 결정하는 것이다.

실제로 순수 제품의 생산에는 제품의 가치를 떨어뜨리는 불순물을 제거하거나 감소시키기 위해 많은 단계가 필요하다. 이 단계들 때문에 전체 공정의 관리가 매우 복잡하고 비용이 많이 들며, 또한 오염된 물의 정화, 가스의 추출과 처리 등과 같은 필수작업을 고려하여야 한다.

건식제련공정(pyrometallurgy)은 두 번째로 많이 사용되는 재활용법이다. 이 방법은 폐기물을 고온처리하는 것으로, 이때 금속이 포함된 용융 (또는 처리온도에 따라 비용융) 상태의 혼합물이 생긴다. 이 기술의 명백한 단점은 배터리를 녹이기 위해 에너지가 소비되고, 가스가 방출될 수 있으며, 배기구를 제대로 감시하지 않으면 금속증기 때문에 오염될 수 있다는 점이다. 배터리 자체는 플라스틱 성분이 많기 때문에 배터리를 녹이는데 필요한 에너지의 일부를 공급할 수 있다. 결국 가스정화시스템이 잘 갖춰져 있을 경우, 건식공정은 습식공정보다 훨씬 더 유연성이 있다는 장점이 있으며, 분리수거되지 않은 배터리를 처리할 수 있다.

일반적으로 두 공정은 모든 종류의 배터리를 사용할 수 있으며, 다음 절에서는 각 배터리별로 이 공정들이 어떻게 사용되는가를 설명한다.

14.7.1. 분리수거되지 않은 배터리의 재활

앞서 언급했듯이, 현재 수거된 폐 배터리는 종류별로 분류되고 있다. 그렇게 하면 재활용이 매우 쉬워지고 회수가 훨씬 더 빨라질 수 있기 때문이다.

그러나 때로는 배터리가 분리수거되지 않는 경우도 있다. 이는 배터리가 너무 오래되어 종류를 확실히 알 수 없거나 다루기가 너무 위험할 때 그럴 수 있다. 이 경우 분리수거되지 않은 배터리가 사용되는 공정에 의해 재활용되어야 한다.

이와 같이 분리수거되지 않은 배터리를 처리할 수 있는 잘 알려진 기업으로는 프랑스의 Citron사가 있다. Citron사는 Oxyreducer™('산소환원장치' 라는 의미)라는 새로운 재활용공정을 개발했다.

Oxyreducer™ 공정을 이용한 새로운 설비는 1999년 9월 가동에 들어갔다. 이 공정의 주된 특징은 고체 상태의 금속산화물과 수산화물은 화학적으로 환원되고, 가스 상태의 금속증기와 유기성분은 선택적으로 산화된다는 것이다. 이 공정의 산출물은 금속농축물로서, 조성비에 따라 여러 금속 산업계로 판매된다.

용광로(그림 14.9 참조)에서 유기성분은 열분해된다. 이때 발생되는 CO는 용광로에서 나가기 전에 가스 상태에서 CO_2로 산화된다. 로의 CO 조성비가 크기 때문에 배터리는 환원분위기 상태에 있으며, 따라서 금속산화물과 수산화물은 환원될 수 있다. 증기압이 높은 금속인 아연, 납, 카드뮴 및 수은은 증발된다. 이 금속들(수은은 제외)은 가스 상태에서 Oxyreducer™을 나가기 전에 재산화되어 미세한 고체입자로 되며, 중력실(gravity chamber)에서 회수된다. 대부분의 염(salt)도 증발된다.

수은은 증발되어 중력실에서 아연과 분리된 뒤, 가스정화시스템에서 세척되어 수은 슬러지로 만들어진 다음, 수은증류장치에서 다시 한 번 더 처리된다.

2개의 직렬연결된 냉각기가 설치된 전통적인 가스정화설비와 특수 수은회수시스템에서 배기가스가 더욱 정화된다. 폐수는 최신 처리시스템에서 정화되는데, 이 시스템은 물을 50번 재활용할 수 있기 때문에 물소비량을 크게 줄일 수 있다. 폐수처리시스템에서 나오는 모든 슬러지는 설비에서 재활용된다.

이러한 공정에 의해 다음과 같이 대부분의 배터리성분이 재활용된다.

그림 14.9. Citron사의 Oxyreducer™ 용광로

- 유기물질

모든 유기물질은 Oxyreducer™ 내에서 최대 1,350℃의 고온의 가스상태에서 완전히 산화되며, 동시에 대량의 에너지를 발생시킨다. 산화분위기의 총 유지시간은 4초 이상으로서, 완전연소가 보장되는 시간이다. 연소 부산물질은 먼지제거시스템을 통과한 후 냉각기에서 55℃까지 냉각된다.

- 수은

수은은 Oxyreducer™ 내에서 금속형태로 증발된 뒤, 2개의 냉각기, 정전석출기를 거쳐 세척기에서 세척된다. 금속 수은은 물펌프에 의해 직접 방출되며, 슬러지가 포함된 수은은 수은증류장치에서 처리된다. 남은 슬러지는 공정으로 재투입된다. 폐 가스에 포함된 수은은 스택(stack)을 나가기 전에 활성탄소 필터에 의해 완전히 제거된다. 활성탄소 역시 Citron사의 설비에서 재활용된다.

- 증기압이 높은 금속 : Zn, Cd, Pb

아연, 카드뮴 및 납은 증발된 후 연소영역에서 산화된다. 이 미세한 입자들은 중력실에서 침전되며, 다른 금속들은 다른 처리공정으로 이송시킨다. 회수된 주요 재료는 산화아연 농축물이다.

- 증기압이 낮은 금속 : Fe, Mn, Ni, Cr, Co 및 Cu

이 금속들은 낮은 증기압 때문에 쉽게 증발되지 않는다. 이들은 동작온도에 영향을 받지 않고 1,200℃ 이하로 유지되며 간단히 고체 형태로 회수된다. 알칼리배터리에 함유된 산화망간은 매우 미세한 분말로서, 체(screen, 고운 그물망)로써 다른 금속을 걸러낸 뒤 회수할 수 있다. 남은 금속은 철스크랩(ferrous scrap) 형태로 철강산업계로 판매된다.

- **내화재료(refractory element) : Si, Al, Mg**
  이 재료들 역시 이 온도에서 처리하여도 영향을 받지 않으며, 대부분 철파편 형태로 회수된다. 다른 처리공정으로 이송해야 하기 때문에 단지 일부만이 가스 정화설비에서 회수된다. 이들은 철편과 함께 이송된 뒤 강철작업장에서 슬래그*)로 변환될 것이다.
- **염과 전해질**
  이들은 열처리과정에서 증발되며, 가스정화시스템에서 세척된다. 염은 주로 NaCl과 KCl로 환원시켜, 정화된 폐수에 의해 농도를 조절한 뒤 설비에서 방출된다.

14.7.2. 수은이 함유된 1차 배터리의 재활용

수은이 함유된 알칼리 셀 또는 버튼형 셀은 수 년 전부터 세계 대부분의 지역에서 수거량이 점점 감소하고 있지만, 여전히 어느 정도의 양은 수거되고 있다. 이 배터리에 존재하는 수은을 효율적으로 회수하기 위해 특수설비에 의해 처리해야 한다.

이를 위한 공정은 수은을 증발시키기 위해 배터리(보통 수은을 함유하고 있는 다른 폐기물과 혼합되어 있다)를 (동작압력에 따라 보통 350~650℃의 온도에서) 가열하는 것이다(또한 공정이 진공 하에서 이루어질 수도 있다). 그러면 수은이 농축, 증류되어 순수 금속이 만들어진다. 고체잔류물(대부분 스테인레스강)은 한 번 더 처리하거나 바로 철강산업계로 판매된다. 수은이 공기 중으로 방출되는 것을 완벽하게 방지하기 하기 위해 배기가스 정화시스템에 특수한 활성탄소필터를 첨가하는 것이 의무화되어 있다.

Batrec사(스위스), NQR(Nordische Quecksilber-Rückgewinnung GmbH, 독일)사 또는 GMR(Gesellschaft für MetallRecycling GmbH, 독일)사 등은 수은이 함유된 폐기물을 처리하는 전문 기업이며, 활동을 계속하기 위해서는 환경당국으로부터 특별인허가 필요하다. Batrec사는 배터리를 350℃ 이상으로 가열하는 단순한 수직로(vertical furnace)를 사용하고 있다(그림 14.10 참조). 생성된 가스는 수거되고 수은이 증류되어 순도 99.9% 이상의 금속이 만들어진다.

---

*) 슬래그(slag) : 용광로에서 광석이나 금속을 녹일 때 쇳물 위에 뜨거나 찌꺼기로 남는 용제, 비금속물질, 금속산화물의 총칭

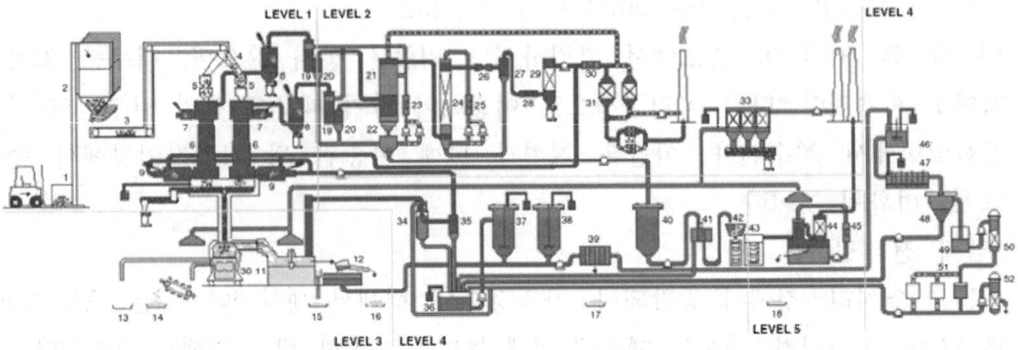

원료공급장치
1. 팔레트승강기
2. 배터리 및 폐기물 창고
3. 버킷승강기
4. 전환지점

수직로
5. 로 공급밸브
6. 로
7. 예열기
8. 소각기
9. 고온가스발생기
10. 유도용융로
11. 아연농축기
12. 아연분말세척기

산출물
13. 슬래그
14. 망간철
15. 아연
16. 아연
17. 산화아연
18. 수은

배기가스 처리
19. 냉각기
20. 연무제거기
21. 산 세척기
22. 산 세척기
23. 냉각기
24. 압축통
25. 냉각기
26. 벤투리관
27. 연무제거기
28. 배기가스가열기
29. 백필터
30. 냉각기
31. 활성탄소 필터
32. HEPA 필터
33. 백필터

폐수처리 I
34. 기본세척기
35. 기본 연무제거기
36. 아연분말 슬러리 탱크
37. 버퍼탱크
38. 버퍼탱크
39. 필터압축기
40. 버퍼탱크
41. 산 원심분리기
42. 슬러리수거기

수은 회수
43. 수은증류로
44. 수은농축기
45. 냉각기

폐수처리 II
46. 반응기
47. 반응기
48. 캘로룬 분급기
49. 폐수 버퍼탱크
50. 모래필터
51. 폐수 저장탱크
52. 활성탄소 필터

그림 14.10. Batrec사의 수직로(vertical furnace) 개략도

2002년 GMR사는 천연가스산업에서 발생하는 잔류물과 천연방사성 슬러리에서 수은을 제거하기 위해 새로운 진공재활용 설비를 도입했다. 이 설비는 전 공정과 작업을 통해 약 1톤/일의 폐기물들을 분진 없이(dust free) 처리할 수 있다. 진공 밀봉된 이중벽 가열혼합기 내에서 수은이 제거되며, 가열체로는 최대온도가 340℃인 열매체유(thermal oil)가 사용된다. 분진을 분리시키기 위해 고효율 증기필터가 사용된다. 설비는 이송이 가능하도록 설계되었다. 그림 14.11에서는 GMR의 용광로가 나타나 있다.

14.11. 독일의 Leipzig에 설치된 GMR 용광로

물과 오염된 샘플(탄화수소/수은)을 분리회수하는 것은 분별증류(fractional distillation)로 가능하다. 그러면 진공상태에서 가열혼합기와 연결된 냉각혼합기 내에서 수은이 제거된 잔류물이 냉각 및 검사된다. 광물잔류물의 제거를 위해서는 방출스크류가 사용된다. 증류 시 물질이 강하게 혼합되기 때문에 매우 우수한 효율로 에너지가 교환되므로 에너지를 절약할 수 있다.

프랑스의 MBM(Mercury Boys Manufacture)사 역시 수은을 함유한 배터리와 버튼형 셀을 재활용하기 위한 공정을 개발했는데, 셀과 배터리를 액체질소 내에서 파쇄시킨다. 이 정도 저온에서는 반응이나 폭발이 일어날 수 없다. 이후 이 파편들을 크기별로 분류하면 수은/아연 파편 및 혼합된 강철/플라스틱 파편들이 생긴다. 그 뒤 수은/아연 파편들을 걸러 가열하면 수은이 증발된다. 그 결과 무수은 아연금속 스크랩(scrap)을 얻을 수 있다. 또 강철/플라스틱 파편에서 자기분류법(magnetic seperation)으로 강철을 회수하여 철강제조사로 보낼 수 있다.

14.7.3. 아연-탄소 및 알칼리-망간 1차 배터리의 재활용

이 배터리들의 주 성분은 아연, 탄소, 철 및 망간이다. 그러나 과거에 아연의 부식을 제한하기 위해 수은이 첨가된 적이 있기 때문에, 수은의 존재여부를 점검하는 것이 매우 중요하다. 1990년대에 수은은 점점 사라져 갔으며, 오늘날 수은을 함유한 배터리는 수거창고 정도에서만 아주 소량이 발견될 뿐이다. 이 경우 배터리의 재활용은 전용 재활용공정(대부분 건식제련공정)을 이용해서 수은을 적절히 회수해야 한다(앞 절 참고).

수거된 배터리에 수은이 없다면, 이들 배터리의 재활용 마지막 단계는 대부분 철강산업이다. 대형 전기아크로(electric arc furnace, 이하 EAF)에서 강철스크랩(자동차, 건설자재, 컨테이너 등)을 다시 녹이면 철강산업계는 세계에서 가장 큰 재활용 설비를 가진 것으로 생각할 수 있다(보통 설비 1대 당 50만 톤/년 이상이다).

EAF는 강철을 전기적으로 생산하는 노(爐)이다. EAF는 강철스크랩을 다시 녹이는데 가장 많이 사용되지만, 제한된 양의 철스크랩, 무쇠, 직접환원철(direct reduced iron)을 녹이는데도 사용된다. 미국에서 생산되는 총 강철의 약 40%가 소규모 제철소의 EAF로부터 나온다. 전적으로 스크랩만 사용한다면, 생산되는 강철의 순도와 품질을 제어하기가 어렵다. 따라서 EAF 강철만을 생산하고 있는 소규모 제철소는 품질이 그다지 중요하지 않은 시장부문에 집중하고 있다. 로에 존재하는 대부분의 금속은 녹여지는 반면, 아연은 증발되어 백하우스 필터(bag house filter)에서 포집된다. 두 번째 단계는 보통 EAF의 분진을 다시 증발시켜 산화된 형태로 아연을 회수하고 나머지 잔류물을 안정화시킨다. 이것이 새롭게 각광받고 있는 플라즈마기술로서, 스웨덴의 Scandust사 또는 노르웨이의 ERAS사가 채택하고 있는 방법이다.

아연, 강철, 망간 및 탄소는 무게 기준으로 알칼리배터리의 ~65%를 차지하며, 철강산업에서 성공적으로 회수될 수 있다. 나머지 성분(물, 종이, 역청 등)은 EAF에서 소각된다. 탄소는 EAF에서 바로 소각시켜 필요한 에너지의 일부를 공급하거나 또는 액상의 강철에 혼합되어 용융온도를 낮추게 된다. EAF로의 개략도가 그림 14.12에 주어져 있다.

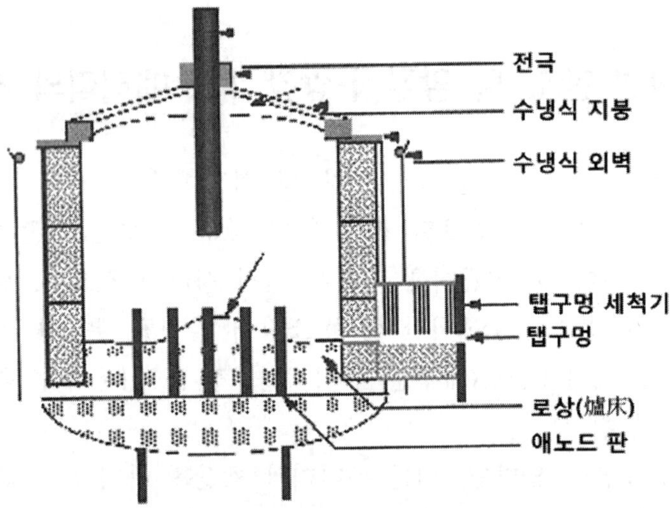

그림 14.12. 대표적인 직류아크로

이산화망간은 보통 EAF에서 속성이 조금도 변화되지 않은 채 슬래그로 용해되어 들어가며, 콘크리트의 혼합재로 사용된다.

전용 재활용장치 중 일부는 일반 폐기물과 특히 배터리에 대해 환경적으로 건강한 해결방안에 대한 수요증가에 대응하려고 노력했다. 배터리가 큰 흐름의 다른 재료로 '희석' 되지 않기 때문에, 이 장치를 이용하면 공기 중으로 배출되는 유해가스를 훨씬 더 잘 통제할 수 있다. 이러한 희석 때문에 공기 중으로 방출되는 위험한 물질이 측정될 가능성이 크게 감소된다. 이는 스웨덴의 Scandust사[7], 프랑스의 Valdi사(AFE 그룹의 자회사) 등이 보유한 제한된 용량을 가진 전용설비로는 할 수 없는 일이다.

Valdi사는 다양한 금속과 부산물을 재활용하여 프랑스 Feurs 지역의 자사 설비에 다소의 철/망간 및 아연 산화물을 공급하고 있다. 그들은 또한 산화망간을 환원시키기 위해 전기아크로를 이용하여 코크스 내에서 알칼리배터리를 녹여 금속 망간을 회수한다. 배터리는 일부 용제(석회석, 백운암, 모래)와 함께 용광로로 투입되어 최대 1500~1600℃의 온도에서 불활성 액체슬래그로 만들어진 뒤, 도로건설에 한 번 더 사용될 수 있다. 다른 액상 산출물인 철/망간 합금은 순도가 그리 높지 않지만 가격을 안정화시키기에는 충분하다. 이 합금은 보통 최종사용처에 따라 소형(25kg) 또는 대형(600~1000kg) 잉곳(ingot)으로 주조된다(그림 14.13 참조). 아연은 증발되어 산화아연으로 다시 변환된 뒤 백하우스 필터에 의해 회수된다. 이 산화아연은 표준 저급품으로서, 아연산업계로 판매된 뒤 한 번 더 정제 및 변환된다. Valdi사가 사용한 로가 그림 14.14에 주어져 있다.

그림 14.13. Valdi사가 생산한 Fe/Mn 잉곳

Scandust사는 플라즈마건을 사용하여 금속을 녹이고 아연을 증발시키는 에너지를 발생시키기 때문에, 공정이 다르다(그림 14.15 참조). (배터리와 슬래그 형성제가 포함된) 적절한 혼합물이 플라즈마건(분말형태)에 의해 직접 투입되거나 또는 로의 위쪽으로 투입된다. 금속과 슬래그는 일정한 간격으로 꺼내어진 뒤, 금속(Fe/Ni/Cr)은 입상체(granule)로 주조되어 제강소(steelworks)로 보내진다.

그림 14.14. Valdi사의 전기아크로

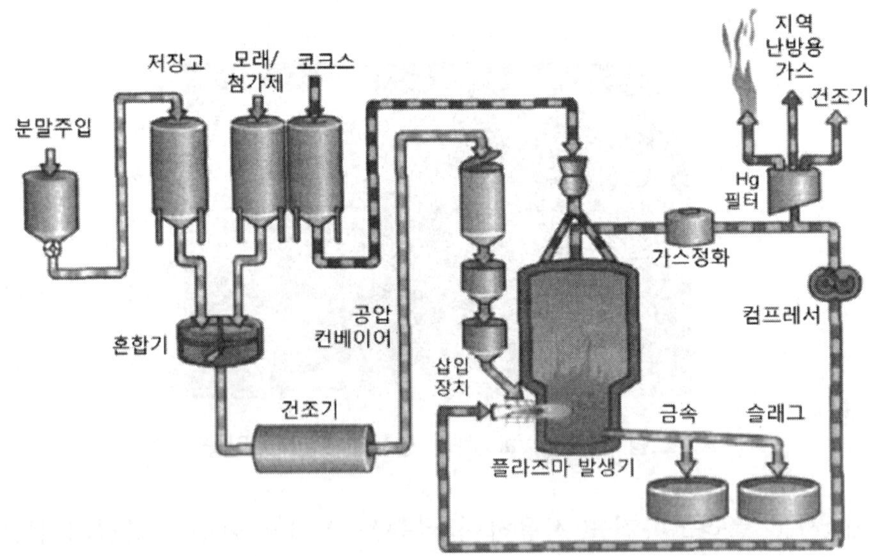

그림 14.15. Scandust사 설비의 공정 개략도

슬래그는 금속에서 분리된 후 냉각되고 걸러져서, 슬래그에 남아 있는 소량의 금속이 회수될 수 있다. 이 슬래그는 천연재료의 대체재로서 도로건설에 사용될 수 있다.

아연이 풍부한 성분은 가스정화작업 중 분리되어 따로 빼내어진 뒤, 외부공정에서 한 번 더 처리되어 아연함유량이 원하는 값으로 회복된다. 남은 가스는 컴프레서를 통해 플라즈마발생기로 재순환되면서, 건조기(dryer)의 연료로 사용되거나 지역난방망(district heating network)으로 공급된다.

벨기에의 Erachem사와 같은 일부 기업은 1차 배터리의 망간과 아연 성분을 재활용하기 위해 습식제련법을 사용한다. Erachem사는 Mn이 함유된 제품을 전문적으로 생산하는 화학기업이다. 이 기업의 재활용 공정에서, 배터리는 파쇄되어 가루로 만들어진 뒤 대부분의 금속이 포함되어 있는 '검은 덩어리(black mass)' 가 만들어진다. 이 덩어리에는 산화아연 및 산화망간이 포함되어 있으며, 황산에 용해되거나 선택적 석출에 의해 한 번 더 정제된다. 이러한 방법으로 판매가능한 산화아연과 산화망간이 생산된다. 아쉬운 점이라면 다른 성분들은 Erachem사가 직접 회수하는 것이 아니라 다른 기업으로 보내 회수해야 한다는 것이다. 따라서 이 경우 파쇄된 배터리를 수송할 때 발생할 수 있는 위험성을 반드시 고려해야 한다.

14.7.4. 리튬 1차 배터리의 재활용

1차 리튬 배터리를 수거할 때 조심해서 취급하지 않는다면 매우 위험하다. 실제로 이 배터리는 다습한 환경이나 대기와 접촉하면 매우 불안정해지는 금속 리튬을 함유하고 있다. 생산에서 재활용까지의 전 수명주기 동안 이 고에너지 리튬 배터리가 연관된 사고가 많이 발생해 왔다.

이러한 이유로 1차 리튬배터리의 재활용을 위해서는, 수송, 저장 및 최종 처리를 위해 특수한 장비가 필요하다. 특히 수송 시에는, 이 배터리가 '위험폐기물' 로 분류되기 때문에 특수포장과 함께 매우 엄격한 조건이 적용되어야 한다.

또한 리튬배터리는 값어치가 큰 성분이 많지 않기 때문에, 재활용에 대한 관심이 그다지 높지 않다. 아마도 이런 이유 때문에 리튬배터리를 처리할 수 있는 기업의 수가 작고 값도 항상 매우 싸다(크기와 조성비에 따라 1~4유로/kg).

리튬배터리는 종류가 몇 가지 있기 때문에 재활용이 어렵다. 가장 일반적이고도 잘 알려진 리튬배터리는 염화티오닐, 이산화황, 염화설퍼릴(SO_2Cl_2), 이산화망간, 일불화탄소 및 이황화철 등을 캐소드로 사용한 것이다. 이들 배터리는 모두 위험하기 때문에, 리튬배터리를 재활용하는 1차 목적은 안전을 위해 위험 산출물을 통제하는 것이 되어야 한다.

1차 리튬배터리의 재활용에는 2가지 공정이 가능하다. 첫 번째는 프랑스의 Citron사가 이용한 것으로서, 산소환원(oxyreduction) 공정을 적용하여 1차 Li 배터리를 처리, 재활용한다. 산소환원 공정은 14.7.1에 상세히 설명되어 있다.

2번째 공정에서는 먼저 배터리를 파쇄한다. 물론 이 작업은 급격한 Li의 산화를 피하기 위해 통제된 환경(스위스의 Batrec사)이나 매우 낮은 온도(캐나다의 Toxco사, 그림 14.16의 재활용시설 참조)에서 이루어져야 한다.

그림 14.16. 캐나다 Toxco사의 배터리 재활용 설비

Toxco사 공정은 보통 온도가 10℃ 감소하면 화학반응 속도는 절반이 된다는 원리를 이용한 것이다. 따라서 액체질소 온도(-273℃)에서의 산화반응률은 실온 반응률의 1/250,000에 지나지 않는다.

이 공정에서, 배터리는 액체 아르곤 또는 질소 내에서 파쇄되므로, 용해가능한 성분들(예를 들면 Li)과 부양, 침전 또는 부유 상태에 있는 연소 성분들(종이, 탄소 등) 및 침전된 무거운 성분들(금속들)이 생긴다.

용해된 성분들은 처리되어 순수한 리튬탄산염이 만들어진다. 금속성분은 세정되어 조성비에 따라 금속회수설비로 보내진다. 연소가능한 성분들은 걸러진 뒤 소각장치로 보내진다.

그림 14.17의 Batrec사의 공정에서, 파쇄작업은 비활성 분위기 하의 실온에서 이루어지며, 따라서 어떠한 산화반응도 일어날 수 없다. 다음 작업은 산소함유 반

응물질(예를 들면 공기 또는 탄산염)의 양을 조절하면서 첨가하여 금속리튬을 '중화(neutralization)' 또는 '제어산화(controlled oxidation)' 시키는 것이다. 리튬을 중화(산화리튬이 리튬탄산염으로 변환)시킨 이후 배터리는 한 번 더 파쇄되고, 각 성분들은 입도(粒度)측정법(granulometry)에 의해 분리된다. 나머지 공정은 Toxco사와 비슷하다.

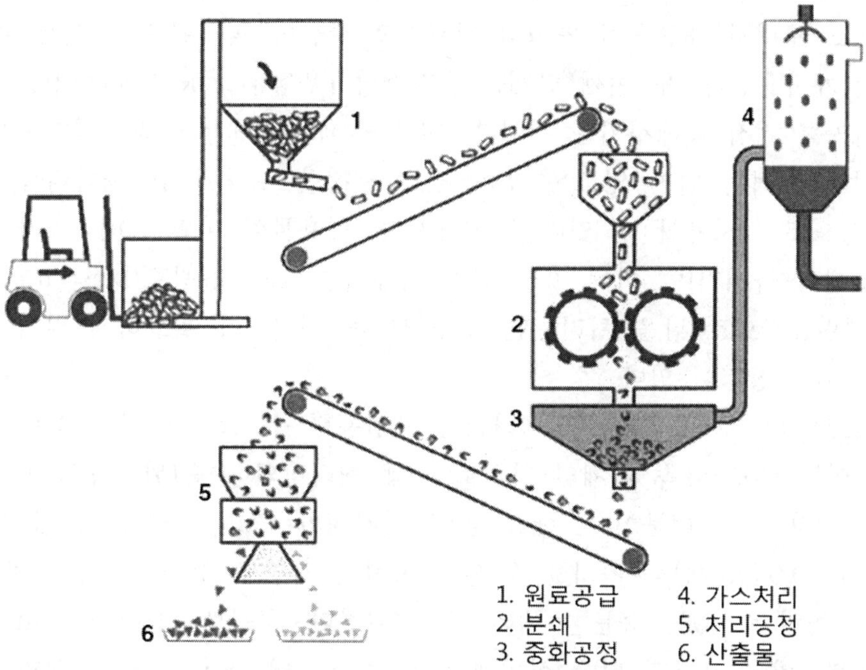

그림 14.17. 1차 Li 배터리를 재활용하기 위한 Batrec사의 공정 개략도

14.7.5. 납 배터리의 재활용

납 배터리는 납의 독성 때문에 수거 및 재활용으로 이익을 얻을 수 있는 최초의 배터리가 되었다. 즉, 입법자가 다른 종류의 배터리를 비롯한 대부분의 제품들에서 납 사용을 금지시킨 반면, 이 배터리에 납을 사용할 수 있도록 예외를 허용한 이유가 바로 이 재활용 때문이다. 실제로 제작사들은 80~95%의 자동차용 배터리가 수명종료 시점에서 수거되어 재활용될 수 있는 현실적인 순환경로를 제시,

입증한 바 있다(선진국에서는 수거율이 심지어 100%에 달하는 곳도 있었다). 또한 자동차용 배터리의 경우 납 배터리 이외에는 현실적으로 대안도 없다.

세계적으로 생산된 납의 70% 이상이 배터리에 사용되며, 그중 최대 65%는 재활용 납이다. 오늘날 모든 선진국에서는 납 배터리를 수거하여 재활용하기 위해 하나 이상의 시스템을 가지고 있다. 첫 번째 단계인 수거시스템은 수리점이나 자동차정비소에서 시작하여 재활용설비에서 끝나는 것이 보통이다. 이후 배터리는 전용 센터로 보내져 내용물이 완전히 비워지고 황산이 회수된다. 황산은 여러 번 정제된 뒤 재사용된다. 두 번째 단계는 플라스틱하우징(plastic housing)을 떼어내거나 배터리를 직접 용해시키는 것이다. 전자는, 배터리에서 플라스틱하우징을 떼어내어 납의 흔적이 남지 않도록 주의 깊게 세정한 뒤, 새 납 배터리를 생산할 때 같은 용도로 재사용할 수 있다. 후자에서는, 내용물이 비워진 배터리가 다양한 종류의 로에서 녹여지며, 이때 가장 널리 사용되는 로는 용광로(blast furnace)이다. 습식제련공정으로 납을 처리하면 용융 시 큰 에너지가 필요하지 않기 때문에(융점 327.5℃) 장점이 있다.

일반적으로 각 국가는 회수된 배터리를 재활용할 수 있는 충분한 용량을 가지고 있다. 이는 주로 금속 자체의 가치보다 납 배터리의 수송(위험하고 매우 무겁다) 비용이 더 크기 때문이다. 예를 들어 벨기에의 Campine사는 그림 14.18의 용광로로써 40,000톤/년을 처리할 수 있는 용량을 가지고 있다. 이 경우 플라스틱이 금속을 녹일 수 있는 충분한 에너지를 공급한다. 무광택 납(lead matte, PbS)이 생성된다. 일부 무광택 납은 설비에서 한 번 더 처리되어 납이 풍부한 고부가가치 제품이 만들어지며(그림 14.19의 납 잉곳 참조), 또 다른 일부 무광택 납은 Hoboken(벨기에의 Antwerp)에 있는 Umicore사의 귀금속 재활용설비와 같이 납 함유원료를 투입할 수 있는 용광로로 보내진다. 이 로에서 납이 완전히 회수되어 순수한 납으로 시장에서 판매된다.

그림 14.18. 벨기에 Campine사의 용광로

그림 14.19. 벨기에 Campine사의 가스정화설비와 납 잉곳

14.7.6. NiCd 배터리의 재활용

NiCd 배터리는 납 배터리와 함께 환경과 인간의 건강에 큰 영향을 미치는 배터리이므로, 적절한 법적 규제가 필요하다. 실제로 이 배터리에는 위험한 중금속인 카드뮴이 20~30wt% 포함되어 있으므로, 특히 EU에서 매우 강한 압력을 받고 있다. 실제로 배터리 재활용에 대한 새로운 지침서에 Cd는 금지되어 있다. NiCd 배터리를 전문적으로 생산하는 업계에서는 수 년 동안 수거 및 재활용시스템을 구축하여, 시장에 출시된 모든 NiCd 배터리가 사용 후 적절한 방법으로 재활용되기 때문에 위험하지 않다는 점을 입증하려고 노력하였다.

예를 들어 1세대 전기자동차와 같이 새로운 NiCd 배터리 시장에서는 폐 배터리가 완전히 수거될 수 있는데, 이는 주문자상표생산자(original equipment manufacturer, 이하 OEM)가 고객이 임대한 배터리의 소유자이기 때문이다. 효율적인 수거 및 재활용 계획이 수립되면, 통제되지 않은 매립이나 소각설비에서 처리되는 NiCd는 없을 것이며, 따라서 환경도 전혀 손상되지 않을 것이다. 또한 일부 OEM들은 자체 수거시스템을 가동하고 있기 때문에, 모든 폐 배터리는 수거, 재활용될 수 있다(앞서 상세히 설명한 Saft사의 예를 참조하라).

유럽에서는 일부 응용분야를 제외하고 현재 NiCd 배터리가 사용되는 모든 응용분야 중의 70%에 해당하는 시장에 Cd의 사용을 허가했으며, 따라서 대량의 NiCd 배터리가 계속 시장에 출시될 것이다. 더욱이 이 배터리의 수거는 100% 수준에 달할 수 없다. 대부분의 기업이 자체의 수거 및 재활용 계획을 가동시킨다 할지라도, 모든 배터리 사용자가 자신이 사용한 배터리를 정해진 한정된 장소로 다시 가져오게 만들 수는 없다. 오늘날, 산업용 배터리는 수거와 재활용이 잘 이루어지고 재활용시설 역시 잘 가동되고 감시되는 반면, 휴대용 배터리는 수거가 잘 이루어지지도 통제되지도 않기 때문에, 원하지 않는 장소에서 무시할 수 없는 양의 NiCd 배터리가 폐기된다.

어쨌든 특히 NiCd 배터리와 같이 현재 가동 중인 대부분의 수거계획은 수 년 전부터 시작되었다. 이는 특히 미국, 일본, 스웨덴 및 프랑스와 같은 국가들에 해당한다.

유럽 내에서 진행 중인 수거계획 중에서, NiCd 배터리는 1차 아연-탄소 및 알칼리 배터리 다음으로 수거되는 양이 많은 배터리이다. 예를 들면 영국의 GRS재단은 매년 독일에서 최대 1,000톤의 NiCd 배터리를 수거하고 있다(탄소-아연 배터리 + 알칼리 배터리는 최대 10,000톤/년이다).

오늘날 전 세계적으로 가동 중인 NiCd 재활용시설이 몇 군데 있으며, 이들의 총 처리용량은 수거된 양을 모두 처리하기에 충분하다. 가동 중인 모든 공정은 건식제련법과 Cd의 증발/증류법을 이용하며, 이때 Cd는 보통 로 내에서 증발된 뒤 산화되고 백하우스 필터에 의해 포집된다. 이 공정의 주된 어려움은 대기 중으로 어떠한 입자도 방출하지 않으면서 배기가스시스템에 포함된 Cd 입자를 포집하는 것이다.

약간 다른 건식제련법은, 후 연소형 격실(post combustible-type chamber)에서 카드뮴을 산화시키는 대신에 증발시켜 공기에 노출되지 않게 함으로써(폐쇄로 또는 진공 하의 로) 순수한 Cd가 농축될 수 있다. 이 경우 99% 이상의 순수한 Cd 금속이 생산될 수 있으며, 최종 사용을 위해 보통 더욱 정제된다. 이 로들은 폐회로 내에서 대기압 또는 저/고 진공의 다양한 압력 하에서 동작한다. 이 모든 공정들 사이의 차이점은 Cd를 증발시키는데 필요한 가열온도이며, 에너지효율이나 에너지소비량 면에서는 큰 차이가 없다.

일반적으로 산업용 배터리는 고온에서 재활용되기 전에 해체 및/또는 파쇄된다. 일부 아연을 생산하는 기업은 NiCd 배터리를 너무 많이 재활용하고 있거나 과거에 그렇게 했다. 실제로 카드뮴은 아연의 부산물이며 원광으로부터 아연을 생산하는 모든 기업은 생산공정에서 Cd 잔류물을 처리해야 한다. 따라서 이 기업들은 Cd 증기를 포획하여 농축하기 위한 모든 필요한 장비를 갖추고 있어야 하며, 때로는 최종 정제단계도 포함되어 있어야 한다. 따라서 이 기업들에게는 NiCd 배터리사업이 핵심사업은 아닐지라도 중요한 사업이다.

오늘날 유럽에서는 단지 3개의 기업만이 NiCd 배터리를 산업적으로 재활용하고 있으며, 그들의 총 처리용량은 최대 10,000톤이고, 가장 큰 기업은 프랑스의 SNAM(Société Nouvelle d'Affinage des Métaux)사이다. 3개 기업(SNAM, 독일의 ACCUREC사, 스웨덴의 Saft/Nife사) 모두 건식공정을 이용하고 있으며, 전적으로 폐 배터리를 재활용하고 있다. 그러나 Saft사는 NiCd 제조공정에서 나오는 스크랩과 슬러지 및 폐배터리를 재활용하기 위해 습식공정(전 세계에서 이 기술을 이용하는 유일한 설비일 것이다)도 개발하였다. 스웨덴의 Oskarsham에 있는 Saft AB사의 배터리 재활용 설비는 연간 카드뮴 처리용량이 120톤이며, 이는 2000톤의 배터리에 해당한다. Saft사의 NiCd 재활용 흐름도가 그림 14.20에 나타나 있다.

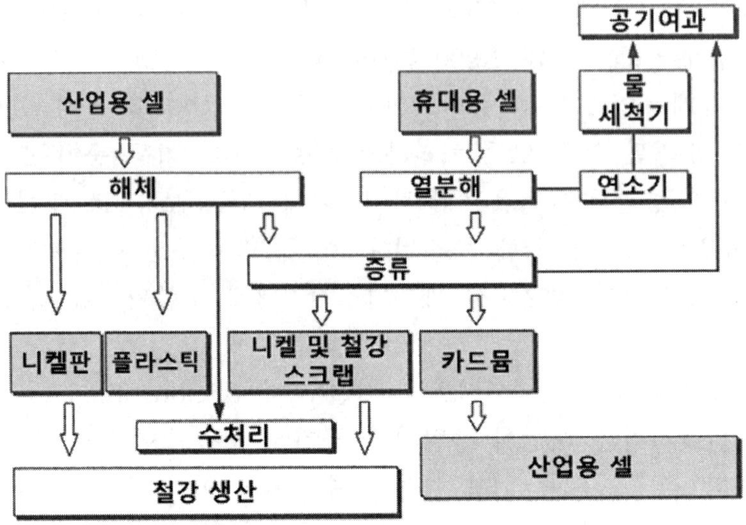

그림 14.20. 스웨덴 Saft사의 NiCd 재활용 흐름도

산업용 셀(배기형, 각주형 셀)은 수작업으로 해체된다. 20~25%의 Cd가 함유된 음극판은 세정 및 건조되어 도가니에 넣어진 뒤 전기로에서 24시간 동안 코크스에 의해 900℃까지 가열된다. Cd는 증류, 농축된 뒤 액체 Cd 방울이 물 속으로 떨어져서 작은 금속 펠릿이 만들어진다.

밀봉형 NiCd 배터리는 증류에 앞서 고분자화합물을 분해하기 위해 400℃에서 열분해단계를 거친다. 열분해가스는 대기 중으로 방출되기 전에 완전연소되고 세정된 뒤 걸러진다. 발생된 열은 다른 공정에 사용된다. 회수된 카드뮴(순도 99.95% 이상)은 새 산업용 배터리를 만드는데 사용된다. 극판과 증류잔류물은 철강산업계로 판매되며, 이 업계에서는 스테인레스강을 생산하기 위해 니켈 함유 재료가 사용된다. 배터리에서 해체된 셀, 용기, 뚜껑 및 분리판과 같은 다른 부품들은 니켈과 카드뮴이 완전 제거되도록 세척된다.

처리수(process water)는 폐수처리설비에서 처리되며, 배터리재활용 시 이 설비에서는 연간 0.4kg의 카드뮴이 배출된다. 모든 배기가스는 이중필터를 통과하며, 연간 최대 카드뮴 배출량은 0.5kg 이다.

나머지 세계 국가들에서 NiCd 배터리를 재활용하는 기업의 수는 매우 작으며, 미국의 INMETCO사, 한국의 Kobar사, 일본의 Toho Zinc사, Kansai사, 일본재활용센터(Nippon Recycle Center) 등을 들 수 있다. 주요 기업들의 재활용 처리용량이 표 14.4에 주어져 있다.

표 14.4. 주요 NiCd 재활용기업과 용량

기업명	국가	용량(톤/년)
Inmetco	미국	3,500
Snam	프랑스	5,500
Saft	스웨덴	1,500
Accurec	독일	1,000
Kobar	한국	3,000
Toho Zinc	일본	1,700
Mitsui Mining	일본	1,800
합 계		18,000

각 기업의 공정들을 좀 더 상세히 살펴보자.

Kansai사와 Toho Zinc사는 회전건조로(rotary kiln)에서 배터리를 처리하는데, 이 로는 가스에서 산화된 형태로 Cd를 회수한다. 로에 남겨지는 성분은 Ni/Fe 합금잔류물로서, 스테인레스강 산업에서 재처리될 수 있다. Cd는 CdO의 환원과 증류에 의해 더욱 정제될 수 있다.

일본재활용센터(Nippon Recycle Center)에서는, NiCd 배터리가 먼저 파쇄되고 강철 및/또는 플라스틱 용기가 배터리로부터 분리된다. 용기는 철강산업계로 판매되거나(스테인레스강 용기) 소각 또는 매립(플라스틱 용기)된다. 나머지 배터리 부분은 Cd를 증발시키기 위해 열적으로 처리된 뒤, CdO로 농축된다.

SNAM사의 설비는 배터리를 파쇄시켜 플라스틱 용기를 분리하거나(일본재활용센터와 동일) 또는 열분해시킨다. 이 경우 플라스틱은 회전로에서 증발되는 전해질과 함께 간단히 소각된다. 이 첫 번째 작업이 끝나면 Ni, Fe 및 Cd 혼합물이 남는다. 그러면 Cd는 열처리에 의해 나머지 성분에서 분리되어 고순도금속을 만들기 위해 더욱 정제되며, 주로 NiCd 배터리에 재사용된다. 나머지 Ni/Fe 성분은 철강산업에 판매된다. SNAM사의 로가 그림 14.21에 주어져 있다.

Accurec사의 공정은 ALD Vacuum Technology GmbH사와 공동으로 개발한 진공 열 재활용 기술(recycling durch vakuum destillation, 이하 RVD)을 기반으로 하고 있다. 일반적으로 산업용 배터리는 먼저 수작업으로 해체된 뒤 전해질을 제거한다. 다음 단계는 그림 14.22의 진공로에서 카드뮴이 포함된 모든 부품들을 처리하는 것이다. 이 공정은 전체 설비가 진공 하에서 동작하기 때문에 외부공기가 Cd에 의해 오염되지 않는 장점이 있다. 만약 Cd가 누설되어도 공기가 시스템 내부로 흡입되므로 결코 외부로 가스가 방출되지 않는다.

그림 14.21. 프랑스 SNAM사의 증류로

이 때문에 이 공정은 NiCd 배터리의 처리에 매우 적합하며 '무배출(zero emission)' 공정으로 인정된다. 그러나 기존 공정에 비해 가동비용이 다소 높다. 비용을 고려할 때, 다른 종류의 배터리를 처리하기 위해 이 진공공정을 사용하는 것은 권장할 바가 아니다.

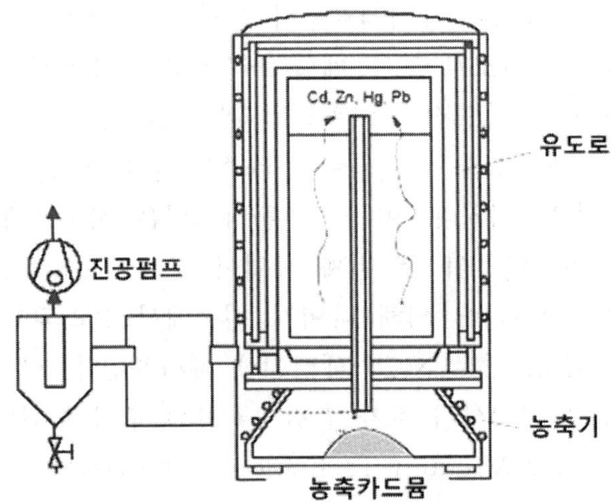

14.22. 독일 Accurec사에 있는 RVD로의 개략도

INMETCO사의 설비는 '전용' 재활용 설비가 아니기 때문에, Fe, Ni, Co, Cr 및 Mo가 함유된 모든 2차 물질을 재활용한다. 이 설비는 다양한 종류의 스크랩을 처리할 수 있는 유연한 공정으로 구성되어 있다. 이 공정의 첫 번째 단계에서는 코크스에 의해 모든 산화금속이 금속으로 환원된 뒤 녹여져서 Fe/Ni/Co/Mo

합금이 만들어진다. 그 뒤 이 합금은 특수강의 품질을 갖도록 철강업계로 보내진다. 그밖에도 이 공정에서는 제련작업 시 슬래그가 발생되며, 이 슬래그는 보통 소량의 금속을 함유하고 있으므로 항상 판매될 수 없다. 이 공정에서 NiCd 배터리(휴대용 또는 산업용 모두)는 일단 전해질이 제거된 상태이면 하소(煆燒, calcined)처리되고*) 아니면 하소처리하지 않는다. 예비하소(pre-calcination)가 이루어지지 않으면 완전연소되지 않은 유기물질이 생성될 수 있으며, 따라서 다이옥신(dioxin) 및/또는 푸란(furan)**)이 발생될 수 있다.

또한 이 공정 역시 NiCd 배터리는 물론이고 Cd 함유 폐기물을 처리하기 위한 준전용설비(semi-dedicated installation)를 가지고 있다. 플라스틱과 전해질 성분을 제거하기 위해 다시 한번 예비처리가 이루어져야 한다. 이후 Cd는 증발되어 증류된다. 최후 산출물은 순수한 Cd 및 Fe/Ni 성분으로서 철강산업에 사용될 수 있다. INMETCO사는 NiCd 배터리를 10,000톤까지 처리할 수 있는 인허권을 가지고 있으며, 재충전배터리재활용협회(Rechargeable Batteries Recycling Corporation, 이하 RBRC)와의 긴밀한 공조를 위해 아메리카 대륙에서 수거된 대부분의 NiCd 배터리가 현지에서 처리된다.

14.7.7. NiMH 배터리의 재활용

니켈금속 수소화물 배터리는 1990년에 시장에 등장했다. NiMH 배터리의 일반적인 조성비를 분석해보면 스테인레스강의 2차 응용분야에 적합하며, 일부 기업은 여전히 다른 재활용법을 찾고 있다. 이 배터리의 연간 판매량은 제한되어 있으며, Li이온 및 Li폴리머 배터리와의 경쟁 때문에 판매량이 크게 증가할 것 같지도 않다. 판매량을 증가시킬 수 있는 유일한 방법은 HEV용에 적용되는 것으로서, 그것도 Li이온 배터리가 HEV 분야에 사용되지 않는다는 가정 하에서이다.

NiMH 배터리는 위험물질이 포함되어 있지 않고 취급하기도 간단하다. 따라서 단지 일부 기업들만이 실제로 재활용을 위한 산업적 해결책을 제시하고 있으며, 그들 중 누구도 이 배터리만의 재활용을 전적으로 다루지 않고 있다.

---

*) 하소(煆燒, calcination) : 광석 등의 고체를 가열하여 열분해나 상전이를 일으키거나 휘발 성분을 제거하는 열처리 과정이다. 하소는 석회를 태운다는 뜻의 라틴어 낱말 calcinare가 그 유래로서, 석회석(탄산칼슘)을 산화칼슘(석회)과 이산화탄소로 분해하여 시멘트의 원료를 만드는 과정에서 비롯되기 때문이다. 일반적으로 제품 물질의 녹는 점 이하의 온도에서 진행한다.

**) 푸란(furan) : 독성이 강한 발암성 물질로서, 소나무에서 나온 로진을 증류한 기름에 함유되어 있으며 색깔이 없는 휘발성의 인화성 액체이다. 끓는 점이 상온에 가깝다.

■ 니켈 1차 제련소와 생산자

스테인레스강 산업은 제외하고, 일부 대형 Ni 제련소가 NiMH 배터리의 재활용에 혹시 관심을 가질 수 있는 경우는 현재 자신들의 공정을 크게 바꾸어야 할 필요가 없을 경우이다. 주된 문제는 이들 제련소가 보통 유기물질이 함유되지 않은 원광을 다루기 때문에, 유기물(플라스틱) 함유 제품을 처리하는 가스정화설비가 공정에 구비되어 있지 않다는 것이다. 그러나 대량처리되는 원광에 비해 배터리 또는 유기물 함유 제품의 양이 매우 작기 때문에, 지금까지 이 설비에서 나오는 배기가스에서 휘발성 유기화합물(다이옥신 또는 푸란)의 탐지량이 실제로 증가된 바는 없다. (NiMH 배터리의 열처리 시 반드시 발생하는) 휘발성 유기화합물은 나머지 공정가스에 섞여져 희석된다.

전적으로 배터리만을 재활용하지 않는 이들 제련소의 또 다른 문제는 산업용 배터리의 크기이다. 이 제련소들은 보통 배터리를 그대로 직접 공정에 투입할 수 없고 먼저 해체해야 하는데, 이는 제련소의 주 업무가 아니다. 이 때문에 제련소는 보통 산업용 배터리를 거부하게 된다.

Ni/Co 제련소의 경우, 재활용율은 표 14.5와 같이 계산된다.

표 14.5. 제련에 의한 NiMH 배터리의 재활용율

구성성분	무게(%)	재활용 최종 산물	재활용율	회수율
강철용기	20	합금	100	
Ni+Co	35	합금	100	
플라스틱*	15	환원제 에너지공급재	0 0	30 70
전해질	15	증발됨	0	0
희토류**	15	슬래그	0	0
합 계	100		55	15

* 공정에서 산소의 분압이 높아서 산화분위가 강하기 때문에, 대부분의 플라스틱은 에너지원으로 사용된다. 코크스, 연료 또는 가스 대신에 이 플라스틱을 사용할 수 있다.

** 모든 희토류는 슬래그 형태로 재생된다. 이 공정에서 생산된 슬래그는 그다지 가치가 없기 때문에 보통 기업의 노천광산에 매립된다.

■ 강철산업을 위한 예비처리기

일부 기업 역시 철강산업을 위해 NiMH 배터리를 처리하고 있다. 연간 2,000톤의 처리용량을 지닌 설비가 가동 중인 독일의 Redux GmbH사가 이 경우에 해당한다. 배터리는 수소를 제거하기 위해 통제된 환경 하에서 개방된다. 이후 각 부품들에서 플라스틱을 제거함으로써 주로 Ni와 Fe로 이루어진 혼합물이 산출되며,

따라서 철강산업에서 더 높은 가격을 받을 수 있다. 이 산화환원(Redux) 공정은 제련 전 첫 단계에서 플라스틱이 제거되기 때문에 완전 습식공정과 완전 건식공정의 중간쯤으로 간주된다.

- Umicore사(벨기에의 Olen, 스웨덴의 Hofors)

Umicore사(벨기에)가 개발한 건식공정의 장점은 2000~2003년에 공정을 설계할 당시 모든 위험가능성이 고려되었다는 점이다. Umicore사에서는 배터리가 직접로에 투입되며(모듈로 이루어진 대형 배터리의 경우, 필요하다면 일부 해체 후 투입), 모든 금속이 단일금속 상(相)으로 녹여진 뒤 약 1500℃의 온도에서 액체로 산출된다. 특정한 제련조건(강력한 환원조건) 및 사용된 로의 종류 때문에 모든 플라스틱은 환원제로서 사용되며, 따라서 $Ni(OH)_2$를 환원시키기 위해 첨가되는 것은 없다. 이후 산출된 합금은 잘게 쪼개어 최신 Ni/Co 정제설비로 공급된다. 재활용율은 표 14.6과 같이 계산된다.

표 14.6. Umicore사의 공정에 의한 NiMH 배터리의 재활용율

구성성분	무게(%)	재활용 최종 산물	재활용율	회수율
강철용기	20	합금	100	
Ni+Co	35	합금	100	
플라스틱*	15	환원제 에너지공급재	50 0	0 50
전해질	15	증발됨	0	0
희토류**	15	슬래그	100	0
합 계	100		77	7

이 Umicore사의 공정은 전문적으로 배터리를 재활용하는 유일한 산업용 건식공정이다. 또한 이 공정은 Li이온 배터리도 처리할 수 있으며, 재충전배터리에 포함된 Ni를 대상으로 재활용 순환경로도 구축할 수 있다. 이 공정은 연간 처리용량이 최대 4,000톤이며, 모든 크기의 배터리를 처리할 수 있다.

14.7.8. Li이온 및 Li폴리머 배터리의 재활용

액체전해질 Li이온 배터리는 1990년대 초 시장에 출시된 반면, 고분자전해질을 사용하는 Li폴리머 배터리는 최근에 소개되었다. 이들 배터리는 역사가 짧기 때문에, 시중에서 구할 수 있는 수명종료된 Li이온 배터리의 양도 비교적 작다. 더욱이 산업용 분야에서 이 배터리의 사용이 증가하고 있음에도 불구하고, 현재 주 시장은 개인용 전자제품(휴대폰, 노트북컴퓨터, 카메라 등)이다. 휴대용 전자제품은 보통 빠르게 바뀌므로 2차 시장이 나타날 수 있다. 즉, 제품은 전문화된 기업에 의해 수거될 수 있으며, 세계 다른 지역에서 판매될 수 있다. 배터리를 포함하여 유행이 지난 이들 제품은 2차 수명을 가지게 되며, 이 제품은 대부분 관리가 전혀 이루어지지 않는 국가에서 사용되므로, 결국 배터리는 거의 수거되지 않는다. 예를 들어 유럽 배터리 재활용 협회(European Battery Recycling Association, 이하 EBRA)는 2003~2004년 사이 유럽에서 연간 200 톤 미만의 배터리가 수거되었다고 보고했다[8].

어쨌든 수거된 배터리는 환경적으로 건강한 방법으로 재활용되어야 하며, 오늘날 단지 두 기업(하나는 캐나다 Falconbridge사로서 Ni/Co 채광기업이며, 다른 것은 벨기에 Umicore사로서, 배터리 전용 재활용 순환공정을 가진 기업임) 만이 산업적인 규모로 재활용하고 있다.

- 연구실 수준 또는 시험설비 규모의 습식제련공정

이 두 산업계의 해결방안 이외에도, 실험실 또는 시험설비 규모의 공정이 다양하게 개발되어 있으며, 모두 습식제련공정을 적용하고 하고 있다. 이 공정들은 원래 위험가능성이 높은 1차 리튬 배터리를 대상으로 개발된 것이지만, 2차 배터리 역시 같은 공정으로 처리된다.

이러한 실험실 규모의 설비에서 배터리는 먼저 비활성 분위기(CO_2 또는 N_2) 또는 저온(액체 N_2)에서 파쇄된 뒤 걸러진다. 평균 입자크기에 따라 몇 가지 성분(플라스틱, 강철용기, 알루미늄 + 구리 및 $LiCoO_2$가 대부분인 미세입자, 흑연분말 및 기타 미세 물질)으로 나누어진다. 이론적으로 이 모든 성분은 순도가 충분히 높다면 높은 가격을 받을 수 있지만, 순도가 높은 경우는 거의 없다. (낮은 경제성 때문에 시험설비 규모로만 존재하는) 이 기술의 재활용율은 표 14.7과 같다.

표 14.7. 실험실 규모의 습식야금공정에 의한 Li이온 배터리의 재활용율

구성성분	무게(%)	재활용 최종 산물	재활용율	회수율
강철용기	20	강철	100	
$LiCoO_2$	20	미세 성분*	60	
플라스틱	15	플라스틱 성분 : 매립 또는 소각됨	0	100
전해질	10	물 손실, 모든 성분의 증발 또는 부분 손실	0	0
흑연**	10	미세 성분*	0	0
알루미늄	15	Al 성분 미세 성분	98 0	0 2
구리박판***	10	Al 성분 미세 성분	 50	50
합 계	100		51	23

* 미세 성분 중 유일하게 값비싼 물질은 Co이다. 이 성분은 Co 정련소로 보내진다. 그러나 Al과 같은 배터리의 다른 성분도 존재할 수 있으며, 이 Al은 정제공정을 손상시킬 수 있으므로 먼저 습식야금공정이 필요할 수 있다. $LiCoO_2$에는 60 %의 Co를 함유하고 있다.

** 흑연은 캐소드에서 $LiCoO_2$와 혼합되어 매우 미세한 분말로 존재한다. 이 분말은 미세성분으로 출력되며, Co 정제공정을 혼란시킬 수 있으므로, 건식야금 단계가 필요하다. 어떤 경우에든 흑연은 그 자체로는 가치가 없으며 재활용 대상이 아니다.

*** 구리박판은 부분적으로 파쇄된 뒤 일부는 Al 성분으로, 일부는 미세성분으로 생산된다. Al 성분은 Al 산업으로 공급되지만, Cu는 손실된다. 미세성분의 경우는 Co 정제공정에서 회수된다. 50 %의 Cu가 Al성분으로 간다고 가정된다.

- Falconbridge사(캐나다 Sudbury)

산업적인 해결방안은 Ni/Co/Cu 1차 생산기업에 의해 제시되었다. Falconbridge사(최근에 Noranda사와 합병되었음)는 원래 Ni 채광 기업이었으며, 세계에서 4번째로 큰 Ni 생산기업이다. 이 기업은 캐나다의 Sudbury에 Ni와 Cu 정광(精鑛, concentrate)이 생산되는 Ni 및 Cu 광산을 소유하고 있다. 이 정광은 제련된다.

단지 소형 재충전배터리(휴대용)만이 Falconbridge사에 의해 재활용되며, 산업용 및 대형 배터리는 그렇지 않다. 실제로 Li 기반 배터리는 제련 전에 해체되어야 하므로, 이 작업은 Falconbridge사가 할 수 있는 일이 아니다.

그림 14.23의 Sudbury에 있는 제련소는 Sudbury & Raglan 광산의 Ni-Cu 정광을 처리하고 주문재료(custom-feed material)를 가공한다. 또한 연간 13,000톤의 무광택 Ni-Cu를 생산할 능력을 가지고 있다. 제련소의 전기로는 정광을 Ni, Cu 및 Co를 함유한 고품질 금속으로 변환시킨다. 제련되고 입상화된 금속은 캐나다의 Quebec시로 보내진 뒤, 순수 금속으로 정련하기 위해 노르웨이의 Nikkelverk시로 선적된다.

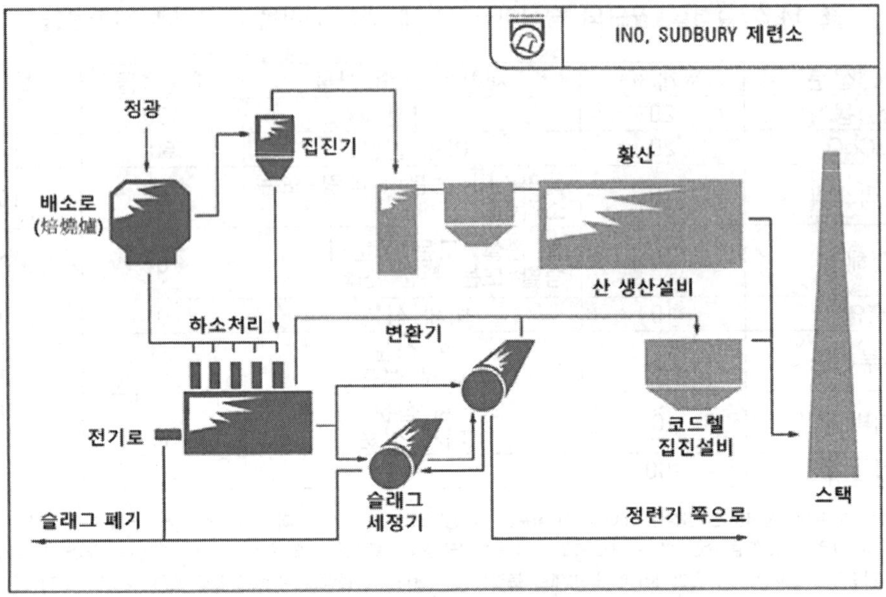

그림 14.23. Sudbury 광산의 Falconbridge사 제련공정

특수한 경우로서, Li이온 배터리가 제련소 또는 변환기에 에너지를 공급하기도 한다. 즉, 일부 플라스틱과 탄소는 공정에 필요한 에너지를 공급하는데 사용된다(또한 환원분위기보다는 산화분위기인 공정의 경우는, 일부가 환원제로 사용된다). 열처리 단계에서 반드시 생성되는 휘발성 유기화합물은 단지 대량의 배기가스 흐름 속으로 희석되며, 상대적인 부피는 무시할 수 있기 때문에 고려하지 않는다(양은 법적 한계치 이하로 유지된다).

변환기에서는 2가지 물질이 산출되는데, 하나는 더욱 입상화된 Ni/Co 합금이고 다른 것은 Ni/Co가 풍부한 슬래그로서, 이 슬래그는 첫 번째 제련소에서 한 번 더 처리되어 정제된 것이지만 아직도 걸러내질 수 있는 Co 및 Ni가 함유되어 있다. 이 슬래그는 내부적으로 관리되며, 슬래그의 일부는 엄격하고 특수한 조건 하에서 광산을 다시 메우는데 사용되고, 제품으로는 판매될 수 없다. 이는 이 공정의 주요 단점이며, 재활용효율을 고려하면 특히 그러하다. 재활용율은 표 14.8과 같이 계산된다.

표 14.8. Falconbridge사에 있는 Li이온 배터리의 재활용율

구성성분	무게(%)	재활용 최종 산물	재활용율	회수율
강철용기	20	합금	100	
$LiCoO_2$	20	합금 중의 Co 슬래그 중의 Li*	80	
플라스틱**	15	환원제 에너지공급재		30 70
전해질	10	증발됨	0	0
흑연**	10	환원제 에너지공급재	0	50 50
알루미늄	15	슬래그	0	0
구리박판***	10	합금	100	
합 계	100		46	25

* Li는 쉽게 산화되며 슬래그가 최종적으로 만들어지므로 매립된다.

** 플라스틱은 부분적으로(30 %) Co 산화물을 금속 Co로 환원시키기 위해 건식공정에서 환원제로 사용되며, 일부(70%)는 에너지원으로 사용된다. 흑연분말은 $LiCoO_2$와 혼합되어 공정 첫 단계에서 산소에 많이 노출되지 않기 때문에, 플라스틱과는 다른 방법으로 반응하며, 탄소의 형태로 더욱 오랫동안 남아 있는다. 이 흑연분말은 액체수조 위에서 에너지공급원으로 사용되기보다 수조 내에서 환원제로서 더욱 많이 사용된다고 가정된다. 계산의 편리를 위하여 (그리고 현재 유럽법률의 규정에 따라), 모든 플라스틱은 "회수" 되지 "재활용" 되는 것은 아니라고 가정한다.

*** 모든 구리박판은 최종 산물은 합금 형태이며, Co 정련공정에서 재활용된다.

- Umicore사의 Val'Eas 전용 처리공정(벨기에의 Olen, 스웨덴의 Hofer)

Li이온 및 Li폴리머 배터리를 재활용하는 2번째 기업은 Umicore사이다. 그들은 2000~2003년 사이에 'Val'Eas®' 라 부르는 새로운 재활용 개념을 개발하였는데, 이것은 재충전 NiMH 및 Li이온 배터리에 대한 실제적인 재활용 순환경로와, 예를 들면 소비자까지의 공급망을 포함한 완전한 서비스를 제공하는 것이다. Umicore사의 Val'Eas® 공정은 전적으로 이들 배터리를 재활용하는 유일한 산업공정이며, 다른 제품의 생산을 위해 이전에 사용한 공정에서 생겨난 것은 아니다. 또한 이 공정은 휴대용 배터리뿐만 아니라 산업용 배터리도 처리할 수 있다.

Umicore사는 미래 배터리의 재료와 구조 변화에 대처할 수 있는 공정도 개발하였다. 또한 Umicore사는 Li이온 양극($LiCoO_2$ 또는 다른 혼합금속)에 사용되는 재료를 생산하는 2군데 주요 기업 중의 하나이다.

Val'Eas® 폐순환 공정의 목적은 그림 14.24에 나타낸 바와 같이 수명종료된 배터리와 생산부산물인 스크랩을 처리하기 위해 간단하고도 유연한 해결방안을 제시하는 것이다. 배터리는 파쇄 또는 해체와 같은 위험한 사전처리 작업 없이 직접 로에 투입된다. 온도 증가와 환원분위기는 엄격하게 관리되어 폭발이 일어날 수

없고, Co, Ni 및 강철은 모두 금속으로 회수된다. 이후 이들 금속은 평균 입자 크기가 200㎛인 매우 미세한 분말로 분해된 뒤, 수 십 년 동안 Umicore사가 관리해 온 벨기에의 Co/Ni 정련소에서 한 번 더 정련된다.

따라서 순수한 Co 및 Ni 화합물이 생산되며 새 배터리에 사용하기 위해 수산화물 또는 탄산염으로 다시 변환된다(그림 14.24 참조). 간단히 말하면 수명종료된 배터리가 새 배터리로 변환된다.

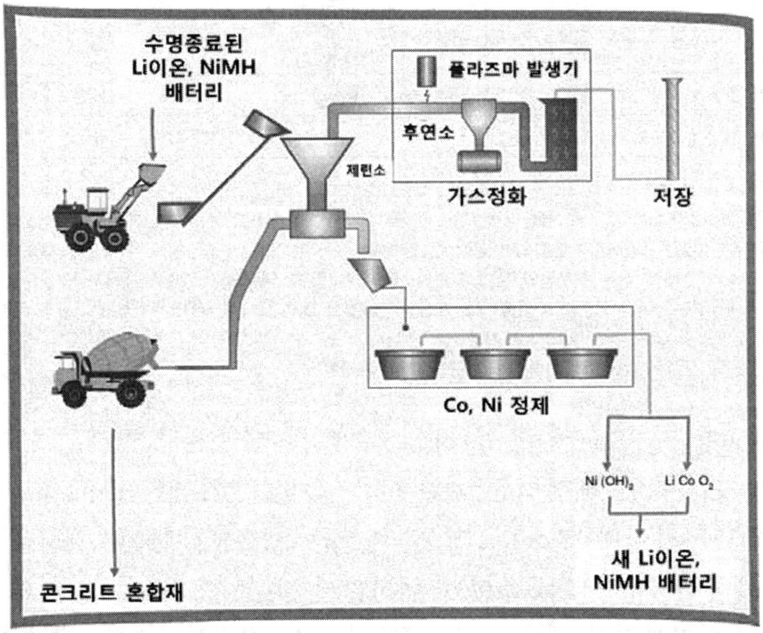

그림 14.24. Umicore사의 배터리재활용을 위한 Val'Eas 처리공정 개략도

첫 번째 제련단계에서 형성되는 다른 산출물은 순수한 비활성 슬래그이다. 제련조건을 관리하면 슬래그에는 금속이 포함되지 않으며, 건설이나 콘크리트 또는 심지어 순수한 석회석 또는 특수강 산업의 실리카를 대체하는 원광물로 재사용될 수 있다.

Umicore사는 또한 위험가스에 대응하기 위해 새로운 가스정화시스템도 개발했다. 자주 잊어버리는 중요한 점은, 수명종료된 배터리가 분류되어 재활용설비에 투입될 때, 그 가운데는 원하지 않는 종류의 배터리가 섞여있다는 것이다. 수동 또는 자동설비에 관계 없이 배터리는 결코 완벽하게 분류될 수 없으며 항상 다른 종류의 배터리가 다소 섞여 있게 된다.

습식제련공정이 정해진 종류의 배터리와 화학반응에만 사용되고 있다면, 이는 재활용설비의 입장에서 큰 문제이다. 건식제련공정은 이러한 문제에 덜 민감하지만, 건식 재활용설비에서도 이러한 상황을 인식하여 대응할 수 있는 적절한 공정이 개발되어야 한다. 예를 들면 분류된 Li이온 배터리에는 보통 NiCd, NiMH 및 1차 아연 배터리가 다소 포함되어 있다. Ni는 문제가 되지 않지만, 분압이 높은 Co나 Zn과 같은 금속은 처리과정에서 증발되므로 이들을 포집할 설비가 없다면 스택에서 발견될 수 있다.

Umicore사가 Cd나 Zn과 같은 오염가능성이 높은 금속을 방출 이전에 포집하는 가스정화설비를 개발한 이유가 바로 이것이다. 또한 Li이온 배터리에는 플라스틱과 할로겐이 포함되어 있는데, 이 두 성분은 다이옥신과 푸란이 생성될 수 있는 최적의 혼합물이다. 이미 언급하였듯이 이 휘발성 유기화합물은 매우 큰 흐름의 가스에 희석된 채로 보통 공기 중으로 방출되며 측정되지 않는다. 그러나 Umicore사는 다이옥신과 푸란이 생성되지 않는 전용 처리공정을 개발했다.

이 신공정은 플라즈마발생기 기술을 이용한다(그림 14.24 참조). 로에서 나오는 가스온도는 약 400℃이며, 이 가스를 플라즈마발생기 내에서 고온에서 가열하면 속성이 변하고, 약 2,000℃에서는 가스분자가 원자로 분리되기 시작한다. 3,000℃가 되면 원자는 전자의 일부를 잃고 이온화된다. 이 단계 이후 가스를 급속히 냉각시키면 다이옥신(매우 복잡한 분자이기 때문에 생성되기 위해서는 특정한 조건과 긴 시간이 필요하다)이 전혀 생성될 수 없다. 이러한 방법으로 가스에는 일산화탄소와 수소/물 만이 포함되어 있으므로, 공기 중으로 방출하기 전에 다이옥신을 포집할 시스템이 필요하지 않다. 재활용율은 표 14.9와 같이 계산된다.

표 14.9. Umicore사의 Val'Eas 처리공정에 의한 Li이온 배터리의 재활용율

구성성분	무게(%)	재활용 최종 산물	재활용율	회수율
강철용기	20	합금	100	
$LiCoO_2$	20	합금 중의 Co 슬래그 중의 Li*	80 5	
플라스틱**	15	환원제 에너지공급재**	50	0 50
전해질	10	증발됨	0	0
흑연**	10	환원제	100	0
알루미늄	15	슬래그*	100	0
구리박판***	10	합금	100	
합 계	100		81	8

* Li는 쉽게 산화되며 슬래그가 최종적으로 만들어지므로 더 이상 걸러낼 금속이 없기 때문에 건설산업에 사용된다.
** 플라스틱의 절반은 건식처리공정에서 Co 산화물을 금속 Co로 환원시키기 위해 환원제로 사용되며, 나머지 절반은 에너지공급재로서 사용된다. 흑연분말의 경우 표 14.8의 주석을 참조하라.
*** 표 14.8의 주석을 참조하라.

이러한 Val'Eas 처리공정의 특징 때문에 유럽환경언론협회(European Environmental Press Association)는 2004년 Umicore사에게 금상을 수여했다. 이 협회의 1차적인 목적은 혁신적인 기술로써 환경을 개선하고 있는 유럽기업의 노력을 인정하는 것이다.

14.8. 결론

배터리의 재활용 문제를 해결하기 위해 혁신적이고도 다양한 공정들이 오랜 기간 동안 개발되어 왔다. 그러나 이들 중 일부는 단순히 지엽적인 문제를 해결하기 위한 것이지만, 다른 것들은 미래를 바라보고 훨씬 더 많은 양의 배터리를 처리할 수 있는 것이다. 경쟁이 치열한 시장처럼 결국 지속가능함이 입증된 공정은 환경에 진정으로 도움이 되면서 배터리 화학반응의 변화에 적응할 수 있고 경제성 면에서 실현가능한 것일 것이다.

지구의 모든 자원을 관리하는 것은 현재 우리 모두가 중요시 해야 할 핵심문제이다. 지속가능함의 주역은 재활용임을 의심할 여지가 없으며, 배터리는 재활용되어야 할 제품 중의 하나이다. 물론 입법자들은 우리를 이러한 방향으로 향하도록 강제할 수도 있고 강제해야 하겠지만, 우리가 올바른 결정을 내릴 수 있도록 도와야 하며 폐기물에 신경을 쓰도록 만들어야 한다.

유럽이 폐 배터리의 관리에 있어 선도적인 역할을 하고 있다는 데는 의심의 여지가 없다. 유럽연합은 배터리의 수거와 재활용의 확대를 위해 노력하고 있으며, 이 모든 노력을 도우기 위해 새로운 법안을 제안할 것이며, 반드시 모든 종류의 배터리를 수거하고 재활용하게 만들 것이다.

그러나 올바른 법률이 가동된다 하더라도 폐기물 수거가 성공하려면, 폐기물 생성자 자신이 스스로 수거에 책임을 져야 하는 사실을 인식하는 것이다. 더욱이 예를 들어 '환경무게' 이론에서 제시된 것처럼, 실질적인 재정적, 환경적 처리비용에 대응할 수 있는 이용가능한 가장 좋은 기술을 찾는 것이 폐기물을 수거/재활용하는 모든 사람의 책임이다.

참고문헌

1. For details see: J. Huisman, The QWERTY/EE Concept, Quantifying Recyclability and Eco-Efficiency for End-of-Life Treatment of Consumer Electronic Products, Ph.D. Thesis, *ISBN 90-5155-017-0*, Delft university of Technology, May 2003, Delft, The Netherlands.
2. K. Sander, Qwerty and Eco-Efficiency Analysis on Cellular Phone Treatment in Sweden, September 2004, *Ökopol GmbH, Institute for Environmental Strategies*, Nernstweg, Hamburg, Germany.
3. www.RBRC.com
4. J.P. Wiaux, *Batteries 2005*, Paris, www.rechargebatteries.com
5. Draft Recommendation for Second Reading, 8 September 2005, 579597EN.doc - *Directive 91/157/EEC*(5694/5/2005 – C6-0268/2005 – 2003/0282(COD).
6. www.saftbatteries.com
7. Scandust Technology, www.scandust.se
8. *10th International Battery Recycling Congress*, Sitges, Spain, 2005, www.ebrarecycling.org

산업용 배터리의 세계 시장

15.1. 범위와 분석을 위한 가정

15.1.1. 산업용 배터리의 정의

산업용 배터리의 세계시장을 특징지울 때 생겨나는 근본적인 의문은 시장의 범위를 설정하는 것이다. 이 시장범위의 근본적인 요소는 '산업용 배터리' 의 정의이다. 여러 문헌에서 많은 연구가 이루어졌지만 합의된 바는 없다. 실제로 이 용어에는 기술적, 시장적 및 심지어는 법률적 의미가 내포되어 있다.

예를 들어 현재 세계적으로 수 십 개의 주요 산업용 배터리 제조사들이 존재하지만, 각 기업들은 자신들의 생산라인을 적극 반영하여 산업용 배터리를 정의하는 경향이 있다. 두 가지 대표적인 예가 Exide사(GNB Industrial Power사)와 Panasonic사(Matsushita사)이다. Exide사는 시장적 접근법을 적용하여 통신시스템, 전력회사, 철도, 태양광발전, UPS와 같은 전력망 응용분야와, 적재용 트럭(lift truck)이나 광산용 및 기타 상용 차량과 같은 수송용 전력분야를 포함시켜 산업용 배터리를 정의했다[1]. Panasonic사는 기술적 접근법을 적용하여 리튬-이온, 니켈-금속수소화물, 리튬, 니켈-카드뮴, VRLA, 알칼리 및 아연-탄소 등의 화학반응을 기반으로 산업용 배터리의 생산라인을 정의했다[2].

산업용 배터리의 정의에 대한 논쟁은 2003년에 시작하여 2004와 2005년에 가속화되었으며, 유럽연합에서도 중요한 문제가 되었다. 유럽의회의 환경, 공중위생 및 식품안전위원회(Environment, Public Health and Food Safety Committee)는 산업용 배터리의 정의를 포함하여 배터리의 관리 및 재활용 지침에 대한 '공식

입장(Common Position)' 을 발표했다. 그러자 거의 즉각적으로 기업, 정치 및 환경단체는 이를 반대했으며, 개정을 요구했다. 예를 들어 Eurobat사는 산업용/전문가용 장치에 사용되는 일부 산업용 배터리에 '휴대용(portable)' 이라는 정의가 사용되는 것에 반대했다[3]. 많은 환경 관련 단체들도 산업용 배터리에 수은이나 카드뮴이 사용될 수 있는 그 어떠한 정의에 대해서도 반대했다. 환경, 공중위생 및 식품안전위원회의 자료에 따라 EU의 연간 배터리시장을 추산하면, 자동차용은 약 80만 톤, 산업용으로 19만 톤, 일반소비자용은 16만 톤에 달한다[4].

또 다른 정의를 내리는 곳은 수많은 시장조사 기관들로서, 이들은 의뢰인의 요구에 의해, 상용으로 구할 수 있는 비밀을 요하는 시장에 대해 연구한 결과를 출판한다. Frost & Sullivan사, Freedonia사 및 ICON Group International사는 그러한 수많은 분석기관들 중의 일부로서, 고객이 가장 유용한 자료를 찾을 수 있도록 산업용 배터리를 정의하였다[5-7].

15.1.2. 산업용 배터리 시장의 부문별 정의

BCC Research사 역시 산업용 배터리에 대한 수많은 기술적 시장보고서를 내놓았다. 이 분석에는 '대형 및 최신' 배터리에 대한 저자의 정의가 강하게 반영되어 있으며, 이 정의에는 산업용 배터리, 비자동차용 수송용 배터리, 많은 소비자용 배터리, 특히 휴대용 배터리가 폭 넓게 포함되어 있다. 다음과 같은 대형 및 최신 배터리가 설명되어 있다[8].

널리 사용되는 대형 배터리 시스템

- **비자동차용 납 배터리**
- **니켈-카드뮴 배터리**

최근에 상용화된 대형 배터리 시스템

- **니켈-금속수소화물 배터리**
- **리튬-이온 및 리튬 폴리머 배터리**

개발 중인 대형 배터리 시스템

- **고온 배터리**
- **레덕스흐름 배터리**
- **금속-공기 배터리**

- 니켈-철 배터리
- 기타 리튬 재충전 배터리
- 연구 중인 배터리

이상에서 기술적인 정의를 수립되었다. 다음에서 설명하겠지만, 이 분석에서는 주로 포괄적인 시장적 접근법을 취하고 있다. 독자들은 제공된 데이터로부터 어떤 정의든지 그들이 유용하다고 판단되는 것을 적용할 수 있다.

아래 사항은 대상 시장, 분석 영역의 정의, 분석 기간, 화폐단위 규약을 비롯하여 이 분석에서 사용된 가정을 정의하고 있다. 대상 시장은 다음과 같다.

- **컴퓨팅** – 이것은 휴대용 컴퓨터뿐만 아니라 PDA(personal digital assistant)와 계산기용 배터리로서, 시장이 크고 성숙되어 있다. 휴대용 계산기 시장은 원래는 주로 상업용으로 사용되었지만, 현재 30%는 비상업용, 70%는 산업용, 상업용 및 정부기관용이 차지하고 있다.
- **통신** – 여기에는 성숙되고 매우 큰 시장인 휴대폰용 배터리가 포함된다. 또한 지속적으로 축소되고 있는 무선호출기(pager, 주로 1차 배터리를 사용하고 교환함)와 휴대용 소형 무선전화기(transceiver, 납 배터리에서 리튬-이온 배터리에 이르기까지 모든 종류의 배터리가 사용됨) 시장이 포함된다. 휴대용 계산기와 마찬가지로 이 시장은 원래 주로 상업용이었다. 휴대용 통신장치의 시장은 약 90%가 비상업용이고, 나머지 10%는 산업용, 상업용 및 정부기관용이다.
- **공구** – 이것은 성숙된 틈새시장으로서, 수작업용, 잔디용 및 부엌용 공구 등이 포함된다. 이 시장은 약 30%가 산업용이다.
- **기타 휴대용** – 이것은 조명, 장난감(특히 탈 것이나 로봇과 같은 대형 장난감), 과학기구, 사진기, 스마트카드, 시계 등과 같이 배터리로 전력이 공급되는 휴대용 제품이다. 이 시장은 약 15%가 산업용이다.
- **의료용** – 이것은 보청기, 심장박동조절장치, 심장충격소생기, 센서 및 시험장비, 그리고 다양한 치료장치 등 휴대용 의료장치에 사용되는 성숙된 틈새시장으로서, 1차 및 2차 배터리가 사용된다. 수량 면에서 큰 시장은 아니지만, 인체의 인공기관(artificial organ) 전원용으로 사용되기 때문에 안정된 시장이기도 하다.
- **컴퓨터 메모리** – 이것은 비교적 규모가 작지만 안정된 틈새시장으로서, 다양한 종류의 컴퓨터 메모리칩에 에너지를 공급하고 전원고장 시나 컴퓨터가 사용되지 않을 때 데이터를 보호하는데 사용되는 소형 셀 시장이다.

배터리를 사용하지 않으면서 컴퓨터 메모리의 내용을 보존할 수 있는 방법이 채택되기 시작하면서 시장이 축소되고 있다.

- **UPS/정지용** – 이것은 매우 안정된 틈새시장으로서, 전력계통이 차단될 때 동작하는 UPS 및 비상전원이 포함된다. 대형 장치는 통신장비의 예비전원으로 사용된다. 이 시장은 약 90%가 산업용이다.
- **군사용/우주용** – 이것은 다양한 종류의 휴대제품, 정지용, 원격전원, 항공기 전원, 군수품 전원이 포함되어 있는 산업시장이다.
- **산업용 EV** – 이것은 지게차나 화물수송 차량과 같은 산업용 차량에 전력을 공급하는 대형 배터리스택이 포함되어 있는 성숙된 시장이다.
- **HEV/EV** – 이것은 비교적 규모가 작지만 성장하고 있는 시장으로서, 자동차나 트럭에 전력을 공급하는 대형배터리 스택이 포함되어 있다. 여기에는 전력계통으로부터 재충전되는 '플러그인(plug–in)' EV 배터리와 내연기관이 배터리를 충전하는 HEV 스택이 포함되어 있지만, 아직 수량은 제한적이다.
- **자동차의 SLI용** – 이것은 규모가 크고 성숙된 시장으로서, 대부분의 내연기관 자동차에 사용되는 '시동, 조명, 점화'용 배터리가 포함된다. 이것은 산업용 배터리에 속하지 않는 것으로 간주된다.

15.1.3. 분석을 위한 기타 가정

지역의 정의

- 북미 - 캐나다와 미국
- 극동 - 일본, 중국, 인도, 인도네시아를 포함한 모든 극동지역
- 유럽 - 서부 유럽
- 기타 세계 국가 - 남미 모든 국가, 멕시코, 중앙아메리카, 아프리카, 중동, 호주, 뉴질랜드, 기타 태평양 국가, 러시아, 동유럽, 터기

분석기간

- 분석에 사용된 데이터는 2006년을 기준으로 하고 있으며, 2006~2010년에는 제시된 성장률에 따라 시장규모 예측치가 제시된다.

화폐 기준

- 예측 '시장규모' 는 연도별 도매가(제조사 기준)를 나타낸다.
- 이 분석에서는 US 달러가 사용되었다.

- 시장규모 예측 단위는 백만 US$이다.
- 모든 시장 예측치는 2006년도의 US$값을 기준으로 하였으며, 인플레이션은 반영되지 않았다.
- 2006년 이전의 모든 값들은 현재의 실질 US$로 나타내었다.

15.2. 세계시장 규모 예측에 사용되는 요소

다음 10년 동안 산업용 배터리 시장에는 성장하는 부문과 축소되는 부문이 존재할 것이다. 동시에 배터리의 단가도 증가하거나 감소하기 때문에, 새로운 기술을 이용한 배터리의 수가 증가할지라도 각 부문의 총 규모는 축소될 수 있다.

이를 명심하고, 간단한 시장규모 모델에 사용되는 요소는 다음과 같다.

- 소비된 모든 배터리의 총량 - 이는 다음과 같은 2부분으로 이루어져 있다.
  - 배터리 소비제품과 함께 판매된 모든 배터리의 총량 - 목표시장에서 OEM 비율은 얼마인가?
  - 배터리 소비제품과 별도로 판매된 모든 배터리의 총량 - 목표시장에서 수리부품용/보조용/탈부착가능 배터리가 차지하는 비율은 얼마인가??
- 배터리 소비제품의 예상 성장률 – 배터리 소비제품의 수가 얼마나 증가할 것인가?
- 경쟁 요인 – 신기술(new technology)이 현존하는 기술을 어느 정도까지 대체할 수 있을 것인가?
- 신기술의 경쟁 - 다른 신기술이 현존하는 기술과 신기술을 어느 정도까지 대체할 수 있을 것인가?
- 판매 및 전략적 요인 – 가치에 영향을 미치는 비시장적 요인이 존재하는가?
- 단가 - 배터리의 단가는 얼마인가?

'소비된 모든 배터리의 총량' 중에서 '구(舊)기술(old technology)' 부분은 다음과 같이 정해진다.

- '소비된 모든 배터리의 총량' (즉, 매년 판매된 모든 구 기술 배터리의 시장규모)로부터 목표시장의 규모를 알 수 있다(신규 및 대체).
- '소비된 모든 배터리의 총량' 은 배터리 소비제품의 부침과 함께 증가하거나 축소될 수 있다.

- '소비된 모든 배터리의 총량' 은 단가를 기준으로 시간에 따라 증가하거나 축소될 수 있다.
- 다량의 OEM 배터리가 고장 나서 수리부품용/보조용/탈부착가능 배터리로 대체되어야 한다면, '신기술' 이 없고 비시장적 요인(예를 들면, 경쟁 상대를 쓰러뜨리기 위한 가격 설정, 법률제정, 과점에 의한 공급부족 등)이 존재하지 않을 때 위 모델은 유효하다.

새로운 배터리시스템처럼 '신기술' 도 앞서 설명한 '소비된 모든 배터리의 총량' 중의 일부를 넘겨받을 수 있다. 그렇게 할 때 앞서 설명한 동일한 요인들 때문에 신기술 시장이 확대되거나 축소된다. 이때는 또 다른 3가지 요인이 더해진다.

- '경쟁 요인' 때문에 신기술의 가치가 ('영' 에서 시작하여) 확대 또는 축소될 수 있다(새 배터리기술은 OEM이나 수리부품용/보조용/탈부착가능 '구기술' 또는 양쪽 모두 대체할 수 있을 것이다).
- 동시에 '신기술의 경쟁' 은 '신기술을 시장으로 진입' 시키거나 심지어는 최근에 얻은 시장규모를 잠식함으로써 새 배터리시스템의 규모를 감소시켜갈 것이다.
- 끝으로 신기술이 구기술보다 다소 비싸다면 시장규모 역시 증가 또는 감소될 것이다.

15.3. 산업용 에너지저장 시스템

여기서는 산업용 에너지 저장기술로서 배터리 저장시스템과 배터리가 사용되지 않는 저장 시스템에 대해 설명하며, 후자는 배터리와 경쟁관계에 있으면서 세계 시장에 영향을 미칠 수 있는 저장시스템이다.

널리 사용되는 재충전 또는 2차 배터리시스템에는 다음이 있다.

- 니켈-카드뮴('nicad') 배터리
- 니켈-금속수소화물 배터리
- 납 배터리
- 2차 알칼리 배터리
- 2차 리튬 배터리(리튬이온 및 리튬폴리머 배터리 포함)
- 아연-공기 배터리

또한 시장규모는 안정되어 있지만 수량이 제한된 특수 2차 배터리에는 알루미늄-황, 니켈-아연, 은-아연 및 니켈-수소 배터리가 있다.

개발 중인 산업용 배터리스택에는 Zebra(나트륨-금속염화물), 아연-브롬, 바나듐 레덕스, 철-공기 및 나트륨-황 배터리가 있다.

널리 사용되는 1차 배터리에는 다음과 같다.

- 아연-탄소 배터리
- 1차 알칼리 배터리
- 1차 리튬 배터리
- 1차 아연-공기 배터리

특수 1차 산화은 및 마그네슘 셀은 사용범위가 매우 좁다. 수은 배터리는 환경적인 요인 때문에 더 이상 널리 사용되지 않는다.

기존의 전기화학 배터리는 다음과 같은 새로운 에너지저장 시스템과 경쟁하게 될 것이다.

- 수소이온교환막(proton exchange membrane, 이하 PEM) 연료전지(fuel cell, 이하 FC)
- 알루미늄-공기 연료전지
- 알칼리 연료전지
- 인산형 연료전지(phosphoric acid fuel cel, 이하 PAFCl)
- 고체산화물 연료전지(solid oxide fuel cell, SOFC)
- 용융탄산염 연료전지(molten carbonate fuel cell, 이하 MCFC)
- 울트라커패시터(ultracapacitor)
- 플라이휠

15.3.1. 배터리의 종류별 특성

다음 표에서는 상용 배터리의 특징이 설명되어 있다.

표 15.1. 상.용 2차 배터리의 종류

납	
장점	• 다양한 설계 방법, 성숙된 기술, 저가, 밀봉형 납 배터리 구입 가능
단점	• 납 및 황산과 관련된 안전 및 환경 문제, 무거움, 폭발성 가스 발생, 비교적 낮은 에너지밀도
응용분야	• 동력기기 : 산업용 트럭, 화물취급 및 광산용 차량, 전기자동차(EV), 하이브리드 전기자동차(HEV), 군용 특수전력(잠수함), 철도, 신호등, 자동차전력시스템, 디젤열차 및 고속여객차량의 배터리 • 자동 차량 : 자동차의 시동-조명-점화(SLI), 골프카, 잔디깎기, 트랙터, 항공기, 해양기기 • 휴대용(현재 감소 중) : 휴대용 공구, 소형 제품과 장치, TV 및 휴대용 전자장비
충전기종류	• 충전스테이션, OEM, 자동차용/견인용/산업용, 개발 중
리튬-이온(기존)	
장점	• 오랜 보존시간, 직접 충전상태지시기, 비교적 높은 에너지밀도
단점	• 충방전 시 전자제어기 필요, 안전 문제
응용분야	• 휴대용 제품, 군사장비, EV에 적용 가능
충전기종류	• OEM
리튬-이온 폴리머	
장점	• 오랜 보존시간, 직접 충전상태지시기, 비교적 높은 에너지밀도, 다양한 형태로 제작 가능
단점	• 단가, 전자제어기, 적당한 전력
응용분야	• 휴대용 제품, 군사장비, EV에 적용 가능
충전기종류	• OEM
망간 아연 '알칼리'	
장점	• 적당한 보존시간, 직접 충전상태지시기, 저단가
단점	• 구조를 다양하게 할 수 없음, 새로이 상용화되었음
응용분야	• 라디오, 시계, 플래쉬, 장난감, 녹음기, 전자장비
충전기종류	• 주문 설계
니켈-카드뮴	
장점	• 긴 충방전수명, 안정된 전압에서 고전류 공급가능, 견고함, 높은 DOD와 저온/고온에서 충방전 가능
단점	• 납 배터리보다 비싼 가격, NiMH나 Li-이온 또는 알칼리 배터리보다 낮은 에너지밀도, 밀봉형 셀의 경우 메모리효과, 환경 문제
응용분야	• 정지용 : 예비전원, 전력계통(배전제어), 통신용 백업전원, UPS, 부하평준화, 에너지저장 • 비상용 조명 • 항공기(주 응용분야) • 휴대용(현재 감소 중, 주로 전동공구에 사용된다)
충전기종류	• 충전스테이션, OEM, 개발 중
니켈-금속 수소화물	
장점	• 비교적 긴 충방전수명, Ni-Cd보다 높은 에너지밀도, 과충전 및 과방전 허용범

	위 넓음
단점	• 납 및 NiMH 배터리보다 비싼 가격, 높은 자기방전율
응용분야	• 수송용 : 산업용 트럭, 화물취급 및 광산차량, 전기자동차(EV), 하이브리드 자동차 및 트럭(HEV), 군용 특수전력, 여객버스 • 정지용 : 철도신호, UPS, 조명, 전력회사에서는 마이크로그리드 시범단지에만 사용되었음(8장 참조) • 휴대용(공구를 제외하고는 감소 중임) : 휴대용 공구, 소형 제품과 장치, TV 및 휴대용 전자장비
충전기종류	• 충전스테이션, OEM, 개발 중, 차량의 회생제동시스템
니켈-아연	
장점	• 매우 높은 비에너지, 우수한 용량유지력, 우수한 온도안정성
단점	• 너무 짧은 충방전수명, 비교적 높은 단가, 밀봉형이 상용화되지 않음, 일부 분야에서는 과도한 열발생
응용분야	현재 상용화된 배터리는 보다 싼 가격으로 2차 은 배터리와 경쟁하고 있다. • 비상조명, 백업전력 시스템, UPS와 같은 부동충전 및 예비전원 분야 • 어뢰, 상륙선 및 기타 잠수정과 같은 군사용 분야
충전기종류	• OEM, 개발 중
은-아연	
장점	• 높고 일정한 방전전압, 높은 Wh 용량, 기계적인 간단함, 고속 및 저속 충방전 배터리 구입 가능, 체적 및 무게 기준 높은 에너지밀도
단점	• 높은 단가, 과충전에 대한 민감성, 짧은 충방전 수명
응용분야	• 고강도 조명, 고전력 휴대용 장비, 군용 센서, 항공 및 우주용 전원, 수중전원
충전기종류	• OEM, 개발 중
아연-공기	
장점	• 높은 에너지밀도, 환경위험 없음
단점	• 높은 단가, 비교적 짧은 충방전수명
응용분야	• 견인용(개발 중), 군사용
충전기종류	• OEM

표 15.2. 상용 1차 배터리의 종류

아연-탄소	
장점	• 저전류 방전 시 가장 우수한 성능, Wh/$가 가장 높음, 점진적으로 감소하는 방전곡선, 다양한 크기와 형태로 제작 가능
단점	• 낮은 저온성능, 급격한 방전전압 감소, 높은 방전전류에서 효율이 낮음
응용분야	• 저급한 휴대용 장비, 라디오, 시계, 플래쉬, 무선호출기, 장난감, 녹음기
알칼리-망간	
장점	• 높은 방전전류에서 가장 우수한 성능, 고전류 분야에 사용 시 저단가, 우수한 저온안정성
단점	• 저전류분야 사용 시 고단가, 낮은 저온안정성 및 저온 성능
응용분야	• 아연-탄소처럼 특히 고성능분야에 적용 가능
수은 산화물(현재 완전히 사라졌으며, 다른 국가에서는 사용금지되어 있음)	

장점	• 전압변동율이 우수할 때 가장 좋은 성능, 긴 저장수명, 우수한 고온안정성
단점	• 낮은 저온안정성, 무거움, 고단가, 환경위험
응용분야	• 원래는 TV, 라디오, 보청기, 계산기, 보안시스템, 시계, 과학기구 등에 사용되었음. 이 배터리는 환경문제 때문에 실제로 사라졌음
은 산화물	
장점	• 높은 전력밀도, 긴 저장수명, 평탄한 방전특성, 우수한 저온안정성
단점	• 높은 단가의 은, 투자자예상에 대한 은공급의 비신뢰성 및 주관성, 은산화물의 저장수명에 대한 짧은 사용수명
응용분야	• 보청기, 과학기구, 사진장비, 기준전압원, 중전력 요구 분야
리튬	
장점	• 높은 전력밀도, 긴 저장수명, 방전곡선 조정 가능, 우수한 온도안정성
단점	• 가격, 일부 구조에서는 안전성문제 발생 가능
응용분야	• 시계, 계산기, TV, 사진장비, 군사장비, 과학장비, 기타 고전압시스템, 그밖의 9V 시스템
아연-공기	
장점	• 높은 에너지밀도, 평탄한 방전곡선, 매우 긴 저장수명, 높은 방전전류, 짤븅 저장수명, 또는 낮은 방전전류에서 가장 우수한 성능
단점	• 물에 민감함, 짧은 사용수명, 간헐적인 방전 불가, 대기 중에서 사용되어야 함
응용분야	• 보청기, 시계, 통신장비, 군사용

15.3.2. 경쟁 상대 - 연료전지 시스템

연료전지(fuel cell)에는 대형 정지용과 소형 휴대용이 모두 존재한다. 고온 연료전지는 열관리시스템과 단열이 필요하기 때문에 부피가 커진다. 최근 크기가 작고 저온이면서 실제로 휴대가능한 연료전지 전원이 개발되어 상용화되었다. 보통 연료전지는 전해질에 따라 종류가 결정된다(배터리와 비슷한 금속-공기 연료전지는 예외이다). 상용화된 연료전지는 다음과 같다.

- 알칼리
- 인산
- 고체산화물
- 용융탄산염
- 수소이온교환막
- 금속-공기(알루미늄-공기, 아연-공기)

연료전지 역시 동작온도나 스택의 크기에 따라 다음과 같이 분류될 수 있다.

▪ 알칼리 연료전지(alkaline fuel cell, 이하 AFC)

AFC는 원래 용융 수산화칼륨을 전해질로 사용하였지만, 현재는 수용성 수산화칼륨 용액을 전해질로 사용하고 있다. 니켈, 은, 다양한 산화금속 및 스피넬(spinel) 뿐만 아니라 백금족 금속들을 포함하여 다양한 전기촉매가 시험되었다. 구조적인 지지물과 충진재는 보통 스테인레스강, 탄소 또는 니켈이 사용되었다. AFC에서는, CO_2와 반응하여 칼륨탄산염을 형성시키기 위해 수산화칼륨 전해질을 사용하기 때문에, 수소 연료 이외에도 순수한 산소가 사용된다.

▪ 인산형 연료전지(phosphoric acid fuel cell, 이하 PAFC)

PAFC는 상업용으로 개발된 대형 연료전지 가운데서 가장 기술이 성숙되어 있으며, 250kW 정지용 분야에 사용되고 있다. 그러나 더 이상의 개발계획은 없다. 용량의 범위는 매우 넓으며(1kW ~ 5MW), 용량을 증가시키려면 모듈을 첨가하면 되기 때문에 업그레이드하기가 쉽다. 보통 동작온도는 150~220℃이다. PAFC는 수용성 인산을 전해질로 사용하고, 전기촉매로는 백금 또는 백금합금, 흑연 집전체와 가스 분리판을 사용한다. 이 연료전지는 수소로 가동되며, 일산화탄소와 같은 오염물질이 포함된 연료도 사용될 수 있다.

▪ 고체산화물 연료전지(solid oxide fuel cell, SOFC)

SOFC는 이트리아 안정화 지르코니아(yttria-stabilized zirconia)처럼 고체의 무공질(無孔質, nonporous) 금속산화물을 전해질로 사용한다. 캐소드는 예를 들어 프라세오디뮴(praseodymium) 산화물이나 인듐(indium) 산화물과 같은 금속산화물이 사용된다. 보통 애노드에는 니켈 또는 서멧(cermet, ceramic + metal의 합성어)과 같은 니켈합금이 사용된다. 구조 지지물과 충진재로는 보통 세라믹 또는 금속산화물이 사용된다. 동작온도는 보통 900~1000℃이며, 대부분의 대용량 정지용 분야에 적용가능하다.

▪ 용융탄산염 연료전지(molten carbonate fuel cell, 이하 MCFC)

MCFC는 전해질로서 리튬과 칼륨탄산염이 사용된다. 연료전지의 애노드는 보통 소결을 방지하기 위해, 산화크롬(chromia) 또는 산화알루미늄(alumina)을 이용하여 안정화되는 다공질 니켈이 사용된다. 보통 캐소드는 스택을 처음 가동시킬 때 산화되는 다공질 니켈이며, 그 뒤 리튬전해질이 불순물로서 첨가(도핑)되는 반도체가 된다. MCFC는 전도성을 위해 약 650℃의 비교적 높은 온도가 요구되며, 연료는 수소이다.

- 수소이온교환막 연료전지(proton exchange membrane fuel cell, 이하 PEMFC)

PEMFC는 이온전도성 고분자전해질로 분리된 2 개의 전극으로 이루어져 있다. 각 전극의 한쪽 면은 촉매인 백금으로 코팅되어 있다. 수소연료는 애노드에서 백금촉매에 의해 자유전자와 수소이온으로 분리된다. 자유전자는 외부회로를 통해 이동하면서 전류를 형성한다. 수소이온은 전해질막을 통과해 캐소드로 이동한다. 캐소드에서 공기 중의 산소, 외부회로를 지나온 자유전자 및 전해질막을 통과해 온 수소이온이 합쳐지면서 순수한 물과 열이 발생한다. 스택의 셀 수를 증가시키면 전압이 증가하고, 셀의 표면적을 넓히면 전류가 증가한다. 전해질에는 충분한 수분이 유지되어야 하기 때문에 PEMFC는 비교적 낮은 온도(60~120℃)로 유지되어야 한다.

- 금속−공기 연료전지(metal−air fuel cell, 이하 MAFC)

MAFC에는 알루미늄-공기 및 아연-공기 연료전지가 있다. 리튬-공기와 그 밖의 몇 가지 다른 연료전지가 제작되었지만, 상용화될 것 같지는 않다. 금속-공기 셀에서, 금속(연료) 애노드는 대기의 공기 캐소드와 반응하여 전력을 발생시킨다. 금속(알루미늄 또는 아연)은 연료로서 소모되어 수산화물로 변환된다. 밀봉형 MAFC는 특히 모든 연료가 소비되었을 때 폐기되는 1차 배터리(전력용 셀(power cell)이라 부른다)와 같다. 비밀봉형은 금속수산화물이 제거되고 새 연료로 금속잉곳이 대체된다는 점에서 전통적인 연료전지와 매우 유사하다. 응용분야로는 휴대용 제품, 스쿠터와 같은 소형 차량, 심지어 UPS와 같은 대형 정지용이 있다. 배터리를 재충전하기 위해 휴대용 전력셀이 리튬이온 배터리와 함께 사용될 수 있다.

15.3.3. 경쟁상대 - 새로운 에너지저장 시스템

- 커패시터 에너지저장시스템

커패시터는 절연물질에 의해 분리된 2개의 도전체를 이용하여 전하를 저장하는 전기소자이다. 커패시터는 TV를 포함한 대부분의 고전압 제품에 사용된다. 커패시터 에너지 저장소자로는 공기커패시터(aerocapacitor, 전자커패시터와 전기화학셀이 결합된 것) 뿐만 아니라 수퍼커패시터(super-capacitor)와 울트라커패시터(ultra-capacitor)(본질적으로 매우 큰 용량의 전자커패시터)가 있다. 형태와 기능

면에서 수퍼커패시터와 울트라커패시터는 거의 비슷하다. 따라서 두 용어는 보통 혼용되고 있다. 수퍼커패시터는 비전기화학적인 전력저장소자로서 대용량 커패시터이다. 공기커패시터는 에어로겔(aerogel)을 기반으로 한 특수한 수퍼커패시터/울트라커패시터이다. 공기커패시터는 전기화학적 이중층 커패시터로서, 양극과 음극에 Lawrence Livermore Laboratory가 개발한 박막 탄소 에어로겔 종이(thin-film carbon aerogel paper)를 사용한다. 공기커패시터는 전기에너지저장소자(커패시터)와 전기화학적 에너지저장소자(배터리)가 결합된 것이다.

- 플라이휠 에너지저장시스템

증기기관 발명자인 James Watt는 원래 200년 전에 플라이휠을 개발하였다. 초기의 이 플라이휠은 증기기관의 구동축에 장착된 무거운 금속휠이었다. 플라이휠 에너지저장법은 차량, 원격지, 인공위성, UPS 등에 에너지를 공급하기 위해 50년 가까이 제안되어 왔다. 대표적인 최신 플라이휠은, 전기에너지를 가하여 얻은 운동에너지가 저장되므로, 전동기처럼 휠이 회전하지만 마찰 없는 환경에서 속도가 매우 높다. 플라이휠은 전력계통으로부터 최소한의 에너지를 공급받아 마찰이 없는 자기베어링으로 지지된 상태에서 정상상태 속도로 회전한다. 외부의 에너지공급은 차단되어도(전력공급 차단) 휠은 계속 회전하게 된다. 이 과정을 역으로 하면 에너지가 전기 형태로 변환되어 외부로 공급되고, 따라서 회전하는 휠은 전동기/발전기처럼 에너지공급장치로 동작한다. 예비전력을 공급하는 경우, 플라이휠은 저장된 에너지를 뽑아 전력을 공급하기 위해 전동기에서 발전기로 바뀐다. 이상적으로 플라이휠은 안전운전을 보장하기 위해 지하실에 설치되어야 하며, 지하케이블을 통해 배터리단자와 직접 연결된 플라이휠 전자모듈과 연결된다. 플라이휠에 저장된 에너지의 양은 플라이휠의 회전속도에 의해 결정된다.

15.4. 산업용 배터리의 종류

다음에서는 이 분석에서 대상으로 하는 배터리의 수명주기별 및 기술별 종류를 정의한다. 수명에 따라 배터리가 얼마나 판매되는가가 결정되고, 기술에 따라 배터리의 크기와 형상이 결정된다.

15.4.1. 수명주기별 종류

배터리를 사용하는 제품의 수명주기 내에서 배터리가 구입될 때를 기준으로 분류되어 있다.

- OEM(original equipment manufacturer, 주문자상표생산자) - OEM 배터리는 이 배터리가 사용되는 제품과 함께 선적된다. OEM 배터리의 형상은 보통 해당 제품의 형상에 맞추어 제작되며, 보통 2차 배터리가 사용된다. 대부분의 경우 배터리는 쉽게 제거될 수 있으며, 보조용 배터리 또는 수리부품용 배터리로 교체될 수 있다.
- 보조용 - 보조용 배터리는 OEM 또는 수리부품용 배터리를 대체하며, 성능이 개선된 것이거나 가격이 싸다.
- 수리부품용 - 수리부품용 배터리는 OEM 또는 보조용 배터리의 수명이 끝난 후 그들을 대체한다.
- 탈부착가능/다목적용 - 탈부착가능한 다목적용 배터리에는 버튼형의 AA, C, D형 셀과 9V 소비자용 배터리가 있다. 이들 배터리가 소비자 제품과 함께 번들(한 묶음)로 제공되지만, 제품에 내장된 채로 제공되지는 않기 때문에, OEM으로 간주되지 않는다. 이들 배터리로는 1차 또는 2차 배터리가 모두 사용된다. 현재 재충전 알칼리망간(rechargeable alkaline manganese, 이하 RAM) 배터리와 시장점유율이 비슷한 일반소비자용 재충전배터리의 틈새시장은 일단 제작가능 여부와 가격 문제가 해결된다면 전망이 밝다.

15.4.2. 기술별 종류

기술별 분류는 크기, 형상 및 패키징을 기준으로 하고 있다. 배터리는 다양한 구조로 만들 수 있지만, 다음 6가지가 시장에서 주로 판매된다. 구조가 다른 배터리들은 특수 응용분야에 맞도록 최적화된 경우가 많다.

- 버튼형 크기 - 소형 원판형의 셀로서 보통 동전보다 직경이 작다. 1차 및 2차 배터리가 모두 이런 구조를 가질 수 있다. 버튼형 셀은 보통 탈부착가능한 다목적용이다.

- 일반소비자용 크기(AA, C, D, 9V 등) - 휴대용 및 정지용으로 사용되는 다양한 원통형 및 직각형 셀이 있다. 이 셀들은 거의 항상 탈부착가능한 다목적용이다. 앞서 언급했듯이, 현재 RAM 배터리와 시장점유율이 비슷한 일반소비자용 재충전배터리 틈새시장은 일단 제작가능 여부와 가격 문제가 해결된다면 전망이 밝다.
- 휴대폰/노트북용 크기 - 대부분의 휴대폰 및 노트북용 배터리는 해당 제품에 맞도록 형상이 다르다. 또한 대부분 충전제어회로가 내장된 스마트배터리이다. 보통 노트북 및 휴대폰은 OEM 배터리가 내장되어 선적되며, 대부분의 경우 성능이 거의 동일한 보조용 및 수리부품용 배터리도 구할 수 있다.
- UPS/정지용 크기 - UPS 및 기타 정지용은 하나의 대형 배터리 또는 일부 경우는 컴팩트하게 설계된 배터리스택으로 이루어져 있다. 이들은 모두 2차 배터리이다.
- 자동차용 크기 - 자동차용은 안정된 구조를 가진 6, 12, 22 또는 (가장 최근에는) 42V 배터리이다. 대부분은 자동차의 SLI에 사용되지만, 산업용 차량의 구동, 대용량 정지용 UPS 스택, 해양용 등으로도 사용될 수 있다. 기술적인 설계법으로는 다중 배터리스택, 스마트충전, 깊은 충방전이 가능한 강화된 전극판 등이 있다.
- HEV/EV 스택용 크기 - 전기차량과 하이브리드 전기차량의 전력저장시스템은 배터리들이 스택으로 통합되어 있다. 초기의 EV용 배터리스택은 수 십 개의 깊은 충방전용 납 배터리로 이루어져 있었다. 최신 특수목적 HEV/EV 배터리는 매우 컴팩트하게 통합된 배터리스택이며, 개발 중인 시스템은 하나(또는 몇 개)의 대형배터리로 구성될 수 있다.

15.5. 부문별 시장

15.5.1. 계산기용 배터리

이것은 휴대용 컴퓨터뿐만 아니라 PDA와 계산기용 전원으로서 대규모의 성숙된 시장이다. 휴대용 컴퓨터의 배터리는 보통 리튬이온 배터리이고, 그중 일부는 니켈-금속수소화물 배터리이다. PDA는 보통 리튬이온 배터리를 사용하고, 그중 일부는 니켈-금속수소화물, 알칼리 1차 및 기타 최신의 다양한 배터리를 사용한다. 계산기는 탈부착가능 1차 배터리를 포함하여 다양한 저품질의 알칼리 및 니켈기반 배터리를 사용한다.

휴대용 통신기에서와 마찬가지로, 휴대폰과 기타 휴대제품(PDA나 카메라) 사이의 기술도 점점 융합되는 추세에 있다. 동시에 현재 개발 중이거나 새로운 전원도 나타나고 있다.

시장의 형성 및 발달 요인으로는 다음과 같은 것들이 있다.

- 폭발적인 성장은 끝났으며, 소비자는 최고급 노트북의 구매를 축소하고 있다.
- 태블릿 PC는 (주로 상업적 사용자 때문에) 더욱 중요해지고 있다. 많은 응용분야에서 태블릿 PC는 실현가능한 대안이며, 이 시장은 결국 틈새시장에서 커다란 상용 하드웨어 시장으로 성장할 것이다.
- 입는 컴퓨터(wearable computer)는 여전히 아이디어 차원에만 머물러 있다. 기술적인 문제는 해결되고 있지만, 창조적인 시장 형성 방법이 필요하다
- 휴대폰, PDA, 디지털카메라, GPS 등이 융합되면서 결국 시장의 구분이 모호해질 것이다. PDA인가 휴대폰인가? 고성능 배터리와 충전기가 필요하다.
- 일반소비자는 데이터서비스, 전자우편, 전자상거래 등을 위해 고성능 광대역 무선통신기술이 상용화되기를 기대하고 있으며, 이에 따라 좀 더 나은 성능의 기기를 구매하기 위해 최고급 하드웨어의 구매를 늦추게 된다. 결국 휴대폰은 PDA나 노트북 시장을 잠식하게 될 것이다(그러나 융합문제를 고려해야 한다).
- 저가의 PDA 하드웨어와 서비스. 기기의 판매량은 늘어나지만 비례적으로 시장규모는 줄어든다. 또한 휴대폰은 가정용 및 업무용 전화의 확실한 대안이 될 것이다. 이 때문에 기기의 판매량 증가를 더욱 촉진시킬 것이다. 반면에 무선호출기 시장은 축소될 것이다.
- 경쟁이 치열한 운영체계(operating system, 이하 OS). 일반소비자용과 업무용 OS 사이의 분화

표 15.3에서 볼 수 있듯이 2002년에는 30억$ 이상의 계산기용 배터리가 선적되었다. 2016년 경이 되면 36.4억$로 증가할 것이다. 북미 지역은 전 세계 시장의 약 45%를 차지하고 있으며, 극동의 30%, 유럽의 18%가 그 뒤를 따르고 있다. 기타 세계 국가들은 나머지 7%를 차지하고 있으며, 그 중 3%는 라틴아메리카(특히 브라질, 멕시코 그리고 최근까지 아르헨티나)가 차지하고 있다. 판매량이 회복되기 시작한 것은 2005년이며, (북미 지역으로부터 시작하여 극동과 유럽으로 옮겨가면서) 2011년까지 가속화될 것이다.

표 15.3. 세계 계산기용 배터리시장 규모 예측

지역	'02	연평균성장률 ('02~'06)(%)	'06	연평균성장률 ('06~'11)(%)	'11	연평균성장률 ('11~'16)(%)	'16
북미	1,400	2.2	1,560	0.5	1,600	2.0	1,770
극동	900	3.1	1,050	0.0	1,050	0.0	1,050
유럽	510	1.1	540	0.7	560	0.0	560
기타	220	0.0	220	3.4	260	0.0	260
합계	3,030	2.1	3,370	0.6	3,470	1.0	3,640

15.5.2. 통신용 배터리

여기에는 성숙되고 매우 규모가 큰 휴대폰 배터리 시장이 포함되어 있다. 주로 리튬이온 배터리가 사용되지만, 니켈-금속수소화물, 1차 알칼리 및 다양한 종류의 최신 배터리가 사용되고 있다. 이 시장 역시 무선호출기(주로 교체가능한 1차 배터리 사용)와 휴대용 트랜시버(납 배터리에서 리튬배터리에 이르기까지 모든 배터리 사용)도 포함되어 있다. 휴대폰은 개발도상국을 비롯하여 전 세계적으로 사용량이 증가하고 있다. 초기의 리튬이온 배터리는 극동에서 집중적으로 개발되었다.

휴대폰과 다른 휴대제품(PDA나 카메라 등)의 융합이 증가하는 추세에 있다. 동시에, 개발 중이거나 새로운 종류의 전원도 나타나고 있다. 무선호출기는 기능과 가격 때문에 휴대폰으로 흡수되어 사용이 크게 줄어들고 있다.

휴대용 통신기기 시장의 형성 및 발달 요인으로는 다음과 같은 것들이 있다.

- '4대 거대기업(big four)' 의 법적 소송이 미국의 휴대폰 시장의 개방을 도울 가능성. 미국에서 휴대폰을 더 많이 수입하고 더 많이 제작할 가능성. 가격이 감소될 가능성
- 휴대폰번호를 바꿀 수 있어야 한다는 요구조건 때문에, 일반소비자가 통신사업자를 쉽게 바꿀 수 있음. 소비자가 매우 빈번하게 통신사업자를 교체. 새로운 통신사업자를 선택할 때마다 하드웨어를 업그레이드하려는 경향. 저가.
- 휴대폰, PDA, 디지털카메라, GPS 등의 융합
- 일반소비자는 데이터서비스 등을 위해 고성능 광대역 무선통신기술을 고대하고 있음.
- 휴대폰 하드웨어와 서비스의 저가화
- 무선전화기는 휴대폰의 모양과 느낌을 채택. 비교적 낮은 가격과 높은 성능

다음 표 15.4에서 볼 수 있듯이 2002년에는 23억$ 이상의 통신용 배터리가 선적되었다. 2016년 경이 되면 이 값은 31.3억$로 증가할 것이다. 극동 지역은 전 세계 시장의 약 36%를 차지하고 있으며, 북미의 28%, 유럽의 22%가 그 뒤를 따르고 있다. 기타 세계 국가는 나머지 14%를 차지하고 있다. 판매량이 회복되기 시작한 것은 2004년이며, (극동 지역으로부터 시작하여 북미와 유럽 및 세계 나머지 국가로 옮겨가면서) 2010년까지 판매량이 가속화될 것이다.

표 15.4. 세계 통신용 배터리시장 규모 예측

지역	'02	연평균성장률 ('02~' 06)(%)	'06	연평균성장률 ('06~' 11)(%)	'11	연평균성장률 ('11~' 16)(%)	'16
북미	700	2.7	800	2.4	900	2.1	1,000
극동	920	1.3	980	2.0	1,080	1.8	1,180
유럽	430	2.2	480	1.6	520	0.0	520
기타	240	0.8	250	11.4	430	0.0	430
합계	2,290	1.9	2,510	3.1	2,930	1.3	3,130

15.5.3. 휴대공구용 배터리

이것은 수동용, 잔디용 및 부엌용 공구가 주류를 이루는 성숙된 틈새시장이다. 이 분야는 니켈-카드뮴 배터리의 점유율이 가장 큰 시장 중의 하나이다. 납, 리튬, 알칼리 1차 배터리 역시 널리 사용된다.

시장의 형성 및 발달 요인으로는 다음과 같은 것들이 있다.

- 휴대용 공구 시장에서는 다양한 종류의 배터리가 경쟁하고 있음. 니켈-카드뮴 배터리는 저품질 응용분야에 지속적으로 사용되고 있지만, 중급 제품에 사용되는 NiMH 배터리나 고급 제품에 사용되는 리튬 배터리에 점유율을 빼앗기고 있음.
- 사용추세가 일반소비자용 탈부착가능 배터리에서 고성능 OEM 리튬 및 니켈-금속수소화물 배터리로 전환됨. 이러한 추세가 확고해지면 판매수량이 감소하고 전체 배터리 시장규모는 증가할 것이다.

표 15.5에서 볼 수 있듯이, 2002년에는 2.5억$ 이상의 휴대공구용 배터리가 선적되었다. 2016년 경이 되면 이 값은 4억$로 증가할 것이다. 북미 지역은 전 세계 시장의 약 56%를 차지하고 있으며, 극동 지역의 28%, 유럽의 12%가 그 뒤를 따르고 있다. 기타 세계 국가는 나머지 4%를 차지하고 있다. 극동 지역에서는 2007년 경까지 판매량이 다소 회복되기 시작하였지만, 북미 지역은 2016년까지 전 세계 휴대용 공구 시장에서 점유율이 가장 클 것이다.

표 15.5. 세계 휴대공구용 배터리시장 규모 예측

지역	'02	연평균성장률 ('02~' 06)(%)	'06	연평균성장률 ('06~' 11)(%)	'11	연평균성장률 ('11~' 16)(%)	'16
북미	140	4.0	170	3.3	200	0.0	200
극동	70	0.0	70	9.5	110	7.8	160
유럽	30	0.0	30	0.0	30	0.0	30
기타	10	0.0	10	0.0	10	0.0	10
합계	250	2.3	280	4.6	350	2.7	400

15.5.4. 기타 휴대제품용 배터리

이는 조명과 장난감(특히 탈 것이나 로봇과 같은 대형 장난감), 과학기구, 사진장치, 스마트카드, 시계 등을 포함하여 기타 휴대용 제품에 사용되는 배터리를 말한다. 버튼형 셀과 대부분의 탈부착가능한 재충전 배터리를 비롯하여 다양한 1차 및 2차 배터리가 사용된다.

시장의 형성 및 발달 요인으로는 다음과 같은 것들이 있다.

- 휴대용 비디오게임기의 수요 증가. 이미 크게 조성된 게임 시장 때문에 판매량과 시장규모 증가
- 무선게임기 수요 증가. 게임기 시장은 아직 작기 때문에 판매량과 시장 규모 증가
- 모든 종류의 장난감로봇에 대한 관심 증가. 저급, 중급, 고급 제품의 판매량이 증가하는 틈새 시장의 탄생
- 사용추세가 일반소비자용 탈부착가능한 배터리에서 고성능 OEM 리튬 및 니켈-금속수소화물 배터리로 전환됨. 이러한 추세가 확고해지면 판매수량이 감소하고 전체 배터리 시장 규모는 증가할 것이다.

- 휴대폰에 내장된 배터리를 포함하여 GPS 시스템에 대한 꾸준한 수요. GPS 판매량은 꾸준히 증가하고 있지만, 단가는 다소 감소하고 있음.
- 일반소비자용 일기예보 기구의 느리지만 꾸준한 증가
- 커패시터 에너지저장 소자와의 경쟁

표 15.6에서 볼 수 있듯이, 2002년에는 12억$ 이상의 기타 휴대제품용 배터리가 선적되었다. 2016년 경이 되면 이 값은 15억$ 이상이 될 것이다. 이 수치는 거대한 알칼리 및 아연-탄소 '건전지(dry cell)' 시장에서 큰 부분을 차지한다. 북미 지역과 극동 지역 모두 전 세계시장의 약 43%를 차지하고 있으며, 유럽의 11%가 그 뒤를 따르고 있다. 기타 세계 국가는 나머지 3%를 차지하고 있다.

표 15.6. 세계 기타 휴대제품용 배터리시장 규모 예측

지역	'02	연평균성장율 ('02~' 06)(%)	'06	연평균성장률 ('06~' 11)(%)	'11	연평균성장률 ('11~' 16)(%)	'16
북미	5,360	2.0	5,920	1.8	6,460	1.0	6,800
극동	5,400	1.8	5,900	1.1	6,240	0.9	6,540
유럽	1,400	1.4	1,500	1.3	1,600	1.2	1,700
기타	340	0.0	340	3.3	400	0.0	400
합계	12,500	1.8	13,660	1.5	14,700	1.0	15,440

15.5.5. 의료용 배터리

이는 보청기, 심장박동조절기, 심장충격소생기, 센서 및 시험 장비, 그리고 다양한 치료장치와 같은 휴대용 의료장비에 사용되는 1차 및 2차 배터리로서, 성숙된 틈새시장을 가지고 있다. 수량 면에서 그리 큰 시장은 아니지만, 인공기관용으로는 잘 발달된 시장이다. 아연-공기(주로 보청기용) 배터리, 납 배터리, 탈부착가능한 알칼리 배터리, 니켈 기반 배터리, 리튬 1차 배터리, 리튬이온 배터리 등 다양한 종류의 배터리가 사용된다.

시장의 형성 및 발달 요인으로는 다음과 같은 것들이 있다.

- 부유한 노인과 상이 퇴역군인수의 증가. 다양한 의료제품의 판매량 꾸준한 증가
- 휴대용 의료제품의 보조금 증가 가능성. 다양한 의료제품의 판매량 꾸준한 증가
- 보청기와 같은 제품의 생산량 안정화로 인한 저가화. 중급 및 고급 보청기의 경우 판매량 증가.
- 심장질병치료제의 꾸준한 성능 개선, 삽입형 제세동기 환자의 수를 증가시키는 새로운 정책. 개발 중인 시스템을 포함하여 심장질병치료 제품의 꾸준한 판매량 증가

보청기 전원과 같이 판매량이 많고 저가인 시장은 아연-공기 배터리와 같이 확실한 기반을 확보하고 있는 버튼형 셀 시스템이 주로 사용된다. 체내 삽입형 장치와 같이 판매량이 작고 고가인 시장은 매우 특수하고 성능이 높은 시스템(리튬-요오드 배터리)이 주로 사용된다. 표 15.7에서 볼 수 있듯이, 2002년에는 3.5억$ 이상의 의료용 배터리가 선적되었다. 2016년 경이 되면 이 값은 약 8.8억$가 될 것이다.

표 15.7. 세계 의료용 배터리시장 규모 예측

지역	'02	연평균성장률 ('02~' 06)(%)	'06	연평균성장률 ('06~' 11)(%)	'11	연평균성장률 ('11~' 16)(%)	'16
북미	350	2.7	400	1.9	440	2.2	490
극동	150	2.5	170	5.3	220	1.8	240
유럽	70	0.0	70	5.1	90	2.1	100
기타	30	0.0	30	5.9	40	4.6	50
합계	600	2.2	670	3.3	790	2.2	880

15.5.6. 컴퓨터 메모리용 배터리

이는 다양한 종류의 컴퓨터메모리 칩에 에너지를 공급하고 정전 시 또는 컴퓨터가 사용되지 않을 때 데이터를 보호하기 위해 소형 셀이 사용되며, 비교적 규모가 작지만 안정된 틈새시장이다. 버튼형 소형 1차 배터리가 주로 사용된다. 또한 다양한 리튬, 알칼리 및 다른 종류의 배터리도 사용된다. 리튬 기반 배터리는 확고한 점유율을 유지하고 있지만, 울트라커패시터와 같은 비배터리시스템과의 경쟁 때문에 다른 배터리시스템은 사용이 감소하고 있다.

표 15.8에서 볼 수 있듯이, 2002년에는 약 2.4억$의 컴퓨터메모리용 배터리가 선적되었다. 2016년 경이 되면 이 값은 약 1.28억$로 줄어들 것이다.

표 15.8. 세계 컴퓨터메모리용 배터리시장 규모 예측

지역	'02	연평균성장률 ('02~' 06)(%)	'06	연평균성장률 ('06~' 11)(%)	'11	연평균성장률 ('11~' 16) (%)	'16
북미	110	-6.2	80	-9.0	50	0.0	50
극동	90	-4.9	70	-10.6	40	0.0	40
유럽	30	-7.8	20	0.0	20	0.0	20
기타	10	0.0	10	0.0	10	0.0	10
합계	240	-5.6	180	-7.8	120	0.0	120

15.5.7. UPS/정지용 배터리

이는 전력계통이 차단될 때 작동하는 UPS 또는 비상용 전원에 사용되는 배터리로서, 안정된 틈새시장을 가지고 있다. 통신장비에 예비전력을 공급하기 위해서 대형 배터리가 사용된다. 납 배터리, 니켈-카드뮴 배터리가 주로 사용되지만, 비배터리시스템을 포함한 고성능 배터리시스템이 시장을 잠식하기 시작했다.

표 15.9에서 볼 수 있듯이, 2002년에는 18억$ 이상의 UPS/정지용 배터리가 선적되었다. 2016년 경이 되면 이 값은 거의 30억$가 될 것이다. 북미 지역은 전세계 시장의 약 48%를 차지하고 있으며, 극동의 31%, 유럽의 14%가 그 뒤를 따르고 있다. 기타 세계 국가는 나머지 7%를 차지하고 있다.

표 15.9. 세계 UPS/정지용 배터리시장 규모 예측

지역	'02	연평균성장률 ('02~' 06)(%)	'06	연평균성장률 ('06~' 11)(%)	'11	연평균성장률 ('11~' 16)(%)	'16
북미	870	5.9	1,160	3.7	1,390	1.4	1,490
극동	570	4.8	720	2.9	830	2.3	930
유럽	250	3.7	300	3.1	350	2.7	400
기타	130	0.0	130	1.5	140	1.4	150
합계	1,820	4.9	2,310	3.2	2,710	1.8	2,970

15.5.8. 군사/우주용 배터리

이는 폭넓고 다양한 휴대제품, 정지용, 원격지 전원, 항공기 전원 및 군수품 전원으로 사용되는 시장이다. 실제로 모든 종류의 배터리가 사용되며, 니켈 기반, 리튬 1차 및 2차, 알칼리, 그리고 심지어 납 배터리까지도 많은 양이 사용되고 있다. 해당 기기 고유의 요구조건을 만족시키기 위해 많은 종류의 특수배터리가 사용되고 있으며, 이 특수배터리는 주로 리튬기반 배터리로 바뀌는 추세에 있다. 또한 현재 개발 중인 특수배터리 시스템도 사용이 증가하고 있다. 앞으로 15년 이내에 군사용 HEV/EV 시장이 크게 성장할 것이라는 예상은 없지만, 예를 들어 군용로봇, 특히 3세대 프리데터(predator), 헬리어스(Helios) 드론(drone)과 같은 무인항공기(unmanned aircraft) 등의 특수시장이 형성될 가능성이 있다.

시장의 형성 요인으로는 다음과 같은 것들이 있다.

- 미 육군의 경우, 수비대 위주에서 전투병 파병으로 전환.
- 미군의 전투병 파병 횟수 증가
- 개선발전된 전투장비의 전원용 배터리

이 모든 요인들은 다양한 종류의 휴대용 군사제품의 사용을 증가시키는 경향이 있다.

배터리기술 시장에 커다란 영향을 미치는 최신 군사용 우주용 시스템에는 다음과 같은 것이 있다.

- 비전투용 EV
- 배터리로 구동되는 전투차량 채택
- 로봇, 자동 유연 제작(automated flexible manufacturing)
- 전략 방위 구상(Strategic Defensive Initiative, 이하 SDI)

▪ 군용 전기차량 개발 시나리오

미 육군은 내연기관 차량을 EV 또는 HEV로 대체할 가능성을 제기함으로써 관심을 끌었다. 육군은 백만 대 이상의 차량을 사용하는 자유 세계에서 가장 큰 차량운용자이며, 차량용 배터리 연구에 계속 투자하고 있다. 앰뷸런스, 지상지원차량 및 탄약수송차량과 같은 HEV는 배터리로 전력이 공급되는 험머(Hummer)가 가장 현실적일 것이다.

▪ 배터리 구동 전투차량 계획

군사용 EV가 불확실하다면, 배터리 구동 전투차량은 아직 이론상으로만 존재할 뿐이다. 최전선 또는 교전 중인 상태에서 전투용 EV를 재충전하는 것은 커다란 병참문제이다. 즉, 기존 연료의 공급루트를 차단하는 것보다 전력공급선을 차단하기가 쉽다. 그러나 개발 중인 EV 배터리는 전투차량 전원의 부피와 무게를 감소시킬 수 있다. 이로 인해 방탄장갑이나 무기체계 및 탄약수송에 필요한 공간이 바로 증가될 것이다. 배터리 구동 전동기는 내연기관보다 더욱 조용하고 열발생이 작은 상태에서 회전할 것이다. 이 때문에 탐지와 파괴가 더욱 어려워진다. 열추적미사일은 고온의 내연기관보다 EV 전동기를 탐지하기가 쉽지 않을 것이다. 또한 전투차량에 정밀한 전기장비를 사용하는 것이 늘어나고 있다. 전기장비에 전력을 공급하거나 열추적미사일의 공격을 받고 있을 때 구동력을 발생시키려면, 하이브리드배터리/내연기관 또는 배터리/(연료전지시스템+배터리)의 구성을 고려하는 것이 당연하다. 또한 공상과학처럼 보이지만, 배터리로 전력이 공급되고 방탄인 '피트맨수트(Pitman suit, 인공외골격(exoskeleton)의 별칭)' 가 Los Alamos National Laboratory에서 개발 중이다. 본질적으로 이것은 강도증폭 서보메카니즘이 통합된 전투복이다. 각 전투병은 이 기구를 착용하게 될 것이다. 공상과학임에도 불구하고, 이 기구는 화학전장에서의 작전이나 교전 중 공급물자 하역과 같은 특수임무에 사용될 것이다. 배터리 구동 무인항공기는 또 다른 가능성이 있다. 아프카니스탄이나 이라크의 전장에서 성공적으로 임무를 수행한 현존하는 무인비행기는 배터리 구동은 아니었지만, 미래에는 (본 저서의 미래 5년 예측의 범위를 벗어난다) 배터리 구동 소형장치가 탑재될 것이다. 미군 역시 로봇지원기(robot support)와 무기체계에 대해 연구를 수행하고 있다. 가장 최신의 것은 배터리 구동 원격제어 발사 전투로봇 및 구조로봇이다. 원격제어 감시 로봇 역시 사용된다.

▪ 군용 자동화공장 계획

또한 미군은 오랫동안 자동화된 유연 제작 공정에 관심을 기울여 왔다. 모든 사람들은 전투 시 내구성이 크고 특화된 장비를 획득하는데 어려움이 있음을 인식하고 있다. 이 경우, 동일한 일반소비자용 제품보다 내구성이 큰 장비라는 이유만으로 수 천 $의 돈을 더 지급하는 것으로 끝난다. 이것을 명심하면, 다양한 종류의 제품을 소량으로 생산하기 위해 빠르고 값싸게 생산라인이 재구성될 수 있는 '유연 공장(flexlble factory)' 이 필요할 것이다. 이러한 유연 공장은 고도로 자동화되어 있고 전동 자동안내 차량과 로봇이 사용될 것이다.

▪ 전략 방위 구상(Strategic Defensive Initiative, 이하 SDI) 부활 계획

현재 전 세계적 지정학적 현황 및 미국의 예산 현황을 고려할 때, SDI를 부활시키기는 어렵다. 반면에 소련의 붕괴로 인해 러시아의 모든 핵탄두가 제거되지는 않았다. 실제로 소련의 붕괴 때문에 새로운 핵강국들이 나타난 것 같다. 이란, 북한, 인도 및 파키스탄으로의 핵확산은 전 세계적인 근심거리이다. 2009년 이전에 SDI가 먼지를 털고 다시 나타나 그 개념이 재조명될 것이라고는 생각하기 어렵다. 현 상황의 미 의회를 보더라도 그렇게 되지는 않을 것 같다.

표 15.10에서 볼 수 있듯이, 2002년에는 2.2억$ 이상의 군사용/항공용 배터리가 선적되었다. 2016년 경이 되면 이 값은 2.4억$가 될 것이다. 북미 지역은 전 세계 시장의 약 54%를 차지하고 있으며, 극동과 유럽이 모두 18%를 차지하고 있다. 기타 세계 국가는 나머지 10%를 차지하고 있다.

표 15.10. 세계 군사용/항공용 배터리시장 규모 예측

지역	'02	연평균성장률 ('02~'06)(%)	'06	연평균성장률 ('06~'11)(%)	'11	연평균성장률 ('11~'16)(%)	'16
북미	120	3.1	140	0.0	140	0.0	140
극동	40	0.0	40	0.0	40	0.0	40
유럽	40	0.0	40	0.0	40	0.0	40
기타	20	0.0	20	0.0	20	0.0	20
합계	220	1.8	240	0.0	240	0.0	240

15.5.9. 산업용 EV 배터리

이는 지게차나 화물수송차와 같은 산업용 차량에 전력을 공급하기 위해 대형 '견인용' 배터리가 사용되는 안정된 시장이다. 현재까지 변함 없이 납 배터리가 사용되고 있다. 납 배터리가 아닌 다른 배터리에 대한 기대가 크지만, 대체 동기가 부족하다.

EV와 HEV의 상용화가 계속되는 한, 이 시장과 관련된 다음과 같은 문제들이 중점적으로 다루어져야 할 것이다.

- 시장확대에 대한 문제(신제품, 특히 기존 제품을 대체하기 위해 신제품의 소개와 관련된 필수불가결한 비용). 법률적인 규제로 신제품을 강제로 사용하게

할 수 있지만, 이 규제 때문에 특정한 기업의 신제품이 법적 규제를 만족시키는 것은 아니다.

- 특히 가솔린이나 디젤 연료(그러나 천연가스와 연료전지 또는 에탄올 같은 대체연료도 포함)에 비해 비용 대비 효용성
- 기술적인 시장확대 문제(시장의 지지를 얻을 수 있을 정도로 성능, 안락감, 충방전수명, 안전성 등의 최적화)
- 재정적인 시장확대 문제(제조, 판촉, 배송 등을 포함하여 상용화과정이 완성되기 위한 자본의 필요성)
- 고압전력선이 존재하는 HEV의 경우, 보호규약의 개정과 같은 안전성 문제

표 15.11에서 볼 수 있듯이, 2002년에는 약 11억$ 이상의 산업용 EV 배터리가 선적되었다. 2016년 경이 되면 이 값은 약 13억$가 될 것이다. 북미 지역은 전 세계 시장의 약 44%를 차지하고 있으며, 극동과 유럽이 모두 26%를 차지하고 있다. 기타 세계 국가는 나머지 4%를 차지하고 있다.

표 15.11. 세계 산업용 EV 배터리시장 규모 예측(백만$ 및 연평균 성장률)

지역	'02	연평균성장률 ('02~'06)(%)	'06	연평균성장률 ('06~'11)(%)	'11	연평균성장률 ('11~'16)(%)	'16
북미	500	6.3	680	0.0	680	0.0	680
극동	300	0.0	300	0.0	300	0.0	300
유럽	300	0.0	300	0.0	300	0.0	300
기타	40	0.0	40	0.0	40	0.0	40
합계	1,140	3.0	1,320	0.0	1,320	0.0	1,320

15.5.10. HEV/EV용 배터리

이는 자동차와 트럭에 전력을 공급하기 위해 대형 배터리스택이 사용되며, 규모는 비교적 작지만 가능성이 무한한 시장이다. 여기에는 전력계통에서 충전되는 일부 '플러그인(plug-in)' EV용 배터리와 내연기관(또는 장래에는 연료전지)이 배터리를 충전하는 HEV용 배터리가 있다. '회생제동법' 은 운전자가 주행 중에 브레이크를 밟을 때 운동에너지를 저장한다.

납 및 니켈-금속수소화물 배터리가 대부분의 상용 차량에 사용된다. 리튬-이온 배터리는 또 다른 기대주이다. 다양한 종류의 배터리시스템을 개발하고 평가하기 위해 집중적이고 많은 자금이 투자된 연구가 진행 중이다.

특히 미국에서는 HEV시스템이 대세를 이루며, 순수한 배터리만을 사용한 차량은 감소하고 있다. 동시에 특히 연료전지와 같은 대체전원이 경쟁자로 등장할 가능성이 있다. 미국 이외의 국가, 특히 서유럽과 극동에서는 비록 차량수는 감소하고 있지만 EV가 여전히 사용되고 있다. 10년 단위로 이루어진 본 연구분석에서, 플러그인 EV의 부활 가능성 여부는 논쟁거리였다. 저자들이 합의한 시나리오에서는 부활가능성이 거의 없다고 가정하였다. 반면에 분석보고서에서는 내연기관/배터리 하이브리드 HEV와 특히 연료전지/배터리 HEV가 널리 사용된다는 결론이 도출되었다.

전통적인 내연기관 차량에서 하이브리드 및 더욱 진보된 차량으로 관심이 옮겨감에 따라, 자동차 SLI용 배터리는 보조용 배터리 및 차량의 피크전력을 공급하는 배터리로 역할이 바뀔 것이다. 심지어 디젤기관도 하이브리드 형태(납 배터리 + 디젤기관)로 변환될 수 있다.

표 15.12에서 볼 수 있듯이, 2002년에는 단지 약 3천만$의 HEV/EV용 배터리가 북미에서 선적되었다. 2016년 경이 되면 이 값은 2.5억$가 될 것이다. 북미 지역은 2002년 현재 전 세계 시장의 약 21 %를 차지하고 있으며, 2016년 경에는 점유율이 40%로 증가할 것이다. 비교적 저성능의 EV차량이 많이 운행된 유럽의 경우, 시장점유율이 43%로 선두를 유지했지만, 2016년 경에는 24%로 감소될 것이다. 극동지역의 점유율은 2002년의 35%에서 2016년에는 24%로 감소될 것이다.

표 15.12. 세계 HEV/EV용 배터리시장 규모 예측

지역	'02	연평균성장률 ('02~'06)(%)	'06	연평균성장률 ('06~'11)(%)	'11	연평균성장률 ('11~'16)(%)	'16
북미	30	52.8	250	0.0	250	0.0	250
극동	50	32.0	200	0.0	200	0.0	200
유럽	60	20.1	150	0.0	150	0.0	150
기타	〈 1	15.0	20	0.0	20	0.0	20
합계	140	34.7	620	0.0	620	0.0	620

15.5.11. 자동차 SLI용 배터리

대부분의 내연기관자동차에 사용되는 시동, 조명 및 점화용(SLI) 배터리는 납배터리로서, 전 세계에 걸쳐 거대하고 안정된 시장을 형성하고 있다. 자동차를 사용하는 전 세계 모든 지역에서 SLI 배터리가 사용된다. 그러나 개발도상국은 값싼 배터리를 사용하는 경향이 있다. 예상 못한 것은 아니지만, 일본, 미국 및 서유럽의 소비자들은 제품이 출시되는 즉시 신기술을 이용하려는 조기혁신자(early innovator)가 되려는 경향이 많다.

OEM 및 수리부품용 배터리와 규모는 작지만 보조용 배터리는 전 세계적으로 사용된다. 보조용 배터리에는 2개의 배터리를 하나의 팩키지로 만든 이중 배터리가 있다. 둘 중의 한 배터리가 무심코 방전된다면, 다른 보조배터리가 시동전력을 공급한다.

현재 SLI 배터리는 '스마트' 기술, 36V 및 42V 시스템, 그리고 의무적인 재활용 법규 준수 등이 적용되는 추세에 있다. 또한 방전된 자동차 배터리에 전선을 연결하여 전력을 공급하는 휴대용 배터리의 틈새시장도 존재한다.

표 15.13에서 볼 수 있듯이, 2002년에는 약 74억$ 이상의 SLI용 배터리가 선적되었다. 2016년 경이 되면 이 값은 거의 75.4억$가 될 것이다. 북미 지역은 전 세계 시장의 약 42%를 차지하고 있으며, 극동 지역은 28%, 유럽지역이 거의 23%로 그 뒤를 따르고 있다. 기타 세계 국가는 나머지 7%를 차지하고 있다.

표 15.13. 세계 SLI용 배터리시장 규모 예측

지역	'02	연평균성장률 ('02~' 06)(%)	'06	연평균성장률 ('06~' 11)(%)	'11	연평균성장률 ('11~' 16)(%)	'16
북미	3,100	0.3	3,150	0.6	3,250	0.1	3,260
극동	2,100	-0.2	2,080	0.2	2,100	0.0	2,100
유럽	1,700	-0.4	1,670	0.1	1,680	0.0	1,680
기타	500	0.0	500	0.0	500	0.0	500
합계	7,400	0.0	7,400	0.3	7,530	0.0	7,540

15.6. 산업용 배터리의 과거 및 미래 시장 요약

다음 표 15.14에는 세계 배터리 시장의 현재와 미래 예측치가 요약되어 있다. 과거 통계치는 2002년의 달러가치로 환산된 값이다. 2006년 및 미래 예측치는 2006년 기준 고정달러가치로 계산된 값이다(인플레이션이 고려되지 않음). 각 수치는 제조사의 도매가이다. 시장부문과 지역의 정의에 대해서는 15.1을 참조하라.

약 320억$의 도매시장 규모가 제대로 된 것이라면, 2006년의 해당 소매시장 규모는 (환율과 비시장적 가격책정 상황이 어떻게 반영되는가를 근거로 하여) 550~600억$ 정도가 되어야 한다.

표 15.14. 세계 배터리 총 시장규모의 과거 및 미래 예측치(백만$)

시장부문/연도	지역	'02	'05	'06	'11	'16
계산기용	북 미	1,400	1,470	1,510	1,600	1,750
	극 동	900	1,010	1,050	1,050	1,050
	유 럽	510	520	520	540	560
	세계 나머지	220	220	220	240	260
	합 계	**3,030**	**3,220**	**3,300**	**3,430**	**3,620**
통신용	북 미	700	740	780	880	980
	극 동	920	940	960	1,060	1,160
	유 럽	430	460	470	520	520
	세계 나머지	204	240	250	430	430
	합 계	**2,290**	**2,380**	**2,460**	**2,890**	**3,090**
공구용	북 미	140	140	170	200	200
	극 동	70	70	70	70	140
	유 럽	30	30	30	30	30
	세계 나머지	10	10	10	10	10
	합 계	**250**	**250**	**280**	**310**	**380**
기타 휴대용	북 미	5,360	5,680	5,800	6,400	6,720
	극 동	5,400	5,700	5,800	6,180	6,480
	유 럽	1,400	1,460	1,480	1,580	1,680
	세계 나머지	340	340	340	400	400
	합 계	**12,500**	**13,180**	**13,420**	**14,560**	**15,280**
의료용	북 미	350	380	390	430	480
	극 동	150	160	160	210	250
	유 럽	70	70	70	90	100
	세계 나머지	30	30	30	40	50
	합 계	**600**	**640**	**650**	**770**	**880**
컴퓨터 메모리용	북 미	110	90	80	60	50
	극 동	90	80	70	50	40
	유 럽	30	20	20	20	20
	세계 나머지	10	10	10	10	10
	합 계	**240**	**200**	**180**	**140**	**120**
UPS/정지용	북 미	870	1,040	1,110	1,370	1,470
	극 동	570	660	690	810	910
	유 럽	250	280	290	340	390
	세계 나머지	130	130	130	140	150
	합 계	**1,820**	**2,110**	**2,210**	**2,660**	**2,920**

군사용/ 항공우주용	북 미	120	130	140	140	140
	극 동	40	40	40	40	40
	유 럽	40	40	0	40	40
	세계 나머지	20	20	20	20	20
	합 계	**220**	**230**	**240**	**240**	**240**
산업용 EV	북 미	500	630	680	680	680
	극 동	300	300	300	300	300
	유 럽	300	300	300	300	300
	세계 나머지	40	40	40	40	40
	합 계	**1,140**	**1,270**	**1,320**	**1,320**	**1,320**
HEV/EV	북 미	30	150	200	250	250
	극 동	50	160	180	200	200
	유 럽	60	110	130	150	150
	세계 나머지	〈 10	10	10	20	20
	합 계	**140**	**430**	**520**	**620**	**620**
자동차 SLI용	북 미	3,100	3,050	3,100	3,250	3,260
	극 동	2,100	2,040	2,060	2,100	2,100
	유 럽	1,700	1,630	1,650	1,680	1,680
	세계 나머지	500	500	500	500	500
	합 계	**7,400**	**7,220**	**7,310**	**7,530**	**7,540**
합 계	북 미	12,680	13,500	13,950	15,260	15,980
	극 동	10,590	11,160	11,380	12,070	12,670
	유 럽	4,820	4,920	5,000	5,290	5,470
	세계 나머지	1,540	1,550	1,560	1,850	1,890
	합 계	**29,630**	**31,130**	**31,890**	**34,470**	**36,010**

다음 표 15.15에는 리튬배터리 세계 시장의 현재 및 미래 예측치가 요약되어 있다. 과거 통계치는 2002년의 달러가치로 환산된 값이다. 2006년 및 미래 예측치는 2006년 기준 고정달러가치로 계산된 값이다(인플레이션이 고려되지 않음). 각 수치는 제조사의 도매가이다.

표 15.15. 세계 리튬배터리 총 시장규모의 과거 및 미래 예측치(백만$)

시장부문/연도	지역	'02	'05	'06	'11	'16
계산기용	북 미	900	970	1,010	1,100	1,250
	극 동	600	610	660	660	710
	유 럽	360	360	360	380	400
	세계 나머지	140	120	120	130	140
	합 계	**2,000**	**2,060**	**2,150**	**2,280**	**2,500**
통신용	북 미	450	480	500	590	620
	극 동	550	570	590	660	680

	유 럽	350	350	360	420	420
	세계 나머지	220	220	230	420	420
	합 계	**1,570**	**1,620**	**1,690**	**2,090**	**2,140**
공구용	북 미	20	20	30	40	60
	극 동	10	10	10	10	20
	유 럽	〈 10	〈 10	10	10	10
	세계 나머지	〈 10	〈 10	〈 10	〈 10	〈 10
	합 계	**30**	**30**	**50**	**60**	**90**
기타 휴대용	북 미	150	160	170	190	210
	극 동	150	160	170	190	210
	유 럽	40	40	40	50	50
	세계 나머지	10	10	10	10	10
	합 계	**350**	**380**	**390**	**440**	**480**
의료용	북 미	50	50	50	60	80
	극 동	20	20	20	30	40
	유 럽	10	10	10	10	20
	세계 나머지	〈 10	〈 10	〈 10	10	10
	합 계	**80**	**80**	**80**	**110**	**150**
컴퓨터 메모리용	북 미	50	50	50	50	50
	극 동	40	40	40	40	40
	유 럽	10	10	10	10	10
	세계 나머지	〈 10	〈 10	〈 10	〈 10	〈 10
	합 계	**100**	**100**	**100**	**100**	**100**
UPS/정지용	북 미	0	20	30	100	140
	극 동	0	10	10	30	40
	유 럽	0	10	10	10	10
	세계 나머지	0	〈 10	〈 10	〈 10	10
	합 계	**0**	**40**	**50**	**140**	**200**
군사용/ 항공우주용	북 미	80	90	100	100	100
	극 동	10	10	10	10	10
	유 럽	10	10	10	10	10
	세계 나머지	〈 10	〈 10	〈 10	〈 10	〈 10
	합 계	**100**	**110**	**120**	**120**	**120**
산업용 EV	북 미	0	〈 10	〈 10	〈 10	〈 10
	극 동	0	〈 10	〈 10	〈 10	〈 10
	유 럽	0	〈 10	〈 10	〈 10	〈 10
	세계 나머지	0	〈 10	〈 10	〈 10	〈 10
	합 계	**0**	**〈 10**	**〈 10**	**10**	**10**
HEV/EV	북 미	〈 10	10	10	20	40
	극 동	〈 10	10	10	20	20
	유 럽	0	〈 10	〈 10	10	10
	세계 나머지	0	0	0	〈 10	〈 10
	합 계	**10**	**20**	**20**	**50**	**70**

자동차 SLI용	북 미	10	10	10	30	50
	극 동	〈 10	〈 10	〈 10	〈 10	〈 10
	유 럽	〈 10	〈 10	〈 10	〈 10	〈 10
	세계 나머지	〈 10	〈 10	〈 10	〈 10	〈 10
	합 계	**10**	**10**	**10**	**30**	**50**
합 계	북 미	1,710	1,860	1,960	2,290	2,600
	극 동	1,380	1,440	1,520	1,650	1,790
	유 럽	780	790	810	910	940
	세계 나머지	370	350	360	570	590
	합 계	**4,250**	**4,450**	**4,650**	**5,430**	**5,840**

참고문헌

1. Exide Technologies, GNB Industrial Power, www.exide.com.
2. Panasonic (Matsushita), www.panasonic-industrial.com/1000.htm?flash=true.
3. Eurobat, "Eurobat position paper on amendments tabled in the Committee on Environment, Public Health and Food Safety," http://www.eurobat.org/pdf/pr_pp_amen-35-96.pdf. (11/03/2005)
4. "Batteries Directive," http://www.euractiv.com/Article?tcmuri=tcm:29-117445-16 &type=Links Dossier. (2005).
5. Frost & Sullivan, "*World Industrial Secondary Lithium Battery Markets*" (04/2005).
6. Freedonia, "*World Batteries*" (09/2004).
7. ICON Group International, "*The 2002 World Forecasts of Batteries and Electric Accumulators Export Supplies*" (2002).
8. D. Saxman, S. Colson-Inam "*Large and Advanced Battery Technology and Markets*" 2004.

찾 아 보 기

역자소개

박 한웅

- 부산대학교 전기공학과 졸업
- 부산대학교 일반대학원 전기공학과 (공학박사)
- 현 해군사관학교 전기전자공학과 교수
- 관심분야 : 연료전지시스템, 에너지저장시스템, 전기추친시스템

김 래현

- 한양대학교 화학공학과(학사)
- 서울대학교 화학공학과 (석사,박사)
- 한국화학공학회 이동현상부문회장 역임
- 제15대 한국에너지공학회장 역임
- 현재 서울과학기술대학교 에너지기술인력양성센터장

배터리 응용

자동차용에서 우주용 및 에너지 저장용까지

A-JIN

지은이와 협의 인지 생략

인　　쇄 : 2017년 04월 15일
발　　행 : 2017년 04월 20일
역　　자 : 박 한웅, 김 래현
발 행 처 : 도서출판 아진
437-120
경기도 의왕시 이미로 40 (포일동 653번지)
인덕원IT밸리 A동 1019호
TEL:02-737-0663 FAX:02-737-0664
Homepage:ajin.to
E-mail:kgb@ajin.to
발 행 인 : 김 근 배
등록번호 : 제330-1995-56호
I S B N : 978-89-5761-507-2　　93570

가격 38,000원